ASSOCIATION FRANÇAISE

POUR

L'AVANCEMENT DES SCIENCES

ASSOCIATION FRANÇAISE

POUR

L'AVANCEMENT DES SCIENCES

FUSIONNÉE AVEC

L'ASSOCIATION SCIENTIFIQUE DE FRANCE

(Fondée par Le Verrier, en 1864)

(Reconnues d'utilité publique)

CONFÉRENCES

COMPTE RENDU DE LA 50e SESSION

LYON

1926

PARIS

AU SECRÉTARIAT DE L'ASSOCIATION

Rue Serpente, 28 (6e arr.)

ET CHEZ MM. MASSON ET Cie, LIBRAIRES DE L'ACADÉMIE DE MÉDECINE

Boulevard Saint-Germain, 120 (6e arr.)

1927

LISTE DES CONGRÈS ET DE LEURS PRÉSIDENTS

VOLUMES

ANNÉES		VILLES			PRÉSIDENTS	
1872	1re Session.	Bordeaux	1 volume.		Claude BERNARD	(Décédé.)
1873	2e —	Lyon	1 —		DE QUATREFAGES	(Décédé.)
1874	3e —	Lille	1 —		Adolphe WURTZ	(Décédé.)
1875	4e —	Nantes	1 —		Adolphe D'EICHTHAL	(Décédé.)
1876	5e —	Clermont-Ferrand	1 —		J.-B. DUMAS	(Décédé.)
1877	6e —	Le Havre	1 —		Paul BROCA	(Décédé.)
1878	7e —	Paris	1 —		Edmond FRÉMY	(Décédé.)
1879	8e —	Montpellier	1 —		Agénor BARDOUX	(Décédé.)
1880	9e —	Reims	1 —		J.-B. KRANTZ	(Décédé.)
1881	10e —	Alger	1 —		Auguste CHAUVEAU	(Décédé.)
1882	11e —	La Rochelle	1 —		Jules JANSSEN	(Décédé.)
1883	12e —	Rouen	1 —		Frédéric PASSY	(Décédé.)
1884	13e —	Blois	2 volumes	(1)	A. BOUQUET DE LA GRYE	(Décédé.)
1885	14e —	Grenoble	2 —	»	Aristide VERNEUIL	(Décédé.)
1886	15e —	Nancy	2 —	»	Charles FRIEDEL	(Décédé.)
1887	16e —	Toulouse	2 —	»	Jules ROCHARD	(Décédé.)
1888	17e —	Oran	2 —	»	Aimé LAUSSEDAT	(Décédé.)
1889	18e —	Paris	2 —	»	H. DE LACAZE-DUTHIERS	(Décédé.)
1890	19e —	Limoges	2 —	»	Alfred CORNU	(Décédé.)
1891	20e —	Marseille	2 —	»	P.-P. DEHÉRAIN	(Décédé.)
1892	21e —	Pau	2 —	»	Edouard COLLIGNON	(Décédé.)
1893	22e —	Besançon	2 —	»	Charles BOUCHARD	(Décédé.)
1894	23e —	Caen	2 —	»	E. MASCART	(Décédé.)
1895	24e —	Bordeaux	2 —	»	Emile TRÉLAT	(Décédé.)
1896	25e —	Carthage (Tunis)	2 —	»	Paul DISLÈRE.	
1897	26e —	Saint-Etienne	2 —	»	J.-E MAREY	(Décédé.)
1898	27e —	Nantes	2 —	»	Edouard GRIMAUX	(Décédé.)
1849	28e —	Boulogne-sur-Mer	2 —	»	Paul BROUARDEL	(Décédé.)
1900	29e —	Paris	2 —	»	Hippolyte SEBERT.	
1901	30e —	Ajaccio	2 —	»	E.-T. HAMY	(Décédé.)
1902	31e —	Montauban	2 —	»	Jules CARPENTIER	(Décédé.)
1903	32e —	Angers	2 —	»	Emile LEVASSEUR	(Décédé.)
1904	33e —	Grenoble	1 —	(2)	C.-A. LAISANT	(Décédé.)
1905	34e —	Cherbourg	1 —	(2)	Alfred GIARD	(Décédé.)
1906	35e —	Lyon	2 —	(1)	Gabriel LIPPMANN	(Décédé.)
1907	36e —	Reims	2 —	(1)	Henri HENROT	(Décédé.)
1908	37e —	Clermont-Ferrand	1 —	(3)	Paul APPELL.	
1909	38e —	Lille	1 —	(4)	Louis LANDOUZY	(Décédé.)
1910	39e —	Toulouse	1 —	(5)	C.-M. GARIEL	(Décédé.)
1911	40e —	Dijon	1 —	(5)	S. ARLOING	(Décédé.)
1912	41e —	Nîmes	1 —	(4)	Charles LALLEMAND.	
1913	42e —	Tunis	1 —	(4)	Emile HAUG.	
1914	43e —	Le Havre	1 —	(6)	Armand GAUTIER	(Décédé.)
1915-1616	(Conférences)		1 —	(7)	Albert CALMETTE.	
1916-1917	—		1 —	»	—	
1917-1918	—		1 —	»	—	
1918-1920	—		1 —	»	—	
1920	44e Session.	Strasbourg	1 —	(8)	—	
1921	45e —	Rouen	1 —	(8)	Auguste RATEAU.	
1922	46e —	Montpellier	1 —	(8)	Louis MANGIN.	
1923	47e —	Bordeaux	1 —	(8)	Alexandre DESGREZ.	
1924	48e —	Liége	1 —	(8)	Pierre VIALA.	
1925	49e —	Grenoble	1 —	(8)	Emile BOREL.	
1926	50e —	Lyon	1 —	(8)	Alfred Lacroix.	

(1) Les Tomes I et II sont reliés séparément.

(2) Pour la 33e Session, Grenoble 1904, et la 34e Session, Cherbourg 1905, le Tome I a été remplacé par un Bulletin mensuel dont les numéros 8 et 9 de chaque année ont été consacrés aux comptes rendus des séances générales et aux procès-verbaux des Sections.

(3) Le Tome I a été remplacé par deux brochures parues en 1908.

(4) Le Tome I a été remplacé par une brochure parue dans l'année où a eu lieu le Congrès.

(5) Le Tome I a été remplacé par une brochure parue dans l'année où a eu lieu le Congrès. Le volume des Notes et Mémoires existe, divisé en quatre Tomes, dont chacun comprend sa Table des matières et sa Table analytique par ordre alphabétique.

(6) Le Tome I a été remplacé par une brochure parue en mai 1915.

(7) En 1915, 1916, 1917, 1918 et 1919, il n'y a pas eu de Congrès.

(8) La brochure remplaçant le Tome I a été supprimée.

MINISTÈRE
DE
l'Instruction Publique
des Beaux-Arts
ET
des Cultes

CABINET

N° 175

ASSOCIATION FRANÇAISE
POUR L'AVANCEMENT DES SCIENCES
Fusionnée avec
L'ASSOCIATION SCIENTIFIQUE DE FRANCE
(Fondée par Le Verrier, en 1864)
RECONNUES D'UTILITÉ PUBLIQUE

RÉPUBLIQUE FRANÇAISE

DECRET

LE PRÉSIDENT DE LA RÉPUBLIQUE FRANÇAISE,

Sur le rapport du Ministre de l'Instruction publique, des Beaux-Arts et des Cultes ;

Vu le procès-verbal de l'Assemblée générale de l'Association française pour l'Avancement des Sciences, tenue à Grenoble le 10 août 1885 ;

Vu le procès-verbal de l'Assemblée générale de l'Association scientifique de France, tenue à Paris le 14 novembre 1885, et les décisions prises par les deux Sociétés ;

Toutes deux ayant pour objet de réunir en une seule Association ces deux Sociétés sus-nommées ;

Vu les Statuts, l'état de la situation financière et les autres pièces fournies à l'appui de cette demande ;

La Section de l'Intérieur, de l'Instruction publique, des Beaux-Arts et des Cultes, du Conseil d'Etat entendue,

DÉCRÈTE :

ARTICLE PREMIER. — L'Association française pour l'Avancement des Sciences et l'Association Scientifique de France, fondée par Le Verrier en 1864, toutes deux reconnues d'utilité publique, forment une seule et même Association.

Les Statuts de l'Association française pour l'Avancement des Sciences fusionnée avec l'Association scientifique de France (fondée par Le Verrier en 1864) sont approuvés tels qu'ils sont ci-annexés.

ART. 2. — Le Ministre de l'Instruction publique, des Beaux-Arts et des Cultes est chargé de l'exécution du présent décret.

Fait à Paris, le 28 septembre 1886.

Signé : JULES GRÉVY.

Par le Président de la République :

Le Ministre de l'Instruction publique, des Beaux-Arts et des Cultes,

Signé : RENÉ GOBLET.

Pour ampliation,

Le Chef de bureau du Cabinet,

Signé : ROUJON.

STATUTS ET RÈGLEMENT

STATUTS

TITRE PREMIER

But et composition de l'Association

Article premier. — L'Association, fondée en 1872 et reconnue d'utilité publique par décret du 9 mai 1876, sous le titre « d'Association française pour l'Avancement des Sciences, fusionnée avec l'Association Scientifique de France, fondée par Le Verrier, en 1864 », a pour but exclusif de favoriser, par tous les moyens en son pouvoir, les progrès et la diffusion des Sciences au double point de vue de la théorie pure et du développement de leurs applications pratiques.

Elle fait appel au concours de tous ceux qui considèrent la culture des sciences comme nécessaire à la grandeur et à la prospérité du pays.

Sa durée est illimitée.

Elle a son siège social à Paris.

Art. 2. — Les moyens d'action de l'Association sont : des Congrès, des réunions, des conférences, des publications, des dons en instruments ou des subventions en argent aux personnes travaillant à des recherches ou entreprises scientifiques qu'elle aurait provoquées ou approuvées.

Art. 3. — L'Association se compose des personnes ou des établissements qui ont été agréés par le Conseil d'Administration, sur la présentation de deux membres de l'Association.

La cotisation annuelle minimum est de vingt francs.

Tout membre de l'Association a le droit de racheter ses cotisations à venir en versant une somme égale à dix fois le montant de la cotisation annuelle minimum, soit en une seule fois, soit en deux ou quatre versements annuels consécutifs égaux, ou bien en versant cent francs seulement en une seule fois, s'il a déjà payé ses cotisations pendant quinze années consécutives. Il reçoit alors le titre de *membre à vie*.

Tout membre qui aura versé annuellement, pendant dix années consécutives, une somme de dix francs en sus de sa cotisation annuelle, sera également libéré de tout versement ultérieur et réputé *membre à vie.*

Tout membre versant à une époque quelconque, en une seule fois, soit une somme de cinq cents francs au minimum, soit une somme de trois cents francs, après qu'il a racheté sa cotisation, reçoit le titre de *membre fondateur.*

Les noms des membres fondateurs figurent perpétuellement en tête des listes alphabétiques des membres de l'Association et ces membres reçoivent, leur vie durant, autant d'exemplaires de publications de l'Association qu'ils ont versé de fois la souscription de cinq cents francs.

Art. 4. — La qualité de membre de l'Association se perd :

1° Par la démission ;

2° Par le refus de paiement de la cotisation après deux mises en demeure adressées par le Trésorier au membre en retard par lettre recommandée ;

3° Par la radiation prononcée pour motifs graves.

La radiation pour motifs graves d'un membre de l'Association devra être demandée par écrit. Le membre visé sera appelé à fournir ses explications devant le Conseil. Il devra en laisser un exposé écrit entre les mains du Président.

Si le Conseil estime, à une majorité formée par les deux tiers des membres présents, que la justification présentée n'est pas acceptable, il invitera le membre non justifié à remettre sa démission entre les mains du Président.

Au cas où le membre, dans les conditions prévues au paragraphe précédent, se refuserait de donner sa démission, le Conseil en référera à la première Assemblée générale ordinaire de l'Association. Celle-ci, sur le rapport du Conseil, le membre inculpé entendu ou dûment appelé, prononcera, s'il y a lieu, la radiation à une majorité qui ne pourra être inférieure aux deux tiers plus un des suffrages exprimés.

TITRE II

Administration et fonctionnement

Art. 5. — L'Association est administrée par un Conseil choisi parmi ses membres dans les conditions suivantes de nombre et de recrutement.

Ce Conseil comprend :

1° *Le Bureau de l'Association*, composé de six personnes, savoir :

un Président, un Vice-Président, un Secrétaire, un Vice-Secrétaire et un Trésorier, élus par l'Assemblée générale, et le Président sortant ;

2° *Les anciens Présidents de l'Association ;*

3° *Les délégués de l'Association*, au nombre de 15 élus par correspondance, au scrutin secret et à la majorité relative des suffrages exprimés, sur une liste préparée par le Conseil. Ils sont renouvelables par tiers chaque année. Ils sont rééligibles ;

4° *Les délégués des Sections*, au nombre de trois par section, élus à la majorité relative par leurs sections respectives. Ils sont renouvelables par tiers chaque année dans chaque section. Ils sont rééligibles ;

5° *Les Présidents de Section* pour la prochaine session. Ils sont élus à la majorité relative par leurs sections respectives.

Leurs fonctions commencent six mois avant ladite session et durent un an.

Les secrétaires des sections de la session précédente sont admis dans le Conseil avec voix consultative.

Art. 6. — Le Conseil se réunit une fois au moins chaque trimestre.

Il se réunit, de plus, chaque fois qu'il est convoqué par son Président, ou lorsque dix de ses membres en font la demande au Bureau. Dans ce dernier cas, la convocation doit indiquer le but de la réunion.

Art. 7. — Les membres de l'Association ne peuvent recevoir aucune rétribution, à raison des fonctions qui leur sont confiées. Cette disposition ne s'applique pas au Secrétaire du Conseil et au Chef des Bureaux présentement en exercice.

Art. 8. — Le Bureau de l'Association est, en même temps, le Bureau de l'Assemblée générale auquel est adjoint, comme Secrétaire chargé de dresser et de rédiger sur un registre spécial le procès-verbal de chaque Assemblée, le Secrétaire du Conseil d'Administration.

L'Assemblée générale entend les rapports sur la gestion du Conseil d'Administration et sur la situation financière et morale de l'Association.

Elle approuve les comptes de l'exercice clos, vote le budget de l'exercice suivant et délibère sur les questions mises à l'ordre du jour.

Le rapport financier annuel et le résumé des comptes sont adressés, chaque année, à tous les membres de l'Association au moins quinze jours avant la session générale.

Art. 9. — Le Conseil d'Administration statue sur toutes les affaires concernant l'administration de l'Association.

Les dépenses sont ordonnancées par le Président du Conseil d'Administration et soldées par le Trésorier.

L'Association est représentée en justice et dans tous les actes de la vie civile par le Président.

Art. 10. — Les délibérations du Conseil d'Administration relatives aux acquisitions, échanges et aliénations des immeubles nécessaires au but poursuivi par l'Association, constitutions d'hypothèques sur lesdits immeubles, baux excédant neuf années, aliénations de biens dépendant du fonds de réserve et emprunts doivent être soumises à l'approbation de l'Assemblée générale.

Art. 11. — Les délibérations du Conseil d'Administration, relatives à l'acceptation des dons et legs, ne sont valables qu'après l'approbation administrative donnée dans les conditions prévues par l'article 910 du Code Civil et par les articles 5 et 7 de la loi du 4 février 1901.

Il en est de même des délibérations relatives aux aliénations de biens meubles ou immeubles constituant le capital de l'Association.

Art. 12. — Un règlement général déterminera les conditions d'administration et toutes les dispositions propres à assurer l'exécution des statuts. Ce règlement sera préparé par le Conseil et voté par l'Assemblée générale à la majorité des membres présents.

TITRE III

Capital et ressources annuelles

Art. 13. — Le capital de l'Association comprend :

1° La dotation, formée par le capital de l'Association Scientifique et celui de la précédente Association française, au jour de leur fusion ;

2° Les versements des membres fondateurs ;

3° Les sommes versées pour le rachat des cotisations ;

4° Le capital provenant des libéralités, à moins que l'emploi immédiat n'en ait été autorisé par le donateur ou le testateur.

Art. 14. — Le capital est placé en rentes nominatives sur l'Etat ou en obligations nominatives dont l'intérêt est garanti par l'Etat.

Il peut être également employé à l'acquisition des immeubles nécessaires au but poursuivi par l'Association.

ART. 15. — Les recettes annuelles de l'Association se composent :

1° Des cotisations et souscriptions de ses membres ;

2° Des subventions qui pourront lui être accordées ;

3° Du produit des libéralités dont l'emploi immédiat a été autorisé ;

4° Des ressources créées à titre exceptionnel et, s'il y a lieu, avec l'agrément de l'autorité compétente ;

5° Du revenu des biens ;

6° Du produit de la rétribution perçue pour l'admission aux sessions générales, dont le minimum est fixé à dix francs ;

7° Des produits de *librairie* (*Comptes rendus*).

TITRE IV

Modification des Statuts et dissolution

ART. 16. — Les statuts ne peuvent être modifiés que par l'Assemblée générale sur la proposition du Conseil d'Administration.

Les propositions de modification présentées à une session ne pourront être votées qu'à la session suivante. Dans l'intervalle des sessions, un rapport explicatif sera imprimé et distribué à tous les membres. Les propositions seront, en outre, indiquées dans les convocations adressées à tous les membres de l'Association. Lorsque vingt membres en feront la demande par écrit, le vote aura lieu au scrutin secret.

Les statuts ne peuvent être modifiés qu'à la majorité des deux tiers des membres présents.

ART. 17. — L'Assemblée générale convoquée à Paris, sur l'initiative du Conseil, pour se prononcer sur la dissolution de l'Association doit comprendre, au moins, la moitié plus un des membres en exercice.

Si cette proportion n'est pas atteinte, l'Assemblée est convoquée de nouveau, mais à quinze jours au moins d'intervalle et, cette fois, elle peut valablement délibérer, quel que soit le nombre des membres présents.

La dissolution ne peut être votée qu'à la majorité des deux tiers des membres présents.

ART. 18. — En cas de dissolution volontaire, ou prononcée en justice, ou par décret, l'Assemblée générale désigne un ou plusieurs commissaires chargés de la liquidation des biens de l'Association. Elle attribue l'actif net à un ou plusieurs établissements analogues, publics ou reconnus d'utilité publique et poursuivant un but conforme à celui que poursuivait l'Association, tel qu'il est indiqué à l'article premier.

Les clauses stipulées par les donateurs ou testataires, en prévision de cette éventualité, devront être respectées.

Ces délibérations sont adressées sans délai au Ministre de l'Intérieur et au Ministre de l'Instruction publique.

Art. 10. — Les délibérations de l'Assemblée générale, prévues aux articles 16, 17 et 18, ne sont valables qu'après l'approbation du gouvernement.

TITRE V

Surveillance

Art. 20. — Le Président du Conseil d'Administration devra faire connaître dans les trois mois, au Préfet de la Seine, tous les changements survenus dans l'Administration ou la Direction.

Les registres et pièces de comptabilité de l'Association seront présentés, sans déplacement, sur toute réquisition du Préfet de la Seine, à lui-même ou à son délégué.

Le rapport financier annuel et les comptes sont adressés chaque année au Préfet de la Seine, au Ministre de l'Intérieur et au Ministre de l'Instruction publique.

Art. 21. — Les règlements intérieurs, préparés par le Conseil d'Administration et votés par l'Assemblée générale, doivent être adressés au Ministre de l'Intérieur et au Ministre de l'Instruction publique.

RÈGLEMENT

Titre I. — Dispositions générales

ARTICLE PREMIER. — Dans les sessions générales, l'Association se répartit en vingt-deux sections formant quatre groupes conformément au tableau suivant :

1er Groupe : Sciences Mathématiques

1re Section : *Mathématiques.*
2e Section : *Astronomie, Géodésie, Mécanique.*
3e et 4e Sections : *Génie civil et militaire, Navigation, Aéronautique.*

2e Groupe : Sciences Physiques et Chimiques

5e Section : *Physique.*
6e Section : *Chimie.*
7e Section : *Météorologie et Physique du Globe.*

3e Groupe : Sciences Naturelles

8e Section : *Géologie et Minéralogie.*
9e Section : *Botanique.*
10e Section : *Zoologie, Anatomie et Physiologie.*
11e Section : *Anthropologie.*
12e Section : *Sciences médicales.*
13e Section : *Electrologie et Radiologie médicales.*
14e Section : *Odontologie.*
15e Section : *Sciences pharmaceutiques.*
16e Section : *Psychologie expérimentale.*
17e Section : *Biogéographie.*

4e Groupe : Sciences Economiques

18e Section : *Agronomie.*
19e Section : *Géographie.*
20e Section : *Economie politique et Statistique.*
21e Section : *Pédagogie et Enseignement.*
22e Section : *Hygiène et Médecine publique.*

En outre, des sous-sections peuvent être créées par le Conseil, après avis des sections intéressées.

Art. 2. — Tout membre de l'Association choisit chaque année la section à laquelle il désire appartenir. Il a le droit de prendre part aux travaux des autres sections avec voix consultative, mais il ne vote et ne peut être candidat à la présidence ou aux fonctions de délégué que dans la section choisie par lui.

Art. 3. — Tout membre nouveau verse un droit d'inscription de cinq francs, sauf s'il se fait inscrire comme membre à vie ou comme membre fondateur. Ce droit est également dû par les membres démissionnaires qui demandent leur réintégration. Les frais de recouvrement des cotisations sont à la charge des Sociétaires. Les personnes morales : Sociétés, Bibliothèques, Laboratoires, Etablissements, etc., n'ont pas droit au rachat de la cotisation.

Art. 4. — Les personnes étrangères à l'Association, qui n'ont pas reçu d'invitations spéciales, sont admises aux séances et aux conférences d'une session, moyennant un droit fixé à 10 francs. Ces personnes peuvent communiquer des travaux aux sections, mais ne peuvent pas prendre part aux votes.

Titre II. — Attributions du Bureau et du Conseil d'Administration

Art. 5. — Le Bureau de l'Association est, en même temps, le Bureau du Conseil d'Administration.

Art. 6. — Pendant la durée de la session annuelle, le Conseil tient ses séances dans la ville où a lieu la session.

Art. 7. — Le Conseil d'Administration prépare les modifications réglementaires que peut nécessiter l'exécution des statuts et les soumet à l'Assemblée générale, après qu'elles ont été portées à la connaissance de l'Association par la voie du *Bulletin*.

Il prend les mesures nécessaires pour organiser les sessions de concert avec les Comités locaux qu'il désigne à cet effet. Il fixe la date de l'ouverture de chaque session. Il organise les conférences de l'Association.

Art. 8. — Nul ne peut être en même temps délégué de l'Association et délégué de section.

Art. 9. — Dans le cas de décès, d'incapacité ou de démission d'un ou de plusieurs membres du Bureau ou du Conseil, le Conseil procède à leur remplacement, après qu'avis de la vacance ou des vacances aura été donné aux membres de l'Association, soit par la voie du *Bulletin*, soit par circulaire.

Art. 10. — Le Conseil délibère à la majorité des membres présents.

Art. 11. — Les Commissions permanentes sont composées des six membres du Bureau et d'un certain nombre de membres élus pour un an par le Conseil, dans la première séance qui suit la session annuelle, ou désignés par les sections, lors de la session annuelle.

Elles sont au nombre de cinq :

1° *Commission de publication ;*
2° *Commission des finances ;*
3° *Commission d'organisation de la session suivante ;*
4° *Commission des subventions ;*
5° *Commission des conférences.*

Art. 12. — La Commission de publication se compose du Bureau et de quatre membres élus, auxquels s'adjoint pour les publications relatives à chaque section, le Président ou le Secrétaire, ou, en leur absence, un des délégués de la section.

Art. 13. — La Commission des finances se compose du Bureau et de quatre membres élus.

Art. 14. — La Commission d'organisation de la session se compose du Bureau et de quatre membres élus.

Art. 15. — La Commission des subventions se compose du Bureau, d'un délégué par section, nommé par les membres de la section pendant la durée du Congrès ou de son suppléant et de deux délégués de l'Association nommés par le Conseil.

La Commission fait des propositions pour la répartition des subventions et pour l'attribution de bourses de session, qui ont pour but de faciliter chaque année à deux personnes au maximum la participation au Congrès, en les défrayant de leurs frais de voyage et de séjour.

Les membres de cette Commission ne peuvent en aucun cas bénéficier eux-mêmes de subventions.

Art. 16. — La Commission des conférences se compose du Bureau et de huit membres élus par le Conseil.

Art. 17. — Le Conseil peut, en outre, désigner les Commissions spéciales pour des objets déterminés.

Titre III. — Du Secrétaire du Conseil

Art. 18. — Le secrétaire du Conseil reçoit des appointements annuels dont le chiffre est fixé par le Conseil.

Art. 19. — Lorsque la place de secrétaire du Conseil devient vacante, il est procédé à la nomination d'un nouveau secrétaire dans une séance précédée d'une convocation spéciale qui doit être faite quinze jours à l'avance et après que tous les membres de la Société ont été avisés de la vacance, soit par la voie du *Bulletin*, soit par circulaire.

La nomination est faite à la majorité absolue des votants. Elle n'est valable que lorsqu'elle est faite par un nombre de voix égal au tiers au moins du nombre des membres du Conseil.

Art. 20. — Le Secrétaire du Conseil ne peut être révoqué qu'à la majorité absolue des membres présents et par un nombre de voix égal au tiers, au moins, du nombre des membres du Conseil.

Art. 21. — Le Secrétaire du Conseil rédige et fait transcrire, sur deux registres distincts, les procès-verbaux des séances du Conseil et ceux des Assemblées générales. Il siège dans toutes les Commissions avec voix consultative. Il a voix consultative dans les discussions du Conseil. Il exécute, sous la direction du Bureau, les décisions du Conseil. Les employés de l'Association sont placés sous ses ordres. Il correspond avec les membres de l'Association, avec les Présidents et secrétaires des Comités locaux et avec les secrétaires des sections, dirige les publications de l'Association, et donne les bons à tirer. Pendant la durée des sessions, il veille à la distribution des cartes, à la publication des programmes et assure l'exécution des mesures prises par le Comité local concernant les excursions.

Titre IV. — Des Assemblées Générales

Art. 22. — Il se tient chaque année, pendant la durée de la session, au moins une Assemblée générale.

Art. 23. — Conformément à l'article 5 du titre II des statuts, l'Assemblée générale, dans une séance qui clôt définitivement la session, élit au scrutin secret et à la majorité absolue les membres du Bureau suivants : le Président, le Vice-Président, le Secrétaire, le Vice-Secrétaire et le Trésorier. Dans le cas où, pour l'une ou l'autre de ces fonctions, la liste de présentation ne comprendrait qu'un nom, la nomination pourra être faite par un vote à main levée, si l'Assemblée en décide ainsi. L'Assemblée générale proclame le résultat du scrutin pour la désignation des délégués de l'Association, élus dans les conditions prévues à l'article 5 du titre II des statuts.

Elle désigne, une ou deux années à l'avance, les villes où doivent se tenir les assises futures.

Art. 24. — L'Assemblée générale peut être convoquée extraordinairement par une décision du Conseil.

Titre V. — De l'organisation des sessions annuelles et du Comité local

Art. 25. — La Commission d'organisation, constituée comme il est dit à l'article 14, se met en rapport avec les membres fondateurs appartenant à la ville où doit se tenir la prochaine session. Elle désigne, sur leurs indications, un certain nombre de membres qui constituent le Comité local.

ART. 26. — Le Comité local nomme son Président, son Vice-Président et son Secrétaire. Il s'adjoint les membres dont le concours lui paraît utile, sauf approbation par la Commission d'organisation.

ART. 27. — Le Comité local a pour attribution de venir en aide à la Commission d'organisation, en faisant des propositions relatives à la session et en assurant l'exécution des mesures locales qui ont été approuvées ou indiquées par la Commission.

ART. 28. — Il est chargé de s'assurer des locaux et de l'installation nécessaires pour les diverses séances ou conférences : ses décisions, toutefois, ne deviennent définitives qu'après avoir été acceptées par la Commission. Il propose les sujets qu'il serait important de traiter dans les conférences, et les personnes qui pourraient en être chargées. Il indique les excursions qui seraient propres à intéresser les membres du Congrès et prépare celles de ces excursions qui sont acceptées par la Commission. Il se met en rapport, lorsqu'il le juge utile, avec les Sociétés savantes et les autorités des villes ou localités où ont lieu les excursions.

ART. 29. — Le Comité local est invité à préparer une série de courtes notices sur la ville où se tient la session, les monuments, les établissements industriels, les curiosités naturelles, etc., de la région. Ces notices sont distribuées aux membres de l'Association et aux invités assistant au Congrès.

ART. 30. — Le Comité local s'occupe de la publicité nécessaire à la réussite du Congrès, soit à l'aide d'articles de journaux, soit par des envois de programme, etc., dans la région où a lieu la session.

ART. 31. — Il fait parvenir à la Commission d'organisation la liste des savants français et étrangers qu'il désirerait voir inviter. Le Président de l'Association n'adresse les invitations qu'après que cette liste a été approuvée par la Commission.

ART. 32. — Le Comité local indique, en outre, parmi les personnes de la ville ou du département, celles qu'il conviendrait d'admettre gratuitement à participer aux travaux scientifiques de la session.

ART. 33. — Depuis sa constitution jusqu'à l'ouverture de la session, le Comité local fait parvenir, deux fois par mois, au Secrétaire du Conseil de l'Association, des renseignements sur ses travaux, la liste des membres nouveaux, avec l'état des paiements, la liste des communications scientifiques qui sont annoncées, etc.

ART. 34. — La Commission d'organisation publie et distribue, de temps à autre, aux membres de l'Association, les communications et avis divers qui se rapportent à la prochaine session. Elle s'occupe de la publicité générale et des arrangements à prendre avec les Compagnies de chemins de fer.

Titre VI. — De la tenue des sessions

Art. 35. — Pendant toute la durée de la session, le Secrétariat est ouvert chaque matin pour la distribution des cartes. La présentation des cartes est exigible à l'entrée des séances.

Art. 36. — Tout membre, en retirant sa carte, doit indiquer la section à laquelle il désire appartenir, ainsi qu'il est dit à l'article 3.

Art. 37. — Le Conseil se réunit dans la matinée du jour où a lieu l'ouverture de la session ; il se réunit pendant la durée de la session autant de fois qu'il le juge convenable. Il tient une dernière réunion pour arrêter une liste de présentation relative aux élections du Bureau de l'Association, vingt-quatre heures au moins avant la réunion de l'Assemblée générale.

Le Président et l'un des Secrétaires du Comité local assistent, pendant la session, aux séances du Conseil, avec voix consultative.

Art. 38. — Les candidatures pour les élections du Bureau doivent être communiquées au Conseil, présentées par dix membres au moins de l'Association trois jours avant l'Assemblée générale.

Le Conseil arrête la liste des présentations qu'il a reconnues régulières, vingt-quatre heures au moins avant l'Assemblée générale. Cette liste de candidatures, dressée par ordre alphabétique, sera affichée dans la salle de réunion.

Art. 39. — La session est ouverte par une séance générale, dont l'ordre du jour comprend les discours du Président de l'Association et des autorités de la ville et du département.

Aucune discussion ne peut avoir lieu dans cette séance.

A la fin de la séance, le Président indique l'heure où les membres se réuniront dans les sections.

Art. 40. — Chaque section, dans sa première séance, procède à l'élection de son Vice-Président et de son Secrétaire, auquel elle peut adjoindre un Secrétaire adjoint, toujours choisis parmi les membres de l'Association. Elle procède, aussitôt après, à ses travaux scientifiques.

Art. 41. — Le deuxième jour de la session, à 10 heures, chaque section élit son Président pour la session suivante, un délégué au Conseil conformément à l'article 5 du titre II des statuts, un délégué à la Commission des subventions et un suppléant de celui-ci.

Dans le cas où, par suite de vacances anormales, il y aurait lieu d'élire plusieurs délégués au Conseil, la section devra spécifier pour combien de temps chacun de ces délégués est élu.

Président, délégués et suppléant doivent être choisis parmi les membres de l'Association.

Les Présidents ne peuvent être réélus, pour la même section, que deux années consécutives.

Art. 42. — Les Présidents de section se réunissent, dans la matinée du second jour, pour fixer les jours et les heures des séances de leurs sections respectives, et pour répartir ces séances de la manière la plus favorable. Ils décident, s'il y a lieu, la fusion de certaines sections voisines.

Les Présidents de deux ou plusieurs sections peuvent organiser, en outre, des séances collectives.

Une section peut tenir, aux heures qui lui conviennent, des séances supplémentaires, à la condition de choisir des heures qui ne soient pas occupées par les excursions générales.

Art. 43. — Pendant la durée de la session, il ne peut être consacré qu'un seul jour, non compris le dimanche, aux excursions générales. Il ne peut être tenu de séances de sections, ni de conférences, et il ne peut y avoir d'excursions officielles spéciales, pendant les heures consacrées à une excursion générale.

Art. 44. — Il peut être organisé une ou plusieurs excursions générales ou spéciales, pendant les jours qui suivent la clôture de la session.

Art. 45. — Les sections ont toute liberté pour organiser les excursions particulières qui intéressent spécialement leurs membres.

Art. 46. — Une liste des membres de l'Association présents au Congrès paraît le lendemain du jour de l'ouverture, par les soins du Bureau. Des listes complémentaires paraissent les jours suivants, s'il y a lieu.

Art. 47. — Il paraît chaque matin un bulletin indiquant le programme de la journée, les ordres du jour des diverses séances et les travaux des sections de la journée précédente.

Art. 48. — La Commission d'organisation peut instituer une ou plusieurs séances générales.

Art. 49. — Il ne peut y avoir de discussions en séance générale. Dans le cas où un membre croirait devoir présenter des observations sur un sujet traité dans une séance générale, il devra en prévenir par écrit le Président, qui désignera l'une des prochaines séances de sections pour la discussion.

Art. 50. — A la fin de chaque séance de section, et sur la proposition du Président, la section fixe l'ordre du jour de la prochaine séance ainsi que l'heure de la réunion.

Art. 51. — Lorsque l'ordre du jour est chargé, le Président peut n'accorder la parole que pour un temps déterminé qui ne peut être moindre que dix minutes. A l'expiration de ce temps, la section est consultée pour savoir si la parole est maintenue à l'orateur ; dans le cas où il est décidé qu'on passera à l'ordre du jour, l'orateur est prié de donner brièvement ses conclusions.

Art. 52. — Les membres qui ont présenté des travaux au Congrès remettent au Secrétaire de leur section leur manuscrit ou un résumé de leur travail, écrits à la machine à écrire ; ils fournissent également une note indicative de la part qu'ils ont prise aux discussions qui se sont produites. Lorsqu'un travail comportera des figures ou des planches, mention devra en être faite sur le titre du mémoire.

Art. 53. — A la fin de chaque séance, les Secrétaires de sections remettent au Secrétariat :

1° L'indication des titres des travaux de la séance ;

2° L'ordre du jour, la date et l'heure de la séance suivante.

Art. 54. — Les Secrétaires de sections sont chargés de prévenir les orateurs désignés pour prendre la parole dans chacune des séances.

Art. 55. — Les Secrétaires de sections doivent rédiger un procès-verbal des séances. Ce procès-verbal doit donner, d'une manière sommaire, le résumé des travaux présentés et des discussions ; il doit être remis au Secrétariat aussitôt que possible et, au plus tard, un mois après la clôture de la session.

Art. 56. — Les Secrétaires de sections remettent au Secrétaire du Conseil, avant leurs procès-verbaux, les manuscrits qui auraient été fournis par leurs auteurs, avec une liste indicative des manuscrits manquants.

Art. 57. — Les indications relatives aux excursions sont fournies aux membres le plus tôt possible. Les membres qui veulent participer aux excursions sont priés de se faire inscrire à l'avance, afin que l'on puisse prendre des mesures d'après le nombre des assistants.

Art. 58. — Les conférences générales n'ont lieu que le soir, et sous le contrôle d'un Président et de deux Assesseurs désignés par le Bureau. Il ne peut être fait plus de deux conférences générales pendant la durée d'une session.

Art. 59. — Les vœux exprimés par les sections doivent être remis pendant la session au Conseil d'Administration qui, seul, a qualité pour les présenter au vote de l'Assemblée générale.

Art. 60. — Avant l'Assemblée générale de clôture, le Conseil décide quels sont les vœux qui devront être soumis à l'acceptation de l'Assemblée générale et qui, après avoir été acceptés, recevant le nom de *Vœux de l'Association française*, seront transmis sous ce nom aux pouvoirs publics.

Il décide également quels vœux seront insérés aux comptes rendus sous le nom de : *Vœux de la ...*[e] *Section* et quels sont ceux dont le texte ne figurera pas aux comptes rendus.

Il sera procédé, en Assemblée générale, au vote sur les vœux qui sont présentés par le Conseil comme vœux de l'Association.

Il sera ensuite donné lecture des vœux que le Conseil a réservés comme vœux de Section.

Dans le cas où dix membres au moins demanderaient qu'un vœu de cette espèce fût transformé en vœu de l'Association, ce vœu pourra être renvoyé, par un vote de l'Assemblée, à l'Assemblée générale suivante. Avant la réunion de celle-ci, cette proposition sera étudiée par une Commission de cinq membres qui aura à faire un rapport qui sera imprimé et distribué à tous les membres de l'Association. Cette Commission comprendra deux membres de la section ou des sections qui ont présenté le vœu, et trois membres pris en dehors de celle-ci. Les premiers sont désignés par le Bureau de la section (ou par les Bureaux des sections) ayant émis le vœu, qui devront les faire connaître au plus tard lors de la séance du Conseil qui suivra l'Assemblée générale, et, à défaut, par le Bureau de l'Association ; les trois autres membres seront nommés par le Bureau.

Titre VII. — Des Publications

Art. 61. — L'Association publie :

1° Un *Bulletin*, où sont insérés les documents administratifs intéressant tous les membres de l'Association ;

2° Un *volume* annuel renfermant :

a) Le texte ou l'analyse des conférences faites pendant l'année ;

b) Le compte rendu de la session ;

c) Le texte des notes et mémoires dont l'impression dans le compte rendu a été décidée par la Commission de publication.

Art. 62. — Les comptes rendus doivent être publiés dix mois au plus tard après la session à laquelle ils se rapportent.

La distribution des comptes rendus est annoncée à tous les membres de l'Association par une circulaire qui indique à partir de quelle date ils peuvent être retirés au Secrétariat, ou quelle somme doit être adressée au Secrétariat pour l'envoi du volume à domicile.

Les comptes rendus sont envoyés, aux frais de l'Association, aux personnes morales, membres de l'Association, et aux invités de l'Association.

Art. 63. — Les notes et mémoires dont l'impression *in extenso* est demandée par les auteurs devront être remis au Secrétaire de la section pendant la session ou être expédiés directement au Secrétariat deux mois au plus tard après la clôture de la session. Les planches ou dessins accompagnant un mémoire devront être joints à celui-ci.

Art. 64. — Trois pages, au maximum, peuvent être accordées à un auteur pour une même question ; toutefois, la Commission de publication pourra proposer au Conseil d'administration de fixer exceptionnellement une étendue plus considérable.

Art. 65. — Le Conseil d'Administration, sur la proposition de la Commission de publication, pourra décider la publication, en dehors des comptes rendus, de travaux spéciaux que leur étendue ne permettrait pas de faire paraître dans les comptes rendus. Ces travaux seront mis à la disposition des membres qui en auront fait la demande en temps utile. Les exemplaires remis à l'auteur ne peuvent en aucun cas être mis dans le commerce.

Art. 66. — La Commission de publication a tous pouvoirs pour décider l'impression *in extenso* d'un travail présenté à une session. Elle peut également demander aux auteurs des réductions dont elle fixe l'importance ; si le travail réduit ne parvient pas au Secrétariat dans les délais indiqués, l'impression ne pourra avoir lieu.

Aucun travail publié en France avant l'époque du Congrès ne pourra être reproduit dans les comptes rendus. Le titre et l'indication bibliographique figureront seuls dans le procès-verbal.

Art. 67. — Les discussions insérées dans les comptes rendus sont extraites textuellement des procès-verbaux des Secrétaires de sections. Les notes fournies par les auteurs pour faciliter la rédaction des procès-verbaux devront être remises dans les vingt-quatre heures.

Art. 68. — La Commission de publication décide quelles seront les planches qui seront jointes au compte rendu et s'entend, à cet effet, avec la Commission des finances.

Art. 69. — Les épreuves sont communiquées aux auteurs en placards seulement ; une semaine est accordée pour la correction. Si l'épreuve n'est pas renvoyée à l'expiration de ce délai, les corrections sont faites par les soins du Secrétariat.

Art. 70. — Dans le cas où les frais de correction et changements indiqués par un auteur dépasseraient la somme de 25 francs par feuille, l'excédent, calculé proportionnellement, sera porté à son compte.

Art. 71. — Les membres peuvent faire exécuter un tirage à part de leurs communications avec pagination spéciale, au prix convenu avec l'imprimeur par le Conseil d'administration. Ces tirages à part sont imprimés sur un type absolument uniforme.

Art. 72. — Les auteurs des communications présentées à une session ont d'ailleurs le droit de publier à part ces communications à leur gré ; ils sont seulement priés d'indiquer que ces travaux ont été présentés au Congrès de l'Association française.

CONGRÈS DE LYON

ASSEMBLÉE GÉNÉRALE

31 JUILLET 1926

PRESIDENCE DE PAUL LANGEVIN
Vice-Président de l'Association
Professeur au Collège de France
Directeur de l'Ecole Municipale de Physique
et de Chimie industrielle de la Ville de Paris

Procès-Verbal

I. — ELECTIONS

a) *Bureau pour* 1926-1927

Sont élus à l'unanimité :

Professeur LANGEVIN.
Vice-Président : Professeur LINDET.
Secrétaire : Colonel G. PERRIER.
Vice-Secrétaire : Professeur RABAUD.
Trésorier : RAOUL D'HARCOURT.

b) *Délégués de l'Association*

Le vote pour le choix de 8 délégués de l'Association a donné le résultat suivant :

M. A. DARSONVAL*, Membre de l'Institut, Professeur au Collège de France. .... 585 voix
M. J. MEUNIER*, Chef des travaux à l'Ecole centrale ...... 584 —
M. M. MOLLIARD,*, Membre de l'Institut, Doyen de la Faculté des Sciences de Paris. .... 587 —
M. Ch. MOUREU, Membre de l'Institut, Professeur au Collège de France .... 585 —
M. A. TURPAIN*, Professeur de Physique à la Faculté des Sciences de Poitiers, Directeur de l'Institut de Physique. 583 —
M. E. RABAUD**, *professeur à la Faculté des Sciences de Paris* 577 —
M. le Dr P. RIVET***, Assistant d'Anthropologie au Muséum national d'Histoire naturelle de Paris .... 570 —
M. Ch. GRAVIER****, Membre de l'Institut, Professeur au Muséum national d'Histoire naturelle de Paris .... 586 —

* *Membres sortants rééligibles.*
** *En remplacement de M. H. Sagnier, décédé.*
*** *En remplacement de W. Kilian, décédé.*
**** *En remplacement de M. J. Teissier, décédé.*

c) *Liste des Présidents de Sections et de Sous-Sections pour 1927, des Secrétaires de Section de Lyon, des Délégués au Conseil et à la Commission des Subventions élus à Lyon.*

SECTIONS	PRÉSIDENTS POUR 1927	SECRÉTAIRES EN 1926	DÉLÉGUÉ AU CONSEIL	DÉLÉGUÉ AUX SUBVENTIONS	DÉLÉGUÉ SUPPLÉANT
1er	Clapier	Le Corbeiller	Lemoyne	Poulet	Cartan
2e	Gonessiat	L'Abbé Vial	Cel Perrier	Cel Perrier	Guillaume
3e et 4e	Rouyer	Martin	Portevin	Hégly	Eydoux
5e	Vérain	Thovert	Dixsaut	Blondin	Tassilly
6e	Maillard	Dœuvre	Tiffeneau	Tiffeneau	»
7e	Petitjean	Giao	Maurain	Dongier	Maurain
8e	Brives	»	Bertrand	Joleaud	Lemoine
9e	Maire		Chevalier	Danguy	Braemer
10e	Seurat		Roule	Lesne	Gruvel
11e	Reygasse		Giraux	de Mortillet	Geneau
12e	Ardin-Delteil		Cade	Arloing	Dumas
13e	Miramont de la Roquette	Badolle	Nogier	Delherm	Bourguignon
14e	Bouchard	Derouineau	Roy	Siffre	Wallis-Davy
15e	Morel	Tamisier	Lematte	Collard	Braemer
16e	Rabaud	»	Delacroix	Piéron	Rabaud
17e	Joleaud	»	Legendre	Lemoine	»
18e	Perruchot	Perraud	Fron	Bruno	Larue
19e	Larnaude	»	Grandidier	»	»
20e	Alquier	»	Razous	»	»
21e	Piéron	Lapierre	Fontaine	Bruneau	Lapierre
22e	Dequidt	Beaussillon	Granjux	Courmont	Loir
Sous-Section d'Archéologie	Thépenier	Manigol	»	»	»
Sous-Section de linguistique	Cour				

II. — RAPPORT DU TRESORIER

Raoul D'HARCOURT

Chef de Service au Département de l'Etranger à la Société Générale
Trésorier de l'Association.

Mesdames, Messieurs,

J'ai l'honneur de vous présenter, au nom du Conseil, l'état des recettes et des dépenses de votre Association pour l'année 1925.

RECETTES

Cotisations. . ...Frs	47.929 »
Recettes diverses.	3.811 35
Intérêts du capital	58.845 98
Legs Girard.	6.000 »
Total	116.586 33
Capital : Rachats de cotisations et parts de fondateurs........	4.480 »
Prélèvements sur les réserves antérieures.................	7.443 32
	128.509 65

DEPENSES

Loyer, contributions, assurances, achat et réparation du matériel	7.199 15
Appointements.	23.400 »
Indemnité de M. Hérichard.	3.000 »
Frais d'administration (frais de bureau, imprimés, frais de poste, téléphone, divers)	5.545 85
Recouvrement de cotisations	675 90
Frais afférents aux rentes et valeurs.	330 05
Frais de la session de Grenoble	8.554 15
Subventions ordinaires.	14.000 »
Conférences en dehors du Congrès	2.349 45
Volume des comptes rendus du Congrès de Liége	43.420 20
Bulletin trimestriel	6.179 50
Dépenses imprévues.	3.375 40
Placement de fonds.	4.480 »
Legs Girard.	6.000 »
Total	128.509 65

Cet état, sensiblement pareil à ceux des années antérieures, ne mérite pas de commentaires particuliers.

Je vous signale pour l'année en cours, un accroissement de nos charges d'environ fr. 4.000 du fait de l'augmentation — pourtant minime — du prix de notre loyer.

Portefeuille : en 1925, 31 obligations de valeurs diverses provenant de votre portefeuille sont sorties au tirage ; le montant de leur remboursement, fr. 19.746,92, a été remployé conformément aux statuts.

Je vous disais l'an dernier que les actions Condemine n'avaient plus aucune valeur ; ce renseignement était exact, mais ayant fait vérifier si une répartition vieille de bien des années avait été touchée sur vos titres, j'eus la suprise de constater une omission et la bonne fortune de pouvoir encore encaisser fr. 4.620.

Les actions du Palais de la Nouveauté ne sont pas encore échangées.

III. SUBVENTIONS DE 1925

a) Subventions ordinaires et legs Juglar

Géologie

G. Corroy	Frais de publication de sa thèse de doctorat	1.000
L. Glandeaud	Etude des régions volcaniques du Nord-Est de l'Algérie	500
L. Moret	Continuation de travaux sur les faunes spongiologiques du Crétacé français ainsi que sur le Numulitique des Chaînes subalpines des Alpes occidentales.	2.000

Botanique

A. Metay	Achat d'un microscope pour entreprendre des recherches sur le développement des algues dans les milieux de culture.	1.000
A. Chevalier	Contribution à la reconstruction de son laboratoire incendié	2.000

Zoologie

J. Chaine	Frais de clichés illustrant une étude descriptive et comparative sur les os péniens	300
H. Daudin	Impression de deux thèses	1.000

Anthropologie

Coutil	Sondages et fouilles sur deux points du département de l'Eure	400
Debruge	Recherches dans les escargotières et grottes de la région du douar Zana.	500
Henri Martin	Recherches archéologiques en Charente.	1.300
Association régionale de Paléontologie humaine et de Préhistoire	Fouilles à Solutré	1.000
P. Royer	Fouille dans une grotte de la commune mixte d'Akbou	1.400

Psychologie expérimentale

J.-M. Lahy	Continuation et mise au point définitive de recherches relatives à l'orientation professionnelle des enfants	600

Agronomie

H. Erhart	Publication d'une thèse sur les sols de Madagascar	1.000
	Total	14.000

IV. — RAPPORT DU SECRETAIRE

Auguste CHEVALIER
Inspecteur Général de l'Agriculture au Ministère des Colonies.
Directeur du Laboratoire d'Agronomie coloniale
près le Muséum d'Histoire Naturelle

Monsieur le Président,
Mesdames, Messieurs, Mes chers Collègues,

Suivant une tradition déjà ancienne, je viens, comme l'ont fait mes prédécesseurs et en remplissant de mon mieux le mandat éphémère que vous m'avez fait l'honneur de me confier l'an dernier, vous rendre compte des événements les plus marquants survenus dans la vie de notre Association au cours de l'année statutaire que nous clôturons.

Il y a un an, à pareille époque, nous étions réunis à Grenoble. C'était la troisième fois depuis sa fondation que notre Groupement tenait ses assises dans la belle ville que l'on a surnommé à juste titre la « Reine des Alpes ». Le 49e Congrès présidé par M. Emile Borel, alors Ministre de la Marine fut particulièrement brillant.

La ville de Grenoble nous fit l'accueil le plus chaleureux et chaque soir, après les travaux du Congrès, nous avions toutes les facilités pour visiter la belle Exposition de la Houille blanche et du tourisme qui se tenait en même temps dans la capitale du Dauphiné. Cette Exposition n'était pas seulement intéressante pour nous au point de vue pittoresque. Elle fut pour de nombreux Congressistes l'occasion d'études intéressantes : nos Collègues ingénieurs purent se rendre compte des prodiges accomplis pour utiliser l'énergie perdue jusqu'à ces dernières années dans les montagnes ; le village alpin reconstitué en grande partie suivant les directives de notre Collègue, M. Blanchard, Directeur de l'Institut de Géographie alpine, nous montra toutes les formes de l'habitation dans les Alpes. Le clou de cette Exposition pour les naturalistes fut sans conteste le magnifique aquarium d'eau douce établi sous la direction de notre Collègue, M. Léger, Professeur de Zoologie à la Faculté des Sciences, où nous avons pu examiner à l'état vivant les ressources aquicoles des rivières et des lacs des Alpes.

Nous devons un témoignage de reconnaissance tout particulier au Comité local du Congrès de Grenoble pour les belles excursions organisées par ses membres les plus actifs qui tinrent à nous faire visiter eux-mêmes les sites les plus beaux, les Etablissements scientifiques ou industriels les plus remarquables de la région. C'est ainsi que le Professeur Mirande et son collaborateur, M. Offner, montrèrent aux botanistes le Jardin alpin plein de promesses et déjà en bonne voie de développement, créé au Lautaret par l'Université de Grenoble avec le concours du Club alpin.

L'éminent Président du Comité local, le Professeur Wilfrid Kilian, pour qui la géologie des Alpes n'avait guère de secrets, se dépensa sans compter avec une ardeur inlassable, une activité toute juvénile pour la réussite du Congrès. Nous devions apprendre, hélas ! peu de temps après, la mort soudaine de ce grand savant.

Je n'entreprendrai point de vous énumérer toutes les communications nombreuses faites aux différentes sections lors du Congrès de Grenoble, vous les trouverez au Compte Rendu de la Session, publié depuis déjà plusieurs mois. Je voudrais seulement appeler votre attention sur le sujet spécial qu'avaient choisi M. Emile Borel et M. Kilian, comme thème de leur discours. L'un et l'autre appelèrent l'attention sur la situation alarmante de la Science française, par suite de l'insuffisance du recrutement de jeunes gens de valeur pour se consacrer à la recherche scientifique.

La situation qu'ils dénonçaient ne s'est point améliorée depuis l'année dernière. Actuellement la plus grande partie de la jeunesse intellectuelle de notre Pays, tentée par l'appât du gain, se détourne de la science pure pour se consacrer exclusivement aux applications de la science ou pour entrer dans des carrières relatives au commerce, à l'industrie, à l'agriculture, situations beauoup mieux rémunérées que celles qui se rattachent à l'Enseignement supérieur et à la recherche scientifique.

Actuellement, le recrutement du jeune personnel dans les laboratoires devient de plus en plus précaire. Les perspectives pécuniaires insuffisantes qui sont offertes ne peuvent tenter que des jeunes gens animés d'une véritable vocation pour telle ou telle science et du feu sacré pour la recherche.

Le Conseil de notre Association s'est grandement préoccupé au cours de la dernière année de cette situation si inquiétante pour l'avenir de la science. Dans la Commission des Subventions notamment, nous nous sommes efforcés de venir en aide aux jeunes gens qui ont des travaux originaux à publier, en particulier des thèses pour le Doctorat ès-sciences, ou des missions lointaines à effectuer pour des études à faire sur le terrain.

Malheureusement, les 15.000 ou 20.000 francs que nous pouvons distribuer annuellement en subventions ne constituent qu'un appoint très modeste pour remédier à la situation présente. Nous ne devons pas craindre de dire que l'actif de notre Association, qui était avant la guerre une des Sociétés scientifiques les plus prospères d'Europe, actif resté en apparence le même qu'en 1914, se trouve en réalité considérablement amoindri par suite de la baisse du franc et l'aide que nous pouvons apporter au progrès de la Science se trouve ainsi beaucoup diminuée. Aussi, avons-nous eu au Conseil le regret de réduire à 3 pages l'étendue des travaux que chaque auteur pourra publier désormais à nos Comptes Rendus.

Nous devons nous efforcer de reconstituer dès maintenant nos moyens d'action en recrutant des membres nouveaux de plus en plus nombreux, en sollicitant des subventions des organismes qui sont en état de nous les donner, enfin en nous adressant, pour en obtenir les concours financiers, à l'initiative privée et notamment aux Etablissements industriels, commerciaux et bancaires qui, tirant chaque jour parti de la science appliquée, doivent comprendre que sans le progrès de la science pure, il deviendra difficile, sinon impossible de faire progresser les applications industrielles de la science.

Jamais notre Pays n'a eu autant besoin de l'aide désintéressée de la science pour améliorer sa situation économique ; la science a également un besoin impérieux qu'on lui vienne en aide.

Malgré les difficultés actuelles, l'Association Française pour l'Avancement des Sciences a continué, au cours de l'année 1925-1926, à déployer son action dans les diverses sphères qui sont de son ressort : les réunions du Conseil, celles des diverses Commissions ont été très actives. Diverses conférences ont été faites à Paris et une à La Rochelle. Le nombre des membres vient de s'élever à 3.216, s'accroissant de près de 200 unités depuis un mois. Un événement important a marqué la vie de l'Association au cours de l'année écoulée. Je veux parler du départ de notre Secrétaire général, M. Gustave Rivet et de son remplacement par M. Verne.

Pendant les cinq années au cours desquelles il a exercé ses fonctions, le Dr Rivet a montré les qualités d'un remarquable administrateur et il a marqué d'une empreinte profonde son passage au Secrétariat général de l'Association. En outre, ses qualités de cœur, son obligeance inlassable, son dévouement à toutes les causes bonnes et utiles lui ont acquis de nombreuses amitiés dans les milieux les plus divers. Nommé récemment Secrétaire général de l'Institut d'Ethnographie comparée, à la Sorbonne, haute fonction où il rendra d'importants services à la cause coloniale française, le Dr Rivet aurait pu conserver le Secrétariat de l'A. F. A. S. comme le lui demandait le Conseil ; par un scrupule qui l'honore, il a pensé qu'il ne pourrait pas donner désormais assez de temps à l'Association et c'est lui qui a tenu à résilier ses fonctions. En votre nom, je lui adresse nos bien sincères remerciements pour l'œuvre si féconde qu'il a accomplie pendant ses années de Secrétariat.

Le regret que nous éprouvons par la résiliation des fonctions du

Dr Rivet a été heureusement compensé par deux choses : d'abord par l'assurance qu'il nous a donnée au Conseil qu'il resterait fidèlement dévoué à notre Association (et il vient de montrer au Congrès de Lyon qu'il tenait sa promesse).

Enfin par la conviction que nous avons qu'il est remplacé par un jeune Secrétaire général qui a aussi de grandes qualités. Nous avons vu ces jours derniers M. Verne à l'œuvre.

Nous avons désormais la certitude qu'il sera le « right man in rght place » et qu'il continuera pendant de très nombreuses années la tradition de ses prédécesseurs : Garriel, Desgrez, Rivet, faisant notre Association de plus en plus prospère, malgré les difficultés de l'heure présente.

La collaboration affectueuse de tous les membres de l'A. F. A. S. lui est dès maintenant acquise.

La tradition veut que le Secrétaire sortant ne s'occupe pas dans son Rapport du Congrès qui clôture l'année statutaire, cette tâche devant être remplie l'année suivante par son successeur.

Mon successeur et ami, M. le Colonel Perrier, ne m'en voudra pas, j'en suis sûr, d'empiéter un instant, sur la tâche qui lui reviendra, pour dire à nos collègues lyonnais, combien personnellement j'ai été intéressé dans les domaines qui sont de ma spécialité par les ressources scientifiques de la Ville, de l'Université, de la si vivante Société Linnéenne et par les résultats des efforts lyonnais.

En ce qui concerne la botanique pure et appliquée, le Parc de la Tête d'Or constitue non seulement un joyau d'agrément, il renferme également de précieuses collections botaniques vivantes que les plus grands établissements scientifiques de Paris pourraient envier. Sous la nouvelle Direction de M. Faucheron, nul doute qu'il prenne encore de l'extension. Comme vous le savez, Lyon est la patrie d'Alexis Jordan, l'un des savants qui ont marqué de la plus profonde empreinte la science biologique contemporaine, en dégageant la notion des espèces élémentaires. Son Herbier conservé à l'Université catholique a subi des avaries sérieuses, mais heureusement une compensation précieuse vient d'être donnée aux botanistes lyonnais.

L'Herbier du Prince Roland Bonaparte, l'un des plus riches de notre Pays, vient d'être donné par sa fille, la Princesse Marie de Grèce, à la Faculté des Sciences de Lyon. M. Beauverie, Professeur de botanique à l'Université, a déjà installé cette magnifique collection dans les anciens locaux du Grand Séminaire et nous avons pu constater que des mesures conservatrices ont déjà été prises pour la sauvegarde de ce précieux matériel.

Dans le domaine des études coloniales, Lyon est également un centre intellectuel important. La grande cité qui a déjà pris une place si remarquable dans l'utilisation des matières premières exotiques comme la soie, les matières tannantes, les bois coloniaux, aurait tout à gagner en ayant les regards constamment tournés vers les richesses de nos territoires d'outre-mer.

Puisse, le Congrès qui clôture aujourd'hui ses travaux, avoir apporté encore un stimulant aux œuvres scientifiques de ce pays, œuvres dont la cité lyonnaise a le droit d'être fière.

V. — VŒUX DE L'ASSOCIATION

1er vœu. — *L'Association Française pour l'Avancement des Sciences :*

Considérant :

Que la bibliographie devient de plus en plus un instrument de recherches indispensables, et qu'il y a lieu le plus possible de compléter et de perfectionner les études faites en France dans sa direction ;

Que la bibliographie française est souvent en état d'infériorité vis-à-vis de l'étranger ;

Que l'expansion à l'étranger d'une bibliographie en langue française est un moyen de propagande d'autant plus précieux et fécond que, dans certains pays, on affecte volontiers et systématiquement d'ignorer les sources françaises ou les références en langue française ;

Emet le vœu que l'A. F. A. S. appelle instamment l'attention de la Confédération des Sociétés scientifiques françaises sur deux efforts très méritoires faits en vue de répandre à l'étranger une bibliographie générale de langue française et sur l'intérêt qu'il y aurait à encourager par de larges subventions les œuvres si utiles et de renseignements rapides entreprises par :

1° La Section de géodésie de l'Union Géodésique et Géophysique Internationale ;

2° L'Association française d'Observateurs d'études véritables, dont les travaux sont centralisés et publiés par l'Observatoire de Lyon.

2e vœu. — *L'Association Française pour l'Avancement des Sciences :*

Considérant que la profession de géomètre expert comprend les opérations topométriques et topographiques que comportent les délimitations, bornage de propriétés, le cadastre, les remembrements, les améliorations foncières et plans de villes, etc...

Que cette profession doit non seulement faire l'objet d'un enseignement rationel, mais être protégée par un brevet officiel d'Etat, destiné non pas à créer un monopole au profit des titulaires, mais à servir de références et qui devra être exigé des géomètres étrangers désireux d'exercer leur activité en territoire français (France et colonies) ;

Emet le vœu que les Pouvoirs publics se préoccupent d'une organisation systématique de cette intéressante profession.

3 VŒU. — *L'Association Française pour l'Avancement des Sciences :*

Considérant que l'idée de grouper toutes les personnes s'intéressant à la chronométrie est une idée française, et que plusieurs sociétés de chronométrie se sont fondées à l'étranger et notamment en Suisse, et qu'il y a été proposé à plusieurs reprises de les grouper en une société internationale ;

Emet le vœu :

Qu'une Société Française de Chronométrie soit bientôt créée.

4e VŒU. — *L'Association Française pour l'Avancement des Sciences :*

Emet le vœu que la Commission d'électrification de la France soit en état d'arrêter promptement les bases d'un programme général de réseaux à haute tension, conduisant rapidement à des réalisations, en ce qui concerne notamment le plateau Central.

5e VŒU. — *L'Association Française pour l'Avancement des Sciences :*

Emet le vœu que les statuts des radiocommunications téléphoniques et télégraphiques, en cours d'élaboration, réservent une large place aux liaisons radiotéléphoniques et télégraphiques entre les postes des grands réseaux.

6e VŒU. — *L'Association Française pour l'Avancement des Sciences :*

Emet le vœu que l'étude des dispositions à employer pour assurer la sécurité de la navigation aérienne, sans gêner le développement du réseau d'énergie électrique, soit faite d'un commun accord entre les intéressés.

Devraient être appelés à participer à cette étude :

1° Au point de vue aéronautique : les représentants officiels de l'aéronautique civile, militaire, navale ou coloniale, ainsi que les représentants des Associations aéronautiques privées, des constructeurs et des utilisateurs des appareils aéronautiques ;

2° Au point de vue électrique : les représentants des services compétents du Ministère des Travaux publics, des Compagnies de production ou de distribution d'énergie, ainsi que des différents usagers.

Les points à examiner seraient :

Eloignement des lignes électriques des aérodromes et de leurs abords ;

Mise au point des cartes des réseaux électriques et communication de ces cartes aux navigateurs aériens ;

Signalisation des lignes électriques les rendant facilement visibles du haut des airs.

7e vœu. — *L'Association Française pour l'Avancement des Sciences :*

Emet le vœu :

Que l'utilisation des réserves en énergie prévues par l'article 10-6°, de la loi du 16 octobre 1919, soit facilitée par leur attribution à des communes et prélevées partie sur les réserves affectées aux services publics et partie sur les réserves affectées aux groupements agricoles, suivant une proposition évaluée une fois pour toutes forfaitairement ;

Que toutes les dispositions soient prises pour faciliter le transport des réserves ainsi attribuées, depuis les bornes des usines jusqu'aux communes bénéficiaires. dispositions telles que :

Obligation de transport par les concessionnaires de distribution aux services publics, construction de lignes départementales, telles que celles établies pour cet objet en Savoie ou en Haute-Savoie, etc...

8e vœu. — *Transmis à la Chambre Syndicale des Forces Hydrauliques.*

L'Association Française pour l'Avancement des Sciences :

Emet le vœu :

1° Que les concessionnaires exploitant des forces hydrauliques, procédant à des observations de débits ou d'échelles concernant le régime des cours d'eau, collaborent avec l'Administration compétente en vue de compléter ou de contrôler l'ensemble des observations intéressant un même cours d'eau ;

2° Que les résultats de ces opérations soient portés à la connaissance des intéressés sous la forme de publications qui, en ce qui concerne le régime des cours d'eau, pourrait prendre la forme simple et suggestive de diagrammes ou graphiques.

Si l'Administration ne peut prendre à son compte les frais totaux de ces publications, elle pourrait tout au moins publier des listes des stations de jaugeage et des cours d'eau dont l'étude est terminée ou en cours, avec l'indication des bureaux où les intéressés pourraient se procurer, à leurs frais, des tirages des diagrammes ou des reproductions de tous autres renseignements les intéressant.

3° Que les particuliers ou Sociétés s'intéressant à l'aménagement des forces hydrauliques puissent avoir connaissance, dans les conditions et sous la forme qui agréera à l'Administration, des avis des divers organismes, comité consultatif des forces hydrauliques, comité d'électricité, etc... qui concourent à fixer la jurisprudence des lois nouvelles en cette matière.

4° Que, de manière plus générale, les documents d'ordre scientifique et technique réunis par les diverses administrations nationales, départementales ou municipales, soient publiés dans la mesure du possible, ou mis à la disposition des sociétés ou des personnes qui peuvent en avoir besoin.

9e VŒU. — *Transmis au Comité météorologique international.*

L'Association Française pour l'Avancement des Sciences :

Constate que, dans un grand nombre de pays, et surtout dans les dominions et colonies éloignées, les publications météorologiques ne comportent que des éléments *moyens.* Si ces données peuvent suffire aux besoins de la climatologie, elles ne permettent aucune étude de météorologie *dynamique* mondiale. L'A. F. A. S. attire l'attention du Comité météorologique international sur cette situation si préjudiciable au progrès de la science météorologique, et elle exprime le vœu qu'il use de sa haute autorité morale pour mettre à la disposition des chercheurs le maximum de données quotidiennes réelles, soit en organisant une publication analogue au « réseau mondial », mais de type dynamique, soit en obtenant des pays intéressés la diffusion d'une documentation plus complète.

Réponse du Comité météorologique international :

De Bilt, le 7 octobre 1926.

Monsieur,

En accusant réception de votre lettre du 2 octobre, je regrette qu'elle ne me parvient qu'après la réunion du Comité météorologique international, tenue à Vienne du 23 au 29 septembre dernier. Si vous consultez les résolutions de la première conférence des Directeurs à Utrecht en 1923, vous trouverez que les Nos 18 et 60 recommandent la publication de cartes synoptiques pour des océans ou des hémisphères. Dans sa dernière réunion, le Comité a approuvé la résolution suivante de sa Commission pour les renseignements synoptiques du temps : « Que chaque service national considère les renseignements donnés dans ses émissions collectives par T. S. F. comme le renseignement *minimum* qui sera publié sous forme de tableaux dans son bulletin quotidien du temps ou dans une publication séparée. »

Si vos vœux ne sont pas réalisés prochainement, ce ne sera pas par manque d'intérêt de la part des météorologistes, mais seulement par manque de fonds.

Du reste, je ne manquerai pas de porter votre vœu à la connaissance de la conférence des Directeurs, qui se réunira dans trois ans.

Veuillez agréer, Monsieur, l'assurance de ma considération bien distinguée.

Le Président du Comité,
Illisible.

10e vœu. — *L'Association Française pour l'Avancement des Sciences :*

Emet le vœu :

Que toute opération opothérapique porte, comme cela existe actuellement pour les sérums, sur chaque boîte livrée au commerce, la date à laquelle elle a été préparée, avec signature du fabricant.

11e vœu. — *L'Association Française pour l'Avancement des Sciences :*

Confirmant le vœu qu'elle a émis l'année dernière sur la nécessité du contrôle sévère des arséno-benzines, émet le vœu à nouveau que ce contrôle soit institué au plus tôt dans les Facultés de Pharmacie, les Facultés mixtes de médecine et de pharmacie, les Ecoles de Médecine et de Pharmacie, par les professeurs de ces établissements, lesquels sont les plus qualifiés pour le contrôle de tous les médicaments.

12e vœu. — *L'Association Française pour l'Avancement des Sciences :*

Reconnaissant la nécessité d'initier les élèves des trois ordres d'enseignement à l'activité générale des pays, émet le vœu qu'une organisation d'ensemble du tourisme d'études soit envisagée dans tous les ordres d'enseignement.

Le Congrès émet le vœu :

1° Qu'il soit prévu dans les horaires un nombre d'heures suffisant pour les visites et les excursions ;

2° Que la responsabilité de l'Etat en matière d'accident soit substituée à celle de l'instituteur ou du professeur ;

3° Que des démarches soient faites auprès des Compagnies de transport pour obtenir des facilités spéciales de déplacement.

13e VŒU. — *L'Association Française pour l'Avancement des Sciences :*

Emet le vœu que le Centre Universitaire de Douai, créé pour une expérience d'Ecole Unique, en ce qui concerne les trois premiers degrés de l'Enseignement, soit maintenu, que les enquêtes et expériences qu'il était chargé de conduire soient reprises et étendues, et que leurs résultats soient publiés.

14e VŒU. — *L'Association Française pour l'Avancement des Sciences :*

Emet le vœu que chaque livre, article de revue ou mémoire, soit accompagné, par les soins de l'éditeur, d'un texte détachable destiné à l'établissement de fiches bibliographiques et imprimé à trois exemplaires au moins.

Vœu en faveur du Laboratoire Maritime du Collège de France à Concarneau

M. Legendre ayant exposé au Conseil de l'Association les difficultés auxquelles se heurte actuellement ce Laboratoire, le plus ancien de tous ceux créés au bord de la mer, du fait de sa situation sur le domaine maritime, dont l'Administration ne s'est pas assurée la concession et que des intérêts particuliers revendiquent, l'A. F. A. S. a adressé à M. le Ministre des Travaux Public, des Ports et de la Marine Marchande le vœu suivant :

Vœu

Le Conseil de l'Association Française pour l'Avancement des Sciences, réuni le 23 juin 1926 ;

Après avoir entendu l'exposé de la situation administrative du Laboratoire maritime du Collège de France à Concarneau ;

Considérant que cet Etablissement a rendu et rend de précieux services aux progrès de la science française ;

Que de nombreuses recherches y ont été faites dont les comptes rendus ont été présentés aux Congrès de notre Association ;

Que de nombreux membres de notre Associations fréquentent ce Laboratoire :

Emet le vœu que M. le Sous-Secrétaire d'Etat à la Marine marchande accorde au Collège de France la concession qui lui a été demandée ,

Que cette concession comprenne les bâtiments et les bassins, aussi nécessaires les uns que les autres aux études zoologiques et biologiques ;

Tient à signaler le danger qu'il y aurait de distraire partie de cet Etablissement à son affectation primitive en vue des recherches purement scientifiques.

VI. — *Villes où doit se tenir le Congrès en 1926 et 1927*

L'Assemblée générale décide :

1° Que le Congrès de 1927 se tiendra à Constantine (Algérie).

2° Que le Congrès de 1928 se tiendra à La Rochelle (Char. Inf.).

VII. — *Remerciements*

L'Assemblée générale vote des remerciements aux personnalités suivantes :

Mmes Lépine.
Edmond Gillet.
Albert Offret.
Gabriel Florence.

MM. le Maire et la Municipalité de Lyon.
Pradel, Président de la Chambre de Commerce, et la Chambre de Commerce.
Cavalier et Gheusi, Recteurs de l'Académie.
l'Inspecteur d'Académie.
Hugounenq, Président du Comité local.
Albert Offret, Secrétaire général du Comité local.
Edmond Gillet, Pierre Villard, Boutan, Salles et tout le bureau du Comité local.
Ehrhard, Président de la Commission du Livre.
Guiart, Secrétaire de la Commission du Livre.
Pilon, Commissaire général de l'Exposition.
Touzot, Secrétaire général de la Foire de Lyon.
Fougère, Conférencier.
Belin, Conférencier.
Berliet, Industriel.
Henry Bertrand, Industriel.
Visseaux, Industriel.
le Comte d'Hennezel, Conservateur du Musée.
Rosenthal, Directeur des Musées.
Deperet, Arcelin, Vassy, Allemand-Martin, qui ont bien voulu guider nos excursions.
les Directeurs de Chancy-Pougny et de la Compagnie de Force et Lumière à Bellegarde.

La Compagnie du Gaz de Lyon.
le Directeur des Usines hydro-électriques du Fier.

Les Grands Magasins des Galeries Lafayette, du Grand Bazar et des Deux Passages.

M. Chaussegros, Directeur des Musées du Puy.

M. le Directeur de l'Ecole Palatine, M. le Conservateur des Musées des Papes, et M. Fabre, Secrétaire de la Chambre de Commerce.

M. le Maire et la Municipalité de Vals.

La Presse locale, régionale et française.

La Presse étrangère.

VIII. — *Remise de Médailles*

Les médailles qui ont été accordées par le Conseil sont ensuite remises aux personnalités suivantes :

Mme Jean LÉPINE, Présidente du Comité des Dames.

MM. Edouard HERRIOT, Président d'honneur du Comité local.
CAVALIER, Président d'honneur du Comité local.
GHEUSI, Président d'honneur du Comité local.
PRADEL, Président de la Chambre de Commerce.
HUGOUNENQ, Président du Comité local.
GILLET, Président de la Commission des Finances.
VILLARD, Vice-Président du Comité local.
BOUTAN, Vice-Président du Comité local.
SALLES, Membre de la Commission du Livre.
Albert OFFRET, Secrétaire-Gal. du Comité local.
Jean OFFRET, Secrétaire-adjoint du Comité local.
FOUGÈRE, Membre de la Commission du Livre.
EHRHARD, Président de la Commission du Livre.
GUIART, Secrétaire de la Commission du Livre.
Aimé BERNARD, Membre de la Commission du Livre.
CHALUMEAU, Membre de la Commission du Livre.
Paul COURMONT, Membre de la Commission du Livre.
GOUACHON, Membre de la Commission du Livre.
Paul PIC, Membre de la Commission du Livre.
LIGNON, Président de la Société de la Foire.
VICTOR, Administrateur de la Société de la Foire.
TOUZOT, Secrétaire général de la Foire de Lyon.
PILON, Commissaire de l'Exposition.
LAROCHE, Membre du Comité de Direction.
A. LACROIX, Président de l'Association française pour l'Avancement des Sciences.

SÉANCE GÉNÉRALE D'OUVERTURE

26 Juillet 1926

Présidence de A. LACROIX

Secrétaire perpétuel de l'Académie des Sciences
Professeur au Museum d'Histoire Naturelle
Président de l'Association

Louis HUGOUNENQ

Doyen honoraire de la Faculté de Médecine et de Pharmacie de Lyon
Professeur de Chimie biologique et médicale

DISCOURS

Mesdames, Messieurs,

Le Comité qui s'est constitué pour organiser ce Congrès a accompli une tâche dont le succès était assuré par avance, grâce aux concours que nous escomptions et qui ne nous ont pas fait défaut. Mais c'est, comme toujours, le zèle de quelques hommes dévoués qui a mené à bien, à travers des difficultés inévitables, une entreprise laborieuse et compliquée.

Je suis fort à mon aise pour faire l'éloge de ce Comité, n'ayant pris aux travaux qui lui incombaient qu'une participation discrète. Ce que d'un mot prétentieux j'appelle notre œuvre doit le meilleur de ses résultats à mon collègue et ami, M. Offret, à ses collaborateurs immédiats, ainsi qu'à M. Touzot, représentant dans notre groupe de la Foire de Lyon. Je n'aurai garde d'oublier le Comité des Dames ou de passer sous silence les auteurs de diverses notices réunies en un beau volume sorti des presses depuis quelques jours.

Mais si notre programme a été rempli au delà de nos espérances, c'est que de précieux concours nous sont venus de tous les côtés : la Ville de Lyon, le Département du Rhône, la Chambre de Commerce, l'Université, la Société de la Foire, industriels, commerçants, souscripteurs de toute origine se sont associés à notre effort, et c'est de quoi je tiens à les remercier.

Ceux d'entre vous, Mesdames et Messieurs, qui viennent de loin ont entendu dire que cette ville de labeur intense était austère, presque morose. Elle n'est pas cependant sans présenter quelque intérêt pour l'observateur attentif qui s'attache au sérieux des choses.

Si vous pénétrez nos institutions, si vous pouviez surtout mesurer l'activité de Lyon sur place et à travers le monde, vous emporteriez une impression de vitalité et de force plutôt qu'un souvenir imprégné de grâce séduisante ou de charme exquis.

Je crois bien que Lyon est, parmi les grandes villes de France, celle qui ressemble le moins à Paris. Mais nos amis Parisiens savent qu'en dépit de quelques dissemblances, nous sommes toujours heureux de les accueillir. Nous leur devons trop pour ne pas les aimer beaucoup, et quand ils choisissent Lyon pour y célébrer le cinquantenaire de l'Association Française, quand ils nous confèrent l'honneur de recevoir ici des savants aussi éminents que notre Président, M. Lacroix, et ceux qui l'accompagnent, je ne fais que traduire un sentiment unanime en proclamant que la présence de ces maîtres ajoute à notre fierté.

Par ailleurs, Paris n'est-il pas souvent l'inspirateur de notre industrie principale ? N'est-ce pas le goût parisien qui consacre le succès de ces étoffes légères dont la soie est le support souple et élégant de la couleur et du dessin ?

On vous a ménagé l'accès d'une grande usine où vous assisterez, Mesdames, à la création de ces merveilles que l'ingéniosité subtile des hommes élabore avec zèle pour la séduction de la femme, toujours sollicitée, depuis le Paradis terrestre, par quelque tentation. Mettant en œuvre d'autres moyens, mais avec le même succès parmi les filles d'Eve, la Soierie lyonnaise renouvelle et perfectionne chaque jour l'entreprise diabolique du serpent.

Mais, si importante qu'elle soit, cette industrie n'est pas la seule. Il en est d'autres qui se sont développées autour d'elle et qui sont parmi les plus considérables de notre pays, contribuant à la prospérité de cette région aux activités multiples.

Je recommanderai à mes confrères médecins la visite des hôpitaux, des laboratoires de l'Université et de l'Institut bactériologique. Ceux d'entre eux qui ne sont pas familiers avec notre organisation hospitalière y trouveront des éléments dignes de retenir leur attention, comme aussi dans l'ensemble de nos œuvres d'assistance.

L'Ecole de la Martinière, l'enseignement professionnel du Rhône portent la marque originale de cette ville qui s'efforce toujours d'être elle-même et ne se met pas volontiers à l'école d'autrui.

Et puis, il y a l'Exposition, pleine d'enseignements et d'attraits. Sous l'impulsion de M. Pilon, on y a fait merveille.

Au cours de leurs visites, nos hôtes retrouveront le souvenir de quelques noms du passé, toujours honorés par nous : Ampère, Bonnet, Ollier, Aynard, Rollet, Chauveau, Arloing, Lépine. Pourquoi ne pas citer, parmi les vivants, deux bénédictins de la Science qui nous sont chers à tous : les frères Lumière ?

Je m'arrête et je me demande si le Lyonnais qui vous parle n'a pas franchi la limite indécise qui sépare l'orgueil de la vanité J'ai une excuse, n'étant pas autochtone. Lyon a seulement exercé sur moi la forte empreinte dont il marque ses fils d'adoption, plus spécialement peut-être les hommes de Science.

Car, ici, nul n'ignore les incidences souvent plus proches et toujours plus profondes qu'on ne le croit, des découvertes scientifiques sur la création des richesses, la sauvegarde de la vie, l'évolution des sociétés, aussi bien dans la sérénité de la paix, qu'à travers le tourbillon sanglant de la guerre.

Si, aux yeux des profanes, la science conserve la figure d'une divinité froide et lointaine, c'est qu'elle ne manifeste pas de prime abord toute sa fécondité. Et, pourtant, c'est de la Science abstraite, de ce qu'on appelle la Science pure, oui, c'est de ces hauteurs que nous viennent toutes les conquêtes.

Quelques-uns d'entre vous mettront sans doute à profit leur passage à Lyon pour visiter les grandes Alpes, dont les cimes, par les temps clairs, bornent, à l'Est, notre horizon : les sommets n'en sont accessibles qu'aux cœurs solides et aux jarrets vigoureux. Ces grandes étendues que recouvre la neige éternelle semblent hostiles à l'homme. N'est-ce pas le royaume de la beauté et de la mort ? C'est pourtant de ces solitudes glacées que descendent sur la France rhodanienne et l'Italie padane la force, la chaleur, la lumière, la richesse et la vie.

Le travail humain a accompli là des miracles. Allez voir de près ces grandes industries ; ce sont les filles les plus jeunes de la Science, et rappelez-vous sans cesse qu'elles sont le fruit du labeur patient de savants dédaignés de la foule et dont l'existence, souvent étroite, n'a été éclairée que par la beauté de l'idéal qui rayonnait sur leur génie. Ils n'escomptaient pas de notoriété profitable ; ils ne pouvaient espérer d'autre récompense que l'estime d'un cercle très restreint d'initiés. Il est vrai que, pour un esprit de quelque envergure, il n'en est pas de plus haute.

Cette poursuite de la vérité ou, du moins, de ce que l'homme peut en saisir, de la vérité toute nue, abstraction faite d'un intérêt d'école ou de parti, cette recherche est féconde et belle, et même si la Science n'apportait pas à l'homme un copieux tribut de bienfaits en développant sa puissance sur la nature, en lui permettant de mieux défendre sa santé et sa vie, elle mériterait tous nos respects, de par l'objet qu'elle se propose : la recherche désintéressée de la vérité ; de par le seul moyen qu'elle met en œuvre : la tension continue de l'effort.

A ce double titre, ne peut-on pas l'élever à bon droit au rang d'une discipline morale ?

Vous voyez, Mesdames et Messieurs, quel esprit est le nôtre et, aussi, par voie de conséquence, avec quelle ferveur nous vous accueillons, humbles ouvriers ou serviteurs puissants de la recherche scientifique.

Soyez les bienvenus parmi nous.

Allocution de M. Const. A. Kténas, Membre de l'Académie d'Athènes, Professeur à l'Université.

Au nom de l'Université d'Athènes,

Monsieur le Président, Mesdames, Messieurs,

L'Université d'Athènes se fait un devoir de présenter au Congrès du Cinquantenaire de l'Association Française pour l'Avancement des Sciences, l'expression de sa sympathie la plus cordiale.

J'éprouve un sentiment de joie très profond d'être l'interprète des vœux du monde savant grec. Admirateur fervent de la Science Française, de cette Science qui excite l'admiration par sa clarté incomparable et sa fermeté gracieuse, c'est avec un respect filial que j'accomplis aujourd'hui cette mission.

Les Facultés d'Athènes savent très bien ce que l'exploration scientifique de la Grèce doit, plus particulièrement à la Science Française, pour ne pas s'associer de tout cœur à cette fête jubilaire. Depuis l'Expédition de Morée jusqu'à nos jours, une élite de savants français ont apporté l'originalité de leur esprit pour l'étude de la nature et de l'histoire de ma patrie. A la tête de cette liste, est gravé le nom de votre président, M. Alfred Lacroix, docteur honoris causa de notre Université.

Mais il y a encore d'autres raisons qui déterminent ma présence sur le sol de cette ville que vous avez choisie comme siège de votre Congrès. En effet, les liens, déjà anciens, entre les Université lyonnaise et athénienne ont été multipliés depuis que deux de vos savants, M. Hygounenq, doyen honoraire de la Faculté de Médecine, et M. Depéret, président de la Section de Géologie du Congrès, se sont consacrés avec tant de dévouement à l'enseignement temporaire à l'Université d'Athènes.

Si la guerre contemporaine de l'indépendance, éclatée chez nous en 1912, n'a pas permis à notre Université de donner jusqu'à présent un témoignage de ses sentiments de confraternité à l'Université de Lyon, pourtant nous gardons le souvenir reconnaissant de l'enseignement de nos collègues distingués.

Poussé par ces sentiments, l'Université d'Athènes m'a chargé de vous transmettre ses salutations chaleureuses et d'exprimer l'espoir que le Cinquantenaire de l'Association, qui débute aujourd'hui, marque une nouvelle période éblouissante pour la Science Française.

Alfred LACROIX

Secrétaire perpétuel de l'Académie des Sciences
Professeur au Museum d'Histoire Naturelle
Président de l'Association

MESSIEURS,

Lorsqu'en 1872 quelques savants parisiens, Claude Bernard, Paul Broca, Charles Combes, Alfred Cornu, Delaunay, Charles Friedel, A. de Quatrefages, Adolphe Wurtz, poussés par leur passion pour la Science et pour la Patrie, fondèrent l'Association Française pour l'Avancement des Sciences, avec le dessein de provoquer dans notre pays une large décentralisation scientifique, ils résolurent de tenir leurs premières assises à Lyon. Ils étaient attirés dans votre ville par l'éclat de ses Facultés, l'activité de son industrie, la réputation justifiée de ses commerçants et de ses hommes d'affaires.

La mort du maire, M. Hénon, rendit impossible la réalisation de ce dessein et ce ne fut que l'année suivante, en 1873, que se tint, ici même, sous la présidence de A. de Quatrefages, la seconde assemblée générale de la jeune Association qui devait revenir chez vous en 1906.

Au moment où a été discuté le choix du siège de la présente session, qui est la cinquantième de notre existence, le nom de Lyon revint instinctivement sur toutes les lèvres. Toutes les raisons qui avaient dicté la décision de nos anciens n'étaient-elles pas renforcées encore?

Quels efforts n'ont pas été réalisés, en effet, dans cette cité, depuis cinquante ans? L'éclat de vos Facultés, devenues Université florissante, s'est merveilleusement accru; vos industries ont fait de véritables merveilles; l'audace et les succès de vos hommes d'affaires se sont multipliés aussi. Quelle admirable prospérité économique et intellectuelle est devenue la vôtre !

S'il m'était permis d'ajouter une note personnelle, je vous dirais, Messieurs nos hôtes, que ma petite patrie est si proche de la vôtre que j'ai été particulièrement heureux d'avoir à présider le Conseil qui a pris la décision, comme aussi j'ai plaisir à être l'interprète de notre Association tout entière pour vous présenter son remerciement.

A Monsieur le Maire de la Ville de Lyon, tout d'abord, j'adresse l'expression de notre gratitude pour sa cordiale invitation et l'hospitalité, à la fois si large et si pleine d'attrait, qu'il veut bien nous offrir. Intellectuel de marque, sachant trouver sans effort d'éloquentes paroles pour magnifier les travaux de l'esprit, mieux que personne, il est à même d'apprécier aussi l'intérêt et l'importance de l'œuvre que nous poursuivons. Chef de gouvernement, ministre, administrateur d'une ville bourdonnante de travail, M. Herriot a eu, et parfois dans des circonstances tragiques, maintes occasions d'apprécier la grandeur de la Science et le rôle prépondérant joué par elle dans l'industrie moderne. Il sait, pour l'avoir vu de ses propres yeux, aux heures les plus angoissantes de la guerre, comme aussi dans le calme et les incertitudes de la paix, que tout progrès de l'une est, tôt ou tard, bienfaisant pour l'autre.

Sans doute, y a-t-il loin des austères disciplines qui sont celles de beaucoup d'entre nous aux charmes de Mme Récamier et à l'intérêt si vif qu'ont inspiré ses amis au délicat et ingénieux historien qu'est le maire de Lyon, mais dans le domaine intellectuel, il n'y a pas que des routes parallèles ou divergentes et, à travers « la forêt normande » et tant d'autres pays de notre douce France, il est aisé de trouver des carrefours où les hommes de recherches, quelles qu'elles soient, ont plaisir et profit à se retrouver.

Nos remercîments, nous les adressons aussi, très chaleureux, au Conseil municipal de Lyon, au Conseil général du Rhône et à la Chambre de Commerce de Lyon.

Notre gratitude va aussi aux membres du Comité d'organisation, à son Président, M. le Professeur Hugounenq, et à son Secrétaire Général, M. le Professeur Albert Offret. M. Hugounenq, doyen honoraire de votre Faculté de Médecine, en est une des lumières; il a bien voulu mettre au service de notre Association la grande autorité qu'il doit à ses beaux travaux de chimiste organicien et à sa noble vie de travail.

Quand j'ai appris que M. Offret avait assumé les fonctions absorbantes de Secrétaire général, je n'ai eu aucun doute sur la réussite de notre entreprise. Il y a quelque quarante-trois ans, arrivant de Mâcon à Paris, comme étudiant, je l'ai trouvé dans le laboratoire de

Fouqué, au Collège de France, où, quatre années durant, nous avons travaillé côte à côte; dès cette époque, hélas lointaine, j'ai appris à connaître son talent d'organisateur, comme aussi le prix de son amitié.

Je tiens à remercier encore MM. les Recteurs Cavalier et Gheusi, M. Edmond Gillet qui, à plus d'un titre, a puissamment aidé le Comité local, M. Pierre Villard, Président de la Société des Amis de l'Université, le professeur Guiart, qui, avec un dévouement inlassable, surveilla l'impression et la publication du beau livre édité à l'occasion du Congrès, et d'autres personnes, tellement nombreuses que je dois renoncer à les nommer toutes, sans cependant en oublier aucune.

Je ne saurais oublier le gracieux concours du Comité des Dames, présidé par Mme Lépine. Qu'elles veuillent bien accepter nos respectueux et reconnaissants hommages.

Pourquoi faut-il qu'un tel souvenir soit enveloppé d'une ombre de tristesse? M. le Professeur Tessier n'est pas au milieu de nous. Notre section de médecine eût été fière d'être présidée par ce savant, comme elle le fut si brillamment en 1906. Excellent clinicien, homme de bien, généreux, dévoué à l'enseignement et à l'intérêt public, il nous était particulièrement cher, en sa qualité d'ancien membre de notre Conseil.

Si notre Congrès est largement et magnifiquement installé, nous le devons à la Société de la Foire de Lyon. Que son Secrétaire général, M. Touzot, dont le dévouement et l'amabilité ne se lassent jamais, veuille bien dire à ses administrateurs combien nous sommes heureux et touchés de leur bienveillante et généreuse réception.

Je ne saurais oublier de signaler tout le prix que nous attachons à l'Exposition du matériel scientifique et industriel que M. Pilon et ses collaborateurs ont fait sortir, je ne dirai pas de terre, mais de leurs ateliers ou de leurs usines, avec une rapidité et une maîtrise tenant véritablement du prodige. Le meilleur éloge que nous puissions lui adresser sera fait de notre empressement à voir et à revoir les instruments et les machines mis à la disposition de nos laboratoires par l'ingéniosité et l'habileté des constructeurs français.

Je prie Messieurs les Ministres, Président du Conseil, de l'Instruction Publique, des Affaires Etrangères, de la Guerre, de la Marine, le Sous-Secrétaire d'Etat à l'Aéronautique d'agréer nos hommages et les remercié d'avoir bien voulu se faire représenter ici.

Enfin, je salue très cordialement nos invités étrangers, venus de loin pour représenter parmi nous nos sœurs, les *Associations pour l'Avancement des Sciences* du Canada et d'Italie, MM. Henri Ami, Vito Volterra, et aussi M. Bohumil Bydzovsky représentant la Tchécoslovaquie, puis Messieurs les représentants des Universités et Sociétés savantes étrangères et françaises.

Je voudrais dire d'une façon spéciale à M. le sénateur Volterra que, si notre Association fête en lui l'illustre mathématicien admiré du monde savant, son Président est heureux de pouvoir, en son nom personnel, souhaiter la bienvenue à un ami très cher; comme les vieux vins des coteaux ensoleillés de la belle Italie et aussi de la France, notre amitié, datant de si loin, a été affinée par la course trop rapide des années.

Puisque aujourd'hui la mode, souvent excessive, est aux centenaires, aux cinquantenaires même, et que la présente session porte le numéro 50, sans refaire devant vous l'histoire et l'exposé des buts de notre Association, ce dont se sont chargés déjà, par anticipation, plusieurs de mes prédécesseurs, je veux, tout au moins, vous rappeler qu'après avoir vu le nombre de nos membres s'accroître d'une façon continue pour arriver à un maximum, vers 1888, peu après notre fusion avec l'Association scientifique de France, nous avons connu des jours moins favorables. La guerre nous a surpris au bas d'une pente; depuis lors, un vigoureux effort de redressement a fait reprendre à notre Association une marche rapidement ascendante; j'espère que désormais elle ne connaîtra plus d'arrêt et j'exhorte chaleureusement nos trois mille collègues à travailler sans relâche à nous recruter de nouveaux amis. Qu'ils leur signalent l'aide effective apportée par nous aux travailleurs auxquels, depuis 1872, près de un million de francs ont été distribués sous forme de subventions et de bourses.

Laissez-moi enfin adresser un souvenir ému à ceux qui nous ont aidés à devenir ce que nous sommes. Saluez au passage, Messieurs, la brillante cohorte des savants qui, durant un demi-siècle, ont présidé à vos destinées. Leur seul nom évoquera le souvenir de leur œuvre, honneur de la science française; ce défilé émouvant va faire apparaître aussi devant vous, et d'une façon saisissante, le cadre des disciplines entre lesquelles se partage votre activité.

Dans les *sciences mathémathiques*, les géomètres Appell (1907), Borel (1925), Laisant (1904); l'astronome Janssen (1882); l'hydrographe Bouquet de la Grye (1884); les ingénieurs Carpentier (1902), Edouard Collignon (1892), Dislère (1896), J.-B. Krantz (1880), Laussedat (1888), Rateau (1921) et Sebert (1900) ; l'architecte Emile Trélat (1895).

Dans les *sciences physico-chimiques*, les physiciens Alfred Cornu (1890), Gariel (1909), Lippmann (1906), Mascart (1894) ; les chimistes Desgrez (1923), J.-B. Dumas (1876), Frémy (1878), Charles Friedel (1886), Armand Gautier (1913), Grimaux (1898), A. Wurtz (1874).

Dans les *sciences naturelles*, le géologue Emile Haug (1912); les botanistes Louis Mangin (1922) et Viala (1924); les zoologistes Giard (1905), de Lacaze-Duthiers (1889), A. de Quatrefages (1873); les physiologistes, parmi lesquels je relève tant de noms chers à l'école lyonnaise, Arloing (1910), Chauveau (1881), Claude Bernard (1872), Marey (1897); les anthropologistes Paul Broca (1877) et Hamy (1901) ; les médecins, hygiénistes ou chirurgiens Charles Bouchard (1893), Brouardel (1891),

Calmette (1914), Henri Henrot (1907), Jules Rochard (1887), A. Verneuil (1885).

Enfin, dans les *sciences économiques*, l'agronome P.-P. Dehérain (1891); les géographes Levasseur (1903) et Lallemand (1911), les économistes et historiens Agénor Bardoux (1879), Adolphe d'Eichthal (1875) et Frédéric Passy (1883).

Vos Présidents sont des chefs éphémères, représentatifs, très constitutionnels; ils apportent à l'Association l'autorité de leur nom et leur bonne volonté, mais ils ne peuvent guère lui offrir davantage puisqu'à peine au courant de vos affaires ils doivent disparaître. Les éléments agissants de notre organisme sont le Secrétaire général et le Trésorier; théoriquement, ils doivent représenter parmi nous la continuité, propriété qui a été parfaitement réalisée par ceux que vous avez choisis jusqu'ici. L'Association Française pour l'Avancement des Sciences, en effet, a eu la sagesse de ne jamais renverser son ministère et c'est là sans doute l'un des secrets de sa prospérité. En un demi-siècle, vous n'avez usé que trois Secrétaires généraux et un nombre égal de Trésoriers.

La mort seule, vous m'entendez bien, a pu vous séparer de vos ministres des finances : Masson (1872-1884), Galante (1884-1907), Perquel (1907-1925). M. d'Harcourt a de bons exemples devant lui.

Vos trois secrétaires-généraux, Gariel (1872-1906), M. Desgrez (1906-1922), M. Rivet (1922-1926), eux, nous ont quittés de leur plein gré ; Gariel, accablé sous le poids des ans, les docteurs Desgrez et Rivet, jeunes encore, mais poussés par le désir légitime, bien que regretté par nous, de se consacrer plus complètement à leur brillant labeur scientifique, gênés qu'ils étaient par les exigences de plus en plus pressantes de leur charge.

Les chiffres que je viens de vous donner nous ont inquiétés par leur progression trop rapidement descendante; c'est pourquoi, à ces Messieurs, nous avons donné un successeur très jeune et très actif. Je déclare solennellement à M. Verne, alors qu'il est encore à l'origine de sa courbe d'existence, que nous entendons qu'il la prolonge fort loin et que nous ne sommes pas disposés à lui rendre de sitôt sa liberté.

***

La tradition veut que votre Président consacre son discours d'ouverture à une question touchant à sa discipline propre. Je ne saurais manquer de me plier à un tel usage.

Minéralogiste d'origine, j'ai eu l'heureuse fortune d'avoir plusieurs très bons maîtres dont j'ai plaisir à évoquer les noms : Des Cloizeaux, Fouqué, Michel-Lévy, Daubrée, Damour, très bons maîtres ; non seulement par leur science, mais encore par leur cœur et par la compréhension de leurs devoirs envers leurs élèves. Ils avaient, par bonheur, une façon assez différente de comprendre la science minéralogique. Certes, les chemins qu'ils suivaient avaient beaucoup de points communs, mais, en bien d'autres, ils étaient séparés par des barrières plus ou moins hautes, des fossés plus ou moins profonds. Leur libéralisme vis-à-vis des idées de leurs disciples m'a amené à la tentation de franchir ces barrières, de sauter par-dessus ces fossés et cet exercice hygiénique m'a conduit à la conception de la minéralogie que je cherche à développer autour de moi, non sans l'appliquer moi-même.

L'étude des minéraux se peut concevoir de bien des façons, et c'est ce qui en fait à la fois le charme et la complication. Elle comporte l'union intime, et nécessaire, des sciences mathématiques, physiques, chimiques et naturelles. A moins d'être essentiellement un mathématicien, un physicien ou un chimiste, et dans ce cas il est généralement l'un ou l'autre, le minéralogiste, tel que je le comprends du moins, ne considère pas la cristallographie, l'optique des cristaux, la détermination de la composition chimique des minéraux comme des fins, mais comme des moyens. Il utilise les raffinements les plus modernes de ces divers procédés d'observation, mais dans un but de naturaliste.

Toute la minéralogie ne consiste pas à étudier, même d'une façon très approfondie, la morphologie, l'ensemble et le détail des propriétés intrinsèques des minéraux, puis ceux-ci étant correctement spécifiés à les situer dans une systématique. Tout cela est nécessaire, mais ce n'est qu'un commencement. Un minéral, en effet, n'est pas un objet inerte et isolé du monde extérieur ; il est différent, dans une certaine mesure, d'un cristal fabriqué dans un laboratoire, encore que l'on puisse discuter à ce sujet. Il faut donc étudier également les modalités géologiques de ces gisements et déterminer ainsi le rôle qu'il joue dans la nature. Là plus qu'ailleurs, vont se rencontrer barrières et fossés.

Pendant longtemps, beaucoup de minéralogistes se consacraient exclusivement à l'étude des minéraux se trouvant en beaux échantillons, des minéraux isolés dans les cavités sous forme de cristaux distincts, c'est-à-dire à l'étude de monstres ou d'exceptions, car, dans le monde minéral comme dans le monde vivant, la perfection n'est pas la règle; les savants de ce genre se considéraient comme les seuls véritables minéralogistes. Quant à l'étude des mêmes minéraux entrant dans la constitution des roches et à l'étude des roches elles-mêmes, elles formaient un domaine spécial, regardé volontiers par les minéralogistes dont je viens de parler comme étant de seconde zone; ce domaine est celui de la lithologie, on disait alors la pétrographie; et, dans l'étude des roches, combien de compartiments encore, dans quoi étaient enfermés et les hommes et les choses ; roches éruptives et métamorphiques d'une part, c'est l'aristocratie, roches sédimentaires, d'une autre, quelque peu dédaignées et abandonnées en pâture aux géologues stratigraphes. Quant aux minéraux et aux masses minérales, ne se rencontrant ni dans les roches éruptives ou métamorphiques ni dans des couches de sédiments, ceux formant des filons ou bien constituant des gisements, économiquement utilisables, leur étude, hier encore à peine ébauchée dans des enseignements universitaires, était reléguée, sous le nom de géologie appliquée, dans les programmes des Ecoles des mines.

Est-il besoin de dire que toutes ces cloisons étanches n'ont aucune raison d'être? Il ne doit y avoir, dans le domaine minéralogique, aucune chasse gardée et le minéralogiste moderne doit être en état et en droit de le parcourir dans son ensemble.

L'union de la géologie et de la minéralogie doit être intime, elle est indispensable et constitue mieux qu'un mariage de raison. Seule, elle peut conduire à des notions d'origine, but suprême des sciences naturelles. Dans bien des cas, ce but ne pourra être atteint avec certitude qu'avec l'aide de l'expérimentation, le rôle de celle-ci a été jusqu'à présent assez restreint, bien qu'il augmente sans cesse d'importance, mais il arrive que l'observation de certains phénomènes ressemble d'une étrange façon à de véritables expériences; je veux parler des enseignements fournis par l'étude des volcans actifs. Souffrez que je m'y arrête.

L'un des problèmes les plus obscurs de la lithologie est le mode de formation d'un des minéraux les plus abondamment répandus dans les roches, le quartz, qui se rencontre de toutes parts dans le Lyonnais. L'étude minutieuse et combinée de la composition minéralogique et chimique de la lave dacitique accumulée, dans un vieux cratère, sous forme de dôme, lors de l'éruption, douloureusement fameuse, de la Montagne Pelée, en 1902, a fourni sur le mode de formation de ce minéral dans les roches volcaniques de précieuses notions. Il a été possible de suivre, jour par jour, pendant plus d'une année, les variations de la structure et de la composition minéralogique, — je ne dis pas chimique, car celle-ci est restée constante, — de cette lave, en fonction de tous les phénomènes éruptifs accompagnant sa mise en place, et c'est ainsi que, pour la première fois, sous l'œil conscient de l'homme, on a pu assister à la naissance du quartz dans une roche volcanique. Cette observation qui, pour la première fois aussi, fournissait des notions précises sur le mode de formation d'un type de montagne volcanique fréquemment réalisé dans le passé, notamment dans notre Massif central, mais que l'on n'avait jamais vu se produire, cette observation a, du même coup, apporté une démonstration expérimentale de cette notion qu'une roche microgrenue quartzifère peut se produire presque à la surface du sol et que, par suite, les roches, dites de profondeur, telles que le granit, ne différant des précédentes que par une cristallinité plus grande, peuvent être, dans bien des cas, de formation beaucoup moins profonde qu'on ne l'admet généralement.

Le Vésuve apporte des précisions du même ordre. Ce volcan, qui est celui dont l'activité a été le mieux suivie jusqu'ici et depuis le plus grand nombre d'années, présente, dans son dynamisme, un rythme très régulier, mais dont les périodes sont de durée fort variable. A l'aide de petits épanchements intercratériens, de laves et d'émissions de coulées partant des régions élevées de son cône, le volcan accroît peu à peu celui-ci jusqu'à ce qu'il ait acquis une forme régulière et très pointue, terminée par un cratère de dimensions exigües. Alors, une grande fente déchire la montagne; de la partie la plus inférieure de cette fente, et à faible altitude, part une coulée de lave, qui descend vers la mer, coulée rapide et souvent dévastatrice, alors que les précédentes étaient lentes et inoffensives ; puis, la lave s'arrête, et, par une gigantesque explosion, ou par une série d'explosions, le volcan projette son sommet dans les nuages. Quand, après quelques jours ou quelques semaines, l'obscurité rendue épaisse par la chute d'une fine poussière soulevée par des explosions répétées de moins en moins violentes, la montagne se découvre, on constate qu'elle a perdu plusieurs centaines de mètres de sa hauteur et qu'elle est creusée d'un gouffre, à parois verticales et de plusieurs centaines de mètres de profondeur. Ses flancs sont recouverts d'une couche épaisse de cendres et de blocs de laves; c'est un puzzle gigantesque dont le minéralogiste va pouvoir recueillir des pièces éparses qui lui permettront de reconstituer l'histoire d'innombrables expériences synthétiques naturelles, qu'il peut même dater, car elles ont été réalisées entre deux phénomènes de même nature, de 1872 à 1906 dans la dernière grande éruption de ce type que j'ai eu l'occasion de suivre. Ces blocs, en effet, sont imprégnés de sels alcalins, leurs cavités sont remplies de nombreux silicates néogènes bien cristallisés ; leurs minéraux essentiels ont subi des transformations multiples. L'étude de tous ces produits, formés, non par fusion, mais par voie pneumatolytique, la discussion de leurs associations, sont fécondes en résultats et apportent de lumineuses indications sur le mécanisme de ce phénomène du métamorphisme qui tenait tant à cœur au minéralogiste lyonnais Fournet et pour l'explication duquel l'on est encore réduit à des hypothèses, si l'on reste sur le terrain des observations géologiques, les seules possibles lorsqu'il s'agit de formations anciennes.

Il serait facile de multiplier les exemples de ce genre; je crois en avoir assez dit pour mettre en relief la grandeur et la beauté des champs de recherches qui s'ouvrent devant la plus grande minéralogie. Sans doute, il n'est pas possible d'exiger que le même homme ait une égale compétence sur de si vastes régions des connaissances humaines; mais, ayant conscience de l'ensemble, chacun peut choisir sa direction suivant ses goûts, ses aptitudes et ses moyens. Je suis intimement persuadé que les parties les plus fertiles de ce vaste horizon sont celles qui bordent les frontières extérieures ou qui constituent ces barrières et ces fossés dont je parlais tout à l'heure.

Il n'y a pas, d'ailleurs, que les goûts et les aptitudes, avec lesquels il faille compter dans la destinée d'un homme de science; il y a aussi les circonstances. Je rappelais, il y a quelques instants, l'éruption de la Montagne Pelée; c'est elle qui m'a conduit, pour la première fois, dans les pays tropicaux, et a orienté une grande partie de mon activité ultérieure vers les Colonies. Je ne sortirai donc pas de la direction qui m'est assignée par la tradition en vous entretenant de celles-ci avant de terminer.

***

Aussi bien est-ce là un sujet qui est à sa place, dans les conjonctures actuelles, devant une telle assemblée et dans cette ville qui, par goût et par intérêt, est si attachée à tout ce qui concerne les pays lointains.

Il y a peu de mois, tous ceux que préoccupe l'avenir de notre empire colonial ont entendu avec étonnement d'abord, avec stupéfaction et indignation bientôt, une vague rumeur, aussitôt précisée. En présence des difficultés financières de l'heure, dans divers milieux, fut émise l'idée que d'importantes ressources pourraient être tirées de la vente d'une ou de plusieurs de nos colonies; de la vente d'une ou plusieurs de nos France lointaines, vous m'avez bien compris. Idée à la fois impie et inconsidérée !

Il est vrai que le Ministre des Colonies n'a pas manqué, avec une grande hauteur de vue, de faire justice d'une semblable aberration, mais il me semble que les hommes de science, non seulement comme citoyens, mais encore au nom de la Science, ont le droit et le devoir de donner leur opinion, car si la connaissance et l'exploitation rationnelle des richesses coloniales, indispensables au développpement économique de la métropole, ont un besoin impérieux du concours de la science, la science, à son tour, tire des colonies d'incomparables matériaux pour son activité. C'est là un bel exemple de symbiose à bénéfice réciproque.

J'ai dit une idée impie, car la France a contracté une dette d'honneur et d'humanité vis-à-vis des populations qui se sont données à elle ou qu'elle a conquises avec le sang des siens. Si cette dette n'était pas déjà imprescriptible, elle le serait devenue depuis que tant d'hommes de toutes races, de toutes couleurs, de toutes religions, dorment leur dernier sommeil, couchés avec les nôtres, de l'Yser aux Vosges et sur tous les points du vaste monde où nous avons lutté avec eux pour la défense de notre existence et de la liberté. Leur effort généreux s'est confondu avec celui de nos enfants, et l'on ne vend pas ses enfants !...

J'ai dit une idée inconsidérée, parce qu'au moment où, partout se dressent d'une façon si aiguë la question des matières promières et de la main-d'œuvre et celle des débouchés à trouver aux produits de l'industrie et du commerce, au moment où toutes les nations qui ne possèdent pas, ou ne possèdent plus de colonies, interrogent anxieusement l'horizon pour en découvrir, il serait insensé de se défaire — et à quel prix ! — de celles qui nous ont coûté si cher à acquérir, à conserver, à aménager; il serait insensé de les vendre, quand nous recueillons déjà les fruits d'un long, coûteux et persévérant effort. En dehors de toute question de sentiment, l'on ne vend pas la poule au moment où elle commence à pondre des œufs d'or.

Ce n'est pas en quelques minutes qu'il est possible de brosser le tableau des services mutuels que se rendent la science et la colonisation, mais, puisque les diverses sections de notre Association se partagent tous les aspects de la science, permettez-moi d'emprunter à plusieurs d'entre elles quelques exemples particulièrement frappants, et, comme je ne veux ni faire de distinctions, ni tresser des couronnes, je ne citerai aucun nom de personnes; à peine, d'ailleurs, serait-ce nécessaire, les noms qui seraient le complément utile de ce bref exposé viendront d'eux-mêmes sur vos lèvres.

Lors de la prise de possession d'une colonie, l'explorateur, l'officier sont les premiers à dresser du pays une carte de reconnaissance à grande échelle, base indispensable à toute entreprise ultérieure; dans cet ordre de travaux, d'inappréciables progrès apportent aujourd'hui des facilités naguères inconnues : la télégraphie sans fil, les instruments des hauteurs égales permettent, depuis quelques années, de fixer d'une façon précise la position géographique de n'importe quel point du globe.

A cette période héroïque succède celle de la colonisation; le besoin se fait sentir de documents moins imparfaits. Chaque jour, le développement économique les exige plus impérieusement : les grands travaux d'intérêt public (routes, chemins de fer, aménagement des ports, développement des forces hydroélectriques), l'étude géologique, en vue de la découverte, de l'exploitation des produits du sous-sol, les améliorations agricoles nécessitant des travaux d'irrigation, sont rendus d'autant plus faciles que les ingénieurs, les géologues, les agronomes disposent de cartes plus précises et à plus grande échelle; c'est alors que doivent entrer en scène, au plus vite, les spécialistes, géodésiens, topographes, hydrographes, cartographes.

Si les programmes d'ensemble sont établis sans retard, si l'on comprend, en haut lieu, la nécessité d'un canevas géodésique de haute précision préalable, quel que soit son prix, si l'on y superpose un réseau de nivellement de précision, les topographes et les géomètres du cadastre, quand les besoins de celui-ci se feront sentir, n'éprouveront aucune difficulté. De tels travaux ne sont pas sans rencontrer des obstacles, parfois insurmontables dans des pays encore incomplètement connus, souvent couverts par la brousse ou la forêt, où les opérateurs ont trop souvent à lutter contre un climat meurtrier ou contre la mauvaise volonté des indigènes, mais ils constituent un idéal qu'il faut s'efforcer de réaliser. Aussi, la constitution d'un service géographique régulier, confié à des hommes d'une compétence reconnue, s'impose-t-elle à toute colonie.

La compréhension nette de tels besoins n'a pas toujours été saisie; certaines de nos colonies n'ont que trop souffert de travaux hâtifs, fragmentaires, établis sans plan d'ensemble, qu'il a fallu recommencer avec une grande dépense de temps et d'argent. Si notre Afrique du Nord et la Syrie ont été, dès l'origine, engagées dans la bonne voie, en Indochine, à Madagascar, en Afrique occidentale, quelle longue période de tâtonnements avant d'y pénétrer, période dont l'Afrique équatoriale n'est pas encore sortie ! Il semble qu'on n'ait pas toujours eu conscience de ce que, pour tirer le meilleur parti possible de vastes territoires, la première condition est d'en posséder une image fidèle.

Les sciences géophysiques, à leur tour, ne sont pas sans jouer un rôle important dans la mise en valeur des colonies. Si la séismologie et la volcanologie intéressent surtout ou exclusivement celles exposées à souffrir des fléaux que sont les tremblements de terre et les paroxysmes volcaniques, le magnétisme terrestre, l'océanographie, l'hydrologie et surtout la météorologie trouvent chez toutes d'utiles applications.

En échange des services rendus par les sciences géodésiques et géophysiques, les colonies leur offrent un vaste champ d'action, où elles peuvent récolter d'abondants documents nouveaux, précieux pour les recherches théoriques. Aussi ne faut-il pas s'étonner si, en règle presque générale, c'est surtout chez les nations possédant un important empire colonial que les sciences en question ont été, à toute époque, les plus florissantes.

Les mêmes observations peuvent être faites pour la minéralogie et la géologie, avec cette remarque toutefois que les vérités, cependant si évidentes, que je viens d'énoncer, ont été beaucoup plus longues encore à être comprises. L'Afrique du Nord, l'Indochine ont organisé de puissants services géologiques; Madagascar est en excellente voie, l'Afrique occidentale a de bonnes intentions, l'Afrique équatoriale en prépare, mais que dire de la Guyane et de la Nouvelle-Calédonie, colonies qui tirent de leur sous-sol une partie importante de leurs ressources et où tout reste à faire à cet égard ? Quelle singulière méthode que celle consistant à vouloir exploiter des gisements minéraux avant d'avoir fait une étude d'ensemble de la région qui les renferme ! L'exemple du Congo belge montre cependant comment les dépenses effectuées pour les recherches de cet ordre constituent parfois des placements à énorme intérêt.

Le bénéfice réciproque de la science et de la pratique dans l'étude de la minéralogie des pays neufs peut être considérable. Madagascar a été et est encore une mine inépuisable d'observations nouvelles : minéraux, types lithologiques jusqu'alors inconnus, modes de gisements exceptionnels et insoupçonnés y abondent. Parmi ces minéraux nouveaux, tout d'abord considérés comme des curiosités scientifiques, certains sont devenus une source de profits : on peut rappeler à cet égard les minerais de radium, et encore les gemmes, le corindon, le zircon venus se joindre aux micas, au graphite, comme produits fructueusement exploités, laissant bien loin derrière eux l'or qui, seul tout d'abord, avait attiré les prospecteurs.

On ne saurait estimer trop haut l'importance du rôle des botanistes qui ont fait l'inventaire des végétaux de nos colonies, soit en dressant des flores, telles que la Flore forestière de la Cochinchine, la Flore générale de l'Indochine, soit en étudiant tout ou partie de la végétation d'une région plus limitée, ou en faisant des monographies spécialisées.

L'examen des diverses espèces ligneuses peuplant la grande forêt équatoriale africaine en a fait découvrir un grand nombre, jusqu'alors inutilisées, dont les bois sont maintenant importés dans la métropole. D'autre part, des travaux histologiques de laboratoire ont permis de définir la structure de ces bois, ainsi que de ceux de l'Indochine et de Madagascar et ces caractères fournissent des bases précises à la spécification qui facilite leur utilisation pratique.

De nombreuses espèces de plantes à caoutchouc ont été exploitées par les indigènes lorsqu'on leur eût appris à saigner les lianes et les arbres laticifères; il a fallu aussi leur fournir le moyen de distinguer les porteurs de latex utilisable de ceux qui sont dépourvus de valeur. Cette étude a révélé dans le centre africain la présence de lianes à caoutchouc, modifiées par les feux de brousse et qui, sous l'influence de ces conditions biologiques défavorables, ont dû modifier leur système souterrain, de telle sorte que c'est dans leurs rhyzomes que s'accumule le caoutchouc et non plus dans les parties aériennes de la plante.

Jusqu'au milieu du siècle dernier, l'on a cultivé une seule espèce de caféier ; une sorte de rouille, l'*Hêmiléia devastatrix*, est venue, qui menaçait de la faire disparaître du monde entier; depuis cinquante ans, on a pu lui substituer d'autres espèces plus résistantes, grâce aux découvertes faites par les botanistes dans l'Afrique tropicale.

Il faudrait encore insister sur bien d'autres sujets et notamment sur l'expérimentation agricole dans les pays chauds, source d'améliorations de la culture de certaines plantes (riz, hevea à caoutchouc, théiers, palmiers, etc.), et d'accroissement de leur rendement. Elle a permis aussi de lutter contre les maladies des plantes.

On pourrait discuter aussi longuement sur l'importance des études consacrées aux animaux, aussi bien au point de vue de la zoologie pure que de la meilleure connaissance, de la meilleure utilisation de ceux qui peuvent servir à l'homme; non moins intéressante et importante est la connaissance de ses innombrables ennemis de toutes dimensions.

La première richesse naturelle d'un pays est la population qui l'habite. Pour la bien comprendre et la bien conduire, pour faire de la bonne politique indigène, il est indispensable de connaître exactement sa nature physique, ses langages, sa religion, ses mœurs, ses cadres sociaux. Et tout cela doit s'apprendre, non pas au hasard de la bonne volonté ou de la curiosité des administrateurs et des voyageurs, mais méthodiquement, comme s'apprend toute autre branche de la science. L'anthropologie et l'ethnologie sont des guides, qu'on a peut-être eu le tort de trop négliger chez nous, mais dont l'importance éclate aujourd'hui aux yeux de tous, ainsi qu'en témoigne la création récente d'un Institut d'ethnologie à l'Université de Paris. A cet égard, nos colonies, et particulièrement celles d'Asie et d'Afrique, constituent un champ inépuisable d'activité pour les chercheurs.

Notons enfin qu'un des devoirs les plus impérieux des peuples colonisateurs, aussi bien que leur intérêt le plus immédiat, consiste à veiller à la santé, à l'hygiène et au bien-être des indigènes. A ce point de vue, les médecins coloniaux ont été de tout temps d'infatigables missionnaires d'humanité et de science, mais c'est surtout avec la doctrine pastorienne que la médecine tropicale a pris une ampleur dont on ne peut fixer les limites. Les disciples du maître incomparable ont transporté à travers le monde leur enthousiasme et leur apostolat admirable, recueillant d'ailleurs comme récompense, en outre de la satisfaction du devoir social accompli, d'innombrables découvertes scientifiques.

Faut-il rappeler l'Institut Pasteur de Saïgon et de Nha-Trang et les bienfaits qu'ils ont répandus en Indochine et dans les pays d'alentour par la vaccination contre la variole et la rage, les travaux sur les venins de serpent d'où est sortie la sérothérapie antivenimeuse, la découverte du microbe de la peste qui a conduit à celle du serum antipesteux,

En Afrique, les Pastoriens ont fait la tache d'huile, de Tunisie, en Algérie, au Maroc, au Sénégal, au Niger, en Guinée, au Tchad au Congo, à Madagascar..., partout où il y avait quelque risque à courir ou quelque maladie nouvelle à dépister et à combattre : le paludisme sous toutes ses formes, après la découverte de son Hématozooaire par Laveran, la fièvre jaune, la fièvre de Malte, le typhus exanthématique et la fièvre récurrente avec la découverte du rôle des poux dans la propagation de ces fléaux, les leishmanioses, la maladie du sommeil et les trypanosomiases, la mise au jour du rôle des puces dans la transmission du microbe de la peste au rat et du rat à l'homme, sont, outre bien d'autres, autant d'étapes glorieuses d'une lutte incessante pour la santé des hommes et des animaux, et pour la conquête d'importantes notions biologiques nouvelles.

Je m'excuse d'avoir si longtemps abusé de votre attention; j'espère vous avoir convaincus que plus que tous autres, les hommes de science ont de multiples raisons d'être d'ardents défenseurs de la cause coloniale, ils ont le devoir de pousser de toutes leurs forces les jeunes gens dans cette direction. A ceux qui, débutant dans la carrière, sont à la recherche de sujets de travaux, de sujets de thèses et qui ont une tendance à reprendre des questions usées ou déflorées, notre Association montre qu'au delà des mers, dans toutes les disciplines, ils trouveront, avec effort, sans doute, mais toujours avec profit, une moisson abondante qu'ils pourront recueillir pour eux d'abord, mais aussi pour le plus grand bénéfice de la Science et du Pays.

L'heure des discours est close ; je vous invite, Messieurs, à commencer vos travaux.

CONFÉRENCE

faite le Mardi 27 Juillet 1926 à 20 h. 30
au Palais du Conservatoire de Lyon, à l'occasion du
Congrès du Cinquantenaire
l'Association Française pour l'Avancement des Sciences
par

Etienne FOUGERE

LA SOIE

Son origine.
Formation naturelle du fil de soie.
Formation industrielle du fil de soie. — Industries dérivées ou complémentaires de la filature.
Commerce de la soie.
La Fabrique des tissus de soie et ses industries annexes.
L'organisation commerciale des tissus de soie.
Les emplois de la soie.

Mesdames,
Messieurs,

Les organisateurs du Congrès du Cinquantenaire de l'A. F. A. S. ont eu la délicate pensée de comprendre, parmi les manifestations extérieures à leurs travaux, une conférence sur la Soie. Je les en remercie au nom des multiples industries et commerces de la soie dont l'activité a porté à travers le monde la renommée de Lyon.

En effet, la soie est, depuis cinq siècles, attachée au développement et à la vie de cette cité. Elle a donné naissance à une race d'artisans, d'artistes, de marchands et d'industriels qui s'est fortement implantée et qui perpétue l'esprit d'initiative, de labeur et de probité des ancêtres.

Origine de la soie. — L'origine de la soie est elle-même des plus anciennes et remonte à la plus haute antiquité. La tradition chinoise la fixe à 28 siècles avant J.-C., et le précieux textile a toujours eu dans la grande et mystérieuse Chine un caractère prestigieux, à tel degré qu'il a rempli, à certaines époques, le rôle d'une véritable monnaie et que l'impôt était levé parfois en soie fine ou en tissu de soie. Aussi des mesures sévères furent-elles prises par la Chine pour conserver chez elle le monopole de l'industrie de la soie et la peine de mort fut-elle édictée contre ceux qui voudraient tenter de la transporter dans d'autres pays. Toutefois, comme il n'est pas d'interdiction d'Etat que ne puissent tourner la fraude ou la ruse, le fil et les tissus de soie finirent par s'exporter et apparurent, vers le IIIe siècle de notre ère, au Japon, en Perse, au Turkestan, dans l'Europe Orientale.

En Europe, Constantinople fut le premier centre de production de la soie ; de là, l'industrie se répandit en Grèce, en Espagne, en Sicile, dans l'Italie continentale et enfin en France. Mais le pays européen qui fut le véritable berceau des industries de la soie est l'Italie. Dès 1130, des filatures et des tissages s'établirent en Sicile, pendant que Venise s'arrogeait le monopole de la vente des étoffes de soie venues des pays orientaux, étoffes dont les prix étaient si élevés qu'elles ne pouvaient être achetées que par les cours royales, la noblesse ou la riche bourgeoisie. Des manufactures de tissus apparurent ensuite à Florence, à Gênes et dans plusieurs autres villes italiennes.

L'introduction en France de l'industrie séricicole semble être due au transfert momentané de la résidence des papes à Avignon, car ce furent des Italiens de l'entourage du pape Clément V qui organisèrent les premiers élevages dans le Comtat Venaissin, puis dans la vallée du Rhône et surtout à Nîmes. Néanmoins, ce n'est que sous le règne d'Henri IV, et grâce à l'agronome Olivier de Serres, que fut mis en œuvre un plan d'éducation des vers et de tissage des étoffes. Mais, depuis cette époque, les industries de la soie, celle du tissage des étoffes surtout, n'ont fait que se développer en importance et en valeur artistique dans ce pays.

A la base de la production de la soie se trouve la sériciculture, petite industrie agricole qui a pour objet l'élevage d'un ver dont la sécrétion fournit la fibre soyeuse.

Le ver à soie se nourrit de feuilles de diverses plantes ; celle qui lui convient le mieux et avec laquelle il produit la meilleure fibre est la feuille du mûrier. Grâce à la protection du roi Henri IV, la plantation des mûriers fut entreprise avec activité dans les régions les plus diverses, notamment à Paris dans le Jardin des Tuileries. Une période de déclin survint ensuite avec des alternatives variables : coup de fouet donné par Colbert, ministre de Louis XIV ; fléchissement provoqué par la révocation de l'Edit de Nantes qui amena l'éloignement de nombreuses familles protestantes, lesquelles s'étaient adonnées à la sériciculture.

Progressivement pourtant, l'élevage du ver à soie reprit de l'importance. Voici des chiffres qui jalonnent la production de la soie en France :

1760-1780	kgs	500.000
1820-1840		1.000.000
1840-1855		2.000.000
1853, point culminant		2.200.000

produits par 26 millions de kilos de cocons.

Vers 1855, un véritable désastre se produisit. Les sériciculteurs avaient développé jusqu'à l'hypertrophie leurs élevages, accumulé les vers dans des espaces trop restreints sans aucun souci des règles de l'hygiène. Or, le ver à soie est un insecte délicat, très accessible aux épidémies qui prennent souvent chez lui un caractère héréditaire. Des maladies se déclarèrent donc et firent passer la production des cocons de 26 millions de kilos qu'elle était en 1853 à 7.500.000 en 1856 et à 5.500.000 en 1865. Malgré des importations de graines étrangères venues d'Italie, d'Espagne, d'Extrême-Orient, les épidémies persistèrent et ruinèrent les élevages français, privant ainsi notre pays d'une production familiale qui dépassait 100 millions de francs, chiffre important pour l'époque.

Le 6 juin 1865, J.-B. Dumas, professeur au Collège de France, natif d'Alais, exposa au Sénat la triste situation des régions séricicoles et pria son élève et ami Louis Pasteur d'étudier les maladies du ver à soie. C'est à l'illustre savant, précurseur d'une Association comme la vôtre, que revient la gloire d'avoir sauvé la sériciculture européenne, car l'épidémie avait gagné bien vite les pays voisins de la France. Pasteur vint s'installer près d'Alais, observa de 1865 à 1869 les campagnes séricicoles et publia, en 1870, son « Etude sur la maladie des vers à soie », Par lui, les maladies furent connues dans leurs causes, dans leurs symptômes, dans leur mode de contagion et d'hérédité et il indiqua également les moyens à employer pour en garantir les vers en même temps qu'il établit les règles d'un élevage rationnel, règles qui sont aujourd'hui suivies dans tout l'univers. Aussi Lyon, ville de la soie, lui garde-t-elle une reconnaissance particulière.

Les découvertes de Pasteur ont entraîné la création d'une industrie spéciale : le grainage, dans laquelle les Français sont passés maîtres. Je vais en dire quelques mots en parlant du travail du ver à soie et de la production du cocon.

Formation naturelle du fil de soie. — Le ver à soie est une chenille qui, pour effectuer ses métamorphoses en chrysalide et en papillon, s'enferme dans une sorte de petit œuf complètement clos et dénommé cocon. A cet effet, la chenille secrète une bave qui se coagule immédiatement à l'air et forme un fil d'une extrême ténuité.

En France, le cycle d'évolution de l'insecte dure une année. Vers le 15 mai, les œufs de la campagne précédente, œufs appelés communément graines, sont soumis à une élévation progressive de température qui a pour effet de provoquer l'éclosion des vers. Après cette période d'incubation, les jeunes vers sont nourris avec des feuilles de mûrier pendant 30 à 32 jours et subissent 5 mues successives. A la fin de la 5ᵉ mue, ou 5ᵉ âge, le ver forme son cocon dans des branchages disposés à cet effet sur les tables d'élevage, puis se transforme en chrysalide.

Le ver met 3 à 4 jours pour faire son cocon. Quinze à vingt jours après, la chrysalide donne naissance à un papillon qui sort du cocon en coupant les fils de soie. Dès la sortie, les papillons s'accouplent, les femelles pondent des œufs qui seront hivernés et serviront l'année suivante à recommencer le même cycle.

Les cocons destinés à la production de la soie sont soumis à une opération dite « étouffage » avant la sortie du papillon. Cette opération consiste à porter le cocon à une température de 80° environ pour tuer la chrysalide. Quant aux œufs pondus par le papillon, tous ne sont pas propres à la reproduction. C'est là qu'intervient l'industrie du grainage. Le graineur surveille l'éducation des vers chez les sériciculteurs qu'il a choisis pour l'alimenter en œufs. Il s'applique à en améliorer la vigueur, l'hygiène, la puissance séricigène par ses conseils. Il procède ensuite à une sélection méthodique des cocons de reproduction, à l'élimination de tout papillon malade, défectueux ou suspect, au croisement des races, à la vérification microscopique des pontes obtenues. Aussi les produits du grainage français sont-ils aujourd'hui prisés sur les principaux marchés de reproduction et cette petite industrie donne lieu à un chiffre d'affaires qui s'est élevé en 1925 à 15 millions de francs pour la seule branche exportation.

Un gramme de graines de vers à soie contient en moyenne 15.000 œufs qui doivent produire au minimum 2 kgs de cocons après avoir consommé 40 kgs de feuilles de mûriers.

La sériciculture française n'a pas retrouvé sa prospérité passée. Son assoupissement est dû à diverses causes dont les principales sont :

La concurrence des soies d'Extrême-Orient ;

L'engouement des agriculteurs français pour la vigne.

Un effort sérieux est cependant tenté pour enrayer cette décadence. Il a été entrepris par le Comité national pour le relèvement de la sériciculture qui est financièrement soutenu par la Fédération de la Soie.

Le Comité fait une propagande active auprès des paysans du Midi de la France, région où existent encore de nombreux mûriers. Il a fait éditer un petit manuel où sont indiquées les meilleures méthodes d'élevage. Il distribue, à prix très réduits, des plants de mûriers. Il organise des Commissions paritaires au moment de la récolte pour établir les prix des cocons. Il a obtenu des filateurs de fixer, au début de chaque saison, un prix minimum pour les cocons, de telle sorte que le paysan sériciculteur est assuré par avance d'un minimum de profit. Les résultats des dernières années montrent l'effet de cette propagande.

	Prix minimum	Prix effectivement obtenu	Nombre de sériciculteurs (autrefois + de 100.000)
1921	--	—	48.999
1922	10 Frs	15 Frs pour 1 kg de cocons	
1923	12 »	20 »	60.755
1924	15 »	18 »	75.168
1925	12 »	19 »	69.592
1926	16 »	32 »	—

Or, en 1924, on évaluait à 10 francs le prix de revient d'un kilog de cocons, en tenant compte des salaires qu'auraient eu à payer les sériciculteurs s'ils avaient eu à faire appel à une main-d'œuvre autre que la main-d'œuvre familiale. Le kilog de cocons ayant été payé 18 francs, il reste donc entre les prix de 18 et de 10 francs une marge intéressante de profit.

La valeur de la récolte de cocons atteindra vraisemblablement 100 millions de francs en 1926.

Il reste assurément beaucoup à faire pour que la France reprenne une place appréciable dans la production mondiale de la soie dont le tableau ci-après représente l'importance en 1925 :

France	kgs	260.000
Italie		4.460.000
Espagne		100.000
Europe Orientale, Levant, Asie Central		1.065.000
Inde et Indochine		90.000
Chine		7.795.000
Japon		25.000.000
Total	kgs	39.070.000

Mais l'exemple de l'Italie est instructif. La moyenne de la production en soie, qui était de 1.900.000 kgs en 1875-1880, s'élève graduellement depuis quelques années ; elle est maintenant de 4.460.000 kgs. Les apôtres du relèvement de la sériciculture française doivent donc être persévérants.

Formation industrielle du fil de soie. — Industries dérivées ou complémentaires.

Nous avons vu comment le ver à soie forme la fibre soyeuse. Par quel procédé l'homme est-il arrivé à utiliser l'aggloméral produit par l'insecte ? Quelques brèves données sur l'industrie de la filature vont nous le révéler.

La filature est l'industrie qui transforme le cocon de soie en un fil agrégé le rendant propre ainsi à des manipulations de toutes sortes. Cette industrie a été, à l'origine, d'essence familiale et son outillage était des plus rudimentaires. Le fil, alors produit, était de qualité médiocre, composé de bouts mal liés entre eux, plats et manquant d'homogénéité.

L'Encyclopédie de Diderot, parue au XVIIIe siècle., décrit ainsi l'opération du filage de la soie : « Plusieurs cocons dont le nombre varie suivant la grosseur du fil à obtenir sont placés dans une bassine remplie d'eau chauffée à 50° et tirés en un seul brin. Deux groupes de brins forment deux fils dont chacun passe au-dessus de la bassine dans une filière. Les deux fils sont tordus plusieurs fois l'un autour de l'autre, afin d'augmenter la cohésion des brins et d'avoir un fil arrondi. Ils sont ensuite séparés à nouveau pour passer sur des crochets fixés sur une tringle horizontale animée d'un mouvement de va-et-vient destiné à empêcher les fils de se superposer trop rapidement les uns sur les autres, en se séchant un peu avant leur enroulement sur le dévidoir que fait tourner une femme au moyen d'une roue à manivelle.

Mais d'importantes modifications ont été successivement apportées par des moyens mécaniques qui ont accéléré la production et amélioré la qualité du fil. Les principaux perfectionnements ont été : l'installation de calorifères destinés à sécher le fil, le remplacement de la torsion de deux fils ensemble par l'établissement d'un petit appareil, nommé tavelette, qui permet de tordre le fil sur lui-même, l'augmentation du nombre de brins filés dans une même bassine, porté progressivement de 2 à 8, l'adjonction à la bassine fileuse d'une petite bassine accessoire où les cocons sont cuits et battus mécaniquement avant d'être filés, l'installation de la vapeur et d'un mouvement mécanique. Le travail dans la filature est donc organisé aujourd'hui de façon tout à fait moderne.

La filature française a suivi la prospérité et le déclin de la sériciculture. Après les désastres causés à cette dernière en 1855, elle essaya de remplacer les cocons indigènes par des cocons importés d'Italie du Levant et même d'Extrême-Orient. Mais ces cocons, abimés par le transport et dont les fileuses connaissaient mal les procédés de traitement, donnèrent des résultats décevants. D'autre part, les fabriques de tissus se développant sans arrêt et manquant de matières premières, prirent l'habitude de s'approvisionner en Extrême-Orient, ce qui provoqua la fermeture de nombreuses filatures.

Vers 1850, on comptait plus de 600 filatures comprenant près de 30.000 bassines et produisant plus de 2 millions de kilogs de soie. En 1875, le nombre des filatures était descendu à 400 avec 19.500 bassines et 800.000 kgs de production ; en 1925, il n'était plus que de 85 filatures, avec 4.072 bassines et 260 kgs de production. Il est vrai que ces 85 filatures sont presque toutes munies d'un matériel moderne, obtiennent un fil mieux filé et un rendement plus élevé. Une bassine travaillant de façon continue peut produire annuellement 110 kgs de soie grège. Il faut 12 kgs de cocons frais ou 2 kgs 1/2 de cocons secs pour avoir 1 kg de soie grège.

Un coup de fouet sera, sans nul doute, donné à la filature française par la renaissance séricicole. Ce serait d'autant plus heureux que ses produits sont de premier ordre et que, plus abondants, ils serviraient de stimulant à la qualité de ceux de l'Extrême-Orient. La France a été d'ailleurs l'agent des réformes en Chine et au Japon. C'est grâce à elle que le système des filatures européennes a été introduit dans ces deux pays, à Canton en 1871, à Shangaï et au Japon ensuite et que notre fabrique lyonnaise peut avoir aujourd'hui à sa disposition une matière première bien filée et apte à réaliser les tissus de grande qualité qu'elle crée journellement. Mais le génie humain n'a pas borné son effort à tirer parti de l'excellent travail du ver à soie. Il est arrivé à transformer les déchets de filature et de tissage, etc... en une série de fils nouveaux appelés bourres et bourrettes de soie qui ont donné, à leur tour, naissance à quantité de tissus très appréciés.

L'industrie des bourres et bourrettes de soie qui traite les déchets par des opérations de peignage, de cardage et de filage, s'est concentrée dans l'Europe Occidentale, plus particulièrement en Suisse, dans l'Italie du Nord et dans le Nord-Est de la France. Lyon étant le centre le plus important de consommation de leurs produits, les principales filatures y ont, soit leur siège social, soit d'importantes organisations de vente. Les établissements de peignage et de filature de bourres et bourrettes sont au nombre de 25 en France. Ils occupent 2.000 ouvriers et leur chiffre d'affaires a été évalué, en 1923, à 345.000.000 de francs.

Une autre industrie complémentaire de celle de la filature a pris en Italie et en France un très grand développement : l'industrie du moulinage.

Par l'opération du moulinage, on donne au fil de soie, simple ou assemblé à plusieurs bouts, une torsion qui en modifie l'aspect et a suscité des combinaisons appropriées à de multiples variétés de tissus. L'organsin, la grenadine, la trame, le poil, le crêpe, tels sont les types principaux de fils produits par le moulinage. Les fils crêpe, dont la Fabrique de Lyon a tiré une infinité de tissus nouveaux, ont été une spécialité du moulinage français, industrie qui remonte au début du XVIIIe siècle et qui, après s'être installée dans la région de Saint-Chamond, s'est étendue ensuite dans 18 départements du Sud-Est de la France.

L'outillage du moulinage français représente 1.053.000 broches ou fuseaux. Sa production a porté, en 1923, sur 2.500.000 kgs de soie auxquels il a incorporé un travail national s'élevant à plus de 50 millions de francs.

Commerce de la soie. — Pendant que la sériciculture française allait décroissant, l'industrie française des soieries se développait sans cesse, ainsi que le démontrent les chiffres de sa consommation en soie :

	Consommation approximative de la soie grège	Consommation de la bourre de soie
1885	2.100.000 kgs.	
1900	2.980.000 »	
1913	5.100.000 »	
1924	6.200.000 »	2.000.000 kgs

à laquelle il convient d'ajouter la consommation en soie artificielle qui grandit rapidement :

1923	1.000.000 kgs
1924	1.900.000 kgs
1925	2.100.000 kgs

L'industrie française a sensiblement suffi à l'approvisionnement du tissage français en soie artificielle. Mais il n'en a pas été de même en soie naturelle, cette production ne représentant plus que 4 à 5 % de la consommation.

L'approvisionnement industriel de la France en soie naturelle est assuré par la Corporation des Marchands de soie de Lyon.

Le marchand de soies lyonnais a su conserver l'allure et les traditions des grands corps marchands du passé. Il unit à une profonde connaissance des questions de douane, de transport et de change, des qualités d'initiative à la fois audacieuses et prudentes. Il doit d'abord classer la matière première qu'il trouve dans les conditions les plus diverses. Il est en relations avec la consommation internationale qui est infiniment variée. Il doit être parfois transformateur du fil grège pour suppléer à des insuffisances industrielles. Son rôle financier est considérable en raison du prix toujours élevé de la soie. Les opérations de vente et d'achat sont dispersées à travers l'univers et exigent une grande surveillance des faits économiques. Il est inutile de dire que jamais sa technique financière n'a été mise à une plus rude épreuve qu'en ces temps d'instabilité des changes et de la monnaie. A l'heure présente, les centres de consommation les plus importants, qui sont l'Europe et l'Amérique, sont séparés des centres de production de la soie par d'énormes distances, exemple : Lyon et Shangaï, Lyon et Yokohama. Aussi les questions de frêt et d'assurances donnent-elles lieu à d'importantes opérations.

Lyon a été, durant nombre d'années, le premier marché de soie du monde. Il y a une soixantaine d'années, il a confirmé cette position en enlevant à Londres le monopole de l'importation des soies asiatiques. Mais, depuis 30 ans, l'industrie de la soierie a pris un développement gigantesque aux Etats-Unis, lesquels consomment aujourd'hui les trois quarts de la production mondiale de la soie et, pour une large part, s'approvisionnent directement en Extrême-Orient. Lyon n'est donc plus maintenant que le premier marché d'Europe.

Les marchands de soie ont des correspondants ou des agences dans toutes les parties du monde :

Pour l'achat, dans les pays où la soie est filée : Japon, Chine, Italie, Levant, Indes, France, Espagne, etc... ;

Pour la vente, dans ceux où elle est consommée : Etats-Unis, France, Italie, Allemagne, Suisse, Angleterre, Espagne, Afrique du Nord etc., etc...

Leurs affaires ont ainsi un caractère mondial dont les statistiques locales ne peuvent donner qu'une idée imparfaite. C'est ainsi qu'une partie importante de l'activité du marché de Milan est due aux opérations des maisons lyonnaises qui ont des établissements en Italie et aussi aux achats qu'elles font aux filateurs italiens de soies qu'elles revendent ensuite à leur clientèle internationale. Il est donc difficile d'évaluer le chiffre d'affaires annuel de l'ensemble des marchands de soie de Lyon, mais on devine son importance quand on sait que le prix du kilog de soie a oscillé depuis deux ans entre 250 et 500 francs et qu'à Lyon seul, il a été reçu par la Condition des Soies — établissement public de contrôle des titres et des poids — 6.500.000 kgs en 1925, représentant une valeur approximative de plus de deux milliards de francs.

Le commerce de la soie garde donc à Lyon une influence de premier ordre.

La fabrique des tissus de soie et ses industries annexes. — Mais si Lyon partage avec d'autres marchés la suprématie pour l'achat et la vente de la soie naturelle, il n'en est pas ainsi pour la création des tissus de soie. Dans ce domaine, Lyon est plus que jamais le centre créateur dont les conceptions animent tous les autres centres de production, y compris les Etats-Unis qui sont les premiers en valeur quantitative.

L'art de tisser les fils de soie, né en Chine, ne s'est implanté en Europe qu'au cours des XIIIe et XIVe siècles. C'est par lettres patentes du 23 novembre 1466, donc au XVe siècle, que le roi Louis XI ordonna l'installation d'une fabrique de tissus de soie à Lyon. Cette date marque l'origine de l'industrie lyonnaise des soieries, laquelle s'est maintenue en état de prospérité à peu près continue, malgré les multiples bouleversements sociaux qui ont traversé sa longue carrière. Toutefois, l'influence des artistes du siècle de Louis XIV a été particulièrement heureuse pour elle. A cette date, Le Brun fonda une école de dessinateurs qui conçut, pour l'ameublement et le vêtement, des étoffes somptueuses et d'un goût parfait. Dès lors, les tissus de Lyon purent rivaliser et supplanter les soieries italiennes.

Philippe de la Salle, dessinateur de génie, apporta ensuite le précieux concours d'un art qu'il sut merveilleusement adapter aux tissus d'ameublement. Ses créations, dont le Musée des Tissus de Lyon est particulièrement riche en spécimens, sont toujours considérées comme des modèles du genre.

Après quelques vicissitudes causées par la Révolution française et sous l'impulsion de Napoléon Ier qui passa de nombreuses commandes pour le mobilier des palais nationaux, l'essor de la Fabrique reprit avec élan et fut considérablement développé par l'invention de Jacquard, l'inventeur d'un appareil mécanique qui simplifia le tissage des étoffes à dessins et permit de le combiner à l'infini.

Vers 1824, on comptait à Lyon ou dans sa périphérie : 10.000 métiers à tisser la soie. En 1832, ce nombre s'élève à 42.000 ; en 1840, à 57.500 ; en 1847, à 66.000 ; en 1861, à 114.000. La loi inéluctable du progrès atteignit alors le vieil instrument de travail du tissutier lyonnais et le métier mécanique fit son apparition. Dès 1866, on comptait déjà 5 à 6.000 métiers mécaniques sur les 120.000 qui travaillaient pour la Fabrique lyonnaise. Ce nombre passa à 18.900 en 1880 ; à 25.000 en 1894 ; à 30.000 en 1900 ; à 41.000 en 1914. Il était de 45.454 en 1924. Le déclin des métiers à la main s'accentuait parallèlement. Leur nombre a décru de 120.000, en 1866, à 17.270 en 1914 et à 5.413 en 1924, dont 2.445 à Lyon et dans le département du Rhône.

L'atelier de famille qui donna si longtemps au quartier légendaire de la Croix-Rouge à Lyon une physionomie spéciale tendit ainsi à disparaître. Mais, comme la vie est un perpétuel recommencement, il se reforme, sous l'influence de la fée électricité, et le nombre des métiers mécaniques installés à domicile, sur l'antique colline, atteint déjà le chiffre de 4.000 et grandit sans cesse. Le même phénomène s'observe dans quelques centres de tissage du département de la Loire.

Lyon n'est plus d'ailleurs le centre principal où se tissent les étoffes qui font sa renommée. L'industrie du tissage s'étend maintenant sur 12 départements du Sud-Est de la France. Mais ce qui importe en la matière, ce n'est pas le tissage de l'étoffe, opération matérielle, c'est l'idée qui préside à sa création, ce sont les services techniques qui la conçoivent, c'est l'organisation commerciale qui en règle la distribution. Or, Lyon est toujours le cerveau qui commande les nombreux organismes, lesquels s'enchaînent depuis la conception du tissu jusqu'à sa mise au point technique et pratique.

C'est à Lyon, avec l'aide de collections soigneusement constituées à travers les âges et grâce aux idées fournies par le merveilleux laboratoire de la grande Couture de Paris, que s'élaborent les tissus de tous genres dont l'aspect, le toucher, le coloris correspondent à la mode du jour et souvent la suscitent.

C'est à Lyon que résident dessinateurs et chefs de fabrication, phalange admirable de collaborateurs qui sont les héritiers d'un atavisme séculaire et qui sont aujourd'hui mieux préparés encore à leur tâche par un enseignement technique de premier ordre.

C'est à Lyon que metteurs en carte, liseurs de dessins, monteurs de métiers travaillent à la préparation délicate et complexe des tissus de luxe que créent sans arrêt les fabricants de haute nouveauté.

C'est à Lyon que se fait l'échantillonnage, œuvre de patience et de longues retouches, réalisée par le corps incomparable des immortels canuts.

C'est à Lyon enfin que, grâce aux industries de la teinture, de l'apprêt, de l'impression, du moirage, du gaufrage, qui y sont concentrées et qui agissent en collaboration constante avec la Fabrique, s'étudient la mise au point définitive des tissus quant à leur toucher et celle des coloris qui, chaque saison, attirent et stimulent le goût des acheteurs.

Ajoutez à cette cascade déjà nombreuse d'industriels et de collaborateurs de tous ordres la contribution qu'apportent les professions adjacentes de la tréfilerie et de la guimperie, lesquelles préparent les fils d'or et d'argent tant employés à l'heure actuelle, celles de la broderie, des applications sur tissus, lesquelles découvrent sans relâche des ornementations nouvelles et vous comprendrez pourquoi Lyon est le point vital de la fabrication des tissus de soie.

L'organisation commerciale des tissus de soie. — Il l'est encore par son organisation commerciale.

Une des grandes forces de Lyon est d'avoir une base de crédit et une organisation internationale de vente également solides.

Chacun sait que le crédit est par dessus tout affaire de réputation. Or, la réputation de Lyon est en la matière particulièrement justifiée, car banquiers, marchands de soie, fabricants, teinturiers, négociants, forment un tout étroitement solidaire qui a garanti cette place et la garantira encore, je crois, contre les soubresauts économiques.

La vente des tissus de soie est aussi très bien organisée. Tant à Paris qu'à Lyon, fabricants et négociants rivalisent d'activité sur le marché national et sur les marchés internationaux. Ils ont installé des comptoirs ou des agents sur les principales places de l'univers. Ils recueillent avec souci les informations aujourd'hui abondamment données par les organismes officiels d'expansion commerciale : Office national du Commerce Extérieur, attachés commerciaux.

Aussi la Fabrique lyonnaise et le commerce des tissus de soie sont-ils les instruments les plus actifs de l'expansion française.

1788 Tolozan évaluait la production des tissus de soie à .... Liv.	130.800.000
1819 Chaptal évaluait la production des tissus de soie à dont 30 pour l'exportation	107.560.000

1840	Lyon produisait environ .... Fr.	253.000.000
	Saint-Etienne produisait environ	50.000.000
	dont 200 pour l'exportation	
1872	Lyon produisait environ	460.000.000
	Saint-Etienne produisait environ	132.000.000
	dont 400 pour l'exportation	
1913	Lyon produisait environ	467.000.000
	Saint-Etienne produisait environ	103.000.000
	dont 451 pour l'exportation	
1925	Lyon a produit environ	4.300.000.000
	Saint-Etienne a produit environ	500.000.000
	dont 3.754 pour l'exportation.	

Il est plus intéressant encore d'examiner les chiffres exprimés en francs-or, car ils donnent le relief exact de la progression des tissus de soie dans la période contemporaine :

	Production	Exportation
	—	—
1913 .... Fr.-or	467.000.000	429.000.000
1920	841.000.000	706.000.000
1923	821.000.000	633.000.000
1924	866.000.000	806.000.000
1925	989.000.000	917.000 000

Les statistiques officielles d'exportation font ressortir, en poids, une progression de même nature :

6.668.000 kgs en 1913
10.004.000 kgs en 1925

En additionnant les exportations des fils et des tissus de soie, on arrive à un total de 4.198 millions de francs, en 1925, soit 9,24 % du total des exportations françaises. Dans ce chiffre, ne sont d'ailleurs pas compris les 685 millions de francs d'articles confectionnés en soie, sous forme de robes, manteaux, lingerie, chapeaux, etc...

Lyon n'est cependant pas l'unique employeur du fil de soie.

La fabrication du ruban et des tissus élastiques dont Saint-Etienne est le centre est importante : 500 millions de francs en 1925.

L'industrie des lacets à Saint-Chamond, celle des tulles et dentelles à Saint-Quentin, Caudry, Calais ; de l'ameublement à Roubaix-Tourcoing, de la bonneterie à Troyes, tiennent également une place digne de remarque dans l'emploi du fil de soie et dans l'expansion de notre pays.

Les emplois de la soie. — Les emplois de la soie se multiplient d'ailleurs chaque jour. Les produits qu'elle engendre s'adaptent si bien au confort et à l'agrément de l'existence que leur consommation suit pas à pas les progrès de la civilisation.

Aucun autre textile n'a une valeur comparable à celle de la soie naturelle. Cette valeur est incontestablement due à des qualités exceptionnelles. Malgré sa finesse extrême, le fil de soie est résistant autant qu'élastique. Sa ténacité égale celle de l'acier. La soie est un isolant contre la conductibilité électrique. Elle est brillante, agréable à l'œil et au toucher. Son éclat est sobre, fondu, résiste à l'air et à la lumière. Son élasticité est telle que, transformée en tissu, on peut lui faire subir toutes les pressions, tous les froissements sans qu'il reste la moindre froissure. Associée à d'autres textiles : laine, coton, lin, même avec des lames or, argent, cuivre, la soie les assouplit tout en gardant son éclat distinctif. Elle assimile les produits colorants avec une facilité surprenante, accuse leur délicatesse et leur fraîcheur. Elle absorbe aisément les substances minérales, ce qui permet de donner au tissu, par des préparations à la teinture, une tombée admirable quand il est confectionné. Laissée à sa qualité propre et sans addition d'autres substances, elle est d'une résistance presque sans limite. On retrouve intactes comme solidité de vieilles étoffes ayant plusieurs siècles d'existence.

La science a pu produire une fibre qui a toutes les apparences de la soie, qu'on a d'ailleurs spontanément dénommée soie artificielle et dont il est d'autant plus utile de dire quelques mots que la Fabrique lyonnaise en tire un excellent parti.

La soie artificielle se substitue-t-elle à la soie naturelle ? Il ne faut jamais engager l'avenir par une affirmation tranchante. Mais autant qu'il est permis de juger avec les données du présent, j'estime que les deux textiles poursuivront une carrière ascendante sans se nuire l'un à l'autre.

En réalité, leurs qualités sont différentes.

Je viens de décrire celles de la soie naturelle, fruit d'une sécrétion animale qui n'a pu, jusque-là, être reconstitué par voie de synthèse.

La soie artificielle, transformation chimique de la cellulose de bois, est d'origine végétale. Comme celle du coton, sa fibre manque d'élasticité, partant de souplesse. Son brillant a un éclat lustré. Elle assimile moins facilement l'eau, les colorants, les substances minérales que la soie naturelle. Par contre, elle a plus de corps et donne aux objets qui la contiennent plus de fermeté.

Comme nombre de découvertes scientifiques, la soie artificielle a suscité des besoins et des emplois nouveaux. Sa consommation prendra place à côté de celle des autres textiles. Peut-être y aura-t-il concurrence et gêne pour quelques-uns d'entre eux pendant quelques années, mais tout se tassera et l'on verra plus tard que la consommation des uns et des autres aura respectivement grandi.

Néanmoins, le développement de la soie artificielle tient du prodige. Sa production mondiale, qui était faible encore avant la guerre, s'est élevée en 1924 à 69.000.000 de kilogs ; en 1925, à 80 millions de kilogs. On estime que la production de 1926 atteindra 110 à 120 millions de kilogs.

Lyon a su bien vite utiliser cette matière nouvelle. La production des tissus de soie artificielle, évaluée à 3 millions 1/2 de francs en 1917, est montée à 15 millions de francs en 1915, à 800 millions de francs en 1924, à plus d'un milliard de francs en 1925.

C'est la France qui a eu l'initiative, grâce au Comte Hilaire de Chardonnet, de mettre au point le procédé de fabrication de la soie artificielle dont une première réalisation de laboratoire avait été effectuée par Audemars à Lausanne, en 1855.

Les premiers filaments utilisables ont été obtenus en 1852. La première usine fut installée à Besançon en 1891. Mais c'est à partir de 1905 et surtout depuis la guerre que la soie artificielle a été industriellement et grandement exploitée.

On compte aujourd'hui 4 procédés de fabrication :

Le procédé Chardonnet, dit de la nitro-cellulose, qui est assez coûteux et représente 20 % de la production mondiale ;

Le procédé au cuivre, découvert en 1890, par Despeissis, surtout employé en Allemagne ;

Le procédé de la Viscose, aujourd'hui le plus employé, car le plus économique ;

Le procédé à l'acétate de cellulose, le plus récent.

Il y a en France, à l'heure actuelle, 15 usines en état de production. Elles ont produit, en 1924 : 7 millions de kilogs de soie artificielle qui ont été entièrement absorbés par la consommation intérieure. Il y a 8 autres usines en voie d'installation, ce qui portera la production, à bref délai, à 12 millions de kilogs.

La politique des producteurs français de soie artificielle a été particulièrement habile. Ils ont maintenu, en effet, sans changement appréciable, en cours de saison surtout, le prix de leur matière première, ce qui a donné aux employeurs une grande sécurité et les a poussés à développer leur consommation.

La soie naturelle et la soie artificielle sont aujourd'hui deux alliées à Lyon. Elles ont des emplois excessivement variés.

La première tient une place de plus en plus grande dans le vêtement, le sous-vêtement et les accessoires du vêtement féminin, voire même du sous-vêtement masculin (chemises et chaussettes). La parure, la mode, le corset, la chaussure en tirent de merveilleux effets. Elle est utilisée par l'aéronautique, par l'armement pour la fabrication des gargousses, par l'industrie électrique comme isolant. Elle sert, sous des formes multiples, à la décoration de l'appartement.

La seconde est utilisée dans tous les genres. Elle a pris une certaine place dans les tissus pour confection, une place presque prépondérante dans les tissus pour modes, dans la bonneterie, dans la passementerie. Mélangée au coton, à la laine, elle permettra de créer des tissus nouveaux qui développeront les emplois bon marché en confection, et les emplois de luxe en ameublement.

Il est juste de dire qu'une part très grande revient à Paris dans la prospérité croissante des industries de la soie. C'est Paris qui crée, de façon géniale et continue, avec un art à la fois subtil et pratique, par l'organe de multiples industries, ces milliers d'objets qui servent à la parure féminine et à la décoration de l'appartement. C'est Paris qui enfante les splendeurs du costume féminin et qui les impose à l'univers par la sûreté de son goût.

Lyon salue donc la capitale de la France avec reconnaissance et s'efforcera de multiplier à son tour les ressources de son génie propre, afin que de cette collaboration sans fin naissent toujours de nouvelles merveilles.

L'usage de la soie se vulgarise sans cesse. A ce propos, qu'il me soit permis de dire que le fin textile, d'ailleurs aidé en cela par la soie artificielle, n'engendre pas que des produits de luxe. Une partie seulement de sa production a ce caractère. Mélangée avec d'autres textiles, la soie permet, en effet, de fabriquer de nombreux tissus accessibls à toutes les bourses. C'est donc, à mon avis, une erreur regrettable que de frapper ces tissus de taxes intérieures souvent excessives, car cette dîme retombe, en fin de compte, sur les gens de situation modeste qui ont le désir naturel du beau.

L'emploi des produits de la soie marque d'ailleurs, dans tous les pays, la marche ascendante de la civilisation. Sa vulgarisation est ainsi comme une sorte de baromètre du progrès. Je souhaite donc que toutes les nations voient s'étendre chez elles l'usage de la soie, car ce sera l'indice qu'elles sont prospères et qu'elles ont l'esprit tourné vers les Arts et vers la Paix.

SÉANCES DE SECTIONS

1er groupe

SCIENCES MATHÉMATIQUES

Première section

MATHÉMATIQUES

Président	M. Elie CARTAN, Professeur à la Sorbonne.
Présidents d'Honneur	MM. VITO VOLTERRA, Professeur à l'Université de Rome, Sénateur du Royaume d'Italie; Petrovitch, Professeur à l'Université de Belgrade; L. G. du Pasquier, Professeur à l'Université de Neuchâtel, Suisse.
Vice-Présidents d'Honneur.	MM. BUHL, Professeur à l'Université de Toulouse; Veney, Prof. à l'Université de Lausanne; Mentré, Prof. à l'Université de Constantinople.
Vice-Présidents actifs.....	MM. A. GÉRARDIN, de Nancy; CLAPIER, de Montpellier.
Secrétaire	M. LE CORBEILLER, de Paris.

E. CARTAN

Professeur à la Sorbonne

1° L'APPLICATION DES ESPACES DE RIEMANN ET L'ANALYSIS SITUS

Deux espaces de Riemann sont dits applicables si l'on peut établir entre eux une correspondance ponctuelle transformant leurs deux éléments linéaires l'un dans l'autre : dans ce sens deux espaces de Riemann applicables sont identiques au point de vue de l'*Analysis situs.* Mais il peut arriver qu'un espace de Riemann admette un groupe *transitif* de déplacements rigides (groupe défini dans un certain domaine au voisinage de chaque point) : l'espace dans ce cas peut être dit *homogène.* Deux espaces de Riemann homogènes peuvent alors être *localement* applicables sans être identiques au point de vue de l'*Analysis situs* ; on peut donner l'exemple du plan euclidien et du cylindre de révolution.

Supposons un espace de Riemann E homogène, dont la métrique soit partout régulière et qui n'admette pas de frontière à distance finie, soit qu'il soit sans frontière, soit que sa frontière soit tout entière à l'infini ; supposons de plus cet espace *simplement connexe* (ce qui veut dire que tout contour fermé peut s'y réduire par déformation continue à un point) ; supposons enfin que son groupe de transformations isométriques G soit uniforme dans tout l'espace.

Cela posé, soit E′ un autre espace de Riemann, à métrique partout régulière et sans frontière à distance finie, qui soit localement applicable sur E. On peut démontrer que, dans le *développement* de E′ sur E, développement possible par hypothèse, l'espace E est recouvert tout entier, une fois et une fois seulement. La réciproque n'est pas nécessairement vraie. Si on attache à un point donné A_0' de E′ un repère rectangulaire T_0, ce repère, dans le développement, vient occuper dans E une infinité de positions distinctes T_0, T_1, T_2.... A chacune de ces positions T_i correspond une transformation Si du groupe G amenant T_0 sur T_i, et toutes ces transformations forment un sous-groupe *g* de G, qu'on peut appeler le *groupe d'holonomie* de E′ par rapport à E.

Le groupe d'holonomie *g* jouit des propriétés suivantes :

1° Il est discontinu ;

2° Aucune de ses opérations (sauf l'opération identique) ne laisse invariant un point de E.

Réciproquement tout sous-groupe *g* de G jouissant de ces deux propriétés permet de définir un espace de Riemann E′ localement applicable sur E ; cet espace est formé des points de E, mais en convenant de regarder comme identiques deux points qui se déduisent l'un de l'autre par une opération de *g*. On peut aussi avoir une image plus concrète de E′ par le *polyèdre fondamental* du groupe *g*.

Un exemple classique est fourni par l'espace sphérique à *n* dimensions, jouant le rôle de E ; si *n* est pair, le seul espace E′, distinct de E, est l'espace *elliptique*, correspondant à un groupe *g* formé de deux opérations.

Un cas intéressant, qui n'a pas encore, je crois, été envisagé, est celui de l'espace hermitien elliptique. Dans l'espace projectif complexe à *n*-1 dimensions, un point est défini par les rapports mutuels de *n* coordonnées homogènes $x_1 \ldots x_n$ non toutes nulles ; on peut du reste assujettir ces coordonnées (et cela d'une infinité de manières) à satisfaire à la relation

$$x_1 \overline{x_1} + x_2 \overline{x_2} + .. + x_n \overline{x_n} = 1 \qquad (\overline{x_i} \text{ imag. conj. de } x_i)$$

Le ds^2 de l'espace hermitien elliptique à n-1 dimensions complexes (ou $2n$-2 dimensions réelles) est alors

$$dx_1 \overline{dx_1} + .. + dx_n \overline{dx_n} - (x_1 \overline{dx_1} + .. + x_n \overline{dx_n})(\overline{x_1} dx_1 + .. + \overline{x_n} dx_n);$$

il est défini positif. Le groupe G d'isométrie est ici à $n^2 - 1$ paramètres réels : il est formé :

1° Par les *homographies hermitiennes*, à savoir les substitutions linéaires

$$x'_i = \sum_h a_{ih} x_h$$

qui laissent invariante la forme d'Hermite

$$x_1 \overline{x_1} + x_2 \overline{x_2} + .. + x_n \overline{x_n};$$

2° Par les *antihomographies hermitiennes*, à savoir les substitutions

$$x'_i = \sum_h a_{ih} \overline{x_h}$$

qui laissent invariante la même forme.

L'espace hermitien elliptique est sans frontière et simplement connexe, comme cela est facile à démontrer. Toute homographie hermitienne laisse manifestement invariant au moins un point ; tout groupe g ne peut donc contenir, en dehors de l'opération identique que des antihomographies ; mais comme le produit de deux antihomographies est une homographie, le groupe g est formé de l'opération identique et d'une *antiinvolution*. On démontre facilement que cette dernière ne peut exister que si n est pair et est alors réductible à la forme

$$(1) \qquad x'_1 = \overline{x_2},\ x'_2 = -\overline{x_1},\ x'_3 = \overline{x_4},\ x'_4 = -\overline{x_3} \ldots,$$

Donc si n est impair, c'est-à-dire si l'espace hermitien elliptique est à un nombre de dimensions réelles multiple de 4, tout espace de Riemann applicable lui est identique. Si n est pair, c'est-à-dire si le nombre de dimensions réelles est un multiple de 4 plus 2, il existe un espace de Riemann et un seul non simplement connexe applicable sur l'espace hermitien elliptique, son groupe d'holonomie étant formé de l'opération identique et de l'antiinvolution (1) ; l'espace n'est pas orientable.

Dans le cas $n = 2$, l'espace hermitien se confond avec la sphère (à deux dimensions) et l'espace E' avec le plan elliptique.

2° SUR LES CYCLES ARITHMETIQUES A PROPOS D'UN PROBLEME D'AGREGATION

Ph. LE CORBEILLER

FORMULES NOUVELLES DU TYPE KRONECKER-HUMBERT

1. Considérons les quatre formes d'Hermite (exceptionnellement deux ou une)

$$H = axx_0 + 2(b + \varepsilon' h\sqrt{-P})x_0 y + \varepsilon(b - \varepsilon' h\sqrt{-P})xy_0 + cyy_0$$

où a, c, sont deux entiers réels, b, h, deux entiers réels positifs ou nuls, $\varepsilon, \varepsilon' = + \pm 1$; le discriminant $\Delta = ac - b^2 - Ph^2$ est supposé positif. Nous dirons que ces formes sont *réduites* (α), si les nombres a, b, c, h, satisfont à certaines inégalités, l'égalité exclue ; les points représentatifs des formes H sont alors à l'intérieur du domaine de réduction relatif au corps ou à l'anneau ($\sqrt{-P}$). Nous dirons qu'elles sont *réduites* (β), si a, b, c, h satisfont à une, ou deux, des inégalités de réduction transformées en égalités, aux inégalités restantes, et à certaines conditions restrictives pour ε et ε'; les points représentatifs sont alors sur une face ou sur une arête du domaine de réduction, et les conditions restrictives font connaître quelles sont celles des formes H qui doivent être retenues comme réduites. Les réduites H sont dites de l'ordre propre ou de l'ordre impropre, suivant que a et c ne sont pas, ou sont, pairs à la fois.

Dans une thèse intitulée *Contribution à l'étude des formes quadratiques à indéterminées conjuguées* j'ai donné, en suivant des méthodes indiquées par M. Humbert (C. R., 1915-1920) les conditions de réduction et les nombres de réduites de discriminant donné Δ, $H(P, \Delta)$ (formes propres), $H'(P, \Delta)$ (formes impropres) pour tous les corps et anneaux de $P = 1$ à $P = 21$.

Je me propose, toujours en suivant M. Humbert, d'en déduire des formules où ne figurent plus comme éléments que des formes quadratiques à coefficients entiers réels. De cette manière, et par le détour il est vrai du corps quadratique, on obtient des propriétés nouvelles des nombres entiers réels, ce qui est véritablement le but des recherches arithmétiques.

2. A cet effet faisons correspondre aux formes H les formes à coefficients entiers réels $G = (a, \varepsilon b, c)$. Leur discriminant $\Delta' = \Delta + Ph^2$. Appelons $F_{h\alpha}$ le nombre des formes G, réduites, propres, de discriminant $\Delta + Ph^2$, telles que les nombres a, b, c, h, satisfassent aux conditions (α). A chaque réduite G correspond une réduite H, si $h = o$;

et deux réduites H, si $H \neq o$. La somme

$$F_{o\alpha}(\Delta) + 2F_{1\alpha}(\Delta + P) + 2F_{2\alpha}(\Delta + 4P) + \ldots + 2F_{h\alpha}(\Delta + Ph^2) + \ldots$$

est alors égale au nombre des réduites (α) de discriminant Δ.

Appelons $F_{h\beta}$ le nombre des formes G, réduites, propres, de discriminant $\Delta + Ph^2$, telles que a, b, c, h, satisfassent aux conditions (β), chaque G comptant dans $F_{h\beta}$ pour 1, pour 1/2 ou pour 1/4, suivant les conditions restrictives portant sur ε et ε', et ces coefficients étant choisis de manière que la somme

$$F_{o\beta}(\Delta) + \Sigma 2F_{h\beta}(\Delta + Ph^2)$$

soit égale au nombre des réduites (β) de discrimihant Δ.

Posons maintenant $F_h = F_{h\alpha} + F_{h\beta}$, nous avons la formule

$$F_o(\Delta) + \Sigma 2F_h(\Delta + Ph^2) = H(P, \Delta)$$

et une formule analogue pour les réduites impropres. Le nombre des termes de la somme est fini, puisque le second membre est un nombre fini.

M. Humbert a donné les formules relatives aux formes propres pour $P = 1$ et 2 (C. R., 23 juin 1919) et pour $P = 3$ (C. R., 1er mars 1920). Je vais donner ici les formules pour $P = 5$ (formes propres), $P = 1, 2, 3, 5$ (formes impropres). Les formules pour $P = 1$ sont plus délicates à obtenir que ne l'indique le schéma général qui précède. A partir de $P = 2$ il n'y a, en s'appuyant sur les formules contenues dans ma thèse, aucune autre difficulté que l'énumération complète de toutes les faces et de toutes les arêtes du domaine, qui devient bientôt fastidieuse.

$P = 1$, formes impropres.

(α) $2b < o < c$, $\quad 2h < a$, $\quad \varepsilon\varepsilon' = -1$ (exception)

(β) Si $a = 2h$, $\quad 2b \neq a$ et $a \neq c$ $\quad$ G compte pour 1/2;

Si $a = c = 2b$, $\quad h = o$, $\quad$ G compte pour 1/2.

$$F_o'(\Delta) + 2F_1'(\Delta + 1) + \ldots + 2F_k'(\Delta + h^2) + \ldots$$
$$= 0 \quad \text{si } \Delta = 4m + 1$$
$$= -\frac{1}{3}\Sigma d\left(\frac{-1}{d}\right) + \frac{1}{2}T(\Delta) + \frac{5}{6}\Sigma\left(\frac{3}{d}\right), \text{ si } \Delta = 4m + 3.$$

$P = 2$, formes impropres.

(α) $2b < a < c$, $\quad 2h < a$,

(β) Si $a = 2h$, G compte pour 1/2.

$$F_o'(\Delta) + 2\Sigma F_h'(\Delta + 2h^2) = \frac{2\delta\varepsilon - 1}{12}\Sigma d\left(\frac{-2}{d}\right) + \frac{1}{4}\Sigma\left(\frac{2}{d}\right)$$
$$+ \frac{1 + \delta\varepsilon}{3}\Sigma\left(\frac{6}{d}\right)$$

(cette formule, inédite, était connue de M. Humbert).

P. = 3, formes impropres.

Mêmes hypothèses que pour P = 2.

$$F_o'(\Delta) + 2\Sigma F_h'(\Delta + 3h^2) = \frac{1}{4}\left(\frac{-3}{\Delta}\right)\left[1 + \frac{1}{3}\left(\frac{-\Delta}{3}\right)\right]\Sigma d\left(\frac{-3}{d}\right)$$
$$+ \frac{1+\alpha}{4}\Sigma\left(\frac{3}{d}\right) + \frac{1}{3}T(\Delta).$$

P = 5.

(α) $2b < a < c$, $2h < a$, $a + c > 5h$, $a + c > 4h + b$.

(β) si ($a = 2h$, et $c = 3h$)

ou ($a + c = 5h$, et $h = b$), G compte pour 1/4 ;

si $a = 2h$,

ou $a + c = 5h$ ($b \neq o$, $a \neq c$),

ou $a + c = 4h + b$, G compte pour 1/2.

Formes propres. $F_o(\Delta) + 2\Sigma F_h(\Delta + 5h^2) = \ldots.$

$$\ldots. = \frac{5}{4}\left(\frac{-5}{\Delta}\right)\left[1 + \frac{1}{5}\left(\frac{-\Delta}{5}\right)\right]\Sigma d\left(\frac{-5}{d}\right) + \frac{1}{2}\left(\delta + \frac{4}{3}\right)\Sigma\left(\frac{5}{d}\right)$$

Formes impropres. $F_o'(\Delta) + 2\Sigma F_h'(\Delta + 5h^2) = \ldots..$

$$\ldots.. = \frac{1-\delta}{3}\cdot\frac{5}{4}\left(\frac{-5}{\Delta}\right)\left[1 + \frac{1}{5}\left(\frac{-\Delta}{5}\right)\right]\Sigma d\left(\frac{-5}{d}\right) + \frac{1-\delta}{2}\Sigma\left(\frac{5}{d}\right)$$
$$+ \frac{(1-\alpha)(1-\delta)}{3}\Sigma\left(\frac{15}{d}\right)$$

Dans ces formules, $\alpha = \left(\frac{\Delta}{P}\right)$, $\delta = \left(\frac{-1}{\Delta}\right)$, $\varepsilon = \left(\frac{2}{\Delta}\right)$, et d parcourt les diviseurs de Δ, y compris 1 et Δ, dont le nombre est T (Δ).

L.-Gustave DU PASQUIER

Professeur à l'Université de Neuchâtel (Suisse)

1° SUR LES NOMBRES PREMIERS DANS LES PROGRESSIONS ARITHMETIQUES DE DEUXIEME ORDRE

---

1. — En désignant par $\pi_2(a, b, c\ ; x)$ le nombre des nombres premiers $\leqq x$ contenus dans la progression arithmétique générale de deuxième ordre (1)

$$an^2 + bn + c \equiv P(n) \qquad \textbf{(1)}$$

(1) Le signe $\equiv$ signifie « égal *par définition* à » et le signe $\backsimeq$ « égal à peu près à ».

où a, b, c, représentent trois nombres entiers, arbitrairement choisis mais fixes, tandis que n parcourt la suite illimitée des nombres naturels, on démontre facilement que trois conditions sont nécessaires pour que $\pi_2\,(a,\ b,\ c\ ;\ x)$ puisse devenir infiniment grand avec x :

1) a, b, c, doivent être premiers entre eux ; sinon, $P(n)$ contiendrait au plus 1 nombre premier. — 2) Si a et b sont impairs tous les deux, c doit également être impair ; sinon, $P(n)$ serait un nombre pair quel que soit n. — 3) Le déterminant $\Delta \equiv b^2 - 4ac$ ne doit pas être un carré parfait ; sinon, $P(n)$ serait réductible et la progression (1) ne pourrait contenir qu'un nombre limité de nombres premiers. — Ces trois conditions étant remplies, on a asymptotiquement

$$\pi_2\,(a,\ b, c;\ x \approx \frac{\varepsilon}{2} \cdot \frac{C}{\sqrt{a}} \cdot \prod \frac{\varpi'}{\varpi' - 1} \cdot li\,\sqrt{x} \equiv \pi'\,(P) \qquad (2)$$

où $\varepsilon = 1$ si $a + b$ est impair, tandis que $\varepsilon = 2$ si $a + b$ est pair ; où ϖ' parcourt l'ensemble des nombres premiers impairs qui sont diviseurs communs de a et de b ; où $li\ z$ signifie logarithme intégral de z ; où enfin C est défini par

$$C \equiv \prod_{p=3,\ p \,\overline{\overline{|||}}\, a}^{\infty} \left\{ 1 - \frac{1}{p-1} \cdot \left(\frac{\Delta}{p}\right) \right\} \qquad (3)$$

Dans ce produit infini, p parcourt l'ensemble des nombres premiers impairs qui ne sont pas diviseurs de a (ce que j'indique par l'écriture $p \,\overline{\overline{|||}}\, a$) et $\left(\frac{\Delta}{p}\right)$, symbole de Legendre, a la valeur $+ 1$ ou la valeur $- 1$ suivant que $\Delta \equiv b^2 - 4ac$ est ou n'est pas résidu quadratique de p. ; Je déduis la formule (2) de celle publiée par MM. Hardy et Littlewood en 1923 (*Acta Mathematica*, t. 44), par une légère transformation qui y introduit $li\,\sqrt{x}$ à la place du logarithme naturel, $ln\,x$.

2. — La formule (2) n'étant pas démontrée en toute rigueur, il y avait intérêt à la contrôler expérimentalement. Je l'ai fait pour les six progressions suivantes, se subdivisant en trois groupes nettement séparés par l'ordre de grandeur du premier coefficient, a. Chacun de ces trois groupes comprend deux progressions telles que l'on ait pour l'une $a + b =$ nombre pair, pour l'autre $a + b =$ nombre impair. L'application de la formule (2) et le calcul des constantes (3) donnent les résultats suivants :

Ce tableau met en évidence les cinq propriétés fondamentales du nombre $\pi'(P)$.

Or, on constate une concordance remarquable entre les nombres π' et les nombres correspondants $\pi\ (a,\ b,\ c\ ;\ x)$, c'est-à-dire entre le nombre donné par la formule (2) et le nombre effectivement dénombré des nombres premiers $\leqq x$ dans les six progressions étudiées. J'ai

Progression P_i	Nombre théoriquement prévu $\pi'(P_i)$	$\sqrt{a}$	$a+b$
$P_1 \equiv n^2 +$	$0,6864 . li\sqrt{x}$	1	impair
$P_2 \equiv n^2+n+1$	$1,141 . li\sqrt{x}$	1	pair
$P_3 \equiv 101 n^2 + 20n + 1$	$0,069 . li\sqrt{x}$	≈ 10	impair
$P_4 \equiv 122 n^2 + 22 n + 1$	$0,1264 . li\sqrt{x}$	≈ 11	pair
$P_5 \equiv 10\,001 n^2 + 200 n + 1$	$0,00701 . li\sqrt{x}$	≈ 100	impair
$P_6 \equiv 10\,610 n^2 + 206 n + 1$	$0,01778 . li\sqrt{x}$	≈ 103	pair

vérifié cette correspondance en poussant la factorisation des nombres n^2+1, n^2+n+1, ..., $10\,610\ n^2 + 206\ n + 1$ jusqu'à la limite de 225 000 000. J'ai pu me servir à cet effet du bel ouvrage de M. le Lt.-Col. Cunningham (1). J'adresse aussi mes remerciements à Monsieur le Docteur Maurice Kraïtchik, ingénieur à Bruxelles, agrégé à l'Université, et à M. André Gérardin, directeur du périodique arithnomique « Sphinx-Œdipe », à Nancy, pour l'aide qu'ils ont bien voulu m'apporter dans ces factorisations. Le manque de place disponible m'oblige à supprimer ici ces intéressants tableaux numériques.

3. — Écrivons, pour abréger, $\pi_2(x)$ au lieu de $\pi_2(1, 0, 1 ; x)$ et adoptons les définitions suivantes (2), faciles à généraliser : 1) *L'écart absolu de la progression* n^2+1 $(n = 0, 1, 2,..., E n\, x)$ est la différence $\pi_2(x) - \pi'(x)$. 2) *L'écart relatif de la progression* n^2+1 $(n = 0, 1, 2,..., E n\, x)$ est le rapport $\frac{\pi_2(x) - \pi'(x)}{\pi'(x)}$ ou encore $\frac{\pi_2(x)}{\pi'(x)} - 1$.

Les tableaux numériques susmentionnés conduisent par induction aux propositions suivantes :

1) Il existe une infinité de nombres premiers de la forme n^2+1.

2) Le nombre $\pi_2(x)$ de ces nombres premiers $\leqq x$ est donné asymptotiquement par la formule $\pi'(x) = 0{,}6864 ... li\sqrt{x}$.

3) L'écart absolu et l'écart relatif de la progression n^2+1 changent de signe infiniment souvent, quand $n \to \infty$ par la suite des nombres naturels.

4) L'écart relatif de la progression n^2+1 tend vers zéro quand $n \to \infty$.

---

(1) ALLAN J.-C. CUNNINGHAM, *Binomial factorisations*, London 1923-1925 ; 7 vol. in-8°, résultat de trente années de labeur.

(2) Le symbole $E n\, z$ signifie « le plus grand nombre *entier* contenu dans z ».

5) L'écart absolu de la progression $n^2 + 1$ diverge vers $+\infty$ et vers $-\infty$, quand n parcourt la suite illimitée des nombres naturels.

6) Il existe une infinité de nombres entiers $x_1, x_2, \dots x_k, \dots$, pour lesquels (3)

$$\pi_2(x_k) = En(0{,}6864\dots li\sqrt{x}).$$

7) Ces propriétés se maintiennent *mutatis mutandis*, si de la progression particulière $n^2 + 1$ on passe à la progression générale (1).

2° AU SUJET DE L'EDITION SUISSE EN COURS DES ŒUVRES COMPLETES D'EULER

Dr QUIDO VETTER
Professeur à l'Université Charles V à Prague

THADDEUS HAGECIUS

Ch. BIOCHE

A PROPOS D'UN PASSAGE DE LA GEOMETRIE DE DESCARTES

Descartes, à la fin du 2e livre de sa *Géométrie*, fait remarquer qu'une courbe de l'espace est déterminée par ses projections sur deux plans rectangulaires. Et en donnant une application il commet une erreur bien étonnante ; il dit que les normales aux projections sont les projections d'une normale à la courbe de l'espace. La lecture de ce passage m'a donné l'idée de calculer l'angle de deux droites lorsque celui-ci se projette sur deux plans rectangulaires, suivant des angles droits. On trouve que le minimum de l'angle aigu des deux droites à lieu lorsqu'elles sont dans un des plans bissecteurs des dièdres formés par les deux plans donnés.

Si on prend les deux plans rectangulaires pour plans des Y Z et des Z X, et si on considère des droites passant par l'origine les équations de celles-ci peuvent s'écrire

$$(D) \qquad x = a\,z \qquad y = b\,z$$

$$(D') \qquad x = -\frac{1}{a}z \qquad y = -\frac{1}{b}z$$

Le cosinus de l'angle aigu des deux droites est

$$\frac{1}{\sqrt{(a^2+b^2+1)\left(\frac{1}{a^2}+\frac{1}{b^2}+1\right)}}$$

L'expression sous radical peut s'écrire

$$3+\left(a^2+\frac{1}{a^2}\right)+\left(b^2+\frac{1}{b^2}\right)+\left(\frac{a^2}{b^2}+\frac{b^2}{c^2}\right)$$

Or, chacune des parenthèses est supérieure ou égale à 2 ; l'égalité étant obtenue dans le cas où

$$a^2 = b^2 = 1$$

L'expression sous radical est donc toujours supérieure ou égale à 9 et le cosinus de l'angle aigu de D et D' est inférieur ou égal à $\frac{1}{3}$.

Comme cos 70° = 0,3420 on voit que l'angle aigu de D et D' reste compris entre 70° et 90°.

On peut remarquer que D et D' ont pour projections sur le plan Z$=o$ les droites d'équations

$$b\,x - a\,y = o \qquad a\,x - b\,y = o$$

autrement dit des droites symétriques par rapport aux plans bissecteurs des deux plans sur lesquels l'angle de D et D' se projette suivant des angles droits ; et le minimum de l'angle aigu de D et D' a lieu lorsque les droites sont dans un des plans bissecteurs en question.

Oct. DELHEZ

à Neuville-Andrimont

INVERSES DES PRODUITS

André BLOCH

SUR L'UNIFORMISABILITE DES SURFACES ALGEBRIQUES ET SUR UN COMPLEMENT A LEUR CLASSIFICATION

1. Dans sa conférence du Congrès des Mathématiciens à Rome en 1908, sur l'*Avenir des Mathématiques*, Henri Poincaré développa sur la théorie des fonctions analytiques les considérations les plus élevées ; il exprima alors l'espoir *qu'allaient s'éclaircir les derniers mystères se rapportant à l'étude des surfaces* (algébriques), *qui paraissaient si tenaces* et, au sujet du problème de leur uniformisation, supposa *qu'un avenir prochain en donnerait peut-être la solution.*

Ce double souhait n'a pas été exaucé jusqu'ici. Mais peut-être la théorie naissante de l'uniformisabilité des surfaces est-elle susceptible d'apporter quelque lumière dans ces questions difficiles.

2. Appelons, pour abréger, *variété à deux dimensions* une surface algébrique, sur laquelle sont donnés éventuellement un nombre fini de courbes algébriques et de points, chaque courbe et chaque point étant affecté d'un entier supérieur à 1, fini ou infini appelé son *indice.* Un système de trois fonctions X, Y, Z d'une ou de deux variables est dit *inclus* dans la variété lorsque X, Y, Z satisfont à l'équation de la surface et que leur système est stationnaire sur chaque courbe et en chaque point donné, l'ordre de multiplicité correspondant étant égal à l'indice (ou multiple de l'indice).

On peut répartir les variétés à deux dimensions en quatre catégories, définies comme il suit :

α) Une variété contient ∞^3 éléments formés d'un point et d'une tangente en ce point. Soit l'un d'entre eux ; considérons trois fonctions d'une variable $X = a_0 + a_1 t + \ldots$; $y = b_0 + b_1 t +$; $Z = c_0 + c_1 t + \ldots$, incluses dans la variété et telles que la courbe correspondante soit tangente à l'élément pour $t = o$; il peut alors arriver que le rayon du cercle de méromorphie commun aux trois fonctions ait une borne supérieure ne dépendant que des six coefficients $a_0 \ldots c_1$ (et de la variété). Si la chose a lieu pour tous les éléments, sauf peut-être ceux d'un nombre fini de courbes et de systèmes ∞^1 de courbes. la variété est dite de *quatrième catégorie.*

β) Soit une variété n'appartenant pas à la quatrième catégorie, mais telle que, X, Y, Z étant trois fonctions de deux variables u et v, méromorphes dans l'hypersphère unité $u\bar{u}' + v\bar{v}' - 1 = 0$, et incluses dans la variété le jacobien à l'origine de deux d'entre elles admette une borne supérieure dépendant uniquement du point de la variété, supposé générique, qui correspond à l'origine (et de la variété). La variété est dite alors de *troisième catégorie.*

γ) Soit une variété n'appartenant ni à la quatrième, ni à la troisième catégorie, mais jouissant de la propriété suivante : X, Y, Z étant trois fonctions de deux variables u et v, incluses dans la variété, admettant deux à deux à l'origine des jacobiens non nuls, et telles que le point correspondant à l'origine soit générique, le rayon R de l'hypersphère $u\,\bar{u}' + v\,\bar{v}' - R^2 = 0$ où les trois fonctions sont simultanément méromorphes admet une borne supérieure ne dépendant que des valeurs à l'origine de X, Y, Z et de leurs dérivées. La variété est dite alors de *deuxième catégorie.*

δ) Enfin une variété n'appartenant à aucune des catégories précédentes est uniformisable par les fonctions méromorphes, et réciproquement ; elle appartient à la *première catégorie.*

L'hypothèse de la généricité du point initial dans la définition des deuxième et troisième catégories est probablement superflue.

3. S'il n'y a pas de points imposés sur la surface, mais seulement éventuellement des courbes, ces définitions sont équivalentes aux suivantes. La variété est de première catégorie lorsqu'elle contient une courbe transcendante, lieu d'un point à coördonnées méromorphes dans tous le plan complexe, Elle est de deuxièmé catégorie lorsque sans être de première, elle contient une infinité discontinue de systèmes ∞^1 de courbes de type elliptique. Elle esf de troisième catégorie lorsque, sans être de première ni de seconde, elle contient une infinité discontinue de courbes isolées de type elliptique. Elle est de quatrième catégorie dans les autres cas ; ou, si l'on veut, lorsque, sans qu'elle soit de première catégorie, les courbes de type elliptiqne ou rationnel qu'elle peut posséder se répartissent en un nombre fini de courbes isolées et de systèmes ∞^1.

Il n'y a probablement pas d'autres surfaces de première catégorie que les surfaces hyperelliptiques et leurs dégénérescences. Parmi les variétés de deuxième catégorie, on peut citer : le plan projectif affecté de trois droites et d'un point lacunaires (indice infini) ; le plan projectif affecté d'une cubique elliptique lacunaire ; la surface quartique générale (sans courbes ni points imposés) ; le plan projectif affecté de six droites d'indice deux, en position générale. La surface quintique sans singularités est de quatrième catégorie. Bien qu'il ne nous soit pas possible de citer des variétés de troisième catégorie, leur existence ne semble pas pouvoir faire de doute ; il y en a peut-être déjà parmi les surfaces quintiques.

Dans la classification des surfaces algébriques par M. Enriques, les surfaces dont le genre d'ordre 12 est zéro ou un sont — à l'exception des réglées de genre supérieur à un — de première ou deuxième catégorie ; celles dont le genre d'ordre 12 dépasse un sont de troisième ou quatrième catégorie.

Les *surfaces de genres un*, lesquelles sont de deuxième ou accidentellement de première catégorie, ont en général d'après la formule habituelle, 22 cycles à deux dimensions ; le nombre ρ étant en général égal à 1, l'intégrale double de première espèce a 21 périodes distinctes ; si l'on observe d'autre part que lorsque 16 des 22 cycles d'une surface quartique s'évanouissent en autant de points doubles, on obtient une surface de Kummer, on voit que les 21 périodes sont liées par une relation (probablement algébrique et quadratique) ; on retrouve ainsi pour chacune des familles, en infinité dénombrable, de surfaces de genres un, les 19 modules de M. Enriques.

Les résultats numériquement les plus complets au sujet des propriétés servant de définition aux diverses catégories de variétés paraissent comme dans le cas des courbes liés à certaines équations aux dérivées partielles. Ainsi la valeur extrême du jacobien pour la troisième et la quatrième catégorie est probablement donnée par la solution d'une équation formée par M. Giraud (*Comples-Rendus*, t. CLXVI, p. 893), qui peut s'intégrer sur la variété indépendamment de la question de son uniformisation (1). Pour la quatrième catégorie, si l'on veut déterminer en outre l'invariant correspondant à chacun des ∞^3 éléments de contact, il faudra à cette équation — ou éventuellement à son cas limite — en adjoindre d'autres. Quant aux variétés de deuxième catégorie, elles exigeront la considération d'équations toutes différentes.

Il y aurait intérêt à rechercher si, pour la troisième et la quatrième catégorie, la valeur extrême du jacobien, qui dépend certainement des courbes imposées sur la surface, dépend ou non des points imposés.

4. Au sujet du problème même de l'uniformisation des surfaces, nous ne pouvons dire que bien peu de chose. Tout d'abord, sauf le cas de surfaces d'irrégularité au moins égale à deux et satisfaisant à certaines conditions, il n'existe pas d'uniformisation partout localement biunivoque, analogue à celles qui se présentent pour les courbes ; des points de ramification isolés ne peuvent même suffire en général ; il faudra introduire certaines courbes de ramification.

D'autre part, d'après le théorème de Hartogs, le domaine d'existence d'une fonction uniforme de deux variables ne peut admettre de cycles à trois dimensions ; mais, s'il admet des cycles linéaires, il peut admettre aussi en conséquence des cycles à deux dimensions. Le « domaine de recouvrement » d'un tel domaine aura nécessairement une connexion linéaire simple, mais pourra avoir une connexion bidi-

(1) Pour l'application directe de l'équation $\Delta u = e^u$ à l'étude des fonctions liées par l'équation d'une courbe, cf. F. Nevanlinna, *Ueber die Werteverteilung*... (6e Congrès des Mathématiciens Scandinaves, Copenhague, 1925.)

mensionnelle multiple, et même infinie ; il ne sera pas alors représentable point par point sur une hypersphère, ni sur un domaine homéomorphe à cette dernière (cellule). Il est donc à prévoir que dans certains cas, au contraire de ce qui avait lieu pour les courbes, l'uniformisation la plus naturelle aura un domaine d'existence multiplement connexe ; cela se produit peut-être pour les surfaces de genres un.

Pour une surface de troisième ou quatrième catégorie, il conviendrait de caractériser l'uniformisation fournie par les fonctions méromorphes dans l'hypersphère-unité, donnant en un point déterminé de la surface sa valeur extrême au jacobien.

L. AUBRY

à Dijon

1° DEUX INVENTIONS OUBLIEES DE NAPIER, TRAVAUX OUBLIES DE BACHET DE MESIT

2° CARRES MAGIQUES PAIRS

3° LE PROBLEME DE LA GAMME

4° FORMES DES DIVISEURS PREMIERS D'UN POLYNOME

A. ALLIAUME

Professeur à l'Université de Louvain

TABLES DES FACTORIELLES N' JUSQUE N=1.000

Léon POMEY
Ingénieur en chef des Manufactures de l'Etat
Examinateur d'admission à l'Ecole Polytechnique

SUR LE DERNIER THEOREME DE FERMAT

Soient x_1, x_2, x_3 trois entiers, premiers entre eux et $\gtrless 0$, que nous désignerons aussi par x_i, x_j, x_k, les indices i, i, k ètant distincts et égaux indiffèremment à 1, 2, 3. Posons $X_i = x_j + x_k$ et

$p \equiv x_i + x_j + x_k \equiv \frac{1}{2} \Sigma X_i \equiv x_i + X_i$. — Nous allons donner une démonstration simple des propositions suivantes (1) ;

Si par impossible x_i, x_j, x_k satisfaisaient à l'équation

(1) $$x_1^n + x_2^n + x_3^n = 0$$

où n est premier impair et ne divise pas x_i, x_j, x_k, ils devraient nécessairement vérifier les congruences suivantes, dans lesquelles ν est un entier $\geqq 3$,

(2) $$p \equiv o \qquad (\text{mod. } n^\nu)$$

(3) $$x_i^n - x_i \equiv o \qquad (\text{mod. } n^\nu)$$

(4) $$(x_j + x_k)^n - x_j^n - x_k^n \equiv o \qquad (\text{mod. } n^{\nu+1})$$

Démonstration. En effet, on a évidemment (par la théorie de la division ou par la formule de Taylor) la congruence

$$\frac{x_j^n + x_k^n}{x_j + x_k} \equiv n\, x_k^{n-1}, \qquad [\text{mod. } (x_j + x_k)],$$

et par suite, d'après (1),

$$\frac{-x_i^n}{X_i} = n\, x_k^{n-1} + \text{mult. } X_i.$$

Par conséquent X_i, étant premier par hypothèse avec $n\, x_k^{n-1}$, l'est aussi avec $\frac{-x_i^n}{X_i}$. Donc les entiers X_i et $\left(\frac{-x_i^n}{X_i}\right)$ sont des puissances $n^{\text{èmes}}$, puisque leur produit $(-x_i^n)$ en est une. Posons donc

(5) $$X_i = a_i^n, \qquad \frac{-x_i^n}{X_i} = g_i^n, \qquad (i = 1, 2, 3)$$

a_i et g_i étant des entiers premiers entre eux. D'où

(6) $$x_i = -a_i\, g_i. \qquad (i = 1, 2, 3).$$

(1) Ces résultats ont été publiés, avec d'autres, aux Comptes Rendus de l'Académie des Sciences (3 déc. 1923, p. 1187).

On aura de même $x_i + x_j = X_k = a_k^n$ et $x_i + x_k = X_j = a_j^n$. Donc x_j et x_k sont congrus (mod. x_i) à a_k^n et a_j^n. Or tout facteur premier θ de g_i divisant x_i, divise $x_j^n + x_k^n$ en vertu de (1). Donc θ divise $a_k^{n^2} + a_j^{n^2}$. Mais, g_i étant premier avec a_i, θ ne peut diviser $X_i = x_j + x_k$, ni par suite $a_k^n + a_j^n$. Ainsi θ est *diviseur primitif* de $a_k^{n^2} + a_j^{n^2}$; autrement dit, n^2 est l'*exposant minimum* (mod. θ) des expressions de la forme $a_k^\lambda + a_j^\lambda$. Par conséquent, d'après un théorème connu, $\theta - 1$ *est multiple de* n^2.

De là résulte que $g_i \equiv \pm 1$ (mod. n^2). Mais on a visiblement la suite de congruences

$$0 \equiv \sum_{i=1}^{i=3} x_i^n \equiv \sum x_i \equiv x_i + X_i \equiv a_i\, g_i + a_i^n, \qquad (\text{mod. } n).$$

On en conclut que g_i est congru (mod. n) à a_i^{n-1}, c'est-à-dire à $+1$. On a donc $g_i \equiv +1 \quad (\text{mod. } n^2)$

D'où, en vertu de (6),

$$x_i \equiv -a_i \qquad (\text{mod. } n^2)$$

et (7) $$x_i^n \equiv -a_i^n \equiv -X_i \qquad (\text{mod. } n^3).$$

Par suite il vient

$$\sum_{i=1}^{i=3} x_i^n = o \equiv -\sum X_i \equiv -2p \qquad (\text{mod. } n^3),$$

ce qui démontre la congruence (2) *annoncée :* $p \equiv o$ (mod. n^ν), *avec* $\nu \geqq 3$.

Comme x_i est égal à $p - X_i$, cette congruence (2) entraîne celle-ci

(8) $$x_i \equiv -X_i \qquad (\text{mod. } n^\nu),$$

qui, retranchée de (7), *donne bien la congruence* (3), *où* $\nu \geqq 3$.

Enfin, de (8) on déduit

$$x_i^n \equiv -X_i^n \equiv -(x_j + x_k)^n, \qquad (\text{mod. } n^{\nu+1}).$$

En remplaçant au premier membre x_i^n par $-(x_j^n + x_k^n)$ *on obtient bien la congruence* (4) *dans laquelle l'exposant* $\nu + 1 \geqq 4$.

C. Q. F. D.

Remarque. — Les conditions *nécessaires* (2), (3), (4) permettent de vérifier pour beaucoup de valeurs de n l'impossibilité de l'équation (1).

Elles conduisent notamment (1) à ce critérium commode, savoir que la congruence (3) doit avoir en particulier pour racines *deux entiers* CONSÉCUTIFS (de la forme $u = \alpha + \beta n + \gamma n^2$ et $v = (\alpha + 1) + \beta n + \gamma n^2$).

---

(1) Voir notre *Seconde Thèse* (Journ. Math. pures et appliq., 1925, 1er fasc.).

L. ROSENFELD
(Liége)

LE PROBLEME LOGIQUE DE LA DEFINITION DES NOMBRES IRRATIONNELS

Après avoir défini une *coupure* de la suite des nombres rationnels, et remarqué qu'il existe des coupures sans *limite* rationnelle, c'est-à-dire qui ne peuvent être engendrées par aucun nombre rationnel, Dedekind (1) ajoute : « Chaque fois, à présent, que nous avons une coupure (A^1, A_2) qui n'est pas engendrée par un nombre rationnel, nous *créons* (so erschaffen wir) un nouveau nombre, un nombre *irrationnel* α, que nous considérons comme complètement défini par la coupure (A^1, A_2). » Quelle est la nature logique de cette « création » ? L'opinion courante est la suivante : cette « création » ne peut pas être considérée comme une définition des nouveaux nombres, car une définition n'implique pas l'existence du défini ; cette remarque est exacte, mais on en ajoute une autre qui, comme nous le montrerons, ne l'est pas : les « créations » de nouveaux concepts ne sont pas équivalentes à des postulats, parce que (dit-on) on ne peut postuler quelque chose que de concepts dont l'existence est déjà assurée. Nous nous proposons de montrer que la méthode « créatrice » de Dedekind consiste, au point de vue logique, dans l'introduction d'un postulat existentiel, dont nous donnerons l'énoncé.

Rappelons d'abord à grands traits quelques notions nécessaires à l'intelligence de ce qui suit. En général, une *suite* d'éléments quelconques est définie par une relation « sérielle » P, possédant certaines propriétés analogues à celles de la relation > entre nombres rationnels, ou de la relation « à gauche de » appliquée par exemple aux points d'une droite (horizontale). On peut définir d'une manière générale une *coupure de* la suite P au moyen de la relation P, de la même façon qu'on a défini une coupure de la suite des nombres rationnels au moyen de la relation >. On dit que deux suites P, Q sont *ordinalement semblables* quand leurs éléments se correspondent biunivoquement et occupent, relativement aux relations P, Q, des positions semblables dans les deux suites. Toute suite ordinalement semblable à la suite des nombres rationnels (rangés par ordre de grandeur croissante) est dite suite *rationnelle* (2).

(1) *Stetigkeit und irrationale Zahlen*, Braunschweig, 1872.
(2) Pour plus de précision, voir *Russell et Whitehead*, *Principia Mathematica*, vol 2 et 3, 1911-1913.

Cela posé, l'introduction des nombres réels revient, comme on s'en rend compte aisément, à introduire une suite P de symboles *quelconques* (qui seront appelés « nombres réels ») possédant les propriétés suivantes :

1° La suite P contient comme partie une suite rationnelle (les éléments de cette suite rationnelle joueront le rôle de nombres réels-rationnels, et, moyennant une définition convenable de l'addition, ils posséderont des propriétés analogues à celles des nombres rationnels précédemment connus ; la relation P jouera, vis-à-vis des nombres réels, le rôle de la relation < vis-à-vis des nombres rationnels) ;

2° Toute coupure de la suite rationnelle contenue dans P a pour limite un élément de la suite P (Si cet élément n'appartient pas à la suite rationnelle, il sera dit « nombre irrationnel » défini par la coupure considérée).

3° Les deux propriétés précédentes de la suite P ne doivent pas dépendre de la nature particulière des éléments de P.

On peut montrer que ces trois propriétés appartiennent aux suites *continues* (au sens de Cantor). Nous pouvons donc dire qu'*une suite continue quelconque peut être définie comme la suite des nombres réels.*

En d'autres termes, on sera en état de définir les nombres irrationnels, dès qu'on sera en possession d'une suite continue. *Le problème logique de la définition des irrationnels est donc ramené au problème logique de l'existence d'une suite continue.*

Or, ce dernier problème n'est susceptible que de deux solutions :

Ou bien, *postuler* l'existence d'une suite continue ;

Ou bien, *démontrer* l'existence d'une suite continue (en *construisant* un « exemple » d'une telle suite).

De cette analyse, il résulte clairement que la méthode « créatrice » de Dedekind revient à *postuler l'existence d'une suite continue.*

Il est possible de se passer de ce postulat, c'est-à-dire de construire effectivement une suite continue : la suite des coupures de nombres rationnels possède en effet cette propriété et peut par suite servir comme suite des nombres réels : c'est le point de vue adopté par B. Russell.

H. Weber s'en était déjà aperçu il y a longtemps et avait signalé la chose à Dedekind, mais ce dernier avait repoussé cette proposition : ce qui montre bien qu'il ne s'était pas du tout rendu compte du problème logique qui nous occupe. Il est piquant de constater que le Dr. Perron (1), qui rapporte cette anecdote, ne s'en rend pas compte davantage, puisqu'il donne raison à Dedekind, en disant : « Mais ceci n'est qu'une différence dans la manière de s'exprimer (in der Ausdrucksweise'!), et cela ne touche pas au fond des choses. »

---

(1) *Perron*, Irrazionalzahlen. Leipzig, 1921, p. 57.

En fait, notre analyse nous a mis en possession d'un *critère* absolument général permettant de caractériser, au point de vue logique, toute théorie arithmétique des nombres irrationnels. La place nous manque ici pour examiner à ce point de vue les principales de ces théories. Nous nous contenterons de remarquer que celle qu'a proposée récemment M. Deruyts (1) consiste essentiellement dans la *construction* d'une suite continue (la suite des « gradients »), c'est-à-dire qu'elle fournit une autre démonstration du postulat de Dedekind.

Georges REMOUNDOS
à Athènes

SUR UNE CLASSE DE SURFACES AYANT UNE CERTAINE PROPRIETE ARITHMETIQUE

A. GERARDIN
Directeur du Sphinx-Œdipe, à Nancy

VIE DE THEPHILE PEPIN

NOTE SUR L'EQUATION DE FERMAT

NOTES SUR CERTAINS CARRES BIMAGIQUES

---

(1) *P. Mentré*, C.R., t. 183, p. 1724. 1926.

A. BUQUET
à Paris

PROPRIETES ARITHMOGEOMETRIQUES D'UN ENSEMBLE DE DROITES

P. SERGESCO
Maître de Conférences à l'Université de Cluj (Roumanie)

SUR L'ENSEIGNEMENT DE LA THEORIE DES DETERMINANTS

(*Résumé*)

La théorie des déterminants est un des chapitres de l'algèbre des plus difficiles à enseigner. En général, on fait un exposé synthétique en partant des classes de permutations. Pourtant, toute la théorie pourrait être exposée d'une manière élémentaire, *par induction complète.*

On arrive à la définition du déterminant du second ordre par la résolution d'un système linéaire non homogène à deux inconnues. On vérifie sur ce cas particulier toutes les propriétés des déterminants. La solution du système linéaire et homogène de deux équations à trois inconnues conduit ensuite (par la méthode de la réduction des inconnues) à mettre sous forme de quotients les racines d'un système linéaire non homogène de trois équations à trois inconnues. Le dénominateur commun est :

$$a\begin{vmatrix} b' & b'' \\ c' & c'' \end{vmatrix} - a'\begin{vmatrix} b & b'' \\ c & c'' \end{vmatrix} + a''\begin{vmatrix} b & b' \\ c & c' \end{vmatrix}$$

Par définition, cette somme sera nommée le déterminant du troisième ordre :

$$|\, a \quad a' \quad a'' \,|$$

On vérifie sur ce déterminant toutes les propriétés générales. Ensuite, *on définit un déterminant d'ordre $n+1$, par son développement d'après les éléments de la première ligne.* Tous les mineurs sont des déterminants d'ordre n ; alors, en supposant les propriétés générales vérifiées pour l'ordre n, on peut démontrer qu'elles le seront encore pour l'ordre $n+1$. Il est facile de compléter les détails de la démonstions. Comme on a effectivement vérifié ces propriétés pour $n=2$ et $n=3$, la théorie générale est établie.

Après cet exposé, on peut passer à la définition synthétique des déterminants, qui sera facilement comprise, en étant préparée par la voie élémentaire de l'induction complète.

Paul POULET
à Lambres

TABLE DES NOMBRES COMPOSES INFERIEURS A 50.000.000 REPONDANT AU THEOREME DE FERMAT POUR LE MODULE 2

S. ZAREMBA
Professeur à l'Université de Cracovie

SUR UNE SINGULARITE QUE PEUT OFFRIR UNE FONCTION HARMONIQUE

Dans une conversation privée, M. Bouligand m'a posé la question suivante: peut-il arriver qu'une fonction u, régulièrement harmonique et bornée à l'intérieur d'un domaine borné (D), jouisse, sans être identiquement nulle, de la propriété suivaute: étant donné un nombre positif ε, arbitrairement petit, ainsi qu'un point A, arbitrairement choisi sur la frontière du domaine D, il existera, à l'intérieur de ce domaine et dans un voisinage arbitrairement restreint du point A, un point où la valeur absolue de la fonction u sera inférieure à ε ?

L'exemple que je vais donner et qu'il serait très aisé de généraliser prouve que la question précédente comporte une réponse affirmative.

Prenons pour unité de longueur la longueur d'une circonférence le cercle (C) et considérons deux suites infinies d'ensembles d'arcs de la circonférence (C), soit

(1) $s_o, s_1, s_2, \ldots$

et

(2) $s'_o, s'_1, s'_2 \ldots$

formées comme il suit : les ensembles s_o et s'_o se réduisent chacun à un arc unique dont le premier a $\frac{1}{3}$ pour longueur, le second étant formé par le reste de la circonférence (C) ; pour $n \geqq o$, l'ensemble d'arcs s'_n se compose aussi de 2^n arcs égaux entre eux, l'ensemble s_{n+1} se compose aussi de 2^n arcs égaux et ces arcs ont pour milieux respectifs les milieux des arcs de l'ensemble s'_n et pour longueur commune $\frac{1}{2^n . s^{n+2}}$ enfin l'ensemble s'_{n+1} est formé par l'ensemble de tous les arcs que l'on obtient en enlevant à l'ensemble d'arcs s'_n l'ensemble d'arcs s_{n+1}. Cela posé, désignons par u_n ($n \geqq o$) une fonction régulièrement harmonique et bornée à l'intérieur du cercle (C), admettant pour valeur périphérique en tout point de la circonférence (C) intérieur à quelque arc de l'ensemble s_n l'unité et se réduisant à zéro en tout point de (C) extérieur à chacun des arcs de l'ensemble précédent.

On s'assurera aisément que la série

$$1 - \sum_{n=o}^{\infty} u_n$$

représente une fonction non identiquement nulle, jouissant de la propriété considérée par M. Bouligand.

R. A. GERMAY

à Liége

SUR LES EQUATIONS AUX DERIVEES PARTIELLES DU PREMIER ORDRE

Michel PETROVITCH

SPECTRES DES FONCTIONS D'UNE VARIABLE REPRÉSENTABLES ANALYTIQUEMENT

Dans des travaux antérieurs je me suis occupé de la correspondance effective entre les fonctions appartenant à une classe déterminée, et les nombres décimaux. Les classes des fonctions auxquelles se rapportaient ces études, sont celles composées des fonctions développables, au voisinage d'un de leurs points ordinaires, en série de Taylor à coefficients nombres entiers, ou bien qui, par une transmutation convenable, se laissent réduire à des telles fonctions.

J'avais montré comment on peut établir effectivement une correspondance biunivoque entre l'ensemble des fonctions composant une telle classe, et l'ensemble de nombres compris entre 0 et 1. A deux fonctions différentes de la classe correspondent ainsi deux nombres différents, et à chaque fonction correspond un nombre unique, son *spectre.*

Dans la présente communication je me propose d'élargir considérablement la notion du spectre et de montrer qu'on peut l'étendre à toutes les classes de fonctions, *analytiquement représentables.*

A cet effet considérons une classe C de fonctions d'une variable z, définie par son *élément analytique* $P_{m,n,p\ldots}$ dépendant de λ indices $m, n, p\ldots$, la valeur de la fonction, pour une valeur donnée de z, se calculant comme la somme de valeurs de cet élément obtenues en attribuant aux indices les valeurs nombres entiers positifs. La forme analytique de l'élément P, considéré comme fonction de x, caractérise la *classe* ; lorsqu'on y précise les indices et les valeurs des coefficients qui en dépendent, l'élément caractérise un *individu* de la classe.

L'élément analytique $P_{m,n,p\ldots}$ d'un individu d'une classe C étant donné, effectuons les opérations suivantes :

1° Rangeons la suite de coefficients de P (à λ indices), de la manière connue, en une suite (B) d'éléments à un seul indice, dans laquelle les éléments peuvent être numérotés au moyen des entiers positifs ;

2° Transformons la suite (B) en une suite (R) de nombres réels compris entre 0 et 1 en correspondance biunivoque avec les termes de la suite (B), ce qu'on fera, par exemple, à l'aide des fonctions telles que

$$\frac{1}{1+e^{-x}}, \quad e^{-e^{x}}, \quad \text{etc.}$$

3° Formons, à l'aide de la suite (R), par la méthode des diagonales, connue dans la théorie des ensembles, le nombre S, compris lui-même entre 0 et 1, en correspondance biunivoque avec la suite (R).

Le nombre S sera le spectre de la fonction considérée et le procédé de sa formation ci-dessus indiqué, est général et *s'applique à toutes les fonctions d'une variable représentable analytiquement.*

En effet, toute fonction de Baire de classe zéro est un polynome en z ou bien une série de puissances ; l'ensemble de ses coefficients définissant la fonction forme une suite à un indice. Toute fonction de Baire de classe 1 a pour éléments analytique une fonction de classe zéro; l'ensemble des coefficients forme une suite à deux indices. Et d'une manière générale, toute fonction de classe a a pour élément analytique une fonction de classe $\alpha - 1$ et l'ensemble des coefficients forme une suite à $\alpha + 1$ indices. Donc : *à toute fonction de Baire on peut faire correspondre un nombre réel S, son spectre, lequel, moyennant la forme de l'élément analytique caractérisant la classe et les opérations à l'aide desquelles il se trouve formé, serait en correspondance biunivoque avec la fonction* : à une fonction de la classe correspondra un spectre unique, et le spectre, s'il correspond à une véritable fonction de la classe, ne détermine qu'une seule fonction. La condition que la série composée d'éléments analytiques de la classe ne diverge pour toute valeur de z, introduit des restrictions faisant qu'à tout nombre S ne correspond pas nécessairement une véritable fonction ; mais en tous cas, deux fonctions différentes de la classe auront deux spectres différents, et chaque fonction aura un spectre unique déterminé de cette manière.

La notion de spectre, intéressante en elle-même, mais présentant les apparences d'une notion superficielle et peu riche des conséquences, se trouve pourtant en rapport avec des particularités intimes des fonctions. La diversité des manières d'établir la correspondance entre le nombre décimal et les éléments déterminants de la fonction, rend parfois possible la formation de spectres dans lesquels apparaissent explicitement certaines inconnues rattachées à la fonction. J'en ai indiqué des exemples dans mes travaux antérieurs et je me permets d'espérer que le champ de ces applications pourra être élargi.

ONOFRIO
à Lyon

CE QU'IL FAUT SAVOIR ENCORE DU TRIANGLE

A. BUHL
Professeur à la Faculté des Sciences, Toulouse

1° PARADOXES APPARENTS DANS LA THEORIE DU PROLONGEMENT ANALYTIQUE

La Théorie de G. Mittag-Leffler contient de belles découvertes. L'une des plus remarquables est celle de la fonction *entière*, où nous supposerons $\alpha \leqq 1$,

$$(1) \qquad E_\alpha(\xi) = 1 + \frac{\xi}{\underline{|1\,\alpha}} + \frac{\xi^2}{\underline{|2\,\alpha}} + \ldots$$

La fonction (1) croît indéfiniment quand ξ va a l'infini dans un angle A, d'ouverture $\alpha\,\pi$, ayant pour bissectrice la partie positive de l'axe réel.

Si ξ va à l'infini hors de A, la fonction tend vers zéro.

En s'appuyant sur des propriétés bien connues de la factorielle généralisée ou de la fonction Γ, on a, avec $\alpha\,\beta = 1$,

$$\frac{1}{1-x} = \lim_{\alpha=0} \int_0^\infty e^{-\xi^\beta} E_\alpha(\xi\,x)\, d\,\xi^\beta$$

et la formule de Cauchy

$$(2) \qquad F(x) = \frac{1}{2i\,\pi}\int_c \frac{F(z)}{z-x}\,dz$$

donne

$$(3) \qquad F(x) = \lim_{\alpha=0} \frac{1}{2\,i\,\pi}\int_c \frac{F(z)}{z}\,dz \int_0^\infty e^{-\xi^\beta} E_\alpha\left(\frac{\xi\,x}{z}\right) d\xi^\beta.$$

Posons, pour (2),

$$(4) \qquad F(x) = s_n + \frac{1}{2\,i\,\pi}\int_c \left(\frac{x}{z}\right)^{n+1} \frac{F(z)}{z-x}\,dz.$$

Ecrivons, en outre,

$$(5)\qquad \sum_0^\infty c'_n = 1 \quad , \qquad c'_n = \frac{\xi^n}{\lfloor n\alpha} - \frac{\xi^{n+1}}{\lfloor (n+1)\alpha}$$

Multipliant (4) par c'_n et sommant,

$$F(x) = \sum_0^\infty c'_n s_n + \frac{1}{2i\pi}\int_c \left[\frac{1}{z-x} - \frac{1}{z} E_\alpha\left(\frac{\xi x}{z}\right)\right] F(z)\, dz.$$

Multiplions encore par $e^{-\xi^\beta}\, d\xi^\beta$ et intégrons de zéro à l'infini réel et positif ; il vient, d'après (2) et (3),

$$(6)\qquad F(x) = \lim_{\alpha=0} \sum_0^\infty \int_0^\infty e^{-\xi^\beta} \left[\frac{\xi^n}{\lfloor n\alpha} - \frac{\xi^{n+1}}{\lfloor (n+1)\alpha}\right] s_n\, d\xi^\beta .$$

Cette formule, valable dans l'étoile de Mittag-Leffler, est due au célèbre géomètre. Je l'ai reproduite, sans modification, dans le *Mémorial des Sciences mathématiques*, fasc. VII, p. 44.

Ce sur quoi il me semble intéressant de revenir c'est que, dans de telles formules, le second membre ne représente le premier qu'à la condition d'être convenablement ordonné.

Jugeons d'abord les choses dans le cas très particulier où $F(x)$ se réduit identiquement à la constante 1 ; il en est alors de même des polynômes tayloriens s_n et (6) devient ce que deviendrait le développement (5), c'est-à-dire

$$(7)\qquad \sum_0^\infty (\theta_n - \theta_{n+1}) = 1 \quad , \qquad \theta_n = \frac{\xi^n}{\lfloor n\alpha}$$

si l'on faisait ici la multiplication et l'intégration en ξ, bref les opérations en ξ qui ont donné (6). Or le premier membre de (7) est indéniablement 1, *mais il devient zéro ou un* suivant qu'on fait les opérations en ξ sur

$$(\theta_0 - \theta_1) + (\theta_1 - \theta_2) + (\theta_2 - \theta_3) + \dots$$

ou sur

$$\theta_0 - (\theta_1 - \theta_1) - (\theta_2 - \theta_2) - \dots,$$

ce que l'on voit immédiatement en comparant les intégrales en ξ avec l'intégrale eulérienne analogue. De même, dans (6), il faut d'abord développer en n sous les formes successives

$$s_0(\theta_0 - \theta_1) + s_1(\theta_1 - \theta_2) + s_2(\theta_2 - \theta_3) + \dots,$$
$$s_0\theta_0 + (s_1 - s_0)\theta_1 + (s_2 - s_1)\theta_2 + \dots,$$
$$a_0\theta_0 + a_1 x\theta_1 + a_2 x^2\theta_2 + \dots$$

ce qui ramène à cette autre formule de M. Mittag-Leffler (*Mémorial, loc. cit.*, p. 36)

$$F(x) = \lim_{\alpha=0} \int_0^\infty e^{-\xi^\beta} \sum_0^\infty a_n \frac{(\xi x)^n}{\lfloor n\alpha}\, d\xi^\beta$$

d'ailleurs équivalente à (3).

La formule (6) exprime-t-elle bien quelque chose de nouveau si elle n'a un sens acceptable qu'en se réduisant à (3) ? Point de doute. Il y a en (6) une *série de polynômes tayloriens* s_n intéressante d'abord comme appartenant à ce type de séries ; de plus (6) s'évanouit identiquement si l'on y considère $\theta_n - \theta_{n+1}$ comme ne formant qu'un terme.

Le prolongement analytique est donc réalisé, dans toute l'étoile, par une série de polynômes qu'un développement légèrement différent rend identiquement nulle.

J'ai cru devoir préciser ce fait qui se rencontre non seulement avec (6) mais avec beaucoup d'autres séries sur lesquelles je compte revenir dans un travail plus étendu.

2° VOLUME ENGENDRE PAR UN CONTOUR GAUCHE TOURNANT AUTOUR D'UN AXE

M. KRAITCHIK

à Bruxelles

LE PROBLEME DU CAVALIER

C. CLAPIER

Docteur ès Sciences (Montpellier).

SUR LES CONIQUES CIRCONSCRITES A UN TRIANGLE

Comme suite à ma note « sur les coniques inscrites dans un triangle » (A. F. Grenoble 1925), je me propose d'établir quelques relations métriques et propriétés concernant les coniques circonscrites à un triangle, dont le centre vient coïncider avec des points remarquables :

1° L'ellipse circonscrite au triangle ABC, de centre C_2 n'est autre que l'ellipse principale d'inertie relative à la plaque homogène ABC ; ses axes de longueur 2α et 2β sont donnés par les égalités

$$E_{cr}\left\{\begin{array}{l}\frac{9}{2}(\alpha^2+\beta^2)=a^2+b^2+c^2\\ \frac{27}{15}\alpha^2\beta^2=S \text{ (surface du triangle).}\end{array}\right.$$

2° L'ellipse circonscrite de centre I a pour axes $2\alpha_1$ et $2\beta_1$ que nous obtiendrons en exprimant qu'il existe un triangle de Poncelet pour cette conique et le cercle inscrit ; nous avons trouvé

$$r=\frac{\alpha_1\beta_1}{\alpha_1+\beta_1} \text{ (1)}$$

D'autre part, nous avons la relation,

$$\overline{IO}^2=R^2-2RI$$

que l'on peut écrire,

$$r=\frac{R^2-\overline{IO}^2}{2K}=\frac{(R+IO)(R-IO)}{2R}$$

$$(E_I) \qquad \underline{\alpha_1=R+IO}, \quad \underline{\beta_1=R-IO}.$$

3° Prenons le triangle ABC comme triangle de réforme et soient e_1, y_1, z_1 les coordonnées normales du centre d'une conique circonscrite ; en exprimant que ce point est le pole de la droite de l'infini, on trouve l'équation de cette conique,

$$(1) \qquad x_1(-ax_1+by_1+bz_1)+\ldots\ \ldots=0.$$

Appliquons cette équation au cercle circonscrit, en écrivant l'équation sous la forme

$$x_1\ (s-ax_1)+\ \ldots=0$$

$$R\cos A\left(\frac{abc}{4R}-aR\cos A\right)=a\ \cos A\ \cos B\ \cos C\ R^2,$$

$$E_{(o)},\ ayz+bzx+cxy=0;$$

l'équation tangentielle est

$$a^2u^2+b^2v^2+c^2w^2-2bc\ v\omega-ca\ wu-2ab\ uv=0$$

4° Supposons le centre de la conique circonscrite placé au point H de coordonnées

$$\left(\frac{1}{\cos A},\ \frac{1}{\cos B},\ \frac{1}{\cos C}\right)$$

nous obtenons, à l'aide de (1), l'équation

$$(E_H),\frac{yz}{\cos A}(-tyA+tyB+tyC)+\ldots\ \ldots=0$$

(1) Voir ma note « Sur les Polygones de Poncelet » (A.F. Bordeaux, 1923).

En faisant intervenir l'équation des points circulaires

(2) $u^2 + v^2 + w^2 - 2\,vw\cos A - 2\,wu\cos B - 2\,uv\cos C = 0$

on trouve que l'équation qui donne les carrés du demi-axe s'écrit avec les notations habituelles,

(3) $$\rho^4 + \rho^2 h^2 \frac{\Delta\Theta'}{\Theta^2} + h^4 \frac{\Delta}{\Theta^3} = 0$$

$$h = 2R \operatorname{Sin} A \operatorname{Sin} B \operatorname{Sin} C$$

Δ est le discriminent, si on pose

$$\alpha = \frac{-ty\,A + ty\,B + ty\,C}{\cos A}, \ldots$$

$\Theta = \alpha^2 \operatorname{Sin} A + \ldots. - 2\beta\gamma \operatorname{Sin} B \operatorname{Sin} C - \ldots.$

$\Theta' = -2\,(\alpha \cos A + \beta \cos B + \gamma \cos C)$

Le calcul est assez compliqué; mais on peut faire quelques remarques interessantes ;

Θ s'obtient en multipliant les cœfficients de l'équation tangentielle de la conique par ceux de l'équation ponctuelle de la droite de l'iufini considérée eomme droite double.

Θ' s'obtient en multipliant les cœfficients de l'équation ponctuelle de la conique par ceux de l'équation (2)

(4) $\Theta' = -2\,(ty\,A + ty\,B + ty\,C) = -2\,ty\,A\ ty\,B\ ty\,C$

$\Theta' = 0$, exprime dans le cas général quc la conique est hyperbole équilibrée ; il est manifeste que pour E_H, cette condition ne peut être réalisée. On peut en conclure que l'orthocentre H est nécessairement situé sur toutes les hyperboles équilatères circonscrites au triangle. On sait que les centres de ces hyperboles sont situés sur le cercle des neuf points. Celui-ci est l'inverse du cercle circonscrit en prenant pour puissance d'inversion,

$$\mu = \frac{R^1 - d^2}{2},\ d = OH.$$

Si le centre de la conique est à l'intérieur du triangle $A_1 B_1 C_1$ formé par les milieux des côtes du triangle, on a nécessairement une ellipse ; pour ces côtés, $\Delta = 0$,

5° Si le centre est au point de Lemoine K, on a l'équation

$$a(a^2 + b^2 + c)\,yh\ldots.. = 0$$

dont le discriminant n'est jamais nul, sauf pour le triangle rectangle.

P. J. E. GOEDSEELS
à Malines (Belgique)

NOTE SUR UNE APPLICATION ABSURDE DE LA METHODE DES MOINDRES CARRES

M.-G. VALIRON
(Strasbourg)

SUR LES FONCTIONS MEROMORPHES QUI ADMETTENT DES VALEURS QUASI-EXCEPTIONNELLES

Dans deux notes récentes des *Comptes-Rendus* (1), M. A. Bloch a généralisé des propositions de MM. Carathéodory, Montel et Fatou sur les fonctions méromorphes admettant des valeurs quasi-exceptionnelles. Je me propose ici de rattacher la démonstration de ces propositions à une inégalité qui généralise celle de MM. Schottky et Landau.

Nous disons que la fonction $f(z)$, méromorphe dans un domaine D, *admet la valeur quasi-exceptionnelle x, et que cette valeur est de poids* $\left(1 - \frac{1}{m}\right)$, lorsque les zéros de $f(z) - x$ (ou ceux de $\frac{1}{(fz)}$ si $x = 8$) sont des zéros multiples d'ordre m au moins ($m > 1$). Lorsque la valeur x n'est pas prise, m doit être considéré comme infini, le poids d'une telle valeur, *qui est exceptionnelle au sens de M. Picard*, est donc égal à 1. *Nous considérerons dans ce qui suit des fonctions admettant* q *valeurs quasi-exceptionnelles dont la somme des poids est supérieure à* 2 (par suite, $q \overline{>} 3$). Nous supposerons d'abord que D est le cercle $|z| < 1$ et nous désignerons par T (r) l'indicatrice de la fonction f introduite par M. R. Nevanlinna :

$$T(r) = m(r,f) + N\left(r, \frac{1}{f}\right)$$

(1) T. 181, 1925, p. 1123 et t. 192, 1926, p. 367.

avec

$$m(r,f)=\frac{1}{2\pi}\int_0^{2\pi}\overset{+}{\log}\,|f(re^{iu})|\,du\,,\quad N\left(r,\frac{1}{f}\right)=\int_0^r n\left(t,\frac{1}{f}\right)\frac{dt}{t}$$

($\overset{+}{u}$ est égal à u pour $u>o$ et à o pour $u\leqslant o$; $n(r,\rho)$ désigne le nombre des zéros de la fonction $\rho(z)$ dans le cercle ($|z|<r$).

En utilisant la méthode de M. Nevanlinna (1), avec le complément de MM. Collingwood et Littlewood, en supposant que $f(z)$ admet les valeurs quasi-exceptionnelles a_i ($i=1, 2,\dots q$) avec les poids p_i et que, pour z voisin de o, $f(z)=c_0+c_1z\dots$ avec $(c_0-a_i)\neq o$, $c_1\neq o$, on obtient l'inégalité

$$(q-2)\,T(r)<\sum_1^q\left[\left(1-\frac{1}{2}p_i\right)\log|c_o-a_i|+2\,\overset{+}{\log}\,|\log|c_o a_i||+(1-p_i)\,N(r,f-a_i)\right]$$

$$+K\log T(R)+K'\log\frac{1}{R-r}+K''+\overset{+}{\log}\left|\frac{1}{c_1}\right|,$$

les constantes K et K′ ne dépendent que de q, K″ dépend des a_i et p_i, et R est supérieur à r. En utilisant alors l'inégalité

$$N(r,f-a_i)<T(r)-\log|c_o-a_i|$$

on trouve

$$(p_1+\dots+p_q-2)\,T(r)<K\log T(R)+K'\log\frac{1}{R-r}+\overset{+}{\log}\left|\frac{1}{c_1}\right|+K'''$$

avec

$$K'''=K''+\sum_1^q\left[\frac{p_i}{2}\log|c_o-a_i|+2\,\overset{+}{\log}\,|\log|c_o-a||\right].$$

La méthode que j'ai employée dans un mémoire précédent (2) permet de déduire de là cette nouvelle inégalité, qui remplace l'inégalité (41) du dit mémoire

$$(1)\qquad T(r)<H(|c_o|)\log\frac{2}{1-r}+H'\,\overset{+}{\log}\left|\frac{1}{c_1}\right|,$$

H (u) restant fini tant que u est fini et H′ étant une constante absolue. En restreignant alors les hypothèses faites sur les c à $c_0\neq\infty$, et en remarquant que, lorsque $f'(z)$ n'est pas nul, $f(z)$ est distinct des valeurs quasi-exceptionnelles finies, on peut appliquer à $m(r,f)$ le raisonnement de la page 141 du mémoire cité. En ce qui concerne la

---

(1) Voir *Acta math.*, t. 46. On modifie seulement le choix du nombre (p. 55) en prenant

$$\rho-r=\frac{\rho'-r}{T(\rho')+1}\,k$$

k étant assez petit.

(2) *Acta math.*, t. 47.

fonction N (r), on constate après quelques calculs simples que l'on a aussi

$$N\left(r, \frac{1}{f}\right) < N\left(r, \frac{1}{F}\right) \frac{k_1}{1-r}$$

K_1 étant une constante absolue. On arrive ainsi à cette proposition qui généralise le théorème de Schottky-Landau :

Si f (z) *est méromorphe pour* $|z| < 1$, *est régulière à l'origine, et admet* q *valeurs quasi-exceptionnelles (l'une de ces valeurs peut être infinie) dont la somme des poids est supérieure à* 2, *on a l'inégalité*

$$(2) \qquad T(r) < \frac{X(|f(o)|)}{1-r} \log \frac{2}{1-r},$$

la fonction X(u) *qui ne dépend que des* a_i *et des* p_i *étant bornée tant que* u *est borné.*

L'inégalité (2) montre que, pour toutes les fonctions admettant les mêmes valeurs quasi-exceptionnelles avec les mêmes poids, et qui sont uniformément bornées à l'origine, le nombre des points où la fonction prend une valeur donnée x suffisamment grande (chaque point étant compté avec son ordre de multiplicité) est uniformément borné dans un cercle $|z| < r < 1$. En outre, si $f(o) - a_i = o$, l'inégalité

$$N\left(\frac{1}{2}, f - a_j\right) < T\left(\frac{1}{2}\right) - \log|a_i - a_j|$$

montre que le module des zéros de $f(z) - a_j$ a une borne inférieure positive ne dépendant que des a_i et des p_i.

Ces remarques conduisent aisément à cette conséquence, démontrée d'une autre façon par M. Bloch :

II. *Les fonctions méromorphes dans un domaine qui admettent* q *valeurs quasi-exceptionnelles fixes dont la somme des poids dépasse* 2 *forment une famille normale.*

Un point du domaine, z_0, est en effet le centre d'un cercle C de rayon τ, appartenant au domaine. Soient C′ et C″ les cercles de centre z_0 et rayon respectifs $\frac{\tau}{2}$ et $\frac{3\tau}{4}$. De toute suite de la famille on peut extraire une suite $f_n(z)$ pour laquelle $f_n(z^0)$ converge vers un nombre c_0. On peut supposer c_0 fini sans quoi on remplacerait les $f_n(z)$ par $\frac{1}{f_n(z)}$. Alors les $f_n(z)$ forment une famille quasi-normale d'ordre total fini dans C″. Mais une suite convergente ne peut avoir de point irrégulier, dans C′, car un tel point serait limite de zéros des fonctions $f_n(z) - a_i$ sauf peut-être pour une valeur de a_i (1) ce qui est impos-

(1) Voir le mémoire de M. Montel *Sur les familles quasi-normales de fonctions analytiques*, *Bull. soc. math.*, 1924, t. 52.

sible d'après la seconde remarque faite ci-dessus. La famille est donc normale en z_0, ce qui démontre le théorème.

On peut généraliser le théorème en ne supposant plus les valeurs exceptionnelles fixes, mais intérieures à des cercles extérieurs les uns aux autres. On peut aussi déduire de l'inégalité (1) et à fortiori de (2) un théorème du genre de celui de M. Landau.

BYDZOSKY

Professeur à l'Université de Prague

REMARQUE SUR L'INVOLUTION CREMONIENNE DU CINQUIEME ORDRE

J. A. SCHOUTEN

Delft.

SUR LES GROUPES A CONNEXION SEMISYMETRIQUE

Dans une récente publication (1) M. Cartan et moi avons démontré que la variété d'un groupe fini et continu porte trois connexions, une connexion affine symétrique (o) et deux connexions asymétriques (—) et (+) à courbure nulle liées avec (o) par les équations

$$(1) \qquad \overset{-}{\Gamma}{}^{\nu}_{\lambda\mu} = \overset{o}{\Gamma}{}^{\nu}_{\lambda\mu} + S_{\lambda\mu}^{\cdot\cdot\nu} ; \quad \overset{o}{\Gamma}{}^{\nu}_{\lambda\mu} = \overset{o}{\Gamma}{}^{\nu}_{\mu\lambda}$$

$$\overset{+}{\Gamma}{}^{\nu}_{\lambda\mu} = \overset{o}{\Gamma}{}^{\nu}_{\lambda\mu} - S_{\lambda\mu}^{\cdot\cdot\nu}$$

$$S_{\lambda\mu}^{\cdot\cdot\nu} = -\,1/2\; C_{\lambda\mu}^{\cdot\cdot\nu}$$

---

(1) On the geometry of the group manifold of semi simple and simple groups. Proc. Kon. Akad v. Wet. Amsterdam, 19 (1926), p. 803-815
On Riemannian Geometries admitting an absolute parallelism.
Proc. Kon. Akad. v. Wt. Amsterdam 19 (1926, p. 933-946

$c_{\lambda\mu}^{\cdot\cdot\nu}$ est un affineur constant chez (+), (—) et (*o*). Ses composantes $c_{ij}^{\cdot\cdot k}$ relatives à un repère mouvant (+) ou (—) - parallèle sont les constantes de structure du groupe. La quantité de courbure de (*o*) est

$$(2) \qquad R_{\omega\mu\lambda}^{\cdot\cdot\cdot\nu} = S_{\omega\mu}^{\cdot\cdot\alpha} S_{\alpha\lambda}^{\cdot\cdot\nu} \text{ (1)}$$

Les connexions (—) et (+) sont semi-symétriques (2) quand il existe un vecteur S_λ satisfaisant l'équation

$$(3) \qquad S_{\lambda\mu}^{\cdot\cdot\nu} = S_{[\lambda} A_{\mu]}^{\nu}.$$

S_λ étant $\binom{+}{-}{}_{o}$ - constant la E_{r-1} de S_λ dans la E_r du groupe adjoint correspond à un sous-groupe invariant d'ordre $r-1$. En prenant $\underset{a}{e^\nu}$, a, $b = 1, \ldots, r-1$ dans la E_{r-1} de S_λ et $\underset{r}{e^\nu}$ ainsi que $\underset{r}{e^\lambda} S_\lambda = -1$, nous avons

$$(4) \qquad \begin{aligned} \underset{a}{e^\lambda}\, \underset{b}{e^\mu}\, c_{\lambda\mu}^{\cdot\cdot\nu} &= o \\ \underset{r}{e^\lambda}\, \underset{a}{e^\mu}\, c_{\lambda\mu}^{\cdot\cdot\nu} &= \underset{a}{e^\nu} \end{aligned}$$

d'où suit que le sous-groupe invariant est abélien et que le rang du groupe est 1.

Le tenseur

$$(5) \qquad g^{\lambda\mu} = S_{\alpha\lambda}^{\cdot\cdot\beta} S_{\beta\mu}^{\cdot\cdot\alpha} = 1/4\,(r-1)\, S_\lambda S_\mu$$

est de rang 1 et

$$(6) \qquad S_{\lambda\mu}^{\cdot\cdot\alpha} g_{\alpha\nu} = o$$

d'où suit que le groupe est intégrable (3). L'équation caractéristique se réduit à

$$(7) \qquad \omega\,(1/2\, e^r - \omega)^{r-1} = o.$$

Étant donné un groupe intégrable, ayant un sous-groupe invariant abélien d'ordre $r-1$ et une équation caractéristique avec $r-1$ racines égales entre elles on peut toujours choisir les $\underset{i}{e^\nu}$, $i = 1, \ldots, r$ de manière que les équations sont satisfaites, d'où suit que $S_{\lambda\mu}^{\cdot\cdot\nu}$ a la forme semi-symétrique.

Nous avons donc démontré le théorème :

Les seuls groupes à connexion semi-symétriques sont les groupes intégrables qui contiennent un sous-groupe invariant abélien et dont l'équation caractéristique a r — 1 *racines égales entre elles.*

(1) L. c., p. 808.
(2) Der Ricci-Kalkül J. Springer, 1926, p. 69.
(3) E. Cartan, Thèse 1894, p. 47.

La quantité de courbure ext

$$R_{\omega\mu\lambda}^{\cdot\cdot\cdot\nu} = -1/2\ S_{[\omega}\ A_{\mu]}^{\nu}\ S_{\lambda} \tag{8}$$

d'où suit (1) que la connexion (*o*) est projectif-euclidienne et que la connexion

$$\begin{aligned} \overset{*}{\Gamma}{}_{\lambda\mu}^{\nu} &= \overset{o}{\Gamma}{}_{\lambda\mu}^{\nu} + 1/2\, S_{\lambda}\ A_{\mu}^{\nu} + 1/2\, S_{\mu}\ A_{\lambda}^{\nu} \\ &= \overline{\Gamma}{}_{\lambda\mu}^{\nu} + S_{\mu}\ A_{\lambda}^{\nu} \end{aligned} \tag{9}$$

est euclidienne. On peut donc réaliser les connexions (*o*), (—) et (+) dans une variété euclidien-affine en choisissant les variables ainsi que

$$\overset{*}{\nabla}_{\mu}\ v^{\nu} = \frac{\partial v^{\nu}}{\partial x^{\mu}} \qquad \overset{*}{\nabla}_{\mu}\ w_{\lambda} = \frac{\partial w_{\lambda}}{\partial x^{\mu}}$$

$$\overset{o}{\nabla}_{\mu} v^{\nu} = \frac{\partial v_{\nu}}{\partial v^{\mu}} - 1/2\ S_{\lambda} v^{\lambda} \quad A_{\mu}^{\nu} \overset{o}{\nabla}_{;\mu} w^{\lambda} = \frac{\partial w_{\lambda}}{\partial o_{\mu}} + 1/2 (S_{\lambda}\ \omega_{\mu} + S_{\mu}^{\lambda}\ w_{\lambda}) \tag{10}$$

$- 1/2\ S_{\mu} v^{\nu}$

$$\overline{\nabla}_{\mu} v^{\nu} = \frac{\partial v^{\nu}}{\partial x^{\mu}} - S_{\mu} v^{\nu} \qquad \overline{\nabla}_{\mu} w_{\lambda} = \frac{\partial w_{\lambda}}{\partial x^{\mu}} + S_{\mu} w_{\lambda}.$$

$\overline{\nabla}_{\mu} S_{\lambda}$ doit être nulle, on peut dont prendre pour S_{λ} la solution du système d'équations différentielles

$$\frac{\partial S^{\lambda}}{\partial x^{\mu}} = - S_{\mu} S_{\lambda} \tag{11}$$

qui a dans un point P les composantes de la structure considérée. On trouve ainsi la réalisation de chaque structure de forme semi-symétrique donnée par avance.

Dr Jean SCHUSTER

Professeur à l'Ecole Réale Tchèque de Prague

QUELQUES REMARQUES SUR LES SIMPLICES

---

(1) Der Ricci-Kalkül, p. 130.

A. AUBRY

FORME DES DIVISEURS PREMIERS D'UN POLYNOME

Clarence N. REYNOLDS, Jr.

ON THE PROBLEM OF COLORINC MAPS IN FOUR COLORS

The problem of coloring, in four colors, the map of a simply connected closed surface has been reduced to the problem of coloring maps in which certain configurations, known as reducible configurations, are absent. The reductions due to Kempe, Birkhoff and Franklin are to be found in a paper by Philip Franklin, " The Four Color Problem ", in the American Journal of Mathematics, xliv (1922), p. 225. Certain generalizations of these reductions are to be found in a paper by Alfred Errera, " Une Contribution au Problème des Quatre Couleurs ", *Bulletin de la Société Mathematiques de France*, liii (1925), p. 42. Here we shall announce a sequence of propositions concerning maps which are irreducible with respect to the reductions of Kempe, Birkhoff and Franklin and with respect to one of Errera's reductions, viz.

Pairs of pentagons, adjacent to one another and surrounded by hexagons,

In stating our results we shall use capital letters to denote certain geometric figures and the corresponding small letters to denote the number of such figures in an irreducible map. We shall consider irreducible maps containing a regions, a_n polygons of n sides each, $e_{m,n}$ boundaries between polygons of n sides and polygons of m sides, c connected configurations of pentagons having a cyclomatic number equal to μ (cf. Veblen's "Analysis Situs" Cambridge Colloquium Lectures, p. 9) and consisting of p_1 pentagons isolated from other pentagons, p_2 pentagons in contact with one other pentagon, p_3 pentagons meeting two other pentagons at a point, p_4 pentagons meeting two other pentagons along non-consecutive edges, and p_5 pentagons

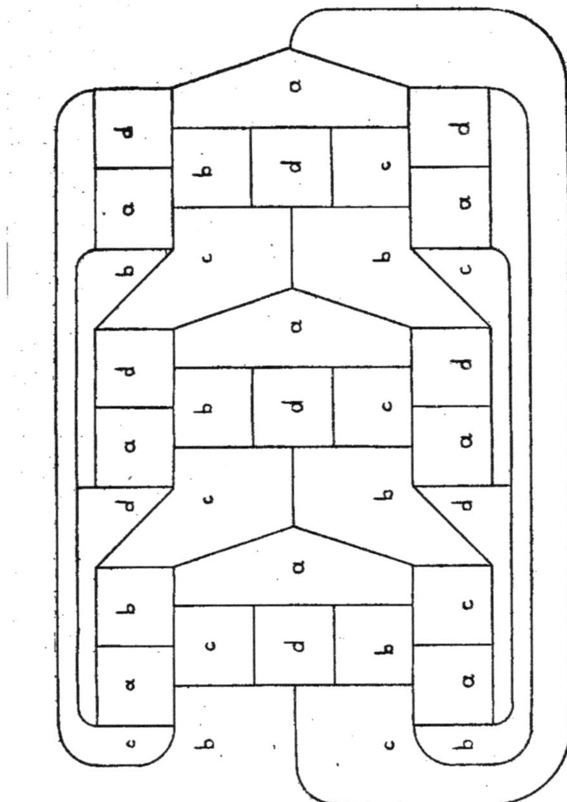

in contact with three other pentagons, no edge being surrounded by four pentagons. Our map shall also have t points at which three pentagons meet, including t_n points at which n P_5's meet (3-n) P_3's ($n = 0, 1, 2, 3$), d pairs of P_2's in contact with one another, y_n contacts between non-pentagons and n consecutive pentagons of a connected configurations of pentagons, j E_{55}'s joining Y_n's ($n \geqq 3$), j_{55} J's lying between P_5's, j'_{55} J_{55}'s lying between T_1's, p_{545} P_4's lying between two P_5's, and p'_{545} P_{545}'s lying between two T_1's.

Upon developing a set of geometric operations which suffice to construct any set of connected configurations of pentagons which may exist in an irreducible map, we find that for any such set of configurations :

$$(1) \quad 6(c-\mu) = 9p_1 + 3p_2 + 2p_3 - p_5p_9,$$
$$(2) \quad a_5 = p_1 + p_2 + p_3 + p_4 + p_5,$$
$$(3) \quad 2e_{55} = p_2 + 2p_3 + 2p_4 + 3p_5,$$
$$(4) \quad 3t = p_3 + \quad + p_5,$$
$$(5) \quad y_1 = 5p_1 + 2p_2 + p_3,$$
$$(6) \quad \Sigma_1 y_n = 5p_1 + 3p_2 + 2p_3 + p_4 + 2p_5,$$
$$(7) \quad \Sigma_1 n y_n = 5p_1 + 4p_2 + 3p_3 + 3p_4 + 2p_5;$$ whence we fiave.
$$(8_a) \quad t \equiv (c-\mu) - a_5 + e_{55},$$
$$(8_b) \quad \Sigma_1 y_n \equiv 3(c - \mu + 2a_5 - e_{55},$$
$$(8') \quad \Sigma_1 n y_n \equiv 5a_{55} - 2e_{55},$$

and from simple geometric considerations,

$$j = e_{55} + d - 2t_1 - 3i_2 - 3i_3 - y_2.$$

Euler's theorem concerning the vertices, edges and faces of a polyhedron and Kempe's reduction of our problem to maps in which three edges meet at each vertex imply that

$$(9) \quad a_5 = 12 + \Sigma_7(n-6)a_n),$$
$$(10) \quad a_6 = a - 12 - \Sigma_7(n-5)\,a_n.$$

We are now in a position to prove geometrically a sequence of inequalities applicable to all irreducible maps. These will be written in the form of equations involving undetermined integers, c_n, each of which is proven to be greater than or equal to zero :

$$(11) \quad 4a = 72 + 5\Sigma_7(n-6)\,a_n + c_{11},$$
$$(12) \quad 3a = 84 + \Sigma_7\,(5n - 37.a_n + c_1$$ (11) and (12 restate two of Franklin's results.
$$(13) \quad e_{55} = (c-\mu) + \Sigma_7(n-4)a_n - \lambda - c_{13},$$ where $\lambda = 3p_1 + p_2 + 2y_3 + y_4 - 2(c-\mu)$, provided that no polygon makes more than one Y_n contact ($n \geqq 3$),
$$(14) \quad e_{55} = 52 - 2a + (c-\mu) + 4\Sigma_7(n-6)\,a_n + c_{14},$$
$$(15) \quad e_{55} = \Sigma_7(n-3)\,a_n - j + t_1 - c_{15},$$
$$(16) \quad j = t_1 + 2t_2 + 3t_3 - j_{55} + c_{16},$$
$$(17) \quad j_{55} = 2t_2 + 3t_3 + j'_{55} - c_{17}.$$

From these we may prove that

No irreducible map having fewer than twenty nine regions may have polygons of more than eight sides.

Whenever an irreducible map contains multiply connected configurations of pentagons and no polyogns of more than eight sides, then

(18) $$j = 3(\mu + 1) + t_1 - j'_{55} + c_{18}.$$

(14), (15) and (18) imply that :

No irreducible map having fewer than twenty nine regions may have multiply connected configurations of pentagons.

We now turn to the derivation of inequalities which are valid in all irreducible maps containing no regions of more than eight sides. Under this hypothesis we have :

(19) $$\Sigma_3 y_n = 2t_1 + 3t_2 + 3t_3 - 2j_{55} - p_{545} + c_{19}.$$

(20) $$3j = 12 + a_7 + 2a_8 + 4p_1 + 3d - 5(c - \mu) + 2t_0 + t_1 - t_3 + c_{20},$$

(21) $$a_7 + 2a_8 = \Sigma_3 y_n + c_{21},$$

(22) $$2j_{55} + p_{545} = 3t_2 + 2t_3 + 2j'_{55} + p'_{545} - c_{22},$$

(23) $$2t_0 = -\lambda + c_{23}.$$

From (14), (15), (16), (17), (19), (20), (21) and (22) we conclude that an irreducible map of fewer than twenty eight regions may contain no regions of more than seven sides. Under these conditions :

(24) $$a_7 = 2j'_{55} + 3p'_{545} + c_{24}.$$

From (14) to (24) inclusive, we prove that either a, the number of regions in our map, is greater than twenty seven or (10) is violated. Since (10) must be true we have :

Any irreducible map must contain at least twenty eight regions, or, in other words, any map of a simply connected closed surface with no more than twenty seven regions may be colored in four colors.

In the Comptes-Rendus de l'Association Française pour l'Avancement des Sciences, 1924, p. 96, Errera published an irreducible map of fifty two regions as a suggested limit to the field covered by his reductions. The role played by the J'_{55} and P'_{545} configurations in the above proofs suggests the following map of thirty six regions, which is irreducible with respect to all of Errera's reductions ; and which may be colored in the four colors "*a*, *b*, *c*, and *d*", as indicated in the figure.

Jean CHAZY
Chargé de Cours à la Faculté des Sciences de Paris.

SUR L'AVANCE DU PERIHELIE DE MERCURE

La théorie de la Relativité comporte par rapport à la théorie newtonienne des grosses planètes une avance des périhélies, qui pour la planète Mercure, la plus proche du Soleil, est de 42″, 9 par siècle. Cette conséquence donne lieu à la vérification expérimentale la plus précise de la théorie de la Relativité, et il importe de savoir la précision de la vérification obtenue.

Le Verrier a évalué l'avance séculaire du périhélie de Mercure par rapport à la théorie newtonienne des grosses planètes à 38″,3, et Newcomb en a donné successivement les valeurs 42″,95 ; 41″,24 et 43″,37. Mais Newcomb obtient le nombre 43″,37 en répartissant les avances empiriques des périhélies des quatre planètes intérieures au moyen de la loi de Hall, c'est-à-dire en supposant que l'avance par révolution est la même pour toutes les planètes : si l'on admet au contraire la théorie de la Relativité ou toute loi de gravitation différente de la loi de Hall, il faut rejeter cette partie de la discussion de Newcomb, et s'en tenir aux deux valeurs 42″,95 et 41″,24, tirées plus directement des observations.

En outre un malentendu s'est introduit dans la question parce que Newcomb ne compte pas la longitude du périhélie selon la définition classique (1). La longitude du périhélie classique est la longueur d'un arc brisé ; elle est comptée à partir de l'équinoxe fixe sur l'écliptique fixe jusqu'au nœud, puis sur le grand cercle de l'orbite, à partir du nœud jusqu'au rayon vecteur du périhélie. Newcomb compte au contraire la longitude du périhélie dans le plan du mouvement osculateur, par intégration de la vitesse angulaire relative du périhélie dans ce plan. Il résulte que, dans la détermination de l'avance du périhélie de Mercure par rapport à la théorie newtonienne, la longitude théorique et la longitude résultant des observations, données par Newcomb doivent être toutes deux corrigées pour être comparées aux valeurs données par les autres astronomes.

D'une part, comme l'a montré Grossmann, les nombres 42″,95 et

(1) Cf. CHAZY, *Comptes rendus de l'Académie des Sciences*, t. 181, 1925, p. 1053, et t. 182, 1926, p. 1134.

41″,24 doivent être diminués de 2″,37, car Newcomb, appliquant la formule de la longitude du périhélie donnée par Le Verrier pour représenter les observations, retranche, pour passer du plan de l'écliptique et de l'équinoxe à l'instant t au plan de l'écliptique et à l'équinoxe de l'origine du temps, la précession générale de Le Verrier, soit 50″,23572 t, mais non le terme complémentaire provenant du mouvement de l'écliptique et relatif à Mercure, soit 0″,0237 t. Les deux nombres 42″,95 et 41″,24 se réduisent ainsi à 40″,58 et 38″,87.

D'autre part Newcomb prend, dans l'équation différentielle classique en $\frac{d\varpi}{dt}$, pour calculer l'avance théorique, seulement le premier terme, et omet le terme $2 \sin^2 \frac{i}{2} \frac{d\Omega}{dt}$. Pour rétablir ce second terme, on doit ajouter à la longitude calculée par Newcomb la quantité 3″,35 en un siècle, avec les valeurs des masses figurant dans la Connaissance des Temps : le nombre 38″,87 devient ainsi 42″,22.

Au total les deux valeurs que l'on doit tirer des travaux de Newcomb sont 40″,58 et 42″,22. A cause de la complexité du phénomène, l'on peut considérer que ces deux valeurs, dont la seconde a d'ailleurs un poids plus élevé que la première, et même la valeur de Le Verrier, 38″,3, sont en accord satisfaisant avec le nombre 42″,9 déduit de la théorie de la Relativité. En effet, l'interprétation de la multitude des observations et le choix de la valeur de l'avance observée présentent une grande incertitude. Il est d'ailleurs désirable, quarante années après les travaux de Newcomb, qu'une nouvelle étude des écarts entre la théorie newtonienne des planètes et l'observation soit entreprise ; en raison de l'accroissement de la précision des observations cette étude pourrait fournir des résultats plus concordants et plus précis, et une valeur meilleure que l'ensemble des trois valeurs précédentes.

Mais il importe de remarquer que l'avance sous l'action newtonienne des autres planètes est connue avec toute la précision que l'on peut souhaiter. En effet Le Verrier et Newcomb ont calculé cette avance à partir du développement de la fonction perturbatrice : Hill a calculé par la méthode de Gauss l'avance due à l'action de Vénus, et Eric Doolittle, en 1912, a appliqué la même méthode à toutes les planètes. L'écart est, dans la somme et dans le détail, de l'ordre du centième de seconde d'arc en un siècle entre Newcomb, Doolittle et Hill, et de l'ordre de deux dixièmes de seconde entre eux et Le Verrier. D'ailleurs l'accord entre Newcomb et Doolittle est analogue en ce qui concerne les inégalités séculaires de tous les éléments des quatre planètes intérieures, Mercure, Vénus, la Terre et Mars. Il y a là en quelque sorte un nouveau succès des méthodes de l'Astronomie de position ; succès qui était méconnu jusqu'à ces derniers temps.

B. HOSTINSKY

SUR UNE METHODE GENERALE DU CALCUL DES PROBABILITES

1. Henri Poincaré a donné (voir son Calcul des probabilités, 2e édition, introduction, p. 4) une nouvelle définition du hasard. Si une cause très petite détermine un effet considérable, nous disons, suivant Poincaré, que cet effet est dû au hasard. Supposons que, dans un problème physique, nous connaissions approximativement l'état initial d'un système donné. Si nous pouvons prévoir la configuration ultérieure du système avec la même approximation, nous disons que les phénomènes peuvent être prévus, qu'il sont régis par des lois. Mais si une petite erreur sur les conditions initiales produit une erreur énorme sur la configuration finale, la prévision devient impossible et nous avons les phénomènes fortuits.

2. D'autre part, Poincaré a traité quelques problèmes de probabilités géométriques par une méthode qui lui est propre. Il introduit une fonction arbitraire et il montre que la probabilité cherchée ne dépend pas de cette fonction. Citons le problème de la roulette (voir l'ouvrage cité, p. 148). Une roue est divisée en un très grand nombre de parties égales, alternativement rouges et noires ; imprimons-lui une rotation rapide. Lorsqu'elle s'arrêtera, une de ses divisions se trouvera en regard d'un point de repère fixe. Quelle est la probabilité pour que cette division soit rouge ?

La roue aura tourné d'un angle total θ. La probabilité pour que θ soit compris entre θ_0 et θ_1 est

$$\int_{\theta_0}^{\theta_1} f(\theta)\, d\theta.$$

Nous ne savons rien sur $f(\theta)$. Néanmoins, la probabilité, pour que la division obtenue soit rouge, sera toujours très voisine de 1/2 ; elle est donc indépendante de f. Je suppose, dit Poincaré, que chaque division corresponde à un angle ε ; je divise l'axe des abscisses en parties égales à ε, et, par les points de division, je mène des ordonnées jusqu'à la rencontre de la courbe

$$y = f(\theta).$$

Comme les divisions changent de couleur, je couvre de hachures les aires qui correspondent aux divisions rouges. La probabilité cherchée sera le rapport de l'aire couverte de hachures à l'aire totale. Quelle que soit la forme de la courbe, quand le nombre des divisions augmente indéfiniment, ce rapport tendra vers 1/2 (voir, pour les détails du calcul, l'ouvrage cité, p. 150).

3. La méthode de Poincaré consiste donc à exprimer la probabilité cherchée au moyen d'une fonction inconnue (arbitraire) et d'un nombre entier n ; quand n augmente indéfiniment la probabilité cherchée devient indépendante de f. Cette méthode a été appliquée par Poincaré et par d'autres à quelques problèmes particuliers (voir, pour les citations mon travail sur la méthode des fonctions arbitraires dans le calcul des probabilités, Acta Mathematica, t. 49, p. 95). Quel est le caractère des problèmes qui peuvent être traités par cette méthode ?

Je me propose de montrer que, en vertu de la définition même du hasard (voir n° 1), la méthode est très générale ; elle peut être appliquée à tout problème sur les probabilités géométriques.

4. Soit P un point variable placé à l'intérieur d'un domaine D à m dimensions. f (P) étant une fonction positive du point P et dV l'élément du volume de D, soit f (P) d V la probabilité pour que le point P soit compris à l'intérieur de l'élément dV. Supposons de plus qu'un certain événement fortuit E se produit toujours, quand P se trouve dans une partie D′ du domaine D ; nous appellerons D′ le domaine des cas favorables. Si P est extérieur à D′, l'événement E ne se produit pas.

Je dis que, en général, le domaine D′ se compose d'un grand nombre de domaines partiels qui sont séparés les uns des autres par des domaines qui ne font pas partie de D′. En effet, soient P_1 et P_2 deux points pris à l'intérieur de D. Le segment P_1 P_2 comprend en général un grand nombre de segments partiels contenus à l'intérieur de D′ ; et ces segments seront séparés par des segments extérieurs à D′. Car si cela n'avait pas lieu pour une valeur convenable de ladistance P_1 P_2, nous aurions un segment assez long dont tous les points seraient ou bien intérieurs à D′ ou extérieurs à D′ ; si le point P se déplaçait le long de ce segment, aucun changement ne se produirait par rapport au phénomène E ; ce phénomène se produirait ou toujours (pour toute position du point P sur P_1 P_2) ou jamais ; il ne serait pas fortuit.

Supposons maintenant que le point P_1 soit fixe et que P_2 se déplace sur la surface d'une sphère à m dimensions. Si le rayon $R = P_1 P_2$ de la sphère est assez grand, elle contiendra, à son intérieur, d'après ce qui précède, un grand nombre de domaines partiels appartenant à D′. Cela n'empêche pas que, suivant certaines directions exceptionnelles, les domaines partiels s'étendent indéfiniment.

Si la fonction f (P) varie assez lentement, elle peut être regardée à peu près comme constante dans une partie du domaine D qui contient un grand nombre de domaines partiels appartenant à D'. Dans ce cas il peut arriver que la valeur de l'intégrale

$$\int f(\mathrm{P})\, d\mathrm{V}$$

étendue au domaine D' ne dépend pas de la fonction f (P).

On voit que le grand nombre de domaines partiels s'introduit dans tout problème de ce genre; il correspond précisément au nombre n de secteurs dans le problème de la roulette.

5. Considérons, par exemple, le jeu avec un seul dé. L'état initial (position du dé et distribution des vitesses initiales) dépend de douze constantes. Par conséquent le point P qui représente l'état du dé se mouvra dans un espace à douze dimensions. A chaque état initial correspond un état final bien déterminé (le dé, après avoir été lancé, à l'instant initial, repose enfin sur la table) ; et une variation très petite de l'état initial entraîne un changement notable de l'état final. Proposons-nous de calculer la probabilité pour que l'on amène un certain point dans un seul coup. Les points P qui représentent les états initiaux possibles remplissent un domaine D à 12 dimensions; le domaine D' des cas favorables est composé d'un grand nombre de domaines partiels. Sous certaines hypothèses la probabilité cherchée peut être indépendante de la fonction f (D). La forme et la distribution de domaines partiels qui constituent le domaine D' dépendent des conditions mécaniques imposées au mouvement du dé. Pour faire le calcul complet il faut introduire des hypothèses sur les conditions du mouvement.

Vito VOLTERRA
Sénateur du Royaume d'Italie

LOIS DE FLUCTUATION DE LA POPULATION DE PLUSIEURS ESPECES COEXISTANT DANS LE MEME MILIEU

I. Soit N le nombre d'individus d'une *espèce unique* ; on suppose ce nombre assez grand pour que ses variations puissent être assimilées à celles d'une variable continue. Soient n et m deux coefficients de natalité et de mortalité ; on aura

$$\frac{d\mathrm{N}}{dt} = (n - m)\,\mathrm{N} = \varepsilon \mathrm{N}, \tag{1}$$

d'où

$$N = Ce^{\varepsilon t}.$$

2. Soient maintenant *deux espèces* (animales par exemple). La première tire sa nourriture du milieu et, si elle était seule, augmenterait exponentiellement. La seconde ne trouve pas de nourriture dans le milieu et, si elle était seule, diminuerait exponentiellement. Si la seconde espèce se nourrit de la première, qu'arrivera-t-il ? Leurs coefficients ε ne seront plus constants, ils dépendront du nombre d'individus de l'espèce opposée. Adoptons la loi de variation linéaire, la plus simple, nous obtenons le système

$$(2) \quad \left\{ \begin{aligned} \frac{dN_1}{dt} &= (\varepsilon_1 - \gamma_1 N_2) N_1, \\ \frac{dN_2}{dt} &= (-\varepsilon_2 + \gamma_2 N_1) N_2. \end{aligned} \right.$$

La variable t s'élimine aisément et il vient, en posant

$$\frac{\varepsilon_1}{\gamma_1} = q_2 \quad \frac{\varepsilon_2}{\gamma_2} = q_1,$$

$$\frac{q_1 - N_1}{\gamma_1 N_1} dN_1 = \frac{-q_2 + N_2}{\gamma_2 N_2} dN_2,$$

d'où

$$N_1^{\frac{q_1}{\gamma_1}} e^{-\frac{N_1}{\gamma_1}} = CN_2^{-\frac{q_2}{\gamma_2}} e^{\frac{N_2}{\gamma_2}} = X.$$

Traçons les variations de la quantité X en fonction de N_1, puis de N_2.

La première courbe a un maximum pour $N_1 = q_1$, la seconde un minimum pour $N_2 = q_2$. Les valeurs de N_1 et de N_2 qui font prendre aux expressions précédentes la même valeur X sont donc figurées par un point $N_1 N_2$ qui décrit une courbe ovale :

Les fluctuations de N_1 et de N_2 sont donc périodiques ; la période est exprimée par une intégrale. Le point $q_1 q_2$ correspond à un régime stable ; ses coordonnées sont les moyennes des nombres d'individus de chaque espèce pendant une période, et elles ne dépendent pas de la constante d'intégration C, c'est-à-dire qu'elles sont les mêmes quels que soient les nombres d'individus au temps $t = o$.

Supposons qu'on détruise des animaux de l'une et de l'autre espèce (pêche). ε_1 va diminuer et ε_2 augmenter. On aura, en admettant ici encore une variation linéaire

$$q_1 = \frac{\varepsilon_2 + \lambda\beta}{\gamma_2} \qquad q_2 = \frac{+\varepsilon_1 - \lambda\alpha}{\gamma_1},$$

α et β dépendent de la manière de pêcher, λ de l'intensité de la pêche. On voit que lorsque λ croît, q_1 augmente et q_2 diminue, c'est-à-dire que la pêche a une influence favorable, ce que vérifient des statistiques relatives à l'Adriatique avant, pendant et après la guerre.

3. *Cas de très petites fluctuations.* — Posons

$$N_1 = q_1(1 + \nu_1) \qquad N_2 = q_2(1 + \nu_2),$$

ν_1, ν_2 étant très petits par rapport à l'unité. Il vient

$$\frac{d\nu_1}{dt} = -\varepsilon_1\nu_2, \qquad \frac{d\nu_2}{dt} = \varepsilon_2\nu_1, \tag{3}$$

d'où

$$\left\{ \begin{aligned} N_1 &= \frac{\varepsilon_2}{\gamma_2} + \frac{\gamma_1}{\sqrt{\varepsilon_1}} E \cos\left(\sqrt{\varepsilon_1\varepsilon_2}\, t + \alpha\right), \\ N_2 &= \frac{\varepsilon_1}{\gamma_1} + \frac{\gamma_2}{\sqrt{\varepsilon_2}} E \sin\left(\sqrt{\varepsilon_1\varepsilon_2}\, t + \alpha\right), \end{aligned} \right.$$

E et α étant des constantes d'intégration. La période du phénomène est alors $T = \frac{2\pi}{\sqrt{\varepsilon_1\varepsilon_2}}$; elle ne dépend pas de γ_1 ni de γ_2. Soient T_1 et T_2 les temps au bout desquels la 1re et la 2e espèce sont respectivement doublée et diminuée de moitié ; on a

$$T = \frac{2\pi}{\log_e 2}\sqrt{T_1T_2} = 9{,}06\sqrt{T_1T_2},$$

formule susceptible de vérifications numériques.

4. *Cas de plusieurs espèces.* — S'il y a n espèces, la généralisation du système (2) est le système dont la n^{me} équation est

$$\beta_r \frac{dN_r}{dt} = (\varepsilon_r\beta_r - \sum_1^n \alpha_{rs}N_s)\, N_r, \tag{4}$$

avec

$$\alpha_{rs} = -\alpha_{sr}, \qquad \alpha_{rr} = 0.$$

Nous dirons qu'une association biologique ainsi constituée est conservative. Si le nombre des espèces est impair, la solution dans laquelle tous les N_r sont constants est instable, l'équilibre est impossible ; il faut que certains N tendent exponentiellement vers zéro, les autres augmentant exponentiellement. Si le nombre des espèces est pair, les N varient autour de la solution constante qui est stable. Il n'y a plus en général de période pour le système entier ; on peut cependant démontrer que la moyenne de chaque N, pendant un intervalle de temps infiniment grand, est sa valeur dans la solution d'équilibre.

On peut également étudier des systèmes dissipatifs, en introduisant une forme quadratique définie positive, qui est nulle dans le cas conservatif. Les fluctuations des N diminuent alors d'amplitude avec le temps.

Paul MENTRE
Professeur à la Faculté des Sciences de Constantinople

SUR LES CONGRUENCES FLECNODALES DE WILCZYNSKI

I. On sait que *Cayley* (1) a appelé *flecnode* d'une surface un point singulier par lequel passe une tangente asymptotique rencontrant la surface en *quatre* points confondus, tangente singulière qui s'appelle *tangente flecnodale.*

Considérons sur une surface réglée non développable quelconque Σ une génératrice fixe g_1 et trois génératrices mobiles g_2, g_3, g_4 qui sont infiniment voisines de g_1. En général il existe *deux* droites qui s'appuient sur les quatre génératrices considérées et qui, par suite, ont quatre points infiniment voisins communs avec la surface. A la limite ces deux droites deviennent manifestement des tangentes flecnodales f', f'' qui rencontrent chacune la génératrice g_1 en un flecnode.

Le géomètre américain *Wilczynski* a étudié les flecnodes des surfaces réglées (2). Il a appelé *courbe flecnodale* l'ensemble des deux branches engendrées par les deux flecnodes, *surface flecnodale,* l'ensemble des deux nappes engendrées par les deux tangentes flecnodales et enfin *congruence flecnodale* la famille des droites qui s'appuient à la fois sur les deux nappes de la surface flecnodale.

Je me suis proposé d'étudier les congruences flecnodales en employant notamment pour les raisonnements géométriques les notions — si utiles en géométrie réglée — de caractéristiques et d'enveloppes, puis en utilisant, pour les calculs, les méthodes si fécondes de *M. Cartan.*

II. Considérons sur Σ cinq génératrices infiniment voisines. Elles définissent en général un complexe linéaire γ, non spécial, qui les contient et qui s'appelle le complexe *linéaire osculateur* γ.

Considérons sur Σ plusieurs génératrices infiniment voisines g_1, g_2, g_3,... Les complexes linéaires osculateurs γ_1, γ_2,... relatifs aux génératrices g_1, g_2,... contiennent respectivement g_1, g_2, g_3, g_4, g_5 ; g_2, g_3, g_4, g_5, g_6 ;... Les droites communes aux deux complexes linéaires γ_1 et γ_2 définissent la caractéristique du complexe linéaire γ_1. Cette

(1) CAYLEY, Mathematical Papers, vol. II, p. 29.
(2) WILCZYNSKI, Projective differential Geometry of Curves and ruled Surfaces (chez *Teubner*, Leipzig, 1906).

caractéristique que je désignerai par le symbole $\overline{\gamma_1\gamma_2}$ est une congruence linéaire qui contient notamment les 4 génératrices g_2, g_3, g_4, g_5. Les deux directrices f'_2, f''_2 de cette congruence sont donc manifestement les tangentes flecnodales relatives à g_2. Par suite, *la caractéristique du complexe osculateur est une congruence linéaire dont les directrices sont les deux tangentes flecnodales.*

La congruence caractéristique $\overline{\gamma_2\gamma_3}$ a pour directrices les droites f'_3 f''_3 qui s'appuient sur g_3, g_4, g_5, g_6. Les 3 complexes linéaires γ_1, γ_2, γ_3 ou ce qui revient au même, les deux congruences caractéristiques $\overline{\gamma_1\gamma_2}$ et $\overline{\gamma_2,\gamma_3}$ ont en commun notamment les génératrices g_3, g_4, g_5, et par suite aussi les génératrices de la *demi-quadrique* $\overline{\gamma_1,\gamma_2,\gamma_3}$ qui contient g_3, g_4, g_5. Donc, *la congruence linéaire qui admet pour directrices les deux tangentes flecnodales correspondantes a pour caractéristique la demi-quadrique osculatrice à la surface réglée ; cette demi-quadrique peut donc être considérée comme étant la sous caractéristique du complexe linéaire osculateur.*

Les directrices f'_2, f''_2, f'_3, f''_3 rencontrent les droites g_3, g_4, g_5 et par suite ces directrices sont situées sur la quadrique dont les génératrices d'un système constituent la demi-quadrique $\overline{\gamma_1, \gamma_2, \gamma_3}$. Cette quadrique contient donc deux génératrices (infiniment voisines) de chacune des deux nappes F′ et F″ de la surface flecnodale ; il en résulte que les droites de la demi-quadrique $\overline{\gamma_1, \gamma_2, \gamma_3}$ sont tangentes à F′ et à F″ ; autrement *dit les génératrices de première espèce de la quadrique osculatrice engendrent la congruense flecnodale.* C'est d'ailleurs ainsi que Wilczinski définit la congruence flecnodale.

On constate aisément que les quatre congruences caractéristiques $\overline{\gamma_1\gamma_2}$, $\overline{\gamma_2\gamma_3}$, $\overline{\gamma_3\gamma_4}$ $\overline{\gamma_4\gamma_5}$ ont en commun la génératrice g_5 qui doit par suite rencontrer les directrices f'_2, f''_2 ; f'_3, f''_3 ; f'_4, f''_4 : f'_5, f''_5, c'est-à-dire quatre génératrices de chacune des nappes F′ et F″. Autrement dit *la surface réglée Σ constitue l'une des deux nappes de la surface flecnodale de la surface réglée F′ et de la surface réglée F″*. On retrouve ainsi un résultat que *Wilczynsky* a obtenu par un raisonnement analogue.

Les quatre complexes infiniment voisins γ_1, γ_2, γ_3, γ_4, ont en commun les deux droites infiniment voisines g_4, g_5. Donc, quatre complexes linéaires osculateurs infiniment voisins ont en commun deux droites infiniment voisines. Il revient d'ailleurs au même de dire que la demi-quadrique osculatrice admet pour caractéristique une droite double qui est confondue avec la génératrice de Σ.

III. Dans une prochaine note à l'Académie des Sciences (1) je

(1) *P. Mentré*, C.R., t. 183, p. 1724.

montrerai géométriquement que la congruence engendrée par la demi-quadrique sous-caractéristique d'un complexe linéaire dépendant d'un paramètre, admet un complexe osculateur. Or, on sait qu'une congruence qui possède une telle propriété est une congruence W, si elle admet deux surfaces focales. Donc une congruence flecnodale est une congruence W. Ce résultat a été obtenu par Wilczysnki par un autre procédé.

Étant donnée une congruence, il est intéressant de savoir reconnaître si elle est la congruence flecnodale d'une certaine surface réglée. Il faudra d'abord que la congruence soit W et que son complexe linéaire osculateur γ ne dépende que d'un paramètre (à moins qu'il ne soit fixe, cas que nous excluons). Il faudra de plus que la caractéristique de la demi-quadrique sous-caractéristique de γ soit une droite double. On peut démontrer que réciproquement *une congruence W dont le complexe linéaire osculateur ne dépend que d'un paramètre avec une droite double pour caractéristique de sa demi-quadrique sous-caractéristique est une congruence flecnodale.*

On peut aussi remarquer que la quadrique osculatrice à une surface réglée admet les directions asymptotiques pour génératrices d'un système. Soit alors une congruence W dont le complexe osculateur γ ne dépend que d'un paramètre. La demi-quadrique Q sous-caractéristique de γ engendre la congruence W considérée ; la *demi-quadrique complémentaire* Q′ (formée par les droites qui rencontrent les droites de Q) engendre aussi une congruence qui peut s'appeler *congruence complémentaire* de la congruence W. Si cette dernière congruence est une congruence flecnodale, sa congruence complémentaire sera constituée par les tangentes asymptotiques à une surface réglée. Donc *une congruence W dont le complexe linéaire osculateur dépend d'un paramètre est une congruence flecnodale si sa congruence complémentaire et une congruence à nappes focales confondues avec une surface réglée non développable.*

IV. Aucune congruence flecnodale n'admet une déformation projective singulière au sens de M. Cartan (1).

(1) Cartan, C.R. du Congrès international tenu à Strasbourg en 1920, p. 397.

A. ANDRADE

INVARIANTS DIFFERENTIELS DE L'ELASTICITE

Colonel ALLAN CUNNINGHAM
Londres.

FACTORISATION OF (y^n I I)
y = 2, 3, 5, 6, 7, 10, 11 ,12 up to high powers (n)

2e Section

GÉODÉSIE, ASTRONOMIE ET MÉCANIQUE

Président .... M. Mascart, Directeur de l'Observatoire de Saint-Genis-Laval (Rhône).

Secrétaire .... M. l'abbé Vial, Professeur de Mathématiques.

Colonel PERRIER

Membre de l'Institut.

LES CHAINES PRIMORDIALES DE LA TRIANGULATION DE LA TUNISIE

Tandis que nous dirigions la Section de Géodésie du Service géographique de l'Armée, nous avons fait reprendre et terminer, par les méthodes déjà employées pour la Section sud de la nouvelle Méridienne de France (1), un calcul définitif des chaînes primordiales de la triangulation tunisienne (2).

1° La chaîne parallèle Bône-Tunis, qui prolonge le Parallèle primordial nord-algérien. Elle s'étend de la base de Bône à celle de Tunis, entre les stations astronomiques de Bône (Santon) et de Carthage.

Il est à remarquer que lorsqu'on aura parachevé au Maroc les dernières opérations du Parallèle de Meknès, retardées jusqu'à présent, entre Fez et Oudjda, par suite de l'insoumission des tribus de la *tache* de Taza, à laquelle il vient d'être mis fin, et exécuté encore quelques déterminations astronomiques, notamment celle d'une différence de longitudes entre une station algérienne et une station marocaine, la France aura fourni à la haute Géodésie une magnifique contribution : un arc de parallèle ininterrompu de Casablanca à Tunis, sur presque 18 degrés d'amplitude, appuyé sur 7 bases et au moins 6 stations astronomiques.

(1) A.F.A.S., Congrès de Bordeaux, 1923, p.

(2) Le calcul a été exécuté, avec sa maîtrise habituelle, par M. Hasse, chef du Bureau des Calculs de la Section de Géodésie.

2° La chaîne méridienne dite Méridienne de Gabès, issue au nord du Parallèle précédent. Elle aboutit au sud non loin de la frontière tripolitaine, en s'appuyant sur la base de Médenine, dont le terme oriental est station astronomique.

Parallèle Bône-Tunis

La base de Bône, mesurée en 1866 sous la direction du capitaine F. Perrier, est une des trois premières bases mesurées en Algérie à l'aide d'un appareil Porro bimétallique (Blidah, 1864 ; Bône, 1866 ; Oran, 1867) (1).

La base de Tunis a été mesurée en 1908, sous la direction du lieutenant-colonel A. Lallemand, au moyen de la règle monométallique invar du Service géographique.

La reconnaissance du Parallèle Bône-Tunis a été faite au début de 1884 par les capitaines Brullard et de Mussy.

Les observations ont été effectuées pendant les campagnes 1884-1885 et 1885-1886, par le capitaine Brullard et le lieutenant Barisien.

Mires en bois à volets encastrées dans un massif de maçonnerie tronconique. Stations excentriques. Cercle azimutal de Brunner à 2 microscopes, diamètre 0 m. 32 (1867), et observations par la méthode des directions, 40 séries par station, pendant la première campagne. Cercle azimutal de Brunner à 4 microscopes n° 1, diamètre 0 m. 42 (1870) et même méthode, 20 séries par tation, pendant la seconde campagne.

Une nouvelle mesure de la base de Bône n'a malheureusement jamais été envisagée par le Service géographique et l'ancienne valeur a dû être conservée pour le calcul de la chaîne Bône-Tunis.

La compensation du Parallèle a été effectuée en traitant séparément : 1° le réseau de rattachement de la base de Bône (36 équations, 47 inconnues) ; 2° celui de la base de Tunis (19 équations, 38 inconnues) ; 3° la chaîne comprise entre les côtés de rattachement de ces réseaux côté 1 [Aoura-Bou Aboed] côté 2 [carthage-Bou Roukbah], en s'imposant l'accord de ces deux côtés (25 équations, 74 inconnues). Le terme constant de l'équation d'acord est égal à + 11,060, exprimé en unités de la 6e décimale du logarithme, ce qui correspond, après compensation des figures de rattachement et sans compensation de la chaîne intermédiaire, à un écart relatif de $\frac{10^{-6} \times 11^{2}060}{\mu}$ entre la valeur mesurée de la base de Tunis et sa valeur calculée en partant de la base de Bône, μ étant le module des logarithmes vulgaires = 0,4342944819 (log. μ =1,6377843113). Cet écart relatif est donc $\frac{1}{39\ 267}$ et la base de Tunis,

(1) *Mémorial du Dépôt général de la Guerre*, Imprimerie nationale, t. X, 1er fascicule, 1871.

réduite au niveau de la mer, ayant une longueur de 8.217 m. 653, l'écart absolu est 0 m. 210.

Les directions ont été, avant compensation, affectées des corrections de l'altitude et de la ligne géodésique, mais tandis que le réseau de rattachement de la base de Tunis et la chaîne ont été compensés en prenant comme inconnues, les directions, on a conservé pour le réseau de rattachement de la base de Bône une ancienne compensation faite en prenant comme inconnues les angles (1).

Méridienne de Gabès

La base de Médenine a été mesurée en 1908, sous la direction du lieutenant-colonel Lallemand, à l'aide de fils invar.

La reconnaissance de la Méridienne a été faite en 1888 par le capitaine Tracou, en 1888-89 par le capitaine Dumay.

Les observations l'ont été en 1888, 1889 et 1890 par le capitaine Tracou ; toutefois quelques-unes sont dues au capitaine Dumay et au lieutenant Barisien.

Mires à volets en bois encastrées dans un massif de maçonnerie tronconique. Stations excentriques. Cercle azimutal de Huetz n° 1 à 4 microscopes, diamètre 0 m. 32, construit tout récemment à l'atelier de la Section de Géodésie et servant pour la première fois. Observations par la méthode des directions, 20 séries par station.

La compensation de la Méridienne a été faite en traitant séparément : 1° le réseau de rattachement de la base de Médenine (10 équations, 24 inconnues) ; 2° la chaîne comprise entre le côté de rattachement de cette base, côté 3, [Ensoura-Mzemzem] et les côtés du Parallèle Bône-Tunis, côté 4 [Saguaguid-Rihan] et, côté 5, [Rihan-Zaghouane], déjà obtenus définitivement par la compensation du Parallèle, en s'imposant l'accord de ces trois côtés. Le terme constants de l'équation d'accord entre [Saguaguid-Rihan] et [Ensoura-Mzemzem] est +9,85, exprimé en unités de la 6e décimale du logarithme, ce qui correspond, après compensation des figures de rattachement et sans compensation de la chaîne intermédiaire, à un écart relatif de $\frac{10^{-6} \times 9'85}{\mu}$ entre la valeur mesurée de la base de Médenine et sa valeur calculée en partant de la base de Tunis. Cet écart relatif est par suite $\frac{1}{44\,091}$ et la base de Médenine réduite au niveau de la mer ayant une longueur de 10.156 m. 963, l'écart absolu est 0 m. 230.

(1) Les observations de rattachement de la base de Bône ont été effectuées à l'aide du cercle répétiteur n° 4 de Gambey, en 1867, par le Commandant Versigny, par mesure directe des angles du réseau (Mémorial, t. X, 2e fascicule, 1874, p. 278 et suiv.). On a dès lors réalisé, dans une compensation unique, les conditions de fermeture du tour d'horizon en chaque station (compensations de station) et les conditions géométriques du réseau, exprimées par les équations aux angles et les équations aux côtés.

Erreurs moyennes d'un angle final observé

	Valeurs approchées avant compensation (1)	Valeurs rigoureuses après compensation
Rattachement de la base de Bône......	± 3",246	± 3",246
— de Tunis......	2 ,256	2 ,256
— de Médenine..	3 ,203	4 ,911
Parallèle Bône-Tunis (entre les côtés 1 et 2)........................	1 ,828	2 ,748
Méridienne de Gabès (entre les côtés 4, 5 d'une part, 3 de l'autre)..........	2 ,044	2 ,585

(1) Déduites des erreurs de formeture des triangles par la formule approchée de l'ancienne Association géodésique internationale, $M = \pm \sqrt{\frac{\Sigma E^2}{3N}}$ E, erreurs de fermeture des triangles, N, nombre des triangles.

Les compensations ont été effectuées en prenant comme inconnues les directions préalablement affectées des corrections de l'altitude et de la ligne géodésique.

bution de la France à un rattachement éventuel des triangulations de l'Italie et de l'Egypte le long des côtes africaines de la Méditerranée, demandé par la Section de Géodésie de l'Union géodésique et géographique internationale. Elle consiste en une triangulation comparable aux meilleures chaînes modernes. La seule chose qui pourrait être à désirer pour l'améliorer est une nouvelle mesure de la base de Bône, possible d'ailleurs.

J. GUILLAUME

Astronome à Saint-Genis-Laval.

OBSERVATIONS DU SOLEIL, FAITES A L'OBSERVATOIRE DE LYON, DE 1889 A 1925, ET EPOQUES DES MINIMA ET DES MAXIMA DES TACHES

OBSERVATIONS DU SOLEIL, FAITES A L'OBSERVATOIRE DE LYON, DE 1889 A 1925, ET ÉPOQUES DES *minima* ET DES *maxima* DES TACHES

Les observations du soleil entreprises à l'Observatoire de Lyon sui-

Tableau I. — *Taches*

Années	Nombre de jours		Nombre de groupes			Surfaces moyennes en millionièmes			Latitudes moyennes		
	d'observ.	sans tâches	S	N	Total	S	N	Totales	S	N	Ensemble
									degrés	degrés	degrés
1889	132	79	21	8	29	1735	154	1889	9,7	10,8	10,0
1890	157	73	23	20	45	2030	1729	3759	23,4	20,8	22,2
1891	164	6	57	108	165	3394	8120	11514	21,0	19,6	20,1
1892	131	»	147	142	289	15277	12446	27723	19,1	15,9	17,5
1893	220	»	253	180	433	19411	10673	30084	16,0	14,9	15,5
1894	214	»	262	194	456	15127	11871	26953	15,6	13,0	14,5
1895	224	1	174	164	338	10319	14028	24357	12,6	14,4	13,5
1896	179	2	145	94	240	9375	4814	14189	13,9	12,4	13,4
1897	211	19	82	70	152	8664	4525	13189	9,6	7,9	8,8
1898	221	22	85	47	132	7399	3087	10486	10,8	8,2	9,8
1899	224	69	45	24	69	2648	899	3547	9,8	8,9	9,5
1900	221	91	26	27	53	1652	1203	2855	8,9	8,0	8,5
1901	226	169	12	11	23	263	810	1073	15,0	16,9	15,9
1902	236	161	12	21	33	608	1177	1785	20,0	22,0	21,2
1903	260	38	64	51	115	5071	3369	8440	20,0	18,5	19,3
1904	229	0	76	121	197	5808	6961	12769	17,5	15,8	16,4
1905	180	1	97	116	213	9918	18541	28459	14,8	13,4	13,6
1906	212	6	79	138	216	6422	12839	19261	14,3	13,1	13,5
1907	197	0	103	106	209	13447	11993	25440	13,2	11,1	12,1
1908	221	5	126	84	210	9610	7638	17248	11,0	10,3	10,7
1909	216	6	97	73	170	9309	6980	16289	11,8	8,9	10,6
1910	213	41	66	28	94	4126	1645	5771	10,5	8,2	9,8
1911	257	128	35	16	51	1137	377	1514	8,6	5,7	6,1
1912	267	184	17	5	22	984	45	1029	8,9	14,6	10,0
1913	275	233	6	9	15	108	154	262	21,8	18,7	19,9
1914	260	108	28	30	58	1375	2348	3723	16,7	22,5	19,3
1915	275	7	99	106	205	6814	8370	15184	20,3	18,9	19,6
1916	293	4	127	177	304	6832	12307	19139	18,0	15,9	16,8
1917	297	0	189	225	414	19218	23372	42590	16,4	13,6	14,9
1918	306	0	188	177	365	13187	15040	28227	14,0	12,3	13,2
1919	308	0	152	119	271	13115	12528	25643	12,2	11,0	11,7
1920	302	7	81	86	167	8846	5284	14130	11,2	11,1	11,1
1921	331	34	61	67	128	4129	6501	10630	10,7	9,7	5,5
1922	301	111	31	40	71	2304	4113	6417	9,13	6,7	7,7
1923	292	164	15	19	34	740	945	1685	13,7	12,0	12,8
1924	300	90	17	52	69	1435	5792	7227	24,4	23,2	23,5
1925	314	27	89	130	219	6091	13911	20002	21,0	20,5	21,0

Tableau II. — *Facules*

Années	Nombre de groupes			Surfaces moyennes en millièmes			Latitudes moyennes		
	S	N	Total	S	N	Totales	S	N	Ensemble
							degrés	degrés	degrés
1889	116	94	210	423,1	311,0	734,1			
1890	115	141	256	509,8	528,3	1038,6	21,6	22,8	22,2
1891	124	161	285	749,3	1167,5	1916,8	23,8	24,6	24,3
1892	146	166	312	351,3	377,8	729,1	21,0	19,2	20,1
1893	244	208	452	495,6	345,0	840,6	19,0	15,2	17,5
1894	309	259	668	421,2	348,5	769,7	19,6	15,7	17,8
1895	237	256	493	284,7	351,5	636,2	15,6	18,1	16,7
1896	217	162	379	230,8	170,6	401,4	16,1	15,7	15,9
1897	160	124	284	156,7	108,9	265,6	11,4	10,6	11,0
1898	137	98	235	162,2	91,1	253,3	12,0	9,7	11,1
1899	99	71	170	82,3	42,6	124,9	14,3	25,1	19,0
1900	63	71	134	44,2	36,8	81,0	20,2	21,9	21,1
1901	101	109	210	24,9	29,6	54,5	35,9	35,7	35,8
1902	176	187	363	44,8	52,8	97,6	37,6	39,8	38,8
1903	180	144	324	122,3	81,8	204,1	27,9	27,6	27,8
1904	179	194	373	195,8	207,8	403,6	24,0	20,9	22,4
1905	161	190	351	156,2	252,1	408,3	18,9	16,6	17,7
1906	143	220	363	131,1	248,9	380,0	14,8	15,4	15,8
1907	189	171	360	244,4	215,6	460,0	16,6	13,3	15,0
1908	235	160	395	284,3	161,2	445,5	14,1	12,8	13,6
1909	182	122	304	202,4	137,9	340,3	13,6	11,5	12,8
1910	154	87	241	165,7	73,5	239,2	13,8	11,4	13,0
1911	164	67	231	98,1	28,3	126,4	21,2	14,6	19,3
1912	106	39	145	53,5	7,7	61,2	29,1	41,4	32,4
1913	58	47	105	15,8	15,9	31,7	38,6	32,3	35,8
1914	102	87	189	56,9	63,9	120,8	28,8	30,3	29,5
1915	196	210	406	184,1	201,0	385,1	23,6	22,4	23,0
1916	248	303	551	216,2	316,4	532,6	21,1	18,8	19,8
1917	509	357	666	426,0	530,1	954,1	18,1	18,0	18,1
1918	298	311	609	360,2	393,9	754,1	16,5	15,1	15,8
1919	273	229	502	304,7	253,4	558,1	14,2	14,1	14,2
1920	241	236	477	227,4	232,6	460,0	17,2	14,8	16,1
1921	276	220	496	174,8	149,3	324,1	24,6	21,7	23,3
1922	83	152	235	54,8	100,0	154,8	22,6	25,7	24,6
1923	57	108	165	32,8	66,5	99,3	15,3	23,2	20,5
1924	86	150	236	51,6	91,9	143,5	30,5	29,0	29,6
1925	178	228	406	156,9	247,4	404,3	24,6	23,8	24,1

vant le programme de Ch. André, et poursuivies sous la direction de son successeur, M. Jean Mascart, ont fait l'objet de communications trimestrielles insérées dans les *Comptes rendus* de l'Académie des Sciences de Paris, puis, dans le *Bulletin* de l'Observatoire de Lyon où elles sont devenues mensuelles.

Les deux Tableaux suivants, qui s'expliquent d'eux-mêmes, contiennent quelques résultats annuels, propres à leur comparaison avec d'autres phénomènes, pour des recherches de cause à effet.

*
* *

On sait que les phénomènes présentés par la photosphère sont soumis à diverses fluctuations, dont la plus connue a une durée moyenne de 11 ans ; mais l'intervalle d'une *époque* à l'autre est irrégulière et oscille autour de cette moyenne.

D'ailleurs, la détermination des *minima* et des *maxima* de ces phénomènes n'est pas simple, mais demande des observations suivies, s'étendant suffisamment loin de part et d'autre de l'époque à fixer. Je me suis livré à cette recherche d'après les observations de Lyon, en faisant des groupements trimestriels, traduits ensuite par des courbes, et les résultats obtenus, concernant les *minima* et les *maxima* des tâches, sont les suivants :

Epoques des		Intervalles			
min.	Max.	m. à m.	m. à M.	M à m.	M. à M.
1889,5			4,4		
	1893,9	12,2		7,8	12,6
1901,7			4,8		
	1906,5	11,2		6,4	11,4
1912,9			5,0		
	1917,9	10,6		5,6	
1923,5					
Moyennes		11,3	4,7	6,6	12,0

L'examen des intervalles montre une diminution de période curieuse, entre 1889 et 1923 ; mais il faut, pour le moment, se concenter de la constater, car il serait imprudent d'adopter une conclusion avant d'avoir amassé d'autres faits : en attendant, observons avec soin et régulièrement !

Henri MEMERY

QUELQUES REMARQUES SUR LES DIVERSES FORMES DE L'ACTIVITE SOLAIRE

Dans les observations ordinaires des taches solaires ou des facules effectuées en vue d'une simple statistique, on note seulement le nombre, la superficie, la position sur la surface du Soleil, et ces éléments sont suffisants pour faire apparaître les diverses variations de ces phénomènes, en particulier pour fixer la durée et l'intensité de chaque période solaire.

Mais quand il s'agit de comparer les variations des taches, des facules, etc., avec les variations des phénomènes météorologiques, par exemple, on constate que la notation habituelle se montre insuffisante.

L'observation journalière du Soleil pendant de longues années et les résultats déduits des comparaisons de chaque jour entre l'aspect changeant des phénomènes de la surface du Soleil, d'une part, et, d'autre part, les variations atmosphériques sur nos contrées, font apparaître que l'action des phénomènes solaires sur nos températures est assez complexe ; en dehors du nombre ou de la superficie des taches ou des facules, il semble qu'il y a lieu de tenir compte de certains éléments, tels que : la forme des taches, leur position en latitude sur la surface du Soleil, et surtout le *sens de l'activité* — croissante ou décroissante — à la date considérée, par rapport aux jours qui précèdent ou à ceux qui suivent.
usCvystv

Activité propre à chaque tache ou groupe de taches

On retrouve généralement dans la durée d'apparition de chaque tache ou groupe de taches une particularité analogue à celle que l'on observe au cours de la période undécennale.

On sait que la courbe représentant le nombre ou la superficie des taches solaires présente un minimum et un maximum, ce dernier se plaçant plus près du minimum précédent que du suivant ; lors de chaque période solaire, le nombre des taches augmente pendant 3 à 5 ans et diminue pendant 6 à 8 ans. La phase croissante de la période est ainsi plus courte que la phase décroissante.

Il y a là un phénomène d'ordre général que l'on retrouve aussi bien dans le domaine organique que dans le domaine physique.

Or, une tache — un ou groupe de taches — qui se forme généralement en 2 ou 3 jours, rarement plus, peut persister pendant plusieurs semaines, quelquefois deux ou trois mois quand il s'agit de taches de grandes dimensions. La phase active, ou de développement, est donc plus courte que la phase de décroisance, et l'activité de la tache, après que cette dernière a atteint sa plus grande étendue, peut persister un certain temps, variable pour chaque tache, avant de décroître.

Or, les comparaisons avec les variations de nos températures montrent que toutes les formations de taches (phase active) sont suivies d'une hausse de la température sur nos contrées, et que la température s'abaisse quand les taches sont en diminution. Il en résulte que de basses températures peuvent coïncider avec la présence de taches solaires nombreuses ou étendues, si ces taches se trouvent dans leur phase de décroissance.

Quelques formes de l'activité solaire

a) *Une seule tache est visible.* — La situation la plus simple est celle qui correspond à la présence d'une seule tache ; lors de la formation de cette dernière et pendant la durée de son développement, la température suit une marche ascendante ; la décroissance de la température coïncide généralement avec celle de la tache ; si celle-ci, au lieu de se former sur le disque solaire, arrive par le bord Est, elle peut se trouver, à ce moment, dans sa phase de diminution ; dans ce cas, l'élévation de la température est moins prononcée et peut même ne pas se manifester.

Ces taches qui arrivent ainsi après avoir dépassé leur phase active et qui n'exercent plus d'action sur les phénomènes terrestres (magnétiques, météorologiques ou autres) paraissent être les fameuses *taches neutres* signalées par certains astronomes, notamment par Trouvelot.

b) *Plusieurs taches — ou groupes — sont visibles.* — Ce n'est généralement que vers les époques des minima solaires qu'une seule tache est visible sur la surface du Soleil. Pendant la plus grande partie de la période undécennale, la surface solaire présente simultanément plusieurs taches ou groupes, et la situation qui en résulte est des plus complexes ; en effet, plusieurs cas peuvent se présenter :

1° Toutes les taches visibles se trouvent dans leur phase de développement ;

2° Toutes les taches visibles se trouvent dans leur phase de décroissance ;

3° Une partie des taches est en croissance et l'autre partie en décroissance (ou bien, certaines taches paraissent au bord Est, pendant que d'autres disparaissent au bord Ouest, etc.).

L'observation montre que des températures très élevées coïncident avec le premier cas, et des températures en baisse avec le deuxième. Le troisième cas est caractérisé principalement par la formation de perturbations orageuses.

Forme des taches

L'action des taches solaires paraît différente selon qu'il s'agit de taches isolées de forme régulière, ou de groupes de taches ; la présence de ces derniers, quand ils sont très fractionnés et changent continuellement d'aspect, est généralement suivie de perturbations atmosphériques ; par contre, la présence de taches isolées, de forme régulière, dont l'aspect ne se modifie pas sensiblement pendant la durée de leur apparition, est généralement suivie d'un temps calme et de températures élevées.

Position en latitude sur la surface du Soleil

L'action des taches et des facules paraît également varier selon leur position sur la surface du Soleil, l'activité paraissant d'autant plus grande que les taches sont situées plus près de l'équateur solaire, ou plus exactement plus près du centre du disque, la *latitude apparente* variant avec l'inclinaison de l'axe du Soleil.

Variations diverses de l'activité solaire

Les situations les plus compliquées sont celles où des apparitions et des disparitions de certaines taches coïncident avec l'augmentation ou la diminution en étendue d'un certain nombre d'autres taches. Voici quelques exemples de ces diverses variations de l'activité solaire.

I. — *Une seule tache est visible.* — Cette tache peut présenter successivement les aspects suivants :

1° Etre arrivée par le bord Est : *a*) au moment de sa phase de développement ; *b*) au moment de sa phase de décroissance ;

2° S'être formée dans la moitié orientale du disque solaire ;

3° S'être formée dans la moitié occidentale du disque solaire ;

4° Disparaître dans la moitié orientale du disque ;

5° Disparaître dans la moitié occidentale du disque ;

6° Disparaître au bord Ouest dans sa phase de développement ;

7° Disparaître au bord Ouest dans sa phase de décroissance ;

8° Enfin, lors de son passage au méridien central solaire, cette tache peut se trouver, soit dans sa phase de développement, soit dans sa phase de décroissance.

II. — *Plusieurs taches — ou groupes — sont visibles.* — Dans ce cas, chaque tache, ou groupe, peut présenter l'un des aspects décrits ci-dessus (§ 1), pendant que les autres taches présentent simultanément des aspects très différents, par exemple :

a) Une ou plusieurs taches arrivent par le bord Est (dans leur phase de croissance ou de décroissance) pendant que d'autres taches disparaissent soit sur le disque, soit au bord Ouest ;

b) Une ou plusieurs taches se forment dans la moitié orientale du disque solaire, pendant que d'autres taches disparaissent dans la moitié occidentale ou au bord Ouest ;

c) Les taches visibles sont toutes dans leur phase de développement, ou bien sont toutes dans leur phase de décroissance ;

d) Une partie des taches visibles se trouvent dans leur phase de développement, pendant que d'autres taches se trouvent dans leur phase de décroissance, etc.

Il semble difficile de ne pas admettre que ces changements variés dans l'aspect de la surface solaire n'ont pas une répercussion plus ou moins immédiate sur les phénomènes terrestres, soit au point de vue magnétique ou électrique, soit au point de vue météorologique ; il n'est peut-être pas absurde de supposer que la complexité des phénomènes météorologiques est déterminée en grande partie par la complexité des phénomènes solaires.

Quoi qu'il en soit, dans les comparaisans entre les variations des taches solaires et les variations des phénomènes atmosphériques, il ne semble pas rationnel de considérer toutes les taches comme ayant, pour ainsi dire, la même valeur ; et c'est sans doute parce qu'on ne tient pas compte des diverses particularités énumérées ci-dessus concernant la forme des taches, leur âge, leur position sur la surface du Soleil, la durée de leur phase active et de leur phase de diminution, etc., que l'on n'a pu jusqu'ici se mettre d'accord sur la part d'influence qui revient aux phénomènes solaires dans les variations des phénomènes terrestres.

Albert NODON

Docteur ès Sciences, Ex-adjoint à l'Observatoire de Meudon, Président de la Société astronomique de Bordeaux.

NOUVELLES RADIATIONS ULTRAPENETRANTES D'ORIGINE COSMIQUE

Chacun sait que les rayons X ont la propriété de traverser les corps opaques et de décharger les corps électrisés. On désigne sous le nom de rayons mous, des rayons X doués d'un faible pouvoir de pénétration ; et sous le nom de rayons durs ceux qui sont très pénétrants.

Toutes ces radiations sont du reste analogues aux rayons lumineux dont elles ne diffèrent que par leur longueur d'onde. Il existe, du reste, des radiations plus courtes et plus pénétrantes encore, qui s'appellent rayons Gamma, qui sont émis par le radium.

On a découvert récemment des radiations beaucoup plus courtes et plus pénétrantes encore, qui traversent avec facilité la plupart des corps connus. J'ai signalé pour la première fois l'existence de ces radiations ultra-pénétrantes en 1921, dans une note présentée à l'Académie des Sciences par M. Bigourdan. MM. Brillouin et Berthelot présentèrent, dans les années suivantes, des études complémentaires sur ces nouvelles ondes.

Je les avais désignées provisoirement sous le nom d'ultraradiations. Leur origine paraît être extraterrestre et plus particulièrement solaire. Ces radiations sont du reste très probablement émises aussi par les autres astres, particulièrement par les étoiles géantes les plus chaudes. Elles possèdent la propriété de désintégrer l'atome, c'est-à-dire de séparer les particules qui le constituent, beaucoup plus facilement que ne le font les rayons Gamma les plus pénétrants.

On constate que le plomb et le bismuth, exposés au soleil, se comportent alors comme de véritables corps radio-actifs et que leur désintégration est d'autant plus rapide que l'activité solaire est plus grande.

Les corps radioactifs eux-mêmes le deviennent sensiblement plus en plein soleil qu'à l'ombre. Les mêmes faits furent constatés depuis par divers physiciens, en particulier par Mlle Maracineano, à l'Observatoire de Meudon.

Les phénomènes précédents se manifestent également pendant la nuit et se montrent alors, beaucoup plus intenses pendant les périodes d'activité solaire que pendant les périodes de calme.

M. Kohlhörster et M. Hoffmann en Allemagne, ont dans ces derniers temps confirmé l'existence de ces radiations pénétrantes, d'origine extra-terrestre. Le professeur Millikan, en Amérique, est parvenu à mesurer la longueur d'onde de quelques-unes d'entre elles. Ces radiations sont du reste beaucoup plus courtes que les rayons Gamma les plus pénétrants.

Dans une récente note présentée à l'Académie des Sciences par M. Deslandres, j'ai démontré que ces radiations provoquaient la décharge lente de tous les corps électrisés, même à travers les cloisons métalliques. Elles sont parfois soumises à des émissions saccadées, qui se succèdent à des intervalles réguliers de sept secondes. Ces phénomènes ont particulièrement lieu pendant certaines périodes d'activité solaire ; et l'on observe également pendant ces troubles, des variations brusquest et régulières dans l'intensité du magnétisme terrestre, concordant avec les oscillations électriques.

J'ai également constaté que la propagation des ondes hertziennes était excellente quand l'intensité magnétique était élevée, tandis qu'elle était médiocre lorsque cette intensité était faible. Les réceptions radiophoniques subissent de vives perturbations pendant les périodes d'agitation solaire, électro-magnétique et atmosphérique.

Tous ces phénomènes paraissent étroitement liés à l'action des nouvelles radiations.

Les résultats précédents paraissent éclairer d'une façon imprévue beaucoup de faits ne paraissant présenter jusqu'à présent aucune liaison apparente, tels que la désintégration matérielle, les phénomènes électriques et magnétiques terrestres, et les perturbations atmosphériques.

J. MASCART

Directeur de l'Observatoire de Saint-Genis-Laval (Rhône)

LE DEVELOPPEMENT DE L'OBSERVATOIRE DE LYON DEPUIS 1906

Lorsque furent fondés les Observatoires de province, en 1878, Charles André eut à organiser celui de Lyon : il lui donna une double orientation, météorologique et astronomique, et les rapports publiés lors du Congrès de Lyon de 1906 établissent suffisamment le succès de cette organisation ; il faudra s'y rapporter pour juger la variété des travaux effectués sous la direction de l'éminent physicien qui en avait ordonné les programmes.

Aujourd'hui, nous devons nous borner à examiner rapidement le développement de la situation créée au début et les progrès réalisés, ce qui nous oblige à décomposer en deux parties, suivant les deux branches possibles d'activité.

Météorologie

La Météorologie, comme les autres branches de la Géophysique, est parmi les sciences récentes, mais des plus difficiles : limité par l'impossibilité de répéter les expériences, son développement est nécessairement très lent et peut être gravement compromis par des modifications fréquentes dans les méthodes d'observation ; c'est pourquoi les longues séries d'observations *homogènes* y sont *indispensables.*

A cause de l'importance de son application possible à la navigation, la prévision du temps fut presque toujours assimilée par le public, et bien à tort, à la météorologie : cette prévision du temps n'est qu'une petite branche, la plus incertaine, et dont les bases scientifiques sont encore bien précaires. En matière de météorologie scientifique, outre la qualité des observations, intervient la longueur des séries ininterrompues comme facteur essentiel dans l'importance des conclusions que l'on en peut déduire. Aussi les grands centres de la pensée scientifique se distinguent-ils par la durée de leurs observations et, tous les premiers, viennent des documents comme ceux qui ont été recueillis à Paris, Londres, Bruxelles ou Montpellier. Grâce aux efforts des premiers chercheurs isolés, grâce à l'excellente organisation réalisée par Ch. André, grâce aux travaux persévérants et continus de ses successeurs, la documentation lyonnaise est devenue importante et nos publications météorologiques étaient recherchées et estimées dans le monde entier.

Mais, aujourd'hui même, comment se présente l'avenir ? Dans les réformes apportées par la guerre, la météorologie est actuellement centralisée entre les mains des militaires qui, certes, pourront faire aussi bien sans doute, mais changent provisoirement les méthodes antérieures, trop rapidement pour que les observations restent comparables et, pour nombre de météorologistes, ces modifications trop brusques sont néfastes pour la sûreté des conclusions.

En résumé, la documentation météorologique de Lyon et de la région lyonnaise a été poursuivie très activement et se présentait, jusqu'en 1926, dans les conditions les plus favorables ; mais, ici comme partout en France, on doit attendre, aujourd'hui, une éclipse grave et fâcheuse des recherches de Météorologie scientifique.

Astronomie

Cependant, on répétait trop volontiers que, dans notre pays, l'astronomie subissait une crise et semblait rester en dehors des grands courants contemporains : cette opinion malveillante était même, souvent, répandue systématiquement. Elle était exagérée car nous produisions, incontestablement, d'importants travaux et, surtout, on peut le dire, les mémoires français conservaient toute leur valeur par l'érudition, la sûreté de l'information et l'utilité de leur sens critique.

Il n'avait pas échappé à Ch. André que si les astronomes français voulaient reprendre le rang auquel ils avaient droit par leur culture générale et la sûreté de leur critique, il fallait augmenter le rendement, développer la spécialisation et l'orienter nettement vers l'astronomie physique. La difficulté fut de former des collaborateurs. Avec M. J. Guillaume, l'observation des phénomènes solaires prit une grande importance et, aujourd'hui, la série continue et homogène est une des plus longues qui soient ; parallèlement, on suivait les phénomènes des satellites, pour aboutir à un monument d'observations qui sera la base essentielle pour toute tentative de théorie du système de Jupiter. Avec Ph. Flajolet, l'Observatoire constituait un dossier important des perturbations magnétiques. On entreprenait de longues séries d'observations sur les étoiles variables, et, seul, le programme prévu de photométrie restait en arrière (il vient d'être transformé et remis sur pied) faute de trouver un collaborateur ayant un esprit précis et de la suite dans les idées.

Les recherches sur les étoiles variables ont pris, pendant ces dernière années, un développement considérable : la connaissance plus complète de ces astres apporterait des indications très utiles dans les questions relatives à l'évolution stellaire. D'autre part, c'est en accumulant une quantité considérable d'observations que nous pourrons trouver les lois qui président à leurs fluctuations d'éclat, souvent étranges et déconcertantes.

On peut même dire plus : le champ ouvert aujourd'hui est tellement vaste, il nécessite un si grand nombre de mesures que, sans une coopéraion organisée, les efforts risquent de ne pas correspondre au fruit à en attendre, à cause de la multiplicité des double-emplois, tandis que, bien groupées, les observations comportent rapidement d'utiles résultats. C'est dans le but de faciliter à ces collaborateurs bénévoles une participation efficace et très utile à la recherche astronomique que fut fondée, en 1921, à l'Observatoire de Lyon, une Association française d'observateurs d'étoiles variables.

En outre, l'observation des étoiles variables est le travail le plus fécond qu'un amateur puisse entreprendre. On apprécie soi-même les résultats et chaque observation présente une réelle valeur scientifique ; c'est là une satisfaction que les amateurs recherchent et trouvent difficilement : faire quelque chose qui contribue réellement à l'avancement de la Science.

D'une part, il était donc opportun et utile de porter à la connaissance des amateurs et des professionnels le trésor des archives que nous possédions déjà comme observations d'étoiles variables ; d'autre part, il ne suffit pas d'observer, il est indispensable que l'observateur soit encouragé en voyant rapidement les résultats de ses efforts.

Or, en 1913, il avait été fondé, auprès de l'Observatoire de Lyon, un bulletin mensuel qui, à côté des questions générales d'Astronomie et de Physique du Globe, publiait des études de Météorologie et de Climatologie, notamment en vue des applications : progressivement, on y développait des articles de mise au point ainsi que des études documentaires et des informations d'actualité relatives à ces grandes branches de la recherche scientifique. Interrompue par la guerre, cette publication fut reprise en 1920 : et, malgré des tarifs d'édition presque prohibitifs, non seulement ce Bulletin fut maintenu, mais il est permis de dire qu'il a fait des progrès notables et constants.

Ce Bulletin est le lien essentiel entre tous les observateurs, qui y trouvent tous les renseignements utiles. Nous avons pu le compléter par l'adjonction d'un rubrique importante consacrée à une Bibliographie *rapide*. Ici notre information porte essentiellement sur l'Astronomie et la Météorologie. Mais tout ce qui intéresse la Physique du Globe se trouve également répertorié ; de plus, les travaux de Physique sont mentionnés chaque fois qu'ils sont connexes aux préoccupations de l'astronome ; il en est de même pour les Mathématiques ; la Géologie, la Séismologie, la Géodésie, la Topographie, la Géographie, rentrent dans ce cadre général quand il s'agit d'ouvrages d'enseignement, d'exposés de méthodes, de mémoires et de résultats d'ensemble.

La régularité extrême de notre bulletin, la rapidité avec laquelle nous mettons à la disposition de tous les chercheurs les observations de nos collègues, étaient bien propres à exciter le zèle de nos observateurs.

Résultats numériques

Les observateurs sont aujourd'hui plus de *deux cents*, répartis dans 26 pays différents, de sorte qu'une organisation qui n'aspirait au début qu'à être européenne s'est étendue spontanément aux contrées les plus reculées et nous avons des correspondants au Canada comme dans l'Amérique du Sud, aux Indes et en Chine. Nos observateurs paraissent attachés à un groupement qui rend justice à leurs efforts et publie leurs travaux : grâce à nos cartes, l'un d'eux a découvert une comète, — découverte toujours notable.

Nous avons pu entreprendre de la sorte l'étude continue de *deux cents* étoiles variables parmi les plus caractéristiques ; nous avons fait tirer et distribuer par milliers des cartes d'étude qui portent sur plus de 400 types différents ; nous avons fait effectuer et centralisé 50.000 observations dont les résultats sont régulièrement discutés dans notre Bulletin ; nous recevons mensuellement, à l'heure actuelle, près de 2.000 mesures — matériel qui exige un effort considérable de mise en œuvre. Tous ces résultats nous paraissent déjà dignes d'attention.

Pour tirer tous les fruits possibles de cette vaste collaboration, il nous faudrait encore amplifier la liaison étroite entre les professionnels et les amateurs, publier rapidement les études intéressantes qui nous sont adressées, accorder une large hospitalité aux travaux des astronomes français et étrangers.

Tous ceux qui s'intéressent à de tels efforts de coopération nécessaire peuvent et doivent les faire connaître, pour nous susciter de nouveaux observateurs et nous permettre de développer sans cesse notre programme en intensifiant les résultats utiles.

FARY BEY BOULAD
Membre de l'Institut d'Egypte
Chef du Bureau Technique des Ponts des Chemins de fer de l'Etat, Le Caire

CONTRIBUTION AU CALCUL DES POUTRES A TRAVEES SOLIDAIRES PAR LA METHODE MODERNE DE DEFORMATION ELASTIQUE

On sait que, dans l'étude des poutres continues, les éléments auxiliaires suivants : les foyers, les contre-verticales, l'équation des deux moments et les centres de correction, sont très précieux pour le calcul de ces poutres et jouent un rôle considérable dans leur théorie.

Or, pour calculer une poutre continue de section variable, en tenant compte des dimensions de ses divers éléments, on établit les éléments auxiliaires ci-dessus, en se donnant, suivant que cette poutre est à paroi pleine ou à treillis, les valeurs des moments d'inertie de ses sections transversales ou l'aire de la section et la longueur de chaque élément du diagramme de cette poutre.

Mais, dans le calcul de cette poutre par la méthode générale de déformation élastique, on détermine les réactions développées par ses appuis sous l'action des charges extérieures, en se donnant seulement les déplacements élastiques verticaux subis par cette poutre supposée de forme non définie, reposant seulement sur ses deux appuis extrêmes et soumise à l'action d'une charge isolée.

Nous croyons donc utile d'établir également les éléments auxiliaires précités, en ne connaissant que les susdites déformations verticales dues à une charge isolée, agissant sur cette poutre supposée privée de tous ses appuis intermédiaires et de forme quelconque inconnue.

A cet effet, nous nous proposons de présenter ici deux solutions : l'une graphique et l'autre algébrique du problème important consistant à déterminer ces éléments auxiliaires en fonction des déformations verticales ci-dessus, problème qui, à notre connaissance, n'a pas été encore traité jusqu'à ce jour.

Cela posé, considérons une poutre droite continue à section et de forme quelconque reposant librement sur (n+I) appuis consécutifs A_0 A_1 A_2... A_n de nouveau ou non et comportant n travées l_0, l_1, l_2..., l_n prises suivant la droite A_0 A_n supposée horizontale, désignons par :

U_r et U_{r+1} les distances horizontales respectives de deux points correspondants quelconques F_r et F_{r+1} à l'appui correspondant A_1,

a_r et b_r les distances horizontales respectives d'un point quelconque A_1 aux deux appuis extrêmes A_0 et A_n.

$\delta_s{}^k$ le déplacement vertical élastique d'un point quelconque A_s de cette poutre supposée reposant seulement sur ses deux appuis extrêmes A_o et A_n et soumise à l'action d'une charge isolée $P = -1$ appliquée en un point quel-

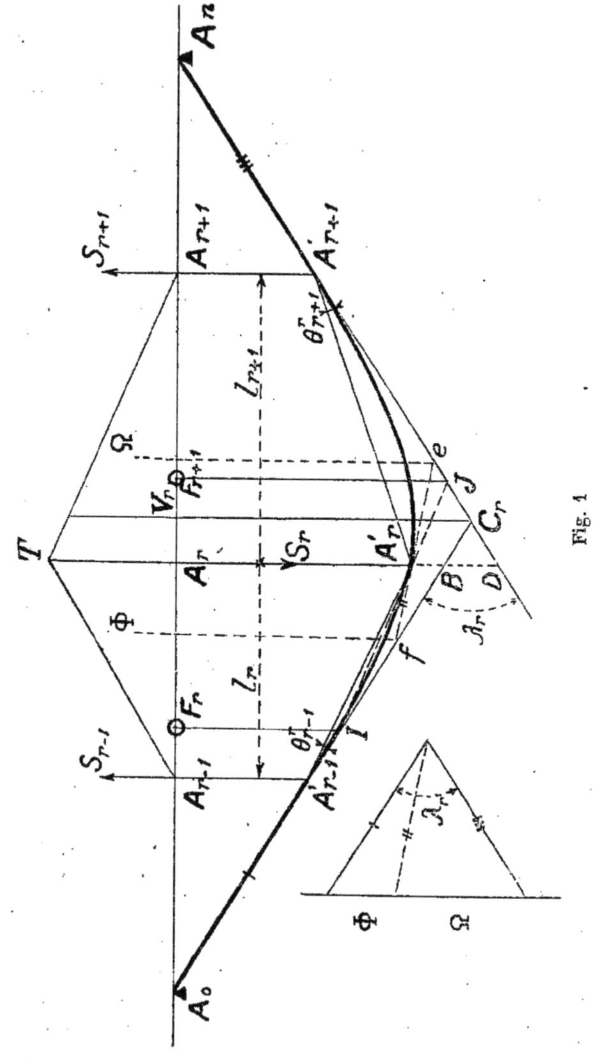

Fig. 1

conque A_K de cette poutre. En vertu du principe de réciprocité $\delta_s{}^K = \delta_K{}^s$,

Z^K_{k-1} et Z^K_K les deux déplacements verticaux pris respectivement par deux points d'appui consécutifs A_{K-1} et A_K de cette poutre supposée à une seule travée indépendante A_oA_n et sollicitée par la charge extérieure appliquée sur la seule travée (K) ou $A_{K-1}\,A_K$ et par les deux réactions qui se développeraient en ces deux points A_{K-1} et A_K limitant cette travée, si l'on supposerait celle-ci indépendante et appuyée seulement en A_{K-1} et A_K.

γ_r la tangente de l'angle de dénivellation d'un appui A_r angle dont il faudrait faire tourner la droite $A_{r-1}A_r$ pour qu'elle coincide avec $A_r A_{r+1}$.

A présent, supposons cette poutre à une seule travée indépendante A_0A_n (fig. 1) sollicitée par un système quelconque de trois forces verticales en équilibre S_{r-1}, S_r, S_{r-1} appliquées respectivement à trois points d'appui consécutifs et telles que la force S_r soit descendante. Soient $A_{r-1}A'_{r-1}$, $A_rA'_r$, $A_{r+1}A'_{r+1}$ les déplacements verticaux subis par ces trois points rapportés à la droite horizontale.

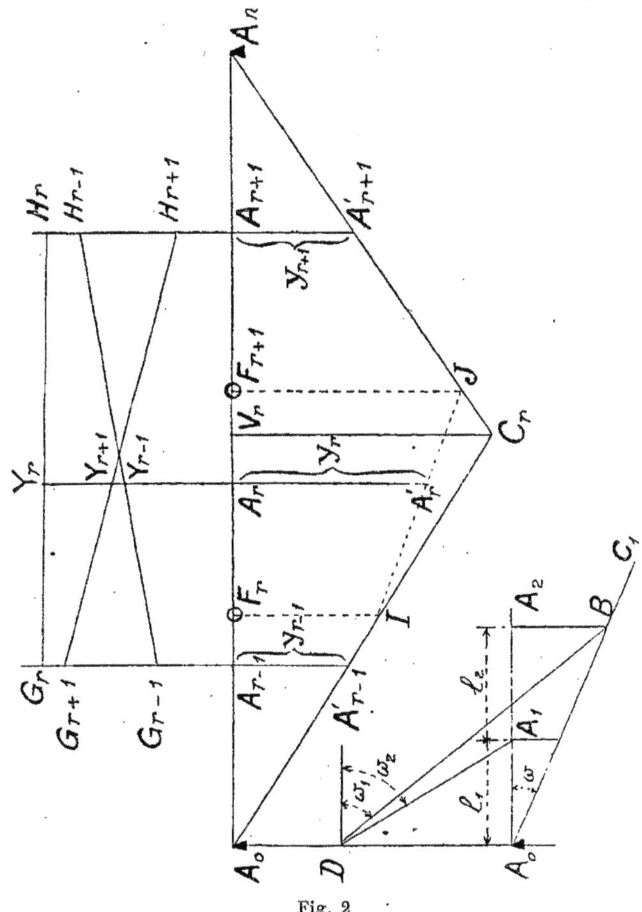

Fig. 2

Comme les trois forces ci-dessus n'influent pas sur les deux tronçons extrêmes A_0A_{r-1} et $A_{r+1}A_n$ et la ligne déformée $A_0A'_{r-1}A'_rA_{r+1}A_n$ étant un polygone funiculaire correspondant à un système de forces verticales fictives appliquée sur le tronçon $A_{r-1}A_{r+1}$ les deux portions A_0A_{r-1} et $A_nA'_{r+1}$

de cette ligne sont donc deux droites. Il en résulte la proposition ci-après qui donne : *la position graphique de la contre-verticale* C_rV_r *de l'appui* A_v *et celle de deux points correspondants* F_r *et* F_{r+1}.

Les prolongements des deux côtés $A_0A'_r$ *et* $A_nA'_{r+1}$ *de la ligne déformée se coupent sur la contre-verticale* C_rV_r *et si* I *et* J *sont les points de rencontre respectifs des prolongements de ces deux côtés avec les verticales des deux points correspondants* F_r *et* F_{r+1}, *la droite* IJ *passe par le point* A'_r.

Pour avoir graphiquement à la fois les trois déplacements $A_{r-1}A'_{r-1}A_rA'_r$, $A_{r+1}A'_{r+1}$ correspondant aux valeurs convenables (I) $S_{r-1} = l_{r+1} : (l_r + l_{r+1})$.

$S = -1$ $S_{r+1} = l_r : (l_r + l_{r+1})$, il suffit de porter respectivement sur les

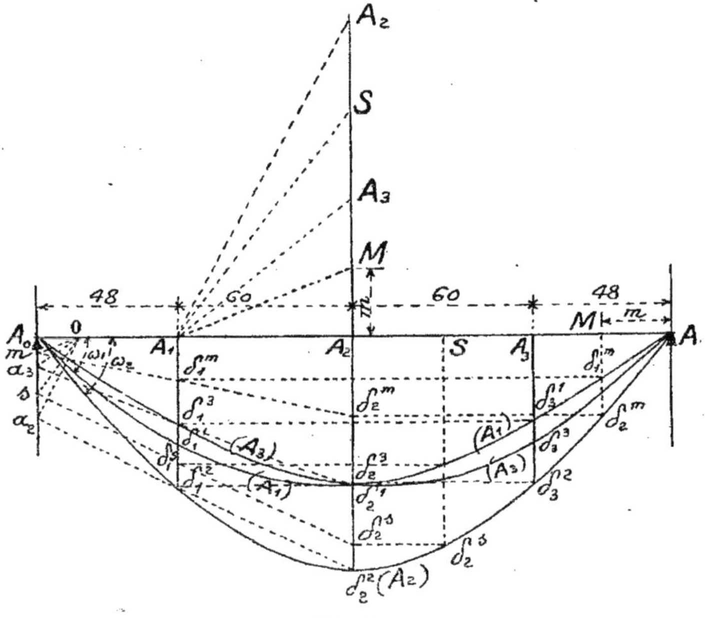

Fig. 3

verticales des deux points A_{r-1} et A_{r+1} (fig. 2) les deux segments $A_KG_K = \delta^r_K - \delta^{r-1}_K$ $A_KH_K = \delta^r_K - \delta^{r+1}_K$ (avec $K = r - 1, r, r + 1$).

Ensuite de tirer les droites G_KH_K pour qu'elles interceptent sur la verticale de A_r les segments cherchés $A_KY_K = A_KA'_K$.

Remarque : Dans le cas de la détermination de la contre-verticale et du couple de points correspondants relatifs à l'un quelconque de deux points A_1 et A_{r-1}, soit par exemple le point A_1, la construction ci-dessus s'applique encore et donne les deux déplacements $A_1A'_1$ et $A_2A'_2$, mais elle ne fournit pas la direction du côté A_1C. Pour avoir celle-ci, soit ω l'angle (fig. 2) qu'elle forme avec l'horizontale A_0A_n et soient ω_1 et ω_2 les deux angles que forment respectivement avec cette horizontale les deux tangentes en A_0 aux deux lignes d'influence (A_1) et (A_2) des déplacements verticaux relatifs aux deux points A_1 et A_2. On a, en vertu du principe des effets élastiques des forces S_K de valeurs (I) la relation suivante :

$$(l_1 + l_2) \operatorname{tg} \omega = l_2 \operatorname{tg} \omega - l_1 (\operatorname{tg} \omega_2 - \operatorname{tg} \omega_1)$$

qui conduit à la construction suivante de l'angle ω.

Menons par A_1 (fig. 2) une parallèle A_1D à la tangente en A_0 à la ligne d'influence (A_2). Puis menons aussi par le point de rencontre D de cette parallèle avec la verticale du point A_0 une parallèle de DB à la tangente en A_0 à la ligne d'influence (A_1) jusqu'à sa rencontre en un point B avec la verticale de A_2. En joignant A_0 et B on a la droite cherchée.

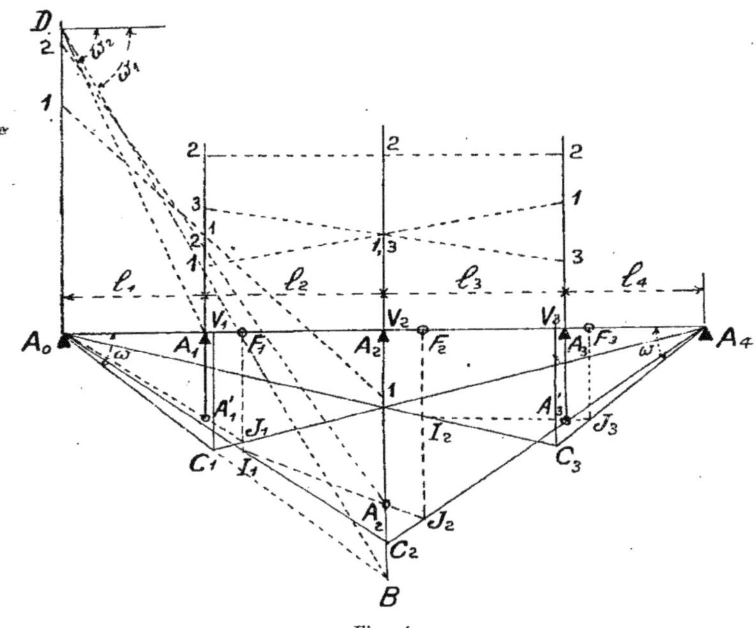

Fig. 4

Application à la construction des contre-verticales et des foyers d'une poutre continue à quatre travées continues symétriques.

Soit $A_0A_1A_2A_3$ (fig. 3), une poutre à quatre travées solidaires de longueurs $l_1 = l_4 = 48^m$ et $l_2 = l_3 = 60^m$. On se donne seulement la ligne d'influence (A_1) des déplacements verticaux relative au point A_1. On a la ligne d'influence (A_3), en remarquant que celle-ci est symétrique de la ligne donnée (A_1) par rapport au point A_2. Ensuite on construit la ligne d'influence (A_2) par le procédé graphique indiqué page 89 dans notre note « sur le calcul des poutres continues » (*C. R. du Congrès du Havre 1914 de l'A. F. A. S.*).

Voici les valeurs en millimètres des ordonnés de la ligne d'influence donnée (A_1).

$$\delta_1^1 = 6{,}3^{mm}. \qquad \delta_1^2 = 8{,}3^{mm}. \qquad \delta_1^3 = 4{,}7^{mm}.$$

Nous avons exposé dans la figure 4 les opérations graphiques de l'application que nous avons faite de notre construction graphique ci-dessus, pour avoir les contre-verticales C_1V_1, C_2V_2, C_3V_3 et les foyers de gauche F_1, F_2, F_3.

Appelons Y_{r-1}, Y_r, Y_{r+1} les valeurs des déplacements verticaux des trois points A_{r-1}, A_r, A_{r+1} (fig. 1) correspondant aux valeurs suivantes des trois forces en équilibre

$$(2) \qquad S_{r-1} = \frac{1}{l^r} \qquad S_r = -\left(\frac{1}{l_r} + \frac{1}{l_{r+1}}\right) \qquad S_{r+1} = \frac{1}{l_{r+1}}.$$

On a, pour la valeur de Y_K (avec $K = r-1, r, r+1$).

$$(3) \qquad A_rA'_r = Y_K = \frac{1}{l_r}\left(\delta_K^r - \delta_K^{r-1}\right) + \frac{1}{l_{r+1}}\left(\delta_K^r - \delta_K^{r+1}\right).$$

A présent, si l'on pose d'une manière générale

$$(4) \qquad \alpha_K = \frac{Y_K}{a_K}, \quad \beta_K = \frac{Y_K}{b_K}, \quad \varepsilon_r^r = \frac{1}{l_r b_{r-1}}\left(\frac{Z_r^r}{b_r} - \frac{Z_{r-1}}{b_{r-1}}\right)$$

$$\varepsilon_r^{1+r} = \frac{1}{l_{r+1} a_{r+1}}\left(\frac{Z_r^{r+1}}{a_r} - \frac{Z_{r+1}^{r+1}}{a_{r+1}}\right):$$

on établit ce qui suit :

1° *L'expression de la distance de la contre-verticale* C_rV_r *à l'appui* (elle est + dans le sens A_rA_n).

$$(5) \qquad A_rV_r = \frac{b_r\beta_{r+1} - a_r\alpha_{r-1}}{\beta_{r+1} - \alpha_{r-1}}.$$

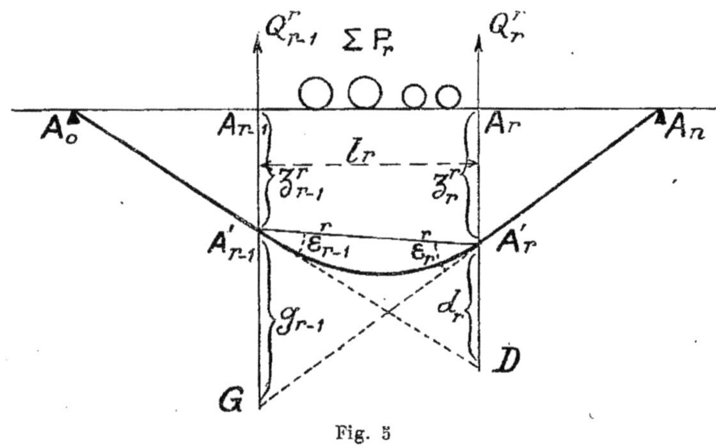

Fig. 5

2° *L'équation des distances focales* V_r *et* U_{r+1}.

$$(6) \qquad \frac{a_r}{U_r}(\alpha_{r-1} - \alpha_r) + \frac{b_r}{U_{r+1}}(\beta_{r+1} - \beta_r) - (\alpha_{r-1} + \beta_{r+1}) = o.$$

3° *L'équation des deux moments* M_r et M_{r+1} *produits aux deux points correspondants* F_r et F_{r+1} *et qui disparaissent dès que les deux travées* $A_{r-1}A_rA_rA_{r+1}$ *deviennent indépendantes.*

$$(7) \qquad \frac{M_r}{U_r}(\alpha_{r-1} - \alpha_r) + \frac{M_{r+1}b_r}{U_{r+1}}(\beta_{r+1} - \beta_r) + \varepsilon_r^r + \varepsilon_r^{r+1} + \gamma_r = o.$$

4° *L'expression de l'ordonnée* V_rG_r *du centre de correction* G_r *situé sur la contre-verticale* C_rV_r *et par lequel passe toujours la droite joignant les deux extrémités des ordonnées représentatives des deux moments* M_r et M_{r+1}.

(8) $$V_rG_r = -(\varepsilon_r^r + \varepsilon_r^{r+1} + \gamma_r) : (\alpha_{r-1} + \beta_{r+1}).$$

ε_r^r et ε_r^{r+1} sont les deux angles élastiques de correction de l'appui A_r. En se rapportant à la figure 5 de la ligne déformée de la poutre A_0A_n à une seule travée indépendante sollicitée seulement par la charge extérieure appliquée sur la seule travée $A_{r-1}A_r$ et leurs équilibrantes Q_{r-1}^r et Q_r^r, on a aussi pour les angles ci-dessus, les valeurs graphiques suivantes :

$$\varepsilon_r^r = \frac{g_{r-1}}{l_r} \qquad \varepsilon_r^{r+1} = \frac{d_{r+1}}{l_{r+1}}.$$

3e et 4e sections

NAVIGATION & AÉRONAUTIQUE - GÉNIE CIVIL & MILITAIRE

Président .... René TAVERNIER, Inspecteur général des Ponts-et-Chaussées en retraite.
Vice-Président .... M. ALAYRAC.
Secrétaire .... M. MARTIN.
Secrétaire-adjoint .... M. MICANEL, Ingénieur I. E. G.

Lieutenant-Colonel Paul RENARD

LA SIGNALISATION DES LIGNES DE TRANSPORT D'ELECTRICITE EN VUE D'ACCROITRE LA SECURITE DE L'AVIATION

Le développement des lignes de transport d'énergie électrique a été considérable pendant ces dernières années, et tout fait prévoir qu'il sera bien plus important encore dans l'avenir ; avec les projets d'électrification des campagnes, c'est une véritable toile d'araignée qui va couvrir tout le territoire de la France.

Les aéronefs ont la propriété précieuse de passer au-dessus de tous les obstacles, mais il faut toujours commencer un voyage aérien en quittant le contact du sol, et le terminer en venant se poser sur la terre ferme. Dans l'état actuel de l'Aéronautique, les aéronefs ne peuvent pas, en général, s'élever de terre ni atterrir suivant la verticale ; il est nécessaire qu'ils disposent, au départ et à l'arrivée, d'un espace sensiblement horizontal et débarrassé de tout obstacle.

Les lignes électriques constituent un obstacle très redoutable ; tant qu'il ne s'est agi que de lignes télégraphiques ou téléphoniques, le danger a résulté simplement des accidents qui pouvaient survenir par suite du contact de ces lignes ou des poteaux qui les supportent avec les aéronefs. Mais lorsqu'il s'agit de transport d'énergie, ces accidents peuvent être très amplifiés, et donner lieu à des incendies, ou parfois même à des explosions s'il s'agit de dirigeables, et l'histoire de l'Aéronautique a enregistré un certain nombre de catastrophes de ce genre. En outre, si le contact des aéronefs avec les lignes de transport d'énergie électrique est dangereux pour les navigateurs de l'air, il l'est également pour les producteurs et les utilisateurs d'électricité, car ces contacts peuvent provoquer des courts-circuits à des distances considérables de l'endroit où le contact avec l'aéronef s'est produit.

Tout le monde est donc intéressé à ce que des mesures soient prises afin d'éviter des accidents de ce genre.

Il m'a semblé que la réunion du Congrès de l'Association Française pour l'Avancement des Sciences à Lyon, c'est-à-dire à proximité du Dauphiné qui est en France la terre d'élection de la houille blanche, était particulièrement favorable pour essayer de mettre au point la question, en faisant connaître aux Compagnies d'Energie Electrique les desiderata des aéronautes et des aviateurs à ce sujet.

La question a préoccupé depuis longtemps les milieux aéronautiques, et plusieurs sociétés s'occupant de navigation aérienne l'ont déjà étudiée. Nous devons signaler d'une manière spéciale le Congrès des Sociétés affiliées à l'Aéro-Club de France, tenu à Paris en janvier 1296, qui a fait une étude spéciale de cette importante question. Je vais résumer les principaux points de cetet étude. Auparavant, je crois utile de signaler que la presque totalité des Sociétés Aéronautiques existant sur le territoire français est affiliée à l'Aéro-Club de France ; les délibérations du Congrès des Sociétés affiliées représentent donc les idées de la généralité des personnes s'intéressant en France, à un titre quelconque, à la navigation aérienne.

On peut grouper les desiderata des navigateurs aériens en deux parties distinctes :

1° Les dispositions à prendre dans l'établissement des lignes des transports électriques, de manière à gêner le moins possible la navigation aérienne ;

2° Les moyens à employer pour faire connaître aux pilotes d'aéronefs les lignes de transport d'énergie électrique existantes.

1° *Dispositions à prendre dans l'établissement des lignes de transport d'énergie électrique*

Deux points principaux ont été envisagés.

A. — Il importe que les aérodromes et leurs abords soient éloignés de toute ligne de distribution ou de transport d'énergie électrique. A cet effet, on devra éviter d'installer de nouvelles lignes traversant les aérodromes existant ; on devra en outre s'astreindre à les éloigner de ces terrains d'une quantité déterminée suivant les circonstances locales.

D'autre part, lorsqu'il s'agira de créer des aérodromes nouveaux, il serait désirable qu'il y ait une entente entre les organisateurs de ces terrains et les services ou Compagnies d'énergie électrique, afin de réduire au minimum la gêne que la présence de ces lignes de transport de force pourrait créer à la navigation aérienne.

B. — Les routes ou les voies ferrées sont généralement bordées de lignes électriques ; elles sont en général suffisamment visibles du haut des airs, de sorte qu'aucun danger ne résulte pour la navigation aérienne de la présence de ces lignes. Il n'en est pas de même pour celles qui circulent à travers champs. Les aviateurs et les aéronautes réclameraient volontiers la suppression complète de ces lignes et seraient portés à demander qu'elles suivissent toutes des voies de communication nettement visibles d'un aéronef. Mais, à la suite des objections qui ont été faites par les représentants des services électriques au Congrès de janvier 1926, on s'est rendu compte qu'il était impossible de formuler avec quelque chance de succès une telle exigence, et qu'il faut se résigner, au moins pour les lignes à haute tension, à les voir installées à travers champs en suivant des tracés rectilignes de grande longueur.

2° *Moyens de faire connaître aux navigateurs aériens les lignes de transport d'énergie électrique*

A. — On peut porter à la connaissance des navigateurs aériens l'existence des lignes électriques en les faisant figurer sur des cartes. Ce procédé a d'abord été envisagé, mais on a reconnu qu'il était pratiquement peu efficace. Ainsi qu'il résulte des déclarations fort intéressantes qui lui ont été faites au Congrès de janvier 1926 par M. Tribot-Laspierre, représentant des Compagnies de distribution d'électricité (p. 17 à 19 du compte-rendu du Congrès des Sociétés affiliées à l'Aéro-Club), les compagnies tiennent autant que possible à jour les cartes des lignes électriques ; en janvier 1926, elles étaient faites pour 60 départements sur 90. Ces cartes sont tirées à un petit nombre d'exemplaires, 30 seulement, et aussitôt qu'un tirage est épuisé, on fait un nouveau tirage pour les mettre constamment à jour.

Il résulte de cet exposé que ces cartes ne sauraient être répandues dans le public à un nombre d'exemplaires suffisant pour être mises à la portée de tous les intéressés. Si l'on se décidait à en tirer un plus grand nombre d'exemplaires, cela entraînerait des frais considérables, et comme les pilotes d'aéronefs ne pourraient pas faire constamment l'acquisition de nouvelles cartes, ils risqueraient fort de n'avoir que des documents incomplets, parfois plus dangereux qu'utiles.

D'autre part, la Commission de cartographie de l'Aéro-Club de France, présidée par M. Charles Lallemand, membre de l'Académie des Sciences, a reconnu que, si l'on avait la prétention de faire figurer sur les cartes aéronautiques à l'échelle de 1/200000 toutes les lignes de transport d'énergie électrique, elles seraient tellement chargées dans certaines régions qu'elles deviendraient illisibles.

Pour ce motif et en raison de l'impossibilité de mettre à la disposition des pilotes de l'air des cartes tenues constamment à jour, on a généralement, dans les milieux aéronautiques, renoncé à recourir aux cartes pour faire connaître aux navigateurs aériens la situation des lignes de transport d'énergie électrique.

D'autre part, tous les pilotes ont fait remarquer que si, au cours d'un long voyage, ils ont à consulter la carte pour vérifier l'itinéraire parcouru, au moment de l'atterrissage, ils n'ont pas le temps de l'observer et c'est uniquement d'après l'aspect du terrain qu'ils règlent leurs manœuvres. La carte leur a servi à savoir avec plus ou moins de précision dans quelle région ils se trouvent, mais au moment de reprendre contact avec le sol, ils ne se fient qu'à leurs yeux et choisissent les terrains d'atterrissage d'après ce qu'ils voient.

B. — Ceci nous amène au deuxième procédé à employer pour faire connaître aux navigateurs aériens la présence des lignes électriques, procédé qui consiste à les « signaler », c'est-à-dire à les rendre facilement visibles du haut des airs.

Il faut bien se rendre compte, en effet, que les lignes électriques sont en général peu visibles d'une certaine altitude ; d'une part, les fils se confondent avec la teinte du terrain au-dessus duquel ils sont tendus ; d'autre part, les poteaux qui attirent l'attention des personnes circulant à la surface du sol se présentent en raccourci pour les pilotes aériens et sont par suite très peu visibles.

Il ne faut pas songer à signaler la présence des lignes électriques au moyen d'objets verticaux tels que des pylônes. Ce qu'il faut faire, c'est présenter aux yeux des navigateurs de l'air des surfaces horizontales facilement visibles et se distinguant nettement du terrain environnant.

On a proposé dans ce but différents procédés. Celui qui semble le plus facilement réalisable consiste à entourer les pieds des poteaux de cercles ou de carrés d'une teinte tranchant avec celle du sol. Quand il s'agit de poteaux en ciment armé, ce qui semble le plus simple est de mettre au pied de ces poteaux un dallage en ciment d'environ un mètre de diamètre ; ces cercles seraient facilement visibles de haut, et leur alignement révélerait immédiatement aux pilotes le tracé des lignes électriques aériennes. On a proposé de peindre ces surfaces en rouge ou en toute autre couleur nettement distincte de celle du sol.

On a fait toutefois remarquer que ces procédés seraient insuffisants en temps de neige, car celle-ci viendrait masquer à la fois le terrain avoisinant et le pied des poteaux ; on a proposé de munir les poteaux de sortes d'abats-jour ou de disques en tôle horizontaux situés à une certaine hauteur, et peints de couleur voyante.

Dans le même but, on a également proposé de peindre, en rouge par exemple, la partie supérieure des poteaux, qui elle serait toujours visible même en temps de neige. Toutefois, il convient de remarquer que cette partie supérieure aurait l'inconvénient de se présenter en raccourci à la vue des navigateurs aériens et, par suite, de n'avoir que de faibles dimensions apparentes.

L'expérience seule pourra indiquer quels sont les procédés les plus avantageux. On doit rechercher en effet à la fois l'économie d'installation et la visibilité pour les navigateurs aériens. On peut aussi se demander s'il est nécessaire de signaler par ce procédé tous les poteaux d'une ligne ou si l'on peut se contenter de placer ces disques horizontaux de distance en distance, tous les deux ou trois poteaux par exemple. L'expérience seule permettra de décider sur ce point également.

« Le Congrès émet le vœu que l'étude des dispositifs à employer pour assurer la sécurité de la navigation aérienne sans gêner le développement du réseau d'énergie électrique soit faite d'un commun accord entre les intéressés.

Devraient être appelés à participer à cette étude :

1° Au point de vue Aéronautique, les représentants officiels de l'Aéronautique civile, militaire, navale ou coloniale, ainsi que les représentants des associations aéronautiques privées et des constructeurs et utilisateurs des appareils aéronautiques ;

2° Au point de vue Electrique, les représentants des services des lignes électriques au Ministère des Travaux Publics, et des Compagnies productrices ou utilisatrices d'électricité, ainsi que des différents usagers.

Les points à examiner seraient les suivants :

Eloignement des lignes électriques des aérodromes et de leurs abords;

Mise à jour des cartes de réseau électrique et communication de ces cartes aux navigateurs aériens.

Signalisation des lignes électriques, de manière à les rendre facilement visibles du haut des airs. »

DE DUMAS

Directeur de l'Office des Transports des Chambres de Commerce du Sud-Est

---

DES MESURES PROPRES A AMELIORER LA SECURITE LE LA CIRCULATION ROUTIERE

En présence de l'augmentation continue de la circulation automobile, la Section des routes de l'Office des Transports des Chambres de Commerce du Sud-Est, sur la demande de plusieurs Chambres de

Commerce, a fait une enquête en vue de rechercher les mesures propres à améliorer la sécurité de la circulation routière.

Ces mesures sont de deux natures différentes :

1° Celles qui ont pour but la réglementation de la circulation, c'est-à-dire les modifications éventuelles du Code de la Route ;

2° Celles qui se proposent de faire respecter cette réglementation et que l'on peut ranger sous le vocable de « police de la route ».

L'Office des Transports s'est adressé aux différents services actuellement chargés de l'entretien des routes (Ponts et Chaussées et Services Vicinaux), ainsi qu'aux Chambres de Commerce de son ressort. Les résultats de son enquête ne nous sont pas encore complètement parvenus. Aussi est-il encore trop tôt pour dégager des réponses qui lui ont été adressées, l'opinion de la majorité des usagers sur ces différentes questions.

1° *Réglementation.*

La grande majorité des accidents est due à des collisions qui se produisent aux bifurcations et croisées de chemins. Les règles de la circulation pour le passage aux croisées de chemins sont fixées par l'article 10 du Code de la Route.

La rédaction primitive de cet article est la suivante :

« Art. 10. *Bifurcation et croisées de chemins.* — Tout conducteur
« de véhicule ou d'animaux, abordant une bifurcation ou une croisée
« de chemins, doit annoncer son approche ou vérifier que la voie est
« libre, marcher à une allure modérée et serrer sur sa droite, surtout
« aux endroits où la visibilité est imparfaite.

« En dehors des agglomérations, la priorité de passage aux bifur-
« cations et croisées de chemins est accordée aux véhicules circulant
« sur les routes nationales.

« En dehors des agglomérations, à la croisée des chemins de même
« catégorie au point de vue de la priorité, le conducteur est tenu de
« céder le passage au conducteur qui vient à sa droite.

« Dans les agglomérations, les mêmes règles sont applicables sauf
« prescriptions spéciales édictées par l'autorité compétente. »

Il résulte de ce double régime une tendance à peu près générale, chez les automobilistes, à considérer qu'aux croisées de chemins, ils ont la priorité de passage s'ils circulent sur la voie la plus importante, même si cette voie n'est pas une route nationale, alors qu'ils devraient céder le passage aux conducteurs qui arrivent sur leur droite, et il n'est pas douteux que de nombreux accidents doivent être attribués à cette pratique, de sorte qu'il est question de substituer à la dualité de régime actuel, une règle unique s'appliquant à tous les chemins et qui serait celle de la priorité de passage au conducteur qui vient à droite.

Cette solution a été combattue par plusieurs Chambres, notamment par celle de Marseille, qui désire maintenir la priorité dont bénéficient les routes nationales.

Malgré cette opposition de certains usagers, il semble que la priorité de circulation sur les routes nationales doive être prochainement supprimée et le code de la route modifié en conséquence. La Conférence internationale de la circulation routière qui s'est tenue à Paris au mois d'avril, a été d'avis, en effet, qu'il y avait lieu d'adopter une règle unique consistant dans l'obligation pour tout conducteur, aux bifurcations et croisées de chemins, de céder le passage au conducteur qui vient de la droite ou de la gauche, suivant le sens réglementaire de la circulation publique dans les différents pays.

2° *Police de la route.*

Nous rappellerons que la police du roulage est assurée en principe, en exécution du Code de la Route et de la loi du 30 mai 1851, par le personnel du Service des Ponts et Chaussées et du Service Vicinal commissionné à cet effet, par les gendarmes, les gardes-champêtres, les employés des contributions indirectes, agents forestiers ou des douanes, etc... Mais, en raison même de la multiplicité des agents chargés de réprimer les contraventions aux règles de la circulation, cette surveillance est, en fait, illusoire.

Les personnalités que nous avons consultées sont à peu près unanimes à reconnaître que la création d'un personnel, dont l'unique mission serait de veiller à la stricte application des prescriptions du Code de la Route, est éminemment désirable.

Les pouvoirs publics se préoccupent d'ailleurs de cette question, et au cours de la discussion du budget au Sénat, dans la séance du 14 avril 1926, M. le Ministre des Travaux publics, après avoir rappelé que le nombre des accidents mortels d'automobiles était passé de 1.626 en 1924 à 2.089 en 1925, a signalé que ses services étudiaient la création d'une police spéciale automobile, destinée à faire appliquer les prescriptions du Code de la Route.

La majorité des Chambres de Commerce a été d'avis que l'organisation d'une telle police était désirable et qu'un effectif de deux agents par département serait suffisant au début tout au moins pour assurer d'une façon efficace la surveillance des routes les plus fréquentées du territoire.

Nous signalerons que le département des Alpes-Maritimes est sur le point d'entrer dans la voie de la réalisation d'une police de la route. Le Conseil général, d'accord avec les collectivités intéressées, étudie la création d'agents de police spéciaux munis de transports rapides.

Des mesures accessoires pourraient, en outre, être promulguées qui, d'une part, procureraient des ressources nouvelles susceptibles de couvrir le montant des dépenses supplémentaires dues à la création de cette police, d'autre part inculqueraient aux usagers un plus grand respect des prescriptions du Code de la Route :

1° Les pénalités actuelles sont trop modiques. Les amendes sont insignifiantes. Il conviendrait de leur substituer des amendes plus importantes et même de la prison.

La majorité des Chambres n'est pas favorable à une augmentation du taux des amendes.

2° Pour stimuler le zèle des agents verbalisateurs, il faudrait leur attribuer une part plus importante sur le montant de l'amende et réduir les formalités nombreuses qu'entraîne l'établissement de tout procès-verbal.

On pourrait notamment adopter le système suisse qui consiste dans la perception immédiate de l'amende par l'agent verbalisateur, systême recommandé par la majorité des Chambres de Commerce.

3° Enfin, une limitation de la vitesse paraît nécessaire si l'on veut réduire le nombre des accidents. Cette limitation pourrait être variable suivant le freinage dont dispose la voiture, celle qui a le freinage intégral pouvant être autorisée à marcher à une vitesse supérieure à celle qui n'est freinée que sur les roues arrière.

Cette limitation de la vitesse n'est cependant pas bien accueillie en général par les Chambres, qui estiment qu'il n'y a pas lieu en rase campagne d'édicter un maximum de vitesse.

M. THALER

Ingénieur des Ponts et Chaussées, Lyon

LA CONCURRENCE DU RAIL ET DE LA ROUTE

MASSON

Ancien inspecteur général des Ponts et Chaussées
Directeur de la Société « La Route Moderne »

DU CHOIX A FAIRE ENTRE LES DIVERS REVÊTEMENTS MODERNES DE CHAUSSEES

L'erreur de beaucoup est de croire que la solution de la route moderne peut être trouvée dans une formule unique. Nombreuses sont les formules, mais, dans chaque cas d'espèce, il y a une formule optimum, fonction de la nature et de l'importance de la circulation présente et *future*, des conditions climatériques, et aussi des moyens financiers du maître de l'ouvrage. La solution adoptée devra encore, s'il s'agit d'un grand itinéraire, satisfaire à la condition de pouvoir être appliquée sur une grande longueur de la route, au moins en rase campagne.

L'art de l'ingénieur consiste à dégager la solution optimum en ne négligeant aucune de ces conditions. Cet art exige la connaissance de tous les types de revêtements et le respect de certains principes qui doivent guider dans le choix du revêtement.

***

1er PRINCIPE. — *L'adhérence sur un revêtement doit rester suffisante pour assurer la sécurité de la circulation par tous les temps, hormis la neige et le verglas.*

Deux revêtements ont été reconnus dangereusement glissants par temps de pluie :

L'asphalte comprimé, interdit depuis cette année à Paris dans les rues à forte circulation ;

Et les bétons bitumeux que l'on recouvre d'une couche de « scellement » en bitume pur.

Les chaussées en béton sont glissantes aussi, lorsque le dosage du ciment atteint et dépasse 600 kgs par mètre cube.

2e PRINCIPE. — *Au point de vue résistance et durée, tout revêtement a un plafond : plafond très bas pour un empierrement à l'eau, plafond très haut pour un pavage en pavés d'échantillon de matériau très dur.*

Les rues de Paris constituent, en raison de l'intensité exceptionnelle de la circulation, un merveilleux champ d'épreuves pour les revêtements de types variés qu'on y observe.

Les résultats de l'expérience autorisent à les classer dans l'ordre décroissant que voici, en négligeant les défaillances imputables aux fondations :

1. Pavages en pavés d'échantillon de porphyre, grès quartzite et granit dur ;
2. Pavage en bois ;
3. Béton asphaltique coulé (type « porphyrasphalte ») ;
4. Pavage mosaïque en matériaux durs et homogènes ;
5. Béton de macadam dur et superciment ;
6. Béton de macadam dur et ciment à durcissement rapide, spécial pour routes ;
7. Pavage en briques (à expérimenter) ;
8. Bétons bitumeux comprimés (monolastic, bitulithe, trinidad), Pavage en agglomérés à liant de bitume (asphalt blok...) ;
9. Tarmacadam ;
10. Rechargement de macadam dur, bitumé ou goudronné superficiellement.

Les revêtements 1 à 7 résistent à une forte circulation lourde, les autres non.

3ᵉ Principe. — Lorsqu'on doit faire choix d'un revêtement, il faut tenir compte du développement très rapide de la circulation automobile et songer à ce que pourra être, dans 10 ans et plus, le trafic sur la voie considérée. Pour cette raison, *le revêtement choisi doit pouvoir se prêter à une transformation économique en un revêtement de résistance plus élevée ou tout au moins égale.*

Parmi les revêtements les plus susceptibles d'une telle transformation, il convient de citer :

1. Les pavages en pierre : usés et déformés, ils constituent une excellente fondation sur laquelle on pourra appliquer directement un tapis de 3 à 5 cm. de béton asphaltique coulé dans les rues et traverses occupées par des canalisations ou pouvant l'être, et un revêtement en béton (8 à 12 cm.) en rase campagne. Etant présentement d'un prix sensiblement moins élevé que le pavage en pavés d'échantillon, ces deux revêtements remplaceront économiquement les relevés à bout.

2. Les rechargements cimentés (macadam-mortier) spramexés ou goudronnés : le jour où, par suite d'un notable accroissement de la circulation, la pellicule de matière hydrocarbonée ne protègera plus suffisamment la fondation en « béton par pénétration », on pourra la recouvrir d'un tapis de béton asphaltique coulé.

4ᵉ Principe. — *Lorsque plusieurs revêtements peuvent être mis en balance, plus le coût d'établissement d'un revêtement est élevé, plus la dépense pour son entretien doit être faible.*

L'entrepreneur doit garantir l'entretien des revêtements chers et présumés de longue durée : garantie gratuite pendant la ou les pre-

mières années, garantie avec prime d'entretien pendant un certain nombre d'années ultérieures.

Actuellement, la Ville de Paris demande, pour les pavages en bois et les revêtements asphaltiques, une garantie de 15 ans dont 14 avec prime.

L'Etat exige la gratuité de l'entretien pendant 5 ans pour les revêtements asphaltiques ou bitumeux ou en béton.

5e Principe. — *Dans le choix d'un revêtement, le véritable critérium est le prix de revient par mètre carré et par an, ce prix comprenant la dépense pour l'amortissement de la construction.*

Ce principe suppose d'ailleurs que le maître de l'ouvrage dispose de ressources suffisantes pour la construction ou qu'il peut recourir à l'emprunt.

***

Si on disposait des ressources nécessaires pour moderniser les chaussées des routes nationales, l'application des principes ci-dessus conduirait vraisemblablement à adopter les solutions suivantes :

I. — *Régions à matériaux calcaires*

1. Chaussées en rase campagne.

a) Circulation légère ou moyenne.

Solution : rechargements en macadam calcaire demi-dur, lié au silicate de soude.

Ces rechargements s'useront, mais régulièrement. Il se formera peu de nids de poule.

b) Circulation lourde.

Solution : l'empierrement existant sera recouvert d'un revêtement à choisir entre les types suivants d'après la considération du prix de revient par mètre carré et par an :

Béton asphaltique coulé, pavage-mosaïque, béton de ciment, béton bitumeux comprimé, tarmacadam.

2. Rues et traverses.

L'existence ou la possibilité de canalisation nécessitent des fouilles dans la chaussée, exclut tous revêtements autres que le béton asphaltique coulé, lequel peut être appliqué directement sur pavage ou sur empierrement.

II. — *Régions à silex ou graviers*

1. Chaussées en rase campagne.

a) Circulation légère ou moyenne.

Solution : rechargements en silex avec goudronnages ou bitumages.

Dans les parties humides, soit par défaut d'assainissement, soit par stagnations de l'eau dans les fossés ou caniveaux, en vue de prévenir dans l'empierrement un état d'humidité destructeur de l'enduit hydrocarboné, on exécutera le rechargement avec liant de ciment (macadam-mortier).

Pour éviter les nids de poule, il faudrait étendre le rechargement cimenté à toutes les sections de la route.

Si l'enduit hydrocarboné est bien entretenu et si les applications de goudron ou de bitume à chaud ou d'émulsions sont conduites de façon à augmenter progressivement l'épaisseur de l'enduit, il n'y aura plus de rechargement à faire.

b) Circulation lourde.

Chaussée actuellement empierrée.

Solution : au lieu d'être exécuté avec du silex, le rechargement devra l'être avec des matériaux durs et cimenté, lorsqu'il y aura lieu, comme il est dit au § précédent a.

Chaussée actuellement pavée.

S'agissant d'une chaussée pavée usée et parfois impraticable comme il en existe entre Paris et les frontières du Nord et du Nord-Est, on aura à choisir entre l'application directe du béton de ciment ou de béton asphaltique coulé sur le vieux pavage.

Le choix dépendra de la comparaison entre les prix de revient par mètre carré et par an.

2. Rues et traverses.

Comme pour les routes en région à matériaux calcaires ou à silex et graviers.

Observation. — Il va sans dire que les solutions préconisées pour les routes nationales devraient être appliquées également pour les voies départementales et urbaines.

***

De ce qui vient d'être dit, il résulte que, en quelque région que ce soit, les routes en rase campagne doivent généralement pouvoir résister à la circulation automobile moyenne et même lourde au moyen de revêtements économiques :

Rechargement en calcaire demi-dur avec liant de silicate de soude dans les régions à matériaux calcaires,

Et, dans les autres régions, applications, suivant un aménagement, de liants hydrocarbonés (goudron, bitume, émulsion) sur chaussée rechargée, une fois pour toutes, avec des matériaux locaux, silex et graviers, si la circulation n'est que moyenne, avec des matériaux durs si la circulation est lourde. Ce rechargement — le dernier — devra être exécuté avec un liant de ciment dans les parties humides ou plates et aussi dans toutes les sections où l'on voudra prévenir la création de nids de poule.

Dans les sections de routes où ces revêtements économiques ne pourraient résister — la longueur en est relativement faible — dans les rues et traverses, il faudra choisir dans chaque cas d'espèce, entre les revêtements modernes plus coûteux, qui seront techniquement applicables, en considérant le prix de revient — amortissement compris — par mètre carré et par an.

BATICLE

Ingénieur en Chef des Ponts et Chaussées, à Annecy

NOTE SUR UN CRITERIUM SIMPLE DE L'UTILITE DES CHEMINS DE FER D'INTERET LOCAL

Il ne peut y avoir de critérium absolu de l'utilité d'un outillage quelconque. L'opportunité de l'adoption d'un outillage déterminé résulte de sa comparaison économique avec les autres outillages qui peuvent être envisagés.

Pour l'outil de transport que constitue le chemin de fer d'intérêt local, il y a lieu de le comparer, en l'état actuel de l'industrie, avec les transports par automobiles.

Le terme de comparaison est évidemment la dépense annuelle en fonction du tonnage, dépense que l'on peut ramener au kilomètre de ligne.

Soit x le tonnage annuel, voyageurs et marchandises, les voyageurs étant ramenés en tonne à raison de 4 voyageurs par tonne. La dépense annuelle pour le chemin de fer sera par kilomètre :

$$a + bx$$

et pour l'automobile :

$$a' + b'x$$

a est important ; sa partie principale est l'amortissement du capital. Au contraire, a' est très faible ; on peut même supposer $a' = 0$, puisque la route est supposée existante.

Il y a équivalence entre les deux outils de transport pour un tonnage x_0, tel que l'on ait :

$$a + bx_0 = b'x_0$$

d'où :

$$x_0 = \frac{a}{b' - b}$$

pour $x > x_0$, c'est le chemin de fer qui est indiqué, et pour $x < x_0$, c'est l'automobile.

Dans le cas d'un chemin de fer électrique à voie de un mètre, en pays moyennement accidenté, *a* est, actuellement, de l'ordre de 35.000 francs et *b* de 0 fr. 20.

Quant à *b'*, prix de la tonne kilométrique automobile, il est de l'ordre de 1 fr. 50, d'où l'on tire :

$$x_0 = \frac{35.000}{1,30} = 27.000 \text{ tonnes}$$

Donc, pour que la construction d'un chemin de fer d'intérêt local soit justifiée, il suffit d'un tonnage annuel de 27.000 tonnes.

D'autre part, on sait que la statistique établit qu'il y a un rapport quasi constant entre la population intéressée au chemin de fer et le tonnage annuel. Ce rapport est d'environ 3 tonnes par habitant et par an (nous avons vérifié l'exactitude de ce chiffre pour les voies ferrées d'intérêt local existant actuellement en Haute-Savoie). Or, le trafic de 27.000 tonnes correspond à 9.000 habitants. Donc, on peut encore dire :

Pour que la construction d'un chemin de fer d'intérêt local soit justifiée, il suffit que la population effectivement intéressée soit de 9.000 habitants.

HAEGELEN

Ingénieur des Ponts et Chaussées, à Grenoble

LES ETUDES DES COURS D'EAU, AU POINT DE VUE DE L'AMENAGEMENT DE L'ENERGIE HYDROELECTRIQUE. — ETAT DE CES ETUDES. — PUBLICITE A LEUR DONNER

1° *Détermination des débits des rivières*

2 éléments sont nécessaires à connaître pour permettre d'évaluer la puissance disponible sur une rivière : ce sont la pente et le débit.

La pente est un élément fixe, déterminé une fois pour toutes par une campagne de nivellement (1). Le débit est un élément variable, dont

(1) Ces campagnes sont exécutées par le Service du Nivellement Général de la France.

la connaissance exige des études soignées et suivies. On ne peut généralement avoir des données précises sur le régime hydrologique d'un cours d'eau qu'après de nombreuses années d'études.

La mesure directe des débits d'un cours d'eau est faite aux stations de jaugeage, qui comportent essentiellement une échelle de hauteur d'eau, et une installation permettant d'exécuter des jaugeages.

Il faut connaître les débits d'une rivière en tous les points où la venue d'un affluent modifie son régime hydrologique ; les affluents doivent eux-mêmes être jaugés. Ceci conduit à multiplier le nombre des stations.

On est malheureusement arrêté dans cette voie par la modicité des ressources en matériel, et aussi en personnel, dont disposent les Services officiels. Le nombre actuel des stations de jaugeage en service sur les affluents du Rhône ne dépasse pas le chiffre de 150. La distribution de ces stations est régie par les idées suivantes :

On a établi en des points convenablement choisis sur les rivières les plus importantes ou les plus typiques, des stations de jaugeage que nous appellerons principales, et qui sont constamment maintenues en service. A côté existe un réseau de stations que nous appellerons secondaires, et dont chacune est maintenue en activité pendant une période de plusieurs années (4 ou 5 années au minimum). Des procédés de comparaison, basés sur la superficie, l'orientation, la nature géographique des bassins peuvent seuls permettre de déduire, avec une approximation variable, des données expérimentales relevées à ces diverses stations, les débits non mesurés directement qu'il est utile de connaître.

Il serait évidemment très intéressant de disposer des stations de jaugeage plus nombreuses, qui permettraient d'avoir une grande quantité de résultats directs, plus exacts que ceux qui résultent d'approximations. On peut atteindre ce but avec le concours des industriels. Les usines hydroélectriques installées en grand nombre sur différents cours d'eau peuvent en général déterminer, avec une assez grande exactitude, les débits du cours d'eau sur lesquels elles sont installées. Par la production d'énergie des groupes générateurs, on connaît les débits utilisés ; les hauteurs d'eau aux déversoirs, la position des vannes, permettent d'estimer les débits non utilisés. Ces usines ont d'ailleurs intérêt à connaître exactement ces débits. En fait, beaucoup d'industriels ont, à l'heure actuelle, un service de mesure des débits, qui opère à l'emplacement des usines en service, et également à l'emplacement des usines en projet. Mais les industriels ne publient pas, sauf de très rares exceptions, les résultats de ces mesures, qu'elles gardent par devers elles. On est ainsi privé de renseignements très précieux.

On n'a jamais assez de données sur le régime des cours d'eau. Quand bien même les mesures de débits sont faites en 2 sections très voisines d'une même rivière, et paraissent faire double emploi, il est très fructueux de comparer les deux séries de mesures. On peut ainsi éliminer les multiples causes d'erreur qui se présentent dans les opérations de mesures des débits, et qui tiennent aux difficultés inhérentes à ces travaux.

Il faut donc absolument rompre avec la pratique du travail isolé, où chacun opère pour son propre compte. Les résultats doivent être groupés dans des publications communes, de façon à pouvoir être consultés par toutes les personnes que la question intéresse. Celles-ci, très nombreuses, sont les techniciens de la houille blanche, ceux de la production et de l'utilisation de l'énergie électrique, les hydrologues et plus généralement les industriels, les géographes, les économistes.

La publicité donnée aux résultats constitue d'ailleurs le meilleur contrôle qui soit de l'activité des Services chargés des études qui nous occupent. Actuellement, les Services officiels d'étude ont cessé, pour des raisons d'économie, de publier les résultats de leurs études. Néanmoins, en s'adressant à ces Services, les intéressés peuvent obtenir communication des résultats qui les intéressent. Mais, en vertu des considérations développées plus haut, cela ne suffit pas.

Il faut que les opérations de mesures des débits soient poussées le plus activement possible, sur toutes les rivières susceptibles, à un moment donné, d'être aménagées pour la production d'énergie électrique.

Que les industriels établis sur les rivières s'organisent, toutes les fois où c'est matériellement possible, pour procéder à des mesures suivies de débit.

Que ces résultats soient envoyés aux Services d'étude officiels, qui exécuteraient toutes vérifications et comparaisons utiles.

Que ces résultats soient groupés et publiés.

Nous estimons qu'un vœu rédigé dans ce sens pourrait être pris très utilement par le Congrès. Il s'agit, en effet, d'une question qui intéresse au premier chef la mise en œuvre de nos ressources nationales, parmi lesquelles la Houille Blanche a une importance primordiale. Aussi, estimons-nous qu'on trouverait, auprès du monde industriel, et notamment de la Chambre Syndicale des Forces Hydrauliques, le concours le plus empressé et le plus éclairé. Nous avons d'ailleurs pu déjà amorcer cette collaboration.

Dans une Note annexe, nous examinons la forme à donner aux publications de débits, pour qu'elles fournissent, avec le minimum de frais, toutes les indications utiles.

2° *Plans d'aménagement*

Les Services des Grandes Forces Hydrauliques rédigent, pour les principaux bassins, des plans d'aménagement. Ces plans ont un double caractère ; ils indiquent les ressources offertes par ces bassins à l'aménagement des forces hydrauliques ; ils indiquent également les grandes lignes suivant lesquelles cet aménagement doit être réalisé de façon rationnelle.

Un plan d'aménagement se compose d'une série d'études où sont traités :

Les caractères géologiques, géographiques du bassin, son régime hydrologique ;

Les dispositions générales des chutes à aménager et éventuellement les caractéristiques des réservoirs de régularisation qu'il est possible de créer.

L'Administration astreint les industriels à suivre, dans leurs équipements de chute, les plans d'aménagement qu'elle a dressés.

En pratique, cette règle n'est pas toujours strictement suivie. Une nouvelle idée peut toujours se produire, qui modifie, dans un sens favorable à l'intérêt général, les dispositions arrêtées par le plan. Parfois aussi, l'Administration tient compte des ressources et des besoins des futurs concessionnaires ; lorsqu'une chute représente une trop grosse entreprise, elle peut être coupée en 2 parties, qui sont aménagées séparément ; cela sous réserve, bien entendu, que le bon aménagment du bassin n'en subisse pas un préjudice sérieux. Il est évidemment très désirable que le travail de rédaction des plans d'aménagement, ainsi que leur publication, soient poussées très activement. Leur grand intérêt provient de ce que seuls, les plans d'aménagement d'une région permettent d'évaluer avec quelque précision les ressources d'une région en énergie hydroélectrique.

Actuellement, les plans d'aménagement comprennent :

Des études géologique, géographique, hydrologique ; un programme d'aménagement ; un tableau des chutes avec leurs principales caractéristiques ; un plan d'ensemble du bassin, généralement au $\frac{1}{200000}$; des profils en long du cours d'eau principal et de ses affluents. Sur la carte et les profils sont indiqués les ouvrages de prise et de dérivation des eaux.

Peut-être aurait-on intérêt à ajouter à ces renseignements des graphiques représentant, pour chaque cours d'eau, sa puissance hydraulique. On sait tout l'intérêt de la représentation obtenue en portant, en abscisses la longueur du cours d'eau (mesurée en projection horizontale), en ordonnées le produit, en chaque point, du débit (1) utilisé par la pente du profil en long. Le produit est la puissance hydraulique du cours d'eau, définie comme la puissance développable par unité de longueur du cours d'eau.

A l'aide de ce critère, on aurait immédiatement une notion assez nette de l'intérêt des diverses chutes dont la création est envisagée.

---

(1) Le débit choisi pourrait être le débit moyen de la dérivation, qui entre dans le calcul de la puissance normale disponible d'une chute.

M. De PAMPELONNE
Ingénieur en chef du Génie rural, à Lyon

NOTE SUR L'ATTRIBUTION DE L'ENERGIE RESERVEE AUX BORNES DES USINES HYDRAULIQUES EN FAVEUR DES GROUPEMENTS AGRICOLES

La loi du 16 octobre 1919 a prévu en son article 10 que, lors de la concession des usines hydrauliques, certaines quantités d'énergie seraient réservées aux bornes des usines concédées, en faveur des services publics et des groupements agricoles d'utilité générale.

Ces réserves peuvent atteindre le 25 % de la puissance totale disponible — d'après le texte de la loi, — mais pratiquement c'est un pourcentage bien inférieur qui est habituellement demandé afin de charger le moins possible les entreprises hydrauliques, dont la réalisation est rendue difficile par les circonstances actuelles.

L'attribution de la partie de ces réserves faites en faveur des groupements agricoles d'utilité générale a donné lieu à d'assez longues controverses.

On a été très vite cependant amené à reconnaître que les besoins agricoles de toute nature, à part ceux de certaines entreprises importantes d'irrigation ou de dessèchement, qui ont un caractère tout à fait spécial, se caractérisent par la dispersion des points d'utilisation, la petite quantité d'énergie nécessaire à chacun d'eux et la faible durée de l'utilisation.

Dès lors, vouloir affecter à un usage particulier, fut-ce une coopérative de production, une tranche de l'énergie réservée, aux bornes d'une usine hydraulique, entraîne inévitablement des difficultés presque toujours insurmontables de raccordement de l'usager à l'usine, et si ce raccordement est possible, aboutit à une utilisation très courte et par suite un mauvais emploi de l'énergie attribuée.

La constitution d'un organisme collectif réunissant de nombreux usagers, susceptibles de réaliser à frais communs la prise et l'adduction du courant chez chacun d'eux, et la répartition entre eux du courant par quantités et heures successives d'utilisation, eut assurément permis de remédier à cet état de choses.

Mais en l'état actuel des règlements, une telle organisation paraît difficilement réalisable et même peu souhaitable.

En effet, les exploitations rurales qui fourniraient les unités d'une pareille association, forment aussi les bases principales du groupement administratif qu'est la commune rurale.

Les lignes que cette association construirait ne pourraient être distinctes de celles du réseau concédé par la commune, et l'on trouverait difficilement la possibilité de lui imposer une autre discipline que celle du cahier des charges de la concession communale.

On en arriverait donc à superposer à la commune une association qui devrait, pour être utile, comprendre la plus grande partie de ses habitants, et qui ne pourrait bénéficier des avantages qui pourraient lui être accordés qu'à travers le réseau concédé par la commune et le cahier des charges de la Concession communale. Cette superposition et cet enchevêtrement ne pourraient qu'engendrer la confusion.

Aussi semble-t-il que l'on doive conclure que les réserves destinées aux groupements agricoles d'utilité générale — à l'exception de celles destinées aux grandes entreprises d'irrigation ou d'assainissement — doivent être attribuées aux communes dans la mesure des besoins agricoles de chacune d'elles.

Le surplus des besoins communaux, à l'exclusion des besoins industriels proprement dits, proviendrait des réserves d'énergie attribuées aux Services publics.

La ventilation entre les deux natures d'usages (usages agricoles et services publics) étant difficile en cours d'utilisation, la proportion de chacun d'eux serait estimée forfaitairement à l'origine, et l'attribution faite sur la base de cette estimation.

La commune bénéficiaire d'une telle attribution mettrait cette énergie à la disposition de son concessionnaire en échange d'une revision des tarifs, — notamment des tarifs de la force motrice agricole.

En cas de rachat ou de déchéance, ou au terme de la concession, la commune attributaire de la tranche d'énergie qui la desservirait ne risquerait pas d'être en difficulté par manque de courant.

L'adoption de cette modalité suppose la collaboration des Services de l'Agriculture et des Travaux publics, chargés de proposer l'attribution des réserves. Chacun d'eux, en effet, fixe une fraction du total nécessaire à la distribution communale.

Elle suppose aussi l'approbation du Comité Consultatif des Forces Hydrauliques, — et celle des Ministres intéressés.

Toutes ces conditions paraissent maintenant réalisées, et dans ces derniers mois, l'attribution des réserves des usines de Beaumont-Monteux, sur l'Isère, et du Borne (Haute-Savoie) ont été faites sur ces bases.

C'est ainsi notamment qu'il a été attribué à 13 communes rurales de la Drôme un total de 280 kilowatts dont 176 kws de réserves services publics et 104 kws de réserves pour groupements agricoles, à prélever sur l'usine de Beaumont-Monteux.

Il n'est pas douteux que la voie ainsi ouverte est féconde et de nature à faciliter l'électrification rurale et l'accroissement des utilisations agricoles de l'énergie, et aussi de permettre le développement des entreprises de distribution d'énergie dont l'essor est actuellement limité par le manque de courant.

Georges LAPORTE
Directeur de l'Union Hydro-électrique

CONSIDERATIONS SUR LA SITUATION ACTUELLE DES GRANDS RESEAUX FRANCAIS ET SUR LEUR EXTENSION FUTURE

En admettant que sous la désignation de « grands réseaux », on veuille parler, soit des réseaux de production et distribution, dont les lignes couvrent au moins une dizaine de nos départements, soit simplément des réseaux de transport dont les lignes utilisent une tension supérieure à 100.000 volts, et dont la longueur totale dépasse environ 500 kilomètres, on peut constater que la situation actuelle des grands réseaux français est la suivante :

A. — Dans le tiers méridional de la France, c'est-à-dire au Sud du parallèle Bordeaux-Aurillac-Le Puy-Valence, on trouve 2 grands réseaux :

D'une part, celui qui dessert l'Union des Producteurs d'Electricité des Pyrénées-Occidentales (U. P. E. P. O.), utilisant principalement, avec du courant à 50 périodes, les lignes à 60.000 v. et 150.000 v. de la Compagnie des Chemins de fer du Midi. Ce réseau, couvrant le bassin de la Garonne, s'étend depuis l'Atlantique jusqu'à Toulouse et va être prolongé incessamment jusqu'au poste de Montpaon ou Tournemyre, au Sud-Est de Saint-Affrique, en passant par l'usine du Pinet, que fait édifier sur le Tarn l'Energie Electrique du Rouergue.

D'autre part, le réseau de l'Energie Electrique du Littoral Méditerranéen ; ce réseau s'étend depuis les Alpes jusqu'au Rhône, en utilisant des lignes à 50.000 v. et produisant du courant à 25 périodes, mais on a projeté des lignes à 120.000 volts entre la Tinée et les usines de la Durance.

Entre ces deux réseaux et alimenté par tous deux, le réseau du Sud-Electrique établit la liaison, mais nulle artère à tension suffisante ne le traverse, permettant des échanges massifs de puissance par son intermédiaire.

B. — Dans le tiers central de la France, entre le parallèle Bordeaux-Valence et le parallèle d'Orléans, on distingue :

a) Au Centre, le seul grand réseau de transport de la Compagnie du Chemin de Fer de Paris à Orléans, alimenté à 50 périodes par des lignes à 90.000 volts et 150.000 volts. Son terminus méridional est le poste de Marèges, qui va recevoir, au début de 1927, l'énergie provenant de l'usine de Coindre, tout près du Mont-Dore. De ce terminus partira une ligne à 150.000 volts aboutissant à l'usine d'Eguzon, d'où partent déjà 2 lignes à 90.000 volts et une ligne à 150.000 volts allant sur Paris.

b) A l'Est du Massif Central, 4 groupes de lignes à 120.000 volts, amenant l'énergie des Alpes dans la région du Massif Central.

Ce sont :

— Au Nord, la ligne de la Société Rhône-Jura, de Chancy-Pougny à l'usine thermique de Champvert (20.000 kw.), près Decize, ligne jalonnée par l'usine de Gueugnon (10.000 kw.), près Digoin, et par le poste de Jeanne-Rose, où aboutit l'énergie de 3 centrales thermiques : Montceau-les-Mines (25.000 kw.), Le Creusot (15.000 kw.) et Epinac (15.000 kw.).

— Au Sud de la précédente ligne de Rhône-Jura, les lignes de la Société des Transports d'Energie des Alpes (S. T. E. D. A.), créée par un groupement de 10 Sociétés, lignes amenant l'énergie de la Haute-Isère à Lyon et à Villefranche, avec embranchement prévu vers Saint-Etienne.

— Plus au Sud encore, les lignes de la Société des Transports d'Energie du Centre (S. T. E. C.), créée par un groupement de 5 Sociétés et reliant Montluçon à Saint-Etienne, avec prolongement ultérieur vers Grenoble.

— Enfin, la ligne de la Basse-Isère, de Valence à Saint-Etienne, avec prolongement prévu vers Bromat (Truyère), au Sud du Massif Central.

c) A l'Ouest du Massif Central, on trouve seulement le réseau de la Société des Forces Motrices de la Vienne avec ligne actuelle à 60.000 volts, mais prévoyant une ligne à 120.000 volts partant de la Vienne Supérieure, à l'Est et non loin de Limoges, pour aboutir à Nantes.

C. — Dans le tiers supérieur de la France, au Nord du parallèle d'Orléans, il n'est plus question d'usines hydrauliques ; on trouve, d'une part, le réseau de l'Etat, qui utilise des lignes à 45.000 volts et projette des lignes de transport à 135.000 volts ; d'autre part, 2 réseaux plus importants que les autres, utilisant des lignes à 70.000 volts ; celui de la Société des Forces Motrices du Haut-Rhin, relié à l'usine de Muhlberg, et celui de la Compagnie Lorraine d'Electricité, relié à l'usine d'Olten-Goesgen.

*
* *

L'examen de la situation des grands réseaux, dont il vient d'être parlé, conduit, il nous semble, à formuler les desiderata suivants :

1° Puisque 2 grandes Compagnies de Chemins de Fer utilisent déjà des lignes de transport à 150.000 volts, il serait désirable que les autres réseaux pussent adopter la même tension pour leurs grandes lignes.

2° Puisque 2 grandes Compagnies de Chemins de Fer utilisent déjà comme lignes de distribution, les tensions de 60.000 et de 90.000 volts, ces mêmes tensions devraient être adoptées pour les lignes importantes de distribution venant croiser celles des Compagnies de Chemins de Fer.

3° Pour les lignes nouvelles de distribution locale à haute tension, il semblerait logique de ne pas considérer que l'arrêté du 10 juillet 1925 permet un libre choix des tensions à adopter, mais que tout en choisissant parmi les tensions indiquées par cet arrêté, il y a lieu de prendre en considération les tensions des lignes voisines déjà existantes ; en particulier, si plusieurs départements doivent utiliser les réserves d'une chute nouvellement concédée, ils devraient, autant que possible, adopter la même tension pour les lignes aboutissant à cette usine.

4° Etant donné l'intérêt que présentent, aujourd'hui plus que jamais, les économies de charbon, il semble désirable d'étudier un programme permettant la fermeture des centrales thermiques les moins bien placées, en créant entre les réseaux existants toutes les liaisons nécessaires. Ces liaisons seraient également guidées par l'idée de ne jamais laisser sans emploi aucune quantité d'énergie provenant des usines hydrauliques et, à cet effet, l'enquête devrait permettre de connaître quelles usines ont des excédents hydrauliques et à quelle époque.

5° On verra plus loin par quelques chiffres combien le développement des usines hydrauliques du Massif Central est encore faible à l'heure actuelle ; il serait désirable de favoriser le plus possible la création de ces usines qui placées au Centre de la France, pourraient aider puissamment les régions qui les environnent en y apportant un complément de régularisation et en facilitant l'utilisation des excédents de tous les producteurs.

6° Comme la création de liaisons nouvelles à haute tension entre les divers réseaux entraînerait l'établissement corrélatif de liaisons téléphoniques, il semblerait opportun de profiter de ce qu'un statut des communications radiotéléphoniques vient d'être décidé, pour songer à réserver une place toute spéciale aux liaisons radiotéléphoniques entre grands réseaux de transports.

7° On sait que l'on distingue deux systèmes de liaison entre grands réseaux : la liaison par la périphérie et celle par les centres.

La première de ces liaisons fait que de grandes artères de transport assurent l'alimentation de réseaux ramifiés, sans cependant les traverser. Ce système ne nous paraît pas assurer une liaison complète entre grands réseaux et il nous semble que la liaison par les centres de production permet seule la liaison entre grands réseaux.

*
* *

Ayant exposé la situation actuelle, on peut rappeler les dernières manifestations provoquées ces dernières années par l'examen analogue de cette situation.

Tout d'abord, le Congrès de l'Aménagement hydraulique du Sud-Ouest en 1922 a émis divers vœux qui semblent avoir été en partie satisfaits par la loi du 19 juillet 1922, introduisant notamment l'article 3 *bis* dans la loi du 15 juin 1906.

Plus tard, sur l'invitation du Gouvernement, s'était constituée, en juin 1922, la Société d'Etudes Hydro-Electriques du Massif Central, pour étudier le meilleur échelonnement des chutes à créer dans ce Massif et faire le projet d'un réseau de distribution.

A cette occasion, on a constaté que le total des puissances actuellement installées dans le Sud-Est de la France atteignait 420.000 kw., tandis que 1.800.000 kw. restaient en projet.

Pour le Centre, la puissance installée était seulement de 61.000 kw. contre 680.000 kw. en projet.

Enfin, pour le Sud-Ouest, la puissance installée était de 135.000 kw. contre 400.000 kw. en projet.

Ceci faisait ressortir pour le Centre une proportion de puissances hydrauliques installées atteignant seulement 9 % des puissances en projet, tandis que la proportion atteint 23 % et 34 % pour le Sud-Est et le Sud Ouest.

Les résultats des études de cette Société ont été adressés au Ministère avec ses conclusions ; dans la suite, il fut institué par le Ministère des Travaux Publics une commission d'études pour l'établissement du programme général d'électrification de la France. Aussi, pour terminer, nous bornerons-nous à formuler le vœu suivant :

Vœu — Les travaux de la Commission d'électrification de la France présentent, pour l'ensemble de nos industries, un immense intérêt. Puissent-ils déterminer l'établissement d'un programme permettant de constituer bientôt un ensemble continu de lignes de grand transport, s'étendant sur tout le territoire, et de développer activement l'utilisation de nos ressources hydrauliques, en remarquant que celles provenant du Massif Central sont encore presque entièrement disponibles.

DARIEUS
Ingénieur de la Compagnie Electro-mécanique

OBSERVATIONS SUR LES DISTRIBUTIONS D'ENERGIE ELECTRIQUE AUX ETATS-UNIS

Le caractère le plus saillant que présente à l'heure actuelle l'industrie électrique américaine est une extrême prospérité, qui se manifeste dans toutes ses branches par une expansion rapide, et particulièrement marquée pour les entreprises de distribution.

Beaucoup d'observateurs ont cru pouvoir rendre compte entièrement de ce succès par les larges perspectives et les ressources quasi indéfinies qu'offre aux initiatives d'une population pratiquement homogène un immense pays neuf ; mais nous n'insisterons pas sur ce point de vue qui, s'il contient évidemment sa part de vérité, est stérile en ce qu'il ne comporte pas de leçons, et nous soulignerons plutôt les raisons d'ordre général, d'une valeur universelle, dont nous pouvons faire notre profit.

Les entreprises de distribution, bien que nées sous un régime de libre concurrence, détiennent aux Etats-Unis un monopole de fait, que tend en partie à sauvegarder un souci constant d'assurer ce qu'elles appellent le meilleur « service ». Un travail au grand jour (glass pocket), suivant les recommandations du ministre du Commerce Herbert Hoover, tend d'ailleurs à dissiper dans les relations avec le public tout malentendu, et prévient toute velléité de faire retirer ces entreprises d'intérêt général à l'initiative privée ; ainsi la réduction des tarifs procède autant du souci qu'ont les réseaux d'étendre leurs débouchés, que de l'action des commissions de contrôle.

A première vue, il peut paraître que ces tarifs sont assez élevés, 7 à 8 cents le kwh. pour la lumière dans les grandes villes de l'Est, 4 à 5 cents dans les Etats de l'Ouest (voire 3 cents dans la province d'Ontario), mieux pourvus en énergie hydraulique ; mais il convient de tenir compte, non seulement de la réduction sensible qu'apporte partout à la moyenne le jeu d'une tarification dégressive, mais surtout de la cherté relative de toutes choses et du pouvoir d'achat très élevé des individus. Le gaspillage que l'on constate souvent là-bas de l'énergie souligne d'ailleurs l'extrême modicité du coût, et l'abondance de ce pain de l'industrie qu'un rapport officiel du Comité britannique sur les économies de charbon (1) regardait déjà comme le facteur principal de l'aisance exceptionnelle dont jouit le travailleur américain.

(1) R.G.E., 23 mars 1918.

Cette cherté de la main-d'œuvre entraîne par ailleurs de lourdes charges pour les entreprises, qui ont à faire face à des dépenses d'installation de deux à trois fois plus élevées que chez nous (1), par suite, d'une part du prix supérieur du matériel, d'autre part de la nécessité fréquente, notamment pour les usines hydrauliques, d'un aménagement préalable des voies d'accès.

L'équilibre financier de ces entreprises ne peut, à notre sens, s'expliquer dans de telles conditions que par les raisons suivantes :

Tout d'abord, le coefficient d'utilisation des installations est très élevé, grâce d'une part à un bon facteur de charge (variant de 0,50 à 0,90) des distributions, d'autre part à la suppression assez générale de toute réserve en puissance installée.

Il est remarquable que l'amélioration du premier facteur a été obtenue en grande partie, non de propos délibéré, mais comme un effet naturel de la diversité plus grande qui accompagne toujours l'accroissement de la charge.

Comme la charge minima de la nuit dépasse ainsi souvent la moitié de la pointe, la préoccupation de remplir les heures creuses est moins aiguë que chez nous, et les tarifs dégressifs, bien que d'une application plus générale, font moins de différence entre les prix maximum et minimum pour une même catégorie de consommation.

Les débouchés nouveaux sont ainsi recherchés et acceptés même s'ils paraissent individuellement peu favorables à l'utilisation, si le facteur de puissance en laisse à désirer, etc... ; il n'est pas admis là-bas qu'un réseau puisse se dérober indirectement à la charge de pointe par une baisse momentanée de la fréquence ou de la tension ; bien au contraire, le réglage de la fréquence est parfois assuré dans les grands réseaux d'une manière très étroite, par la substitution de compte-périodes aux fréquences-mètres qui ne permettent de régler qu'approximativement la fréquence instantanée.

L'emploi de tensions de distribution suffisantes et des sections de conducteur qu'impliquent à la fois l'observance générale de la règle de lord Kelvin et la prévoyance, permet d'autre part aux réseaux de s'accommoder des courants de démarrage de moteurs à cage d'écureuil ou de moteurs synchrones d'assez grande puissance, c'est-à-dire des formes les plus rustiques et les meilleures au point de vue facteur de puissance, dont la faveur auprès des industriels a été un élément prépondérant du succès des distributions électriques.

Tandis qu'en Europe des objections sont souvent opposées au déséquilibrage qu'introduit sur le réseau un poste de soudure monophasé,

(1) Le coût actuel des lignes à 150 kw. et au-dessus, pour une puissance transmise d'environ 125.000 kw., va de 450.000 à 750.000 francs par km., en comptant le dollar à 30 francs; la nouvelle ligne de 400 km. allant de Big-Creek à Los-Angeles et comprenant 3 conducteurs de 500 mm², pour 220.000 volts coûtera ainsi 10 millions de dollars. D'autre part, le prix du kilowatt installé est de l'ordre de 100 dollars pour les centrales thermiques et de 200 à 300 dollars pour les stations hydroélectriques.

l'Américain, dans les mêmes circonstances, se hâtera de trouver preneurs pour cent postes analogues qui, répartis sur les diverses phases, n'entraîneront qu'un déséquilibrage moyen relativement beaucoup plus faible.

La suppression fréquente et quasi complète du matériel de réserve est rendue possible par une meilleure qualité moyenne de l'équipement des usines et par l'entr'aide que se prêtent entre eux les réseaux.

Si bien des réserves sont à garder sur la construction américaine, et si des emprunts ne doivent lui être faits, surtout en mécanique, qu'avec beaucoup de discernement, il faut reconnaître que les procédés de fabrication sont par contre généralement perfectionnés, les matériaux employés sont de bonne qualité et leur utilisation n'est pas poussée démesurément.

D'autre part, les exploitants sont peu tentés de courir des risques avec d'autres constructeurs que ceux dont la compétence et l'expérience sont éprouvées (1) ; aussi ces derniers, quoique plus nombreux qu'on ne croit communément, se font une concurrence moins ingrate et jouissent d'une situation moins précaire qu'en Europe.

Suivant le mot d'un exploitant, M. Samuel Insull, président de la Commonwealth Edison Co, consulté sur ses impressions au retour d'un voyage en Europe, de ce côté-ci de l'Océan les exploitants ménagent leur matériel pour le faire durer le plus possible, en réservant leurs rigueurs à leurs fournisseurs, tandis qu'en Amérique, ces derniers sont l'objet de plus d'égards et le matériel, mis davantage à contribution, est renouvelé dès qu'il devient démodé.

Les installations sont en général plus simples sauf parfois en ce qui concerne un petit appareillage, dont l'apparente complication ne comporte pas de risques, lorsque la préoccupation de supprimer la main-d'œuvre conduit à réaliser la commande à distance ou l'automaticité des centrales et sous-stations. Si l'interconnexion des réseaux contigus a été parfois, notamment pendant la guerre, provoquée par les services de contrôle, elle résulte plus souvent de l'initiative des intéressés, qui ne redoutent pas en général la marche en parallèle, et subordonnent souvent à ses exigences la puissance de rupture de leurs interrupteurs, ou l'organisation de leur système sélectif de relais.

Cette synchronisation est même souvent réalisée entre réseaux de fréquence différente, comme à New-York où les deux réseaux à 25 et à 60 p : s, d'une puissance respective de 400.000 et de 600.000 kw.,

(1) Un état d'esprit analogue se retrouve dans l'acceptation par le public américain des directives fournies par le Bureau of Standards sur tous les sujets, théorie, documentation, essais, technologie, procédés de fabrication, normalisation, parfois même jurisprudence.

Habitué à des conseils éclairés et compétents il offre ainsi moins de prise aux déceptions de conceptions purement personnelles ou aux promesses fantaisistes d'inventeurs souvent ignorants et mal renseignés.

sont réunis par un groupe convertisseur synchrone-synchrone dont la puissance ne dépasse pas 35.000 kw.

En ce qui concerne les difficultés techniques de cette marche en parallèle, même dans les grands projets d'interconnexion à 220.000 volts avec transport à 800 kw., dont plusieurs ont été étudiés dans ces dernières années, et dont quelques tronçons sont en voie d'exécution, les praticiens comme M. F. G. Baum, ingénieur-conseil à San-Francisco et auteur d'un vaste projet de ce genre, intéressant le territoire entier des Etats-Unis, montrent plus d'optimisme que certains mémoires théoriques récents qui se sont peut-être trop étendus sur certaines manifestations exceptionnelles, relativement aisées à prévenir.

En résumé, la meilleure utilisation d'un matériel plus simple et plus sûr, d'où tout ce qui est d'un intérêt douteux, ou ferait double emploi, est proscrit, des exigences moindres à l'égard de la clientèle, moins de déboires du côté des constructeurs et une plus grande satisfaction de ceux-ci, ont réduit les dépenses d'exploitation et les frais généraux, et assuré à tel point la prospérité des entreprises de distribution en y intéressant leurs abonnés, qu'elles trouvent actuellement dans leur entourage immédiat pour leurs extensions des capitaux neufs en abondance et à un taux d'intérêt qui s'est abaissé récemment jusqu'à 4 %.

Si beaucoup de causes de cette prospérité font évidemment défaut chez nous à l'heure actuelle, la France possède par contre, dans l'harmonieuse diversité de ses cours d'eau, dans les distances de transmission relativement faibles à envisager pour leur aménagement, dans les exigences plus mesurées de sa main-d'œuvre, dans l'esprit d'économie de sa population, bien des avantages, qu'en terminant nous exprimons le vœu de voir plus complètement mettre en valeur, par un esprit de coopération plus large, l'application de vues plus audacieuses et confiantes dans l'avenir, enfin quelques emprunts judicieux qui ont fait leurs preuves chez nos rivaux.

DUVAL

Directeur du Service électrique de la Société générale d'entreprises

DISPOSITIONS PERMETTANT D'INTENSIFIER LA PRODUCTION D'ENERGIE ELECTRIQUE EN FRANCE

La France, qui était riche avant 1914, avait à cette époque une balance commerciale très favorable, tandis qu'après 1918, c'est par 20 milliards annuels que se chiffrait l'excédent des importations sur les exportations ; les années récentes sont plus favorables et nous approchons de l'équilibre, mais ce n'est que grâce à une balance positive importante et soutenue pendant de nombreuses années que nous recouvrerons la santé financière ; il convient en particulier de restreindre nos importations de charbon.

La production de nos mines a été rétablie au chiffre d'avant-guerre, mais les besoins de la consommation augmentent plus rapidement que la production et nous importons actuellement 30 millions de tonnes, soit pour une valeur de 3 milliards de francs

En ce qui concerne la production d'énergie, nos nombreuses usines thermiques ont produit 4.095 millions de kwh. en 1923 sur une production d'ensemble de 6.860 millions de kwh.

La puissance thermique totale installée pour la production d'énergie était de 3.140.000 kw. dont 1.925.000 kw. environ ont été produits par 59 usines de puissance supérieure à 10.000 kw. Ceci montre qu'il demeurait 1.200.000 kw. en service constitués par des usines thermiques de faible puissance en général anciennes, d'un rendement médiocre qui utilisent mal le charbon consommé.

Il est à désirer que le nombre des centrales thermiques diminue de plus en plus, que les grandes usines très perfectionnées et très modernes subsistent seules et que les réseaux voisins soient toujours interconnectés ; ceci s'appliquant particulièrement à la région du Nord de la France.

Notre consommation de charbon peut également être très fortement diminuée par le développement de nos installations hydrauliques et par la meilleure utilisation de celles-ci.

La production d'énergie a atteint en France en 1924 le chiffre de 7 milliards de wh. ; la production de cette quantité d'énergie par des moyens thermiques nécessite une consommation d'environ 10 millions de tonnes de charbon, que nous aurions pu économiser en produisant cette énergie par des moyens hydrauliques.

Cette production annuelle de 7 milliards de kwh. serait assurée par le fonctionnement d'une puissance hydraulique en service de 2 millions de kw. environ, soit par une puissance installée de 2.500.000 kw. Or nous possédions en 1924 une puissance hydraulique installée ou en construction ne dépassant pas 1.000.000 de kw. tandis que l'ensemble des installations de chutes réalisables sur notre territoire est de 5.000.000 de kw.

En doublant notre puissance hydraulique installée, nous pourrions faire disparaître environ le tiers de nos importations annuelles de charbon et supprimer annuellement l'exportation d'un milliard de francs.

Il importe donc non seulement de développer le nombre et la puissance de nos installations, mais encore de les utiliser au maximum.

Un premier moyen d'augmenter l'utilisation des usines hydrauliques consiste à les connecter avec une usine thermique et l'on constate soit par le calcul, soit par les réalisations pratiques que l'utilisation des usines peut ainsi passer de 3.000 heures à 5.000 heures environ et quelquefois davantage.

Un second moyen d'améliorer l'utilisation des rivières consiste dans l'installation de réservoirs d'accumulation aussi grands que possible, placés sur les hautes chutes ; mais surtout l'économie maxima est réalisée en interconnectant des hautes chutes munies de réservoirs avec des chutes basses ou moyennes, cette jonction des réseaux d'alimentations différentes permettant de faire travailler chacune des usines à son maximum de débit et de rendement suivant les époques.

L'interconnection des régions présente enfin un dernier avantage très important en permettant de réunir des usines à régimes hydrauliques différents, par exemple de jonctionner les usines de la région des Alpes à celles du Plateau Central. Cette interconnection est très importante pour la France et pour l'Italie, pays dans lesquels elle procure des avantages de compensation remarquables.

Si l'on considère que l'effort financier nécessaire à la création d'une chute d'eau est actuellement très difficile à réaliser, on constatera que, malgré le prix élevé des lignes de transmission d'énergie, il pourra être dans bien des cas plus avantageux de réunir d'abord les usines existantes mal utilisées avant de construire de nouvelles sources d'énergie très coûteuses

En réalité, malgré les difficultés de l'heure, on constate que les deux moyens d'amélioration de la production sont employés ; cette année même de grandes installations hydrauliques telles que celles de Chancy-Pougny, d'Eguzon et de Coindre vont entrer en service, sans compter les adjonctions de groupes supplémentaires dans un grand nombre d'usines existantes.

En ce qui concerne le réseau, on peut constater en comparant la carte de la France à deux années consécutives qu'un effort lent mais continu est réalisé par les Sociétés dans la construction du grand réseau d'interconnexion à 110.000 volts et aux tensions plus élevées qui permettra dans l'avenir la liaison de nos diverses régions.

Les usines thermiques actuellement nombreuses et puissantes qui existent déjà dans bien des grands centres apporteront une régularisation précieuse à ce réseau et permettront d'atteindre une haute utilisation de toutes les usines hydrauliques déjà installées.

Dès que ce réseau aura été construit, il sera beaucoup plus facile de déterminer les meilleures chutes réalisables, de les installer et de les jonctionner au réseau général en obtenant ainsi les prix les plus avantageux pour la production de l'énergie.

On remarquera que les réseaux déjà exécutés sont l'œuvre de quelques Sociétés peu nombreuses : la Compagnie du Chemin de Fer de Paris à Orléans, la Compagnie du Midi, la Société de Transport d'Energie des Alpes, la Société de Transport d'Energie du Centre, la Société Rhône et Jura, le Réseau d'Etat des régions libérées.

Dans les Pyrénées cependant, l'union des producteurs d'énergie a constitué un organisme capable d'assurer un développement intéressant de la vente d'énergie dans la région, et il est à prévoir que la généralisation de semblables groupements permettrait d'activer la réalisation du réseau français.

Il suffira d'ailleurs d'un léger effort de coordination de la part de l'Administration pour guider au mieux de l'intérêt général les diverses Sociétés vers la réalisation d'un réseau très rationnel et très précieux d'interconnexion de nos usines hydrauliques et thermiques.

C'est à l'époque où la réalisation des programmes est difficile à établir qu'il importe le plus de grouper les efforts techniques et financiers. Il est indispensable que les Sociétés de Production et de Distribution de chaque région se réunissent en un organisme puissant en vue d'assurer dans chacune de ces régions l'exécution des installations de lignes et d'usines qui avec le minimum de dépenses seront capables de produire le maximum d'énergie annuelle au prix le plus bas.

C'est de cette manière qu'un réseau général d'interconnexion bien utilisé pourra être réalisé au grand avantage des régions qu'il alimentera.

MATHIEU et SUTTER
Ingénieurs de la Société d'électrochimie, d'électrométallurgie et des Aciéries électriques d'Ugines

ROLE DES INTERCONNEXIONS RELIANT ENTRE ELLES ET AVEC LE RESEAU GENERAL LES USINES HYDRAULIQUES UTILISEES PRINCIPALEMENT POUR LES FABRICATIONS ELECTROCHIMIQUES OU ELECTROMETALLURGIQUES.

Certaines des Centrales Hydro-électriques de la Société d'Electro-Chimie, d'Electro-Métallurgie et des Aciéries Electriques d'Ugine sont reliées entre elles et elles le sont aussi à un réseau général. Ces centrales fournissent à la fois de l'énergie à des fabrications électrométallurgiques et à des services de distribution.

Nous voudrions, dans l'exposé ci-après, résumer les idées que l'expérience acquise a pu nous suggérer sur l'intérêt que présente la liaison aux réseaux généraux des centrales desservant des usines de fabrication, tant au point de vue de l'intérêt national pour une utilisation meilleure et plus complète de l'énergie hydraulique, qu'au point de vue de l'intérêt particulier des producteurs et transporteurs d'énergie, et des fabricants de produits électrométallurgiques et électrochimiques.

Le but des producteurs d'énergie hydraulique destinée à la distribution est d'utiliser leur courant le plus grand nombre d'heures possibles et cela d'autant plus que des améliorations techniques importantes ont abaissé le prix de revient de l'énergie vapeur, alors que les conditions d'installation de nouvelles centrales hydrauliques sont devenues plus onéreuses.

On s'efforce de créer des moyens d'accumulation journaliers et saisonniers qui permettent une meilleure utilisation. Mais, pendant longtemps encore, les Sociétés de distribution s'appuyant sur ces centrales hydrauliques disposeront :

1° De courant saisonnier en excédent ;

2° De courant d'heures creuses (11 h. 30 à 13 h. 30, de nuit, de jours fériés, samedis après-midi).

Il serait tout à fait désirable que cette énergie perdue puisse être utilisée ; on s'efforce de le faire et on cherche de nombreux emplois.

Pour apprécier l'aide éventuelle que les usines de fabrication utilisant du courant de leurs propres centrales hydrauliques pourraient apporter à cette utilisation d'énergie perdue, il nous paraît utile de nous étendre un peu sur les besoins en énergie des industries électrochimiques et électrométallurgiques et sur la nature de l'énergie qui leur est nécessaire.

La France, avant-guerre, exportait de nombreux produits électrométallurgiques et électrochimiques ; les besoins intérieurs ayant augmenté, les exportations ont diminué et il est superflu d'insister sur l'intérêt national qu'il y aurait à ce que ces exportations soient reprises de la manière la plus intense.

Or, et cela a été déjà dit bien souvent, le prix de revient du kw.-h. à installer a augmenté, si l'on se reporte à l'avant-guerre, bien plus que la main-d'œuvre et les matières premières.

En effet, les chutes les plus avantageuses ont déjà été installées. Pour celles qui restent, la hausse générale des prix, le taux élevé du loyer de l'argent, qui joue un rôle si important dans la production de l'énergie, interviennent, et dans les frais de premier établissement, et dans les dépenses d'exploitation.

Or, pour bon nombre de fabrication électrochimiques et électromécaniques, nous avons la conviction profonde que l'on ne saurait amortir normalement des immobilisations et rémunérer les capitaux engagés en utilisant une installation hydro-électrique équipée actuellement.

Les industriels ont été ainsi amenés, et le sont encore, à améliorer leurs installations pour obtenir le meilleur rendement, tant en ce qui concerne la production d'énergie, qu'en ce qui concerne son utilisation dans les appareils de fabrication.

Mais ces améliorations, si intéressantes soient-elles, ne suffiront sans doute pas et nous pouvons donc constater qu'alors que les distributeurs ont des excédents hydro-électriques d'énergie saisonnière et d'heures creuses, les industries électrochimiques et électrométallurgiques manquent, en général, de courant ; il nous faut rechercher maintenant quelles sont les industries susceptibles d'utiliser éventuellement du courant saisonnier et du courant d'heures creuses.

Utilisation éventuelle du courant saisonnier

En ce qui concerne la fabrication de l'acier au four électrique, il n'y a aucune difficulté technique sérieuse à arrêter des fours à certaines périodes de l'année et à utiliser de l'énergie saisonnière ; mais nous croyons que cette solution serait mauvaise au point de vue économique.

La valeur de l'énergie employée dans une fabrication d'acier électrique n'entre que pour une part relativement faible dans les dépenses de fabrication ; la valeur des matières premières et des produits en cours de fabrication est très importante ; la main-d'œuvre doit être nombreuse et très spécialisée ; les frais généraux sont très élevés. On est ainsi conduit à envisager que la fourniture d'énergie à une aciérie électrique doit être permanente au cours de l'année, le lingot d'acier étant un mauvais accumulateur d'énergie. Bien plus, si l'on veut obtenir des frais de transformation faibles pour la production du lingot, on doit envisager une fourniture d'énergie variable aux diverses heures de la journée. Et ce sont là les raisons pour lesquelles l'Electrosidérurgie s'est développée aussi bien dans les régions de houille noire que dans les régions de houille blanche.

Il existe d'autres fabrications, et l'aluminium est la plus importante d'entre elles, qui sont caractérisées par la nécessité technique et économique d'être alimentées par du courant de permanence aussi grande que possible. Les immobilisations des usines de fabrication sont très élevées et l'on ne peut songer à ne les utiliser que 3 ou 4 mois par année. Les cuves à aluminium exigent un courant pratiquement constant. Elles sont à reconstruire lorsqu'elles ont été arrêtées, même pendant un temps relativement court, et ces remises en état sont coûteuses. Les cuves peuvent d'autre part durer de nombreux mois. On est donc amené, pour l'aluminium et les fabrications similaires, à envisager une fourniture permanente pendant le plus grand nombre de mois possible.

Si l'on en vient maintenant à la fabrication du carbure de calcium et les divers ferro-alliages, on peut constater pour la même quantité d'énergie utilisée :

1° Que les immobilisations des usines d'utilisation sont bien plus faibles que dans les cas précédents ;

2° Que la main-d'œuvre est moins nombreuse et moins spécialisée, les frais généraux moindres que dans une aciérie.

Si certaines fabrications utilisent des matières premières très chères (ferro-tungstène, ferro-molybdène) que les besoins de trésorerie obligent à transformer très rapidement, d'autres, celles du ferro-silicium à haute teneur, par exemple, utilisent des matières premières relativement à bas prix exigeant une plus forte proportion d'énergie ; de plus, les produits peuvent se conserver et se stocker longtemps. On conçoit donc de suite que certaines de ces fabrications peuvent s'accommoder plus aisément que les précédentes d'énergie saisonnière.

Les quelques considérations qui précèdent montrent que si certaines fabrications nécessitent à peu près obligatoirement de l'énergie permanente, d'autres peuvent plus facilement s'accommoder d'énergie saisonnière.

Admettons maintenant qu'un certain nombre de centrales alimentent des usines de fabrication préparant les divers produits énumérés ci-dessus et supposons que ces diverses centrales soient reliées entre elles. On conçoit, dans ces conditions, que l'utilisation de l'énergie ne soit plus la même que dans le cas de centrales et d'usines de fabrication indépendantes.

Alors que dans ce dernier cas l'usine de fabrication était obligée de s'adapter aux caprices du torrent, on pourra concevoir une répartition plus rationnelle qui résulte des idées exposées ci-dessus.

On affectera l'énergie d'étiage aux fabrications qui exigent du courant aussi permanent que possible, soit que la technique de la fabrication l'impose, soit que les appareils de fabrication nécessitent des immobilisations très élevés qu'il faut faire travailler au maximum, soit enfin que les matières premières employées soient très coûteuses et qu'il faille les transformer de suite pour ne pas bloquer la trésorerie.

On affectera aussi une partie de l'énergie d'étiage aux fabrications qui demandent beaucoup de main-d'œuvre pour peu d'énergie ; on s'appliquera, pendant les périodes de hautes eaux, à l'élaboration des alliages qui consomment le maximum de puissance avec l'intervention la plus réduite de l'ouvrier, ceux qui se conservent bien et qui demandent des matières premières bon marché.

On arrivera, en tenant compte des capitaux engagés dans les immobilisations d'usines, des frais généraux des problèmes de trésorerie et de main-d'œuvre, à classer les divers produits et à affecter à l'élaboration de chacun d'eux de l'énergie de permanence variable, de façon à utiliser de la manière la plus complète l'énergie produite par les centrales hydrauliques et, en particulier, l'énergie saisonnière. Nous ne dirons pas que ce classement soit très aisé à faire.

Utilisation éventuelle de courant d'heures creuses

La fabrication de l'acier au four électrique ne doit pas être envisagée ; les considérations développées ci-dessus le montrent.

En ce qui concerne la fabrication de l'aluminium, il sera peut-être possible de faire absorber aux cuves un faible pourcentage d'énergie d'heures creuses, mais des essais devraient être entrepris.

Par contre, nous sommes persuadés que les fours à carbure ou à certains ferro-alliages (ferro-silicium par exemple) pourraient absorber du courant d'heures creuses.

Si l'on considère un four donné fabriquant un produit déterminé, il doit y avoir une puissance sur laquelle le rendement est le meilleur. Mais il est probable qu'au voisinage de ce maximum de rendement, la mise au mille en kw.-h. sera encore satisfaisante pour augmenter ensuite plus fortement lorsque la puissance absorbée s'écarte beaucoup, soit dans un sens, soit dans l'autre.

Il serait très intéressant d'étudier quelles sont les variations de la mise an mille en kw.-h. sur des fabrications de carbure et d'alliages bon marché suivant la puissance mise sur un four donné ; il faudrait chercher comment les variations de puissance doivent être réalisées si l'on doit agir sur le voltage ou sur l'ampérage pour chaque fabrication. Des essais ont parfois été entrepris ; ils ont conduit à des résultats intéressants, mais ces essais devraient être fortement généralisés — trop souvent on a accouplé un four donné à un transformateur de puissance donnée, et l'on fabrique à puissance constante, sans trop vouloir admettre qu'il soit possible de modifier quoi que ce soit à un état de choses existant, mais souvent dû au hasard.

Nous sommes persuadés que des essais systématiquement conduits conduiraient à des résultats intéressants — ils montreraient qu'il est pénible d'équiper des fours tels qu'ils puissent supporter des surcharges de 10, de 15 ou de 20 % tout en donnant des mises au mille en kw.-h. ne s'écartant pas trop de la mise au mille optima.

Dans les heures pleines de la distribution, là où le courant a le plus de valeur, le four devra fonctionner au régime donnant la mise au mille en kw.-h. la meilleure ; dans les heures creuses de la distribution, le four pourra recevoir un supplément d'énergie, peut-être pas très important, mais malgré tout intéressant, car il utilisera de l'énergie qui, sans cela, serait perdue. Nous savons que l'on s'oriente dans ce sens.

Pour arriver à ce résultat, les électrométallurgistes devront s'astreindre à des essais systématiques et longs ; ils devront modifier leurs installations, tant en ce qui concerne les transformateurs que les fours et dimensions d'électrodes. Ils auront des frais de transformation plus élevés pendant la période où ils utiliseront de l'énergie d'heures creuses. Peut-être aussi devra-t-on s'attacher à l'étude des fours triphasés puissants.

Il est donc équitable que ce courant soit livré à bas prix par ceux qui en disposent ; ces derniers recevront une recette supplémentaire, malgré tout intéressante, puisque, sans cette utilisation, cette recette n'existerait pas.

Enfin, il existe un certain nombre de fabrications opérées à basse température, certaines électrolyses, par exemple, qui peuvent supporter des charges variables aux diverses heures de la journée, sans diminution notable du rendement.

Nous croyons donc, en ce qui nous concerne, à la possibilité d'utiliser sur certaines fabrications bien déterminées du courant saisonnier de 3 ou 4 mois ; nous croyons aussi à la possibilité d'utiliser, et sur certaines fabrications à basse température, et sur certaines fabrications d'alliages à température élevée, un certain pourcentage d'énergie d'heures creuses.

Nous tenons à bien préciser que certaines fabrications seules peuvent s'adapter à un pareil régime ; nous croyons que les variations d'énergie que les fours électriques travaillant à haute température seront capables d'absorber avec des rendements satisfaisants, ne seront pas très élevées ; mais étant donnée l'importance de ces fabrications, bon nombre de millions de kw.-h. d'heures creuses pourraient être ainsi absorbés.

Nous croyons, par ce qui précède, avoir nettement montré l'intérêt d'ententes entre les distributeurs d'énergie et les fabricants de produits électrochimiques et électrométallurgiques. Ces derniers pourraient utiliser une partie considérable de l'énergie que les premiers perdent inutilement à l'heure actuelle. L'intérêt national y gagnerait par une meilleure utilisation de nos richesses naturelles.

C'est dire par là même que nous croyons à l'utilité de l'interconnexion des centrales de fabrication aux artères de transport quand elles pourront s'établir sans trop de frais.

Outre une répartition rationnelle suivant la fabrication des diverses natures d'énergie, outre l'utilisation d'une quantité notable d'énergie perdue actuellement, ces interconnexions apporteraient les avantages suivants :

1° Une régularisation naturelle par la compensation des différents bassins ;

2° Une sécurité plus grande, les usines se servant mutuellement de secours, ainsi que la possibilité de procéder à des réparations sans arrêter entièrement les fabrications, ceci grâce aux échanges de courant ;

3° La possibilité de fournir un supplément d'énergie aux fabrications dont le besoin se fait le plus sentir.

Les chutes nouvelles pourraient peut-être s'équiper plus facilement dans certains cas, car il serait possible de trouver des utilisations à une fraction de l'énergie saisonnière et une partie de l'énergie de pointes.

Ces liaisons sont également intéressantes dans un autre ordre d'idées :

Les réseaux de distribution sont alimentés par des centrales qui donnent du courant au fil de l'eau, par des centrales qui sont alimentées par des accumulations saisonnières et enfin par des centrales pouvant fournir de l'accumulation journalière. Les moyens d'accumulation et journaliers et saisonniers sont, en général, insuffisants.

Il serait sans doute possible, dans quelques cas, de modifier sans grands frais les centrales existantes desservant des usines de fabrication pour leur faire fournir un peu de courant de pointes qui serait très utilement absorbé par les réseaux, et desservir les services accessoires des usines de fabrication.

Quant aux accumulations saisonnières, elles sont nécessaires pour certaines fabrications très spéciales ; mais la majorité des fabrications électrométallurgiques et électrochimiques dont certaines ne pourraient pas payer du courant au fil de l'eau équipé aux conditions actuelles, ne peuvent songer à utiliser de l'énergie en général aussi coûteuse, bien qu'elles aient intérêt à payer plus cher du courant permanent par suite d'une meilleure utilisation de la main-d'œuvre et des installations.

Ces accumulations saisonnières n'ont pu et ne pourront sans doute être réalisées en général que si elles doivent servir en premier lieu à la distribution d'énergie et à l'électrification des chemins de fer ; toutefois, elles donneront aux usines qui pourront se relier au réseau une marche plus régulière en moyennes eaux ; on pourra éviter l'arrêt des fours aux moindres variations des débits des torrents ; il sera possible de mieux utiliser les pluies de courte durée, qui, souvent, ne justifieraient pas la mise en route de nouveaux fours et, de même, de faciliter l'utilisation des déchets journaliers.

On peut arriver ainsi, à condition d'avoir des moyens d'accumulation proportionnés à l'ensemble des chutes à régulariser, à ne prendre aucun kw.-h. pendant les périodes où la chute d'accumulation est en service. On obtient une utilisation plus complète du bassin régularisé et un coefficient d'utilisation meilleur des puissances productibles des chutes à régulariser.

On peut également concevoir, et cela a déjà été réalisé, une installation de pompage alimentant un réservoir d'accumulation saisonnière ; de telles installations peuvent parfaitement utiliser de l'énergie d'heures creuses et de l'énergie obtenue pendant des crues de faible durée ; énergie que les réseaux de distribution même reliés à des usines de fabrication ne sont pas capables d'absorber complètement.

Enfin, si les centrales de fabrication étaient reliées aux réseaux de transport, en cas de crise industrielle, une partie de l'énergie pourrait être vendue.

Conclusions

Ce qui précède montre l'intérêt incontestable que présentent ces interconnexions. Mais ne croyons pas, toutefois, à leur généralisation très prochaine et voici pourquoi :

Tout d'abord, les études de fours électriques pouvant s'adapter à une marche à puissance variable, n'ont pas encore été poussées ; les essais ne sont pas assez nombreux et devraient être poursuivis systématiquement.

Il faudrait que les fabricants arrivent à déterminer la surcharge qu'il est possible de donner à leurs fours pendant les heures creuses, et le prix raisonnable qu'ils peuvent payer, et ce courant, et le courant saisonnier suivant la permanence de ce courant.

Il faudrait aussi que les producteurs d'énergie qui disposent d'énergie saisonnière et de courant d'heures creuses consentent à céder les kw.-h. dont ils disposent à un prix modique ; or, souvent, ils préfèrent voir l'eau couler dans le torrent plutôt que de céder leur courant d'excédent à un prix qui ne peut, évidemment, être qu'une faible fraction du prix du courant destiné à la distribution.

Il faudrait enfin que les Sociétés de transport d'énergie n'appliquent pas au transport de cette énergie de déchets, les mêmes tarifs qu'à l'énergie de distribution ; or, souvent, elles préfèrent ne rien transporter plutôt que de transporter à tarif réduit.

Si donc l'interconnexion des centrales de fabrication par le moyen des artères de transport et les réseaux de distribution paraît éminemment souhaitable au point de vue national, si elle nous apparaît à nous-mêmes comme devant être très intéressante et pour les Sociétés qui fabriquent des produits électrométallurgiques et électrochimiques, et pour les Sociétés productrices d'énergie destinée à la distribution et pour les Sociétés de transport, des difficultés d'ordre divers existent pour, d'une part, empêcher de tirer le meilleur parti possible des interconnexions déjà existantes, d'autre part, s'opposer à la réalisation de nouvelles interconnexions. Là aussi le temps fera son œuvre. Il faudra que des intérêts très légitimes, mais particuliers, se sacrifient tous un peu à l'intérêt général ; il faudra vaincre aussi des difficultés techniques sérieuses, et il est à craindre que ces dernières ne soient pas les plus difficiles à surmonter.

REMAUGE

Directeur de la Compagnie d'électricité de Limoges

SUR LES COMBINAISONS AVANTAGEUSES DES USINES HYDRAULIQUES ET DES USINES THERMIQUES

M. D'AUBENTON-CARAFA

Directeur général de la Compagnie du gaz de Lyon

SUR L'UTILISATION DE L'ELECTRICITE EN DEHORS DES HEURES DE POINTE

Le développement considérable de la consommation de courant électrique au cours de ces dernières années, les besoins sans cesse accrus des usagers, les dépenses qu'il convient d'engager pour mettre le matériel de production en état de les satisfaire ont amené les producteurs et distributeurs d'Electricité à se pénétrer de l'importance qui s'attache au *moment* où la consommation s'effectue et de l'inconvénient que présente pour leur prix de revient, la superposition, au *même instant*, de multiples consommations.

C'est qu'en effet, dans le prix de revient de la production et de la distribution de l'Énergie Electrique, l'amortissement du coût des installations entre pour une large part, pour une part en général d'autant plus considérable que les installations sont elles-mêmes plus complexes, plus perfectionnées, et qu'elles peuvent produire de l'énergie dans des conditions plus économiques.

Dans notre région du Sud-Est, par suite de la proximité des ressources d'énergie hydraulique qu'offent les glaciers et les cours d'eau des Alpes, les secteurs possèdent aujourd'hui pour la plupart, à côté de leurs centrales thermiques, réduites au rôle de centrales d'appoint, des usines hydroélectriques auxquelles ils sont reliés par d'importantes lignes de transport à haute ou très haute tension. Depuis le torrent qui les alimente en énergie hydraulique, jusqu'au lieu de consommation, il faut donc envisager de multiples installations : Usine, Poste de Transformation, Lignes de Transport, Centrale Thermique, Canalisations de distribution, dont la seule énumération souligne la complexité.

Dans l'hypothèse des seules applications de l'Electricité à l'Eclairage et à la Force Motrice, un matériel aussi important se trouve employé journellement d'une façon tout à fait irrégulière.

Les installations de production, de transport et de distribution sont, en effet, calculées et établies de façon à pouvoir fournir au réseau la puissance maxima demandée par la consommation aux heures de la plus forte pointe d'hiver, une certaine marge de sécurité étant d'ailleurs réservée pour prévoir les risques d'accidents et d'incidents, ainsi que les possibilités d'accroissement de la consommation dans l'avenir le plus rapproché.

Or dans l'hypothèse où nous nous sommes placés, le débit maximum en vue duquel sont faites les immobilisations des secteurs ne se maintient que pendant quelques heures par an, les quelques heures de la pointe décembre, janvier. — Le reste de l'année, la part du matériel de production destiné à répondre à cette demande de pointe reste plus ou moins complètement inutilisée.

Ainsi, la charge des frais d'intérêt et d'amortissement du capital investi dans le matériel de production et de distribution en arrive à être supportée par un nombre de kilowatt-heures correspondant seulement, dans la plupart des cas, à une utilisation de moins de 2.000 heures du matériel fonctionnant à plein. Le prix de l'Energie Electrique est ainsi maintenu à des taux qui en rendent difficiles certaines applications, cependant très intéressantes, par les économies de charbon et d'essence qu'elles pourraient procurer au pays

Pour rendre possible ces applications qu'il est d'un intérêt national de faciliter, il importe donc de rechercher des consommations supplémentaires, se juxtaposant aux consommations usuelles de force motrice et d'éclairage, sans augmentation du matériel de production et de distribution et par suite des frais de premier établissement à rémunérer.

Ces consommations supplémentaires favorisées par des tarifications avantageuses doivent permettre de répartir sur un plus grand nombre de kwh. la charge des frais d'amortissement du matériel installé, et par conséquent d'abaisser, même aux heures de pointe, le prix moyen du courant électrique.

Ainsi donc l'intérêt national, qui est de réduire les consommations des combustibles pour lesquels nous sommes tributaires de l'étranger; l'intérêt des usagers qui est de payer le courant le moins cher possible et l'intérêt des secteurs qui est d'améliorer le rendement de leur industrie, s'accordent pleinement à demander une meilleure utilisation du matériel de nos stations centrales, et de nos usines hydroélectriques, qui se traduisent pratiquement, pour une puissance installée déterminée, par l'accroissement des consommations des heures creuses.

Les utilisations du courant de nuit, qui ont pris un développement assez satisfaisant dans ces dernières années, résolvent une grande partie du problème. Combinées avec les utilisations de jour, en dehors des heures de pointe, elles permettent de relever sensiblement les points bas des courbes de débit et l'on peut espérer que, dans un avenir relativement rapproché, elles pourront tenir le rôle de régularisation qui leur est assigné.

Parmi ces applications, certaines, telles que la charge des accumulateurs, le chauffage par accumulation de l'eau destinée aux besoins domestiques, le chauffage de certains appareils industriels, présentent un intérêt tout particulier, car elles ont l'avantage de ne point connaître d'interruption saisonnière de fonctionnement. D'autres, telles que le chauffage par accumulation des locaux, ont le défaut de ne présenter d'intérêt que pendant une période plus ou moins longue de l'année. Les kilowatt-heures rendus disponibles pendant les mois d'été devraient, en bonne économie, trouver leur emploi dans de nouvelles applications (dé l'industrie du froid par exemple), ce qui est dans le domaine des choses possibles, mais ce qui complique singulièrement le problème. Ces utilisations saisonnières, si imparfaites soient-elles, seront cependant les bienvenues pendant la période de démarrage des applications du courant de nuit.

*
* *

Les progrès de ces applications sont suivis avec un intérêt tout particulier par le Syndicat des Producteurs et Distributeurs d'Electricité du Sud-Est et par la Compagnie du Gaz de Lyon, qui ont entrepris depuis plusieurs années une active campagne de propagande en leur faveur.

Les principales manifestations de cette campagne ont été les réunions tenues chaque année, depuis 1923, à l'occasion de la Foire de Lyon et où producteurs de courant et constructeurs de matériel électrique étaient conviés à venir échanger leurs conceptions et leurs idées sur l'avenir, les tendances, les progrès des utilisations du courant de nuit.

Le succès que ces réunions ont rencontré chez les Secteurs de distribution ont montré tout l'intérêt que ceux-ci portaient à cette question primordiale que, dans les différentes régions de la France, par des méthodes appropriées aux conditions locales, on cherche à résoudre le plus efficacement.

Ces méthodes diverses ont donné ici et là — dans l'Est, dans le Sud-Est, à Paris — des résultats fort intéressants. Tels qu'ils sont, ils permettent de prédire aux applications de l'énergie électrique, en dehors des heures de pointe, le brillant avenir que l'intérêt général de l'intérêt des consommateurs s'accordent à lui souhaiter.

Vœu

Le Congrès,

Considérant l'intérêt national qui s'attache à procurer au pays d'importantes économies de charbon et d'essence, par une meilleure utilisation du matériel de production et des lignes de transport et de distribution des entreprises électriques ;

Considérant que le développement des applications de l'électricité en dehors des heures de pointe concourt de la façon la plus efficace à ce résultat, en juxtaposant aux consommations usuelles de force motrice et d'éclairage, des consommations supplémentaires qui viennent combler les creux des courbes de débit des stations centrales et des usines hydro-électriques ;

Approuvant les conclusions des réunions organisées depuis quatre ans par le Syndicat des Producteurs et Distributeurs de Gaz et d'Electricité du Sud-Est et par la Compagnie du Gaz de Lyon, en vue de développer les diverses applications du courant des heures creuses ;

Emet le vœu :

Que soit favorisée par des Tarifications avantageuses et facilitée par des campagnes de propagande analogues à celles dont les Producteurs et Distributeurs d'Electricité du Sud-Est ont pris l'initiative, la diffusion des appareils d'usage industriel ou domestique, utilisant l'énergie électrique en dehors des heures de pointe.

LAURENT

Ingénieur en chef, Société du Carburateur Zénith

ALIMENTATION ET CARBURATION DES MOTEURS D'AVIATION

Edgar MICANEL

Ingénieur T. E. G., Grenoble

CONTRIBUTION A L'ETUDE DES MOYENS PROPRES A REALISER UNE AMELIORATION ENTRE LES DISTRIBUTEURS D'ENERGIE ELECTRIQUE ET LES USAGERS DE CE SERVICE PUBLIC

Les distributeurs d'énergie électrique jouissent généralement d'une fort mauvaise réputation auprès de leurs clients, principalement des clients de force motrice.

Quelles sont les causes de ces mauvaises relations ? Quels remèdes peut-on apporter à cette situation ?

C'est ce que nous allons essayer de déterminer sommairement dans ce rapport.

I

Quelles sont les causes de ces mauvaises relations ?

Il y a, à notre avis, deux séries principales de causes, au malentendu actuel. Ce sont, d'une part les difficultés techniques inhérentes à l'organisation des distributions d'énergie électrique, de l'autre le caractère de monopole de fait hybride dont jouissent les distributeurs d'énergie électrique.

Dans le premier ordre de faits, nous rappellerons simplement que les distributions d'énergie électrique sont généralement assurées au moyen de lignes aériennes relativement longues, insuffisamment protégées par la législation actuelle sur les élagages et soumises par suite à de fréquents et involontaires arrêts.

Pour saisir l'influence des causes du second ordre d'idée, il ne faut pas perdre de vue que les traités de concession reconnaissent à l'autorité concédante des avantages souvent considérables et enferment les distributeurs en ce qui concerne la lumière, dans d'étroites limites ; par contre, la distribution de la force motrice étant au contraire presque toujours entièrement libre, le distributeur cherche à se rattraper de ses pertes sur les parties concédées du service, et, comme il jouit en général d'un monopole de fait que rien ne limite ses prétentions et que l'industriel a besoin de cette énergie il arrive fréquemment que certains contrats de force motrice sont un peu léonins.

Il va sans dire que nous laissons complètement de côté ici le cas où l'on a affaire à un distributeur d'énergie électrique de mauvaise foi, ce qui se produit malheureusement quelquefois.

Ainsi donc, il faut rattacher les causes du mal :

1° d'une part aux difficultés rencontrées pour assurer le service ; 2° aux conditions dans lesquelles s'effectue de par notre législation la distribution de l'énergie électrique ; 3° à un état d'esprit très regrettable qui tend à diviser par définition, si nous osons nous exprimer ainsi, distributeurs et usagers.

II

Quels remèdes apporter à cette situation ?

Les causes du mal étant connues, voyons les remèdes..

Tout d'abord il conviendrait d'assurer une meilleure exploitation technique des réseaux. Il faudrait en second lieu que l'on se montre beaucoup plus sévère vis-à-vis des clients en ce qui concerne les dépassements, les variations brusques de charge, l'emploi de moteurs à grand décalage (cosinus défectueux) les installations défectueuses.

Il faudrait de plus que les Services de Contrôle technique se montrent plus exigeant en ce qui concerne la construction de lignes nouvelles et l'entretien des anciens réseaux. Il faudrait enfin que les élégages soient assurés d'une façon plus complète et sur ce point il serait nécessaire d'augmenter les pouvoirs des distributeurs ou tout au moins des agents de l'administration.

Dans le second ordre d'idée il serait nécessaire, étant donné que la distribution de force se fera le plus souvent avec un régime de monopole de fait, que le service de la force motrice fut concédé comme celui de la lumière. Ceci afin d'éviter que les contrats de fourniture soient faits d'après la tête du client.

En dernier lieu, il nous paraît surtout indispensable qu'une collaboration plus étroite soit réalisée entre les distributeurs d'énergie et les usagers. Dans ce but, on pourrait créer des commissions paritaires qui se réuniraient périodiquement et dans lesquelles seraient prises des décisions de nature à améliorer le service, souvent non seulement au bénéfice de l'usager, mais dans l'intérêt du distributeur.

L'organisation de détail de ces commissions, leurs pouvoirs, leurs moyens d'actions, ect, sont extrêmement difficiles à déterminer, nous le reconnaissons volontiers, mais il y a néanmoins quelque chose à faire dans cette voie.

Une autre solution beaucoup plus simple qui a été expérimentée par quelques rares secteurs et qui a donné les meilleurs résultats, consiste à avoir un personnel d'ingénieurs chargé uniquement de visiter la clientèle, d'entendre ses doléances, de s'efforcer de lui donner satisfaction tout en contrôlant les conditions d'utilisation de l'énergie.

Conclusions

Il semble que l'animosité qui existe si souvent entre distributeur et usagers est due aux conditions techniques des distributions d'énergie électrique, conditions qu'il serait possible d'améliorer, à une lacune de notre législation, lacune incitant les distributeurs à des abus, enfin et surtout à un état d'esprit déplorable et souvent injustifié qui tend à faire des distributeurs et des usagers de mortels ennemis.

Les remèdes nous paraissent devoir être cherchés dans l'observation plus rigoureuse de règles techniques déterminées par la pratique, dans l'étude de quelques modifications à apporter à notre législation, enfin et surtout par des procédés destinés à mettre les distributeurs en contact avec les usagers et les usagers en contact avec les distributeurs. Peut-être ces deux catégories de citoyens ne sont-ils ennemis que parce qu'ils s'ignorent.

2° *Le problème de la libre concurrence et celui du monopole absolu en matière de distribution d'énergie électrique*

En exécution des lois des 15 juin 1906, 19 juillet 1922 et 27 février 1925, les distributions publiques d'énergie électriques tant soit peu importantes, ne peuvent être installées qu'après avoir obtenu soit de l'Etat, des communes ou syndicats de communes intéressées, une concession, soit du Préfet ou du Ministre des Travaux publics, une autorisation d'exploitation en régie.

Seules les très petites distributions, celles distribuant moins de 100 kilowatts, peuvent être établies sous le régime de la permission de voirie avec toutes les restrictions apportées par la loi du 27 février 1925. Enfin, les lignes d'intérêt particulier, reliant une usine de production à une usine d'utilisation ou deux usines entre elles et ne servant pas à assurer un service public peuvent être établies par simple permission de voirie sans être soumises aux restrictions de la loi du 27 février 1925.

La situation juridique des entreprises étant ainsi sommairement rappelée, voyons quelles sont les diverses idées qui se sont fait jour en matière de transport et de distribution d'énergie électrique.

A l'origine, les distributeurs d'énergie électrique jouissaient d'un régime de liberté absolue. Une seule restriction : l'intérêt et la conservation du domaine public. La concession n'était envisagée à cette époque que comme un cas un peu exceptionnel pour quelques distributions très importantes.

Une seconde période est marquée par l'extension prise par le régime de la concession avec toutes ses conséquences légales, notamment le monopole de fait avec l'institution du privilège d'éclairage.

Les tendances de la troisième période sont marquées par les lois des 19 juillet 1922 et 27 février 1925, qui donnent à l'Etat des pouvoirs exorbitants et suppriment en fait la vente du courant en dehors du contrôle des pouvoirs publics.

Ces tendances successives n'ont pas rencontré cependant une faveur égale partout et suivant les divers départements on se trouve en présence d'une jurisprudence administrative assez variable dans l'application des textes.

Pour les concessions d'état aux services publics, par exemple dans certains départements, on refuse absolument le chevauchement des zones concédées. Chaque concessionnaire se trouve ainsi seul exploitant d'une zone déterminée. Dans d'autres départements au contraire, les zones concédées chevauchent les unes sur les autres et une même commune peut se trouver comprise dans la zone d'action de deux ou plusieurs distributeurs.

On pourrait citer bien d'autres exemples qui font ressortir que deux tendances sont en lutte, s'efforçant l'une d'assurer un monopole de fait absolu, l'autre, la concurrence la plus large possible.

I

Avantages économiques des deux méthodes

Nous laisserons évidemment de côté dans ce rapport tous les arguments devenus en quelque sorte des lieux communs sur les avantages réciproques du monople et de la libre concurrence, mais notons en passant, la grande analogie qu'il y a entre le service public des chemins de fer et le service public des distributions d'énergie électrique.

Sous le régime de la libre concurrence, il est bien évident que les distributeurs qui se trouveront en concurrence les uns avec les autres, chercheront à réduire au maximum leur prix de revient de manière à draîner à leur profit la plus grande partie possible de la clientèle en abaissant les prix. De plus, l'émulation qui existera entre les concurrents, les incitera à assurer le mieux possible le service de la distribution.

Par contre, un régime de monopole évitera l'investissement de capitaux inutiles correspondant aux frais d'équipement de lignes concurrentes, faisant double emploi. En multipliant à plaisir les lignes de distribution, on arrive, ce qui est le cas par exemple de certaines vallées alpestres, à revêtir la presque totalité du fond de la vallée d'un réseau de fils électriques rendant impossible l'installation d'une ligne nouvelle et déparant le paysage.

Certes, il appartient au service du contrôle d'exiger des concessionnaires l'emploi de supports communs, mais on voit l'impossibilité de mettre sur un support unique un nombre considérable de fils. De plus, sous un régime de libre concurrence on verra les compétiteurs se précipiter pour enlever les affaires intéressantes, desservir les communes susceptibles de procurer des bénéfices, mais négliger complètement les communes absolument sans intérêt et il est bien évident que dans ces conditions, il sera presque impossible d'imposer à l'un des concurrents, l'obligation de desservir telle ou telle zone.

Avec un régime de monopole au contraire il sera loisible à l'autorité concédente d'imposer en contre-partie de ce monopole, l'obligation de desservir toutes les communes situées dans la zone attribuée au distributeur.

II

Quelle est la tendance actuelle ?

Un pas très important dans la voie du monopole de plus en plus absolu a été fait par la loi du 19 juillet 1922, mais cette loi est en fait très difficilement applicable.

Essayons pour mieux en comprendre la portée, de l'appliquer à un cas concret. Supposons par exemple que l'on veuille remplacer par un réseau unique les innombrables lignes électriques qui sillonnent la vallée de la Romanche (Isère). On ne saisait pas très bien comment il serait possible que tous les conducteurs et tous les usagers après avoir mis sur la ligne la puissance produite puisse sans difficultés la retrouver à l'extrémité de la ligne. Par suite l'idée de la loi, bonne dans son principe, semble en fait à peu près irréalisable dans nombre de cas. Si, au contraire, toutes les usines et toute la clientèle d'une région déterminée appartiennent à un seul distributeur, celui-ci n'aura aucune difficulté à assurer d'une façon régulière et économique le transport jusqu'au lieu de son utilisation et ceci par une ligne unique bien construite.

Comme nous l'avons indiqué un peu plus haut, il est assez difficile de déterminer d'une façon précise les tendances actuelles en matière de distributions d'énergie électrique.

L'étude de la législation et de la réglementation qui se sont succédées depuis 1906 semble indiquer une évolution très nette en faveur d'un monopole de plus en plus absolu, mais cette législation et cette réglementation assez larges sont interprétées très diversement.

III

Quelle méthode adopter ?

Essayons maintenant en nous plaçant à un point de vue absolument objectif et impartial d'exposer la méthode qui nous paraîtrait s'adapter le mieux à l'exploitation des distributions d'énergie électrique dans notre pays. Tout d'abord, nous ne sommes pas dans un pays neuf comme les Etats-Unis, où la place ne fait pas défaut et où les capitaux abondent, il convient, au contraire, en France, d'assurer le service public des distributions d'énergie électrique avec les capitaux les plus réduits, tout en sauvegardant les intérêts légitimes en jeu. Il nous paraît, d'autre part, tout à fait déplacé que les contribuables puissent être appelés à faire les frais de l'exploitation déficitaire d'un service public que l'on pourrait assurer dans de meilleures conditions.

A notre avis, la solution la meilleure consisterait à répartir le territoire de notre pays en un certain nombre de zones suffisamment vastes, chacune de ces zones serait concédée à une compagnie qui serait chargée de la construction et de l'exploitation des réseaux. Les prix de l'énergie seraient uniformisés pour tout le pays et calculé de telle façon qu'ils permettent l'extension des distributions.

La question devrait être tranchée de savoir si tous les frais de premier établissement des réseaux seraient supportés par les Compagnies concessionnaires ou si l'on continuerait comme aujourd'hui à demander une participation importante aux autorités concédantes. La questions n'a que peu d'importance, il suffirait en fait de calculer les tarifs en conséquence.

Un super-réseau d'interconnexion serait réalisé pour assurer la liaison entre les diverses compagnies concessionnaires afin de faciliter les échanges d'énergie. Ce super-réseau pourrait en fait être confondu avec celui destiné à l'alimentation en énergie des compagnies de chemins de fer lorsque celles-ci auront réalisé plus complètement leur électrification.

Ce super-réseau serait construit comme il l'est aujourd'hui avec la participation de l'Etat, des Compagnies de chemins de fer et de plus une participation importante des Sociétés de distribution d'énergie électrique. L'exploitation de ce super-réseau pourrait-être soit laissée aux Compagnies de chemins de fer, soit ce qui nous paraîtrait préférable, confié à une Compagnie spéciale au sein de laquelle seraient représentées les Compagnies de chemins de fer et les Compagnies de distribution d'énergie électrique.

Chaque Compagnie concessionnaire d'une portion du territoire français aurait l'obligation de réaliser dans un délai et à des conditions déterminées, l'électrification de tout le territoire à elle concédé.

Conclusions

L'extension prise depuis une dizaine d'années par les distributions d'énergie électriques suscite d'assez nombreux problèmes parmi lesquels un des plus importants est celui de l'organisation rationnelle de cet important service public.

Notre législation réalisée un peu par pièces et par morceaux ne correspond pas à une méthode très précise et l'application qui a été faite des textes varie considérablement suivant les diverses régions.

Le plan que nous avons donné ci-dessus très schématique ne paraît pouvoir donner dans d'assez bonnes conditions, une solution pratique et complète de la question. Il est calqué en une certaine mesure sur le mode d'exploitation des chemins de fer français. Il peut donner de bons résultats, mais il ne vaudra, ne l'oublions pas, que par son application.

A. VAEBER

Directeur des Entreprises électriques Friburgeoises, à Fribourg (Suisse(

SUR L'ETAT ACTUEL DES INSTALLATIONS HYDRO-ELECTRIQUES EN SUISSE

Le développement des entreprises suisses de distribution d'énergie hydro-électrique a fait l'objet, au cours de ces dernières années, de maintes communications, lesquelles se sont attachées spécialement à suivre ces entreprises depuis leur création jusqu'à ce jour. Au nombre de ces études, il convient de citer celle de M. René Tavernier, parue dans les Annales de l'Energie électrique, et que quelques données tirées des communications les plus récentes publiées en Suisse, rendraient des mieux informées.

Particulièrement intéressantes seront les publications que l'Association Suisse des Electriciens et l'Association Suisse pour l'Aménagement des Eaux feront paraître à l'occasion de l'Exposition internationale de Navigation intérieure et d'Exploitation des forces hydrauliques, à Bâle.

Elles donneront tous les renseignements utiles sur le développement des entreprises électriques en Suisse, et tout spécialement sur leur rentabilité.

D'après la statistique de 1923, il existe en Suisse 102 entreprises électriques de puissances supérieures à 500 kw., représentant une capacité totale de production de 874.000 kw., affectée à la distribution dans 3.020 localités. Durant cette même année, les kwh. produits et consommés ont atteint le chiffre de 1.740 millions dont 50 millions environ ont été utilisés par la population agricole. Déduction faite du courant livré aux chemins de fer, à l'électrochimie et à l'exportation, la moyenne de consommation, par tête d'habitant, est de 450 kwh. annuellement, avec une puisasnce raccordée de 400 watts environ.

C'est pendant la guerre et au cours des premières années qui suivirent l'armistice que l'industrie électrique marqua son plus fort développement. Cette période vit surgir un grand nombre d'usines très puissantes, telles que celles d'Amsteg et de Ritom, avec une puissance installée de 130.000 HP., pour le compte des Chemins de fer fédéraux, celles de Mühleberg pour les Forces Motrices Bernoises, de Broc pour les Entreprises électriques fribourgeoises, de Lungern pour les Centralschweizerische Kraftwerke. Bien qu'un certain ralentissement se soit révélé depuis 1921 dans la construction d'usines, nous assistons encore à la création de celles du Wäggital, de la Société des Forces Motrices du Nord-Est, équipées pour 140.000 HP. avec un réservoir hydraulique de 140 millions de mètres cubes, accumulant une énergie potentielle de 110 millions de kwh., travaux gigantesques terminés en 1925 et qui ont coûté 80 millions de francs ; de celle de Chancy-Pougny, sur le Rhône, mise en service en 1924 ; de celles d'Illsee-Tourtemagne, en Valais, et de Davos-Klosters dans les Grisons ; de celle, enfin, de la Barberine, qu'exploitent les Chemins de fer fédéraux, et dont l'accumulation hydraulique du même nom est terminée.

La puissance disponible installée en Suisse à fin 1925 était ainsi d'environ 2.100.000 HP.

D'autres usines sont actuellement en construction, parmi lesquelles nous nommerons celle de la Handeck, sur un palier de la Grimsel, dotée d'un équipement de 100.000 HP. et disposant d'une réserve considérable de kwh. d'hiver, par l'effet des grands barrages que créent les Forces Motrices Bernoises dans l'Ober-Hasli ; celle de Vernayaz, des Chemins de fer fédéraux, dont l'achèvement est prévu pour 1927, et qui constitue le palier inférieur d'utilisation des eaux accumulées du lac de Barberine, tout en exploitant les forces de l'Eau-Noire et du Trient.

Partout on s'applique, soit à l'amélioration des installations existantes, par des accumulations, soit à de nouveaux projets : en Suisse orientale, dans les Grisons et dans le canton de Glaris (Muttenseewerk);

en Suisse centrale, par la surélévation du miroir du lac de Lungern ; en Suisse occidentale, où la Société des Forces Motrices des Lacs de Joux et de l'Orbe met en construction une usine de 10.000 HP. sur l'Avençon, et où les Entreprises électriques fribourgeoises prévoient une nouvelle accumulation de 10 millions de kwh. d'énergie d'hiver, au Gros-Mont, et la transformation de leur centrale de Hauterive, par la création d'un grand barrage sur la Sarine, à Rossens, pour la régulation annuelle de la Sarine au moyen d'une retenue hydraulique de 160 millions de mètres cubes.

Tel est, très sommairement présenté, l'état actuel de développement de l'utilisation des forces hydrauliques en Suisse.

Revenant sur la statique de 1923, de l'Association Suisse des Electriciens, nous y relevons que la puissance installée en appareils consommateurs d'énergie électrique est de 1.455.400 kilowatts ; que le nombre des abonnés au compteur est de 682.900 et de 257.800 celui des abonnés à forfait. La population du pays étant de 3.880.320 âmes, d'après le recensement de 1920, les 940.700 abonnés ci-dessus représentent approximativement 1 abonné par 4 habitants, proportion révélant bien la saturation des réseaux et permettant de conclure que la presque totalité du peuple suisse bénéficie des avantages de l'électricté. La consommation annuelle de 450 kwh. par tête d'habitant, citée plus haut, indique éloquemment qu'elle est appréciée dans ses multiples applications.

En ce qui concerne plus spécialement l'emploi de l'électricité en agriculture, des études très approfondies ont été faites et seront présentées dans des rapports, lors de la Conférence mondiale de l'Energie, à Bâle. Des statistiques établies à cette occasion, il ressort que, dans les contrées agricoles et en tenant compte des régions montagneuses aussi bien que de la plaine, le 84 % des ménages sont raccordés aux réseaux des entreprises de distribution de courant.

Mieux encore que les indications qui précèdent, l'immense effort financier des Etats confédérés, des corporations de droit public, des Sociétés privées, en vue d'utiliser rationnellement les forces hydrauliques dont le pays abonde, montre l'intérêt qu'attache la Suisse à se rendre, dans la mesure du possible, indépendante de l'Etranger. Pour indiquer combien est profond ce souci du peuple suisse, il suffira de citer que les Chemins de fer fédéraux investissent dans la transformation de la traction à vapeur en traction électrique sur l'ensemble de leur réseau, plus de 750 millions de francs-or. En 1923, les immobilisations des différentes entreprises de distribution de courant étaient de 350 millions de francs : elles ascendent actuellement à 500 millions environ.

La rentabilité est généralement favorable. Après prélèvement de taux variant de 4,5 à 7 % pour le capital-obligations, amortissements, constitution de fonds de renouvellement ,etc., par 1 à 3 % des sommes investies, il est possible de distribuer un dividende de 3,5 à 10 %.

Une remarque caractéristique pour notre économie nationale, c'est que, de toutes les branches de la production indigène, l'industrie de la distribution d'énergie électrique est la seule qui, grâce à une utilisation plus judicieuse des forces motrices disponibles, a des prix de vente plus favorables en général qu'avant 1914.

R. FERET

Chef du Laboratoire des Ponts et Chaussées, à Boulogne-sur-Mer

---

A PROPOS DU 2e VŒU DE 1925, SUR L'ETUDE DES MATERIAUX PIERREUX EMPLOYES DANS LES GRANDS BARRAGES

Au congrès tenu à Grenoble en 1925, l'Association Française pour l'Avancement des Sciences a déploré qu'on manquât, au sujet des matériaux pierreux, mortiers et bétons, de « renseignements complets et surtout simultanés : 1° sur les résistances élastiques et de rupture aux efforts composés avec les deux coefficients d'élasticité ; 2° sur les coefficients de dilatation et de retrait ; 3° sur les coefficients de capacité et de conductibilité thermique ; 4° sur la porosité, la perméabilité, la résistance au gel, etc... », et émis, parmi d'autres, le vœu que des essais simultanés sur ces diverses propriétés fussent poursuivis systématiquement dans les laboratoires existants.

Il est inexact qu'une telle documentation fasse défaut. Au contraire, il a été exécuté, depuis longtemps et de toutes parts, des recherches innombrables sur ces questions, et toute la difficulté est de coordonner les résultats publiés. Nul n'ignore en effet combien sont écartées (du simple à parfois plus que le décuple) les limites entre lesquelles les principales propriétés des mortiers et bétons sont susceptibles d'osciller selon la qualité du liant employé, sa proportion, les compositions minéralogiques et surtout granulométrique des matériaux sableux et pierreux la proportion d'eau de gâchage, la mode de mise en œuvre, la durée et les conditions de conservation, le mode d'application des actions extérieures que l'on fait intervenir, etc.

D'autre part, il est bien peu de ces propriétés dont les variations aient pu être reliées par des lois générales aux multiples facteurs dont elles dépendent, de sorte qu'on est souvent obligé de répéter les essais sur des mélanges variés pour se faire une idée des qualités de ceux-ci dans chaque cas.

Entreprendre dès à présent de nouvelles expériences, même « simultanées », ne ferait donc qu'ajouter à la vaste documentation actuelle quelques éléments supplémentaires, mais rarement complémentaires.

A mon avis, il importerait tout d'abord de dépouiller à fond cette documentation en ce qui concerne chacun des problèmes envisagés, de chercher les conclusions qui s'en dégagent dès maintenant, et, ensuite seulement, d'organiser de nouvelles expériences en vue d'éclaircir les points restés obscurs.

La première partie de ce travail ne peut guère être entreprise que par des chercheurs résidant à proximité de bibliothèques pourvues des principales revues et publications techniques du monde entier. Je possède déjà, sur chacune des questions énumérées, des fiches nombreuses, néanmoins très incomplètes, dont je ferais volontiers profiter les personnes qui auraient le temps et le goût de continuer le dépouillement, et sans doute d'autres spécialistes ne demanderaient-ils pas mieux que de leur prêter un concours analogue.

Quant à l'élaboration de plans d'expérience, qui devrait suivre la publication des conclusions ressortant de l'ensemble des anciens essais, elle pourrait être confiée à quelque commission internationale, sans exclure, bien entendu, les recherches, généralement plus fructueuses, que tels ou tels laboratoires voudraient entreprendre d'après leur propre initiative.

SAUVAGE

Résumé de la Conférence

Nous débutons en montrant la nécessité d'avoir une bonne méthode qui permette à coup sûr de prévoir la tendance d'une huile à la formation des dépôts, nous donnons quelques renseignements sur les différentes causes d'altération d'une huile en service, et sur les produits qui en dérivent.

Après avoir démontré la complexité du problème de la recherche d'une bonne méthode, nous entrons dans le vif du sujet et passons successivement en revue tous les facteurs qui concourent à la difficulté de réaliser une bonne méthode et montrent par la même occasion combien il est fragile de juger une huile par les chiffres.

Nous parlons successivement de la nécessité de filtrer l'huile avant tout essai, de la quantité d'huile à prendre, de la nature du vase à utiliser, de la forme du vase, du mode de chauffage, de la température de chauffage, du chauffage à l'air libre avec ou sans insufflation d'air ou d'oxygène, de l'emploi des catalyseurs, de la durée de l'essai, du mode de dosage des dépôts, de l'influence du champ électrique, de l'indice d'iode, etc...

LALITTE

Délégué général des Etablissements Niclausse

LA CHAUDIERE MODERNE DANS SES APPLICATIONS A LA MARINE, AUX TRANSPORTS ET AUX CENTRALES THERMIQUES.

2e groupe

SCIENCES PHYSIQUES

5e section

PHYSIQUE

Président .... Charles Féry, Professeur à l'Ecole de Physique et de Chimie.

Vice-Président .... Thovert.

J. LAHOUSSE

Ingénieur à la Société chimique des Usines du Rhône.

LA THEORIE DES CORDES VIBRANTES APPLIQUEE AU TITRAGE DES TEXTILES

Industriellement, on détermine le titre des textiles en pesant des échevettes contenant une longueur connue de fil, 450 mètres pour la soie par exemple. On n'a évidemment ainsi qu'un titre moyen et même si l'on opère sur une vingtaine d'échevettes, comme on le fait pour la soie naturelle, on est très mal renseigné sur la régularité du fil. Or, surtout depuis le grand développement des textiles artificiels au cours de ces dernières années, il y a un intérêt indéniable à pouvoir déceler les irrégularités périodiques qui peuvent résulter de l'imperfection des organes mécaniques de fabrication, des pompes par exemple, si la régularité de leur débit n'est pas assurée convenablement. Ces variations périodiques du titre qui passent inaperçues lorsque les mesures sont faites sur 450 mètres, créent sur les tissus des zones d'opacités différentes qui sont d'un effet déplorable.

Cet appareil est encore un complément utile du dynamomètre. Les écarts entre les valeurs obtenues pour la résistance à la rupture sont en effet bien diminués si l'on rapporte la force au titre même de la portion utilisée au dynamomètre et non au titre moyen de l'échevette, ce qui est évidemment naturel.

La théorie des cordes vibrantes conduit à l'équation $d = \frac{F}{4\, h^2\, n^2}$ F étant en dynes la force tendant le fil, h en cms la longueur d'un internœud, n la fréquence par seconde, d la masse en grs d'un cm de fil. Si n et F sont constants, on peut donc construire une échelle graduée en valeurs de d, calculées d'après l'équation ci-dessus en fonction de h, et la placer derrière le fil qui indique ainsi lui-même par l'écartement de ses nœuds, quelle est sa masse par unité de longueur.

Dans notre appareil actuel, nous avons adopté $n = 100$ qui permet l'entretien des vibrations par branchement sur les réseaux de distribution d'énergie dont la fréquence est 50. Pour cela, un simple électro, parcouru par le courant alternatif, commande une armature accordée approximativement sur la fréquence 100. Cette armature consiste en une lame d'acier verticale encastrée à sa partie supérieure, libre à l'autre extrémité où elle porte une petite encoche dans laquelle on engage le fil dont on veut exciter les vibrations.

Le fil est tendu par un poids qu'il supporte à son extrémité inférieure et que nous avons réalisé sous la forme d'une pince. En donnant à ce poids une valeur telle que, pour les fils les plus fins à essayer, on ne dépasse pas le tiers de la limite réelle d'élasticité (et non de l'élasticité au sens usité en soierie), on se trouve dans des conditions permettant de donner à l'appareil des dimensions acceptables (1 m. 80 environ).

Pour effectuer une mesure, on cherche approximativement, en déplaçant la pince sur le fil, quelle est la longueur de celui-ci telle que les amplitudes des vibrations soient les plus fortes possibles. On déplace alors l'échelle de façon que son zéro vienne coïncider avec le point où le fil s'insère dans la pince et on lit en regard du premier nœud à partir du bas le titre du fil. Toutefois, si le titre est élevé, on a avantage à faire la lecture en face du second nœud et une autre graduation est prévue à cet effet sur l'échelle. Naturellement, les valeurs de d peuvent être inscrites en unités textiles, par exemple en deniers pour la soie et on a alors pour la conversion des graduations :

$$\text{Titre en deniers} = 0{,}9 \times 10^6 \text{ d.}$$

On remarquera qu'il n'est pas utile de couper le fil et que l'on peut suivre son titre mètre par mètre ou même à des intervalles de longueur moindre.

Une particularité intéressante est que l'erreur relative varie peu le long de l'échelle. La précision est de 1 % environ.

L'avantage que présente l'utilisation du courant d'un réseau de distribution d'énergie est d'éviter les étincelles de rupture que l'on aurait dans le cas de l'entretien électromagnétique d'un diapason, mais la fréquence est un peu variable et ses variations atteignent parfois + 4 %. Aussi, avons-nous disposé sur notre appareil un autre fil métalique qui sert de fréquence ± mètre et indique directement, par la position d'un de ses nœuds placé en regard d'une échelle, quelle est la correction à faire subir aux titres lus sur l'autre échelle. On peut, en effet, facilement établir la relation

$$\text{Titre réel} = \text{titre lu} \times \left(1 + \frac{2a}{H}\right)$$

a étant le déplacement du nœud situé normalement à la distance H de l'origine du fil vers le poids tenseur.

Si ce n'était la question de la délicatesse du réglage de l'entretien électromagnétique d'un diapason, et de l'étincelle que ce dispositif comporte, il serait évidemment préférable d'éviter toute correction en entretenant le mouvement du fil par un diapason. Peut-être l'emploi de l'effet de gaîne sur lampe à mercure, découvert récemment par MM. Dunoyer et Toulon, permettrait-il la réalisation facile d'un appareil suffisamment robuste pour être industriel.

Nous avons encore appliqué les phénomènes des cordes vibrantes au titrage des textiles dans un cas un peu différent, c'est-à-dire en ayant pour but l'étude même des matières colloïdales capables de constituer des textiles artificiels. Il est très utile, pour la rapidité des recherches, de pouvoir se contenter des petites quantités que l'on peut obtenir par un essai de laboratoire. Aussi, avons-nous construit par nos propres moyens, un dynamomètre aréométrique et un titreur à vibrations nous permettant d'opérer sur un brin unique et non sur un fil. On sait que le fil est composé d'une vingtaine de brins tordus ensemble. Or, le brin unique s'obtient facilement au laboratoire, mais sa grosseur n'est que de quelques deniers, c'est-à-dire qu'il ne pèse que moins d'un milligramme au mètre. Pour de tels brins, nous opérons non plus à tension variable, mais à tension constante et c'est la tension F que nous faisons varier en la créant par un aréomètre plus ou moins plongé dans un liquide et dont le sommet est soudé par de l'arcanson à l'extrémité inférieure du brin dont la longueur est constante et connue. L'extrémité supérieure du brin est fixée de la même façon sur la branche d'un diapason ordinaire donnant le la_3 et autoexcité par insertion dans le circuit électrique d'un contact microphonique.

Ces appareils ont été imaginés au cours des études effectuées à la Société Chimique des Usines du Rhône pour la mise au point de la fabrication de la soie à l'acétate de cellulose, dite Rhodiaseta.

A. LESEURRE

DE LA FORMATION ET DE L'INFLUENCE DES VAPEURS SURCHAUFFEES DANS LA STERILISATION PAR VAPEUR D'EAU

Autoclavons sous deux atm. 1/2 un paquet de chiffons (3 kg) contenant en son centre :

1° Le réservoir d'un thermomètre à distance.

2° Un tampon de toile taré.

3° Des morceaux de gaze imprégnés de germes sporulés.

Nous constatons qu'après une heure de chauffe dans la vapeur d'eau saturée à 128°, la température des tissus atteint seulement 120°, que leur humidité est plus faible qu'à l'origine et qu'enfin aucun des microbes n'est détruit.

Pour expliquer ces résultats, qui infirment les opinions admises, analysons le graphique des échauffements.

Par mélange et condensation de vapeur, les chiffons s'échauffent rapidement à 70°. L'air qui les imprègne est refoulé en profondeur par la vapeur, et ce faisant limite la température de leur mélange. La pression maximum dès lors atteinte, seul presiste l'échauffement par conductibilité. L'eau primitivement condensée se réévapore et par la pression qu'elle produit déplace l'air en quantité correspondante.

Les tissus s'échauffent de la sorte à 108° et dorénavant secs, leur température ne s'élève plus que très lentement. L'évacuation de l'air est en effet pratiquement nulle, puisque seulement provoquée par dilatation.

Finalement, la vapeur est donc surchauffée et à une température trop basse pour être stérilisante.

Comment donc évacuer cet air, seule cause du phénomène ?

Vainement on utilise l'action d'un vide préalable ; avec ou sans ce moyen, la marche des échauffements reste identique.

Il n'en est pas de même des détentes de vapeur, si toutefois elles sont effectuées en temps opportun. Pour mieux nous faire comprendre, figurons-nous un ressort, qui détendu, remplit une boîte. Sous la charge d'un poids quelconque, il se contractera d'une quantité correspondante et ce poids retiré remontera à son niveau primitif.

Par analogie, le ressort représente l'air et le poids la vapeur. Vient-on à l'origine à détendre cette dernière, l'air sans sortir de la boîte en regagnera seulement l'ouverture.

Au contraire, retardons cette détente jusqu'à échauffement à 108°, moment auquel le calcul nous indique que sous le régime de 2 atm. 1/2, l'air remplit à nouveau le récipient. La détente sera alors efficace et la remontée en pression conférera une humidité nouvelle et comme déjà exposé un échauffement rapide.

Tel est le principe de notre chasse d'air par détente retardée.

Quelque soit le contenant ou le contenu, il réalise leur échauffement en milieu humide, dans un temps invariable et à une température voisine de celle de la vapeur saturée qui remplit l'autoclave.

Toutes choses égales, ces temps varient du double au triple dans tous autres procédés, et l'asepsie n'y est pas garantie.

Ne voulant abuser ni du temps, ni de la place qui nous est octroyée, signalons néanmoins cet autre cas de surchauffe. Dans l'autoclavage des objets de caoutchouc, tels que drains et gants, étant donné la minceur de leurs parois, l'échauffement par conductibilité devance celui qui résulterait d'une pénétration de la vapeur.

En l'état actuel, l'intérieur de ces objets est donc toujours sec au cours de la stérilisation et l'asepsie impossible à garantir.

En résumé, les procédés de stérilisation par vapeur d'eau actuellement préconisés sont nettement insuffisants, et si néanmoins les accidents sont relativement rares, doit-on uniquement l'attribuer à la présence exceptionnelle de germes résistants.

BETHENOD

Ingénieur.

SUR L'UTILISATION DIRECTE DES COURANTS ALTERNATIFS POUR LA SOUDURE A L'ARC

L'utilisation directe des courants alternatifs pour la soudure à l'arc offre un intérêt évident, mais jusqu'ici elle n'a été envisagée qu'au moyen d'un transformateur monophasé, alimentant l'arc de soudure par l'intermédiaire d'impédances convenables, destinées à lui assurer une stabilité suffisante. La tension aux bornes de l'arc en activité étant de l'ordre d'une vingtaine de volts, on a constaté que cette stabilité exigeait une tension à vide (c'est-à-dire aux bornes de l'arc éteint) atteignant 60 et même 80 volts. Un calcul élémentaire montre que dans ces conditions, le produit du rendement de l'installation par son facteur de puissance est constant ; il ne peut d'ailleurs dépasser la valeur très faible de 0,4, dans le cas le plus favorable. On ne peut donc obtenir un bon rendement qu'au détriment du facteur de puissance, et vice-versa. Le seul moyen d'améliorer cet état de choses est d'abaisser la tension à vide nécessaire pour une bonne stabilité de l'arc.

Une première méthode utilisée avec succès par l'auteur consiste à employer une étincelle auxiliaire de haute fréquence dite « étincelle-pilote » ; celle-ci, en jaillissant entre l'électrode et les pièces à souder, prépare le passage de l'arc par une forte ionisation de l'air. La tension à vide peut être alors abaissée très notablement, et le produit défini ci-dessus peut atteindre une valeur nettement plus élevée. L'allumage de l'arc se produit en outre sans qu'il soit nécessaire d'amener l'électrode au contact des pièces à souder, et finalement un opérateur absolument inexpérimenté arrive à faire une soudure convenable après un très court apprentissage.

L'idée d'amorcer un arc au moyen d'une étincelle est fort ancienne, mais son application n'est pas sans présenter quelques difficultés en pratique, notamment en ce qui concerne le prix de l'installation et la sécurité de l'opérateur. Le schéma appliqué par l'auteur consiste à brancher aux bornes de l'arc un condensateur qui fait partie d'un circuit oscillant ; celui-ci est excité inductivement par une source à haute fréquence, laquelle est constituée pratiquement par un second circuit oscillant qui est accordé sur le premier et dont le condensateur, chargé par un transformateur auxiliaire à basse fréquence, se décharge périodiquement à travers un éclateur fixe. Ce montage s'est révélé tout à fait satisfaisant à tous égards, et un certain nombre de postes de soudure ainsi équipés sont en fonctionnement depuis plus d'un an.

Cependant, lorsqu'il s'agit de postes relativement puissants, le caractère monophasé de la charge constitue lui-même un sérieux inconvénient pour le secteur, presque toujours polyphasé. Bien que l'auteur ait réalisé des montages statiques permettant de répartir également une telle charge entre toutes les phases d'un réseau polyphasé, sans d'ailleurs recourir à des condensateurs, la méthode suivante a reçu la sanction de la pratique avec le plus grand succès :

On utilise une électrode double, composée de deux baguettes en métal, isolées l'une de l'autre, à la manière des anciennes bougies Jablochkoff. En réunissant par exemple chacune des baguettes à l'un des pôles d'une source triphasée, le troisième pôle étant relié aux pièces à souder, l'arc triphasé ainsi réalisé possède la stabilité d'un arc à courant continu, et le produit du rendement par le facteur de puissance peut prendre une valeur au moins comparable à celle obtenue avec la première méthode, basée sur l'application de l'étincelle-pilote. D'ailleurs, bien que l'allumage soit naturellement un peu moins aisé qu'avec cette première méthode, la simplicité d'un poste ainsi établi, jointe au grand avantage de l'équilibrage des phases, lui a déjà assuré des débouchés industriels très importants. Au lieu d'une source triphasée, on peut employer avec avantage une distribution diphasée à trois fils, le fil commun étant connecté aux pièces à souder.

A. DENIZOT

Professeur à l'Université de Piznaú

SUR LE RAPPORT DE LA CHALEUR SPECIFIQUE A LA TEMPERATURE

1. Pour le domaine des températures où la chaleur atomique a la valeur à peu près de 6 je trouve que la chaleur spécifique (c) de beaucoup d'éléments, sinon de tous, est proportionnelle au logarithme de la température absolue (T), c'est-à-dire peut être représentée approximativement par la simple formule

(1) $$c = a \log T.$$

Afin de vérifier cette formule, je joins des tableaux qui permettent de comparer les valeurs calculées de la chaleur spécifique pour quelques éléments d'après la formule (1) avec les valeurs observées que j'ai empruntées soit des tables connues de Landolt-Boernstein soit des « Tables annuelles de constantes et données numériques, etc. ».

En ce qui concerne la valeur de a, je l'ai calculée dans la plupart des cas d'après la valeur observée de c pour $T=273°$ ou j'ai pris la valeur moyenne de $c \log T$ pour les diverses températures.

On constate donc que les différences entre les valeurs calculées et observées ne surpassent pas en général celles que fournissent les observations.

2. Comme le rapport du coefficient de dilatation α à la chaleur spécifique des métaux ne dépend pas de la température, pourvu que le coefficient de compressibilité ne varie pas avec la température [1], il s'ensuit en combinaison avec ce qui précède que le coefficient de dilatation sera en beaucoup de cas de même approximativement proportionnel au logarithme de la température absolue, c'est-à-dire

(2) $$\alpha = \alpha_0 \log T.$$

(1) V. Comptes rendus 1925. Denizot.

	Temp. abs. T	Chaleur spécifique c calc.	obs.	Diff. calc.-obs.
Carbone $a = 0,1500$	880	0,441	0,441	0,000
	915	444	445	— 0,001
	1169	460	454	+ 0,006
	1250	465	467	— 0,002
	1258	465	459	+ 0,006
Aluminium $a = 0,08686$	273	0,2116	0,2096	+ 0,0020
	291	2140	2144	— 0,0004
	301,35	2153	2147	+ 0,0006
	324	2181	2184	— 0,0003
	370,48	2231	2248	— 0,0017
	373	2234	2227	+ 0,0007
Fer $a = 0,04286$	235	0,1016	0,1001	+ 0,0015
	273	1044	1045	— 0,0001
	291	1056	1054	+ 0,0002
	295	1058	1078	— 0,0020
	301	1062	1062	0,0000
	370	1101	1137	— 0,0036
	373	1102	1185	— 0,0083
Cuivre $a = 0,03724$	170	0,0831	0,0823	+ 0,0008
	231	880	879	+ 0,0001
	250	893	897	— 0,0004
	273	907	909	— 0,0002
	290	917	924	— 0,0007
	293	917	915	+ 0,0002
	301	923	923	0,0000
	323	934	927	+ 0,0007
	340	943	939	+ 0,0004
	370	956	952	+ 0,0004
Zinc $a = 0,03273$	210	0,0864	0,0901	— 0,0037
	273	907	918	— 0,0011
	274	908	903	+ 0,0005
	291	917	925	— 0,0008
	373	957	954	+ 0,0003
Argent $a = 0,02282$	100	0,0456	0,0448	+ 0,0008
	173	511	524	— 0,0013
	200	525	540	— 0,0015
	223	536	543	— 0,0007
	273	556	556	0,0000
	331	575	557	+ 0,0018
	370	586	574	+ 0,0012
	535	623	599	+ 0,0024
	589	632	616	+ 0,0016
Cadmium $a = 0,02235$	234	0,0530	0,0530	0,0000
	273	545	553	— 0,0008
	291	551	550	+ 0,0001
	294	552	551	+ 0,0001
	301,3	554	555	— 0,0001
	370,6	574	572	+ 0,0002
	373	575	570	+ 0,0005
Etain $a = 0,0219$	138	0,0469	0,0467	+ 0,0002
	273	534	536	— 0,0002
	291	540	523	+ 0,0017
	301	543	541	+ 0,0002
	371	563	569	— 0,0006
	373	563	564	— 0,0001
Plomb $a = 0,01235$	173	0,0276	0,0292	— 0,0016
	273	301	305	— 0,0004
	288	304	299	+ 0,0005
	291	305	308	— 0,0003
	300	306	305	+ 0,0001
	373	318	316	+ 0,0002
	573	341	338	+ 0,0003
Bismuth $a = 0,01213$	194	0,0278	0,0296	— 0,0018
	235	287	279	+ 0,0008
	291	299	303	— 0,0004
	301	300	295	+ 0,0005

L'examen de cette relation ne peut être effectuée dans la même extension que celle de la relation (1), car on ne dispose pas de déterminations de α pour les diverses températures dans le même degré qu'au cas précédent. On n'est restreint qu'à comparer le rapport de α_2/α_1 des coefficients de dilatation correspondants à deux températures T_2 et T_1 avec le rapport des logarithmes de ces dernières.

Le tableau ci-dessous qui contient les valeurs de α déterminées par Fizeau pour $T_1=313°$ et $T_2=323°$ pour quelques éléments montre une bonne concordance du rapport $\frac{\alpha_2}{\alpha_1}$ avec la valeur de

$$\log 323/\log 313=1,01$$

	$\alpha_1\ 10^8$	$\alpha_2\ 10^8$	$\frac{\alpha_1}{\alpha_2}$
Co	1236	1244	1,01
Fe	1210	1228	1,01
Rh	850	858	1,01
Sb	1152	1158	1,01
Sn	2234	2269	1,02

3. Pour donner à la formule (1) un certain appui théorique, prenons en considération l'unité de masse d'un corps que nous faisons parcourir un cycle infiniment petit de Carnot. Soient T et $T\text{-}dT$ les deux isothermes auxquelles correspondent les chaleurs spécifiques c et $c\text{-}dc$, Q_1 la quantité de chaleur fournie au corps pour soutenir sa température T, si nous le détendons le long de l'isotherme T, Q_2 la chaleur qu'il faut soustraire au corps, si nous le comprimons le long de l'isotherme $T\text{-}dT$, alors le rendement du cycle sera

$$\frac{dT}{T}=\frac{Q_1-Q_2}{Q_1} \tag{3}$$

Nous admettons encore que la quantité de chaleur Q_1—Q_2 qui se transforme en travail est proportionnelle à dc, donc $Q_1-Q_2=\gamma dc$; posant $d=\frac{Q_1}{\gamma}$ nous obtenons pour le rendement par rapport à (3) pour le rendement du cycle

$$\frac{dT}{T}=\frac{dc}{a} \tag{4}$$

En supposant que Q_1 et de même d, dans un certain intervalle de température, ne changent pas, nous obtenons par l'intégration de (4) la formule (1).

Albert NODON

Ingénieur E. C. R., Docteur ès Sciences.

CONDENSATEUR COLLOID

Le condensateur colloïde se compose de deux feuillets d'aluminium ou de magnésium, séparés l'un de l'autre par un réseau isolant, tel qu'un canevas en étoffe, dont les vides sont remplis par une pâte épaisse de *Sesquioxyde de fer colloïdal* et de glycérine.

Les feuilles métalliques sont protégées par des enveloppes isolantes, en ébonite, en carton paraffiné, etc. En reliant respectivement les deux feuilles métalliques aux pôles d'une source de courant alternatif ayant une force électromotrice de quelques volts, on constate que ce dispositif remplit les mêmes fonctions qu'un condensateur électrostatique de très grande capacité. On obtient des résultats analogues en utilisant divers oxydes métalliques à l'état colloïdal, tels que ceux de nickel, de chrome de manganèse, etc. En disposant un milliampèremètre dans le circuit de charge, on ne constate le passage d'aucun courant de fuite à travers le condensateur.

En reliant les feuilles d'aluminimum aux deux pôles d'un courant continu, on constate au contraire le passage d'un courant de fuite appréciable. L'accouplement en série d'une cinquantaine de couples semblables, permet de réaliser un condensateur supportant une différence de potentiel alternative de 110 volts, sans fuite appréciable. En dépassant une différence de potentiel de 3 à 4 volts par élément, le diélectrique est percé et la décharge travere le colloïde. Le condensateur reprend ses propriétés primitives dès que le régime de charge est redevenu normal.

Les phénomènes qui se produisent dans le condensateur colloïde, sont analogues à ceux des clapets électrolytiques, mais l'effet clapet y est parfait. En effet, l'oxyde de fer colloïdal en présence de l'aluminium, interrompt d'une façon complète le passage du courant pendant un temps très court, tandis que dans les soupapes électrolytiques, l'effet clapet est imparfait et varie suivant la nature de l'électrolyte et de sa température. Les constantes de ce condensateur ont été mesurées à l'aide d'un galvanomètre balistique relié à un condensateur étalonné d'un microfarad, et à un accumulateur donnant une différence de potentiel de 2 volts. On effectuait successivement à l'aide d'une clé à contacts ,la décharge du microfarad, puis celle du condensateur colloïde dans le galvanomètre. Le quotient des deux lectures donnait la capacité du condensateur. On constate que pour de très petites surfaces d'aluminium, on obtient des capacités de l'ordre de 500.000 microfarads par décimètre carré, correspondant à un diélectrique dont l'épaisseur st d 10^7 cnt., c'est-à-dire d'ordre moléculaire. La capacité du condensateur colloïde décroit rapidement quand la surface augmente. Une surface d'un décimètre carré ne donne plus qu'une capacité comprise entre 10^2 et 10^3 microfarads. On constate que la charge de ce condensateur ne se conserve que pendant un temps très court égal à un dixième de seconde environ.

On explique de la sorte la fuite observée sur un courant continu, et la parfaite conservation de la charge avec un courant alternatif dont la fréquence est inférieure à un dixième de seconde.

Un condensateur colloïde pesant 100 à 150 gr. a une capacité de plusieurs centaines de microfarads ; et la nature spéciale de son diélectrique lui permet de supporter sans inconvénient d'importantes surcharges momentanées car le « claquage » ou décharge interne ne le met nullement hors d'usage. D'autre part, sa construction est très simple car elle ne nécessite aucun outillage spécial.

Les propriétés précédentes X permettent de l'utiliser dans diverses applications industrielles nécessitant l'emploi de très grandes capacités, telles que les installations sur courant alternatif, où il permet d'absorber l'énergie du front d'onde et d'en diminuer considérablement la raideur pendant les périodes transitoires de surtensions dans la ligne.

L'énergie qui est emmagasinée pendant un instant par la capacité, est aussitôt restituée à la ligne qui l'absorbe par ses résistances ohmiques. Ce condensateur permet également de provoquer l'écoulement instantané dans la terre des courants à haute fréquence provenant de phénomènes inductifs fortuits dans la ligne.

Des applications analogues peuvent être faites dans les lignes télégraphiques et téléphoniques.

Le condensateur colloïde composé d'un sel élément permet d'obtenir des résultats intéressants en radiophonie, où son emploi permet en particulier d'atténuer sensiblement les parasites.

Enfin ce condensateur peut remplir un rôle analogue à celui des soupapes électrolytiques pour garantir les installations industrielles des dangers de surtensions de quelque durée.

En résumé, le condensateur colloïde permet d'obtenir facilement des capacités considérables sous un encombrement très réduit et d'éviter tout danger de destruction de l'appareil par des décharges internes.

Abbé Z. CARRIERE

Professeur à l'Institut catholique de Toulouse

ETUDE CINEMATIQUE DU COUP DE FOUET

Les difficultés que je trouve à analyser le coup de fouet proprement dit m'ont amené à imaginer et réaliser l'appareil que je présente aujourd'hui et que j'appelle *fouet de laboratoire*. J'obtiens avec lui toutes les intensités de *claquement* désirables et les facteurs qui les modifient reçoivent des variations indépendantes.

Le *fouet de laboratoire* (figure en bas et à gauche) est une ficelle (longueur 120 cm., poids 2 gr.) attachée par un bout à un fort caoutchouc servant de ressort (diamètre 5 mm. ; longueur sous tension nulle, 30 cm. ; allongement sous 2,5 kilos 300 pour cent).

L'extrémité libre du caoutchouc est attachée en A au plancher du laboratoire. Sur la poulie P dont le centre est à 140 cm. du plancher, je fais passer la ficelle dont j'attache l'extrémité libre au point C tel que le caoutchouc soit fortement tendu et que les deux brins tangents à la poulie soient verticaux.

Pour attacher en C (armer), je fais un nœud au bout de la ficelle que j'engage entre les branches horizontales d'une fourche KL réglées pour arrêter le nœud terminal. La fourche mobile autour d'un axe normal au tableau est immobilisée par l'électro E. Je fais partir le coup en levant le pont Q_1.

Tout l'appareil est dans une chambre obscure.

Le cliché représenté dans la figure est à quelques centimètres en arrière du plan qui contient le fouet armé (plan de lancement). Sur lui, sans objectif, se fixe l'ombre portée de la ficelle au moment où jaillit une étincelle dans l'un des éclateurs représentés en haut et à droite de la figure (qu'il faut supposer placés à deux mètres en avant du plan de lancement).

L'éclateur est double pour fournir la détermination des vitesses, au moyen de deux poses *pour le même coup*.

La figure montre un groupement de jarres et de circuits réalisant cette condition. Les pointillés y représentent des tubes à eau conducteurs pour la charge progressive, isolants pour la décharge brusque provoquée par le double pont M lâché par l'électro N quand le pont Q_3 est levé. On règle l'intervalle des deux étincelles en déplaçant les extrémités des conducteurs qui doivent être court-circuités.

Le chronographe du haut de la figure mesure l'intervalle de temps

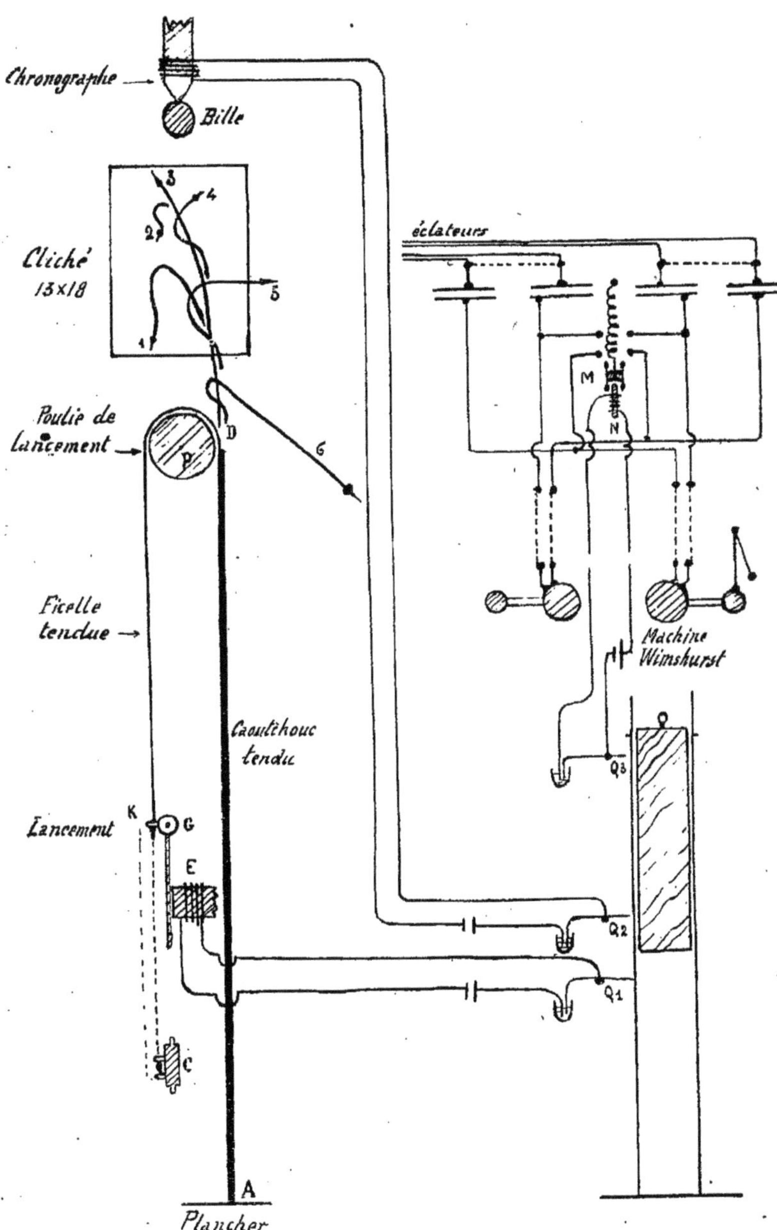

écoulé entre les deux étincelles. Convenablement réglé et déclanché, il fournit sur le cliché deux ombres portées de la bille chronométrique dont la distance donne la mesure cherchée.

La difficulté consiste à lever les ponts Q_1 Q_2 Q_3 au moment convenable. Pour cela, on les échelonne le long d'un fil vertical formant glissière à une planche qui tombe debout, en chute quasi-libre (figure en bas et à droite). L'opérateur arme le fouet et le chronographe, charge les batteries, remonte la planche au haut de sa course, fait l'obscurité, découvre la plaque, puis agit sur le déclic qui libère la planche chargée en tombant de lever les ponts.

Au moment où la fourche KL l'abandonne, la ficelle est une corde tendue déformée (déformation définie par l'arc de 180 degrés en contact avec la poulie tangenté par deux brins verticaux). Elle prend en tous ses points, dans sa propre direction, un mouvement accéléré que j'appelle *glissement.*

La poulie participe d'abord au mouvement. Mais la force axifuge ne tarde pas à la séparer de la ficelle qui devient, dès lors, *un système indépendant* peu différent d'ailleurs à ce moment du système initial. La pesanteur est négligeable. La traction du caoutchouc devant être compensée à chaque instant par les forces d'inertie le système n'est pas stable. Le glissement de la ficelle doit se continuer et s'accélérer ; doit se continuer et s'accélérer également, le mouvement éloignant de la poulie l'arc de cercle qui lui était primitivement osculateur. C'est une *propagation de la déformation* indépendante du mouvement de glissement. Elle se fait vers et jusqu'à l'extrémité libre où a lieu une réflexion avec changement du signe de la courbure.

Soit V la vitesse de propagation des ondes transversales calculable par la formule classique. Elle ne régit pas totalement la propagation étudiée ; elle doit être algébriquement augmentée de la vitesse de glissement v. Avant réflexion, la propagation se fait avec la vitesse V-v ; après réflexion, elle se fait avec la vitesse V+v. Les grandeurs V et v sont d'ailleurs variables à chaque instant. V est mesurée *sur le brin descendant*, en D par exemple ; *sur le brin montant*, la vitesse de glissement est plus grande et égale à 2V-v.

En 1 et 2, la figure représente deux formes de la ficelle avant la réflexion qui se produit en 3 ; les formes 4, 5 et 6 sont postérieures à la réflexion. Le rayon de courbure minimum diminue de la forme 1 à la forme 3 où le cercle évanouissant correspond à une flexion énorme. En conséquence, la ficelle s'y détord toujours et, le plus souvent, est sectionnée au niveau du nœud qui est violemment projeté vers le haut.

C'est au voisinage de l'extrémité 3 que naît l'onde sonore appelée claquement.

Les vitesses mesurées sont très grandes.

Pour une tension initiale du caoutchouc de 2,5 kilos, le rayon de courbure minimum *se propage* et monte à la vitesse de l'ordre de 60 mètres par seconde. Mesurée en D, la vitesse de glissement v peut atteindre ce chiffre ; mais, mesurée sur le brin ascendant, elle peut dépasser 120 mètres à la seconde. La vitesse *linéaire* du bout terminal (qui se confond en 1 et 2 avec la vitesse de glissement) atteint en 3 les valeurs de 200, 250 et même 300 mètres à la seconde (chiffres contrôlés par enregistrement direct sur disque tournant enfumé).

Au total, le temps nécessaire à la ficelle pour passer de la forme 1 à la forme 3 est de l'ordre de 0,005 seconde, la durée totale du phénomène à partir du lancement est très inférieure à 0,1 seconde.

C. GIVAUDAN

PHOTOSCULPTURE ET PHOTOSTEREOTOMIE

Si l'on photographie un sujet en relief placé dans une chambre obscure, mais éclairé perpendiculairement à l'axe optique de prise par un ensemble de plans lumineux espacés par des intervalles obscurs, cet éclairage pouvant être réalisé par la projection de rayons parallèles à travers une trame ou réseaux lignés, on obtiendra une épreuve zébrée comme celle représentée par la figure 1, où chacune des zones alternativement éclairée ou noire représente une subdivision du sujet ou tranche.

Si chacune de ces tranches est reproduite sur un support approprié, puis superposée dans l'ordre, on obtiendra la reproduction matérielle du sujet.

Ce procédé, employé lors des premiers essais, présente, avec l'apparence de simplicité, une certaine difficulté pour le dépouillement d'un cliché comportant un nombre important de tranches ; d'autre part, les profils voisins ayant des parties perpendiculaires communes, arrivent à se confondre en ces points, ce qui augmente encore la difficulté de triage.

Dans la deuxième méthode dite de Photostéréotomie, le sujet à reproduire en relief est décomposé en tranches lumineuses de façon à subdiviser ce sujet en autant de profils-images qu'il est jugé utile pour le report ultérieur.

Les tranches sont successivement photographiées, de façon à obtenir un contour profil de chacune d'elles ; le report de ces profils sur un support perforé et découpé suivant le tracé correspondant, puis l'étagement de ces supports dans l'ordre de prise, donnera le relief désiré, ce relief est fonction de deux variables qui sont le nombre de profils et l'épaisseur des supports.

A titre d'exemple, un relief de 6 mm. est obtenu avec 60 profils reportés sur des supports ayant une épaisseur de 1/10 de millimètre.

L'épaisseur des supports employés habituellement varie, suivant l'effet à obtenir, entre huit et douze centièmes de millimètre.

L'appareil proprement dit de prise comprend un chariot monté sur galets et rails de guidage et comportant un siège pour le sujet à photographier.

Un deuxième chariot porte le dispositif d'éclairage qui est fixé sur un tunnel ; ce chariot est monté sur galets de roulement pouvant se déplacer sur des rails fixes.

Les boîtes à lumière au nombre de cinq sont disposées de façon à

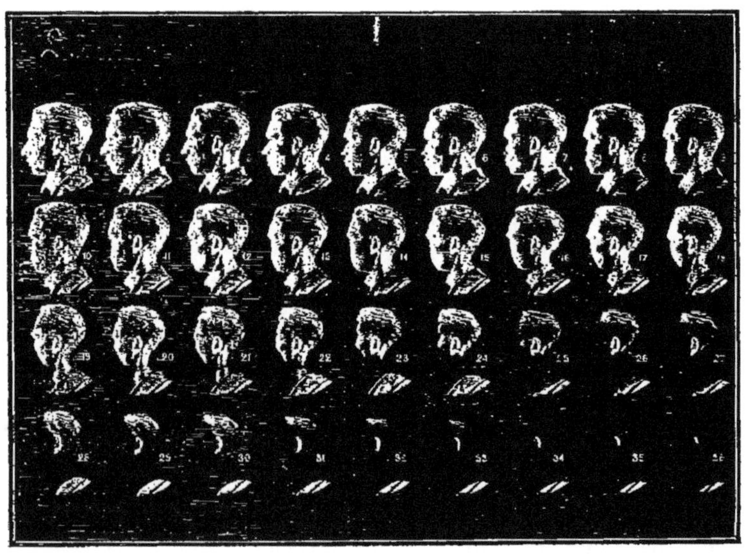

répartir l'éclairement sur le contour à reproduire. Chaque lampe doit être une source ponctuelle ou une ligne lumineuse afin d'obtenir dans les deux cas un plan lumineux ; toutes les sources sont placées sur un même plan perpendiculaire à l'axe optique de prise, cette concordance est obtenue par un réglage individuel de chaque boîte à lumière.

Le faisceau lumineux, avant d'atteindre le sujet, frappe une série de caches de façon à réduire les rayons obliques et la pénombre.

Cet ensemble d'éclairage se déplace à chaque prise de vue, d'une longueur égale à l'épaisseur d'une tranche à réaliser.

En face du sujet est disposé à une distance convenable un appareil de prise de vues, cet appareil permet d'enregistrer sur un film sensibilisé la série de profils-images formant la reproduction du sujet.

L'avancement du film et sa perforation, le déplacement de l'éclairage sur le sujet, ainsi que toutes les manœuvres accessoires se font automatiquement.

A cet effet, un moteur électrique attaque après démultiplication l'axe d'avancement du film, puis par un ensemble de mouvements, le chariot porte-éclairage ; ce chariot avance pendant la période de changement de film après chaque exposition, il sera au repos pendant le temps de pose du sujet.

Il est possible de faire varier le nombre et par suite l'épaisseur des tranches subdivisant le sujet et cela par un ensemble de leviers et de roues permettant d'obtenir cinquante combinaisons différentes.

Afin de permettre le repérage mathématique de toute la série des profils-images et d'obtenir par la suite une superposition rigoureuse de ces profils, le film est, pendant son exposition devant l'objectif, perforé dans sa partie marginale, de la sorte toutes les images sont exactement étageables ; cette perforation est ensuite utilisée dans toutes les opérations successives de report.

Le report du négatif sur le support peut se faire par plusieurs procédés ; le support peut être formé d'une feuille mince de zinc sensibilisée à l'albumine bichromatée, arès exposition sous le négatif et dépouillement, cette feuille est découpée suivant le profil-image par morsure dans un bain acide, des parties non insolées.

Les supports profils sont ensuite empilés par ordre croissant de façon à former un creux qui sera la représentation du sujet ; si dans ce creux on introduit une matière plastique, on obtiendra après démoulage un relief reproduisant le modèle.

Le report et l'ajourage des supports peuvent également s'obtenir avec un Pantograveur.

Par exemple, ce Pantograveur pourra être employé pour reporter chacun des profils-images négatifs, sur des feuilles métalliques, ou autres supports, qui seront ensuite découpés au profil, soit par perforation, soit par morsure.

L'emploi de cette méthode de report permet d'obtenir, avec une série de profils à petite échelle, une reproduction de dimensions quelconques, ce procédé est simple et très pratique.

L'obtention directe d'un relief est réalisée en inversant les opérations ; pour cela, chaque profil négatif est projeté agrandi à une certaine échelle, puis avec un Pantograveur dont la pointe sèche suivra les contours projetés et dont l'autre extrémité portant la fraise découpera le même profil, soit en creux, soit en relief, dans un bloc de matière attaquable à l'outil ; on opère par plans successifs, à chaque changement de profil, la fraise est déplacée de l'épaisseur de un plan, la succession de ces plans donnera la reproduction désirée.

Finalement, le procédé permet de photographier simultanément les deux moitiés d'un sujet en position quelconque par rapport au plan de prise ; si l'on fait coïncider les deux axes optiques, et si au report on observe les mêmes rapports de l'épaisseur à la largeur que sur le sujet, on obtiendra pour chaque demi-relief une reproduction en ronde bosse.

La juxtaposition de ces deux demi-reliefs réalisera la photosculpture absolue de l'objet ou du sujet.

Général STREICHER

au nom du COMITE CENTRAL D'ETUDES DE PARIS

DE L'ETHER ET DE SES CONDENSATIONS

Cette étude fait suite à celle qui a été présentée l'an dernier, au Congrès de Grenoble, sous le titre : *Les trois stades de la matière.*

Ell propose à l'attention et à la réflexion quelques-uns des nombreux problèmes qui ne peuvent être résolus qu'à l'aide de la notion d'Ether condensé ; par exemple : Identité des particules de la matière qui composent les corps, et indéfinie diversité des corps.

GUEUGNON

Chef des Travaux pratiques à l'Ecole des Arts et Métiers de Paris.

1° a) ENREGISTREUR POUR L'ETUDE DES PRINCIPES FONDAMENTAUX DE LA MECANIQUE

b) ENREGISTREUR POUR L'ETUDE DES MOUVEMENTS PERIODIQUES

2° DILATOMETRE ENREGISTREUR POUR L'ETUDE DES ANOMALIES DE DILATATION AVEC DISPOSITIF DE PROJECTION DU PHENOMENE PENDANT QU'IL SE PRODUIT

Les communications de M. Gueugnon ont été accompagnées d'expériences et de projections montrant le rôle que peut jouer son appareil comme appareil d'enseignement.

TURPAIN

Professeur à la Faculté des Sciences de Poitiers

1° A QUI DEVONS-NOUS LA DECOUVERTE DE L'ELECTRO-AIMANT

2° REFLEXIONS SUR L'INVENTEUR ET EXEMPLES DE DECOUVERTES

L'autcur montre le rôle incontestable de Ampère dans la découverte de l'élцctroaimant.

Charles CHEVENEAU

LES MILIEUX TROUBLES SOLIDES RESINEUX

Les microphotographies qui se rapportent à ce travail ont été exposées dans le stand de l'Ecole de Physique et de Chimie, à l'Exposition pour l'Avancement des Sciences de la Foire de Lyon.

6e Section

CHIMIE

Président	Victor GRIGNARD, Membre de l'Institut, professeur à la Faculté des Sciences de Lyon.
Vice-Président	L. MAILLARD, Professeur à la Faculté de Médecine d'Alger.
	A. MOREL, Professeur à la Faculté de Médecine de Lyon.
Secrétaire	M. DŒUVRE, Assistant à la Faculté des Sciences de Lyon.

Victor GRIGNARD

Professeur à la Faculté des Sciences de Lyon

et

KASHICHI ONO

ACTION DU CHLORURE DE CYANOGENE SUR QUELQUES ORGANOMAGNESIENS SECONDAIRES

L'un de nous a montré antérieurement (1) que l'action des organomagnésiens mixtes sur le chlorure de cyanogène donnait lieu, d'une manière générale, à une réaction en deux phases dont la première fournissait, après hydrolyse, un nitrile, et la deuxième, une cétone, en passant par la cétimine correspondante :

$$ClC = N + RMgX \equiv \underset{\displaystyle R}{\underset{|}{ClC}} = NMgX \rightarrow RCN$$

$$R_1MgX + \underset{\displaystyle R}{\underset{|}{ClC}} = N\,MgX = MgXCl + {R \atop R_1}\!\!>\!C = N.MgX \rightarrow {R \atop R_1}\!\!>\!C.O$$

(1) C.R., 1911, t. 152, p. 388.

Cependant, en essayant d'appliquer cette méthode aux magnésiens cyclohexyliques, Grignard et Bellet (1) avaient trouvé que le provessus réactionnel était tout différent et paralèlle à celui du bromure et de l'iodure de cyanogène, conduisant, ici, au dérivé chloré du radical employé :

$$RMgX + ClCN = RCl + (CN)MgX.$$

Ces auteurs interprétèrent ce fait en admettant qu'il s'agissait, là, d'une influence particulière dûe à l'enchaînement cyclanique.

Mais en examinant de plus près l'ensemble des résultats précédents, on pouvait remarquer que tous les magnésiens essayés qui avaient conduit à des nitriles étaient des magnésiens primaires, ou aromatiques, tandis que, seuls, les magnésiens aberrants étaient secondaires. On pouvait donc se demander si l'anomalie n'était pas dûe précisément à la nature secondaire du magnésien.

A la vérité Grignard et Ch. Courtot (2) avaient bien obtenu un nitrile avec un magnésien secondaire, le magnésien de l'indène :

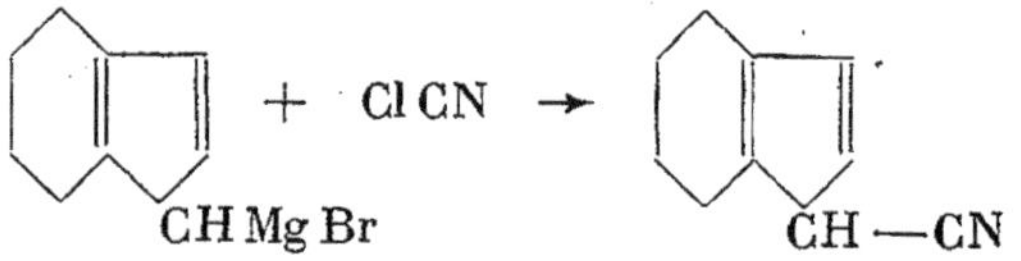

(indène)CHMgBr + ClCN → (indène)CH—CN

mais la constitution de celui-ci est bien spéciale et ne saurait autoriser une généralisation.

Aussi avons-nous décidé d'entreprendre, du point de vue de cette réaction, une étude systématique des magnésiens secondaires.

L'hypothèse émise plus haut a été confirmée. Tous les magnésiens secondaires, de caractère aliphatique et saturé, les seuls que nous ayons essayés, ont donné, comme produit principal, le dérivé chloré correspondant, accompagné d'une petite quantité de nitrile. Dans la série aliphatique, on obtient environ 70 % du premier corps et 8 à 10 % du second, tandis que dans la série aromatique, le dérivé chloré tombe au-dessous de 50 %, sans augmentation du nitrile et ce résulat s'explique peut-être, en partie, par la formation d'une quantité notable du produit de duplication du radical organique.

Si nous examinons ces résultats à la lumière de la théorie des composés oxoniens intermédiaires préconisée par l'un de nous, nous aurons, en première phase, le complexe

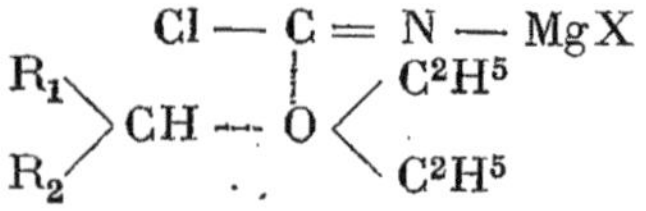

$$\begin{array}{l} \qquad\qquad\quad Cl - C = N - MgX \\ R_1 \diagdown \qquad\quad | \quad \diagup C^2H^5 \\ \qquad > CH - O < \\ R_2 \diagup \qquad\qquad\quad \diagdown C^2H^5 \end{array}$$

(1) C.R., 1912, t. 155, p. 44. Voir : Ann. Ch., 1915, t. 4, p. 28; 1919, t. 12, p. 364.

(2) C.R., 1912, t. 154, p. 361.

Lorsque la valence de l'oxygène régresse, plusieurs processus sont possibles, le radical du magnésien pouvant se souder, soit au C de ClCN, soit au Cl avec réarrangement moléculaire de —C = N —Mg X. Alors que le radical primaire du magnésien a plus d'affinité pour le C, le radical secondaire a plus d'affinité pour le Cl. On peut voir là un phénomène analogue à ceux que nous connaissons déjà, relativement à la fixation des halogènes sur le carbone ; l'affinité étant toujours plus grande vis-à-vis du C le plus substitué. Et nous pouvons, sans doute, en conclure qu'un magnésien tertiaire donnera encore moins de nitrile et plus de dérivé chloré. Il est d'ailleurs normal, en raison de la plus grande affinité du brome et de l'iode pour les radicaux incomplets, que le bromure et l'iodure de cyanogène réagissent dans le même sens, même avec les magnésiens primaires.

Du point de vue pratique nous savons qu'il est possible de tourner la difficulté résultant de cette anomalie de la réaction, en appliquantla méthode au cyanogène (1) Et il est vraisemblable que cette dernière, comme dans la série cyclohexanique, permettra dans bon nombre de cas de suppléer à l'insuffisance plus ou moins complète des autres procédés.

Partie expérimentale.

Le chlorure de cyanogène a été préparé par la méthode de Held, mise au point par Ch. Mauguin et L.-J. Simon (2). Comme éthers halogénés, on a employé les éthers bromhydriques d'une série d'alcools secondaires aliphatiques, et aromatiques ; ils ont été préparés par les méthodes classiques (H Br jumant, Norris, Bodroux). La technique a été la même que pour les fravaux antérieurs. Il suffira donc d'indiquer succinctement les résultats.

1° Le bromure de magnésium-isopropyle a donné 67 % de chlorure d'isopropyle (Eb, 35—36°/743 m/m ; $d^4_{15} = 0,8652$; $n^{15}_D = 1,3754$ — Cl % = 45,0 au lieu de 45,19).

Et 9 % de nitrile isobutyrique (Eb, 107-108°/743 m/m).

2° Le 3 — bromopentane encore inconnu a été préparé par la méthode de Bodroux (3). Rendement 80 % en produit pur (Eb, 116°5—117°5/742 m/m ; $d^4_{19} = 1,1993$; $n^{19}_D = 1,4403$).

Il nous a fourni 70 % de 3—chloropentane (Eb, 104—105°/753 m/m ; $d^4_{14,5} = 0,8967$; $n^{14,5}_D = 1,4163$ — Cl % = 332, au lieu de 33,33).

Et 8 % de nitrile diéthylacétique (Eb, 144-146°/753 m/m).

3° Le bromure du dibutylcarbinol n'était pas encore décrit. Il a été préparé avec un rendement de 73 %, suivant Malengreau (4) (Eb,

(1) V. Grignard, C.R., 1911, t. 152, p. 388; V. Grignard et E. Bellet, C.R., 1912, t. 155, p. 44.
(2) C.R., 1919, t. 169, p. 383.
(3) C.R., 1915, t. 160, p. 204.
(4) Bull. Ac. roy. Belg. 1906, p. 802.

98-99°/12 m/m ; $d^4_{14} = 1{,}0845$ $n^{14}_D = 1{,}4544$ — Br % = 38,7, au lieu de 38, 62).

Il a donné 58 % de 5—chlorononane, encore incconnu (Eb, 85-87°/14 m/m ; $d^4_{15} = 0{,}8639$; $n^{15}_D = 1{,}4314$ — Cl % = 21,7, au lieu de 21,83).

Et 9 % de nitrile dibutylacétique, également inconnu, (Eb, 99-101°/11 m/m ; $d^4_{16,5} = 0{,}8110$; $n^{15}_D = 1{,}4034$; N % = 8,9 au lieu de 9,15).

4° En partant de l'α—brométhylbenzène, ou obtient 47 % d'α — chloréthylbenzène (Eb. 91-92°/15 m/m ; $d^4_{13} = 1{,}0598$; $n^{13}_D = 1{,}5337$; Cl % = 25,3, au lieu de 25,24).

Et 10 % de nitrite hydratropique, $C^6H^5 - \underset{}{\overset{CH^3}{\overset{|}{C}H}} - CN$, (Eb, 127-128°/12 m/m);

En outre 5 % de 2-3—diphénylbutane (F. 123°,5-124°) résultant du phénomène de duplication, lors de la préparation du magnésien.

5° Le bromure du phényléthylcarbinol, non encore décrit, a été préparé par action de l'acide bromhydrique fumant sur l'alcool correspondant. Rendement 73 % (Eb, 112-114°/15 m/m ; $d^4_{19} = 1{,}3098$; $n^{19}_D = 1{,}5517$ — Br % = 39,9. au lieu de 40,18). Il nous a donné 42 % de chlorure (Eb, 97-98°/14 m/m, $d^4_{19,5} = 1.0335$; $n^{19,5}_D = 1{,}5252$ — Cl % = 22,7 au lieu de 22,95). Et 8 % de nitrile α—éthyl phénylacétique (Eb, 141-143°/8 m/m). On a isolé, de plus, 6 % de 3-4 — diphénylhexane (F = 89°,5-90°,5, au lieu de 88° (Moritz et Wolffendein) et 92° (Kohler)).

6° Le bromure de benzhydrile ayant de grandes aptitudes réactionnelles (L. Bert — C. R., 1923, t. CLXXVII, p. 324), il est préférable d'employer, ici, le mode opératoire de Ph. Barbier et de faire tomber sur Mg, après amorçage de la réaction, le mélange de bromure de benzhydrite et de Cl CN en solution éthérée.

On a obtenu 42 % de chlorure de benzhydrile (Eb, 169-170°/17 m/m ; F = 13-14° ; $d^4_{19,5} = 1{,}1398$; $n^{19,5}_D = 1{,}5959$; Cl % = 17,4 au lieu de 17,51).

Et 8 % de nitrlie diphénylacétique (Eb, 184-187°/16 m/m ; F 74-75°).

On sépare enfin 5 % de tétraphényléthane symétrique (F. 209-210°).

J. DŒUVRE

Assistant à la Faculté des Sciences de Lyon.

SUR L'ORGANOMAGNESIEN DE L'IODACETAL

Losanitsch (Ber. t. XLII, p. 4046, 1909) a signalé qu'une solution éthérée d'iodacétal mise en contact avec du magnésium donne lieu à une réaction et formation d'un composé qui réagit sur les aldéhydes. Ce chimiste se borne à signaler ces faits sans aucune étude particulière.

Nous avons repris l'étude de cette réaction en raison de l'intérêt s'attachant à l'obtention de l'organomagnésien de l'iodacétal qui constituerait un agent de synthèse précieux pour obtenir des aldéhydes à fonction complexe ou pour transporter sur une molécule organique, le groupement — CH^2 — CHO.

Nous avons essayé de préparer l'iodacétal en faisant agir Na I en solution acétonique sur le chloracétal, nous n'avons obtenu qu'un rendement dérisoire en iodacétal.

Nous avons alors appliqué à l'acétal la méthode classique d'ioduration, appliquée par Losanitsch lui-même, c'est-à-dire l'emploi d'un mélange d'iode et d'acide iodique, et nous avons obtenu, après un contact de deux semaines, un rendement de 35 %, en iodacétal, compte tenu de l'acétal récupéré.

Pour éviter une altération sensible au moment de la distillation il est utile d'effectuer cette dernière sous un bon vide.

L'iodacétal est un liquide légèrement coloré en rose, bouillant vers 62°-64° sous 5 m/m.

En faisant agir sur du magnésium, additionné d'un grain d'iode, un mélange d'iodacétal et d'éther anhydre, on ne tarde pas, après un léger chauffage, à voir se déclarer une réaction qui se continue d'elle-même par addition du mélange éthéré, il se sépare deux couches liquides. Lorsque l'addition est terminée on ajoute de l'acétone et il se produit une masse pâteuse.

Après les traitement habituels on trouve les produits suivants : une petite quantité d'iodacétal n'ayant pas réagi, une masse visqueuse, incristallisable dans la plupart des solvants organiques, bouillant au-dessus de 200° sous 5 m/m ; dans les eaux mères une quantité abondante d'alcool éthylique ; dans l'éther d'extraction, de l'oxyde de vinyle et d'éthyle caractérisé par fixation de brome puis traitement par C^2H^5ONa et obtention de $CH^2Br - CH\begin{cases} OC^2H^5 \\ OC^2H^5 \end{cases}$.

L'explication de la présence de ces produits semble être la suivante : il se forme l'organomagnésien ayant comme support oxonium un oxygène de la fonction acétal, ce magnésien est instable et se dédouble par rupture des valences de la manière indiquée par la flèche sur la figure ci-dessous :

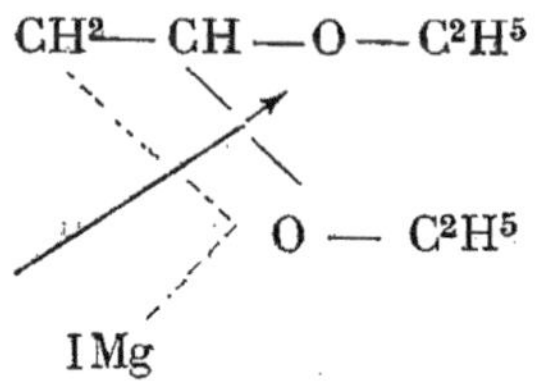

$CH^2 — CH — O — C^2H^5$

$O — C^2H^5$

IMg

avec formation de $CH^2 = CH — O — C^2H^5$ et C^2H^5O Mg I qui donne alors avec l'acétone des produits de condensation.

Nous avons ensuite modifié le mode opératoire, en faisant tomber sur du magnésium, après addition d'une trace de Hg Cl^2, un mélange d'iodacétal, de méthylpropylcétone et d'éther anhydre, nous avons eu des résultats identiques à ceux obtenus précédemment.

L'organomagnésien de l'iodacétal semble donc se former, mais il est d'une instabilité telle qu'il est pratiquement inutilisable pour des synthèses.

ACTION DU MAGNESIUM SUR UN MELANGE D'ETHER-SEL ET D'HALOGENURE D'ALCOYLE

Lorsque sur du magnésium (1 molécule) on fait agir un mélange de C^2H^5Br (2 molécules) et de butyrate d'éthyle (1 molécule), on ne tarde pas, soit après un léger chauffage, soit après addition d'une trace de brome, à voir se déclencher une réaction très vive, qui se continue d'elle-même par addition du mélange réactionnel. Pendant l'opération il se dégage de l'éthane (1/6 molécule) ; la masse liquide s'épaissit légèrement et la réaction est terminée par un chauffage d'une heure à l'ébullition. Après avoir décomposé par de la glace en milieu acide et traité à la manière habituelle nous avons obtenu les produits suivants : vers 75° quelques décigrammes d'un composé à fonction aldéhydique qui est vraisemblablement du butanal ; puis, du diéthylpropylcarbinol bouillant à 159°-160° (1/4 molécule environ), et quelques décigrammes de butyrate de butyle.

La formation de ces produits s'explique aisément de la manière ci-après : l'éther-sel par son atome d'oxygène oxydique donne naissance à un complexe oxonium de magnésien

$$\begin{array}{c} \quad\quad O \\ \quad\quad \| \\ C^3H^7 - C - O - C^2H^5 \\ \quad\quad\quad \swarrow \;\; \searrow \\ \quad BrHg \quad\quad C^2H^5 \end{array}$$

Cet organomagnésien, par action sur du butyrate d'éthyle n'ayant pas réagi, conduit à l'alcool tertiaire correspondant.

En outre ce magnésien peut subir des transpositions des valences principales (trait plein) en valences supplémentaires (pointillé) et inversement.

En particulier la transposition conduisant au complexe oxonium ci-après :

$$\begin{array}{l} \quad\quad\quad\quad\quad\quad\quad\quad C^2H^5 \\ C^3H^7 - C \cdots\cdots O \langle \\ \quad\quad\quad \| \quad\quad\quad\quad C^2H^5 \\ \quad\quad\quad O \\ BrMg \end{array}$$

explique la présence du butanal. Ce complexe est, en effet, un magnésien de bromure d'acide qui par hydrolyse donnera du butanal et ce dernier par condensation peut donner lieu à la formation de butyrate de butyle.

Le butyrate de méthyle réagit de même sur le bromure de propyle normal en donnant des résultats identiques et en dégageant un mélange équimoléculaire de propane et de propylène.

Un mélange de lévulate d'éthyle et de C^2H^5Br réagit sur Mg après addition d'une trace d'iode et d'acétate d'éthyle et chauffage, cette réaction donne lieu à un magma pâteux, elle est facilitée par l'addition de ligroïne légère. On obtient alors la lactone ci-après :

$$\begin{array}{l} CH^3 - C - CH^2 - CH^2 \\ \quad\quad \diagup \;| \quad\quad\quad\quad\quad | \\ C^2H^5 \;\; O \text{———————} CO \end{array}$$

bouillant à 99°-100° sous 13 m/m $D\,\frac{12,2}{4} = 1,003$ $N\,\frac{D}{12,2} = 1,4449$

$$\frac{N^2 - 1}{N^2 + 2}\frac{M}{D} = 33,9 \qquad Rm \text{ calculée} = 33,9.$$

En outre il se forme une petite quantité d'un composé qui vraisemblablement peut être représenté par la formule

```
CH³ — CO — CH — CH² — COOC²H⁵
            |
   CH³ —  C  — O —— CO
            |         |
           CH² ——— CH²
```

C'est un liquide incolore bouillant à 197°-199° sous 5 m/m ;

$$D\ \frac{16,7}{4} = 1,138 \qquad N^{D}_{16,7} = 1,4701$$

$$\frac{N^2 - 1}{N^2 + 2}\ \frac{M}{D} = 59,3 \qquad Rm \text{ calculée} = 58,7,$$

Ce composé résulterait de l'action condensante de $C^2 H^5 O Mg Br$ sur 2 molécules de lévulate d'éthyle.

A. et L. LUMIERE

et

A. SEYEWETZ

Sous-directeur de l'Ecole de Chimie de Lyon

SUR LES REACTIONS ENGENDREES PAR LE SULFOCYANURE CUIVRIQUE DANS LE MORDANÇAGE DES IMAGES ARGENTIQUES ET SUR LA FIXATION DES COULEURS SUR L'IMAGE MORDANCEE

Dans les études précédentes, nous avons indiqué les intéressantes applications auxquelles peut donner lieu le mordançage des images argentiques au moyen d'une solution renfermant un mélange de sulfate de cuivre, de sulfocyanure alcalin, de citrate de potasse et d'acide acétique, solution dont la composition avait été indiquée en premier lieu par Christensen (1).

Nous avons montré que ce mordant qui blanchit complètement l'image permet de fixer sur le composé argentique ainsi formé diverses matières colorantes basiques ne teignant pas la gélatine. Nous avions choi-

(1) *Photographisch Korrespondenz*, 1919, p. 274.

si des colorants rouge, jaune et bleu dont le mélange en diverses proportions peut fournir par teinture une gamme de tons extrêmement variés. Si les proportions des trois couleurs fondamentales sont telles que la solution résultante présente une teinte neutre et si l'on opère sur des phototypes, on peut réaliser leur renforcement et obtenir une intensification des négatifs égale et même supérieure à celle que donnent les autres méthodes connues.

Dans le présent travail, nous avons étudié le mécanisme de ce procédé de mordançage en cherchant à élucider les points suivants :

1° Quelles sont les réactions qui entrent en jeu quand on mélange les réactifs composant le mordant ?

Ces réactifs sont-ils tous nécessaires et les proportions adoptées sont-elles bien celles qui conviennent le mieux ?

2° Quelle est la composition de l'image mordancée ?

Etude du mordant. — La formule indiquée par Christensen est la suivante :

Eau	1000 cc.
Sulfate de cuivre	40 gr.
Citrate de potasse (trimétallique)	60 gr.
Sulfocyanure de potassium	20 gr.
Acide acétique cristallisable	30 gr.

La préparation s'effectue d'abord en dissolvant séparément, d'une part, le citrate de potasse, le sulfate de cuivre et l'acide acétique, d'autre part, le sulfocyanure de potassium ; on ajoute ensuite par petites portions, en agitant, cette dernière solution à la première. Il se précipite du sulfocyanure cuivrique qui se dissout au fur et à mesure qu'il se forme ; le mélange se trouble au bout de peu de temps, la liqueur dégage de l'acide cyanhydrique et laisse déposer une petite quantité d'un précipité blanc qui continue à se déposer lentement pendant plusieurs jours.

Ce précipité que nous avons identifié avec le sulfocyanure cuivreux, se forme vraisemblablement par l'action de l'eau sur le sulfocyanure cuivrique suivant l'équation :

$$6\ Cu\,(CNS)^2 + 4\,H^2O = 3\ Cu^2(CNS)^2 + 5\ HCNS + HCN + SO^4H^2$$

Si l'on prépare, en effet, du sulfocyanure cuivrique par l'action du sulfate de cuivre sur un sulfocyanure alcalin, en l'absence de citrate de potasse et d'acide acétique, le sulfocyanure cuivrique noir qui prend naissance, se transforme peu à peu sous l'action de l'eau en sulfocyanure cuivreux blanc insoluble et il se dégage de l'acide cyanhydrique. Le sulfocyanure cuivrique récemment précipité agité avec de l'eau, se réduit également à l'état de sulfocyanure cuivreux blanc et il y a libération d'acide sulfocyanhydrique, dont une partie est oxydée par l'oxygène de l'eau avec formation d'acide cyanhydrique et d'acide sulfurique, conformément à l'équation que nous avons indiquée plus haut.

Cette réaction se poursuit au fur et à mesure qu'on ajoute une nouvelle quantité de sulfocyanure cuivrique. L'acidité de la solution augmente parallèlement à la quantité de sulfocyanure cuivreux. Cette acidité croissante n'empêche pas la transformation du sel cuivrique en sel cuivreux mais le ralentit seulement. La solution aqueuse de sulfocyanure cuivrique récemment préparée, de couleur vert clair mordance les épreuves argentique aussi bien sans citrate de potasse ni acide acétique qu'en présence de ces réactifs. C'est donc bien le sulfocyanure cuivrique qui est l'agent actif du mordançage (1).

Si dans la formule indiquée par Christensen, on compare les proportions de sulfocyanure alcalin et de sulfate de cuivre mises en présence, on trouve qu'il y a excès notable de sulfate de cuivre sur la quantité théorique nécessaire à la formation de sulfocyanure cuivrique.

En effet, à 20 gr. de sulfocyanure de potassium CSNK correspondent seulement 25 gr. 6 de sulfate de cuivre au lieu de 40 grammes. L'expérience prouve que cet excès de sulfate de cuivre est inutile. Le mordançage n'a pas lieu quand on supprime l'acide acétique, tandis qu'une addition de cet acide n'est nécessaire quand on emploie la solution de sulfocyanure cuivrique dans l'eau pure.

Si la présence du citrate de potasse n'est pas utile pour réaliser le mordançage, elle permet toutefois de dissoudre une plus grande quantité de sulfocyanure cuivrique probablement par formation d'un complexe stable. On peut, grâce à cette addition, dissoudre environ 2 % de sulfocyanure cuivrique, alors que la solubilité de ce sel dans l'eau n'est que de 1 %. D'autre part, la solution est notablement plus stable en présence de citrate alcalin et d'acide acétique ; elle ne dépose à la longue que de petites quantités de sulfocyanure cuivreux.

La proportion de sel de cuivre dissous peut être facilement évaluée en transformant le sulfocyanure cuivrique soluble en sel cuivreux insoluble au moyen du bisulfite de soude et en pesant ce sel cuivreux.

Analyse de l'image mordancée. — Des phototypes ont été traités par le mélange indiqué ci-dessus jusqu'à leur complet blanchissement, puis lavés pour éliminer toute trace de réactif non fixé sur l'image. La couche des plaques a été ensuite détachée du verre et placée dans un nouet de toile; puis lavée de nouveau en immergeant ce nouet dans l'eau et le pressant à plusieurs reprises. La matière contenue dans le nouet recueillie après pressage et bien égouttée a été traitée, à l'ébullition, par l'acide nitrique à 40° Bé pour détruire la gélatine : il est resté tout d'abord un résidu blanc formé par du sulfocyanure d'argent qui se dissout peu à peu, le soufre se transformant ainsi en acide sulfurique et l'argent en nitrate d'argent ; on a obtenu finalement une liqueur bleue qui a été évaporée pour chasser l'acide nitrique en excès, puis reprise par l'eau ; l'argent a été précipité par l'acide chlorhydrique, le chlorure d'argent a été pesé et l'on a précipité l'acide sulfurique à l'état de sulfate de baryte qui a été pesé. Dans le filtrat, le cuivre a été précipité par l'hydrogène sulfuré et le sulfure de cuivre a été finalement calciné puis pesé à l'état d'oxyde.

Des analyses répétées sur diverses séries de plaques n'ayant pas été mordancées simultanément dans le même bain, conduisent à des résultats différents, quant aux proportions relatives de cuivre, d'argent et de soufre, soit parce qu'on n'arrive pas dans tous les cas au même degré de transformation de l'argent, soit parce qu'il se forme en présence de la gélatine un complexe de composition variable. Cette dernière hypothèse paraît vérifiée par le fait que l'argent libre très divisé ne fixe pas de cuivre, quand on l'agite dans le mordant en l'absence de gélatine. Toutefois, les quantités de cuivre, de soufre et d'argent paraissent être sensiblement dans les rapports suivants :

Argent 1 Cuivre 0.55 Soufre 0.75

Ces proportions ne diffèrent pas notablement de celles qui correspondraient à la simple réduction du sulfocyanure cuivrique par l'argent sans qu'il y ait dissolution de ce métal dans le bain.

Cette réaction serait représentée par l'équation suivante :

$$2\,[(CNS)^2\ Cu] + Ag^2 = (CNS)^2\ Cu^2 + 2\ CNSAg$$

Il est donc probable qu'il se forme des complexes multiples et non une combinaison unique définie.

Nous avons reconnu que le sulfocyanure cuivreux fixe à froid les colorants basiques que nous avons préconisés pour la teinture de l'image argentique. Il se comporte donc bien vis-à-vis de cette image comme un véritable mordant.

Conclusions

1° L'agent actif du mordançage de l'image argentique dans le mélange de sulfate de cuivre, de sulfocyanure alcalin, de citrate de potasse et d'acide acétique est le sulfocyanure cuivrique qui agit aussi bien en simple solution aqueuse qu'en présence de citrate de potasse et d'acide acétique. Toutefois, l'addition de ces deux substances augmente notablement la solubilité du sel cuivrique et la stabilité de ses solutions.

2° Le précipité blanc qui se forme peu à peu dans la solution de mordançage est du sulfocyanure cuivreux provenant de l'action réductrice de l'hydrogène de l'eau sur l'acide sulfocyanhydrique, l'oxygène de cette eau transformant en acide sulfurique le soufre de l'acide sulfocyanique en libérant l'acide cyanhydrique.

3° L'image mordancée est vraisemblablement constituée par un complexe de sulfocyanure cuivreux et de sulfocyanure d'argent dont la composition assez variable paraît comporter cependant, en général, une molécule de sel cuivreux pour deux molécules de composé argentique.

R. STEVENSON

Professeur au Collège of the City New-York, N. Y.

LA GAZOLINE. — SON EMPLOI ET LA MESURE DE SA VOLATILITE

La gazoline (ou les combustibles liquides en général) est une solution de différents liquides. Pour ces solutions complexes, l'intérêt du chimiste s'est porté presque exclusivement sur la séparation des constituants, par exemple au moyen de la distillation fractionnée.

C'est ce point de vue du fractionnement qui nous a imposé :

1° La mesure de la volatilité par la méthode de distillation dite « méthode d'Engber ».

2° La réalisation du mélange avec l'air, pour les moteurs automobiles, par une vaporisation partielle et fractionnaire.

Cependant pour la carburation de l'air, il n'y a pas intérêt à obtenir une séparation partielle des constituants de la gazoline, mais au contraire à obtenir une volatilisation complète et homogène.

En Amérique, depuis des années, le mélange carburant n'est plus un gaz, mais un brouillard de gouttelettes. Il en résulte une composition inégale des différentes portions du mélange et cette composition inégale entraîne une mauvaise combustion.

Il était naturel d'élever la température de ce mélange pour l'amener à l'état gazeux. Mais ce chauffage d'un liquide complexe n'est pas si simple dans la pratique. S'il est fait sans méthode, on arrive toujours au fractionnement et production de résidus goudronneux et le mélange gazeux lui-même n'est pas homogène.

Pour arriver à la vaporisation complète et uniforme où il n'y a pour ainsi dire qu'une phase unique, on emploie la vaporisation équilibrée.

Ce procédé que nous appelons la vaporisation équilibrée constitue la base d'un brevet américain de la Deppé Motors Corporation.

Mes collaborateurs et moi avons effectué des recherches relativement à ce procédé et c'est le but de cette communication que de vous exposer ces recherches (voir « Industrial and Engineering Chemistry » 17 629 (1925). Elles ont trait à la méthode employée pour déterminer la volatibilité de la gazoline par la détermination de la température de vaporisation totale équilibrée, pour laquelle j'ai déjà proposé le nom de « Deppé end point ».

« *Deppé end point* » *comme mesure de la volatilité*

La méthode de distillation Engler a les défauts suivants :

a) La volatilité n'est pas la volatilité totale : il reste un résidu ;

b) La vaporisation est fractionnaire ;

c) Les données sont représentées par une courbe qui ne permet qu'une interprétation variable et incertaine.

Le Deppé end point donne comme résultat un seul nombre qui est la température de vaporisation totale.

On emploie la méthode suivante qui réalise le changement de phase.

Dans un ballon où le vide a été fait, on introduit l'échantillon de gazoline. On chauffe dans un bain d'huile à 20-30° au-dessus de la température du vaporisation totale.

La pression est mesurée et ensuite la température est abaissée par étapes de 10 degrés en mesurant chaque fois la pression sous volume constant.

Le changement de pression avec la température suit d'abord la loi des gaz, mais à partir du moment où commence la condensation, la pression décroît plus vite.

Ainsi sont obtenues deux lignes qui se croisent à la vraie température de vaporisation totale.

On reconnaît une condition d'équilibre par le fait qu'on obtient précisément les mêmes courbes avec une température montante et avec une température descendante.

La correction pour avoir une pression de 760 mm. n'est pas plus de 0°5 et on peut déterminer le point d'équilibre à 0°2.

Pour déterminer la relation entre le Deppé end point et le point de condensation des mélanges de l'air et de la gazoline (qui est le même que le point de vaporisation totale si une condition d'équilibre existe), j'ai fait des mesures pour des pressions partielles comprises entre 15 mm. et 800 mm., employant une méthode directe aussi bien que la méthode de changement de phase.

Il s'ensuit que, par référence à une abaque établie expérimentalement, on peut dire pour une gazoline dont a mesuré le Deppé end point quelle est la température de la vaporisation totale des mélanges différents avec l'air.

Dernièrement, je suis arrivé à trouver une autre méthode pour déterminer le Deppé end point par un moyen simple et facile et de plus qui n'exige que 10 minutes pour être mis en œuvre.

Vaporisation et état d'équilibre comme méthode d'emploi de la gazoline

Comme je l'ai dit, par la vaporisation en équilibre, j'entends un procédé où le liquide et toutes ses vapeurs restent en état de contact et d'équilibre pendant oute la durée de la vaporisation. Ainsi pour la gazoline, on peut arriver à une vaporisation totale à 145° par la vaporisation en équilibre, tandis que la vaporisation fractionnée (distillation Engler) exige 206° en laissant un résidu.

En effet, on ne peut vaporiser complètement la gazoline que par une vaporisation en équilibre. Ce procédé donne un mélange gazeux, sec et homogène sans cracking et à la plus basse température, ce qui fait une économie de volume. Ce gaz permet la distribution égale et la combustion totale sans formation de l'oxyde de carbone.

C'est l'emploi le plus économique du combustible en même temps qu'une des conditions qui tendent à empêcher le moteur de cogner.

Dans l'article auquel j'ai déjà fait allusion, les études sur la vaporisation en état d'équilibre d'une certaine gazoline étaient intégralement représentées par un diagramme à trois dimensions conforme à la loi des phases, où les trois axes sont : la température, la pression et le poids moléculaire.

Dr Albert MOREL
Professeur à la Faculté de Médecine de Lyon.

et

Dr Marc CHAMBON
Préparateur de Chimie organique

COMBINAISONS DERIVEES DE L'ACIDE ARSANILIQUE DIAZOTE

I. — Action sur les molécules a groupes methyleniques actifs.

MM. A. Morel et M. Chambon présentent et décrivent les corps qu'ils ont déjà obtenus dans les recherches qu'ils poursuivent sur les combinaisons des divers composés aryldiazo-arsiniques avec les molécules à groupes méthyléniques actifs. Combinaisons du même ordre que celles déjà réalisées par V. Meyer, Zublin, V. Richter, Bamberger, Kjellin, Haller, Favrel, Bulow, etc., avec les sels d'aryl-diazoniums non arsénicaux, et dont Ehrlich et Bertheim, à la suite de leur découverte de la diazotabilité de la prétendue arsanilide de Béchamp, signalent la possibilité d'obtention à partir de l'acide p-diazophenyl-arsinique (D. R. P., n° 205.449).

Au cours de leurs travaux ils ont été amenés à obtenir à l'état solide le sulfate et le chlorure de l'acide p-diazophényl arsinique :

$$AsO^3H^2 - C^6H^4 - \underset{\underset{N}{|||}}{N} - Cl.$$

La diazotation transitoire de l'acide arsanilique a été pratiquée en solution aqueuse par de nombreux chimistes, pour passer aux azoïques, acides carboxylés, diazoamidés correspondants ; mais la préparation à l'état solide de ces sels de diazonium n'est possible que dans certaines conditions : au cours de l'application de la méthode de Knoevenagel il est nécessaire d'opérer à une température d'environ 20° et en présence d'un fort excès d'acide minéral, si l'on veut éviter la formation du diazoaminé.

Ces corps donnent à l'analyse des chiffres très satisfaisants en arsenic et azote diazoïque, ainsi qu'en chlore ou acide sulfurique.

L'acide p-diazophénylarsinique en solution aqueuse a été combiné à une des molécules à groupe méthylénique actif les mieux connues : l'éther acetyl-acétique. Les corps résultants, dans la formule desquels figure :

$$AsO^3H^2 - C^6H^4N = N - CH{<} \quad \text{forme azoïque,}$$

ou

$$AsO^3H^2 - C^6H^4NH - N = C{<} \quad \text{forme hydrazone}$$

se forment d'une façon régulière qui témoigne de l'absence d'influence défavorable de la substitution arsinique sur les capacités réactionnelles des aryl-diazoniums.

Il a été ainsi obtenu :

1° *L'éther* $$AsO^3H^2 - C^7H^5N^2 {<}\begin{matrix} CO - CH^3 \\ COO - C^2H^5 \end{matrix}$$

En ajoutant la solution aqueuse refroidie à 0° du chlorure d'acide p-diazo-phénylarsinique, a la quantité équimoléculaire d'éther acétyl acétique en présence de l'équivalent d'acétate de soude ; au bout de peu de temps il se produit un abondant dépôt cristallin que l'on fait recristalliser dans l'eau bouillante.

Cer éther en fines aiguilles jaune clair ne fond pas au-dessous de 300° et se décompose au-delà ; il est soluble dans l'eau bouillante, l'alcool, le chloroforme et peu soluble dans l'eau froide.

L'analyse portant sur l'arsenic, l'azote, le carbone et l'hydrogène en a confirmé la formule.

Combiné avec le phénylhydrazine, l'éther a donné la *pyrazolone* ; recristallisée dans l'acide acétique bouillant en un produit orangé, celle-ci donne des chiffres satisfaisants pour sa teneur en arsenic et azote.

Par saponification dans la soude alcoolique on a obtenu le sel trisodique

$$AsO^3Na^2C^7H^5N^2\left\langle\begin{matrix}CO - CH^3\\ COONa,\end{matrix}\right. \quad 4\ aq.$$

2° *L'éther résultant de l'action sur le dérivé C — benzoylé de l'éther acétyl acétique.*

Le dérivé C — benzoylé a été préparé pur, exempt d'O — acylé, par addition à une molécule d'éther acétyl-acétique (mis à la disposition des auteurs par la société chimique des Usines du Rhône) sodé dans l'éther, de 3/4 de molécule de chlorure de benzoyle ajouté par portions d'1/4 avec ébullition de plusieurs heures du mélange après chaque addition.

L'absence d'O — acylé dans ce cas, confirme bien les observations de Claisen et celles de Bouveault et de Bongert qui ont indiqué que les O—acylés se transforment en C—acylés par chauffage au sein de l'éther avec l'alcali faible qui est le sel de soude de l'éther acétyl-acétique. Le C — benzoylé a été purifié par passage au sel de cuivre, lequel après recristallisation dans le chloroforme bouillant, a redonné le C acylé pur par agitation de sa solution chloroformique avec l'acide sulfurique au 1/5 puis distillation dans le vide Eb15 = 171°.

La copulation avec le sel de diazonium arsenical a été réalisée comme dans le cas de l'éther acétyl-acétique et a donné une huile épaisse qui après lavages répétés à l'eau froide, puis purification et cristallisation dans le chloroforme bouillant a donné de très fines aiguilles jaune pâle (F = 148°) correspondant à la formule

$$AsO^3H^2 - C^7H^5N^2\left\langle\begin{matrix}CO - C^6H^5\\ COO - C^2H^5.\end{matrix}\right.$$

La *Pyrazolone* a été obtenue sous forme d'un corps orangé.

3° *L'éther résultant de l'action sur le dérivé C — phénylacétylé de l'acetyl-acétate d'éthyle.*

Ce dérivé C phenylacétylé a été obtenu par de la même façon que le C — Benzoylé, en provenance du sel de cuivre (Eb_3 = 138°).

Le produit résultant de la copulation avec le chlorure d'acide p-diazophényl arsénique, huileux fut très difficile à concréter en une masse résinoïde purifiée dans le chloroforme bouillant, F = 78°.

La *pyrazolone* donne à l'analyse un chiffre d'arsenic correspondant à la formule $AsO^3H^2C^7H^5N^2C^{15}H^{12}N^2O$ qui confirme pour l'éther la suivante :

$$AsO^3H^2C^7H^5N^2\left\langle\begin{matrix}CO - CH^2 - C^6H^5\\ COO - C^2H^5\end{matrix}\right.$$

Il est à remarquer que, ainsi que l'ont constaté Bulow et Hailer pour le chlorure de diazobenzène, le radical diazo — phénylarsinique, pour se fixer sur le carbone méthylénique des éthers C — acylés, a du déplacer le radical acétyle, tandis que se conservaient soudés au carbone, le radical benzoyle dans un cas, le phenylacétyle dans l'autre.

II. — Combinaison mercurielle du dérivé diazoaminé de l'arsanilate de soude.

Déjà préparée par l'un des auteurs (A. M.) en collaboration avec A. Duteil mais obtenue à l'état amorphe en 1921 (séance du 18 février 1921 de la section lyonnaise de la Soc. Chim. de France) puis cristallisée par évaporation lente de sa solution aqueuse.

MM. A. Morel et M. Chambon reprenant l'étude des conditions de cristallisation de ce corps, sont arrivés à l'obtenir plus facilement sous la forme de petits cristaux orangés sensiblement exempts d'eau, en précipitant à trois reprises par l'alcool le produit redissous dans l'eau préparée suivant la technique de A. Morel et A. Duteil, inspirée de la méthode générale de L. Meunier :

Addition à 1 mol. d'arsanilate de soude, en solution aqueuse de 1/2 mol. nitrite de soude, et de 1/2 mol. d'H Cl, puis de 1/2 mol. $Hg\ Cl^2$ en solution saturée et enfin d'ammoniaque jusqu'à neutralisation, puis d'acétone jusqu'à précipitation complète.

Cependant, tandis que les dosages d'arsenic, de mercure d'azote labile confirment la formule du produit, le sodium n'y existe que pour les 3/4 de la quantité attendue.

La produit préparé à partir du diazoaminé disodique c'est-à-dire en deux temps est identique.

Mais on peut préparer le dérivé mercuriel normal c'est-à-dire tetrasodique par dissolution du précédent dans 1 mol. de soude puis précipitation par l'alcool ; après dissolution dans l'eau et reprécipitation par l'alcool, on obtient un produit jaune orangé quand il est anhydre, très hygroscopique et donnant à l'analyse des valeurs de sodium, mercure, azote diazoïque correspondant à la formule

$$\begin{array}{l} AeO^3H\,Na - C^6H^4 - N = N - \underset{\displaystyle AsO^3H\,Na - C^6H^4}{\underset{|}{N}} - Hg - \underset{\displaystyle C^6H^4AsO^3HNa.}{\underset{|}{N}} - N = C^6H^4 - AsO^3H\,Na \end{array}$$

W. RODIONOW
Profeseur à l'Ecole technique supérieure de Moscou

et

A. FEDOROFF

SUR LE CHLORURE DE L'ACIDE OPIANIQUE

Dans nos recherches concernant les alcaloïdes de l'opium, nous avons eu besoin de préparer le chlorure de l'acide opianique. Le procédé de préparation de ce composé est donné depuis longtemps par M. Prinz (1), qui a traité l'acide opianique par le pentachlorure de phosphore et a obtenu une huile épaisse. Prinz n'a pas réussi à caractériser les propriétés physiques de ce composé. En traitant cette huile avec de l'alcool, il a obtenu l'α — éther de l'acide opianique, ce qui lui a donné le droit suffisant de prétendre qu'il a obtenu le vrai chlorure de l'acide opianique. La seconde preuve de sa supposition — la préparation de la méconine, en traitant le chlorure par le zinc avec de l'acide acétique, ne peut valoir beaucoup, parce que l'acide opianique dans ces conditions donne le même produit. En répétant ces expériences nous avons constaté que le rendement en chlorure de l'acide opianique, d'après ce procédé, n'est pas bon et que le produit n'est pas pur, ce qui nous a fait remplacer le pentachlorure de phosphore par le chlorure de thionyle. Nous avons obtenu ainsi un produit beaucoup plus pur et qui n'était pas une huile, mais une substance cristalline qu'on a pu purifier facilement en la faisant cristalliser dans le benzène. Le point de fusion du chlorure est 93-94°. Il se dissout bien dans le benzène et est insoluble dans l'eau où il se décompose très vite. Le dosage du chlore, d'après A. W. Stepanoff, et quelques dérivés de ce produit que nous avons préparés ne laissent aucun doute que nous avons obtenu le vrai chlorure de l'acide opianique et que M. Prinz avait affaire à un produit tout à fait impur.

Partie expérimentale.

1. *Préparation du chlorure de l'acide opianique.* — On fait chauffer au bain-marie 5 gr. d'acide opianique avec 15 gr. de chlorure de thionyle au réfrigérant ascendant, jusqu'à dissolution complète de l'acide opianique. On porte le contenu du ballon dans un cristallisoir et on laisse le chlorure de thionyle s'évaporer à l'aide de l'exciccateur à vide.

(1) Journ. pr. Chem. [2], 24.355.

Le résidu devient bientôt cristallin et se laisse très bien recristalliser du benzène en formant des aiguilles fondant à 93-94°. Il est très intéressant de constater que le mélange de ce produit avec de l'acide opianique fond aussi à 93°, mais vers 105° la masse devient de nouveau solide et ne fond qu'à 205°. Vu le manque de matière, nous n'avons pas encore étudié cette intéressante réaction. Le rendement en chlorure est de 5,3 gr. c'est-à-dire 98 % de la théorie. Le dosage du chlore donne les chiffres suivants :

Subst., 0, gr., 2000: pour titration on a emlpoyé 8,7 ccm. $AgNO_3$ (v $n/10$).

Calculé pour $C_{10}H_9O_4Cl$: Cl % 15,53, — trouvé : Cl % 15,4.

2. *Préparation de l'α— éther de l'acide opianique.* — On fait dissoudre 0 gr. 5 de chlorure de l'acide opianique dans 20 ccm. de pyridine. On ajoute alors 5 ccm. d'alcool méthylique et on laisse le mélange en repos pendant 12 heures ; puis on jette le mélange dans l'eau acidulée par l'acide sulfurique et on épuise la solution à l'éther ordinaire. En soumettant à l'évaporation la solution éthérée on obtient l'α —éther de l'acide opianique presque pur. Cristallisée une fois du benzène, cette substance fond à 80-81° et ne montre aucune dépression avec l'α — l'éther, préparé comme d'ordinaire (1). Le mélange avec le Ψ — éther, préparé d'après Liebermann et Kleemann (2) montre une grande dépression et fond à 50-52°. Alors il n'y a aucun doute que la réaction s'effectue d'après le schéma suivant :

$$1)\quad C^6H^2(OCH^3)^2(CHO)COOH + SOCl^2 = C^6H^2(OCH^3)^2(CHO)COCl + HCl + SO^2.$$

$$2)\quad C^6H^2(OCH^3)^2(CHO)COCl + CH^3OH = C^6H^2(OCH^3)^2 CHO\,CO^2CH^3 + HCl,$$

3. *Préparation du para-toluide de l'acide opianique.*
$C^6H^2(OCH^3)^2(CHO)CONHC^6H^4CH^3$.

On fait dissoudre 1 gr. de chlorure de l'acide opianique dans 50 cc. d'éther absolument sec et on mélange avec la solution de 1 gr. de paratoluidine dans 10 cc. d'éther absolu. On fait chauffer le mélange au bain-marie pendant deux heures. On soumet la solution à l'évaporation à sec et lave le résidu jaunâtre avec de l'eau acidulée d'acide chlorhydrique. La substance se laisse très bien cristalliser de l'éther, forme des cristaux tout à fait blancs et fond à 185-186°. Le dosage de l'azote (d'après Fritzsche) (3) donne les chiffres suivants :

Subst. 0 gr., 2000 : on a employé 6,6 cc. H^2SO^4 ($n/10$) ; trouvé : N, 0gr.,00924.

Calculé pour $C^{17}H^{17}O^4N$: N % 4,68. — trouvé : N %, 4,62.

(1) Wegscheider. M. 3.357.
(2) D. ch. G. 20, 882.
(3) Ann. 294, 83.

L. MEUNIER

Professeur à la Faculté des Sciences de Lyon.

et

G. REY

ACTION DES RAYONS ULTRA-VIOLETS SUR LA LAINE

Les accidents de teinture provoqués sur la laine ayant subi auparavant l'action combinée de la lumière, de l'oxygène et de l'humidité, sont bien connus des praticiens.

Ces accidents sont encore plus sensibles lorsqu'il s'agit de laines préalablement imprégnées d'acides, comme le cas se présente après l'opération du carbonisage.

Ce sont, ainsi que la plupart des auteurs l'ont remarqué, les rayons de courte longueur d'onde, en particulier les rayons ultra-violets, qui agissent avec le plus d'intensité et, en outre, ce sont les laines fines, à grande surface extérieure, qui sont les plus altérées.

L'action de la lumière se traduit par un gonflement plus accentué et une grande perte de la laine lorsqu'on la plonge dans de l'eau ou mieux dans les alcalis faibles ; par des variations dans ses qualités physique et mécaniques ; enfin, par des modifications très marquées de son affinité pour les matières colorantes. Loebner, Kertesz, Sauer, Waentig, Turner, Entat, Vignon, Heermann, Wagner, Kapff, von Bergen, Engeler, ont examiné ces divers points. Leurs conclusions sont assez discordantes ; probablement, en raison de ce qu'ils ne sont pas partis d'une même matière première.

Le mécanisme suivant lequel la lumière agit sur la laine est assez peu connu. Gillet, qui n'a examiné que le cas des laines teintes (1), suppose que l'action combinée de l'oxygène et de la lumière détermine la formation d'ozonides, lesquels se dédoublant au contact de l'eau, donneraient, d'une part, de la fibre oxydée et, d'autre part, de l'eau oxygénée naissante qui détruirait la matière colorante.

A l'appui de cette théorie, Gillet fait remarquer que la matière colorante reste inaltérée lorsque la lumière agit dans le vide sec.

Nous nous sommes proposés de reprendre l'étude de l'action des rayons ultra-violets sur la laine non teinte et le premier point que

(1) Gillet-Tiba 2 p. 477 (1923).

nous avons examiné a été relatif au rôle joué par le soufre contenu dans cette fibre. La teneur de la laine en soufre est voisine de 3,4 % et varie peu d'un échantillon à l'autre suivant les récentes expériences de Trotman et Bell (1). Une notable proportion de ce soufre est éliminée sous forme de sulfures par l'action des alcalis (Chevreul, Knecht et Appleyard) ou sous forme de chlorure de soufre par action du chlore sec (Meunier et Latreille (2), sans modifier profondément la fibre; mais on ne connaît guère la nature des liaisons qui l'unissent à la molécule proteique. Certains auteurs (Grandmougin, Prudhomme, Haller) croient que le soufre existe sous forme libre ; d'autres envisagent la possibilité de combinaisons oxygénées (Raikow, Grandmougin, Johnson, Baudisch, Strunk et Priess) ; les plus nombreux pensent que tout le soufre est engagé sous forme de cystine.

Réaction à la quinone

Nous avons déjà signalé (3) combien il était facile, à l'aide de ce réactif, de mettre en évidence les modifications subies par la laine sous l'action de la lumière. Il suffit de plonger un échantillon de laine neutre, dont une portion seulement a été insolée, dans une solution à 3 °/₀₀ de benzoquinone dans l'eau distillée pure, pour voir les parties insolées se colorer rapidement en jaune chamois et les parties non insolées, plus lentement en violet. Une laine blanchie au soufre, non neutralisée, se comporte comme une laine insolée ; il était donc naturel de penser à une oxydation du soufre ou de H^2S libéré de la kératine, d'abord en SO^2, puis en SO^4H^2.

De fait, en opérant avec de la laine fine prélevée sur le dos du mouton, lavée complètement à l'eau distillée froide et débarrassée de son suint gras par épuisement aux solvants organiques neutres, nous avons constaté que l'action de la lumière faisait apparaître une réaction positive avec le test au nitroprussiate d'Arnold.

Si ensuite on procède à des touches directement sur un tissu (dont une portion seulement a été insolée) avec du rouge de méthyle, indicateur dont les virages sont près du point isoélectrique de la laine pure, on constate que les portions insolées manifestent un PH plus acide. L'eau d'épuisement d'une laine neutre insolée renferme l'ion SO^4 ; elle est, dans tous les cas, plus acide que le liquide d'épuisement de la même laine avant insolation.

Cette augmentation d'acidité est très faible, vu l'action purement superficielle de la lumière, nous n'avons pas pu la mesurer avec exactitude par la méthode que nous avions proposée antérieurement.

La liqueur d'épuisement renferme des produits de dédoublement de la laine qu'on peut estimer approximativement par la méthode au

(1) Trotman et Bell, J. Soc. Chem. Ind. 1926, p. 10.
(2) Meunier et Latreille, Chimie et Industrie, t. 2, p. 636. 1923.
(3) Meunier et Rey, R.G.M.C., 1924, p. 66.

formol de Sörensen, indice d'une hydrolyse que nous avons mise directement en évidence par une méthode à l'acide nitreux sur laquelle nous reviendrons dans une prochaine communication.

La réaction à la quinone est d'une très grande sensibilité, une exposition de quelques minutes à la lampe à vapeur de mercure (3.500 bougies à 50 cm.), ou d'une demi-heure au soleil, suffit pour que la coloration jaune se manifeste. On peut répéter l'expérience dans les gaz inertes (CO^2, H^2, N^2), ce qui indique que l'oxygène de l'air, énergiquement absorbé par la laine, ou peut-être l'oxygène du protide intervient encore.

Nous avons mis à profit la facilité des dosages de la quinone et de l'hydroquinone pour étudier comparativement la fixation de quinone et la formation d'hydroquinone (1), d'une part, sur une laine insolée, d'autre part, sur la même laine neutre avant insolation. Les courbes obtenues en fonction du temps, sur les divers échantillons, montrent clairement que la fixation de quinone et la formation d'hydroquinone sont plus considérables sur laine insolée que sur laine non insolée Ces courbes sont d'ailleurs identiques à celles que l'on obtient en opérant avec de la laine blanchie au soufre et avec de la laine neutre.

Réactions à l'alloxane et à la ninhydrine

L'alloxane possède la propriété d'oxyder les amino-acides en aldehyde, CO^2, NH^3, se réduisant elle-même en alloxanthine, qui donne avec l'ammoniaque la belle coloration rouge de murexide.

Si on place un petit mouchet de laine pure neutre (0 g. 2) dans 10 cc. d'eau distillée avec 1,5 cc. d'une solution d'alloxane 1%, on voit apparaître lentement à froid, rapidement à chaud, la couleur rouge, alors que si on opère avec de la laine insolée ou de la laine blanchie au soufre, la réaction est négative ou très lente. La réaction est encore plus sensible avec la ninhydrine. Cet hydrate du trikétohydrindène agit exactement comme l'alloxane pour conduire finalement à un sel d'ammonium bleu très intense.

$$CO\left\langle \begin{matrix} NH - CO \\ NH - C \end{matrix} \right\rangle \!\!\begin{matrix} \\ C - N = C \\ \diagdown O - NH^4 \end{matrix} \left\langle \begin{matrix} CO - NH \\ CO - NH \end{matrix} \right\rangle CO$$

Murexide rouge.

$$C^6H^4\left\langle \begin{matrix} CO \\ C \end{matrix} \right\rangle C - N = C \left\langle \begin{matrix} CO \\ CO \end{matrix} \right\rangle C^6H^4 \qquad \begin{matrix} C \\ | \\ O - NH^4 \end{matrix}$$

Sel d'ammonium bleu avec la néphydrine.

(1) Meunier et Quéroix, J.S.T.L.C., t. 9, p. 26 (1925).

Dans les deux cas, c'est donc vraisemblablement SO^2 de la laine insolée qui s'oppose à l'oxydation du protide par le réactif et empêche le développement de la couleur correspondante. Il suffit d'épuiser à l'eau distillée chaude les échantilons blanchis au soufre, ou insolés, pour voir réapparaître la réaction, par suite du départ de SO^2.

Réaction picrique

Ce réactif, proposé par Abderhalden, comme réactif du carbonyl, pour la recherche des dicétopipérazines dans les protides, est en réalité surtout sensible aux sulfures alcalins qui se forment lorsque la réaction est appliquée aux kératines ; il nous a permis de constater l'exaltation de la labilité du soufre pendant l'insolation, car la réaction est beaucoup plus rapide sur laine insolée que sur laine non insolée.

En utilisant les propriétés réductrices des sulfures vis-à-vis de dérivés nitrés de carbures, phénols, amines, on peut imaginer toute une série de réactions analogues à celle de Derrien (1) pour mettre en évidence la grande mobilité du soufre.

Fluorescence

Signalons enfin que l'action de la lumière fait disparaître progressivement la fluorescence violette que présente la laine pure lorsqu'on l'examine à la lumière de Wood.

Applications

a) Les pointes de laine recevant davantage de lumière que le corps de la fibre, il y avait lieu de prévoir que ces pointes se comporteraient différemment vis-à-vis des réactifs précités. C'est ce que nous avons vérifié.

b) La labilité du soufre et sa transformation en produits réducteurs, au lieu d'être provoquées par la lumière, peuvent être la conséquence d'opérations industrielles mal réglées. L'intensité du pouvoir réducteur, accusé par les réactions précédentes, fournira une mesure de l'altération.

c) Nous avons examiné les propriétés tinctoriales de la laine insolée comparativement à celles de la même laine avant insolation. Nous avons utilisé quelques matières colorantes dans chacune des classes (acides, basiques, chromatables, substantives, à mordants, pour cuves). Contrairement à von Bergen (2), nous n'avons pas pu jusqu'ici établir une relation entre la constitution de la matière colorante et l'augmentation ou la diminution de teinte sur la partie insolée. La règle qu'il a proposée nous paraît présenter trop d'exceptions pour qu'on puisse la retenir.

---

(1) Journ. Pharm. et Chim., 1916, 7e série, t. 13, p. 180.
(2) Von Bergen, Melliand's Textilberichte. Octobre 1925.

Paul MIGUET

REDUCTION ELECTROTHERMIQUE AVEC ALIMENTATION METHODIQUEMENT HETEROGENE DES FOURS

Jusqu'en 1921, les fours électriques de réduction étaient exclusivement alimentés par des charges de constitution uniforme comprenant, en mélange aussi intime que possible, la totalité des matières à traiter.

L'homogénéité des lits de fusion était ainsi restée la préoccupation principale que rien n'avait infirmé, car tous les accroissements de puissance ayant été réalisés tant par multiplication des foyers contenus dans une même cuve que par allongement des électrodes en faisceau linéaire amenant le courant à ces foyers, le rapport $\frac{\text{périmètre d'électrode}}{\text{section d'électrode}}$ était demeuré sensiblement pareil à celui des petites unités du début, que l'on avait appris à conduire de manière satisfaisante.

Mais l'équilibre de marche, maintenu en dépit d'accroissements considérables de puissance, par la constance de ce rapport, prit fin avec les nouveaux dispositifs de Montricher qui, grâce à leur réactance réduite, permirent d'abandonner les fours à foyers multiples, compliqués et de service pénible, pour leur substituer des fours à foyer unique de réalisation plus simple et de service plus aisé, bien que de puissance équivalente.

L'adduction rayonnée du courant, caractérisant ces nouveaux dispositifs, exige, en effet, pour l'électrode, le remplacement de l'habituel faisceau linéaire par un faisceau cylindrique donnant au rapport $\frac{\text{périmètre d'électrode}}{\text{section d'électrode}}$ une valeur rapidement diminuée par les accroissements d'intensité, et n'assurant, au dégagement des flammes, qu'un contour de plus en plus insuffisant.

C'est ainsi que, pour la densité normale de 5 ampères par centimètre carré d'électrode, l'expression numérique de ce contour n'accuse, dans le cas d'un faisceau cylindrique de 50.000 ampères, que 3 m. 55 au lieu du total de 5 m. avec 2 faisceaux de 25.000 ampères de même forme, et que dans celui de 100.000 ampères cette différence se montre encore plus considérable avec 5 m. au lieu de 10 m.

En fait, la mise en service de la première de trois unités de 50.000 ampères montra, aussitôt, par de multiples incidents et notamment par de soudaines émulsions, provoquant le déclanchement des disjoncteurs de courant quand elles ne vidaient pas la cuve, combien, pour les grosses intensités, l'électrode ronde unique s'accommodait mal des lits de fusion homogènes jusqu'alors exclusivement préconisés.

Il devint même urgent d'aviser et, le 20 novembre 1921, une note, de service intérieur et de caractère secret, prescrivait une alimentation méthodiquement hétérogène par couches alternativement enri-

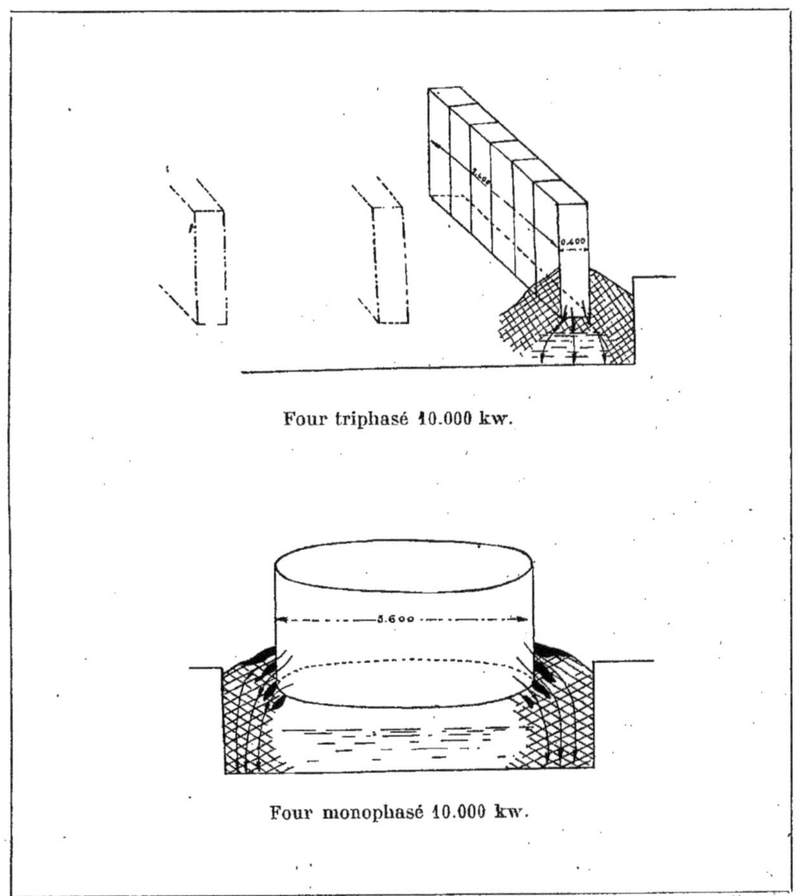

Four triphasé 10.000 kw.

Four monophasé 10.000 kw.

chies et privées de matière carbonée, les premières étant réparties dans tout l'espace laissé libre par l'électrode, mais les secondes restant localisées contre celle-ci, de manière à déterminer l'épanouissement du courant dans les épaisseurs devenues conductrices par excès de matière carbonée et, consécutivement, élargir la zone tant de réduction que de dégagement des flammes.

Le résultat attendu fut instantanément acquis et les flammes se dégageant non plus seulement contre l'électrode, mais jusque vers la paroi de la cuve, la marche prit un équilibre nouveau que même les coulées n'influençaient plus, ce qui était le signe évident d'une dérivation latérale du courant à peu près parfaite. "

Ce résultat s'affirmant de plus en plus, il fut dès lors possible de décider, avec un minimum d'aléa, la construction du four de 100.000 ampères décrit par M. Paul Bergeon, lors du Congrès de la Société Française des Electriciens à Grenoble le 11 juillet 1925, après un an de fonctionnement ; et comme, entre temps, l'observation quotidienne avait montré que, grâce à la diminution considérable du rayonnement direct, la densité de courant habituelle pouvait être au moins dédoublée, la nouvelle électrode fut dimensionnée pour $2^1/2$ ampères au centimètre carré, ce qui rapprochait sensiblement le rapport $\frac{\text{périmètre d'électrode}}{\text{section d'électrode}}$ de sa valeur ancienne, avec les faisceaux en ligne, et venait apporter une amélioration complémentaire à l'équilibre de marche retrouvé.

Enfin, le four de 100.000 ampères se prêtant plus efficacement, que ceux de 50.000 ampères, aux essais multiples qu'autorisait le nouveau mode d'alimentation, par localisation latérale de la zone de réduction et séparation nette des couches privées de carbone, des possibilités nouvelles s'accusèrent, de jour en jour, quant aux nombreux problèmes que l'ancien procédé ne pouvait même pas envisager ; ceux par exemple relatifs à l'obtention directe tant des alliages complexes que des métaux affinés ; et, sur les instances de MM. Flusin et Bergeon, dont les encouragements et les conseils ne nous ont jamais manqué, une demande de brevet français fut déposée le 4 novembre 1925 pour être délivré le 9 mars 1926 sous le N° 606428.

A dire vrai, si les essais d'alliages complexes, à partir de leurs oxydes, purent être rapides et concluants, parce qu'ils étaient compatibles avec les fabrications en cours, rien autre, qu'un abaissement de la teneur en carbone du ferro-manganèse n'a été réalisé en ce qui concerne les métaux affinés.

Pour le chrome et surtout le fer, il aurait été nécessaire, en effet, de suspendre la vie de l'usine de Montricher pour un temps qu'interdisaient les sacrifices importants déjà consentis par MM. Rochette Frères, dont le courage industriel, bien connu, venait d'être mis à rude épreuve, au cours d'une longue période d'essais commencés parallèlement à la crise de 1920-1921.

Le problème de l'acier direct doit être, néanmoins, considéré comme entièrement résolu par l'alimentation méthodiquement hétérogène des fours ouverts.

Avec la maîtrise des laitiers conférée par ce mode d'alimentation, maîtrise qui, par accroissement des couches privées de carbone, permettait de faire passer les laitiers de ferro-manganèse du gris clair au gris foncé, d'une coulée à l'autre, c'est-à-dire de leur donner à volonté une composition aussi oxydante que désirable, il n'est pas douteux, en effet, qu'un affinage avancé puisse être obtenu en-dessous de l'électrode, surtout pour un diamètre de celle-ci tel, par exemple, que 3 m. 600 pour 200.000 ampères.

Les 2 figures incluses qui concernent 2 fours de 10.000 kws fonctionnant celui triphasé avec électrodes en ligne et lit de fusion homogène, celui monophasé avec électrode cylindrique et lit de fusion par couches alternativement enrichies et privées de carbone, sont à cet égard assez suggestives pour que, la lecture du brevet français numéro 606428 aidant, les idées des électrométallurgistes intéressés puissent être fixées dans le sens de l'affirmative.

Il convient, pour terminer, d'attirer l'attention sur les facilités, quant à la récupération de l'oxyde de carbone par prise axiale dans l'électrode, qu'est susceptible d'apporter l'action directe du courant sur la totalité de la masse en traitement ; mode de récupération qui, déjà imaginé il y a quelque 30 ans, ne put jamais être efficacement réalisé, à cause du durcissement de la charge latérale résultant de la suppression des flammes de surface.

Cette suppression étant plus que compensée par l'élargissement d'action du courant, consécutif au nouveau mode d'alimentation, rien ne doit plus s'opposer aux piquages nécessaires à la bonne marche des fours ni par conséquent au système de récupération le plus simple qui se puisse concevoir, pour le plus grand avantage des industries électrothermiques.

Dr Albert MOREL

Professeur de Chimie à la Faculté de Médecine de Lyon.

et

Albert SIMEON

Elève à l'Ecole du Service de Santé militaire.

DIAZO-REACTION DE DERRIEN ET ETUDE DE L'ACTION DU REACTIF PICROSODIQUE D'ABDERHALDEN ET KOMM SUR LA SOIE

MM. A. Morel et A. Simeon signalent que, pour guider leurs essais de préparation des 2. 5. dioxopipérazines à partir de la soie par les techniques d'Abderhalden, ils ont appliqué la diazo-réaction de Derrien, laquelle est négative dans le cas de la créatinine, de l'éther acétylacétique et de la cyclo-glycyloglycine, à l'étude du liquide réactionnel, provenant du chauffage de la soie par le réactif picrosodique aqueux d'Abderhalden et Komm, qui lui communique une coloration rouge, qu'Abderhalden (Zeit. physiolog. Chem. to 139, p. 81, to 146, p. 147 et to 151, p. 45) utilise, si elle peut être obtenue en dehors de la présence de matières riches en cystine et en sucres, pour confirmer les multiples preuves, qu'il a présentées de la structure anhydridique des protéines.

Ils ont pu, grâce à cette diazo-réaction, y mettre en évidence de l'acide picramique, mais en quantités extrêmement minimes, beaucoups plus petites encore dans le cas de la fibroïne et des soies décreusées du commerce, que dans celui des grèges et surtout des grès, beaucoup plus faibles aussi, que dans d'autres matières protéiques, comme la fibrine du sang et les productions épidermiques : crins, plumes et laine, textile, dont un échantillon purifié a été examiné de ce point de vue avec M. G. Rey, élève du professeur Meunier, à qui sera réservée une étude plus complète de cette matière kératineuse. Comparées à l'intensité de la teinte rouge, prise et retenue après divers lavages par la fibre, même lorsque l'acide picrique a été purifié par la technique de Bénédict, elles donnent l'impression qu'elles ne représentent dans le cas de la soie qu'une fraction des phénomènes de coloration observés.

Dr Albert MOREL

Professeur à la Faculté de Médecine.
Chef du Service de Chimie biologique à l'Institut bactériologique de Lyon

et

Isidore BAY

Professeur à l'Ecole technique municipale.
Chimiste biologiste à l'Institut bactériologique de Lyon.

ESSAIS DE CULTURE DE QUELQUES MICROORGANISMES AU DEPENS D'UN CORPS AZOTE DEFINI : LA CYCLOGLYCYLGLYCINE, PROVENANT DE L'ENCHAINEMENT 2.5. DIOXOPIPERAZINIQUE D'UN AMINOACIDE

Dès 1906, l'un de nous (Morel), en collaboration avec Galimard et Lacomme, avait étudié la culture des bacilles en milieu, ne contenant comme aliment azoté que des aminoacides. (C. R. 30 juill. 1906.)

Nous recherchons si les cyclopeptides ou dioxopipérazines. dérivés de ceux-ci, sur l'importance desquels Fischer, Fourneau, Abderhalden, etc. ont attiré l'attention, comme constituants possibles des protéines, sont susceptibles de servir d'aliments aux microorganismes.

Nous avons préparé des milieux de composition organique non azotée et minérale identique, et additionné chacun de 0 gr. 4 % de substance azotée, variant pour les comparaisons et étant soit du sulfate d'ammoniaque purifié, soit du glycocolle, soit du glycocolle et de l'arginine, soit de l'asparagine, soit des peptides des eaux mères de la préparation de la cycloglycylglycine, soit enfin de la cycloglycylglycine, elle-même. Nous les avons amené à pH 6,6, pour diminuer autant que possible l'hydrolyse spontanée de la dioxopipérazine.

Nous avons constaté que la stérygmatocystis nigra et que le rhizopus nigricans se développent beaucoup moins abondamment et moins rapidement dans les milieux à cycloglycylglycine, que dans les autres, de sorte qu'il semble que ces moisissures manquent des agents nécessaires à l'ouverture immédiate et rapide du noyau dioxopipérazinique.

Ces recherches seront continuées et étendues.

DAUVE

Docteur ès Sciences à Beaune (Côte-d'Or).

3° SUR UN PROCEDE FACILE POUR IDENTIFIER DEUX ECHANTILLONS DE VIN

1° A PROPOS DE LA RECHERCHE DE L'ARSENIC

On lit dans le Supplément du Dictionnaire de Wurtz (p. 240 — article Arsenic) que, pour reconnaître des traces d'arsenic, Gatehouse recommande d'ajouter un fragment de soude caustique à la solution, puis une lame d'aluminium, et de recouvrir le tube avec une feuille de papier imprégnée d'azotate d'argent : ce papier, d'après l'auteur, noircit si la solution renferme de l'arsenic. Or j'ai constaté que *tous* les échantillons de Al possibles, traités comme il vient d'être dit, noir-

---

(1) Al = symbole chimique de l'Aluminium, c'est-à-dire les 2 premières lettres A et l du mot Aluminium.

cissent un papier imprégné d'azotate d'argent ; j'ai déjà attiré l'attention des chimistes sur ce fait (Congrès de l'A. F. A. S. Lille, 1909, page 338) ; la cause de cette réaction n'ayant pas été donnée lors de la communication susmensionnée, je crois pouvoir la donner aujourd'hui ; si Al est toujours exempt de As, par contre, tous les échantillons d'Al contiennent du silicium et donnent, par conséquent, naissance, dans les circonstances précitées, à de l'hydrogène silicié qui a la propriété de noircir le papier imprégné d'azotate d'argent ; or, il est facile de modifier le mode opératoire décrit plus haut de façon à le rendre propre à la recherche de As ; As H^3, comme on sait, jaunit le papier imprégné de Cl^2Hg, tandis que l'hydrogène silicié est sans action sur ce papier ; pour rechercher As avec Al, il suffira donc d'ajouter soit un fragment de NaOH, soit quelques gouttes de ClH à la solution arsenicale, puis une lame de Al : la présence de As sera décelée par la formation d'une tache jaune sur le papier imprégné de Cl^2Hg. Pour effectuer cette réaction, je crois intéressant de recommander le dispositif suivant. Un flacon de 30 cc. est fermé par un bouchon A percé d'un trou à travers lequel passe un tube en verre B de 6 cm. de long et de 12 mm. de diamètre intérieur ; ce tube est obturé très partiellement à sa partie inférieure par une petite masse d'ouate très peu serrée et à laquelle on donne la forme d'une petite cloche C en la refoulant légèrement avec le petit doigt ; ce tube porte latéralement un trou D par lequel arrive le gaz As H^3; ce tube est enfin obturé par une petite plaque de verre E à laquelle est fixée une très petite pince F qui soutient le papier imprégné du réactif. Enfin, il n'est peut-être pas superflu de recommander l'emploi de feuilles de papier à réactif imprégnées d'une goutte de réactif seulement, et non pas comme on le fait habituellement, de feuilles imprégnées sur toute leur étendue ; avec des feuilles qui n'ont été imprégnées que par une goutte de réactif, le gaz que l'on veut déceler produit, sur la bande de papier, une tache dont la couleur fait contraste avec la blancheur de la feuille de papier.

2° LA RESISTIVITE DES EAUX POTABLES DE LA VILLE DE BEAUNE ET LA VARIATION DE CETTE RESISTIVITE AVEC LA TEMPERATURE

La ville de Beaune distribue à ses habitants l'eau provenant de deux sources : 1° l'eau de l'Aigue ; 2° l'eau de la Bouzaise. Ces eaux proviennent de sources distantes seulement de quelques kilomètres et situées vraisemblablement dans des couches de marnes liasiques. Ces eaux, en dehors des gaz dissous, ne contiennent que du carbonate de calcium et quelques traces d'argile empruntées à la marne. J'ai effectué la mesure de la résistivité de ces eaux par la méthode de Kohlrausch avec un appareil de ma fabrication.

Résultats d'ordre général

En dehors des grandes chutes de pluie, la résistivité de ces eaux reste passablement constante. Toutefois, il semble résulter de mes nombreuses observations que la variation de la résistivité correspondant à une variation de température de un degré peut présenter des différences assez notables.

Courbe de la variation de la résistivité avec la température

Considérations relatives à l'expression numérique des résultats. 1. Résistivité. — On sait que le nombre qui exprime la résistivité en ohms-cm est celui qui exprime en ohms la résistance d'un cube de liquide ayant 1 cm. de côté. On peut donner à cette définition une forme plus *utilisable*. En effet, la résistance en ohms d'un cube de liquide de 1 cm. de côté est aussi celle d'une colonne cylindrique de ce liquide dont la base a une aire de 10 cm² et dont la hauteur est de 10 cm. Il m'est en effet très intéressant de savoir, par exemple, qu'une semblable colonne d'eau de la Bouzaise a, à la température de 20°, une résistance voisine de 2.000 ohms, d'après les résultats de mes expériences. — 2. Conductivité. — Soit une colonne de liquide semblable à celle dont il vient d'être question et dont la résistance serait égale à 1 ohm ; on est convenu de dire que sa conductivité est égale à 1. La conductivité des solutions, exprimée dans ce système d'unités, est toujours inférieure à 1 ; en général, on l'exprime à l'aide d'un nombre entier qui sert de coefficient à une puissance négative de 10. Pour éviter cette complication, on a choisi une autre unité. Soit une colonne cylindrique d'un liquide déterminé ayant pour base 1 cm² et pour hauteur 1 cm., ou, ce qui revient au même, une colonne de ce même liquide ayant pour base 10 cm² et pour hauteur 10 cm. ; supposons que la résistance d'une semblable colonne soit de un million d'ohms : ce liquide sera dit, par définition, avoir une conductivité égale à l'unité ; si, pour un autre liquide, la résistance d'une semblable colonne est n fois plus faible, la conductivité de ce liquide sera exprimée par le nombre n. Cette unité n'ayant pas encore, à ma connaissance, reçu de nom particulier, je propose de l'appeler *conductie ;* autrement dit, on a : conductivité en conducties $n = \frac{1.000.000}{R}$. C'est ainsi que l'eau de la Bouzaise a, à 20°, une conductivité d'environ 500 conducties.

Pour obtenir la courbe de variation de la résistivité avec la température, point n'est besoin de connaître la capacité électrolytique de la cuve : l'essentiel est que cette capacité reste constante. Soit l mm la longueur de la branche du pont située en face de la cuve : la résistivité de l'eau est proportionnelle à $\frac{1}{1000-l}$. Avec l'eau de la Bouzaise, quand la température varie de 33° à 3°, cette expression varie de 0,7007 à 1,398, ou, en multipliant par 100, de 70,07 à 139,8 ; en conséquence, j'ai porté les températures en abscisses et, en ordonnées $100 \frac{1}{1000-l} - 70,07$; dans ces conditions, la partie de la courbe correspondant aux températures comprises entre 9° et 33° est une portion de circonférence ayant 40 cm. de rayon, tandis que la partie de la courbe correspondant aux températures comprises entre 3° et 9° est une portion de circonférence ayant un rayon de 60 cm.

Valeur de la résistivité à 20°. — La capacité électrolytique de la cuve que j'ai construite, mesurée à l'aide d'une solution au 1/50 normale de ClK (1 gr. 492 % de ClK) s'est trouvée égale à 0,1780; l = 481 mm., $\frac{1}{1000-l} = 0,9268$; d'où pour la résistivité en ohms-cm. de l'eau de la Bouzaise, R étant égal à 400 ohms, le nombre $\frac{0,9266 \times 400}{0,1780} = 2082$ ohms-cm.

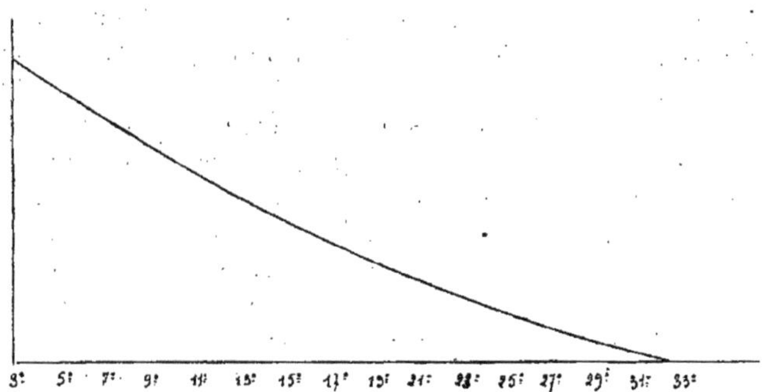

Calcul de l'extrait sec à l'aide de la résistivité. — D'après Kohlrausch, le poids en milligrammes de sels dissous par litre est égal au quotient du nombre 75.000 par la résistivité en ohms-cm. En appliquant cette règle à l'eau de la Bouzaise, on trouve le nombre de 34,4, alors que j'ai obtenu, pour l'extrait sec à 110°, le nombre 31 ; pour l'eau de l'Aigue, on trouve 32,2 au lieu de 29,5 qui représente l'extrait sec ; je me trouve donc d'accord avec les auteurs qui trouvent le nombre obtenu par la règle donnée ci-dessus trop fort ; pour faire cadrer les résultats, il faudrait employer le nombre 67500 au lieu de 75000.

Coefficient de variation de la résistivité pour les températures comprises entre 15° et 25°. — J'ai trouvé pour ce coefficient le nombre

0.023 qui est donné par les auteurs ; ainsi donc, pour t compris entre 15° et 25°, on a :

$$C_t = C_{18} \left[1 + 0,023 \ (t-18)\right]$$

Si C_{18} est l'inverse de la résistivité en ohms-cm., il suffira de multiplier ce nombre par 67500 pour avoir le résidu sec de l'eau ; en multipliant ce nombre C_{18} par un million, on aura C en conducties · on trouve ainsi qu'à 18° la conductivité de l'eau de la Bouzaise est de 459 conducties, tandis que celle de l'eau de l'Aigue n'est que de 439 conducties, ce qui justifie la légende, depuis longtemps accréditée, d'après laquelle l'eau de l'Aigue est supérieure à celle de la Bouzaise au point de vue hygiénique, une eau étant d'autant meilleure pour la consommation que sa conductivité est exprimée par un nombre plus faible.

J. ANDRADE
Professeur à la Faculté des Sciences de Besançon.

PROCHAINES APPLICATIONS DES BALANCES SPIRALES A DES MESURES DE PRECISION DE LA RESISTANCE DE L'AIR INTERESSANT LA SECURITE DE NOS AVIATEURS, ET QUELQUES AUTRES PROBLEMES DE MECANIQUE APPLIQUEE ENVISAGES DANS LEURS RAPPORTS AVEC LES METHODES CHRONOMETRIQUES.

Dr Alexandre LOAS
Assistant à l'Université de Budapest.

UNE NOUVELLE LOI DE NATURE

G. CHAPAS
Chargé de cours à la Faculté catholique des Sciences de Lyon.

et

J. RATELADE
Licencié ès-Sciences, Ingénieur-chimiste.

OBSERVATIONS SUR LA TEINTURE DE LA SOIE VISCOSE PAR LES COLORANTS DIAMINES

Nous avons étudié la teinture de la soie viscose avec les colorants directs suivants : Rouge solide diamine F, Brun diamine M, Noir diamine RO, Violet diamine N, Jaune diamine 3 G, Bleu diamine 2 B, Bleu diamine 3 B, Bleu diamine BX. Nous diviserons cette note en quatre parties : 1° rôle des facteurs physiques, température et concentration ; 2° rôle des mordants auxiliaires ; 3° phénomènes d'équilibre dans la teinture ; 4° teinture en présence des solvants autres que l'eau.

1° *Rôle des facteurs physiques*

Nous avons étudié avec le Rouge solide diamine F et le Bleu diamine 2 B : *a*) l'influence du rapport du poids de colorant au poids de fibre traité ; *b*) l'influence de la concentration du colorant dans le bain de teinture ; *c*) l'influence de la température.

a) Par deux séries d'essais, nous avons démontré que le *rapport du poids de colorant au poids de fibre est sans influence sur l'intensité de la nuance*. Dans la première série, on traitait par une quantité constante de colorant un poids variable de fibre ; dans la seconde, on teignait le même poids de fibre par des quantités croissantes de colorants ; la concentration du colorant dans le bain était maintenue constante.

b) En faisant *croître la concentration* du colorant dans le bain, on obtient des *teintures de plus en plus intenses ;* ceci permet de graduer facilement l'effet obtenu dans l'application.

c) Les essais précédents ont été faits à 70° ; en fixant les valeurs des deux variables étudiés en a) et b) et en opérant entre 15° et 80°, on trouve que les teintures obtenues ont une force croissante avec la température, l'effet est particulièrement intense au-dessus de 40°.

2° *Rôle des mordants auxiliaires*

La soie viscose se teint par les colorants diamines, comme le coton, en présence de sels neutres : sel marin, carbonate de soude, phosphate disodique. Pour expliquer l'action de ces sels, on dit qu'ils diminuent la solubilité du colorant dans le bain et facilitent sa prise sur fibre. Mais souvent les praticiens ne sont pas d'accord sur l'effet d'un mordant auxiliaire, tel le carbonate de soude qui est regardé tantôt comme un accélérateur, tantôt comme un retardateur ; il est intéressant d'expérimenter d'une manière rationnelle les mordants auxiliaires utilisés. En outre, nous avons étudié l'action des acides sur les solutions de colorants, et vérifié que celles-ci étaient parfois stables pourvu que la concentration de l'acide reste inférieure à une certaine limite ; de là, il convenait d'essayer de teindre la viscose en bain acide et quelques colorants se sont montrés aptes à monter sur fibre dans ces conditions ; cette propriété justifierait leur emploi sur tissus mixtes.

Nous diviserons les mordants auxiliaires étudiés en trois groupes.

1er *Groupe.* — Sels neutres, non acides, ClNa, SO^4Na^2, CO^3Na^2, PO^4HNa, $C^2O^4Na^2$; nous y ajouterons la soude : tous ces corps augmentent l'intensité des nuances obtenues et en raison directe de leur concentration. Un colorant, en particulier, le Bleu diamine 2 B, prend difficilement lorsqu'on l'emploie en solution dans l'eau pure ; l'addition du ClNa au bain de teinture accélère énormément la prise sur viscose.

2e *Groupe.* — Acides forts, ClH, SO^4H^2 : l'effet de ces adjuvants est variable avec la nature du colorant étudié. Avec le Rouge solide diamine F et le Noir diamine RO ,ClH est d'abord accélérateur, devient ensuite retardateur (minimum d'intensité de la nuance à la concentration millinormale), puis redevient accélérateur. Le même acide agit comme accélérateur avec le Violet diamine N et le Bleu diamine 2 B, il est retardateur avec le Brun diamine M. Les essais sont souvent arrêtés, pour une concentration centinormale en acide, par la précipitation du colorant.

3e *Groupe.* — Acides faibles, acétique, citrique, benzoïque, salicylique : l'effet de ces corps est variable ; lorsque leur concentration est faible, leur action est parfois inappréciable ; l'acide acétique retarde la prise du Rouge solide diamine F lorsque sa concentration est supérieure à 1/1000 molécule-gramme par litre ; il accélère, au contraire, la prise du Bleu diamine 2 B.

En résumé, les sels neutres *favorisent toujours* la teinture de la soie viscose ; les acides, au contraire, n'ont pas une action constante.

3° *Phénomènes d'équilibre en teinture*

Nous avons constaté que la viscose est en équilibre, à 70°, avec les colorants en solution après 1 heure de séjour dans les bains de teinture (1). Pour effectuer des mesures, nous avons adopté la méthode colorimétrique qui, sans pouvoir donner des résultats de grande précision, est d'une exécution facile et donne des renseignements rapides. La relation entre la concentration initiale du colorant et sa concentration finale à l'équilibre obéit à une loi linéaire. Ce résultat ne concorde nullement avec la loi proposée par Freundlich pour représenter l'allure des phénomènes d'adsorption ; cette loi s'exprime par l'équation :

$$x = k.\ c^{\circ}$$

où x représente la quantité de matière adsorbée,

c — la concentration finale de cette matière dans la solution baignant le corps adsorbant.

Nous ajouterons que M. Bancelin (*J. de Chim. phys.*, t. 22, p. 157 ; 1925), dans un travail sur l'adsorption des matières colorantes par des parois solides, conclut que la loi de Freundlich n'est pas vérifiée dans ce cas.

4° *Teintures en présence de solvants autres que l'eau*

Nous allons montrer que la manière de se comporter de la viscose dans des solutions non aqueuses de colorants donne quelques lumières sur le phénomène général de la teinture.

Nous avons constaté, en premier lieu, que le Rouge solide diamine F et le Bleu diamine 2 B ne montent pas de leurs solutions alcooliques sur la viscose ; d'autres solvants anhydres comme l'alcool méthylique, l'alcool propylique, la pyridine conduisent à la même conclusion que l'alcool ordinaire. Mais si la soie viscose est préalablement humectée d'eau, les solutions précédentes donnent maintenant des nuances foncées. Une expérience cruciale a établi que la prise sur fibre est attribuable, non à l'introduction d'eau dans le bain de teinture par la fibre mouillée, mais bien au changement subi par la fibre après humidification. Néanmoins, nous avons reconnu que la quantité de colorant prise par la viscose dans une solution hydroalcoolique augmente avec la concentration de l'eau ; l'étude des solutions de colorant dans des mélanges d'eau et de pyridine nous a donné des résultats analogues.

G. Flusin (Thèse de doctorat, Grenoble 1907) a montré que la viscose subissait des *gonflements* variables suivant la nature du liquide avec lequel on la met en contact ; le gonflement dans l'eau est de vingt à trente fois plus grand que dans les alcools méthylique, éthylique ou butylique ; ceci nous permet de conclure que la teinture de la viscose n'est possible que lorsque cette fibre subit un gonflement intense grâce au solvant qui constitue le bain.

(1) Il faut ajouter qu'à froid l'équilibre n'est réalisé qu'après plusieurs jours de contact avec le bain, mais que la nuance obtenue sur fibre est plus intense qu'à 70°.

G. DUPONT

et

P. LASCAUD

ACTION CATALYTIQUE DE L'ANHYDRIDE BORO-ACETIQUE DANS LA FIXATION DES ACIDES ORGANIQUES SUR LE PINENE ET SUR LE NOPINENE

La réaction de l'acide acétique sur les pinènes est fortement activée par la présence de l'anhydride mixte, produit de la combinaison de l'anhydride borique et de l'anhydride acétique. Voici le résultat de l'étude de cette action catalytique :

Mode opératoire

Le mélange des réactifs et du catalyseur (anhydride borique et anhydride acétique) est agité jusqu'à dissolution de l'anhydride borique ; après la durée d'action voulue, on lave à l'eau, on décante, on lave avec des solutions de $CO^3 Na^2$, puis à l'eau jusqu'à neutralité. On détermine par une saponification les proportions d'éthers présents dans le produit de la réaction.

I. — *Etude de l'action catalytique à chaud*

Action faite parallèlement sur le pinène pur (d'Alep) et sur le nopinène — proportions : 68 gr. de carbure, 50 gr. d'acide acétique, 10 gr. d'anhydride borique, 15 cc. d'anhydride acétique — à l'ébullition :

PINÈNE			NOPINÈNE		
Essais	Durée du chauffage	Rendement en éther % de la théorie	Essais	Durée du chauffage	Rendement en éther % de la théorie
1 sans catalys.	6 heures	6,0 %	1 sans catalys.	3 h. 45	8,8 %
2 avec — .	15 min.	26,6 %	2 sans — .	6 h. 20	13,72%
3 avec — .	30 min.	31,0 %	3 avec — .	1 heure	32,26%
4 avec — .	1 heure	35,2 %	4 avec — .	3 h. 15	34,2 %
5 avec — .	3 heures	38,8 %	5 avec — .	6 h. 20	34,8 %
			Avec un nopinène soigneusement rectifié...	—	39,8 %

L'action catalysatrice est nette dans les deux cas et conduit à un rendement pratiquement identique, égal à 40 %.

Nature des produits de la réaction

Pour les identifier, nous avons utilisé la méthode classique qui consiste à séparer les alcools secondaires des alcools tertiaires par l'éthérification des premiers à l'aide d'acide phtalique.

1° *Pinène.* — Dans le produit de l'action pendant 12 heures à l'ébullition de 272 gr. de pinène, 20 gr. d'acide acétique, 45 cc. d'anhydride acétique et 40 gr. d'anhydride borique, nous avons, par cette méthode, pour 100 moléc. de pinène traité :

Alcools secondaires	22,8 %
— tertiaires	12,2
Carbures monocycliques	65,0

Les alcools secondaires contenaient surtout du bornéol, accompagné d'un peu de fenchol. Ce bornéol (qui semble exempt d'isobornéol) a présenté un pouvoir rotatoire (en solution alcoolique 10 %) de +20°5 ; en solution benzénique, de +22°4.

Dans les fractions terpéniques, on trouve, en tête de distillation, des terpènes bicycliques (pinène encore non attaqué) puis des fractions monocycliques apparamment riches en limonène.

2° *Nopinène.* — Dans des conditions identiques aux précédentes, en traitant 272 gr. de nopinène, nous avons obtenu :

Pour 100 mol. :

Alcools secondaires	26,00
— tertiaires	13,8
Carbures monocycliques	60,2

Le bornéol obtenu est souillé d'un peu de fenchol, pouvoir rotatoire de —20° dans l'alcool et de —22°2, dans le benzène. Il semble exempt d'iso-bornéol.

Les terpènes fournis par la réaction catalytique se sont montrés, comme dans le cas du pinène, formés d'une petite quantité de carbures bicycliques (nopinène intact) accompagnés d'une forte proportion de carbures monocycliques.

Remarque

Pour mettre hors de doute l'action catalytique propre du complexe acéto-borique, nous avons repris les expériences sur le pinène en employant successivement les 2 anhydrides seuls et leur combinaison.

Essai n°	Catalyseur	Durée de l'action à chaud	Moléc. d'éther pour 100 moléc. de produit
1	Anhydride acétique..... 15 cc.	1 heure	1,7 %
2	Anhydride borique..... 10 gr.	1 heure	10,8 %
3	Anhydride borique..... 10 gr. + anhydride acétique... 15 gr.	1 heure	35,2 %

Il est à présumer que l'action marquée de l'anhydride borique seul est due à la production préalable d'une certaine quantité d'anhydride acéto-borique par réaction sur l'acide acétique.

II. — *Etude de l'action catalytique de l'anhydride acéto-borique à froid*

En traitant à froid, une molécule de carbure par 100 gr. d'acide acétique + 20 gr. d'anhydride borique et 30 c.c. d'anhydride acétique, nous avons obtenu pour 100 mol. de carbure :

Durée d'action à froid	Nombre de molécules d'éthers obtenues pour 100	
	Avec le Pinène	Avec le Nopinène
50 heures.	17 molécules, 2	» »
2 mois.	31 molécules, 1	32 molécules, 1

En doublant la proportion d'anhydride acétique, nous avons eu en deux mois 48 % avec le pinène. On peut aussi réduire beaucoup ici la proportion d'anhydride borique. Avec 2 gr. 5 par molécule de pinène nous avons eu un rendement de 59 mol., 3 %. En effet, à froid, l'anhydride acéto-borique reste en majeure partie précipité sous forme de fines aiguilles. Un excès d'anhydride acétique accroît la solubilité de cet anhydride mixte. En réduisant la proportion d'anhydride borique ou en accroissant celle d'anhydride acétique, on accroît la proportion du catalyseur en solution et par suite la vitesse de réaction. On peut également, dans ces conditions, réduire notablement la proportion d'acide acétique sans abaisser les rendements.

Rendements en éthers après deux mois à froid

Numéros	Pinène	Acide acétique	Anhydride acétique	Anhydride borique	Rendement en éther par molécule de pinène
1	34 gr.	25 gr.	12 gr.	10 gr.	0,464
2	—	25 —	12 —	5 —	0,480
3	—	25 —	12 —	1,25	0,430
4	—	25 —	12 —	0,63	0,435
5	—	25 —	12 moins 2 h.	0,63	0,593
6	—	15 —	12 gr.	2,5	0,452

Les rendements bruts en éther arrivent donc à être supérieurs à ceux obtenus à chaud. En traitant 680 gr. d'essence de Bordeaux commerciale par 300 gr. d'acide acétique + 200 gr. d'anhydride acétique + 15 gr. d'anhydride borique, à la température de 35°, on a obtenu :

Au bout de 45 jours : 0 mol. 524 d'alcool pour 1 mol. de terpène.
Au bout de 100 jours : 0 mol. 614 — — —

Dans le produit de l'opération 5, nous avons déterminé la proportion relative des alcools secondaires et tertiaires ; nous avons trouvé pour 100 mol. de pinène :

Alcools secondaires	28,8
Alcools tertiaires	30,5
Terpènes monocycliques	40,7
	100,0

Les bornéols obtenus présentaient les pouvoirs rotatoires suivants :

Origine	Alcool C. = 10 %	Benzine C. = 10 %
Pinène..............	+ 17,8	+ 20,4
Nopinène............	— 16,5	»

Le rendement en alcool secondaire est très voisin de celui trouvé à chaud. Le rendement en alcool tertiaire est sensiblement plus élevé.

III. — *Introduction du catalyseur acéto-borique dans les réactions des acides organiques autres que l'acide acétique sur les pinènes.*

Sur l'acide formique, on obtient même à froid une action vive conduisant à la polymérisation de l'essence.

Avec l'acide oxalique : résultats analogues.

Avec les acides gras on a obtenu les résultats suivants en chauffant à 100° pendant 12 heures avec un excès d'acide de 10 % sur la quantité calculée :

Acide acétique..............	29,5	L'acide benzoïque sans catalyseur, dans les mêmes conditions, ne donnait que 2 % d'éther.
— propionique..........	10,8	
— butyrique	18,0	
— valérianique..........	25,2	
— benzoïque.............	32,6	
— nitrobenzoïque.	26,0	

Prop. d'acides : la quantité calculée accrue de 1/3.

En résumé, l'anhydride acéto-borique constitue un catalyseur intéressant pour la fixation, sur la molécule de pinène ou de nopinène, à froid ou à chaud, des divers acides organiques et en particulier de l'acide acétique. Cette fixation conduit à un mélange d'alcools secondaires (bornéols) et tertiaires (terpinéol).

A. SEYEWETZ

et

E. CHAIX

SUR LES REACTIONS ENGENDREES PAR L'ACTION DECOLORANTE A FROID EN MILIEU ACIDE DES HYPOCHLORITES SUR LES MATIERES COLORANTES NITREES ET AZOIQUES

Nous avons entrepris l'étude systématique des produits qui prennent naissance dans la décoloration à froid des matières colorantes nitrées et azoïques par les hypochlorites alcalins en milieu acide.

Dans tous nos essais, nous avons fait agir une solution titrée d'hypochlorite de soude sur une solution également titrée de colorant, en évitant que la température ne dépasse 20° dans le cas des dérivés nitrés et 5° dans le cas des dérivés azoïques. On a ajouté l'hypochlorite dans la solution acide du colorant jusqu'à ce que l'on constate un excès d'acide hypochloreux.

A. Matières colorantes nitrées

Nos essais ont porté sur les phénols, amines et aminophénols suivants :

Para et orthonitrophénol	
Dinitrophénol 1, 2, 4	Ortho, méta, para nitraniline
Trinitrophénol 1, 2, 4, 6	Dinitraniline 1, 2, 4
Dinitro α naphtol (Jaune de Martius) 1, 2, 4	Trinitraniline, 1, 2, 4, 6
	Di, tétra, hexa nitrodiphénylamine
Dinitro α naphtol sulfonique (Jaune naphtol) S	Acide picramique

Ces essais nous ont conduit aux conclusions suivantes :

a) *Les phénols ou naphtols nitrés sont d'abord chlorés puis oxydés. Dans le cas des phénols nitrés, l'acide hypochloreux agit d'abord comme chlorurant toutes les fois qu'il y a une position méta libre par rapport à un groupement* NO^2 *; puis il y a destruction du noyau avec formation d'acide carbonique, chloropicrine et acide nitrique qui sont les termes finaux de l'oxydation.*

Dans le cas particulier de l'*acide picrique* où l'OH phénolique est très mobile et où toutes les positions méta sont occupées, la réaction principale conduit à la formation de chloropicrine et d'acide carbonique et une partie du dérivé nitré donne naissance à du chlorure de picryle.

b) *La présence d'un groupement nitré en para dans le phénol semble favoriser la formation de chloroquinones.*

Cette réaction devient d'ailleurs la réaction principale dans le cas du *Jaune de Martius.*

c) *Les amines nitrées se chlorent sans oxydation ultérieure. Le groupement NH^2 dans ce cas, résiste donc mieux à l'oxydation que le groupement OH.*

L'exemple le plus net est fourni par l'*acide picramique*, qui ne

OH
NO^2 NH^2
NO^2

donne lieu à aucune réaction, alors que le dinitrophénol et l'acide picrique (voir plus haut) sont oxydés.

B. Matières colorantes azoïques

Nous avons étudié les réactions qui prennent naissance avec les produits suivants :

a. Azoïques non colorants — azobenzène, azotoluène

b. Monoazoïques
- 1° *aminoazoïques* : aminoazobenzène, orangé III, orangé IV, chrysoïdine CR.
- 2° *oxyazoïques* : tropéoline Y, chrysoïne, orangé I, orangé II, orangé GT, ponceau cristallisé.

c. Monoazoïques pour mordants : Jaune anthracène RN

d. Polyazoïques dérivés des Aminoazoïques
- 1° *primaires* — Noir naphtol 12 B
- 2° *secondaires* — Crocéine M
- 3° *tertiaires* — Jaune solide diamine 3G

e. Polyazoïques dérivés des Diamines
- 1° *de la benzidine*
  - a) *aminés* — Rouge Congo
  - b) *phénoliques* — Chrysamine G.
- 2° *du diamidostilbène disulfonique* — Jaune brillant F

f. **Azoïques dérivés des pyrazolones**

tartrazine

De l'examen méthodique des produits qui prennent naissance dans l'action des hypochlorites sur les colorants précédemment cités, nous avons tiré les conclusions suivantes :

a) Les composés azoïques qui ne renferment pas de groupements auxochromes comme l'*azobenzène* $C^6H^5—N=N—C^6H^5$ ou l'*azotoluène* $CH^3—C^6H^4—N=N—C^6H^4—CH^3$ résistent à l'action oxydante à froid de l'eau de Javel en milieu acide.

b) Tous les colorants azoïques que nous avons expérimentés, quelle que soit leur condensation ou les substitutions qu'ils renferment, se scindent à la soudure de l'azote du dérivé azoïque la plus rapprochée du noyau renfermant l'auxochrome aminé ou phénolique, en régénérant le dérivé diazoïque initial en même temps qu'il y a oxydation et chloruration du résidu d'amine ou de phénol copulé. On obtient ainsi des produits de composition variable suivant la nature des substituants de cette amine ou de ce phénol.

Si on laisse la température s'élever au-dessus de 5° le diazoïque se décompose avec production de phénol qui peut réagir sur le diazoïque non décomposé ou sur les composés quinoniques formés.

C'est le cas de l'aminoazobenzène où l'on retrouve une petite quantité de phénoquinone.

c) Dans le cas des aminoazoïques, si l'amine copulée est primaire comme avec l'*aminoazobenzène*, il se forme de la quinone et du chloranile, mais si l'amine est tertiaire comme dans l'*orangé III*, il y a en outre dégagement de l'amine grasse alcoylée.

$$\underset{\text{Orangé III}}{SO^3Na - C^6H^4 - N = N - C^6H^4(CH^3)^2} \rightarrow \underset{\text{Ac. diazosulfanilique.}}{C^6H^4\left\langle\begin{matrix}N = N\\ SO^3\end{matrix}\right.}$$

$$+ \underset{\text{Chloranile.}}{C^6Cl^4O^2} \qquad + \underset{\text{Diméthylamine.}}{NH(CH^3)^2}$$

La réaction est moins simple avec la diphénylamine dans le cas de l'*orangé III* $SO^3Na—C^6H^4—N=N—C^6H^4—NH—C^6H^5$ et l'amine donne naissance à des produits d'oxydation complexes sans formation de quinones mais avec production d'une petite quantité de diphényle.

Enfin, dans le cas d'une métadiamine comme dans la *chrysoïdine*

$$C^6H^5 - N = \underset{4)}{N} - C^6H^3{}_{1)}\left\langle\begin{matrix}NH^2{}_{1)}\\ NH^2{}_{3)}\end{matrix}\right.$$

on obtient vraisemblablement une quinone aminée que nous n'avons pu identifier à cause de la difficulté que présente sa purification.

d) Avec les oxyazoïques le dérivé phénolique donne naissance à du chloranile s'il s'agit d'un monophénol comme avec la *tropéoline* Y.

Il se forme vraisemblablement une oxyquinone chlorée dans le cas d'un diphénol somme avec la *chrysoïne.*

On obtient une α naphtoquinone chlorée si l'oxydation porte sur un résidu d' naphtol comme dans l'*orangé I.*

Enfin une dihydro binaphtoquinone dichlorée et une petite quantité de dioxynaphtoquinone avec l'*orangé II* dans lequel le β naphtol remplace l'α naphtol de l'orangé I.

Lorsque le phénol renferme un ou plusieurs groupes sulfoniques, il se forme des quinones mono ou polysulfoniques.

e) Les azoïques pour mordants tels que le *Jaune Anthracène* ${}^{e}RN$ qui renferme un groupement nitré dans la molécule de l'amine diazotée et un groupement carboxylé dans le phénol copulé, donnent la réaction générale et on obtient le diazoïque de la p. nitraniline en même temps qu'une chloroquinone carboxylée.

f) Les polyazoïques dérivées des aminoazoïques diazotées régénèrent les diazoïques initiaux ayant servi à leur préparation, et les résidus d'amines ou de phénols qui leur sont copulés, donnent naissance à des produits d'oxydation analogues à ceux que l'on obtient à partir des monoazoïques.

g) Les polyazoïques tertiaires, tels que le *Jaune solide diamine* 3 G, qui proviennent de la soudure de 2 molécules d'azoïques par un résidu d'urée donnent en même temps que la réaction générale des azoïques, un dégagement de CO^2 et soudure des deux azotes de l'urée : le dérivé tétrazoïque du diamido azobenzène prend ainsi naissance.

h) Les polyazoïques dérivés des diamines se comportent comme les monoazoïques. Il y a régénération du dérivé tétrazoïque de la diamine initiale et formation de produits d'oxydation analogues à ceux que nous avons signalés pour les monoazoïques.

i) Les dérivés azoïques de la pyrazolone tels que la *tartrazine* sont scindés en diazoïques et en pyrazolone, cette dernière résiste à l'oxydation.

———— ——

7e section

MÉTÉOROLOGIE ET PHYSIQUE DU GLOBE

Président	A. BALDIT, Inspecteur régional de Météorologie, Le Puy.
Vice-Président	WHERLI, chef de service des avertissements à l'Office national météorologique.
Secrétaire	M. GIAU.

Albert BALDIT

SUR LES CONSTANCES DE TEMPERATURE DANS UNE STATION DE MOYENNE ALTITUDE : LE PUY-EN-VELAY

Lorsqu'on cherche à préciser dans quels cas peut s'établir une période de température sensiblement constante (1) dans une station située à une certaine altitude, on trouve les conditions suivantes :

1° *Vent calme ou faible, ciel couvert.* — Le ciel est couvert d'une couche épaisse de nuages. L'insolation est nulle. Au bout de quelque temps, il s'établit un équilibre de radiation entre la terre, l'air, et la partie inférieure de la couche nuageuse, et la température devient constante. On arrive à ne pas dépasser deux dixièmes de degré en douze heures, et plus (v. exemple ci-après). La température reste constante pendant tout le temps que persiste la couche nuageuse.

Dans un bassin fermé, entouré de massifs montagneux, lieu de réunion de vallées divergentes, il peut s'accumuler, l'hiver, de l'air froid provenant de régions plus élevées. Cet air froid s'étale sous l'air chaud et se dispose comme un liquide, par couches horizontales d'égale densité, c'est-à-dire d'égale température. Par turbulence, il se forme une couche nuageuse au contact de l'air froid et de l'air chaud et humi-

---

(1) Nous avons appelé *constance* (de température) toute période s'étendant sur une durée de douze heures consécutives, au moins, pendant laquelle la variation de la température est au plus égale à un degré. Chaque constance est caractérisée par sa température, sa durée, son époque, et son amplitude. (Cf. Comptes Rendus de l'Acad. des Sc., 12 juillet 1926.)

de. et sa présence suffit à préserver les couches inférieures de tout rayonnement ou de toute insolation. La température peut donc y devenir sensiblement constante.

Ces couches d'air à température constante et couvertes de nuages épais, se déplaçant ultérieurement sous l'effet des courants atmosphériques, donnent, avant de se disloquer, des températures constantes sur leur parcours. L'effet est d'autant plus durable que les masses se déplacent plus lentement et ont une plus grande étendue.

2° *Ciel couvert, vent de force quelconque.* — Une couche d'air inférieure, recouverte de nuages épais et d'une étendue considérable passe au-dessus d'une surface de terre ou d'eau à température constante (couche de dégel, zone océanique parcourue dans le sens des isothermes), ou à température lentement variable (zone terrestre ou marine d'une faible étendue en latitude). Sauf accidents locaux et passagers, au bout d'un temps plus ou moins long, la température devient à peu près invariable en un point fixe de la terre (non en un point fixe par rapport au courant).

Les accidents locaux et passagers troublant l'invariabilité sont :

a) Des éclaircies ; la température est généralement élevée pendant le jour et abaissée pendant la nuit ;

b) Des précipitations : si la station est sous le vent d'une montagne, il se produit une variation de température par un effet de foehn (variation pseudo-adiabatique) ;

c) Des variations de vitesse de courant : ces variations influent sur la température que prend l'air au-dessus d'un sol localement et passagèrement plus chaud ou plus froid.

Nous avons spécifié que les accidents étaient localisés dans le temps et dans l'espace. S'ils sont localisés dans l'espace, mais permanents, le courant subit les mêmes vicissitudes à son passage au point de perturbation et la constance n'est pas détruite.

Les accidents se font sentir sur la courbe de température avec une netteté d'autant plus grande qu'ils surviennent à une plus faible distance de la station. Ce sont eux qui donnent aux courbes de température pendant la durée des constances un aspect dentelé qui est dans certains cas très caractéristique (allure parfois grossièrement périodique).

3° *Air des couches supérieures.* — La variation de la température décroît très vite à mesure qu'on s'élève au-dessus du sol. Une station située en massif montagneux ne peut pas être considérée comme isolée dans l'atmosphère. Cependant la température des couches d'air libre situées à son altitude exerce une influence certaine :

a) Lorsque la station se trouve dans la couche nuageuse formée à une altitude inférieure à la sienne, ou très près de cette couche et audessous ;

b) Par ciel nuageux ou même clair, et par vent fort : la couche d'air qui passe sur la station est un mélange d'air ayant déjà balayé le sol, et d'air libre en proportion variable suivant le degré d'isolement de la station dans l'espace.

En résumé, d'après ce qui précède, on peut classer les constances de température en deux grandes catégories : les constances *par ciel couvert* et vent de force quelconque ; les constances *par ciel nuageux ou clair*, et vent fort. Dans la station du Puy-en-Velay pour laquelle cette étude a été faite, et pendant les 16 années examinées (1910-1925), ces dernières constances appartiennent presque exclusivement aux périodes de vent du Sud (fronts chauds de Sud).

Nous montrerons les particularités de ces deux catégories dans deux cas extrêmes choisis parmi les plus intéressants.

Premier exemple. Constance de température par ciel couvert et vent faible, 19 *février* 1924. — Le 16 février 1924, au matin, une couche

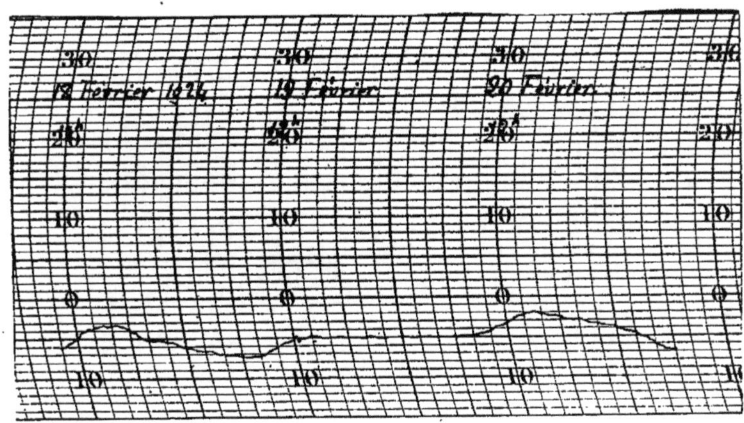

Fig. 1. — Constance de température par stratus épais et vent faible de N.-E. 19 février 1924

de stratus uniforme recouvre entièrement le ciel à l'altitude de 950 mètres, c'est-à-dire à 250 mètres à peu près au-dessus du niveau de notre station (altitude 684 m.).

Cette couche persiste avec de faibles variations d'altitude les 16, 17, 18, 19 et 20 février. Le vent qui est nul ou faible, de directions variables pendant les premiers jours de cette période, souffle de NE le 19 avec une vitesse moyenne de 2 m.-s. C'est le 19, après un minimum de température de —6°4, que la température se maintient presque absolument constante à partir de 12 heures, au point —4°1 *pendant* 20 *heures consécutives*. La ligne tracée sur l'enregistreur est presque rigoureusement une ligne droite (v. fig. 1).

Puisque le courant atmosphérique, quoique de faible vitesse, est bien établi, il ne semble pas que le phénomène soit dû à une cause purement locale (un faible mouvement d'allure périodique au début de la constance indique d'ailleurs un déplacement d'air).

On est donc conduit à rechercher si la constance n'a pas laissé de traces dans les stations situées à l'Est du Puy. Or l'examen des courbes d'enregistreur des stations de Saint-Julien-en-Genevois, de Bron près de Lyon, de Longvic près de Dijon, d'Ancône près de Montélimar, indiquent bien une propagation, propagation qui se développe non pas en bloc, comme une discontinuité frontale, mais par lambeaux. On doit même se demander si certaines régions géographiques favorisées par leur configuration, tel le bassin du lac de Genève, ne sont pas, pour une part importante, génératrices de ces phénomènes, et n'augmentent pas leur fréquence dans leur voisinage.

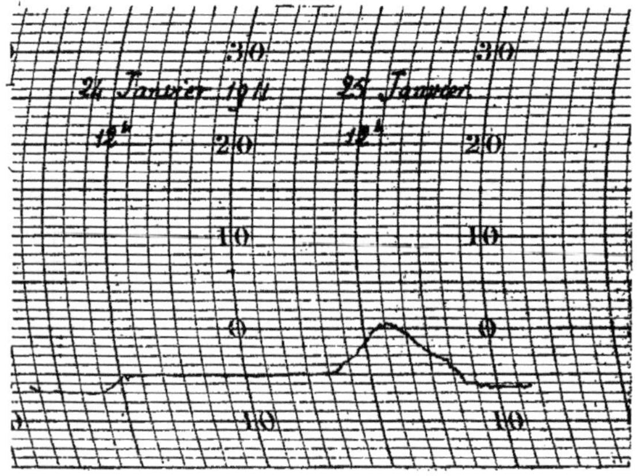

Fig. 2. — Constance de température par stratus (24 janvier 1911)

Dans le cas particulier du 19 février examiné, cette circonstance semble s'être produite.

Le cas du 24 janvier 1911 est tout à fait analogue. Les deux courbes de température sont absolument semblables dans leurs détails (v. fig. 2).

Deuxième exemple. Constance de température par ciel nuageux ou clair et vent fort. Constances par vent de Sud. Cas des 2, 3 janvier 1925. — Les constances par vent de Sud semblent former une classe tout à fait à part. On peut résumer ainsi leurs particularités :

a) Elles se rattachent pour la plupart à l'arrivée d'un front chaud ; sur 53 constances survenues, pendant la période étudiée, par vent de SW, de S ou de SE, 36 appartiennent à un front chaud de S ;

b) Elles se répètent pendant plusieurs jours consécutifs ;

c) Elles forment chaque jour un palier de température, les paliers successifs s'élevant à mesure que l'on s'éloigne du début de la période de vent de S ;

d) Elles débutent généralement à 18 h., ou un peu avant, et durent pendant la nuit ;

e) Aux paliers de température correspondent quelquefois des paliers de la pression barométrique ;

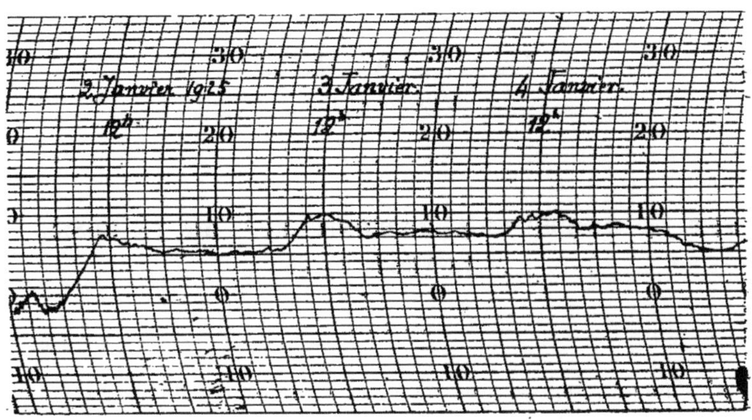

Fig 3. — Constance de température par vent de Sud 2, 3 janvier 1925

f) La nébulosité n'est pas une condition indispensable de la constance ; le ciel peut être seulement nuageux par nuages élevés, ou même clair.

La courbe des 2 et 3 janvier 1925 que nous reproduisons ici (v. figure 3) montre deux constances successives. Certains cas sont plus nets. Nous donnons celui-ci parce qu'il est récent et que nous avons pu le suivre plus complètement.

Le front chaud auquel se rattache le phénomène débute le 2 janvier à 6 h. après une première poussée nocturne de vent de S. La constance débute à 17 h., dure 15 heures et sa température est de 5°5. Elle est rompue le 3 par la variation diurne. Elle reprend à 15 h. 30 le 3 et dure 14 h. 30 avec une température plus élevée, 7°5. On distingue encore le 4 un troisième palier un peu plus élevé que le précédent, mais il est court, et ne rentre pas dans la définition adoptée. L'absence de nuages bas qui semble être une des particularités de ces constances s'observe bien dans le cas actuel.

Ces exemples suffisent pour montrer l'intérêt que présente l'étude des constances de température envisagée à un point de vue strictement météorologique. Les constances de température se rattachent en effet pour la plupart à des situations nettement définies qui peuvent être prévues, ou tout au moins constatées dès leur début. Elles donnent donc une prévision aisée des températures pour un espace de temps assez long.

M. G. RAYMOND

Météorologiste.

SUR LA MESURE ET L'ENREGISTREMENT DE LA ROSEE A ANTIBES (A.-M.)

Depuis bientôt sept années, nous avons entrepris de mesurer, chaque jour, la quantité de rosée répandue sur le sol et sa végétation.

A cet effet, nous avons imaginé un Drosomètre (de *drosos*, rosée et *métron*, mesure), qui se compose d'une claie très légère, dont la surface mesure un dixième de mètre carré, le fond en est garni d'un *tissu imperméable* et recouvert de tiges de *graminées sèches*, maintenues à sa surface par une résille. Les graminées ont été choisies pour se rapprocher, autant que possible, de la couverture du sol ; nous avons aussi employé de la mousse sèche, celle dite des jardiniers (*Hypnum triquetrum*) ; cette dernière substance reçoit une quantité de rosée un peu différente de celle observée avec les graminées ; des comparaisons permettent de passer, d'un procédé à l'autre, à l'aide d'un coefficient obtenu par des comparaisons.

Cet appareil exposé dans un *lieu bien découvert*, est pesé un peu avant le coucher du Soleil et le matin, d'aussi bonne heure que possible, ; la différence de ces deux pesées donne le poids de rosée reçu par l'instrument ; en le multipliant par dix, on a la valeur au mètre carré.

Ces observations demandent beaucoup de dévouement de la part de l'observateur, car il ne faut pas laisser le Drosomètre exposé à l'air après la période nocturne. Durant toute la série de nos observations, il n'y a pas eu une seule lacune.

On verra par les chiffres qui accompagnent cette note que la quantité de rosée n'est pas un facteur négligeable dans les observations météorologiques, surtout lorsque ces données s'appliquent à l'Agriculture.

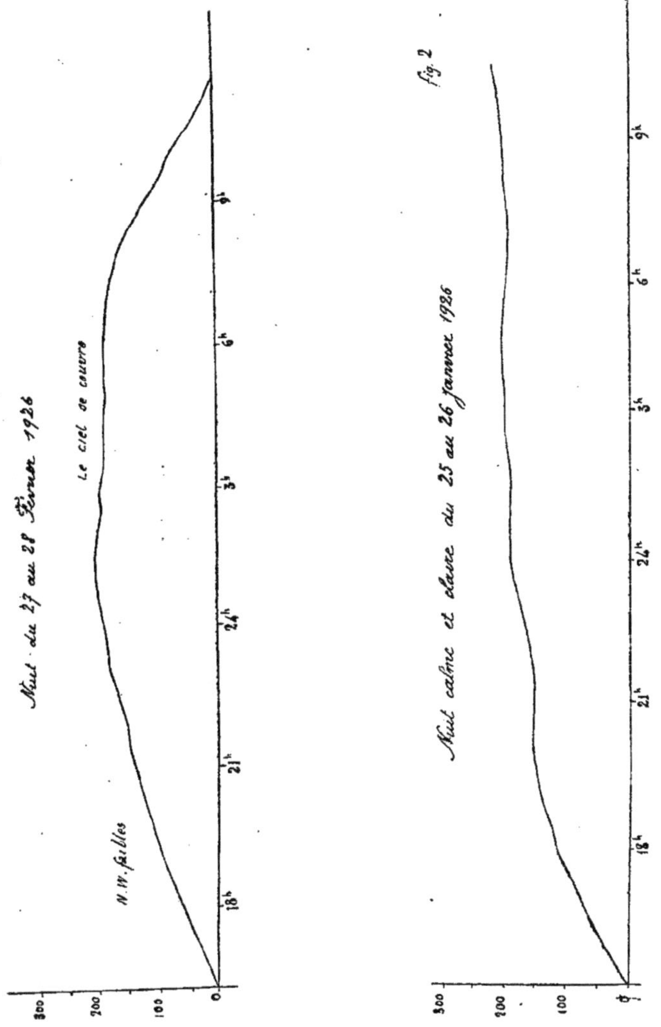

Nous pensons pouvoir dire qu'en moyenne, sous le climat d'Antibes, il se condense sur les plantes et objets divers, *plus de quarante kilogrammes d'eau par an, sur un mètre carré de surface.* Il est évident que ce nombre serait un peu variable, suivant le pouvoir émissif propre à chacun des corps employés comme récepteurs drosométriques ; c'est pour nous placer, autant que possible, dans des conditions naturelles que nous avons choisi les graminées, si abondantes partout.

Les nombre obtenus sont supérieurs à ceux observés à Montpellier, par le regretté Houdaille ; la chose s'explique très bien lorsque l'on

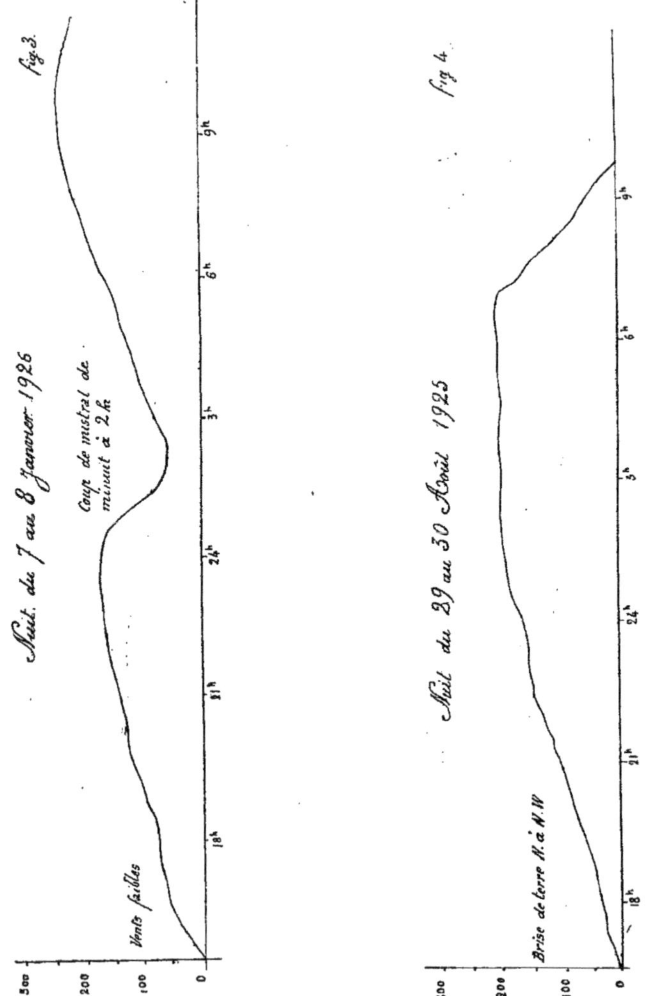

songe à la différence des climats ; celui de Montpellier, sous le régime du Mistral, étant beaucoup plus sec que celui d'Antibes (1).

La quantité quotidienne de rosée est très variable, elle peut atteindre, exceptionnellement, plus de 500 grammes dans une nuit ; elle

(1) M. Houdaille fit usage, pour déterminer la rosée, de plaques de verre exposées sur le sol.

dépend des conditions atmosphériques diverses : transparence dans la verticale ; état hygrométrique ; vent plus ou moins fort, etc.

Enregistrement. — Pour savoir comment se distribue le phénomène en fonction du temps, nous avons construit un enregistreur qui a donné toute satisfaction. Il se compose d'une balance de Roberval aussi sensible que possible et modifiée ainsi qu'il suit : l'axe portant les couteaux du fléau est prolongé d'un côté et porte une tige verticale

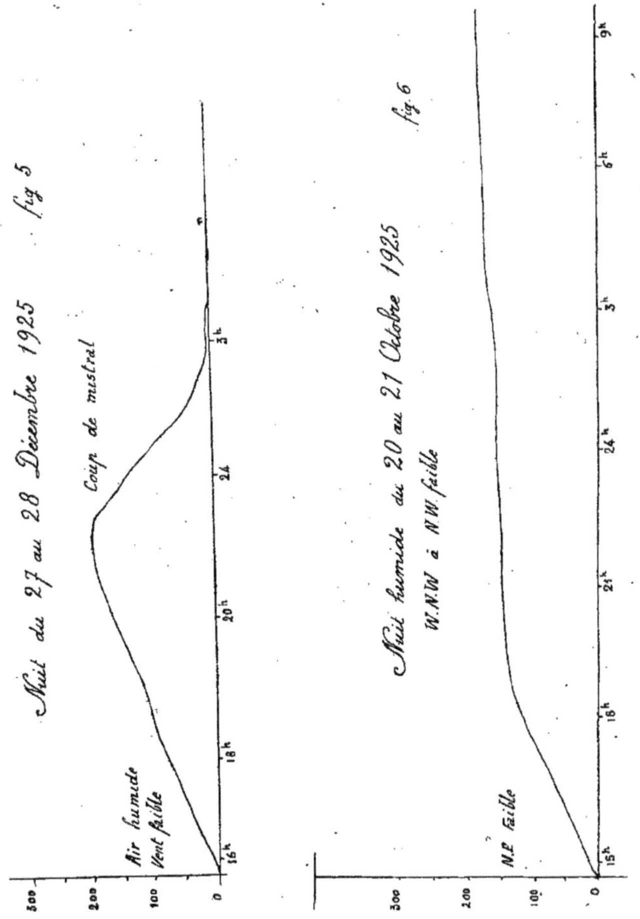

descendante, sur laquelle glisse un contre-poids, qui décale l'horizontalité du fléau à volonté ; ce dernier porte, sur un de ses bras, une légère bielle, qui actionne le levier du style inscripteur d'un cylindre enregistreur, faisant une révolution en 24 heures.

Sur un des plateaux de la balance se place une claie, semblable à celle décrite plus haut. L'autre plateau est décalé d'une certaine quantité à l'aide d'une tare et, pour éviter les agitations de l'air, si gênantes pour ce genre d'inscription, les plateaux portent chacun un amortisseur, ainsi constitué, une tige descendante soutient un cylindre métallique percé de quelques trous et plongeant dans un vase rempli d'eau ; ces sortes de pistons accomplissent très bien leur rôle, sans eux on aurait, même par vents très faibles, des courbes hachées et peu lisibles. L'ensemble de l'appareil est protégé par une enveloppe qui ne laisse à l'air libre que la claie réceptrice, très peu enfoncée dans l'enveloppe protectrice.

Résultats. — Si on superpose toutes les courbes obtenues dans les différentes saisons de l'année, on arrive à cette conclusion que l'*on a affaire à un phénomène régulier par temps clairs et vents faibles.* Dans les mois de l'année où le Soleil est bas sur l'horizon, *la précipitation, due au rayonnement, se fait bien avant le coucher de l'astre,* pourvu que le récepteur soit abrité des rayons directs du Soleil. En hiver, on peut dire que la rosée se dépose à l'ombre, pendant toute la journée. *Cette précipitation se produit, surtout, dans les premières heures vespérales avec une rapidité variable, mais toujours appréciable,* puis, l'air s'étant dépouillé d'une partie de son humidité, la courbe, qui représente la marche du phénomène, forme presque un palier, jusqu'au lendemain matin.

En hiver, comme nous l'avons déjà dit, l'action quoique très lente se continue jusqu'à ce que le Soleil frappe le récepteur.

Pour la période pendant laquelle nous avons observé, le *nombre annuel* des jours de rosée est à peu près constant.

Quant à la distribution de la quantité pendant les différentes saisons, le phénomène est très irrégulier ; seul, un maximum assez net se montre en janvier, lorsque les nuits sont les plus longues.

Perturbations. — Toutes ces conditions sont changées par les vents secs ou forts ; on observe parfois un dépôt de rosée ayant une allure normale ; survient un coup de vent qui dessèche le dépôt déjà formé ; cette agitation de l'air, si elle dure peu, permet à la rosée de se déposer à nouveau ; la courbe présente alors un minimum très accentué durant le coup de vent (courbe typique du 7 au 8 janvier 1926).

Par ciels légèrement voilés ou peu nuageux, la rosée est plus ou moins atténuée ; ces états du ciel donnent, en général, des courbes peu accidentées.

Effets physiologiques. — La formation brusque de la rosée vers la fin du jour produit, en grande partie, cette sensation de froid humide et désagréable observée par tous, mais particulièrement par les valétudinaires ; la constatation de ce fait certain entraîne à donner les conseils suivants aux hivernants : rentrer bien avant le coucher du Soleil ; fuir les endroits ombreux ; avoir un supplément de vêtements, pour se garantir du rayonnement intense qui accompagne la fin des après-midi des belles journées claires.

I. — **Rosée, quantités mensuelles moyennes, (1920-1926), en grammes par mètre carré.**

Janvier...	4.139	**Mai**......	4.201	**Septembre**	3.116	
Février..	3.327	**Juin**.....	3.136	**Octobre**...	3.859	
Mars.....	3.739	**Juillet**...	3.313	**Novembre**	2.931	
Avril.....	3.338	**Août**.....	3.290	**Décembre**.	3.900	Tot. an. 42 kg. 288

II. — **Nombre de jours de rosée par mois (1920-1926), moyennes.**

Janvier......	23	**Mai**.........	23	**Septembre**...	22	
Février.....	19	**Juin**.........	23	**Octobre**......	20	
Mars........	20	**Juillet**......	26	**Novembre**...	17	
Avril........	17	**Août**........	25	**Décembre**....	22	**Total annuel** 247

M. G. ROY

Directeur de la Station régionale de Physique et d'avertissements agricoles de Dijon.

ETUDE DE LA CORRELATION ENTRE LES MOYENNES DE 24 HEURES ET LES MOYENNES DES OBSERVATIONS DE LA TEMPERATURE A 7 H., 9 H. ET 13 H.

La question de savoir si on pourrait remplacer les observations multiples faites ordinairement dans les stations météorologiques par une seule, bien choisie et simplifier ainsi le travail des Stations agricoles, s'est posée à la réunion des Directeurs de Stations en 1925.

On peut tenter de la résoudre par la méthode des corrélations ; c'est ce que j'ai fait en utilisant les huit années complètes d'observations qui existent à la Station de Dijon (Montagne de Larrey), 1917-1924, en étudiant la corrélation entre les moyennes mensuelles de 24 heures et les moyennes mensuelles de 7 h., 9 h. et 13 heures.

Le coefficient de corrélation (r) en lui-même ne donne pas de réponse. Il est évident que l'on doit trouver des coefficients très élevés et que le parallélisme de la marche des températures en moyenne et à des heures fixes doit être très grand et conduire à des coefficients voisins de 1, même si la différence absolue entre ces températures est notable. Le calcul donne en efeft des coefficients très voisins de un dans tous les cas ; pour la moyenne annuelle 0,97 à 7 heures, 0,98 à 9 heures et 0,97 à 13 heures. *Dans le tableau récapitulatif par mois, le coefficient le plus faible est* 0,89 *et plusieurs sont égaux à* 1.

TABLEAU RÉCAPITULATIF PAR MOIS

Mois	Moyennes de 7 heures			Moyennes de 9 heures			Moyennes de 13 heures		
	r	b_1	Equation	r	b_1	Equation	r	b_1	Equation
Janvier	0.90	0.69	$x=+1.73+0.69y_1$	0.89	0.74	$x=+1.07+0.89y_2$	0.89	0.58	$x=+0.08+0.58y_3$
Février	0.97	1.01	$x=+2.32+1.01y_1$	0.98	1.03	$x=+0.96+1.03y_2$	0.95	0.89	$x=-2.04+0.89y_3$
Mars	0.94	1.10	$x=+2.11+1.10y_1$	0.98	1.08	$x=-0.19+1.08y_2$	0.98	0.71	$x=-0.53+0.71y_3$
Avril	0.97	1.05	$x=+1.47+1.05y_1$	0.99	0.92	$x=+0.22+0.92y_2$	0.97	0.77	$x=-0.63+0.77y_3$
Mai	0.97	1.18	$x=-0.75+1.18y_1$	0.99	0.95	$x=-0.29+0.95y_2$	0.99	0.81	$x=-4.01+0.99y_3$
Juin	1.00	1.07	$x=+0.96+1.07y_1$	1.00	0.97	$x=-0.78+0.97y_2$	0.99	0.82	$x=-0.17+0.82y_3$
Juillet	0.99	1.07	$x=+0.64+1.07y_1$	0.99	0.90	$x=+1.11+0.90y_2$	0.99	0.77	$x=+2.15+0.77y_3$
Août	0.98	1.26	$x=-2.30+1.26y_1$	0.97	0.96	$x=-0.42+0.96y_2$	1.00	0.79	$x=+0.49+0.79y_3$
Septembre	0.98	1.10	$x=+0.97+1.10y_1$	0.99	1.08	$x=-1.79+1.08y_2$	0.98	0.80	$x=-0.25+0.80y_3$
Octobre	0.98	1.17	$x=+0.35+1.17y_1$	0.99	1.04	$x=-0.28+1.04y_2$	0.98	0.82	$x=-1.04+0.82y_3$
Novembre	0.95	0.87	$x=+2.07+0.87y_1$	0.96	0.94	$x=+1.62+0.94y_2$	0.94	1.01	$x=-2.36+1.01y_3$
Décembre	0.99	0.92	$x=+1.17+0.92y_1$	1.00	0.98	$x=-0.39+0.94y_2$	0.99	0.94	$x=-1.23+0.94y_3$
Totaux	11.62	12.49		11.73	11.59		11.65	9.71	
Moyennes	0.97	1.04	$x=0.855+1.04y_1$	0.98	0.96	$x=+0.08+0.96y_2$	0.97	0.81	$x=-0.80+0.81y_3$

Il y a donc lieu de calculer le coefficient (b_1) de l'équation de régression que donnerait la relation entre la variation (x) des moyennes de 24 heures et les variations y_1, y_2, y_3 des moyennes mensuelles respectivement à 7 h., 9 h. et 13 heures. L'indication est déjà plus instructive. Ce coefficient moyen pour l'année, qui est 0,96 pour 9 heures ; 0,95 pour 7 heures, descend à 0,81 pour 13 heures, confirmant l'idée déjà admise par Angot que les observations de 9 heures du matin sont celles qui se rapprochent le plus des moyennes des 24 heures.

On peut encore aller plus loin : si on appelle X_1, Y_1, Y_2, Y_3 les valeurs absolues des moyennes correspondantes, on peut calculer les équations de régression complètes et *sans répéter ici les valeurs données dans le tableau récapitulatif*, si on retient seulement les équations correspondant à la période complète utilisée, on voit qu'à 9 heures du matin, X c'est-à-dire la température moyenne des 24 heures serait donnée en fonction de la température moyenne Y_2 à 9 heures, par la formule :

$$X = +0{,}08 + 0{,}96\ Y_2$$

C'est-à-dire que pour obtenir la moyenne de 24 heures, il faut prendre les 96 centièmes de la température à 9 heures qui ne diffère pas beaucoup de cette température elle-même et y ajouter seulement huit centièmes de degré.

Pour 7 heures du matin, on a :

$$X = +0{,}85 + 1{,}04 Y_1$$

Il faut prendre les 95 centièmes, c'est-à-dire encore une valeur peu différente de la température elle-même, ce qui est même un peu surprenant, car il y a des mois où cette heure est très près de celle du lever du Soleil et d'autres où elle en est assez éloignée, mais quoiqu'il en soit, il faudrait déjà ajouter 0,85, c'est-à-dire presque 1° pour obtenir la moyenne des 24 heures.

Enfin, pour 13 heures, on a :

$$X = -0{,}80 + 0{,}81\ Y_3$$

Il faut déjà retrancher 0,80, ce à quoi il fallait s'attendre, mais cette soustraction ne porte que sur les 81 centièmes de la température observée.

Il ne faut pas oublier que ces nombres se rapportent à des moyennes et que les températures journalières présenteraient des variations beaucoup plus grandes ; mais elles donnent le sens des écarts et confirment bien que les observations de 9 heures du matin sont celles qui donnent les valeurs les plus rapprochées des moyennes des 24 heures.

Je donne ici simplement le tableau récapitulatif des résultats mensuels qui conduisent aux valeurs discutées plus haut pour toute la période observée.

Antonio GIAO
Etudiant à l'Institut de Physique du Globe-Strasbourg.

PARTICULARITES DE LA VARIATION DIURNE DU BAROMETRE PAR BEAU TEMPS AU PORTUGAL

Cette note contient les premiers résultats d'une étude entreprise en vue d'élucider les particularités de la variation diurne de la pression dans la Péninsule Ibérique. Les directives de cette étude consistent à choisir des groupes de jours où d'une manière générale les caractères du temps présentent une constance remarquable sur la Péninsule. On étudie ensuite synoptiquement la variation diurne du baromètre et de ses ondes composantes au moyen de l'analyse harmonique, et on recherche quelles sont les causes qui peuvent venir troubler la variation en se mettant toujours au point de vue de la prévision du temps. La « marée barométrique » peut en effet être utile ou nuisible à la prévision. Utile, en ce sens que son examen attentif permet souvent de déceler l'existence ou l'approche d'une perturbation et cela surtout pour des pays comme le Portugal ou l'Espagne qui présentent de longues périodes de beau temps. Nuisible, parce que, si on veut appliquer pour la prévision la méthode des variations, on est souvent bien embarrassé pour tracer sur les pays à forte variation diurne de la pression les vraies « *variations dynamiques* ». En Europe, cet embarras se manifeste particulièrement lorsqu'on a affaire à un régime de « *pseudo-front méridional* » pendant l'été, dans lequel les variations sont faibles, mais quand même *extrêmement importantes* pour la prévision, car elles sont accompagnées de systèmes orageux puissants. Dans ce cas, si on ne tient pas compte de la « marée barométrique » sur le Maroc et la Péninsule Ibérique, les cartes de variations que l'on trace sont complètement déformées et ne correspondent à rien de réel au point de vue dynamique.

Pour toutes ces raisons, l'intérêt pratique d'une étude détaillée de la variation diurne de la pression sur la Péninsule Ibérique est grand, *mais à condition de l'envisager comme il a été dit plus haut.*

Dans cette note préliminaire, j'ai choisi une période de *beau temps d'été* (25 juillet-3 août 1922) et deux stations : l'une, celle de *Coimbra* φ =40° 12' 25'' N ; λ =8° 25', 4 W gr, alt=140 m) située à 38,5 kilomètres de la mer dans la vallée du Mondego ; l'autre, celle de *Reguengos* (φ =38° 25' N ; λ =7° 30' W gr, alt=150 m), si-

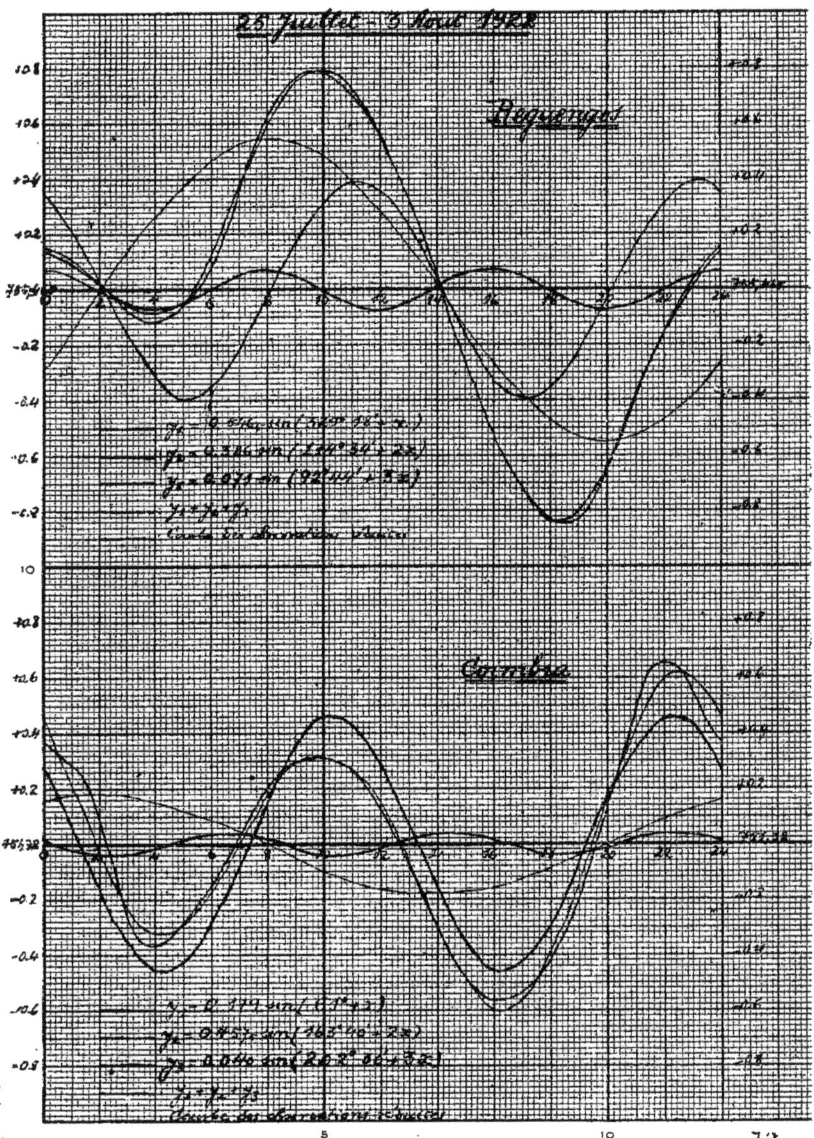
25 juillet - 3 Août 1922
Reguengos
Coimbra
+0.8
+0.6
+0.4
+0.2
-0.2
-0.4
-0.6
-0.8
10
5
10

tuée à 110 kilomètres de la mer dans une région très peu accidentée, la vaste plaine de l'Alentejo, *où la variation diurne de la température est particulièrement forte*. Le type de temps de la période considérée est caractérisée par l'anticyclone atlantique assez élevé en latitude. Il existe le « front-polaire normal » de l'Irlande à la Scandinavie et un faible « pseudo-front méridional » surtout au début. Le temps pris en général est très calme. A Reguengos, la variation diurne du baromètre est très nette. Cependant, sur les côtes N de l'Espagne et en Catalogne, on constate parfois des nébulosités *qu'on peut toutefois attribuer à un effet des brises*. Les deux tableaux ci-dessous indiquent les valeurs des moyennes bi-horaires de la pression à Reguengos et à Coimbra pour les jours indiqués plus haut, et réduites de façon à ce que les observations à 0 h. et à 24 h. soient identiques. Cette réduction est faite en supposant qu'à la variation diurne s'est superposée une variation linéaire, facile à déterminer.

Heures Greenwich —	0^h	2^h	4^h	6^h	8^h	10^h	12^h	14^h	16^h	18^h	20^h	22^h	24^h
Reguengos : 750 % +	1.60	1.49	1.38	1.53	2.50	2.23	2.01	1.54	0.94	0.63	0.83	1.30	1.60

Heure locale —	1^h	3^h	5^h	7^h	9^h	11^h	13^h	15^h	17^h	19^h	21^h	23^h	1^h
Coimbra : 750 % +	1.62	1.03	1.17	1.51	1.68	1.60	1.19	0.84	0.90	1.35	2.01	1.80	1.62

En faisant l'analyse harmonique de ces valeurs et en se limitant au 3e terme, on obtient les deux séries suivantes :

Pour Reguengos : $y = 0{,}5465 \sin (329^\circ\ 18' + x) + 0{,}386 \sin (114^\circ\ 34' + 2\ x) + 0{,}071 \sin (92^\circ\ 44' + 3\ x)$.

Pour Coimbra : $y = 0{,}179 \sin (61^\circ + x) + 0{,}4575 \sin (163^\circ\ 40' + 2\ x) + 0{,}040 \sin (202^\circ\ 30' + 3\ x)$.

dans lesquelles les angles de phase pour Coimbra ont été ramenés à l'heure Greenwich. Dans les figures ci-dessous, l'échelle des ordonnées est de 1 cm. = 0,2 mm. de mercure, et l'origine, comme on le fait toujours, est la moyenne arithmétique des observations réduites. Ce qui frappe le plus, c'est la petite amplitude de l'onde diurne à Coimbra relativement à celle de Reguengos. Ce fait tient à la plus forte variation thermique dans cette dernière station par suite de sa plus grande distance à la mer et des conditions topographiques. Je tiens à faire remarquer ici qu'au Portugal, surtout en été, *on passe très vite des conditions maritimes aux conditions continentales lorsqu'on s'éloigne de la côte*. Les époques du maximum et du minimum de l'onde fondamentale avancée à Coïmbra de près de 6 heures par rapport aux époques correspondantes à Reguengos, manifestent aussi cet effet. Les ondes semi-diurnes présentent une particularité intéressante : *malgré la plus grande latitude de Coimbra, l'amplitude de son oscillation semi-diurne est supérieure à celle de Reguengos*. Ce fait est en désaccord avec la loi de la diminution de l'amplitude de l'onde semi-diurne en raison inverse du carré du cosinus de la latitude. Il démontre que, *si cette loi est valable lorsqu'on considère les moyennes pour de longues périodes, elle peut ne pas l'être pour des périodes de quelques jours* pendant lesquelles *les divers effets n'ont pas le temps de se compenser.* A mon avis, *il y a lieu de ne pas négliger l'influence des conditions météorologiques générales.*

Si l'on se place au point de vue de la prévision du temps, on voit, d'après les figures, que pendant la période étudiée, pour l'intérieur du pays, les tendances et les variations en 6 et 12 heures au soir (carte de 18 h.), tracées sans tenir compte de la marée barométrique, seraient fausses respectivement de 0,3, 0,7 et 1 millimètre, et pourraient donc modifier considérablement une prévision. Cet inconvénient est beaucoup moins important pour la côte. L'observation internationale la plus favorable pour tracer les « variations dynamiques » et éliminer les « faux-noyaux » serait celle de 13 h. Par cet exemple, *qui est loin d'être un cas extrême,* on voit toute l'importance qui s'attache à l'étude d'une méthode permettant de faire *aisément* et *rapidement* cette élimination. La meilleure, à l'heure actuelle, est sans doute celle qui a été indiquée par Dedebant (C. R. 3-VIII-1925). Mais, ces « faux-noyaux » sont aussi très utiles à connaître par suite des gradients et vents qu'ils causent ou modifient. Ainsi, par exemple, pour le cas étudié, on peut constater (1) entre les stations choisies, à 9 h. 30 m., un gradient de 0,75 mm./100 km. dirigé vers la mer, et de 20 h. à 22 h. un gradient vers l'intérieur de 1,2 mm./100 km. Ces gradients auxquels correspondent des vitesses de vent de 7 et 12 mètres-sec. (isobares rectilignes), auraient passés inaperçus par la seule considération des observations aux heures internationales. La variation diurne du baromètre en été au Portugal peut donc *contribuer à renforcer considérablement soit les composantes W, soit les composantes E des vents dus aux conditions météorologiques générales,* et *permet d'expliquer certains vents forts, incompatibles avec les gradients observés sur les cartes aux heures internationales.* C'est là une application *pratique* de l'étude de la variation diurne de la pression.

H. MEMERY

CAUSE PROBABLE DES VARIATIONS DE LA TEMPERATURE CONNUES SOUS LE NOM DE « SAINTS DE GLACE ET D' « ETE DE LA SAINT-MARTIN »

---

(1) On suppose pour calculer le gradient que la pression moyenne est la même dans les deux stations.

Gabriel GUILBERT
Météorologiste

LA VISIBILITE DANS L'ATMOSPHERE OU DE « L'AIR BRUMEUX »

« Le rapport entre la variation de la transparence de l'air, qui modifie la distance de la visibilité et de conditions météorologiques déterminées, est une question difficile. *Son étude n'a jamais été comprise dans les programmes ordinaires de météorologie... personne n'en a fait l'objet d'une étude particulière...* »

Ainsi s'exprime Sir Napier Shaw, au début d'un mémoire paru en février 1918.

De son côté, M. Angot écrit, dans son Traité élémentaire de Météorologie, p. 215, édition de 1916 : « Il ne faut pas confondre avec le brouillard un phénomène très différend, qui est surtout fréquent par le beau temps et que l'on appelle « *la brume* ». On n'est pas encore entièrement *fixé sur la nature de la brume...* C'est aux poussières qu'il faut attribuer surtout la brume que l'on remarque souvent au-dessus des grandes villes. »

Comme on le voit, et d'après ces autorités météorologiques, la question de *l'air brumeux*, c'est-à-dire de la visibilité — phénomène tout différent de la brume dont parle M. Angot et de la transparence de l'air qu'a étudiée Sir Napier Shaw — a besoin d'une mise au point et réclame des définitions précises.

M. Angot oppose la brume au brouillard, et il a raison, mais la « brume » dont il parle n'est autre que « l'air brumeux » et il y a là une confusion regrettable.

Brume et brouillard, en effet, sont de véritables nuages, formés de globules liquides, de fines gouttelettes ; nuages limités, à contours indécis, vaporeux, mais toujours nuages, ayant pour caractéristique, durant le jour, l'interception des rayons solaires. Le soleil alors est réduit à son disque, *le fromage à la crème.*

Ces deux sortes de nuages, identiques quant à leur composition, n'ont point certes la même origine.

Le brouillard est par excellence le nuage de surface : il se forme par temps calme, au ras du sol, dans les plaines, vallées ou marécages. Il est ascendant, grimpe au flanc des coteaux, qu'il finit par couronner ; il se laisse souvent, tant il est superficiel, surmonter par la cime des arbres ou par les flèches des clochers : c'est un nuage rampant, qui survient quelle que soit la hauteur du baromètre ; il suffit du calme et du rayonnement, donc, de ciel clair.

La brume, elle, comme le brouillard, est un nuage humide, mais qui loin de venir *d'en bas*, provient d'en *haut*, distinction capitale. Elle descend des parties basses de l'atmosphère et couronne tout d'abord les collines, la cime des arbres, les flèches des églises, avant de tomber, en volutes serrées, jusqu'au-dessus du sol. C'est un nuage descendant, nuage de beau ou de mauvais temps, de toute saison, comme le brouillard, nuage limité comme lui, aux contours aussi vaporeux, aussi indécis, mais qui, à l'opposé du brouillard, ne craint pas le vent et ne dédaigne point d'accompagner la tempête.

Caractères communs : brume et brouillard sont humides et déposent des gouttelettes liquides sur toutes les aspérités du sol, sur tous les objets en surface, parfois même tombent en bruine ou crachin. Ce sont bien des nuages, formés de vapeur d'eau condensée.

***

L'air brumeux n'a aucun rapport avec ces nuages, par la raison bien simple qu'il n'est pas un nuage. Il n'a par conséquent ni contours, ni limites visibles. Il ne vient ni d'en bas, ni d'en haut. On voit se former et la brume et le brouillard, lui, l'air brumeux, existe sans qu'on sache ni pourquoi, ni comment. Il ne contient ni globules, ni gouttelettes ; il ne dépose aucune humidité, n'arrête aucune évaporation. Il est le plus souvent l'hôte des sécheresses, mais il peut également exister dans les temps humides. Et chose décisive, l'état hygrométrique ne conditionne nullement l'air brumeux. Que l'hygromètre marque 30 ou bien 90, l'air brumeux se produit indifféremment, tandis que le brouillard et la brume, nuages aqueux, exigent un état hygrométrique indiquant la saturation de l'air ou son très proche voisinage.

On voit ainsi combien sont importantes les caractéristiques de ces trois phénomènes : brouillard, brume et air brumeux.

Voici, pour ce dernier, qui n'est autre que le trouble de l'atmosphère et la diminution de la visibilité, le résumé de ses caractères spécifiques.

1° *L'air brumeux n'a jamais l'apparence du nuage, donc, ni formes ni contours.*

2° *Il est sans relation avec la quantité de vapeur d'eau contenue dans l'atmosphère.*

3° *Il s'observe, par conséquent, aussi bien par temps humide que par temps sec.*

4° *Il ne renferme ni globules, ni gouttelettes liquides, donc ne dépose aucune humidité. Il ne mouille pas.*

5° *Il a lieu quelle que soit l'insolation, ou par ciel pur, ou par ciel couvert, quelle que soit la nature des nuages, brumes ou cirrus.*

6° Il se présente partout, sur les mers, sur les plaines, sur les montagnes. Il apparaît sans limites visibles.

7° Il a lieu par temps calme ou par vents de tempête, indifférent à l'agitation de l'air.

8° Il se laisse, contrairement aux nuages aqueux, transpercer par les rayons solaires.

9° Il existe, quelle que soit la saison ou la température.

***

Nous disons que la visibilité n'est nullement conditionnée par la quantité d'eau vaporisée dans l'air.

Voici quelques exemples à l'appui de notre thèse.

Station aéro-météorologique du Bourget
(région industrielle)

1er Février 1926

Heures		Etat hygrométrique		Visibilité
7 heures	: Etat hygrométrique	: 91	: Visibilité	: 0 k. 800
10	»	97	»	1 k.
13	»	90	»	1 k. 800
18	»	95	»	6 k.

3 Février 1926

Heures		Etat hygrométrique		Visibilité
7	»	97	»	10 k.
10	»	95	»	18 k.
13	»	89	»	10 k.
18	»	97	»	4 k.

Ainsi, le 1er février, à 7 h., avec 91, la visibilité n'est que de 800 m., et le 3, avec un état hygrométrique supérieur, 97, la visibilité est 10 kilom., plus de 12 fois supérieure.

De même, à 13 h., avec 90, la visibité est de 1 k. 800 ; elle est de 18 kilom., soit 10 fois plus, le 3, avec 95, état hygrométrique supérieur.

Le 24 janvier 1926, avec 81 à 13 heures, la visibilité était considérable : 30 kilomètres, tandis que le lendemain 25, avec 83, elle était seulement de 2 k. 800, soit 11 fois moins.

Le 23 février 1926, on voyait à 0 k. 600 à 10 heures, avec 94. Le 28, même mois, avec 95, visibilité 6 k., dix fois davantage.

Ces exemples, que l'on pourrait multiplier, démontrent, sans contestation possible, que la visibilité n'est point fonction de la quantité de vapeur d'eau dans l'atmosphère. Et cela est logique, puisque l'eau, à l'état de vapeur, est invisible.

On pourrait encore objecter que l'air brumeux est dû aux poussières industrielles, aux fumées d'usine principalement. L'objection a sa valeur en pays industriel et nous voyons pourtant qu'au Bourget, la visibilité varie dans des proportions considérables, de 1 à 30. De plus, les poussières se rechercheraient vainement sur l'Océan, au-dessus des montagnes, où l'air brumeux, c'est-à-dire le manque de visibilité, se remarque comme ailleurs. Toutefois, nous admettons volontiers l'opacité, par les poussières, des couches d'air au-dessus des villes et surtout des villes industrielles, mais ce sont là des localisations infimes.

Notre conclusion sera très nette : l'air brumeux, qui conditionne la visibilité, n'est fonction ni de la vapeur d'eau atmosphérique, ni de l'insolation, ni du vent, ni de la température. C'est un phénomène inexpliqué à l'heure actuelle.

Il serait même inexplicable, à moins qu'on ne lui assigne comme origine un état particulier de la vapeur d'eau aérienne, *un quatrième état de l'eau dans la nature*. Si cette hypothèse est reconnue inexacte, nous ne regretterons point cependant d'avoir appelé l'attention des savants sur le phénomène de « l'air brumeux », sur cette visibilité ou transparence de l'air, si intéressante pour l'aviation, et que la science doit tenter d'expliquer rationnellement.

L. PETITJEAN

Chef de la Section de la prévision du temps au Service météorologique de l'Algérie

---

LA METHODE NORVEGIENNE EN AFRIQUE DU NORD

De même que les discontinuités thermiques sont très accusées dans les régions arctiques du fait de la proximité de la source d'air polaire, de même, les contrastes de température sont très marqués en Afrique du Nord en raison du voisinage de la source d'air tropical. Aussi la méthode norvégienne de prévision du temps s'applique-t-elle avec succès à cette partie du globe intéressée par des fronts de discontinuités qui se rattachent plus particulièrement en hiver aux dépressions européennes ou méditerranéennes et en été aux dépressions sahariennes.

Sans entrer dans des cas de détails, nous allons exposer les diverses phases du conflit entre masses d'air polaire et d'air tropical dont l'Afrique du Nord est le théâtre. On sait que l'énergie des mouvements atmosphériques dans les parages d'une discontinuité dépend du contraste des températures. Or, ce contraste peut s'accroître par suite de l'élévation de la température de l'air chaud ou de l'abaissement de la température de l'air froid (1). Si le premier se réchauffe plus que ne se refroidit le second, il « travaille » contre lui et nous l'appelons alors air « actif ». Dans le cas d'un front chaud, par exemple, c'est l'air chaud qui est « actif » et *vice versa* dans le cas d'un front froid.

Il arrive très fréquemment en Afrique du Nord qu'une masse d'air froid de Nord-Ouest s'oppose à une masse d'air tropical de Sud-Ouest. Chacune de ces masses ne progresse pas de façon uniforme et régulière, mais reçoit de temps à autre un regain d' « activité » sous forme d'un flux polaire qui vient abaisser la température de la masse froide ou d'un flux tropical qui vient élever celle de la masse chaude. L'enchevêtrement de ces flux d'origine différente complique beaucoup la prévision et, avant d'établir un pronostic, il importe d'examiner la manière dont ils progressent séparément.

Imaginons, pour fixer les idées, qu'une invasion d'air polaire « actif », partie des contrées arctiques, parvienne jusqu'en Afrique du Nord à travers l'Europe occidentale et la Méditerranée. Nous voyons les vents de Nord-Ouest souffler d'abord avec force, puis s'affaiblir et tourner à Nord et à Nord-Est dès que l'air tropical commence à devenir « actif » à son tour. A partir de ce moment, les sondages par ballons-pilotes dans les stations situées aux confins du Sahara, attestent l'existence d'une couche de vents du secteur Sud ; d'autre part, les stations des Hauts-Plateaux qui se trouvent à des altitudes supérieures à 1.000 mètres sont envahies par l'air tropical. Quant aux vents des stations plus basses qui sont encore dans la zone de l'air polaire ancien, ils s'orientent comme si cet air cherchait à fuir sur la gauche de l'air tropical des couches élevées (2). En même temps que ce vieil air polaire tourne, il prend une composante descendante, se comprime et s'échauffe ; des surfaces d'inversion y naissent dont la présence est décelée par l'apparition d'un rideau de brumes dans la région tellienne ou encore, comme dans la baie d'Alger et aux environs des agglomérations urbaines du littoral, par la formation de voiles de fumée qui s'étendent jusqu'à de grandes distances du rivage en nappes très faiblement inclinées sur l'horizon. Dans les stations situées au Nord de la discontinuité entre vents tropicaux et vents descendants, l'effet d'un réchauffement de l'air par compression est si net que le contraste thermique s'efface et parfois même s'inverse, de sorte qu'il n'existe pas à proprement parler de front chaud au voisinage du

(1) Il s'agit en réalité des températures « potentielles » dont on démontre qu'elles varient dans le même sens que l'entropie des masses d'air.

(2) Il existe encore d'autres indices de l' « activité » de l'air tropical : par exemple, la diminution de l'intensité de la radiation solaire, ainsi qu'il ressort d'une comparaison entre nos propres documents et les mesures actinométriques faites au Sahara en 1924 et 1925-1926 par M. L. Gorczynski.

sol, mais seulement aux hautes et moyennes altitudes où on observe des cirrus et des Alto-Cumulus venant des secteurs Sud à Ouest.

Dans le cas particulier de la dépression saharienne, l'arrivée de l'air tropical « actif » dans les couches élevées provoque la formation dans les couches basses d'une convergence orientée approximativement de Sud-Ouest à Nord-Ouest. Si le degré d' « activité » de l'air saharien est suffisant, un secteur chaud s'ouvre au niveau du sol du côté Sud de cette convergence ; mais si de l'air polaire vient relever le degré d' « activité » de l'air froid, le secteur chaud reste confiné en altitude. Lorsque ce dernier s'étend jusqu'en Méditerranée, le franchissement des monts Atlas par de l'air saharien donne lieu à des effets de « foehn » sur leur versant Nord. Indépendamment de l'élévation de température bien connue qu'entraîne alors la compression de l'air pendant sa descente, il se produit aussi des dissolutions de nuages dans le courant tropical, dissolutions qui peuvent être totales (éclaircie de « foehn ») ou limitées à la partie inférieure de la couche nuageuse (transformation de Strato-Cumulus en Mammato-Cumulus)

Nous venons ainsi d'analyser succinctement quelques particularités de l'arrivée du flux tropical et de la formation d'un secteur chaud. Supposons maintenant qu'une branche d'air polaire descende vers l'Afrique du Nord par le Nord-Ouest. Elle pourra entrer en conflit avec l'air tropical sur une grande étendue en donnant naissance à une ligne de grains ou bien elle limitera son attaque à une portion restreinte du secteur chaud et formera une sorte de « goutte » lenticulaire détachée du réservoir d'air froid. Sur son passage, on observera des grains et des averses orageuses (1) à l'avant, tandis qu'à l'arrière, sous l'influence de l'air tropical, les vents exécuteront comme il a été dit plus haut une rotation et prendront une composante descendante qui amènera une éclaircie et un relèvement de la température.

Il n'y a rien à ajouter aux descriptions si nombreuses qui ont été données du passage de fronts froids. En Afrique du Nord, leur mécanisme est le même qu'ailleurs. Mais en ce qui concerne le passage de fronts froids secondaires, notre théorie de l'air « actif » est confirmée par l'observation des cartes synoptiques où les vents dessinent à l'arrière des fronts une divergence le long d'une dorsale à peu près parallèle au frond secondaire ; en avant de cette dorsale descend de l'air froid « actif », tandis qu'à l'arrière descend de l'air froid « passif » comprimé et réchauffé par de l'air tropical qui devient « actif » à son tour.

Dans le cas que nous avons présenté comme étant le plus fréquent en Afrique du Nord de masses d'air tropical qui arrivent de Sud-Ouest et luttent avec des masses d'air polaire de Nord-Ouest, une partie de

(1) V. *La Météorologie.* La Discontinuité Nord-Africaine par L. Petitjean, année 1925, pages 446-459.

chacune de ces masses peut être coupée de sa base par un flux de l'autre masse : ce sont les phénomènes décrits par les Norvégiens sous le nom de « séclusion » et d' « occlusion » quand il s'agit de séparation de l'air tropical, et par les Autrichiens sous le nom de « goutte » d'air froid lorsqu'il est question de l'isolement d'une partie de l'air polaire.

La prévision du temps en Afrique du Nord par la méthode norvégienne s'opère en deux phases : 1° on établit le diagnostic de l' « activité » des masses d'air polaire et d'air tropical ; on a recours pour cela aux accélérations moyennes du vent ou aux variations de la température potentielle (1).

2° On prévoit le déplacement des nuages qui accompagnent les discontinuités au moyen de la comparaison pour chacune des masses d'air qu'elles limitent de ces accélérations ou de ces variations thermiques.

Cap. BUREAU
Office national météorologique.

LES RELATIONS ENTRE LES ORAGES ET LES PARASITES ATMOSPHERIQUES (2)

1. — *Le problème*

On a considéré longtemps que les parasites atmosphériques n'étaient qu'un des phénomènes secondaires de l'éclair. On assimilait plus ou moins consciemment l'éclair à un poste T. S. F. émetteur rayonnant au loin des ondes électromagnétiques qui, captées par les appareils récepteurs, permettaient de déceler les orages à distance. Inversement, on admettait que tout parasite perçu dans un récepteur provenait d'un éclair plus ou moins éloigné. De trop nombreux auteurs ont basé leurs recherches sur cette dernière proposition qu'ils considéraient comme évidente. Or, elle est inexacte (3).

(1) V. *Comptes rendus de l'Académie des Sciences*, L. Petitjean. Année 1924, t. 179, p. 1279; année 1925, t.181, p. 429; année 1926, t. 182, p. 794.

(2) Je donne ici au mot « orage » son sens strictement météorologique, c'est-à-dire éclairs et tonnerre ou seulement l'un d'eux.

(3) Marc Dechevrens, en introduisant la considération d'un champ hertzien continu, avait déjà montré, ici même, il y a 12 ans, que les atmosphériques étaient autre chose et plus qu'une simple émanation des orages. (C. R. Association Avancement des Sciences, 43e Session, 1914, p. 314.)

2. — *Les trois types d'atmosphériques*

On introduit une grande clarté dans cette question par la considération de 3 types d'atmosphériques caractérisés par des variations diurnes distinctes (1) :

a) Variation régulière présentant de hautes valeurs la nuit et de plus faibles le jour avec chute brusque aux environs du lever du soleil et croissance rapide aux environs du coucher du soleil (atmosphériques type d'anticyclone).

b) Variation anarchique présentant certains jours des maxima et des minima aux heures les plus diverses (atmosphériques type migrateur).

c) Variation régulière présentant une montée brusque vers 11 h. 30, de hautes valeurs tout l'après-midi et une descente irrégulière aux environs de 21 heures ou dans le cours de la nuit (atmosphériques type stagnant).

3. — *Les atmosphériques type d'anticyclone.*

Ce qui frappe le plus dans ce type de variation diurne, c'est son universalité. Sur terre comme sur mer, dans les régions tropicales comme dans les régions tempérées, en été comme en hiver, il domine tous les autres et apparaît dans toutes les courbes moyennes. En un jour quelconque, il est très rare qu'on n'observe pas une diminution brusque des atmosphériques peu après le lever du soleil. Ces caractères ne se retrouvent pas dans la distribution des orages. Ceci montre déjà que les atmosphériques ne sont pas de simples conséquences des orages. On a cependant cherché à rattacher par un détour les uns aux autres : la propagation des ondes électromagnétiques à grande distance subissant une variation diurne analogue (mais non pas semblable) à celle des atmosphériques, on a émis l'hypothèse que la variation diurne des atmosphériques était due non pas à une variation de la cause (les orages), mais à une variation de la propagation des ondes naturelles qui seraient émises par les éclairs des orages tropicaux. Des objections graves peuvent être élevées contre cette hypothèse : *a*) même dans les régions tropicales, les atmosphériques présentent les mêmes variations (observations de C. de Groot aux îles de la Sonde) qu'on ne saurait attribuer à la propagation ; *b*) cette variation diurne est très fortement influencée par des actions météorologiques locales inopérantes sur la propagation des ondes et elle s'atténue et même disparaît en altitude (recherches de J. Lugeon dans les Alpes Suisses).

---

(1) J'ai déjà eu l'occasion de montrer l'avantage de cette classification dans l'étude des caractères météorologiques et des caractères d'ensemble des atmosphériques. (C. R. t. 182, 1926, p. 76, et Onde électrique, 5e année, juillet 1926, p. 301.)

4. — *Les atmosphériques migrateurs*

Les périodes d'atmosphériques violents ne sont souvent pas les mêmes dans les différentes régions de la France. Certaines régions sont épargnées, d'autres fortement éprouvées au même moment. Quand les phénomènes se passent dans des régions où le réseau des postes d'observation est susffisamment dense, on voit que les zones de brouillage par atmosphériques violents se propagent certains jours à travers le pays et qu'elles sont toujours liées étroitement à des discontinuités de fronts froids. Les orages des mêmes jours sont localisés dans une bande qui accompagne le front froid dans sa propagation. Comme les atmosphériques apparaissent en général plusieurs dizaines de km. avant le front et les orages après, il semble que les premiers annoncent les seconds. Ceci n'est qu'une apparence, car l'orage n'apparaît pas nécessairement. Le front froid peut n'amener que des grains, des averses ou même de simples discontinuités de température et de vent. La recrudescence d'atmosphériques n'en est pas moins observée. Dans les régions tempérées où se déroulent les perturbations du front polaire, ces atmosphériques sont, dans le domaine électrique, la manifestation parallèle des systèmes nuageux dans le domaine des hydrométéores. Les uns et les autres accompagnent d'ailleurs les discontinuités atmosphériques, fronts froids et fronts chauds. A la disparition des cumulus de beau temps qui se produit dans les fronts des systèmes nuageux correspond une diminution et parfois une disparition des atmosphériques. A l'approche et au passage de la traine correspondent les séries d'atmosphériques migrateurs dont les caractères évoluent comme l'état du ciel (1).

Les atmosphériques migrateurs s'apparentent aux orages de fronts froids et à ceux qui accompagnent çà et là les lignes de grains. La cause des uns et des autres est la même. Elle réside dans l'instabilité verticale de l'air provoquée par le mouvement des masses d'air (instabilité dynamique).

5. — *Les atmosphériques stagnants*

On les observe en France certains jours du printemps et de l'été. Après une matinée calme, ils viennent dès 11 h. 30 brouiller irrémédiablement toutes les réceptions radiotélégraphiques de l'après-midi pour diminuer en général vers 21 heures. Leur violence est extrême. Ce sont des roulements continus au milieu desquels percent des craquements violents.

(1) On a parfois paru comprendre que les atmosphériques migrateurs étaient ces atmosphériques éphémères qu'on perçoit quand une averse tombe sur l'antenne réceptrice ou quand certains nuages passent au-dessus d'elle (Lejay. Les perturbations orageuses du champ électrique. Imprimerie Mersch, Paris, 1926), et qui disparaissent aussitôt après. Il n'en est rien. Ces atmosphériques particuliers ne sont pas plus des atmosphériques migrateurs qu'un gros cumulus n'est un système nuageux.

Les situations météorologiques qui les amènent en France sont surtout les situations orageuses du Sud-Ouest accompagnées de systèmes nuageux orageux. Les orages éclatent alors un peu partout sans qu'on puisse trouver un ordre quelconque dans leur répartition. La continuité des atmosphériques violents semble bien être l'indice d'un état électrique de l'atmosphère particulièrement favorable à l'éclosion des orages. Les atmosphériques, là encore bien qu'annonciateurs des orages, n'en sont pas la conséquence plus ou moins lointaine. Tout au moins peut-on considérer que les craquements qui percent les roulements continus sont concomittants avec certains éclairs.

On a récemment cru pouvoir tirer une conclusion différente des observations que j'ai publiées (onde électrique janvier et février 1925) relativement aux journées d'atmosphériques de mai et septembre 1924. M. Lejay (loc. cit.) constatant en effet que ces journées coïncidaient avec celles où des orages avaient été observés au Pic du Midi en a conclu qu'il n'était pas un orage aperçu du haut du Pic qui ne couvrit la France entière d'atmosphériques. Pour que cette opinion soit justifiée, il faudrait que les orages du Pic aient été les seuls à éclater en France ces jours-là. Or, il n'en est rien. Ce que l'on peut dire légitimement, c'est qu'il n'est pas de situation orageuse qui ne soit accompagnée d'atmosphériques violents. Ici encore, orages et atmosphériques sont dus à une même cause, l'instabilité verticale de l'air, mais cette fois cette instabilité est provoquée, non plus par des mouvements dynamiques, mais par l'échauffement rapide des couches basses de l'atmosphère par le soleil et par l'intermédiaire du sol, cet échauffement ne dégénérant en violents mouvements de convection que dans des situations météorologiques particulières (situations orageuses).

On voit donc que si les atmosphérique ne sont pas, dans leur ensemble, une émanation des orages, leur étude n'en est pas moins très importante pour la connaissance de ces derniers. On peut même affirmer que tout se passe comme si les orages ne nous avaient ouvert, d'une manière intermittente, qu'une étroite lucarne sur la vie électrique de l'atmosphère. Les atmosphériques nous offrent une vaste fenêtre ouverte en permanence.

A. NODON

Président de la Société astronomique de Bordeaux.

RECHERCHES SUR L'ORIGINE DES PHENOMENES ELECTROMAGNETIQUES TERRESTRES

SCHERESCHEWSKY et WEHRLE

SUR LE FRONT POLAIRE AUSTRAL

Les travaux récents des écoles norvégienne et française sur les grands *courants de perturbations* (*front polaire* principal et ses *branches dérivées, pseudo-fronts* indépendants), leur mécanisme et leurs *interférences*, ont permis de dresser un tableau, déjà assez complet, de la circulation générale *dans l'hémisphère Nord.* On peut admettre que les circulations générales des deux hémisphères doivent être, en première approximation, *indépendantes* et aussi que — abstraction faite de la distribution dissymétrique des masses continentales — elles seraient grossièrement *symétriques.* L'existence même d'un front polaire austral ne fait donc pas de doute, on peut même présumer qu'il doit être moins différent du front polaire idéal que son homologue de l'hémisphère Nord, *moins complexe* en un mot, à cause de l'influence perturbatrice très réduite des continents, à peu près absents aux latitudes envisagées (en fait, dans les mers du Sud, les navigateurs ont souvent été frappés par la succession remarquablement régulière des tempêtes). Nous nous sommes proposés d'étudier la *situation réelle dans l'hémisphère Sud,* en ce qui concerne les *grands courants de perturbations.*

D'abord, qu'est-ce qui était acquis à ce sujet ? Bien peu de choses, comme nous allons le voir, et il est facile de comprendre pourquoi. La « simplificité » relative du front polaire austral, par suite de la localisation des terres aux basses latitudes, a son « revers ». La zone intéressante étant presque entièrement couverte par les océans, le *réseau* des observations est très *clairsemé,* d'autant plus que, les foyers de plus grande civilisation ne se trouvant pas dans l'hémisphère Sud, la densité des stations sur terre et des navires en mer est moindre encore. Aussi la construction de cartes mondiales « instantanées » est-elle impossible, tandis qu'on arrive à établir, tant bien que mal, des cartes *moyennes.* La tendance des anciens météorologistes était déjà d'abuser des procédés statistiques au détriment de la méthode *synoptique :* le « Réseau Mondial » conçu à des fins climatologiques, n'est qu'un réseau de valeurs moyennes et bien des services météorologiques ne publient que des éléments *moyens,* à l'exclusion de toute observation *réelle.* En ce qui cocerne l'hémisphère Sud, cette tendance s'est trouvée naturellement renforcée par l'insuffisance du réseau. Or, si dans certaines conditions les cartes moyennes de pression mettent en évidence les *centres d'action* et permettent des études *statiques*, elles sont tout à fait impropres aux études *dynamiques, c'est-à-dire ne révèlent pas les courants de perturbations*, par suite du jeu de compensation des hausses et des baisses. Enfin, il semble que les notions dynamiques modernes ne sont pas encore familières aux milieux météorologiques de l'autre hémisphère (1).

L' « acquis » en présence de quoi nous nous trouvions se résume à ce qui suit. Des dépressions mobiles circulent d'une manière continue, de l'Ouest à l'Est, coupant en général la pointe Sud de l'Amérique, mais laissant au Nord l'Australie et surtout l'Afrique. Plus au Nord en Australie et aussi en Afrique du Sud, des anticyclones mobiles circulent de l'Ouest à l'Est (2). En Australie aussi on rencontre des « tropical lows » en dehors de ce courant d'Ouest. En Amérique du Sud et en Afrique du Sud, des oscillations barométriques se propagent du Sud-Ouest au Nord-Est. Sur le continent antarctique, on observe parfois une propagation d'oscillations barométriques du Sud-Est au Nord-Ouest, qui ne saurait donc être rattachée au grand courant d'Ouest.

Nous avons utilisé les réseaux partiels d'Amérique et d'Australie, la comparaison des barogrammes de stations différentes et l'introduction dans les statistiques de l'élément dynamique « variabilité », qui est fonction de la proximité et de l'intensité du courant de perturbations. Nous n'avons pas la prétention ici d'exposer complètement nos recherches ; leur détail, avec précisions à l'appui, figurera, espérons-nous, dans un prochain Mémorial de l'Office National Météorologique. *Cette note ne doit être considérée que comme un sommaire des résultats obtenus.*

1 *Les centres d'action.* — Depuis longtemps, les cartes moyennes ont montré que la ceinture des hautes pressions subtropicales était, dans l'hémisphère Sud, beaucoup plus régulière que dans l'hémisphère Nord, surtout pendant la saison froide. En outre, la différence de l'été à l'hiver est moins grande. Toutefois, on observe que, de la saison chaude à la saison froide, la ceinture se rapproche de l'équateur, en même temps qu'elle se renforce. Nous verrons que le front polaire subit un déplacement parallèle, et, en outre, que, dans les zones non perturbées (surfaces océaniques), son activité est commandée par le gradient Nord-Sud du centre d'action subtropical.

(1) Nous ne croyons pas qu'il ait été publié d'étude *frontologique* relative à des perturbations de l'hémisphère Sud. Sur notre demande, le Meteorological Office de Londres a bien voulu faire des recherches bibliographiques qui ont abouti seulement à découvrir une page de M. E. Kidson, à la vérité importante, car elle annonce l'existence en Australie des fronts chauds et froids et du mécanisme de la régénération des cyclones. C'est, à notre connaissance, le seul document public où l'on trouve trace d'une transposition à l'hémisphère Sud des conceptions de l'Ecole de Bergen.

(2) M. E. Kidson indique que ces anticyclones mobiles correspondent aux langues d'air polaire de Bjerknes et les thalwegs qui les séparent à des « occlusions » qui peuvent donner lieu à des « régénérations par la racine ».

Certains auteurs (William J. S. Lockyer) contestent l'existence « statique » de la ceinture anticyclonique subtropicale et attribuent son apparition sur les cartes moyennes au passage continu des fameux anticyclones mobiles d'Australie. Ceux-ci interviennent évidemment dans la moyenne — de même que, dans l'hémisphère Nord, l'anticyclone Atlantique est périodiquement renforcé par des invasions d'air polaire. Mais ce phénomène ne fait que se superposer à *un champ stable qui comporte bien une ceinture de hautes pressions subtropicales.* La seule considération des fréquences de vent (1) suffirait à

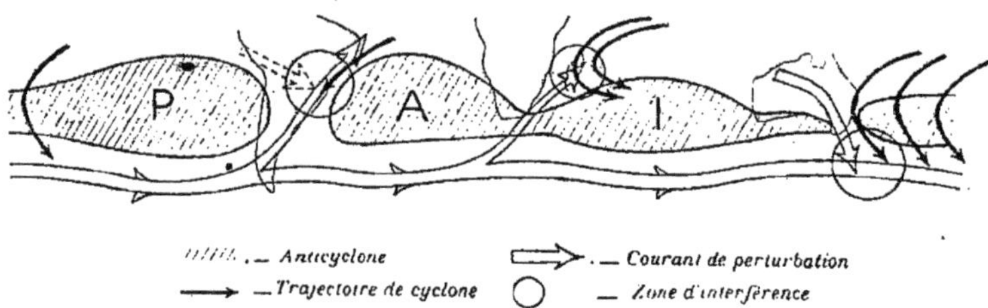

Schéma des courants de perturbations de l'hémisphère Sud

montrer la permanence de ces hautes pressions. Pour écarter définitivement l'explication de Lockyer, nous nous contenterons de remarquer que la diminution rapide de la variabilité quand on se rapproche de l'équateur est incompatible avec elle. Etant données les pressions et les variabilités moyennes et le décalage en latitude des anticyclones mobiles par rapport aux dépressions mobiles, il est facile de calculer la pente réelle du champ stable ; nous avons trouvé que *le gradient propre du centre d'action est plus fort que dans l'hémisphère Nord* (c'est pourquoi le long du front polaire austral, les vents « jouent » assez peu au passage des perturbations — constance des vents d'Ouest signalée par les navigateurs).

Les trajectoires de cyclones tropicaux, surtout dans l'Océan Indien, paraissent ne tenir aucun compte des centres d'action subtropicaux, dans lesquels elles pénètrent profondément. Mais on peut remarquer (voir Isobares à 4.000 m. de Teisserenc de Bort) qu'*en altitude*, durant la saison chaude, les centres d'action se trouvent fortement décalés vers l'équateur, dans l'Océan Indien et le Pacifique oriental, et *tout se passe comme si les cyclones étaient dirigés par ces centres d'action en altitude*, ce qui se conçoit assez aisément puisque les théories des cyclones s'accordent à considérer que ces perturbations, d'ailleurs génératrices d'abondants Cirrus, intéressent les hautes couches.

Il existe dans l'hémisphère Sud, une autre zone anticyclonique, celle qui couvre le continent antarctique. Mais *il ne s'agit pas là d'un*

---

(1) Suggestion de M. A. Baldit.

centre d'action. D'abord cet anticyclone n'en joue nullement le rôle, et l'activité du front polaire n'est pas fonction de son évolution (par exemple, l'extension de l'anticyclone antarctique augmente de la saison froide à la saison chaude, ce qui n'empêche pas le front polaire de se rapprocher du pôle). Ensuite, il disparaît complètement en altitude jusqu'à se transformer en zone dépressionnaire sur les basses terres ; ce n'est qu'un coussin superficiel d'air froid.

II. *Le front polaire.* — La structure et le fonctionnement des perturbations sont semblables à ce qu'ils sont dans l'hémisphère Nord. E. Kidson a identifié les invasions d'air polaire (anticyclones mobiles), les « occlusions » (thalwegs isobariques), les « régénérations » par le Nord et il a noté que les fronts froids étaient plus nets que les fronts chauds. Ajoutons que nous avons observé sur les cartes australiennes des « formations en vague » et des « zones de liaison » entre deux perturbations successives, et nous aurons complété une analogie parfaite avec l'hémisphère Nord. Une question pendante se trouve ainsi tranchée : certains auteurs pensaient que la calotte glaciaire du Groenland jouait un rôle essentiel dans les émissions polaires de « fin de famille ». Or, le même phénomène (invasion polaire plus forte périodiquement, à la fin d'une série de perturbations s'observe en Australie. Il s'agit donc bien d'*une propriété de fonctionnement du front polaire idéal et non d'une contingence géographique.*

Les anciens météorologistes australiens, hypnotisés par les fameux anticyclones mobiles, et ayant remarqué l'absence de dépressions fermées, avaient cru se trouver en présence de conditions dynamiques très particulières. On voit qu'il n'en est rien. Quant à l'*absence de dépressions entre les anticyclones mobiles*, elle s'explique aisément par la *forte pente* du centre d'action subtropical ; si on élimine le champ en prenant les variations en 24 heures, on constate que les hausses et les baisses circulent *à la même latitude ;* mais du fait de la pente Sud-Nord du champ, les traces isobariques des hausses sont rejetées vers le plateau anticyclonique où la pente étant moins forte, elles constituent en général des individus « fermés », les traces isobariques des baisses par contre sont décalées vers le Sud, et, en raison de la forte pente, restent généralement « ouvertes » de ce côté. Il y a lieu de noter à ce propos que dans l'hémisphère Sud, où la pente du champ stable est très raide, *son élimination par l'emploi des variations s'impose encore plus que dans l'hémisphère Nord.*

Russel avait étudié la vitesse de marche des anticyclones mobiles et l'avait trouvée très faible. Lockyer tout en renforçant cette vitesse reste encore en-dessous de la vérité. Nous avons repris ces calculs en mesurant : 1° le déplacement des *noyaux de variations* sur les cartes ; 2° le décalage des *oscillations barométriques* d'un bout de l'Australie à l'autre. Nous avons trouvé *exactement* le même ordre de grandeur de vitesse que dans l'hémisphère Nord, soit 700 km. en 12 h. en saison froide et un peu moins en saison chaude. Les erreurs des anciennes mesures s'expliquent soit par la confusion possible d'une carte à l'autre des traces isobariques de deux perturbations successives, soit par l'imprécision des courbes de pression utilisées. Quant aux mesures de Russel et Lockyer entre l'Afrique et l'Australie, elles sont dépourvues de base sérieuse, car, un tel trajet dépassant la durée moyenne de vie d'une perturbation, l'identification aux extrémités est impossible ; d'ailleurs, les durées de trajet soi-disant observées présentent des différences de 2 jours ; la demi-période des perturbations étant en général de l'ordre de 24 heures, on conçoit qu'on peut toujours trouver en Australie une oscillation *quelconque* telle que son décalage par rapport à une oscillation donnée en Afrique diffère du temps moyen de traversée de deux jours !

L'étude comparative de la variabilité de pression dans un couple de stations de même longitude et dans une zone de grande régularité du front polaire, en plein Sud du centre de l'anticyclone Indien (Kerguelen et station d'hiver du Gauss), nous a permis de mettre en évidence la variation d'intensité et le déplacement saisonniers du front polaire : 1° *le front polaire suit en latitude le déplacement du centre d'action subtropical, c'est-à-dire remonte vers le Nord pendant la saison froide ;* 2° *la profondeur et la vitesse des perturbations du front polaire sont plus grandes pendant la saison froide que pendant la saison chaude*, 3° *l'activité du front polaire est sensiblement proportionnelle au gradient Nord-Sud du centre d'action subtropical* (1) ; 4° *le front polaire n'est pas influencé par l'anticyclone antarctique.*

De même que dans l'hémisphère Nord, l'influence du front polaire peut se faire sentir à très basse latitude. A Apia (île Samoa) par exemple, *l'alizé n'est pas permanent.* Il est renforcé par les invasions polaires profondes ; par contre, il arrive qu'il laisse place au sol, au contre-alizé, ce qui correspond à un afflux d'air équatorial.

III. — *Courants dérivés et pseudo-fronts.* — On sait que le front polaire boréal, en atteignant l'Europe Occidentale, détache presque constamment une branche dérivée de Nord-Ouest, le long de l'anticyclone Atlantique. *De même, le front polaire Austral donne naissance à des branches dérivées de Sud-Ouest sur l'Amérique du Sud et sur l'Afrique du Sud.* Nous avons vu qu'on avait déjà remarqué la propagation de SW d'oscillations barométriques dans ces deux régions (Clayton pour l'Amérique du Sud, Lockyer pour l'Afrique du Sud). Mais Lockyer attribue ce phénomène à une simple inflexion du front polaire entre le Cap et Maurice. Cette explication ne supporte pas un examen détaillé : l'étude minutieuse des barogrammes

(1) Il serait intéressant d'entreprendre une étude analogue pour l'Atlantique Nord ; le rapport entre le gradient propre des centres d'action et la vitesse des perturbations serait une constante météorologique importante, qui nous renseignerait peut-être sur l'altitude moyenne des perturbations.

et des variabilités prouve incontestablement qu'*il s'agit dans les 2 cas d'un courant dérivé de SW, s'amortissant à mesure qu'il se rapproche de l'équateur.* Dans le cas de l'Amérique du Sud, on obtient une vérification directe par l'examen des cartes de variations, qui montrent la scission des noyaux du front polaire et l'un des éléments contournant par l'Ouest, l'anticyclone Atlantique. *Ces courants dérivés pénètrent loin vers l'équateur :* de l'un, on trouve des traces au delà de Rio-de-Janeiro, et de l'autre, parfois, jusqu'à Zanzibar.

Le courant dérivé d'Amérique peut être assez facilement étudié sur les cartes de l'Argentine. Le courant dérivé d'Afrique, au point de vue barométrique, existe presque constamment, aussi bien pendant la saison froide que pendant la saison chaude. Mais les perturbations ne sont pluvieuses que pendant une saison, *avec prédominance nette des fronts froids.* On voit que *même à basse latitude* — par exemple dans le Nord du Mozambique — *le temps peut être commandé par des perturbations dynamiques.* Sur Madagascar, ce courant *interfère* parfois *avec des cyclones tropicaux* de l'Océan Indien.

Il est possible, par raison de symétrie, qu'il existe aussi un courant dérivé à l'Est de l'Australie. Nous n'avons pu le mettre en évidence, mais le fait peut être attribué à l'insuffisance du réseau d'Océanie ; toutefois, il y a lieu de remarquer que le « gros » de l'anticyclone Pacifique est cantonné dans la partie orientale, ce qui constitue une différence importante avec la situation dans le cas de l'Amérique ou de l'Afrique.

La régularité du front polaire, bien que plus grande que dans l'hémisphère Nord, est donc loin d'être parfaite ; ces courants dérivés correspondent évidemment à une action des continents. Celle de l'Amérique, qui s'étend assez loin vers le pôle, perturbe profondément la branche principale elle-même du front polaire, qui subit dans cette région des déviations considérables et variées.

Ce n'est pas tout. On sait que dans l'hémisphère Nord il existe aussi des pseudo-fronts, indépendants du front polaire, tel le pseudo-front des alizés, courant de perturbations de Sud-Ouest qui intéresse si fréquemment le N.W. de l'Afrique et la Méditerranée occidentale. L'hémisphère Sud possède l'homologue d'un tel courant : *un pseudo-front intermittent de aison chaude, en Australie,* c'est-à-dire que des perturbations, prenant naissance dans le Nord de l'Australie, se dirigent vers le Sud-Est, jusqu'à *interférer souvent au Sud de l'Australie avec le front polaire.* Il ne s'agit pas de simples « formations en vague » se rattachant au front polaire ; en effet, en ce cas, la perturbation correspondante du front polaire entraînerait la nouvelle formation à sa suite. Or, ces perturbations du N.W. ne viennent souvent interférer qu'avec la troisième perturbation du front polaire à partir de celle qui était à l'origine sur le même méridien. Il est très vraisemblable que le contraste de température des déserts australiens et de l'anticyclone de l'Océan Indien joue dans ces créations le même rôle que le contraste Sahara-anticyclone Atlantique dans le Nord de l'Afrique.

Nous avons observé aussi *en Amérique du Sud*, dans la région Pérou-Brésil, de faibles noyaux d'Ouest qui semblent correspondre à *un pseudo-front analogue ;* le fait toutefois demande confirmation. Par contre, il semble que rien de semblable n'existe en Afrique.

Pour achever ce tableau, il conviendrait de mentionner les *cyclones tropicaux.* Dans le Pacifique occidental, ils *interfèrent* volontiers avec le front polaire et dans la région de Madagascar avec le courant dérivé africain. Dans l'Atlantique Sud, il n'existe pas de cyclone proprement dit. Toutefois, nous avons noté un cas où une perturbation assez forte a abordé Rio-de-Janeiro par le N.-E., descendant jusqu'à Buenos-Aires, où une interférence s'est produite avec le courant dérivé américain. *Il existerait donc des perturbations contournant l'anticyclone Atlantique par le Nord, comme le feraient les cyclones.* Enfin, nous avons vu ci-dessus que si les cyclones ne sont pas commandés par les centres d'action au sol, ils semblent l'être par les centres d'action en *altitude.*

Conclusions. — Si, en plein Océan, le front polaire austral est plus régulier que le front polaire boréal, il n'en est pas moins vrai que les continents exercent une influence importante, puisqu'ils donnent lieu *au moins à deux courant dérivés et à un pseudo-front.*

L'action des courants dérivés d'une part et des invasions polaires d'autre part peut se faire sentir à très basse latitude (1). Inversement des perturbations nées dans la zone tropicale (pseudo-front australien) peuvent rejoindre le front polaire. Il en est de même de certains cyclones tropicaux. Il y a donc comme dans l'hémisphère Nord, *interpénétration des circulations polaire et tropicale,* surtout dans les zones de faiblesse de la ceinture des hautes pressions subtropicales.

Enfin, il existe aussi dans l'hémisphère Sud des *zones privilégiées d'interférence* : Brésil (courant dérivé américain, perturbations de N. E., et peut-être pseudo-front d'Ouest). Madagascar (courant dérivé africain et cyclones de l'Océan Indien), S.-E. de l'Australie (front polaire, pseudo-front australien, cyclones de l'Océan Pacifique).

Cet aperçu ne constitue évidemment qu'une première esquisse. Pour la compléter, il faudrait pouvoir largement appliquer la méthode *synoptique,* c'est-à-dire *obtenir dans le monde entier la publication de données quotidiennes réelles.* Nous porterons la question devant la

(1) Ce ne sont pas les seules perturbatons *dynamiques* qui agissent dans la zone équatorale. Les grandes discontinuités entre alizés, contre-alizés et moussons produisent aussi de véritables *systèmes nuageux.*

Commission compétente du Comité météorologique international. Souhaitons aussi que l'introduction dans les statistiques de l'élément « *variabilité* » se généralise, afin de nous renseigner sur les « *courants de perturbations* » dont la considération est absolument nécessaire *pour compléter celle des centres d'action.*

Charles GALLISSOT

Astronome à l'Observatoire de Lyon.

OBSERVATION DES STRIES ATMOSPHERIQUES ET DETERMINATION DES COURANTS AERIENS

L'atmosphère même par les ciels sereins n'est jamais ni parfaitement homogène, ni parfaitement calme ; elle se comporte toujours comme un milieu optiquement trouble et agité. Les troubles optiques se manifestent par leurs effets : perturbations dans la formation des images données par les instruments, scintillation, ombres volantes, etc., etc...

Ces effets, en un lieu donné, dépendent des conditions atmosphériques et diverses recherches ont été faites pour savoir dans quelle mesure ils sont liés au temps. Je signalerai à ce propos l'œuvre considérable de Montigny qui porte à la fois sur le phénomène de la scintillation et sur ses relations avec le temps.

Quant aux renseignements qu'ils peuvent donner, il en est un qui est immédiat, à savoir la direction du ou des courants perturbateurs. C'est ainsi que Ventosa (1), astronome à Madrid, a donné dès 1890 une méthode qu'il a appliquée, non sans succès, pour la *détermination des vents supérieurs par les ondulations du bord des astres.* Ventosa utilisait le soleil et observait les ondulations des bords de son image projetée sur un écran. La détermination du ou des courants ne se fait pas sans ambiguïté.

Il y a avantage, pour ce genre d'observations, à s'adresser aux étoiles ; par suite de leur répartition dans le ciel, il est possible de faire des observations dans différents azimuths et à diverses hauteurs, d'où

---

(1) Ciel et Terre, Volume 11, 1890-91, p. 25. Volume 20, 1899-1900, pages 197, 231, 248, 275, 328.

non seulement une investigation plus complète, mais d'utiles vérifications.

La simple observation d'une image stellaire permet de juger instantanément de l'état d'agitation de l'atmosphère et de l'importance des accidents rencontrés (1) ; l'observation de l'objectif à l'œil nu ou mieux à l'aide d'une petite lunette axiliaire (Douglass, See, Wadsworth) révèle la répartition de la lumière sur l'onde lumineuse à l'arrivée. L'objectif apparaît non uniformément éclairé, parcouru par des ombres volantes ; celles-ci dépendent bien des accidents optiques rencontrés, de leur nature, de leur répartition, de leurs mouvements, mais dans la majorité des cas, elles ne permettent pas de distinguer un mouvement d'entraînement bien défini.

Le procédé le plus immédiat est d'observer directement les stries atmosphériques par la méthode de Töpler utilisée dans les laboratoires de physique pour l'étude des milieux troubles. La réalisation est simple, il suffit de disposer dans le voisinage du foyer d'un objectif à grande distance focale, une petite lunette mise au point sur ce dernier, et de masquer l'image focale par un petit disque opaque ayant les dimensions de l'image stellaire ou de l'astre observé. Les stries apparaissent sous forme d'ombres grossièrement globulaires dont le déplacement est le plus souvent très régulier. Pour des simplifications de réglage, j'ai substitué à l'écran opaque un biprisme de Fresnel placé de façon à bissecter l'image focale (2). Le dispoitif est d'emploi plus commode, l'interprétation plus immédiate.

Les stries (nature, forme, dimensions, densité, mouvement) varient avec les soirées d'observation et surtout avec les saisons. On peut les classer suivant leurs aspects principaux :

a) Flocons grossièrement elliptiques, dimensions 2 à 3 cm. peu denses, entraînés par un courant régulier, presque toujours allongés dans le sens perpendiculaire au déplacement. Parfois le courant principal apparaît perturbé par des pulsations régulières révélant un courant de sens différent ; les flocons augmentent en nombre, changent de direction pendant un court instant et reprennent leur marche primitive.

Ces accidents globulaires sont optiquement divergents et particulièrement stables.

b) Balles floconneuses, moins régulières et plus nombreuses que les précédentes (aspects Alto-Cu. et Strato-Cu.), dimensions de 2 à 4 cm. Déplacement continu, plus ou moins rapide, avec perturbations plus ou moins prononcées. On distingue en général deux courants qui diffèrent par leur direction et leur intensité. Lorsque les mouvements

---

(1) Comptes rendus des séances de l'Académie des Sciences, tome 179, 1924, p. 459.

(2) Bigourdan, Les ondulations instrumentales des images : leur varation diurne, annuelle et leur relation avec l'état général de l'atmosphère. Comptes Rendus, t. 160, 1915, p. 415.

tourbillonnaires sont observables, leurs dimensions montrent que la région qui présente des accidents optiques est relativement de faible épaisseur.

c) Toute trace de forme globulaire a disparu ; le champ est parcouru par des traînées vaporeuses, sous forme de bandes plus ou moins régulières, toujours allongées dans le sens du déplacement apparent, avec oscillation d'importance variable, perpendiculaire au sens du déplacement. L'altitude dans ce cas reste inférieure à 2.000 m.

Les apparences (*a*) se rencontrent en hiver, (*c*) en été, (*b*) dans les saisons intermédiaires.

Les mouvements des stries révèlent les courants au voisinage desquels elles se forment. Les directions se déterminent sans ambiguïté sauf dans deux cas exceptionnels, ou les déviations sont très faibles et les stries deviennent pratiquement inobservables, ou les courants se pénètrent et il en résulte un mouvement extrêmement confus.

Les directions que l'on détermine ainsi sont sensiblement les projections des déplacements sur le plan perpendiculaire à la ligne de visée. L'observation répétée dans différents azimuths permet de déterminer les directions effectives et de vérifier l'existence d'une région troublée, généralement horizontale.

Les ombres volantes que l'on voit par observation directe de l'objectif sont une conséquence des stries ; il faut ajouter parfois à cette cause (cas *a*) l'existence d'une surface plus ou moins ondulée ou moutonneuse qui sépare deux courants de densité différente.

Les ombres volantes diffèrent avec la constitution des stries :

Cas *a*). — Essentiellement fugitives, elles apparaissent et disparaissent périodiquement, s'évanouissant dans des directions opposées.

Cas *b*). — Se présentent sous forme de bandes plus ou moins nettes, oscillant dans une direction perpendiculaire à leur allongement.

Cas *c*) — Ne se distinguent pas des stries.

Restons dans les cas *a* et *b* : au caractère fugitif ou oscillant des ombres, s'oppose la stabilité des accidents floconneux ; une autre distinction importante réside dans le fait que, pour un état déterminé de l'atmosphère, les accidents floconneux conservent sensiblement le même aspect (dimensions en particulier) lorsque la distance zénithale augmente. Les ombres volantes au contraire augmentent de largeur, d'amplitude d'oscillation avec la distance zénithale, c'est-à-dire avec la distance. Cette circonstance permet, dans certains cas, d'obtenir une estimation de l'altitude des stries. Si l'on mesure, d'une part, l'amplitude δ des déviations produites par les accidents rencontrés, d'autres par l'amplitude linéaire — A — d'oscillation des ombres à l'arrivée, la distance est $A \cot g\ \delta$, l'altitude $A \cot g\ \delta . \cos z$ (z étant la distance zénithale de l'astre). Lorsque le procédé est applicable, ce qui n'est pas la majorité des cas, la mesure répétée sur différentes étoiles donne des résultats concordants ; ce qui implique la localisation des stries.

Les stries ne révèlent pas tous les mouvements de l'atmosphère, mais seulement des courants qui vraisemblablement doivent différer suffisamment par leur température et la teneur en vapeur d'eau. Leur localisation dans une couche d'épaisseur relativement faible et qui, dans nos régions, paraît certaine pendant une majeure partie de l'année, nous paraît un fait méritant d'être contrôlé et de retenir l'attention.

La couche troublée est-elle plus ou moins étroitement liée à la surface de discontinuité de Bjerknes ? La question se pose, mais il ne nous a pas été permis de l'élucider. Toutefois, nous avons pu nous rendre compte que l'altitude était le facteur principal qui intervenait dans les manifestations diverses dont la couche troublée est le siège.

Or, on peut obtenir assez simplement l'estimation de l'altitude par l'observation de la scintillation chromatique des étoiles. Sans insister sur le procédé d'observation, je rappellerai que les stries sont l'origine de la scintillation et que la scintillation chromatique (c'est-à-dire les variations d'éclat accompagnées de changement de coloration), ne peut apparaître que si les stries perturbatrices n'affectent pas simultanément les rayons de différentes couleurs. Ceci exige que dans la région perturbée les rayons issus de l'étoile et qui parviennent à l'observateur, soient déjà suffisamment séparés. La hauteur H au-dessus de l'horizon, à laquelle les étoiles cessent de scintiller chromatiquement, est une fonction de la dispersion de l'air, des dimensions des accidents optiques et de leur altitude. Les deux premiers facteurs variant peu, en établissant une table pour un état moyen de l'atmosphère, on peut des valeurs de H déduire, en première approximation, la valeur de l'altitude correspondante.

L'altitude ainsi déterminée est celle des accidents optiques les plus élevés, origine de la scintillation.

Mlle Eugénie BELLEMIN

Stagiaire à l'Observatoire de Lyon.

TEMPS ET SCINTILLATION

J'ai suivi pendant 5 années et demie consécutives les variations de la hauteur H au-dessus de l'horizon à laquelle cesse la scintillation chromatique, effectuant cette détermination toutes les fois que l'état du ciel l'a permis. En utilisant comme scintillomètre une simple jumelle à prismes achromatique, la détermination de H se fait facilement à 1 degré près. H varie d'un jour à l'autre. D'après la communication précédente, de M. Gallissot, la hauteur H dépend directement de l'altitude des accidents optiques les plus élevés, cause de la scintillation. Quoique toute la discussion des observations ait été faite en conservant comme paramètre les hauteurs H données directement par l'observation, je convertis, pour simplifier l'exposé, les hauteurs H en altitudes, bien que ces dernières ne soient qu'approximatives.

L'altitude est intimement liée aux saisons. La courbe moyenne présente deux maxima sensiblement égaux (supérieurs à 5.000 m.) aux environs des équinoxes ; et des minima inégaux aux environs des solstices, le minimum de juin étant le plus faible et inférieur à 1.000 m. La courbe présente un axe de symétrie passant par le minimum de juin. L'amplitude entre minima et maxima varie peu d'une année à l'autre, quoique les valeurs puissent être très différentes. Ainsi :

1921 Maximum moyen H=46°, minimum moyen H=15°

1926 Maximum moyen H=60°, minimum moyen H=29°

Les oscillations autour de la courbe moyenne sont également liées aux saisons. L'amplitude des oscillations est maxima aux équinoxes, minima aux solstices.

La comparaison de la courbe de la nébulosité à celle des variations de l'altitude de la couche troublée nous a conduite à mettre en évidence le résultat suivant :

Il existe une région H, limitée par les altitudes approximatives 2.500 et 4.500 m. qui joue un rôle particulièrement important. Toutes les fois que la couche troublée pénètre dans la région R, n jours après la nébulosité devient maxima et est accompagnée de pluie. Lorsque la couche troublée s'éloigne de R, soit au-dessus, soit au-dessous, la nébulosité décroît, puis devient nulle quand la distance de la couche troublée à R est assez grande. Simultanément les pluies changent de caractère, se raréfient, puis cèdent la place au beau temps. L'importance de formations nuageuses et leur persistance dépend de la rapidité avec laquelle la couche troublée a traversé R et de la durée de son séjour dans cette région. Ainsi, aux époques des équinoxes, où les oscillations sont rapides et leur amplitude maxima, le temps correspondant est instable (grains, giboulées) ; aux époques des solstices où les oscillations sont lentes et de faible amplitude, le temps et stable, beau en été et couvert en hiver.

Le décalage de n jours entre le passage de la couche troublée dans R et les phénomènes météorologiques qui le suivent n'est pas constant. Il a augmenté progressivement de 10,5 à 16,5 jours de 1921 à juillet 1926. La progression n'est pas régulière et la loi de sa variation nous échappe encore complètement.

Ces résultats montrent que les mouvements de la couche troublée révélés par l'observation de la scintillation sont très vraisemblablement liés aux mouvements généraux de l'atmosphère et, fait particulièrement curieux, interviennent dans la gestation du temps.

Je citerai entre autres, comme illustration, le cas particulier suivant. L'année 1921 a été exceptionnelle au point de vue météorologique ; elle a été également exceptionnelle en ce qui concerne les mouvements de la couche troublée, les époques des maxima et celle des minima ayant subi un retard de presque deux mois. Du 20 juin au 20 juillet et du 21 septembre au 21 octobre, la couche troublée ne s'est élevée au-dessus de 1.000 m. qu'à deux reprises différentes et durant une très courte durée. Les mois de juillet et d'octobre correspondants ont été anormalement secs :

Juillet : hauteur de pluie tombée.... 5 mm. (normale 74 mm.)
Octobre : hauteur de pluie tombée.. 6 mm. (normale 88 mm.)

En outre, la nébulosité est restée faible au cours de ces deux mois.

Des essais de prévision basés sur la connaissance des variations de l'altitude de la couche troublée ont montré qu'il est possible de prévoir avec succès les variations successives de la nébulosité ; mais les pluies ne peuvent pas être prévues avec la même certitude, en ce sens que leur intensité et leur durée peuvent être différentes pour des conditions identiques. Du reste, il est bien évident que, du fait même qu'il n'est pas possible d'observer la scintillation d'une façon continue, les renseignements fournis sur les variations de l'altitude de la couche troublée présentent des interruptions dont se ressent fatalement la prévision.

Le fait important est la mise en évidence d'un phénomène lié au temps à venir et qui se produit avec une avance considérable.

P. CHOFARDET

Aide-astronome à l'Observatoire de Besançon.

SUR LA CONTRIBUTION DES HALOS A LA PREVISION DU TEMPS

Parmi les remarques pouvant servir à la prévision locale du temps, il en est une bien connue, accessible à tous, c'est celle qui est relative aux halos. En effet, après une série de belles journées, l'apparition d'un halo, soit autour du Soleil, soit autour de la Lune, nous laisse de suite l'impression que le temps se gâte, comme on dit, et que la pluie est probable ; probabilité toute intuitive, suggérée par l'observation inconsciente des faits. L'expérience démontrant aussi que ce pronostic n'est pas toujours certain, dans quelle proportion numérique l'apparition des halos peut-elle être suivie de troubles atmosphériques, se résolvant le plus souvent en précipitations sous les formes de pluie, neige, grêle ou grésil ?

C'est ce que nous avons essayé de mettre en évidence, pour nos régions de l'Est, en nous basant sur tous les halos, même partiels, enregistrés à l'Observatoire de Besançon, pendant 33 années consécutives, du 1er décembre 1891 au 30 novembre 1924.

Le nombre des halos observés s'élève ainsi à 2.688, d'où la moyenne annuelle 81, comprise entre les extrêmes 131 (en 1911) et 45 (en 1917). Ordonnés mensuellement, ces halos se répartissent de la manière suivante :

1891-1924	Halos solaires	Halos lunaires	Total	Total et °/₀₀ par saison	Moyennes mensuelles
Décembre	106	69	175	532 20 %	5,3
Janvier	107	62	169		5,1
Février	136	52	188		5,7
Mars	233	85	318	958 36 %	9,6
Avril	258	51	309		9,4
Mai	283	48	331		10,0
Juin	225	24	249	627 23 %	7,6
Juillet	181	14	195		5,9
Août	167	16	183		5,5
Septembre	149	18	167	571 21 %	5,1
Octobre	160	56	216		6,5
Novembre	125	63	188		5,7
Totaux	2131	557	2688		81,4

Ce tableau fait connaître la fréquence, 36 %, des halos constatés pendant les mois, souvent humides du printemps, de mars à juin ; puis que le nombre des halos lunaires est relativement faible, un peu plus du quart de celui des halos solaires, ce qui semble assez plausible : la Lune, avec ses phases, n'étant pas, comme le Soleil, visible tous les jours pour nous, et encore faut-il ajouter que, pendant la seconde partie de la nuit, le phénomène échappe souvent à l'observation. Enfin, la dernière colonne donne la valeur moyenne mensuelle du nombre des halos observés, valeur pouvant servir de base pour la prévision probable de ces phénomènes.

Au cours des évaluations numériques de ces 2.688 halos, le rapprochement de chacune des observations avec les éléments météorologiques consécutifs, nous a permis de faire ressortir leurs relations avec les troubles atmosphériques ultérieurs et, en prenant le jour pour unité, d'établir la valeur approchée du temps écoulé entre le commencement d'un halo et celui du mauvais temps, ainsi que la durée moyenne de celui-ci. Pour atteindre ces divers buts, nous nous sommes appuyé sur les considérations suivantes : la fin d'une période de ciel pur est souvent annoncée par la présence, formation ou arrivée, d'un voile de cirrus, de cirro-stratus et leur passage sur l'un des deux astres, Soleil ou Lune, est décelé par le signe caractéristique d'un halo. Or, l'observation nous montre que cette couche nuageuse, ce fond de ciel, persiste souvent, plus ou moins clairsemée, pendant plusieurs jours de suite, avec alternatives de pluies et d'éclaircies au cours desquelles le premier halo aperçu est suivi de phénomènes d'optique identiques. Dans ces cas fréquents, il est raisonnable d'admettre que c'est le premier halo enregistré qui doit servir de point de départ comme pronostic, les autres halos n'étant qu'une conséquence de l'état particulier de l'atmosphère révélé par le premier. On peut dire aussi qu'un halo survenu dans les mêmes conditions que celui du début indique la continuation du mauvais temps ou de l'état indécis de l'atmosphère.

Guidé par ces considérations, nous avons groupé tous les halos de notre statistique en deux catégories : 1° les halos de début d'une période nuageuse, se subdivisant en halos suivis immédiatement de pluie et en halos demeurés sans effet ; 2° les halos considérés comme secondaires ou issus du halo initial.

Ce groupement nous a donné comme valeurs moyennes annuelles :

Halos	1° de début	avec pluie..........	24,7	35,8
		sans pluie..........	11,1	
	2° secondaires de halos de début.....		45,6	
		Total...............	81,4	

C'est-à-dire que sur les 81 halos annuels, il y en a eu 36 de début et 45 ou 46 secondaires, ou, qu'en général, un halo de début fut précurseur de un ou de deux halos secondaires. Puis, que sur les 36 halos de début, 25, ou 70 %, ont été suivis de pluie ; pour les 11 autres, soit 30 %, aucune précipitation n'a eu lieu.

La proportion des halos de début, suivis de pluie, étant connue, nous avons trouvé que pour :

9,4 halos, la pluie est tombée le jour même de l'apparition,
10,2 — — le lendemain de l'apparition,
3,0 — — le surlendemain de l'apparition,
2,0 — — du 3e au 5e jours suivants.

Ensuite, et finalement, pour le nombre annuel, en jour, au bout duquel il a plu et pour la durée moyenne des jours successifs de pluie qui a suivi, on a obtenu :

1° Intervalle moyen, en jour, du 1er halo à la pluie, 0,9.

2° Durée ou nombre moyen de jours de cette pluie, 4,9.

Nous limitons cette brève étude, esquissée à grands traits, à ces quelques résultats qui sont loin d'être absolus, comme on sait. Tout en répondant aux désirs de quelques esprits curieux, ils fournissent sommairement une valeur approchée des chances que fait courir notre ciel comtois, d'avoir du beau ou du mauvais temps, à la suite d'un halo solaire ou lunaire, puisque : 7 fois sur 10 le premier halo observé après une période de beau ciel fera présager la pluie. Celle-ci tombera le plus souvent le lendemain et pourra persister, d'une façon plus ou moins intermittente, pendant 5 jours environ.

J. LACOSTE

Maître de Conférences à la Faculté des Sciences de Strasbourg, Institut de Physique du Globe.

LE MOUVEMENT MICROSEISMIQUE A STRASBOURG EN 1925 ; SES RELATIONS AVEC LES SITUATIONS METEOROLOGIQUES

Il sera simplement question ici de ce mouvement microséismique dont la période varie, à Strasbourg, de 4 à 10 secondes ; il est particulièrement bien inscrit par les appareils Wiechert horizontaux qui ont une période propre voisine de 10 secondes, et aussi par les Galitzine dont la période est de 12 secondes.

La mesure de la période et de l'amplitude du mouvement est faite 4 fois par jour, aux heures 0, 6, 12, 18, l'amplitude étant exprimée en microns.

On peut donc calculer une amplitude diurne moyenne, d'où l'on déduit une moyenne mensuelle et une moyenne annuelle.

J'ai établi pour les six années 1920, 1921, 1922, 1923, 1924, 1925 le tableau suivant qui donne ces moyennes en microns

Considérant provisoirement les valeurs mensuelles obtenues comme *valeurs normales*, on peut examiner pour 1925, quels sont les jours ou les séries de jours pendant lesquels l'amplitude du mouvement microséismique a dépassé les valeurs ci-dessus. Ces jours seront considérés comme *anormaux*, et pour eux on considérera la situation météorologique correspondante pouvant expliquer les anomalies.

Or il ressort de l'examen des cartes météorologiques que les anomalies constatées à Strasbourg en 1925 sont encore *en relation avec de forts noyaux de baisse barométrique* (—15 à —20 *mm. dans les 24*

	1920	1921	1922	1923	1924	1925	Moyenne générale
Janvier	8,3	6,4	4,1	4,2	4,6	5,2	5,4
Février	4,5	3,9	3,7	5,0	3,54	5,75	4,4
Mars	4,7	5,6	2,9	2,8	3,0	2,9	3,65
Avril	2,1	2,6	2,7	2,9	2,66	2,76	2,6
Mai	1,8	2,1	1,4	2,0	1,37	1,25	1,65
Juin	1,7	1,6	1,1	1,5	1,3	0,92	1,35
Juillet	1,4	1,4	1,4	0,85	1,0	0,73	1,13
Août	1,8	1,7	1,5	2,2	1,2	1,0	1,57
Septembre	1,7	2,7	2,5	2,3	1,86	1,7	2,13
Octobre	2,5	2,3	3,0	3,2	2,5	2,13	2,6
Novembre	4,6	3,3	3,4	2,9	3,7	2,48	3,4
Décembre	5,8	4,3	4,3	3,6	5,2	3,2	4,4
Moyenne annuelle	3,4	3,15	2,66	2,8	2,66	2,5	2,85

heures) atteignant l'entrée de la Manche et particulièrement les côtes de la Bretagne. Les anomalies persistent si ces noyaux se déplacent ou se succèdent rapidement par la mer du Nord et la Baltique ; elles cessent dès que les hautes pressions reviennent sur ces contrées. De forts noyaux de baisse sur le continent laissent l'agitation microséismique dans la normale.

D'autres anomalies, moins nombreuses et moins caractérisées, sont dues à la translation par le Golfe de Gascogne, la Méditerranée et le Golfe de Gênes d'une forte baisse barométrique.

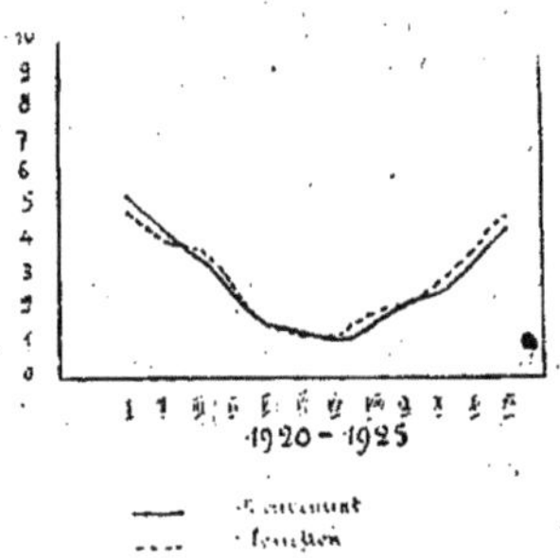

Si les grands mouvements microséismiques sont dus à des situations météorologiques particulières, il reste encore difficile d'affirmer s'ils proviennent de la force des vents dans ces régions ou du choc répété des vagues contre les côtes ou des vibrations particulières de quelque point faible de l'écorce terrestre. Il est déjà intéressant de remarquer une corrélation entre des phénomènes séismologiques et des phénomènes météorologiques.

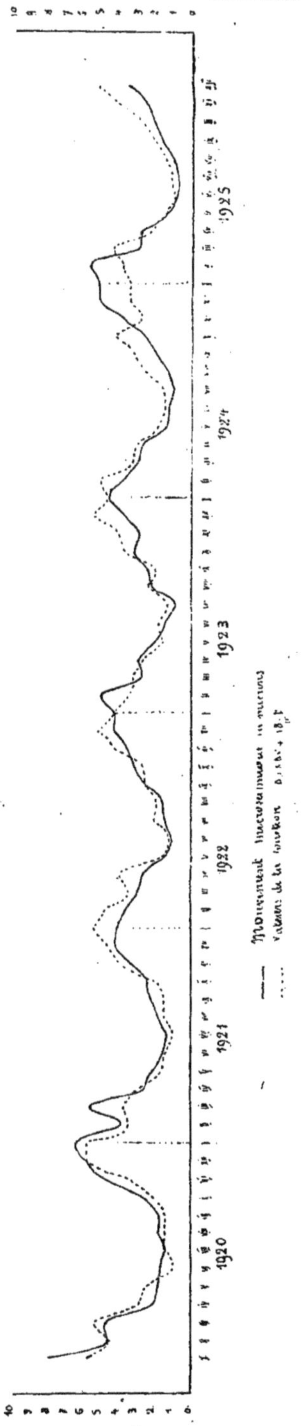

Considérons maintenant les périodes de mouvements microséismiques normaux. J'ai déjà indiqué qu'à Strasbourg, ils paraissent varier comme la fonction $\Delta p \Delta v \times$ (Δ p. variabilité de la pression en mm. ; Δ v, variabilité de la vitesse du vent en mètres), mais j'avais noté qu'en hiver la courbe du mouvement se déplace bien au-dessus de celle de la fonction. Certes, on pourrait invoquer la plus grande fréquence des anomalies au cours de la saison froide, plus grande fréquence évidente au cours de l'année 1925 et particulièrement pendant le mois de février.

Mais il est aussi un fait que j'ai déjà signalé, c'est que par basses températures, le mouvement microséismique grandit. C'est pourquoi j'ai cru bon d'introduire à la fonction $\Delta p \times \Delta v$ un terme correctif de température et j'ai adopté $\Delta p \times \Delta v + \frac{18 - t}{10}$ (t en degrés), la température moyenne des mois chauds à Strasbourg étant de 18° environ.

Avec cette convention, les courbes des moyennes mensuelles de l'amplitude du mouvement et de la fonction ci-dessus se superposent presque pour l'ensemble des six années considérées. Si l'on considère séparément chaque année, la similitude reste encore évidente malgré quelques écarts.

Les écarts mensuels positifs en faveur du mouvement microséismique doivent être attribués aux anomalies dont il a été question, anomalies persistantes pendant certaines périodes, particulièrement en janvier 1920, décembre 1924, janvier et février 1925.

Les écarts mensuels positifs de la fonction considérée sont particulièrement dus à l'influence de la pluie. Pendant les saisons pluvieuses, en effet, il semble que l'agitation se transmet bien plus mal à la station, à tel point qu'en traçant les mêmes courbes pour tous les jours d'un même mois, l'écart positif de la fonction met en évidence les jours de pluie.

Cet écart ressort aussi dans la comparaison des différentes années. La valeur normale annuelle de la pluie à Strasbourg est de 675 mm. environ.

Examinons les six années étudiées :

	PLUIE	
1920	632 mm.	chevauchement des deux fonctions.
1921	527 mm.	valeur inférieure à la normale : écart positif du mouvement.
1922	972 mm.	valeur supérieure à la normale : écart positif de la fonction.
1923	716 mm.	chevauchement des deux fonctions.
1924	741 mm.	valeur au-dessus de la normale : écart positif de la fonction.
1925	704 mm.	valeur au-dessus d ela normale : écart positif de la fonction.

Il ne serait pas logique d'attribuer seulement les mouvements microséismiques anormaux à des situations météorologiques particulières et les mouvements normaux aux variations de la pression atmosphérique, de la vitesse du vent, de la température et de l'humidité. L'ensemble des facteurs doit intervenir à tout instant, mais leur effet s'accroît considérablement dans les conditions signalées aux cas des anomalies et c'est ainsi que *l'étude de l'agitation microséismique se trouve liée aux conditions météorologiques.*

8e Section

GÉOLOGIE

Président .... M. Ch. Deperet, doyen de la Faculté des Sciences de Lyon.

Léon MORET

Maître de Conférences à la Faculté des Sciences de l'Université de Grenoble

1° NOTE PRELIMINAIRE SUR LES SPONGIAIRES JURASSIQUES DE LA VOULTE (ARDECHE) ET DE TREPT (ISERE)

L'étude des Spongiaires siliceux de ces deux localités classiques n'a jamais été faite sur des bases rationnelles.

La précieuse Collection Gevrey, conservée au Laboratoire de Géologie de la Faculté des Sciences de Grenoble, en renferme quelques exemplaires assez bien conservés. De son côté, M. Gustave Sayn m'a remis un certain nombre d'échantillons de La Voulte qui, joints aux précédents et à ceux provenant de récoltes personnelles, constituent un matériel assez important dont l'étude est en cours.

Je veux me borner ici à donner une liste sommaire des espèces déjà reconnues ou nouvelles.

*
* *

I. — *Gisement de La Voulte*

Les Spongiaires s'y trouvent épars dans des marnes noirâtres d'âge callovien inférieur. Le réseau spiculaire, parfaitement conservé, est calcédonieux et se dégage très facilement par l'action d'un acide.

Hexactinellides : Toutes sont des *Hexactinosae*, c'est-à-dire des formes à charpente dictyonale pourvue de nœuds simples, non perforés. En voici la liste :

Tremadictyon reticulatum Goldf. sp. ; *Craticularia parallela*, Goldf. ; sp. ; *Craticularia rhizoconus* Quenst. sp. ; *Sporadopyle obliqua* Goldf.

sp. ; *Sporadopyle micropora* nov. sp. ; *Porospongia marginata* Münst. sp..

Genre *Gevreya* nov. gen.

Eurétidé à charpente robuste de *Periphragella*, mais dont le mode de croissance est différent et rappelle celui du genre *Sarostegia* Topsent. C'est un long tube, à parois épaisses, et troué sur toute sa hauteur de grand oscules, marginés ou non, et assez rapprochés les uns des autres. A la partie supérieure, le tube s'évase et développe des ailerons latéraux disposés radiairement à la manière de ceux de *Guettardia*.

Espèce : *Gevreya synthetica* nov. sp.

La Voulte, La Clapouze.

Genre *Saynospongia* nov. gen.

Staurodermidé à croissance en gaine de poignard palmée. Charpente d'*Hexactinosa* à mailles cubiques petites ; réseau dense de stauractines en surface ; sur les côtes, faisceaux de grands spicules en aiguilles réunis par des échelons.

Espèce : *Saynospongia palmicea* Dumort, sp. (1).

(*Elasmoierea palmicea* Dumortier, loc. cit., p. 54fi pl. VI, fig. 7-9). La Voulte (gisement du Ravin).

Genre *Rhodanospongia* nov. gen.

Hexactinosa en coupe pédonculée. Réseau très robuste à mailles cubiques ; cortex formé de grosses fibres siliceuses anastomosées irrégulièrement ; en surface gros pentacts à rayons souvent incurvés en ancres.

Espèce : *Rhodanospongia robusta* nov. sp. — La Clapouze.

Lithistides : Elles sont relativement rares à La Voulte ; seules les Rhizomorines sont représentées.

Verruculina multiforis Dumort. sp. ; *Verruculina Gevreyi* nov. sp. ; *Cnemidiastrum stellatum* Goldf. sp. ; *Cœlocorypha praegnans* Dum. sp.

*
* *

II. — *Gisement de Trept*

C'est de l'Argovien. Mais le squelette des Spongiaires est presque toujours calcifié, ce qui rend les déterminations difficiles et imprécises.

Hexactinellides :

Craticularia subclathrata Etal. sp. ; *Craticularia cuspidata* Oppl. ; *Craticularia Rollieri* Oppl. ; *Tremadictyon reticulatum* Goldf. sp. ; *Sporadopyle obliqua* Goldf. sp. ; *Verrucocoelia verrucosa* Goldf sp. ; *Porospongia marginata* Münst. sp. ; *Porospongia impressa*, Münst. sp. ;

(1) Dumortier, Sur quelques gisements de l'Oxfordien inf. du département de l'Ardèche, 1871.

Casearia articulata Bourquet sp. ; *Pachytheichisma Gressly* Etal. sp. ; *Stauroderma birmensdorfense* Oppl. ; *Placotelia Marcoui* Oppl.

LITHISTIDES :

Cnemidiastrum rimulosum Goldf. sp.

2° EXISTENCE DU PURBECKIEN DANS LES CHAINES JURASSIENNES DES ENVIRONS DE VOREPPE (ISERE)

Sur la lisière occidentale et à la base du petit chaînon jurassien l'Echaillon-Saint-Julien, sont creusées, près du village de la Buisse, d'importantes carrières de pierre à chaux grasse. Ces carrières (1) exploitent le calcaire valanginien qui présente ici son faciès coralligène dit *marbre batard*. Au-dessus viennent successivement le reste du Valanginien, l'Hauterivien et enfin l'Urgonien formant les crêtes de la petite montagne du Grand-Ratz.

Vers le Sud, on voit les assises se relever légèrement et mettre à jour le Jurassique, également coralligène (*marbre de l'Echaillon*), qui se poursuit en falaise jusqu'au delà des Balmes, pour être tranché transversalement par une faille qui a abaissé le petit tronçon Sud du massif, celui au pied duquel est construit le bourg de Voreppe.

Ces deux formations, marbre batard et marbre de l'Echaillon, sont, en l'absence de fossiles nets (on a cependant trouvé *Natica Leviathan* à La Buisse), difficiles à séparer ; cependant, des couches calcaires plus tendres, marneuses verdâtres, marquent la base de la carrière Balthazar et semblent bien se prolonger vers le Sud par une sorte de petite vire (symétrique du *balcon de l'Echaillon*) (2). Malheureusement, l'étude de ces couches intermédiaires n'est pas aisée. L'une des entrées des carrières souterraines, actuellement masquée par un éboulement, m'avait permis l'an dernier de les atteindre et d'observer des calcaires verdâtres, tachetés, en petits bancs et même des morceaux de *brèche à cailloux noirs* mis à jour par l'exploitation.

Or, on sait que ces brèches à cailloux noirs sont très caractéristiques du Purbeckien des zones jurassiennes situées plus au Nord et notamment de la Dent du Chat, du Salève, de la Montagne de la Balme, etc.,

---

(1) Carrière BALTHAZAR. La différence de pendage qui existe entre les couches de la partie supérieure de cette carrière et les couches du bas (subverticales) peut s'expliquer par le fait que l'on se trouve ici dans la charnière anticlinale du chaînon.

(2) W. KILIAN et P. LORY, Notices géologiques sur divers points des Alpes françaises (Trav. Lab. Géol. Fac. Sc. Univ. Grenoble, 1900, V, p. 571 et suiv.).

où elles ont été décrites à maintes reprises (1). L'examen microscopique des échantillons recueillis à la Buisse (Calcaires à Foraminifères, brèches à cailloux noirs) confirme aussi cette assimilation (2).

Tous sont des calcaires finement granuleux ou concrétionnés, parfois oolithiques. Les brèches à cailloux noirs rappellent tout à fait celles des régions types ; certaines coupes m'ont permis de retrouver l'organisme problématique décrit et figuré par Joukowsky et Favre (organisme A, *loc. cit.*, p. 315) dans les bancs marins du Purbeckien du Salève, organisme formé de chaînes plus ou moins arquées de cellules subsphériques ajoutées bout à bout à la manière des grains d'un chapelet. D'après ces auteurs, au Salève, cet organisme, associé dans certains bancs à des *Chara*, est parfois si abondant qu'il y constitue, à lui seul, toute la roche. A la Buisse, il est plus clairsemé, mais la plupart des préparations en montrent des coupes nettes. Je n'ai pas encore pu découvrir de vestiges de Characées dans les brèches à cailloux noirs, une coupe d'un calcaire à Foraminifères m'a cependant montré un oogone typique de *Chara* associé à des Miliolidés, des coques de *Cypris* et des organismes A.

Il résulte de cet examen que le Purbeckien est probablement à la Buisse uniquement laguno-marin et que ce point marque l'extrême limite vers le Sud de la lagune et des lacs purbeckiens.

Chose intéressante et qu'il faudrait vérifier, à la Buisse, les couches saumâtres semblent alterner avec les bancs du marbre batard ; tandis qu'à la Cluse de Chailles (à 20 km. au Nord de la Buisse), qui était jusqu'ici l'affleurement le plus méridional connu de Purbeckien, ce terrain montre des alternances de bancs à fossiles lacustres (Physes, Planorbes, *Chara*) et de bancs franchement marins avec Céphalopodes portlandiens.

---

(1) Joukousky et Favre, Monographie géologique et paléontologique du Salève (Mém. Soc. Phys. et Hist. nat. Genève, vol. 37, 1913).

L. Moret, Notes pétrographiques sur quelques roches sédimentaires des environs de Chambéry. (Réunion extr. Soc. géol. de France en Savoie, 1922).

(2) Cette petite étude m'a amené à regarder au microscope les faciès coralligènes du Valanginien (marbre batard de la Buisse, lentille coralligène du Berriasien du Chevallon) et du Jurassique (Tithonique coralligène d'Aizy, marbre de l'Echaillon) de la région. Indépendamment des éléments détritiques et coralligènes francs, il y a très souvent dans ces formations une abondance extraordinaire d'organismes pélagiques (Calpionelles, Radiolaires) amenés du large par le flux marin.

P. de BRUN

et

P. MARCELIN

GEOLOGIE DES PETITS CAUSSES ENTRE MEYRUEIS ET MENDE (LOZERE)

L'étude, poursuivie pendant plusieurs années, des Petits Causses séparés du Causse Méjean, et de la face Orientale du Méjean lui-même, nous a permis quelques observations que nous résumons ici très brièvement, nous proposant de les développer ultérieurement dans un mémoire plus détaillé.

Gisements fossilifères. — Nous avons revu les gisements déjà signalés d'Ayres près Meyrueis, du Champ du Rat, de Rochefort et des 3 Frênes près de Florac et étudié les gisements nouveaux de Puech-Pointu près Meyrueis, de l'Empézou près de Florac, et de l'Eschino d'Ase, à 7 kilomètres au Nord de cette ville.

Statigraphie. — *Rhétien.* — Nous rapportons au Rhétien et non aux Trias, les grès blancs feldspathiques qui existent partout, avec des épaisseurs très variables, au-dessus des schistes métamorphiques et des granites d'où proviennent leurs éléments.

Hettangien. — Le gisement du Champ du Rat doit être rapporté à cet étage, non au Rhétien. Le Causse de Montmirat nous a montré un banc à *Pseudomélania* indéterminables. Au Champ du Rat, au Pompidou, à Grizac, à la Côte Cardinal, on trouve des bancs avec très mauvais fossiles, rappelant les gisements classiques de Prévenchères, le Bleymard, etc...

Sinémurien et Lotharingien. — Nous considérons que toutes les couches supérieures au calcaire capucin, formées de petits bancs de calcaire jaunâtre, séparés au sommet par des lits de marnes vertes, doivent représenter ces deux étages.

Pliensbachien. — Il nous a donné à l'Empesou : *Cycloceras Acteon* et à l'Eschino d'Ase, *Lytoceras fimbriatum*, dans des calcaires durs, jaunâtres, un peu encrinitiques.

Domérien. — Ses caractères lithologiques sont très variables. La base est calcaire à l'Eschino d'Ase, en Ramponenche et Tardonenche, gréseuse sur la Can de Ferrières, mais les Bélemnites sont toujours très abondantes.

La partie supérieure est calcaire et marneuse à l'Eschino d'Ase, avec *Amaltheus spinatus* et *Pecten oequivalvis*, de grande taille ; pas de Brachiopodes. A l'Empesou, Tardonnenche et Can de l'Hospitalet, calcaires gris ou verdâtres ; beaux gisements avec nombreux Pélécypodes, Brachiopodes, Belemnites, *Amaltheus spinatus* et *Margaritatus*, de petite taille.

Près de Meyrueis, nombreux et énormes (0 m. 40) exemplaires d'*A. spinatus*.

Toarcien. — A l'Eschino d'Ase, on distingue les trois zones classiques à *Harpoceras falciferum*, à *Dactylioceras commune* et à *Lytoceras jurense*, avec fossiles nombreux.

A l'Empesou, fossiles phosphatés : *D. commune* et *L. Jurense.*

Le faciès, marneux à l'Eschino d'Ase, devient encrinitique et ferrugineux à mesure que l'on s'avance vers le Sud, il redevient marneux vers Meyrueis ; au château d'Ayres, c'est le faciès ordinaire des Causses avec fossiles pyriteux. Son épaisseur diminue aussi progressivement en avançant vers le Sud ; extrêmement faible sur la Can de l'Hospitalet, elle augmente à nouveau vers Meyrueis.

Aalénien. — Les conditions de dépôt se régularisent. On y distingue dans les divers gisements : à la base, des marnes grises avec *Dumortiera* écrasées, puis des marnes grises très fossilifères à l'Eschino d'Ase, Ammonite pyriteuses, *Pleydellia* du gr. *aalensis*, *Lioceras* du gr. *opalinum*, débris d'Ichtyosaures ; des petits bancs calcaires, intercalés de marnes, paraissent représenter la zone à *Ludwigia murchisonoe ;* enfin des calcaires marneux à *Cancellophycus* et Ammonites écrasées qui paraissent être des *Lioceras* du gr. *concavum.*

Bajocien. — Sans fossiles ailleurs que sur la Can de l'Hspitalet qui nous a donné de nombreux Polypiers.

Bathonien. — La dolomitisation, qui commence au Bajocien, empêche de voir la limite des deux étages.

Callovien. — Envahi par la dolomitisation, sauf sur le flanc du Méjean (les 3 Frênes) où il semble représenté par un calcaire rougeâtre, dur, à débris de Bélemnites.

Oxfordien (sens large). — Faible épaisseur de marno-calcaires blanchâtres ; sur le flanc du Méjean (Rochefort et les 3 Frènes) riche faune de Céphalopodes et Brachiopodes de la zone à *Peltoceras transversarium* (Argovien). Nous avons retrouvé cette zone sur l'Eschino d'Ase, mais nulle part ailleurs. C'est le dernier étage qui apparaisse sur les petits Causses.

Sur le Méjean, G. Fabre a signalé : le Séquanien, le Rauracien, le Kimmeridgien et la dolomie Portlandienne, mais nous n'avons trouvé de fossiles déterminables dans aucune de ces trois dernières formations.

Terrains supérieurs au Jurassique. — Inexistants sur les petites Causses. Il n'y a que des dépôts alluvionnaires particulièrement bien développés sur la Can de l'Hospitalet et d'âge indéterminable. Ce sont des débris peu roulés, et récents, de schistes, granites, quartz, ou bien des matériaux calcaires peu altérés, emballés dans des terres rouges de décalcification, ou bien des matériaux plus anciens, des quartz et des oxydes de fer, de petite taille et très roulés, parfois cimentés en un poudingue comme à Puech-Pointu, près Meyrueis, vers 1.100 mètres. La Jonte au-dessous, étant à 600 mètres, leur altitude relative est de 500 mètres.

Tectonique. — Nous ne pouvons voir dans la région que nous avons étudiée qu'une région d'architecture tabulaire. Les accidents les plus importants sont :

1. A l'Eschino d'Ase, la chute d'un paquet dolomitique Bajocien, dans l'Aalénien, et d'un paquet de marnes aaléniennes dans le Domérien, suivant deux surfaces de glissement inclinées l'une vers l'autre dans leur partie inférieure ; le tout accompagné d'un broyage assez intense. On ne voit de roches broyées nulle part ailleurs.

2. Entre Florac et Ispagnac, un accident met sur le flanc du Méjean, le Toarcien en contact avec les schistes près du village de Monteils ; les couches inférieures au Toarcien paraissent avoir disparu presque complètement. A la vérité, il est difficile de savoir ce qui se passe sur ce flanc du Causse, revêtu d'un manteau d'éboulis. Nous n'y voyons pas la preuve d'un déplacement latéral, mais simplement une faille inclinée vers le Causse et ayant fait remonter les schistes le long de l'Hettangien et du Domérien.

3. Le très curieux accident qui met en contact à Tartabisac, près du Pompidou, successivement, le Rhétien, l'Hettangien, etc.... jusqu'à la dolomie Bathonienne, en contact avec les schistes pénétrés de granulites et de porphyrites micacées. Ici encore, nous ne voyons qu'une faille à peine inclinée, mais cette fois vers l'extérieur du Causse.

Un seul point nous a montré un plissement assez vif, mais très limité, c'est la falaise du Causse Méjean, vis-à-vis du Château d'Ayres, près Meyrueis ; le plissement affecte le Bajocien, mais s'atténue fortement avec les assises Bathoniennes.

Cartographie. — Diverses modifications de peu d'importance doivent être introduites dans les cartes de G. Fabre (1901) et Thiéry (1923), en ce qui concerne le tracé des limites du Domérien, qui a été souvent confondu avec l'Hettangien, et relativement aux failles, dont quelques-unes ont été négligées (Empezou).

Mais les modifications principales sont les suivantes :

1° Le large lambeau marqué I, au Nord des Bondons, près des Faux, n'est autre que du granit, sauf une légère bordure continuant celle de l'Ouest.

2° La présence de l'Argovien fossilifère au sommet de l'Eschino d'Ase.

3° Surtout, la présence constante du niveau gréseux, I, variant de

6 mètres d'épaisseur à quelques centimètres, *partout*, à la base du Méjean et des Petits Causses. Cette modification porterait sur plus de 20 km. du Nord au Sud, et s'accorde mal avec toute explication tectonique, faisant appel à des déplacements latéraux.

Géographie physique. — Nous avons aussi fait un certain nombre d'observations géomorphogéniques dans le détail desquelles nous ne pouvons pas entrer. Elles portent sur les formes karstiques, bien développées sur la Can de l'Hospitalet, sur les formes d'érosion normale, variables avec les divers termes du jurassique ; sur les replats (*planillères*) des flancs des Causses, sur le mode d'altération chimique, sur les captures d'affluents océaniens par des affluents méditerranéens (*Can de l'Hospitalet*), sur l'évolution des failles et leur rapport avec les vallées. Les failles sont le mode de séparation habituel des Petits Causses avec le pays voisin, schisteux ou granitique, et c'est par la faille que débute, le plus souvent, l'abrupt qui est le paysage le plus caractéristique de cette région tabulaire.

Cl. ROUX

Docteur ès Sciences à Lyon.

LES ROCHES DOLMENIFORMES ET MENHIRIFORMES DES DEPARTEMENTS DU RHONE ET DE LA LOIRE (RESUME)

Dans les départements du Rhône et de la Loire, les montagnes granitiques et porphyriques sont riches en rochers dolméniformes ou menhiriformes, isolés ou groupés, rochers qui trop souvent ont été considérés et présentés comme des *monuments mégalithiques authentiques*. Trente années d'excursions m'ont permis de constater que, dans le Rhône et la Loire, il n'existe, à l'exception peut-être du « dolmen » de Luriecq, près Saint-Bonnet-le-Château (Loire), *aucun monument mégalithique*. Ce qui est surtout regrettable, c'est que, dans certaines localités du mont Pilat, des monts du Lyonnais, du Forez et du Roannais, fréquentées par les villégiateurs et les touristes, des éditeurs de cartes postales ont cru devoir joindre aux vues de ces rochers (dont l'aspect curieux est dû simplement à l'érosion naturelle), des légendes explicatives induisant le public en erreur, car elles présentent indûment et fallacieusement, sous le couvert de la science, des interprétations absolument fantaisistes. C'est en vain que l'on chercherait le témoignage d'un homme de science, et notamment d'un géologue actuel, en faveur de ces interprétations.

L. GLANGEAUD

SUR LES PREMIERES ERUPTIONS NEOGENES DANS LE NORD DE LA PROVINCE D'ALGER

Il existe de nombreux affleurements de roches éruptives dans le Nord de la province d'Alger, le long du littoral et à une faible distance de la côte. Les plus méridionaux sont au maximum à 30 km. de la mer. Différents géologues ont essayé de préciser l'âge des éruptions de cette région. Curie et Flamand donnent quelques indications, à ce sujet, dans leur livre sur « Les roches éruptives de l'Algérie ». Pomel, Delage et Ficheur étudient respectivement les roches des massifs de Miliana, de la Mitidja et des Kabylies.

Nous ne nous occuperons dans cette note que des roches d'âge burdigalien. Ficheur avait bien reconnu la présence d'éruptions burdigaliennes dans les Kabylies ; mais les autres auteurs ont émis des idées inexactes sur la détermination de l'âge des roches éruptives de la partie centrale et orientale de la province d'Alger. Ils pensaient que la mise en place des laves de cette partie de l'Algérie était d'âge posthelvétien, principalement Pliocène (Curie et Flamand), ils considéraient comme *filons* ayant traversé l'helvétien ce qui en réalité était des *coulées* relevée par les plissements, juqu'à 70 degrés au-dessus de l'horizontale (1). Ces coulées accompagnées de projections sont en effet interstratifiées entre les couches burdigaliennes ou entre le burdigalien et l'helvétien.

Pour les affleurements situés sur le bord de la mer, entre Tipaza et Ténès, les interprétations admises jusqu'à ce jour doivent être modifiées. En effet, les géologues ayant étudié cette région avaient considéré que les roches de couleur claire, intercalées entre les poudingues et les marnes burdigaliennes, résultaient du métamorphisme des marnes burdigaliennes par des roches intrusives. Une étude minutieuse sur le terrain et au microscope m'ont conduit à admettre que l'on a là, en réalité, des tufs et des coulées provenant d'éruptions vraisemblablement sousmarines, d'âge burdigalien.

Dans tous les points où l'on peut observer le burdigalien et l'helvétien marin, on constate la présence, de place en place, de roches éruptives interstratifiées soit entre les poudingues et les marnes burdigaliennes (côte de Ténès à Tipaza), soit dans les marnes burdigaliennes

(1) L. Glangeaud, B.S.H.N.Af.N. 8 mai 1926.

(Mitidja, Kabylie), soit simplement au-dessous de l'helvétien, quand le burdigalien manque (Mitidja). Les éruptions de cette région sont donc datées avec une grande précision ; mais la reconstitution de l'état primitif des appareils volcaniques est fort difficile, car les plissements et les érosions marines postérieures à la mise en place de ces roches ont parfois fait disparaître ces dernières. Les modifications dues aux agents atmosphériques ont changé l'aspect primitif de celles qui subsistaient. On peut néanmoins affirmer *l'existence de restes d'édifices volcaniques burdigaliens, sur près de 250 km., le long de la côte, depuis Ténès jusqu'à Tizi-Ouzou.*

Au point de vue *pétrographique*, Duparc et Pearce avaient étudié différentes laves de la région de Ménerville. M. Lacroix possède les analyses de plusieurs roches, dont il a publié partiellement les résultats (1) et qu'il a situés dans sa nouvelle classification chimico-minéralogique. Les études microscopiques et chimiques des échantillons que j'ai recueillis, ajoutées aux recherches de M. Lacroix, me permettent d'établir l'homogénéité pétrographique de ces roches. Elles forment une série allant des rhyolites 1.3' (1) 2.2, jusqu'à des dacites labradoriques II. R4. '4.3 (4)' avec des rhyolitoides, des dellenites, des dellenitoides et des dacitoides.

On pourrait peut-être distinguer dans cet ensemble un groupe de roches blanches rhyolito-dellenitiques et de roches foncées dacitiques. Il semble toutefois, d'après ce que l'on connaît actuellement, que cette distinction basée sur l'aspect extérieur soit fictive et qu'il y ait au passage au point de vue chimique d'un groupe à l'autre. On peut comparer ces roches à celles que j'ai étudiées dans la région de Bougie où l'on retrouve les mêmes types (2).

Au point de vue *minéralogique*, la *série rhyolito-dellenitique* montre une pâte généralement riche en sphérolites et présente au premier temps des phéno-cristaux de quartz bi-pyramidés, d'orthose et de plagioclases pouvant aller jusqu'à 45 % d'anorthite. Dans ce dernier cas, le verre est riche en potasse et en soude. Le mica noir est le seul minéral coloré de cette série.

Dans la *série dacitique*, les verres sont bruns et généralement foncés. Les roches sont plus ou moins riches en microlites de plagioclases (labrador, andésine, oligoclase) et en phéno-cristaux de labrador et d'andésine. Le quartz est rare en phéno-cristaux ; mais se trouve à l'état pœcilitique dans le verre qui est souvent recristallisé ; il offre alors un aspect microgrenu. Les minéraux colorés sont plus abondants dans cette série. On y observe de l'hypersthène, de l'augite et rarement de la hornblende. La caractéristique principale est la sursaturation en silice. Le deuxième paramètre oscille entre 3 et 4 et le premier entre 1 et 1 (11). La nouvelle nomenclature créée par M. Lacroix

(1) Lacroix, C.R. Somm. Soc. Géol., 10 octobre 1924, p. 219.
(2) L. Glangeaud, A.F.A.S., Grenoble 1925, p. 318.

pour les roches à silice virtuelle permet de faire ressortir la consanguinité de ces roches, dont une partie serait placée dans les andésites de l'ancienne classification.

Toutes ces laves ont été émises au burdigalien. On peut vraisemblablement distinguer une première phase d'âge burdigalien inférieur, se plaçant après le dépôt des poudingues burdigaliens et avant celui des marnes burdagiliennes. Cette phase est caractérisée par l'émission de dacites accompagnées de tufs. Puis pendant le dépôt des marnes burdigaliennes et avant l'helvétien se produisirent des éruptions rhyolito-dellenitiques suivies de nouvelles émissions de dacites.

Au point de vue *vulcanologique*, on peut distinguer deux sortes d'appareils volcaniques : les uns sous marins et les autres aériens. Les premiers sont constitués par un ensemble de roches plus ou moins tuffacées dans lesquelles il est difficile de distinguer nettement les coulées. La plus grande partie de la masse éruptive est formée de tufs variés, riches en calcite et en chlorite. Les pyroxènes et les amphiboles sont épigénisés en calcite, tandis que les feldspaths sont intacts ; cet ensemble présente un aspect confus et les limites des coulées et des tufs n'y sont pas nettement tranchées.

Au contraire, dans les volcans aériens, les coulées se distinguent nettement et certaines sont prismées. Les tufs y sont beaucoup moins abondants et s'accompagnent de brèches ignées ; dans les tufs, on observe des ponces indiquant un dynamisme vulcanien.

Les différents centres volcaniques sont alignés parallèlement à la côte, ce qui nous conduit à admettre la présence de fractures parallèles à cette dernière ; mais il n'est pas possible de préciser la position de ces fractures, car elles sont masquées par les dépôts postérieurs. Ces cassures sont-elles dues à des disjonctions dans le sens que leur attribue Argand ou à des effondrements côtiers ? C'est ce dont nous nous occuperons dans un autre travail sur la tectonique de cette région. Nous pouvons toutefois remarquer que le début de l'activité éruptive dans ce territoire coïncide avec le commencement de la transgression néogène et précède la phase de diastrophisme antehelvétien. C'est le commencement de cette phase de diastrophisme ayant d'abord donné naissance à des fractures qui aurait amené *l'apparition au bord de la mer burdigalienne, sur près de 250 km. de long, de volcans aériens et sous-marins dont la période d'activité coïncide avec le mouvement positif de la mer.*

Const. A. KTENAS

Professeur à l'Université d'Athènes

LES CARACTERISTIQUES DE L'ERUPTION DU VOLCAN DES KAMENIS (SANTORIN) EN 1925

Le groupe d'îles de Santorin comprend trois îles, Théra, Thérasia et Aspronisi, situées circulairement autour d'une vaste baie. Ces îles, d'inégale grandeur, constituent les débris de l'ancien volcan, qui a pris sa morphologie actuelle entre 2.000 et 1.500 av. J. Cr.

Au centre de la baie, trois îlots, appelés Kaménis, doivent leur origine à une série d'éruptions survenues depuis le commencement de la période historique. L'éruption de 1866 qui a duré pendant presque cinq années, a donné naissance au volcan de Georgios-Kaméni, à l'île de Nea-Kaméni. C'est surtout Fouqué, qui dans son ouvrage classique sur Santorin, a étudié cette éruption ainsi que tout l'Archipel volcanique.

L'éruption actuelle ayant eu lieu le 11 août 1925, dans le canal situé entre les îles de Nea-Kaméni et de Mikra-Kaméni, se caractérise tant par la rapidité de la formation d'un dôme que par l'intensité et la fréquence des explosions (1). Elle a contribué à élucider plusieurs questions qui se rattachent à l'activité de ce type de volcans, unique en Europe.

Le dôme central de l'éruption actuelle (volcan de Fouqué-Kaméni) possédait une forme régulière, celle d'un cône tronqué, haut d'environ 30 mètres. La base inférieure avait 120 mètres en diamètre. A la base du dôme, des produits de projection ont commencé à s'accumuler dès les premiers jours de l'éruption. Peu à peu, le cirque de cendres gagné en hauteur ; au mois de février 1926, le dôme central était transformé en un conodôme, dont le cratère se trouvait à une hauteur de 100 mètres.

Si l'on résume, en quelques lignes, les caractéristiques de l'éruption actuelle, on a les résultats suivants :

1. L'éruption de Fouqué-Kaméni appartient à un type mixte, *vulcano-peléen.*

2. L'importance du facteur explosif aux Kaménis *va en augmentant* de 1570 à 1925.

(1) Voir mes notes prélminaires : *Comptes rendus*, 181, 1925, p. 376, p. 518, p. 563; 182, 1926, p. 74, et mes notes complémentaires, Athènes, 14 janvier 1926.

3. La façon dont les vapeurs se délivrent du magma dans le bassin qui alimente un volcan, peut changer d'une éruption à l'autre.

4. Comme M. Lacroix l'a établi en 1908, ce sont, surtout, les conditions physiques pendant la venue au jour du magma et l'abondance des produits volatiles qui déterminent les caractéristiques d'une éruption. L'éruption actuelle des Kaménis vient confirmer cette manière de voir. En effet, quoique le magma eût la même composition chimique, un dôme central du genre et de l'importance de celui de Fouqué-Kaméni n'a pu se former lors de l'éruption de 1866. Sa formation est due à la grande abondance des produits volatiles *qui, en se livrant du magma, en ont augmenté, en partie, la viscosité.*

5. C'est la première fois qu'on a constaté un accroissement, vers le haut, si rapide d'un dôme. Du 11 au 20 août, la hauteur du dôme augmentait de 0 m. 338 à 1 m. 15 par heure.

6. Comme il ressort de l'étude du mécanisme de l'activité explosive, la viscosité du magma qui se trouve au-dessous de la carapace du dôme central, variait, dans le temps, d'un point à un autre. D'autre part, les projections violentes partant de fractures transversales des parois du dôme, rappellent, *quant au mécanisme du lancement,* les nuées ardentes de la Montagne Pelée.

A. CHERMETTE

Ingénieur géologue diplômé de l'Institut de Géologie appliquée de Nancy.

LES FILONS DE SPATH FLUOR DANS LE MASSIF CENTRAL

Tout le monde connaît le spath fluor ou fluorine pour en avoir admiré de beaux spécimens cristallins, bariolés de vives couleurs, et de volumineux cristaux cubiques, dans les collections de minéralogie. C'est, au point de vue chimique, une fluorure de calcium, fréquent dans les filons métallifères. L'extrême facilité avec laquelle il fond à une température relativement basse en fait un fondant très apprécié dans diverses industries. Cette petite substance a pour cela donné lieu, depuis une vingtaine d'années, à de nombreuses prospections dans la plupart des pays civilisés. De multiples recherches effectuées en

France au cours de ces dernières années, ont montré que notre Massif Central est un des points de concentation du spath fluor les plus remarquables du globe, par l'abondance des filons fluorés reconnus à sa surface. La continuité du spath fluor est d'ailleurs établie, d'un bout à l'autre du Massif, par la présence très fréquente de traces de fluorure de calcium dans la plupart des roches du substratum de ce môle.

Pour être générale, cette distribution du spath fluor n'en est d'ailleurs pas égale dans toutes les régions naturelles du Plateau Central ; la plupart des filons connus se rencontrent en effet dans le Morvan (Saône-et-Loire, Nièvre) et dans l'Auvergne (Puy-de-Dôme, Haute-Loire). Les ensembles filoniens les plus remarquables sont ceux d'Aurouze, à l'Est de Paulhaguet, et du Barlet, au Sud de Langeac (Haute-Loire). Un certain nombre de filons de spath fluor s'échelonnent également dans la partie Ouest du département du Puy-de-Dôme, entre Pontgibaud et Ussel. Les arrondissements d'Autun (Saône-et-Loire) et de Château-Chinon (Nièvre), dans le Haut Morvan, constituent un troisième district riche en filons fluorés. Il en existe aussi dans le Lyonnais, ainsi que dans le reste du Massif.

Les cassures se rattachent à une orientation générale N.O.-S.E.; elles semblent en relation d'origine avec les mouvements orogéniques hercyniens et alpins. On a pu reconnaître certaines d'entre elles sur d'assez grandes longueurs ; les affleurements du filon de Voltenne, près d'Autun, se poursuivent sur plus de 4 kilomètres. Leur puissance est en général comprise entre 1 mètre et 2 mètres, mais elle atteint jusqu'à 10 mètres au Barlet.

Contrairement aux districts fluorés des Etats-Unis (Illinois, Kentucky) et de l'Angleterre (Derbyshire, Durham), dans lesquels la fluorine constitue la gangue de filons métallifères bien définis, le Massif Central offre une catégorie particulière de filons, dont le remplissage est presque entièrement constitué par du spath fluor. Les sulfures n'y jouent qu'un rôle subordonné, d'où la dénomination de « filons essentiellement fluorés », proposée pour cette classe si curieuse de filons.

Leur remplissage est nettement concrétionné et l'intérieur des cassures offre une succession de bandes de fluorine diversement colorée, généralement verte ou violette, alternant localement avec des zones de quartz ou de baryte. Des géodes occupent fréquemment la partie centrale des cassures ; surtout abondantes dans les filons silicifères, elles fournissent des cubes rivalisant avec les plus beaux critaux du Derbyshire. Les sulfures se réduisent à quelques mouches de pyrite, plus rarement de chalcopyrite et de galène.

La disposition rubanée des divers éléments du remplissage semble en faveur d'une succession de dépôts effectués par des eaux à forte thermalité sur les lèvres des cassures. La plupart des eaux minérales du Massif Central renferment d'ailleurs encore une certaine proportion de fluorure de calcium. La minéralisation fluorée semble devoir se continuer en profondeur ; en fait, le spath fluor est connu sur une hauteur de près de 200 mètres au Barlet.

Les filons se rencontrent dans des massifs de roches très variées, mais de préférence dans les schistes cristallins. Avant la guerre, on ne comptait qu'un très petit nombre de carrières dans le Morvan et dans l'Auvergne. De nombreux gisements nouveaux, mis en valeur au cours de ces dernières années, ont permis de porter à 25 le nombre des sièges d'extraction dans le Massif Central au début de l'année 1926. La lentille du Beix (Puy-de-Dôme) offre ainsi une largeur moyenne de 6 mètres de spath fluor presque chimiquement pur.

La production annuelle, qui n'atteignait pas 10.000 tonnes en 1914, a dépassé 25.000 tonnes en 1924 et nos grandes exploitations du Plateau Central sont en mesure de porter aujourd'hui ce chiffre à 40.000 tonnes. L'exportation aux Etats-Unis offre un nouveau débouché important au spath fluor français, qui a fait son apparition, au cours de l'année 1925, sur le marché américain.

Les débouchés variés du spath fluor dans l'industrie font présumer d'ailleurs une grande activité dans l'extraction de ce cristal multicolore pendant les années à venir. Si la métallurgie absorbe encore 85 % de la production mondiale, l'industrie céramique en utilise des quantités sans cesse croissantes. La préparation de la cryolithe artificielle, qui remplace de plus en plus le produit naturel dans la production électrolytique de l'aluminium, permet d'envisager de grosses demandes de spath fluor. Les fabriques de ciments Portland artificiels, qui commencent à utiliser la fluorine comme moyen d'économiser le combustible, en réalisant des mélanges facilement fusibles, ouvrent enfin un débouché quasi illimité à cette substance.

Edouard ROCH

NOTE SUR LA PRESENCE DU VALANGINIEN AU MAROC OCCIDENTAL

Les explorations et les travaux de MM. Brives, Lemoine, Gentil et Kilian avaient jusqu'ici défini, dans ses grandes lignes, la succession des divers termes du Crétacé inférieur de la côte atlantique du Maroc, excepté toutefois le Valanginien qui avait échappé à leurs investigations, mais dont W. Kilian avait prévu la découverte. Or, cet étage se retrouve bien caractérisé par des Céphalopodes aux points suivants :

A Tillelt et à Sidi Ouftas (60 et 70 kilomètres au S. de Mogador), on peut relever au bord de la mer la succession suivante :

1. Calcaires fausse-brèche et calcaires marneux (Jurassique supérieur ?) 30 m.

2. Calcaires rognoneux, un peu gréseux, où abondent les *Spiticeras* (notamment *Spiticeras Negreli* Math. sp.) et dont l'âge berriasien est donc indiscutable. Epaisseur, 10 m. environ.

3. Cent mètres de marnes vertes, noirâtres, intercalées de bancs gréseux, où l'on peut récolter notamment : *Neocomites neocomiensis* d'Orb. sp., *Lytoceras* gr. de *L. Liebigi* Opp., *Astieria* cf. *Jeannoti* d'Orb. sp., *Astiera* cf. *Atherstoni* Sharpe sp. (1), *Belemnites* (*Duvalia*) *Emerici* Rasp. sp., *Hibolites jaculum* Phill. sp., *Plicatula* sp., etc.. Le reste de la coupe est caché par le Pliocène qui recouvre le Crétacé en discordance.

A 12 kilomètres plus au N., sur les rives de l'oued Igouzoul, un repli anticlinal dans la série qui plonge doucement vers le Sud, nous montre, au centre, des calcaires sans fossiles (Berriasien ?) surmontés par des marnos-calcaires à patine roussâtre renfermant : *Neocomites trezanensis* Sayn, *Neocomites Longi* Sayn, *Neocomites neocomiensis* d'Orb. sp. (abondant), *Neocomites* cf. *neocomiensis* d'Orb. sp. (exemplaire de la kasba d'Imgrad, aimablement communiqué par M. Brives, *sub nomine Hoplites Boissieri*).

Au-dessus, viennent des marnos-calcaires déjà hauteriviens avec *Neocomites longinodus* N, et U. sp., *Acanthoplites* gr. de *A. Tauricus* Eichwald sp., ainsi que de nombreuses *Astieria*.

En remontant vers Mogador, au confluent des oueds Tidsi et Taamera, on voit des marnos-calcaires avec *Thurmannia Thurmanni* Pict. sp., *Kilianella* sp., surmontés eux aussi par des marnes hauteriviennes à *Astieria*.

Plus au N., dans la région du Djebel Hadid, il semble que le Valanginien soit représenté par des calcaires marneux en plaquettes à moules de Bivalves ; il est difficile cependant d'être affirmatif sur ce point étant donné l'insuffisance des matériaux récoltés ; nous espérons cependant être à même d'apporter bientôt une solution à ce problème.

Nous adressons en terminant nos bien sincères remerciements à M. Sayn, qui a bien voulu vérifier et rectifier certaines de nos déterminations.

(1) La présence ici de cette espèce indiquerait peut-être que ces marnes montent jusque dans l'Hauterivien. C'est en effet ce qui paraît se produire plus au S., sur les rives de l'Asif Aït Ameur où la partie terminale de ces marnes renferment des Crioceres.

Dr P. RUSSO

Médecin-major Chef du service hydrologique de l'Armee du Maroc,
Villa des Fleurs, rue El Ksour, Rabat (Maroc).

NOTES SUR LA TECTONIQUE DU RIF

Il n'est pas encore possible de définir de façon complète la constitution du Rif, les conditions politiques ne permettant pas d'y pénétrer partout actuellement, mais j'ai pu cependant avancer assez loin vers le Nord et compléter par observations d'avion les données recueillies à terre, en ce qui concerne la position stratigraphique et tectonique des terrains situés en pays dissident. La détermination d'âge de ces terrains demeure à faire dans tout le pays jusqu'à la mer, au

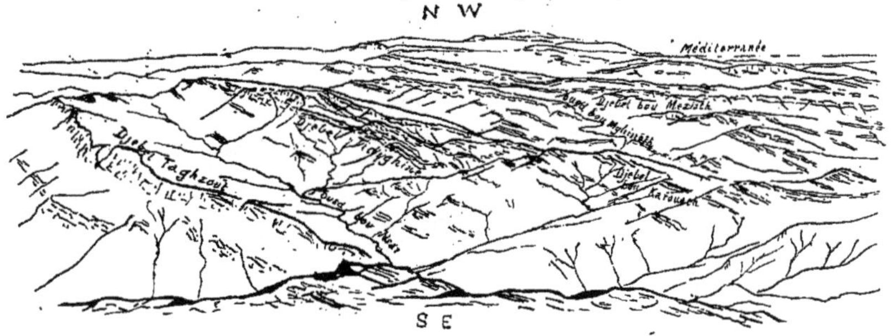

Fig. 1. — Vue panoramique vers le NW prise à la verticale du Taghzout

Nord d'une ligne courbe, à concavité septentrionale et passant par les djebels Beni Ider, Outka, Bou Ouda, Azrou Akchchar.

Les observations exécutées, sans permettre de faire le partage entre les nappes de charriage, les écailles ou autres éléments tectoniques dans le pays situé au Nord de la courbe ci-dessus, donnent droit, cependant, d'affirmer les faits suivants :

1° Une série de côtes, emboîtées, concentriques, à regard méridional, à centre de courbure et pendage septentrionaux, se succèdent de l'Ouergha à la Méditerranée.

2° Dans toute cette étendue de pays les pendages sont, sauf dans les fronts de nappes, de sens S.-N.

3° Dans la partie Sud du pays, j'ai pu constater que ces côtes sont des fronts de nappes, dans le Nord je ne puis rien affirmer.

4° On peut séparer, dans ce pays, cinq régions :

a) Le Massif du Bokoya vers quoi convergent les pendages de toutes les assises plus méridionales comme vers le centre d'un bassin.

b) Une région de côtes assez espacées montant vers le Sud ; c'est la région entre le Bokoya et le Taghzout.

c) Une région de côtes serrées et abruptes, de haute altitude (plus de 2.000 m. pour les plus méridionales), la zone du Taghzout.

d) Une région de nappes bien définies avec écailles et plissements accessoires sur les nappes ; on y voit la nappe et les écailles de l'Azrou, et la nappe des Senhadja, accompagnées des plissements accessoires de la zone de l'Ouergha.

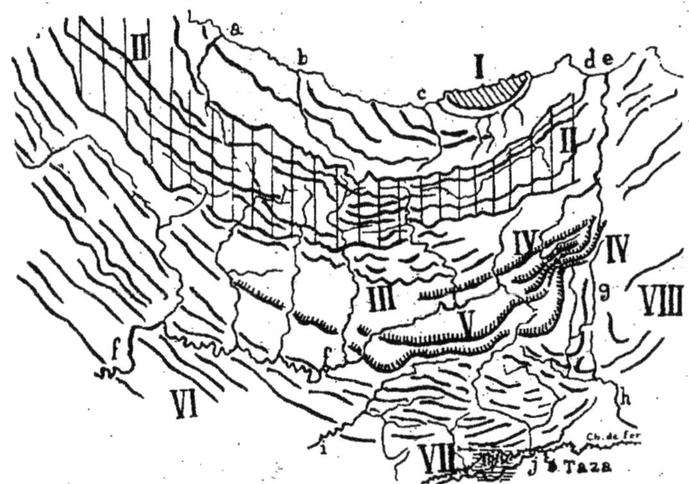

Fig. 2. — Croquis des axes tectoniques actuellement reconnus dans le Rif. Echelle 1/1.000.000e

I. Massif de Bokoya. — II. Zone de Taghzout. — III. Zone de l'Ouergha. — IV. Nappes et écailles de l'Azrou. — V. Nappe des Senhadja. — VI. Zone prérifaine. — VII. Massif de Touahar. — VIII. Rif oriental ; a) Oued Tigissés ; b) Ouringa Ighzer ; c) Oued Ferrah ; d) Oued Ghis ; e) Oued Nkour ; f) Oued Ouergha ; g) Oued Ouizert ; h) Oued Msoun ; i) Oued Leben ; j) Oued Innaouen.

e) Cet ensemble se termine au Sud par une région de petits plissements accessoires appartenant à la nappe Trias-Eocène du Prérif, étudiée par M. Daguin et hors de mon territoire d'étude.

5° On remarque en outre qu'à l'Est du pays, tous les éléments tectoniques viennent buter contre une ligne sensiblement rectiligne dirigée N.-S. et jalonnée par le cours des oueds Nkour, Ouizert et Msoun (ce dernier dans sa partie supérieure seulement) qui s'infléchit ensuite vers le S.-W. et rejoint le massif de Touahar. Ce ne serait donc pas seulement le massif de Touahar qui représenterait l'élément de réflexion des nappes marchant vers le S.-W., mais encore un massif non visible jalonné par la ligne sus-indiquée.

Au sujet de Touahar, je tiens à préciser que si je me suis rencontré (1) avec M. Daguin pour attribuer à ce massif un rôle dans le mouvement des nappes, le fait a d'autant plus d'intérêt que nous avons travaillé de façon entièrement indépendante l'un de l'autre.

6° A l'Est de la ligne du Nkour, les plissements n'ont plus les mêmes caractères qu'à l'Ouest et ne se raccordent pas avec eux : la ligne du Nkour présente les caractères d'une ligne de changement de régime, et la partie orientale du Rif devra faire l'objet d'une étude particulière.

7° Une conclusion se dégage dès à présent, répondant en partie à la question jadis posée par M. P. Termier : Le Rif a-t-il une structure en éventail ? On peut affirmer que le Rif n'a pas une structure en éventail dans sa région allant du méridien de Chechaouen au méridien d'Alhucemas.

Nota. — La figure 1 montre la reproduction d'un panorama photographié en avion à la verticale du Djebel Taghzout, on peut s'y rendre compte de la disposition des pendages jusqu'à la mer qu'on aperçoit au fond de la figure. Plus à l'Est, j'ai pu, du sommet du Djebel Azrou, faire les mêmes observations également jusqu'à la mer.

La figure 2 est obtenue par le report sur cartes au 1/100.000e levées par avion au Service géographique, des observations faites également en avion sur les pendages et les fronts de côtes, et la réduction du levé ainsi obtenu au 1/1.000.000e. Elle ne prétend point à la précision, mais à la figuration générale des faits acquis.

G. COURTY

LES DEPOTS DE SAINT-PREST ET LEUR VERITABLE PLACE STRATIGRAPHIQUE

Le gisement de Saint-Prest, en Eure-et-Loir, situé à l'altitude de 30 mètres au-dessus du niveau de la mer, représente-t-il un dépôt franchement pliocène? — Pour répondre précisément à cette question, il

(1) P. Russo, Sur la présence de trois nappes de charriage dans le Rif méridional. C.R.A.C. Sc., t. 182, p. 1477, 14 juin 1926. Observations de M. P. Termier.

nous faut examiner la position relative des couches de limons, de cailloutis, de sables très fins jaunes et blancs mêlés à des graviers roulés. Tout à fait au nord de la carrière de Saint-Prest, il est facile de voir de haut en bas, sous la terre végétale, des limons jaunes, rouges et gris sur une puissance de huit à dix mètres. Ces limons occupent un vaste entonnoir reposant directement sur des sables jaunes de l'âge probable des grès ladères chartrains. Vers le Nord-Est, les limons n'ont plus qu'une puissance de trois à quatre mètres et ils arrivent à reposer sur un cailloutis quaternaire qui a livré une pièce chelléenne du groupe archéologique des coups de poing.

Ces sables jaunes, doux au toucher, ne contenaient que de rares graviers, mais ils enrobaient des machelières d'Eléphant méridional (Elephas meridionalis) appartenant à des individus de différents âges. Ces sables font partie d'une couche évaluée en profondeur à une vingtaine de mètre ; ils peuvent être classés, fauniquement parlant, à la fin du Pliocène (Sicilien). Il est absolument impossible maintenant de mettre à jour au nord de la carrière de Saint-Prest ces sables à ossements, en raison de la haute muraille de limons qui se trouve aujourd'hui en situation menaçante.

Nous pensions que l'extraction actuelle du cailloutis quaternaire allait nous livrer au Sud-Ouest de la fameuse carrière des documents paléontologiques intéressants, attendu qu'une masse de sables blancs très fins nous avait donné en 1920 avec quelques graviers dont l'un paraissait offrir des surfaces opposées de débitage intentionnel, deux dents de cervidés (1). Malheureusement, ces sables blancs ne formaient en réalité qu'une simple poche au milieu du cailloutis quaternaire d'origine fluviatile. Pour le retrouver, il eût fallu fouiller à une profondeur de 5 à 6 mètres afin de regagner les sables qui composent la zone franchement pliocène (2).

Toujours au Sud-Ouest de la carrière, à la suite de l'extraction des graviers fluviatiles quaternaires ou cailloutis exploités pour l'empierrement des routes, nous constatons que les alluvions quaternaires arrivent à se trouver en contact brusque avec l'argile à silex. Si nous considérons la position des cailloutis quaternaires de la région voisine de Saint-Prest à la Forte Maison, nous voyons que les sables fins pliocènes font complètement défaut. Qu'est-ce à dire ? — Que ces sables ne constituent à Saint-Prest qu'un dépôt purement accidentel. Postérieurement au pliocène, il y eut à l'emplacement de la grevière à ossements un effondrement qui justifie des glissements successifs que nous avons signalés dès 1922 (3). Il nous apparaît clairement, aujour-

(1) G. COURTY, Le gisement de Saint-Prest, aux environs de Chartres en Eure-et-Loir, Assoc. française pour l'Avancement des Sciences. Congrès de Rouen, 1921.

2. L'obstination du propriétaire, M. Torcheux, a retardé nos observations sur la carrière de Saint-Prest, puisqu'il ne nous a pas permis d'y effectuer des fouilles.

(3) G. COURTY, Sur les dépôts alluvionnaires de Saint-Prest, in Bull. de la Société préhistorique française du 27 avril 1922.

TABLEAU DES FORMATIONS TERTIAIRE ET QUATERNAIRES ANCIENNES

Dans la Région du Bassin de Paris, d'après M. G. COURTY

DIVISION géologique	DIVISION archéologique	PHÉNOMÈNES ET DÉPÔTS GÉOLOGIQUES		CARACTÈRES FAUNIQUES	FORMATIONS GÉOLOGIQUES actuellement existantes	OBSERVATIONS
QUATERNAIRE ANCIEN ou PLEISTOCÈNE	ACHEULÉO-MOUSTIÉRIEN	Action pluviaire intense (climat froid).	Limons épais recouvrant les alluvions anciennes.	Elephas primigenius. Rhinoceros tichorhinus. Cervus tarandus. Lepus timidus. Spermophilus supercilіosus.	Limons calcaires ou lehm des vallées de la Seine, aux Hautes-Bruyères, à Villejuif et à Buzenval. Alluvionnement de la Chalouette à Etampes (bas niveaux).	La période acheuléo-moustiérienne correspond à la formation des éboulis des pentes, des vallées sèches, des limons plus ou moins calcaires, et à l'alluvionnement des bas niveaux des rivières. Le modelé du sol actuel date en grande partie du moustiérien supérieur.
	CHELLÉEN	Phase interglaciaire (climat doux).	Alluvions des moyens niveaux de plus de quarante mètres.	Elephas antiquus. Cervus elaphus. Equus et Bos (de grande taille).	Cailloutis d'Ailly-sur-Somme, de Saint-Acheul, de Montières et de Mautort à Abbeville.	Ce cailloutis compose en général les grévières de quarante mètres dont la base est presque toujours formée de graviers provenant des niveaux supérieurs.
	PRÉCHELLÉEN	Phase interglaciaire (climat chaud).	Alluvions élevées de plus de quatre-vingts mètres.	Elephas Trogontheri. Hippopotamus major. Rhinoceros Mercki. Rhinoceros Etruscus. Equus Stenonis. Machairodus.	Cailloutis du niveau immédiatement supérieur aux grevières de Saint-Acheul de plus de quarante mètres.	Ce cailloutis forme très souvent la partie la plus élevée des vallées par suite de l'abrasion des cailloutis du Pliocène supérieur.
TERTIAIRE — PLIOCÈNE SUPÉRIEUR (Silicien)	SAINT-PRESTIEN	Phase interglaciaire (climat chaud).	Alluvions des hauts niveaux de plus de cent mètres. Dépôts marginaux des vallées.	Elephas meridionalis.	Sables jaunes et blancs avec cailloutis et ossements de Saint-Prest.	Les cailloutis du Pliocène supérieur se rencontrent le plus souvent remaniés avec ceux du pleistocène (Préchelléen). A Saint-Prest, les cailloutis les plus anciennement déposés se sont trouvés mélangés par suite d'un effondrement avec des alluvions des moyens niveaux.

d'hui, que les sables pliocènes occupent la place d'un bétoire survenu dans la craie blanche, que le remplisage s'est effectué aux dépens de sables et d'alluvions fluviatiles et que l'ensemble a été comblé par des limons qui ont nivelé topographiquement la surface du sol en cet endroit. Une légère dépression circulaire laisse d'ailleurs entrevoir superficiellement l'étendue de l'effondrement auquel est due, à notre avis, la conservation des sables fins jaunes et blancs de l'époque pliocène à Saint-Prest.

Gaston ASTRE

Assitant à la Faculté des Sciences de Toulouse

SUR LES IRREGULARITES D'ALTITUDE RELATIVE DES NAPPES ALLUVIALES DE LA GARONNE AU-DESSUS DE L'ETIAGE

Le phénomène des terrasses fluviales a laissé dans le Bassin de la Garonne des vestiges si remarquables qu'il y a été découvert par Nérée Boubée dès 1833. Les précisions apportées en 1855 par Noulet et surtout par Leymerie ne devaient pas tarder à rendre classique, pour l'étude du Quaternaire, la coupe de la vallée près de Toulouse. Edouard Harlé, Boule, Obermaier en achevèrent la mise au point de 1894 à 1905 environ. Vasseur et son école dessinèrent les contours sur la carte géologique. Malgré que cette région ait donc été fondamentale sous ce rapport pendant toute la dernière moitié du XIXe siècle, ce n'est jas là que devait naître la première synchronisation vraiment générale du Quaternaire que Ch. Depéret allait formuler en 1918, se fondant sur les recherches coodronnées de Zeil, de Lamothe, Gignoux et quelques autres. Voir comment cette synthèse générale s'appliquait aux terrasse de la Garonne si connues dans le détail, tel a été le motif de travaux entrepris depuis 1920 par Chaput et par Denizot.

Le fait que dans cette vallée les terrasses ne sont pas parallèles à l'étiage a été interprété comme une objection de nature à restreindre la généralité de cette synchronisation (Denizot), car pour le problème qui nous occupe, cette dernière admet, comme on le sait, une altitude relative à peu près constante pour chaque terrasse au-dessus de l'étiage. L'argument principal repose sur cette constatation bien ancienne, déjà reconnue par Leymerie et par Harlé, que la « Basse plaine », encore nommée « Niveau inférieur », constitue sur la rive gauche de la Garonne, non une surface parallèle au fleuve, mais un plan incliné continu, atteignant à Toulouse presque le niveau des moyennes eaux, alors qu'en amont il s'élève progressivement pour arriver à Cazères à dominer le fleuve d'une vingtaine de mètres. On sait que c'est sur la gauche de cette Basse plaine, inondable par les hautes crues aux environs de Toulouse seulement, que se développe la belle terrasse de Lardenne; puis plus à l'ouest, s'étalent les niveaux supérieurs d'alluvions.

Dans l'argumentation précédente, il y a d'abord une question de méthode à préciser ; car elle repose pour une bonne part sur une inversion de termes. Lorsqu'on examine en effet l'ensemble des diverses terrasses, on ne peut s'empêcher de constater qu'elles sont asez parallèles entre elles, alors qu'elles ne le sont pas à l'étiage. Dans la série des cycles de creusement de la vallée, c'est donc ce dernier qui correspond à une anomalie ; c'est lui qu'il faut rapporter aux terrasses et non les terrasses à lui, puisqu'il est une exception vis-à-vis de tous les autres stades antérieurs beaucoup plus homogènes.

Il y a ensuite et surtout une question de faits : pourquoi l'étiage actuel présente-t-il cette anomalie ? C'est que la vallée de la Garonne n'a pas atteint son profil d'équilibre. Rapporter les altitudes des terrasses, qui représentent chacune une phase de stabilité, au moins relative, du fleuve, à l'étiage actuel, c'est supposer que cet étiage correspond, lui aussi, à une nouvelle phase de stabilité, c'est-à-dire que son profil se rapproche du profil d'équilibre parfait. Or ce dernier est bien loin d'être réalisé et tous les auteurs ont toujours été d'accord à ce sujet.

Deux conditions sont en effet fondamentales pour la partie pyrénéenne du Bassin de la Garonne :

1° Le profil d'équilibre général n'est pas atteint, le creusement se poursuit en de nombreux points ;

2° Le lit n'est pas homogène sur son parcours, tracé sur des roches alternativement dures et tendres. Tantôt le fleuve coule sur ses alluvions en remblayant momentanément, tantôt il roule sur le vieux-fond qu'il use dans des rapides très nets.

De l'observation précédente résulte qu'il n'existe pas pour la Garonne un profil d'équilibre unique, chaque seuil rocheux entravant la marche de l'érosion, mais au contraire *une série de profils d'équilibre élémentaires* correspondant à chacun des tronçons du cours *compris entre deux seuils successifs*. Tandis que pour les terrasses, on doit raisonner sur l'ensemble de leur extension, pour ce qui est de l'étiage, on ne peut raisonner qu'à l'intérieur de ces tronçons élémentaires.

Le cours de la Garonne entre Cazères et Toulouse représente précisément un de ces tronçons limités par deux seuils, avec un profil érosionnel propre. Le seuil amont est constitué par les Petites-Pyrénées que la Garonne traverse à Boussens et longe à Martres. Le seuil aval est bien moins visible au premier aspect et nul n'a attiré l'attention sur lui. Il se trouve à Toulouse même, dans le lit du fleuve. Là, un peu au N. du pont de Amidonniers, au niveau de Bazacle et en aval de la chaussée de ce nom, la Garonne ne coule plus sur ses alluvions, mais sur un fond de calcaire marneux compact et solide qui appartient à une des masses calcaires de la mollasse oligocène et sur lequel le courant glisse en un rapide peu profond.

Entre ces deux barrages, les règles de l'érosion s'appliquent bien. A Toulouse, au niveau de base du profil d'équilibre élémentaire, la Basse plaine est presque tangente à l'étiage. Par le jeu de l'érosion régressive, c'est le plus loin possible en amont que les conditions de creusement seront le moins gênées par l'existence de ce seuil, et que le profil tendra à se rapprocher autant que possible du profil idéal. Le point le plus éloigné en amont, avant d'atteindre le barrage des Petites-Pyrénées, est Cazères ; c'est là que la Garonne s'est encaissée d'une vingtaine de mètres dans la Basse plaine, cette hauteur étant progressivement atteinte à partir de Toulouse. Plus au S., en remontant, on passe sur le seuil amont où le fleuve a été gêné pour creuser et où il s'est beaucoup moins encaissé dans le Bas-Niveau qu'à Cazères. Au lieu de rapporter le niveau de cette Basse plaine à l'étiage, il suffit de rapporter ce dernier au niveau de la Basse plaine pour trouver l'explication naturelle de ces variations. A son stade actuel, *le fleuve s'est encaissé inégalement, suivant la dureté de son lit, dans une Basse terrasse, dont le profil en long est beaucoup plus régulier que le sien.*

Mais il y a mieux ! Nous venons de voir que c'est d'une vingtaine de mètres d'altitude relative qu'est affectée cette Basse plaine, ou terrasse la plus inférieure, là où le creusement peut se rapprocher le plus de la normale. Or, dans la synchronisation précédemment envisagée, la dernière grande terrasse (monastirienne) est celle de 18-22 mètres. Loin de fournir des objections majeures à cette synchronisation, la vallée de la Garonne se mettrait-elle à lui apporter plutôt des preuves, à la condition de vouloir simplement rechercher la cause des irrégularités qui s'y constatent ?

Le rôle perturbateur du seuil du Bazacle ne se trouve que pour l'étiage actuel, et non pour les terrasses, parce que celles-ci correspondent à des phases de stabilité relative et que le fleuve aurait complètement scié l'obstacle avant de remblayer son lit. Et même, il est aisé de présumer que ce seuil n'affleurait pas dans le lit du cours d'eau aux époques de formation des terrasses ; car les masses calcaires de la mollasse toulousaine sont en bancs discontinus, en lentilles ; le fleuve n'a probablement atteint la masse du Bazacle qu'à force de creuser jusqu'au niveau actuel.

La même variation d'encaissement du cours d'eau dans sa « Basse plaine » se retrouve pour l'Ariège à la sortie du Plantaurel et y a les mêmes causes.

Il ne faut donc pas méconnaître, dans le Bassin de l'Aquitaine, le rôle des seuils rocheux, bien reconnu dans les autres bassins français, par exemple pour la Loire, entre Montbrison et Roanne. En effet, *la partie méridionale du Bassin de la Garonne participe encore au régime torrentiel des Pyrénées*, avec un profil éloigné de celui d'équilibre. Aussi n'est-il pas étonnant d'y trouver, vis-à-vis des règles générales observées pour l'ensemble des terrasses fluviales, *des anomalies parfois importantes ; les seuils rocheux traversés par le fleuve et non encore suffisamment entaillés sont responsables d'une partie d'entre elles.*

René ABRARD

Docteur ès Sciences, Assistant au Muséum, Paris.

IMPORTANCE DE LA NOMENCLATURE DES NUMMULITES AU POINT DE VUE STRATIGRAPHIQUE

Avant le magistral travail de J. Boussac (1), la nomenclature des Nummulites était extrêmement confuse, et comme l'a fait remarquer cet auteur, la découverte de leur dimorphisme avait encore aggravé le mal. J. Boussac a admis (*loc. cit.*, p. 4), qu'il n'y avait aucune raison pour donner des noms différents aux formes micro — et mégasphériques, et qu'il y a lieu de se conformer aux règles habituelles de la nomenclature. Du point de vue purement paléontologique, cette manière de voir est inattaquable ; cependant, certains paléontologistes qui font autorité ne l'ont pas admise, et c'est ainsi que dans un beau et récent mémoire, M. H. Douvillé (2) a décrit séparément *Nummulites planulatus* (forme B, microsphérique) et *N. subplanulatus* (forme A, mégasphérique), tandis que pour la plupart les stratigraphes ont conservé l'habitude d'indiquer des *couples* (*N. planulatus-elegans* par exemple). Certains travaux cependant ne citent qu'un nom, pour des couches qui renferment tantôt les deux formes A et B, tantôt une seule de ces formes ; c'est une imprécision regrettable.

Si les deux formes A et B étaient également répandues dans toutes les couches qui les renferment, la première méthode serait seule acceptable. Mais, il n'en est pas ainsi, et il se présente même des faits très importants dont le Lutétien du bassin de Paris donne un exemple concret : certaines couches renferment en proportions à peu près égales la forme A et la forme B de *N. lævigatus* Brug., tandis que d'autres sont constituées par une énorme accumulation de la forme B, la forme A y étant rarissime ; ce fait, dont nous ne connaissons pas la raison, est capital pour le stratigraphe. Appeler indifféremment ces deux couches, c. à *N. lævigatus*, manquerait de précision, et il est nécessaire de dire par exemple que la première renferme *N. lævigatus* sous ses formes A et B, ou bien que *N. Lamarcki* accompagne la forme microsphérique ; ce sont les couches dites à deux Nummulites ou

(1) J. Boussac. Etudes paléontologiques sur le Nummulitique alpin. *Mém. Serv. Cart. Géol. Fr.*, 1911.

(2) H. Douvillé. L'Eocène inférieur en Aquitaine et dans les Pyrénées. *Ibid*, 1919.

à *N. lævigatus-Lamarcki* ; il semble qu'il soit préférable d'indiquer les couples chaque fois que les formes A et B se trouveront ensemble ; couches à *N. intermedius-Fichteli*, ou à *N. vascus-Boucheri*, devra indiquer non pas une vue théorique, mais que les deux formes A et B s'y rencontrent effectivement.

Quand dans une couche se rencontrera une seule forme, ou qu'elle sera de beaucoup la plus fréquente, si elle a la priorité, pas de difficulté ; sinon, on pourra employer le nom ayant la priorité indiquant que c'est l'autre forme qui se rencontre ; pour fixer les idées, on appellera les sables de Meschers (Charente-Inférieure), « sables à *N. planulatus* », car la forme microsphérique s'y rencontre seule, et les meulières du Chay, « meulières à *N. planulatus* forme A (ou *N. elegans* », car la forme mémasphérique est la seule que l'on y trouve tandis que les sables de Cuise seront des « sables à *Nummulites planulatus-elegans* », les deux formes y étant très abondantes.

Cette manière de procéder, qui concilie les différents points de vue, aura l'avantage d'indiquer tout de suite au stratigraphe en présence de quel organisme il se trouvera sans laisser supposer que les *formes* A et B d'une même Nummulite sont des *espèces* différentes.

On pourrait simplifier, et employant toujours le nom qui a la priorité, appeler respectivement les trois sédiments dont il a été question plus haut, « sables à *N. planulatus* forme B », « meulières à *N. planulatus* formes A », « sables à *N. platutus* formes A et B », mais pour les espèces non courantes, cela obligerait les non spécialistes en Foraminifères à des recherches pour savoir le nom de la forme non expressément désignée.

De toute façon, il importe au stratigraphe d'être fixé sur l'aspect de la roche qui varie beaucoup suivant que l'une ou l'autre forme est abondante : il existe des calcaires de Crimée à *N. distans* Desh. où seule la forme mégasphérique (*N. Tchihatcheffi* d'Arch.) est fréquente, ce qui leur donne l'aspect de calcaires à petites Nummulites.

9e section

BOTANIQUE

Président .... J. Beauverie, Professeur à la Faculté des Sciences de l'Université de Lyon.

Vice-Présidents .... A. Guilliermond, Professeur à la Faculté des Sciences de Paris.

Laurent, Professeur à la Faculté des Sciences de Marseille.

Secrétaires .... P Ledoux, Assistant de botanique à l'Université de Bruxelles.

A. Tronchet, Assistant de botanique à la Faculté des Sciences de Lyon.

J. BEAUVERIE

Professeur à la faculté des Sciences de l'Université de Lyon.

ACTION DU PARASITE SUR LA RESISTANCE DU CHONDRIOME-PLASTIDOME, SA FRAGILISATION ET L'ALTERATION DE LA STRUCTURE CELLULAIRE.

Résumé

Nous avons considéré dans ce travail les principaux points suivants :

Variations de la résistance des mitochondries et plastes aux actions osmotiques, leur fragilisation sous l'influence d'un parasite. En dernière analyse, l'action de celui-ci se traduit dans la cellule par une modification de la tension osmotique ;

Description des phénomènes morphologiques de la dégénérescence des mitochondries et des plastes sous l'action de certains réactifs physico-chimiques et celle des parasites. Nos conclusions concernant le mécanisme de l'action du parasite sur l'architecture cyto-structurale résultent de l'observation directe et, plus encore, de l'étude expérimentale de l'effet des réactifs en question ;

Comparaison de ces phénomènes observés sur préparations vivantes d'une part, et sur préparations fixées et colorées d'autre part. Interprétation des faits morphologiques que l'on observe dans ces dernières conditions ;

Esquisse des modifications qui paraissent devoir se succéder dans la cellule lorsque celle-ci est attaquée par un parasite champignon : son action se traduit, le plus souvent, par la création d'un état hypertonique entraînant la mort du protoplasma qui devient finement granuleux. L'invasion de l'eau, survenant alors, amène la transformation des mitochondries et de certains plastes en vésicules qui éclatent en laissant subsister quelques granules ; ils se fusionnent plus ou moins. Les chloroplastes subissent une fonte granuleuse : gouttelettes d'huile résultant du pigment et globules provenant du substratum albuminoïde ou lipoïde du plaste. Ces granules se fusionnent en globules plus volumineux mais moins nombreux. Ces produits de dégénérescence peuvent être bientôt résorbés plus ou moins complètement ou passent dans le mycelium parasite.

Dans le cas de la maladie de « l'enroulement » de la pomme de terre, la fragilisation très grande des chloroplastes résulte d'une hypotonie consécutive à la condensation des sucres *in situ* dans les feuilles, en amidon ; ils cèdent à l'action de l'eau ordinaire.

Les préparations fixées et colorées font souvent apparaître des granules plus ou moins volumineux, très chromophiles, représentant un résidu des granules fusionnées de dégénérescence dont nous venons de parler. Les globules que l'on met ainsi en évidence ne sont pas forcément de même origine suivant les méthodes différentes de coloration-fixation employées.

Nous faisons l'application de ces données à la critique des bases cytologiques de la théorie du Mycoplasma. Nous concluons que les « nucléoles » d'Eriksson répondent à une interprétation erronée des faits de dégénérescence du chondriome-plastidome. Ils ne seraient autres que les globules résiduaires qui proviennent de celle-ci. Cette dégénérescence elle-même résulte soit de l'action directe du mycelium, soit de l'action de certains fixateurs agissant sur ces éléments figurés de la cellule préalablement « fragilisés » par le parasite.

On obtient plus ou moins facilement la dégénérescence des plastes par la méthode expérimentale, suivant qu'ils se trouvent plus ou moins « fragilisés » par une action parasitaire ou autre : c'est ainsi que les chloroplastes des feuilles de la pomme de terre atteinte « d'enroulement » cèdent très vite au simple contact de l'eau.

Nous faisons l'application des données précédentes à l'explication de M. Ward concernant « l'hypersensibilité » et la « sensibilité » des céréales aux rouilles.

Nous indiquons l'application possible de la théorie de la fragilisation plastidaire et mitochondriale à l'étude et au choix des espèces, variétés, lignées, hybrides, résistant aux maladies cryptogamiques (1).

---

(1) La communication *in extenso* a été accompagnée de la projection à l'épidiascope d'une 15ᵉ de planches représentant les faits décrits.

2° BOTANIQUE ET REGION LYONNAISE

(Allocution).

3° LA CYTOLOGIE DE L'AZOTOBACTER

R. FOSSE et A. HIEULLE

SUR UNE REACTION COLOREE, SUPPOSEE SPECIFIQUE, DE L'ALDEHYDE FORMIQUE, PRODUITE PAR L'ACIDE GLYOXYLIQUE

1. De nombreux auteurs se sont efforcés de démontrer l'existence chez les végétaux de l'aldéhyde formique, qui, d'après la célèbre hypothèse de Baeyer, dérivée des travaux de Boussignault et de Berthelot (1), résulterait de l'action de la lumière et de la chlorophylle sur l'acide carbonique atmosphérique :

$$CO^3 H^2 = CO^2 + 0^2$$

Plusieurs biochimistes pensent que tout le carbone des végétaux provient de l'aldéhyde fermique, puisqu'on retrouve ce corps dans les feuilles, ainsi que l'atteste la réaction colorée de Schryver, spécifique de C H2 O. Schryver (2) a découvert, en effet, qu'une belle coloration rouge fuchsine, intense, se déclare lorsque de très petite quantités de formaldéhyde sont mises en contact de chlorhydrate de phénylhydrazinc, de ferrocyanure de K et d'acide cylorhydrique concentré.

2. Les expériences décrites dans cette note démontrent que l'aldéhyde formique n'est pas le seul corps capable de donner la réaction de Schryver. Cette propriété appartient aussi à l'acide glyoxylique, dont on a depuis longtemps signalé la présence chez les végétaux (Brunner et Chuard (3), Lippmann).

---

(1) MAQUENNE, Sur la théorie de la fonction chlorophylienne (Bull. Soc. chimique, t. 35, juin 1924, p. 651).

(2) G. BERTAND et P. THOMAS, Manipulations de chimie biologique, 3e édition, 1919, p. 441.

(3) BRUNNER et CHUARD, Berichte, t. 19, 1886, p. 595.

A la réaction classique, production d'une coloration violette, avec l'acide glyoxylique, en milieu sulfurique, en présence de protéiques (Adamkiewicz, Hopkins et Cole) ou de l'indol et ses dérivés (Eppinger, Dakin), nous pouvons en ajouter une autre beaucoup plus sensible.

Une coloration rouge fuchsine intense apparaît lorsqu'on traite l'acide glyoxylique par le réactif employé par Schryver pour caractériser l'aldéhyde formique.

3. *La nouvelle réaction colorée de l'acide glyoxylique, extrêmement sensible, se manifeste, même avec un millième de milligramme de ce corps, à la dilution du millionième.*

R. FOSSE

Professeur à la Faculté des Sciences de Lille.

FORMATION, PAR CHAUFFAGE DE SUCS VEGETAUX, DE L'UREE ET D'UN CORPS, DONNANT LA MEME REACTION COLOREE HYDRAZINIQUE QUE LE FORMOL.

Des extraits alcooliques de feuilles vertes, concentrés à la chaleur du bain-marie, ayant provoqué dans le milieu de Schryver la coloration que développe ce réactif avec le formol (1), on a cru avoir démontré, enfin, avec la présence, si souvent cherchée et discutée, de l'aldéhyde formique dans les plantes, l'exactitude de la célèbre hypothèse de Baeyer sur l'assimilation chlorophyllienne du carbone.

L'existence du formol dans les feuilles ne saurait être ainsi établie : la réaction de Schryver, non spécifique de cet aldéhyde, appartient aussi à l'acide glyoxylique et à d'autres corps (R. Fosse et A. Hieulle) (2).

Afin d'éviter d'introduire des causes possibles d'erreur dans l'étude des composants chimiques de la feuille, nous avons institué des expériences sur des sucs d'expression, simplement centrifugés, n'ayant subi ni l'action de réactifs ou de dissolvants quelconques, ni celle de la chaleur.

---

(1) Gabriel BERTRAND et P. THOMAS, Manipulations de chimie biologique, 2e édit., 1913, p. 441.

(2) R. FOSSE et A. HIEULLE, Comptes rendus, 179, 1924, p. 637.

Dans les limites de nos expérinces, les résultats suivants ont été acquis :

1. *Une substance, produisant la même réaction colorée hydrazinique que le formol, apparaît par court chauffage du suc foliaire de plusieurs végétaux.*

2. *Le contenu cellulaire des mêmes feuilles donne simultanément naissance à l'urée pendant le chauffage.*

3. *La formation simultanée, par chauffage de sucs végétaux, de l'urée et d'un corps, donnant la même réaction colorée que le formol, résulte de l'hydrolyse d'un uréide.*

Son mécanisme diffère de celui qui préside à la formation de l'urée :

A. *Par hydrolyse de l'arginine des protéiques :* autolyse du foie (1), culture de nombreux champignons sur milieu riche en protéique (2), action directe des alcalis sur les protéiques (3).

B. *Aux dépens de la cyanamide par l'action des microbes du sol* (4).

C. *Par isomérisation, comme dans la synthèse de Wöhler, du cyanate d'ammonium, formé par oxydation ; soit des principes carbonés naturels*, et des corps, qui en dérivent ou qui les produisent : protéiques ; acides aminés ; protéiques du sang, additionnées de glucose ; hydrates de carbone, glycérine et formaldéhyde en milieu ammoniacal (5) ; *soit d'une foule de dérivés du carbone, appartenant aux fonctions :* alcool, phénol, aldéhyde, acétone, acide, amine, amide, nitrite et carbylamine (6).

UN NOUVEAU PRINCIPE NATUREL DES VEGETAUX : L'ACIDE ALLANTOIQUE

Des sucs végétaux (feuilles d'Acer, légumes verts de Phaseolus) produisent, par court chauffage, de l'urée et une substance donnant la même réaction colorée hydrazinique que le formol, l'acide glyoxylique et d'autres corps (7).

---

(1) Ch. Richet, Dictionnaire de Physiologie, article Foie, 1, 1894, p. 686 et suiv. — R. Fosse et Mlle N. Rouchelman, Comptes rendus 172, 1921, p. 771.

(2) N. Iwanoff, Biochemische Zeitschrift, 162, 1925, p. 425-440.

(3) R. Fosse, Comptes rendus, 154, 1912, p. 1819.

(4) Maze, Vila et Lemoigne, Comptes rendus, 169, 1919, p. 921.

(5) R. Fosse, Comptes rendus, 168, 1919, p. 320, 908, 1164; 169, 1919, p. 91; 171, 1920, p. 7221 et 635; Annales Institut Pasteur, 34, 1920, p. 715-762; Bull. Soc. Chim., 29, 1920, p. 158-203; Comptes rendus, 172, 1921, p. 160.

(6) R. Fosse et G. Laude, Comptes rendus, 172, 1921, p. 684, 1240; 173, 1921, p. 318.

(7) R. Fosse, Comptes rendus 182, 1926, 175. — R. Fosse et A. Hieulle, Comptes rendus, 179, 1924, 637.

Ce phénomène dérive-t-il d'un composé glyoxylique de l'urée ?

Les expériences de L.-J. Simon (1) établissant que l'acide allantoïque s'hydrolyse, même à froid, en produisant l'urée et l'acide glyoxylique, nous ont conduit à constater que, comme le suc d'Acer et de Phaseolus, une solution aqueuse très diluée d'acide allantoïque, chauffée, 5 minutes, à 100°, engendre l'urée et colore le réactif de Schryver.

Identification de l'acide allantoïque. — La méthode que nous avons instituée repose sur la formation d'un nouveau dérivé spécifique : l'acide dixanthyl-allantoïque, résultant de la condensation d'une molécule d'acide allantoïque et de deux molécules de xanthydrol, avec élimination de deux molécules d'eau

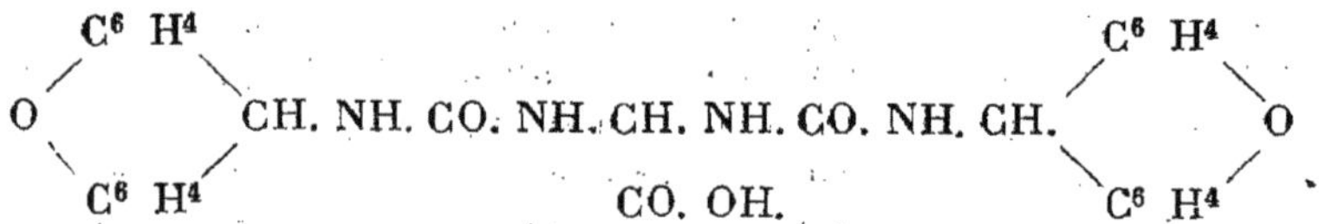

Du légume vert du haricot ont été isolés et identifiés par l'analyse, sous la forme deleurs combinaisons xanthylés : *l'allantoïne*, dont la présence n'était pas connue dans ce végétal et *l'acide allantoïque*, qui n'avait pas encore été signalé jusqu'ici chez un seul être vivant.

L'acide allantoïque, ainsi identifié par l'analyse, existe-t-il réllement, tout formé dans la plante ?

Ne dérive-t-il pas, en partie ou en totalité, d'un autre principe également encore inconnu chez les êtres vivants ?

C'est le délicat problème que nous nous proposons de chercher à résoudre.

L. GRIGORAKI

1° LE PLEOMORPHISME DE DERMATOPHYTES

Les travaux de Beauverie, Ray, Laurent, etc., ont contribué à préciser les questions relatives au polymorphisme des Champignons ; celui-ci consiste en l'existence dans la plupart des champignons d'une forme conidienne et d'une forme parfaite qui exigent l'une et l'autre pour se produire des conditions spéciales.

Par contre, dans les Dermatophytes, on constate à la suite de réensemencements successifs en milieux artificiels un phénomène de dé-

(1) L. J. Simon, Comptes rendus, 138, 1904, 426.

gradation qui aboutit chez la plupart d'entre eux à la perte de tout élément propagateur et à la production d'un mycélium stéril, qui doit être distingué de ce qu'on considère généralement comme polymorphisme. Ce phénomène observé microscopiquement par Sabouraud fut désigné par cet auteur sous le nom de pléomorphisme. Mais aussi bien Sabouraud que d'autres auteurs ont conservé le terme pléomorphisme pour désigner l'aspect macroscopique des cultures des Dermatophytes en milieux artificiels. Par contre, ils considéraient les formes diverses que présentaient l'appareil propagateur ainsi que l'appareil végétatif comme du polymorphisme comparable à celui qu'on observe chez d'autres champignons. Il y avait donc dans l'esprit de ces auteurs un phénomène apparent traduit par un duvet blanc pléomorphique que les cultures des Dermatophytes présentent à la suite d'un certain nombre d'ensemencements et un phénomène intime lié à l'observation microscopique caractérisé par les formes diverses que prennent aussi bien l'appareil végétatif que l'appareil propagateur des Dermatophytes quand on les cultive en milieux artificiels. Le premier était désigné sous le nom de pléomorphisme et le second était rattaché au polymorphisme.

Dans nos recherches antérieures, nous avons cru avoir éclairé cette question qui est la base même du problème des Dermatophytes, qui a usé la sagacité d'un grand nombre d'auteurs.

Nous avons constaté que l'appareil végétatif ainsi que l'appareil propagateur de ces Champignons subit des transformations constantes dans n'importe quel milieu où on les place. Ces phénomènes sont plus ou moins longs selon les espèces et les conditions physico-chimiques du milieu de cultures. Ces transformations se traduisent par des formes diverses qui sont l'expression d'une dégradation constante et progressive de la culture qui finalement aboutit à la stérilité. Le pléomorphisme connu jusqu'à ce jour exclusivement par ses apparences macroscopiques consiste donc en une dégradation du Champignon. C'est ainsi par exemple que dans un grand nombre de Dermatophytes, l'appareil conidien est représenté dans la culture mère par un mycélium dont les articles à cytoplasme très dense donnent naissance à un grand nombre de fuseaux pluriseptées. A la suite d'un nombre d'ensemencements variables suivant l'espèce, on constate une modification de la forme de ces fuseaux qui se simplifient. On voit par exemple que les fuseaux de l'espèce *Microsporum lanosum* qui présentent dans les cultures mères 10 loges réduire le nombre de leurs loges à 7 ou 8, puis à 3 ou 4 et finalement à 1 ou 2 ; les cultures finissent donc par ne plus présenter de fuseaux ; les fuseaux se sont transformés en chlamydospores qui à mesure que la culture se dégrade diminuent à leur tour de grosseur et prennent l'aspect d'une petite chlamydospore analogue aux aleuries de Vuillemin, que les auteurs ont considérée inexactement comme des conidies.

Dans un stade beaucoup plus avancé, le cytoplasme, qui est à ce moment très vacuolaire, finit par ne plus donner d'aleuries et la culture ne renferme plus qu'un mycélium à filaments très minces et stériles.

Lorsque la culture mère des Dermatophytes ne présente pas de fuseaux, mais simplement des chlamydospores ou des arthrospores par des résensemencements successifs on aboutit également à la stérilité en passant par les phases de dégradation semblables à celles que nous avons exposées plus haut.

Nous pouvons donc désigner comme pléomorphisme les phénomènes de dégradations des Dermatophytes dont le signe macroscopique est l'apparition du duvet pléomorphique et les caractères miscroscopiques la succession des formes que nous venons de décrire dont l'aboutissant est la disparition de tout corps propagateur et la stérilité de l'appareil végétatif. Il faut donc dorénavant s'abstenir de distinguer chez les Dermatophytes le pléomorphisme caractérisé par la présence du duvet blanc parce que les deux phénomènes sont intimement liés et n'ont rien de commun avec ce qu'on désigne généralement dans les Champignons sous le nom de polymorphisme.

2° LES DERMATOPHYTES DU GENRE ALEURISMA

J. DUFRENOY

Directeur de la Station de Pathologie végétale à Brives : Institut des Recherches agronomiques.

CYTOLOGIE DU BLEPHAROSPORA CAMBIVORA

Les filaments jeunes du *Blepharospora cambivora* ont comme ceux des *Saproleguia* étudiés par Guilliermond un cytoplasme clair laissant voir vitalement sans coloration les mitochondries filamenteuses, et par coloration vitale au rouge neutre, les formes filamenteuses des vacuoles. Ces filaments peuvent, en solution minérale bien aérée, former des zoosporanges par un processus analogue à celui qu'a observé Guilliermond pour les *Saprolegnia*.

En vieillissant, les filaments accumulent des inclusions graisseuses, en même temps que les vacuoles augmentent de volume, confluent et s'arrondissent. Une double coloration au rouge neutre et au bleu d'Indophénol naissant montre les vacuoles colorées en rouge et les graisses colorées en bleu.

Ces filaments atteints de dégénérescence graisseuse ne peuvent plus former de zoosporanges.

L. BLARINGHEM

Professeur à la Faculté des Sciences de Paris.

ESPECES JORDANIENNES DU LIN A FIBRES SAUVAGE (LINUM ANGUSTIFOLIUM HUDSON)

Dans l'espèce *Linum angustifolium* Hudson, A. Jordan a séparé une forme *Linum ambiguum* (1848, Exsiccata Billot n° 3345), à port diffus et à tiges ramifiées dès la base comme le type, mais annuelle, à cotylédons grands ; à pétales larges, obovales, d'un bleu pâle, non denticulés ; à sépales plus étroitement bordés et dépassant à maturité largement la capsule qui reste petite ; les graines, c'est un caractère d'une grande valeur pour Jordan, sont de moitié plus petites que celles du *L. angustifolium.* Par divers traits, cette forme est intermédiaire entre *Linum usitatissimum* L, plante annuelle à fleurs étalées, grandes, denticulée et *L. angustifolium* des borde de l'Océan. Je me suis efforcé de l'obtenir de divers jardins botaniques en vain ; je ne sais si on la trouve encore dans les stations citées par *Rouy* et *Foucault* (*Flore*, IV, p. 64) ; elle est peut-être de nature hybride.

Dans mes cultures de lignées pedigrées de *Linum angustifolium*, dont je suis une trentaine de formes, j'ai pu distinguer par la taille des graines et leur forme, trois espèces jordaniennes tout à fait stables. Toujours les fruits sont assez volumineux, entourés de sépales dont les intérieurs sont largement marginés et courts ; les denticulations des pétales sont peu marquées et les onglets de longueur variable ; les graines fournissent les meilleures traits distinctifs de ces trois formes, ainsi que le port et la taille des fleurs épanouies. La lignée la plus uniforme *C* dérive d'un lot récolté dans la forêt de Compiègne ; les fruits sont relativement gros à pointes saillantes et les graines verdâtres ont en moyenne 3 mm. 5 de long sur 1,5 de large ; leur forme est ovoïde allongée ; la lignée *C* est annuelle, précoce à Bellevue (Seine-et-Oise), mais j'en ai obtenu des plantes ayant passé l'hiver à Angers. La lignée *A*, dérivée d'une plante de Port-Navalo (Morbihan), répond au type de l'espèce avec bec du fruit saillant ; les graines sont sensiblement plus grosses, plus larges surtout, 3 mm. × 2 mm., à contour ovale arrondi avec indication légère d'un bec ; cette lignée est nettement pérenne. La lignée *P* dérivée d'un lot de graines provenant de Nancy s'en distingue par ses tiges dressées à ramifications étalées en étages superposés, avec très petites fleurs à pétales oblongs restant groupés en entonnoir, à étamines courtes dont les filet et les anthères virent au bleu foncé à maturité ; les graines sont brunes pyriformes, à base presque tronquée et beaucoup plus petites, 2 mm.5 × 1 mm. 6, que celles des formes précédentes. Par de nombreux caractères des ramifications, des feuilles et des grappes de fleurs, ces trois groupes constituent des espèces élémentaires très distinctes.

Les organes sexuels eux-mêmes présentent des différences ; les stigmates de la forme *P* sont trois fois plus longs que larges d'un bleu intense ; ceux des deux autres formes sont 5 fois plus longs que larges et à peine teintés lors de l'anthèse ; dans la fleur venant de s'ouvrir, les stigmates de *P* sont au niveau de la base des anthères ; ils sont au-dessous de ce niveau dans *C* et plus bas encore dans *A*, si bien que cette dernière a une tendance à la pollinisation croisée qui n'existe pas dans *C* à fleurs moins étalées et qui paraît impossible dans *P* à moins de castration préalable. Ces variations offrent une grande importance au point de vue de la stabilisation et du contrôle des lignées. Dans tous les cas, le pollen est abondant, parfait dans *A* et *C*, avec des grains irréguliers, quelques-uns avortés (5 % en moyenne) chez *P*.

Les caractères essentiels du *Linum ambiguum* de Jordan, l'état annuel mis à part, sont la taille réduite des capsules et des graines et les sépales longs dépassant la capsule. Or, je retrouve cette particularité dans mes hybrides de *Linum angustifolium* + *L. usitatissinum*. Les plantes dérivées en F_1 sont ramifiées dès la base, à pétales grands mais de la couleur lavée de blanc caractéristique des *angustifolium* ; elles sont annuelles et mûrissent rapidement leurs fruits petits, enchâssés dans la coupe formée par les sépales qui se recouvrent même à maturité. Or dans ces lignes F_1 au moins 25 pour 100 des grains de pollen sont avortés et souvent les fruits ont une taille réduite par suite de l'avortement partiel des graines. Il n'est pas impossible que la forme *ambiguum* de Jordan ait elle-même une origine hybride récente. La fixation d'hybrides entre espèces élémentaires voisines est un phénomène fréquent.

Armand MONOYER
Docteur ès Sciences.
Assistant à l'Université de Liége.

SUR LES STIPULES DES POTAMOGETON

Deux opinions contraires ont été émises au sujet de la valeur morphologique des stipules des potamots. L'une a été énoncée ainsi par E. Cosson (1) : « La stipule des Potamogeton paraît constituée par un seul organe et non par deux organes soudés bord à bord. » D'autres auteurs professent l'opinion opposée et regardent la stipule ou ligule comme provenant de la soudure par leur bord interne des deux stipules dépendant de chaque feuille (A. de Saint-Hilaire (2), Crépin (3), Rouy (4), etc., etc...).

De la comparaison des diverses formes présentées par la stipule suivant les espèces, les individus et le nœud considéré, nous avons acquis la conviction que cet organe résulte de la soudure de deux stipules primitivement séparées.

Les fig. 1, 2, 3, 4, 5, 6 représentent les stipules des six premiers nœuds d'une pousse du P. Lucens.

Les nœuds 1, 2, 3, 4 ne portaient que des stipules. Les nœuds suivants possédaient des feuilles complètes avec limbe, pétiole et stipules. Alors qu'au nœud 6 (fig. 6) et aux suivants les deux stipules sont soudées sur toute leur longueur, au nœud 5 (fig. 5) chacune a conservé sa pointe. Dans les fig. 1 à 6, les nervures secondaires convergent vers deux points situés à l'extrémité terminale des grosses nervures que nous considérons comme les médianes des deux stipules soudées. Ce fait nous fait soupçonner que l'organe étudié possède deux sommets organiques alors que le limbe des Potamots n'en possède qu'un. Les fig. 7 et 8 représentent des stipules appartenant respectivement aux rhizome et à la tige du P. Natans. C'est le Potamot où la dualité des stipules est le moins visible. Dans le P. Crispus, la dualité des stipules se traduit par l'existence de deux lobes bien marqués (fig. 9). Chez le P. Perfoliatus, le caractère double des stipules (fig. 10) se devine à l'absence de ner-

(1) E. Cosson, Note sur la stipule et la préfeuille dans le genre Potamogeton. Bull. Soc. bot. de France (1860), t. VII, p. 715 et suiv.
(2) A. de Saint-Hilaire, Leçons de Botanique (1840), p. 193.
(3) Crépin, Flore de Belgique (1884).
(4) Rouy, Flore de France (1912).

vure médiane, jointe à l'existence de deux groupes latéraux de nervures. La fig. 11 montre comment chez le P. Perfoliatus la feuille est ordinairement insérée à la base des stipules soudées. La fig. 12 est un cas plus rare : la feuille est adhérente par son limbe à une partie des deux stipules soudées qui forment ainsi une gaine foliaire. Ce cas anormal chez le P. Perfoliatus est la règle chez le P. Pectinatus (fig. 14) où les

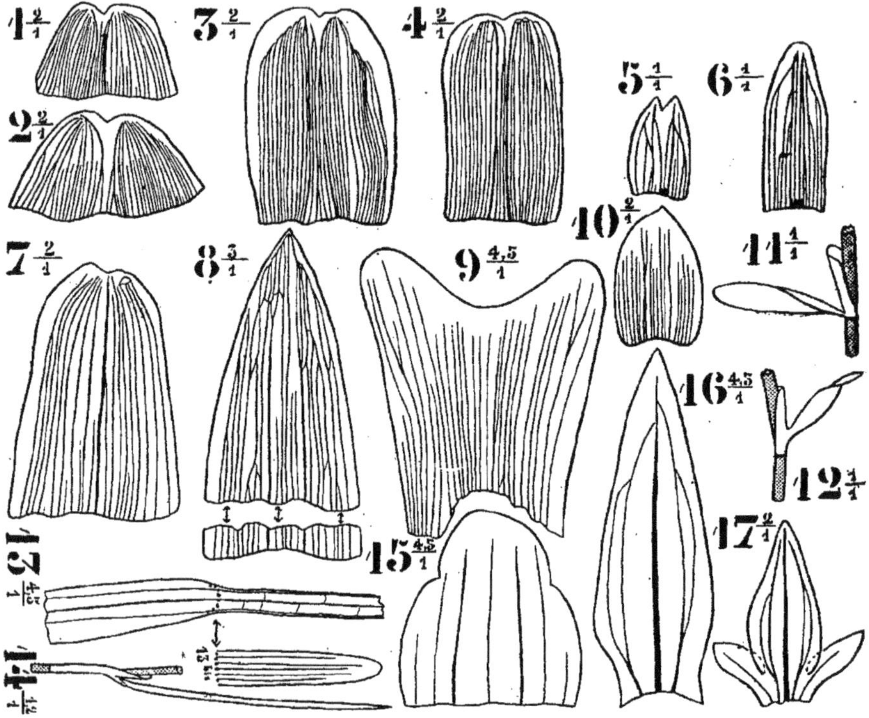

deux stipules soudées entre elles et adhérentes sur une grande distance au limbre, forment une longue gaîne embrassant la tige et surmontée d'une partie des stipules restée libre.

La fig. 14 est la base d'une feuille de P. Pectinatus dont on a « décollé » la partie stipulaire adhérente au limbe. Le limbe a une nervure médiane (fig. 13), mais la stipule pas (fig. 13 bis). Les fig. 15, 16, 17 appartiennent au P. Densus, c'est chez ce P. Densus qu'on observe des stipules avec les caractères les plus primitifs. La fig. 15 représente les deux stipules soudées d'un nœud du rhizome. La fig. 16 montre une feuille normale complète de la tige dressée, elle n'a pas de stipule. Par contre, les deux feuilles situées immédiatement sous l'inflorescence possèdent chacune deux stipules parfaitement libres et chaque stipule possède une nervure médiane.

En résumé, l'organe appelé *la* stipule ou *la* ligule chez les Potamots, provient de la soudure plus ou moins parfaite des deux stipules de chaque feuille. Notre opinion s'accorde donc avec celle de Glück (1).

Cet auteur a constaté que les graines des Potamots germent avec un cotylédon flanqué de deux stipules distinctes. Ce n'est que dans les feuilles suivantes que la soudure des deux stipules se montre de plus en plus parfaite.

René VANDENDRIES

L'HETEROHOMOTHALLISME ET LE CRITERIUM DE SPECIFICITE BASE SUR LA FERTILITE DE RACES ETRANGERES, CHEZ COPRINUS MICACEUS (BULL) FR.

Dans mon premier travail sur *Coprinus micaceus* (2), j'ai mentionné, en passant, l'apparition de carpophores sur un de mes croisements diploïdes et la brusque mutation de deux cultures monospermes, âgées de plusieurs mois, en végétations portant des anses d'anastomose. Désireux de poursuivre l'étude de ces mutations sexuelles, j'en ai provoqué l'apparition par une technique spéciale, tout en étendant mes recherches à des souches étrangères. Je publierai les résultats obtenus dans les bulletins de l'Académie royale de Belgique. On voudra bien considérer la présente communication comme une note préliminaire.

Qu'on se rappelle ma détermination des deux carpophores d'origine anversoise qui ont fait l'objet de mon précédent mémoire. Les deux sporées étrangères, sur lesquelles ont ensuite porté mes recherches, sont d'origine lyonnaise, et m'ont été fournies par M. Josserand, de Lyon, que je tiens à remercier ici de son extrême obligeance.

Dans mon mémoire « in extenso » seront données des preuves suffisantes de l'identité spécifique des sporées mises en expérience. D'ailleurs, depuis le dépôt de ce mémoire, d'autres sporées étrangères de Coprinus micaceus ont confirmé les résultats que j'y mentionne, résultats qui sont en contradiction formelle avec les données généralement admises.

(1) Glück Die Stipulargebilde der Monokotyledonen. Verh. Naturhist. med. Ver. Heidelberg VI (1901).

(2) La tétrapolarité des Coprins. Bulletin de la Société Royale de Botanique de Belgique, t. LVIII, fasc. 2, 1926. R. Vandendries.

Après dix mois de culture en milieu artificiel et après plusieurs régénérations par repiquage, 18 haplontes survivants de ma souche anversoise ont été, à nouveau, confrontés deux à deux. Il s'agissait de rechercher les mutations sexuelles, survenues durant cette longue période. J'ai pu constater que la multipolarité, qui caractérisait mes croisements antérieurs, semblait s'effacer graduellement : rangés par ordre de similitude sexuelle, mes 18 haplontes ont fourni un tableau de croisement, *où la tendance à la bipolarité devient frappante*. Je ne puis, évidemment, d'une seule série d'expériences, n'ayant porté que sur un seul objet, conclure à une généralisation du phénomène.

Chez 15 haplontes de 2e génération, croisés deux à deux, à deux reprises et à six semaines d'intervalle, une sexualité nettement *multipolaire* est apparue d'abord. Dans la première série d'expériences, leurs caractéristiques gravitent dans l'orbite de celles de leurs ascendants directs, tandis que les premiers effets d'une mutation d'individus monospermes en végétations diploïdes à anses, se révèlent dans les résultats de la 2e série de croisements. Les mêmes résultats ont été obtenus dans les cultures mixtes, où furent confrontés les haplontes de 2e génération avec leurs ascendants directs. L'analyse minutieuse semble prouver que plusieurs ont perdu le caractère hybride, à deux déterminants sexuels, n'ont plus gardé qu'un déterminant et se conduiront désormais comme des individus issus de souche bipolaire. Ces faits confirmeraient et expliqueraient la tendance à la bipolarité, signalée plus haut dans les vieilles cultures.

Les croisements, par couples, de 26 haplontes lyonnais, provenant d'un carpophore, cueilli en 1925, démontrent, dans leur ensemble, une multipolarité sexuelle du même ordre que celle, observée sur nos souches anversoises.

Au cours de ces expériences, chez quatre individus, s'est déjà manifestée une tendance *à muer en végétation diploïdique*. Il en sera fait mention plus loin.

II

Expériences prouvant l'hétéro-homothallisme de Coprinus micaceus

L'apparition d'anses d'anastomose sur des individus *monospermes*, restés *haploïdiques* pendant une période plus ou moins prolongée de leur existence, est un phénomène que j'ai été le premier à signaler chez *Coprinus radians* et qui, depuis lors, a été observé par *Hanna* (1), chez *Coprinus lagopus*, par *Newton* (2), chez *Coprinus rostrupianus*. Ayant obtenu, de ces végétation muées, des carpophores fertiles, *Hanna*

(1) Hanna, W. F., The problem of sex in Coprinus lagopus. Annals of Botany, vol. XXXIX, n° CLIV, April, 1925.

(2) Newton, Dorothy E., The bisexuality of individual strains of Coprinus rostrupianus. Annals of Botany, vol. KL, n° CLVII, January, 1926.

a réussi à prouver par des croisements, l'apparition d'un sexe nouveau. Mes nombreuses cultures de *Coprinus micaceus* m'ont fourni l'occasion de suivre de près l'intéressant phénomène et d'en étudier quelques modalités.

En résumé, trois sporées d'origine anversoise et deux sporées de Lyon ont fourni 111 haplontes, dont 39 ont mué en végétation diploïde dans l'espace d'un an.

Les conclusions qui découlent de mes expériences sont les suivantes :

1. La mutation a un caractère général : les souches anversoises comme les souches lyonnaises y sont sujettes.

2. Elle paraît liée à une disposition naturelle de l'individu.

3. Elle frappe les hyphes jeunes et vigoureux. Elle s'étend toujours dans une direction centrifuge, et de par le rôle des anses, elle suit la croissance des jeunes rameaux.

4. Dans une vieille culture, les anses ne peuvent apparaître qu'aux endroits où la végétation reprend vigueur. Elle surgit donc par plages isolées.

5. Le repiquage, qui amène un renouveau de la plante, favorise l'apparition du phénomène.

6. Dans les milliers de cultures que j'ai observées, je n'ai pu constater une seule fois la présence d'anses sur des rameaux porteurs d'oïdies.

III

L'existence de races étrangères stériles entre elles

Les croisements des haplontes de mes deux souches lyonnaises, étrangères l'une à l'autre, ont donné des résultats *conformes à la loi générale de fertilité* qui régit ces croisements.

88 croisements ont fourni les résultats suivants :

12 cultures mixtes stériles, 76 croisements fertiles.

Encore faut-il déduire du chiffre des insuccès, 8 cultures mixtes où l'un des conjoints portait des signes manifestes de dégénérescence, due à l'épuisement ou à l'infection.

D'autre part, les essais de croisements entre représentants des races lyonnaises et d'autres de la souche anversoise, *restèrent infructueux sur toute la ligne.*

Signalons globalement les résultats obtenus dans nos essais sur les séries Lp et Ly, de Lyon, croisées avec les séries 1,2 ; A.B., 1_2 2_2, de la région anversoise.

262 cultures mixtes ont donné 18 cultures diploïdes et 244 *stériles.* Dans la plupart de ces dernières, l'indifférence des haplontes confrontés fut absolue, en ce sens que les 2 végétations se sont compénétrées sans s'unir.

Les 18 cultures fertiles ont été examinées scrupuleusement et soumises à un contrôle répété. Elles ont leur importance, car elles prouvent l'identité spécifique de mes souches intéressées. La loi de spécificité qui proclame la fécondité constante entre haplontes étrangers de même espèce est donc en défaut. Nous connaissons déjà deux exceptions à cette loi, limitées à quelques individus. J'en ai moi-même signalé un cas chez *Coprinus radians*. Les milliers de croisements entre souches étrangères signalés comme fertiles, dans le groupe *Coprinus* et des autres *Basidiomycètes*, enlevaient aux deux exemples de stérilité connus, toute portée générale. Dans mes expériences sur *Coprinus micaceus*, l'exception devient la règle et le pouvoir de fertilisation entre étrangers d'origine lointaine, une propriété restreinte, limitée à quelques individus. Je ne puis méconnaître la portée de mes résultats, bien que j'en ignore encore la cause : ils semblent fournir un argument de premier ordre au savant qui nie l'espèce et proclame l'individu, entité biologique.

W. RUSSELL

Docteur ès Sciences.

VARIATION DE LA DATE DE FLORAISON DE QUELQUES PLANTES VERNALES (1)

On sait que les plantes, dites vernales, n'ont besoin que d'une petite quantité de chaleur pour poursuivre leur végétation et arriver jusqu'à la floraison ; certaines même comme *Ficaria ranunculides, Pulmonaria angustifolia et Mercurialis perennis* ont une si faible exigence qu'il n'est pas rare de les voir épanouir leurs fleurs à la fin de Janvier ou au début de Février lorsque la moyenne journalière de la période hivernale s'est maintenue assez longtemps un peu au-dessus de zéro. Les premières fleurs de *Ficaria ranunculoides* ont apparu en 1923 le 21 Janvier, en 1916 le 25 Janvier, en 1925 le 30 Janvier, en 1926 le 31 Janvier, en 1913 le 2 Février et en 1924 le 3 Février.

Pulmonaria angustifolia a commencé a fleurir le 30 Janvier 1916, le 1er Février 1926, le 4 Février 1913, le 12 Février 1923, etc.

Mercurialis perennis a exceptionnellement fleuri le 25 janvier 1909 ; d'ordinaire c'est en Février que se manifestent ses premiers essais de

---

(1) *Observations faites à Villebon-sur-Yvette* (S.-et-Oise), *de* 1903 *à* 1926.

floraison : le 6 en 1913, le 14 en 1926, le 15 en 1912 et 1926, le 27 en 1921 et 1922.

En revanche, dans les hivers froids, l'éclosion des fleurs de ces trois plantes précoces a parfois été retardée jusqu'en Mars et même Avril : *Ficaria ranunculoides* a commencé à fleurir le 7 Mars en 1911, le 17 Mars en 1908, le 24 Mars en 1917 (1), et le 1er Avril en 1907.

Pulmonaria angustifolia a débuté le 19 Mars en 1922, le 24 Mars en 1919, le 27 Mars en 1917, le 2 Avril en 1907 et le 6 6Avril en 1908.

Mercurialis perennis n'a fleuri que le 30 Mars en 1924 et le 29 Avril en 1907.

La floraison d'autres plantes vernales à constante thermique un peu plus élevée que les précédentes a également subi des avances ou des retards parfois considérables selon que l'hiver a été clément ou rigoureux.

Voici les dates de floraison de quelques-unes d'entre elles :

Tussilago Farfara : 6 Février 1913, 14 Février 1926, 15 Février 1916, 15 Février 1912, 28 Février 1921 et 1922, 7 Mars 1911, 8 Mars 1903, 16 Mars 1924, 1er Mai 1907.

Anemone nemorosa : 6 Février 1913, 28 Février 1926, 4 Mars 1913, 6 Mars 1921, 7 Mars 1920, 8 Mars 1925, 14 Mars 1909, 18 Mars 1916, 24 Mars 1919, 30 Mars 1924, 1er Avril 1917, 2 Avril 1905, 9 Avril 1922.

Draba verna : 9 Février 1920, 18 Février 1912, 23 Février 1918, 24 Février 1914 et 1919, 27 Février 1926, 2 Mars 1924, 4 Mars 1923, 5 Mars 1922, 6 Mars 1921, 13 Mars 1904, 16 Mars 1908 et 1925, 27 Mars 1907, 30 Mars 1910.

Holosteum umbellatum : 18 Février 1912, 8 Mars 1926, 17 Mars 1905 et 1908, 24 Mars 1903 et 1919, 25 Mars 1914, 9 Avril 1922, 12 Avril 1917.

Stellaria Holostea : 7 Mars 1920 et 1926, 12 Mars 1916, 24 Mars 1903, 28 Mars 1912, 30 Mars 1924, 5 Avril 1918, 7 Avril 1914, 17 Avril 1906 et 1908, 19 Avril 1924, 4 Mai 1917.

Orobus tuberosus : 28 Février 1926, 14 Mars 1912, 7 Avril 1918, 14 Avril 1923, 26 Avril 1925, 30 Avril 1922, 5 Mai 1917.

Primula elatior : 17 Février 1920, 27 Février 1926, 18 Mars 1923, 28 Mars 1920, 29 Mars 1912, 30 Mars 1924, 4 Avril 1907, 6 Avril 1925, 9 Avril 1922, 13 Avril 1917, 17 Avril 1908.

Ranunculus auricomus : 21 Mars 1920, 24 Mars 1926, 31 Mars 1914, 20 Avril 1918, 26 Avril 1925, 30 Avril 1922, 6 Mai 1917.

Glechoma hederacea : 15 Mars 1903, 28 Mars 1914, 26 Mars 1918, 12 Avril 1917, 17 Avril 1908 et 1910, 30 Avril 1922.

Endymion nutans : 28 Mars 1926, 30 Mars 1925, 11 Avril 1916, 20 Avril 1918, 2 Mai 1917.

---

(1) *En* 1917 *la somme des moyennes journalières supérieures à zéro a été de* 67° *pour le mois de janvier, tandis qu'elle a été de* 222° *pour ce mois en* 1916.

Quelques plantes ont parfois présenté des inversions singulières :

Potentilla Fragariastrum qui d'ordinaire fleurit en Février-Mars a donné quelques fleurs à la fin de Décembre 1922.

Veronica Chamœdrys a fleuri abondamment sur un talus voisin de la ferme des Casseaux au début de l'année 1917 et sa floraison n'a été interrompue que par les grands froids qui ont sévi dans la deuxième quinzaine de Janvier.

Arenaria trinervia et *Veronica prœcox* ont également présenté des cas de floraison prématurée, l'un le 27 Janvier 1913, l'autre le 5 Février 1916 (1).

Ces observations montrent que chez les plantes vernales, la date d'éclosion des fleurs varie d'une année à l'autre selon les conditions saisonnières ; ce n'est par conséquent que d'une façon très approximative que l'on peut établir leur ordre de floraison.

Fernand MOREAU et Mlle A. DUSSEAU

L'HEREDITE DES CARACTERES FLUCTUANTS DANS LES LIGNEES PEDIGREES DE BLE

Malgré les recherches précises de Johannsen, un certain désaccord règne entre les praticiens et les théoriciens relativement à l'hérédité des caractères fluctuants ; le désir d'instituer, en vue de l'amélioration des Céréales, une méthode sûre de sélection, nous a conduits à entreprendre, sur l'hérédité des caractères fluctuants chez le Blé, des recherches étendues dont nous indiquons ici la méthode et les premiers résultats.

Au cours de l'été 1924, une lignée pédigrée de Blé de la Paix a été étudiée au point de vue des fluctuations d'un certain nombre de caractères fluctuants. Envisageons l'un d'eux en particulier, soit le caractère nombre des épillets dans chaque épi. Dans un lot de 100 épis pris au hasard, il a oscillé entre 16 et 23, sa valeur moyenne étant de 18,45. Nous avons retenu, pour les semer à part, les grains de 3 épis : l'épi a présentant un nombre d'épillets voisin de la moyenne, soit 18 ; l'épi b au nombre d'étages un peu supérieur à la moyenne, soit 19 ; l'épi c dont le nombre des épillets était élevé, oit de 21. Trente grains de chaque épi a, b, c ont été semés en une ligne, un par un, à 10 cm.

(1) *Une forme de Prunus spinosa, le Prunus subinermis* (Clavaad), *qui se trouve dans les haies en bordure de la voie ferrée à Palaiseau-Villebon, fleurit quelquefois de très bonne heure; en 1916 il portait des fleurs le 24 janvier et en 1926 sa floraison a commencé le 1er février.*

les uns des autres, dans chaque ligne, les trois lignes correspondant aux trois épis étant disposées parallèlement à 15 cm. les unes des autres. Les grains des épis a, b, c ont donc été placés aussi exactement que possible dans les mêmes conditions.

Les plantes des trois lignes ont été examinées au cours de la végétation et se sont montrées identiques. A la récolte, chaque ligne a été moissonnée séparément ; dans chacune, 100 épis ont été prélevés au hasard et soumis à l'étude biométrique. Chaque lot de 100 épis a, b, c

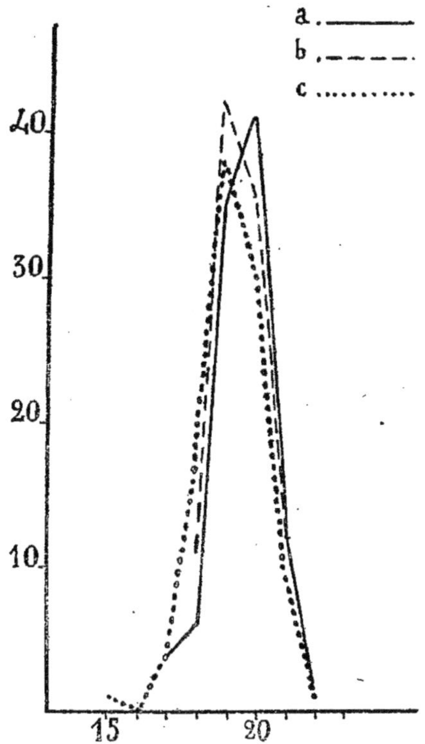

Courbes de variation du nombre des épillets dans la descendance des épis a, b, c dans une lignée pédigrée de Blé de la Paix

a donné lieu à la construction d'une courbe de variation du nombre de leurs épillets et au calcul de sa valeur moyenne. Les nombres obtenus pour cette dernière furent pour l'épi a, 19,57 ; pour l'épi b, 19,48 ; pour l'épi c, 19,25 ; soit des nombres très voisins les uns des autres. L'examen des courbes de variation relatives à la descendance de ces trois épis montre qu'elles sont du même type ; elles sont presque superposées lorsqu'on les rapporte aux mêmes axes ; les différences légères qu'elles présentent ne sont nullement dans le sens qu'aurait pu faire prévoir la différence des épis progéniteurs (fig.).

Les mêmes épis a, b, c nous ont permis de répéter les mêmes observations relativement à la transmission d'autres caractères fluctuants : le poids des grains de chaque épi, le nombre des grains par épi, la longueur du rachis, sa densité. Nos observations, exprimées sous forme de données numériques ou traduites par des courbes de variation des caractères précédents, ne nous ont permis de reconnaître entre les descendants des 3 épis a, b, c aucune différence qui paraisse en rapport avec les différences entre les progéniteurs.

Nous avons soumis à la même étude l'hérédité des mêmes caractères fluctuants dans quatre autres lignées pédigrées de Blé, appartenant aux sortes Hybride du Trésor, Hybride Inversable, Bon Fermier, Touzelle d'Issoire. Il résulte de toutes nos expériences, au nombre de 25, calquées sur le modèle de celle que nous avons rapportée en détail ci-dessus, que les divers progéniteurs appartenant à la même lignée se sont montrés pratiquement identiques, bien que choisis à dessein différents les uns des autres au point de vue du degré des caractères envisagés. Leurs descendances ne se distinguent pratiquement point les unes des autres et leurs différences ne sont pas l'image de celles qu'eux-mêmes présentaient. Il ne semble donc point qu'on puisse, par le choix, au sein d'une lignée pédigrée, de progéniteurs offrant à un degré élevé les caractères tenus pour avantageux, obtenir aucune amélioration de cette lignée.

Commandant LIGNIER

NOTICE SUR LES PLANCHES DE MYCOLOGIE

J'ai commencé à prendre intérêt à la mycologie il y a une vingtaine d'années, alors que, lieutenant d'infanterie dans une petite garnison de l'Est, Saint-Mihiel, je parcourais journellement à pied les forêts des environs, si riches en productions fongiques. J'étais accompagné d'un officier qui, déjà expert en la matière, a bien voulu guider mon inexpérience, et mettre en outre à ma disposition les quelques livres qu'il possédait sur le sujet.

Convaincu qu'une nombreuse iconographie permettrait la détermination aisée de toutes les espèces, j'ai, durant quelques années, copié les dessins des ouvrages — de valeur très diverse — qui me tombaient sous la main et que je ne pouvais acquérir, soit qu'ils provinssent de bibliothèques privées ou publiques, soit que leur prix m'en interdisît l'achat. Mais, plus j'avançais dans ce travail, plus j'en sentais l'inanité, et plus je remarquais combien il est difficile (à part les espèces les plus communes) de nommer un champignon par la seule comparaison avec les planches qui en représentent l'espèce.

Ceci est, certes, bien compréhensible, si l'on admet que certains caractères peu accusés, qui seuls différencient des espèces voisines, ne peuvent souvent être figurés par le dessin, même le mieux fait. Mais, à côté de cette raison majeure, combien en est-il d'autres ! Et me permettrai-je d'en citer quelques-unes ? — Beaucoup de figures sont, ou trop exiguës, ou trop schématiques. — Les espèces communes sont figurées partout ; on ne trouve presque nulle part les espèces rares. — Une espèce est, trop souvent, figurée par un seul exemplaire adulte, alors que la diversité des âges et des formes est si grande dans la nature. — Beaucoup d'ouvrages ne figurent ni spores, ni organes de fructification, éléments indispensables de toute bonne détermination. — Et enfin, aurai-je la présomption de le dire ? Combien de dessins sont mal faits ! Mais aussi, pour excuser mon impertinence, combien nombreuses sont les belles iconographies que je n'ai jamais eu l'occasion de voir !

Laissant donc de côté, un jour, le stérile travail de copie, j'ai entrepris un travail plus personnel, sans me dissimuler l'énormité de la tâche. Mais serait-il possible d'entreprendre quoi que ce soit, si l'on se laissait dominer par la crainte de laisser l'œuvre inachevée, et si l'on n'était poussé du secret désir (quelque vain et injustifié qu'il puisse être) de faire mieux que les devanciers ? J'ai donc désiré, au point de vue iconographique, atténuer, dans la mesure du possible, quelques-uns des inconvénients signalés ci-dessus. J'ai commencé à figurer, aussi fidèlement que j'ai pu, les champignons rencontrés au cours de nombreuses herborisations. J'ai adopté le format 25×30 cm., qui permet de représenter en grandeur naturelle, même les très grosses espèces ; les espèces minuscules, au contraire, ont été grossies suffisamment pour en montrer, sans l'aide de la loupe, les détails caractéristiques. Beaucoup de spécimens, qui m'ont paru très beaux, ou intéressants, ou caractéristiques, ont été figurés sous différents aspects ; une même lettre majuscule désigne alors le même exemplaire ; mais je me suis surtout attaché, toutes les fois qu'il m'a été possible de le faire, à figurer, à côté de la forme typique, les formes anormales, ou aberrantes, ou à divers stades de croissance. Quelquefois, j'ai pu faire, à quelques heures d'intervalle, divers dessins d'un même spécimen à croissance très rapide.

Tous les champignons représentés l'ont toujours été dans leur plus grand état de fraîcheur, le jour même de la cueillette, ou au plus tard le lendemain. J'ai dû ainsi sacrifier tout souci de déterminations préalables, ou de rédaction correcte des notices qui accompagnent chaque planche au verso. Grave lacune ! Mais il me fallait choisir. D'ailleurs, je ne possède pas les livres, spéciaux et trop rares, qui me permettraient de nommer beaucoup d'espèces représentées.

J'ai commencé mes dessins 2 ou 3 ans avant la guerre, alors que j'étais en garnison à Cherbourg.

Ils comprennent :

300 planches environ d'espèces des environs de Cherbourg, recueillies en 1912, 1913, 1914 ;

400 planches environ d'espèces provenant du Camp de la Lande d'Ouée (à mi-distance entre Rennes et Fougères), recueillies en 1919, 1920 ;

1.000 planches environ des environs de Cherbourg (années 1921, 1922, 1923) ;

500 planches environ de spécimens des environs de Theurey, commune de Barisey (où j'ai pris ma retraite), et de Châtenois-le-Royal (Saône-et-Loire), recueillis de 1924 à aujourd'hui.

Au total, 2.250 planches environ.

Il m'est bien précieux de me souvenir que la plupart des herborisations que j'ai faites à Cherbourg l'ont été en compagnie de mon vénéré maître et ami M. Corbière, secrétaire perpétuel de la Société des Sciences de cette ville, dont la profonde érudition m'a été du plus grand secours ; et que, depuis que j'habite en Saône-et-Loire, je dois les plus beaux spécimens figurés à l'extrême obligeance de M. l'abbé Girard, curé de Châtenoy-le-Royal, qui, me sachant peu valide, a poussé la condescendance au point de s'imposer de très longs parcours pour venir me les apporter lui-même. Il m'a confié aussi un certain nombre de myxomycètes recueillis et déterminés par M. Buchet, le mycologue érudit qui s'est consacré à l'étude spéciale de ce groupe de cryptogames.

J'aurais bien désiré que mes « amusements » ne fussent point tout à fait inutiles, c'est-à-dire que quelque mycologue puisse, au vu d'un de mes dessins, mentionner l'espèce qu'il représente. Je n'ose, hélas, espérer pour chaque planche si beau résultat ; je reste convaincu qu'un autre pourra l'atteindre. En cas d'insuccès, l'auteur seul est à incriminer, qui a encore beaucoup à apprendre : Ars longa, vita brevis.

A. CONARD

LE JARDIN EXPERIMENTAL JEAN MASSART

La mort récente du professeur Jean Massart a été pour l'Université de Bruxelles et pour les botanistes belges une perte irréparable profondément ressentie dans tous les milieux où ce maître éminent avait exercé l'action vivifiante de son enseignement et de son exemple.

Dans sa féconde carrière orientée vers la physiologie et surtout vers l'écologie, Jean Massart accorda toujours un rôle prépondérant à l'expérimentation et il consacra ses dernières années à la création, aux environs de Bruxelles, d'un vaste ensemble d'installations comprenant un grand jardin expérimental d'une superficie de plus de quatre hectares ainsi que les laboratoires nécessaires à l'étude de la Botanique en pleine nature.

Le site exceptionnellement favorable qu'il avait choisi dans la forêt de Soignes offrait aussi de grandes facilités pour l'étude de la biologie lacustre.

Malgré des difficultés considérables d'ordre matériel, Jean Massart, lorsque la mort est venue le surprendre, avait déjà rempli une notable partie du programme qu'il s'était tracé en constituant une remarquable collection écologique et en organisant des cultures expérimentales se rapportant à des sujets de recherches variés. La création de cet ensemble de cultures scientifiques avait absorbé une somme de 125.000 francs dont les 3/5 avaient été obtenus par voie de souscription.

La réalisation de l'œuvre commencée par Jean Massart a non seulement été interrompue par sa fin prématurée, mais l'Université de Bruxelles s'est vue obligée, par suite des difficultés financières du moment, de renoncer à l'entreprise engagée à Rouge-Cloître, malgré les sacrifices considérables qu'elle a déjà demandés.

Afin d'honorer la mémoire du grand biologiste que vient de perdre la Belgique, les collègues, les élèves et les amis de Jean Massart, voulant assurer à l'Université l'avantage inappréciable que l'enseignement de la Botanique devait trouver dans la création à laquelle il avait donné son dernier effort, ont fondé une Société sans but lucratif sous le titre de *Jardin expérimental Jean Massart*.

Cette association a pour but de mener à bonne fin l'œuvre déjà largement ébauchée par Jean Massart et à laquelle il attachait à juste titre une haute importance pour les progrès de la Botanique dans notre pays.

Un certain nombre de souscriptions ont déjà été recueillies, mais les dépenses nécessaires pour l'organisation et l'entretien des installations du Jardin sont considérables et la Société fait appel à tous ceux qui voudraient bien lui apporter leur collaboration et leur aide matérielle pour l'aider dans la lourde tâche qu'elle s'est imposée dans un sentiment d'admiration et de gratitude envers un des savants qui ont le plus largement contribué à développer l'étude de la Botanique en Belgique.

G. NICOLAS

Professeur à la Faculté des Sciences de Toulouse.

CULTURES PURES DE QUELQUES HEPATHIQUES

Ce n'est guère que depuis les travaux de Marchal, de Becquerel et surtout de Servettaz, en 1913, que l'on sait cultiver les Mousses en milieux artificiels. Servettaz est même le premier à avoir obtenu, en cultures pures, la production d'organes sexués et de sporogones (*Phascum cuspidatum* Schreb.). Ce n'est que quelques années plus tard, en 1921, et en 1923, que Bush et Kilian tentèrent des cultures pures d'Hépatiques. Killian, utilisant le milieu de Marchal additionné de faibles doses de différentes substances organiques (glucose, peptone, asparagine), a réussi à cultiver quelques Jungermanniales : *Scapania dentata* Dum., *Nowellia curvifolia* Mitt., *Lophocolea bidentata* Dum., *Calypogeia ericetorum* Raddi. Ces quatre cultures étaient toutes stériles au bout de 10 mois et demi ; *Nowellia* a produit, au bout de 21 mois, des archégones, qui, 4 mois plus tard, ont évolué en sporogones ; de même *Lophocolea*, ensemencé le 2 juin 1922 et repiqué 20 jours après, a donné, le 10 avril 1924, des sporogones. Killian, qui a eu le mérite, le premier, d'obtenir en cultures pures, l'évolution complète des Hépatiques, prétend que la fructification de ces deux espèces lignicoles exige la présence, dans le milieu, d'une faible dose de substances organiques et un certain âge, environ deux ans. Les mêmes méthodes de culture ne lui ont pas permis de cultiver *Pellia epiphylla* Corda, qui, par contre, a pu être cultivée par Mlle Ridler sur solution de Knop modifiée par Servettaz et par Magrou sur solution minérale gélosée acide (Ph=4,85) ; il semble que, pour cette dernière Hépatique, la réaction acide du milieu joue un rôle important. Tels sont les faits connus relativement à la culture des Hépatiques en milieux artificiels. Il est intéressant de noter que deux espèces lignicoles ont produit des organes sexués et des sporogones.

Désireux de chercher à préciser les conditions qui président à la formation des anthéridies et des archégones, très irrégulière dans la nature, certaines espèces restant toujours stériales ou n'étant fertiles que dans certaines régions, sans que nous sachions la cause de cette irrégularité, j'ai tenté la culture des Hépatiques suivantes : *Targionia hypophylla L.*, *Fegatella conica* Corda, *Reboulia hemisphaerica* Raddi, *Pellia Fabbroniana* Raddi, *Fossombronia angulosa* Raddi, sur milieu Marchal neutralisé ou non, additionné de gélose à 1,5 pour 100. Les cultures ont été placées au Laboratoire devant une fenêtre exposée au Nord-Est et arrosées de temps en temps à l'eau distillée stérilisée.

Targionia hypophylla L. — Le 23 février 1925, des spores ont été ensemencées sur milieu Marchal gélosé non neutralisé ; germination très nombreuse ; les thalles sont allongés, étroits, plus ou moins dichotomisés ; le repiquage d'un certain nombre de thalles, le 22 mai 1925, sur le même milieu, a accentué les caractères du thalle, beaucoup plus long (plusieurs centimètres de longueur), et, plus ramifié dichotomiquement. Cette modification dans la forme du thalle (allongement, rétrécissement et ramification plus ou moins prononcée), que j'ai observée dans toutes mes cultures, et, tout au moins pour les deux premiers caractères (allongement et rétrécissement), sur diverses hépatiques abandonnées au Laboratoire dans des récipients où l'atmosphère était maintenue saturée, est certainement due à l'humidité de l'atmosphère ; le fait a, d'ailleurs, déjà été indiqué.

Dans l'une de mes cultures, j'ai observé, le 20 avril 1926, un archégone au sommet d'un thalle ; depuis cette date, d'autres ont apparu ; je n'ai pas noté la présence d'anthéridies ; les autres cultures sont restées, jusqu'à maintenant, stériles. Elles continuent toutes à évoluer.

Fegatella conica Corda. — Des spores ensemencées, le 27 janvier 1926, sur Marchal gélosé non neutralisé, n'ont pas encore germé le 15 mai ; insuccès déjà constaté en 1925. Cavers avait déjà remarqué que, sur un sol stérilisé, les spores de *Fegatella* ne germent qu'en petit nombre et ne donnent que des thalles allongés, linéaires. Peut-on dire que le champignon endophyte du *Fegatella* est nécessaire à la germination des spores ? L'exemple du *Pellia*, qui, biologiquement, se comporte comme *Fegatella* et qui, cependant, a pu être cultivé aseptiquement, semblerait indiquer que l'on peut espérer obtenir la germination du *Fegatella*. Des essais seront continués.

Reboulia hemisphaerica Raddi. — Spores ensemencées, le 11 et le 27 mars 1925, sur Marchal gélose non neutralisé ; germinations nombreuses ; le 15 mai 1926, les thalles sont allongés, très étroits (1-2 mm.), certains se dischotomisent à leur sommet. Les cultures, jusqu'à maintenant stériles, continuent à évoluer.

PELLIA FABBRONIANA Raddi. — Spores ensemencées les 11 et 14 février, 9 et 11 mars 1925, sur Marchal gélosé neutralisé et non ; germinations nombreuses ; les thalles sont très apparents au bout de deux mois. Les cultures sur milieux neutralisés sont plus vigoureuses que celles sur milieu non neutralisé ; ceci n'a rien qui doive surprendre, car dans la nature, cette Hépatique affectionne les terrains non siliceux, calcaires. Dans tous les cas, le thalle est allongé, très étroit (1 mm.). Les cultures, stériles jusqu'à maintenant, 15 mai 1926, continuent à évoluer.

FOSSOMBRONIA ANGULOSA Raddi. — Spores ensemencées les 22 mars, 1er et 3 avril 1925, sur Marchal gélosé non neutralisé ; germinations très nombreuses. Les thalles sont très vigoureux, allongés, dressés, pourvus de nombreuses feuilles. Le 28 janvier 1926, apparition d'anthéridies dans la culture du 22 mars ; le 20 avril 1926, dans une autre culture, de très nombreuses anthéridies se montrent, alignées en file, sur la face supérieure du thalle. Je n'ai pas observé encore d'archégones ; les cultures continuent à se développer.

En résumé, j'ai obtenu, en cultures pures, quatre nouvelles Hépatiques, dont deux, *Targionia hypophylla* et *Fossombronia angulosa*, ont produit des organes sexués, la première des archégones, la deuxième des anthéridies, après un an de culture et même moins ; les deux autres, bien que fructifiant couramment dans la nature, sont restées jusqu'à maintenant stériles. C'est que, peut-être, elles sont plus exigeantes et n'ont pas trouvé dans le milieu minéral, ne contenant comme substance organique que de la gélose, les éléments nécessaires à la différenciation des organes reproducteurs. Le *F. angulosa* se cultive très facilement, beaucoup mieux que des espèces voisines. (*F. pusilla*, Dum., *F. Wondraczeki Dum.*).

Dans tous les cas, la culture en atmosphère confinée, saturée d'humidité, modifie la forme du thalle, qui s'allonge, se rétrécit, se ramifie et tend à se redresser au lieu de rester appliqué sur le substratum.

Martin-ROSSET

Pharmacien-major de 1re classe.

A. — CONTRIBUTION A L'ETUDE DE L'INFLUENCE DE LA CONCENTRATION EN IONS HYDROGENE SUR LA GERMINATION ET LA VEGETATION EN UN MILIEU ARTIFICIEL

B. — RAPPORT ENTRE LE pH DU SOL ET SA TENEUR EN CALCAIRE

A. — 1. De nombreuses recherches ont été faites au sujet de l'influence de l'acidité sur la germination. — Toutes ces expériences ont été conduites à partir de solutions titrées par pesée ou par voie chimique.

Or, de tels milieux expriment la somme de l'acidité potentielle et actuelle, sans tenir compte de l'acidité ionique dont le rôle dynamique est, comme on le sait, si important en biologie, dans l'étude des fermentations et le développement des bactéries.

C'est pourquoi, j'ai repris l'étude de la germination avec le blé et le pois, en fonction du pH, déterminé par la méthode Clark, à l'aide de solutions aqueuses contenant les électrolytes suivantes :

a) Pour la zone acide :

L'acide chlorhydrique ;
— sulfurique ;
— phosphorique.

b) Pour la zone alcaline :

L'eau de chaux ;
Une solution de potasse ;
Une solution de soude.

Les germinations ont eu lieu dans de petits cristallisoirs, en verre dur, contenant du coton hydrophile purifié par de nombreux lavages à l'eau distillée.

Résultats : l'amplitude de bonne germination oscille entre les pH 14.0,0 et 8,5.

Au-dessous de pH 4,0, on constate que l'acide chlorhydrique est toxique en raison, sans doute, de la présente de l'ion CLCl. L'acide phosphorique est également néfaste parce que son coefficient d'ionisation est relativement faible et que, pour un même pH, sa concentration est beaucoup plus élevée que celle de l'acide sulfurique.

La germination s'accommoderait mieux de l'acide sulfurique pour des pH au-dessous de 4.

Dans la zone alcaline, l'eau de chaux est particulièrement favorable à la germination. — En dehors de la réaction, il faut attribuer à l'ion calcium, cet heureux effet signalé depuis longtemps par d'autres chercheurs.

Aucune différence bien marquée n'a été relevée entre l'action de la potasse et de la soude.

2. Après avoir déterminé l'amplitude de pH qui convient à la germination du blé, j'ai entrepris de le cultiver, en fonction de la réaction

ionique, sur milieu de Delmer ajusté à l'aide de l'acide sulfurique et de la potasse.

Le milieu nutritif contenu dans des éprouvettes de 250 cc. supporte, sur des radeaux de tulle paraffiné, les grains de blé en germination.

Le développement se fait bien dans les différents milieux dont les pH s'étendent de 4,0 à 8,5 et la réaction se modifie en convergeant vers la neutralité.

Le système radiculaire très développé et filiforme en zone acide, est au contraire moins long, plus volumineux et plus ramifié en zone alcaline.

3. Il était à prévoir, de par la constitution du milieu de Raulin, que les moisissures s'accommodent, dans une très large mesure, de l'acidité.

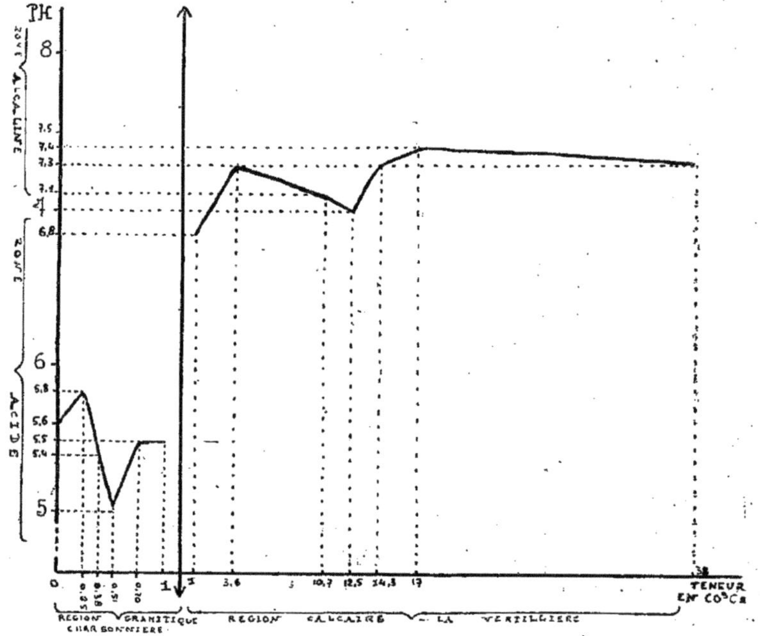

L'assimilation de l'ion ammoniacal dosé à l'hypobromite est complète en milieu alcalin, au bout d'un mois. Elle se fait plus lentement en milieu acide où elle atteint, cependant, la proportion des 4/5, dans le même temps ; les milieux témoins ne présentent ni perte d'ammo-

En effet, j'ai cultivé sur ce milieu tyndallisé et ajusté à des pH allant de 1,5 à 9,5, avec de l'acide sulfurique et de la postasse, le *Penicillum glaucum*, le *Botrytis cinerea* et le *Sterigmatocystis nigra*. — Le développement est abondant de pH 2,5 à 8,5. La limite de végétation oscille entre pH 1,8 et 9,0.

niaque, ni variation de pH. Quelle que soit la réaction initiale, elle converge, uniformément, vers le pH 2,5, par suite de la mise en liberté d'une quantité supplémentaire d'acide provenant de la dislocation des sels ammoniacaux.

B. — Dans l'étude de la réaction du sol, par la mesure de la concentration en ions hydrogène, on constate que la présence ou l'absence de calcaire oriente nettement le pH. Celui-ci, cependant, est influencé par d'autres facteurs parmi lesquels on peut citer les acides organiques et les silicates les plus divers.

Alors que le pH atteint 10 pour une solution saturée de carbonate de magnésie et 9,0 pour une solution saturée de carbonate de chaux, très peu soluble, d'ailleurs, le pH de la solution du sol ne s'élève généralement pas au-dessus de 7,6, même pour des échantillons de terre dont la richesse en calcaire atteint 40 %.

Le pH s'abaisse lentement vers 6,8, 6,6 pour des sols faiblement pourvus en calcaire et rapidement pour des sols manquant totalement de cet élément, si bien que la tendance naturelle de la terre, au point de vue réaction, est le glissement vers l'acidité, d'où la nécessité de fréquents chaulages.

(2). — *Courbe générale du pH du sol en fonction de sa teneur en calcaire*

Ce graphique, où je viens de résumer les nombreuses déterminations du pH faites dans diverses régions dépourvues ou riches en calcaire, montre que l'acidité s'installe généralement entre pH 5 et 6 dans les sols privés de calcaire et entre pH 7 et 7,4 dans les sols moyennement ou bien dotés de cet élément.

Le pH ne renseigne pas de façon précise sur la richesse du sol en calcaire, d'où l'utilité d'adjoindre la calcimétrie à la mesure de la concentration en ions hydrogène (1).

---

(1) Travail du Laboratoire de Botanique de la Faculté des Sciences de Lyon.

Marcel MIRANDE
Professeur à la Faculté des Sciences de Grenoble.

ACTION MICROCHIMIQUE DES DISSOLUTIONS SALINES SUR LA PHYTOSTERINE POSITIVE DES ECAILLES BULBAIRES DES LIS

Dans plusieurs Notes à l'Académie des Sciences (1), j'ai montré la présence, dans les cellules épidermiques des écailles bulbaires du *Lilium candidum*, de deux sortes de phytostérine (*liliostérine*). L'une est produite, sous divers aspects morphologiques, par des organites particuliers auxquels j'ai donné le nom de *stérinoplastes ;* cette phytostérine est douée d'une biréfringence *négative*. L'autre est une phytostérine dissoute dans toutes les vacuoles du protoplasme, qui, sous certaines influences telles que la dessiccation, le gel, les blessures, se dépose en blocs concrétionnés remplissant souvent toute la cellule; elle est douée d'une biréfringence *positive*. J'ai examiné un assez grand nombre d'espèces du genre *Lilium;* seul, le *L. candidum* possède des stérinoplastes ; par contre, la phytostérine concrétionnée vacuolaire et à biréfringence positive est très répandue, et sa présence semble même être générale dans les espèces du genre.

Cette stérine positive, en dissolution vacuolaire, est présente, de bonne heure, dans les cellules épidermiques des bulbes des Lis. On peut souvent, sous la simple action ménagée de l'eau chaude, en provoquer artificiellement la précipitation sous forme concrétionnée. La présente Note a pour but de montrer que l'on peut obtenir cette précipitation sous l'action des dissolutions salines les plus diverses. Je me bornerai à citer quelques exemples, tous appliqués au seul *Lilium candidum.*

Sous l'action de l'hypochlorite de sodium, à froid, la phytostérine cellulaire se précipite rapidement en très fins cristaux en forme de courtes baguettes droites ou courbes et brillantes, remplissant complètement la cellule, s'éclairant sous les nicols croisés et donnant des lueurs colorées sous les lames sensibles. A chaud, la précipitation se fait sous forme de très fins corpuscules brillants.

Le nitrate d'argent, à froid, précipite rapidement la stérine sous

---

(1) *Comptes rendus :* T. 176, 1923, p. 327, 596, 769 ; t. 179, 1924, p. 638, 986 ; t. 180, 1925, p. 1768.

des formes très variées dans un même lambeau d'épiderme : boules de grosseurs diverses, blocs concrétionnés, fragments rameux, etc. A chaud, la cellule se remplit de globules contenant de fines granulations cristallines brillantes ; après ébullition et refroidissement la stérine se prend en amas concrétionnés mamelonnés ou mésentéroïdes.

Avec le nitrate d'argent ammoniacal, la cellule se remplit de cristaux en filaments flexueux plus ou moins longs, et, çà et là, d'un fin précipité cristallin de courtes baguettes. L'ammoniaque seul, à l'ébullition, provoque la précipitation de la stérine en très fines granulations.

Le ferricyanure de potassium précipite la stérine en masses mamelonnées, parfois même en une seule masse remplissant la cellule. Avec le ferrocyanure en obtient les mêmes figures et aussi des blocs parfois d'assez grande taille ; ces blocs montrent souvent cette structure fibrillaire que j'ai décrite dans les précipitations normales de la stérine vacuolaire ; ces blocs présentent une réfringence positive très nette.

Avec l'acétate de sodium, la stérine se précipite parfois en un énorme bloc formé de fins granules de formes diverses. En chauffant lentement la préparation dans la glycérine où, comme d'habitude, le précipité stérinique finit par se dissoudre, ces granulations prennent, pendant un bon moment, une structure annelée ; les anneaux deviennent très biréfringents et, sous les lames sensibles, prennent des teintes de polarisation de signe positif aussi vives et aussi intenses que celles des grains d'amidon.

Avec le chlorure de baryum, l'acétate de cuivre, les sulfates de nickel, d'ammoniaque et de cuivre, le phosphate de calcium, et bien d'autres sels, on obtient, à froid et assez rapidement, des précipités en blocs mamelonnés ou mésentériformes, ou formés de fines granulations, ou de corpuscules annelés et autres formes.

A chaud, et même après ébullition, avec le sulfate d'ammoniaque, on obtient des amas de blocs plus ou moins sphériques et de grosseurs diverses, formés eux-mêmes de fragments cristallins de diverses tailles et réfringents ; sous les lames sensibles, ces fragments s'éclairent des teintes de polarisation de signe positif. Dans le bichromate de potasse, à froid et rapidement, la stérine se précipite en blocs réfringents et de formes diverses bourrant la cellule ; par la chaleur, jusqu'à ébullition, le précipité se fait souvent en masses remplies de granulations brillantes. Dans le bichlorure de mercure la stérine cellulaire se prend en une masse moutonnée, ondulée, et à surface granulée, d'aspect général gélatineux ; çà et là la mase se montre bien comme formée par l'accolement serré de globules plus ou moins gros et d'aspect gélatineux.

On peut appliquer microchimiquement à tous ces épidermes ainsi traités par des solutions salines la réaction de Liebermann (acide sulfurique et anhydride acétique). Pour la réussir, il faut employer des matériaux bien déshydratés, c'est-à-dire des épidermes desséchés à l'étuve, ou sur lame à la flamme. Les cellules se colorent en beau rouge carmin et, pendant un temps assez long, les blocs précipités de stérine, bien colorés, conservent leur forme avant de se dissoudre.

Les précipités stériniques ainsi obtenus artificiellement présentent parfois, avec la plus grande netteté, leurs caractères de biréfringence positive ; mais, le plus souvent, ils sont moins réfringents que les précipités naturels.

Les sels peuvent être employés en solutions de concentration moyenne. Il est probable que la précipitation de la stérine sous leur influence est un simple phénomène de déplacement.

Cette intéressante action des sels sur la phytostérine vacuolaire des cellules épidermiques des écailles bulbaires des Lis pourra servir, semble-t-il, à la recherche microchimique des phystostérines en général.

Théodore LIPPMAA
à Tartu (Esthonie).

SUR LA FONCTION DES PIGMENTS ROUGES DANS LES PLANTES (ANTHOCYANINES ET HEMATOCAROTINOIDES).

Parmi les hypothèses qu'on a émises pour expliquer la fonction des pigments rouges du suc cellulaire, on peut distinguer les hypothèses physiologiques et les hypothèses écologiques.

Pour les premiers auteurs comme Kny, Kerner, Askenasy et d'autres, les pigments rouges remplissent surtout un rôle de protection de la plante contre la lumière intense, et d'absorption de la chaleur ; mais différents arguments, entre autres l'existence, inutile en apparence, des pigments rouges dans les feuilles mourantes, rendent ces hypothèses douteuses.

On chercha alors à expliquer la fonction des anthocyanines sous un point de vue purement physiologique. Parmi ces hypothèses il faut mentionner celle de Kurt Noack et celle de Jonesco (1). D'après Noack,

(1) L'hypothèse de Palladine, qui range les anthocyanines parmi les pigments respiratoires, fut plus tard reconnue comme non fondée par l'auteur lui-même.

la fonction des anthocyannes serait en relation avec celle de la chlorophylle, tandis que Jonesco prétend que les pigments sont en premier lieu des réserves et que leur fonction est analogue à celle de l'amidon.

Je ne puis ici, faute de place, détailler ces hypothèses (1), mais je noterai que l'opinion qui a été émise d'après laquelle, lorsque l'assimilation est arrêtée, l'équilibre *anthocyanine flavonol* se déplace en faveur de l'anthocyanine, et *vice-versa*, n'est pas soutenable, car si l'assimilation est empêchée, par exemple par l'obscurité, la quantité des anthocyanines n'augmente pas mais, au contraire, diminue.

Chez certains genres et espèces de plantes les anthocyanines sont remplacées par des pigments rouges élaborés par des plastes. Ces pigments, que j'ai réunis dans un groupe biologique nommé *hémato-carotinoïdes* (lycopine, rhodoxanthine, etc.) (2) ont été étudiés par Tswett, Lubimenko, Willstätter et d'autres ; au point de vue chimique, ils sont parents avec les pigments jaunes qui accompagnent la chlorophylle (les *xanthocarotinoïdes* : carotine et xanthophylle) et comme eux ils appartiennent au groupe des carotinoïdes.

Il existe une convergence caractéristique dans l'apparition des hématocarotinoïdes et celle des anthocyanines qui se manifeste de la manière suivante :

La distribution morthologique des anthocyanines et celle des hématocarotinoïdes sont caractérisées par l'abondance de ces pigments dans les jeunes feuilles, les pétioles, les nervures et les bordures des feuilles et dans les racines aériennes, mais les organes souterrains n'en contiennent que fort rarement. En ce qui concerne la localisation anatomique de ces pigments, ils se montrent très souvent dans des couches cellulaires périphériques, surtout dans le voisinage des stomates, tandis que les cellules de bordure des stomates en fonctionnement ne contiennent ni anthocyanines, ni hématocarotinoïdes. Les anthocyanines et les hématocarotinoïdes abondent dans les feuilles et pétioles des jeunes pousses ; dans les organes adultes ils manquent complètement, ou s'y trouvent en quantité peu considérable (sauf dans les pétioles et les tiges) ; ils augmentent parfois rapidement dans des feuilles mourantes. Des observations sur environ 300 espèces de plantes (3) ont montré le fait très curieux que voici : les pigments rouges se montrent dans des feuilles mourantes seulement chez un certain nombre d'espèces où l'on en trouve aussi dans des organes jeunes et vigoureux.

---

(1) Elles sont traitées d'une manière approfondie dans ma note : Das Rhodoxanthin (*Schriften der Naturf. Gesellsch. an d. Nniv. Tartu* (*Dorpat*, Bd. XXIV, p. 77-93).

(2) Th. LIPPMAA, Sur les Hématocarotinoï et les Xanthocarotinoïdes (*C. R. de l'Acad. des Sc.*, 29 mars 1926, p. 867).

(3) Th. LIPPMAA, Pigmenttypen bei Pteridophyta und Anthophyta (*sous presse*).

Quant aux facteurs qui influencent la formation des anthocyanines et des hématocarotinoïdes, on sait que la formation des anthocyanines se produit souvent indépendamment de la présence de la chlorophylle (Gertz, etc.), qu'elle est influencée favorablement par différentes solutions sucrées (Mirande, Overton), par des combinaisons de substances tannoïdes (Czartkowsky), par des accumulations de produits d'assimilation provoquées par des blessures ou des décortications annulaires, par une température peu élevée, le manque d'eau ou une forte insolation, tandis que des nitrates abondants dans le sol ou dans les solutions nutritives en empêchent la formation. J'ai prouvé de mon côté que la formation des hématocarotinoïdes est influencée pareillement par les mêmes facteurs. Elle est aussi favorisée par des décortications annulaires et des nutritions sucrées, mais empêchée par les nitrates ; elle peut se produire aussi indépendamment de la présence de chlorophylle (1).

Cette convergence très curieuse dans la distribution morphologique et la formation des anthocyanines et des hématocarotinoïdes, ainsi que le fait que les plantes contenant de l'anthocyanine n'ont pas d'hématocarotinoïdes dans leurs organes végétatifs et *vice versa*, m'ont autorisé à avancer l'*hypothèse d'unité* qui reconnaît aux pigments rouges en question la même fonction dans les plantes.

Nous remarquerons que cette similitude de fonction s'exerce en dépit des dissemblances de ces pigments ; en effet :

1° Les anthocyanines et les hématocarotinoïdes sont, au point de vue chimique, des combinaisons très éloignées. De plus, les hématocarotinoïdes sont, eux aussi, très différents : la lycopine est dépourvue d'oxygène (Willstäatter et Escher), la rhodoxanthine (2), au contraire, est plus oxydée que la xanthophylle.

2° La localisation des anthocyanines et celle des hématocarotinoïdes sont absolument différentes : les anthocyanines sont presque toujours dissoutes dans le suc cellulaire ou imprègnent les parois cellulaires (surtout chez les *Mousses*), tandis que les hématocarotinoïdes se rencontrent dans le stroma des plastes.

Donc la constitution chimique des pigments rouges est sans importance dans leur fonction ; et pour cette fonction il est indifférent qu'ils se trouvent dans le suc cellulaire, dans les parois ou dans les plastes (3).

---

(1) Th. LIPPMAA, Formation des Chromoplastes chez les Phanérogames (*C. R. de l'Acad. des Sc.*, 26 avril 1926, p. 1350).

(2) Th. LIPPMAA, Sur les propriétés physiques et chimiques de la Rhodozanthine (*C.R. de l'Acad. des Sc.*, 29 mars 1926, p. 867).

(3) Th. LIPMAA, « Ueber den Parallelismus... », etc. (*Sitzungsberichte der Naturf. — Ges. bei der Universität Dorpat.* Bd. XXX, 1924, 3-4, pp. 58-111).

Comme les anthocyanines et les hématocarotinoïdes laissent passer surtout les rayons rouges, il est très probable que le rôle de ces pigments est d'influencer la fonction des enzymes et d'offrir des conditions favorables pour la formation de la chlorophylle, car ces processus se développent le mieux dans la lumière rouge, comme Green, Went, Schmidt et d'autres l'ont prouvé.

Jean FRIEDEL

QUELQUES OBSERVATIONS D'ANATOMIE SYSTEMATIQUE SUR LES PAPAVERACEES

Si l'on excepte quelques genres américains à type ternaire (tels que l'*Argemone* et le *Platystemon*), les Papavéracées peuvent aisément se classer en une série linéaire qui va, en se compliquant, de l'*Hypecoum* au type *Papaver* ; Celakovsky, au contraire, considère que la simpli-

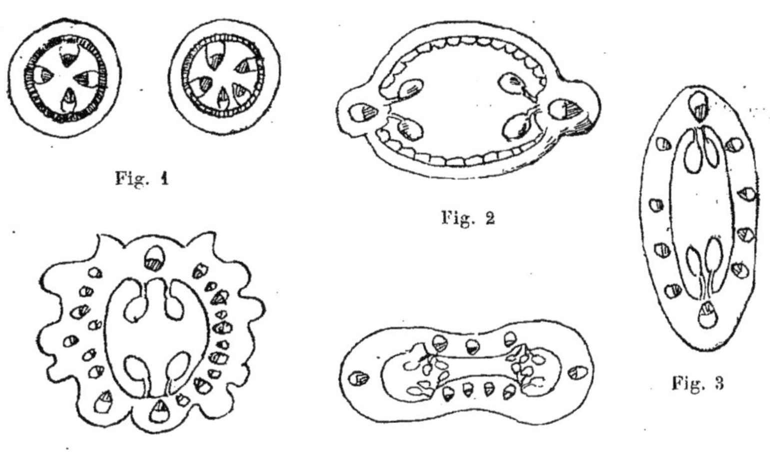

Fig. 1 Fig. 2 Fig. 3 Fig. 5 Fig. 4

on est en présence de deux théories opposées : Benecke admet que les Papavéracées ont évolué, en se compliquant du type *Hypecoum* au type Papaver ; Celakovsky, au contraire, considère que la simplicité de structure de l'*Hypecoum* est le produit d'une évolution régressive et il suppose que la forme primitive des Papavéracées était voisine du genre *Papaver* actuel.

Le type floral des Papavéracées se lit avec une grande facilité dans la fleur d'*Hypecoum* : toutes les pièces florales y sont disposées par paire, chaque paire formant un angle droit avec la paire la plus voisine.

Ce type simple semble avoir les caractères d'un type très primitif.

L'étude anatomique du pédoncule indique une structure très simple qu'on retrouve aussi chez les Fumariacées (qui peuvent être considérées comme les Hypécoées zygomorphes), chez le *Chelidonium majus* L, le *Macleya cordata*. Rob. Brown. Il y a 4 faisceaux en croix, parfois 5 (fig. 1). Dans le genre *Papaver*, au contraire, les faisceaux sont nombreux dans le pédoncule, rappelant l'aspect d'une tige de monocotylédone. La tige de *Macleya* rappelle par sa structure le pédoncule de *Papaver*. Par contre, le fruit d'*Hypecoum* (fig. 3) n'a pas la simplicité de structure d'un fruit de *Chelidonium* (fig. 2), presque identique aux fruits du genre *Corydallis* ; il se rapproche des fruits de *Glaucium* (fig. 4) et d'*Eschsholtia* (fig. 5) qui, avec leurs nombreux faisceaux, présentent des caractères très évolués.

En résumé, la structure anatomique du pédoncule indique chez l'*Hypecoum* un caractère primitif, la structure du fruit un caractère évolué. Chez le Pavot, la structure du pédoncule et celle du fruit (à nombreux carpelles) semblent bien marquer un type évolué. Je pense donc que le type primitif de la famille ne doit pas être cherché du côté du genre *Papaver*, mais du côté du genre *Hypecoum*, sans toutefois être un *Hypecoum* véritable. Je proposerais un *Pro-Hypecoum* hypothétique à fruit semblable au fruit de Chélidoine. Parfois le *Corydallis cava D.C.* présente des fleurs régulières semblables à des fleurs d'*Hypecoum* : le type primitif des Papavéracées aurait été très semblable à ces *Corydallis* tératologiques.

Cl. ROUX
Docteur ès Sciences à Lyon.

LES LETTRES DE J.-B. BALBIS ET LE « FONDS BONAFOUS » A LA BIBLIOTHEQUE DE LYON (RESUME)

Le botaniste piémontais Jean-Baptiste Balbis (1765-1831) fut, de 1819 à 1830, directeur du Jardin des Plantes et professeur de botanique à Lyon où il fonda en 1822, avec Mme Clémence Lortet, la *Société Linnéenne*, qui compte aujourd'hui 2.500 membres. Inversement, l'agronome lyonnais Mathieu Bonafous (1793-1852) fixa en 1813 sa résidence à Turin où il se lia d'amitié avec Balbis, et, lorsque ce dernier vint à Lyon, une correspondance suivie s'établit entre les deux savants amis. La Bibliothèque de la Ville de Lyon n'a pas les lettres de Bonafous à Balbis, mais elle possède une collection d'environ 350 lettres de Balbis à Bonafous, dans lesquelles on trouve des détails précieux sur la vie des deux savants et sur l'histoire de la botanique, détails que Balbis n'a pu donner dans son traité de *Botanique lyonnaise*, en deux volumes complétés par un *Supplément* posthume à la publication duquel Bonafous contribua.

Mathieu Bonafous qui, comme Balbis, était docteur en médecine non exerçant, dirigeait une importante entreprise de messageries de Lyon à Turin, fondée par son père. La fortune qu'il avait acquise ainsi fut employée en fondations d'œuvres philanthropiques et scientifiques (Ecoles et jardins d'expériences à Turin, Saint-Jean-de-Maurienne, etc.), et à la publication de mémoires sur le mûrier, le ver à soie, le riz, le maïs, etc., questions sur lesquelles Bonafous avait réuni à prix d'or une très riche bibliothèque qui fut généreusement offerte en 1859 à la Ville de Lyon par ses enfants Alphonse Bonafous et Aline Bonafous, épouse Bouniols. Ce *Fonds Bonafous*, qui est aujourd'hui classé et catalogué à la Bibliothèque de la Ville, renferme des brochures et des documents devenus introuvables, et récemment un professeur japonais de sériciculture a consacré plus de deux mois à le consulter ; l'un des documents les plus importants est un recueil manuscrit en 10 volumes, intitulé *Bibliotheca serica*, contenant l'indication et l'analyse de tout ce qui était connu et publié jusqu'en 1850 sur le mûrier, le ver à soie, et les industries qui s'y rattachent, et Bonafous allait entreprendre la publication de ce recueil lorsque, au cours d'un voyage à Paris précisément dans ce but, la mort est venue le surprendre en 1852.

LIOU-HO et Cl. ROUX

LES ANCIENS TRAITES CHINOIS DE BOTANIQUE ET NOTES PRELIMINAIRES SUR LE « PEN-TSAO-KAN-MOU » ET LE « TCHE-WOU-MING-CHE-TOU-KAO ».

Résumé

L'étude des plantes en Chine remonte à une très haute antiquité. Le grand empereur Yenti qui vivait 3.000 ans av. J.-C. avait fait instruire le peuple pour qu'il connût les plantes et les cultivât méthodiquement. Pour découvrir les caractères et les propriétés de plantes médicinales, il avait goûté les plantes et, en un seul jour, il a été menacé au cours de ses expériences d'être empoisonné soixante-dix fois.

Deux siècles après, Ki-po, ministre et médecin de l'empereur Houan-ti, continua d'après son ordre l'étude des plantes dont il fit un traité en 3 volumes intitulé *Chen-nong-pen-tsao-King*. Au fur et à mesure des progrès de la botanique, cet ouvrage fut augmenté, revu, refondu par différents auteurs : notamment par Li Tan-tche vers le IIe siècle ; par Tao Hong-King vers le Xe ; et surtout par Li Ton-pi vers 1575.

Ce dernier, né au début du XVIe siècle à King-tchéou, était grand fonctionnaire auprès du vice-roi de la province de Hou-pei. Il fit des recherches pendant 30 ans et consulta 800 auteurs pour refondre le *Chen-nong-pen-tsao-King* qu'il intitula alors *Pen-tsao-Kan-mou* (1) et qu'il divisa en 16 volumes, où il introduisit un grand nombre d'éléments nouveaux. Il distingue 5 grands groupes : 1° les plantes médicinales ; 2° les céréales ; 3° les plantes potagères ; 4° les fruitières ; 5° les arbres.

Cet ouvrage, qui n'est que la reproduction de documents fort anciens et plus ou moins déformés, est naturellement imparfait. Mais il faut reconnaître la valeur du travail qui lui mérite d'être consulté avec fruit par les médecins chinois.

Dans le *Cheu-King* et le *Eul-ya*, Confucius et ses disciples, vers 500 ans av. J.-C., ont classé un certain nombre de plantes. Des idées des associations des végétaux ont même été conçues, mais la classification est utilitaire.

Les 200 volumes du *Catalogue descriptif de la Bibliothèque Impériale* de Pékin terminé en 1790 énumèrent un nombre considérable d'ou-

(1) La Bibliothèque de l'Institut Franco-Chinois de Lyon en contient un exemplaire.

vrages de Botanique : le *Traité de la Flore du Sud* publié vers l'an 300 par KI-HAN ; les éditions nombreuses du *Pen-tsao* ; l'édition du *Kün-fan-pou* par WANG SIAN-TSIN (1630), qui fut rééditée en 1708 et complétée en 100 volumes sous le titre de *Kouang-Kün-fan-pou*.

C'est un ouvrage de botanique appliquée ou agricole, car en dehors des plantes alimentaires, textiles, médicinales, etc., on traite également l'aviculture, la pisciculture, la météorologie et le calendrier agricoles.

Il faut signaler encore le *Tou-chou-tsi-tcheng*, paru en 1726, vaste compendium encyclopédique, dont la partie botanique comprend à elle seule plus de 300 livres et aussi le *Do-che-lei-pien* par TSAO TCHANG-YEN ; la collection des *Tché*, sorte d'annales où sont décrites les productions végétales de chaque région.

Depuis 1790, les publications de ce genre se sont encore multipliées en Chine, la plus remarquable est le *Tche-wou-ming-che-tou-Kao*, qui comprend 2 parties : l'une en 38 fascicules contenant 1.714 plantes, avec 1.800 planches, l'autre en 22 fascicules avec 838 plantes, mais ne contenant que des textes (1).

L'auteur de cet ouvrage est WOU KI-TSIUN, né vers la fin du XVIIIe siècle dans la province de Ho-nan, de l'Académie des Han-ling, grand mandarin et gouverneur de diverses provinces ; mort en 1846 ; laissant un manuscrit de l'Encyclopédie botanique dont il avait lui-même dessiné les planches des plantes qu'il a dû trouver au cours de ses voyages.

L'ouvrage parut en 1848. LOU YING-KOU écrivit la préface. La classification adoptée est à peu près celle des *Pen-tsao* : céréales (riz, blé, etc.) ; légumes (gingembre, momordique, etc.) ; plantes montagnardes (tussilage, violette, etc.) ; plantes saxicoles (salaginelle, polytric, etc.) ; plantes aquatiques (nénuphar, marsillie, etc.) ; plantes grimpantes (skebia, lierre, etc.) ; plantes vénéneuses (rhubarbe, phytolacca, etc.) ; plantes aromatiques (menthe, tulipe, etc.) ; plantes ornementales (orchis, papaver, etc.) ; fruitières (oranger, litchi, etc.) ; arbres (cannellier, pin, etc.).

Cet ouvrage, qui se rapproche des *Pen-tsao*, en diffère en ce que ces derniers sont un traité de matières médicales qui embrassent les 3 règnes et que lui ne s'occupe que des végétaux.

Cet ouvrage est très répandu en Chine et très consulté par les naturalistes actuels d'Extrême-Orient pour les identifications des plantes.

Ces écrits très anciens montrent que les Chinois ont toujours excellé dans les différentes branches de la botanique pure et appliquée à la médecine, à l'horticulture, à l'industrie des bois précieux et à la teinture végétale.

---

(1) Un exemplaire est dans la Bibliothèque de l'Académie des Sciences, Belles-Lettres et Arts de Lyon.

Il semble que la fungiculture est très probablement d'origine chinoise ; il en est déjà question au XIIIe siècle. WANG-TCHEN, dans son *Nong-san-tong-Kio*, a déjà enseigné les procédés suivants :

On coupe et on étend à terre des arbres tels que le *Liquidambar formosana ;* le *Quercus glauca*, etc..., on les met dans un endroit sombre et humide et à l'aide d'une hache, on y fait des incisions profondes. Sur ces troncs d'arbres, on étend une couche de terre. Sous cette couche l'arbre se pourrit au bout de quelques années. C'est alors que l'on sème dans les entailles une poudre de Champignon séchés : par exemple, le *Cortinellus Shiitako ;* on étend par dessus une couche de terreau. La pluie et la chaleur font surgir des Champignons, ce qui se reproduit chaque année si l'on fait de temps à autre le bassinage avec du lait de riz et le talochage à l'aide d'un bâton.

Un auteur inconnu, plus ancien peut-être, traite aussi de la culture des Champignons dans son ouvrage appelé le *Seu-che-lei-yao*. Il enseigne qu'en mars, on met en terre le bois et les feuilles pourries d'une espèce des Morées, le *Broussenotia Kasinoki ;* on arrose sans arrêt avec du lait de riz. On peut également enterrer des débris de bois de cet arbre comme on sème des grains dans un sillon et les arroser avec du purin. Le Champignon pousse, on enterre cette première pousse, on refait trois fois la même opération jusqu'à ce que le Champignon arrive à une grosseur anormale.

Il existait déjà deux Flores rudimentaires des Champignons en Chine dont l'une vers 1250 par TCHEN JEN-YU, l'autre par PAN TCHEU-HENG en 1500 environ.

Les jeunes botanistes chinois s'inspirent aujourd'hui des nouvelles méthodes scientifiques occidentales et botanisent avec ardeur. Des sociétés se sont fondées récemment, notamment la *Société des Sciences biologiques de Chine* et la *Société de biologie d'Extrême-Orient*, pour travailler activement et méthodiquement à la Biologie de la Chine, vaste champ encore inexploité des naturalistes.

Addendum. — M. Guido PERRIS, dans le *Bulletin* de 1921 de l'Institut international d'Agriculture de Rome, décrit quelques ouvrages de Botanique chinoise que possède cet Institut : 1° une édition de 1781 du *Khang-hsi-yu-chi-keng-chi-tu*, dont l'édition originale est de 1696, d'après le *Keng-Chi-tu-si* composé en 1145 ; 2° le *Nung-tcheng-chouan-shu*, en 60 livres, composé vers 1600 par HSU-KUANG-CHI et publié en 1639 ; 3° le *Chin-ting-shou-shih-tung-Kao*, en 78 livres ; 4° l'Institut de Rome possède aussi un exemplaire du *Tche-wou-ming-che-tou-Kao*.

———

J. LAURENT
Pharmacien, licencié ès Sciences.

AU SUJET D'UN CAS DE MONOPHYLLIE CHEZ PINUS PINASTER

L'étude que nous présentons est la suite des recherches que nous avons entreprises (1) au sujet de la variation du nombre des aiguilles que peut présenter le genre *Pinus*.

Dans nos études précédentes sur le *Pinus monophylla* et sur le *Pinus halepensis* nous avions constaté une multiplication assez fréquente du nombre des aiguilles et étudié la constitution de chacune d'entre elles.

Cette augmentation du nombre des aiguilles liée à certaines conditions de milieu semble avoir pour but d'accroître la surface de l'assimilation chlorophyllienne.

Nous avons constaté sur certains pieds de *Pinus pinaster* non plus une multiplication, mais une réduction dans le nombre des feuilles. Cette espèce étudiée par plusieurs auteurs semble présenter toutefois une assez grande fixité dans le nombre de ses feuilles. Beissner signale seulement le cas de jeunes pins maritimes présentant exceptionnellement trois feuilles.

Les aiguilles monophylles se trouvent, en général, situées dans la partie supérieure des jeunes rameaux mêlées aux aiguilles géminées.

Les aiguilles uniques sont, en général, moins longues, leur section est circulaire, elles sont épaisses et légèrement incurvées. Comme chez les feuilles groupées par deux, le rameau court qui les porte présente à sa surface les cicatrices des écailles et à sa partie supérieure une collerette d'écailles parcheminées formant une gaine à la base de la feuille. Ce rameau est en général plus long et plus grêle que celui des feuilles normales.

La surface de l'aiguille monophylle présente des stries alternativement claires et foncées formées par les lignes de stomates disposées en files longitudinales. L'extrémité de la feuille se termine assez brusquement et présente un mucron court.

---

(1) La mort est venue surprendre *J. Laurent* en octobre dernier, à 23 ans, nous nous ferons un pieux devoir de publier ses études déjà très avancées et pleines d'avenir (L. Laurent).

Sur la presque totalité des aiguilles uniques on constate sur toute la longueur un sillon étroit et peu profond.

L'étude morphologique ne permet pas d'affirmer la nature monophylle de ces aiguilles uniques. Le caractère de monophyllie s'appliquant seulement aux feuilles qui naissent uniques au sommet du rameau court. Il existe en effet une pseudo-monophyllie provenant soit de la chute prématurée d'une des deux aiguilles dans un groupe de feuilles géminées soit de l'avortement de l'une d'entre elles. Etudions d'abord le rameau court.

La structure anatomique du rameau court près de son point d'insertion sur la tige est normale. Il comprend une zone subéreuse constituée par 3 ou 4 assises de cellules ; puis un parenchyme cortical homogène formé de 4 à 5 assises.

Au centre le cylindre central comprend un anneau libéro-ligneux entrecoupé par des rayons médullaires.

L'endoderme et le péricycle très nets dans la feuille sont peu et souvent même pas visibles à la base du rameau court.

Dans les coupes suivantes, les modifications que subit la région du parenchyme cortical sont de peu d'importance.

L'anneau libéro-ligneux se brise et s'ouvre peu à peu en croissant, puis se fragmente en faisceaux dont deux plus gros qui seuls persistent dans la suite. Les petits faisceaux disparaissent. Les faisceaux ainsi formés cheminent dans le rameau court, tandis qu'à la périphérie la gaine écailleuse et les assises subéreuses disparaissent.

L'exoderme est d'abord constitué par une assise de cellules fortement sclérifiées formant autour de la feuille un anneau complet. Dans la suite le nombre des assises exodermiques augmente, des dépressions se forment par places, dépressions où se trouvent situées les stomates.

Dans la région péricyclique, se différencient çà et là quelques cellules assez grosses à membrane, prenant faiblement le vert d'iode. Ces cellules qui au début ne formaient que quelques îlots augmentent peu à peu de nombre et finissent par former un croissant autour du faisceau libéro-ligneux qu'elles enserrent.

Le tissu ainsi formé dans la région péricyclique est l'ébauche du tissu péridesmique de la feuille.

A la périphérie de ce péridesme se différencie progressivement la gaine endodermique. Cette gaine représentée au début par quelques cellules isolées finit par envelopper totalement le péridesme et constitue l'endoderme de la feuille.

Le sillon que nous avons mentionné dans notre étude morphologique intéresse relativement peu les différents tissus de la feuille. Il s'enfonce dans le parenchyme cortical entraînant avec lui l'épiderme et l'exoderme. Il se trouve, en général, situé en face des faisceaux libéro-ligneux, mais son orientation est très variable.

Examinons maintenant la structure anatomique d'une feuille unique. L'épiderme est doublé intérieurement par trois assises exodermiques.

Le parenchyme assimilateur est homogène et ses éléments présentent les prolongements intracellulaires de la membrane caractéristiques du genre *Pinus*.

L'endoderme est bien marqué et formé de cellules arrondies à cadre subérifié.

La méristèle légèrement arquée comprend, comme dans la feuille normale, un tissu péridesmique au centre duquel sont logés deux faisceaux libéro-ligneux surmontés par un arc scléreux du côté du liber.

Les cellules aréolées du tissu de transfusion sont réparties à peu près uniformément dans le péridesme autour des faisceaux libéro-ligneux ; tandis que dans la feuille géminée les cellules aréolées se trouvent localisées plus spécialement du côté du liber.

Cette disposition que nous avons déjà signalée chez le *Pinus monophylla* semble être due à l'assimilation qui s'effectue par toute la surface de la feuille.

*
* *

Il résulte donc de nos recherches qu'il s'agit bien ici d'un cas de monophyllie chez *Pinus Pinaster*. Durant le trajet des différents tissus dans le rameau court nous n'avons jamais constaté d'avortement de feuille ni soudure de deux d'entre elles.

De plus dans ce cas de monophyllie, la méristèle de la feuille naît comme dans *Pinus monophylla* par épanouissement de la stèle du rameau court, transformant ainsi, en symétrie bilatérale, la symétrie axiale du rameau court.

E. CHEMIN

Professeur au Lycée Buffon (Paris).

ALGUES MARINES RECUEILLIES A CONCARNEAU EN SEPTEMBRE 1925

Sur la côte sud du Finistère, la région de Concarneau n'a guère été explorée au point de vue algologique. Mme P. Lemoine (1) y a étudié les algues calcaires seulement. Il m'a paru intéressant d'y rechercher les espèces signalées dans la région de Brest par les frères Crouan et celles recueillies par Debray (2) sur les côtes de la Loire-Inférieure. J'ai pu le faire grâce à l'obligeance de M. René Legendre, Directeur du laboratoire de Concarneau, qui m'a accueilli avec une grande bienveillance, a mis à ma disposition le personnel, le matériel du laboratoire et l'herbier Crouan. Il m'est agréable de lui adresser ici tous mes remerciements.

Tous les faciès se trouvent réunis dans un faible rayon (v. carte ci-jointe) : faciès rocheux en de nombreux points et sur tous les petits îlots situés en aval de la côte ; faciès sablonneux avec fond de maërl dans la grande baie de la Forêt ; faciès vaseux avec prairies de zostères dans l'anse de Kersoz.

Comme sur toutes les côtes de l'Océan et de la Manche on y trouve les différentes zones caractérisées par les algues brunes : *Pelvetia canaliculata*, *Fucus platycarpus*, *Fucus vesiculosus*, *Fucus serratus*, *Himanthalia lorea*, *Laminaria flexicaulis*, *Laminaria Cloustoni* associé à de nombreux *Sacchorhiza bulbosa*. *Ascophyllim nodosum* et *Lamunaria saccharina* sont localisés au fond des criques et des baies.

Espèces recueillies

Nemalion lubricum, Duby, Z.M., rochers battus.

Helminthocladia purpurea, J. Ag. Z.I., rare, Pen-ar-Vas-ir.

Helminthora divaricata, J., Ag. Z.I., assez commun dans les cuvettes et sur les rochers plats.

Scinaia furcellata, Biv. même station que la précédente.

(1) Lemoine (Mme P.), *Répartition et mode de vie du Maërl* (Lithothamnium calcareum) *aux environs de Concarneau*. An. de l'Inst. Océan., I, fasc. 3, 1910.

(2) M. Debray, *Algues recueillies sur la côte du département de la Loire-Inférieure entre le Pouliguen et le Croisic*. Congrès Ass. fr. pour l'avancem. des Sc., La Rochelle, 1882, p. 468.

Heterosiphonia coccinea Falk., surtout en épaves.

Sphondylothamnion multifidum Näg. surtout en épaves.

Griffithsia barbata Ag., nombreuses épaves dans la baie de la Forêt.

Halurus equisetifolius Ktz., Men-Cren.

Monospora pedicellata Sol., assez commun.

Callithamnion tetricum Ag., abondant, parois verticales des rochers.

Callithamnion Hookeri Harv., peu commun, Ile aux Moutons.

Callithamnion corymbosum Lyngb., baie de la Forêt, Cabellou.

Plumaria elegans Schm., commun sur les parois rocheuses.

Crouania attenuata J. Ag., Men-Cren.

Antithammion crispum Thur., Le Cabellou, Beg-Meil.

Antithamionella sarniensis Lyle, Men-Cren, peu répandu.

Spyridia filamentosa Harv., Men-Cren.

Ceramium flabelligerum J. Ag., murs des quais, abondant.

Ceramium gracillinum Ag., Men-Cren.

Ceramium tenuissimum J. Ag., Cap Coz.

Ceramium rubrum Ag., commun.

Ceramium echionotum J. Ag., rochers plats de Beg Meil.

Microcladia glandulosa Grev., épaves, baie de la Forêt.

Rhodochorton floridulum Näg., commun au Cap Coz.

Grateloupia filicina Ag., Men-Cren, Le Cabellou.

Grateloupia dichotoma J. Ag., Ile aux Moutons.

Dilsea edulis Stackh. Z.I., assez commun.

Schizymenia Dubyi J. Ag., Z.I., Men-Cren.

Halarachnion ligulatum Ktz., baie de la Forêt, dragage.

Polyide rotundus Grev. et *Furcellaria fastigiata* Lamour, communs et dans leurs stations habituelles.

Corallina officinalis L. et *Jania rubens* Lamour, également communs.

Sphacelaria radicans Ag., baie de la Forêt, et *Sphacelaria cirrhosa* Ag. plus abondant.

Cladostephus verticillatus Lyngb. et *Cladostephus spongiosus* Ag., communs l'un et l'autre.

Halopteris scoparia Sauv., *Colpomenia sinuosa* Derb. et Sol.

Seytosiphon lomentaria J. Ag., répandu un peu partout.

Asperococcus bullosus Lamour, au Cap Coz.

Desmarestia ligulata Lamour, rare, Men-Cren, Le Pladen.

Myriotrichia clavaeformis Harv., île aux Moutons.

Elachista scutulata Duby, fréquent sur Himanthalia.

Mesogloia Griffithsiana Grev., assez commun.

Leathesia difformis Aresch., commun.

Stilophora rhizodes J. Ag., en épaves, baie de la Forêt, Le Cabellou.

Gelidium latifolium, Bornet, parois dressées des rochers ; une forme étroite se rencontre dans les cuvettes de la zone supérieure, Men Margue.

Gigartina acicularis, Lamour, commun.

Gigartina pistillata Stackh., rare, le Pladen.

Phyllophora rubens, Grev., parois verticales des rochers, assez commun.

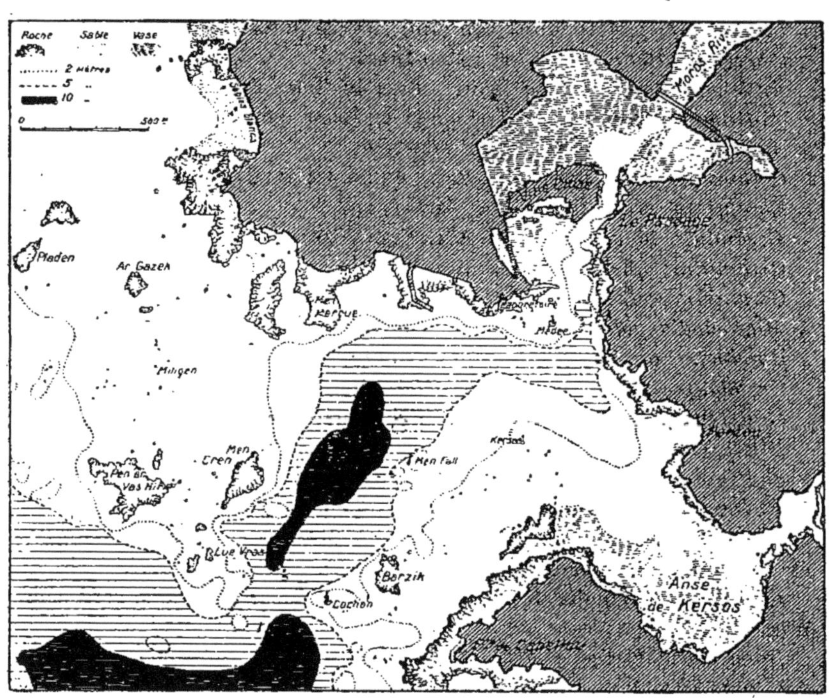

Gymnogongrus norvegicus J. Ag., Z.I., assez commun et porteur de son épiphyte : *Artinococcus peltaeformis* Schm.

Callophyllis laciniata, Ktz, Z.I., parois rocheuses dans les endroits sombres, plus fréquemment rejeté, souvent porteur de *Callocolax neglectus* Schm.

Cystoclonium purpurascens, Ktz., assez commun.

Rhodophyllis bifida, Ktz., assez commun

Rhodophyllis appendiculata, J. Ag., rare.

Solieria chordalis J. Ag., très répandu sur le maërl.

Gracilaria confervoides, Grev., plages vaseuses de la baie de la Forêt.

Gracilaria compressa, Grev., plages vaseuses de la baie de la Forêt.

Calliblepharis jubata Ktz., assez commun.

Calliblepharis jubata tz., assez commun.

Rhodymenia palmata Grev., commun

Rhodymenia Palmetta Grev., sur les stipes des Laminaires.

Lomentaria articulata Lyngb. commun

Nitophyllum laceratum Grev., commun.

Nitophyllum Hillioe Grev., sous les rochers dans les grottes obscures.

Nitophyllum Bonnemaisonii Grev., rare.

Delesseria hypoglossum Lamour, *Delesseria alata* Lamour, *Delesseria sanguinea* Lamour, *Delesseria sinuosa* Lamour, dans leurs stations habituelles.

Laurencia obtusa Lamour Z.I., abondant ainsi que la var. *pyramidalis* J. Ag.

Laurencia pinnatifida Lamour, très commun, et *Laurencia hybrida* Lamour, plus rare.

Chondria dasyphylla Ag. assez commun et *Chondria tenuissima* Ag., plages sablonneuses du Cap Coz.

Polysiphonia urceolata Grev. var. *cornosa* Z.S., commun

Polysiphonia urceolata Grev. Beg-Meil, île aux Moutons.

Polysiphonia variegata Zanard., baie de la Forêt.

Polysiphonia thuyoides Harv., Men-Cren.

Bostrychia scorpioides Mont., Anse de Kersoz.

Halopithys pinastroides Ktz., dans quelques cuvettes au cap Coz, peu abondant.

Cutleria multifida Grev., fréquent en épaves, baie de la Forêt.

Cystoseira ericoïdes Ag., *Cystoseira fibrosa* Ag., *Cystoseira myriophylloides* Sauv., assez communs.

Dictyota dichotoma Lamour.

Taonia atomaria J. Ag. Z.I., au Cap Coz.

Padina pavonia Gaillon, assez répandu dans les cuvettes.

Spathoglossum Solieri Ktz., baie de la Forêt, dragage.

Cladophora rupestris Ktz. et *Cladophora Hutchinsioe* Ktz.

Codium tomentosum Stackh.

Remarques. — Dans cette liste, fort incomplète cela va sans dire, je n'attirerai l'attention que sur trois espèces seulement.

Griffithnia barbata est connu à Luc, à Cherbourg et à Brest où Crouan le considère comme très rare ; il était abondant en épaves dans la baie de la Forêt, n'ayant à cette époque aucun organe de reproduction. Cela paraît être une espèce de la Manche qui s'aventure accidentellement sur les côtes de l'Océan.

Solieria chordalis est par contre une espèce méridionale dont la limite vers le nord semble être marquée par la Bretagne ; elle n'est connue dans la Manche qu'en une station très localisée des bords de la Rance où elle ne se trouve qu'en petite quantité.

Spathoglossum Solieri est également une espèce méridionale. On la connaît à Marseille (Solier, Bory de Saint-Vincent), à Minorque (Rodriguez), au Maroc (Schousboe), au Gabon, dans le golfe de Guinée ; M. Sauvageau l'a signalée à Guéthary. L'herbier Crouan en renferme quelques exemplaires dragués aux environs de Brest avec la mention « très rare ». Comme ceux de Concarneau, ces derniers sont de petite taille comparés à ceux de la Méditerranée. La Bretagne marque la limite nord de l'aire d'extension de cette espèce.

N.-B. — A la liste ci-dessus, qu'il me soit permis d'ajouter les espèces suivantes observées en septembre 1926 :

Chondria cœrulescens, Debray, trouvé dans l'anse de Kersor par F. de Beauchamp.

Gymnogongrus Griffithsiae, Mart. quelques spécimens récoltés à Men-Cren porteurs de l'épiphyte *Actinococcus aggregatus* Schm.

Falkenbergia Doubletii, Sauv. archipel des Gleirans : S. W. de l'île Saint-Nicolas en une région abritée ; petite crique de la côte E. de l'île Peufret.

J'ai déjà signalé brièvement la station des Glénans (C. R. Av. Sc., t. 183, 1926, p. 904). L'espace limité dont je disposais ne m'a pas permis d'ajouter que M. Sauvageau, signalant le *F. Doubletii* à Guéthary et Cherbourg, avait déjà écrit : « Il vit assurément sur des points intermédiaires » (Bull. de la stat. biol. d'Arcachon, 1925). Il me fait grief de cette omission (C. R. Ac. Sc., t. 183, 1926, p. 1.006 et Bull. de la stat. biol. d'Arcachon, 1927). Il aurait pu lui-même reconnaître que j'ai apporté quelques précisions à ses prévisions.

Ces précisions n'ont que l'intérêt de signaler des stations nouvelles, ce qui peut être utile aux Algologues qui font de la récolte et à ceux qui s'occupent de répartition géographique. Elles m'ont paru nécessaires parce que *F. Doubletii* n'existe pas sur tous les points intermédiaires entre Guéthary et Cherbourg puisque M. Sauvageau nous informe lui même que cette Algue n'a pas été rencontrée à l'île de Ré.

M. Sauvageau ajoute obligeamment que j'aurais pu récolter le *F. Doubletii* à Concarneau. Qu'il existe à Concarneau c'est une hypothèse vraisemblable, mais ce n'est toujours qu'une hypothèse, et je dois à la vérité de dire que, ni en 1925 où j'ai pu exploré minutieusement tous les environs, ni en 1926, je ne l'ai remarqué, alors, que cette dernière année, je l'ai observé aux Glenans deux fois en trois marées en des points où il n'est pas abondant.

Pierre NOBECOURT
Assistant à l'Institut Arloing de Tunis.

SUR L'ARMILLARIA MELLEA VAHL EN CULTURES PURES

L'*Armillaria mellea* est une Agaricinée dont le parasitisme est fréquent sur les racines et les troncs d'un grand nombre d'arbres et constitue une de causes les plus ordinaires des maladies des racines connues sous le nom de « pourridiés ». Ses rhizomorphes, rampant dans le sol, peuvent propager la maladie d'arbre à arbre et occasionner ainsi de grands dégâts. Un de ses hôtes les plus habituels est le Mûrier ; aussi ce Champignon est très redouté des Sériciculteurs.

Nous avons obtenu en octobre 1922, une culture pure de ce Champignon en prélevant *aseptiquement* un fragment du pseudo-parenchyme d'un chapeau d'*Armillaria mellea* et en l'ensemençant en tube de Roux sur carotte stérilisée ; au bout d'une dizaine de jours, un duvet mycélien se développa à partir du fragment ensemencé, puis se formèrent les rhizomorphes caractéristiques.

Des cultures d'*A. mellea* avaient été obtenues dès 1877 par Brefeld (1) sur jus de pruneau et mie de pain. Il avait ainsi obtenu la formation de mycélium et de rhizomorphes ramifiés. Plus récemment, au cours de belles recherches, G. Boyer (2) a réussi à cultiver sur milieux stérilisés un assez grand nombre de Champignons supérieurs, parmi lesquels l'*A. mellea*. Nous croyons cependant utile de relater les observations et les expériences que nous avons pu faire sur les cultures pures de cet Hyménomycète dont l'étude est intéressante tant au point de vue de la Mycologie et de la Phytopathologie qu'à celui de la Physiologie générale.

Depuis près de quatre ans, nous avons fait de nombreuses cultures par repiquages successifs de fragments de cultures antérieures et nous avons constaté que le Champignon présentait toujours, même après ces nombreux passages, un aspect identique sur des milieux identiques.

Sur des milieux solides (carotte, moût de bière gélosé), il se produit à la surface, autour du fragment ensemencé, un mycélium

(1) Brefeld, *Botanische Untersuchungen über Pilze.* Heft III.
(2) G. Boyer, *Etudes sur la Biologie et la Culture des Champignons supérieurs.* Th. Sc. Bordeaux, 1918.

d'abord blanc, mais brunissant rapidement. Sa croissance s'arrête assez tôt et généralement, il ne s'étend guère sur plus d'un centimètre. En s'épaississant, il donne une sorte de croûte brune, sous laquelle les rhizomorphes se produisent sous forme de nombreux cordons plus ou moins aplatis, qui s'enfoncent dans le milieu nutritif, souvent sur une grande distance, s'y ramifient en tous sens et en ressortent parfois pour s'y enfoncer à nouveau ; leur observation est rendue parfaitement facile par la transparence des milieux gélosés. Lorsqu'ils arrivent à la surface, les rhizomorphes y donnent naissance à un mycélium rampant. Au bout de quelque temps, ils produisent souvent aussi, à l'intérieur de la gélose, du mycélium qui forme une sorte d'auréole tout autour d'eux et qui, simulant assez bien des poils absorbants, accentuent la ressemblance de ces organes avec des racines. Les portions de rhizomorphes exposées à l'air brunissent, mais les parties plongées dans le milieu nutritif restent blanches.

En milieux liquides (bouillon de carottes, jus de pruneaux, moût de bière), il faut distinguer les ensemencements faits en surface, des ensemencements faits au fond du vase de culture.

Ensemencé en surface, le Champignon se comporte à peu près comme en milieu solide : formation de croûte blanche, puis brune, émettant dans le liquide des rhizomorphes ramifiés. Ceux-ci naissent de préférence au voisinage des parois du vase de culture et il semble y avoir là une excitation due au contact.

Si le fragment ensemencé est maintenu submergé, il donne, au sein du liquide, un mycélium floconneux et présentant souvent une zonation très nette. Lorsque, par l'effet de sa croissance, il est arrivé à la surface, le mycélium forme une croûte qui, par la suite, produit des rhizomorphes qui s'enfoncent de nouveau dans le liquide où ils conservent indéfiniment leur belle teinte blanche. Jamais les rhizomorphes ne commencent à se former à l'intérieur du liquide de culture.

Nous venons de voir que l'*Armillaria* pousse avec facilité sur divers milieux stérilisés d'origine végétale. L. Lutz (1) ayant établi la formule d'un milieu de composition chimique bien définie, sur lequel il a réussi la culture de nombreux Hyménomycètes, nous avons essayé la culture sur ce milieu, de l'*Armillaria mellea* avec lequel cet auteur n'avait pas expérimenté. Sur ce milieu, solidifié par la gélose, notre Champignon pousse lentement, sous forme de mycélium rampant, s'épaississant parfois en croûtes. Le mycélium peut pénétrer à quelques millimètres dans la gélose, mais il ne se forme jamais de rhizomorphes sur ce milieu qui se révèle médiocrement favorable à l'*Ar-*

(1) L. Lutz, *Sur la culture des Champignons Hyménomycètes en milieu artificiel* (C.R. Ac. Sc., t. 180, 16 février 1925).

millaria. Ensemencé submergé dans ce même milieu, non solidifié par la gélose, le Champignon développe lentement un mycélium floconneux.

Dans la liqueur de Raulin, il se comporte de même.

Nous avons aussi essayé le bouillon de viande usité en bactériologie, ainsi que le bouillon gélosé, mais le développement du Champignon sur ces milieux est presque nul.

Dans aucun cas, pas plus que nos devanciers, nous n'avons pu obtenir la formation des carpophores du Champignon, même en le cultivant sur des quantités de substance nutritive assez volumineuses.

Cultivé sur une assez grosse branche de Mûrier stérilisée à l'autoclave dans un vase contenant un peu d'eau, le Champignon s'est développé, comme sur le Mûrier vivant, sous forme de lames blanches ramifiées, rampant entre l'écorce et le bois (qui reste intact, car l'*A mellea* n'attaque pas les tissus lignifiés), mais, sur ce substratum cependant de même nature que celui sur lequel il est accoutumé de se développer, il n'a produit aucun carpophore. Sa croissance y est d'ailleurs bien moins vigoureuse que sur carotte ou moût de bière.

Nous avons voulu savoir si le *Bacillus tumefaciens* qui, chez un très grand nombre de végétaux supérieurs déclenche une abondante prolifération cellulaire aboutissant à la formation de tumeurs, aurait une influence sur l'*A. mellea.* Inoculé à une vigoureuse culture de ce Champignon sur moût de bière gélosé, en voie de développement, il n'a nullement modifié l'évolution de cette culture et aucune prolifération anormale n'a pu être notée. La Bactérie s'est bornée à produire sur la gélose, de très volumineuses colonies visqueuses.

Luminosité. — La particularité la plus remarquable de l'*A. mellea* est sa luminosité. On l'a signalée fréquemment dans la nature sur les souches attaquées. Brefeld l'avait également observée dans ses cultures. Mais Boyer n'a pu la constater dans les siennes (1) et il émet l'hypothèse que la phosphorescence des souches atteintes par ce Champignon peut être due à des Bactéries associées.

Nos recherches sur ce sujet montrent que cette hypothèse est inexacte. En effet, nos cultures se sont toujours montrées lumineuses, quoique l'examen microscopique le plus attentif n'ait pu nous y déceler de Bactéries. Ce résultat est à rapprocher de celui de Raphaël Dubois, qui, à la surface des chapeaux phosphorescents de l'*Agaricus olearius* n'a pu trouver de Bactéries lumineuses (2).

Un fait remarquable est que le chapeau de l'*A. mellea* n'est pas

---

(1) G. Boyer, *Loc. cit.* et aussi : « *Le mycélium et les rhizomorphes d'A. mellea Vahl obtenus en cultures pures sont-ils prosphorescents* (A.F.A.S., Congrès de Rouen, 1919).

(2) R. Dubois, *Les Microbes lumineux* (L'Echo des Soc. et Assoc., vétérinaires, 1889).

lumineux, et que, néanmoins nos cultures, qui en dérivent par bouturage aseptique, sont lumineuses.

Cette luminosité ne s'est nullement affaiblie à la suite des nombreux repiquages que nous avons effectués depuis près de quatre ans. Nous l'avons constatée même sur le milieu synthétique de Lutz, qui est pourtant peu favorable au développement de ce Champignon. Aussi, n'arrivons-nous à nous expliquer les résultats négatifs de G. Boyer que par l'insuffisante durée des observations de cet auteur, car, en effet, l'œil n'arrive souvent à distinguer les lueurs des cultures d'*A. mellea* qu'après s'être accoutumé à l'obscurité pendant un temps parfois assez long.

Contrairement à ce qui a été remarqué chez les Photobactéries, la lumière du jour n'a pas d'action inhibitrice sur ce phénomène et la phosphorescence se manifeste aussi bien dans des cultures faites au grand jour que dans celles laissées à l'obscurité.

L'action des vapeurs anesthésiques (éther, chloroforme), suspend instantanément dans nos cultures la production de la lumière. Celle-ci reparaît lorsque les anesthésiques ont été éliminés.

La luminosité n'existe pas dans le très jeune mycélium ; elle commence avec le brunissement de celui-ci et peut durer plus de 15 jours, alors même que le mycélium est complètement transformé en stroma brun.

Les parties plongées dans le milieu nutritif ne brillent pas plus qu'elles ne brunissent, ce qui indique que les deux phénomènes exigent la présence d'oxygène libre pour se produire. Si l'on sectionne une culture sur milieu solide, la section présente immédiatement de vives lueurs par suite de l'oxydation subite des tissus maintenus jusqu'alors à l'abri de l'air.

Si on ajoute quelques gouttes de teinture de gaïac au liquide sur lequel on a cultivé l'*A. mellea*, on obtient une coloration bleue qui ne se produit pas avec ce même liquide préalablement chauffé à 60°. Cette réaction nous décèle la sécrétion d'une oxydase par le Champignon.

C'est à l'intervention de cette enzyme que doit vraisemblablement être attribué le brunissement des parties de culture exposées à l'air. Joue-t-elle aussi un rôle dans la photogenèse ? C'est probable ; on sait en effet, que les travaux de R. Dubois ont établi que, chez les Animaux, la production de la lumière résulte de l'oxydation d'une substance photogène, la luciférine, par une enzyme, la luciférase. Or, la luminosité de nos cultures disparaît par chauffage à 60°, température qui détruit les oxydases. Cependant, contrairement à ce qu'a obtenu R. Dubois avec les substances photogènes d'origine animale, il ne nous a pas été possible de ramener la lumière dans les cultures éteintes par la chaleur, en les additionnant de produits oxydants (permanganate de potasse, eau oxygénée). La cause de cette différence de comportement nous échappe encore.

Des recherches ultérieures nous permettront sans doute d'élucider plus complètement le mécanisme de la photogenèse chez l'*A. mellea*, grâce à la possibilité d'obtenir ce phénomène en cultures pures.

P. BUGNON

Maître de conférences-adjoint de botanique à la Faculté des Sciences de Caen.

APERÇU SUR L'ORIGINE ET L'EVOLUTION DU CONCEPT DE PHYLLODE

Le terme de *phyllode* fut employé par A.-P. DE CANDOLLE (1) en 1813 pour désigner les « pétioles de certaines feuilles composées ou très découpées, qui prennent tellement d'extension, qu'ils semblent de véritables feuilles, et que leurs folioles avortent en tout ou en partie, par exemple, dans les Acacies de la Nouvelle-Hollande, et peut-être dans les Buplèvres, etc. ».

La notion nouvelle fut reprise, définie avec plus de détails et son application fut considérablement étendue par le même auteur en 1827 (2).

Dans le cas de diverses espèces d'*Acacia*, la nature pétiolaire des lames foliacées considérées est évidente : tous les intermédiaires se présentent en effet, *sur la même plante*, soit successivement, au cours du développement ontogénique, soit même simultanément, à l'état adulte (*A. heterophylla*, *sophorae*, etc.), entre les feuilles à pétiole cylindrique, supportant un limbe composé, et les feuilles à pétiole aplati, foliacé, à limbe avorté. Il en est de même chez quelques *Oxalis* (*O. bupleurifolia*, *fruticosa*), chez le *Bupleurum difforme*, cités aussi par DE CANDOLLE.

La notion de phyllode correspond donc ici à une réalité certaine ; la création du terme avait l'avantage non seulement d'abréger, mais de préciser le langage, en imposant la distinction nécessaire entre des organes, les lames foliaires, qui peuvent affecter la même forme d'ensemble, tout en ayant une valeur morphologique différente.

---

(1) Aug.-Pyr. DE CANDOLLE, Théorie élémentaire de la botanique, Paris, 1813, p. 333.

(2) Aug.-Pyr. DE CANDOLLE, Organographie végétale, Paris, 1827, t. I, p. 282-289.

L'analyse des caractères des phyllodes ainsi définis (position relative de la lame, organisation de son sommet, distribution de ses nervures), amena DE CANDOLLE à leur homologuer les lames foliaires de plantes chez lesquelles les intermédiaires manquent pour légitimer indiscutablement l'application du concept. C'est ainsi qu'*il interpréta par analogie comme des phyllodes* les feuilles de divers Buplèvres, du *Ranunculus gramineus*, « et en général de toutes les dicotylédones dont les feuilles semblent munies de nervures longitudinales et parallèles » (*loc. cit.*, 1827, p. 284), celles aussi de nombreuses monocotylédones « comme les potamogétons submergés, les jacinthes, les iris, etc. » (*loc cit.*, 1827, p. 288).

A l'époque où DE CANDOLLE introduisit la notion de phyllode, on ne faisait pas encore de distinction tranchée entre pétiole et gaine. La gaine n'était considérée que comme un aspect local ou général du pétiole ; c'est ainsi que, parlant de la feuille des Ombellifères et des Renonculacées (*loc. cit.*, 1827, p. 280-281), DE CANDOLLE mentionne l'aspect embrassant ou engainant de la base du pétiole chez la plupart de ces plantes. « La gaîne, dit-il, quoique plane, conserve les caractères du pétiole;... en un mot, c'est une lame pétiolaire »... A propos de la feuille des Graminées, il dit également (*loc. cit.*, 1827, p. 285) : « mais souvent aussi le pétiole est engaînant et comme foliacé; c'est ce qu'on voit particulièrement dans les graminées, où il porte le nom de gaîne ».

Pour DE CANDOLLE, la notion de phyllode devait donc s'appliquer aussi bien aux lames foliacées dérivant de la portion engainante de la feuille qu'à celles tirant leur origine de la portion cylindrique supérieure d'un pétiole. On en trouve la preuve notamment dans le passage suivant : « Dans la partie supérieure des tiges des ombellifères, on voit fréquemment ces gaînes pétiolaires qui existent, quoique n'ayant pu produire ni le limbe foliacé, ni quelquefois la partie cylindrique du pétiole. Si l'on venait à trouver une ombellifère qui n'eût que ces gaînes, on pourrait être tenté de leur donner le nom de feuilles, quoique ce fussent évidemment des pétioles engaînants; c'est ainsi que l'on appelle feuilles dans le *lathyrus nissolia*, de véritables gaînes pétiolaires (1) qui, lorsqu'elles sont tout à fait dépourvues de limbe, se dilatent plus encore qu'à l'ordinaire, et jouent à quelques égards le rôle physiologique de feuilles » (*loc. cit.*, 1827, p. 281). Et, par la suite, DE CANDOLLE rangea expressément le *Lathyrus Nissolia* parmi les Dicotylédones dont les feuilles ont « seulement un pétiole foliacé, faisant l'office de limbe », c'est-à-dire dont les feuilles sont des phyllodes (p. 288-289).

---

(1) L'existence de stipules, d'ailleurs très petites et qui paraissent avoir échappé à DE CANDOLLE, à la base des feuilles de cette plante, fait qu'actuellement on ne peut plus assimiler ces feuilles à des gaines.

Les études ultérieures sur l'ontogénie foliaire conduisirent toutefois à faire regarder la gaine comme une partie de la feuille bien distincte du pétiole. Pour EICHLER, notamment, l'ébauche foliaire initiale, le primordium foliaire, se différencierait de bonne heure en une partie basale, le *Blattgrund*, et une partie supérieure, l'*Oberblatt;* c'est de celle-ci que résulteraient à la fois le limbe et le pétiole, la gaine et les stipules prenant naissance aux dépens de la première, ou base foliaire. Pour BOWER, la feuille comprendrait fondamentalement un axe, ou *phyllopodium*, capable de se différencier par la suite en trois régions : *hypo-*, *meso-* et *epipodium* ; le pétiole dériverait du *mesopodium* ; la base foliaire, qu'elle devienne ou non engainante et stipulée, correspondrait à l'*hypopodium*.

Les auteurs actuels paraissent avoir généralement accepté la distinction foncière entre gaine et pétiole, la limite commune entre ces deux régions étant bien marquée surtout quand des stipules existent.

Ainsi, quand Agnès ARBER (1) reprit récemment la théorie phyllodienne de la feuille des Monocotylédones pour l'étayer à l'aide d'arguments anatomiques, elle distingua par des désignations spéciales les *phyllodes pétiolaires* (équivalents morphologiquement au pétiole et à la base foliaire) et les *phyllodes de base foliaire* (équivalents à la base foliaire seulement) (*loc. cit.*, p. 466).

En général, la base foliaire ne paraît d'ailleurs prendre qu'une part très faible à la constitution de phyllodes dits pétiolaires : on s'en rend compte aisément quand il y a des stipules (*Acacia*, etc.). J'ai proposé (2), pour abréger le langage, de désigner dorénavant ces deux catégories de phyllodes par les termes de *mésophyllodes* et d'*hypophyllodes*, en empruntant la terminologie commode de BOWER (3).

Par contre l'*epipodium*, toujours représenté au sommet des phyllodes au moins par sa première ébauche, peut jouer un rôle plus ou moins grand dans leur constitution. C'est le cas notamment pour diverses espèces d'*Acacia* (*A. melanoxylon*, etc.) où le rachis s'élargit en une lame qui prolonge la lame pétiolaire et qui n'équivaut pas au vrai limbe, lequel est représenté ou non par des folioles. Il s'agit alors de phyllodes composés, de *méso-épiphyllodes*.

J'ai montré d'autre part (4) que, chez l'Aubépine en particulier, on peut trouver aisément des lames foliaires, portées par une base courte ou plus ou moins allongée en pseudo-pétiole, et qui com-

---

(1) Agnès ARBER, The phyllode theory of the monocotyledonous leaf, with special reference to anatomical evidence (Ann. of Bot., XXXII, 1918, p. 465-501).

(2) P. BUGNON, Homologies foliaires chez la violette odorante : sépales et pétales (C.R.A.S., t. 180, p. 1042, 1925).

(3) Divers auteurs récents : GOEBEL (Organographie der Pflanzen), VELENOVSKY (Vergleichende Morphologie der Pflanzen), etc., qui n'envisagent pas ces phyllodes de base foliaire, restreignent donc beaucoup trop l'acception du terme de phyllode.

(4) P. BUGNON. Pododes et protophyllodes végétatifs (C.R. Congrès de Grenoble A.F.A.S., 49e session, p. 366, 1926).

prennent à la fois le lobe médian pétio-limbaire et les lobes latéraux stipulaires : ces trois lobes primordiaux, qui d'ailleurs y présentent une importance relative très variable, restent confondus dans une même lame, comme ils le sont en puissance dans la première ébauche foliaire; la région pétiolaire, toujours formée tardivement dans les feuilles végétatives, ne se différencie pas ici de manière à les écarter les uns des autres ; leurs limites réciproques restent parfois indiquées par des indentations du contour de la lame, mais elles peuvent aussi n'être plus reconnaissables que grâce à la distribution nervuraire.

J'ai désigné ces lames complexes par le terme de *protophyllodes* et, par celui de *polode*, l'*hypopodium* qui les supporte, lorsqu'il prend l'aspect qu'offre le pétiole par rapport aux vrais limbes.

La notion de protophyllode, qui a déjà permis d'interpréter des traits d'organisation jusque-là inexpliqués (nodule de tissu recloisonné dans les cotylédons du *Lupinus angustifolius* (1), éperon des pétales de *Viola odorata* (2), etc.), en éclairera sans doute encore beaucoup d'autres, surtout dans le domaine de la morphologie embryonnaire et florale.

Abbé P. FREMY

Licencié ès Sciences naturelles.
Professeur de Sciences naturelles à l'Institut libre de Saint-Lô (Manche).

INCRUSTATION CALCAIRE PRODUITE PAR DES ALGUES D'EAU DOUCE

On sait qu'un assez grand nombre d'algues marines sont incrustées de calcaire ou produisent des incrustations sur leur substratum. Le même phénomène se produit régulièrement chez plusieurs espèces d'eau douce appartenant aux genres *Schizothrix*, *Symploca*, *Phormidium*, *Rivularia*, parmi les Cyanophycées ; *Gongrosira*, *Chlorotylium*, parmi les Chlorophycées.

(1) P. Bugnon, Sur les homologies des feuilles cotylédonaires (C.R.A.S., t. 176, p. 1732, 1923).
(2) P. Bugnon, *loc. cit.*, 1925.

Mais, ce ne sont là que des cas extrêmes et l'on peut admettre *en principe* que toute plante aquatique possédant un pigment assimilateur se trouvera plus ou moins incrustée de carbonate de calcium, si elle vit dans des eaux contenant ce sel en dissolution. Le mécanisme de ce phénomène a été souvent expliqué; il se ramène schématiquement aux trois phases suivantes : dissolution du Co^3Ca dans les eaux chargées de Co^2 ; absorption du Co^2 par le végétal au moment de l'assimilation ; précipitation du Co^3Ca.

Et, *de fait*, à maintes reprises, j'ai observé des incrustations calcaires plus ou moins complètes, produites par de très nombreuses espèces d'algues d'eau douce appartenant aux groupes les plus divers : Chroococcacées, Oscillariées, Nostacacées, Protococcasées, Chaetophoracées, Cladophoracées, Ulotrichacées, Siphonées, Hétérokontes, Floridées (1).

L'incrustation peut d'ailleurs se former soit sur l'algue elle-même, soit sur son substratum dont elle modifie alors, plus ou moins, les contours primitifs. Elle peut être produite par une seule espèce ou par une association.

C'est une incrustation ayant cette dernière origine que je trouvai, au mois d'octobre 1925, dans un ruisselet des carrières de calcaire précambrien de Cavigny (Manche), sur la rive gauche de la Vire, à une dizaine de km. au Nord de Saint-Lô. Le fond de ce ruisselet était formé de cailloux plus ou moins arrondis ou mamelonnés, épais de 2-5 centimètres, et recouverts d'un enduit brun-violacé, légèrement velouté, que je crus être un tapis d'*Amphithrix janthina* Born. et Flah., qui présente souvent cet aspect à l'état vivant, et que j'avais précédemment récolté en cet endroit. Mais au lieu de devenir roses ou violacées, en se desséchant, comme il serait arrivé s'ils avaient été tapissés par des *Amphithrix*, ces cailloux prirent des teintes assez indécises : noirâtres, brunâtres, verdâtres, grisâtres. En les brisant, je reconnus qu'ils étaient formés d'un noyau anguleux de calcaire précambrien, noir et dur, recouvert irrégulièrement d'une couche parfois épaisse de 1 cm. de calcaire blanc et tendre. Après avoir traité par l'acide acétique étendu plusieurs fragments de ce dépôt, j'obtenai constamment un résidu dans lequel, à l'examen microscopique, je reconnus la présence de quatre espèces d'algues : trois Cyanophycées, *Phormidium foveolarum* Gom., *Phormidium ambiguum* Gom., *Phormidium subfuscum* Kütz. et une Floridée, *Chantransia pygmaea* Kütz. Ces quatre espèces se trouvaient parfois intimement mélangées, parfois séparées. La plus abondante était *Phormidium ambiguum; Ph. foveolarum* était en très faible quantité. Quelques modifications morphologiques et physiologiques résultaient de

(1) Cf. Frémy P., Incrustation calcaire du *Batrachospermum moniliforme* Roth. (*Bull. de la Soc. Linn. de Normandie*, 7e série, t. VI, 1923, pp. 118-121, pl. VII).

l'adaptation à ce milieu très spécial. Et tout d'abord, la présence de gaines autour des trichomes des trois Cyanophycées. Chez *Phormidium ambiguum*, elles existent normalement, mais ici, elles se présentaient, dans les parties profondes du dépôt, à l'état de vacuité. C'est que, la plante ayant besoin de lumière pour assimiler, son trichome se portait constamment vers l'extérieur, à mesure que le dépôt calcaire s'épaississait. Sa forme et ses dimensions (fig. 1) correspondaient exacte-

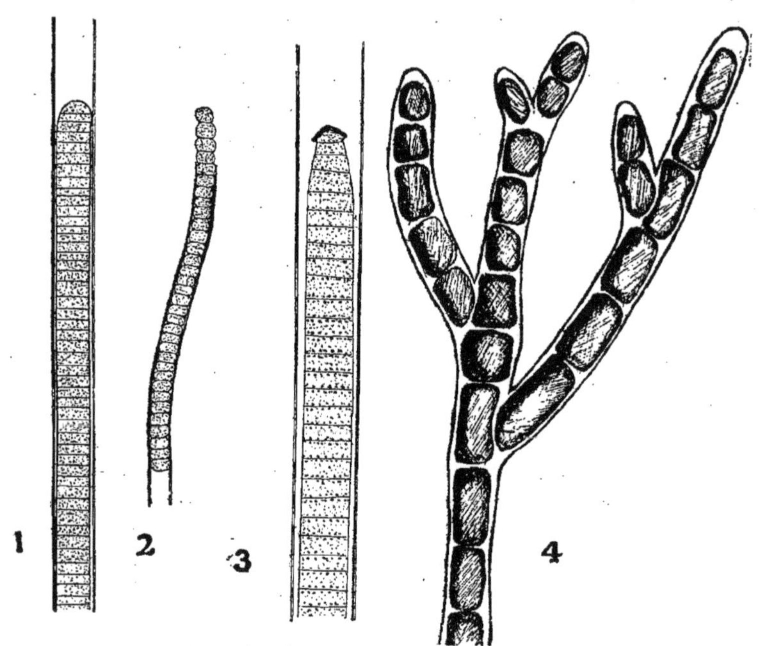

Fig. 1-4. Algues produisant l'incrustation calcaire; 1. *Phormidium ambiguum* Gom. × 1.000. — 2. *Phormidium foveolarum* Gom. avec gaine × 1.500. — 3. *Phormidium subsfuscum* Kütz, avec gaine × 750. — 4. *Chantransia pygmea* Kütz forme peu rameuse × 500.

ment à la diagnose et à la figure qu'en donne Gomont (*Monogr. des Oscillaricées*, 2e partie, p. 198, pl. v. fig. 10). — *Phormidium foveolarum* est ordinairement dépourvu de gaine. La présence de celle-ci, chez une espèce de si faibles dimensions (1 cm.. d'épaisseur), rend très difficile la détermination, car elle masque l'aspect toruleux du trichome. Mais, comme j'ai trouvé quelques trichomes en partie évaginés (fig. 2), je n'ai aucun doute au sujet de l'exactitude de ma dénomination. — *Phormidium subfuscum* est lui aussi ordinairement dépourvu de gaine, mais son extrêmité droite, légèrement atténuée, terminée par une coiffe conique, permettent de le reconnaître sans difficulté (fig. 3). — Chez *Chantransia pygmaea*, la seule modification que j'aie pu observer consiste dans la rareté de ses ramifications (fig. 4).

Cette espèce est d'ailleurs fréquemment calcifiée (Cf. DESMAZIÈRES, *Crypt. de la France*, II, n° 476), non les trois autres, pas même *Ph. foveolarum* qu'on trouve ordinairement dans les trous des roches calcaires, mais sans qu'il soit encroûté. On conçoit que lorsque l'incrustation se produit, la quantité de lumière reçue devenant de plus en plus faible, l'assimilation chlorophyllienne deviendrait de plus en plus difficile si un nouveau facteur n'intervenait pas. R. WURMSER (1) a montré que dans ce cas la phycoérythrine peut jouer, par rapport à la chlorophylle, le rôle de sensibilisateur et lui permettre d'assimiler, même sous de très faibles éclairements. C'est ce qui se produisait chez les *Phormidium* incrustés de Cavigny : au lieu d'être vert-bleu, la plupart de leurs trichomes, surtout ceux de *Ph. ambiguum*, présentaient une teinte rosée extrêmement nette. J'ai d'ailleurs remarqué que la plupart des Cyanophycées vivant en des endroits peu éclairés (*Hydrocoleum Brebissonii* Kütz., *Scytonema stupasum* (Kütz.) Born, etc,), présentent presque toujours la même coloration.

Ces faits, intéressants au point de vue biologique le sont aussi au point de vue géologique : nombre d'incrustations que l'on remarque souvent dans les roches sédimentaires, et dont on se demande l'origine, ne se seraient-elles pas formées comme celles dont nous venons d'expliquer la genèse ?

A. GUILLIERMOND

Professeur à la Sorbonne.
Laboratoire de botanique PCN, 12, rue Cuvier (Paris-5e).

SUR LA REVERSIBILITE DE FORMES DU VACUOME OBSERVEE AU COURS DE LA PLASMOLYSE

Dans notre mémoire : Observations vitales sur le chondriome de la cellule végétale, nous avions signalé incidemment, au cours de la plasmolyse des cellules épidermiques des pétales de Tulipe, la production par une sorte de bourgeonnement périphérique, de petites vacuoles d'aspect filamenteux. Nous n'avons pas insisté sur ce phénomène

(1) *Recherches sur l'assimilation chlorophyllienne*. Paris, Hermann, 1921.

cependant fort intéressant, parce que, à ce moment, nous n'en soupçonnions ni la signification, ni l'importance.

Nous avons repris depuis des expériences de plasmolyse sur les cellules épidermiques des pétales de Tulipe à pigment rouge, afin de reproduire ce phénomène et de l'étudier d'une manière plus précise. Rappelons que les cellules épidermiques des pétales de Tulipe, dans les fleurs adultes renferment une unique et énorme vacuole, qui, dans les variétés rouges, est remplie d'anthocyane. En plasmolysant ces cllules par des solutions à diverses concentration de NaCl ou de saccharose, on constate d'abord la contraction progressive de la masse protoplasmique qui se détache de la paroi cellulosique et se concentre au milieu de la cellule. En général, comme les cellules sont très allongées, la masse protoplasmique, en se contractant, forme dans l'axe longitudinal de la cavité cellulaire plusieurs boules sphériques, d'inégales grosseurs, disposées en chapelets et réunies l'une à l'autre par un mince filet cytoplasmique. Cette contraction détermine une fragmentation de la vacuole qui se divise en autant de vacuoles qu'il se produit de boules protoplasmiques. Peu à peu, en se déshydratant, ces vacuoles peuvent continuer à se fragmenter et, au bout d'un certain temps, les vacuoles résultant de cette fragmentation apparaissent dans certaines cellules sous formes de petits éléments constitués par une solution très condensée d'anthocyane et qui prennent des aspects très variés : filaments très minces et onduleux, parfois anastomosés en réseau, formes en massues, en haltères, sphérules isolées ou réunies en chaînettes, etc... qui sont représentées dans notre dessin. Ces figures rappellent tout à fait l'aspect qu'affectent les vacuoles dans les cellules embryonnaires des Végétaux supérieurs. Ces figures cependant ne s'obtiennent pas très facilement et ne sont pas constantes. Il faut pour les produire employer une concentration assez élevée de NaCl ou de saccharose, par exemple une concentration d'au moins 5 % de NaCl. Nous sommes arrivés à les obtenir également en plasmolysant les cellules de jeunes feuilles d'*Iris germanica* ou les filaments d'un *Saprolegnia* par une solution de NaCl à laquelle on ajoutait un peu de rouge neutre pour colorer le vacuoles.

On sait que les cellules embryonnaires des Phanérogames offrent un vacuome qui apparaît sous forme d'un grand nombre de minuscules éléments, d'aspect plus ou moins mitochondrial, le plus souvent filamenteux ou réticulaires, de consistance semi-fluide, qui sont constitués par des substances colloïdales diverses possédant une grande électivité pour les colorants vitaux. Ces formations ont été décrites pour la première fois par nous dans les dents des jeunes folioles de Rosier, où étant remplies d'anthocyane, elles apparaissent sur le vivant avec une admirable netteté. Elles correspondent aux figurations qui ont été décrites à l'aide de méthodes spéciales dans les cellules animales sous le nom d'appareil réticulaire de Golgi, et de canalicules de Holmgren. Ces éléments ont un fort pouvoir d'absorption de l'eau : en se gonflant par hydratation et en se fusionnant les uns aux autres, pendant la différenciation cellulaire, ils arrivent peu à peu à se transformer en une seule vacuole ou un petit nombre de grosses vacuoles liquides, dans lesquelles le contenu colloïdal primitif subsiste, mais à l'état de solution extrêmement diluée.

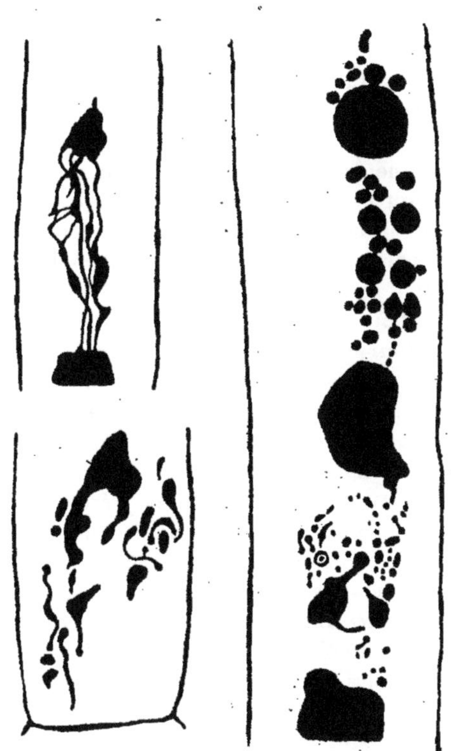

Fragments de cellules épidermiques de pétales de Tulipe rouge, plasmolysées par une solution de NaCl à 5 % et dans lesquelles la vacuole remplie d'anthocyane s'est fragmentée en un grand nombre de petites vacuoles de formes sphérulaires, filomanteuse ou réticulaires. On n'a pas représenté le protoplasme (Grossiment: 1500).

C'est par ce processus que se forme la grosse vacuole qui se trouve dans les cellules épidermiques des pétales de Tulipe, ainsi qu'il résulte des observations de P. A. Dangeard, qui a suivi sa naissance. L'observation que nous venons de relater au cours de la plasmolyse sur la transformation de cette grosse vacuole liquide en petites vacuoles semi-fluidés, de mêmes formes que celles dont elles dérivent et que celles qu'on observe dans la plupart des cellules embryonnaires a donc une certaine importance parce qu'elle démontre que les deux aspects très différents du vacuome : nombreuses et minuscules vacuoles semi-fluides et de formes mitochondriales, d'une part, et petit nombre de grosses vacuoles liquides, de l'autre, sont dans une certaine mesure réversibles : de même que les petites vacuoles semi-fluides et filamenteuses se tranforment par hydratation au cours de la différenciation cellulaire en grosses vacuoles liquides, ces dernières peuvent à leur tour dans les cellules adultes, sous certaines influences, se fragmenter et reprendre leur aspect primitif.

Les deux aspects paraissent donc dépendre du degré d'hydratation de la cellule. Les formes filamenteuses ou sphérulaires des vacuoles observées pendant la plasmolyse sont déterminées par la déshydratation de la cellule et l'augmentation de concentration du suc vacuolaire. C'est à un état également peu hydraté de la cellule qu'elles paraissent attribuables dans les cellules embryonnaires. Cette réversibilité de formes qu'on obtient expérimentalement par la plasmolyse peut se produire normalement dans certains cas. C'est ainsi que Pierre Daugeard a constaté que, pendant la maturation des graines de Ricin, les vacuoles des cellules le l'albumen, en perdant leur eau, peuvent parfois, avant de se transformer en grains d'aleurone, prendre des aspects filamenteux ou réticulaires et inversement le même auteur a observé pendant la germination du Pin que les grains d'aleurone de l'embryon, primitivement ronds, s'allongent et se transforment en filaments, en s'hydratant. Nous avons fait nousmême, plus récemment, une observation analogue dans les cotylédons du Pois : nous avons constaté que, dans l'épiderme et les zones sous-épidermiques du parenchyme, les grains d'aleurone, de sphériques qu'ils sont dans la graine à l'état de vie ralentie, sont susceptibles, au début de la germination, de prendre des formes filamenteuses ou réticulaires qui les transforment en une sorte d'appareil de Golgi typique. Ces formations ensuite, par suite d'une plus forte hydration, se fusionnent les unes aux autres pour constituer de grosses vacuoles liquides.

Il apparaît donc, d'après ces faits, que l'aspect du vacuome est déterminé par l'état de fluidité plus ou moins grande de ses éléments. Les formes filamenteuses ou réticulaires du vacuome semblent dûes à un état semi-fluide de ses éléments, la forme ronde des grains d'aleurone est le résultat d'une déshydratation plus complète amenant l'état solide de la vacuole. Enfin, la forme vacuole typique, c'est-à-dire l'inclusion liquide dans le cytoplasme, résulte de l'hydration intense accompagnée de fusionnement des éléments semi-fluides.

Il ne faut pas confondre cette réversibilité de formes que nous venons de décrire avec un phénomène signalé par Pensa et que cet auteur paraît avoir mal interprété. On sait depuis nos observations déjà anciennes que l'anthocyane apparaît dans les dents des jeunes folioles de Rosier dans un vacuome encore à l'état filamenteux. Les éléments filamenteux ou réticulés de ce vacuome se gonflent ensuite par hydratation et se fusionnent pour constituer dans les cellules adultes une énorme vacuole remplie d'une solution diluée d'anthocyane. Pensa, qui a repris l'observation de la formation de l'anthocyane dans les dents des jeunes folioles de Rosier, a constaté qu'en traitant par une solution de sulfate de quinine des cellules adultes dans lesquelles l'anthocyane est répartie d'une manière uniforme dans toute la cellule, on obtient la formation d'éléments filamenteux ou réticulés semblables à ceux que l'on observe dans ces cellules. Il n'admet pas que l'anthocyane est localisée dans des vacuoles et pense qu'il se trouve dans le cytoplame lui-même à l'état de phase dispersée qui, dans certaines conditions, peut se séparer sous forme d'éléments filamenteux ou réticulés. Mais en réalité le phénomène obtenu par Pensa sous l'influence du sulfate de quinine consiste en la précipitation de l'anthocyane se trouvant à l'état de phase dispersée dans la vacuole et non dans le cytoplasme. Cette précipitation produit des figures qui rappellent un peu les figures initiales du vacuome, mais ne leur sont pas assimilables.

Par contre, les phénomènes que nous avons obtenus (1) par la plasmolyse dans les cellules épidermiques des pétales de Tulipe sont à rapprocher d'anciennes observations de Darwin et de Vries sur les tentacules de *Drosera*. Les cellules épidermiques de ces tentacules renferment normalement une grosse vacuole remplie d'un liquide rouge. Ces auteurs ont remarqué que sous l'influence d'une excitation provoquée par le contact d'un corps étranger sur ces tentacules, la grosse vacuole des cellules épidermiques se transforme aussitôt en un grand nombre de petits corpuscules, de couleur pourpre et d'aspects très variés, souvent bacilliformes. Lorsque l'excitation cesse, ces corps se fusionnent et la cellule reprend son aspect normal avec une grande vacuole rouge. Bokorny a ensuite obtenu, sous l'influence de solutions alcalines, la production, dans le protoplasme de cellules diverses, de corps très nombreux et d'aspects variés et désigné cet état sous le nom d'état d'agrégation du protoplasme, en le rapprochant du phénomène observé par Darwin et de Vries, mais il n'est pas certain qu'il lui soit comparable.

(1) Rappelons que Parat et Bourdin ont obtenu aussi en plasmolysant les cellules épithéliales de la jeune Truite la transformation de vacuoles rondes en vacuoles filamenteuses (Obsrvations cytologiques sur l'épiderme d'embryons et d'alevins de Truite : vacuome et appareil de Golgi (*C. R. Soc. Biol.*, 1925).

Ch. DOUIN

Maître de Conférences de Botanique à la Faculté des Sciences de Lyon.

1° LE PERIANTHE DANS LA CLASSIFICATION DES HEPATIQUES

R. Spruce et les hépaticologues descripteurs se sont servis des plis du périanthe pour diviser les Hépatiques à feuilles en groupes principaux. Si cette division n'est pas très brillante, surtout en ce qui concerne les deux premiers groupes, cela tient à ce que ces plis sont mal compris ou trop nombreux pour pouvoir être employés utilement.

Dans ce qui va suivre, j'indiquerai la nature du périanthe et ses diverses sortes de plis ; je terminerai en donnant quelques exemples de périanthes réguliers avec une conclusion relative à la classification.

a) *Nature du périanthe.*

Le périanthe est formé par la soudure des dernières feuilles de la tige ♀ que, pour abréger, j'appellerai feuilles *périanthales*. L'initiale terminale de la tige, qui s'apprête à donner des archégones, se segmente une dernière fois sur ses 2, 3 ou 4 faces latérales (fig. 9 et 10) ; mais, au lieu de le faire à des distances plus ou moins grandes comme pour les feuilles situées au-dessous, les segmentations se font, sinon en même temps, du moins à des intervalles très rapprochés. Il résulte de cela que les feuilles périanthales *se formeront en même temps*. Si le développement est basilaire, les feuilles périanthales, soudées à la base, formeront une sorte de tube dressé ; si, au contraire, le développement de ces feuilles était terminal, il n'y aurait pas de périanthe puisque les feuilles seraient séparées (1).

b) *Plis et sillons.*

Si la multiplication cellulaire, dans les feuilles périanthales, n'est pas très développée, le périanthe sera anguleux (*Lophocolea*) ou plus ou moins cylindrique (*Cephaloziella floridae*), ou encore un peu évasé (*Fossombronia*) ; dans le cas contraire, le périanthe montrera des *plis* (à convexité externe) ou des *sillons* (à concavité interne) ou encore *des surfaces planes* (*Scapania*).

Les feuilles périanthales, en se soudant, peuvent former, soit des *plis* (*plis interfoliaires*), soit des *sillons* (*sillons interfoliaires*) ou des *surfaces planes* (*Radula*).

---

(1) DOUIN Ch., Lois de la coalescence des tissus, principe *m*, Rev. gén. de Bot. (1924), p. 434.

c) *Exemples divers*

Il y a des cas où, par suite d'une curieuse convergence, on observe des périanthes à *forme identique* tout en étant très différents par leur composition, tel est le suivant :

1° *Cephalozia et Eremonotus*

Dans ces 2 genres, le périanthe est à cinq plis : un pli ventral et deux plis latéraux ; c'est le caractère essentiel des Trigonanthées de Spruce. Cependant ces deux périanthes sont complètement différents. Les schémas (fig. 1 et 2), comme tous les autres, représentent les périanthes en coupe transversale avec les feuilles involucrales voisines.

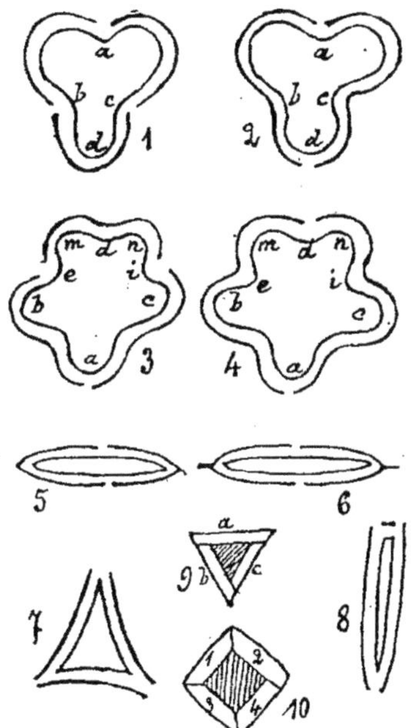

Dans le *Cephalozia*, le pli ventral *a* est d'origine *foliaire*, tandis qu'il est interfoliaire chez l'*Eremonotus* ; dans le premier genre, les sillons latéraux *b* et *c* sont interfoliaires, tandis que ce sont des sillons foliaires dans le second.

Ces différences proviennent de ce que le *Cephalozia* possède des amphigastres, tandis que l'*Eremonotus* en est complètement dépourvu, même dans l'involucre. La tige du premier possède une initiale à 3 faces latérales ; l'initiale de la tige du second n'en a que deux.

2° *Cephalozialla et Caulolejeunea*.

Le périanthe de ces deux genres a normalement quatre plis et le plus souvent cinq quand le pli ventral est dédoublé (fig. 3 et 4). On retrouve ici à peu près les mêmes différences que dans l'exemple précédent par suite de la même cause : présence ou absence des amphigastres.

Dans le *Cephaloziella*, le pli ventral *mdn* est un pli foliaire ; c'est un pli interfoliaire dans le *Caulolejeunea* ; les sillons *e* et *i* sont interfoliaires dans le premier genre, tandis que ce sont des sillons foliaires dans le second.

Le *Caulolejeunea*, par sa tige sans amphigastres, avec une initiale terminale à deux faces latérales est un des meilleurs genres démembrés du *Lejeunea* (s. l.).

3° *Autres périanthes.*

Dans les cas précédents, les feuilles périanthales se juxtaposent en formant des plis ou des sillons plus ou moins arrondis ; il en est de même des périanthes à plis très nombreux ; dans les suivants, ces mêmes feuilles forment des plis aplatis ou même des surfaces planes ou peu courbées.

Le périanthe du *Radula* (fig. 5) est formé par deux plis foliaires aplatis, opposés et juxtaposés de façon à donner une surface plane en avant et une autre surface plane en arrière. Le *Radula* n'a pas d'amphigastres et sa tige possède une initiale à 2 faces latérales.

Dans le *Scapania* (fig. 6) le périanthe est semblable au précédent, avec cette différence que les deux plis foliaires opposés sont formés par deux feuilles et que la tige du *Scapania* possède une initiale à quatre faces latérales et 4 rangées de feuilles sans amphigastres.

Le *Plagiochila* a aussi un périanthe (fig. 8) aplati, mais disposé dans un sens perpendiculaire à celui des 2 genres précédents. Les 2 plis aplatis sont interfoliaires ; et, dans le pli ventral se trouve une feuille périanthale très réduite, comme le prouvent les amphigastres rudimentaires que l'on peut rencontrer çà et là sous la tige.

Le périanthe du *Lophocolea* (fig. 7) montre souvent trois plis interfoliaires *aplatis* que séparent trois larges sillons foliaires peu profonds.

Dans les deux derniers genres, l'initiale de la tige à 3 faces latérales, ce qui a pour conséquence trois rangées longitudinales de feuilles.

En résumé, les plis du périanthe ne peuvent caractériser que des genres ou des groupes très restreints. Le vrai caractère permettant de disitnguer les groupes principaux des Hépatiques est celui de l'initiale terminale de la tige, suivant qu'elle a 2, 3 ou 4 faces latérales ou, ce qui est la même chose, suivant qu'elle a 2, 3 ou 4 rangées de feuilles. Les amphigastres, lorsqu'il y en a, sont toujours présents dans l'involucre ; et, s'ils sont absents quand la plante est stérile, on voit à la face ventrale de la tige une bande longitudinale sans feuilles où les amphigastres peuvent se montrer ; c'est ce qui a toujours lieu sur les tiges à feuilles propagulifères (1) et assez souvent sur les tiges à anthéridies.

(1) Douin Ch., Les propagules des Céphaloziellacées, Bull. de la Soc. bot. de France (1913), p. 488.

2° LES MUCINEES FOSSILES DES TUFS DU LAUTARET (Hautes-Alpes)

(Communication résumée)

On trouve dans les tufs quaternaires situés au Col de Lautaret, à proximité du Jardin alpin, diverses Muscinées appartenant aux genres *Hypnum*, *Amblystegium*, *Lophozia*. Réunissant ces données à celles de travaux antérieurs sur les Muscinées des tufs de la vallée supérieure de la Guisane et sur celles de la Région (Revue générale de Botanique, 1923 et 1925), on peut en conclure que, dès la troisième période interglaciaire, la flore bryophytique du Lautaret devait être approximativement ce qu'elle est aujourd'hui.

Maucice CHOISY

DE LA CLASSIFICATION DES LICHENS

A. SARTORY, R. SARTORY et J. MEYER

1° LES VARIATIONS DES APPAREILS VEGETATIFS ET CONIDIENS DE L'ASPERGILLUS FUMIGATUS FRESENIUS EN CULTURES SUR MILIEUX DISSOCIES ET NON DISSOCIES SOUS L'INFLUENCE DES RADIATIONS DU RADIUM

Dans cette étude les expériences ont porté sur l'Aspergillus fumigatus *Fresenius*, organisme pathogène. Les milieux de culture ont été des milieux liquides. Les uns non dissociés, les autres dissociés par le Chlorure de Sodium.

Deux séries d'essais ont été pratiquées ; la première portait sur l'application de charges réduites de Radium d'une façon discontinue, la deuxième comportait des irradiations massives et continues.

Les auteurs tirent les conclusions suivantes de leurs recherches :

En milieu saccharosé et glucosé dissocié l'irradiation sous diverses modalités détermine une modification profonde des appareils reproducteurs en même temps qu'une accélération dans l'apparition de ces appareils.

Sur milieu non dissocié des modifications importantes sont constatées, mais il n'y a pas d'exhaltation décelable en ce qui concerne la reproduction. Une nouvelle forme reproductrice est visible.

2° SUR QUELQUES MODIFICATIONS BIOLOGIQUES PRODUITES PAR L'ACTION DU RADIUM SUR L'ASPERGILLUS FUMIGATUS FRESENIUS

On a envisagé dans cette étude les modifications produites par le Radium sur les propriétés biologiques de l'Aspergillus fumigatus et particulièrement sur le pouvoir pathogène, la croissance le pouvoir réducteur sur les sucres et la concentration en ions H des milieux.

1° Croissance :

La culture provenant d'un repiquage de l'organisme soumis à l'action du Radium en milieu non dissocié croît avec un retard très appréciable sur la culture témoin. La stabilité des modifications morphologiques acquises dure 3 jours au maximum.

2° Pouvoir réducteur sur les sucres et concentration en ions H :

En milieu non dissocié l'irradiation fait augmenter le pouvoir réducteur et diminuer la concentration en ions H.

Le contraire se produit en milieu dissocié.

3° Pouvoir pathogène :

L'action du Radium sur l'Aspergillus fumigatus fait diminuer considérablement le pouvoir pathogène de celui-ci.

3° ETUDE DE LA CONCENTRATION OPTIMA EN IONS H DES MILIEUX DANS LA CULTURE DE QUELQUES CHAMPIGNONS INFERIEURS

Les auteurs ont opéré en milieu liquide (bouillon autolysé additionné de quantités variables d'acide Chlorhydrique ou de Soude pour avoir une gamme assez étendue de milieux plus ou moins acides ou plus ou moins alcalins).

Les essais ont porté sur les organismes suivants : Aspergillus fumigatus *Fresenius*, Penicillium (Scopulariopsis) brevicaule *Bainier*, Penicillium caseicolum *Bainer*, Sterigmatocystis nidulans *Eidam*, Sterigmatocystis glutescens *Bainier*.

Les conclusions tirées de cette étude sont les suivantes :

1° La vitesse optima de croissance pour chaque espèce se manifeste dans le milieu où la courbe atteint son point culminant, tandis que la récolte optima exprimée en poids est obtenue dans le milieu le plus acide et permettant encore le développement. Par exemple pour l'Aspergillus fumigatus la vitesse optima de croissance est assurée dans un milieu de pH=4,6; la récolte optima sera obtenue en partant d'un milieu de pH voisin de 3,6.

2° Les organismes dont les appareils reproducteurs sont les plus primitifs ont leur vitesse optima de croissance dans un milieu se rapprochant de la neutralité. Au contraire plus la reproduction se différencie, plus la vitesse optima émigre vers l'acidité. Il existe donc une relation entre la reproduction et la concentration en ions H des milieux.

Antonin TRONCHET

SUR L'EXTINCTION DES CONVERGENTS INTERCOTYLEDONAIRES DANS *L'ECHINOPS RETRO L.*

Les plantules de l'*Echinops Ritro L.* présentent, dans la partie supérieure de l'hypocotyle, quatre convergents : deux sont situés dans le plan de symétrie des cotylédons et constituent plus haut les nervures médianes ; les deux autres sont placés dans le plan intercotylédonaire et se mettent en rapport au niveau du nœud avec les nervures latérales. Dans la région correspondant à la partie inférieure de l'hypocotyle et à la base de la racine, les deux convergents intercotylédonaires s'éteignent, tandis que les deux convergents médians persistent d'un bout à l'autre de la plantule.

Au niveau où se produit la réduction au type binaire on constate, en considérant des plans transversaux situés de plus en plus bas le long de l'axe, que le xylème alterne de deux convergents intercotylédonaires est progressivement supprimé dans l'évolution par non différenciation. Cette suppression affecte d'abord les éléments vasculaires les plus primitifs, situés contre le péricycle, et s'étend plus bas à tout le xylème alterne : elle est achevée à peu de distance de la base de la racine. En même temps que disparaissent les vaisseaux intercotylédonaires alternes se différencient à leur suite, en direction tangentielle et d'un seul côté, des vaisseaux intermédiaires et superposés. Ces derniers constituent avec le groupe criblé situé en dehors d'eux une aile cribro-vasculaire dont le xylème tend à rejoindre celui du convergent médian le plus proche. Les deux convergents intercotylédonaires se comportant de la même manière quoique souvent à des niveaux différents, mais peu éloignés, on obtient deux ailes cribro-vasculaires opposées en diagonale, dont le xylème se raccorde complètement, si la plantule est suffisamment développée, avec celui des convergents médians. Ce raccord se réalise grâce à deux autres ailes de vaisseaux intermédiaires et superposés développés du côté correspondant par les deux convergents médians.

Un peu plus bas ces derniers existent seuls. Leur xylème, encore entièrement constitué à ce niveau par des éléments centripètes, tend à former une bande diamétrale. Celle-ci est comprise entre deux groupes criblés dont chacun fait suite à deux des quatre groupes criblés de l'hypocotyle.

Je crois interpréter exactement ces faits en disant que la disparition des deux convergents intercotylédonaires au voisinage de la base de l'hypocotyle est accompagnée d'une accélération locale de leur développement. Cette accélération, *qui s'exerce en sens inverse de l'accélération basifuge*, se manifeste par la réduction progressive du xylème alterne, puis du xylème intermédiaire, et le développement précoce d'une aile cribro-vasculaire superposée qui raccorde chacun des deux convergents qui s'éteignent à l'un des convergents médians et assure ainsi la continuité de l'appareil conducteur de la plantule. Les deux convergents médians subissent eux-mêmes une légère accélération qui se traduit par le développement plus avancé de l'une de leurs ailes vasculaires. (*Laboratoire de Botanique de la Faculté des Sciences de Lyon.*)

2° SUR DEUX MODES DE REDUCTION DANS LE NOMBRE DES CONVERGENTS.

Prof. L. BRAEMER

de Strasbourg.

LES BOTANISTES LYONNAIS RECEMMENT DISPARUS

1° Dr Antoine MAGNIN.

Le Professeur L. Braemer de Strasbourg évoque le souvenir de son maître et ami le doyen Antoine MAGNIN dont la disparition récente met en deuil le Président de la Section qui est son gendre, l'A.F.A.S. auquel le défunt appartenait depuis la fondation, et la botanique française.

Le Dr Antoine MAGNIN né à Trévoux (Ain), le 15 février 1848, est mort à Beynost (Ain) le 14 avril 1926.

Ses études secondaires faites à Belley, A. MAGNIN étudia la médecine et les sciences naturelles à Lyon où il fut interne des hôpitaux.

Il passa sa thèse à Paris, en 1876, *Sur le paludisme en Dombes*. Ce travail qui établit nettement la nature vivante et parasitaire de ce qu'on appelait le miasme paludéen fut récompensé par la Faculté de la médaille d'argent.

En 1877, à la fondation de la Faculté de médecine et de pharmacie il fut chargé des travaux pratiques d'histoire naturelle et des conférences de Cryptogamie.

Il alla soutenir sa thèse de doctorat ès sciences naturelles à Montpellier en 1879 sur la *Géographie botanique du Lyonnais*.

Chargé du cours de botanique à la Faculté des Sciences en 1880, il fut transféré dans les mêmes fonctions à Besançon en 1884, et en même temps nommé professeur à l'Ecole de médecine de cette ville. Titulaire de la chaire de botanique en 1894 il devint doyen de la Faculté des Sciences en 1902. Il était depuis deux ans directeur de l'Ecole de Médecine. Atteint par la limite d'âge après 41 ans d'enseignement il se retira en 1918 à Beynost.

Antoine MAGNIN était un maître dans toute l'expression du terme. Il a cultivé, enseigné et fait progresser toutes les branches de la botanique.

Ses études favorites qu'il a poursuivies inlassablement en tous lieux et en tous temps ont porté sur la *Géographie botanique*. Il les a fait connaître dans des publications nombreuses, notes ou mémoires dans les Annales qu'il avait fondées, dans les Annales de la Soc. Bot. de Lyon, le Bulletin de la Soc. Bot. de France, les C. R. de l'Académie des Sciences et de l'A.F.A.S. ; elles ont fait l'objet de plusieurs ouvrages de longue haleine depuis sa thèse sur la *Géographie botanique du Lyonnais*. C'est à la Soc. Bot. de Lyon qu'il a donné ses études si admirablement documentées sur les *Botanistes lyonnais*. Il fut un des leurs et mérite l'hommage qu'il a rendu à ses prédécesseurs.

2° Le Professeur Braemer associe à cet hommage ses amis le Dr C. Beauvisage, professeur à la Faculté de Médecine et de Pharmacie, sénateur du Rhône et Lachmann, professeur à la Faculté des Sciences de Grenoble, alsacien d'origine, élève et préparateur aux Facultés des Sciences et de Médecine de Lyon.

TSEN-CHENG

L'ACTION PERTURBATRICE DE LA CENTRIFUGATION SUR LA STRUCTURE CELLULAIRE

Plusieurs auteurs (notamment *Clément* et *Cowdry*) ont déjà recherché les modifications que subit la cellule végétale sous l'influence de la centrifugation. Au cours d'un travail poursuivi dans le but de préciser l'action perturbatrice de divers agents chimiques, physiques et biologiques sur la structure du cytoplasme, j'ai été amené à reprendre cette étude.

Je me suis servi dans mes expériences de feuilles fraîches de *Ficaria ranunculoïdes*. Dans des coupes de feuilles non centrifugées traitées par la méthode de Regaud les cellules de parenchyme (fig. 1) présentent, en dehors du noyau, de nombreux chloroplastes arrondis ou ovales autour desquels on observe des mitochondries non plastogènes. Le cytoplasme paraît grisâtre, les vacuoles sont incolores (1).

Dans une première série d'expériences, les feuilles fraîches de Ficaire ont été centrifugées à 6.000 tours par minute pendant un temps variant de 5 minutes à 1 heure. Les coupes ont été observées les unes directement en solution isotonique, les autres après fixation et coloration par les méthodes indiquées plus loin.

Dans les feuilles soumises à la centrifugation pendant 5 minutes, coupées et observées dans la solution de saccharose à 12 pour 1.000, la plupart des cellules paraissent vivantes (elles ne se colorent pas

---

(1) Cette structure a été décrite par M. le Professeur Beauverie (Résistance plastidaire et mitochondriale. Revue d'Auvergne, 16 p., 1 pl., 1921).

par le bleu de méthylène à 1 %). Dans les coupes fixées et colorées par la méthode de Regaud, le cytoplasme est partiellement décollé de la membrane (fig. 2) ; le noyau et les chloroplastes semblent avoir été rejetés du côté opposé, les mitochondries non plastogènes sont moins nombreuses qu'à l'état normal et disposées irrégulièrement.

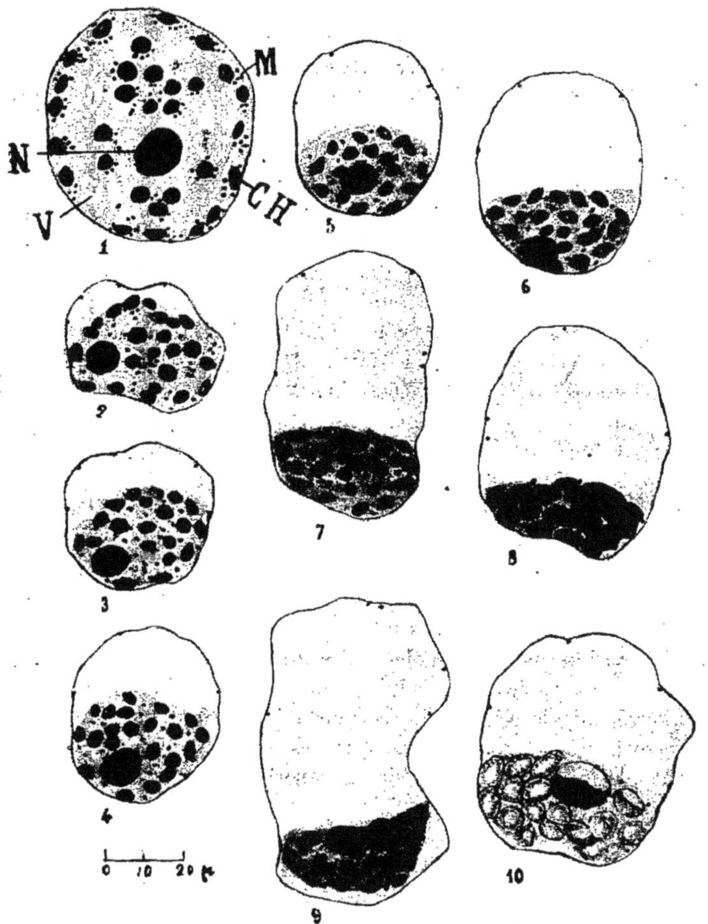

Cellules de parenchyme de feuille de Ficaire (*Ficaria rannuculaides*) observées sur les coupes fixées par la méthode de Regaud et colorées par la méthode de Küll.

Fig. 1. Cellule de parenchyme d'une feuille normale : v. noyau ; v. vacuole ; CH, chloroplastes ; M, mitochondries non plastogènes.

Fig. 2 à 8. Cellules de parenchyme foliaire après centrifugation à 6.000 tours par minute pendant un temps déterminé variant de 5 m. à 1 h.

Fig. 9 à 10. id. après centrifugation à 12.000 tours par minute pendant 1 h.

On n'observe aucune vacuole ; le contenu vacuolaire a disparu en se mêlant au cytoplasme.

Pour les centrifugations de 10 et de 15 minutes (fig. 3 et 4) on constate une contraction cytoplasmique plus accusée après une action de 30 minutes presque toutes les cellules se colorent par le bleu de méthylène, ce qui semble indiquer une altération plus grande du cytoplasme et celui-ci est encore plus contracté (fig. 5).

Après 45 minutes, les cellules sont tuées et le protoplasme forme au milieu de la cavité une masse très dense dans laquelle on distingue encore nettement après fixation et coloration le noyau et les chloroplastes (fig. 6).

Après 1 heure, la masse protoplasmique contractée paraît encore plus dense, le noyau tend à prendre une forme elliptique; les mitochondries non plastogènes sont encore reconnaissables, mais peu nombreuses; dans certaines cellules les chloroplastes semblent ne pas avoir subi de modifications (fig. 7); dans d'autres, ils présentent un contour plus fortement coloré, tandis que leur partie centrale est plus claire, ce qui semble indiquer un début d'altération (fig. 8).

D'autres expériences ont été faites dans lesquelles la vitesse était de 12.000 tours au lieu de 6.000. Après une action d'une heure, le résultat obtenu fut sensiblement le même que dans les expériences précédentes (fig. 9), mais la contraction du protoplasme et l'altération des chloroplastes étaient plus accentuées (fig. 10).

Dans toutes mes expériences, j'ai observé que le déplacement du protoplasme, du noyau et des chloroplastes et la diminution du nombre des mitochondries se produisent ainsi que l'ont décrit E. W. Schmidt et N. H. Cowdry. De plus, la contraction cytoplasmique s'accentue toujours proportionnellement à la durée de la centrifugation; l'altération mécanique des chloroplastes par aplatissement, éclatement ou écrasement se produit pour une centrifugation violente et prolongée; cependant je n'ai pas constaté de fragmentation.

Il ressort de ces expériences que les mitochondries et les plastes finissent par céder à l'action de la centrifugation.

Albert GUILLAUME

Professeur à l'Ecole de Médecine et de Pharmacie et à l'Ecole supérieure des Sciences de Rouen.

CONTRIBUTION A L'ETUDE DE LA MIGRATION DES ALCALOIDES CHEZ LES PLANTES : APPLICATION AUX LUPINS

L'an dernier au Congrès de Grenoble, nous avons exposé les méthodes chimiques de dosage des alcaloïdes chez les plantes et en particulier chez les lupins.

Cette année continuant notre travail, nous avons suivi les variations quantitatives des alcaloïdes et des matières protéiques, comparativement, chez Lupinus mutabilis, var. Cruisksbanks, au cours de sa végétation normale, et cultivé en deux endroits différents : dans un grand jardin à Sotteville, près de Rouen; au jardin du laboratoire de Biologie végétale de Fontainebleau.

1° *Précautions employées pour l'obtention du matériel d'analyse*

a) *Dessiccation de la plante* : le principe qui nous a guidé fut celui d'opérer la dessication le plus rapidement possible et à une température peu élevée, voisine de +35°. Pour cela, nous avons utilisé la grande étuve de Schribaux, bien aérée et réglée à +35° (1). A l'arrivée au laboratoire les plantes fraîches mondées étaient divisées par organes et séchées; les racines et tiges étaient fendues.

Après quatre jours à l'étuve, les organes étaient pulvérisés au mortier ou au moulin, puis portés de nouveau à l'étuve pendant deux jours. Il y avait lieu de tenir compte de l'humidité restant dans les organes par un dosage, après séjour à l'étuve à 100°, jusqu'à poids constant. Tous nos résultats ont été, en effet, rapportés au poids sec d'organes.

Afin d'avoir du matériel en quantité suffisante pour nous permettre d'effectuer nos dosages, nous avons choisi 15 pieds, parmi les moyens pour les plantes de la première récolte, 1° pieds pour les plantes en fleurs ou en fruits.

Les précautions ci-dessus ont été observées pour tous les lupins de Sotteville, car notre champ d'expériences était à proximité du laboratoire et il nous était relativement facile d'opérer ainsi. Pour les lupins de Fontainebleau, nous avons dû, n'étant pas sur place au

---

(1) La température pendant toute la durée de nos expériences (8 mois environ) s'est maintenue entre 33° et 38°.

Lupins cultivés à Sotteville (1925)

Organes	Alcaloïdes		Acide protéique	
	%	par graine ou par pied	%	par graine ou par pied
	gr.	mg		mg
Graines mûres 1924 (1)	1,075	2,00	7,76	11,20
Plantes âgées de 1 mois et demi				
Feuilles	0,080	0,900	6,40	8,50
Tiges	0,060	0,208	3,00	1,05
Racines	0,003	0,001	1,78	0,20
Plantes en pleine floraison				
Feuilles	0,135	1,280	6,37	8,40
Tiges	0,075	0,210	1,93	0,80
Racines	0,004	0,001	»	»
Fleurs	0,441	0,350	2,21	0,30
Plantes portant des fruits				
Feuilles	0,061	0,500	6,34	8,50
Tiges	0,065	0,180	3,00	0,70
Racines	0,004	0,001	»	»
Gousses	0,107	0,300	2,14	0,40
Graines (2)	0,954	1,810	7,00	10,80

REMARQUES — (1) Les graines de 1924 avaient été récoltées sur des lupins cultivés à Sotteville dans le jardin.
(2) La teneur en alcaloïdes et en matières protéiques des grains de 1924 et de 1925 est différente, mais nous savons que les teneurs varient chaque année suivant les conditions climatériques

moment de la récolte, nous contenter de faire recueillir les plantes par le jardinier-chef du laboratoire, qui les a ensuite fait sécher très soigneusement à l'ombre dans un grenier-séchoir au dessus du laboratoire.

b) *Pulvérisation de la plante :* les feuilles et les fleurs dans un mortier; les racines, tiges, pousses et graines dans un moulin.

2° *Opérations de dosage :* l'étude d'un organe a comporté les trois séries de prises d'essai suivantes :

1. *pour le dosage de l'humidité :* 2 prises d'essai de 10 gr. de poudre fine de graines, de feuilles, de fleurs ou de poudre, grossière des autres organes; étuve à 100° jusqu'à poids constant : moyenne des 2.

2. *pour le dosage des alcaloïdes* : 4 prises d'essai de poids variables d'organe (ex. 25 gr. de graine) : moyenne des 4 résultats concordants.

3. *pour le dosage de l'azote total :* 4 prises d'essai de 0 gr. 20 id.

3° *Résultats :* 1. Les lupins de Sotteville ont été cultivés depuis la graine jusqu'à la formation de nouvelles semences mûres. Les ré-

Lupins cultivés à Fontainebleau (1925)

Organes	Alcaloïdes		Acide protéïque	
	%	par graine ou par pied	%	par graine ou par pied
	gr.	mg		mg
Graines mûres 1924..........	1,075	2,00	7,76	11,20
Plantes en pleine floraison				
Feuilles....................	0,140	1,10	4,73	9,00
Tiges....................	0,036	0,10	2,06	0,78
Racines....................	0,013	0,005	»	»
Fleurs....................	0,89	0,45	4,64	0,35
Plantes portant des fruits				
Feuilles....................	0,080	0,70	4,71	7,20
Tiges....................	0,030	0,08	2,05	0,70
Racines....................	0,040	0,004	1,80	0,12

coltes ont été effectuées successivement : 1) sur des plantes âgées de 1 mois et demi, c'est-à-dire prêtes à fleurir; 2) sur des plantes en pleine floraison ; 3) sur des plantes à la fin de la période de végétation. — 2. Les lupins de Fontainebleau n'ont donné lieu qu'à deux récoltes : l'une au moment de la floraison ; l'autre au moment de la fructification. Mais une gelée précoce survenue au début d'octobre, avec un abaissement de température de —7°, nous a empêché d'effectuer la deuxième partie des expériences.

4° *Conclusions.* — Il résulte de la lecture du tableau de Sotteville, qui est le plus intéressant à considérer ici :

1) Que les alcaloïdes augmentent progressivement dans les feuilles jusqu'à l'époque de la floraison pour diminuer ensuite. A cette époque, l'on voit les alcaloïdes s'accumuler en assez grande quantité dans les fleurs pour passer ensuite dans les fruits et surtout dans les graines. Ce sont les graines qui, dans le végétal, ont la plus haute teneur en alcaloïdes. Dans les tiges nous voyons la proportion croître, mais faiblement, elle diminue ensuite lentement. — Dans les racines, elle se tient sensiblement stationnaire et faible.

Ce sont là des résultats déjà connus, mais qu'il était intéressant de vérifier : il y a migration des alcaloïdes vers les organes de reproduction et diminution dans la partie végétative avec l'âge de la plante.

Mais il y a un point dans nos expériences que nous n'arrivons pas à expliquer : des graines qui ont une teneur en alcaloïdes supérieure à 1 gr. % (2 mg. par graine) produisent des plantes qui, un mois et demi environ après la germination, ne renferment plus que des quantités relativement faibles de ces alcaloïdes. Que sont devenus ces derniers au moment de la germination? C'est une question que nous nous sommes posée, après bien d'autres, et que nous étudions en ce moment au laboratoire avec l'espoir de pouvoir y jeter quelque lumière l'an prochain.

Le tableau de Fontainebleau vient confirmer celui de Sotteville relativement à la diminution des alcaloïdes dans les feuilles après la floraison, et à la grande concentration dans les organes floraux. Mais forcément il est incomplet.

Quant à la transformation des alcaloïdes en matières protéiques, il semble qu'il y ait une diminution de l'azote protéique dans certains organes (feuilles, p. ex.), tandis que les alcaloïdes augmentent, mais ces différences sont trop faibles pour nous permettre de conclure.

BRETIN et MANCEAU

LECITHINES ET PHYTOSTERINES

Dans un précédent travail l'un de nous a repris l'étude parallèle de la formation des Lécithines et des Phytostérines végétales et montré l'importance proportionnelle de ces liquides dans le métabolisme cellulaire. Si l'étude des Phytostérines a pu se faire jusqu'ici avec des méthodes analytiques satisfaisantes, il n'en est pas de même pour les Lécithines ; les travaux de Schultze et de Stolaksa ont pour défaut l'insuffisance des méthodes employées par ces auteurs ; non seulement les liquides phosphorés extraits contenaient d'autres phosphatides que les Lécithines (1), mais les Lécithines elles-mêmes étaient immanquablement altérées au cours des opérations.

Pour ne pas aboutir à des résultats aberrants, il fallait :

1° Avoir une méthode d'extraction fidèle et précise ;

2° Etre assuré de ne jamais altérer les Lécithines au cours des manipulations ;

(1) C'est à dessein que nous employons le terme collectif « Lécithines ». Pour éviter toute confusion nous entendons par Lécithines, les éthers phosphoriques et gras de la glycérine et de la choline, solubles dans l'éther absolu après reprise par ce solvant de l'extrait alcoolique desséché à basse température.

3° Enfin avoir un procédé de dosage alliant la sensibilité à la précision.

Les méthodes mises au point par l'un de nous répondent à toutes ces conditions et il a été dès lors facile de constater et d'étudier la formation des Lécithines chez le *Penicillium Glaucum* et l'*Aspergillus Niger*, cultivés sur le liquide de Raulin, et de suivre la synthèse biochimique des Phytostérines chez ces champignons ensemencés suivant le procédé donné par Ravin (1).

En dehors du liquide type il a été préparé :

1° Un milieu sans Azote ;

2° Un milieu avec addition de doses croissantes de tryptophane.

Les chiffres suivants :

Quantités de Phytosterols et de Lécithines dans différentes cultures de Penicillium Glaucum et d'Apergillus Niger

Milieux de Cultures	Ancienneté des Cultures	Phytostérol pour 1000 gr. de substances fraîches	Lécithines pour 1000 gr. de substances fraîches
Liquide de Raulin normal	24 heures	présence	traces
	36 heures	0 gr. 60	traces
	5 jours	1 gr. 40	présence
	21 jours	1 gr. 90	0 gr. 60
	21 jours	1 gr. 85	0 gr. 80
	60 jours	2 gr. 60	1 gr. 10
	60 jours	2 gr. 90	0 gr. 96
Liquide Raulin contenant 2/3 de l'azote d'un liquide normal	5 jours	0 gr. 80	présence
	21 jours	2 gr. 30	0 gr. 55
	21 jours	2 gr. 10	0 gr. 70
	60 jours	2 gr. 45	0 gr. 80
Liquide Raulin contenant 0 gr. 40 de Tryptophane p. 1.000	21 jours	1 gr.	0 gr. 80
Liquide de Raulin contenant 0gr.10 de Tryptophane p. 1.000	21 jours	2 gr. 20	0 gr. 95
Aspergillus Liquide de Raulin normal	20 jours	2 gr. 10	0 gr. 90
	20 jours	1 gr. 90	0 gr. 95

montrent que la proportion des Phytostérines et des Lécithines croît avec l'ancienneté du milieu.

A faible dose le Tryptophane n'a pas d'influence sensible, à haute

(1) Ravin, Thèse Doctorat ès-sciences, Paris, 1914.

dose il agit comme toxique, retarde le développement de la moisissure et diminue la proportion des lipides formés.

Au surplus, nous avons ensuite pensé à rechercher les conditions de la fixation de l'azote de l'air par le Penicillium ensemencé sur un milieu absolument privé d'Azote.

Kossowitch ayant affirmé que la présence d'une bactérie est nécessaire, nous avons fait de nouvelles cultures pures en nous entourant de toutes les précautions (1); dans ces dernières et récentes cultures nous avons encore constaté de faibles quantités d'Ammoniaque, ce qui tend à prouver la fixation directe de l'azote de l'air par le *Penicillium Glaucum* sans l'aide bactérienne. De nouveaux travaux sont en cours et nous publierons ultérieurement nos résultats.

BOUATI

Pharmacien à Lure.

1° SCROFULARIACEES INDO-CHINOISES

2° SCROFULARIACEES DE MADAGASCAR

---

(1) Ravin, Thèse Doctorat ès-sciences, Paris, 1914.

10e section

ZOOLOGIE, ANATOMIE ET PHYSIOLOGIE

Président d'Honneur......	M. GRAVIER, professeur au Museum national d'Histoire naturelle.
Président	Dr Jules GUIART, professeur à la Faculté de Médecine de Lyon.
Vice-Présidents	M. VANEY, professeur à la Faculté des Sciences de Lyon.
	Dr PELLEGRIN, assistant au Museum national d'Histoire naturelle.
Secrétaire	Dr MORENAS, chef de Clinique à la Faculté de Médecine de Lyon.

Dr Jules GUIART

Professeur à la Faculté de Médecine de Lyon

CLASSIFICATION DES TETRARHYNQUES

Il est un groupement, parmi les Cestodes, dans lequel il est bien difficile de se reconnaître en raison d'une classification et d'une nomenclature quelque peu chaotiques : c'est celui des Tétrarhynques.

Dans un travail, qui paraîtra prochainement dans le *Bulletin du Musée océanographique de Monaco*, j'établis la révision des genres et la critique des différentes classifications qui ont été proposées.

En réalité la seule, qui soit digne d'être retenue, est celle de Vaullegeard (1). Il a eu le courage, en effet, de faire table rase de tout ce qui avait été imaginé avant lui au point de vue systématique et de grouper les Tétrarhynques non seulement d'après la morphologie des espèces, mais aussi d'après leur développement. Malheureusement, il n'accepte

---

(1) A. VAULLEGEARD, Recherches sur les Tétrarhynques. Caen, 1899.

qu'un seul genre et il choisit arbitrairement celui de *Tetrarhynchus*, déjà employé il est vrai par Van Beneden.

Je vais tenter d'établir une classification complète de l'ordre des Tétrarhynques ou plutôt des *Rhynchobothriens*, terme qui leur fut donné, en 1845, par Dujardin et qui a la priorité. Je me trouve dans la nécessité de créer un certain nombre de genres, la plupart de ceux qui ont été proposés jusqu'ici n'étant pas valables (1).

Voici la classification que je propose :

Ordre des RHYNCHOBOTHRIENS, Dujardin 1845.

Nous disivons cet ordre en deux sous-ordres :

I. ACYSTIDEA n. so.

Ce sous-ordre comprend tous les Tétrarhynques dont la larve appartient au type *Tentacularia*, constitué par une tête libre non enfermée dans une vésicule. Les bothridies sont dorso-ventrales; les trompes, généralement assez courtes, émergent du sommet de la tête entre les bothridies et sont armées de petits crochets tous semblables ; les bulbes sont courts et situés le plus souvent immédiatement en arrière des bothridies; le cou présente parfois un repli annulaire ou *collier*.

A. Famille des *Bouchardidae* n. f.

Tête courte et trapue, non munie de collier.

Genre 1. *Bouchardia*, n. g.

Diagnose : Deux bothridies cordiformes; cou court, très dilaté en arrière; la segmentation commence immédiatement en arrière du scolex; pores génitaux antérieurs.

Espèce type : *B. crassiceps* (Diesing 1850) du *Lophius piscatorius*.

B. Famille des *Rufferidae* n. f.

Tête présentant en arrière un *collier;* larve *Tentacularia* à queue invaginée.

Genre 2. *Rufferia* n. g.

Diagnose : quatre bothridies saillantes en deux paires dorso-ventrales ; cou court, non renflé en arrière; portion non segmentée en arrière du scolex.

Espèce type : *R. Tubiceps* (Lenckart 1819) de l'intestin des Squales et des Raies.

Genre 3. *Pierretia* n. g.

Diagnose : tête en massue supportant quatre bothridies longues et

(1) Je dédie le genre le plus important à M. Vaullegeard. Pour les autres, je les dédie à différents membres de ma famille morts pendant la guerre : j'espère ainsi éviter de créer des genres existant déjà et qui tomberaient aussitôt en synonymie.

aplaties, peu visibles, s'étendant depuis les trompes jusqu'au collier; cou long et cylindrique.

Espèce type : *P. carchariae* (Von Linstow 1878) de l'intestin des *Carcharias*.

II. Cystidea n. so.

Ce sous-ordre comprend tous les Tétrarhynques dont la larve appartient au type *Anthocephalus*, constitué par une tête enfermée dans une vésicule ; cette vésicule peut de plus présenter un prolongement caudal, parfois extrêmement long. Bothridies dorso-ventrales ou latérales ; trompes beaucoup plus longues, armées de crochets souvent dissemblables, bulbes généralement plus longs situés en arrière de la tête.

C. Famille des *Vaullegeardidae* n. f.

Les trompes se continuent avec le bord libre des bothridies; crochets dissemblables de la base au sommet des trompes; anneaux mûrs carrés et renflés, avec une tâche brûne au centre constituée par l'utérus rempli d'œufs ; larve *Anthocephalus* avec très longue queue larvaire pouvant atteindre jusqu'à un mètre de longueur.

Genre 4. *Vaullegeardia* n. g.

Même diagnose que la famille.

Espèce type : *V. Moniezi* (Railliet 1899), parasite probable de l'*Oxyrhina Spallanzani* et dont la larve serait le fameux *Anthocephalus gigas* des muscles du *Brama raji*.

D. Famille des *Lacistorhynchidae* n. f.

Crochets des trompes différents sur chaque face; cou renflé au niveau des bulbes; anneaux mûrs à côtes longitudinales, souvent très allongés, parfois cylindriques et vivant longtemps après s'être détachés du strobile, ce qui les a fait prendre pour des Cestodaires ou Cestodes monozoïques (g. *Wageneria*); larve *Anthocephalus* à petite queue larvaire.

Genre 5. *Lacitorhynchus* Pintner 1913 (J. Guiart emend).

Diagnose : tête pourvue de deux bothridies bilobées ; bulbes courts; renflement supplémentaire en arrière du scolex; portion non segmentée du strobile très longue; anneaux très nombreux.

Espèce type : *L. gracilis* (Diesing 1863, non Rudolphi 1819) du *Galeus canis*.

Genre 6. *Grillotia* n. g.

Diagnose : tête pourvue de quatre bothridies; bulbes allongés; pas de renflement supplémentaire en arrière du scolex; portion non segmentée du strobile très courte.

Espèce type : *G. erinacea* (Van Beneden 1858), parasite des Raies.

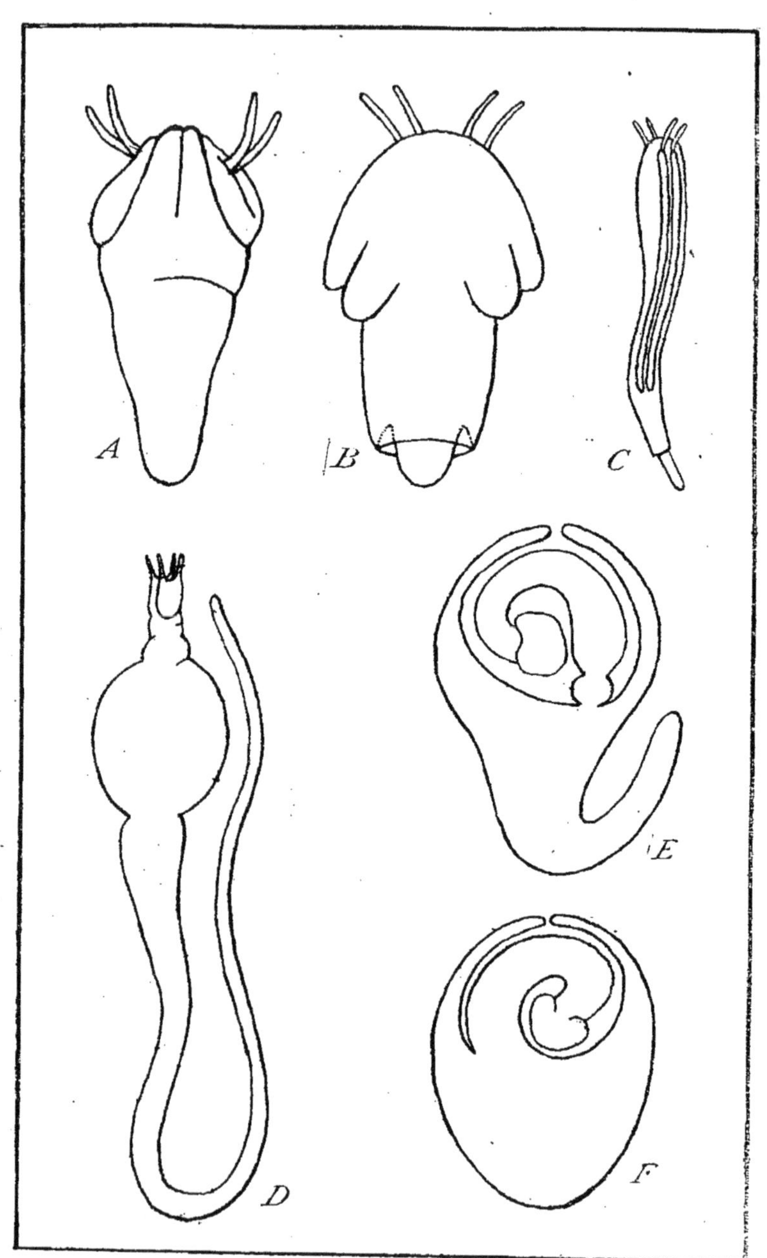
A
B
C
D
E
F

E. Famille des *Entetrarhynchidae* n. f.

Bothridies latérales ; trompes grêles, présentant souvent un renflement à la base et couvertes de petits crochets recourbés, tous semblables; cou non renflé au niveau des bulbes; le scolex présente généralement des taches pigmentées ; strobiles plus courts, à anneaux mûrs sans côtes longitudinales; larve *Anthocephalus* arrondie, sans queue larvaire.

Genre 7. *Eutetrarhynchus* Pintner 1913

Diagnose : deux bothridies bilobées ; bulbes très allongés, occupant les deux tiers de la longueur du cou et souvent entrecroisés; tache pigmentée à la limite du cou et des premiers anneaux; strobile formé d'une trentaine d'anneaux.

Espèce type : *E. ruficollis* (Eysenhardt 1829) du *Mustelus vulgaris.*

Genre 8. *Armandia* n. g.

Diagnose : deux bothridies bilobées ; bulbes allongés, présentant souvent des taches pigmentées au niveau de leur extrémité antérieure ; strobile court, formé généralement de 3 à 6 anneaux.

Espèce type : *A. minuta* (Van Beneden 1849) du *Squatina angelus.*

Genres douteux ou de position discutable.

La place nous manque pour discuter certains genres douteux, tels que les genres *Synbothrium* Diesing 1850 ou *Otobothrium* Linton 1890. Toutefois nous avons cru devoir créer un genre nouveau pour une espèce très spéciale, dont la place reste malheureusement encore douteuse, la larve n'étant pas encore connue d'une façon certaine.

Genre 9. *Gilquinia* n. g.

Diagnose : quatre bothridies circulaires antérieures, d'où sortent quatre trompes à petits crochets, tous semblables ; bulbes courts ; cou cylindrique et court; pores génitaux antérieurs. D'après deux formes jeunes observées l'une par Van Beneden et l'autre par nous, la larve, encore inconnue, doit appartenir au genre *Tentacularia;* il est donc probable que ce genre sera placé dans les *Acystidea* près du genre *Bouchardia.*

Espèce type : *G. tetrabothria* (Van Beneden 1849) de l'*Acanthias vulgaris.*

Lucien POHL

DES DIFFERENTES ESPECES DE MOLLUSQUES POUVANT ETRE EMPLOYEES POUR LA CULTURE DES PERLES FINES

La greffe épithéliale imaginée par les cultivateurs japonais dans le but d'obtenir des perles fines complètes exige l'emploi de deux Mollusques : le premier est sacrifié, le second sert de porte-greffe. L'opération a été maintes fois décrite ; les cellules de l'épithélium palléal du manteau secrètent normalement la nacre en couches sensiblement planes, et c'est en introduisant ces cellules sous forme de « sac perlier » dans les tissus sous-épidermiques d'un Mollusque vivant que l'on obtient, après un certain nombre d'années de séjour dans la mer, la sécrétion en couches circulaires que l'on appelle perle fine.

La réussite des Japonais nous autorise à nous demander s'il n'y aurait pas lieu d'envisager la possibilité de margariculture à l'aide d'autres espèces que celles qui ont été utilisées jusqu'à présent. La question a déjà été posée par M. le Professeur Louis Boutan, de la Faculté de Sciences d'Alger, dans ses remarquables travaux (1). Cet éminent spécialiste a démontré (2) que « au point de vue de la qualité de ses éléments *une perle fine est une nacre*, mais que tous les Mollusques ne sont pas capables de fournir des perles fines, car tous les Mollusques sont loin de présenter des nacres d'égale valeur ; pourtant il suffit qu'un Mollusque ait une belle nacre et la sécrète en abondance pour qu'il soit, *en puissance*, capable de produire des perles fines ». Quelles sont donc les espèces de Mollusques que l'on pourrait pratiquement élever et utiliser pour la margariculture ?

Parmi les Bivalves ou Lamellibranches, il faut placer au premier rang la famille marine des Aviculidés, et surtout le sous-genre *Meleagrina*. Les Méléagrines, vulgairement appelées « Huîtres perlières » semblent seules jusqu'à présent avoir été employées sur une grande échelle pour la culture de la perle fine, et les Japonais en ont fait un élevage intensif dans leurs fermes sous-marines (3). Elles ont une distribu-

(1) Louis BOUTAN, Etude sur les perles fines et, en particulier, sur les nouvelles perles complètes de culture japonaise. Bulletin Stat. Biologique d'Arcachon. Déc. 1921. — Nouvelle étude sur les perles naturelles et sur les perles de culture. Annales Sc. Nat. Zoologie, VI, 1923.

(2) Louis BOUTAN, La Perle, 1925. Doin, éd., page 125.

(3) Lucien POHL, Les progrès de la culture de la perle fine. VIIIe Congrès Nat. des Pêches Marit., Boulogne-sur-Mer, 1923.

Robert Ph. DOLLFUS, La perle fine et le progrès de sa culture sous-marine au Japon. La Nature, n° 2603, févr. 1924.

tion géographique fort étendue, sous forme de bancs naturels de surface qui ont souvent été exploités d'une façon abusive, et sous forme de bancs naturels profonds (jusqu'à 60-80 m. environ). Leur répartition étendue sur les deux hémisphères aux latitudes tropicales et même dans quelques rares régions tempérées explique le grand nombre de variétés géographiques existant dans le genre *Meleagrina*. M. le Prof. Boutan les a classées en 4 types principaux, que nous énumérerons par ordre de dimension des valves :

1° La grande Pintadine, *M. Margaritifera* ou *M. Maxima* ;

2° *M. Californica* dont la coquille est plus mince ;

3° *M. Margaritifera Vulgaris*, plus petite et moins prisée que les précédentes en ce qui concerne sa nacre, mais la plus recherchée de toutes pour ses perles; c'est une de ces variétés, celle que l'on appelle communément « Lingha » qui fournit, dans le Golfe Persique, le principal contigent des plus belles perles fines ;

4° Enfin la petite Méléagrine dont la nacre n'a presque pas de valeur, mais dont les perles sont souvent, en moyenne, à peu près aussi jolies que celles du type précédent : *M. Martensi*, actuellement utilisée au Japon pour la culture des perles fines, *M. Occa* et *M. Irradians*, etc...

Le genre marin *Avicula* proprement dit, pêché surtout pour sa nacre, fournit plus rarement des perles fines accidentelles que le sous-genre *Meleagrina*. Sa nacre, souvent un peu bleutée et trop foncée, se rapprocherait presque toujours comme qualité de celle du premier type de Méléagrine. On peut donc l'utiliser pour la culture des perles fines si l'on désire obtenir des spécimens assez gros, qui toutefois ne seront généralement pas aussi beaux que les petites perles obtenues à l'aide des Méléagrines de faible dimension. La culture des perles a été commencée par les Japonais avec des Avicules dans une de leurs nouvelles possessions d'Océanie, aux Iles Palau : il est probable que l'on y produira de grosses perles, mais il reste à savoir si la qualité des produits sera satisfaisante.

Parmi les Bivalves les plus importants au point de vue de la production perlière, et en dehors des espèces marines, nous devons citer les *Unionidés*, vulgairement appelés Moules d'eau douce ou Mulettes. Dans certaines rivières et dans certains étangs, on trouve parfois de jolies perles fines dans des *Unios* et dans des *Anodontes*, et c'est un *Dipsas Plicatus* qui a servi depuis de nombreux siècles aux Chinois à la production de demi-perles incomplètes d'eau douce et à celle d'autres objets curieux par l'introduction d'une matrice (par exemple d'une figurine de Buddah) entre le manteau et la coquille du Mollusque. Il paraîtrait donc possible de tenter la culture des perles fines à l'aide de Bivalves d'eau douce. La France, tributaire de l'étranger pour les perles de rivière, pourrait fort bien se suffire à elle-même, car, comme l'on fait remarquer MM. les Prof. L. Boutan (1) et A. Gruvel (2), certaines coquilles qu'on trouve en abondance dans quelques cours d'eau du Tonkin et de l'Annam sont remarquables pour leur beauté et leur épaisseur et devraient pouvoir fournir de fort jolies perles. Il faut toutefois observer que l'élevage et la conservation des Mollusque d'eau douce ne pourraient se faire de la même façon que pour les Méléagrines ; leur mode de fixation (absence de byssus) n'est pas du tout le même et il manque à leur sujet trop de données biologiques pour que l'on puisse prédire le succès à coup sûr. D'ailleurs les perles d'eau douce blanches sont en général d'une couleur un peu laiteuse peu estimée ; quant à celles que l'on voit le plus fréquemment, et qui ont parfois de très beaux tons violacés, bruns foncés, mauves, verts, roses, noirs, etc., elles se classent dans la catégorie des perles dites « de fantaisie », et ne peuvent guère entrer dans la composition des colliers.

Pour terminer l'énumération des Bivalves producteurs de perles, nous ne mentionnerons que pour mémoire certaines espèces marines qui existent en abondance, mais dont les perles ne nous paraissent pas suffisamment intéressantes pour que l'on en tente la culture. Ce sont les Huîtres comestibles (*Ostrea Edulis, Ostrea Hippopus, Gryphea Arcuata*, etc.), les *Placuna*, les Moules marines (*Mytilus Edulis, Mytilus ungulatus*, etc.) et les Pinna (*Pinna Nobilis*, etc.). La nacre des premières est blanche, opaque, et possède peu de reflets irisés, aussi les perles qu'elles fournissent sont-elles sans aucune valeur. La coquille des secondes est trop mince pour que la sécrétion perlière soit estimée. Les troisièmes ne produisent guère que de la semence et n'entreraient pas en ligne de compte, sinon pour des marchandises d'un prix peu rémunérateur. Quant aux dernières, elles donnent des perles de colorations variables, surtout dans les tons rouges, mais qui sont extrêmement altérables; ces perles de Pinna ont été particulièrement étudiées par M. le Prof. Raphaël Dubois (3), et les causes de leur altérabilité ont été lumineusement exposées par M. le Prof. L. Boutan (4).

Parmi les Gastéropodes, on pourrait mentionner les *Turbos*, mais en réalité un seul groupe, celui des *Haliotis*, paraît intéressant pour le sujet qui nous occupe. Certaines espèces exotiques, notamment en Extrême-Orieut, ont une coquille tapissée intérieurement d'une couche de nacre épaisse à reflets irisés variés d'un fort bel effet. Les Chinois et les Japonais ont prisé de tous temps les perles produites par ces Mollusques Gastéropodes et ils leur ont souvent attribué une valeur supérieure à celle des perles de Méléagrines. M. le Prof. Boutan, dont

(1) L. BOUTAN, Etude sur les perles fines, etc., *op. cit.*, p. 8 et 9.
(2) A. GRUVEL, L'Indo-Chine, ses richesses marines et fluviales, 1924, p. 114.
(3) Raphaël DUBOIS, Contribution à l'étude des perles fines, de la nacre et des animaux qui les produisent. Lyon 1909.
(4) Louis BOUTAN, Les 2 zones de l'épithélium externe du manteau et leur influence sur la qualité des perles chez les Mollusques. C.R. Acad. des Sc., 26 nov. 1923, p. 1147.

les expériences de culture de demi-perles (1) sont bien connues, envisage de la façon suivante certaines possibilités d'exploitation (2) : « Ce Mollusque, si éloigné pourtant des Méléagrines comme organisation, mais qui présente une nacre de belle apparence, méritera d'être étudié au point de vue de la culture des perles. Il produirait une sorte de perle fine actuellement à peu près inconnue à l'état de perle complète, qui tout en restant très différente comme aspect des perles de Méléagrines pourrait prendre une grande valeur par suite de l'originalité de la coloration ». Le même savant met cependant les cultivateurs en garde contre les difficultés pratiques de culture, car l'Haliotis est un Mollusque vagabond, qui broûte les fonds des pâturages sous-marins et qui s'accommoderait très mal d'un emprisonnement dans des cages ; un élevage fructueux ne pourrait être tenté que dans des bassins spécialement aménagés.

De ces renseignements très incomplets, il résulte que les Mollusques marins du genre *Meleagrina*, gros producteurs exclusifs de perles fines accidentelles par le passé, semblent devoir conserver leur quasi-monopole avec les nouvelles méthodes de culture. Seuls avec certaines *Avicula* ils sont capables de donner des perles d'une forme et d'une couleur suffisamment régulières pour la confection des colliers, c'est-à-dire pour la grande consommation.

Ne serait-il cependant pas possible de réussir des « produits d'hybridation », en greffant des sacs perliers prélevés sur l'épithélium d'une espèce, dans les tissus sous-épidermiques d'une autre espèce ? Pourquoi, par exemple, ne tenterait-on pas la production de très jolies perles fantaisie en greffant du tissu d'Haliotis ou d'Unio dans la grande *Meleagrina Maxima* ? Pourquoi n'essayerait-on pas la greffe des *Pinna* à l'aide de l'épithélium palléal prélevé sur le manteau des *Meleagrina Margaritifera* ? La réussite de pareils greffages n'apparaît pas *a priori*, impossible, et l'expérience vaut la peine d'être tentée. Le progrès exige que les anciens procédés de pêche hasardeuse soient remplacés par des méthodes plus scientifiques, d'autant plus que les produits de culture sont manifestement mieux secrétés et plus durables que les produits sauvages (3), et que, suivant une récente communication de M. le Professeur Portier, les causes d'altération progressive interne ne semblent pas exister dans les perles de culture à noyau de nacre comme dans les perles spontanées à noyau accidentel (4).

(1) Production artificielle des perles chez les Haliotis. C. R. Acad. des Sc., t. CXXXVII, p. 828.

(2) La Perle, *op. cit.*, p. 308.

(3) Louis Boutan, Conditions dans lesquelles peuvent se former les plus belles perles fines. IXe Congrès des Pêches Marit. Bordeaux-Arcachon, sept. 1925.

(4) Paul Portier, Sur la genèse du noyau secondaire des perles fines sauvages. C. R. Acad. des Sc., t. 182, n° 26, 28 juin 1926, p. 1649. Note lue par M. le Prof. Louis.

Joubin, de l'Institut, qui a fait remarquer, à propos de la culture des perles, que la France possède dans ses colonies de l'Océanie les plus vastes bancs d'huîtres perlières et nacrières qui soient au monde.

P. BOYER et M. REY

ACCLIMATATION ET PONTE DE L'AMPULLARIA AUSTRALIS (D'ORB.)

L'un d'entre nous (1) a rapporté d'un voyage à Buenos-Ayres un certain nombre d'*Ampullaria australis* (d'Orb) pêchées dans une petite rivière tributaire du Rio Santiago. Conservées pendant la traversée dans des cuvettes et nourries avec des feuilles de laitue, les Ampullaires ne parurent pas trop souffrir, malgré l'espace restreint et la petite quantité d'eau qu'elles avaient pour vivre. Très peu périrent dans ces conditions précaires, bien que les cuvettes aient été souvent vidées de leur contenu par les coups de roulis, au cours d'une traversée mouvementée.

Les Ampullaires, installées définitivement dans les aquariums du Laboratoire de zoologie de la Faculté des Sciences, abondamment nourries de plantes aquatiques, s'adaptèrent parfaitement et firent preuve d'une grande rusticité.

Ces Mollusques atteignent une taille assez considérable et les gros individus dépassent le poids de 130 grammes.

Chez les jeunes, la couleur générale du test est bise avec des taches irrégulières brun rouge, plus tard la couleur se fonce, passe au brun et les taches sont remplacées par des bandes plus ou moins nettes, parallèles à laspire et dont la position est très variable. Enfin chez les vieux individus, la couleur brune uniforme n'est plus visible que sur les bords de la coquille nouvellement formée ; le reste est, en général, corrodé, irrégulièrement strié et la teinte en est modifiée par l'érosion et des algues qui se fixent très fortement sur cette surface irrégulière.

Les Ampullaires sont des animaux peu délicats, vivant même dans l'eau croupie, leur voracité est très grande durant la belle saison; ils se repaissent indistinctement, de la plupart des plantes aquatiques, même les plus grossières : *Nuphar Fontinalis, Ceratophyllum Salvinia*, etc., ils en consomment de très grandes quantités. Leur régime semble d'ailleurs omnivore : un jour que nous avions négligé de leur donner de la nourriture, elles dévorèrent en partie le cadavre d'un triton.

Ces Ampullaires importées se sont accouplées et ont pondu vers le commencement de juillet; à ce moment, leur appétit s'exagère encore et elles sont prises d'une véritable « frèze ».

(1) Le Docteur Boyer.

L'accouplement a lieu peu de jours avant la ponte. Il dure plusieurs heures. Les deux individus se placent bord à bord, les deux coquilles disposées en sens inverse, l'opercule d'un individu pinçant et maintenant l'individu opposé. Les femelles déposent leurs œufs en grappes d'un beau rose, toujours en dehors de l'eau, à une hauteur de 30 à 40 cm. en dessus du liquide, les œufs sont ainsi à l'abri d'une crue, car l'action de l'eau est néfaste à la ponte, ainsi que nous l'avons appris par expérience. Lorsque nous vîmes la première ponte d'Ampullaires, nous avions cru à un accident et nous avions cru utile de faire monter le niveau de l'eau de l'aquarium, de façon à immerger les œufs. Le lendemain, ceux-ci étaient désagrégés et entraient en macération.

Les œufs sont pondus en une seule ou en plusieurs grappes : dans le premier cas, la ponte peut atteindre 12 à 15 cm. de long sur 2 cm. et demi de large et 1 cm. et demi d'épaisseur. Le nombre des œufs est d'environ 1.500. Ces œufs, de 3 mm. de diamètre, sont sensiblement sphériques, rose tendre, recouverts d'une pruine blanchâtre impalpable qui, enlevée par le frottement, laisse apparaître la coque luisante, sèche et fragile. Si l'on examine un œuf pondu depuis 24 heures, on voit que le vitellus comprend deux zones, l'une centrale, ovoïde, rougeâtre, opaque, l'autre périphérique, transparente, rose et visqueuse.

A leur naissance, qui a lieu 14 jours après la ponte pendant la saison chaude les jeunes, après avoir brisé la coque de l'œuf, se laissent tomber dans l'eau. Comme les Limnées, les petites Ampullaires jouissent de la faculté de ramper sur la surface libre de l'eau jusqu'à ce que leur taille devienne trop considérable, la tension superficielle et le déplacement de la nacelle que forme leur pied déprimé sont alors insuffisants à les soutenir et leur poids les entraîne.

Une deuxième ponte a eu lieu du 10 au 20 septembre, le temps nécessaire au développement de l'œuf est alors beaucoup plus long et atteint de 20 à 25 jours.

La croissance des jeunes Ampullaires est d'une rapidité remarquable.

Un jeune individu né le 21 juillet pesait, le 3 septembre, soit un mois et demi environ après sa naissance, 0 gr. 8, avec une longueur de 18 mm. et une largeur de 15 mm.; le 8 septembre il pesait 3 gr. 5 avec une longueur de 25 mm. et une largeur de 20; le 12 septembre, son poids était de 4 gr. 5, sa longueur 30 mm., sa largeur 25; le 14, son poids atteignait 5 gr. 5, sa longueur 32 mm.; sa largeur 28; le 20, il pesait 12 gr., sa longueur était de 40 mm. et sa largeur de 30. L'accroissement se fait par adjonction de bandes successives sur le bord de la coquille, qui peuvent atteindre jusqu'à 1 cm. et sont sécrétées quelquefois en trois jours; un repos sépare la formation de chaque bande, durant lequel la précédente se consolide. Mais il faut remarquer que seuls les individus bien nourris et placés dans de bonnes conditions se développent aussi rapidement. Des animaux nés de la même ponte que celui cité plus haut atteignaient à peine en octobre la grosseur d'un petit pois.

Pendant l'hiver et dans nos régions, les Ampullaires mènent une vie beaucoup moins active et mangent peu. Elles demeurent presque immobiles et rétractées dans leur coquille. Leur respiration pulmonaire, intense durant la saison chaude, est à peu près supprimée, la respiration branchiale suffisant à ce moment à l'hématose. Les jeunes sont moins résistantes au froid et aux variations de la température, et cela se conçoit, que les adultes qui ne paraissent pas en souffrir beaucoup.

En résumé, l'*Ampullaire australis* animal vivant dans un climat dont les extrêmes de température sont peu différents de ceux de nos régions (puisque certaines années on enregistre à Buenos-Ayres des températures inférieures à zéro et que cette ville est située au sud de la limite de culture du palmier qui atteint notre Provence) paraît devoir s'acclimater en France et, pour notre part, nous possédons des individus rapportés en 1925 qui ont pondu déjà deux fois dans nos aquariums et ont passé un hiver en France, à l'abri de la gelée, il est vrai.

Il n'en est pas de même de l'*Ampullaire polita* rapportée de Hai-Phong. Cette espèce, beaucoup plus petite et fort différente par certains points, notamment par la forme du siphon pulmonaire et le mode de respiration, est extrêmement sensible au froid et aux variations de température et, malgré tous nos efforts, les individus que nous élevions ont péri durant l'hiver.

Cl. GAILLARD

L'ORIGINE DU FAISAN D'EUROPE

La famille des Faisans se compose de plus de vingt espèces toutes originaires de l'Aie. Le Faisan commun de nos pays, l'oiseau du Phase, *Phasianus colchicus*, Linné, est connu depuis la plus haute antiquité. Les historiens grecs en attribuèrent la découverte aux Argonautes venus en Colchide pour conquérir la Toison d'or. Vers le 13e siècle avant notre ère, d'après l'antique version, le Faisan fut importé en Grèce, d'où il se serait répandu dans toute l'Europe.

Actuellement, le Faisan commun vit à l'état sauvage dans l'Europe centrale, en Grèce, en Turquie, en Asie-Mineure et en Transcaucasie.

Il se rencontre en demi-domesticité dans toutes les régions de l'ancien continent.

La découverte d'ossements de Faisans dans diverses grottes préhistoriques, bien qu'elle ne porte nulle atteinte à l'ancienne version des Argonautes, tend néanmoins à démontrer qu'une espèce de Faisan habitait le sud de la France et le nord-ouest de l'Espagne vers la fin de la période paléolithique, c'est-à-dire à une époque antérieure de beaucoup à l'antiquité grecque la plus reculée.

Déjà en 1891, Emile Rivière signala au Congrès de l'Association française pour l'avancement des Sciences, à Marseille (1), parmi les ossements recueillis dans l'abri sous roche de Pageyral, un tibia presque entier de Faisan.

Récemment, l'exploration de la caverne de Santimaminc (2), dans la province de Biscaye, a permis de recueillir une importante collection d'ossements d'oiseaux, qui m'ont été communiqués par M. Telesforo de Aranzadi, professeur d'anthropologie à la Faculté des sciences de Barcelone. Parmi ces documents, j'ai pu identifier vingt-cinq espèces d'oiseaux au nombre desquels le Faisan est représenté par un tibia brisé et un tarso-métatarsien en très bon état de conservation.

Le tibia de Faisan découvert par E. Rivière dans l'abri de Pageyral, date de la fin de la période paléolithique.

De même, le tarso-métatarsien de Santimamiñe provient, selon les indications de M. le professeur de Aranzadi, d'un milieu magdalénien. Les deux tibias de Pageyral et de Santimamiñe étant l'un et l'autre privés de leur articulation tibro-tarsienne, il me paraît difficile d'indiquer d'une manière certaine, s'ils se rapportent à des oiseaux du genre *Phasianus*, plutôt que du genre *Gallus*. La présente étude comprendra donc seulement la description et l'identification de l'os du pied de gallinacé trouvé à Santimaminc. Ce rayon osseux, très bien conservé, permet une détermination générique précise.

Les caractères morphologiques de cet os sont les suivants :

Dans son ensemble, la face antérieure de ce tarso-métatarsien est aplatie vers le milieu de la longueur ; elle est convexe au-dessus des trochées digitales et, au contraire, creusée en forme de gouttière dans la partie supérieure, au-dessous de l'articulation tibiale.

Cet os a 67 millimètres de longueur, 11 millim. de large à son extrémité supérieure, 11 millim. 8 de large à l'extrémité inférieure et 5 millim. 6 de diamètre minimum au milieu de sa diaphyse.

Les facettes de l'articulation tibiale sont assez profondes, notamment la facette interne dont le bord est un peu relevé, de manière à retenir latéralement le condyle corrspondant du tibia (fig. 1 B).

L'articulation supérieure de l'os du pied offre, dans la disposition des crêtes et des gouttières tendineuses du talon, des caractères qui varient

(1) *Nouvelle station quaternaire sur les bords de la Vézère*, p. 372, fig. 3 (Congrès de l'A.F.A.S., Marseille 1891).

(2) T. DE ARANZADI, J. DE BARANDIARAN Y ENRIQUE DE EGUREN, *Exploraciones de la Caverna de Santimanime. Figura rupestres. Bilbao*, 1925.

selon les genres et aussi, parfois, selon les espèces. Ainsi, dans le genre *Phasianus*, le talon est formé d'une crête interne saillante et d'une crête externe plus courte, séparées par une coulisse tendineuse profonde. Une seconde coulisse externe est très superficielle (fig. 1 A).

Dans le genre *Gallus* (fig. 1 C), l'ensemble des crêtes du talon est beaucoup plus élargi. La coulisse tendineuse qui longe la crête externe est également plus large et profonde que dans le g. *Phasianus* (fig. 1 A).

Ainsi, le tarso-métatarsien de la caverne de Santimamine ne peut être confondu avec le même os d'un oiseau du genre *Gallus*. Par contre, ses parti-

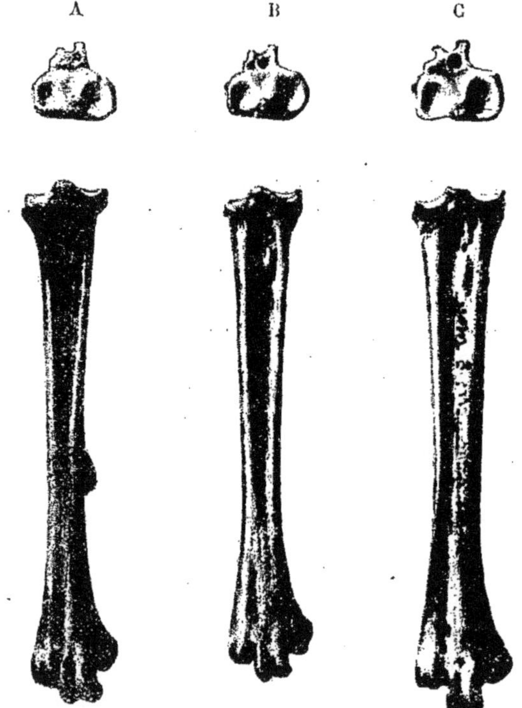

Fig. 1. — Tarso-métatarsiens droits de Gallinacés (Grandeur naturelle)

A. *Phasianus colchicus*, mâle, faune actuelle. — B. *Phasianus sp?*, femelle. Caverne préhistorique de Santimamine (Espage). — C. *Gallus domesticus*, femelle, époque actuelle.

cularités anatomiques correspondent tout à fait à celles qui caractérisent le genre *Phasianus*. L'os du pied qui vient d'être décrit appartient à une Faisane de la taille de *Ph. Colchicus*.

En résumé, de l'exposé qui précède il résulte qu'une espèce de Faisan vivait en Espagne et probablement en France, à l'époque magdalénienne. Sans mettre en doute l'importation par les Grecs de quelques spécimens du Faisan de Colchide, il paraît évident que ces Faisans ne se sont point répandus dans toute l'Europe, comme l'affirme la version des Argonautes.

En effet, les Faisans sont des oiseaux sédentaires. Ils marchent et courent beaucoup mieux qu'ils ne volent et se déplacent fort peu.

Puisqu'il paraît démontré qu'une espèce de Faisan vivait dans le sud-ouest de l'Europe vers la fin de la période paléolithique, il est très probable que ce Faisan habitait encore l'Europe à l'époque gréco-romaine. Le Faisan qui vit à l'état sauvage dans l'Europe centrale et orientale serait donc le descendant, non point des oiseaux importés jadis par les Grecs ou les Romains, mais plutôt du Faisan pléistocène dont E. Rivière et M. de Aranzadi ont découvert des restes osseux dans les cavernes de nos régions.

Cette conclusion paraît extrêmement probable lorsqu'on sait que plusieurs espèces de Faisans ont été reconnues dans divers gisements tertiaires de l'Europe. A. Gaudry et Milne Edwards, notamment, ont signalé *Phasianus archiaci* (1) dans les dépôts miocènes de Pikermi, puis *Phasianus altus* et *Ph. medius* (2), dans le miocène moyen de Sansan, enfin *Phasianus Desnoyersii* (3) dans les faluns de la Touraine. Ainsi, de même que le Faisan quaternaire est sans doute le descendant de l'un des Faisans tertiaires de nos régions, de même le Faisan sauvage actuel de l'Europe central est très vraisemblablement le descendant du Faisan dont E. Rivière et le Dr de Aranzadi ont découvert des restes osseux dans les dépôts magdaléniens du Midi de la France et du nord-ouest de l'Espagne.

Commandant Eugène CAZIOT
Conservateur du Musée d'Histoire naturelle de Nice

ETUDE SUR LE GENRE TESTACELLA, CUVIER

Dans « The Proceeding of the Malacological Society of London » de 1920 à 1924, MM. Gude, Kennard et Woodward ont fait paraître une série d'articles ayant pour but d'établir une base solide sur la classification d'un certain nombre de mollusques terrestres et fluviatiles, en se reportant aux descriptions établies par les auteurs, discutant les interprétations qui en ont été données, recherchant leur bien fondé, en relatant les erreurs commises.

(1) Gaudry, *Comptes rendus de l'Acad. des Sciences*, vol. LIV, p. 502.
(2) Milne Edwards, *Recherches anatomiques et paléontol. pour l'histoire des oiseaux fossiles de la France*, t. 2, pl. CXXXI, fig. 24 à 36.
(3) Milne Edwards, *Loc. cit.*, pl. CXXXI, fig. 37 à 39.

Je présente ci-après l'étude relative au genre *Testacelle*, de Cuvier.

L'historique et la monographie de ce genre ont été établies par Gassies et Fischer en 1856, dans les Actes de la Société Linnéenne de Bordeaux, t. XXI, p. 195-218.

En 1861, Bourguignat publia ensuite un supplément à cette étude : « Notice sur les espèces vivantes et fossiles du genre *Testacella* » (Revue et Mag. Zool., Sect. II, t. XXI, p. 513-524) et, en 1862, une nouvelle étude sur la même question dans ses Spicilèges Malacol., 1862, p. 55-68. Ces derniers articles n'étaient pas bien conçus au point de vue de la nomenclature telle que nous la concevons maintenant et la conclusion qu'il en tirait, spécialement pour les espèces qui vivent en Angleterre, était telle qu'une révision s'imposait.

Le sommaire de l'historique de ce genre, puisé dans les écrits de Gassies et Fischer, est indispensable à établir pour comprendre et apprécier la valeur de la critique exercée.

La première indication de ce genre semble avoir été établie en 1740, lorsque M. Dugué écrivait de Dieppe à Réaumur pour lui faire part de la découverte faite dans son jardin d'une limasse portant à la partie supérieure de son dos une petite coquille en spirale aplatie (*Hist. Acd. Sc.*, Paris, 1740 (1742), p. 1 et 2). — En 1779, le Vicomte de Querhoent du Croisic, en Bretagne, écrivait à Valmont de Bomare pour lui faire part de l'exhumation d'une limace qui avait avalé, en partie, un gros verre de terre, ce qui était singulier, car on n'avait jamais soupçonné ce mollusque d'être vorace (*Dict. raisonné Universel*, Hist. Nat., 4e *édition*. Tome IV, 1791, p. 579). — De 1796 à 1798, par ordre du Gouvernement français, une expédition fut organisée pour visiter les îles de Ténériffe, La Trinité, Saint-Thomas, Sainte-Croix et Porto-Rico. Partie en 1796, elle était de retour en 1798. M. Maugé était le naturaliste, il envoya au Muséum d'Histoire Naturelle de Paris la collection qu'il avait constituée, mais sa mort prématurée ne permit pas de publier ses observations. Ce ne fut qu'en 1810 que Le Dru parla de la découverte de la Testacelle pendant l'expédition. — En 1800, Cuvier, frappé de l'aspect singulier de cet animal et de sa coquille, créa pour lui le genre *Testacella*, mais sans le définir ni le décrire dans sa table V de ses « *Leçons d'Anatomie comparée* », tome I. — En janvier 1801, Lamarck, qui avait évidemment eu connaissance du ou des spéciments de Maugé provenant de Ténériffe, accepta le nom de *Testacella*, en donnant une description de ce genre et relatant les meilleures figures données par Favanne en indiquant comme spécimen (*Syst. Anim. s. Vert.*, p. 96) : « *Testacella haliotoides*, n., ex D. Mauger (*sic*), ex ins. Teneriffae ».

Depuis lors, les règles internationales de la nomenclature zoologique adoptées par le Congrès International à Monaco en 1913 spécifient, à l'art. 30, I, que lorsque dans la publication originelle d'un genre une espèce est nettement désignée comme type, cette espèce est acceptée comme type, nonobstant tout autre considération (type par désignaion originelle). Le nom donné par Lamarck étant correctement établi ne peut pas, dès lors, être considéré comme un « *nomen nudum* », mais doit être, au contraire, conservé pour désigner l'espèce de Ténériffe, nommée plus tard *Testacella Maugei* par Ferussac.

Vers ce temps, Faure-Biguet découvrit de nouveau ce genre en France et fournit des spécimens à Draparnaud et à Cuvier qui permirent à ce dernier de les relater dans son ouvrage. — En 1801, Draparnaud, dans sa table des *Mollusques terrestres et fluviatiles de la France*, qui parut en juillet, relata cette forme sous le nom générique de *Testacelle*, ajoutant, comme note (p. 99) : « Il faut rapporter au genre *Testacelle* les limaces à coquilles de Férussac... qui sont toutes exotiques et de l'île Ténériffe selon Mauger (*sic*)... Apparemment, il n'avait pas eu connaissance du travail de Lamarck et, frappé de la ressemblance qu'il y avait de la coquille en question avec l'Haliotis il lui donna le nom défectueux de *haliotidea*. Ce nom, dès lors, devenait un synonyme de celui de Lamarck, il ne doit pas être conservé malgré qu'il soit en usage depuis longtemps. — Dès les premiers jours de l'année 1802, Buc relata dans son « Histoire naturelle des coquilles » (suites à Buffon), tome III, p. 240 (sous *Testacella*, Lamarck) la *Testacella haliotoides* de Ténériffe, *Testacella costata* des Maldives et *Testacella conica*, de localité inconnue. — En mars 1802, Faure-Biguet publia une note ayant pour titre : « Sur une nouvelle espèce de *Testacelle* » (Bull. Sc. Soc. Philom., Paris, t. X, p. 98, pl. V) décrivant et figurant la *Testacella haliotidea*, Draparnaud, mais en ne donnant aucun autre nom spécifique et n'indiquant aucune localité. — En février 1805, Cuvier (An. Mus. Hist. Nat., Paris V) décrivit et figura les spécimens qui lui avaient été envoyés par Faure-Biguet en faisant connaître leur anatomie sous le nom « *La Testacelle* de France » (*Testacella haliotidea* (*sic*) Drap.) (p. 440, pl. XXIX, fig. 6-11). Les figures qu'il en donne ne laissant aucun doute sur l'espèce qu'il vise. — En juin 1805, de Roissy (*Hist. Nat. moll.*, Suites à Buffon rédig. Sonnini, V) en traitant du genre *Testacelle*, proposa (p. 252) le nom de *Testacella europea* pour les formes françaises. En réalité, il ignorait le nom d'*haliotidea* qui avait été donné par Draparnaud, lequel n'a cité ni le nord ni le midi. Les espèces proposées par Roissy sont les suivantes :

Test. carnina (sans indication de localité) ;

Test. haliotidea de Ténériffe ;

Test. costata des Maldives.

Le nom d'*europea* donné par cet auteur a une antériorité incontestable sur celui d'*haliotidea* donné par Draparnaud.

A la fin de l'année 1805, Draparnaud (Hist. Moll. France, p. 121, pl. VIII, fig. 43-48; pl. IX, fig. 12-14) répéta le nom de *Testacella haliotidea* sans être soutenu par aucune référence. Les auteurs anglais sont sceptiques à l'égard des figures données par l'auteur français. — En 1807, dans son « *Essai Méthod. Conchyl* », p. 41, Férussac énuméra quatre espèces :

1° *Testacella haliotidea*, Faure-Biguet (C'est une erreur qui s'est propagée ensuite avec rapidité). Cuvier et Draparnaud sont aussi cités et la *Testacella europea* de Roissy placée en synonymie ;

2° *Testacella cornica* (sic) Roissy ;

3° *Testacella haliotoides*, Roissy, Ténériffe ;

4° *Testacella costata*, Roissy.

Dans la « *Concordance systématique*, p. 116 », la *Testacella haliotidea* est signalée.

En 1810, dans le récit de Ledru, de l'expédition de 1796 (*Voyage aux îles de Ténériffe*, etc., tome I, p. 187) une erreur d'impression fut la cause d'un nouveau trouble dans l'appellation du genre, qui fut désigné sous le nom de *Tescula haliotoides*, Roissy. — En 1819, Férussac (*Hist Nat. moll.*, p. 94) changea, comme l'avait fait Montofrt en 1810, le nom du genre qu'il mit au masculin, soit *Testacellus haliotideus*, Faure-Biguet (pl. VIII, fig. 5, 9, 11, 13, 15) indiquant, comme *nobis*, la *Testacella Maugei* (pl. VIII, fig. 10 et 12) auquel il donna en synonymie la *Testacella haliotoides* de Lamarck). Une reproduction de ces formes fut présentée par lui dans ses tables du *Syst. des Limaces*, 1821, p. 26, avec l'indication des synonymies des *T. europea*, Roissy, *haliotoides*, Draparnaud et *gallioe*, Oken.

En 1831, Michaud, dans ses *Compléments Hist. Nat. moll. France de Draparnaud*, fournit un exemple du peu de soin qu'il prit en copiant à ce sujet une source originelle : « J'ai cru devoir, dit-il, conserver à ce genre le véritable nom qui lui avait été imposé par Faure-Biguet (*Bull. Soc. Phil.* n° 61), tandis que cette référence est réellement prise dans Férussac.

Enfin, en 1855, Grateloup (*Distr. géograp. fam. Limaciens*, p. 15 et 16) peu satisfait des noms existant pour désigner la *Testacelle*, en suggéra inutilement plusieurs autres et même deux pour désigner la *Testacella Maugei* :

1. *Testacella haliotoides*, Lamarck. *T. Maugei*, Férussac.
2. *Testacella europea*, Roissy. *T. haliotidea*, Draparnaud.
3. *Testacella scutulum*, Sowerby.

Un certain nombre de formes continentales de Testacelles ont été décrites à différentes époques et on a tenté de les rapprocher des espèces visées plus haut. Jusqu'à ce qu'on ai fait plus ample connaissance avec ces mollusques il est préférable de les considérer comme distincts, comme l'ont fait Gassies, Fischer et Bourguignat, jusqu'à ce qu'on ait reconnu leur affinité.

Quant aux formes fossiles dont quelques-unes datent du Miocène, on ne peut pas les discuter.

Dans leur Monographie Gassies et Fischer admettent 13 espèces de *Testacelles* et 12 sont un produit de leur imagination ; ainsi *Testacella Tényériffae*, d'Orbigny père, inédite dans Férussac, s'explique par la lecture de l'original (Férussac, *Hist. Nat. moll.*, tome II, p. 87). En réalité, cette *Testacelle* n'est autre que le *Plectrophorus Orbignii*. Des libertés de cette nature sont la cause de beaucoup de troubles dans l'étude.

Evidemment la mauvaise interprétation du rapport de d'Orbigny (in Webb et Berthelot, *Hist. Nat. Iles Canaries*, t. II, pl. II, 1, 839, p. 49) a été la cause de l'erreur commise : Ténériffe faisant partie du groupe des îles Canaries on avait été conduit à admettre que le mollusque en question devait s'y trouver. Rien ne le démontre et le nom spécifique de *Ténérifae* ne peut être maintenu. D'Orbigny pensait aussi que la *Testacella Maugei* était une simple variété de *Testacella haliotidea*, Draparnaud.

Hugues CLEMENT
Chargé d'un cours àla Faculté de Lyon

et

E. CHAPEAUX
I.E.G.C. de Paris

QUELQUES MODIFICATIONS EXPERIMENTALES DES SURFACES PORTANTES DU PIGEON ET LEURS EFFETS SUR LE VOL

Dans une série d'études préalables, l'un de nous ayant démontré le rôle passif des rémiges (1), puis mis en évidence l'impossibilité du vol plané sans les petits pectoraux (2), nous avons cru intéressant de rechercher ce qu'il advenait à la suite de réductions de plus en plus grandes des surfaces portantes.

A) *Ablation de la queue*. Cet organe peut être complètement supprimé chez le pigeon. L'équilibre de l'animal n'est pas troublé, mais sa vitesse de propulsion est augmentée.

---

(1) Les merveilles de l'aile. Chapeaux et Servajean. Presse Médic., n° 31, 17 avril 1926.

(2) Les conditions du vol ramé chez les oiseaux. Expériences faites sur le Pigeon. Couvreur et Chapeaux. C.R., Biol., 19 avr. 1926. XCIV, p. 1160.

B) *Ablation des ailes.* Tandis que si l'on coupe de 3 cent. les rémiges parallèlement à aà, tout vol devient impossible, Les réductions opérées dans le sens postéro-antérieur peuvent être considérables. Pour citer des chiffres, nous dirons qu'un pigeon pesant 282 gr., offrant une surface normale de 54.696 mq. peut descendre à la suite de coupes successives (1-2-3-4) jusqu'à 29.846 mq. sans éprouver de gêne marquée.

Les coups d'ailes de plus en plus nombreux pour suppléer à la défi-

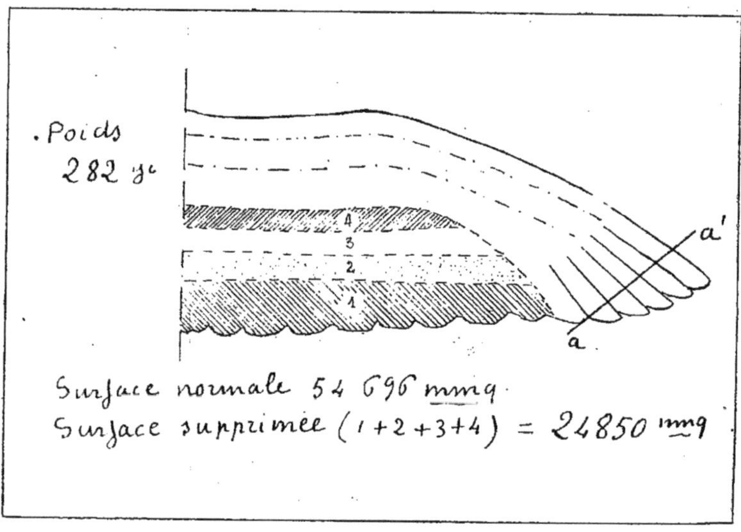

cience des surfaces donnent à l'oiseau un aspect bien spécial.

Il est curieux de voir que ce pigeon ayant perdu 24.850 mq., ayant vu sa charge au mètre carré passer de 5.155 gr. à 9.616, son centre de poussée décalé d'environ 180 mm. vers l'avant, voler toujours. Seuls les troubles respiratoires, les perturbations cardiaques le forceront à s'arrêter.

Pour le constructeur que de perspectives à envisager.

C) *Suppression de la queue et des ailes (dans le sens postéro-antérieur).*

Ce dispositif expérimental, union du premier et du second, montre l'augmentation de plus en plus grande des efforts tentés par l'oiseau pour conserver ses possibilités de vol.

Nous aurions bien des points curieux à signaler, relatifs à l'ordre dans lequel repoussent les rémiges, à leur contexture nouvelle, mais, nous en resterons là, ces recherches n'ont qu'un but, celui d'étayer la construction des ailes sur des faits physiologiques et de suivre la Nature « longo sed proximo intervallo ».

L. FALCOZ
Vienne en Dauphiné

SUR LA RESISTANCE AU JEUNE CHEZ LES DIPTERES PUPIPARES

On sait que les Diptères Pupipares se nourrissent aux dépens de leur hôte dont ils sucent le sang. Chez les Nyctéribiides, les repas sont fréquents, car à l'autopsie on trouve toujours du sang frais dans le ventricule chylifique, aussi ces Insectes ne peuvent-ils vivre que fort peu de temps en dehors de leur hôte. Rodhain et Bequaert (1) ont observé au Congo que *Cyclopodia Greeffi* Karsch, Nyctéribiide qui infeste une Chauve-souris frugivore du groupe des Roussettes ne survit pas plus de 12 heures dans de semblables conditions. Par contre, les Hippoboscides (certaines formes avicoles tout au moins) montrent une certaine résistance à la privation de nourriture. Ed. et Et. Sergent (2) ont signalé que *Lynchia maura* Bigot, parasite habituel du Pigeon en Algérie, meurt si on le sépare plus de deux ou trois jours de l'Oiseau sur lequel il vit normalement. De mon côté (3), j'ai constaté à Vienne que quatre individus d'*Ornithomyia avicularia* ont vécu pendant 6 jours sans s'alimenter.

Ces différences dans l'aptitude au jeûne peuvent, semble-t-il, trouver leur explication dans les degrés divers de fixation et de spécialisation que présentent les trois espèces envisagées. La première, entièrement aptère, étroitement spécialisée, comme le sont tous les Nyctéribiides, ne résiste à l'inanition que quelques heures. La seconde, attachée au Pigeon, mais pouvant s'en écarter facilement grâce à ses ailes bien développées, résiste un peu plus longtemps. Quant à la troisième espèce, qui parasite indifféremment un certain nombre d'Oiseaux et qui n'est parvenue qu'à un stade peu avancé de spécialisation, elle supporte la privation de nourriture pendant un laps de temps bien plus long que les deux précédentes.

Peut-être aussi le facteur température intervient-il. Les observations relatées ci-dessus ont été faites sous des latitudes différentes et l'on constate que le degré de résistance au jeûne diminue à mesure que la contrée est plus chaude. Or, il est établi que l'activité vitale des organismes est en fonction directe de la température. L'exigeance alimentaire sera donc d'autant plus grande que la température sera plus élevée.

(1) *Bull. Soc. Zoologique de France*, 1915, p. 248.
(2) *Annales de l'Institut Pasteur*, 1907, p. 251.
(3) *Bull. Soc. entom. de France*, 1922, p. 228.

Dr Eugène LACROIX
Membre de la Société Linnéenne de Lyon

DU CHOIX DES COCCOLITHES PAR LES FORAMINIFERES ARENACES POUR L'EDIFICATION DE LEURS TESTS

Les coccolithes dont nous n'avons pas à rappeler ici l'histoire sont, en résumé, des corps microscopiques, de nature *calcaire*, discoïdes, présentant un grain central entouré de zones concentriques plus ou moins réfringentes, qui abondent dans toutes les mers et à toutes les profondeurs.

A notre connaissance, ils n'ont jamais été signalés parmi les matériaux employés par les Foraminifères arénacés pour la construction de leurs tests. Nos recherches sur les Foraminifères arénacés récents nous permettent de combler cette lacune ; et cela, grâce à l'obligeance du Commandant Charcot qui, très aimablement, a bien voulu mettre à notre disposition, une série d'échantillons de sables dragués par le *Pourquoi-Pas ?* au cours de sa campagne aux Iles Feroë de 1924.

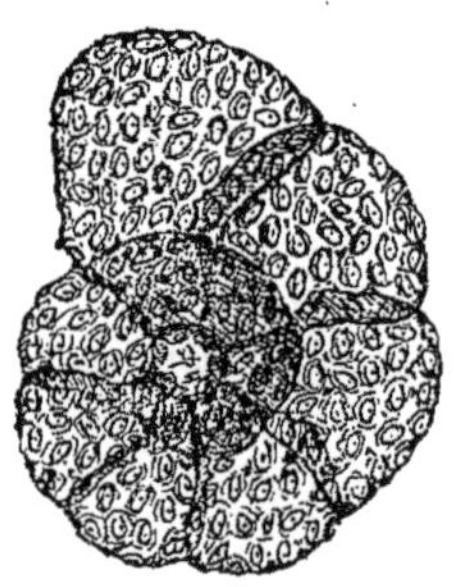

Fig. 1

Fig. 2

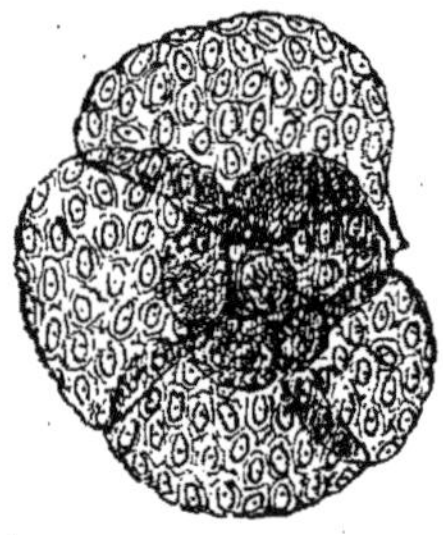

Fig. 3

Pour la question qui nous occupe, nous ne retiendrons que trois de ces échantillons. L'échantillon D1 (*entre Brest et Land's End*, 49° 07 N, 5° 12' W, 102-108 *mètres de profondeur*) nous a fourni plusieurs spécimens jeunes de Trochammina pauciloculata H.B. Brady, présentant dans leurs parois quelques coccolithes typiques associés aux grains de sable. Par contre les échantillons D8 et D9 (*S.O. de Rockall*, 57°, 32' N, 14° W, 130 *mètres de profondeur*), sans parler de leur faciès spécial et de certaines particularités de leur faune rhizopodique générale, se singularisent par l'abondance des spécimens modifiés par l'intrusion des coccolithes. Ici les coccolithes n'occupent plus une place restreinte; leur substitution aux grains de sable atteint tous les degrés; dans un grand nombre d'individus elle est totale : la régularité de l'ornementation du test est alors des plus élégantes, elle réalise un type vraiment nouveau, une véritable race.

Les Foraminifères arénacés ainsi transformés appartiennent à plusieurs espèces (*Haplophragmium canariense* d'Orbigny, *Trochammina*

Fig. 4

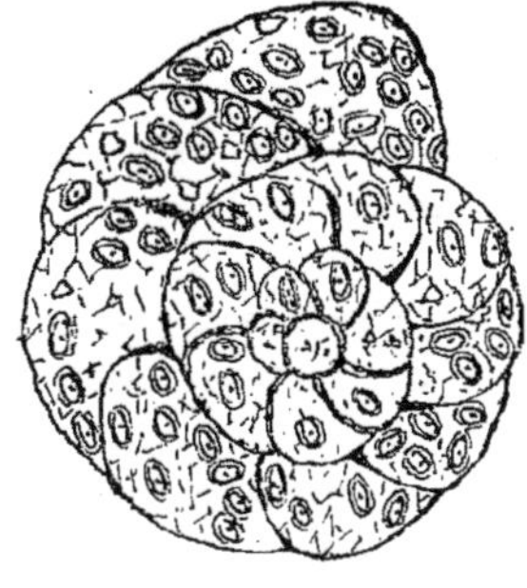

Fig. 5

Fig. 6

squamata Parker et Jones, *Tr. rotaliformis* J. Wright, *Tr. globigeriniforme* Parker et Jones, *Spiroplecta biformis* Parker et Jones); et leurs diverses variétés, qu'il s'agisse de spécimens jeunes ou adultes, micro ou mégasphériques, de teinte blanche ou brune, sont toutes susceptibles de subir cette curieuse transformation.

Habituellement toutes ces espèces ont un test finement arénacé, c'est-à-dire que leur surface externe, sans être parfaitement lisse, ne présente pas les fortes aspérités qui caractérisent les Foraminifères grossièrement arénacé, tels que *Haplophragmium agglutinans* et beaucoup d'autres *Lituolidae*. L'apparition des coccolithes ne modifie en rien ce caractère essentiel, car les dimensions de ces corps discoïdes sont très inférieures à celles de la plupart des grains de sable qui entrent dans la constitution des tests finement arénacés.

Selon les données actuelles, ces tests sont composés de deux éléments ; d'une part, les matériaux étrangers sélectionnés par le rhizopode dans le fond marin ; d'autre part, la substance fondamentale sécrétée par le sarcode pour agglutiner entre eux les corps étrangers, autrement dit le ciment, qui est ici de nature chitineuse. Dans les tests édifiés avec des grains de sable, il est impossible, sans détruire tout l'édifice structural, de séparer ces deux éléments et partant de donner une démonstration directe de leurs rapports réciproques. Il en est tout autrement dans le type nouveau que nous présentons dans cette note.

Une goutte d'une solution d'Hcl suffit pour dissoudre les coccolithes et mettre en évidence la charpente chitineuse de la coquille, parfaitement intecate, montrant avec une netteté exceptionnelle l'agencement des loges qui n'ont subi aucune déformation. Cette coque chitineuse est colorée en jaune ocre tirant sur le brun; cette teinte s'atténue progressivement sur chaque nouvelle loge pour disparaître complètement sur la dernière formée. La surface interne des loges est lisse, comme vernie ; tandis que leur surface externe présente, en saillie, un fin réseau à mailles plus ou moins arrondies, délimitant ainsi des aires plus claires, correspondant aux fossettes dans lesquelles étaient encastrés les coccolithes : ce fin réseau répond aux lignes de ciment.

En faisant agir sur un spécimen ainsi traité le ferrocyanure de potassium, on obtient une coloration bleu de Prusse, en lavis, dont la teinte va en se dégradant de la loge initiale à la dernière loge qui reste incolore.

Cette réaction indique la présence des sels de fer, fait d'ailleurs bien connu et caractéristique des textures arénacées.

D'après nos connaissances sur la biologie des Foraminifères arénacés, il n'y a rien qui puisse nous surprendre dans les faits précédents. Toutefois, l'apparition brusque, dans une aire relativement restreinte d'un vaste océan, d'un type nouveau de Foraminifères arénacées, méritait d'être signalée à l'attention des Rhizopodistes : l'intérêt de cette découverte peut se résumer dans les conclusions suivantes :

1° Les coccolithes doivent désormais prendre place dans la liste déjà longue des matériaux employés par les Foraminifères arénacés pour la construction de leurs tests.

Fig. 7

Fig. 8

Fig. 9

2° Des recherches ultérieures sur les conditions biologiques des fonds marins permettront vraisemblablement de saisir le pourquoi de l'apparition de cette race nouvelle de Foraminifères arénacés.

3° La substitution intégrale des coccolithes aux grains de sable crée un dispositif favorable pour l'analyse texturale des Foraminifères arénacés, en rendant possible une démonstration directe des rapports réciproques des divers éléments qui entrent dans leur composition.

4° Le choix exclusif des coccolithes par le sarcode est une démonstration nouvelle, éclatante de ce pouvoir de sélection que des Rhizopodistes autorisés, malgré l'organisation rudimentaire de ces petits êtres, n'ont pas craint de qualifier d' « intelligence », ou de « sens esthétique ».

Fig. 1 *Haplophragmium canariense* × 250, D9.
Fig. 2 *Haplophragmium canariense* × 250, premiers stades, D9.
Fig. 3 *Haplophragmium canariense* × 230, Variété, D8.
Fig. 4 *Trochammina squamata* × 350, microsphérique, D9.
Fig. 5 *Trochammina rotaliformis* × 270, microsphérique, D9.
Fig. 6 *Trochammina globigeriniforme* × 200, jeune spécimen, D9.
Fig. 7 *Trochammina squamata* × 270, mégasphérique, D9.
Fig. 8 *Trochammina pauciloculata* × 300, premiers stades, D1.
Fig. 9 *Spiroplecta biformis* × 280 D9.

Dr L. MORENAS

Préparateur de Parasitologie à la Faculté de Médecine de Lyon

---

1° NOTE SUR LA FREQUENCE DE L'INFESTATION HUMAINE PAR LA « LAMBLIA INTESTINALIS » DANS LA REGION LYONNAISE ET SUR SON ROLE PATHOGENE

Si la notion de l'infestation possible de l'homme par la Lamblia ou Giardia Intestinalis est de date relativement ancienne (Lambe, 1859), il est singulier de constater l'absence de documents précis sur sa fréquence jusqu'à ces dernières années.

Les premières statistiques datent de la Grande Guerre ; mais, faites dans les ambulances du corps expéditionnaire anglais de Gallipoli, elles concernent uniquement des sujets atteints de troubles intestinaux aigus et ne peuvent, de ce fait, être prises comme bases normales : signalons simplement que l'infestation lamblienne s'y montre avec une fréquence variant de 9 % (Kennedy et Rosewarm) à 19 % (Margaret, W. Jepps).

Depuis la guerre, des statistiques assez nombreuses ont été établies dans les pays exotiques, mais la plupart ne spécifient pas si les sujets examinés étaient bien portants ou au contraire affectés de troubles intestinaux : aussi note-t-on des pourcentages très variables oscillant de 3,5 % (Indes Anglaises, Woodcock) au chiffre extrême de 35,3 % (Jamaïque, H. Scott).

En Europe, l'infestation lamblienne paraît plus exceptionnelle : on relève les chiffres de 3,3 % (Yung et Sell) en Bavière, 3.4 % (Smith) en Angleterre.

En France, nous ne connaissons que la statistique de Pringault, de Marseille, qui dans les selles soumises à son examen, dans son laboratoire, constate la présence de Lamblies dans une proportion de 2,96 %. — et celle établie par Deschiens à Paris, en 1923, qui note 5 % de porteurs de Lamblia parmi les enteropathes du service hospitalier de Le Noir.

La présence fréquente de kystes de Lamblia dans les selles soumises à notre examen au Laboratoire de Parasitologie de la Faculté de Médecine (selles provenant en grande majorité de malades des divers hôpitaux de l'agglomération lyonnaise) nous a incité à établir une statistique comparative.

Notre observation porte sur 325 examens concernant 286 malades et s'échelonne du 1er juillet 1924 au 1er juillet 1926 ; elle nous a permis de déceler 36 porteurs de Lamblia, soit 12,5 %.

Par comparaison, l'infestation trichocéphalienne s'est montrée avec une fréquence de 15,6 % et l'amibiase (A. Dysenteriae) 5 %.

Cette proportion de 12,5 % apparaîtra d'autant plus forte qu'elle a été relevée sur une longue période indépendamment de l'influence des saisons, des épidémies, et que l'observation a porté sans doute sur des malades, mais dont un bon nombre ne présentaient pas de troubles intestinaux.

Nos recherches statistiques nous ont permis aussi d'acquérir des notions nouvelles sur l'importance du rôle pathogène de la Lamblia chez l'homme.

On sait que ce rôle pathogène a été tour à tour nié (Cliffort, Dobell) ou considéré comme très contingent. M. le professeur Brumpt admettait récemment que 1/10 seulement des porteurs de Lamblia présentent des troubles intestinaux du fait de ce parasitisme.

Cette conception de l'inocuité habituelle de l'infestation lamblienne ne pourra être vérifiée que par la constatation fréquente de Lamblia dans les selles des sujets absolument sains et sans passé intestinal : or de telles statistique font défaut.

Contre elle militent d'une part l'expérimentation chez l'animal réalisant, par infestation lamblienne, des rectocolites mortelles (Perroncito. Fontham et A. Porter, Deschiens) — d'autre part l'entité clinique qu'est l'entérite à Lamblia.

Notre statistique offre, pensons-nous, des arguments plus probants en faveur du rôle pathogène de ces Flagellis.

En effet, sur les 36 porteurs de Lamblia que nous avons dépistés, nous avons pu avoir 25 fois des renseignements cliniques ; or 24 fois, il s'agissait de troubles intestinaux (diarrhée, dysenterie chronique) et une fois de troubles hépatiques, et l'on sait que la Lamblia est un hôte des voies biliaires comme du duodinum.

On aurait pu incriminer comme cause des troubles intestinaux un parasitisme associé : or sur les 36 porteurs de Lamblia, 10 seulement hébergeaient aussi d'autres parasites : encore est-il qu'il s'agissait pour la plupart de trichocéphales (4) ou d'Amoeba Côli (2).

Nous devons ajouter que chaque fois que nous avons eu l'occasion d'examiner les selles d'un sujet indemne de troubles intestinaux (ou hépatiques), nous n'avons pas observé la présence de Lamblia.

De cette brève étude surtout statistique, nous croyons pouvoir conclure que :

1° L'infestation lamblienne est fréquente actuellement chez l'Homme dans la région lyonnaise.

2° La Lamblia exerce un rôle pathogène indiscutable : les sujets infestés présentent presque tous des troubles intestinaux, — les porteurs sains constituent, tout au moins dans la région lyonnaise, une infime exception, si tant est qu'il en existe.

3° Il serait intéressant de faire de semblables recherches dans d'autres régions ; dans le cas où le nombre des porteurs sains s'y montrerait également réduit, on pourrait se demander si les conditions de la guerre, l'importation d'espèces exotiques n'ont pas modifié les aptitudes pathogènes du Lamblia Intestinalis chez l'Homme.

2° AUTO-OBERVATION D'ANAPHYLAXIE AUX TOXINES ASCARIDIENNES

Tous les biologistes qui ont été appelés à manipuler et surtout à disséquer des *Ascaris* connaissent par expérience les désagréments provoqués par les émanations toxiques de ces helminthes : il ne s'agit pas seulement, en effet, de sensations de cuisson au niveau des doigts qui ont été en contact avec le liquide péri-entérique, mais aussi de picotements dans les fosses nasales et surtout d'irritation conjonctivale : ces troubes se produisent alors même que les doigts n'ont pas été portés sur ces muqueuses et qu'il n'y a pas eu à leur niveau de projection de gouttelettes liquides. Habituellement, ces désagréments cessent quelques minutes après la fin de la manipulation.

Il est une autre série de troubles plus exceptionnels, ne se produisant que chez certains expérimentateurs et qui se caractérisent : 1° par le fait qu'ils ne s'observent pas au cours des premières manipulations, mais lors de manipulations réitérées après un certain délai ; 2° en ce que ces troubles persistent plusieurs heures après la manipulation, parfois même se manifestent, en quelque sorte, « à retardement ».

Hamburger, le premier, a signalé dans une auto-observation vieille de plus de 50 ans (1870), ces troubles consistant en éternuements, quintes de toux, poussées de conjonctivite, parfois quelques nausées et surtout des accès d'asthme violents et tenaces se produisant quelques heures après les manipulations et ne survenant jamais dans d'autres circonstances.

Goldschmidt (1900) a observé le même ensemble de troubles chez un de ses assistants.

Boveri, Strassen, Bastian ont éprouvé ce même syndrome avec cette particularité, en ce qui concerne Bastian, qu'il était provoqué par les émanations d'Ascaris Megalocephala alors que celles d'Ascaris Lunbricoïdes ne donnaient lieu à aucun trouble.

J'ai été moi-même appelé à constater, de façon trop précise, la réalité de ces troubles d'apparition secondaire dans les circonstances suivantes : poursuivant une série de recherches sur l'anaphylaxie vermineuse expérimentale, j'ai manipulé de façon quasi quotidienne, du 15 octobre 1925 au 2 février 1926, soit des tœnias, soit des Ascaris Lunbricoïdes ou surtout Megalocephala, soit plus souvent les toxines que j'en avais extrait. Je n'ai éprouvé alors que des picotements des doigts et des conjonctives, lors de la manipulation des Ascaris, ces troubles très légers, cessant de suite.

Après 5 mois d'interruption complète, j'ai repris les mêmes expériences le 28 juin, en recourant au liquide péri-entérique de l'Ascaris Megalocephala. La première manifestation elle-même s'est passée, comme les précédentes, sans donner lieu à des troubles marqués ; mais 3 ou 4 heures après, j'éprouvais des picotements très vifs dans les yeux, du larmoiement, j'avais les conjonctives injectées ; d'autre part, une sensation désagréable de chaleur et de tension dans les fosses nasales, comme au début d'un coryza ; quelques accès d'éternuements. Le lendemain tout était rentré dans l'ordre.

Le 2 juillet, nouvelle manipulation de liquide peri-entérique : le picotement nasal se produit précocement, provoquant des accès d'éternuement, puis survient la conjonctivite ; enfin, au milieu de la nuit, une quinte de toux avec sensation de chaleur retrosternale me réveille et, pendant une heure, j'éprouve une gêne respiratoire marquée au point de me contraindre à rester assis dans le lit ; cette dyspnée asthmatiforme était entrecoupée de quintes de toux prolongées et pénibles.

Je reste 6 jours sans m'exposer aux émanations d'Ascaris et n'éprouve aucun trouble. Le 8 juillet, je répartis du liquide péri-antérique dans des tubes : la même série de troubles se produit que lors de la première manipulation, y compris un accès asthmatiforme nocturne moins pénible que le premier. Par contre, pendant 2 jours, persistent quelques quintes de toux avec chaque fois une sensation de chaleur retrosternale assez singulière.

Je me suis exposé le 13 et le 20 juillet et, avec prudence il est vrai, à quelques émanations de toxines ascaridiennes sans éprouver à nouveau ni accès asthmatiforme ni conjonctivite, mais en ayant simplement ensuite des accès de toux et d'éternuements : il s'agissait de toxines vieilles d'un mois et beaucoup moins virulentes de ce fait, ainsi que j'ai pu le constater en expérimentant sur le cobaye.

Cette série de manifestations survenues du fait de la manipulation d'extraits vermineux est tout à fait comparable aux troubles déjà constatés par les observateurs que j'ai mentionnés, à l'intensité près, en ce qui concerne l'asthme dont je n'ai éprouvé que des symptômes atténués.

Or, conjonctivite, coryza spasmodique et surtout asthme — ce sont là les manifestations les plus classiques de l'anaphylaxie en clinique. Aussi, le biologiste italien Pesci classe-t-il les accidents que nous avons relaté parmi les exemples les plus typiques de l'anaphylaxie respiratoire.

Cette assimilation est-elle légitime ?

Il faut, on le sait, pour admettre une réaction anaphylactique, qu'il y ait : 1° une sensibilisation préalable plus ou moins prolongée de l'organisme à une substance étrangère, d'origine animale le plus souvent ; 2° un intervalle libre de 15 jours à plusieurs années au cours duquel l'organisme est exempt de tout apport nouveau de substance sensibilisante ; 3° enfin, une nouvelle absorption plus ou moins brutale de cette substance.

Dans le cas envisagé, les faits sont d'accord avec ces notions, à condition que l'on admette la possibilité pour de simples émanations de toxines vermineuses de provoquer une sensibilisation. Mais, ne sait-on pas aujourd'hui que non seulement la poussière de pollen, mais les simples émanations de l'épiderme du cheval ou du suint de mouton sont susceptibles de provoquer des réactions anaphylactiques évidentes ?

Il est, d'autre part, un témoignage humoral qui prouve la sensibilisation aux toxines vermineuses, c'est l'*éosinophilie* sanguine. J'ai eu recours à ce test : l'examen de mon sang me révélait, le 3 juillet, une éosinophilie de 6 % ; dans le sang prélevé dans la nuit du 8 au 9 juillet, le taux des leucocytes éosinophiles était de 9 % ; hier (29 juillet), il était retombé à 3 %. La coloration sur lame d'une gouttelette de crachat « perlé » expectoré à la suite d'une quinte de toux montre la présence de nombreux éosinophiles, comme dans l'expectoration des asthmatiques. Une analyse minutieuse de selles me montrait l'absence de parasites.

Cette éosinophilie, qui vraisemblablement a apparu sous l'influence de l'intoxication vermineuse par émanation, puisqu'elle a virtuellement disparu sous la seule action de la suppression de ces émanations, me paraît être un argument crucial en faveur de la sensibilisation de l'organisme aux toxines vermineuses. Cette sensibilisation a rendu possible une anaphylaxie manifestée par ses troubles classiques, dont l'explication restait mystérieuse avant la découverte de Richet et Portier.

Dr JUMAUD
Saint-Raphaël (Var)

LE CHAT DE BIRMANIE

Dr Jacques PELLEGRIN
Docteur ès-Sciences, Assistant au Muséum National d'histoire naturelle

---

LES SILURIDES DU BASSIN DU CONGO (1)

La famille des Siluridés est, à l'heure actuelle, une des plus vastes de la classe des Poissons. D'une façon générale, on trouve des espèces du groupe, on peut dire dans les eaux douces du monde entier, mais c'est surtout entre les tropiques que les formes se montrent les plus abondantes et les plus variées. Quelques genres seulement comme les *Plotosus*, *Arius*, *Galeichthys* peuvent s'accommoder à la vie dans les eaux marines, mais sans s'éloigner beaucoup des côtes.

En Afrique, les Siluridés sont particulièrement bien représentés et le bassin du Congo, situé en plein sous l'équateur, possède un nombre de types tout à fait remarquable. Comme pour la famille voisine des Characinidés, il n'y a que le bassin de l'Amazone, dans l'Amé-

(1) Pour les Mormyridés et Characinidés du Congo. Cf. Dr J. PELLEGRIN, *C.R., Ass. fr. Av. Sc.*, 1924, p. 483 et 1925, p. 420.

rique du Sud, qui puisse rivaliser sous le rapport de la différenciation des formes.

L'énorme famille des Siluridés est le plus souvent divisée en 9 sous-familles dont 6 ont des représentants en Afrique et 5 dans le bassin du Congo, soit dans le fleuve même et ses affluents, soit dans les grands lacs qui en dépendent, Kivu, Tanganyika, Moéro, Bengouélo.

I. Clariinæ. — 1. *Clarias gariepinus* Bürchell ; 2. *C. mossambicus* Peters ; 3. *C. lazera* Cuvier et Valenciennes ; 4. *C. Mellandi* Boulenger ; 5. *C. platycephalus* Blgr. ; 6. *C. malaris* Nichols et Griscom ; 7. *C. jaensis* Blgr. ; 8. *C. ngola* Lönnberg et Rendhal ; 9. *C. Lualæ* Lönn. et Rend. ; 10. *C. submarginatus* Peters ; 11. *C. breviceps* Blgr. ; 12. *C. liocephalus* Blgr.; 13. *C. Walkeri* Günther ; 14. *C. angolensis* Steindachner ; 15. *C. Stappersi* Blgr. ; 16. *C. macrurus* Blgr. ; 17. *C. bythipogon* Sauvage ; 18. *C. Esamesæ* Blgr. ; 19. *C. Dumerili* Steind. ; 20. *C. brevinuchalis* Lönn. et Rend. ; 21. *C. pachynema* Blgr. ; 22. *C. læviceps* Gill ; 23. *C. notozygurus* Lönn. et Rend.; 24. *C. amplexicauda* Blgr.; 25. *C. lindicus* Blgr.; 26. *C. Fouloni* Blgr.; 27. *C. zygouron* Nich. et Gris.

28. *Allabenchelys brevior* Blgr.; 29. *A. longicauda* Blgr.; 30. *A. laticeps* Steins. ; 31. *A. Maniangæ* Blgr. ; 32. *A. Dhonti* Blgr.

33. *Clariallabes melas* Blgr.; 34. *C. variabilis* Pellegrin.

35. *Channallabes apus* Gthr.

36. *Heterobranchus longifilis* C. V. ; 37. *H. Boulengeri* Pellegr.

38 *Dinotopterus Cunningtoni* Blgr.

II. Silurinæ. — 39. *Eutropius congolensis* Leach ; 40. *E. benguelensis* Blgr.; 41. *E. nasalis* Blgr.; 42. *E. niloticus* Rüppell.; 43. *E. Grenfelli* Blgr. ; 44. *E. tumbanus* Pellegr. ; 45. *E. Bomæ* Lönn. et Rend.; 46. *E. Debauwis* Blgr. ; 47. *E. gastratus* Nich. et Grisc. ; 48. *E. mentalis* Blgr. ; 49. *E. laticeps* Blgr.

50. *Schilbe mystus* Linné ; 51. *S. congolensis* Steind. ; 52. *S. marmoratus* Blgr.

53. *Ansorgia vittata* Blgr.

54. *Physailia occidentalis* Pellegrin.

55. *Parailia congica* Blgr. ; 56. *P. longifilis* Blgr.

III. Bagrinæ. — 57. *Bagrus bayad* Forskal ; 58. *B. ubangensis* Blgr.; 59. *B. lubosicus* Lönnberg.

60. *Chrysichthys sianenna* Blgr.; 61. *C. Sharpi* Blgr.; 62. *C. Grauerii* Steind. ; 63. *C. acutirostris* Gthr. ; 64. *C. furcatus* Gthr. ; 65. *C. brevibarbis* Blgr. ; 66. *C. longibarbis* Blgr.; 67. *C. Duttoni* Blgr.; 68. *C. Thonneri* Steind.; 69. *C. Wagenaari* Blgr.; 70. *C. Cranchi* Leach ; 71. *C. Stappersi* Blgr.; 72. *C. punctatus* Blgr.; 73. *C. Delhezi* Blgr.; 74. *C. Mabusi* Blgr.; 75. *C. Börressoni* Lönnb.; 76. *C. macropterus* Blgr.; 77. *C. ornatus* Blgr.; 78. *C. uniformis* Pellegr.; 79. *C. myrio-*

don Blgr.; 80. *C. grandis* Blgr.; 81. *C. brachynema* Blgr.; 82. *C. Habereri* Steind.; 83. *C. magnus* Pellegrin.

84. *Gnathobagrus depressirostris* Nich. et Grisc.

85. *Amarginops platus* Nich. et Grics.

86. *Clarotes laticeps* Rüppell.

87. *Gephyroglanis congicus* Blgr.; 88. *G. gigas* Pellegr.; 89. *G. gymnorhynchus* Pappenheim ; 90. *C. longipinnis* Blgr. ; 91. *G. Habereri* Steind.

92. *Phyllonemus typus* Blgr.

93. *Leptoglanis xenognathus* Blgr.; 94. *L. brevis* Blgr.; 95. *L. flavomaculatus* Pellegr.

96. *Amphilius platychir* Gthr. ; 97. *A. Longirostris* Blgr. ; 98. *A. brevis* Blgr. ; 99. *A. opisthophthalmus* Blgr. ; 100. *A. Maesi* Blgr. ; 101. *A. angustifrons* Blgr. ; 102. *A. notatus* Nich. et Grisc. ; 103. *A. Lamani* Lönn et Rend.

104. *Parauchenoglanis guttatus* Lönnberg ; 105. *P. macrostoma* Pellegr.

106. *Auchenoglanis occidentalis* C. V. ; 107. *A. altipinnis Blgr.;* 107. *A. Iturii* Steind.; 109. *A. Ballayi* Sauvg.; 110. *A. africanus* Gthr.; 111. *A. ubangensis* Blgr. ; 112. *A. punctatus* Blgr.

113. *Arius latiscutatus* Günther.

IV. Doradinæ. — 114. *Synodontis caudalis* Blgr. ; 115. *S. acanthomias* Blgr. ; 116. *S. afro-fischeri* Hilgendorf ; 117. *S. granulosus* Blgr.; 118. *S. Dhonti* Blgr. ; 119. *S. ituriensis* Blgr. ; 120 *S. holopercnus* Blgr. ; 121. *S. nigromaculatus* Blgr. ; 122. *S. melanostictus* Blgr. ! 123. *S. pantherinus* Blgr. ; 124. *S. multimaculatus* Blgr. ; 125. *S. multipunctatus* Blgr. ! 126. *S. Depauwi* Blgr. ; 127. *S. Tholloni* Blgr. ; 128. *S. angelicus* Schilthuis ; 129. *S. unicolor* Blgr.; 130. *S. polystigma* Blgr. ; 131. *S. pardalis* Blgr. ; 132. *S. ornatipinnis* Blgr. ; 133. *S. Soloni* Blgr.; 134. *S. longirostris* Blgr.; 135. *S. ovidius* Lönnb. et Rend.; 136. *S. tenuis* Nich. et Grisc. ; 137. *S. Vaillanti* Blgr. ; 138. *S. Greshoffi* Schilt.; 139. *S. Alberti* Schilt.; 140. *S. Batesi* Blgr.; 141. *S. Smiti* Blgr.; 142. *S. notatus* Vaillant ; 143. *S. ornatus* Blgr.; 144. *S. nummifer* Blgr. ; 145. *S. pleurops* Blgr. ; 146. *S. flavitæniatus* Blgr. ; 147. *S. decorus* Blgr. ; 148. *S. vittatus* Blgr.

149. *Microsynodontis Batesi* Blgr. ; 150. *M. Christyi* Blgr.

151. *Chiloglanis Batesi* Blgr. ; 152. *C. congicus* Blgr. ; 153. *C. elisabethianus* Blgr.

154. *Euchilichthys Guentheri* Blgr. ; 155. *E. Royauxi* Blgr. ; 156. *E. Dybowskii* Vaillant ; 157. *E. Haberert* Steind.

158. *Atopochibus macrocephalus* Blgr. ; 159. *A. Christyi* Blgr. ; 160. *A. pachychilus* Pellegr.

161. *Acanthocleithron Chapini* Nich. et Grisc.

162. *Doumea typica* Sauv. ; 163. *D. alula* Nich. et Grisc.

164. *Phractura Bovei* Perugia ; 165. *P. fasciata* Blgr.; 166. *P. lintica* Blgr. ; 167. *P. intermedia* Blgr. ; 168. *P. scaphirhynchura* Vaillant.

169. *Paraphractura tenuicauda* Blgr.

170. *Trachyglanis minutus* Blgr.; 171. *T. sanghensis* Pellegrin.

172. *Belonoglanis tenuis* Blgr. ; 173. *B. curvirostris* Pellegrin ; 174. *B. nudipectus* Lönn. et Rend.

V. Malopterurinæ. — 175. *Malopterurus electricus* L. Gmelin.

Le total de cette liste comprend 175 espèces, réparties en 35 genres. Les genres les mieux représentés dans le bassin du Congo sont les *Clarias* avec 27 espèces, les *Chrysichthys* avec 24, les *Synodontis* avec 35.

Parmi ces Siluridés, s'il en est quelques-uns comme les *Microsynodontis*, *Trachyglanis*, *Belonoglanis*, etc., qui ne mesurent que quelques centimètres à l'état adulte, beaucoup par contre atteignent une taille respectable, et certains spécimens, même dans les genres *Clarias Heterobranchus*, *Bagrus*, *Chrysichthys* et *Malopterurus*, peuvent dépasser sensiblement un mètre et constituent ainsi une ressource alimentaire d'une réelle valeur économique.

J. PELOSSE

Chargé de Cours à la Faculté des Sciences de Lyon

SUR LA FAUNE DES ENTOMOSTRACES DE LA REGION DES DOMBES (AIN)

Le présent aperçu de la faune des Entomostracés de la région des Dombes n'est que le prélude d'un travail en cours beaucoup plus complet sur la question. Cette première étude est basée sur un certain nombre de pêches faites pendant un an et demi — au moins tous les deux mois, — dans un certain nombre d'étangs et de mares. Les étangs, ou d'une façon plus générale les masses d'eau où ont eu lieu les pêches ont été choisis de telle sorte qu'ils soient assez distants les uns des autres pour représenter autant que possible une moyenne de la région, et aussi des régimes divers au point de vue de leurs eaux. L'intérêt de l'étude des Entomostracés des Dombes est de tout premier ordre, quand on songe que ces animaux constituent presque exclusivement la partie du plancton consommé par les alevins et par la plupart des poissons adultes élevés dans les étangs pour l'alimentation humaine. Or, l'élevage du poisson : surtout carpes, tanches, poissons blancs, constitue l'une des récoltes principales de la région, récolte du reste des plus importantes.

Les eaux qui ont été visitées peuvent être classées, au point de vue de leur situation géographique, en trois groupes : 1° au S., le *Marais des Echets*, à l'extrémité la plus méridionale des Dombes ; — 2° au centre, *un groupe de 9 étangs*, dont la superficie varie entre 5 et 80 hectares, et *deux mares*, situés autour du village de Birieux ; — 3° au N., une *série de 3 étangs*, dont l'un, le plus grand (étang du Grand Marais), a 90 hectares environ, situés autour de Dompierré et de Saint-Nizier-le-Désert.

Au point de vue du régime des eaux, les mares du groupe de Birieux, et le Marais des Echets, sont constitués par des masses d'eau permanentes, qui ne sont jamais à sec, et qui représentent, quelle que soit leur origine première, un milieu naturel ne subissant guère de modifications dues à l'intervention humaine. Le marais des Echets est en réalité constitué par une série d'eaux libres, reliées entre elles par des terrains immergés quand les eaux sont hautes ; ces eaux libres sont soit d'origine naturelle, soit d'origine artificielle : dans ce dernier cas, ce sont souvent des fosses plus ou moins vastes ayant servi à l'extraction de la tourbe. — Tout autre est le régime des étangs. Créés de main d'homme, par construction d'une digue barrant l'extrémité d'une cuvette naturelle, les étangs peuvent être facilement vidés si l'on ouvre une vanne située dans la digue, à laquelle aboutit un chenal creusé dans l'étang.

Quand l'étang est à sec, le chenal est la seule partie de l'étang où il reste un peau d'eau. La profondeur de l'eau au ras de la digue, vers la vanne, peut être de 3 à 4 m., tandis que partout ailleurs, elle peut être de 1 m., souvent moins, ou un peu plus au contraire dans le chenal. Les étangs restent pleins pendant deux ans et demi ; après ce temps, en hiver, ils sont vidés, le poisson est recueilli, puis l'étang est labouré et ensemencé en avoine, restant à sec pendant six à huit mois. La récolte d'avoine faite, l'étang est remis en eau et empoissonné. L' « évolage » d'un étang est donc de 3 ans, dont 2 ans 1/2 en eau et 6 mois à sec environ. Chaque année cependant, l'étang est vidé, le poisson non encore vendable est recueilli et transporté dans un autre étang, mais la mise à sec dure juste le temps nécessaire pour changer le poisson d'étang. — L'eau de remplissage d'un étang provient surtout de la pluie, mais peut aussi provenir d'un autre étang, ou d'une rivière voisine (en particulier : la Chalaronne vers Birieux, le Vieux Jonc pour l'étang du Grand Marais).

Une première constatation générale sur la faune des Entomostracés de la région des Dombes, c'est que cette faune ne paraît pas influencée, au point de vue de la nature des espèces, par la situation géographique des étangs ou des mares de la région, pas plus que par les légères différences pouvant exister dans la nature des terrains plus ou moins argileux ou sableux où se trouvent les masses d'eau étudiées. Deux étangs séparés seulement par une digue de quelques mètres de largeur peuvent présenter d'importantes différences de faune, qui ne seront pas constatées entre les étangs étudiés les plus éloignés.

La liste des espèces rencontrées jusqu'ici est la suivante :

Sida crystallina .... O. F. Müller.
Diaphanosoma brachyurum. Liévin.
Daphnia pulex .... De Geer.
— longispina ..... O. F. Müller.
Ceriodaphnia pulchella.. Sars.
Simocephalus vetulus... Schödler.
Moïna brachiata......... Jurine.
Bosmina longirostris.... O. F. Müller.
Macrothrix hirsuticornis. Norman et Brady.
Eurycercus lamellatus.. O. F. Müller.
Acroperus harpæ....... Baird.
Alona quadrangularis .. Leydig.
— guttata.......... Sars.
— rectangula. ..... Sars.
Rhynchotalona rostrata. Koch.
Pleuroxus aduncus..... Jurine.
Chydorus sphœricus.... O. F. Müller.
— globosus...... Baird.

Diaptomus vulgaris..... Schmeil.
— castor....... Jurine.

Cyclops fuscus......... Jurine.
— albidus........ Jurine.
— serrulatus. .... Fischer.
— affinis.... .... G. O. Sars.
— fimbriatus..... Fischer.
— Dybowskyi..... Lande.
— strenus .... Fischer.
— vernalis..... .. Fischer.
— bicuspidatus.... Claus.

Canthocamptus staphylinus. Jurine.
— crassus. G. O. Sars.
— minutus. Claus.

Il n'est possible, bien entendu, de faire aucune remarque sur l'absence d'un certain nombre d'espèces, que les recherches encore insuffisantes n'ont pas permis de rencontrer. — Remarquons que la grande masse des Entomostracés est constituée en hiver par *Daphnia longispina*, en été par *Bosmina longirostris ;* aussi, quoique le nombre des individus croisse par centimètres³ en été, le volume de ce qui peut être pris au filet fin est moindre dans le même temps.

Voici, à titre d'exemple, le volume et la répartition en espèces de 4 pêches faites dans l'étang du Grand Birieux sud, et aussi exactement que possible dans les mêmes conditions, au cours de 1925 :

	Février	Mai	Juillet	Septembre
Volumes de pêches	550 cm³	250 cm³	87 cm³	16 cm³
Daphnia	69,7 %	85, %	très rares	très rares
Bosmina.....................	très rares	1, %	80,5 %	72,2 %
Diaptomus....................	26,7 %	4,9 %	0,2 %	0,1 %
Cyclops......................	2,1 %	6,7 %	18,4 %	27,3 %
Autres (Cladocères et Copépodes)	1, %	0,8 %	0,7 %	0,8 %

Il n'est pas possible de tirer des conclusions sur l'évolution des Entomostracés dans tous les étangs, d'après l'exemple précédent : en effet, l'étang avait été remis en eau depuis l'entrée de l'hiver seulement, et de ce fait les conditions, — de nourriture pour les Crustacés par exemple, — que fournissait cet étang après une mise en eau de quelques semaines, sont forcément différentes de celles qu'il aurait fournies après 1 ou 2 années. L'étude d'un étang au point de vue qui nous occupe doit donc, pour être complète, être faite au moins pendant toute la durée d'une mise en eau. Si l'on ajoute d'autre part que d'une année à l'autre, — en supposant que l'on étudie une masse d'eau à régime permanent et relativement constants, et à plus forte raison un étang, — on peut trouver de grandes variations dans l'apparition et l'évolution de certaines espèces, on comprendra facilement que la durée d'un évolage est bien le strict minimum nécessaire à une étude quelque peu approfondie.

Un fait à remarquer dans l'étang cité comme exemple est la présence simultanée de *Daphnia pulex* et *longispina*, la première toutefois formant une petite minorité. Le même fait se retrouve en certains points du marais des Echets, et ailleurs aussi dans les Dombes. Le plus souvent, ces deux espèces ne sont pas mélangées, chacune ayant ses préférences sur le milieu (eau généralement plus pure pour *D. longispina*, qui est plus pélagique que *D. pulex*). — Dans tous les étangs, la plupart des *Diaptomus* et beaucoup de *Cyclops* sont colorés en rouge.

Nous remarquerons pour terminer que les étangs peuvent avoir une faune extrêmement variable soit comme espèces, soit comme nombre relatif des individus des diférentes espèces les uns par rapport aux autres, d'un étang à l'autre, même proches : tel étant riche en plancton, celui d'à côté étant pauvre, et présentant une majorité d'espèces différentes de celles du premier, sans qu'il soit possible, actuellement, d'expliquer de pareilles différences.

Marcel BAUDOUIN

COMMENT J'AI PU DETERMINER L'AGE DES JEUNES CANARDS SAUVAGES

E. BUGNION

Professeur honoraire de l'Université de Lausanne

LA GOUTTIERE RETROLABIALE DE L'ABEILLE ; NOTES COMPLEMENTAIRES RELATIVES AUX PIECES BUCCALES DE CET INSECTE (1)

---

(1) Voir *Riviera scientifique*, bulletin de l'Association des naturalistes de Nice et des Alpes-Maritimes, 1926, p. 1 à 45, avec 5 fig. dans le texte.

11e Section

ANTHROPOLOGIE

Président	C. GAILLARD, Directeur du Muséum d'Histoire Naturelle de Lyon.
Vice-Présidents	Dr H. MARTIN.
	M. MULLER.
Secrétaire	M. PISTAT.
Secrétaire adjoint	COUTIER, Noisy-le-Sec.

Dr Jules GUIART

Professeur à la Faculté de Médecine de Lyon
Membre de l'Institut international d'Anthropologie

CONTRIBUTION A L'ETUDE D'UNE NOUVELLE RACE EUROPEENNE : LA RACE GALATE

Les classifications les plus généralement admises sont celle de Ripley (1899), qui admet trois grandes races européennes, et celle de Deniker (1900), qui en admet six ; la vérité est sans doute intermédiaire entre les deux.

Ayant eu l'idée de superposer trois cartes dues à Collignon (1), à Topinard (2) et à Bertillon (3) et représentant la répartition en France de l'indice céphalique, de la couleur de cheveux et des yeux et de la taille, j'obtins six groupes différents (4), qui sont indiqués sur la carte (fig. 1) par des chiffres et qui sont les suivants :

1. De grands dolichoréphales blonds, correspondant à la *race Nor-*

(1) Dr R. COLLIGNON, L'indice céphalique des populations françaises. *L'anthropologie*, 1890.

(2) P. TOPINARD, *L'homme dans la nature*, Paris, 1891, p. 86.

(3) Jacques BERTILLON, La taille de l'homme en France; 25e anniversaire de la *Société de Statistique de Paris*, 1885.

(4) Pour plus de simplification, en ce qui concerne l'indice céphalique, j'ai pris la classification de Deniker, mais en supprimant les mésaticéphales, dont la moyenne 80-7 devient ainsi la limite entre les dolichocéphales et les brachycéphales. Puis, en ce qui concerne la taille, la moyenne des Français étant de 1 m. 646, j'ai considéré comme grands ceux qui mesurent 1 m. 65 et au-dessus et comme petits ceux qui mesurent 1 m. 649 et au-dessous.

dique de Deniker et occupant seulement deux départements : le Nord et le Pas-de-Calais.

2. De grands brachycéphales blonds, non encore décrits, groupés dans 28 départements occupant le nord et l'est de la France, mais dont les individus les plus typiques s'observent actuellement en Lorraine, en France-Comté et en Savoie ; je propose pour cette nouvelle race le nom de *race Galate*.

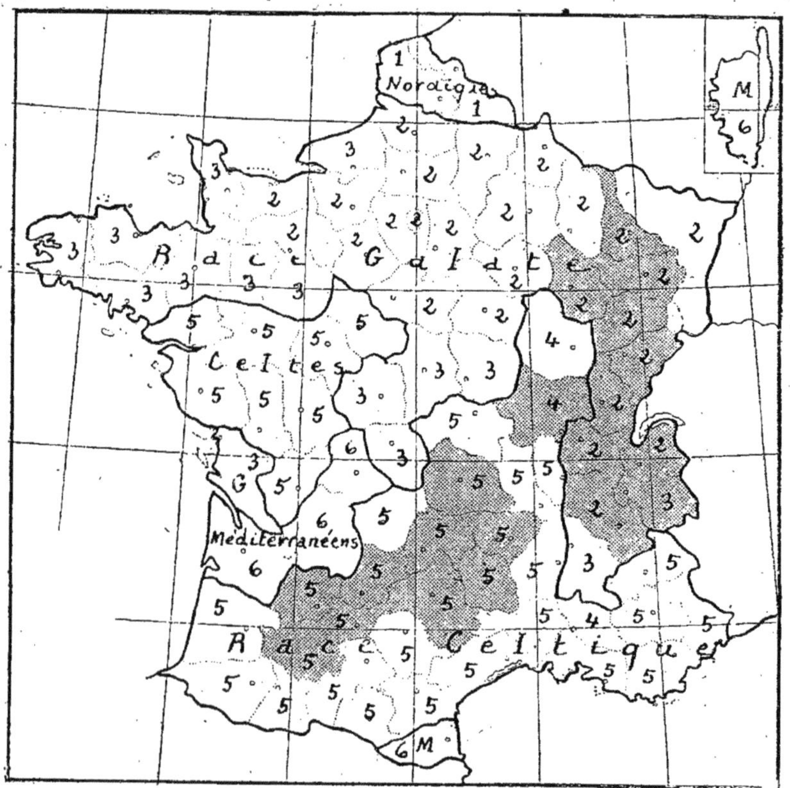

Fig. 1. — Répartition des races en France : 1, race nordique ; 2 et 3, race galate ; 4 et 5, race celtique ; 6, race méditerranéenne. Les départements les plus brachycéphales ont été teintés en gris ; ils constituent un massif brachycéphale traversant la France en diagonale du nord-est au sud-ouest.

3. De petits brachycéphales blonds, occupant 15 départements groupés surtout dans l'ouest et dans le centre et paraissant correspondre à la *race Orientale* de Deniker ; mais la taille n'étant qu'un caractère secondaire, je croirais plutôt qu'il s'agit d'une variété petite de la race précédente, due au mélange de Galates et de Celtes.

4. De grands brachycéphales bruns, occupant seulement 3 départements et paraissant correspondre à la *race Adriatique* ou *Dinarique*

de Deniker ; pour moi, je serais encore tenté d'admettre qu'il s'agit d'une variété grande de la race suivante, due à un mélange différent de Galates et de Celtes.

5. De petits brachycéphales bruns, occupant 36 départements groupés dans l'ouest, le centre, le sud-ouest et le sud-est ; cette race française de première importance correspond à la *race Celtique* de Broca, encore appelée *race Occidentale* ou *Cévenole* par Deniker et *race Alpine* par Ripley.

6. De petits dolichocéphales bruns occupant cinq départements : trois à l'ouest, la Gironde, la Dordogne et la Haute-Vienne ; un au midi les Pyrénées-Orientales, et enfin la Corse ; cette race correspond

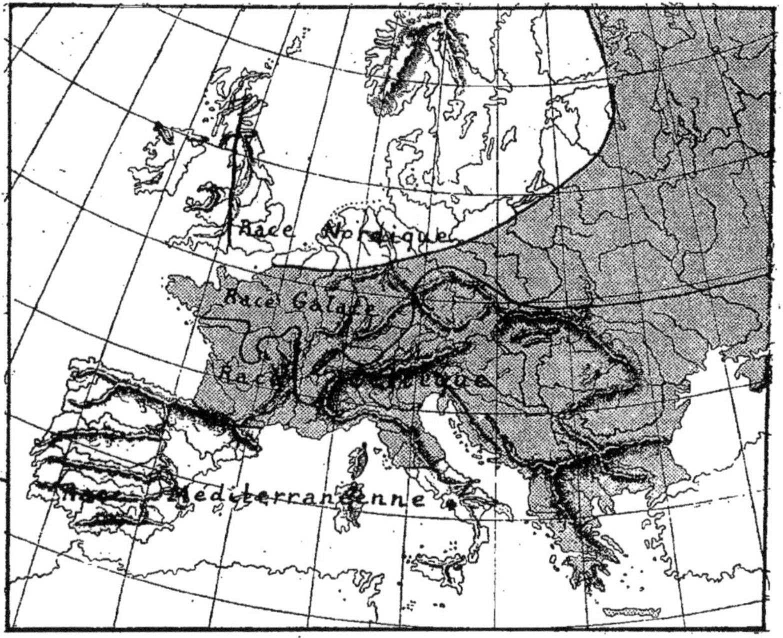

Fig. 2. — Répartition des races en Europe : les deux races brachycéphales ont été teintées en gris.

à la *race Méditerranéenne* de Ripley ou *race Ibéro-insulaire* de Deniker.

En somme, en réunissant chaque variété à la race à laquelle elle paraît se rapporter, nous nous trouvons en présence de quatre races principales, qui sont en allant du nord au sud :

1° La *race Nordique*, la moins importante, puisqu'elle n'occupe que deux départements.

2° La *race Galate*, la plus importante puisqu'elle occupe 43 départements de l'ouest et du nord-est, mais qui jusqu'ici avait été confondue avec la précédente ;

3° La *race Celtique*, presque aussi importante que la précédente, puisqu'elle occupe 39 départements du centre et du sud-ouest ;

4° Enfin, la *race Méditerranéenne*, beaucoup moins importante, qui n'occupe que 5 départements.

Cette classification a le mérite d'être d'accord avec l'histoire, laquelle nous enseigne que le peuple de France dérive avant tout des deux races brachycéphales, *Galate et Celtique*, dont le mélange constitua la nationalité gauloise. La *race Méditerranéenne* eut surtout une action civilisatrice. Quant aux Francs, qui conquirent la Gaule, il reste à démontrer s'ils furent des Nordiques ou des Galates.

La superposition (fig. 2) de cartes d'Europe donnant les mêmes répartitions anthropologiques fournit les mêmes races, superposées dans le même ordre. Il est à noter que la *race galate* paraît avoir joué un rôle assez important dans la formation de la nation allemande. En ce qui concerne les Slaves, il conviendra de rechercher s'il s'agit d'une autre race, la *race Orientale* de Deniker ou d'une simple variété de la *race Galate* par mélange avec des Celtes ou avec des Asiatiques.

Tandis que la *race Celtique* aurait envahi l'Europe, à l'époque néolithique par l'Anatolie, les Balkans et la vallée du Danube. la *race Galate* serait venue par le nord de la mer Caspienne et de la mer Noire et n'aurait fait son apparition en Europe qu'au début de la période historique. Les deux races sont originaires d'Asie ; ce sont, suivant l'expression de Sergi, des *races eurasiatiques*.

C. GAILLARD, J. TISSOT et C. COTE

L'ABRI PREHISTORIQUE DE LA GENIERE A SERRIERES-SUR-AIN

L'abri sous roche de La Genière est situé sur le bord même de la rive gauche de l'Ain, à huit kilomètres en amont de Poncin, à peu près à égale distance du bourg de Serrières et du hameau de Merpuis.

Le sol primitif de La Genière se trouvait à onze mètres au-dessus du niveau moyen des eaux de la rivière. Le rocher forme un abri de seize mètres de longueur et de deux mètres de largeur environ. D cet abri, exposé directement au nord-ouest, on domine sur la rive opposée une basse terrasse de neuf à dix mètres de haut et de cent mètres de largeur, qui borde la rivière sur une longueur de plus de cinq cents mètres.

La Genière fait partie des divers gisements préhistoriques, abris, grottes ou cavernes, explorés il y a plus de vingt ans, dans la région de Poncin, par M. l'abbé Tournier et M. Ch. Guillon (1).

La coupe du gisement de La Genière est fort simple. Deux tranchées ouvertes, l'une contre le rocher sur toute la longueur de l'abri, l'autre perpendiculairement à la muraille rocheuse, ont présenté la superposition des couches désignées ci-après. Toutes sont légèrement inclinées vers la rivière.

Nous avons retrouvé d'abord les deux dépôts signalés par les premiers explorateurs, c'est-à-dire la terre végétale de 0 m. 20 d'épaisseur et, au-dessous, le foyer noirâtre de 0 m. 35 de hauteur, que nous nommons niveau A. Nous n'avons recueilli à ce niveau, très bien exploré par l'abbé Tournier et M. Guillon, que de rares débris osseux de date incertaine, avec une sorte de meule-polissoir qui pouvait servir à façonner les instruments en os ou en pierre tendre.

Au-dessous de ce niveau A, entièrement remanié sur toute la superficie de la station, s'étendait un dépôt de sable mêlé à des blocs calcaires éboulés de la paroi rocheuse. Ce dépôt, de 0 m. 20 d'épaisseur environ, complètement stérile, recouvrait une seconde couche archéologique d'aspect grisâtre, que nous nommerons niveau B. Cette couche B, de 0,35 à 0,40 d'épaisseur, était composée de sable, de cendre noirâtre et de cailloux calcaires. Elle s'étendait, en diminuant peu à peu d'épaisseur, jusqu'à dix mètres en avant du surplomb rocheux.

Ce niveau B, le plus riche du gisement, a donné une importante série de documents dont voici l'énumération sommaire : 1° nous avons trouvé, sous une partie saillante du rocher, un squelette d'enfant dont le crâne seul a pu être reconstitué. Les divers ossements de ce jeune sujet, à l'exception de quelques fragments d'os de membres, avaient été détruits en grande partie par les eaux d'infiltration, tandis que le crâne s'est trouvé protégé par le surplomb du rocher ; 2° les restes osseux relatifs à la faune sont peu importants. Nous n'avons recueilli que de rares ossements de mammifères et d'oiseaux, ainsi qu'un petit nombre de coquilles terrestres ; 3° par contre, le niveau B a fourni plusieurs centaines de silex taillés, de type magdalénien récent et azilien, avec quatre petits poinçons en os ; 4° enfin, à plusieurs mètres en avant du squelette d'enfant et au même niveau, nous avons eu la bonne fortune de découvrir une mince plaque de calcaire très fruste, portant une superbe gravure de Bison. Quelques semaines plus tard, nous trouvions, dans le déblai provenant du niveau B, une seconde plaque de calcaire avec une belle gravure de Renne.

Le dépôt archéologique du niveau B recouvrait une seconde couche

(1) *Les abris de Sous-Sac et les grottes de l'Ain à l'époque néolithique.* Bourg, 1903.

stérile, de 0,20 d'épaisseur environ, formée comme la précédente de sable et de blocs calcaires éboulés.

Enfin, au-dessous de cette seconde couche stérile, nous avons rencontré un troisième dépôt archéologique, le niveau C, de 0,40 à 0,50 d'épaisseur, qui a fourni quelques coquilles terrestres avec des silex taillés un peu plus grands et d'aspect un peu plus ancien, que les silex du niveau B. Ce niveau C n'a donné ni gravures, ni ossements.

Une tranchée creusée jusqu'à deux mètres de profondeur, au-dessous de ce troisième dépôt archéologique, n'a rencontré qu'une couche ininterrompue de sable, toujours mêlé à l'éboulis du calcaire jurassique, qui affleure en ce point.

Dans la présente note préliminaire, nous examinerons brièvement : 1° les espèces zoologiques représentées par les restes osseux recueillis au niveau B et par les mollusques terrestres des niveaux B et C ; 2° le crâne d'enfant ; 3° les poinçons en os et les silex taillés des niveaux B et C ; 4° enfin, les figurations animales gravées sur les deux plaques de calcaire du niveau B.

Les espèces de mammifères et d'oiseaux que nous avons pu reconnaître sont les suivantes :

MAMMIFÈRES : *Bison priscus*, Bojanus, Bison d'Europe. Plusieurs molaires et des ossements.

Cervus tarandus, Linné. Renne. Fragments osseux.

Capra sp ? Chèvre. Métacarpien et quelques ossements.

Bos sp ? Bœuf. Fragments d'os d'un bœuf de petite taille.

Sus scrofa, Linné. Sanglier. Plusieurs molaires et incisives.

Canis vulpes, Linné. Renard. Tibia droit et métatarsien.

OISEAUX : *Corvus cornix*, Linné. Corneille mantelée. Plusieurs rayons de l'aile.

Perdix cinerea, Brisson. Perdrix grise. Un humérus.

Tetras tetrix, Linné. Tétras à queue fourchue. Cubitus et humérus incomplets.

Gallus sp ? Cop. Fragment de tarso-métatursien.

Les Mollusques de La Genière ont été examinés avec la plus grande obligeance, par M. le Dr Louis Germain, assistant au Muséum national d'histoire naturelle. Nous remercions vivement ce savant de sa précieuse collaboration. Voici la liste des espèces identifiées :

MOLLUSQUES du niveau B.

Ena montana, Draparnaud [=*Buliminus montanus*, Drap.]

Un exemplaire adulte et un jeune. Ils ont une forme proportionnellement un peu plus longue que le type et correspondent assez bien à la variation locale décrite par A. Locard sous le nom de *Bulimus carthusianus*.

Hyalinia (Pollita) cellaria, Müller. — Deux exemplaires assez typiques mais de faible taille.

Helicella ericetorum, Müller [=*Helix ericetorum*, Müller]. Un exemplaire de taille médiocre, à ombilic un peu moins ouvert que chez le type le plus communément répandu.

Helicodonta obvoluta, Müller [=*Helix obvoluta*, Müller].

Tachea hortensis, Müller [=*Helix hortensis*, Müller]. Forme globuleuse, bien conoïde, relativement haute. Ouverture bien typique.

Tachea nemoralis, Linné. — Deux exemplaires de taille ordinaire.

Cyclostoma elegans, Müller. — Quatre exemplaires dont un bien complet.

Mollusques du niveau C.

Tachea hortensis, Müller [=*Helix hortensis*, Müller]. Les coquilles de cette espèce, aussi bien les jeunes que les adultes, ont une forme globuleuse-conoïde à spire relativement haute. C'est la forme habituelle des régions submontagneuses ou, tout au moins, montueuses. La même forme élevée se retrouve chez les individus dépourvus de bandes et chez ceux qui ont une ou cinq bandes.

Crane humain. — La reconstitution du crâne d'enfant trouvé à la Genière a été rendue assez difficile par la fragilité du document et par sa conservation défectueuse. D'après l'état de la dentition, la première molaire permanente étant sortie de son alvéole, les deux incisives médianes faisant leur apparition, il s'agit d'un enfant de *sept à huit ans*. Au moment de la découverte, tout le côté droit du crâne et de la mandibule était couvert d'ocre rouge, rappelant le squelette retiré jadis de la caverne de Paviland, dans le Pays de Galles, conservé au Musée d'Oxford.

Bien que réparé soigneusement, avec l'aimable collaboration de M. G.-M. Morant, assistant au *Biometric Laboratory* de l'Université de Londres, le crâne de la Genière présente une dissymétrie assez importante, qui a été produite sans doute par la pression prolongée du terrain.

Ses principaux caractères et ses dimensions sont indiqués ci-après :

Diamètre antéro-postérieur maximum	167 mm.
Diamètre transverse maximum	126 mm.
Indice craniométrique	75 mm. 44
Longueur du frontal en ligne droite..................	100 mm.
Longueur du pariétal en ligne droite................	96 mm. 7
Longueur de l'occipital en ligne droite............	96 mm. 7
Courbes craniennes médianes :	
Courbe frontale, de la racine du nez au bregma......	117 mm. 5
Courbe pariétale ou sagittale, du bregma au lambda....	104 mm. 5
Courbe occipitale totale, du lambda à l'opisthion......	112 mm.
Courbe sagittale totale	334 mm.

Comme on le voit, le crâne d'enfant de la Genière est nettement dolichocéphale. Il présente un léger prognathisme alvéolaire ; le menton est droit ; l'ouverture nasale est excessivement étroite transversalement. Les deux branches de la mandibule, très rapprochés l'une de l'autre, rappellent par leur étroitesse la mandibule du crâne de Chancelade. Toutefois, le crâne de la Genière ne porte aucune trace de carène sagittale. Il ne semble donc se rapporter ni à la race de Chancelade, ni à celle de Cro-Magnon, dont les particularités faciales sont tout à fait distinctes. Une étude détaillée du nouveau document montrera, nous l'espérons, à quel type cranien il convient de le rattacher.

Instruments en os. — L'industrie de l'os est excessivement pauvre dans l'abri sous roche de la commune de Serrières-sur-Ain. Elle n'est représentée que par quatre petits poinçons de trois à cinq centimètres de longueur environ. Rien ne rappelle les belles pointes, épingles, poinçons ou harpons de l'époque magdalénienne. Les poinçons de la Genière sont très simples et sans aucun ornement.

Industrie lithique. — Plusieurs centaines de silex taillés, de petites ou moyennes dimensions, ont été recueillis au niveau B de l'abri sous roche. Un petit nombre seulement provient du niveau C.

Grâce aux soins apportés dans l'exploration des couches archéologiques de la Genière, un grand nombre de silex de très petites dimensions ont été trouvés, alors que bien souvent, dans les fouilles antérieures, ces silex minuscules échappaient à l'attention des explorateurs. Ainsi, les dépôts magdaléniens des Eyzies donnent aujourd'hui des microlithes qui n'avaient pas été signalées antérieurement.

Dans leur ensemble, les silex de la Genière diffèrent d'une manière très nette de ceux qui ont été signalés dans les gisements magdaléniens typiques. Ces silex, qui ont fait l'objet d'une étude très attentive de notre part, ont été soumis également à l'examen de divers spécialistes. M. l'abbé Breuil notamment a bien voulu nous faire connaître son avis sur la plupart de nos spécimens.

Voici, rapidement exposées, les conclusions auxquelles nous avons été conduits. A la Genière, on n'a point trouvé l'outillage caractéristique du Magdalénien. Il n'y a pas de véritables grattoirs nettement retouchés, pas de perçoirs allongés tels que ceux récoltés dans le niveau magdalénien, à Poncin, ou dans la couche magdalénienne de la grotte de la « Grand'Baille », à Leymiat. L'outillage de la Genière date sans doute d'une époque plus récente, allant probablement du Magdalénien supérieur jusqu'à la fin de la période azilo-tardenoisienne. Elle représenterait, semble-t-il, la fin de l'industrie paléolithique.

Comme il est difficile de décrire, sans l'aide de figures, des silex de formes très variées, nous, nous bornerons à énumérer, dans la présente note, les principaux instruments qui sont représentés dans l'outillage lithique de la Genière. On remarque surtout une grande abondance de petits grattoirs ronds ; de nombreuses lames et lamelles à coches latérales ; plusieurs microlithes triangulaires d'aspect tardenoisien ; quelques lames à faibles retouches marginales ; de petites lames à bords parallèles plus ou moins retouchés ; des lamelles appointées ; enfin, deux ou trois burins et de nombreuses petites pointes de forme subtriangulaire.

En résumé, les silex de la Genière sont très différents de ceux de la région classique. Ils témoignent, aux yeux des spécialistes, d'une forte influence méditerranéenne.

Les silex du niveau C sont en général de simples lames non retouchées, à l'exception de trois ou quatre spécimens paraissant être des burins. Ces instruments, moins microlithiques que ceux du niveau B, sont probablement magdaléniens.

Œuvres d'art. — Elles se composent, nous le répétons, de deux admirables gravures sur feuillet calcaire, représentant l'une le Bison, l'autre le Renne.

Le Renne est gravé sur une petite plaque de calcaire, de 85 millimètres de large par 70 millimètres de haut. La figure du Renne est incomplètement conservée : il manque une partie des membres postérieurs, avec l'extrémité des pattes de devant. La silhouette de l'animal est faite d'un trait large et profond, retouché en plusieurs points, notamment derrière la tête, en avant des omoplates et à la partie postérieure de la patte droite. La tête surtout est très expressive ; la bouche entr'ouverte rappelle le « Renne bramant », gravé sur le « bâton de commandement » de la grotte des Hoteaux. La ramure courte, avec deux andouillers seulement, est celle d'un individu relativement jeune. L'andouiller de base, légèrement palmé et se prolongeant jusqu'au-dessus de l'œil, atteste qu'il s'agit d'un Renne. La tête de cette figuration ressemble un peu à celle du Renne gravé sur pierre, de la grotte de Limeuil (Dordogne) (1).

La figure de Bison trouvée à la Genière est, comme celle du Renne, gravée sur une petite plaque de pierre dont la surface est tout à fait fruste et inégale. Cette plaque mesure 75 millimètres de long sur 65 millimètres de haut. Sauf les pieds de derrière qui ne sont pas figurés, le corps du Bison est tracé entièrement par une ligne nette et profonde, présentant seulement quelques reprises à la partie postérieure du dos et au sommet de la bosse dorsale. La tête, la poitrine, les membres sont très exactement dessinés et finement gravés. Les proportions générales du corps sont aussi très fidèlement observées.

Cette gravure de Bison est, à nos yeux, une des plus belles œuvres artistiques de la période finale du magdalénien.

Nous avons comparé notre Bison gravé à de très nombreuses figures de Bisons relevées dans diverses grottes ou cavernes préhistoriques, notamment dans le bel ouvrage de Piette: *L'art pendant l'âge du Renne;* dans les superbes monographies sur *Altamira*, par E. Cartailhac et H. Breuil ; *Font-de-Gaume*, par L. Capitan, H. Breuil et D. Peyrony ; *Cavernes cantabriques*, par Alcade del Rio, H. Breuil et Lor-

(1) M. Boule, *Les hommes fossiles*, p. 258, fig. 166. Paris, 1921.

renzo SIERRA ; *Exploraciones de la Caverna de Santimamine*, par T. DE ARANZADI, J. M. DE BARANDIARAN et E. DE EGUREN. Parmi toutes ces admirables figurations, gravées, dessinées ou peintes, dans les stations préhistoriques de la France et de l'Espagne, le Bison n'est pas représenté d'une manière plus satisfaisante que sur le modeste feuillet calcaire de la Genière.

Les superbes fresques de la caverne de Font-de-Gaume (1) sont celles qui présentent les figures de Bisons les plus belles, les plus variées. Parmi celles-ci, nous avons admiré un Bison polychrome qui ressemble beaucoup au petit Bison gravé de la Genière.

Après avoir communiqué à l'abbé Breuil la photographie de nos gravures préhistoriques, nous avons été heureux d'apprendre que la ressemblance de certains Bisons polychromes de Font-de-Gaume avait également attiré l'attention du savant préhistorien. Dans une lettre adressée à l'un de nous, l'abbé Breuil écrit ce qui suit, au sujet du Bison de la Genière : « Vous ai-je dit que votre Bison gravé m'intéresse beaucoup, car il est tellement pareil à un Bison polychrome de Font-de-Gaume (pl. XVIII de mon volume), qu'il est difficile d'échapper à l'idée qu'un même artiste les a tracés tous les deux. Qui sait si votre petit caillou n'a pas été le modèle de la fresque? ou bien l'inverse, souvenir de pèlerinage ? ».

En tout cas, sa découverte fixe d'une façon absolument précise la date très tardive dans le Magdélanien, des fresques polychromes de Font-de-Gaume, ce que j'avais depuis longtemps affirmé. »

Lorsque nous publierons la description et les figures des documents recueillis dans nos fouilles, nous ne manquerons pas de présenter, côte à côte, le Bison peint de Font-de-Gaume et le Bison gravé de la Genière. La ressemblance de ces figurations, que nous avons constatée depuis fort lontemps, et que signale à son tour l'abbé Breuil, est tout à fait évidente. Nous pensons également que les gravures de la Genière comme les peintures de Font-de-Gaume, appartiennent environ à la même époque et remontent très probablement les unes et les autres à la période finale du Magdalénien. Toutefois, nous ne partageons point l'opinion de notre savant collègue, concernant les relations qui auraient existé entre l'artiste de Font-de-Gaume et celui de la Genière. Nous ne croyons pas à l'influence des peintures sur les gravures ou, inversement, des gravures sur les peintures des deux gisements en question.

Les productions artistiques du peintre de Font-de-Gaume, comme celles du graveur des bords de l'Ain, ont été inspirées les unes et les autres, par la contemplation directe des mêmes animaux vivants. C'est

(1) L. CAPITAN, H. BREUIL et D. PEYRONY, *La caverne de Font de Gaume*, pl. XVIII (Bison polychrome, n° 20 de la bande générale), Monaco, 1910.

la même espèce, la même race de Bisons, à la fois puissants, élégants, vivants, qui les a impressionnés tous les deux.

Le graveur de la Genière se trouvait d'ailleurs dans une situation particulièrement favorable pour tracer la silhouette des animaux qui fréquentaient les bords de l'Ain. De son abri, il pouvait examiner longuement et sans aucun danger, les animaux sauvages qui devaient se montrer fréquemment sur la rive opposée. C'est sans doute à la qualité de l'artiste et à l'excellence de son poste d'observation, que nous devons les gravures particulièrement remarquables, découvertes récemment dans notre région.

En résumé, le résultat de nos fouilles dans l'abri de la Genière offre un grand intérêt grâce, tout à la fois, à la découverte d'une sépulture d'enfant dont le crâne a pu être reconstitué, à l'industrie lithique de physionomie magdaléno-azilienne, et surtout aux deux admirables figurations de Bison et de Renne gravées sur des feuillets calaires.

E.-C. FLORANCE

Président de la Société d'Histoire naturelle de Loir-et-Cher à Blois

---

LES ORIGINES PREHISTORIQUES DE LA VILLE DE BLOIS

A ma connaissance, on n'a pas encore écrit l'histoire antique des Villes de France au moyen de l'Archéologie préhistorique ; je vais tenter de la donner ici, aussi brièvement que possible, pour la Ville de Blois.

Il est évident qu'il n'a pu y avoir d'agglomération à Blois, avant que l'homme ait pris des habitudes sédentaires, par la vie pastorale et surtout par l'agriculture. Je passerai donc vite sur les plus anciennes périodes, en résumant les faibles traces du passage de l'homme.

Période Paléolithique. — De l'époque *Acheuléenne*, je ne puis citer que 3 silex taillés trouvés sur le territoire de Blois. On on a trouvé une quinzaine qu'on peut attribuer à l'époque *Moustérienne*. Il en a été recueilli une petite série de l'époque *Magdalénienne*. Tous ces silex sont pour la plupart au Musée d'Histoire naturelle de Blois, ainsi que les suivants :

Période Néolithique. — De l'époque *Campignienne*, la plus ancienne de cette période pour le Loir-et-Cher, je ne connais que trois tranchets bien caractéristiques. L'époque Robenhausienne a fourni une trentaine de silex taillés et 24 haches polies, dont 11 en silex du pays et 13 en roches étrangères apportées à Blois par le commerce naissant.

L'homme était devenu alors sédentaire, par l'élevage des animaux et la culture du sol, coutumes rapportées d'Orient par les hommes venus repeupler l'Europe, après la période glaciaire.

Le fait le plus important, pour Blois, de l'époque Robenhausienne, vers la fin sans doute, c'est la création d'un camp de refuge, sur un promontoire barré par un fossé, qui formera par la suite le noyau ou le cœur de la Ville de Blois. Il fut établi au moyen d'un large fossé, qui coupe, à l'endroit appelé aujourd'hui les Fossés du Château, le promontoire déterminé par la vallée du ruisseau de l'Arrou et le coteau Ouest de la rive droite de la Loire.

Ce camp de refuge indique déjà une petite agglomération à protéger. J'en connais 16 de semblables en Loir-et-Cher, devenus presque tous l'emplacement de châteaux ou de forteresses, comme à Blois, parce que l'endroit était bien choisi ou qu'il s'était formé des agglomérations autour.

Age du bronze. — Le bronze est rare à cette époque dans les régions du Centre, éloignées des lieux de production ; aussi c'est, à peu près, la continuation de l'époque précédente, celle de la Pierre polie. Mais de nouveaux migrateurs arrivent, non plus de l'Orient, mais du Nord et du Nord-Est de l'Europe. Ils n'apportent pas avec eux la civilisation, ils la trouvent déjà. Pour se défendre contre les envahisseurs et surveiller les nouveaux venus, la population des alentours du camp de refuge éleva une *Butte-Vigie*, la butte dite des Capucins, pour en faire un poste d'observation admirablement placé, à 500 mètres à l'Ouest du camp, sur le point culminant du coteau, dominant la Loire et plusieurs voies antiques d'accès. Ce poste d'observation merveilleux a servi pendant les époques suivantes, car on y a trouvé des vestiges gallo-romains et du moyen âge. En cas d'alerte, les voisins se retiraient au Camp où ils pouvaient se défendre.

J'ai noté 27 de ces buttes sans fossés en Loir-et-Cher.

Age du fer ou *Epoque gauloise.* — A cette époque, la petite agglomération s'était accrue et formait un bourg ou *Vicus*, qui ne tarda pas à devenir un *oppidum*, c'est-à-dire un bourg fortifié, entouré de larges fossés avec un rempart formé avec la terre des fossés ; ce bourg dépendait de la cité des Carnutes dont la capitale était Chartres. C'est aussi vers cette époque que les Mottes gauloises furent édifiées ; elles n'étaient autres que des habitations de chefs, protégées également par des fossés et des remparts de terre.

J'en ai relevé 361 en Loir-et-Cher.

A Blois même, il y eut la Motte Beauvoir, contemporaine de l'oppidum sans doute, dont elle devint limitrophe ; elle fut motte gauloise avant de devenir motte féodale.

Pour moi, il n'y a pas eu de motte féodale qui n'ait été gauloise auparavant. J'ai relevé 27 bourgs gaulois fortifiés en Loir-et-Cher et pour presque tous, la motte du Chef est attenante à l'oppidum et en dehors.

A Blois passaient ou aboutissaient 14 voies gauloises. A mon avis, les anciennes voies romaines ont toutes été gauloises précédemment. Il me suffit de constater les traces de dallages des voies romaines, ce que j'ai fait dans mon ouvrage sur l'Epoque gauloise en Loir-et-Cher, en cours d'impression, avec cartes à l'appui. Ces voies faisaient de Blois un point stratégique important et témoignent du commerce qui existait alors.

Il y a aussi à Blois, boulevard Eugène-Riffault, à sept ou huit cents mètres à l'Est, en dehors de l'enceinte, un souterrain refuge qui date de l'époque gauloise.

De la même époque, je puis citer encore l'étang de Pigelée, près de la forêt, à l'Ouest, à deux kilomètres, qui servait à l'alimentation et aussi à régulariser le cours du ruisseau de l'Arrou qui traverse la Ville. Tous les étangs du Loir-et-Cher sont d'origine gauloise. Sur les chaussées d'un certain nombre il y passait des voies romaines, précédemment gauloises ; dans la Sologne, la Beauce et aussi le Berry, je l'ai constaté.

Il n'est guère resté de traces, à Blois, de l'industrie gauloise ; je n'ai pu noter que cinq objets gaulois trouvés à Blois, dont une monnaie gauloise et un mortier gaulois pour écraser le grain. Pourtant, parmi les monnaies carnutes, il a dû être frappé à Blois un type de monnaie que les numismates appellent des *blesenses*, trouvées en plusieurs endroits aux environs, représentant à l'avers une tête de loup au lieu d'une tête d'Apollon. Le loup est devenu l'emblème des comtes de Blois.

A 13 kilomètres de Blois, à l'Est, dans un oppidum gaulois, celui de Suèvres, se trouvait le lieu consacré de la réunion annuelle des Druides ; *in finibus Carnutum*, suivant César (je l'établis dans mon ouvrage sur l'Epoque gauloise en Loir-et-Cher, en cours d'impression). Blois a dû se ressentir de ce proche voisinage.

Epoque Gallo-Romaine. — L'absence de traces de tout édifice de cette époque semble prouver que l'occupation militaire romaine fut très restreinte et de peu de durée, si jamais elle fut autrement que passagère ; la Ville de Blois ne fut que gauloise, c'est-à-dire non occupée militairement. Sur l'emplacement du Camp néolithique, la place du Château aujourd'hui, j'ai constaté, dans des tranchées faites pour des canalisations d'eau de la Loire, de nombreux fragments de poteries et surtout de tuiles à rebords gallo-romaines ; ils indiquent qu'il y a eu à cette époque des habitations dans le camp, mais il n'a été trouvé là ni ailleurs des vestiges quelconques pouvant faire supposer une occupation militaire romaine à Blois.

Sauf le dallage et l'empierrement des voies gauloises faisant communiquer Blois avec les cités voisines, je ne connais aucun grand travail pouvant être attribué à l'époque gallo-romaine. On a dit sans assez de preuves qu'un temple de Mercure avait existé sur l'emplacement du couvent de Saint-Lazare et un temple de Jupiter place du Château, là où fut construit, au xe siècle, l'église Saint-Sauveur. Cependant, c'est fort possible et même très croyable pour le temple de Jupiter. Il aurait été bien étonnant qu'à Blois, il n'y ait pas eu de temple païen à l'époque gallo-romaine, alors que dans d'autres petits bourgs il en a sûrement existé.

J'ai noté 33 trouvailles d'objets gallo-romains et une quantité de tuiles gallo-romaines. Or, sur ces trouvailles, 13 seulement ont été faites dans l'enceinte des fossés et 20 au dehors. A cette époque, le bourg de Blois était devenu une ville débordant beaucoup de son ancienne enceinte. Cela démontre bien que les fossés sont antérieurs à l'époque gallo-romaine. C'est aussi un témoignage de la prospérité de la Ville à cette époque ; les populations n'avaient plus besoin alors de se grouper aussi étroitement.

Henri MARTIN

UNE NOUVELLE TRANCHEE OUVERTE A LA QUINA DANS LES DEPOTS MOUSTERIENS

Les travaux entrepris cette année à La Quina ont été exécutés entre les cotes M et C du gisement, je désigne la nouvelle tranchée sous l'indice L.

Un certain nombre de documents intéressants ont été recueillis et j'ai l'honneur de les présenter aux membres de la IIe Section du Congrès de Lyon.

La tranchée a été creusée perpendiculairement à la falaise crétacée dans un talus d'éboulement dont le pied ne mesure pas moins de 15 mètres. La hauteur de ce talus, contre la falaise, atteint presque 6 mètres et la largeur de l'entraille mesure à l'entrée 2 mètres, mais elle a été sensiblement augmentée dans le cours des travaux.

La masse des dépôts extraits et examinés correspond à 150 mètres cubes environ.

La stratigraphie ne diffère pas, dans ses grandes lignes, de celle constatée dans les autres points de la station. La base sableuse repose sur le calcaire crétacé en place, son industrie contient du moustérien primitif avec quelques pièces plus anciennes d'une époque difficile à déterminer. La couche argileuse qui représente ailleurs le Moustérien moyen, est assez épaisse ici, 0 m. 50 par endroits, mais son industrie est très pauvre. Au contraire, la couche moustérienne supérieure, non plus horizontale comme les deux précédentes, est inclinée vers la vallée, avec des caractères de ruissellement ; sa puissance est exceptionnelle : car dans la tranchée B elle mesurait 30 à 40 centimètres et ici elle dépasse 2 mètres.

La richesse industrielle de ce dépôt est importante ; les types habituels de racloirs et de pointes s'y retrouvent en grand nombre, les pointes pédonculées et aussi celles à base amincie façonnées pour l'emmanchement ne sont pas exceptionnelles.

Au nombre de pièces rares, je signalerai un grattoir en cristal de roche translucide, c'est la seconde fois, en vingt ans, que je constate ici l'emploi de cette belle matière.

Je signalerai encore la trouvaille d'un racloir de proportions démesurées, c'est le plus grand trouvé à La Quina, puisqu'il mesure 23 × 17,5 centimètres.

Cette tranchée a fourni un nombre d'os usagés très abondant, dépassant même la fréquence constatée dans les autres points de la station. Indépendamment des esquilles utilisées comme compresseurs, j'ai trouvé une extrémité inférieure d'humerus de bovidé dont la diaphyse est taillée, cette région pouvait s'appliquer facilement sur le sol et offrir à l'opérateur moustérien une surface cartilagineuse humérale étendue, employée comme enclume ou *tas ;* ce cartilage recevait les contrecoups du silex et ménageait son taillant pendant la confection d'une tige de bois. Déjà en 1906, j'ai signalé cette découverte dans le bulletin de la S. P. F. sur un grand nombre d'exemplaires.

Un autre groupe de 6 pièces réunit des ossements avec traces de polissage ; ainsi une côte de bovidé raclée, diminuée de largeur et polie sur l'extrémité antérieure, constitue un outil remarquable d'un usage problématique. A cause de sa courbure accentuée, on ne peut y voir une pointe résistante ou un poignard ; ne serait-ce plutôt un instrument employé dans le travail des peaux ?

Les autres ossements ou bois de renne polis à l'extrémité se rapportent probablement au même usage. Cette série de pièces polies, jointe à celle publiée antérieurement, confirme l'emploi certain par les Moustériens d'une substance déjà appréciée, ce qu'on ignorait presque totalement avant mes recherches dans la station de La Quina.

Les ossements raclés, coupés et désarticulés, sont ici très abondants ;

une pièce curieuse et inédite pour ce gisement consiste en une vertèbre caudale de la région moyenne appartenant au bœuf ou au cheval. Cette vertèbre porte sur la face antérieure des incisions transversales ; deux coupures sont très visibles, rapprochées et profondes. Ces traumatismes indiquent l'intention évidente d'une section. C'est dans l'opération du prélèvement de la peau qu'il faut rechercher l'origine de ces marques.

On ne peut faire état de cette pièce pour préciser le lieu de l'opération.

La faune est représentée par le renne, en abondance, puis par le cheval et deux bovidés, dont le *primigenius*. Le Mammouth m'a fourni une molaire et quelques fragments osseux. L'ours des cavernes, le loup et le lièvre m'ont également donné quelques débris. Dans un point de la couche supérieure existait une sorte de poche avec des éléments moins serrés (sable argileux et fragments de calcaire) où j'ai trouvé des ossements de Marmottes appartenant à cinq individus. Ces rongeurs se trouvaient là dans un terrier et je pense, qu'au printemps, ils n'ont pu quitter leur retraite pour des causes ignorées.

Une seule de ces marmottes est adulte, les autres, d'après la dentition, sont un peu plus jeunes.

En résumé, les travaux entrepris dans cette tranchée ont confirmé les données antérieures. Tout en apportant quelques faits nouveaux. L'industrie moustérienne inférieure, ici comme ailleurs, dans les autres tranchées de la Quina, est confuse, peu abondante et mélangée de pièces prémoustériennes dans un sable de rivière ; son interprétation est difficile. L'industrie très évoluée du moustérien supérieur avec pointes pédonculées, lissoirs, compresseurs, billots est très caractéristique.

Les ossements humains rencontrés pendant les importants travaux de cette tranchée, comprennent seulement trois fragments de crâne sans grand intérêt et deux dents ; ces dernières, de fortes proportions, sont du type néanderthalien caractéristique. Ici, le Moustérien final correspond à un ruissellement, synchrone des éboulements rencontrés à quelques mètres de ces récents travaux.

La série des silex et des ossements que j'ai le plaisir de présenter à mes collègues restera dans cette magnifique salle d'Anthropologie du Museum de Lyon ; je tiens à m'associer aux efforts de MM. Gaillard et Cl. Côte qui ont adopté une méthode parfaite dans le classement des collections.

R. VAUFREY

RECHERCHES DANS DEUX GROTTES SICILIENNES et observations de Paléontologie humaine dans les cavernes de la côte calcaire du Nord-Ouest de la Sicile

Au cours de ces recherches, faites avec l'appui de l'Association Française pour l'Avancement des Sciences, plus de 50 grottes nouvelles ont été visitées. Deux ont permis l'exécution de fouilles systématiques ; dans dix autres, des sondages ont été effectués, dont deux poussés jusqu'au roc.

Les résultats généraux de cette exploration sont les suivants : absence dans l'argile des cavernes, quand elle existe, de toute trace de l'Homme ; présence au contraire dans presque toutes les grottes d'une industrie de type paléolithique final, appartenant à des populations conchyliophages postérieures à la disparition de la faune chaude. Ce niveau archéologique occupe partout le sommet du remplissage, sans que dans les grottes nombreuses où il a été plus ou moins détruit et ne subsiste qu'à l'état de lambeaux soudés aux murs ou au plafond par les infiltrations calcaires, on trouve jamais la trace au-dessous d'une autre industrie.

L'ensemble de ces observations ne paraît pas favorable à l'hypothèse souvent retenue, qui voudrait faire de la péninsule italique une des routes de peuplement de l'Europe, à la faveur d'un isthme quaternaire siculo-tunisien.

Ces fouilles ont permis de préciser la présence dans le Quaternaire de Sicile, d'au moins deux variétés naines d'Eléphants, types *melitensis* et ***Falconeri***, dont les individus mesuraient respectivement 1 m. 25 et 0 m. 65 au garrot. Dans le gisement où elles ont été découvertes, ces deux variétés étaient stratigraphiquement distinctes, la plus petites superposée à la plus grande. Tout se passe donc comme s'il y avait eu évolution régressive de ces animaux, sous l'influence peut-être de conditions défavorables qui, finalement, auraient entraîné leur disparition à une époque probablement postérieure à la Mer à Strombes.

Alphonse AYMAR

Membre correspondant de la Commission des Monuments historiques (Section préhistorique)

CONTRIBUTION A LA TECHNIQUE DU SCIAGE DES HACHES NEOLITHIQUES

De nombreux spécimens,, examinés dans les musées publics ou les collections particulières, nous amènent à classer les haches néolithiques en 5 groupes distincts, suivant le mode de leur fabrication :

1° Haches non préparées, c'est-à-dire à l'état brut (cailloux roulés, etc.), avec le tranchant obtenu par polissage, après débitage de quelques éclats, en vue de l'enlèvement d'un excédent de matière trop volumineux, ou bien, par simple polissage, sans retouches.

2° Haches dégrossies, sur toutes les parties, par le piquage avant polissage.

3° Haches adaptées, à la forme voulue, par une taille générale ou partielle, avant polissage, sans trace de sciage.

4° Haches préparées par le sciage et la taille, puis terminées par le polissage.

5° Haches n'ayant subi que l'opération du sciage.

Nous ne nous occuperons que des deux derniers groupes, en observant, plus spécialement, la technique du sciage.

L'emploi de ce procédé s'étend à la division de la matière minérale et au façonnage, soit des côtés seulement, soit, à la fois, des côtés, du talon et du tranchant.

La manière d'opérer le sciage a suscité de nombreuses hypothèses, concernant, surtout, le genre d'outil utilisé.

L'outillage néolithique renferme des scies, à encoches latérales, dont la rareté, dans les collections, dénote un usage assez peu fréquent. Du reste, ce type offre, le plus souvent, une épaisseur ne pouvant permettre que le creusement d'un sillon très évasé.

Il est certain qu'une lame de silex, mince et tranchante, se prête mieux àl 'opération ; pour faciliter son passage et la rendre plus mordante, on devait l'humecter de temps à autre.

L'emploi d'une lamelle de bois, armée de sable mouillé (1), est également susceptible d'obtenir de bons résultats. Toutefois, il semble

(1) A. DE MORTILLET, *Le travail de la pierre*, Revue de l'Ecole d'Anthropologie de Paris, 20e année, 1910, p. 44.

nécessaire de tracer, auparavant, une rainure, avec un instrument approprié.

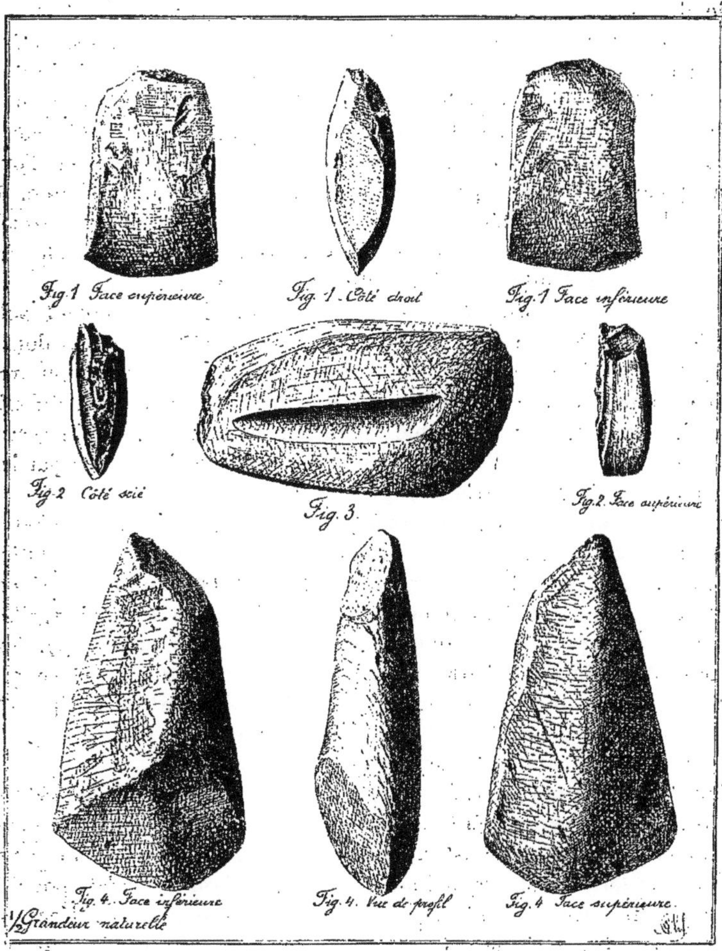

L'examen de quelques échantillons de notre collection va nous fournir, sur le sujet, des aperçus intéressants.

Le ciseau (1) figuré sur la planche (fig. n° 2), est en fibrolite, entièrement poli sur les deux faces et un côté. Le second côté laisse paraître de la matière brute, entre deux petites parties, polies aux extrémités, et deux bandes étroites, vestiges des sillons formés pour détacher l'outil ; à droite et à gauche, on a entamé la roche sur une profondeur

(1) Provenance : Servière-Commune de Joursac, arrondissement de Murat (Cantal). Poids : 17 grammes.

à peu près égale (3 à 4 mm.), et, lorsque le creux a été jugé suffisant, on a effectué la séparation par percussion. Certains indices, des stries notamment, permettent d'inférer que le sciage a été pratiqué à l'aide du sable.

Les côtés de la petite hache (1) en pétro-silex, représentée dans le n° 1, comportent un évidement, plus prononcé du côté droit, qui n'a pu être obtenu que par sciage ; mais, ici, on hésite un peu sur le choix du procédé. Il semble, cependant, en raison de la minceur de la couche détruite et de l'absence de toute partie polie, que l'on a dû agir par frottement, par raclage, avec une pierre tranchante. Les faces et le haut des côtés sont polis. La forme de cet objet marque le point de départ d'un système d'ornementation spécial, constaté dans les environs de Montauban (Tarn-et-Garonne) (2).

La hache en fibrolite (3), dessinée au n° 3,, est entièrement polie. Vers le milieu de l'une des faces, existe une cuvette allongée, dont la profondeur ne dépasse guère 2 millimètres. Cette cuvette n'a pu, vraisemblablement, être creusée qu'avec une baguette en bois et du sable mouillé. On a dû, au préalable, ébaucher le creusage, en se servant d'une lame de scie. Le fond est aussi bien poli que les autres parties ; on y aperçoit de fines stries longitudinales.

En dehors du mode de façonnage, la présence de la cuvette retient l'attention et l'on ne s'explique pas son rôle. Est-ce une ornementation ? une marque de propriété ? un signe rituel ? une cupule ? un petit polissoir ? Les hypothèses n'ont pas de limites. Le regretté F. Pérot en donne la preuve, en évoquant la figuration d'un *phallus* (4). Nous pensons, toutefois, que l'affectation la mieux caractérisée est celle de *polissoir* ou *lissoir*. On remarque, sur un côté, une autre dépression intentionnelle, à forme losangique, très réduite il est vrai, et, sur chaque face, des méplats à glaçure plus poussée.

L'outil néolithique, portant le n° 4, est aussi fort curieux et fort rare (5). C'est un type parfait de hache ou tranchet, destiné à être manié à la main. Le talon est constitué par un plan incliné, où le pouce peut s'appliquer largement. On a l'impression que l'outil est fait pour découper, qu'il convient, on ne peut mieux, par exemple, au découpage du cuir. D'autre part, la roche ne montre aucune trace de polissage.

---

(1) Provenance : Le Verdier-Commune de Montauban (Tarn-et-Garonne). Poids : 60 grammes.

(2) Dr I. Alibert et Alph. Aymar, *Origine et évolution de la hache néolithique dans les environs de Montauban*. In Bull. de la Soc. Archéol. de Tarn-et-Garonne, année 1922.

(3) Provenance : Plateau de Gergovie, près Clermont-Ferrand (Puy-de-Dôme). Poids : 173 grammes.

(4) F. Pérot, *Légendes et superstitions préhistoriques*. Extrait de la Revue des *Traditions populaires*. T. XXVI, février-avril 1911.

(5) Provenance : Commune de Mauzun (Canton de Billom, arrondissement de Clermont-Ferrand, Puy-de-Dôme). Poids : 170 grammes. Matière : Amphibolite avec grenats. Roche précambrienne.

Le talon et le tranchant ont été obtenus, exclusivement, par le moyen du sciage. Les phases de l'opération sont encore faciles à suivre ; elles témoignent de la mise en œuvre d'une lame de substance minérale.

En résumé, on est fondé à admettre que le sciage jouait un rôle important dans l'industrie néolithique ; que les procédés variaient suivant les cas, en tenant compte, principalement, de la nature, ainsi que du volume, de la matière employée ; qu'on utilisait, pour la fabrication des haches, tranchets ou ciseaux, soit isolément, soit conjointement, soit pour la totalité, soit pour une partie de l'outil, les deux opérations du sciage et du polissage.

Mlle E. LAROUTE

LES GROTTES DES ROCHES

Elles paraissent occuper tout le plateau qui s'étend entre la ligne des grottes et abris de Saint-Marcel : la Garenne et le bord de la Creuse. Elles s'ouvrent dans la falaise qui domine presque à pic cette rivière.

Toutes ces grottes sont comblées de terre. Après que le déblaiement des premiers mètres a été fait, on s'est aperçu que des couloirs s'enfoncent dans toutes les directions et paraissent les faire communiquer les unes avec les autres. Quelques-unes semblent avoir leur orifice à la surface même du plateau.

Les premières découvertes ont été celles de poteries qui semblent d'âges très différents et de nombreux ossements, tant humains qu'animaux.

Certaines poteries sont d'une pâte très grossière, à peine modelée ; les ornements ont été faits par des moyens tout à fait primitifs : empreintes de baguettes, du doigt en série de dépression, de petits triangles en dents de scie. D'autres au contraire sont d'une pâte plus fine; l'une d'elles, même, un fond de vase, atteste une technique déjà perfectionnée et un sentiment vif de la forme.

Les ossements humains retrouvés sont : une mâchoire inférieure de petite dimension, des fémurs entiers et très volumineux, des fragments de crâne, d'autres ossements brisés ou entiers assez nombreux.

Les ossements animaux sont très nombreux également : énormes dents à surface usée où l'on distingue de puissants sillons d'émail (mammouth), dents analogues à celles des porcs, défenes, une grosse molaire à surface usée et aplanie. Ces ossements et ces débris de poteries ont été classés par grottes, sans indication de niveau.

Des pierres aussi ont été trouvées, qui ont la forme des pierres taillées, polies ; ainsi que des petits galets ronds de silex, et des pierres de couleurs. Les fouilles se poursuivent, et l'on espère des résultats plus importants lorsqu'elles atteindront les niveaux inférieurs.

Albert MAIRE

Bibliothécaire honoraire de l'Université de Paris (Sorbonne)

NOTE CONTRIBUTIVE A L'HISTOIRE DE L'HABITATION HUMAINE

Il serait intéressant, pour l'histoire de l'habitation humaine, de provoquer une enquête un peu étendue, dans une partie du midi de la France et plus spécialement en Provence, sur les vestiges de constructions en pierres sèches. Les notes et dessins que j'ai fournis au Vte de Sartiges entre 1916 et 1921 et qui ont paru dans le Bulletin de la Société préhistorique française en décembre 1921 ont démontré l'intérêt qu'il y aurait à reprendre avec méthode des recherches plus complètes.

C'est ainsi que depuis mon séjour à Gordes (Vaucluse) il m'a été possible d'étudier certaines cabanes dont la construction est parfaite et qui se trouvent entourées de murailles assez épaisses, formant comme une enceinte défensive des plus curieuses. Il ne faut pas oublier que certaines de nos cabanes remontent à plus de 1.000 ans et peut-être au delà encore. Ces vestiges seront étudiés avec soin et permettront de démontrer qu'il existait un groupe compact d'habitations situées au sud-ouest du village actuel. D'autre part, j'ai aussi relevé le plan d'une construction oblongue de plus de 20 mètres de long à l'extérieur des murs sur 10 mètres de large. L'appareil composant ce monument est posé horizontalement jusqu'à une hauteur de 4 à 5 mètres, puis placé de champ pour se terminer par un entablement de pierres larges et épaisses disposées sur tout le pourtour du mur. Dans l'intérieur, ne subsistent que les murs, mais le long desquels sont disposées des dalles debout de 2 mètres de haut sur 60 à 30 centimètres de large. Elles devaient servir de piliers à des hourds intérieurs. Le dedans a été crépi au plâtre dès le XVI siècle et des graffiti du XVIIIe siècle se lisent un peu partout.

Il m'est difficile d'entrer dans plus de détails : ils feront l'objet d'une étude plus complète avec dessins et mesures.

L. COUTIER

FOUILLES D'HABITATION NEOLITHIQUES AUX SOURCES DU PETIT MORIN (MARNE)

Les fonds d'habitation explorés sont situés en bordure des marais de Saint-Gond et appartiennent au territoire de Morains-le-Petit « lieu dit Prés aux Vaches » à 500 mètres à droite de la route départementale qui mène à Bergères-les-Vertus. Ils m'ont été signalés en 1924 par nos deux jeunes et actifs collègues, MM. André Brisson et Robert Duval, de la Société Préhistorique Française avec lesquels j'ai entrepris les fouilles complètes de deux de ces fonds. Nous avons ouvert une troisième fouille sous la direction de M. A. de Mortillet, mais elle n'a pu être terminée par suite des travaux agricoles. L'eau qui montait dans les marais nous a empêché de continuer et d'examiner d'autres emplacements repérés. Ces fonds d'habitation ont la forme de vastes cuvettes placées à une distance de 35 à 150 mètres et mesurent 4 à 5 mètres de rayon avec une profondeur variable de 1 m. 30 à 2 mètres. Ils sont complètement inondés en hiver et le niveau de l'eau en été est à environ 1 m. 70. La partie supérieure est une terre végétale sableuse de couleur claire ayant de 0 m. 30 à 0 m. 40 d'épaisseur dans laquelle on rencontre quelques rares éclats de taille. Elle repose sur une terre de plus en plus foncée, épaisse de 0 m. 60 à 1 m. 30 contenant du charbon de bois, des éclats de silex, de ossements d'animaux, des poteries grossières, des pièces en os et en silex trè nombreux vers la base. Cependant, c'est surtout au centre, dans une couche de terre très noire de 0 m. 30 de puissance, sur un rayon de 1 m. 50, parsemée de fragments de grès craquelés par le feu de tessons de poteries, de charbon de bois et d'ocre rouge que nous avons trouvé presque toutes nos pièces.

Ces objets sont généralement au niveau de l'eau ou dans l'eau, sous les foyers il y a une couche de sable de 0 m. 02 à 0 m. 05 qui repose sur la craie. La coupe des bords de ces excavations nous donne : terre végétale 0,25, sable 0,40 à 0,70 et craie.

Les pièces déjà recueillies dans les fonds d'habitation en question sont les suivantes :

Pointe de flèche à ailerons	1
Pointe de flèches à tranchant transversal	56
Grattoirs en silex	60
Perçoirs en silex	12
Poinçons en os	10
Manches en cornes pour poinçons	5
Gaînes de haches en corne de cerf	20
Hache en pierre polie	1
Percuteurs	7
Mulettes	4

Pendeloques et coquilles percées.

Poteries grossières, très nombreux fragments. La forme est celle que l'on rencontre d'ordinaire dans les milieux néolithiques, elle comprend principalement des débris d'animaux domestiques associés à quelques ossements d'animaux sauvages.

Ces recherches n'étant qu'à leur début, nous avons l'intention de les reprendre dès que les travaux agricoles seront terminés, ce qui nous permettra de présenter au prochain congrès de l'Association une communication plus complète.

M. G. COURTY

Ancien Président de la Société préhistorique française

LES MAGDALENIENS DANS LA REGION D'ETAMPES

Lorsque nous mîmes à jour, en septembre dernier, des restes d'habitat magdalénien, dans le bois de Saint-Martin de la Roche, près d'Etrechy, en Seine-et-Oise, à plus d'un mètre au-dessous du niveau du sol à la cote 130, nous avons aussitôt établi un rapprochement entre le gisement du Beauregard découvert par E. Doigneau en Seine-et-Marne et la situation de notre magdalénien. C'est en effet presque à la même altitude, sur la partie supérieure moutonnée de la table gréseuse stampienne, que reposent de part et d'autre l'atelier préhistorique du Beauregard et les foyers d'Etréchy.

Cette similitude dans la position topographique laisse entrevoir une certaine coutume chez les hommes de la race de Chancelade, de stationner de préférence sur les hauteurs dans les régions voisines de Paris. On avait jusqu'alors supposé que l'homme magdalénien, qui travaillait sur le sommet du Beauregard, se protégeait des intempéries en se mettant simplement à l'abri sous des surplombs de grès. Notre trouvaille à Etréchy (Seine-et-Oise) de cendres reposant sur un sol artificiel composé de sables fondeurs peroxydés et battus à la manière d'une aire de grange, paraît indiquer un habitat en forme de huttes probablement identiques à celles qui sont figurées sur les parois de la grotte de Font de Gaume (Dordogne) et d'ailleurs aussi. Comme ces cendres se poursuivent circulairement sur une puissance d'au moins 0 m. 20 centimètres, nous en avons extrait des burins simples et doubles se superposant exactement à ceux des grottes du sud-ouest de la France, des burins TRÈS ÉPAIS, des lames fines et des percuteurs concaves en silex pyromaques tirés des alluvions de la Juine.

Si l'on connaissait au Beauregard, après les travaux de Doigneau, un atelier paléolithique, on ignorait tout de l'existence de l'habitat régulier des magdaléniens dans nos régions, car les cendres ont bien

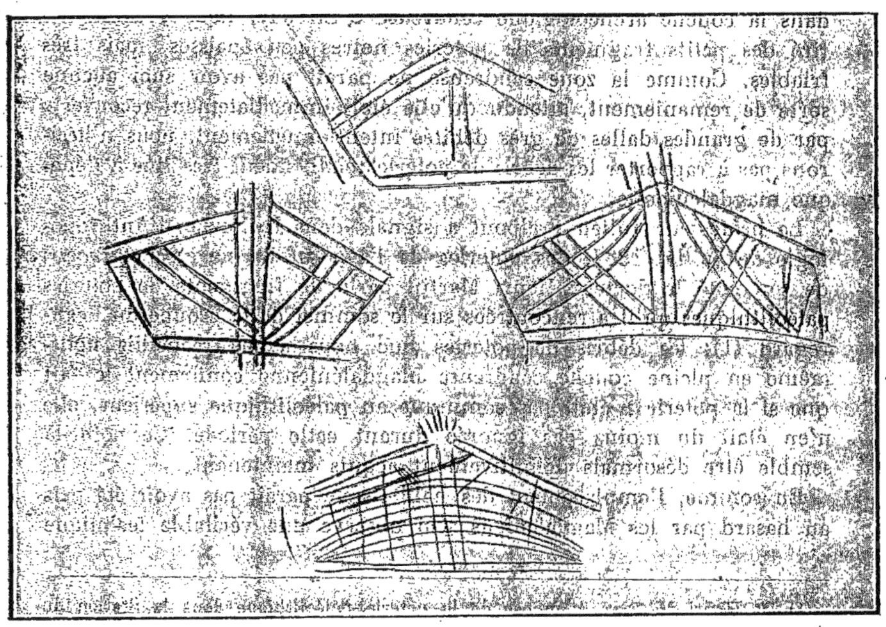

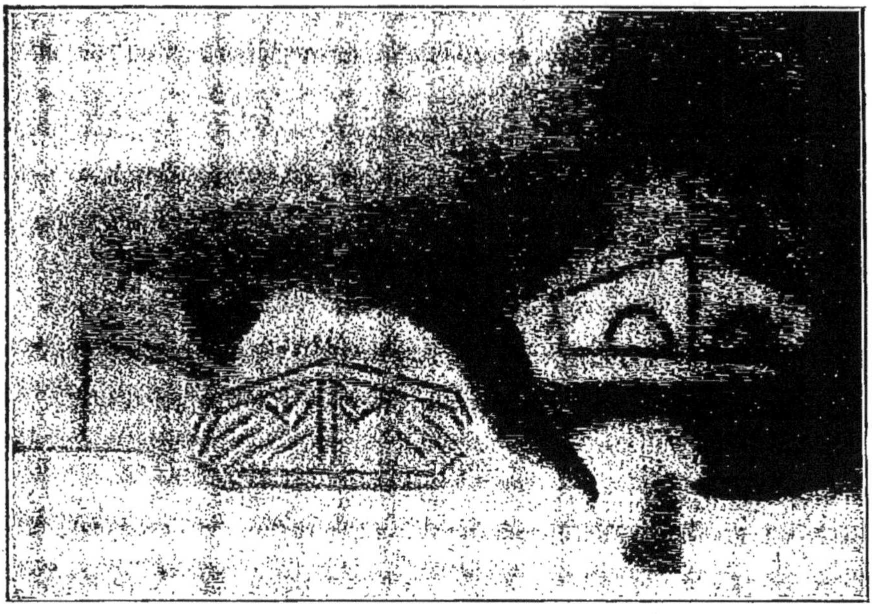

pu au Beauregard se mélanger aux sables stampiens pour faire place à des éléments sableux gris et légers. Poursuivant nos investigations dans la couche archéologique cendreuse d'Etréchy, nous y avons retiré des petits fragments de poteries noires peu épaisses, mais très friables. Comme la zone cendreuse ne paraît pas avoir subi aucune sorte de remaniement, attendu qu'elle était immédiatement recouverte par de grandes dalles de grès débités intentionnellement, nous n'hésitons pas à rapporter les débris de poterie relativement très fine à l'époque magdalénienne.

Le professeur Julien Fraipont a signalé dans la Revue d'Anthropologie de juillet 1887, des poteries de l'âge du Renne en Belgique ; de son côté le docteur Henri Martin parle de fragments de poteries paléolithiques qu'il a rencontrées sur le sommet de la croupe du Beauregard (1); les débris de poteries que nous avons recueillis nous-même en pleine couche cendreuse magdalénienne confirment le fait que si la poterie n'était pas commune au paléolithique supérieur, elle n'en était du moins pas ignorée durant cette période. Ce point-là semble être désormais définitivement acquis maintenant.

En somme, l'emplacement des habitats ne paraît pas avoir été pris au hasard par les Magdaléniens. On observe une véritable technique

(1) Dr Henri Martin, A propos de la poterie paléolithique dans la Station du Beauregard, 5e Congrès préhistorique de France, session de Beauvais A. 1909.

dans l'établissement de leurs huttes. Ainsi, par exemple, au-dessus de la table gréseuse en place du Bois de Saint-Martin de la Roche, on remarque un dépôt de sables à galets d'Etréchy évidemment apporté, puis des sables rouges dits « de fondeur » très abondants dans la vallée voisine qui forment à 130 mètres d'altitude l'ancien sol magdalénien. C'est sur ce vieux sol que reposent les cendres avec des burins et des percuteurs y compris les quelques débris de poterie noire déjà cités, c'est-à-dire la vraie couche archéologique. Ces cendres sont surmontées de larges dalles en grès qui ont très bien pu servir de siège

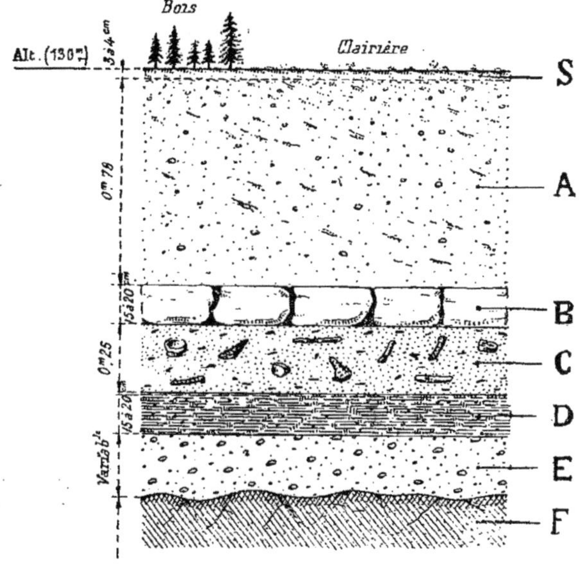

Coupe verticale du terrain archéologique dans les bois de Saint Martin de la Roche au dessus d'Etréchy (Seine-et-Oise)

S. Humus végétal. — A. Terreau sableux jaunâtre. — B. Larges dalles de grès. — C. Cendres grises agglomérées à du sable (niveau archéologique magdalénien. — D. Sables de fondeurs battus (ancien sol magdalénien). — E. Sables jaunes à galets d'Etréchy. — F. Table gréseuse "in situ" partie supérieure du Stampien.

à l'époque du Renne. Jusqu'à présent, nous n'avons pas trouvé un seul ossement, car le sol perméable sableux et cendreux se prête fort mal à la conservation du tissu osseux ; néanmoins, nous ne désespérons point de trouver des ossements, attendu que c'est sur la colline d'en face, « du Gibet » plus près s'Etampes, qu'au milieu du XVIIIe siècle, J.-Et. Guettard fit sa première découverte d'ossements de Renne en France, découverte qu'il annonça à l'Académie des Sciences en 1751. Comme au Beauregard, l'éperon du bois de Saint-Martin de la Roche nous a livré à un niveau supérieur à celui du Magdalénien, des petites formes géométriques de silex tardénoisiens tout à fait indiscutables.

Les foyers magdaléniens d'Etréchy que nous avons découverts en septembre 1925 ont bien été explorés méthodiquement par nous, mais d'une façon superficielle par suite du manque de temps. Cette année, nous comptons poursuivre nos recherches et donner ensuite une étude plus complète et plus approfondie sur la présence des magdaléniens dans la région d'Etampes.

E. PASSEMARD
Docteur de l'Université de Strasbourg

BECHERCHES PREHISTORIQUES DANS LES TERRITOIRES DE SYRIE, DU LIBAN ET DES ALAOUITES

Chargé par M. le Ministre de l'Instruction publique d'une mission préhistorique et géologique dans les territoires sous mandat français du Levant, j'ai pu parcourir la plus grande partie de ces régions, grâce aux diverses subventions réunies, parmi lesquelles celle de l'Association Française pour l'Avancement des Sciences. Mais le long séjour de 9 mois que j'ai fait au Levant n'a été possible qu'avec l'appui que M. le Haut Commissaire de la République, Sénateur H. de Jouvenel, a bien voulu m'accorder ; c'est à lui que je dois d'avoir pu surmonter les grandes difficultés créées par la baisse du franc et l'insécurité des diverses parties de ces territoires, et, je saisis cette occasion pour le prier de trouver ici, encore une fois, l'expression de ma reconnaissance et de mon dévouement.

Les recherches préhistoriques n'étaient pas chose inconnue avant l'arrivée de la mission en 1925. Depuis 1833, où Botta signale des brèches osseuses au Nahr el Kelb, jusqu'à nos jours, bien des chercheurs avaient plus ou moins effleuré la question et nous pouvons citer les noms de Louis Lartet 1864, Tristram 1865, Fraas 1875, Dawson 1884, parmi ceux qui ont parlé d'industries préhistoriques. Plus récemment, de Morgan et Blankenhorn ont traité de ces questions, mais l'ouvrage d'ensemble le plus connu jusqu'ici est dû au R. P. Zumoffen qui publia, vers 1900, un résumé de ses recherches personnelles : « La Phénicie avant les Phéniciens », ouvrage aujourd'hui à peu près introuvable. Il faut à ce fond déjà important ajouter quelques notes du R. P. Desribes, et surtout les nombreuses découvertes de mon excellent collègue le Père Bovier Lapierre.

Les collections les plus importantes sont celles de l'Université Saint-Joseph et de la Faculté de Médecine de Beyrouth, il faut y ajouter celles de l'Université américaine, du Musée archéologique de Beyrouth enfin, parmi les collections particulières, celle de M. Rudolph von Heidenstram, à Dbaye.

Le Liban et la Syrie, placés comme un des grands nœuds de communication entre l'Europe, l'Asie et l'Afrique, sont d'un grand intérêt au point de vue préhistorique, intérêt que renforce encore le nombre et la variété des civilisations historiques très anciennes qui s'y sont succédées ; mais une vue d'ensemble sur le problème de la succession des industries préhistoriques était assez difficile à concevoir, particulièrement en ce qui concerne les relations de ces industries avec les formations géologiques du quaternaire actuellement étudiées en Europe. Je n'ai pas la prétention d'apporter ici la solution de ce problème, mais l'étude sur place des collections existantes, des gisements anciens et surtout les nouvelles découvertes faites par la mission, me permettent d'éclairer d'une façon un peu plus précise des points restés obscurs jusqu'ici.

La mission a porté plus spécialement son effort vers la solution des grands problèmes de géologie préhistorique qui seuls peuvent nous permettre de comparer entre elles les découvertes des différents pays et des différents continents. Deux mois ont été consacrés au milieu de grandes difficultés à étudier les alluvions de l'Euphrate et les industries qu'elles contenaient. Une note a été présentée à l'Académie des Sciences donnant les résultats de cette étude et montrant qu'il existe le long de l'Euphrate, *cours d'eau qui se jette dans le bassin indien*, des restes de nappes alluviales formant terrasses, à des altitudes sensiblement voisines de celles connues dans le bassin de la Méditerranée et dans le bassin de l'Atlantique, soit : 15, 30, 60 et 100 mètres. Il a été trouvé dans le cailloutis appartenant à une terrasse de 30 mètres, un coup de poing en place appartenant vraisemblablement au Chelléen supérieur. Devant ce résultat, il est plus facile de comprendre les découvertes superficielles faites ailleurs.

La question de savoir s'il existait en Syrie ou au Liban des industries humaines antérieures au Chelléen n'avait jamais été posée. J'ai montré dans différentes notes, grâce aux découvertes de Dubalen en France et du Père Bovier Lapierre en Egypte, qu'il existait une industrie antérieure au Chelléen pour laquelle j'ai proposé le nom de Chalossien. Cette industrie, caractérisée par des coups de poing *à pointe trièdre*, a été rencontrée également en Syrie et particulièrement au Liban, malheureusement dans des gisements où la stratigraphie est à peu près impossible à établir : mais morphologiquement, il n'y a pas d'erreur possible et les trois instruments trouvés par Bovier Lapierre, à Sin el Fil et publiés par le Père Desribes, ainsi que celui trouvé à Raz Beyrouth, sont des trièdres chalossiens, incontestables.

La présence de types chelléens et leur abondance dans de nombreux gisements nous montre qu'au Levant comme en Europe, des populations ont vécu à une époque voisine de celle où l'hippopotame s'ébattait dans la Seine, et la découverte d'un coup de poing en place, dans une alluvion de 30 mètres sur les bords de l'Euphrate, que le synchronisme de ces industries dans les deux continents n'est pas impossible.

Tant dans les collections anciennes que dans celles réunies par la mission, il y a des formes très diverses qui répondent à ce que nous connaissons du paléolithique inférieur d'Europe et nous permettent de penser que l'évolution du coup de poing s'est faite de même façon en Europe et en Asie antérieure. La perfection relative du coup de poing trouvé dans l'alluvion de 30 mètres de l'Euphrate nous fait également penser que des formes chelléennes plus anciennes se rencontrent peut-être dans la terrasse immédiatement supérieure ou dans l'interglaciaire qui les sépare, mais aucune découverte n'est venue confirmer cette hypothèse.

Dans le territoire des Alaouites, la découverte de plus de cent coups de poing, de types parfois archaïques, dans des conditions de gisements qui méritent une grande attention, est un fait qu'une étude approfondie seule pourra éclairer ; nous pouvons du reste, dans ces belles séries, reconnaître des pièces identiques à celles trouvées dans les gisements classiques de France, immédiatement datées si elles avaient été trouvées dans les alluvions de la Somme, de la Seine ou de la Tamise.

Les instruments Acheuléens ne sont pas rares dans différents gisements. Le plus remarquable, à mon avis, comme appartenant à la fin de cette époque, est celui de Raz el Kelb, aujourd'hui épuisé et décrit par le Père Zumofen, dans lequel l'analogie de formes avec celles d'un Acheuléen final est certaine.

Le paléolithique moyen correspondant à notre moustérien d'Europe est surtout représenté par des instruments pugiloïdes voisins de ceux d'Europe. Mais comme il fallait s'y attendre, c'est surtout à des formes plus méridionales que celles de notre Moustérien classique qu'il faut rapporter les racloirs qui proviennent des différentes stations connues. Aucun de ces instruments tant dans les collections des Jésuites, où ils sont assez nombreux, que parmi ceux recueillis par moi-même, n'est exactement comparable à ceux de la Quina ou du Moustier ; ils se rapprochent beaucoup plus de ce qui a été trouvé à l'abri Olha (Basses-Pyrénées) ou au Castillo (Cantabriques). Toute cette industrie conserve un aspect qui rappelle le paléolithique inférieur et malgré la découverte par les Anglais, dans la région de Tibériade, d'un crâne sub-néanderthalien, je ne serais pas étonné que les tendances de cette industrie soient plus méridionales que septentrionales.

Le paléolithique supérieur semble devoir se rattacher à des types aurignaciens plus que capsiens, mais l'insuffisance des fouilles qui ont été faites dans les gisements les plus importants que nous connaissions actuellement : la Grotte d'Antélias et l'Abri Ksar a Khil, ne permettent pas des conclusions certaines. Il existe une industrie osseuse primitive, incomplète et pauvre dont on ne peut rien dire.

La fin du paléolithique, et ce que certains appellent mésolithique, se rencontre surtout dans la région des Tells de l'Euphrate ou sur la côte et l'identité des types avec ceux que nous connaissons en Europe est frappante.

Contrairement à certaines idées, des objets néolithiques abondants et divers existent, *qui ne sont pas associés avec le métal ;* il y a là un domaine immense à exploiter qui nous conduira certainement à la liaison avec les périodes historiques, mais qui paraît être d'une complexité imposante et dont la dissection sera des plus difficile.

Chacune de ces questions sera reprise par nous avec les éléments nouveaux fournis par les 22 stations et les 2.000 pièces découvertes par la mission, et publiées en détail.

Les conclusions à tirer de cet aperçu succinct et très général des résultats obtenus après 9 mois de recherches sont les suivantes :

— Dans l'ensemble, ce qui s'est passé en Europe paraît s'être passé au Levant en tenant compte naturellement de l'évolution relative de chaque région et des influences qu'elles devaient normalement subir à tous les points de vue.

— Rien ne nous incite à abandonner la classification actuellement admise et à nous priver d'un fil conducteur qui a fait ses preuves, mais à condition de la comprendre dans un sens très large et de ne point la séparer des données paléontologiques, géologiques et géographiques indispensables.

DEBRUGE

Délégué départemental de la Société préhistorique française,
Correspondant du Ministère de l'Instruction Publique,
Constantine

LA GROTTE DES HYENES

En 1925, grâce à une subvention de la Société archéologique de Constantine, j'ai pu pratiquer des fouilles dans « La grotte des hyènes », massif du Djebel Roknia, douar Zana, commune mixte du Belezma. Une quantité considérable de documents préhistoriques, industrie et faune, ont été recueillis et le compte rendu a été publié dans les mémoires de la vieille Société algérienne. En fin de mon travail, je disais qu'en raison de l'importance des trouvailles, une continuation des recherches s'imposait.

Dans une récente répartition des subventions, le conseil d'administration de l'A. F. A. S. a bien voulu m'accorder 500 francs et cette somme, cumulée avec d'autres subventions, m'a permis de retourner presque tous les deux mois d'avril et de mai dans cette remarquable grotte.

Commencée à environ 10 m. vers le fond de la première et vaste salle donnant sur l'ouverture de façade et le vide du ravin voisin, la reprise des fouilles s'est continuée pour s'arrêter à 45 m. sur une horizontalité relative, dans les profondeurs, encore inconnues : j'ai dû utiliser, pour cela, trois lampes au carbure en permanence.

Le résultat dépasse toutes mes espérances et « La grotte des hyènes » donne l'impression d'un habitat intermittent, mais pour ainsi dire successif, depuis une époque proche du moustérien jusqu'au néolithique.

C'est ainsi que j'établis, en commençant par la plus ancienne, l'ordre des industries rencontrées :

Pré-aurignacienne ;

Aurignaciennes : ancienne, évoluée ;

Microlithique ;

Néolithique ancienne ;

Néolithique moyenne ;

Néolithique récente : apparition des flèches.

J'ai retrouvé là des restes humains analogues à ceux du « Mechta-el-Arbi », « Djebel Fartas », et les industries étant synchroniques, il semblerait bien que nous possédions dans l'Afrique du nord un faciès spécial à l'aurignacien et sans doute même au moustérien*, car les restes des individus des époques postérieures diffèrent totalement.

La faune, considérable, est extrêmement variée, remarquable même et fera l'objet d'un examen spécial et approfondi par mon excellent ami et collègue M. Doumergue, d'Oran, dont on connaît la judicieuse compétence.

Le compte rendu général sera publié dans le recueil de la Société archéologique de Constantine en 1927 et je réserverai pour le Congrès prochain de l'A. F. A. S. u nrésumé documentaire ainsi que tout ce qui a trait à l'anthropologie.

---

(1) La race aurignacienne de Mechta-el-arbi. A.F.A.S., Congrès de Bordeaux 1923. Debruge.

Etude des ossements humains de Mechta-el-Arbi. Société archéologique de Constantine, 1923-1924. Lagotala.

D. PEYRONY

Chargé de Missions par le Ministère de l'Instruction publique
et des Beaux-Arts, aux Eyzies-de-Tayac et Coulonges,
Notaire à Sauveterre-la-Lémance

LES TARDENOISIENS DANS L'AGENAIS
GISEMENT PREHISTORIQUE DU MARTINET (LOT-ET-GARONNE)

A un kilomètre environ en amont de Sauveterre-la-Lémance (Lot-et-Garonne), près de l'usine à chaux et à ciment du Martinet, existe, dans la vallée, un îlot rocheux dont une partie forme abri. Le premier explorateur de cette région, Combe, découvrit autrefois, sous ce dernier, un gisement préhistorique magdalénien.

L'un de nous (Coulonges) y reprit, en 1924, les fouilles abandonnées depuis de nombreuses années. Il retrouva de suite le niveau archéologique de Combe dont la puissance diminuait en allant vers le Sud-Est. Il y recueillit une industrie lithique et osseuse peu abondante se rapportant au Magdalénien. Les pièces les plus nombreuses sont des lamelles à dos et à troncature abattus du type de celles déjà publiées par nous provenant de divers gisements (1).

Ce dépôt humain paraissant sur le point de finir, il ouvrit une nouvelle tranchée un peu à droite. A une profondeur moyenne de 0 m. 50, il rencontra une couche très brune qu'il explora méthodiquement avec le concours, et surtout les conseils, de son collaborateur pour la présente note. Ce niveau, qui n'avait pas été trouvé dans les précédents travaux, tuile sur le Magdalénien sur une faible étendue, séparé de lui par une forte épaisseur de petits éboulis calcaires. C'est sur l'industrie qui y est récoltée et trouvée rarement en place dans les régions de l'Agenais et du Périgord, que nous voulons attirer l'attention.

Ce dépôt archéologique a une puissance moyenne de 0 m. 60. Il est d'un brun foncé homogène devenant plus clair au contact de la couche végétale. En le fouillant, il a été divisé en deux tranches à peu près égales et les objets extraits rangés séparément.

Industrie. — L'outillage en silex qu'on rencontre dans toute l'épaisseur comprend de nombreux grattoirs épais rappelant ceux de l'Aurignacien moyen (fig. 1, n° 11), quelques-uns plus minces de forme

(1) D. Peyrony, Etude de formes inédites ou très peu connues du Moustérien. Leur évolution dans le Paléolithique supérieur. Revue anthropologique, juillet-septembre 1925.

presque circulaire, de rares sur bouts de lame à bords retouchés ,fig. 1, n° 13), des lames à encoches (fig. 1, n° 12), des lames dentées (fig. 1, n° 18), des sortes de tarauds rappelant les grattoirs à museau ou à bec de l'Aurignacien moyen (fig. 1, n° 16), de petits burins droits (fig. 1, n°s 14 et 36) ou obliques et à bec (fig. 1, n°s 15 et 35) et de nombreux

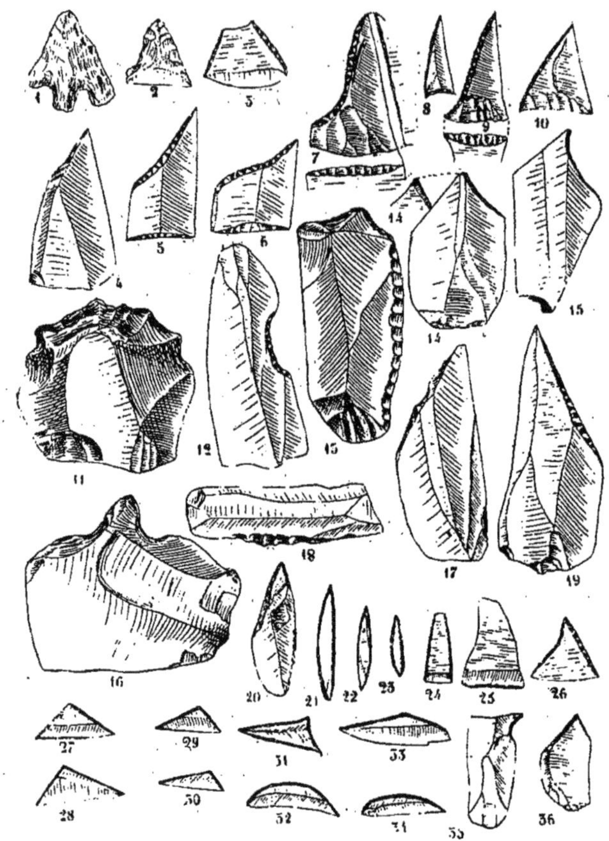

Fig. 1. — Industries tardenoisienne et robenhausienne du Martinet. Les numéros 21, 22, 23, 27, 28, 29, 30, 31, 32, 33, 34, G.N. — Les autres 1/2 G.N.

silex globuleux polyédriques rappelant, comme grosseur et comme forme, les pierres de jet moustériennes. Pour le reste de l'industrie, il y a une légère différence entre le bas et le haut.

Tranche supérieure. — En surface et jusqu'à une profondeur de quelques centimètres, on remarque de nombreux tessons de poterie rouge grossière. C'est dans cette partie qu'ont été recueillies la pointe de flèche à pédoncule et ailerons (fig. 1, n° 1) et les pièces à tranchant tranversal (fig. 1, n°s 2 et 3) que nous classons sans hésitation dans le Robenhausien.

Les objets trouvés au-dessous présentent des caractères différents. Ce sont des lames à dos partiellement abattu (fig. 1, n° 4) rappelant celles de l'Aurignacien inférieur (type de Chatelperron) et d'autres qui en dérivent. La forme trapézoïde des numéros 5 et 6, fig. 1, avec troncature oblique et talon rabattus, s'achemine, par l'abattage de plus en plus accusé du dos, vers les numéros 7 et 9, fig. 1, pour arriver au triangle, avec les numéros 8 et 10.

Tranche inférieure. — Ici, les microlithes sont plus petits et plus variés. Il y a bien quelques pointes à dos (fig. 1, n°s 17 et 19) du type n° 4, fig. 1, mais ce sont surtout des lamelles à bords retouchés, le plus souvent abrupt (fig. 1, n°s 20, 21, 22 et 23), de petits tranchets à côtés brûts (fig. 1, n° 25) ou retouchés (n°s 24 et 26), de petits, triangls scalènes avec un (fig. 1, n° 27) ou deux côtés abattus (fig. 1, n°s 28, 29 et 30), rarement les trois (n° 31). Par l'agrandissement de l'angle du sommet, on aboutit à la forme n° 33 et par son abattage complet à celle du croissant n°s 32 et 34.

Faune. — La faune comprend les espèces animales actuelles : bœuf, cheval, cerf, porc ou sanglier.

Conclusions. — De cet exposé sommaire, il ressort clairement que la surface de cette couche avec sa céramique, sa pointe à pédoncule et à ailerons et ses flèches à tranchant transversal, se rapporte au Robenhausien, tandis que le reste du dépôt, avec ses nombreux microlithes à contours géométriques, appartient au Tardenoisien.

Emmanuel BERGER

LE TUMULUS DE DUERNE

En dehors des stations paléolithiques et néolithiques de la vallée de la Saône, mentionnées et explorées par MM. Chantre et Savoye, les restes préhistoriques sont très rares dans le Rhône. Il convient donc d'appeler particulièrement l'attention des curieux et des fervents de la préhistoire sur un monument remarquable qui, à ma connaissance, n'a pas été signalé ou décrit, cela d'autant plus probablement qu'à cause de l'envahissement progressif des cultures autour de lui, il menace d'être de plus en plus isolé et ignoré.

Il s'agit d'un tumulus situé sur la commune de Duerne, sur un point culminant des montagnes du Lyonnais, à l'altitude de 881 mètres, à environ 5 à 600 mètres de l'église du lieu. Une carte de la région remontant à 1850 le désigne sous le nom de « Cret des Fées » et c'est sous ce nom qu'il est le plus souvent appelé. En patois, on dit : *Cret dou Fayes*, c'est-à-dire « Cret des Brebis ». C'est un point géodésique qui a servi à confectionner la carte de la région. Il est désigné par les topographes comme « Signal de la Faye ». Ce qui rappelle la véritable étymologie. Le monument est formé d'un amoncellement de grosses pierres dénommé Gall-Gall. Tel que j'ai pu le voir il y a quelques années et tout récemment, il comprend, au centre, un tas conique de grosses pierres entouré par un autre cercle de pierres formant couronne et plateforme autour de lui. Les pierres du sommet de la plateforme paraissent avoir été un peu dérangées par les touristes qui étaient antrefois, avant que des champs ne l'entourent, attirés par le site et l'admirable panorama des montagnes environnantes ; mais la forme ne semble pas avoir été sensiblement altérée. Mais ce qui doit le plus attirer l'attention des préhistoriens, c'est l'existence, autour de lui, d'une enceinte formée d'au moins trois ou quatre amas de grosses pierres rangées en cercles concentriques qui, tout en s'éloignant et en s'élargissant, suivent la pente de la montagne. C'est par là que se décèle la signification du monument et l'intention qu'ont eu les néolithiques en accumulant et rangeant ainsi une telle quantité d'énormes pierres. Il y a une quinzaine d'années, on pouvait contempler, d'un seul coup d'œil, tout l'ensemble du monument et des rangées de pierres. L'envahissement de la végétation masque, aujourd'hui, quelques-unes d'entre elles.

Qu'est ce monument, ce Gall-Gall ? Il marque certainement une sépulture, la sépulture d'un mort illustre, certainement très illustre si l'on en juge par l'entassement formidable constaté autour de lui pour honorer sa mémoire. Peut-être contient-il un dolmen comme dans les cas les plus nombreux ? Appartient-il à l'âge du bronze ? C'est probable. Des préhistoriens très avertis pourraient le supputer. Seule une fouille méthodique pourrait arracher le mystère enfermé dans ses flancs. Mais il ne faut pas dissimuler qu'elle serait longue, difficile et coûteuse.

Le premier vœu à exprimer, c'est que quelques-uns de nos confrères congressistes de Lyon puissent aller se rendre compte sur place de l'importance du monument et de l'intérêt qu'il y aurait à ce qu'il fut préservé et conservé à la commune de Duerne comme un témoignage de ce qu'ont pu y accomplir leurs lointains ancêtres et qu'il fût, s'il en est ainsi jugé, l'objet d'une proposition de classement parmi les monuments historiques et mégallithiques, projet qui pourrait être appuyé, lorsqu'il aura été à même d'apprécier, par notre éminent confrère congressiste, M. Adrien de Mortillet, qui est membre de la

Commission des Monuments Historiques. Le monceau de pierres du monument se défendra longtemps de lui-même, par sa masse, mais il est à craindre qu'il tente des entrepreneurs et que, tôt ou tard, il arrive à être exploité comme carrière ou utilisé comme pierres de construction, et qu'ainsi il pourrait être grignoté ou anéanti.

Il est déjà fort regrettable que ce qui pourrait être un lieu de tourisme attrayant soit, de plus en plus, encerclé par les cultures diverses qui empêchent son approche. Ainsi isolé, il est perdu pour la commune de Duerne. Le moins qu'on puisse chercher à réaliser, le plus tôt possible, c'est le rétablissement de l'ancien chemin qui existait autrefois et conduisait directement au monument. Il devrait être aménagé de telle sorte qu'il offre toujours un accès facile et permanent.

Je souhaite fort que mes confrères et compatriotes lyonnais s'associent à ces vœux.

H. ROULLEAUX-DUGAGE et G. HUBERT

LES MENHIRS DE SAINT-SIMEON ET DE LA LANDE SAINT-SIMEON (ORNE)

Il existe, dans le département de l'Orne, deux communes, portant à peu près le même nom, assez distantes l'une de l'autre, sur le territoire de chacune desquelles s'élève un *menhir*. Il s'agit des communes de Saint-Siméon et de La Lande Saint-Siméon, situées toutes deux dans l'arrondisssment de Domfront (Orne).

Trompés par cette similitude de nom, plusieurs auteurs, sans exploration préalable sur le terrain, ont confondu, de façon très regrettable, ces deux menhirs.

Cette courte note est destinée simplement à éclairer cette question embrouillée à plaisir. Nous nous réservons de revenir, dans quelque temps, sur ce sujet.

1. Saint-Siméon. — Arr. de Domfront ; canton de Passais-la-Conception. Le menhir est situé dans une lande dépendant de la ferme de la Châtaigneraie, tout près de cette ferme, située, elle-même, à environ 500 mètres de la route de Gorron à Saint-Siméon. Menhir en *diabase* (roche locale), connu sous le nom de *Pierre-Levée*, enclavé dans une haie faisant séparation entre la lande et une pièce de terre en culture. Hauteur, 3 mètres ; 4 faces ; les faces N. et S. sont plus larges que les

autres ; face E. taillée en biseau dans son tiers supérieur, ce qui le fait ressembler au menhir de la Roche (en Gorron, Mayenne). Pas trace de sculptures. Pas de légende spéciale.

2. La Lande Saint-Siméon. — Arr. de Domfront ; canton d'Athis. Menhir situé dans le bois de la Lande (cadastre : n° 143), à quelque distance du petit hameau dit Maly, situé sur la route de Segrie-Fontaine à Condé-sur-Noireau. Roche locale en *granit*. Ce menhir est connu sous les noms de : la Demoiselle de Ronfit, la Pierre Dinde, la Pierre à la Demoiselle, la Pierre au Petit Trou. Ce menhir a été renversé, il y a moins d'un siècle, par les chercheurs de trésors. La face N. repose en partie sur le sol. A la base, 3 énormes blocs de calage qui n'ont point été enlevés. Sur la face S., une cupule typique à 0 m. 95 du sommet, de 0 m. 09 × 0 m. 09 et profonde de 0 m. 09. La face S. est actuellement la face zénithale. La hauteur *totale* de ce mégalithe, d'une extrémité à l'autre, prise sur sa face S. (la plus longue) est de 3 m. 65. La base est quadrangulaire et mesure 1 m. 10 ×0 m. 70. Le sommet est légèrement brisé par suite d'un choc. Plusieurs légendes. Le nom de Ronfit vient de ce que ce mégalithe est situé non loin de la ferme de Ronfit.

Ces deux menhirs sont isolés et ne sont en rapport avec aucune sépulture connue. Ce ne sont donc pas des menhirs indicateurs.

Se trouvant dans des conditions identiques et dans des communes portant à peu de chose près le même nom, nous nous demandons s'il n'y aurait pas une relation entre ces deux mégalithes et le nom du patron des deux paroisses : Saint Siméon le Stylite.

P. ROYER

GROTTE D'HABITAT NEOLITHIQUE DE L'ADRAR GUELDAMAN (DEP. DE CONSTANTINE)

Les fouilles entreprises dans cette grotte ont donné un abondant et fort intéressant mobilier néolithique en os dans lequel se trouvent quelques objets d'un type nouveau ; de nombreux échantillons de la faune de cette époque et enfin quelques ossements humains.

Neuf tranchées furent ouvertes : deux sous le tunnel d'entrée, l'une en travers, l'autre parallèle au rocher formant la paroi gauche, une troisième allant de l'extrémité intérieure du tunnel jusqu'au rideau stalagmitique qui sépare la grotte en deux, vers le fond, à 43 m. de là; six autres tranchées perpendiculaires à cette tranchée longitudinale, c'est-à-dire allant de celle-ci vers les parois latérales.

Leur profondeur atteint la couche stérile et a été poussée à certains endroits jusqu'à 5 m. 50, afin de s'assurer qu'un gisement paléolithique ne se trouvait pas au-dessous.

Des sondages ont été pratiqués derrière le rideau stalagmitique, mais ont rencontré le roc sous une couche stérile de quelques centimètres d'épaisseur.

La stratification est fort irrégulière, les foyers sont en nombre variable, ce qui amène la perturbation dans le numérotage des couches pour lequel nous avons pris comme points de repère les deux couches d'inondation que l'on rencontre dans toute l'étendue.

Le travail humain est représenté par des poinçons en grand nombre, faits d'esquilles, ou d'os longs de petits mammifères parfois munis d'une de leurs épiphyses. Les esquilles sont souvent brutes, pourvues de toutes leurs aspérités et polies seulement à leur extrémité active, chez certaines d'entre elles le polissage n'est même dû qu'à l'usage ; d'autres sont polies sur toute leur longueur.

Il existe une série de pointes échancrées sur le côté gauche ; l'extrémité opposée est arrondie régulièrement chez certaines d'entre elles.

Des couteaux de formes diverses : côtes dont l'un des bords est usé par le polissage pour donner un tranchant, fragments d'omoplates obtenus par percussion et présentant un bec également aminci par polissage. Quelques-uns de ces couteaux sont percés d'un trou de suspension.

Des lissoires en côtes d'antilopes , un long poignard recourbé de même origine ; des polissoirs pour les peaux, d'autres polissoirs à os, en grès ou en calcite ; de nombreux galets plats usés sur les tranches et qui devaient servir à assouplir les cuirs, enfin beaucoup d'objets à usage indéterminé.

La poterie est abondante. Elle est extrêmement grossière et contient du gravier. Les vases sont de forme conique sans rebord ou avec un rebord à peine saillant, souvent la partie supérieure est ornée de stries, de virgules, obtenus par incision, ou porte le dessin dit : « à l'ongle ».

Les ornements sont peu nombreux : un bracelet en ivoire d'éléphant, des coquilles percées pour la suspension, quelques amulettes en os.

Nous n'avons découvert aucune gravure.

L'originalité de ce gisement consiste tout particulièrement dans l'absence à peu près complète d'industrie lithique. Nous n'avons en effet trouvé qu'un silex travaillé (petit grattoir ellipsoïde) et 4 autres silex ou quartzites portant des traces d'utilisation.

Tout à fait en surface, nous avons bien mis à jour trois haches polies, l'une de forme dite en boudin (diabase) ; une seconde dont le tranchant est beaucoup plus court sur une des faces et qui se rapproche de l'herminette (quartzite noir), la troisième plate (quartzite rubané), mais étant donné que ces outils gisaient en surface, que la matière et la facture sont différentes pour chacune d'elles, il est certain qu'elles ont été importées à la fin de la période d'habitation.

Le mobilier recueilli (à l'exception des haches) semble être du néolithique inférieur.

La détermination de la faune est en voie d'achèvement.

J.-B. MARTIN (l'Abbé)

Professeur aux Facultés catholiques de Lyon
Beynost (Ain)

LES ANNEAUX DISQUES EN PIERRE POLIE DU MUSEUM DE LYON

Voici la description des anneaux disques en pierre polie à bord extérieur aigu que l'on peut voir dans les musées de la ville de Lyon :

1. Anneau disque en diorite noire trouvé à Rizakat (Haute-Egypte). Diamètre total : 0 m. 1155 ; largeur de l'anneau : 0 m. 026 ; épaisseur intérieure : 0 m. 018. Cette pièce ne porte pas trace d'utilisation ; elle est remarquable non seulement par la finesse et la régularité de son bord extérieur très exactement affûté, mais surtout par son épaisseur intérieure 0 m. 018 qui la rapproche de celle d'un fragment d'eanneau provenant de Chatrat (Puy-de-Dôme), décrit par M. Buttin sous le n° 23 qui atteint 0 m. 019. Le disque de Rizakat diffère d'ailleurs de celui de Chatrat par sa largeur, sensiblement moitié moindre : 0 m. 026 et 0 m. 050.

2. Anneau disque de Sommongsen (Cambodge). Diamètre total : 0 m. 114 ; largeur de l'anneau : 0 m. 027 ; épaisseur intérieure : 0 m. 0075. Le bord extérieur est bien aiguisé, avec une brèche peu importante, provenant sans doute d'un choc. Cette pièce diffère tout à fait de sa voisine dont le bord extérieur est carré et qui paraît appartenir à une autre catégorie d'objets.

3. « Anneau disque venant des Indes. Diamètre total : 0 m. 116 ; largeur de l'anneau : 0 m. 032 ; épaisseur intérieure : 0 m. 006. » Cet anneau en jade ne porte aucune trace d'utilisation.

4. Anneau disque de Toussieux (Ain). Par suite d'usure, cette pièce n'a plus son contour extérieur exactement circulaire. Son plus grand diamètre est de 0 m. 122, son plus petit, de 0 m. 1115. En conséquence, la largeur de l'anneau varie ; lorsqu'elle est maxima, elle atteint 0 m. 0425. Le trou, exactement circulaire, a un diamètre de 0 m. 044 ; l'épaisseur est de 0 m. 0115. Cet anneau, en diorite ou en enphotite, a été trouvé aux Egaz, commune de Toussieux, canton et arrondissement de Trévoux. Il reposait, dit M. l'abbé Beroud, ou pour le citer textuellement, il avait été intentionnellement placé sous une urne funéraire gallo-romaine.

5. Fragment d'anneau disque (plus d'un tiers). Diamètre total : 0 m. 188 ; largeur de l'anneau : 0 m. 040 ; épaisseur intérieure : 0 m. 0115. Cet important fragment en roche verdâtre a son bord extérieur assez émoussé, peu uni ; la facture semble assez peu soignée. Peut-être faut-il y voir un effet d'un long usage. En tout cas, ce disque se rapproche de celui qui a été décrit par M. Buttin sous le n° 26 et qui est le plus grand que ce savant ait rencontré. Voici un tableau destiné à permettre les comparaisons :

	N° 5	N° 26
	—	—
Diamètre total	0 m. 188	0 m. 180
Largeur de l'anneau	0 m. 040	0 m. 050
Epaisseur	0 m. 0115	0 m. 011

Ce qui complète la ressemblance est que, lui aussi, le fragment n° 26 provenant de Corent (Puy-de-Dôme), n'a pas le bord tranchant. Jusqu'à plus ample informé et pour céder à une mode américaine, le Muséum de Lyon possède le plus grand anneau disque de France, trouvé par notre savant collègue M. l'abbé Beroud, aux Echerolles, commune de Montanay, canton et arrondissement de Trévoux (Ain).

Ici se termine la série des anneaux disque en pierre polie et à bord extérieur aigu, exposés dans les musées de Lyon. Avant de dire quelques mots sur l'usage de ces objets, j'attire l'attention des membres de la XIe Section sur un autre fragment d'objet en pierre polie trouvé également par M. l'abbé Beroud à Trévoux et qui figure tout à côté du disque de Toussieux et du fragment de Montanay. C'est un débris de disque en pierre polie, mais le bord externe est arrondi tandis que le bord intérieur est assez coupant. En somme, ce fragment a l'aspect d'un boudin subrectangulaire vers l'extérieur, tandis qu'en dedans, il est très aminci : on dirait que l'enveloppe a été vidée de toute sa substance. On remarque en outre sur le bord interne une série d'entailles curieusement tracées. Peut-être y aurait-il lieu d'en faire une étude plus détaillée. Diamètre maximum : 0 m. 092 ; largeur de l'anneau : 0 m. 026 ; épaisseur du bord extérieur : 0 m. 0195.

***

Je ne sais si l'unanimité est faite au sujet de l'usage des anneaux disques en pierre polie et à bord extérieur aigu : arme, bracelet, pendeloque. Les objets des Musées de Lyon me semblent pouvoir répondre de la façon suivante : les numéros 1 et 2 ne portent pas de trace d'usure ; le polissage y est partout intact ; ils peuvent représenter des armes neuves ou votives tout comme des parures. Le numéro 4 a été utilisé par les Gallo-Romains pour servir de support à une urne funéraire; cela ne nous indique pas ce qu'en faisaient les premiers possesseurs, ou ceux qui ont amené cette usure cause de la dissymétrie du contour extérieur qui n'empêche pas d'ailleurs que le bord usé ne soit toujours aigu. Le numéro 3 porte lui aussi des traces d'usure qui, pour n'être pas aussi accusées que celles du n° 4, peuvent être anciennes, bien que la cassure causée par choc soit assez fraîche. Ceci pour les pièces entières. Il y en a deux de très certainement usagées par leur bord extérieur et 2 où il est impossible de voir aucune trace d'utilisation. Le débris de Montanay porte des traces d'usure et sur son contour extérieur et même à l'intérieur qui n'est pas aussi uni que dans d'autres exemplaires.

En somme, trois pièces sur cinq ont servi sur leur bord externe, ce qui exclut l'idée d'ornement. M. Buttin ayant donné de bonnes raisons pour refuser de voir dans ces disques des casse-têtes, il reste l'hypothèse des anneaux disques armes de jet. La grosse objection de la fragilité n'est pas encore levée ; pour qu'elle le fût, il serait nécessaire d'entreprendre quelques expériences assez délicates et qui demanderaient peut-être un assez long apprentissage.

Je termine en attirant tout particulièrement l'attention sur le disque de Rizakat qui me paraît être la plus ancienne forme connue de ces curieux instruments en pierre polie que l'on a rencontré du Cambodge au Finistère.

Index Bibliographique

1. Guilliermont : Observations vitales sur le choudriome de la cellule végétale. *Rév. gén. botanique*, 1919.

2) Guilliermond : Nouvelles recherches sur les constituants morphologiques de la cellule végétale. *Arch. Anat. microscopiques*, 1924.

3) Pierre Dangeard : Recherches de biologie cellulaire. *Le Botaniste*, 1923.

4) Guilliermond : Appareil de golgi et canalicules de Hohngren dans les plantules de pois *C. R. Soc. biologie*, 1926.

5) Pensa-Fatti e considerazioni a proposito di alcune formazioni endocellulari dei vegetali. *Mem. d. Inst. Lomb. d. Sc. Lett.* 1917.

6) de Vres-Ueber die Aggregation in Protoplasma von Droura rotundifolia. *Bot. Ztg.* 1886.

7) Bokorny : Ueber Aggregation. *Jahrb. f. wiss. Bot.* 1889.

Capitaine OCTOBON

L' « HOMME DE BONFILS » DANS LES GROTTES DES BAOUSSE ROUSSE (De MENTON)

L'histoire de la découverte de l'Homme de Julien nous fut contée maintes fois par l'inventeur lui-même, Stanislas Bonfils, créateur du cabinet d'histoire naturelle de Menton. Notre vieil ami, mort en 1909 à 87 ans, en avait consigné les détails dans les éléments d'une histoire locale que ses héritiers ont égarée.

Depuis l'âge de cinq ou six ans, Bonfils fréquentait les Baoussé Roussé et cela nous ramène à 1828. C'est trente ans plus tard seulement que le premier fouilleur connu, Forel, publiait ses récoltes. Le plancher archéologique n'avait été abaissé que par les nettoyages des vagabonds, des pêcheurs et des douaniers qui cherchaient un refuge. dans la *Barma grande*. Bonfils avait marqué par des clous plantés dans la roche le niveau de l'époque, et pendant un demi-siècle, aucun étranger n'a fouillé la grotte sans qu'il suive, de près ou de loin, ses travaux.

Il y avait d'ailleurs du néolithique dans les Grottes des Baoussé Roussé. Celle du « *Cavillan* » a donné 2 haches polies qu'il avait déposées au musée ; celle des « *Enfants* », de la poterie très fruste ; la « *Barma grande* » une lame de poignard en bronze peut-être assez récente (figurine sculptée sur la poignée). C'est Bonfils qui a le premier trouvé en 1865 un os *humain* dans cette grotte : la petite note qu'il a publiée en 1872 décrit ce fragment de radius et laisse entendre qu'il y a des « squelettes entiers » dans le dépôt. Aucun des auteurs ayant traité cette question ne lui a donné la part qui lui revenait... Son nom a même été *effacé systématiquement* dans les éditions de 1899 et de 1908 du travail du docteur Verneau sur « l'Homme de la Barma Grande ». Il est cependant le véritable inventeur du squelette attribué à *Jullien* dans cet opuscule.

Peut-être M. Verneau, auquel cette découverte a été contée par Bonfils lui-même, ne se la rappelle-t-il plus ?

Nous tenons la science pour une question de faits et non de personnes et puisque M. Verneau a écrit « tout homme de science a pour devoir de rechercher la vérité et il ne doit nullement lui en coûter de reconnaître ses erreurs »... il nous pardonnera de donner les quelques précisions suivantes :

— Un jour, dans le modeste Musée fondé par Bonfils, se présenta un étranger. Intéressé par la collection d'objets extraits des grottes par le conservateur, il les visita en sa compagnie et termina sa visite en disant : « *Ces grottes font mon affaire, je vais y mettre un ouvrier et je vendrai tout ce qu'il y trouvera.* » C'était l'âge d'or des amateurs de préhistoire et Jullien leur offrait, dans un petit magasin d'antiquités installé sur la « promenade des Anglais », le résultat des fouilles de son ouvrier qu'il allait surveiller quand il en avait le temps. Bonfils, dans la même grotte, continuait à augmenter les séries de son musée.

Le 5 février 1884, Bonfils dans son coin, l'ouvrier dans l'autre maniaient la pioche ; Jullien fumait devant la mer. A un moment donné, un os extrait par son voisin attira l'attention de Bonfils qui le pria de suspendre un instant ses travaux. Il prit l'os, appela l'antiquaire et affirma : « C'est un os humain. » L'autre lui rit au nez et répondit par une plaisanterie (il s'agissait d'un calcanéum humain). Mais ébranlé par l'insistance du conservateur, il le suivit dans la grotte et l'autorisa à changer le sens de la tranchée et à continuer lui-même les fouilles. Dirigées dans le sens du squelette « avec mon couteau et mes doigts », me disait souvent mon vieil ami, les recherches amenèrent bientôt la découverte du crâne.

La grotte n'appartenait ni à Jullien, ni à Bonfils ; aucune autorisation régulière de fouilles ne donnait la possession légale du troglodyte à l'un ou à l'autre... Après une discussion courtoise, Jullien dit à Bonfils : « ...Puisque sans vous la tranchée aurait été ouverte à côté, l'homme vous appartient... » Et Bonfils l'accepta pour son musée. On devait revenir le lendemain achever de dégager le squelette. Dans la nuit, le crâne était mutilé, le squelette brisé en menus morceaux.

C'est par courtoisie que Bonfils mit, dans son annonce, le nom de *Jullien* en avant parce qu'il « *...avait payé l'ouvrier* »... Dans une circonstance pareille, il mettait, sur son étude concernant les armes en silex, le nom de M. Smyers, qui n'y avait même pas collaboré. « *...parce qu'il avait payé l'imprimeur* »... Bonfils était modeste, et pauvre.

D'ailleurs, le crâne reconstitué a été donné au Musée par *Bonfils* et non pas par « Jullien et Bonfils »... l'antiquaire, si le squelette lui avait moralement appartenu, en aurait tiré autant d'or que de ses statuettes. Il est venu souvent au musée voir le crâne... et n'a jamais protesté contre l'étiquette. L'exemplaire du travail que m'avait remis Bonfils porte la note suivante manuscrite en face du dessin du radius de 1865 : « Nos prévisions se sont réalisées longtemps après la trouvaille du radius précité, à la suite d'une intéressante découverte faite par M. Jullien et moi Bonfils le 5 février 1884 dans la 4e grotte ou Barma grande d'un squelette humain de l'époque paléolithique dont le précieux crâne et divers os brisés, seuls restes du squelette qu'un habitant du voisinage profitant de la nuit a dilapidé dans la grotte même sont déposés au musée (sic).

Sur une grande photographie de ce crâne que m'a offerte mon vieil ami, c'est dans des termes analogues que la découverte est relatée.

Il me semble que, dans de pareilles conditions, ce n'est pas « l'homme de Jullien » que l'on doit dire en citant le squelette du 5 février 1884, mais « l'homme de Bonfils » et qu'il y a une injustice flagrante à effacer systématiquement le nom de l'auteur de la découverte dans les travaux qui l'utilisent ou le citent.

Marcel BAUDOIN

1° LE MENHIR A SCULPTURES DE LA PLACE DE L'EGLISE A LA BARRE DE MONT (V.)

2° LA PIERRE A CUPULES SUR SCHISTE DE L'AGE DU CUIVRE DE LA GARNACHE (V.)

3° LES CERCLES GRAVES SUR ROCHES

4° LE GIRIEN MARITIME DE LA LOIRE A LA CHARENTE

L. COUTIL

LE POIGNARD DE CRUSSOL (ARDECHE) ET LES DEUX RAPIERES DU CHEYLOUNET (HAUTE-LOIRE) AU MUSEE DE LYON

C. HUGUES et S. GAGNIERE

LA GROTTE MOUSTORIENNE DE L'ESCHIQUO-GRAPAOU

A 500 mètres du village de Russan (Gard), dans la commune de Sainte-Anastasie, sur la rive gauche du Gardon et un peu en aval des baumes Nicolas et d'En-Quissé, s'ouvre la grotte de l'Esquicho-Grapaou.

Elle est creusée dans l'Urgonien. Ses deux entrées, l'une basse sous un abri, l'autre large de 2 mètres à la base et élevée de 7 mètres environ, donnent sur une terrasse qui domine la rivière d'une dizaine de mètres. A un premier couloir parallèle au lit du Gardon, fait suite une galerie montante inclinée vers le N.-E. au fond de laquelle apparaissent des racines d'arbres.

Le premier couloir large et bien éclairé à ses extrémités par les deux entrées contient un cailloutis calcaire mêlé de sable fin. C'est là que F. Mazauric signalait la présence d'ossements et de silex quaternaires (1). Le docteur Paul Raymond y recueillit « une grande quantité d'ossements de cheval, de bœuf, de cerf, des éclats de silex et des tessons de poterie néolithique ». Singulier mélange dont « les silex taillés ont une forme magdalénienne qui pourrait induire en erreur si la faune et la céramique n'étaient prises en considération » (2).

Le docteur Raymond, dans une visite probablement trop hâtive, n'avait pu se rendre compte de l'intérêt de cette grotte.

En raison de sa situation peu élevée, de la libre circulation des eaux par les deux ouvertures, l'érosion fluviale et les eaux descendant du plateau ont entraîné les couches récentes. De rares tessons de poterie lustrée ont été cependant trouvés à la surface, mais, à l'inverse de ses voisines, l'Esquicho-Grapaou ne contient pas de témoins de l'âge du bronze dans les parties non remaniées.

L'unique couche à ossements, épaisse de 50 à 70 centimètres, reposant sur un cailloutis stérile mêlé de sable fin et semblable au dépôt supérieur, nous a donné aussi une série de silex de faciès nettement moustérien avec une faune quaternaire. Généralement assez tendre, cette couche forme auprès de l'entrée basse un sorte de brèche dure qui se laisse difficilement attaquer.

(1) Félix Mazauric. *Le Gardon et son canon inférieur*, Mém. Soc. Speleol., tome II, 1892, p. 213. — *Recherches et acquisitions*, Nîmes 1917, p. 16.

(2) Paul Raymond, *L'arrondissement d'Uzès avant l'histoire*, Paris, Alcan, 1900, p. 123.

Nous avons recueilli les silex dans toute l'épaisseur de la couche et principalement à la base, au milieu des cendres et du charbon de bois auxquels s'ajoutaient d'abondants rejets de cuisine.

Un gros bloc calcaire occupait le centre du premier couloir et deux foyers intacts y étaient adossés : l'un faisait face à l'entrée principale, l'autre était compris entre le bloc et la paroi orientale de la grotte.

Les matériaux des instruments ont été fournis par les plaquettes de silex éocène des collines d'Aubussargues et de Collorgues ; de nombreux galets de quartzite roulés pris dans le lit du Gardon, ont été utilisés et cassés ; on trouve aussi quelques éclats de quartzite, mais le silex l'emporte. La rareté des éclats de débitage et des nucleus, l'absence de percuteurs résistants semblent prouver que le silex n'a pas été travaillé sur place.

L'industrie lithique présente tous les types classiques du moustérien avec des formes trapues et de petite taille. Les instruments, à quelques exceptions près, sont taillés sur une seule face ; ce sont des pointes à main, des racloirs, simples ou doubles, des lames épaisses, des perçoirs, des scies, des grattoirs dont un double grattoir convexe aux extrémités et concave au centre par utilisation d'une encoche naturelle.

Les retouches moustériennes en écaille sont souvent avivées par de fines retouches qui augmentent la régularité des bords coupants.

Nous pouvons ajouter un certain nombre d'éclats avec des traces d'utilisation ou très peu retouchés qui sont des instruments d'usage. Les disques en silex sont rares et, en quartzite, nous n'en connaissons qu'un.

Dans les abondants débris de cuisine recueillis au sein des foyers figure une grande quantité d'os longs fendus pour en retirer la moelle. Quelques-uns portent des stries creusées par les outils qui en ont détaché la viande ; plus souvent on remarque des coups de silex sur les astragales de rennes ou sur d'autres os aux points d'attache des ligaments. Une des phalanges de cheval a servi de compresseur. Un seul os cassé et indéterminé garde des traces d'écrasement comme le docteur Henri Martin l'a observé à la Quina.

L'unique instrument en os récolté est une longue esquille polie par frottement à une extrémité, un lissoir sans doute, mais qui n'avait subi aucune préparation en vue de cet usage.

Il est probable que les chasseurs moustériens apportaient dans la grotte les corps entiers des rennes abattus. Les os les plus remarquables des autres animaux sont ceux de la tête et des membres. Leur détermination nous a permis de dresser la liste suivante :

Carnassier

Canis lupus Linné (rare) ; deux canines, la moitié d'une carnassière (M^1) et une molaire inférieure (M^2), une vertèbre cervicale (atlas), une astragale, un métacarpien et deux phalanges.

Herbivores

Equus caballus Lin. (abondant) ; fragments de mâchoires, dents isolées, extrémité inférieure de radius et de métatarsien et un grand nombre de phalanges.

Bos taurus Lin. (très rare) ; trois incisives, un fragment de maxillaire gauche inférieur avec les deux dernières molaires, une épiphyse inférieure d'humérus, deux astragales et un fragment de phalange. Tous ces ossements dénotent un animal de forte taille.

Cervus elaphus Lin. (très rare) ; nous attribuons à cet animal deux molaires inférieures très usées fixées à un fragment de maxillaire.

Cervus tarandus Lin. (très abondant) ; un grand nombre de dents, des fragments de mâchoires et de bois, une extrémité inférieure d'humérus, deux extrémités supérieures de radius gauche, un cubitus droit, une épiphyse inférieure de fémur, des extrémités supérieures et inférieures de tibia, un grand nombre d'astragales, de cuboïdes, de scaphoïdes et de phalanges, quelques os du carpe (pyramidaux, semilunaires et trapézoïdes) et une grande quantité de fragments d'os variés fendus intentionnellement.

Capra sp. (très rare) ; quelques molaires dénotant un animal d'assez forte taille.

Sous-Section

HISTOIRE & ARCHÉOLOGIE

Président .... VASSY, Conservateur des Musées archéologiques de Vienne.

Vice-Président .... M. MAREUSE, Membre de la Commission du Vieux-Paris.

Secrétaire .... M. MANIGOL, Membre de la Société Française d'Archéologie.

Mlle E. LAROUTE

LA VALLEE DE LA CREUSE A-T-ELLE SERVI DE PASSAGE AUX CROISES ALLANT A SAINT-JACQUES DE COMPOSTELLE ?

M. Emile Mâle a donné les itinéraires principaux drainant les pèlerins de tous les points de la France vers les Pyrénées. Le Guide de Saint Jacques les mentionne également. En l'absence de ses indications, on aurait pu les déterminer en se basant sur les voies romaines qui sont les seules routes solides et sûres au moyen âge.

La voie romaine Poitiers-Argentan se continue vers Bourges ; et de là vers Vézelay en passant la Loire à la Charité. Remarquons que Saint-Marcel, près d'Argenton, porte des traces très nettes d'influences arabes : porche à double rangée de claveaux décorés un par un de motifs très semblables aux palmettes arabes, animaux affrontés, traités dans le style oriental, nicise sur champ, rosaces à dix pointes ; il n'y a pas deux motifs qui soient pareils. Les claveaux des piliers et des arcades de l'église sont également coloriés alternativement, et l'on distingue encore leur succession, malgré les désastreuses réparations qui ont été faites. M. Lucien Magne cite comme exemple de cette décoration clavelée Saint Petro d'Avila, Lescure, Riom, Aulnay, Saint-Servin de Toulouse, Moissac : tous dans la région que M. Mâle a reconnue touchée d'influences espagnoles.

Le portail de Saint-Gaultier est également orné claveau par claveau. Une étude attentive permettrait de déceler si les deux œuvres furent créées par le même artiste. Ce fait, joint aux autres analogues qui signalent des claveaux coloriés, et certains ornements de pierre : lions par exemple, pose la question d'ateliers spécialisés, ou d'équipes d'ouvriers spécialistes (question qui se rattache directement à la genèse de l'école poitevine), parce que ces caveaux et ces motifs de sculpture ont entre eux une telle parenté qu'on peut admettre qu'ils ont été taillés suivant un modèle unique, grandi ou diminué suivant les besoins C'est là un champ absolument neuf de recherches.

Les toits poitevins sont pour la plupart assez plats et couverts de tuiles semi cylindriques, tout comme les toits espagnols et marocains. La tuile semi cylindrique n'a jamais été trouvée dans les établissements romains très nombreux de la région : serait-elle une importation d'Espagne ? Toute une enquête sur ce point pourrait donner d'intéressants résultats.

Les lanternes des morts, très nombreuses dans la région poitevine, se retrouvent dans la vallée de la Creuse. De plus, des églises ont une tour des morts, sur un côté, coiffée du cône de différentes formes, dont le prototype semble être celui du clocher de Saint-Front de Périgueux et les clochetons de N.-D. la Grande de Poitiers. Il paraît y avoir entre eux une filiation logique : du clocheton ornement au clocheton de la tourelle, et de cette tourelle-lanterne à la lanterne isolée, séparée de l'église quand le cimetière s'en éloigne lui-même.

Enfin, le clocher de Saint-Front, modèle de tous les autres dans une très grande région, semble, isolé, avec son église à coupoles, un souvenir des monuments mauresques. L'étude sur la genèse des clochers aurait à ces comparaisons un très grand intérêt.

Il semble bien que la voie romaine de la Creuse ait été aussi un des chemins des Croisés d'Espagne.

M. J. LEROY

Membre de la Société préhistorique française
Membre de la Société géologique de Normandie
Pont-Audemer (Eure)

LES SARCOPHAGES MEROVINGIENS DU MONASTERE DE PENTAL A SAINT-SAMSON-DE-LA-ROCQUE (EURE)

Commandant LEFEBVRE DES NOETTES

A PROPOS DE L'INTERPRETATION INEXACTE D'UNE INSCRIPTION D'ELEUSIS

Il est question, dans les inscriptions d'Eleusis, de paiements faits à des entrepreneurs, pour le transport *par un* de tambours de colonnes du poids de 1 à 8 tonnes, transport effectué à l'aide d'un effectif de 33 paires de bœufs (1). De ce texte, on a voulu déduire que les Grecs savaient atteler rationnellement ensemble 33 paires de bœufs et que, par conséquent, ils possédaient, comme nous, des attelages puissants, capables de leur épargner l'emploi de la bête de somme humaine. Cette interprétation est-elle plausible ?

Il faut, pour s'en rendre compte, mesurer le rendement utile par tête d'animal dans les attelages en question, en divisant le poids du chargement de 1 à 8 tonnes, par le nombre de bœufs attelés : 66. Le quotient 15 à 130 indique que chaque bœuf traînait, pour sa part, un poids de 15 à 130 kgr.

Or, dans nos attelages modernes, le bœuf traîne en moyenne un poids de 1.500 k., soit dix fois plus que le même animal dans les attelages d'Eleusis.

D'après ce petit calcul, il suffirait donc aujourd'hui d'atteler quatre ou six bœufs, suivant le terrain, pour exécuter le transport d'un tambour qui exigeait à Eleusis l'emploi simultané de 66 animaux.

Le transport des pierres de taille de 12 à 15 tonnes, effectué couramment dans Paris, par 5 ou 6 chevaux, eût obligé les Grecs à constituer des attelages de 130 bœufs.

Celui d'une dynamo de 32 tonnes, aisément traînée, de nos jours, par 22 chevaux, eût exigé un attelage de 260 bœufs.

Celui des blocs de marbre de Carrare, du poids de 30 à 40 tonnes, qui partent de la carrière sous l'effort de 16 à 20 bœufs, eût entraîné l'emploi simultané de 330, ou même de 400 bœufs, le rendement par tête étant en raison inverse du nombre d'animaux attelés.

Techniquement, ces chiffres sont absurdes et l'on est en droit de se demander s'il est vraisemblable que des entrepreneurs grecs, soucieux de leurs deniers, aient employé simultanément 66 animaux, pour un résultat si médiocre ; sans parler des difficultés de conduite d'un attelage aussi nombreux (2).

(1) Journal des savants, 1924. Novembre.
(2) 50 esclaves suffisaient pour traîner 8 tonnes.

N'est-il pas plus logique d'admettre que les 66 bœufs des entrepreneurs en question constituaient l'écurie entière, où ils puisaient des attelages d'un effectif plus restreint échelonnés entre la carrière et le temple.

A défaut de l'attelage en file du système moderne qu'ils ignoraient et qui leur eût rendu la chose très facile, ils pouvaient recourir à divers procédés de fortune décrits par Xénophon, Diodore de Sicile, Vitruve, ou représentés sur plusieurs documents figurés antiques. Ils pouvaient se servir, par exemple, du cylindre roulant, en charpente, traîné par deux couples de bœufs, inventé par l'architecte Chersiphron pour la construction du temple de Diane à Ephèse, user du dispositif à timons multiples essayé par les Grecs et plusieurs autres peuples, du trait unique, autre invention grecque, ou bien encore des attelages en quinconce et en éventail, représentés sur des documents égyptiens.

Ces divers procédés étaient peu pratiques et ne valaient pas à beaucoup près notre système d'attelage, mais néanmoins ils eussent permis aux entrepreneurs d'employer leur effectif de 66 bœufs par groupes, affectés chacun au transport d'un tambour, au lieu de l'employer tout entier à la traction d'un seul tambour. La pente du terrain de la carrière au temple d'Eleusis était favorable à cette solution.

Quoi qu'il en soit et de quelque façon qu'on les interprète en ce qui concerne la composition des attelages, les textes d'Eleusis viennent à l'appui de ce fait capital au point de vue historique, mais laissé de côté par les historiens, à savoir : *l'extrême faiblesse, autant dire la carence, de la force motrice animale chez les anciens.*

Cette carence maintint à l'état stagnant l'industrie des transports sur terre, gêna la concentration des matériaux matières premières et des denrées lourds, comme le blé, empêcha le développement des moulins à eau et de tout travail mécanique, condamna l'industrie à l'émiettement. Raisons diverses qui incitèrent les peuples civilisés et constructeurs du monde antique à faire un appel constant et sans réserve à l'esclave, « machine à voix humaine », à légaliser son emploi, à faire la guerre, pour assurer son recrutement.

Cet état de choses pesa lourdement sur l'organisme social jusqu'au xe siècle.

Enfin, sous les premiers Capétiens, le puissant attelage moderne, première force motrice à grand rendement que l'humanité ait connue, fait son apparition en Occident et chasse le débile attelage antique. Agent de transformation d'une valeur incomparable, il révolutionne l'industrie des transports sur terre, facilite largement la circulation et la concentration de tous les matériaux, matières premières et denrées, blocs, bois de charpente, minerais, céréales, etc... et favorise, du même coup, l'emploi de la houille blanche.

Grâce à ces possibilités nouvelles, les moulins à eau se multiplient en tous lieux, la forge et les scieries mécaniques commencent à fonctionner. La chrétienté se couvre du blanc manteau de ses édifices, sans être astreinte à recourir au moteur humain, comme il est représenté par les bas-reliefs antiques, la mouture à bras disparaît, et tel un organe inutile, l'esclavage s'étiole et meurt en Occident.

C'est pendant « la nuit » du moyen âge, l'éclosion du monde moderne.

Si l'on vit renaître, plus tard, en Amérique, l'institution de l'esclavage sous une forme aussi cruelle que chez les anciens, ce n'est pas que les conquérants chrétiens qui la rétablirent eussent renié leurs principes et leur foi, mais parce qu'ils ne trouvèrent ni chevaux ni bœufs sur le continent qu'ils venaient d'annexer. Privés de force motrice animale, plus encore que les anciens, ils tranchèrent la difficulté comme eux. Il fallait s'y résoudre ou abandonner la conquête.

A. VASSY

Conservateur des Musées archéologiques de Vienne (Isère)

INSCRIPTIONS DE L'EPOQUE ROMAINE ET MOYEN AGE DECOUVERTES A VIENNE EN 1925-1926

L. COUTIL
Les Andelys (Œure)

PARURES SCANDINAVES DU MUSEE D'ARCHEOLOGIE DE LYON

Les parures laissées au IXe siècle par les pirates scandinaves sont extrêmement rares : nous avons décrit dans notre *Archéologie du département de l'Eure* (T. II) les deux fibules scandinaves trouvées à Pitres (Eure) en 1865 ; nous les reproduisons à propos de la fibule du musée de Lyon ; ces deux parures de Pitres furent trouvées à l'embouchure de l'Andelle et de la Seine, à l'ouest et près de la cave gallo-romaine de la Pierre Saint-Martin, que nous avons exhumée en 1899, lors de nos fouilles des divers édifices gallo-romains de l'antique *Pistis*, au lieu dit les *Pendants* (Section D, n° 29 du cadastre). Un ouvrier occupé à extraire du sable découvrit des ossements humains, de la poterie ancienne et deux larges fibules ovales en bronze, dites testudiniformes (en forme de carapace de tortue, ou de moitié

Fibule Scandinave de Pitres
(musée de Rouen)
grandeur naturelle

de grosse coquille de noix ovale). Les deux fibules sont de même grandeur, le grand axe mesure 0,12 centimètres, et le petit 0,075 millimètres ; elles se composent de deux coquilles métalliques superposées et rivées l'une sur l'autre. La partie supérieure seule est ajourée, ornée au repoussé d'animaux fantastiques de profil, de bras enlacés et entourés de quadrillages, aux angles desquels sont fixées les têtes des rivets ; l'ornementation diffère un peu sur les deux fibules. La dorure a disparu sur la partie supérieure, mais elle s'est conservée sous la calotte inférieure. Ces deux fibules appartiennent au Musée de Rouen. Ce même musée possède depuis 1840 une autre fibule d'un type plus ancien, c'est-à-dire composé d'une seule coquille non ajourée, et munie de quatre pivots saillants et coniques : la provenance du Danemark ne peut être certifiée ; le même musée possède les moulages de deux larges fibules rondes de 0,05 à 0,06 cent., différentes d'ornementation et analogues à celles de l'île d'Oland, et une autre fibule trouvée, en 1854, dans l'île de Gotland.

Le même musée de Rouen possède aussi une large fibule ansée trouvée en 1851, dans des sépultures carolingiennes, au hameau de Fontaine-du-Puits, commune de Beausault, canton de Forges-les-Eaux (Seine-Inférieure). Nous mentionnerons aussi la très belle bague d'or, achetée vers 1892, et trouvée dans la Seine à Rouen ; les

Bague d'or Scandinave trouvée dans la Seine à Rouen. (Musée de Rouen)

deux têtes humaines affrontées qui en ornent la partie centrale rappellent un peu celles qui se voient sur la fibule du musée de Lyon ; cette bague pèse 32 grammes d'or, son diamètre est de 0,032 millimètres, l'anneau est formé de deux branches parallèles, ce qui permettait de l'agrandir : toutefois, son poids énorme devait la faire souvent tomber du doigt ; cette particularité existe sur une autre bague d'Ingermanlande-Wopscha, et la même forme se retrouve sur d'autres parures de même époque des provinces Baltiques, du territoire Mérien, et même sur le cours supérieur du Volga.

La fibule scandinave du musée de Lyon dont nous n'avons pu, à notre très grand regret, connaître la provenance, rentre dans la caté-

33

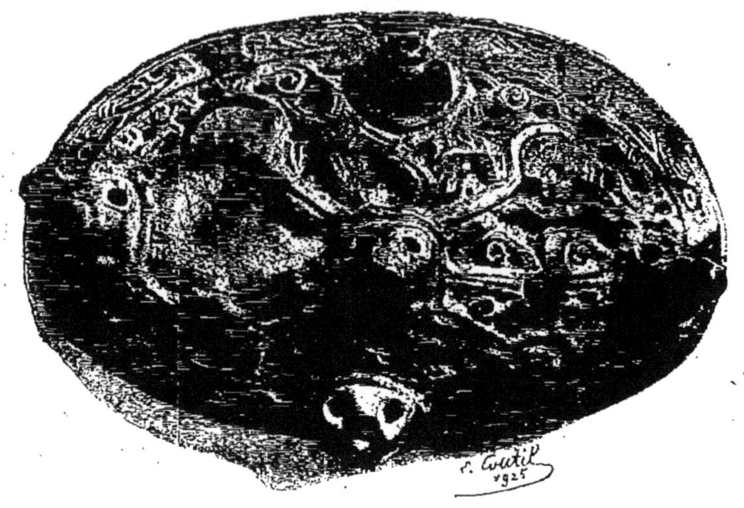

Fibule Scandinave du musée de Lyon

gorie des fibules en forme de coquilles ovales et convexes, elle mesure 0,095 de long sur 0,06 de petit axe. On compte cinq grosses bosses coniques et ajourées, au centre desquelles est fixé un rivet réunissant les deux calottes. Aux deux extrémités de l'axe le plus long on voit deux têtes humaines opposées et stylisées, séparées par des

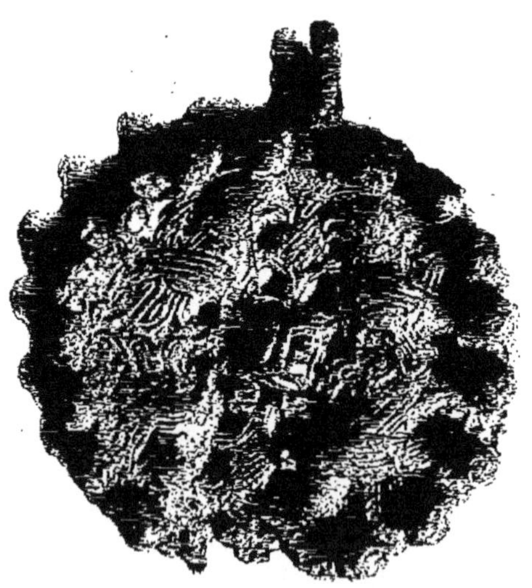

Ornement Scandinave (boulle) du musée de Lyon

entrelacs ajourés : le pourtour général est orné également de petits entrelacs en léger relief. Cette forme de fibule est très fréquente en Suède et en Danemark : les Manadsblad de l'Académie d'histoire de Stockholm en reproduisent, notamment l'année 1878 (p. 480, fig. 34). On voit plus souvent des animaux et des griffons de profil, comme sur la bractéate ronde du même musée de Lyon, où l'on distingue quatre griffons affrontés deux à deux, se tenant par la patte de devant ; et au centre, une tête humaine très fruste : cette bractéate a son pourtour orné d'une série de grosses perles : on remarque une sorte de crochet d'un côté ; la partie opposée a été brisée : le diamètre est de 0,055.

Nous n'avons pas retrouvé jusqu'ici de parure analogue, mais on peut affirmer que le style général est carolingien, il paraît plutôt scandinave, et nous ne croyons pas qu'elle ait été jamais publiée : nous n'avons pu obtenir la provenance de cette parure extrêmement curieuse ; c'est parfois le sort des belles pièces qui entrent dans les grands musées et dont on serait très heureux de connaître l'origine.

12e section

SCIENCES MÉDICALES

Président d'Honneur	le professeur Maragliano, Sénateur du royaume d'Italie, Gênes.
Président	Jean Lepine, Professeur à la Faculté de Médecine de Lyon.
Vice-Présidents	Arloing, Professeur à la Faculté de Médecine de Lyon.
Secrétaire	Dr Jean Barbier, Chef de Clinique médicale à l'Hôtel-Dieu de Lyon.

A. DUMAS

Médecin des Hôpitaux de Lyon.

LES ASYSTOLIES D'ORIGINE REFLEXE

Potain, le premier, avait en 1869, attiré l'attention sur certains accidents cardiaques, commandés par des lésions viscérales à distance, notamment par des lésions du foie ainsi que par des troubles digestifs. Dans les cliniques de la Charité, on trouve toute une série d'observations de cet ordre. Ces accidents cardiaques peuvent être : de simples palpitations ou arythmies douloureuses, de véritables dilatations du cœur droit avec asystolie, enfin des symptômes angineux. Le point de départ de ces accidents réside, comme nous l'avons dit, au niveau des viscères abdominaux. Le foie et l'estomac en font tout particulièrement les frais. En ce qui concerne le foie, il s'agit de coliques hépatiques, de cholécystites. En ce qui concerne l'estomac, on trouve signalées surtout des dyspepsies de tout ordre et notamment ces dyspepsies flatulentes que nous savons aujourd'hui dépendre de l'aérophagie. La transmission au cœur de ces accidents douloureux, gastriques ou hépatiques, se fait, pour Potain, par voie réflexe. François Franck a montré que ce réflexe se passe tout entier dans le domaine du sympathique. Parti du foie ou de l'estomac, après réflexion au niveau des centres, il aboutirait, pour Potain, François Franck, Joseph Teissier, Morel (Thèse de Lyon 1879) aux poumons, pour y produire une vaso-constriction qui serait responsable de la dilatation du cœur droit.

Tels sont les faits qui ont été l'objet des recherches cliniques de Potain et de Joseph Teissier, des recherches pathogéniques de François Franck, de Chauveau, S. Arloing et Morel, autour de 1880.

Depuis lors, cette conception des asystolies réflexes a été critiquée par le professeur Vaquez qui n'a pas été convaincu par les observations rapportées par Potain et Barié et qui pense, avec Huchard, qu'il n'y a pas de véritable asystolie durable d'origine gastrique. Et en effet, l'origine réflexe d'une maladie doit toujours être envisagée avec prudence. Un certain nombre de conditions sont requises pour un pareil diagnostic. Il leur faut un caractère brusque et transitoire, et quand le trouble réflexe s'adresse à un organe sain, il ne donne lieu, en général, qu'à des accidents bruyants peut-être, mais passagers. Or, toutes les observations de Potain ne présentent pas ces caractères. Quand il rapporte l'histoire de malades atteints d'ictère et présentant en même temps des accidents d'asystolie chronique, nous ne pouvons nous défendre de penser avec Vaquez que des lésions de myocardite pouvaient plus justement commander cette asystolie que les phénomènes purement réflexes. Pour ce qui concerne par contre les arythmies douloureuses, les accidents à type angineux, ainsi que de brusques accidents d'insuffisance ventriculaire gauche dont la scène se passe au poumon, leur nature réflexe est parfaitement défendable, à condition d'avoir pris les plus minutieuses précautions pour n'avoir pas laissé inaperçue une lésion minime peut-être, mais réelle, liée à une cause toxique ou infectieuse évoluant à bas bruit depuis de longues années, à l'insu du patient et de son entourage : syphilis à porte d'entrée restée ignorée, alcoolisme insoupçonné du patient lui-même, rhumatisme ou toxi-infection à type rhumatismal, septicémie sanguine récidivante, périodique et transitoire, partie d'un foyer infectieux et ignoré, paludisme, etc... Ce n'est pas sans hésitation que l'on peut proclamer l'existence d'une maladie d'origine réflexe, ressemblant de si près à des maladies organiques sur lesquelles une thérapeutique judicieuse et précoce pourra avoir le plus heureux effet. Il y faudra beaucoup de prudence et le diagnostic restera toujours un diagnostic d'élimination.

Ceci dit, il n'en reste pas moins tout un lot d'affections cardiaques qui semblent bien appartenir à cette pathogénie. L'expérimentation en effet, ainsi que les données physiologiques, autorisent pleinement cette conception. Les réflexes qui se passent dans le domaine du sympathique peuvent retentir sur le cœur, soit directement, soit par l'intermédiaire de phénomènes vaso-constricteurs ou vaso-dilatateurs, s'exerçant soit dans la grande circulation pour influer sur le cœur gauche, soit dans la petits circulation, c'est-à-dire au niveau des capillaires pulmonaires, pour agir sur le cœur droit, comme le voulait Potain. Et en clinique, il n'est pas douteux qu'il reste et qu'il restera toujours des affections cardiaques brusques et transitoires, arythmiques ou angineuses, qui pourront trouver leur explication dans des crises douloureuses hépatiques ou rénales, dans cette singulière affection gastrique qu'est l'aérophagie et aussi dans certains accidents se passant dans la sphère utéro-annexielle, notamment au cours de la grossesse ou de l'accouchement. Des observations bien étudiées autorisent cette interprétation.

On peut enfin se demander s'il n'existe pas une forme cardiaque du choc anaphylactique et en particulier de l'anaphylaxie digestive. A relire certaines observations de Potain et aussi de Chomel, citées dans les cliniques de la Charité, on se convainc que certains des sujets qui en font l'objet, paraissent sensibilisés vis-à-vis de certains aliments dont l'ingestion provoque les crises cardiaques dénommées réflexes. Il est dit qu'il s'agit dans la plupart des cas de sujets prédisposés, on dirait aujourd'hui fragiles dans leur équilibre sympathique. Si l'avenir démontrait que certaines crises de tachycardie, que certains accès d'angor, voire que de brusques insuffisances ventriculaires gauches à manifestations pulmonaires, dépendent de l'anaphylaxie digestive, on serait armé contre elles. Il suffirait pour y parer soit d'instituer les régimes appropriés, soit de désensibiliser les malades par les méthodes habituelles. Aussi nous semble-t-il découvrir de ce côté-là un intéressant terrain de recherches. Mais notre conclusion sera qu'avant d'accorder à ces accidents cardiaques une origine réflexe ou anaphylactique, il faudra avoir étudié longuement la maladie et le malade, pour que plus tard l'évolution définitive de lésions infectieuses ne vienne pas nous faire regretter le temps perdu dans la mise en jeu d'une thérapeutique qui ne peut être efficace qu'à la condition d'avoir été précoce.

Conclusions. — 1° Les perturbations sympathiques sont capables de retentir sur le cœur, soit directement, soit par le jeu de phénomènes vaso-moteurs s'exerçant dans la petite ou dans la grande circulation.

2° On sait aujourd'hui que ces perturbations sympathiques peuvent donner lieu en clinique : soit à des troubles du rythme, — soit à des accidents angineux, — soit à la dilatation simple du cœur, — soit peut-être aussi à l'insuffisance ventriculaire gauche avec toutes ses conséquences dont l'œdème aigu du poumon est la plus bruyante et la mieux connue. Quant aux accidents d'asystolie prolongée, ils doivent faire admettre une lésion antérieure, ayant rendu l'organe plus sensible à ces influences nerveuses, les perturbations réflexes paraissant à elles seules incapables de les réaliser dans les conditions ordinaires. Sur un cœur normal, les effets des perturbations sympathiques ne seront donc que temporaires, brusques, sujettes à récidive, mais transitoires.

3° La cause provocatrice de ce réflexe peut résider soit dans des accidents douloureux, se produisant au niveau du foie ou de l'estomac, soit même au niveau des nerfs périphériques. La douleur n'est peut-être pas seule en cause. La brusque dépression sympathique ou plus généralement le déséquilibre vago-sympathique notamment par anaphylaxie digestive, chez des sujets prédisposés, sensibilisés et porteurs peut-être également de lésions cardiaques ou aortiques.

Des lésions portant sur le trajet du sympathique cervical ont été reconnues responsables de certains accidents cardiaques, et notamment les sympathectomies cervicales totales, quand elles comportent l'ablation du ganglion étoilé (Leriche et Fontaine, Sicard et Lichtwitz).

Enfin, les lésions du cœur lui-même, hypertrophie simple, insuffisance coronarienne et à plus forte raison, les lésions confirmées de myocardite prédisposent certainement à de tels accidents.

4° La difficulté de cette question en clinique consiste à faire la part entre *l'élément nerveux* et *l'élément organique*. Il en est comme pour la fausse angine de poitrine d'origine réflexe. Il est indéniable que des troubles purement sympathiques, de brusques déséquilibres dans le pouvoir dynamogénique du système nerveux végétatif, sont susceptibles de créer des accidents d'inhibition cardiaque ou vasculaire, traduction circulatoire du choc anaphylactique. Mais il serait dangereux pour le clinicien de s'en tenir à cette notion. Il doit s'appliquer à chercher sous la cause provocatrice bruyante, la raison prédisposante. Laquelle peut consister dans une infection évoluant à bas bruit, provoquant au niveau du cœur et de l'aorte des lésions qui, à leur heure, deviendront organiques et incurables, alors qu'au moment de leur établissement, elles auraient pu être utilement traitées par la mise en œuvre d'une médication étiologique appropriée.

Jean BARBIER
Chef de Clinique.

et

Jean JEANNIN
Préparateur à la Faculté de Médecine de Lyon.

COMMENT LA SINAPISATION AGIT-ELLE SUR LA PAROI THORACIQUE

(Travail du Laboratoire de Pathologie générale).

Il n'est pas sans intérêt de reprendre, à la lumière de la science moderne, l'étude des vieux procédés thérapeutiques, vieux comme la médecine, toujours employés d'une façon empirique, et qui semblent bien garder en pratique une action efficace. Ainsi en est-il de la révulsion thoracique, employée par tous les médecins sans que l'on sache bien comment elle agit. Nous nous sommes proposé, dans une série de recherches encore en cours, d'étudier les facteurs complexes qui concourent sans doute au succès de cette révulsion : action réflexe sur la petite et sur la grande circulation, modification du rythme cardiaque et du rythme respiratoire, modification des échanges et du métabolisme, action sur les terminaisons nerveuses pariétales, et peut-être aussi, dans certains modes de révulsions, autohernothérapie ou médication de choc. Aujourd'hui nous n'apportons que le premier chapitre de nos recherches ayant trait au rôle de la révulsion sur la circulation de la paroi thoracique. Nos recherches, pratiquées sur de nombreux petits animaux de laboratoire, choisis toujours dans des races à pelage clair, et épilés quelques jours avant à la pince, ont été effectuées par badigeonnage unique ou répété de la peau d'un hémithorax avec une solution d'isosulfocyanate d'allyle (ou essence de moutarde) dans l'acétone.

Nos constatations peuvent se résumer ainsi :

I. L'application sinapisante produit comme il est classique une vasodilatattion superficielle, étendue à toute la surface révulsée et parfois bien au delà : érythème plus ou moins durable suivant l'intensité de la révulsion.

II. La sinapisation produit une vasoconstriction très nette des plans profonds de l'hémithorax considéré : pâleur de la plèvre et des muscles, pâleur des insertions diaphragmatiques. Cette ischemie des plans profonds est telle que si sur un animal qui vient d'être sinapisé on sectionne rapidement le plastron sternocostal, les intercostales, qui saignent en jet du côté normal, ne saignent qu'à peine et en bavant du côté révulsé. Ces constatations s'éloignent par quelques détails, et spécialement pour le diaphragme, des conclusions anciennes de Zuelser et de la thèse de Besson.

La vasoconstriction des plans profonds est durable et se retrouve deux heures après une sinapisation énergique.

III. Lorsqu'on répète pendant plusieurs jours ou pendant des semaines la révulsion sur l'hémithorax d'un animal, les résultats obtenus ne sont plus ceux de la révulsion passagère : tous les plans de la paroi thoracique deviennent le siège d'une vasodilatation qui existe aussi bien dans la zone sous pleural que dans le tissu cellulaire sous-cutané. Mais le problème est ici plus complexe, car la révulsion répétée aboutit fatalement à des lésions de grattage et à des réactions inflammatoires qui se superposent aux simples phénomènes vasomoteurs et peuvent les modifier profondément. D'ailleurs, à considérer l'action thérapeutique, il n'est pas certain que cette inflammation locale, avec son œdème tissulaire et ses réactions leucocytaires, ne puisse pas jouer dans certains cas un rôle favorable dans l'évolution de phénomènes pulmonaires chroniques.

Il est trop tôt pour tirer de ces recherches encore fragmentaires des conclusions pratiques précises, qu'il sera peut-être possible d'obtenir de la suite des expériences en cours.

L. PANISSET.

ETUDE EXPERIMENTALE DU MECANISME DE L'IMMUNITE LOCALE REACTION ADENO-LYMPHATIQUE ROLE DES ŒDEMES

A part quelques exceptions, lorsqu'il s'agit de vacciner, on a recours à l'inoculation sous-cutanée; celle-ci provoque des phénomènes locaux sans grand intérêt, mais elle détermine des changements si profonds dans l'ensemble de l'organisme que celui-ci, sensible avant l'inoculation, devient réfractaire.

En découvrant l'immunité locale, Besredka a rénové les principes de l'immunisation. Des faits insoupçonnés ou méconnus ont surgi au cours des recherches entreprises pour apporter le concours de l'expérience à une doctrine nouvelle.

Besredka et ses collaborateurs, puis ceux qui se sont engagés dans la même voie ont vu le rôle important qui est dévolu à la peau dans l'établissement de l'état réfractaire. Il n'est plus nécessaire que l'inoculation sous-cutanée du vaccin soit le point de départ d'une suite de réactions générales, il paraît désormais suffisant et préférable pour immuniser l'organisme d'introduire le vaccin dans la peau.

A l'ordinaire, les anticorps ne jouent aucun rôle dans l'immunité acquise ainsi, les phénomènes de protection semblent purement locaux, la résistance établie dans la peau suffit à protéger tout l'organisme.

On peut se demander si les cellules lymphatiques n'interviennent pas dans l'acquisition de l'immunité locale.

L'intérêt que l'un de nos collaborateurs (L. Goldenberg) marque depuis longtemps à la vaccinothérapie locale de la pyorrhée alvéolaire suffirait à justifier, s'il en était besoin, notre désir d'étudier le problème.

Il nous a suffi, pour nous renseigner, de suivre les conséquences de l'inoculation intradermique de vaccin à des animaux. Nous avons choisi un vaccin antistaphylococcique préparé, comme le vaccin antipyorrhéique, selon la technique que L. Goldenberg a fait connaître. On insère quelques gouttes — 6, 8 ou 10 — de vaccin dans l'épaisseur de la peau du lapin. Le liquide introduit forme aussitôt un petit nodule auquel succède le lendemain une réaction oedémateuse discrète. 24 ou 30 heures plus tard, on constate une augmentation du ganglion voisin.

Ces changements sont l'indice d'une participation du système lymphatique aux phénomènes consécutifs à l'inoculation de vaccin.

Visant le même but, nous avons inoculé (1) au lapin, dans l'épaisseur de la peau (2), quelques gouttes d'une dilution d'encre de Chine pour microbiologie.

Si l'inoculation a été bien faite dans la peau, huit jours plus tard, lorsque l'on sacrifie le lapin, on retrouve une assez grande quantité de pigment dans la peau de la région inoculée, aucun changement dans le tissu conjonctif sous-cutané, mais une infiltration très marquée du ganglion épitrochléen correspondant.

Si l'inoculation est faite avec la même dilution d'encre de Chine en un point, sous la peau, avec un centimètre cube et en un autre point, dans la peau, avec une quantité plus petite VI ou VIII gouttes, huit jours plus tard, les animaux étant sacrifiés, on constate qu'il reste peu de pigment au point où celui-ci a été déposé sous la peau, et qu'au contraire la région où l'inoculation a été faite dans la peau est très fortement pigmentée. Bien entendu, dans les deux cas, les ganglions voisins sont infiltrés de pigment.

Nous avons vérifié par l'épreuve du bleu de méthylène la lenteur de l'absorption par la voie cutanée.

Nos constatations montrent le rôle pris par le système adénolymphatique dans les phénomènes consécutifs à l'inoculation intradermique de vaccins.

Du rôle des oedèmes et des abcès dans la production des anticorps. — Déductions thérapeutiques relatives au mécanisme d'action des abcès de fixation.

Au cours de ses premiers essais d'hyperimmunisation des chevaux avec l'anatoxine diphtérique, Ramon s'est vite convaincu que la production de l'antitoxine est d'autant plus rapide et d'autant plus abondante que la réaction locale consécutive à l'inoculation était plus intense. Jusqu'alors, ces réactions locales et leur intensité avaient été négligées même, au contraire, on s'efforçait de les éviter, les assimilant trop volontiers à des phénomènes d'anaphylaxie locale (phéno-

(1) L. Goldenberg et L. Panisset. Comptes Rendus de la Société de Biologie, 12 décembre 1925.

(2) La seringue qui est délivrée pour la pratique de l'inoculation intradermique du vaccin contre la pyorrhée alvéolaire rend très faciles ces inoculations.

mène d'Arthus). Tirant parti de ses observations, Ramon a imaginé son procédé au tapioca.

Dans la voie féconde ouverte par Ramon, nous nous sommes demandé si l'oedème provoqué au point d'injection, si la stimulation pouvait servir la production des anticorps.

Plus de vingt ans de routine dans les laboratoires ont fixé les conditions de la production des hémolysines de lapin pour le sang de mouton. Nous avons soumis une série de lapins à des injections sous-cutanées ou péritonéales d'hématies de mouton. Simultanément, et selon les lapins, lors de la première, de la deuxième, de la troisième injection, nous avons provoqué une réaction locale par l'injection d'essence de térébenthine. Certains de nos lapins ont reçu une seule fois de l'essence de térébenthine après la première, la deuxième ou la troisième injection, d'hématies, d'autres en ont reçu après les deux premières injections, d'autres après chacune des injections et d'autres seulement après la deuxième ou la troisième.

Comparant quelques jours, après chaque injection, les propriétés du sérum des lapins, traités par l'essence de térébenthine en même temps que les hématies et des lapins traités par les seules hématies, nous avons constaté l'influence favorable de l'essence de térébenthine, une seule injection d'hématies provoque déjà, lorsqu'elle s'accompagne d'une réaction locale concomitante, l'apparition des hémolysines.

Bien entendu, nous n'attachons aucune importance au choix que nous avons fait de l'essence de térébenthine, tout autre substance leucogène doit agir de la même façon.

Ce que Ramon a vu avec les réactions au tapioca et ce que nous venons de voir, laissent supposer que, sans nier leur action leucogène, les abcès de fixation, comme le sinapisme, le vésicatoire, et sans doute l'antique séton, agissent en stimulant dans le temps et par la quantité, la production des anticorps qui contribuent à assurer la guérison.

Dr L. GOLDENBERG

SUR QUELQUES PRINCIPES NOUVEAUX DE LA VACCINOTHERAPIE

Le but de la thérapeutique est la guérison des maladies. Ce but peut être atteint, en aidant la nature à se défendre par le traitement des symptômes. Ces procédés négligent la cause qui a provoqué la maladie. La découverte de la cause vraie des maladies infectieuses a changé le problème de la thérapeutique : un grand principe y préside désormais : détruire la cause.

On a pensé y arriver par la désinfection. Aux doses actives, les désinfectants sont des produits souvent plus nocifs pour les cellules que pour les microbes. On a trouvé pourtant des agents capables de stériliser l'organisme infecté sans l'altérer. Une méthode nouvelle est née : la chimiothérapie.

Cette médication idéale est limitée dans ses applications; elle ne suffit pas.

Pour débarrasser l'organisme des agents infectieux on peut avoir recours à une toute autre méthode.

Dans l'état normal l'organisme lutte contre les agents infectieux. Lorsque la maladie survient, ce sont les moyens de défense qui ont été mis en échec. En renforçant ces moyens de défense, en les faisant naître s'ils sont épuisés on luttera contre la maladie.

Pour réaliser cette lutte, on se sert des microbes de la maladie que l'on veut guérir, mais après les avoir tués ou profondément modifiés.

Les changements que l'on imprime ainsi ressemblent à ceux que l'on fait subir aux microbes dont on veut faire des vaccins d'où le nom de vaccinothérapie qui est donné à cette méthode de traitement.

La vaccinothérapie. — Pourquoi, et comment fait-on servir les microbes au traitement. Les agents de la lutte sont les phagocytes de Metchnikoff et les humeurs.

Les humeurs agissent sur les microbes de deux façons : en les immobilisant, en les réunissant en amas, ou bien elles agissent en dissolvant les microbes par un processus analogue à celui-ci fréquent des lyses cellulaires ; ces phénomènes se succèdent à l'ordinaire. On les rapporte à des propriétés des humeurs auxquelles on donne le nom de substances agglutinantes ou agglutinines et lysantes ou lysines. Le but de la vaccinothérapie est de créer ou d'augmenter agglutinines et lysines.

Le phénomène d'agglutination n'est pas sans analogie avec la coagulation. Le phénomène de lyse rappelle la dissolution, en particulier la lyse qui suit l'action des alcalis.

L'expérience montre que si l'on injecte des microbes coagulés (dans le sens le plus général du mot) on provoque dans les humeurs la formation d'agglutinines, que si l'on injecte des microbes dissous, lysés ce sont des lysines qui apparaissent. Notre collaborateur L. Panisset, avec Alilaire, a démontré la réalité du phénomène. Dans la préparation du sérum anti-mouton chez le lapin, les injections d'hématies coagulées provoquent la formation d'hémagglutinines cependant que les hématies lysées « décoagulées » entraînent la formation de lysines.

Nombreux sont les agents capables de provoquer cette coagulation et cette lyse des microbes. Il s'agit de choisir dans leur foule ceux qui amènent l'un ou l'autre de ces changements sans provoquer de trop profondes altérations.

Principes de la préparation du vaccin. — Le choix et l'emploi qui a été fait de quelques-uns d'entre eux dans la préparation du vaccin contre la pyorrhée alvéolaire (1) telle que nous en avons établi les règles, nous servira d'exemple.

Pour « coaguler » les microbes qui entrent dans la composition du vaccin, on a adopté un procédé physique : la chaleur ménagée, un agent chimique : le formol.

L'aldéhyde formique, dans la proportion de 1 pour 4.000, détermine une condensation légère du protoplasma, qui lui laisse encore, tout en assurant sa stérilisation, l'apparence de la matière vivante. L'aldéhyde formique fixe le microbe, elle agit sur les poisons, ceux qui sont dans sa substance et ceux qu il a excrétés pour les dépouiller de leur toxicité sans leur enlever l'aptitude à déterminer des réactions de l'organisme selon des principes qui ont été admirablement exploités en ces dernières années.

Quant à la portion lysée du vaccin, elle est obtenue par l'action de la soude, elle constitue le véhicule des autres parties du vaccin.

Les vaccins préparés selon les principes qui président à l'obtention du vaccin contre la pyorrhée renferment des éléments coagulés et des éléments lysés, il n'y a pas de vaccins plus propres à provoquer la formation d'agglutinines et de lysines dans les organismes traités. Les résultats obtenus témoignent du bien fondé des principes qui président à leur préparation (2), et le traitement des infections cutanées staphylococciques, de la blennorragie, de la colibacillose, de l'ozène sont aussi justiciables de la vaccinothérapie avec les vaccins qui ont marqué le point de départ de leurs applications.

Emploi du vaccin concentré. — Il nous a paru, et une longue expérience a confirmé le bien fondé de ses prévisions, que la concentration du vaccin et son inoculation par petites quantités était le mode le plus propre pour provoquer les réactions immunisantes en évitant les réactions locales. Tous les vaccins concentrés à 20 milliards de germes par centimètre cube sont inoculés par gouttes : I, II, III, V, VI gouttes.

Il est digne d'être noté que les injections successives de ces faibles

(1) Nous ne méconnaissons pas la véritable nature de la pyorrhée, nous avons émis l'hypothèse qu'il s'agit d'une infection polymicrobienne secondaire greffée sur une infection primitive essentielle déterminée sans doute par un ultra-virus. L. Goldenberg et L. Panisset. La véritable nature de la pyorrhée alvéolaire. Faits et hypothèses, Société de Pathologie Comparée, séance du 9 juin 1925.

(1) Cf. notamment G. Drouet. Essais de vaccination antistaphylococcique par la voie intradermique. Journal de Médecine de Paris, 18 octobre 1924.

Ozène. Prof. Jacques, de Nancy. Annales des Maladies de l'oreille, du nez et du pharynx. n° 12, décembre 1925. Meyer, l'Oto-Rhino-laryngologie internationale, avril 1925.

Blennorragie. G. Drouet, Concours médical, 20, juillet 1924.

doses de vaccin non seulement ne sont pas suivies de réactions immédiates, mais encore qu'elles se montrent complètement inoffensives du point de vue que l'on pourrait redouter de l'anaphylaxie. Les injections répétées de ces vaccins microbiens sont d'une innocuité absolue, aussi bien chez des individus neufs, non préparés, que chez ceux qui pourraient ou qui auraient pu l'être par un traitement intercurrent avec du sérum (1).

Inoculation intradermique du vaccin. — On sait que du point où le vaccin est déposé dépendent pour une part les conséquences de la vaccination (2). Les mémorables travaux de Besredka (3) sur le rôle de la peau dans l'infection et l'immunité nous ont engagé à recourir à l'inoculation intradermique du vaccin. Contrairement aux vues simplistes et finalistes que l'on a pu avoir pendant longtemps la peau n'est pas que la limite du corps ou un revêtement plus ou moins vulnérable, elle doit être considérée, comme un organe autonome (4), innervée, vascularisée, capable de réagir et tout particulièrement, lorsqu'elle est convenablement sollicitée, de devenir le siège de phénomènes qui confèrent à l'organisme sa résistance aux infections. Nous avons démontré que les réactions cutanées, qui confèrent l'immunité locale, s'accompagnent d'une réaction lymphatique qui nous laissent croire à une intervention plus active des cellules lymphatiques que des humeurs dans l'évolution du phénomène (5).

L'analogie qui existe entre la peau et la muqueuse des ouvertures naturelles permet de prévoir que la méthode d'immunisation locale est applicable aux affections de la bouche. Nous la recommandons contre la pyorrhée alvéolaire (6).

---

(1) L. Goldenberg et L. Panisset. Contribution à l'étude expérimentale de l'anaphylaxie vaccinale. Innocuité des injections répétées de vaccin microbien. Bulletin de la Soc. de Pathologie Comparée, 13 janvier 1925.

(2) G. Drouet. Quelle est la meilleure voie d'introduction des vaccins, Journal de Médecine de Paris, 4 avril 1925.

(3) Besredka. L'immunisation locale, un volume. Masson, éditeur, Paris, 1925.

(4) L. Goldenberg et L. Panisset. La peau comme organe autonome. Les réactions à l'égard des infections et de l'immunité. Progrès Médical, n° 1, 2 janvier 1926.

(5) L. Goldenberg et L. Panisset. Contribution à l'étude de l'immunité locale. Réaction adéno-lympathique consécutive à l'inoculatino intradermique de vaccins microbiens. Bulletin de la Société de Pathologie comparée, 12 janvier 1926.

(6) Province Dentaire, mars-avril 1925.

L. Goldenberg. Traitement vaccinal des pyorrhées. Immunisation gingivale par le vaccin concentré. Revue Belge de Stomatologie, n° 3, septembre 1924.

Dr KOPP

Directeur de l'Ecole Française d'Orthopédie et de Massage (E.F.O.M.), Membre du Conseil de Perfectionnement des Ecoles d'Infirmiers et d'Infirmières du Ministère de l'Hygiène.

LE MASSAGE MEDICAL, SCIENTIFIQUEMENT RAISONNE, MEDICALEMENT ORDONNANCE, CONTROLE ET EXECUTE, MARQUE UN AVANCEMENT DES SCIENCES MEDICALES

Tard venu en thérapeutique, le massage, branche maîtresse de la physiothérapie, a péniblement conquis son droit de cité.

Actuellement encore et bien qu'universellement connu, il n'est pas, dans ce pays, apprécié à sa juste valeur et loin d'occuper parmi les moyens de guérison et de traitements modernes la prééminence à laquelle il a droit. L'on peut même dire que trop de médecins l'ignorent et le tiennent injustement à l'écart.

Si l'on recherche la cause de cet étonnant ostracisme, il est aisé de la trouver dans le sentiment de défiance et de mésestime qu'eut longtemps la science officielle pour une thérapeutique qui lui apparaissait comme fortement entachée d'empirisme.

Certes on ne saurait nier que le massage soit né de l'empirisme et cela en raison même de ses origines lointaines.

Mais convient-il aux savants d'aujourd'hui de les reprocher à la vieille méthode ? Nous ne le pensons pas, car l'empirisme, encore que ce vocable impressionne désagréablement bien des esprits scientifiques, est loin d'être toujours l'ennemi de la science et son contraire.

En effet, tous les progrès accomplis à travers les âges par les sciences expérimentales l'ont été grâce à l'observation, à l'empirisme.

On ne peut donc reprocher au Massage, pas plus qu'à la Phytothérapie et à l'Hydrothérapie, des origines empiriques.

Malheureusement, le massage devait être entravé dans son évolution et subir un long temps d'arrêt. En effet, après avoir été pratiqué par tous les grands médecins de l'antiquité, Celse, Hérodikos, Galien, Démocrite, après avoir été revêtu par Hippocrate, qui en entrevit la physiologie et en fixa la théorie et la technique dans son beau traité des Articulations, d'un caractère vraiment scientifique, il devait disparaître avec le monde ancien.

C'est seulement au 19e siècle que la massothérapie s'évade de l'emprise des guérisseurs empiriques et entre dans le domaine scientifique et médical grâce à Ling, Estradère, Mosengeil qui, en vrais apôtres, accomplirent sa restauration dans les pays scandinaves, en Hollande, en Allemagne.

En France, le succès de cette thérapeutique devait être contrarié par l'incrédulité du corps médical. On sait quelles luttes Lucas Championnière eut à soutenir contre la science officielle pour faire triompher, de façon éclatante d'ailleurs, sa théorie du traitement des fractures et des entorses par le massage et la mobilisation.

Malheureusement, si de grands maîtres s'adonnèrent à l'étude de cette branche et la firent progresser dans la voie scientifique, on ne saurait trop déplorer l'étrange lacune des programmes d'études médicales de chez nous qui n'en prévoient pas son enseignement, alors que dans les Facultés d'autres pays existent des chaires de massage et des écoles de masseurs où les études sont poussées à un degré supérieur.

Il ne faut pas hésiter à le dire, l'ignorance, où la massothérapie et les lois scientifiques sur lesquelles elle se base, est tenue par trop de médecins français, prive les malades d'un moyen de traitement dont la valeur n'est plus à démontrer. Aussi est-il intéressant de rappeler l'effort et l'œuvre accomplie par l'Ecole Française d'Orthopédie et de Massage.

Dès sa fondation, elle marqua son but : faire d'abord connaître aux médecins le massage et ses infinies ressources thérapeutiques ; ensuite et à l'encontre des empiriques aux allures de rebouteurs et de magnétiseurs, arracher la pratique du massage à ces mains ignorantes, dangereuses et coupables parfois, pour ne le plus confier qu'à des mains instruites et médicalement disciplinées, donc de fournir aux médecins, désireux d'employer la massothérapie, des aides sûrs et bien instruits.

Les efforts de l'Ecole Française devaient être couronnés de succès par la création du Diplôme d'Etat d'infirmier-masseur auquel elle prépare, et l'estime qui entoure son propre Diplôme.

C'est là un progrès, certainement, et qui va permettre à la massothérapie d'aller à son complet développement.

Alors que employée chez nous à ses débuts, presque exclusivement, dans les traitements des fractures et des affections articulaires, son domaine s'étend à de nombreuses affections chroniques.

Nous ne saurions passer en revue dans ce cadre restreint toutes les indications du massage toujours appuyées sur le raisonnement physiologique.

Disons simplement que le développement du massage fait reculer les limites du domaine chirurgical et que ne se comptent plus les cas dits chirurgicaux qui grâce à la massothérapie sont devenus médicaux.

Le massage gynécologique et du tube digestif en particulier doivent de plus en plus multiplier ces cas.

Maintenant que l'on sait que l'être humain possède une physiologie, puissamment impressionnée et conditionnée par le milieu extérieur, qu'il est plongé dans une ambiance stimulante d'excitants multiples, ondes, rayonnements, etc..., on entrevoit chaque jour un peu plus l'intérêt des agents physiothérapiques.

Parmi les acquisitions scientifiques les plus récentes et les plus à même de révolutionner la médecine est l'Endocrinologie. Or, le massage est un stimulant tel des fonctions glandulaires qu'on a pu l'appeler une Opothérapie naturelle.

Enfin les questions si importantes touchant à la réflexothérapie font envisager une extension, sans doute énorme, des applications du massage, à mesure que nous connaîtrons mieux les réflexes nerveux comme cause de maladies et de rétablissement.

On peut donc dire que le vaste champ d'action du massage, branche de la physiothérapie, s'accroît sans cesse et que son application, médicalement raisonnée et exécutée, marque un avancement des sciences.

Dr J. BARBIER

Chef de Clinique Médicale à l'Hôtel-Dieu de Lyon

ANOMALIES VERTEBRALES ET DESEQUILIBRE SYMPATHIQUE

Il fut un temps, tout proche encore, où la pathologie faisait la part trop grande aux névroses, aux troubles purement fonctionnels, et le diagnostic de névropathie était alors très facilement fait en présence de tous les troubles qui semblaient sortir du cadre des localisations anatomiques des physiologies organiques classiques. Une sérieuse offensive a détruit peu à peu, dans le domaine du système nerveux cérébrospinal, beaucoup de ces névroses, et l'on ne songe plus à appeler de ce nom, par exemple, la maladie de Parkinson ou la chorée.

Pareil démembrement s'opérera sans doute un jour dans les névroses viscérales, quand nous connaîtrons mieux la physiologie et la pathologie du système neurovégétatif. Dès maintenant les cliniciens devinent, sous les troubles jadis inexpliqués, l'action du système sympathique et parasympathique. L'angine de poitrine, l'asthme, hier l'asystolie réflexe, demain peut-être les troubles de gastro ou d'entéro-névrose, apparaîtront comme conditionnés essentiellement par un déséquilibre sympathique.

Mais d'où vient ce déséquilibre lui-même ? Est-il sous la dépendance des glandes endocrines ? Est-il produit par des lésions anatomiques acquises des cellules ganglionnaires ou des filets nerveux du grands système sympathique ? ou s'agit-il de simples troubles fonctionnels ? A cette question, encore à l'étude, et qui nous semble de première importance, nous apportons aujourd'hui une réponse qui pourra sembler curieuse et qui pourtant est le fruit d'observations portant déjà sur plusieurs centaines de cas, réunies depuis deux ans environ.

Chez de nombreux sujets dont l'histoire clinique correspondait indiscutablement à un état de déséquilibre sympathique, dont l'examen objectif décelait par des tests sûrs ce déséquilibre neurovégétatif, nous avons retrouvé une anomalie vertébrale toujours la même, que nous pourrions appeler *un spina bifida ébauché de la colonne dorsale.* Alors que chez la majorité des sujets normaux les apophyses épineuses dorsales se marquent par une seule saillie, ces sujet pathologiques présentent, sur une ou plusicurs vertèbres dorsales, parfois sur quatre ou cinq, une déformation de ces apophyses épineuses, qui deviennent *bifides*, formant à droite et à gauche de la ligne médiane une double rangée d'apophyses séparées dans les cas les plus nets par un véritable sillon médian. Il s'agit en somme d'une lésion comparable à celle du spina bifida occulta le plus discret, tel qu'on le recherche classiquement au niveau de la colonne lombaire, dans les cas d'énuresis par exemple.

Nous n'affirmerons pas que tous les déséquilibrés sympathiques montrent cette lésion objective, ce qui serait une ridicule exagération. Nous pensons d'autre part qu'un sujet présentant de telles lésions peut ne jamais présenter de déséquilibre sympathique, comme un spina bifida lombaire peut ne faire jamais d'énuresis. Mais troubles symptahiques et anomalie vertébrale coexistent d'une façon tellement fréquente que tout observateur qui voudra bien s'attacher à de pareilles recherches admettra vite qu'il n'y a pas là une simple coïncidence.

Et maintenant, quelle conclusion en tirer ? Faut-il admettre, comme on l'a fait pour l'énuresis, une malformation osseuse et nerveuse survenant parallèlement au cours du développement embryologique, la lésion osseuse devenant pour le clinicien la preuve de la malformation nerveuse sous-jacente ? Faut-il admettre que les troubles qui se superposent à ces lésions osseuses sont variables suivant l'étage où existe la déformation osseuse ? ou bien la relation est-elle plus indirecte, la malformation osseuse révélant un trouble du développement qui par ailleurs a pu porter aussi sur les glandes endocrines ou sur le système sympathique, mais sans superpositions des lésions au même étage thoracique ?

Nous n'avons pas encore de renseignements cliniques ni anatomiques assez précis pour répondre à ces questions. Mais une telle constatation suffit, croyons-nous, pour que l'on puisse admettre la fréquence des malformations vertébrales discrètes à la base de bien des déséquilibres symapthiques. De tels sujets, mal bâtis du système nerveux neurovégétatif, comme ils sont des mal bâtis vertébraux, seront sans doute plus exposés que d'autres à réagir de façon disproportionnée aux moindres causes de déséquilibre : les phases de la vie génitale, les moindres à-coups des sécrétions endocriniennes, les intoxications ou les infections trouveront là un terrain tout préparé.

Et la coexistence fréquente de pareilles malformations osseuses chez les parents et chez les enfants, ou chez les enfants d'une même famille, doit, croyons-nous, expliquer la fréquence des transmissions héréditaires de certains de ces déséquilibres sympathiques. De tels faits, même à l'état d'hypothèse d'attente, doivent nous rendre réservés dans le diagnostic d' « états purement fonctionnels », un tel diagnostic n'étant fait que de notre ignorance actuelle. Ils nous rendraient aussi pessimistes en thérapeutique sympathique si nous ne savions pas, pour le spina bifida lombaire, que les troubles peuvent disparaître, et disparaissent souvent, sans qu'on ait eu à intervenir sur la lésion osseuse... Car nous sommes loin de songer à proposer, de longtemps encore, une intervention chirurgicale sur les apophyses dorsales de nos déséquilibrés sympathiques.

Joseph LERICHE

Docteur en Médecine.

Membre fondateur de la Société Internationale de recherche contre la Tuberculose et le Cancer.

RESULTATS DE LA THERAPEUTIQUE MEDICALE SYNTHETIQUE DANS LE TRAITEMENT DES CANCERS

Cette thérapeutique repose sur la chimiothérapie et l'opothérapie endocrinienne. Elle s'adresse à la fois au néoplasme et au terrain, et quelle que soit l'opinion que l'on puisse émettre sur la genèse des cancers, elle me paraît répondre, en l'état actuel de nos connaissances, au traitement le plus rationnel que nous puissions instituer contre cette redoutable maladie.

Si, en effet, la prolifération cellulaire est l'expression terminale d'une dyscrasie et de troubles physico-chimiques comme le pensent aujourd'hui un grand nombre de chercheurs (et les résultats obtenus par cette thérapeutique tendent à démontrer l'influence capitale des troubles physiologiques qui précèdent et accompagnent l'évolution des cancers) c'est à la chimiothérapie et à l'opothérapie endocrinienne que nous nous adresserons pour y remédier. Inversement, si les diverses variétés de cancers sont provoquées par des phytoparasites ou des zooparasites, nous dirons, dès maintenant, qu'un nombre élevé de maladies parasitaires guérissent par les métaux, en particulier par les sels de métaux lourds tels que le fer, le manganèse, le mercure, l'argent, le cuivre, par les métalloïdes tels que l'iode, le sélénium, l'arsenic.

Telles sont, en deux mots, les considérations qui restent à la base de notre conception et qui nous permettent d'instituer un traitement médical s'appuyant sur des faits et sur les acquisitions de la chimiothérapie.

La technique de cette thérapeutique comporte deux temps bien distincts : le premier temps consiste à attaquer le néoplasme et ses métastases à l'aide d'un métal ou d'un métalloïde déterminé exerçant une action directe sur la cellule cancéreuse dont elle provoque la fonte, *c'est la médication histolitique,* le second temps consiste à restituer à l'organisme les principes minéraux et biologiques déficitaires, afin de rénover le terrain et rendre le milieu interne impropre au processus morbide, *c'est la médication de suppléance.*

A l'heure actuelle, la médication histolitique est représentée par le sélénium, le cuivre, l'iodure de cérium, le séléniate de rubidium et le plomb. La prescription de ces métaux varie suivant la localisation, car il n'y a pas un traitement médical du cancer, mais des traitements des cancers.

Je vais vous dire maintenant quelques mots sur l'emploi du chlorure de magnésium que j'ai introduit dans la thérapeutique des cancers en association avec les citrates de soude, de magnésie, de manganèse, et le tartrate ferrico-potaique.

Je me suis arrêté à la formule suivante :

Citrate de soude	0,90
Citrate de magnésie	0,10
Citrate de manganèse	0,01
Chlorure de magnésium	0,50
Tartrate ferrico-potassique	0,02

Eau distillée stérile : 5 à 6 centimètres cubes.
Pour une ampoule.

Cette préparation est administrée exclusivement en injection intraveineuse. La dose à injecter varie suivant l'ancienneté, l'ampleur et la marche du néoplasme. Comme je n'ai eu à traiter jusqu'ici que des cancers inopérables pour lesquels la chirurgie et les agents physiques se montraient impuissants, j'ai injecté le contenu d'une ampoule en moyenne tous les 2 jours en augmentant progressivement la dose de manière à injecter jusqu'à 2 grammes de chlorure de magnésium et 4 grammes de citrates en une seule fois. Ces doses élevées ont été ainsi injectées 2 et 3 fois par semaine sans jamais provoquer le moindre accident et les résultats furent excellents. Je pratique ainsi sans interruption une série d'injections jusqu'à ce que j'aie administré la dose totale de 30 à 40 grammes de chlorure de magnésium. A ce moment, je suspends le traitement pendant quinze jours, trois semaines ou un mois pour le reprendre ensuite à des doses qui varient d'après l'état général et l'état local du malade. Cette association médicamenteuse m'a paru agir dans toutes les formes. Elle exerce une double action sur l'état général et sur l'état local du malade. Outre ses propriétés hémostatiques bien étudiées par Maurice Renaud, et son action sur le système sanguin dont Léon Normet a fait une étude magistrale, le citrate de soude se présente comme un modificateur puissant du terrain cancéreux par son action complexe sur le plasma, sur les glandes profondes et sur les toxines.

Quant au chlorure de magnésium, indépendamment de ses propriétés cytophylactiques et de son rôle dans les phénomènes diastasiques, il me paraît exercer une action histolitique évidente sur la cellule néoplasique.

La médication de suppléance est représentée par tous les minéraux dont le déficit marque les étapes de la déchéance.

L'opothérapie endocrinienne comprend, dans son ensemble synthétique, les extraits fluides de toutes les endocrines.

Voici quelques observations résumées de cancéreux qui ont été traités suivant les principes que je viens d'exposer :

1er cas :

Sarcome de la cuisse droite au tiers supérieur.

Opéré et récidivant.

Ce malade m'a été envoyé par le Professeur Hirtz, du Val de Grâce.

Il s'agit du commandant V..., de Paris, âgé de 45 ans, qui subit trois interventions locales nécessitées par deux récidives — biopsie positive — la première intervention eut lieu en octobre 1924 et le 11 juillet 1925 le commandant se présentait à ma consultation avec une troisième récidive ; très mauvais état général, grande anémie, perte de poids de 8 kgs, impossibilité de s'appuyer sur le membre atteint.

Localement : cicatrice irrégulière congestionnée, très adhérente, tissus de voisinage rouges et indurés, cuisse bridée. La marche provoque une douleur continue. Je prescris la première phase du traitement médical qui est de trois semaines et le premier août je note les résultats suivants :

Amélioration de l'état général et de l'état local. Diminution de l'anémie, relèvement de l'état général. Localement, la douleur spontanée a disparu, la cicatrice est plus souple, l'empâtement des tissus avoisinant a disparu ? Il y a une diminution très nette des adhérences, et seule, persiste au toucher une impression de chaleur locale. Je prescris la seconde phase du traitement que le malade exécute pendant 20 jours pour revenir ensuite à la première phase et je ne revois le malade que deux mois après : transformation de l'état général et de l'état local. Pendant la première phase du traitement, le malade a engraissé de 4 kgs ; pendant la seconde, il a pris un kilo, et pendant la troisième 1 kilo, soit 12 livres en 60 jours. Il ne souffre plus de la cuisse. La cicatrice est normale. Il n'y a plus aucune inflammation et les tissus sont beaucoup plus mobiles. La marche s'effectue sans douleur et sans difficulté.

2e cas :

Néoplasme avancé de l'œsophage et anévrysme de l'aorte.

Monsieur G..., de Clermont-l'Hérault, 56 ans.

Cet homme, qui pesait 120 kgs, est tombé à 60 kgs 500. Diagnostic fait par plusieurs confrères et confirmé par le professeur Lamarque, de la Faculté de Montpellier, qui pratiqua un examen radioscopique dont voici les conclusions :

« Il est permis de penser que l'on se trouve en présence d'un néo-
« plasme avancé de l'œsophage. La radioscopie du thorax montre, au-
« dessus de la crosse aortique une ombre très accusée, circulaire,
« pouvant faire penser à un anévrysme de l'aorte. »

Le traitement médical fut appliqué par le docteur Aubert, et commencé le 25 janvier dernier. Or, le 26 avril, j'ai reçu une lettre du docteur Aubert ainsi conçue :

« A la fin du traitement qui a ainsi duré 80 jours, voici les faits que nous constatons :

1° Le malade accuse une amélioration fonctionnelle se traduisant par la possibilité d'ingérer à peu près toutes sortes d'aliments.

2° Relèvement du poids de 3 kgs 200 gr.

3° A la radio, la sténose toujours persistante est moins complète qu'aux examens précédents et la bouillie absorbée par le malade s'écoule par intervalles à travers un petit orifice.

Antérieurement, l'arrêt de la bouillie était à peu près complet. Il semble donc que nous ayions obtenu, à défaut pour le moment de guérion, une amélioration notable. »

Depuis avril, l'amélioration s'est poursuivie sans défaillance. Cet homme se trouve aujourd'hui transformé et il a repris ses occupations.

3e cas :

Néoplasme inopérable du pylore.

Mademoiselle M..., de Paris, 55 ans. Opérée le 22 avril 1925 par le Docteur Jayle pour un néoplasme du pylore : tumeur volumineuse avec de nombreuses adhérences qui empêchèrent l'exérèse. Le docteur Jayle fit une gastro-entéro-anastomose et m'adressa la malade le 20 juin 1925. Mademoiselle M... m'apprend qu'elle avait maigri de 25 kgs lorsqu'elle fut opérée. Elle a un faciès caractéristique, se plaint de lassitude générale, de douleurs gastriques, de fermentations gastro-intestinales. Elle n'a aucun appétit, le ventre est ballonné et il y a de l'œdème des deux pieds jusqu'au-dessus des malléoles.

Sous l'influence du traitement médical, tous ces symptômes disparurent progressivement en l'espace de trois mois. Aujourd'hui Mademoiselle M... va bien. Elle a récupéré son poids normal, ne souffre plus, mange avec appétit et n'observe aucun régime alimentaire depuis octobre. Il n'y a plus ni ballonnement ni œdème des membres inférieurs.

Le traitement d'entretien prescrit de janvier à mai se réduisit à fort peu de chose. J'ai cessé tout traitement à la fin du mois de mai et le résultat acquis se maintient. Mademoiselle M... déclare qu'elle ne se sent plus malade.

4e cas :

Néoplasme inopérable du colon ischio pelvien.

Madame C..., de Saint-Quentin, 50 ans, s'est présentée à ma consultation le 29 août 1925 de la part du docteur Hollande de Saint-Quentin, radiologiste, qui avait fait un examen dont voici les conclusions :

« Sténose du colon ischio pelvien avec image lacunaire, s'étendant sur deux centimètres environ et bien limitée. Mobilité limitée avec douleur légère à la pression.

« Ces caractères indiquent une origine néoplasique probable. »

Ce diagnostic fut confirmé par une rectoscopie et par les signes cliniques propres aux localisations rectales.

Madame C... est atteinte de rétrécissement mitral et ne peut être opérée. Tension artérielle 11/6 à l'appareil de Vaquez Laubry.

Cette malade est soumise au traitement médical qui donna les résultats suivants après une application stricte de trois mois : Transformation totale de l'état général et de l'état local. Les signes d'anémie et d'asthénie ont disparu. Plus de douleur locale, plus d'ichor, selles régulières et moulées. La malades a augmenté de 7 livres.

Tension artérielle 14/7.

Ce même jour, le docteur Aimé, radiologiste de l'hôpital Saint-Antoine, pratiqua une examen radioscopique dont voici la conclusion :

« Pas de signe radiologique de lésion néoplasique de Colon. »

Nous avons revu cette malade ensemble le 16 avril. Depuis le 28 novembre, Madame C... a récupéré 6 livres, soit une augmentation de 13 livres depuis le début du traitement. L'état général est excellent et les téguments bien colorés. Les selles sont normales et régulières. Localement, il n'y a plus de douleur ni d'écoulement. Les épreintes rectales ont disparu. Madame C... se sent forte, mange avec appétit, n'accuse aucun symptôme subjectif et se déclare en bonne santé.

J'ai cessé le traitement à la date du 16 avril dernier et rien n'altère le résultat obtenu.

L. HUGOUNENQ
Professeur à la Faculté de Médecine de Lyon.

et

J. ENSELME

SUR LA TENEUR EN CHLORURE DES PRODUITS DE L'EXPECTORATION

L'expectoration, sécrétion d'ordre pathologique, est constituée par un liquide dont la composition centésimale est la suivante dans la bronchite :

Eau	98 %
Résidus fixes	2 %
Mucine	1,1
Substances extractives	0,08
Cendre	0,62

les chlorures constituant la plus grande partie de ces cendres.

Les variations de ces chlorures ayant été peu étudiées, notre attention a porté spécialement sur l'expectoration de malades présentant des affections chroniques non tuberculeuses.

Il s'agit de rénaux, de cardiaques, d'hypertendus, d'une part, et de bronchitiques ou d'asthmatiques, d'autre part.

Nous nous sommes demandé si l'étude de l'expectoration et, plus spécialement, de sa teneur en chlore ne permettrait pas de déceler la part que prennent le poumon ou le système cardio-rénal dans la constitution des crachats, fixant ainsi le type d'asthme.

Tout d'abord, une première question se pose. Existe-t-il pour chaque malade une expectoration spécifique ? Nous croyons pouvoir répondre affirmativement.

Voici quels sont nos résultats :

I. — *Type asthme vrai et bronchite chronique :*

Obs. 1 : Asthme T. A. 114/70 .... Moy. 0,69 %
Obs. 2 : Asthme net T. A. 135/95 .... Moy. 0,61 %
Obs. 3 : Bronchite avec emphysème .... Moy. 0,63 %
Obs. 4 : Bronchite et broncho-alvéolite .... Moy. 0,64 %
Obs. 5 : Bronchite chronique .... Moy. 0,64 %
Obs. 6 : Bronchite chronique .... Moy. 0,69 %

En résumé

Asthme
Bronchite chronique
.... Moy. 0,65 %

II. — *Type cardiaque pur :*

Obs. 7 : Gros cœur arythmique, épanchement base gauche .... Moy. 0,50 %
Obs. 8 : Crises d'asystolie .... Moy. 0,50 %

En résumé, les cardiaques ont une moyenne de 0,50 %

III. — *Type rénal pur :*

Obs. 9 : Anurie calculeuse .... Moy. 0,41 %

IV. — *Type cardio-pulmonaire :*

Obs. 10 : Aortique pulmonaire ancien ...... Moy. 0,54 %
Obs. 11 : Gros cœur arythmique, pulmonaire ancien .... Moy. 0,53 %

V. — *Type cardio-rénal :*

Obs. 12 : Néphrite chronique .... Moy. 0,46 %
Obs. 13 : Gros cœur arythmique; albuminurie. Moy. 0,54 %

VI. — *Rôle de l'hypertension :*

Obs. 14 : Cardio pulmonaire T.A. 200/120 .. Moy. 0,45 %
Obs. 15 : Cardio-rénal T. A. 180/115........ Moy. 0,35 %

On a donc le tableau :

Type pulmonaire .... 0,65 %
Type cardiaque .... 0,50 %
Type rénal .... 0,50 %
Type cardio-pulmonaire .... 0,55 %
Type cardio-rénal .... 0,45 %
L'hypertension surajoutée diminue de.... 0,10 % environ le chiffre normal du type.

Interprétation de ces résultats

Nous avons vu que, prenant le type bronchitique ou asthmatique comme représentant l'élimination normale des chlorures, il y a chez tout malade atteint d'insuffisance cardiaque ou rénale une rétention sur ce chiffre étalon.

Il importe, en outre, de remarquer, que chez les pulmonaires anciens, faisant secondairement une défaillance cardiaque, cette même rétention se réalise.

Nous nous sommes demandé quelles étaient les causes de ces rétentions.

Trois facteurs peuvent jouer leur rôle :

1° La tension artérielle. Nous avons vu qu'elle réduit la chloropection.

2° L'état des glandes sécrétrices bronchiques ou de la membrane dialysante (cellules plates des alvéoles pulmonaires).

3° L'état physique ou chimique du sang, qui fournit les éléments dialisés en vue de la sécrétion (eau, sel).

Il semble que les modifications du sang expliquent mieux nos différentes observations.

C'est donc par suite de modifications physico-chimiques du sang, modifications que l'on ne peut préciser, que doit se faire cette rétention sur le type bronchitique normal d'élimination des chlorures.

La technique suivie au cours de ces recherches peut se résumer ainsi :

Les crachats étaient homogénéisés mécaniquement, pesés à 1/10e de milligramme à la balance de précision et, après addition de nitrate de potasse et d'une petite quantité de carbonate de soude pur, desséchés à l'étuve à 37°.

Le résidu bien sec était incinéré avec précaution. On reprenait par l'eau distillée et titrait le chlore par $NO^3Ag \frac{N}{10}$ en présence du chromate neutre.

Le résultat était calculé en NaCl.

Dr P. CHARPY

Chef du Laboratoire de Radiologie de l'Hôpital Andral (Paris).

UTILISATION DE L'AIR LIQUIDE DANS LA THERAPEUTIQUE DERMATOLOGIQUE

La cryothérapie a été employée depuis fort longtemps dans le traitement de nombreuses affections dermatologiques.

Certains auteurs ont préconisé et employé avec un succès souvent remarquable les corps frigorigènes les plus divers.

L'anhydride carbonique amené à l'état de neige par une détente appropriée dans un récipient *ad hoc* est certainement le plus employé, moins peut-être à cause de son efficacité que parce qu'on trouve des tubes d'anhydride carbonique liquide à peu près partout.

Quand les progrès de la science permirent d'obtenir couramment les gaz à l'état de liquide, on put penser que l'on utiliserait leurs propriétés cryothérapiques dans le traitement des affections qui étaient justiciables d'une telle méthode. Il n'en fut rien et quelques timides recherches physiologiques qui eurent lieu sur l'animal n'aboutirent jamais à des applications thérapeutiques sérieuses sur l'homme.

Parmi les gaz liquéfiés, susceptibles d'être employés en médecine pour obtenir la congélation et la destruction des tissus, j'ai pensé à employer l'air liquide, à cause de son prix de revient minime qui est de 8 francs le litre, de son extrême maniabilité, de la facilité de son transport, de son absence de toxicité et de sa température d'ébullition très basse, permettant une action rapide, profonde et énergique.

L'air liquide est constitué par un mélange limpide légèrement azuré, des gaz de l'atmosphère que l'on y trouve dans la proportion en poids de 75,5 d'azote, 23,2 d'oxygène, 1,3 de gaz rares ou divers. Sa densité à la température T sous la pression H est de 1, sa chaleur spécifique à poids constant, sous la pression H est de 0,23 à — 192°. Sa température d'ébullition sous la pression H est de — 192°, soit 81° absolus, comptés à partir du zéro absolu de — 273° centigrades. La température de l'air liquide contenu dans un récipient où il se trouve en ébullition tranquille varie en réalité autour de — 187°, selon la richesse en oxygène du liquide restant au fur et à mesure de l'évaporation de l'azote. L'azote, qui bout à — 195°, s'évapore le premier, et le mélange restant s'enrichit progressivement en oxygène, lequel bout à 182°5.

La stabilité de l'air liquide dans les récipients spéciaux où on le transporte est absolument parfaite ; on peut le décanter dans n'importe quel récipient, à condition de refroidir progressivement celui-ci. C'est ainsi que l'on remplit avec la plus grande facilité un pot de confitures en grès, une assiette creuse, une boîte métallique pour les conserves. La surface d'évaporation doit toujours être libre, et l'on ne bouchera jamais un récipient contenant de l'air liquide. Enfin on ne le mélangera ni avec des corps pulvérulents ni avec d'autres liquides. On peut le recevoir sans aucun inconvénient sur la peau nue et sèche, qu'il ne mouille pas par suite de la caléfaction, à la condition qu'il ne séjourne pas sur un point qui finirait par se refroidir et par se congeler.

Mes premiers essais du traitement de lupus erythémateux eurent lieu au moyen d'un cryocautère de Lortat-Jacob, rempli d'air liquide au lieu du mélange d'anhydride carbonique et d'acétone employé habituellement, puis au moyen de cryocautères constitués simplement par des cylindres métalliques munis d'un manche en bois.

J'ai renoncé aux cryocautères de petite capacité à cause de l'ébullition brutale qui se produisait dès que l'on appliquait la cryocautère sur la peau, par suite du réchauffement trop rapide de l'ensemble.

Je me sers de préférence d'un récipient en cuivre jaune, de forme conique et d'une contenance d'environ 250 centimètres cubes, qui offre une résistance suffisante à un réchauffement rapide. Le sommet du cône est pointu dans un modèle, et tronqué dans un autre, de façon à présenter une surface congelante punctiforme ou au contraire un peu plus grande. On remplit ce cautère d'air liquide après l'avoir refroidi progressivement, et dès que l'air est en ébullition tranquille, la température se maintient aux environs de — 187° centigrades, jusqu'à évaporation complète.

Cet appareil convient parfaitement pour le traitement des noevi, des angiomes, des verrues, toutes les fois que l'on désire faire une cautérisation de petite étendue.

Dans la plupart des applications, il est malaisé de se servir d'un tel cautère dont la maniabilité est forcément limitée. J'ai songé à utiliser le principe qui avait conduit Mayor à inventer le marteau qui porte son nom. Je me sers d'une masse métallique de poids variable, 650 grammes dans un modèle, 950 et 1.500 grammes dans deux autres, qui sert de réservoir de froid, en la plongeant simplement pendant un certain temps dans l'air liquide.

Cette opération, qui se fait le plus simplement du monde, amène le marteau à la température de — 187° environ, et son réchauffement à l'air libre est extrêmement lent, par suite du givre qui le recouvre d'une couche isolante.

Ce marteau est muni d'un manche de bois, grâce auquel il est bien en main. Il ressemble beaucoup au mandrin d'une machine à percer, avec trois mâchoires à serrage rapide qui permettent de fixer avant le trempage dans l'air liquide une cautère mobile en cuivre rouge, adaptée à l'opération à effectuer : bouton sphérique, lame en patin, pointe, etc...

Il sert pour le traitement des surfaces plus étendues, des lupus et des néoplasmes cutanés, de l'eczéma.

Enfin un troisième mode d'application que j'ai employé pour obtenir une congélation massive et profonde dans des néoplasmes cutanés de la face, et qui m'a donné des résultats remarquables, consiste à employer l'air liquide en nature, directement. Après un nettoyage à la curette aussi complet que possible de la zone néoplasique, je saisis au moyen d'une pince à forcipressure ordinaire un petit fragment de coton hydrophile gros comme un pois. Je le tremple dans l'air liquide, dont il s'imbibe, et je l'applique sur la surface à traiter. La congélation des points touchés est instantanée, et détermine un aspect marmoréen caractéristique. Cette opération est renouvelée autant de fois qu'il le faut, jusqu'à congélation complète.

On ne se préoccupera pas de petites gouttelettes d'air liquide qui peuvent s'échapper du coton et tomber sur la peau, où elles s'évaporent instantanément. Lorsque l'on opère auprès des yeux, on protégera ceux-ci par un bandeau, mais il convient de ne pas exagérer les dangers d'une méthode thérapeutique qui n'en comporte pas plus que l'emploi de n'importe quel autre agent physique.

Il est bon d'insister très vivement sur ce point, que l'air liquide est facile à transporter, aisé à manipuler et ne présente aucun danger pour le malade ni pour le médecin.

La congélation n'est pas douloureuse, et elle est assez intense pour que l'on ne soit pas obligé de se préoccuper de la pression à exercer, dont la cryothérapie par l'anhydride carbonique, avec sa faible puissance frigorigène, est obligée de tenir compte.

La nécrose est rapide, l'élimination se fait convenablement et les cicatrices sont excellentes.

Il y a peut-être en outre, dans l'emploi de l'air liquide en nature, une action directe de l'oxygène ozoneux sur les tisseux malades qui peut avoir une certaine importance.

Quoi qu'il en soit, je pense que la cryothérapie par l'air liquide marque un progrès considérable sur le procédé à l'anhydride carbonique mélangé d'acétone.

La température est toujours constante, ou ne varie que très peu avec l'emploi de l'air liquide, tandis qu'elle est toujours inconstante avec l'anhydride carbonique. La température du mélange CO^2-acétone varie en effet selon les proportions des constituants et dans des limites tellement considérables qu'elle oscille entre — 70° et — 34°.

Comme l'on ne possède pas le moyen, avec les cryocautères actuels, de déterminer les poids de neige carbonique et d'acétone employés dans le mélange, on s'expose avec un cryocautère à l'anhydride carbonique à l'empirisme le plus complet.

En outre la cryothérapie à l'air liquide ne comporte pas l'emploi de liquides inflammables et détonants comme l'acétone ou de gaz toxiques comme l'anhydride carbonique dont l'opérateur respire largement sa part au moment de la charge de l'appareil.

Avec l'emploi du marteau, on évite toute crainte de renversement d'un liquide à basse température, et l'on peut le placer dans toutes les positions, chose impossible avec les cryocautères à l'anhydride carbonique. C'est ainsi que l'on peut faire des cautérisations de l'arrière-gorge, du nez, du conduit auditif externe, du canal utérin avec des cautères appropriés.

La souplesse avec laquelle on peut conduire la congélation est extraordinaire, et l'on peut passer avec la plus grande facilité, de la congélation des premières couches du tégument, comme dans les eczématisations étendues des membres, jusqu'à la congélation massive atteignant un centimètre de profondeur comme dans un cas de noevocarcinome de la joue guéri d'une façon remarquable, presque sans cicatrice.

On pourrait en effet reprocher à la cryothérapie par l'air liquide une brutalité qui n'est pas à craindre avec le mélange d'anhydride carbonique et d'acétone. Il est exact que l'énergie d'une source de froid à — 185° est beaucoup plus intense que celle d'une source de froid à — 50°, mais c'est précisément cette énergie considérable qui fait l'intérêt de cette méthode, et de même que la radiothérapie superficielle ne comporte ni les mêmes indications, ni la même habileté technique que la radiothérapie pénétrante, de même la cryothérapie par l'air liquide nécessite une application réservée au spécialiste et présente un champ d'intérêt bien plus étendu que la cryothérapie à petite température.

Depuis ma communication à la Société de Dermatologie du mois de mai 1926, j'ai obtenu de nouveaux cas favorables dans le traitement d'eczémas, de verrues, de noevi, d'angiomes qui se sont ajoutés à des lupus et à des néoplasmes cutanés de types divers. Les conclusions que je pourrais tirer de cette statistique toute personnelle et trop récente n'auraient aucune valeur scientifique. Je demande instammnt que l'on prenne simplement texte de quelques indications ci-dessus pour élargir le champ des expériences et j'espère inciter mes confrères à expérimenter une méthode qui me paraît mériter d'entrer dans l'arsenal de la thérapeutique par les agents physiques, et y constituer une des armes les plus sérieuses dans le traitement d'affections réputées redoutables.

Dr Félix REGNAULT

L'OPOTHERAPIE PAR ORGANE FRAIS

De suite après la découverte de Brown-Séquard, les médecins employèrent des extraits frais d'organes : ils broyaient l'organe prélevé sur le lapin ou le cobaye sitôt tué, et injectaient de suite le suc ainsi obtenu.

La technique était délicate, il y eut des accidents. Puis on reconnut que l'extrait thyroïde agissait par ingestion. On généralisa, et on fit ingérer tous les extraits opothérapiques.

On sait aujourd'hui que certains extraits n'agissent qu'en injection, tel l'extrait testiculaire. Pour les autres extraits, il serait désirable d'être définitivement fixé.

De plus, en donnant des extraits desséchés sous forme de cachets, pilules, etc., les spécialistes fabriquèrent des produits en série, et ne s'occupèrent plus de leur fraîcheur : le praticien ignorait si le produit ordonné datait de quelques jours ou de plusieurs mois.

J'examinerai ce point. Prenons par exemple de l'extrait thyroïde, regardons comment se comporte ce produit jusqu'au moment de son ingestion.

La thyroïde a été recueillie sur des animaux choisis et avec toutes les précautions d'asepsie désirables.

Il faut la traiter sitôt recueillie. Dès que l'équilibre vital est rompu, il se produit dans les cellules une autolyse qui modifie leurs produits. Certains principes, la thyroxine, l'adrénaline, l'insuline, le glycogène..... s'y détruisent rapidement, d'autres persistent, plusieurs sont diminués dans leur activité et leur qualité. La thyroïde est de toutes les glandes celle qui acquiert le plus vite par autolyse un pouvoir toxique.

Le traitement auquel est soumis l'extrait d'organe pour assurer sa conservation, le modifie nécessairement. Les spécialistes ont cherché la meilleure méthode pour conserver son intégrité, il y a dissentiment sur ce sujet : les uns dessèchent au vide et au froid, les autres au froid et par un courant d'air ou d'azote, d'autres emploient un procédé chimique, desséchant au phosphate de soude. Un point est acquis, il faut éviter d'enlever brutalement les lipoïdes au moyen d'éther, d'acétone ou d'autres solvants.

Quel que soit le procédé adopté, il ne faut pas permettre le vieillissement de la préparation. Sans doute les pharmaciens se sont assurés que les sécrétions digestives, pepsine, pancréatine, sont stables. Il n'en est pas de même des sécrétions internes, elles diffèrent des précédentes à ce point de vue comme à bien d'autres. Les travaux des biologistes, et notamment du professeur Gley, sont formels à ce sujet.

Gley, se servant d'extrait testiculaire injectable, note que cet extrait a perdu, deux ou trois mois après avoir été préparé, une grande partie de son activité. Il est devenu de six à quinze fois moins actif. Les extraits de thymus et de thyroïde se comportent de même, bien que conservés à l'état sec et à l'abri de la lumière : l'extrait de thymus devient sept fois moins actif après deux mois ; l'extrait thyroïde, après un mois, a perdu un tiers de son activité.

Les extraits de corps jaune ne sont actifs qu'à la condition d'être employés frais. L'extrait de corps jaune périodique de vache ne se conserve ni à la température ordinaire, ni à la glacière, même en tubes scellés. Au contraire, l'extrait de corps jaune de vache gravide est toujours actif. Les extraits de corps jaune de truie et de brebis se comportent comme ceux de vache non gravide et perdent très vite leur toxicité.

Nous n'avons envisagé jusqu'à présent que l'action spécifique, particulière à chaque organe. Il existe aussi une action banale, commune à plusieurs glandes, telles les actions diurétique, cardio-vasculaire, etc. Un extrait organique vieux peut conserver ses propriétés banales, alors qu'il a perdu celles spécifiques ; il n'est pas inerte et peut ainsi faire illusion au thérapeute sur sa valeur.

Je ne parle pas des produits toxiques d'altération qui peuvent se former. Quant à la putréfaction, des préparateurs sérieux savent l'éviter.

Il importe donc de donner au malade des préparations fraîches. J'ai pu me rendre compte de leur efficacité supérieure et plus constante que celle des produits en série. L'extrait thyroïde frais agit à la dose de 0,02 centigr. J'obtiens avec lui la diminution et la disparition des goitres. Or, avec des préparations en série, j'obtenais des résultats variés, et c'est même cette circonstance qui m'a poussé à faire des recherches sur le mode de préparation des extraits organiques.

J'ai pu également m'assurer que l'extrait d'ovaire agit s'il est pris dans les quinze jours qui suivent sa préparation (desséchement par le phosphate de soude). il guérit les dysménorrées.

Il importe que le médecin connaisse la date de préparation de l'extrait qu'il emploie. Il conviendrait que pour des extraits d'organes comme pour les sérums, la date de fabrication du produit soit marquée sur le flacon, et contresignée par le fabricant.

I

(A la suite de cette communication, MM. les professeurs Lépine et Courmont déposent le vœu qui a été adopté par l'Association.)

Dr MORISOT

L'IONISATION APPLIQUEE AU TRAITEMENT DES AFFECTIONS OCULAIRES

L'Ionisation est l'application des lois de l'électrolyse au traitement des maladies. Cette thérapeutique a deux modes d'action, suivant qu'on recherche la mobilisation des Ions naturellement contenus dans l'organisme ou l'introduction dans celui-ci d'Ions médicamenteux.

L'Electrolyse ne peut se produire qu'en solution saline ; on sait, en effet, que l'eau pure n'est sensiblement pas un électrolyte.

Les humeurs de l'organisme peuvent être considérés comme une solution de divers sels, et en particulier de chlorure de sodium.

La constitution semi-liquide de l'œil en fait un organe particulièrement apte au traitement par l'Ionisation, puisque la teneur des milieux oculaires est, à l'état normal, de 2 % en substances salines. Donc, une des premières directives de ce mode thérapeutique appliqué à l'œil, aura pour objet de lui rendre sa teneur normale en sels, lorsque ceux-ci seront en défaut ou en excès, cas auxquels répondent les états d'hypertension ou d'hypotension oculaire.

La deuxième directive du traitement est la conséquence de la première ; elle tient compte des phénomènes d'osmose et de cataphorèse.

On sait qu'une solution saline concentrée, séparée par une membrane poreuse d'une solution moins concentrée, a le pouvoir d'attirer l'eau de telle sorte que la solution plus concentrée diminue de densité tandis que la solution moins concentrée augmente de densité, jusqu'à ce que les solutions soient isotoniques l'une par rapport à l'autre.

D'autre part, nous savons que, sous l'influence du courant galvanique, l'eau étant attirée vers le pôle + (cataphorèse) il s'ensuit que le phénomène d'osmose sera tantôt dans le même sens, tantôt de sens contraire au courant, suivant que le pôle négatif sera plongé en solution plus concentrée ou non. Ajoutons que les anions médicamenteux pénètrent dans l'organisme par la cathode (puisque les anions remontent toujours le courant, lequel est dirigé de l'anode à la cathode), tandis que les cathions médicamenteux (qui descendent le courant) s'y introduisent par l'anode.

La thérapeutique électroionique présente cet avantage que, pour les affections locales, au moins, elle permet de porter l'Ion curateur sur la partie malade en employant une dose très inférieure à celle qu'il faudrait administrer par la bouche. De plus, l'élimination est beaucoup plus lente que lorsque le médicament est absorbé par les voies buccale ou hypodermique.

La troisième directive pour l'application de l'électrolyse aux affections en général, est que le courant doit être de faible intensité. Les effets seront d'autant plus marqués que, dans le quotient $\frac{I}{S}$, la surface S sera aussi petite que possible.

Ce sont les considérations précédentes qui ont guidé l'auteur dans la construction d'une électrode spéciale au traitement des affections des yeux (1).

L'appareil, désigné sous le nom d'Hydrophore oculaire, se compose d'un godet permettant de baigner l'œil ouvert. Au fond du pied de ce godet, d'une contenance de sept centilitres, se trouve l'électrode en fil de platine permettant ainsi par sa faible section une densité de courant très grande, mais par la forme du godet, séparée de l'œil par une colonne de liquide renfermant en dissolution le produit à ioniser. Autant que possible, et pour que la solution ne soit pas douloureuse, elle doit être isotonique par rapport aux milieux de l'œil, lesquels ont une teneur moyenne de 2 %. Le courant galvanique ne doit pas dépasser 5 milliampères et peut, par un inverseur, mettre l'appareil en bain + ou — suivant l'effet à obtenir. L'autre électrode est formée d'une plaque humide sur la nuque.

Comme nous l'avons indiqué plus haut, il est parfois nécessaire d'utiliser des solutions à teneur saline plus élevée que celle des milieux oculaires. Or, dans ce cas, la solution n'étant plus isotonique par rapport aux liquides oculaires, le bain serait douloureux ; l'auteur remplace alors le bain par un tube à solution plus concentrée (donc facilement ionisable) et plongeant dans la solution légèrement salée à 1 % de l'Hydrophore. Ces tubes sont construits de telle sorte que les uns reçoivent directement le courant par leur fil inférieur, les autres le prennent par leur électrode s'adaptant à celle de l'Hydrophore.

Ce tube est placé verticalement dans l'Hydrophore, où l'œil baigne à une distance de 3 à 15 millimètres de la partie supérieure du tube ; suivant en effet qu'on fait varier par rapprochement ou éloignement du tube de l'œil, l'intensité augmente ou diminue par diminution ou augmentation de résistance.

Il ne peut être rendu compte ici de tous les résultats obtenus dans les diverses affections oculaires ; mais, étant données les guérisons et les améliorations encourageantes que l'auteur a rassemblées depuis 25

(1) L'auteur, mettant à profit cette thérapeutique depuis 1904, a fait breveter en 1912 le premier appareil pour électrodes à ionisation oculaire, sous le nom d'Hydrophore cataphorique oculaire. Afin de raccourcir la description, les modèles peuvent être examinées à l'Exposition pour l'Avancement des Sciences, Groupe K, classe 53.

ans, il a cru devoir signaler ici cette thérapeutique appelée à rendre d'immenses services.

LESCŒUR
Chef des Travaux à l'Institut d'hydrologie.
et
J. SERANE
Médecin aux eaux de Saint-Nectaire.

ACIDITE IONIQUE ET CONSTITUTION CHIMIQUE DES EAUX MINERALES DE SAINT-NECTAIRE

Nous avons examiné cette année un certain nombre de sources de Saint-Nectaire au point de vue spécial de l'équilibre acide-base. Nous avons fait quelques déterminations les unes chimiques, les autres physico-chimiques dont les résultats, ainsi qu'on va le voir, sont à rapprocher les uns des autres.

1° *Détermination expérimentale par voie chimique de l'acide carbonique total* (CO^3) *et de l'alcalinité totale.*

Nous avons dosé l'acide carbonique total par un procédé consistant à déplacer, sur une prise d'essai de 5 cm. le gaz après acidification du milieu, à l'entraîner par un courant d'air et à le fixer sur l'eau de baryte dont on mesure l'abaissement du titre au moyen de l'acide chlorhydrique $\frac{N}{50}$ en présence de phenolphtaléine.

L'alcalinité a été dosée globalement par une méthode qui consiste à la titrer dans une prise d'essai de 5 cm³ avec de l'acide chlorhydrique $\frac{N}{50}$ en présence de rouge de méthyle jusqu'à l'apparition d'une teinte rose.

Dans la discussion qui va suivre et pour des raisons que nous avons développées ailleurs, nous trouvons avantageux d'envisager, pour chaque source étudiée, l'acide carbonique ou l'alcalinité non pas en quantité absolue, mais dans leur rapport $\frac{CO^3 \text{total}}{\text{alcalinité}}$, les deux termes de ce rapport étant exprimés en cm³ de liqueur alcalimétrique. C'est ce rapport variable d'une eau à une autre qui permet parfaitement de caractériser chimiquement le eaux carbonatées.

2° *Détermination simultanée de la donnée physique du pH.*

Nous nous sommes servis de la méthode colorimétrique de Sörensen et Clark. On sait que cette méthode consiste à comparer dans les mêmes conditions de concentration en indicateurs des tubes à essai contenant le liquide à examiner avec des tubes étalons à pH connus. Nous avons utilisé le dispositif préconisé par l'un de nous en collaboration avec M. Bierry et qui consiste à se servir de poudres étalonnées types pour la préparation extemporanée des solutions (1). Ces solutions sont colorées comme l'échantillon à examiner avec dix gouttes des indicateurs suivants : solution de bleu de bromothymol pour les pH de 6,2 à 7, solution de rouge de phénol pour les pH de 7,2 à 8.

Les deux déterminations précédentes, mesure du rapport $\frac{CO^3}{Alc.}$ et pH ont été faites au laboratoire du professeur Desgrez à Paris sur des eaux très récemment embouteillées (col. II et col. III). Accessoirement, nous avons déterminé la température des mêmes sources et repris leur pH à l'émergence même (col. IV et V).

On voit :

TABLEAU I. — *Résultats expérimentaux.*

I	Détermination effectuée			
	au laboratoire		à l'émergence	
Sources	II $\frac{CO^3}{Alcalinite}$ (1)	III *pH*	IV *pH*	V Température
Sainte-Marie	3,16	6,40	6,30	14°
Mauranges	3,20	6,50	6,40	15,5
André	2,98	6,50	6,65	15,5
Bauger	3,13	6,55	6,40	14
Dames	2,81	6,60	6,40	16,5
Rouge	2,95	6,60	6,40	22
Rocher	2,51	6,75	6,50	23
Parc	2,60	6,75	6,70	16,5
Gros-Bouillon	2,74	6,80	6,70	28
Boette	2,48	6,80	6,75	32
Saint-Cézaire	2,69	6,85	6,70	35
Mont-Cornadore	2,54	6,85	6,70	35
Papon	2,15	7,25	7,10	41

(1) Rapport expérimental trouvé par voie chimique.

(1) H. Pierry et L. Lescœur. Dispositif pour la détermination rapide du pH. Bull. de l'Acad. méd., 22 décembre 1924.

1° que les pH à l'émergence (col. IV) sont en général légèrement supérieurs à ceux mesurés au laboratoire (col. III).

2° que les pH à l'émergence suivent un ordre qui est en général celui des températures (col. V).

Le premier point s'explique par la facile diffusion de la portion de l'acide carbonique qui est dans l'eau à l'état libre.

En ce qui concerne la relation entre le pH et la température, rappelons que M. Glénard et Mme Gruzewska (1) ont rapporté des observations analogues à propos des eaux du bassin de Vichy.

Retenons du tableau précédent les chiffres obtenus simultanément au laboratoire pour le pH et pour le rapport expérimental $\frac{CO^3 \text{ total}}{\text{Alcalinité}}$ (col. III et II). Portons en abscisses les valeurs de pH et en ordonnées les rapports, nous obtiendrons ainsi une série de points correspondants aux différentes sources.

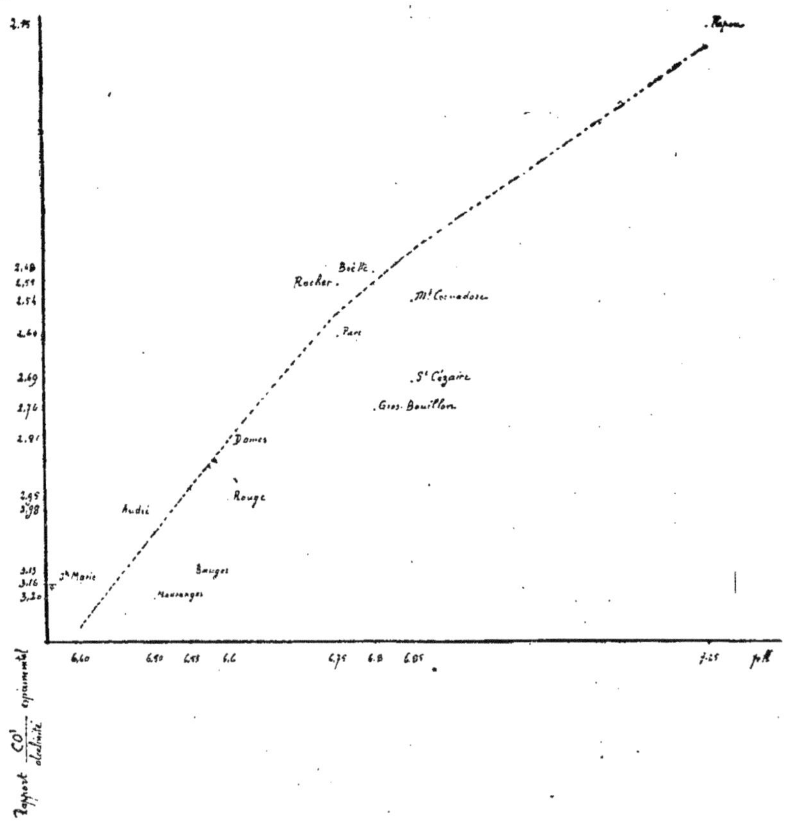

(1) La concentration en ions H des Eaux de Vichy. Société d'hydrologie médicale, 1er décembre 1924.

Nous constatons que les résultats obtenus sont sensiblement groupés le long d'une courbe à concavité inférieure, à l'exception cependant de deux sources Gros-Bouillon et Saint-Cézaire qui paraissent s'écarter des autres sous ce rapport.

Tels sont les faits expérimentaux ; essayons maintenant de les interpréter.

3° *Interprétation et discussion.*

On sait qu'entre la concentration en ions H qui est tirée du pH par l'usage d'une table de logarithmes, la concentration en acide carbonique libre et celle en acide carbonique combinée, il existe pour les pH inférieurs à 8,4 une relation dont rend compte d'une façon approchée la formule suivante due à Henderson et fréquemment utilisée aujourd'hui par les biologistes dans les études sur le sang.

$$H = K \frac{\text{Acide carbonique libre}}{\text{Sel de l'acide carbonique}} \quad (1)$$

Nous avons modifié la forme habituelle de cette équation pour y faire figurer à la place de la concentration en acide carbonique libre et en son sel (ici bicarbonate), d'une part l'acide carbonique total et d'autre part l'alcali du bicarbonate, autrement dit l'alcali lié à l'acide carbonique, éléments directement accessibles à l'analyse chimique et faciles à obtenir au moins dans certains cas, par exemple dans les solutions pures de bicarbonates et d'acide carbonique où, grâce à notre mode d'expression, l'alcali lié à l'acide carbonique se confond avec l'alcalinité au rouge de méthyle.

L'acide carbonique total et l'alcali des bicarbonates sont exprimés ici, comme nous l'avons fait dans les déterminations expérimentales qui précèdent en cm^3 de liqueurs alcalimétriques $\frac{N}{50}$. Le rapport $\frac{CO_3 \text{total}}{\text{alcali lié à } CO^3}$ est ce que nous avons appelé « Indice d'acidité i des carbonates ». Il est donné par la formule suivante dérivée de (1)

$$i = \frac{CO^3 \text{ total}}{\text{Alcali lié à } CO^3} = 2\left(1 + \frac{H}{K}\right)$$

On sait que la valeur de K est fonction, dans une certaine mesure, de la concentration en électrolytes.

Nous avons trouvé expérimentalement pour des solutions artificielles d'une composition voisine de celle des eaux type de Saint-Nectaire (Saint-Cézaire, Mont Cornadore) la valeur de $K = 6{,}17 \cdot 10^{-7}$ que nous adoptons provisoirement.

Nous avons établi ainsi, d'après le pH ou plus exactement la concentration en ions H qui en dérive, les rapports calculés $\frac{CO^3 \text{total}}{\text{alcali lié à } CO^3}$

TABLEAU II.

I Sources	II $\frac{CO^3 \text{ total}}{\text{Alcalin. liée à } CO^3}$ (1)	III Concentr. en ions H.
Sainte-Marie	3,28	0,400 10^{-6}
Mauranges	3,03	0,320 10^{-6}
André	3,03	0,320 10^{-6}
Bauger	2,92	0,285 10^{-6}
Dames	2,81	0,250 10^{-6}
Rouge	2,81	0,250 10^{-6}
Rocher	2,56	0,175 10^{-6}
Parc	2,56	0,175 10^{-6}
Gros-Bouillon	2,51	0,160 10^{-6}
Boette	2,51	0,160 10^{-6}
Saint-Cézaire	2,45	0,140 10^{-6}
Mont-Cornadore	2,45	0,140 10^{-6}
Papon	2,18	0,562 10^{-7}

(1) Rapport calculé d'après la loi d'Henderson ($H = 6{,}17\ 10^{-7}$).

Les résultats calculés ainsi à partir des pH au moyen de la constante K adoptée forment une courbe régulière à concavité tournée vers l'axe des pH et qui se trouve coïncider à peu près avec les résultats expérimentaux précédemment obtenus par voie chimique directe.

Cette coïncidence n'était pas évidente a priori : ce que nous comparons en effet pour un même pH, ce sont, en réalité, deux rapports qui pourraient différer notablement puisque d'un côté figure au dénominateur l'alcalinite totale de l'eau et de l'autre figure seulement l'alcalinité liée à l'acide carbonique. Les chimistes conçoivent en effet que l'alcalinité d'une eau constitue une donnée globale qui comporte non seulement l'alcalinité liée à l'acide carbonique, mais encore celle qui peut être liée à d'autres acides faibles, par exemple à l'acide silicique, sulfhydrique, borique, etc...

L'accord que nous constatons montre que dans les eaux de Saint-Nectaire, il n'y a en fait que l'alcalinite liée à l'acide carbonique qui intervienne dans l'équilibre déterminé par la notion physico-chimique du pH, toutes réserves faites cependant au sujet de la dissidence que nous avons observée à propos des sources Saint-Cézaire et Gros Bouillon et dont nous rechercherons la confirmation et l'interprétation ultérieurement.

Conclusions : En résumé dans la plupart des sources de Saint-Nectaire, il existe une relation assez satisfaisante entre le coefficient physico-chimique du pH et la donnée chimique facile à obtenir $\frac{CO^3 \text{ total}}{\text{alcalinité}}$

bien que cette donnée ne se confonde pas théoriquement avec la donnée de la loi d'Henderson. Si nous avons présenté à une section médicale ces observations chimiques, c'est qu'elles posent, à propos d'une eau minérale, un problème que les médecins se sont efforcés et s'efforcent encore de résoudre à propos du sang et des humeurs.

En réalité, il s'établit sur cette question une étroite relation entre l'art médical et l'hydrologie. Des deux côtés, le but poursuivi est de mieux connaître la constitution et le rôle biologique des liquides complexes : sang, humeurs, solutions thérapeutiques artificielles ou naturelles et sur ce point médecins et hydrologistes se rencontrent à propos de l'utilité de déterminer et d'interpréter le pH dans cette partie de l'échelle qui, excluant les acidités ou les alcalinites excessives, se borne à la zone moyenne, que nous pourrions appeler la zone biologique des pH.

Dr J. COULOUMA
Pharmacien.

QUELQUES CAS DE POLYGLOBULIE

Définition et causes.

Nous empruntons à M. le Professeur Juillet la définition de la polygobulie et sa signification médicale : La Polyglobulie est l'augmentation notable du chiffre des globules rouges par millimètre cube de sang. Il y a polyglobulie dès que le nombre des hématies dépasse 5.000.000.

Nous laisserons de côté l'hyperglobulie qui veut dire augmentation de volume de chaque globule sans progression de leur nombre. D'après M. le Professeur Juillet, la Polyglobulie peut être le résultat de la concentration du sang par diminution de l'élément liquide de ce tissu : ce sont les fausses polyglobulies. Dans un cas beaucoup plus fréquent, la polyglobulie est la conséquence d'une augmentation réelle des globules rouges.

La concentration du sang peut se produire dans la période algide des cholériques, par les ascites, durant les pertes de liquides des tuberculeux sous forme de sueurs profuses ou de diarrhées entéritiques.

Nous ne vous présenterons pas des cas de ce genre ni même ceux résultant de la maladie de Vaquez appelée encore polyglobulie essentielle.

Les résultats analytiques que nous vous signalerons ressortent tous à notre avis des polyglobulies vraies compensatrices dans lesquelles le sang multiplie ses hématies pour lutter contre l'anoxémie. Nous préciserons même davantage en disant que presque toutes nos observations ont été faites sur des malades atteints de tuberculose et faisant, soit de la cyanose par obstacle respiratoire, soit de la chlorurémie sèche tuberculeuse.

Que disent les principaux auteurs et techniciens de laboratoire dont nous possédons les ouvrages ?

Guiart et Grimbert pensent qu'il s'agit le plus souvent dans la polyglobulie d'une augmentation apparente due à une concentration du sang par perte de liquide. On peut alors compter jusqu'à 6.000.000 et même 7.000.000 d'hématies.

Vaquez a cependant observé un accroissement véritable des hématies dans l'intoxication phosphorée et dans la cyanose. Il en serait de même dans la maladie d'Addison.

L'après Agasse Lafont, il faut distinguer deux sortes de polyglobulies : les polyglobulies par concentration dont le type est le choléra et les polyglobulies compensatrices. Dans ce dernier cas, lorsque l'hématose ne peut se faire comme à l'état normal, la valeur fonctionnelle de chaque globule devenant moindre, il peut se montrer une surproduction de ces éléments, véritable réaction de défense de l'organisme. On constate cette polyglobulie, disent les mêmes auteurs, surtout dans les cas de cyanose congénitale par mélange de sang artériel et veineux. Elle peut se produire aussi dans les cas de cyanose acquise par lésions pulmonaires entraînant une ventilation insuffisante Dans les deux cas, les dimensions des globules sont généralement augmentées ; leur nombre peut monter à 12 millions.

Jolly, dans son traité tout récent d'hématologie, cite des polyglobulies dans toutes les maladies accompagnées d'œdème, dans les maladies de cœur mal compensées et dans la néphrite chronique. Il signale même un cas de splénomégalie tuberculeuse primitive.

Calmette et Fiessenger indiquent que la polyglobulie existe dès que le nombre des hématies dépasse 5 millions chez l'homme, 4 millions 500.000 chez la femme et 6.900.000 chez le nouveau-né.

Otto et Laache donnent des chiffres très voisins de 5 millions pour l'homme et de 4.500.000 pour la femme ; Marcano fixe des limites inférieures soit : 4.536.000 et 4.179.000. Nous allons admettre pour les deux sexes les limites de 5 millions et de 4 millions 500.

Premier cas

Le premier cas est vraiment curieux par le temps qu'il a fallu pour établir le véritable diagnostic. Mme M. A. 60 ans avait eu à 20, 30 et 40 ans des crises hépatiques avec vomissements biliaires et coloration des muqueuses en jaune forme d'un ictère.

Son foie avait été toute sa vie gros, sans être douloureux ; l'état général de la malade a été toujours très déficitaire (maigreur, asthénie, marche pénible, maux de tête, descente des organes).

Vers 60 ans, le médecin constate de la myocardite. Les urines deviennent rares et les vomissements reprennent. Nous constatons de l'oligurie, un pourcentage très élevé en acide urique, une faible teneur en urée et une légère rétention des chlorures.

Le ventre est balloné et le rein droit gros à la palpation. Ce rein subit des fluctuations et fait de l'hydronéphrose : les urines deviennent très abondantes à certains moments et la palpation ne retrouve plus l'organe malade. Du reste, les urines, au moment de la décharge, contiennent de très nombreux bacilles Coli et du pus, tandis qu'elles ne sont pas microbiennes ni purulentes dans les périodes d'oligurie.

Les médecins, sur l'opposition de la famille, renoncent à la radiographie et me font appeler pour l'examen du sang.

Je constate une polyglobulie très nette (7.200.000) tandis que les leucocytes atteignent 11.500 permettant ainsi l'établissement d'un rapport normal. D'autre part, la malade fait un peu d'urémie (0.60). Mes résultats sont immédiatement contestés, car la malade a les muqueuses décolorées.

Je fais appel à un aimable confrère d'une ville voisine pour me contrôler : il trouve, un mois après, 8.000.000 d'hématies sur la même malade. Tous deux nous comptons 11.500 leucocytes et nous constatons de la leucocytose.

Un an après, la cliente vit encore : les médecins n'ont pas, même à ce moment, posé un diagnostic. Poussés par la famille, les cliniciens se décident cependant à conclure à un cancer, malgré l'absence complète de douleur.

Nous vérifions à nouveau l'existence de la polyglobulie. La rétention des chlorures existe toujours; la malade suit le régime du lait dichloruré sans grand résultat ; elle a maigri beaucoup, elle tousse et à l'auscultation un épanchement est constaté à la base du poumon.

Nous décidons les parents de la malade à faire prélever de l'urine aseptiquement. Un premier examen avec inoculation reste négatif, mais un deuxième plus tardif nous permet de conclure à une tuberculose rénale. Le foie et le rein du cobaye à l'autopsie sont énormes et recouverts de taches jaunes dans lesquelles nous retrouvons des bacilles. Nous faisons vérifier notre analyse par un confrère et notre autopsie par une docteur ami ; nous allions communiquer notre analyse aux médecins traitants quand la malade meurt par congestion du poumon et œdème généralisé, toujours sans souffrances et après vingt mois de maladie.

Si les cliniciens avaient ordonnné une inoculation au début de l'affection, le diagnostic exact aurait permis un autre traitement et peut-être une prolongation de la vie de la malade.

La polyglobulie, dans ce cas de tuberculose viscérale, peut être rattachée à la concentration du sang par chlorurémie sèche.

Pourtant, à la même époque, nous avons vu le cas de M. Ar..., âgé lui aussi de 60 ans et atteint de cancer du foie avec douleurs très vives. Ce malade fait lui aussi de la rétention des chlorures, mais nous n'observons pas de polyglobulie. Bien au contraire, nous comptons 2.300.000 hématies, chiffre décelant une grande anémie ; ce chiffre a été contrôlé par un autre laboratoire qui a trouvé 1.800.000 globules rouges.

Deuxième cas

Mlle V..., 25 ans, atteinte d'anémie apparente et de lésion bacillaire de l'articulation sacro-illiaque gauche, a les muqueuses décolorées. Cependant, nous trouvons chez elle, à deux époques différentes, des chiffres de globules supérieurs à la normale et variant de 5.380.000 à 6.420.000. Elle fait aussi de la polynucléose. Après disparition de la fièvre et guérison de sa lésion, nous comptons 7.000.000 hématies.

Troisième cas

M. H..., préparateur de Faculté, a été mis dans l'auxiliaire durant la guerre pour obscurité des sommets et bronchite suspecte. Il vient nous trouver en nous demandant une numération. Nous comptons 8.340.000 globules, chiffre qu'il vérifie lui-même après nous. Ses paupières sont enflées le matin mais l'analyse de ses urines, à Montpellier, n'a pas permis de conclure à une rétention chlorurée. Nous n'avons pas pu pousser plus loin nos recherches sur ce malade, mais nous le croyons atteint de tuberculose.

Quatrième cas

G. R..., enfant de 15 ans, fille de tuberculeux, a passé par un préventorium l'année dernière. Ses joues sont rouges, elle tousse et crache ; l'analyse n'a pas cependant décelé des bacilles dans ses crachats. Elle a des maux de tête fréquents, malgré qu'elle soit réglée. Nous découvrons chez elle de la polyglobulie : soit 5.880.000 hématies.

Cinquième cas

R. A..., réformé de guerre avec pension pour bronchite suspecte des sommets, souffre d'une légère insuffisance hépato-rénale ; ses paupières sont un peu enflées le matin. Il ne crache pas, mais il présente l'apparence d'un anémique. Nous comptons 5.760.000 hématies dans son sang.

Sixième cas

E. A..., enfant de quatre ans, fils du précédent, est atteint d'adénite trachéo-bronchique. Son sang renferme 6.300.000 globules rouges.

CONCLUSIONS

1° La décoloration des muqueuses ne signifie pas toujours anémie.

2° Les tuberculeux ou les prétuberculeux font très souvent une légère polyglobulie que nous rattachons, soit à la néphrite chlorurémique sèche, quand ils sont atteints de lésion rénale, soit au rôle de défense rempli par la rate.

Léon Binet, Carlot et Williamson viennent, en effet, de démontrer que, chez le chien, cet organe se contracte, au cours des asphyxies accidentelles ou maladives, pour chasser dans le sang les nombreux globules rouges accumulés dans ses tissus. Il se produit dans les polyglobulies une réaction de défense de l'organisme pour lutter contre l'asphyxie.

Eugène FOUARD

Docteur ès Sciences physiques,
Chimiste Expert près le Tribunal Civil de la Seine,
78, boulevard National, à Vincennes (Seine).

SUR UNE METHODE NOUVELLE GENERALE DE PREPARATION DES COLLOIDES METALLIQUES ET SUR SES APPLICATIONS EN MEDECINE GENERALE

J'ai l'honneur de présenter au Congrès la première communication de mes travaux sur une classe de colloïdes nouveaux, et sur leurs applications thérapeutiques.

Si la Médecine s'intéresse actuellement aux produits colloïdaux, elle ne considère pas comme étant de son domaine leur mode de préparation ; cependant la méthode que j'ai créée prend place dans le cadre des sciences médicales, car elle constitue un essai de synthèse physico-chimique de ces agents de la vie cellulaire qu'on nomme diversement diastases, enzymes, toxines, dont nous ignorons complètement la nature intime.

Ce qu'on sait de ces principes, c'est qu'ils existent toujours sous la forme colloïdale ; il paraît donc légitime de supposer que leurs propriétés singulières dépendent de cet état particulier de la matière vivante ; j'ai pensé que l'on pouvait dissocier, dans leur constitution inconnue, deux éléments objectifs, le colloïde lui-même, de nature ou albuminoïde ou amylacée, servant de support à l'élément actif proprement dit, catalyseur de masse infinitésimale, dont nous ignorons la composition et qui serait associé, sous forme d'ions, à chaque granule colloïdal : l'ensemble d'un granule et d'ions, que je dénomme « *Granions* » constituerait la particule unitaire, dans la diastase ou la toxine élaborée par la cellule.

Si cette conception se rattache quelque peu à la réalité des phénomènes, on devrait pouvoir en amorcer une vérification expérimentale en fixant, par un procédé à trouver, les ions d'un élément simple donné, tel un métal, sur les granules d'un colloïde organique chimiquement pur. C'est dans cet ordre d'idées que j'ai conçu un dispositif rappelant, de fort loin, sans doute, ce qui doit s'accomplir dans une cellule vivante, pour communiquer à son protoplasme ses propriétés diastasiques ou toxiniques.

Je l'ai imaginé de la façon suivante : une solution saline forme le milieu extérieur dans lequel on immerge l'organe essentiel, une cellule osmotique formée d'une membrane cylindrique en collodion, rendue semi-perméable, à la façon des membranes cellulaires vivantes, par une méthode que j'ai décrite antérieurement (Comptes rendus de l'Académie des sciences). Si l'on introduit dans cette membrane le colloïde organique pur et si l'on dispose dans chacun des 2 milieux séparés une électrode, en faisant passer un courant très faible, de quelques milliampères, on voit se former un nuage coloré qui se disperse et teinte uniformément le colloïde organique. Ce sont les ions métal qui se déchargent électriquement sur les micelles albuminoïdes ou amylacées et forment un complexe colloïdal.

Appliquant à ces préparations le traitement de purification et d'extraction des diastases et des toxines, nous obtenons après isotonisation, dans les ampoules présentées, un liquide contenant des flocons en suspension, dont le praticien fait lui-même un colloïde homogène, avec toute la fine perfection de son état initial, par une simple chauffe vers 90-100°, ce qui supprime le défaut d'instabilifé des préparations connues.

Quelles sont les propriétés des ces *granions* métalliques ? Elles sont évidemment en rapport direct avec l'état très spécial de l'élément actif.

Considérons, par exemple, la réaction de choc colloïdoclasique ; l'injection intraveineuse des Granions, en fait, ne la détermine pas, malgré une activité physiologique extrêmement puissante : ce mécanisme imprévu se comprend si l'on considère que l'élément métal n'est pas déversé d'une manière totale, instantanée, dans le courant circulatoire, mais s'y trouve libéré progressivement.

Les effets thérapeutiques de ces Granions, ne peuvent être présentés ici que dans une vue d'ensemble, faisant apparaître précisément une vérification des hypothèses que nous avons émises sur la structure et la formation des catalyseurs cellulaires, diastases et toxines.

Ainsi, résumons-nous en quelques exemples : alors que les arsenicaux manifestent leur action à doses pondérables, quelques dixièmes de milligrammes de Granions d'Arsenic seulement doivent développer une action beaucoup plus puissante, ce que la pratique démontre, notamment dans le traitement des tuberculoses à forme torpide.

Les Granions d'Argent et d'Or représentent de même des agents anti-infectieux de premier ordre.

Avec les Granions de Bismuth, ce ne sont pas non plus des grammes de métal à l'état de sel qui juguleront une manifestation syphilitique ; quelques centigrammes seulement conduiront au but avec une profondeur dans les effets, particulièrement saisissante dans les accidents nerveux, habituellement rebelles.

Pour achever ce bref exposé d'applications, je toucherai ici à l'action des Granions de Cuivre dans les affections néoplasiques : alors que, jusqu'ici, ce métal n'avait fourni que des indications imprécises, une véritable « cuprothérapie » des cancers et des tumeurs prend naissance dans l'application des Granions de ce métal. Il ne s'agit pas seulement, dans cette action, de quelque amélioration incertaine, rare et momentanée : les effets signalés, dans toutes sortes de formes, sont tellement manifestes qu'ils vont parfois jusqu'à affecter l'apparence de la guérison, maintenue actuellement, dans certains cas, depuis plusieurs années, et que rien ne pouvait faire prévoir.

Tel est résumé, dans cet exposé, l'ensemble d'un travail apportant à la thérapeutique une nouvelle classe d'agents curatifs.

Dr ABRAMOVITSCH

Le Havre.

LA DUALITE DU CORPS HUMAIN DEPUIS LA PREMIERE COMMUNICATION EN 1921

Ma première communication sur le sujet date de 1921, Congrès de Rouen de l'Association Française pour l'Avancement des Sciences.

Depuis cette époque, j'ai écrit une trentaine de mémoires sur le même sujet, dont les dix premiers ont été réunis en un volume, édité par l'Expansion Scientifique Française et préfacé par le docteur Charles Fiessinger, directeur du *Journal des Praticiens.*

Le but de cette communication est de montrer le chemin parcouru depuis le Congrès de Rouen.

Deux idées dominent notre théorie :

L'indépendance de chaque moitié, du corps, d'une part, le *gaz vital*, d'autre part.

L'INDEPENDANCE DE CHAQUE HEMI CORPS

Est-ce une idée nouvelle ? Certes, car l'indépendance résulte de la sexualité différente. C'est dire que tout être vivant est hermaphrodite.

Nous sommes tous des hermaphrodites. Voilà la véritable originalité de l'idée de la dualité du corps humain.

Les hommes sont aussi un peu femmes.

Les femmes sont un peu hommes.

L'embryologie comparée nous vient en aide.

En effet, tous les vertébrés sont originellement hermaphrodites, par la présence des conduits de Wolff et Muller (F. Tourneux) (1).

La taupe femelle adulte possède un organe génital bi-sexuel : un segment ovarique avec des follicules de de Graaf et un segment *spermatique.*

La physiologie nous confirme.

Mme Anna Drzewina (2) et Georges Bohn présentent un oursin avec 4 glandes entièrement femelles, la cinquième entièrement mâle.

Rio Branco (3) a opéré un jeune homme pour hernie inguinale. Il a trouvé près du testicule une petite tumeur, contenant un ovaire avec sa trompe.

Mais, la meilleure preuve nous est fournie par l'hermaphrodisme expérimental de Kund Sand (4) par transplantation simultanée d'un testicule et d'un ovaire, dans les poches sous-péritonéales, chez le rat.

Aussi par formation d'*ovario-testicules*, la glande femelle insérée dans la glande mâle, avec plein succès.

Voilà donc une des conséquences de notre théorie : *l'hermaphrodisme de l'homme normal.*

Une seconde conséquence est la reconnaissance du *gaz vital.*

LE GAZ VITAL

Voilà notre définition du gaz vital (5) :

« Par l'élimination, nous sommes amenés à fixer dans la matière « gazeuse la caractéristique des glandes closes.

(1) F. Tourneux, Précis d'embryologie humaine, 1921.

(2) Anna Drzewina et Georges Bohn, Académie des Sciences de Paris, 11 février 1924.

(3) Société d'obstétrique, 16 juin 1924.

(4) K. Sand, Journal de Physiologie et de Pathologie générale, 1921.

(5) Abramovitsch, *loc. cit.*, p. 45.

« Nous disons donc que le contenu des glandes vasculaires est une
« substance gazeuse, *pesante, extensible et compressible*. Cette subs-
« tance gazeuse dirige la vitalité de notre organisme, préside à la for-
« mation de la vie embryonnaire, à la croissance de la vie foetale et
« extra utérine.

« Toutes les glandes vaculaires communiquent entre elles et cons-
« tituent notre *cavité centrale*, remplie comme un sac, par le corps
« gazeux vital, qui est notre *âme*, notre caractère, notre personnalité,
« dont la présence conditionne notre vie, dont la disparition donne
« la mort. »

Les directives de la science contemporaine prennent racine dans notre théorie.

Seule, elle permet d'envisager avec satisfaction toutes les déductions biologiques.

En ce sens, Claude Bernard est dualiste.

CLAUDE BERNARD DUALISTE

Le professeur J.-L. Faure (1) met dans la bouche de Claude Bernard ces paroles dualistes : « La force vitale *dirige* des phénomènes qu'elle ne produit pas ; les agents physiques produisent des phénomènes qu'ils ne dirigent pas. (Introduction à l'étude de la médecine expérimentale.)

Claude Bernard *écartant de la physiologie expérimentale* cette *entité insaisissable* qu'est la force vitale, a l'intuition de la dualité, sans la saisir.

Cette « entité insaisissable » de Claude Bernard est notre gaz vital (2), notre énergie vitale, notre psychisme, notre équilibre vago-sympathique, notre siège d'anaphylaxie, notre âme.

Contrairement à Claude Bernard, non seulement nous n'écartons pas de la physiologie expérimentale le gaz vital, mais nous les déclarons indissolublement liés, tous deux.

La physiologie expérimentale fera fausse route, si elle fait abstraction du gaz vital.

Cuvier, homme bien intelligent, a écrit :

CUVIER DUALISTE (3)

Cuvier, homme bien intelligent, a écrit :

« L'être possède deux formes, l'une révélée, l'autre *cachée*, toutes deux *réelles*, cependant. Elles *se lient* et *s'associent*, de façon étroite, où la première inspire et la seconde réalise. La première est une *direction*, la seconde une *figuration*.

La direction, c'est le gaz vital.

La figuration, c'est l'être animal.

(1) Faure, Claude Bernard, Les éditions G. Grès et Cie, Paris, 1925.
(2) Abramovitsch, La dualité du corps humain, page 42 V.
(3) Louis Roule. Cuvier, éditeur, Ernest Flammarion, 1926.

La première inspire, c'est le gaz vital. La seconde réalise, c'est l'organisme. Cuvier, comme Claude Bernard, était dualiste, au point de vue philosophique.

Ils sentaient qu'il ne pouvait pas en être autrement.

Nous avons démontré, par contre, cette idée dualiste, sous forme palpable.

Nous avons matérialisé le gaz vital.

Nous l'avons mis à la portée de la main.

Nous avons domestiqué le gaz vital.

Nous l'avons dompté, comme on dompte un lion, dans une cage.

Cuvier et Claude Bernard sentaient bien le gaz vital derrière un mur épais, impénétrable.

Nous avons percé une lunette dans ce mur.

Le professeur Ombrédanne nous appartient aussi, sans le savoir.

OMBREDANNE DUALISTE

L'éminent chirurgien, dans sa leçon d'ouverture, à la Faculté de médecine de Paris (1), s'exprime ainsi : « La *croissance* influencée par les *glandes*, influencée par les lésions médullaires du spina bifida ; la *croissance*, qu'il nous faut même envisager *indépendamment du système nerveux, la croissance* n'existait-elle pas avant toute apparition du névraxe, au jour même où la cellule initiale s'est, pour la première fois, divisée ? La croissance qui dépasse la définition que Bichat a *donnée à la vie*.

La *croissance*, fonction créatrice, *puissance obscure et splendide*, que la première cellule reçoit au moment même de la conception.

La puissance *obscure et splendide, c'est le gaz vital.*

Dans cette phrase, le mot croissance se répète 5 fois.

Pourquoi Ombrédanne se complait-il dans la répétition de ce mot magique qui est la croissance ?

Parce que la croissance est dominée et dirigée par le gaz vital, puissance *obscure et splendide*.

Le gaz vital est une puissance obscure, parce qu'impénétrable à la science. Mais aussi, le gaz vital est une puissance *splendide*, car il existe, il nous domine, c'est lui qui parle par notre bouche ; c'est lui qui dirige tous nos actes ; c'est lui qui est notre roi.

Nous terminerons par le professeur Chauffard.

CHAUFFARD DUALISTE (2)

Après avoir examiné les différentes fonctions de l'individu, pour l'appréciation du pronostic préopératoire et postopératoire, le professeur

---

(1) Ombrédanne, leçon faite le 8 mai 1925 au grand amphithéâtre de la Faculté de Médecine, Presse médicale,

(2) A. Chauffard, Le pronostic préopératoire et postopératoire à l'hôpital Saint-Antoine, Journal des Praticiens, 25 mars 1925.

Chauffard se demande comment réagira le système nerveux. Et surtout, ce qu'il faut apprécier, c'est le *tonus vital, l'énergie vitale* d'un sujet.

L'énergie vitale, c'est le gaz vital, car, l'énergie vitale est l'organisme lui-même.

L'énergie vitale de Chauffard c'est l'entité insaisissable de Claude Bernard, c'est la direction de Cuvier, c'est la puissance obscure et splendide d'Ombrédanne, c'est *notre gaz vital.*

Dr Léon DAVID
(Paris).

NOTE SUR LA MEDICATION IODEE DANS LA TUBERCULOSE PULMONAIRE: L'IODE RADIO-ACTIF ET LE PROCESSUS D'EVOLUTION

Raoul BAYEUX

LA THEORIE ERYTHROLYTIQUE DU MAL DES ALTITUDES

Il faut reconnaître que la répercussion du séjour en atmosphère décomprimée sur les globules rouges est loin d'être connue définitivement. Pour Jourdanet, le sang était en *anoxyhémie ;* pour Viault et Jolyet, il était en hyperglobulie ; pour Paul Bert, il se chargerait d'acide carbonique ; pour Kronecker, Spehl, Desguin et Héger, il stagnait dans le poumon congestionné en déterminant de la dilatation du cœur droit.

J'ai poursuivi cette question pendant *vingt-deux* ans en très haute altitude (Observatoire Janssen, 4.810 mètres ; Caponna Margherita : Mont Rose : 4.570 mètres) et j'ai trouvé que la réaction fondamentale sur les érythrocytes n'est pas l'augmentation de leur nombre (laquelle n'est ni constante, ni proportionnelle à l'altitude), mais bien la production de déformations diverses, qui traduisent un processus pathologique dû, en même temps, à la stagnation circulatoire et à l'insuffisance d'oxydation. La stagnation résulte de l'œdème alvéolaire pulmonaire que j'ai démontré, et à l'hyperproduction de dialysats organiques par abaissement de la tension de l'oxygène dans l'air inspiré.

Les modifications morphologiques des érythrocytes se présentent sous plusieurs formes : hématies *perlées*, *sphéro-épineuses* ou *crénelées*, représentant des globules œdématiés, et d'autres *plissées*, qui sont hypotendues. Enfin, après un certain nombre de jours, des formes jeunes, en anisocytose, poïkilocytose, ou granulose.

Il résulte de cette constatation que le nombre total des hématies touchées par la décomposition importe moins que le pourcentage des lésées par rapport au nombre total.

Le plus souvent, le nombre des hématies restées saines est inférieur à la normale. Le sang est en état d'anémie, *comme après une saignée*, et il se produit, comme dans ce dernier cas, une hématopoïèse réparatrice.

Mais, l'érythrolyse, non seulement indique et décèle une auto-intoxication, mais encore démontre que le sang s'est chargé de déchets globulaires.

La purification ne peut se faire que par un effort organique réactionnel : à un certain degré, cette réaction se traduit par une crise qui constitue l'accès de mal d'altitude, lequel peut être grave et même mortel ; à un degré moindre, elle est suivie d'un néo-poïèse bienfaisante qui constitue la *cure de montagne.*

Je crois que ma nouvelle théorie de *l'érythrolyse altitudinique* doit prendre place à la suite des théories anciennes, qu'elle complète et dont elle explique les divergences.

Pierre BARBIER

Lauréat de la Faculté de Médecine de Paris.

LE TREPIED THERAPEUTIQUE DE LA TUBERCULOSE : HELIOTHERAPIE, AEROTHERAPIE ET PHYLOTHERAPIE

1° l'Héliothérapie qui donne des succès incontestables dans les diverses formes de tuberculose chirurgicale peut rendre également des services dans la tuberculose pleuro pulmonaire; suivant les cas, elle sera pratiquée à la mer ou à la montagne.

2° Dans nos grandes villes, on aura avantage à s'adresser à l'Héliothérapie artificielle ou Photothérapie, qui nous fournit un rayonnement ultra-violet plus actif que le rayonnement solaire lui-même.

3° L'Aérothérapie, sous la forme d'inhalations médicamenteuses à haute pression et surtout d'injections intra-trachéales, nous permet le traitement direct local des lésions laryngées et pulmonaires.

4° A ce traitement direct local, il est nécessaire d'associer un traitement général de défense de l'organisme par l'imprégnation progressive avec l'huile végétale médicamenteuse (oléo-sérum).

5° Ce double traitement phytothérapique local et général, associé ou non à un traitement héliothérapique rationnel, donnera les meilleurs résultats dans tous les cas de lésions bacillaires pleuro-pulmonaires, même en activité, et ne peut en tout cas présenter aucune contre-indication, ni aucun danger de réaction locale ou générale.

FLORENCE

METABOLISME DES CHLORURES

13e section

ELECTRO-RADIOLOGIE

Président .... J. CLUZET, Professeur à la Faculté de Médecine de Lyon.

Vice-Président .... Dr MIRAMONT DE LA ROQUETTE, à Alger.

Secrétaire .... Dr A. BADOLLE, Radiologiste à Lyon.

Secrétaire-adjoint .... Dr KOFMAN, préparateur de Radiologie et de Physiothérapie à la Faculté de Médecine de Lyon.

Docteur MIRAMOND DE LAROQUETTE

1° MANCHON OPAQUE CENTIMETRIQUE POUR LA MESURE DES RAYONS X PAR UNITES DE SURFACE ET DE VOLUME AVEC L'IONOMETRE DE SOLOMON

Les mesures ionométriques gagneraient en précision si elles étaient ramenées à l'unité de surface cm^2 pour les rayons incidents et à l'unité de volume cm^3 pour les rayons absorbés. C'est à cette dernière mesure d'ailleurs qu'il faut toujours aboutir. Il importe pour cela de pouvoir mesurer séparément les rayons directs et les rayons diffusés et pour ces deux sortes de rayons ceux qui entrent et ceux qui sortent du cm^3 envisagé. On réalise ces desiderata en enveloppant la chambre ionométrique de Solomon avec un manchon de plomb mobile et percé d'une fenêtre centimétrique qui sera orientée successivement en haut, en bas et latéralement à des hauteurs et à des distances différentes du rayon normal.

La chambre ionométrique irradiée à nu présente, en effet, une surface beaucoup trop grande, difficile à préciser, variable dans les différents cas et inégalement sensible sur ses différents points ; la surface totale dépasse 40 cmq. Le support, à lui seul, intervient pour 15 à 30 % dans la chute de l'aiguille, suivant la situation du rayon normal et la hauteur du foyer. Avec la technique actuelle on totalise dans un même chiffre d'unités R des quantités très inégales de rayons directs ou diffusés, sans tenir compte des entrées et des sorties. En enregistrant les rayons diffusés incidents sans déduire les rayons dispersés en sens inverse, on fausse les mesures et l'on est porté à attribuer aux rayons difusés une importance plus grande qu'ils n'ont en réalité.

Le manchon permet de mesurer pratiquement et d'additionner ou de soustraire comme il convient les différents éléments qui doivent entrer dans le calcul du rayonnement absorbé.

Pratiquement, les mesures sont d'une technique très simple et très réduite par la symétrie des 4 faces latérales du cm^3. Des mesures détaillées peuvent être prises une fois pour toutes. Le manchon opaque est un simple tube de plomb que chacun peut réaliser.

Pour permettre des mesures plus rapides, la fenêtre peut avoir 2 cmq. On ramène alors à l'unité en divisant par 2 les chiffes relevés dans les mesures.

2° MESURE DES RAYONS DIRECTS ET DIFFUSES. QUANTITES INCIDENTES ET QUANTITES ABSORBEES POUR UN CEMTIMETRE CUBE DE MILIEU DIFFFUSANT. HAUTEUR DU FOYER 40 CM. LOCALISATEUR 7 CM. ETINCELLE 38 CM.

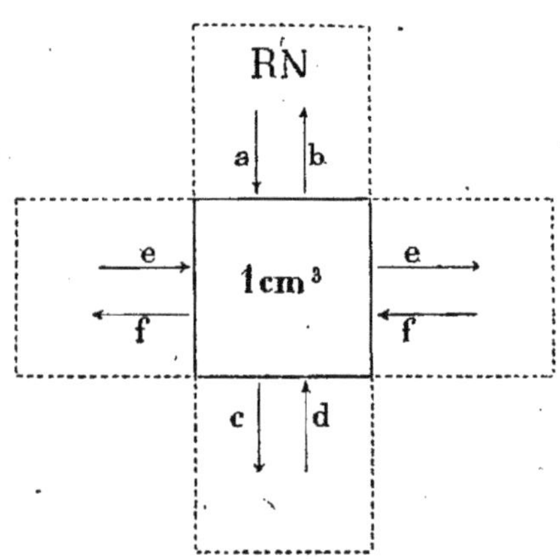

		A un cm³ à 5 cm de profondeur dans un bloc de paraffine, sans filtre.		B un cm³ à 10 cm de profondeur sous une cuve d'eau. Filtre 12 m/m Al.	
			Absorption		Absorption
Face supérieure	a. R directs et R diffusés de même sens, entrants dans le cm³.	100 R	a 100 c 87 —— 13	100 R	a 100 c 93 —— 7
	b. R. diffusés sortants, retrogrades.	1,8		3,8	
Face inférieure	c. R. directs et r. diffusés de même sens, sortants du cm³.	87	b 1,8 d 1,7 —— 0,1	93	b 3,8 d 3,4 —— 0,4
	d. R. diffusés retrogrades ascendants, entrants dans le cm³.	1,7		3,4	
Face latér. × 4	e. R. diffusés de côté, entrants dans le cm³.	2,9 par face, à × 4 = 11,6	f 12,8 e 11,6 —— 1,2	5,2×4 20,8	f 24 e 20,8 —— 3,2
	f. R. diffusés de côté, sortants.	3,2 par face, à × 4 = 12,8		6×4 24	
			absorption par la masse du cm³ 13 — 0,1 — 1,2 = 11R,7		absorption par la masse du cm³ 7 — 0,4 — 3,2 = 3R,4

3° EXPERIENCES SUR LES RAYONS DIFFUSES. LEUR MESURE ET LEUR IMPORTANCE EN RADIOTHERAPIE

Les rayons diffusés, en principe dispersés en tous sens, sont en fait, comme l'ont démontré Barkla et Sadler, Bragg, Oven, orientés en majeure partie suivant l'axe du faisceau primaire dans un angle de 0 à 30°. La diffusion est donc limitée et dirigée dans un sens principal. Les rayons latéraux et les rayons rétrogrades sont en très faible proportion.

Les expériences faites avec le manchon ionométrique apportent sur ces points des données qui confirment la plupart des constatations de Barkla et Sadler, mais non celles des auteurs qui attribuent aux rayons diffusés *en tous sens* un pourcentage et un rôle très important en radiothérapie.

Les rayons diffusés latéralement ou obliquement dans un sens ou dans l'autre, dans un champ d'irradiation, s'équilibrent, se neutralisent à peu de chose près, pour un même centimètre cube. On trouve cependant presque toujours une perte légère par dispersion.

L'emploi des diffuseurs préconisés en radiothérapie par Chaoul et d'autres auteurs, ne paraît plus d'une utilité certaine. Les diffuseurs interposés entre le foyer et les tissus agissent surtout comme des filtres réduisant les quantités transmises et celles qui sont absorbées dans un même temps par les plans superficiels et les plans profonds.

Les diffuseurs placés sous le malade ont des effets très limités puisque les rayons rétrogrades sont en proportion presque négligeable.

4° TUMEUR DE L'ESTOMAC ET DU PANCREAS TRAITEE PAR LA RADIOTHERAPIE ET LA DIATHERMIE

Il s'agit d'un malade de 68 ans dont les examens radiologique et clinique concordent pour le diagnostic du cancer de l'estomac. Etat général très mauvais ; amaigrissement de 28 kilogs. Wassermann négatif. L'intervention révèle une tumeur du volume du poing, qui occupe la queue du pancréas et le tiers moyen de l'estomac. Ganglions nombreux disséminés. Ablation jugée impossible. La malade m'est envoyée pour radiothérapie. Le traitement est entrepris sans grand espoir en raison de la gravité de l'état de la malade et de l'étendue des lésions. 12 séances de radiothérapie sont faites du 12 février au 26 mars 25, sur l'hypocondre gauche. Feux croisés. Etincelle 35 à 40 cm. Filtre 5 mm. d'aluminium; distance 35 cm., 1200 R à la peau par séance, 700 R environ à la tumeur, 40 à 50 cm R environ absorbés par cm^3.

On fait, surtout en vue de calmer les douleurs, du 15 mai au 15 juillet, 25 séances de diathermie sur la région malade. larges électrodes, 1500 milliampères, 30 minutes..

A partir du 15 mai, amélioration très marquée de l'état local et général. En octobre 25, la malade se déclare guérie ; plus de douleurs. Alimentation redevenue possible. Augmentation rapide du poids. En décembre, la malade a augmenté de 18 kilogs. La radiographie montre des images normales et l'on ne sent plus de résistance à la palpation profonde de l'estomac et du pancréas.

La guérison s'est maintenue. Actuellement apparence de santé parfaite.

La diathermie paraît avoir joué un rôle important, non sans doute en activant l'action sélective, destructive des rayons sur les cellules cancéreuses, mais plutôt en agissant sur la circulation et les éléments sains des tissus et en augmentant leurs réactions de défense et de résorption.

CLUZET et CHEVALLIER

1° TETANISATEUR A HAUTE FREQUENCE REDRESSE NOUVEL APPAREIL ELECTROTHERAPIQUE

2° TECHNIQUE DU TRAITEMENT DU RHUMATISME GOUTTEUX PAR LES INHALATIONS DE THORON

CLUZET, NOEL et CHEVALLIER

ETUDE HISTOLOGIQUE DES MODIFICATIONS PRODUITES SUR CERTAINS ORGANES PAR LES INHALATIONS DE THORON A DOSES TOXIQUES

CHAMBACHER et RIEDER

Paris

SUR LA POSSIBILITE D'AUGMENTER LA RADIO-SENSIBILITE DES TUMEURS MALIGNES

Pour augmenter la sensibilité des néoplasmes radiorésistants, on a jusqu'à présent cherché, d'une part, à augmenter le rayonnement secondaire par l'introduction de substances métalliques dans la tumeur même, d'autre part, on a essayé de stimuler les réactions de l'organisme par l'emploi du courant galvanique ou de courants de haute fréquence. Les résultats n'ont pas été très encourageants. Nous avons cherché la solution de ce problème dans une voie différente à la suite d'obervations que nous avons faites sur des malades cancéreux qui prenaient de l'Atophan pendant qu'ils étaient soumis à un traitement par les radiations, et chez lesquels nous avons constaté une absence plus ou moins complète des effets de ces dernières. L'Atophan étant un stimulant du métabolisme azoté dont l'action thérapeutique se traduit par une augmentation de l'élimination de l'acide urique par les reins, conséquence d'une destruction des nucléoprotéides, nous avons eu l'idée d'essayer d'augmenter l'effet des radiations sur des cellules néoplasiques en introduisant des nucléoprotéides dans l'organisme, soit sous forme d'injections sous-cutanées d'acide nucléinique ou de nucléinate de soude, soit en faisant absorber des compositions organiques de l'acide nucléinique comme le thymus ou le corps thyroïde qui sont particulièrement riches en cette substance.

Les résultats ont été très satisfaisants et inespérés dans certains cas. D'une façon générale nous avons observé que la radiosensibilité devenait à peu près égale pour toutes les tumeurs ainsi traitées, parmi lesquelles plusieurs possédaient une structure histologique dont l'expérience a démontré la radiorésistance prononcée.

En particulier les cas suivants ont été traités par la radiothérapie profonde : 4 cancers de l'utérus dans un gros choux-fleur (basocellulaire) avec infiltration de la paroi postérieure du vagin et de la cloison rectovaginale, un cancer cavitaire (spinocellulaire) avec excavation profonde et infiltration rectoutérine, une récidive d'un épithélioma basocellulaire survenu quatre mois après hystérectomie et accompagné d'infiltration des cloisons rectovaginale et vésicovaginale et de la paroi postérieure de la vessie, compliquée d'hémorragie vésicale, une récidive après ablation du col d'un épithélioma intermédiaire avec infiltration de la cloison rectovaginale jusqu'à la vulve, dont la partie postérieure présentait une tumeur très volumineuse. Cette maladie avait déjà été traitée par 18 séances de radiothérapie et on pouvait par conséquent s'attendre à une vaccination plus ou moins prononcée de son néoplasme. Dans tous ces cas nous avons obtenu par un seul traitement combiné avec l'administration de nucléoprotéides une régression complète des tumeurs et des infiltrations par une dose ne provoquant aucune irritation des organes voisins. Sur 5 cancers du sein traités d'après la même méthode il s'agissait 4 fois de tumeurs très avancées avec ulcérations profondes et infiltrations épaisses et ganglions axillaires, histologiquement d'un ipithélioma cylindrique récidivé deux ans après l'ablation du sein, d'un épithélioma des glandes idrosadénoïdes et de deux épithéliomas atypiques. Le cinquième cas était représenté par un épithélioma atypique de dimension restreinte, mais qu'un premier traitement par la radiothérapie n'avait pu faire disparaître complètement. Dans ces 5 cas nous avons obtenu une régression totale des tumeurs et des ganglions et une cicatrisation rapide des ulcérations.

Nous avons traité par le même procédé et avec des résultats complets différents épithéliomas de la peau baso et spinocellulaires et un épithélioma spinocellulaire du larynx. Deux épithéliomas cylindriques de l'utérus avec envahissement des paramètres furent traités par une application intra-utérine de radium suivie d'un traitement par la radiothérapie pénétrante. La guérison clinique se maintient dans un cas depuis 9 mois, dans l'autre depuis 4 mois. Un cancer du rectum qui traité une première fois par la radiothérapie seule n'avait donné qu'un résultat médiocre, a été considérablement amélioré par un second traitement combiné avec l'administration de nucléoprotéides.

Nous avons traité également différents sarcomes ; pour certains d'entre eux les résultats ne sont pas aussi évidents que pour l'épithélioma. L'origine conjonctive de cette tumeur a comme conséquence que, malgré une stérilisation complète, le volume peut rester sensiblement le même, les fibres collagènes n'étant pas détruites par les rayons. Cependant, nous voudrions citer deux cas ayant donné un résultat excellent. Un énorme sarcome du sein ayant envahi la peau et sur le point de s'ulcérer fut réduit de moitié, la peau dégagée et le résultat se maintient depuis 9 mois. Un ostéosarcome de la fosse illiaque droite adhérent à l'os illiaque et comprimant le cœcum, le colon ascendant ainsi que le plexus lombosacré disparut complètement quelques semaines après le traitement et un gros paquet de ganglions inguinaux disparut également quoique plus lentement. Vu les difficultés qu'opposent en général les sarcomes du bassin aux rayons X, ce résultat nous a paru surprenant.

L'augmentation de la radiosensibilité par l'introduction de nucléoprotéides dans l'organisme nous paraît indiscutable. Comment l'expliquer ? Cliniquement nous avons constaté que certains épithéliomas montrent une augmentation considérable de leur volume si on donne à leur porteur soit du corps thyroïde, soit du thymus, soit de l'acide nucléinique, et l'examen microscopique montre dans ces cas une augmentation du nombre des mitoses. Il s'agit donc d'un rajeunissement artificiel des cellules néoplasiques et l'augmentation de la radiosensibilité s'explique tout naturellement et conformément à la théorie de de Nabias suivant laquelle — dans les cancers malpighiens — la radiosensibilité dépend du nombre des cellules en mitose par rapport au nombre des cellules en repos. Cependant on peut admettre qu'il y a d'autres facteurs qui pourraient expliquer l'augmentation de la radiosensibilité. Tout d'abord, l'hyperleucocytose provoquée par les nucléoprotéides et qui peut se maintenir pendant des traitements même très intenses. Dans ces cas, qui ne sont du reste pas sans exception, le nombre des leucocytes ne descendait pas au-dessous de 8.000, et il est bien possible que les leucocytes détruits par les radiations contribuent à la formation au niveau des régions traitées des substances cytotoxiques auxquelles il faut attribuer une grande part des effets destructifs des rayons. Mais il est également possible que ces substances doivent leur origine à la désassimilation des nucléoprotéides accumulées dans les tissus et dans le plasma sanguin et lymphatique. Il est évident que les substances endocriniennes contenues dans le thymus et le corps thyroïde ne jouent aucun rôle dans l'action de ces corps, par contre nos observations sont de nature à nous mettre en garde contre certaines théories préconisant l'opothérapie thyroïdienne ou thymique du cancer, elles démontrent d'une manière incontestable que le thymus et le corps thyroïde exercent une action stimulante sur le cancer grâce aux nucléoprotéides qu'ils contiennent. Si on observe quelquefois une action d'arrêt elle n'est que passagère et il s'agit là d'un phénomène décrit par Dustin pour le thymus des jeunes souris qui, sous l'influence de l'introduction de jaune d'œuf dans le péritoine, montre une réaction cytologique se traduisant par des crises caryoclasiques alternant avec des ondes cinétiques.

La technique que nous avons employée était la suivante : nous avons donné des nucléoprotéides de préférence huit ou quinze jours avant de commencer le traitement à la dose de 20 centigrammes de thymus trois fois par jour, ou de cinq à dix centigrammes de corps thyroïde, mais qui n'est pas toujours bien supporté, ou de cinq centigrammes de nucléinates de soude. Il faut cesser cette médication avant la fin du traitement. Les applications de radiothérapie ou de curiethérapie ont été étalées sur plusieurs semaines avec des doses relativement faibles, des biopsies en série nous ont démontré que des doses relativement faibles amènent une destruction notable de cellules cancéreuses, il s'agit naturellement de celles qui étant à leur période de karyocinèse sont particulièrement sensibles, et comme notre procédé permet d'obtenir un rajeunissement toujours renouvelé des cellules qui restent, un traitement prolongé a le maximum de chance de les atteindre toutes au moment de leur plus grande radiosensibilité, c'est-à-dire de la karyocinèse. Dans ces conditions, la notion de la dose cancéricide perd la valeur qu'on lui a attribuée jusqu'à présent et on arrive à donner des doses bien supérieures à la dose dite cancéricide sans que les organes sains aient à souffrir.

Il nous paraît absolument indispensable d'employer des rayons très durs pour obtenir des doses suffisantes en profondeur dès qu'il s'agit de cancers profonds. L'expérience nous montrera si les conclusions que nous avons cru pouvoir tirer de nos observations sont valables pour toutes les variétés de cancers.

A. DUMAS et A. CHEVALLIER

ACTION DE LA DIATHERMIE SUR L'ELASTICITE DES PAROIS VASCULAIRES

On connaît les bons effets de la diathermie dans les cas de troubles fonctionnels des membres liés à l'ischiémie, en d'autres termes, dans la claudication intermittente, à condition qu'il s'agisse de spasme plutôt que d'artérite hypertrophique et de thrombose. Comme le fait remarquer Lian (Lian et Descousts, Des bons effets de la diathermie dans la claudication intermittente. *Presse médicale*, 22 octobre 1924), la diathermie agit surtout dans les cas où les oscillations observées sur l'appareil de Pachon ne sont que diminuées. Son action est plus douteuse quand ces oscillations sont abolies.

Pour nous rendre compte des effets de la diathermie dans de tels cas, nous avons recherché dans la clinique de notre maître, le prof. Roque, quels pouvaient être les effets des applications de ce procédé sur les conditions de la circulation sanguine en aval, chez des sujets normaux. Chez un certain nombre d'individus normaux, après avoir placé les plaques métalliques reliées aux pôles de l'appareil à diathermie, l'une sur la face antérieure et l'autre sur la face postérieure d'une cuisse, nous avons déterminé la courbe oscillométrique au moyen de l'apareil de Pachon, la manchette étant appliquée autour de la jambe correspondante. Puis, sans faire varier la position du sujet, le circuit était fermé et nous laissions passer pendant 15 minutes environ, un courant de haute fréquence, d'une intensité de 7 à 800 milliampères. Au bout de ce temps on procédait à une nouvelle détermination de la courbe oscillométrique.

Chez tous les sujets normaux, nous avons constaté une augmentation très nette de l'amplitude des oscillations, avec une tendance à l'abaissement de la maxima. Effets analogues à ceux du bain chaud. tels qu'ils ont été étudiés par Babinsky, Heitz et Froment.

On peut se demander si dans ces conditions précises d'expérimentation, il est possible d'invoquer l'explication donnée par M. Bordier au sujet de l'action vasculaire de la diathermie généralisée. Dans notre cas, il n'y a pas d'élévation de la température centrale de l'individu et l'hypothèse d'une lutte contre l'échauffement ne semble pas plausible, car les oscillations du membre opposé restent invariables. Il est possible qu'il s'agisse d'une action locale sur les fibres sympathiques du segment de membre soumis au courant, action qui pourrait du reste être déclanchée par une élévation de la température locale.

C'est sans doute par cette même action que sont dus les bons effets relatés par le prof. Cluzet dans certaines gangrènes d'origine artérielle et notamment dans la gangrène diabétique.

VASSELLE
(Amiens)

ULCERE DE L'ANTRE NON STENOSANT

Au point de vue du radio-diagnostic, la particularité de l'ulcère de l'antre lorsqu'il ne détermine pas de sténose, consiste dans l'inconstance des signes directs et le caractère souvent fruste des signes indirects.

Les signes directs sont la niche, la déformation de l'extrémité pylorique de l'antre, la rectitude de la petite courbure.

La niche s'observe rarement, ceci s'explique par ce fait que, en général, l'ulcère de l'antre ne creuse pas profondément la paroi de l'estomac.

La déformation de l'extrémité pylorique de l'antre, qui a fait l'objet d'un travail récent de Keller (1), consiste en un rétrécissement de l'extré-

(1) Société de gastro-entérologie, juin 1926.

mité pylorique de l'antre transformé en un canal plus ou moins long et étroit.

Cette déformation est caractéristique d'une lésion organique, ulcère parfois, plus souvent néoplasme. Les signes cliniques trancheront la question mieux que la radiologie.

La rectitude segmentaire de la petite courbure, décrite par le Pr Duval et H. Beclère, dans le cas d'ulcère du tiers moyen de la petite courbure, s'observe aussi dans le cas d'ulcère de l'antre, elle peut être limitée et correspondre uniquement à la lésion ulcéreuse dont elle sera, dans bien des cas, le seul signe direct, puisque la niche fait souvent défaut. Cette rectitude qui coexiste généralement avec une rigidité, indique une lésion organique, mais n'est pas non plus pathognomonique d'un ulcère, un néoplasme au début peut le provoquer, de même qu'une périgastrite.

Les signes directs de l'ulcère de l'antre pylorique sont donc inconstants et d'une observation souvent difficile, aussi est-il nécessaire d'attacher beaucoup d'importance à la recherche des signes indirects, signes de présomption sans doute, mais qui, rapprochés des signes cliniques, deviennent souvent très significatifs.

Les signes indirects portent tout particulièrement sur le péristaltisme gastrique qui sera fréquemment modifié, par suite de l'absence de contractions au niveau de la zone ulcérée.

Si l'on se rappelle les caractères du péristaltisme gastrique normal, et surtout la marche symétrique des ondes qui cheminent parallèlement le long des courbures, on conçoit que l'absence de contractions au niveau de l'une des courbures crée une dyssymétrie du péristaltisme particulièrement caractéristique.

Donc dans le cas d'un ulcère siégeant sur le bord supérieur de l'antre, il est fréquent de voir les ondes de contractions suivre normalement la grande courbure et faire défaut le long de la petite courbure.

Cette animalie fut l'un des premiers signes radiologiques d'ulcère qui ait été décrit ; Leven et Barret, dès 1909, le mentionnent dans leur ouvrage sur la radiologie gastrique, mais, bientôt après, l'attention des radiologistes se concentrait sur le « symptôme de la niche » et le signe décrit par Leven et Barret fut quelque peu oublié.

Ce qui fait l'intérêt de cette anomalie des contractions gastriques que l'on peut désigner sous le nom de « *péristaltisme unilatéral* », c'est qu'elle n'exige pour être mise en évidence aucune technique particulière, elle se constate facilement en radioscopie et, ainsi, dès les premières minutes de l'examen, le diagnostic se trouve orienté ; la lésion de l'antre apparaît très probable.

Parmi les signes indirects de l'ulcère de l'antre, il faut signaler aussi certains phénomènes de spasme, notamment le spasme diffus de l'antre pouvant faire croire à un cancer prépylorique et reconnaissant des causes variées, ulcère de l'antre parfois ou affection extra-gastrique, en particulier lithiase des voies biliaires.

On peut observer aussi une incisure spasmodique sur la grande courbure, se déplaçant vers le pylore; c'est le « spasme voyageur » de Carman, bon signe indirect de lésion organique de l'antre.

Ulcère de l'antre sténosant

Lorsqu'un ulcère de l'antre détermine une sténose pylorique, très serrée, le diagnostic de sténose s'impose par la constatation d'une stase gastrique considérable et l'image du bas-fond « en cuvette » atone, mais au point de vue radiologique, rien ne permet le plus souvent de préciser la cause de la sténose.

Ce sont donc les signes cliniques qui, ici encore, permettent de présumer, dans la très grande majorité des cas, la nature de la lésion sténosante.

Formes intermédiaires

Entre les deux types extrêmes — ulcère de l'antre non sténosant, ulcère sténosant — il existe, en pratique, de nombreuses formes intermédiaires d'un radiodiagnostic difficile. Il s'agit d'ulcères ne donnant lieu à aucun signe direct et ne déterminant que des signes indirects peu accentués, ils passeront souvent inaperçus aux rayons X.

Un point douloureux, nettement localisé sur l'antre, permet de soupçonner la lésion, mais ce point douloureux fait souvent défaut et son absence ne peut suffire pour écarter le diagnostic d'ulcère.

Dans certains cas, une petite quantité de liquide à jeun, une légère dilatation du bas-fond, des phases d'hyperkinésie intermittente constituent un syndrome radiologique qui conduit presque à coup sûr, comme l'a bien montré Barret, au diagnostic de lésion juxta-pylorique, sans qu'il soit toujours possible cependant de préciser le siège gastrique ou duodénal de la lésion.

En effet, si l'image du bulbe apparaît normale, il est très probable que la lésion siège sur l'antre, mais il arrive qu'un ulcère de l'antre provoque non seulement un spasme du pylore, mais aussi un spasme du bulbe duodénal entraînant une déformation bulbaire qui conduira presque fatalement à une erreur de diagnostic.

En résumé, on peut dire que l'ulcère non sténosant de l'antre pylorique est particulièrement difficile à diagnostiquer aux rayons X parce que les signes directs manquent souvent. Parmi les signes indirects, le meilleur et le plus fréquemment observé est le « péristaltisme unilatéral » qui peut être considéré comme pathognomonique sinon d'un ulcère, du moins d'une lésion organique de l'antre.

Docteur PARES

Montpellier

1° SUR LE DIAGNOSTIC RADIOLOGIQUE DE LA SYPHILIS GASTRIQUE

2° NOTE SUR LA CURIOTHERAPIE DES EPITHELIOMAS CUTANES SPINO-CELLULAIRES

3° RESULTATS ELOIGNES DU TRAITEMENT ROENTGENTHERAPIQUE D'UNE TUMEUR DE L'HYPOPHYSE

Docteur PASCHETTA

Nice

PRESENTATION D'UNE RADIOGRAPHIE DE LA VESICULE BILIAIRE REMPLIE DE BOUE

Je n'ai pas l'intention de vous faire une communication sur la radiographie de la vésicule biliaire ainsi que l'indique par erreur le programme des séances, mais plus modestement de vous présenter une radiographie de la vésicule biliaire.

Il s'agit d'une femme d'une quarantaine d'années qui m'a été adressée pour région vésiculaire suspecte. Une radiographie, exécutée sans autre préparation préalable qu'une purgation la veille au matin, m'a donné, à ma grande surprise, l'image que voici :

La vésicule biliaire est parfaitement visible dans toute son étendue avec le canal cystique. Ses dimensions paraissent sensiblement normales ; les contours sont très nettement dessinés. La teinte de l'ombre, très uniforme, très régulière, est si foncée que la vésicule et le canal cystique paraissent comme avoir été injectés par une substance opaque et qu'ils sont aisément perceptibles à l'écran radioscopique.

Une nouvelle radiographie prise le lendemain nous montre une image moins parfaite. La vésicule est toujours nettement visible, mais moins remplie ; le canal cystique paraît beaucoup moins net. Il est clair que l'opacité anormale doit être attribuée à un contenu peu transparent plutôt qu'à des parois très épaissies et nous portons le diagnostic de vésicule remplie par de la boue biliaire. Ce diagnostic fut vérifié par l'opération chirurgicale.

Depuis que M. le Professeur Pierre Duval et M. Henri Beclère ont bien voulu m'apprendre la technique de l'exploration radiologique des voies biliaires, très nombreux sont les résultats positifs de radiographies de vésicules lithiasiques obtenus tant dans mon service hospitalier que dans mon cabinet privé ; mais c'est la seule fois que j'ai rencontré une pareille image. Elle m'a paru tellement rare que j'ai jugé qu'elle n'était pas indigne de vous être présentée.

BONNAMOUR, BADOLLE et GAILLARD

1° L'EXPLORATION RADIOLOGIQUE DES SÉQUELLES PULMONAIRES DES GAZÉS PAR LES INJECTIONS INTRACHÉALES DE LIPIODOL

La radiographie après injection intratrachéale de lipiodol, appliquée à l'étude des séquelles pulmonaires des anciens gazés de guerre, nous a permis de mettre en évidence dans ces cas des lésions très spéciales et de pouvoir trancher d'une façon presque mathématique les différends qui depuis quelque temps s'élevaient souvent entre les Centres de réforme et les intéressés.

Le syndrome clinique de ces séquelles pulmonaires est connu ; il consiste surtout en troubles fonctionnels : oppression augmentant à l'effort, s'accompagnant la nuit de véritables accès d'asthme, toux fréquente, quinteuse, expectoration souvent purulente le matin au réveil. L'auscultation ne révèle que de l'emphysème, et parfois des signes plus ou moins discrets de bronchite ou de broncho-alvéolite à une base.

L'examen radioscopique ne montre que de l'emphysème, des ombres hilaires et des traînées ganglionnaires plus ou moins accentuées. Comme l'état général est bon, comme l'expectoration n'est jamais bacillifère, les Commissions de réforme ont des tendances à réduire de plus en plus le taux des pensions de ces anciens gazés.

Or la radiographie, après injection intratrachéale de lipiodol, montre chez ces individus des lésions bien typiques. Le lipiodol met en évidence une dilatation manifeste aussi bien des gros troncs bronchiques que des troncs secondaires. Tandis que les mensurations des tubes bronchiques dans les conditions radiographiques où nous nous sommes placés donnent pour un poumon normal 8 à 10 millimètres pour les gros troncs, et 2 à 3 millimètres pour les troncs secondaires, chez nos gazés, ces dimensions atteignent 15 à 17 millimètres pour les gros troncs, 4 à 5 millimètres pour les troncs secondaires. De plus, le lipiodol, au lieu de remplir uniformément les tubes bronchiques, se dispose simplement sur les parois et en dessine nettement les contours : c'est ce que nous appelons *la dilatation en tubes creux.*

Tandis que dans le poumon normal, le lipiodol dessine admirablement les alvéoles pulmonaires, chez nos gazés, le réseau alvéolaire semble toujours réduit. A ce sujet on peut distinguer trois degrés de lésions : dans un premier, les gros troncs sont nettement dilatés, bien visibles dans leurs contours, ainsi que leurs premières ramifications, mais les alvéoles sont visibles dans presque toute l'étendue du territoire pulmonaire. A un degré de plus, les troncs secondaires sont suivis plus loin que précédemment, les petites branches sont nettement dilatées et seulement quelques bouquets d'alvéoles apparaissent encore. Enfin, dans le degré ultime, il n'y a plus d'alvéoles visibles ; seul l'arbre bronchique dilaté jusque dans ses plus fines ramifications apparaît admirablement dessiné.

Il y a donc là un type de dilatation cylindrique des bronches bien spécial, et un syndrome radiographique caractéristique.

La radiographie après injection intratrachéale de lipiodol permet donc de dépister les séquelles pulmonaires chez les anciens gazés et explique bien les symptômes dont ils se plaignent. Il nous semble qu'elle devrait entrer dans l'examen systématique de ces hommes qui réclament une augmentation de pension, car elle seule est capable à l'heure actuelle de les sélectionner. Elle montre que ceux qui ont été vraiment touchés, malgré un aspect parfois floride, sont de véritables infirmes. D'autre part, elle constitue un moyen de dépister ceux qui s'en plaignent à tort.

2° CLASSIFICATION RADIOLOGIQUE DES DILATATIONS DES BRONCHES APRÈS INJECTION INTRATRACHÉALE DE LIPIODOL

Par la radiographie après injection intratrachéale de lipiodol, en se mettant toujours dans les mêmes conditions, il est possible d'individualiser trois types de dilatation des bronches :

1° *Les dilatations ampullaires* caractérisées par la mise en évidence par le lipiodol de petites ectasies en ampoules en forme de noix, de nids d'hirondelle, de grappe de raisin, de nid de pigeon (Sergent et Cottenot) disséminées dans le poumon, appendues ou non à l'extrémité des bronches, sans que celles-ci soient elles-mêmes dilatées. Elles sont toujours plus ou moins nombreuses, et présentent parfois, lorsqu'elles atteignent un certain volume, un niveau supérieur horizontal.

Or tous les cas semblables, étudiés jusqu'à présent se rapportent à des syphilitiques, acquis ou héréditaires, les uns avérés, les autres chez lesquels on a de fortes raisons de soupçonner la syphilis. C'est donc une forme de syphilis pulmonaire. On comprend l'importance de ce diagnostic au point de vue thérapeutique.

2° *Les dilatations cylindriques en tubes creux*, dont le lipiodol met en évidence seulement les parois, forment une traînée noirâtre plus ou moins large de chaque côté des bronches, laissant voir leur lumière creuse mais nettement élargie. Nous n'avons rencontré cette forme de dilatation que chez les anciens gazés de guerre, et il semble bien qu'elle soit particulière aux lésions causées par les gaz de combat.

3° *Les dilatations cylindriques en tubes pleins*, dans lesquelles le lipiodol dessine tout l'ensemble de l'arbre bronchique, en tubes noirs et pleins, plus ou moins dilatés et correspondant à ce que Sergent et Cottenot ont appelé des images en doigt de gant, ou grappe de glycine, ou branches cassées.

L'origine de ces dilatations, d'après les cas étudiés jusqu'à présent, paraît moins équivoque que dans les formes précédentes. Mais elles se rapportent toutes à des scléroses pulmonaires plus ou moins anciennes, tuberculeuses, syphilitiques ou infectieuses quelconques. Ce sont ces images que l'on obtient chez les vieux asthmatiques, les emphysémateux, les vieux bronchitiques.

On voit donc l'intérêt de cette nouvelle méthode d'exploration radiologique des bronches qui, par l'aspect même des images révélées, apporte un appoint de grande valeur aux cliniciens pour le diagnostic étiologique des dilatations des bronches.

A. LAQUERRIERE

A PROPOS DES SIGNES RADIOLOGIQUES DE LA TUBERCULOSE DU DEBUT CHEZ L'ENFANT

On envoie trop souvent un enfant au radiologiste pour trancher la question : l'enfant est-il oui ou non tuberculeux? Et trop souvent aussi la famille et le médecin paraissent très surpris que le radiologiste se refuse à prendre parti. En effet, l'exagération des ombres hilaires, les traînées de péribronchite, les aspects de broncho-pneumonie, de pneumonie etc., ne forment pas des images permettant de dire que le bacille de Kock est en jeu. L'examen radiologiste permet seulement de dire s'il y a des opacités perceptibles mais ni leur forme, ni leur situation ne donnent un diagnostic étiologique.

Il y a cependant un cas, et à mon avis un seul, où nous pouvons donner une réponse ferme. Quand on constate l'*aspect de granulie*, on peut affirmer qu'il s'agit de tuberculose et même le plus souvent de tuberculose grave.

Or, chose assez curieuse, si on s'étonne que, dans beaucoup de cas, nous nous refusions à prendre parti, précisément en cas de granulie, il n'est pas rare qu'on proteste contre notre affirmation. On voudrait bien que dans une adénopathie hilaire qui se prolonge nous donnions une explication de sa gravité, mais on est tout prêt à nous accuser de présomption quand, devant un enfant malade depuis peu, et au besoin relativement peu malade, nous venons apporter un diagnostic précis et malheureusement un pronostic assez sombre.

J'ajoute que le diagnostic de granulie peut échapper totalemnt à la *scopie*. Aussi j'estime que pour tout thorax d'enfant, il faut faire, après la *scopie*, la radiographie, et au moins chez les petits, la radiographie en instantané.

Laissez-moi vous citer, entre bien d'autres, deux exemples particulièrement typiques.

I. — Un enfant de 6 ans fait, depuis 30 jours, de la fièvre intense — sans rien à l'auscultation. — Différents maîtres de la pédiatrie parisienne font les diagnostics les plus divers : typhoïde, paratyphoïde, etc. chaque fois infirmés par les examens de laboratoires. Le médecin traitant croit un jour entendre un peu de souffle fugitif, pensant à une compression par une adénopathie hilaire, il me demande d'aller faire une radioscopie à domicile. Cette radioscopie montre une exagération insignifiante des hiles et rien autre chose. Fort heureuse ment, j'ai apporté des films, la radiographie montre les deux champs pulmonaires complètement remplis de minuscules taches claires : on dirait qu'on y a projeté une pluie de petits confetti faits de papier à cigarette... Il s'agit donc d'un état typhique lié à une granulie généralisée. Peu après, l'enfant commençait à tousser et il mourait de granulie 45 jours après l'examen radioscopique qui avait permis un diagnostic alors que la clinique était tout à fait impuissante.

II. — Un confrère m'amène son fils âgé de sept ans pour lui faire des ultra-violets pour anémie et adénopathie trachéo-bronchique. Comme cet enfant a un peu de fièvre, depuis deux à trois semaines et tousse depuis deux à trois jours, je demande à faire l'examen radiologique. La radioscopie montre en tout et pour tout une exagération des opacités hilaires comme on en rencontre chez beaucoup de petits Parisiens et le papa a l'air de trouver que je suis un individu bien minutieux pour me livrer à tant d'examen. Or, je fais malgré lui une radiographie et je trouve sous la clavicule droite un bouquet de péribronchite avec une quantité de petites granulations. Je préviens que l'affection est vraiment beaucoup plus grave qu'on le pensait. On ne me croit pas, un maître de la pédiâtrie consulté, déclare que j'exagère et que certainement ses propres enfants qui se portent bien, ont autant de lésions. Or, la fièvre continue, l'enfant se met à tousser : bref il va de plus en plus mal. Comme il a eu à plusieurs reprises des signes d'appendicite, on l'opère et pendant deux jours, la fièvre cesse ; mais elle reprend, l'état infectieux et la toux augmentent. Enfin, vers le 50ᵉ jour après mon examen, l'enfant meurt de méningite tuberculeuse.

LAQUERRIERE

Chef du service d'électroradiologie de l'hôpital Hérold

et

R. LEHMANN

Assistant du Service

ACTION DES RAYONS U. V. SUR LES DIFFERENTS ASPECTS RADIOLOGIQUES DU RACHITISME

Certains enfants ont des membres très arqués, ce sont en général des obèses, soufflés, pâles, lymphatiques ; la radiographie ne montre ni frange de la surface terminale de l'extrémité diaphysaire, ni élargissement de l'extrémité de cette diaphyse ; on ne trouve pas au palper d'hypertrophie de la région juxta-articulaire. L'incurvation paraît dans ces cas être imputable à la laxité ligamentaire et à l'hypotonie musculaire. En général, dans ces cas, l'actinothérapie fait disparaître l'aspect général soufflé, l'enfant grandit, reprend une tonicité totale de son organisme et les jambes se redressent. Il ne s'agit pas là à notre avis de véritable rachitisme.

Les images typiques de rachitisme sont :

1° *La frange*, celle-ci disparaît en général d'une façon très rapide sous l'influence des U.V.

2° *L'élargissement de l'extrémité diaphysaire.* Cet élargissement n'est pas d'après notre expérience modifié en lui-même par le traitement. Seulement, sous l'influence des U. V. l'extrémité cesse de s'accroître, tandis que le reste de l'os se développe. Aussi, au bout d'un certain temps, les rapports des différentes parties de l'os sont reconnus normaux et l'hypertrophie juxta-articulaire disparaît. Il faut pour cela que l'os ait eu le temps de se développer, c'est-à-dire qu'un bon nombre de semaines sont nécessaires.

A propos de l'hypertrophie de l'extrémité diaphysaire, signalons que certains enfants ont une incurvation diaphysaire apparente ; l'extrémité s'est hypertrophiée en haut et en bas seulement du côté interne ou seulement du côté externe, il en résulte qu'une des faces de l'os est tout à fait concave. Aussi au palper et à la vue on a l'impression que la diaphyse présente une courbe. Cette incurvation disparaît peu à peu par développement de la totalité de l'os suivant le mécanisme qui a été décrit plus haut.

3° Enfin, il existe de véritables *incurvations*. Sur ces incurvations, l'action des U.V. est inconstante. D'après notre expérience, il nous semble que les résultats sont bons, quoique lents, si on commence le traitement assez tôt ; par contre, s'il intervient tardivement, non seulement les résultats sont plus lents, mais il arrive souvent qu'on n'obtient pas une guérison complète. Enfin, nous avons constaté que dans des cas où il y n'y avait plus que très peu de frange, où même il n'y en avait plus du tout, nous n'obtenions aucune modification anatomique. Nous estimons qu'alors on ne se trouve pas en présence d'une déformation véritablement rachitique mais bien d'une séquelle d'un rachitisme guéri. Le trouble du métabolisme du calcium et du phosphore n'est plus en évolution ; on a affaire à un os qui est devenu un os de constitution normale bien que de forme anormale, et on comprend que les U. V. n'aient plus du tout les mêmes effets que dans le rachitisme.

En résumé, si les U.V. donnent des résultats rapides sur l'état général des rachitiques, leurs effets sur les malformations osseuses sont plus lentes, ils peuvent même être nuls en certains cas; aussi en pratique le médecin qui envoie un rachitique déformé à l'actinothérapeute ne doit pas promettre une guérison rapide des déformations, surtout avant d'avoir vu les radiographies.

L. BOUCHACOURT

Electro-radiologiste des hôpitaux de Paris

1° UN CAS DE RADIO-DIAGNOSTIC DE LA GROSSESSE, EN L'ABSENCE DES SIGNES CLINIQUES DE LA VIE FOETALE (1)

La radiographie rend de grands services aujourd'hui, quand il s'agit de différencier un utérus d'une tumeur abdominale ou pelvienne, et surtout quand il y a coexistence entre une tumeur et une grossesse.

Depuis les procès de Vernon et de Lyon, où des médecins ont été condamnés, pour avoir opéré, avec des résultats malheureux, des femmes enceintes qui étaient considérées comme de simples fibromateuses, la radiographie revêt, dans l'établissement de ces diagnostics différentiels, une importance d'autant plus grande, qu'il s'y joint un intérêt médico-légal, sur lequel j'ai insisté à plusieurs reprises, notamment dans un article qui a paru le 10 octobre 1923 dans la *Presse Médicale.*

Mais encore faut-il que le radiologue ait à sa disposition un matériel convenable ; car la question de l'outillage joue un rôle capital, dans cette question du radio-diagnostic de la grossesse : il faut notamment pouvoir disposer de fortes intensités, et avoir à sa disposition un diaphragme Potter-Bucky, qui supprime les rayons secondaires nés dans l'abdomen que l'on a à examiner.

Une question se pose ici : à quelle époque de la grossesse, le radiodiagnostic devient-il possible? Il semble qu'on ne puisse obtenir aucune image de squelette fœtal sur un film, avant la fin du 2e mois ; car, d'après les recherches récentes de Hess, l'ossification du fœtus ne commençant qu'à la fin de la 7e semaine, on ne peut en espérer aucune image avant cette date.

L'observation et les radiographies que je vous présente, ont trait à une femme de 34 ans, qui avait eu un premier enfant 15 ans auparavant, et qui fut soignée à Vichy pour congestion hépatique accompagnée de congestion utérine. On lui fit notamment subir des douches vaginales répétées.

---

(1) Résumé de la communication qui a paru *in extenso* dans le fascicule III du *Journal belge de radiologie*, p. 210.

Au sortir de sa saison thermale, elle fit un voyage de 5.000 kilomètres en auto, puis rentra à Paris, où elle fut vue par mon collègue et ami le Dr Keim, à l'occasion de vives douleurs adbominales.

L'examen montra un utérus augmenté de volume, avec fond très sensible, et douleur très nette à la pression, du côté des annexes droites.

Les crises douloureuses étant revenues à plusieurs reprises, et la défense musculaire étant de plus en plus marquée, les Professeurs J.-L. Faure et Brindeau sont appelés successivement en consultation. Ils restent perplexes. Le diagnostic est hésitant entre salpingite droite et appendicite (ou coexistence des deux). Bien qu'il n'y ait ni nausées, ni vomissements, comme lors de la première grossesse, on m'envoie la malade, pour éliminer ou non ce diagnostic, auquel l'amennorrhée donnait un certain appui (bien faible d'ailleurs, cette malade ayant toujours été mal réglée).

Or, la radiographie montra dans cet abdomen, du côté droit, la présence d'un squelette fœtal âgé d'environ 6 mois, alors que ni le ballottement fœtal, ni les bruits du cœur n'avaient été perçus, sans doute à cause de l'extrême sensibilité du ventre, qui entravait tout examen.

En présence de ce nouveau diagnostic, l'hypothèse de la grossesse ectopique fut émise par moi, avec une certaine vraisemblance, puisque Edling avait donné comme signe de grossesse ectopique, « la position franchement « latérale du squelette fœtal, par rapport à l'axe pelvien maternel (1) ».

L'intervention, pratiquée quelques jours après, montra qu'il s'agissait d'un utérus gravide de 6 mois 1/2, avec des trompes saines, mais avec une appendicite typique. L'appendice adhérait à l'utérus, mais faiblement ; il était rouge, congestif, dur, et contenait de petits corps étrangers.

Les suites opératoires furent normales, et cette femme accoucha à terme 3 mois après la radiographie. Cet enfant était donc bien âgé de 6 mois à ce moment.

Ce qui fait l'intérêt de cette observation, c'est que la radiographie a apporté à ce diagnostic difficile, un élément nouveau, et surtout d'une précision indiscutable, qui a conduit à une intervention d'autant plus rapide, que l'interprétation des clichés m'avait amené au diagnostic erroné de grossesse ectopique, dont la malade n'a eu qu'à se féliciter. Il me semble pouvoir conclure de ce fait : que le diagnostic radiographique différentiel, entre une grossesse ectopique récente (avec enfant vivant), et une grossesse normale, doit être considéré comme impossible, en l'état actuel de nos connaissances.

Ajoutons que, dans ses dernières publications, Edling avait admis : « que ce n'est que dans les cas d'asymétrie très nette de l'image fœtale, « qu'on pouvait soupçonner la grossesse extra-utérine. »

D'ailleurs il faut bien *reconnaître*, qu'aucune observation probante n'est jamais venue à l'appui de l'hypothèse qui avait été émise par Edling.

2° UN NOUVEL ESSAI DE RADIO-CEPHALOMETRIE FŒTALE DIRECTE. SA VERIFICATION A LA SUITE D'UNE OPERATION CESARIENNE (1)

Alors que la ceinture pelvienne reste à peu près indéformable pendant l'accouchement, la tête fœtale subit des déformations et parfois des réductions considérables. Aussi a-t-on admis, pendant longtemps, que la mensuration de la tête fœtale n'ayant qu'un intérêt secondaire, on pouvait se contenter du palper, appelé improprement d'ailleurs, palper *mensurateur*[2].

Mais comme les réductions spontanées ou provoquées de la tête fœtale, sont loin d'être sans danger, pour la vie même de l'enfant, il y aurait grand intérêt, dans les cas de dystocie osseuse, à déterminer avec un peu de précision, avant et surtout pendant l'accouchement, les dimensions des principaux diamètres céphaliques fœtaux, ou tout au moins de quelques-uns d'entre eux.

La comparaison des diamètres maternels et fœtaux permettrait, non seulement d'éviter toujours les traumatismes fœtaux, mais encore elle déterminerait souvent, me semble-t-il, le choix de l'*intervention minimum*.

En Novembre 1924, j'ai fait à la *Société d'obstétrique et de gynécologie de Paris*, une communication, dans laquelle je montrais qu'on pouvait se faire une idée assez exacte, des dimensions d'une tête fœtale, en mesurant, sur la radiographie de la femme en decubitus abdominal, le rayon de la courbe représentée par la région occipito-pariétale de la tête fœtale, région qui est toujours très visible sur les radiographies fœtales.

Plus récemment, chez une malade de 29 ans, primipare, qu'a bien voulu m'adresser le Dr Viala, j'ai procédé tout autrement.

L'observation et les radiographies que je vous présente, ont trait à une femme très vigoureuse, d'une taille de 1 m. 70, *fortement musclée*, dont le mari était également d'une taille au-dessus de la moyenne.

Cette femme me fut envoyée pour défaut d'engagement de la tête au voisinage du terme. Le palper montrait une tête volumineuse, dure, très mobile au-dessus du détroit supérieur, et placée d'une façon franchement transversale.

Cette tête n'ayant aucune tendance à s'engager, j'ai fait la radiopelvimétrie de ce bassin; ce qui m'a montré qu'il était normal.

---

(1) Le diagnostic d'appendicite devenait, dans ce cas particulier, de plus en plus probable, j'avais cru trouver là un argument en faveur de mon hypothèse. Beaucoup de gynécologues admettent, en effet, le rôle de l'appendicite, dans la genèse de la grossesse ectopique.

(2) Rappelons que ce palper soi-disant *mensurateur*, n'est même pas *numérateur*, puisque les grossesses gemellaires ne sont pas toujours diagnostiquées cliniquement; quant aux grossesses tri et quadri-gemellaires, elles ne le sont jamais.

Quant à la tête fœtale, j'ai essayé de la mesurer directement de la façon suivante, au moyen d'une radiographie.

La malade étant en decubitus abdominal, j'ai centré de mon mieux sur la tête fœtale, qui était certainement traversée par le rayon normal. M'appuyant sur ce fait, que la tête se présentait transversalement, et était très superficielle, malgré l'épaisseur de la paroi abdominale (chez cette femme forte et bien musclée), j'ai pensé que l'agrandissement de cette tête, sur le film placé tout près d'elle, serait presque négligeable, d'autant plus que le focus de l'ampoule était distant de ce film de près de 0 m. 70 cm., d'après les conditions requises pour l'emploi de mon diaphragme Potter-Bucky.

J'ai donc mesuré directement sur cette radiographie, les dimensions apparentes des diamètres visibles de cette tête, c'est-à-dire des diamètres longitudinaux.

Comme ces diamètres dépassaient tous de plus de 1 m. les diamètres normaux, j'en ai conclu logiquement; que les diamètres transversaux devaient également être agrandis d'une façon notable, et ai fait part au Dr Viala des craintes sérieuses que j'éprouvais, pour le passage de cette, à travers un bassin cependant normal.

Les événements se sont ensuite déroulés de la façon suivante, ainsi que le relate la suite de l'observation, que j'emprunte au Dr Viala :

« Devant les renseignements donnés par la radio-pelvimétrie, et par la « radio-céphalométrie fœtale, j'ai décidé d'attendre le début du travail, « prêt à intervenir le cas échéant.

« 3 heures après le début du travail, je constatais que le col était en « voie d'effacement, alors que la tête, toujours très mobile au-dessus du « détroit supérieur, n'avait aucune tendance à s'engager.

« 5 heures après le début du travail, alors que la dilatation était de *un « franc*, et la poche des eaux intacte, j'intervins par une césarienne abdo- « minale conservatrice, qui me permit d'extraire une fille vivante pesant « 3 kg 300 grammes, dont la tête dure, volumineuse, ne présentait aucune « déformation des os du crâne.

« Les diamètres de cette tête fœtale ont été mesurés immédiatement.

« Quelques-uns d'entre eux étaient inférieurs de 5 millimètres à ceux « qu'on avait obtenus, par la mensuration directe sur le film. »

En m'envoyant cette observation trois mois plus tard, mon collègue le Dr Viala m'annonçait, que la mère et l'enfant se portaient bien, et il ajoutait : « Je ne peux que vous féliciter, et attester que, dans ce cas « particulier, vos mensurations ont été parfaites, en tenant compte de « la correction d'agrandissement, que vous m'aviez demandé vous- « même de faire subir à vos chiffres. »

On voit donc que des progrès réels ont été réalisés, dans la mensuration des diamètres fœtaux, depuis la thèse de Blanche, qui avait pu dire avec raison à ce moment : « Tout reste dans cet ordre d'idées. »

Pour conclure, je dirai que, de même qu'on a admis pendant longtemps et qu'on n'admet plus aujourd'hui, qu'on puisse se contenter de la *percussion*, pour mesurer le volume du cœur, de même la radiocéphalométrie fœtale doit rentrer dans le cadre de l'orthodiagraphie, à la place du *palper mensurateur*. Mais alors que l'orthodiagraphie du cœur peut être indifféremment radioscopique ou radiographique, l'orthodiagraphie de la tête fœtale ne peut être encore, à l'heure actuelle, que radiographique, et encore en considérant comme indispensable, l'emploi du matériel le plus perfectionné.

Le mieux consisterait à faire usage d'un diaphragme Potter-Bucky, qui serait spécialement construit, pour permettre de placer le focus de l'ampoule à 2 m. ou 2 m. 50 du film. En opérant ainsi, l'agrandissement des diamètres de la tête fœtale serait à peu près négligeable.

Docteur SARGNON

LA RADIUMTHERAPIE DANS LE TRAITEMENT DES TUMEURS MALIGNES DU NEZ ET DU NASAPHARYNX

L'A. a commencé dès 1913 l'étude du traitement radiumthérapique dans les lésions du nez et du nasopharynx. Dans une première phase, il a utilisé la chirurgie combinée avec la Radiumthérapie; mais on sait combien la chirurgie, dans ces tumeurs, est grave par suite des hémorrhagies et des récidives, si l'on n'a pas utilisé concomittamment les agents physiques. Aussi l'A. a-t-il renoncé actuellement à la chirurgie sanglante dans les fibromes et les tumeurs malignes du nasopharynx pour utiliser la Radiumthérapie qu'il a préconisée déjà dans une série de travaux, notamment dans la thèse de Martene en 1923, et dans plusieurs communications entre autres à la Soc. franç. de Lar. en 1925. Il s'est trouvé d'accord avec les travaux de New et Fiji à la clinique Mayo de Rochester, qui, à la même époque, ont publié une série de cas traités également à la Radiumthérapie.

Comme manuel opératoire, l'A. a utilisé pour le nez quelquefois les aiguilles, mais surtout les tubes de 50 et 100 microcuries avec gaîne d'or et mis dans diverses conditions : 1° après opération sanglante par voie interne ; 2° après opération sanglante par voie externe ; 3° parfois sans aucune intervention ni interne, ni externe.

Pour le nez, l'application est facile, il suffit de mettre en place 2, 3 et même 4 tubes, par voie antérieure ou par voie bucco-nasale avec un caoutchouc sans fin. Ces tubes sont, en général, laissés 48 h. ; ils sont munis de leur gaîne d'or.

Dans le nasopharynx, la Radiumthérapie peut se faire après opération sanglante que nous n'employons plus habituellement. Le plus souvent nous la faisons sans opération ni interne, ni externe et presque toujours les tubes sont introduits dans un caoutchouc sans fin bucco-nasal, la méthode que nous utilisons depuis longtemps pour toutes les cavités et qui nous ont donné de bons résultats. Les aiguilles sont d'application assez difficile dans les tumeurs fibreuses ou malignes d'allure fibromateuse, car elles peuvent se déplacer assez facilement. Nous laissons en général les tubes 48 heures.

Quels sont les résultats obtenus ? Pour le nez, les résultats sont bons, soit pour les tumeurs endonasales, soit pour les tumeurs des sinus, surtout du sinus maxillaire, qui sont d'ordinaire des tumeurs conjonctives à évolution lente et qui cèdent assez facilement. Cependant, les épithéliomas du nez et des sinus cèdent aussi parfois avec des résultats définitifs.

Pour le nasopharynx, les tumeurs comprennent cliniquement deux groupes : les tumeurs diffuses habituellement très malignes, et les tumeurs fibromateuses ou à allure fibromateuse. Les tumeurs diffuses sont assez fréquentes et ont été étudiées particulièrement par l'école lyonnaise : Lannois, Jacod, Gaillard et nous-même dans les thèses de Nectoux en 1921 et de Jusserand en 1926. En pratique, les résultats sont en général nuls pour les tumeurs diffuses. Par contre, dans les tumeurs fibreuses ou malignes à allure fibromateuse du nasopharynx, les résultats thérapeutiques sont très satisfaisants, bien qu'on observe souvent des accidents de nécrose plus ou moins étendue du côté de la voûte palatine ; parfois aussi nous avons noté des récidives, mais elles sont peu fréquentes.

LA RADIUMTHERAPIE DANS LES TUMEURS MALIGNES DU LARYNX

Résumé

L'A. étudie la question depuis de longues années. Il a fait d'abord avec Bérard des essais de chirurgie radicale, laryngectomie, pharyngo-laryngectomie, qui ont donné des résultats immédiats satisfaisants, mais des résultats éloignés mauvais, de sorte qu'ils ont utilisé surtout la combinaion de la chirurgie et des agents physiques.

L'A. préconise plus particulièrement la laryngofissure avec résection des parties molles glottiques unies ou bilatérales, à condition que le cartilage soit peu ou pas pris. L'opération se fait en un ou deux temps. C'est alors l'intercrico d'abord, puis la thyrotomie quelques jours après, sous anesthésie locale d'infiltration bien entendu. Après la laryngofissure, on met du Radium pendant 24 heures par exemple, à faibles doses, bien filtré, car le cartilage laryngé est très susceptible de nécrose. Souvent, on associe la Radiothérapie, soit à ciel ouvert la plaie écartée, soit une fois le malade suffisamment guéri et décanulé, radiothérapie faite alors à travers la peau. Pendant les manœuvres de Rayons X et de Radiumthérapie, il est préférable d'utiliser des canules en ébonite pour éviter les radiations secondaires.

La laryngofissure, pratiquée en deux temps est une opération en général bénigne. Cependant, on peut avoir des incidents hémorragiques, de la chute derrière la canule mal fixée, mais surtout de la nécrose intense des cartilages laryngés. Aussi nous ne mettons pas de grosses doses de Radium en pareils cas.

La laryngofissure est indiquée dans les formes intrinsèques non ganglionnaires, sans prise apparente du cartilage, sans lésion de la paroi postérieure du larynx. Dans les formes extrinsèques, nous utilisons la Radiumthérapie interne par voie pharyngée ou bien par voie intralaryngée après trachéotomie, mais les résultats d'une pareille intervention sont surtout palliatifs.

Nous avons utilisé aussi quelquefois la Radiothérapie profonde, qui nous a donné des succès, surtout chez la femme et dans les formes basocellulaires.

En résumé, l'A. conclut que :

1° Toutes les fois que cela est possible, il faut utiliser la chirurgie rationnelle, non mutilante, combinée aux agents physiques ; cette méthode mixte rend de très grands services dans les cancers intrinsèques laryngés, sans ganglions, sans envahissement clinique du cartilage. Il a obtenu des résultats datant déjà de 1918, sans aucune récidive ;

2° Dans les formes extrinsèques primitives ou secondaires, les résultats sont généralement uniquement palliatifs.

Docteurs BISSON et DESAUX

RADIOTHERAPIE A DISTANCE DE DIVERSES AFFECTIONS CUTANEES EN PARTICULIER DES NEVRODERMITES DIFFUSES

Docteur R. GAUDUCHEAU

(de Nantes)

A PROPOS DU TRAITEMENT ELECTRORADIOLOGIQUE DES SCIATIQUES

PIERY

Professeur agrégé à la Faculté de médecine de Lyon

MILHAUD

Chef du Laboratoire de Thérapeutique, Hydrologie et Cimatologie
à la Faculté de Médecine de Lyon.

LE THORIUM DES EAUX MINERALES ET SON IMPORTANCE EN HYDROLOGIE THERAPEUTIQUE

Docteur FOVEAU DE COURMELLES

Lauréat de l'Institut (Académie des Sciences)
et de l'Académie de Médecine de Paris

INFRA-ROUGES ET ULTRA-VIOLETS ANTAGONISME DES RADIATIONS

Les couleurs visibles du spectre ont des actions thérapeutiques que j'ai appelées en 1890 *chromothérapie*, et indéniables à l'heure présente, qu'il s'agisse de phénomènes nerveux, de plaies, de congestions.

Le rouge décongestionne le foie, les reins, la rate, réduit des infiltrats et nodosités cellulitiques, réchauffe ; le bleu gonfle la peau et les tissus sousjacents, pénètre moins loin cependant que le rouge... Les plaies récentes et douloureuses sont calmées par le bleu ; le rouge convient aux plaies atones, comme celles des rayons X et du radium : l'antagonisme d'état aidant à l'antagonisme des couleurs.

Les zones invisibles, à très longues et très courtes longueurs d'onde, sont dans le même cas, avec des actions dites complémentaires, mais parfois antagonistes, contraires, pouvant s'annihiler ou se corriger...

Les rayons rouges et infra-rouges, difficiles à séparer, sont surtout calorifiques ; les rayons ultra-violets ou « héliothérapie artificielle » comme je la baptisai au siècle dernier, est d'ordre chimique et semble d'un usage plus étendu que la zone peu réfrangible du spectre.

On sait en effet les bienfaits des ultra-violets dans le lupus (Finsen, puis, simplification Foveau de Courmelles, 1900, suivie de tant d'autres), dans le rachitisme (Lesné, Marfan, de Gennes) ; dans les affections microbiennes (L. G. Dufestel) ; cutanées (Saidman), etc. etc...

L'ultra-violet extrême comprend les rayons X et le radium. On connaît les accidents, les désastres, les morts produits, à côté de guérisons et d'améliorations merveilleuses, par ces agents, dont il est encore bien difficile et parfois impossible de se prémunir, mais que l'antagonisme des radiations promet, et, croyons-nous, permet de guérir.

Cet antagonisme des radiations est un phénomène inconstant, et le Prof. J.-L. Pech, dont les recherches physiques ont fait grandement avancer la question, essaie d'en déterminer les conditions de production.

Cet antagonisme des radiations me fut démontré par la clinique dès 1903, au cours de recherches faites à l'hôpital Saint-Louis, et à l'Ecole Dentaire de Paris. Dans mon cours à cette Ecole, je disai ceci (1) :

« De même que la lumière blanche présente, comme on sait, des couleurs complémentaires, il peut, il doit vraisemblablement se passer des actions chimiques complémentaires, selon l'emploi de telle ou telle radiation lumineuse. Ainsi la rougeole se trouve diminuée dans sa durée et ses symptômes par l'action de la lumière rouge, par des rideaux d'andrinople rouge dans la chambre du malade ; d'autre part, la rougeole prépare merveilleusement à toutes les tuberculoses, lesquelles se trouveront bien curativement de la lumière antagoniste du rouge, le violet. A tour de rôle, une maladie, la tuberculose — quasi complémentaire de la rougeole, tellement elle la suit souvent — sera traitée par le violet, après le rouge son antagoniste, curatif en la maladie, précurseur ».

Ces idées de 1903 ne passèrent pas inaperçues, car l'esprit avisé et pénétrant qu'était le Dr François Helmé les soulignait (2) :

« Ainsi, savez-vous pourquoi la tuberculose est si fréquente après la rougeole? C'est que celle-ci rubéolise, rougit les tissus, et par suite les rend imperméables aux autres radiations lumineuses, notamment aux radiations ultra-violettes et microbicides. Le bacille tuberculeux a dès lors beau jeu pour envahir un organisme aussi imperméabilisé aux rayons antiseptiques. Cette théorie de la réceptivité n'est-elle pas originale? »

Il nous faut cependant revenir aux recherches récentes du Prof. Pech, pour donner à l'antagonisme des radiations la place thérapeutique qu'il occupe ; il montre en 1920 à l'Académie des Sciences, en 1925, au Congrès de Thalassothérapie, l'atténuation de la lampe de

(1) Dr Foveau de Courmelles, *Electrothérapie Dentaire*, cours préfacé par le Dr Ch. Godon, directeur de l'Ecole dentaire de Paris, 1 vol. in-12, ill., 300 p., Paris 1903.

(2) Dr F. Helmé, *Revue Moderne de Médecine et de Chirurgie*, déc. 1903.

quartz sans infra-rouges par une simple lampe à incandescence voisine, l'altitude et la mer, par la vapeur d'eau imperméable aux infra-rouges permettant les coups de soleil des glaciers ou de la mer par les ultra-violets dominants, les variations du spectre solaire selon le lieu, l'ambiance, le voisinage, l'incidence... De là, découlent en héliothérapie naturelle ou artificielle, des mesures, des précautions à prendre, selon les milieux de transmission, de réflexion, les effets des lumières varient, tels, les rayons X sur l'anticathode de platine ou de tungstène diffèrent, comme le remarquait l'an dernier, ici, le Prof. Zimmern, et comme je l'ai dit en montrant les *Différences biologiques des Radiations, à la Société de Pathologie Comparée*, le 13 janvier 1925.

L'antagonisme des radiations doit donc servir à réparer ou détruire les effets les unes des autres. C'est ainsi que MM. J. Risler et Mondain ont irradié avec succès, de rouge, des cobayes et des lapins brûlés expérimentalement aux rayons X ou des humains accidentellement brûlés de même ; j'ai eu également quatre de ces derniers où la cicatrisation s'est faite rapidement, par ma lampe à infra-rouge utilisant, comme en mon radiateur à ultra-violets de 1900, le miroir parabolique, de la périphérie au centre, avec récupération des tissus. Ne pourrait-on rapprocher ces actions calorifiques du rouge et de l'infra-rouge à la chaleur diathermique qui a donné au Prof. H. Bordier de beaux succès dans les épithéliomas roentgéniens.

Quoi qu'il en soit, il nous a paru intéressant et utile de signaler les voies médicales nouvelles ouvertes par l'antagonisme des radiations.

Iser SOLOMON

LES QUALITOMETRES FONDES SUR LA MESURE DE L'ABSORPTION DES RAYONS DE RONTGEN

L'auteur indique le principe d'une méthode qualitométrique à utiliser dans la pratique radiologique médicale.

Si, avec un galvanomètre sensible, à deux équipages mobiles, on enregistre simultanément le courant d'ionisation dans une chambre d'ionisation non recouverte d'un écran et le courant d'une chambre d'ionisation recouverte d'un écran absorbant et si les deux aiguilles du double galvanomètre dévient en sens inverse, le lieu géométrique du croisement des deux aiguilles, pour une qualité de rayonnement donnée, est sensiblement une droite. Un système de droites, tracées sur l'appareil de mesure représentera donc les différents taux de transmission utilisables. L'amplitude de la déviation de chaque aiguille dépendra de l'intensité du rayonnement mais la rencontre des deux aiguilles se fera sur la même droite, quelle que soit l'intensité du rayonnement.

L'intensité du courant d'ionisation dans une petite chambre d'ionisation, dans le genre de la chambre de mon ionomètre, est de l'ordre de 10^{-10} ampères. Or, pour utiliser un appareil à aiguilles, par exemple un microampèremètre, les courants doivent être de l'ordre de 10-6 ampères, il nous faut donc des courants d'ionisation environ 10.000 plus intenses que ceux fournis par une petite chambre d'ionisation du modèle usuel. Pour les obtenir, deux moyens relativement faciles nous sont offerts : utiliser une grande chambre d'ionisation multicelllulaire ou utiliser un relai amplificateur à triodes. Nous avons longuement étudié les deux solutions. La solution de la grande chambre d'ionisation multicellulaire préconisée par Duane et utilisée ensuite par Janus, par Saget, présente l'avantage d'être excessivement simple. On peut encore augmenter le courant d'ionisation dans ces chambres en utilisant le rayonnement caractéristique du cuivre comme l'avait déjà suggéré Villard lors de la réalisation de son scléromètre et comme l'a proposé récemment Gebbert. Nous avons utilisé une double chambre d'ionisation d'une hauteur totale de 15 cm. et de 10 cm. de diamètre; 20 feuilles en aluminium cuivré en constituent les armatures. Avec cette chambre, les courants d'ionisation sont de l'ordre de 1-5 microampères. On peut disposer une chambre d'ionisation de ce genre avant le champ à irradier et on peut avoir ainsi d'une façon continue la qualité du rayonnement utilisé.

La deuxième solution, plus élégante, est plus délicate à utiliser. Elle présente l'avantage sur la première solution de pouvoir utiliser les petites chambres d'ionisation et de permettre ainsi, par exemple, les mesures simultanées dans l'emploi de l'étalonneur et de simplifier d'une façon considérable les recherches sur la distribution de l'intensité du rayonnement. L'inconvénient de cette solution réside dans l'emploi délicat d'un relai à lampes. J'ai songé d'abord à utiliser un amplificateur à triodes pour courant continu comme celui décrit par Guitton, mais le résultat n'a pas été satisfaisant. En effet, dans une lampe à trois électrodes du modèle courant, le courant de grille est de l'ordre du microampère, environ 10.000 fois plus petit que le courant d'ionisation à mesurer. Par contre, j'ai obtenu un résultat vraiment remarquable en utilisant une lampe bigrille, utilisation d'ailleurs également effectuée dans le Dosimètre de Siemens. Dans les lampes bigrille, et nous avons utilisé des bigrilles de la Compagnie française des lampes, le courant grille est de l'ordre du courant d'ionisation, une variation faible de l'ionisation est facilement enregistrée par le relai. La seule difficulté réside dans l'emploi de la résistance ohmique interposée entre la batterie et le système grille et électrode axiale de la chambre d'ionisation. Les variations de température influent considérablement sur la valeur de cette résistance; un dispositif que nous étudions maintenant nous permettra de vaincre cette difficulté.

En résumé, le qualitomètre dont j'indique aujourd'hui le principe (des difficultés tenant du côté du microampèremètre m'ont empêché de présenter aujourd'hui l'appareil qui a fonctionné dans mon laboratoire), se compose d'une double chambre d'ionisation et d'un double galvanomètre, le croisement des aiguilles donnant le taux de transmission du rayonnement utilisé. Cet appareil présente l'avantage de donner d'une façon continuelle et à simple vue la qualité du rayonnement utilisé, complétant ainsi le quantitomètre à lecture directe.

I. SOLOMON et P. GIBERT

TRAITEMENT RONTGENTHERAPIQUE DES TROUBLES DE LA MENOPAUSE

Les auteurs ont eu l'occasion d'irradier 7 malades présentant des troubles post-ménopausiques ayant succédé à un traitement effectué pour fibrome utérim. Dans ces 7 cas, l'irradiation de l'hypophyse et parfois de la thyroïde amenait assez rapidement la cesssation ou la diminution des troubles.

La technique utilisée a été la suivante : un rayonnement moyennement pénétrant (tension 100 kilovolts, filtration sur 5 mm. d'aluminium ou encore mieux sur 0,5 mm. de cuivre), une dose de 500 R est appliquée sur deux champs temporaux si on veut irradier l'hypophyse, une dose de 400 R par deux champs cervicaux si on désire irradier le corps thyroïde; on pratique une séance par semaine et 3-4 séances sont suffisantes pour faire disparaître ou atténuer notablement les troubles qui ont motivé l'irradiation.

Docteur DIOCLES

1° UNE FORMULE NOUVELLE DE TELESTEREORADIOGRAPHIE

Les formules stéréoscopiques ont été étudiées depuis fort longtemps puisque c'est à Marie et Ribaut de Toulouse que revient l'honneur d'avoir les premiers, en 1877, en s'inspirant de l'ouvrage de Cazes, donné une équation indiquant la valeur du décalage à donner à l'ampoule en fonction de la distance locale et de l'épaisseur de la région à radiographier

$$\Delta \text{nax} = \frac{D(D+P)}{50P}$$

Depuis les très nombreux auteurs qui se sont occupés de stéréoradiographie n'ont apporté aucune précision nouvelle dans ce domaine.

Des considérations théoriques sur lesquelles nous ne pouvons nous étendre et de nombreuses vérifications expérimentales nous ont conduit avec M. Saget à la formule suivante qui indique la relation existant entre les 3 ordres de grandeurs à considérer.

Δ moy représentant l'écart des moyens des anticathodes.

E = l'épaisseur de la région à radiographier.

D. F. = la distance focus film.

Δ moy = E lorque DF = 8E, soit un thorax dont l'épaisseur = 25 centimètres. Δ moy = 25 cent. lorsque DF = 2 mètres.

Pour les affections cardio-aortiques, il y a intérêt à se placer à 2 m. 50 de distance focale pour éviter au maximum les déformations et effectuer des mensurations précises. Enfin, pour certaines régions épaisses, difficiles à traverser, abdomen, crâne, on pourra, surtout si l'on ne possède pas un appareillage très puissant, utiliser des distances focales représentant seulement 4 fois l'épaisseur Dans ces cas, l'écart des anticathodes est déterminé par des abaques donnant pour les épaisseurs moyennes des régions radiographiées la valeur de Δ en fonction de la distance focale.

2° LES INDICATIONS DE LA STEREORADIOGRAPHIE

1° *Corps étrangers*

Nous n'insisterons pas sur l'importance de la stéréoradiograhie dans la *recherche des projectiles.* Vous avez tous employé ce procédé au cours de la dernière guerre. Nulle autre méthode ne permet mieux de préciser leur localisation. Le chirurgien apprécie lui-même la situation exacte du projectile, ses rapports avec les organes voisins, en voit clairement la forme, en saisit les contours, en note les moindres aspérités; il en déduit la meilleur voie d'accès et, au besoin, la meilleure prise à faire. Les publications de Beclère, Hirtz, Aubourg et Galezowski, Toussaint, Ombredanne et Ledoux-Lebard en France (1), Henrard en Belgique (2), sir James Mackensie Davidson en Angleterre (3)), Druner en Allemagne, ont proclamé unanimement les avantages de cette méthode.

Ce qui est vrai pour les projectiles est évidemment exact pour tous les corps étrangers, articulaires ou autres, dont il importe d'établir la localisation.

2° *Affections du squelette*

Toutes les affections du squelette sont appelées à bénéficier de la télestéréoradiographie.

Sans doute, une bonne radiographie ordinaire d'une fracture diaphysaire est pratiquement suffisante; mais combien plus précieuse est la lecture du stéréogramme qui permet d'apprécier non seulement les axes des fragments mais leur orientation, ainsi que la situation et la direction des esquilles. Et le chirurgien pourra, en toute connaissance de cause, mesurer l'effort à faire, et régler ses manœuvres pour aboutir à une bonne réduction.

Pour certaines régions du squelette, il est toujours délicat, parfois impossible, de déchiffrer un cliché radiographique : je veux parler du carpe, du tarse, et, d'une façon générale, de toutes les régions articulaires qu'il est difficile de prendre de profil (épaule, hanche) ou de face (région tibio-tarsienne). La stéréoradiographie est alors fort utile pour montre une luxation compliquée de fracture parcellaire, pour dépister un arrachement de l'épine tibiale, pour découvrir une lésion méniscale,

---

(1) Ombrédanne et R. Ledoux-Lebard, Localisation et extraction des projectiles (p. 223 à 234), 1917.
(2) Henrard, L'état actuel du Radiodiagnostic des corps étrangers, 1914.
(3) Sir James Mackensie Davidson, Localisation by X Rays and Stéreoscopy, London 1916.

une disjonction de l'une des pièces du sternum, une subluxation d'un os du poignet.

Dans les luxations congénitales de la hanche, le stéréogramme met en évidence les déformations de la tête, la profondeur et les plus minimes détails de la cavité cotyloïde (1).

Dans toutes les tuberculoses ostéo-articulaires au début où l'efficacité du traitement dépend de la précocité du diagnostic, particulièrement lorsqu'il s'agit d'une région où de nombreux plans se superposent (tuberculose sterno-claviculaire — mal de Pott au début), une stéréoradiographie nous paraît indispensable.

De même, quand il s'agit d'apprécier le volume, la forme, le trajet d'un abcès pottique, le point de départ d'une fistule, la stéréoradiographie, après injection de lipiodol, suivant la méthode de Sicard et Forestier, donne souvent la clé du diagnostic. Nous avons pu ainsi préciser très exactement le point de départ de certaines fistules de la paroi thoracique, des régions dorsolombaires, trochantériennes.

L'étude du squelette crâno-facial est singulièrement facilité par la télestéréoradiographie, qui a permis de déceler des fractures de la base, des lésions du sinus et des mastoïdes, de juger du volume de la selle turcique, d'apprécier la forme et les dimensions des apophyses clinoïdes et de la lame quadrilatère.

3° *Affections thoraciques*

Au point de vue pulmonaire, laissant de côté toute la partie médicale si importante, mais déjà traitée par ailleurs, nous noterons seulement que les premiers succès de la stéréoradiographie viscérale furent enregistrés au Röntgen Kongress de 1905, à propos de la localisation des foyers de gangrène et des abcès pulmonaires, par les remarquables démonstrations de Lenhartz, Kiessling et d'Albert Schonberg. La localisation des corps étrangers des voies aériennes, des pleurésies interlobaires, des fistules pleuro-pulmonaires ou bronchiques (en injectant préalablement les fistules à la pâte de Beck ou au lipiodol), s'effectue avec une facilité et une perfection qu'on ne saurait attendre d'aucun autre procédé.

Nous ne citerons qu'en passant la très grosse valeur de la télestéréoradiographie dans les pneumothorax pour donner une idée exacte de la forme, de la constitution et des points d'insertion des différentes adhérences, facilitant ainsi et simplifiant considérablement la technique de l'opération de Jacobeus.

Enfin, pour la localisation des tumeurs, kystes hydatiques, cancers du poumon, la téréoradiographie est nettement supérieure à tous les autres procédés d'exploration et permet d'effectuer un diagnostic de localisation très exact, comme nous l'avons déjà constaté, notamment avec le Dr Lardennois.

Dans les affections médiastinales, anévrysmes, tumeurs du médiastin, kystes, goîtres aberrants, des télestéréogrammes pris suivant certaines incidences obliques viennent très souvent illuminer un diagnostic et donner les renseignements qu'on ne saurait attendre d'aucun autre procédé d'investigation.

4° *Affections abdominales*

Les travaux de Casel, de Lang et de Haenisch ont déjà démontré la très grosse valeur de la méthode stéréoscopique dans les affections abdominales. Nous ne nous étendrons pas aujourd'hui sur les affections du tractus digestif sur lesquelles nous nous proposons de revenir prochainement. Toutefois, signalons dès maintenant que nul autre procédé ne permet avec une telle perfection et autant de certitude de montrer la localisation d'un tumeur ou d'un ulcère. Au stéréoscope, vous pourrez voir une niche de Haudek faisant très nettement saillie en arrière de la petite courbure dans l'arrière-cavité des épiploons. Dans les affections pyloro-duodénales et vésiculaires, dans l'étude si difficile du carrefour sous-hépatique, la méthode de Graham et Cole, associée à la télestéréoradiographie, le duodénum étant injecté, constitue actuellement la méthode de choix.

Pour le diagnostic différentiel des fausses appendicites, affections iléo-cœcales, membranes de Jackson, coudures de Lane, brides, périviscérites adhésives, sténoses extra ou intra-pariétales, néoplasmes des voies biliaires ou pancréatiques, la stéréoradiographie est d'un très utile secours.

Le télestéréogramme localise très exactement, et sans distorsion, l'organe ou la lésion intéressante : vésicule, rate, tumeur.

Enfin, la supériorité incontestable de la stéréoradiographie s'affirme dans la localisation des images calculaires rénales, vésiculaires, cholédociennes, cystiques urétéales et vésicales, permettant dans la plupart des cas un diagnostic différentiel aisé d'avec les faux calculs (ganglions mésentériques calcifiés, ostéophytes, kystes dermoïdes de l'ovaire, petits fibromes calcifiés, coprolithes, plaques calco-vasculaires, fistules calficiées). Le succès de la stéréoradiographie associé au cathétérisme urétéral, à la pyélographie, à la cholécystographie dans la localisation des images calculaires ou pseudo-calculaires tiennent à la dissociation parfaite de tous les plans, d'où la possibilité de localiser l'image calculaire d'une manière exacte et sûre, ce qu'aucun autre procédé ne saurait montrer avec une telle perfection.

VI. — *Conclusions*

Tels sont les nombreux avantages que la Chirurgie nous paraît pouvoir tirer de la Télestéréoradiographie.

A l'encontre de certains autres procédés nouveaux tels les pneumoséreuses (pneumopéritoine, méthode de Carelli), il est incontestable que la technique que nous préconisons ne présente aucun inconvénient, même léger; elle peut, dans certains cas, simplifier l'intervention en montrant plastiquement l'anatomie topographique de la région où le chirurgien aura à intervenir, dispositions anatomique et anatomo-pathologique variant suivant chaque sujet et dont la connaissance est, selon nous, primordiale, en raison de l'importance des temps opératoires, surtout dans les grandes interventions thoraco-abdominales.

Il va sans dire que les divers procédés d'investigations cliniques, bactériologiques, chimiques et radiologiques se complètent, et la prise d'un stéréogramme ne saurait dispenser d'un examen minutieux à l'écran et parfois de la prise d'une série de clichés, surtout s'il s'agit d'un diagnostic difficile de la région duodéno-jéjunale et du carrefour sous-hépatique. Mais l'interprétation correcte des renseignements fournis par ces deux derniers modes d'investigation sera souvent illuminé et seulement possible grâce au couple stéréoscopique qui, en dissociant parfaitement tous les plans, permettra de mieux interpréter les clichés.

Docteur CURCHOD

à Genève

COMMUNICATION FAITE AU CONGRES DE LYON LE VENDREDI 30 JUILLET 1926

Messieurs et très honorés Confrères,

Je me garderai bien de nier les résultats obtenus jusqu'à présent par la radiumthérapie. Cependant, mon expérience personnelle me permet d'insister sur le fait que ces radiations constituent une arme à deux tranchants qui peut devenir excessivement dangereuse et qui, par conséquent, doit être maniée avec la plus grande prudence. Le cas sur lequel je désire attirer votre attention me concerne tout particulièrement puisqu'il s'agit de mon assistant entré à mon service il y a juste 20 ans. A cette époque, sa main gauche présentait quelques légers signes de radiodermite, c'est-à-dire quelques petites verrues sur le dos de la main et des doigts aucunement douloureuses et qui ne l'empêchaient pas d'accomplir son travail de technicien-radiologiste. On ne s'en préoccupa pas autrement tout en prenant les précautions jugées alors indispensables, gants, lunettes, travail derrière une paroi à verre plombeux, tablier protecteur, etc., ce qui permit au patient de jouir d'un état stationnaire pendant nombre d'années. De 1914 à 1918, service militaire fréquent de mobilisation pendant plusieurs mois. Ce n'est qu'en 1925 qu'apparut une petite ulcération au niveau de l'articulation métacarpo-phalangienne de l'index gauche (qui finit pas atteindre environ 3 cm. de diamètre et qui fut traitée par diverses pommades, radiations ultraviolettes, etc., sans succès appréciable. L'Institut du Radium de notre ville, auquel j'avais adressé mon employé, fit les premières applications de radium qui ne réussirent pas mieux. Un confrère spécialiste appliqua ensuite de la neige carbonique et ce remède, qui devait amener la guérison à bref délai, constitua le commencement des accidents graves, augmentation de la surface ulcérée et surtout apparition de douleurs toujours plus violentes. Ayant moi-même, à l'occasion de la Réunion des Médecins de la Suisse Romande, à Lausanne, assisté à une conférence d'un confrère radiologiste très connu, qui agrémenta son discours de très suggestives projections de cancers de la face guéris par le radium, je me hâtai, vous le comprendrez facilement, de lui adresser mon assistant avec prière de lui appliquer ce merveilleux remède, ce qu'il s'empressa de faire avec les meilleures intentions du monde, je le reconnais bien volontiers. Voici, d'après les indications du malade lui-même, le détail des doses utilisées :

Séance du 27 novembre 1925.

1,6 millicuries avec filtre argent, pendant 36 heures, 3 heures de repos et 2e application de 41 heures avec 2 millicuries et même filtre.

On avait fait entrevoir la possibilité d'une guérison dans un délai de 3 mois environ. Le résultat immédiat de cette intervention fut l'apparition d'une réaction des plus violentes avec écoulement séreux si abondant qu'il nécessitait un changement de pansement toutes les 2 heures. En outre, les douleurs étaient si fortes que le patient était entièrement privé de sommeil et que la santé générale allait en déclinant rapidement. Après quelques semaines, la radionécrose étant en plein développement, l'intervention chirurgicale devenait inévitable et même urgente lorsque mon malade apprit par les journaux les remarquables résultats obtenus par la méthode de M. le Professeur Bordier, laquele consiste à électrocoaguler l'ulcération röntgénienne. M. le Professeur Bordier, auquel je tiens à exprimer ici ma plus sincère reconnaissance, a bien voulu se charger du traitement. Le résultat immédiat de la première intervention a été une remarquable diminution des phénomènes douloureux, ce qui était déjà un bienfait inappréciable. Il fallait bien s'attendre à ce que la guérison ne se produise que lentement, étant donné la profondeur de la nécrose. Actuellement, il est certain que la cicatrisation a fait des progrès très appréciables et que l'électrocoagulation a permis d'éviter une mutilation irréparable.

Ne vous semble-t-il pas, Messieurs, que je n'avais pas tort en vous disant au début de ma communication que la radiumthérapie ne doit être exercée qu'avec la plus grande prudence et qu'il faut se garder de l'emballement général qui semble se faire jour ces derniers temps afin que nous ne soyons point obligés de brûler ce que nous avons adoré.

J. RISLER et FOVEAU DE COURMELLES

ACTION DU SOLEIL SUR LE POTASSIUM DE L'ORGANISME VIVANT

Le potassium se trouve dans les organismes vivants, particulièrement dans les globules sanguins.

Zwardemaeker a montré que la présence de cet élément dans l'organisme est liée intimement à la fonction des principaux organes. La fonction cesse en effet lorsqu'on retire le potassium par lavage. Les expériences récentes bien connues du savant professeur à l'Université d'Utrecht ont démontré que cette action du potassium sur les fonctions organiques était dûe non aux propriétés chimiques de ce métal, mais à sa propriété de radioactivité.

Expérimentant sur des cœurs de grenouilles, Zwardemaeker a montré le rôle de cet élément sur l'automatisme de la fonction cardiaque. En effet, privé de potassium, la fonction cesse, si l'on introduit un élément radioactif de remplacement autre : par exemple, thorium, uranium, ionium ou du radium, la fonction reprend. Nous n'entrerons pas plus en détail dans les expériences remarquables et minutieuses du savant éminent. En effet, ces travaux ne nous intéressent qu'en raison des différences considérables d'énergie radioactive nécessitée pour la reprise de l'automatisme fonctionnel en cas de remplacement du potassium par les autres éléments radioactifs que nous avons cités.

La dose d'élément radioactif qui doit être réintroduite pour permettre un fonctionnement de longue durée de l'organisme varie en effet avec les saisons. Nous relatons ici le tableau comparatif d'hiver et été donné par Zwardemaeker :

Hiver			Eté	
52 microcuries		K....................	20 microcuries	
75	—	rubidium................	34	—
24	—	thorium..................	5	—
12	—	uranium..................	2,4	—
1	—	ionium (+ th)	0,2	—
$3,10^{-6}$	—	radium....................	0,5	10^{-6}
1/100	—	radon (émanation)	1/300	—

Cet abaissement anormal de l'énergie radioactive suffisante pendant l'été pour le maintien de l'automatisme fonctionnel du cœur d'animaux inférieurs (anguille, grenouille, tortue) constatée par Zwardemaeker nous a fait penser que l'action du soleil pendant l'été en devait être la cause.

Certains auteurs ont montré en effet récemment l'augmentation des constantes de radioactivité d'éléments radioactifs exposés au soleil. Nous avons voulu savoir si le potassium se comportait de la même manière. Dans ce but, nous avons exposé sur des plaques sensibles Gevaert Sensima des échantillons de chlorure de potassium.

Ces échantillons, placés sur des plaques de verre, avaient été insolés au préalable pendant deux ou trois heures. Afin d'éviter toute action chimique de l'élément sur la plaque sensible, nous avons eu soin de l'isoler à l'aide de fines lamelles de quartz provenant de résidus de soufflage. Les clichés ont été développpés à l'obscurité. Les premières épreuves révélées après des expositions correspondant à 17 et 25 jours n'ont donné aucune impression. Au 48e jour, deux des clichés accusent des impressions très nettes. Or, les durées d'exposition énoncées par les auteurs ayant étudié la radioactivité du potassium par la photographie sont de 56 jours (Buchner) et 60 jours (Roffo). D'autres expérimentateurs ont trouvé des résultats discordants, sans être cependant inférieurs aux chiffres que nous venons de citer.

Dans nos travaux, l'exposition au soleil a donc réduit notablement le temps de pose nécessaire pour l'obtention d'une impression. D'autre part, les conditions rigoureuses des expériences dans lesquelles nous avons pris soin d'isoler l'élément radioactif de la plaque à l'aide d'une lamelle de quartz élimine toute hypothèse d'impression dûe à une propriété chimique de l'élément.

Une conclusion s'impose donc : l'action incontestable du soleil sur le potassium, en ce qui concerne le temps de pose nécessaire à l'impression de la plaque sensible.

Les résultats que nous avons obtenus peuvent encore être améliorés. En effet, les insolations ont été effectuées dans des conditions particulièrement défavorables au point de vue atmosphérique, en avril 1926, à l'un des rares moments où le ciel s'est montré clément. Il est légitime de supposer que l'insolation par les jours chauds de l'été permettra encore une réduction du temps de pose.

La conséquence de cette conclusion est que : l'on peut déterminer enfin d'une manière précise une des principales modalités de l'action du soleil ou des rayons de grandes longueurs l'onde sur l'organisme vivant. Le soleil, en effet, irradie l'élément potassium situé principalement dans l'écran sanguin. Etant donné la pénétration connue des rayons de grandes longueurs d'onde jaune, rouge et les épreuves photographiques réalisées à travers les tissus par Cunni Busk, cette action solaire est parfaitement vraisemblable.

Nos modestes travaux, orientés par hasard par les recherches de Zwardemaeker, montrent une des formes de l'énergie d'appoint que l'on attribue à la lumière.

La lumière du soleil augmente, en effet, le nombre des particules émises par l'élément potassium, ces particules provoquent les ionisations des systèmes atomiques voisins, changent leur masse, abaissent les chaleurs de formation, accélèrent en un mot les phénomènes vitaux, en augmentant la consommation d'oxygène.

Nos expériences sont trop récentes pour que nous puissions savoir la durée de l'action pendant laquelle persiste cette augmentation de l'émission des particules du potassium sous le rayonnement solaire.

Pour les corps radioactifs polonium, uranium, A. Nodon, Mlle Maracceanu ont montré que le phénomène persistait plusieurs mois après l'insolation avec des augmentations et des diminutions encore inexplicables. Cette constatation de l'activité du soleil sur la microradioactivité du potassium n'infirme en rien l'augmentation de l'effet photoélectrique du même élément sous le même rayonnement.

On connaît, en effet, aujourd'hui, l'effet photoélectrique sélectif que provoquent certaines radiations de grandes longueurs d'onde sur le potassium. Nous rappelons ici que, dans un récent travail, présenté à la Société de Pathologie, nous avons donné une explication physique du rôle que la photoélectricité joue en biologie.

Les métaux contenus dans l'organisme sont sensibles à l'action de toutes les radiations. On peut admettre aujourd'hui à notre sens que dans les conditions biologiques dans lesquelles ils se trouvent, ils sont soumis ainsi qu'à l'état libre, aux lois du rayonnement et il n'est pas absurde de signaler qu'il est possible et logique de ramener certains phénomènes biologiques sous la dépendance directe de la théorie des quanta.

Ces constatations n'offrent pas seulement l'intérêt de montrer le merveilleux enchaînement qui ramène les phénomènes biologiques aux lois de la physique, mais elles nous montrent qu'il existe au point de vue biologique un certain équilibre de rayonnement. Si cet équilibre est rompu, le cas pathologique surgit. Je rappelle ici, par exemple, l'augmentation de la quantité de potassium dans certaines tumeurs cancéreuses. Zwardemaeker a montré, par contre, d'ailleurs, qu'il était possible de rétablir cet équilibre en provoquant un rayonnement radioactif antagoniste de très faible intensité.

Il paraît donc nécessaire à notre sens d'orienter les recherches sur les modifications d'énergie qui interviennent dans l'élément potassium dans des circonstances variées; car il est indispensable d'être éclairé d'une façon précise sur le rôle fonctionnel du principal élément radioactif de l'organisme.

A. GUNSETT

Directeur du Centre anti-cancéreux de Strasbourg

LA RADIOTHERAPIE PREVENTIVE POST-OPERATOIRE DES CANCERS DU SEIN

Depuis le remarquable rapport que fit, en 1924, sur la question de la radiothérapie préventive post-opératoire des cancers du sein, M. A. Béclère à l'Association Française sur l'Etude du cancer, et sa note complémentaire parue en juin 1925, peu d'auteurs ont traité cette question en France. Je n'ai pas besoin de rappeler que la radiothérapie postopératoire des cancers du sein, considérée autrefois généralement comme une mesure préventive utile à pratiquer, fut reconnue inopérante et même dangereuse à la suite de certaines statistiques publiées en Allemagne en 1920 et 21 par des auteurs (Tichy, Perthès, Lossen et Neher) qui avaient employé la méthode des irradiations uniques, intenses et en un temps court, et par les appareillages et les procédés modernes de la roentgenthérapie profonde, tels que l'école allemande les concevait à cette époque.

Béclère avait conclu dans son rapport que « l'irradiation intensive du champ opératoire avec la dose prétendue cancéricide en vue de prévenir les récidives devait être abandonnée et prohibée ».

D'un autre côté, une autre statistique allemande, celle d'Anschutz de Kiel, se basant sur un nombre considérable de cas traités moyennant une autre technique, toute différente de la première (radiothérapie moyennnement pénétrante avec filtre de 4 à 5 millimètres d'aluminium, doses moyennes répétées tous les mois pendant une très longue durée de temps), annonçait un résultat fort appréciable, une survie des malades irradiées nettement plus grande que pour les maladies non irradiées. Des auteurs hollandais et suédois (Larsen et Wassink) étaient arrivés au même résultat.

Béclère en concluait que « les irradiations renouvelées à doses modérées sont recommandables parce qu'elles ne sont pas nuisibles ».

Il nous a semblé intéressant de rassembler les cas traités à Strasbourg, d'en dresser la statistique et de la comparer avec les statistiques chirurgicales. La plupart de ces cas ont d'ailleurs été traités par la méthode des rayons semipénétrants. Malheureusement, nous n'avons continué cette technique que jusqu'en 1920.

A cette époque, nous avons traité par la méthode allemande une série de cas de cancers du sein opérés. Mais les résultats de cette méthode furent déplorables. Ils concordèrent en tous points avec les expériences que firent Perthès, Tichy, Lossen et d'autres.

Avant de produire les chiffres mêmes de cette statistique, il fait bon de connaître les chiffres des statistiques chirurgicales pures concernant les cas opérés, mais non soumis aux rayons X.

D'après Jüngling, les chirurgiens allemands comptent actuellement avec un pourcentage de 45 % de cas vivants indemnes de récidive après 3 ans et de 38 % de cas vivant après 5 ans.

Si l'on prend la moyenne des pourcentages de guérison après 3 ans de tous les auteurs mentionnés dans le rapport que Walter, de Paris, a présenté au 30e Congrès de Chirurgie à Strasbourg en 1921, en se limitant aux statistiques parues à partir de 1910, époque où l'opération très radicale du sein a été adoptée par tous les chirurgiens, on obtient le chiffre de 33 %. D'après la statistique suédoise, la proportion des survivantes sans récidive, 5 ans après l'exérèse, oscille entre 22 et 33 %.

Le nombre de tous les cas traités à Strasbourg préventivement par la radiothérapie postopératoire entre 1914 et 1923 est de 201.

Malheureusement le nombre des malades perdus de vue est très élevé, — il est de 59 — ce qui n'est pas étonnant si l'on envisage la quantité d'Allemands qui a quitté l'Alsace après l'armistice.

Les cas utilisables se réduisent de ce fait à 142 seulement.

De ces 142 cas, il faut encore mettre à part 18 cas qui étaient déjà porteurs de récidives cutanées lorsqu'ils furent envoyés par le chirurgien pour la radiothérapie postopératoire. Dans ces cas, il ne peut plus être question d'une radiothérapie postopératoire préventive pure. Aussi les avons-nous classés à part.

Il ne reste, pour la radiothérapie postopératoire pure, que 124 cas. Cs cas furent traités d'une manière fort variée, les uns par la radiothérapie sémi-pénétrante, les autres par la radiothérapie profonde. Pour la radiothérapie sémi-pénétrante en particulier, les doses et le nombre des séances reçues ont beaucoup varié. Quelques malades ont interrompu leur traitement après une séance, d'autres l'ont continué un certain temps, mais ont eu une dose totale qu'on peut considérer comme insuffisante, d'autres encore ont reçu des doses faibles souvent répétées, d'autres des doses élevées et répétées.

De ce mélange de 124 cas, nous retrouvons en vie après 3 ans, 34 % et, après 5 ans, 20 %, si nous considérons tous les cas sans faire de distinction entre leur gravité clinique, c'est-à-dire si nous mélangeons tous les cas sans ganglions apparents, avec ganglions, avec ou sans métastases au début du traitement.

Ces chiffres ne sont guère encourageants : ils restent au-dessous du chiffre des résultats de la chirurgie sans intervention radiothérapique qui sont de 45 % pour les malades en vie après 3 ans (d'après Jüngling) et ne dépassent que légèrement le chiffre de 33 % que nous avons cités comme moyenne des statistiques réunies par Walter pour le Congrès de Chirurgie de Strasbourg en 1921.

Même si nous n'envisageons, dans ce tableau, que les cas qui étaient sans ganglions apparents lors du traitement, donc les cas les plus favorables, le chiffre de 45 % pour 3 ans et de 26 % ne sont guère intéressants.

Il est évident que s'il en était ainsi, on avait raison d'abandonner une pratique qui donne un si piètre bénéfice au malade tout en étant chèrement acquis par un traitement très long.

Nous avons déjà fait remarquer que les cas qui sont rapportés dans ces statistiques furent traités avec des techniques différentes. Une série de malades fut notamment traitée par la radiothérapie profonde, à dose élevée unique et appliquée en un temps très court.

L'effet de cette technique ayant été désastreux, il est permis d'envisager comment se comporterait notre statistique si on en élimine les cas traités par la radiothérapie profonde :

On trouve alors une très grande amélioration des résultats, une survie après 3 ans de 39,6 % des cas au lieu de 34 %. Cette survie est même de 55 % pour les cas qui furent trouvés sans ganglions apparents au début du traitement radiothérapique, donc pour les cas les plus favorables.

Il est légitime d'examiner cette statistique de plus près. Elle comporte les cas traités uniquement par la radiothérapie sémi-pénétrante. Mais tous ces cas n'ont pas été traités de la même façon.

Nous pouvons y distinguer trois grandes catégories :

1° Les cas qui n'ont reçu, par champ, qu'une dose insuffisante, n'atteignant pas 20 H.

2° La catégorie des cas qui ont reçu sur chaque champ une dose moyenne de 20 H minimum, mais n'excédant pas 50 H. par champ irradié étalé sur un temps très long.

3° Les cas qui ont reçu, par champ irradié, une dose très importante, dépassant 50 H., appliquée en portions fractionnées tous les mois ou tous les deux mois.

Ces trois catégories se comportent d'une manière tout à fait différente.

La première est la plus mauvaise (23 % de survie seulement après 3 ans).

Dans la deuxième catégorie, les résultats y deviennent meilleurs. En effet, la survie après 3 ans augmente de 39,6 % et de 55 % à 42 et 58 % et la survie après 5 ans de 24 et 33 % à 28 et 39 %.

Quant aux cas qui ont reçu une dose totale très élevée de 50 H. et davantage, on y trouve :

Cette différence s'explique si l'on considère séparément, les cas qui ont reçu une très forte dose de 50 H. et davantage. Nous trouvons alors, pour les cas pris globalement, 53 % de survie après 3 ans et 35 % après 5 ans, et, pour les cas sans envahissement ganglionnaire lors du début de l'irradiation, donc pour les cas favorables, 73 % après 3 ans et 53 % après 5 ans.

Ces chiffres sont des plus intéressants, car ils sont très nettement supérieurs aux chiffres des statistiques des chirurgiens pour les cas qui n'ont pas subi d'irradiation, chiffres qui sont, d'après Jüngling, de 45 % pour 3 ans, et de 38 % pour 5 ans.

Il semble résulter de ces chiffres que la radiothérapie préventive post-opératoire ne devrait pas être rejetée en bloc et qu'elle peut améliorer les résultats de la chirurgie, si elle est appliquée par la technique de la radiothérapie semi-pénétrantes, à doses moyennes espacées et répétées pendant très longtemps.

14e section

ODONTOLOGIE

Président .... Paul Spira, Préparateur à la Faculté de Médecine de Strasbourg.

Vice-Présidents .... M. Amillac.

Secrétaire .... Derouineau, Chirurgien-dentiste, Paris.

Secrétaire adjoint .... Rebouillat.

Louis C. BARAIL

L'ACTINOTHERAPIE LOCALISEE TRAITEMENT DES PLAIES ET INFECTIONS DE LA BOUCHE

Dans une précédente communication (1), j'ai eu l'honneur de vous exposer brièvement, d'une part, ce qu'un odontologiste peut attendre des propriétés des U. V. dans la pratique courante, et, d'autre part, les moyens matériels qu'il a à sa disposition pour les utiliser commodément.

Aujourd'hui, nous étudierons plus particulièrement leur utilisation thérapeutique dans le traitement des plaies et infections de la cavité buccale, et je tâcherai de conclure en me laissant inspirer et guider par la valeur des résultats que j'ai déjà obtenus.

En odonto-stomatologie, on peut utiliser les R.U.V. de plusieurs façons :

1° par irradiation générale (soleil artificiel) ;
2° par irradiation régionale (érythème) ;
3° par irradiation locale ;
4° par irradiation localisée ;

Dans les deux premiers cas, on utilise de préférence les rayons longs et très pénétrants ; dans les deux derniers cas, les rayons courts et bac-

(1) Communication, à la Société d'Odontologie, le 4 mai 1926.

téricides. (Cela n'implique pas nécessairement d'ailleurs que les réactions locales ne peuvent pas être obtenues avec une lampe produisant des radiations longues, comme les lampes à charbon imprégné, ni que la lampe à vapeurs de mercure ne peut pas produire de réaction secondaire. C'est tellement vrai qu'en médecine générale, on utilise la lampe à mercure pour des irradiations générales, et qu'on traite le lupus avec la lampe Finsen à arc de charbon).

I. *Irradiation générale.* — Elle relève plutôt de l'actino-thérapeute. Néanmoins, il est intéressant de rappeler que certains dentistes allemands et américains ont traité avec succès, par irradiation générale, des cas graves de décalcification.

L'irradiation générale aux rayons U. V. *purs*, c'est-à-dire sans addition de rayons thermiques, a donné avec la lampe Jesionek d'excellents résultats dans le traitement du rachitisme et de la déminéralisation dentaire. L'augmentation du métabolisme calcique produite, s'est manifestée par une récalcification osseuse et dentaire.

Deux jeunes patients que, sur mon conseil, leurs parents avaient fait irradier au soleil artificiel par un actinothérapeute, ont présenté en peu de temps une grande amélioration dans la constitution de leurs dents, et depuis, *aucune récidive ne s'est produite sous les caries obturées*, alors que précédemment, toutes les caries traitées avaient récidivé sous l'obturation.

Actinothérapie et infra-rouges. — Quant à l'addition, aux rayons U. V., de rayons infra-rouges, de nombreux auteurs, en particulier Arnone, Rowlett, Morphy, Benoît, Haguenau, Kieffer, Heusner et Oeken, lui attribuent une grande importance, car, disent-ils, ils préparent et facilitent la pénétration des U. V. Certains d'entre eux irradient à l'infra-rouge avant l'actinothérapie, les autres, pendant l'irradiation aux U. V. ; d'autres sensibilisent même aux rayonx X.

Pech, Romain et Dufestel trouvent que dans l'irradiation régionale, il y a souvent antagonisme entre l'ultra-violet et l'infra-rouge. Pour ma part, je crois à un antagonisme possible dans l'irradiation générale et dans l'irradiation régionale ; mais dans l'irradition localisée, je suis d'accord avec Benoît, plus modéré que les autres partisans de la double irradiation. Cependant, je crois qu'on ne doit jamais faire l'irradiation à l'infra-rouge avant, *mais toujours pendant l'actinothérapie.*

Par l'emploi de cette méthode, j'ai obtenu des pénétrations excellentes avec mes électrodes-lampes, et je n'ai jamais constaté le moindre accident.

Cette digression importante et nécessaire nous a fait quitter brusquement l'actinothérapie générale ; nous arrivons maintenant à

II. *L'irradiation régionale.* — Elle aboutit à la production d'un érythème léger. Celui-ci, dû aux U. V. au-dessous de 3.100 A°, agit sur l'état général — par l'intermédiaire de la circulation — par la modification du métabolisme des substances intéressant la nutrition : calcium, principalement, phosphore, glucose, tyrosine. Il donne à la peau une plus grande résistance aux furoncles, à l'acné et aux irritants (sinapismes, neige carbonique, cantharides, etc.).

Dans l'anémie, les globules rouges augmentent en nombre, et l'hémoglobine en quantité. La résistance globulaire s'accroît, et il y a hyperleucocytose. On constate dans le plasma une augmentation de Ca et de P. et une diminution de glucose.

L'irradiation régionale, comme l'irradiation générale, amène un abaissement de la tension artérielle, surtout quand il y a hypertension. Au point de vue de leur action sur le système nerveux, les U. V. sont nettement des stimulants physiques et psychiques, quand ils sont administrés par irradiations générales ou régionales ; mais en irradiations localisées, ce sont des analgésiques merveilleux.

J'ai sur ce sujet plusieurs observations dont je vous parlerai plus longuement tout à l'heure.

III. *Irradiation locale et irradiation localisée.* — J'ai réservé le terme d'irradiation localisée à la *projection de rayons U. V. sur une surface extrêmement définie*, telle qu'elle peut l'être par le petit diamètre d'une électrode-lampe, d'une lampe à effluves, ou d'un applicateur très petit de lampe à vapeur de mercure. Le terme d'irradiation locale s'applique en effet à une petite région, tout comme celui d'irradiation régionale concerne une région plus étendue.

On fait de l'actinothérapie *locale* lorsque, par exemple, on irradie une grande partie du palais ou même le palais tout entier pour agir sur un ou deux alvéoles. Dans ce cas, les régions malades (en l'espèce : l'alvéole) ne reçoivent qu'une faible fraction des rayons U. V., et d'autre part, les régions saines en reçoivent la plus grande partie. On compte donc sur l'action secondaire de l'irradiation des parties saines, plus que sur l'effet direct de l'irradiation des parties malades.

Dans l'actinothérapie *localisée*, on se contente dans le même cas, d'irradier l'alvéole infecté, et d'agir par effet direct sur l'infection. On pourrait s'étendre à l'infini sur cette question en multipliant les exemples, mais je crois l'avoir nettement tranchée. On fait de l'actinothérapie localisée également sur une dent, un papillone, sur épulis, etc. On le voit, non seulement l'instrumentation diffère dans les deux cas, mais encore le processus thérapeutique n'est pas le même.

Pénétration. — La pénétration des U. V. s'exerce sur une très faible profondeur ; les rayons U. V. actifs sont absorbés par les couches superficielles de l'épiderme. D'après Saidman, « 1/10.000[e] de l'énergie des rayons 2890 arrive à une profondeur de 1/10e de millimètre ». Les rayons de plus de 3000 sont réfléchis et diffusés par l'épiderme. Les rayons de 2650 à 2960 pénètrent partiellement. Au-dessous de

2.400, ils pénètrent presque tous ; seuls les rayons dépassant 2.100 arrivent à la 3e couche de cellules. Par conséquent, c'est la couche tout à fait superficielle qui absorbe les radiations les plus actives.

Cependant, dans l'irradiation localisée avec mes électrodes-lampes, l'irradiation concomitante de rayons rouges et infra-rouges augmente considérablement la pénétration des U. V., et, par suite, l'activité de leur processus thérapeutique. J'ai décrit ailleurs les deux théories en présence : la théorie photo-chimique, d'une part, la théorie photo-électrique d'autre part, et j'ai émis la mienne, à savoir que : ces théories se manifestant toutes deux, il faut leur donner également raison, et admettre que les U. V. agissent par leur activité électro-photo-chimique.

Propriétés. — Les propriétés de l'actinothérapie localisée comprennent : 1° Celles des autres modes d'irradiation, mais à un degré évidemment plus faible étant donnée la faible quantité d'U. V. utilisés ;

2° Une augmentation, sur les autres modes d'irradiation des propriétés bactéricides et analgésiques. Cela s'explique par le fait même de la localisation des U. V. au point précis où leur action est nécessaire.

II

Ceci bien établi, dans quel cas l'actinothérapie localisée peut-elle nous rendre des services ? Il semble que la valeur bactéricide des U. V. doive surtout retenir l'attention. Si nous pensons également à leur action analgésique, il nous vient immédiatement à l'esprit la thérapeutique des ulcérations de la bouche, des stomatites, des plaies infectées. Eh bien, c'est dans ce domaine peut-être, que les U. V. ont donné le plus de satisfaction aux odontologistes qui leur accordaient confiance ; c'est de ce côté que j'ai dirigé mes premières recherches sur la thérapeutique par les U. V., et c'est de cela que je vais vous parler maintenant.

Il y a plusieurs années, Friedberger et Shiogi tentaient la stérilisation de la bouche chez le lapin. Donnelly la réalisait quelques années plus tard chez l'homme, mais imparfaitement et avec un appareillage insuffisant. En 1905, Axmann signalait également l'action des U. V. sur les plaies. Paccini traita quelques fistules et quelques gingivites, et Zilz, un cas de spirochétose de Zilz.

Processus thérapeutique. — Tous ces auteurs ont fait leurs irradiations avec des lampes à arc ou à vapeur de mercure munies d'applicateurs genre Seidel ou Zilz, c'est-à-dire en localisant imparfaitement les U. V. et sans leur associer l'effluvation ni l'électrosmose. Et cependant, les résultats qu'ils ont obtenus sont très remarquables.

L'actinothérapie sur les plaies amène d'abord une diminution de la suppuration, qui devient aqueuse, et se tarit. Puis, l'œdème disparaît et la cicatrisation s'active rapidement. Les U. V. agissent par action bactéricide locale, amélioration de la défense organique, et augmentation de la circulation locale. Ils suppriment les bourgeons de mauvaise nature dus à l'œdème, à l'infiltration leucocytaire et aux altérations vasculaires. Quand on se sert des électrodes lampes ou des lampes à effluves, les résultats sont encore plus caractérisés et plus rapides. *Mais c'est surtout l'association de l'effluvation ou de l'électrosmose et des U. V. qui apparaît comme la thérapeutique de choix des ulcérations buccales.*

Actinothérapie seule. — Pourtant, dans les stomatites et plaies très douloureuses, on se trouvera bien de faire de l'actinothérapie seule à la première séance. Pour ce faire, il faut donner la fréquence maxima et l'intensité minima ; on règle au rhéostat. Une irradiation de 4 à 6 minutes avec mes électrodes-lampes, sera amplement suffisante.

L'action analgésique des U. V. se manifeste presque instantanément, et d'autant mieux que la pénétration des U. V. produits par les électrodes-lampes est très grande, à cause de la production concomitante de radiations caloriques. Le malade part avec une sensation d'engourdissement des muqueuses et de bien-être, et peut se livrer à une mastication normale sans ressentir les brûlures lancinantes qui caractérisent ou accompagnent certaines de ces affections.

A la deuxième séance, on pourra adjoindre un peu d'électrosmose par électrode-osmotique avec du chloral géranié ou tout autre calmant.

U. V. et haute fréquence. — Quand les plaies ne sont pas douloureuses au point de ne pas supporter une légère effluvation, il est préférable de faire passer dans l'électrode-lampe un courant de fréquence moyenne et de faible intensité. De cette façon, il se produit une légère effluvation qui vient ajouter les bienfaits de la thérapeutique par la haute fréquence à ceux de l'actinothérapie.

On traitera ainsi rapidement les abcès, les plaies infectées, ou fistulisées. Après une irradiation avec effluvation de quelques minutes, on fera une électrosmose actinique de quelques minutes au Dakin ou à l'eau oxygénée.

Dans les accidents de dents de sagesse, on mettra à profit les propriétés de l'effluvation et des U. V. En même temps que les oscillations produisent une révulsion intense qui amène la résolution du trismus, les U. V. insensibilisent la région. De plus, ils favorisent l'éruption de la dent.

Eruption des dents. — Ceci a été observé déjà par Saidman, Mme Henry et Dufougeré. Les U. V. facilitent l'éruption des dents en diminuant la douleur. Concurremment au traitement des lésions inflammatoires et après leur disparition, on fera de l'irradiation seule sur le capuchon ou sur la face triturante de la dent. Au bout de quelques séances, la dent aura complètement évolué et aura atteint sa position normale. Dans plusieurs cas, j'ai pu, de cette façon, éviter l'avulsion de dents qui, autrefois, auraient été condamnées, soit parce que cariées, soit parce que leur position pouvait faire craindre des accidents ultérieurs.

De même, j'ai fait avec succès des irradiations sur des gencives de petits enfants, en vue de hâter l'éruption des dents de lait ; ces tentatives ont été toutes couronnées de succès. Chez des enfants de 12 à 14 ans, j'ai obtenu en quelques séances l'éruption de prémolaires à évolution tardive, ce qui m'a permis d'éviter un traitement orthodontique.

Dans un autre cas, l'actinothérapie m'a permis de faire évoluer absolument sans douleur une canine supérieure incluse chez une jeune fille de vingt-cinq ans. Une autre fois, chez une jeune fille de dix-neuf ans, une canine incluse sous 6 à 8 mm. de tissu osseux, et placée perpendiculairement à l'axe des autres dents, manifestait son évolution par des douleurs vives, de la céphalée, etc. Du fait des rayons U. V. et de l'électromassage, elle a subi une poussée éruptive qui a amené en quelques jours sa libération presque totale du maxillaire, dans l'analgie la plus complète. La dent apparaissait en effet sur presque toute sa longueur, et il a suffi d'une légère poussée avec un élévateur sans anesthésie préalable, pour pratiquer son avulsion. Celle-ci aurait été d'ailleurs spontanée, si j'avais attendu quelques jours de plus.

CONCLUSION

Voici ce que j'ai cru devoir vous exposer aujourd'hui, de mes premières recherches concernant l'actinothérapie localisée. J'aurai encore beaucoup à vous dire sur ce sujet, en particulier sur le traitement des tumeurs (épulis, papillomes), de la polyarthrite, et sur le blanchiment des dents. De même, j'aurais peut-être pu développer davantage l'actinothérapie des plaies de la bouche ; mais je n'ai pas voulu retenir trop longtemps votre bienveillante attention.

De cette contribution à la thérapeutique odonto-stomatologique, il ressort surtout que, par leur activité bactéricide et leur pouvoir analgésique, seuls ou asosciés aux courants de haute fréquence, les U. V. constituent un des traitements les meilleurs et les plus rapides des infections buccales quelles qu'elles soient.

Dans les accidents d'évolution des dents de sagesse, ils permettent presque toujours de provoquer l'éruption des dents et d'en éviter l'avulsion.

Enfin, ils sont le meilleur « collutoire de dentition » pour les enfants en bas âge, bien que n'étant pas à la portée du public. Ce fait n'est d'ailleurs pas un mal, s'il oblige les parents à nous conduire leurs enfants dès le berceau, et les enfants à s'habituer à nous d'aussi bonne heure.

Les résultats obtenus sont donc très satisfaisants, et la simplicité d'emploi des électrodes-lampes et des lampes à effluves permettra à notre profession de réaliser encore de nouvelles découvertes thérapeutiques en associant les propriétés des courants de haute fréquence et des rayons ultra-violets, qui se complètent si harmonieusement.

Docteur LEVY

(Strasbourg).

PROCEDE DE REMPLACEMENT DES CRAMPONS PAR LES DENTS PLACEES EN LOGETTE

De tout temps, depuis l'introduction des travaux à pont, la question de la possibilité de réparer des dents en porcelaine a vivement préoccupé les praticiens. On avait débuté par sauver les dents aux bridges, mais quel désastre quand, après un laps de temps plus ou moins court, le patient revenait avec une facette cassée. Que fallait-il faire ? Enlever le bridge et ressouder une dent ? Au début, en effet,

le dentiste devait recourir à ce moyen, mais nous pouvons nous figurer que ni le patient ni le dentiste n'étaient enchantés de ce travail.

Aussi des confrères de toutes nationalités se mirent à inventer des méthodes de réparation des facettes à employer. On nous conseillait de river la dent remplaçante, on vissait ; des instrumentations complètes furent imaginées, permettant de briser une autre facette par vis et écrous. Tous ces systèmes donnèrent des résultats à peu près satisfaisants dans les cas appropriés, mais leur emploi facile en théorie, présentait de nombreux inconvénients en pratique. L'introduction de la facette Ash à réparation était sûrement la meilleure solution de la question, mais pour la plupart des confrères l'entretien d'un stock complet de ces facettes était chose impossible. Donc on finit par garantir les bords libres des dents par des bourrelets énormes en or. Ce système donnait lieu à beaucoup moins de réparations, mais personne ne voudra nier que l'effet esthétique d'un pareil travail ne satisfait pas à toutes les exigences.

Survint l'invention de la facette Steele. Tous les praticiens saluèrent avec satisfaction l'introduction de cette dent dans la pratique journalière. Le cauchemar des facettes cassées devait enfin disparaître. Malheureusement la dent Steele ne correspondait nullement aux espérances formées. Après peu de temps on devait se convaincre que la dent était trop faible pour la mastication ; par suite du canal longitudinal les cassures sont tellement nombreuses surtout dans le cas le plus fréquent des articulations basses que la plupart des confrères ont aujourd'hui abandonné ce système. Outre cela, la dent Steele est trop plate et présente par suite un aspect peu naturel. Personnellement, j'ai remplacé tous les bridges que j'avais exécuté par des dents Steele.

A mon avis il n'existe en ce moment qu'*un seul* système pratique pour la fixation des dents sur les ponts, c'est celui du cimentage en logette. Avec ce système nous pouvons exécuter tous nos travaux avec le même stock de dents aussi bien les travaux à plaque, que les travaux à pont. Les cassures sont excessivement rares et la réparabilité est parfaite.

Il y a une seule condition à observer, c'est que la logette soit faite convenablement. Comme on voit encore trop souvent des logettes qui ne correspondent pas à toutes les exigences, je me permets de dire deux mots de leur confection.

Pour arriver à une bonne logette, on réunit les dents après leur montage d'un biseau qui sera aussi long que possible. Il commencera très près au-dessous des crampons et ira jusqu'au bord libal et vestibulaire. Sur la logette qui est formée d'après cette dent biseautée, la partie perpendiculaire et la partie tranchante se rencontreront sous un angle très obtus, cunéiforme qui, du point de vue mécanique, présente le plus d'avantages. Par contre, plus nous nous rapprochons du rectangle, moins le résultat sera bon. Le biseautage long nous laisse le plus de place, entre la dent artificielle et son antagoniste, nous pouvons donc donner une plus grande épaisseur à notre logette sans gêner l'occlusion. Malgré cette grande épaisseur, nous pouvons rendre le bord d'or très mince, de sorte qu'il est à peine décelable à la vue. Car si la couche d'or qui garantit le bord libre est usée par la mastication, nous n'avons qu'à diminuer légèrement la facette dans le sens vestibulo-buccal, pour qu'elle soit de nouveau garantie comme au début.

Je n'insisterai pas sur ces faits que vous connaissez tous, pour arriver au point essentiel.

Les dents en logette demandent des crampons en platine, un au moins en or-platiné.

Les dents à épingle ferro-nichée à gaîne d'or résistent très mal aux influences électriques et chimiques du milieu buccal, si elles ne sont pas enveloppées de consistance de scellement. Le ciment, matière très poreuse, ne donne aucune garantie aux crampons. Or il est presque impossible de se procurer des dents à crampons de métal précieux, les stocks en France sont très insignifiants et le plus souvent, il n'est plus possible de se procurer la dent nécessaire. Sans parler du prix prohibitif, nous sommes obligés, dans la plupart des cas, d'employer des dents à épingles non précieuses, quitte à en voir tomber une partie après plus ou moins de temps, par suite de la destruction des crampons. Si ce cas arrive, en théorie le remplacement de la dent tombée par une autre du même genre ne présente aucune difficulté, mais en pratique il en est autrement. Il arrive que nous ne disposons pas de la teinte nécessaire, une autre dent qui a la teinte est trop courte ou trop longue, ou les crampons sont placés trop haut ou trop bas, trop étroits ou trop larges.

De plus, le moulage exact d'une dent remplaçante dans une logette existante n'est pas facile et demande beaucoup de temps. J'en suis donc venu à l'idée de remployer la facette tombée en lui donnant de nouveaux crampons. J'y suis parvenu par le moyen le plus simple, par *la coulée*. Le résultat dépasse toutes mes attentes.

Je vous présente une dent à crampons extra-longs, comme on n'en emploie jamais en bouche, pour que vous puissiez juger de la solidité du crampon obtenu. Je puis dire que depuis 4 ans que j'emploie le crampon coulé, je n'ai jamais eu d'échec.

De sorte que je me suis décidé, au lieu d'attendre la nécessité de faire une réparation, à remplacer les crampons dès la confection d'un bridge. Je puis vous affirmer de la façon la plus formelle que le crampon coulé pour les travaux en logette me donne les meilleurs résultats, il remplace *complètement* les meilleurs crampons en platine. Le crampon coulé permet le soudage et le rivetage, il a assez de souplesse pour se plier en forme de baïonnette sans rompre, comme le prouvent les exemplaires que vous avez entre les mains. Mais je dois avouer que je n'ai pas une grande expérience de ces trois derniers cas, je ne le recommande que pour les cas d'urgence. Par contre pour les dents placées en logette, aucun insuccès n'est à craindre.

Pour couler les tampons, je procède de la façon suivante :

J'enlève les restes du vieux crampon dans l'acide chlorhydrique.

Puis je donne une forme légèrement conique aux trous des crampons. J'emploie pour cela une fraise en forme de fer de lance, que je taille moi-même dans une fraise ordinaire usagée.

La porcelaine très poreuse des dents de Trey se laisse fraiser très facilement avec cet instrument. Puis, les trous sont lavés à l'alcool, jusqu'à ce qu'ils soient complètement propres et on fixe ensuite avec un minimum de cire, deux tiges de grosseur convenable, de coulée, le tout est mis en revêtement et coulé comme d'habitude. Je dois ajouter pour les confrères qui ont l'habitude de couler dans un moufle à température peu élevée, que, dans notre cas, le moufle doit être chauffé au rouge, pour éviter l'éclatement de la porcelaine. Après la coulée, il suffit de laisser refroidir lentement et découper les crampons à la longueur désirée. La totalité d'opération est plus vite exécutée que décrite ; si le patient dispose d'une demi-heure, il peut repartir avec sa facette recramponnée et scellée.

L'or que j'emploie pour la coulée des crampons est l'alliage ordinaire de 18 carats, le même qui nous sert à nos plaques d'or.

Avant de terminer, je voudrais encore attirer votre attention sur un petit procédé qui peut rendre service dans nos travaux à logette. Sûrement, il vous est souvent arrivé, comme à moi-même, que la teinte des dents que vous aviez choisies avec beaucoup de soins pour ce travail, après le placement des facettes en logette ne concordait plus avec celle des dents naturelles, cela provient de ce que les dents deviennent opaques par la logette et que la teinte du ciment traverse la couleur de la dent. Vous pouvez y remédier souvent, en enlevant encore une fois les facettes et en les refixant avec un ciment auquel vous mélangez un peu de rouge, de bleu, de vert ou de noir.

Je fais circuler une série de dents Solila de la même couleur. Vous pouvez vous rendre compte de la variété des teintes qu'on peut obtenir. Les teintes employées se trouvent à côté des dents. On obtient les meilleurs résultats, si l'on ne fixe pas toutes les dents d'un pont avec le même ciment coloré, mais si l'on varie un peu, comme le fait la nature.

Pour ces couleurs, pas besoin de disposer d'un assortiment de peintre, il suffit de les gratter sur les mines d'un crayon de couleur, comme il s'en trouve dans tous les bureaux.

Docteur Maurice ROYER

(de Moret-sur-Loing)

DEUX NOUVELLES FORMES DE DENTS ARTIFICIELLES

J'ai l'honneur de présenter au Congrès deux nouvelles formes de dents artificielles :

1° *La facette porcelaine « Linet » pour articulations basses.*

Ces dents sont spécialement indiquées pour les articulations où la hauteur trop faible ne permettait jusqu'alors que l'emploi de facettes

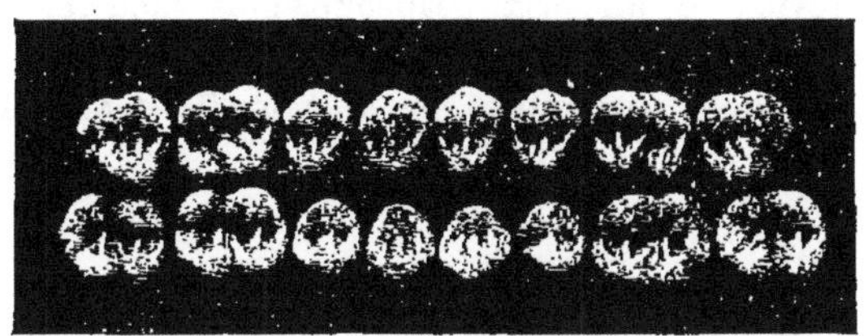

métalliques ou de talons sculptés à même dans la vulcanite.

Grâce à son système parfait de rétention qui agit sur toute la face inférieure de la porcelaine, la facette se trouve solidement maintenue. Ces dents soigneusement étudiées au point de vue anatomique reproduisent exactement les cuspides des différentes molaires supérieures et inférieures et s'articulent parfaitement avec leurs antagonistes ; d'ailleurs, s'il en était besoin, le meulage pour les ajuster demande peu de travail.

2° *La nouvelle dent « Linet », brevetée S. G. D. G.*

Cette invention récente constitue le plus grand progrès réalisé depuis l'origine de la fabrication des dents artificielles. On sait, en effet, que les Anglo-Saxons ont su s'approprier et rendre fort prospère en leur pays cette industrie d'invention purement française. Or, depuis un demi-siècle, ils n'ont cessé de nous affirmer que *seules* les dents à *épingles de platine* incorporées directement dans la porcelaine réalisait la perfection.

Plus tard, ces mêmes fabricants ont démenti leurs premières affirmations en préconisant le système des dents à crampons *recouverts d'or*, rapportés après cuisson.

L'étude approfondie de ces théories contradictoires, ainsi qu'une longue pratique, nous ont démontré que l'erreur initiale de fabrication provenait du système même d'utilisation des crampons métalliques comme seul mode de fixation des dents dans les appareils de caoutchouc. En effet, les coefficients différents de dilatation des divers métaux entraînent dans la porcelaine, lors de la cuisson, d'invisibles craquelures qui compromettent la solidité de la dent.

Il est de toute évidence que la seule solution idéale devait provenir non d'une introduction de métal quelconque comme moyen de fixation, mais d'une *pénétration parfaite* de la vulcanite à l'intérieur même de la masse de porcelaine. C'est en se basant sur ce prinicpe que M. Linet a pu créer sa nouvelle dent qui tout en conservant la forme des dents à crampons (incisives et canines à dos plat) ne présente *aucun des inconvénients des dents diatoriques* ordinaires ; elle réalise un système de rétention parfaite ; elle se substitue totalement aux dents à crampons ; elle évite les accidents inhérents aux crampons (rupture, usure, oxydation, etc.). Elle est plus solide, et, détail appréciable, elle revient à un prix beaucoup plus modéré.

Les figures ci-dessous permettent de se rendre facilement compte de la structure toute particulière de la nouvelle dent « Linet ».

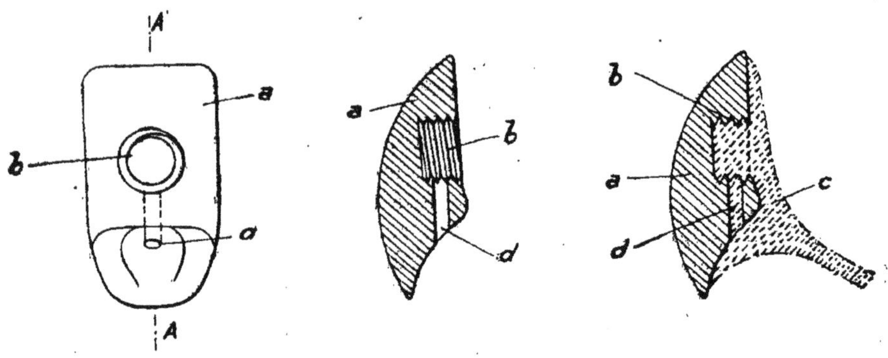

La figure 1 est une vue de la face postérieure de la dent.

La figure 2 est une coupe médiane de la dent.

La figure 3 représente la même coupe, la dent retenue par la vulcanite (figurée en traits brisés).

On voit ainsi que la dent *a* comporte dans sa partie postérieure une cavité circulaire *b* dont le pourtour est fileté. Cette cavité filetée est obtenue en insérant dans la base du moule une vis qui forme noyau. Cette vis, après solidification de la matière céramique moulée, est tournée dans le sens correspondant au dévissage de telle sorte qu'elle se retire de la dent en laissant le filet taillé dans le pourtour de la cavité ainsi constituée.

Le caoutchouc c s'insère dans cette cavité filetée et reste ainsi très solidement maintenu. De plus, un canal *d* qui débouche d'une part à la base de la dent, et d'autre part, dans la cavité *b* forme, après remplissage par le caoutchouc, une boucle qui tout en augmentant encore la solidité de la liaison empêche absolument la dent de tourner.

La création de ces deux nouvelles formes de dents artificielles constitue un réel succès pour la céramique française.

Malgré de nombreuses tentatives faites jusqu'à ce jour pour produire en France des dents artificielles, nous sommes encore actuellement tributaires de l'étranger. Ces efforts récents affirment désormais l'émancipation des dentistes français et les libèrent à tout jamais de la tutelle anglo-saxonne.

Cette spécialisation de l'industrie française est d'autant plus intéressante qu'elle contribuera sérieusement au relèvement national ; c'est, en effet, des dizaines de millions qui annuellement passent à l'étranger sous couleurs de fournitures dentaires, et l'on ne saurait trop encourager les pionniers du développement de l'art de la céramique dentaire en France.

Enfin, par suite de leur prix de revient ces dents constituent, non seulement un réel progrès mais un puissant appoint en faveur du développement national de l'hygiène dentaire.

Chactas HULIN

Dentiste de la clinique chirurgicale du Professeur Gosset.

INDICE DE DESINFECTION DES 4° PAR UNE METHODE CHIMIQUE

Nous tenons d'abord à remercier ici M. le Professeur agrégé W. Mestsrezat, pour les conseils et indications précieuses qu'il nous a fournis pour ce travail.

En 1923, lors du Congrès de Bordeaux, M. Housset et ses collaborateurs, présentant leur rapport sur le traitement des canaux (canal, cannalicule et peri-apex), disaient textuellement, parlant du traitement du troisième degré (page 53 du rapport) :

« Dans la pulpite purulente, le traitement sera évidemment modi-

« fié ; il serait intéressant de pouvoir obtenir rapidement un indice « de l'infection apicale, et, selon cet indice, d'appliquer le traitement « type du 3° degré ou, au contraire, celui du 4° degré ».

Puis, ils concluaient pour terminer let raitement des 4° degré qu'il y avait lieu de faire (page 101) : « l'examen microscopique de la « mèche, réaction avec H2-02 en cas d'infection constatée, acide « sulfurique puis métallisation ou ionisation. Mèche d'un composé « formolé ou crésol. Les séances suivantes, si l'infection est encore « constatée, comportent la même technique.

« L'obturation du canal sera faite quand les signes apparents de « guérison seront réunis. Mais, aux signes classiques cités par le « Dr. Roy, il faut, à notre avis, ajouter :

« 1° Un examen radiographique indiquant une amélioration de la « zone péri-apicale ;

« 2° Un examen bactériologique négatif. »

C'est sur ce désir plusieurs fois exprimé et marquant un besoin réel dans la profession de pouvoir contrôler rapidement l'infection encore obtenue dans une dent ou un péri-apex que nous avons orienté nos recherches.

La culture offre bien un moyen de premier ordre pour obtenir ce contrôle, mais, même pour les initiés, les résultats d'une culture ne peuvent être obtenus que plusieurs heures après la mise à l'étuve, d'où perte de temps. D'autre part, tous les praticiens n'ont pas un laboratoire chez eux, et le dérangement pour faire effectuer ces travaux par un laboratoire spécial les arrêtait dans l'exécution des traitements modernes.

D'un autre côté, la culture, ne tenant compte que du nombre et de la variété des germes, voit sa valeur indicatrice très diminuée, du fait de la non-interprétation du facteur « virulence ».

Dans la méthode que nous vous présentons, le facteur « activité », soit leucocytaire, soit bactérienne, lui donne au contraire toute sa valeur. C'est le moyen pratique, extemporané, ne nécesssitant aucune connaissance spéciale ni aucun matériel, et permettant de dire si un péri-apex ou une dent présente encore la marque du travail bactérien. En un mot, si l'on doit continuer le traitement ou si l'on peut fermer.

Nature du réactif

Nous utilisons comme réactif l'alizarinate de soude. La teinte naturelle de ce réactif est jaune paille foncé. Sous l'influence d'acides aminés, d'ammoniaque en trace infinitésimale, il vire au rouge, plus ou moins foncé selon la teneur en azote. Il est sans action sur la molécule d'albumine intacte. Il faut, pour que sa couleur vire, que cette molécule ait subi l'action de la protéolyse.

Il suffit donc d'observer s'il y a changement de couleur du réactif, pour conclure à la présence certaine de microbes vivants dans l'intérieur de la dent.

Cette méthode revient donc à mesurer directement l'azote total par colorimétrie.

Près de cent cinquante contrôles bactériologiques démontrent la sensibilité et l'exactitude d'interprétation de l'indice de désinfection par l'alizarinate de soude.

Mécanisme de la réaction

Nous savons que la molécule d'albumine représente un édifice très complexe, constitué essentiellement par une association d'acides aminés ; les uns appartiennent à la série grasse, les autres à la série aromatique, d'autres enfin à la série hétéro-cyclique.

Mais, cet assemblage est susceptible de se désagréger sous l'influence : soit de l'hydrolyse par les acides forts, soit par l'action des diastases protéolytiques (pepsine, tripsine, diastases des bactéries de la putréfaction, etc...).

Les fragments ainsi dissociés sont de plus en plus petits et entraînent la libération d'une fonction amine $N. H^2$ avec chacun d'eux, et les termes ultimes de cette dislocation de la molécule d'albumine sont les acides aminés ou même l'ammoniaque $N. NH^2$.

Nous voyons donc que les bactéries de la putréfaction transforment l'albumine en des corps chimiques que nous pouvons déceler. Il nous suffit donc de constater la présence, dans un canal ou à la limite d'un apex, soit d'acides aminés, soit d'ammoniaque, pour conclure à la présence de microbes en activité.

Technique

Il est évident que la recherche de l'indice d'infection ne s'effectuera que dans la dernière phase du traitement, alors que tous les signes habituels de l'infection sont disparus.

L'on peut procéder à la désinfection de la dent, soit au moyen du tricrésol-formo géranié, du formo-thymol, du Rocklès, ou du gaïacol, sans inconvénient ni gêne pour la réaction.

La présence du formol dans un médicament n'est pas une contre-indication, bien au contraire, car tous ces fragments azotés, acides aminés ou ammoniaque, provenant de la molécule d'albumine détruite agissent en milieu neutre sur le formol pour donner de l'hexaméthylène tétramine ou urotropine par combinaison directe, selon l'équation chimique classique. Notre réaction décèle indistinctement la présence, soit d'ammoniaque libre, soit d'ammoniaque combinée au formol, par une coloration rouge du réactif d'égale intensité.

Il est bien évident que l'emploi de médicaments colorés par eux-mêmes est à rejeter, et que ceux qui sont incolores se prêtent le mieux à la réaction.

Le coton servant à faire les mèches doit être très propre et doit être lavé dans de l'eau additionnée d'eau de Javel, ceci pour détruire toutes les matières ammoniacales, puis séché à l'étuve.

L'opérateur faisant les mêches prendra la précaution de se laver *minutieusement* les mains, puis, de temps en temps, de se passer les doigts sur un tampon de coton imbibé d'alcool pour enlever les cellules caduques de l'épiderme, ou la sueur excrétée.

Il pourra en préparer un certain nombre à l'avance uniquement réservées à cet emploi, pour éviter ces manipulations un peu longues mais indispensables.

Les mèches préparées sur tige d'acier rodée seront ensuite stérilisées dans une boîte en fer au stérilisateur à air sec, soit au Mixaseptiseur de Brochier. Pour la vérification de la stérilisation effective de la dent, il suffira alors de laisser séjourner plusieurs mèches sèches au fond du canal pendant un ou deux jours, en ayant soin au préalable d'isoler soigneusement ces mèches de la substance d'obturation par un tampon de coton imbibé de collodion ou de résine sandarraque, encens ou myrrhe, dissoutes dans l'éther, puis de les retirer en évitant le plus possible de toucher les parois externes de la dent, et enfin de les mettre en contact sur une petite plaque de verre avec une goutte de réactif. Si la teinte jaune du réactif qui imbibe la mèche ne vire pas, on peut affirmer que tout travail microbien a cessé dans la dent, que l'infection est jugulée, et l'on peut procéder à l'obturation aseptique du canal, puis de la dent.

On peut encore vérifier extemporanément si une dent est infectée, ainsi que son degré d'infection (et ce entre chaque pansement), en se servant pour la réaction de la mèche porteuse de médicament qui a séjourné dans le canal en vue de le désinfecter : Ou bien, encore, après avoir enlevé le pansement aseptiquement, posé une mèche sèche au fond du canal le *plus près possible de l'apex*, la laisser quelques instants pour recueillir un peu de sérosité et la soumettre à l'influence du réactif. Si la teinte change, on peut être assuré que l'on n'a pas affaire à une sérosité physiologique aseptique, qui, elle, est sans action sur l'alizarinate de soude, mais bien à une sérosité pathologique contenant des albumines ayant subi la prothéolyse, donc infectée.

Nous avons signalé l'obligation d'interposer une boulette de coton imbibée d'un vernis protecteur entre la mèche (orifice pulpaire du canal) et l'obturation, car ceci est capital. En effet, nous avons vu que tout ce qui contient de l'oxyde de zinc colore le réactif en violet et trouble de ce fait la réaction. Il en est donc ainsi pour la gutta-percha dentaire, l'eugénate, les ciments temporaires.

TABLEAU RÉCAPITULATIF DES SUBSTANCES MÉDICAMENTEUSES ET DE CELLES SERVANT A L'OBTURATION DES DENTS

Qui ne modifient pas elles-mêmes la couleur du réactif et qui peuvent être employées pour l'indice de désinfection

MÉDICAMENTS	SUBSTANCES D'OBTURATION	
Tricresol-formol géranié.	*Le plâtre aluné.*	
Formol-thymol.	*La résine de sandaraque*	dans l'éther
Rockles.	*La résine de Myrrhe.*	dans l'éther
Acide phénique.	*L'encens.*	dans l'éther
Eugénol.	*Le collodion.*	dans l'éther
Créosote.		

SUBSTANCES

modifiant par leur présence et leur contact la couleur du réactif

L'ammoniaque	*Coloration en rouge.*
L'urotropine	— *violacée.*
Les Amines	— *rouge.*
Les peptones	— *rose.*
L'oxyde de zinc	— *violet.*
Les cresols purs	— *brun.*
Les poudres de ciments	— *violet.*
La gutta-percha dentaire........	— *violet.*
Le coton sali par les doigts......	— *rouge ou brun.*
La salive	— *rouge sale.*

Docteur FREY

Chargé de cours à la Faculté de Médecine de Paris.

---

37 CAS DE PYORRHEE VRAIE TRAITES PAR UN PANSEMENT GELO-BACTERIEN

A plusieurs reprises, en 1924 et 1925, j'ai reçu d'anciens collègues d'internat tout un questionnaire sur la pyorrhée et le vaccin « Inava ». Cet intérêt subit, manifesté pour la pyorrhée par de très distingués représentants du corps médical, n'était pas dû à un surcroît de curiosité scientifique concernant une maladie aussi banale dans sa fréquence que l'est le coryza et d'ailleurs tout aussi ignorée dans sa pathogénie ; bien rares sont toujours les médecins qui dans leurs observations savent interroger et essaient d'interpréter l'état bucco-dentaire de leurs malades ; ce qui venait ainsi les inquiéter à juste titre — il faut le reconnaître, — c'étaient les accidents anaphylactiques, quelquefois sérieux, pour lesquels ils étaient appelés auprès de malades ayant subi des injections antipyorrhéiques dites vaccinantes.

Il peut se produire des accidents, c'est indéniable, après ces injections, même faites selon la technique la plus stricte. Faut-il donc se priver d'un agent thérapeutique, qui sans doute fait encore l'objet de nombreuses discussions, mais qui rend des services que l'on ne peut pas ne pas reconnaître ? Evidemment non ; ne pourrait-on, du moins, l'employer sous une forme qui éviterait tout danger, l'apparenterait même davantage avec les pansements immunisants de Besredka, et l'installerait, sans contredit, dans la catégorie des agents de l'immunisation locale ?

J'ai demandé au Dr Goldenberg de me donner de son vaccin concentré sous une forme gélatineuse, qui augmente encore, on le sait, les propriétés immunisantes ; mon but était d'éviter l'injection et ses dangers, en introduisant des mèches enduites de cette préparation dans les clapiers gingivo-alvéolo-dentaires.

Notre distingué confrère se mit aussitôt à la besogne et je ne saurais assez l'en remercier.

Dès le commencement de novembre 1925, je recevais le gélo-vaccin demandé et en inaugurais l'emploi.

C'est le résultat obtenu par ce traitement dans 37 cas, de novembre 1925 à fin juin 1926, que je viens vous communiquer.

Il est bien entendu que dans mes 37 cas, il s'agit exclusivement de pyorrhée vraie, c'est-à-dire que j'ai éliminé tous ceux où il n'y avait pas indiscutablement : résorption alvéolaire plus ou moins étendue ; clapier plus ou moins profond, plus ou moins serpigineux ; pus plus ou moins abondant dans chaque clapier.

Je veux simplement exposer des faits et aussi objectivement que possible ; en outre, n'abordant qu'un seul élément, le *pansement bactérien concentré*, dans le traitement si complexe d'une maladie à étiologie aussi étendue que la maladie de Fauchard, je laisserai de côté toutes les autres interventions ainsi que toute discussion pathogénique, je ne me préoccuperai même pas ici de développer le pourquoi de l'action du pansement bactérien.

Je me garderai bien d'ailleurs de vous faire de mes 37 observations un exposé qui vous lasserait par la répétition de faits identiques ou presque ; je vais, au contraire, essayer de les grouper selon leur physionomie clinique.

J'ai pu y distinguer les quatre catégories suivantes :

I. Pyorrhée généralisée atteignant la plupart des articulations alvéolo-dentaires et toutes à peu près au même degré (9 cas).

II. Pyorrhée localisée à un nombre restreint d'articulations alvéolo-dentaires et toutes à peu près au même degré (7 cas).

III. Pyorrhée généralisée, atteignant la plupart des articulations alvéolo-dentaires, mais à des degrés différents (11 cas).

IV. Pyorrhée localisée à une seule ou à un nombre restreint d'articulations alvéolo-dentaires, mais à des degrés différents, avec ou sans le processus sec de Cruet pour d'autres dents (10 cas).

I. Pyorrhée généralisée et au même degré. — Sur les 9 cas de cette première catégorie, j'en avais traité six antérieurement par la méthode locale classique (curetages, cautérisations), les malades faisant scrupuleusement 3 fois par jour les soins d'hygiène prescrits et cependant la sécrétion de pus n'avait pas été tarie ; les clapiers ne s'étaient pas asséchés.

Chez tous, sauf un, la suppuration a disparu après 4 à 6 séances ; je les ai revus en juin, le pus n'a pasreparu.

Un cas seulement n'a été qu'amélioré après cinq séances ; un départ du malade m'a empêché de poursuivre le traitement.

J'ai noté, outre la disparition des boursoufflements gingivaux, la coloration de la muqueuse redevenue normale, l'amélioration générale quant à l'aspect des malades et quant à leurs fonctions digestives.

Aucune amélioration nette en ce qui concerne la mobilité.

II. Pyorrhée localisée et au même degré. — Les articulations suppurantes variaient de 2 à 4. Sur les 7 cas, 5 ont été asséchés après 2 à 4 séances ; 1 amélioré seulement après 4 séances n'a été complètement débarrassé de son pus qu'après la 8e, 1 autre amélioré après 2 séances a dû interrompre le traitement et a été amélioré de nouveau en mai après une séance.

Celles des dents qui étaient plus ou moins mobiles sont restées à peu près dans le même état. L'aspect local reprenait l'apparence la plus saine, dans les cas où il y avait rougeur et boursoufflure.

Pour ces 7 cas, l'état général, quant à l'aspect et aux fonctions digestives, ne présentait rien de particulièrement anormal.

III. Pyorrhée généralisée, mais à des degrés différents. — Dans cette troisième catégorie, les phénomènes se sont présentés exactement comme dans les deux premières ; en général, suppression rapide du pus après 2, 3 et même dans un cas après une seule application pour les articulations peu atteintes. Suppression plus longue à obtenir, 6 à 8 séances, pour les articulations plus profondément touchées. Dans un cas, chez un confrère qui présentait toutes les modalités de clapiers, petits, moyens et un très considérable, ce dernier seul ne présentait plus qu'un léger suintement purulent à la 6e séance ; mais, après une absence de 3 mois, quand ce malade revint me voir en fin juin, ce suintement était redevenu un écoulement abondant, aussi abondant qu'au premier jour ; aucune des autres articulations n'avait récidivé ; pour elles, l'assèchement s'était maintenu et les petits clapiers avaient disparu par rétraction fibreuse de la gencive.

Pour les dents à mobilité assez accentuée, pas ou peu de changement favorable. Pour celles qui commençaient à s'ébranler, raffermissement très évident.

IV. Pyorrhée localisée, mais à des degrés différents. — Ici, il m'est arrivé 3 fois de ne trouver qu'une seule articulation pyorrhéique, mais profondément touchée. Sur ces 3 cas de monopyorrhée, il me fallut 4 séances dans le 1er, 7 dans le 2e pour faire disparaître le pus ; après 5 séances dans le 3e cas, je n'avais obtenu qu'une amélioration dans la quantité et l'aspect, malgré le pansement bactérien et le traitement classique complet (dent non ébranlée) : pulpectomie d'une pulpe en voie de mortification, cautérisations, débridement large du clapier ; malheureusement je n'ai pu revoir la malade en juin.

Dans 6 cas de bipyorrhée, l'assèchement a été net après 2 à 4 séances, même pour les clapiers profonds.

Tels sont les faits, exposés aussi succinctement que possible. D'abord pas un accident ; voilà déjà une chose très importante à noter. Quant à l'action thérapeutique du pansement bactérien, elle est certaine.

Est-elle définitive ? 8 mois seulement de ce traitement ne m'autorisent pas à tirer cette conclusion. L'assèchement n'est d'ailleurs pas tout le traitement, nous le savons bien ; dans la pyorrhée il n'y a pas que le pus à traiter, il y a aussi le clapier à faire disparaître, il y a l'immobilisation à obtenir par tous les moyens dont nous disposons, il y a enfin le traitement général.

La disparition du pus, qui assainit la bouche, améliore en même temps l'état général et empêche les complications locales. C'est également là un résultat fort appréciable.

Bien plus, quand les clapiers ont été traités dès leur début, leur assèchement favorise la rétraction gingivale et leur disparition.

La mobilité dépend du degré de résorption alvéolaire et de l'état de la paroi restante ; dans la mesure où celle-ci peut reprendre quelque solidité, le pansement bactérien est un auxiliaire, dont l'emploi n'est pas plus négligeable que les autres éléments du traitement ; mais sans plus, bien entendu.

Je n'ai pas voulu tenter l'expérience qui aurait consisté à ne me servir exclusivement que du pansement bactérien, mais 1° sur des malades déjà anciens, à récidives fréquentes, j'ai constaté que le gélo-pansement bactérien activait considérablement les résultats du traitement antérieur ; d'autre part, l'assèchement me paraît devoir durer bien plus longtemps, sans que j'aie le droit, je le répète, de le déclarer définitif ;

2° Lorsque sur une même bouche, j'avais plusieurs petits clapiers à traiter (pour lesquels la guérison est certaine par nos moyens ordinaires), je pouvais en conscience me permettre ces moyens seuls pour les uns, ces moyens additionnés du pansement bactérien pour les autres ; eh bien ! la suppression du pus fut toujours plus rapide dans ces derniers cas, c'est-à-dire quand, au traitement classique, j'ajoutai le pansement bactérien.

Ce pansement a donc une action non pas curatrice bien entendu, mais précieusement *adjuvante :* dans la plupart de mes observations, le pus a disparu et je puis actuellement affirmer pour plus longtemps qu'avec le traitement antérieur. Je tiens à ce qualificatif d'adjuvant, il précise que le pansement bactérien est l'*auxiliaire de toutes nos interventions locales et générales ;* celles-ci constituent un bloc thérapeutique en quelque sorte, dont il est un des éléments. Avec elles il *contribue à la guérison clinique.*

Quant à la guérison totale, définitive dont on parle, je vous le demande, peut-elle exister jamais ? Rappelons-nous que nous avons affaire à une affection dans laquelle l'état général a une importance de premier plan, dans laquelle le pronostic reste fonction de cet état général. C'est bien là l'opinion de la plupart de nos confrères qui se sont occupés de la maladie de Fauchard ; c'était déjà la mienne, il y a 20 ans, en ce même congrès de l'A. F. A. S. à Lyon, alors que je dessinais devant vous le schéma résumant les conclusions de mon mémoire sur « la pyorrhée alvéolaire et le terrain «, conclusions que j'ai eu si souvent depuis la satisfaction de retrouver dans vos travaux.

D'ailleurs, pour toutes les affections chroniques, en général, la guérison clinique, à la condition qu'elle soit assez prolongée, n'est-elle pas l'unique but que nous puissions poursuivre ?

Pour terminer, permettez-moi de vous exposer mon *modus faciendi :* deux séances de traitement par semaine au début ; à chaque séance, détartrage méticuleux par les moyens mécaniques et chimiques, cautérisations des clapiers tantôt par Nordhausen, tantôt par chlorure de zinc au 10ᵉ ; emploi du feu et du bistouri dans les clapiers atones à progression rapide ; puis je donne au malade un bon quart d'heure de repos pendant lequel il fait des bains de bouche avec une eau dentifrice agréable mais quelconque ; m'étant ensuite mis à l'abri de la salive par la pompe et les rouleaux, je remplis les clapiers de mèches enduites de gélo-vaccin ; ce sont des mèches sur sondes comme pour le traitement des canaux ; j'en mets le plus possible et bien tassées les unes à côté des autres ; je les laisse 1/4 d'heure à 20 minutes ; enfin, après les avoir enlevées, je sature bien, à nouveau, mes clapiers avec le gélo-vaccin ; mais cette fois-ci je retire mes mèches ; mon patient s'en va sans aucun rinçage de bouche ; je lui recommande de ne pas boire ni manger avant une grande heure.

Dès que le pus disparaît, j'éloigne les séances : 1 par semaine ; 1 par 2 semaines ; puis 1 par 3 semaines ; puis 1 par 4, 5, 6, 7 semaines ; enfin, 1 tous les 2 mois. Je m'arrête, car je n'ai commencé, je vous le répète, qu'en novembre 1925 et je vous ai apporté résultats et impressions jusqu'en fin juin 1926.

J'ai demandé au Dr Goldenberg de me trouver un vernis qui fasse pansement fixateur, qui maintienne plus longtemps dans le clapier le pansement gélo-bactérien et par conséquent prolonge sa durée d'action. Je lui ai bien indiqué le stérésol avec lequel, au temps lointain de mon internat, nous pansions nos sutures des staphylorraphies ; mais ça ne marche pas encore bien, paraît-il. J'ai bon espoir qu'il me donnera satisfaction. En attendant, j'ai pratiqué dans ces derniers temps cette sorte de pansement fixateur au moyen tantôt du mastic de Bing étendu sur le bord de la gencive décollée, tantôt de lipiodol ; j'emploie le lipiodol ascendant pour les gencives du haut et le lipiodol descendant pour celles du bas.

Il y aura certainement encore des perfectionnements à apporter à ce traitement bactérien ; je suis sûr d'ailleurs que vous y contribuerez. Je me suis empressé de vous relater ici des faits relativement récents, d'abord parce que c'est un devoir de divulguer le plus tôt possible tout moyen thérapeutique que l'on croit apte à améliorer l'état des malades, ensuite parce qu'il me plaît de venir exposer ces faits dans cette Ecole de Lyon si agissante à laquelle j'ai donné depuis toujours toute ma sympathie, enfin parce que parler pyorrhée à ce congrès de l'A. F. A. S. à Lyon, cela me rajeunit de 20 ans et ce m'est particulièrement agréable de m'imaginer dans la fuite des jours un instant d'arrêt au milieu de vous, mes chers confrères.

15e section

SCIENCES PHARMACEUTIQUES

Président .... Dr Florence, Pharmacien en chef de l'Hospice du Perron, à Pierre-Bénite (Rhône).

Vice-Présidents .... E. Collard, Pharmacien, Paris.

Secrétaire .... Tamisier, Pharmacien à St-Chamond.

Docteur Albert MOREL

Professeur de Chimie à la Faculté de Médecine et de Pharmacie de Lyon.

SUR LES AVANTAGES DE LA MICROANALYSE CHIMIQUE

Les Pharmaciens se préoccupent de se renseigner sur la valeur des méthodes microanalytiques, qu'ils ont vu préconiser dans des ouvrages de chimie biologique récents, et sur la réalité de leurs avantages. L'expérience personnelle, que j'ai acquise de quelques-unes de ces méthodes me permet de leur donner quelques indications sur ce sujet.

Historique des microméthodes. — L'intérêt de la mise au point de celles-ci n'a pas échappé aux chimistes, qui, depuis un siècle, suivent la composition des échantillons biologiques ou la constitution élémentaire de produits plus ou moins rares, dont l'étude peut se présenter en physiologie, en toxicologie, ou même en chimie générale. Aussi peut-on en faire remonter les origines assez loin en arrière. Mais c'est surtout à O. Folin et à Ivar Bang, le premier en Amérique, le second en Suède, que l'on doit les efforts soutenus, qui ont conduit aux techniques biochimiques perfectionnées, que l'on peut utiliser aujourd'hui. Celles-ci mettent en œuvre des prises d'essai de plus en plus réduites et leur rapidité est telle que leur usage peut devenir courant en clinique.

D'autre part, des chimistes ont fait progresser la microanalyse élémentaire, qui a atteint un très haut degré de perfection à la suite des travaux, d'Emich, de Dubsky et surtout de Pregl : ce dernier en ayant vu reconnaître l'intérêt par l'attribution du prix Nobel de chimie en 1923. A leur suite, quelques savants français, qui ont pu utiliser le matériel disposé par Pregl à l'Institut de chimie physiologique de Strasbourg, tels Cornubert (1), Maurice Nicloux (2) et son préparateur Welter (3), en ont signalé les avantages.

Avantages généraux de la microanalyse. — Il me paraît intéressant, pour convaincre le lecteur de leur existence, d'en faire ressortir les causes.

Parmi celles-ci apparaît tout de suite, sans qu'il soit utile d'insister, l'économie des matériaux servant aux prises d'essai : économie dont l'importance n'échappera pas aux médecins, aux pharmaciens, aux hygiénistes, aux toxicologues, qui savent tous combien sont souvent restreintes les quantités de substances, dont ils disposent.

C'est ensuite l'économie de réactifs, qui suit la précédente et dont l'intérêt n'est pas négligeable à l'époque actuelle, où le prix des produits chimiques et des appareils va en s'élevant beaucoup plus rapidement que les rémunérations demandées à la clientèle ou consenties par les administrations.

Mais, à notre avis, c'est surtout l'économie de temps et de peine qui est précieuse et que je veux faire ressortir, car faute de réflexions à son sujet et d'une pratique déjà acquise, elle n'apparaît pas aussi aisément que les précédentes.

Elle tient (ce que l'on ne découvrirait pas à priori sans quelques calculs) à la proportion plus grande en microanalyse qu'en analyse courante du volume du réactif minéralisateur par rapport à la quantité de matière.

On sait qu'avant de faire passer, sous une forme décelable par les réactifs de l'analyse chimique, les éléments dont on veut, dans un milieu ou dans un produit organique, déterminer la proportion, la première opération consiste dans la minéralisation de la prise d'essai, c'est-à-dire dans la destruction des liaisons de ces éléments avec le carbone, qui s'opposaient à leur passage à l'état d'ions.

Dans le dosage de l'azote par la méthode de Kjeldahl par exemple, on sait que le métalloïde à déterminer est détaché à l'état d'ammoniaque par action hydratante et oxydante de l'acide sulfurique concentré à l'ébullition. Or, tandis que, dans l'analyse courante, on emploie 10 cmc. d'acide sulfurique, en microanalyse, pour une prise d'essai 100 fois moindre, c'est-à-dire de 0 gr. 002 à 0 gr. 005, on emploie une quantité d'acide sulfurique seulement 10 fois plus petite, soit 1 cc. de ce réactif. La proportion de celui-ci est donc 10 fois plus élevée par rapport à la matière à détruire que dans l'analyse courante ; ce

(1) CORNUBERT, Revue générale des sciences, 15 juill. 1920 et 15 avril 1922.
(2) NICLOUX, Conférence, section, Strasbourg, Soc. chim. de France, 6 juin 1924.
(3) WELTER, Traduct. française de l'ouvrage de Pregl. Presses Universit.

qui explique pourquoi son action est beaucoup plus rapide et n'exige qu'un quart d'heure au lieu de deux heures pour son achèvement complet.

De même, dans les dosages pondéraux de l'analyse élémentaire, on peut se rendre compte que si la longueur de la colonne d'oxyde de cuivre par rapport à la quantité de matière à brûler était la même, le tube à combustion devrait avoir, dans l'analyse courante, une dizaine de mètres de long, tandis qu'il n'est guère que d'un mètre. En effet, en microanalyse élémentaire, où l'on ne brûle que quelques milligrammes de matière, la colonne oxydante a les dimensions relativement très considérables de 15 centimètres. C'est une des raisons pour lesquelles, grâce à elle, la combustion ne dure guère plus d'une vingtaine de minutes.

Microdosage de l'ammoniaque. — La recherche de cet alcali dans le sang et son dosage précis dans l'urine présentent un intérêt qui n'avait pas échappé à O. Folin, à Hugounenq et Morel, à Maillard, à Morel et Mouriquand, qui s'en étaient occupés avant 1914. Cet intérêt s'est encore accru depuis les récents travaux d'Ambard et Schmid (1), montrant la possibilité de la formation de l'ammoniaque urinaire au niveau du rein, et ceux de A. Yovanovitch (2) à Strasbourg, et de P. Delore (3) à Lyon, précisant les relations entre cette formation et l'évolution de certaines néphrites.

Jadis long et difficile, le dosage de cette substance est devenu simple et précis, s'effectuant en quelques minutes, grâce à la méthode et à l'appareil de Yovanovitch (4), qui ont servi récemment à Fontès et Yovanovitch (5), pour leurs recherches sur le rôle ammonioformateur du rein, et à M. I. Bay et à moi-même pour les recherches (6) que nous effectuons à l'Institut bactériologique de Lyon, en collaboration avec P. Courmont, sur les modifications des milieux de culture au cours du développement du bacille tuberculeux.

Le principe de la méthode de Yovanovitch, facile à comprendre, est le déplacement de l'ammoniaque des sels ammoniacaux par le carbonate de lithine, qui, dans les conditions de l'expérience, n'attaque ni l'urée, ni les autres corps azotés de l'économie, suivi de son entraînement par la vapeur d'eau dans le vide à la température de 40° à 50° et de sa fixation dans une solution titrée d'acide N/50 ou N/70.

L'appareil de distillation et de captation de l'ammoniaque, construit par la verrerie scientifique Ch. Volk, à Strasbourg, se compose d'un ballon générateur de vapeur d'eau et de deux flacons laveurs à

(1) Archives des maladies du rein, 1922, t. XX, p. 263.
(2) Thèse de médecine, Strasbourg, 1923.
(3) Journal de Médecine de Lyon, 5 novembre et 5 décembre 1924.
(4) YOVANOVITCH, C.R., Soc. de biologie, 13 février 1925, et Bull. Soc. Chimie biologique, 1925, p. 665.
(5) Bull. Soc. Chimie Biologique, novembre 1925.
(6) C.R., Soc. de Biologie, novembre 1925.

tubulure de barbotage, terminée par une boule perforée en pomme d'arrosoir: le premier servant d'appareil à déplacement, le second de récepteur de l'ammoniaque.

Pour se servir de l'appareil, on introduit dans le premier flacon le liquide à analyser, par exemple 2 cmc. d'urine conservée au cyanure de mercure, et, dans le second 10 cmc. d'acide N/50 ou N/70. On déplace l'ammoniaque par addition de solution saturée de carbonate de lithine et dans le vide, à la température indiquée, on entraîne quantitativement l'ammoniaque en cinq minutes par le courant de vapeur d'eau dans le second flacon, où on titre cet alcali volatil par alcalimétrie en présence de rouge de méthyle.

Après des esais préliminaires, qui ont confirmé les justifications publiées par Yovanovitch, nous avons pu, M. I. Bay et moi-même, suivre les variations de la teneur en sels ammoniacaux des milieux de culture sur des prises d'essai, dont la teneur en azote ammoniacal ne dépasse pas quelques dixièmes de milligrammes.

Dosage de l'azote total (micro Kjeldahl). — Suivant l'avis autorisé de notre savant collègue, le Professeur Nicloux (Confér. Soc. chim., 6 juin 1924, p. 18, c'est la technique la plus séduisante de toute la microanalyse. La minéralisation s'effectue sur des quantités de matière, dont la teneur en azote, ne doit pas excéder 2 milligr. dans un tout petit matras, soufflé à l'extrémité d'un tube de 0 m. 012 × 0 m. 20, en verre d'Iéna ou Pyrex ou en quartz, par chauffage avec 1 cmc. d'acide sulfurique concentré, additionné d'un grain de sulfate de cuivre et d'un grain de sulfate de potasse. Elle demande, ainsi pratiquée, rarement plus d'un quart d'heure.

La distillation de l'ammoniaque est effectuée à l'aide de l'appareil de Parnas et Wagner, décrit et figuré par Nicloux dans sa conférence et qu'il convient d'employer, si l'on ne possède pas une bonne installation de vide permettant l'utilisation de l'appareil de Yovanovitch pour le même but. Avec celui-là, la distillation s'effectue dans un courant de vapeur d'eau à la pression ordinaire en quelques minutes. L'alcali volatil est recueilli dans un volume mesuré d'acide N/50 ou N/70 et titré alcalimétriquement en présence de rouge de méthyle. Les résultats sont fort satisfaisants et obtenus avec une rapidité, qui séduit tous ceux qui se rendent compte de sa possibilité.

Conclusions. — Ces deux exemples me paraissent suffisants pour faire ressortir les avantages de la microanalyse volumétrique et pour justifier la déclaration de mon adhésion aux doctrines défendues par le Professeur Nicloux.

A. LESEURRE

Pharmacien-constructeur.

MATERIEL DE STERILISATION

Ayant déjà traité devant la 5e Section (Physique) de l'étude théorique des procédés de Stérilisation par Vapeur d'eau, nous nous proposons ici un examen rapide du Matériel d'Asepsie.

Chauffage. — Soumis à l'autoclave, les pansements y subissent deux modes d'échauffement, l'un discontinu qui les mouille (mélange de vapeur), l'autre continu qui les dessèche (conductibilité).

Réalisé prématurément, ce séchage donne lieu localement à la formation de vapeur surchauffée sans valeur stérilisante.

Cette surchauffe est favorisée par la durée de l'autoclavage et notamment :

1° par l'insuffisance des moyens de chauffage ;

2° par la mauvaise utilisation de ces moyens due par exemple à la masse excessive de l'eau de sa chaudière ou du poids de l'appareil ;

3° par l'utilisation des gaz brûlants du foyer au chauffage des surfaces nues de l'autoclave ;

4° par l'emploi des pressions excessives.

Refroidissement. — Le séchage spontané s'effectue le plus souvent dans le vide produit par réfrigération. Un condenseur, interne ou externe, agit directement sur la vapeur saturée qui garnit l'autoclave, mais non sur les parois brûlantes du stérilisateur. Celles-ci par radiation interne surchauffent la vapeur et le condenseur étant dès lors sans action possible, la pression remonte et le séchage spontané s'arrête.

Il n'en sera plus de même si la réfrigération s'opère directement sur les parois de l'autoclave (Condenseur à vide pariétal Leseurre).

Stérilisateurs d'eau. — Soumis à la radiation externe, la température de ces appareils et de leur contenu ne peut être homogène qu'à l'aide d'une circulation constante, soit de la vapeur, soit de l'eau. Dans le premier cas, cette circulation exige non seulement un échappement permanent de la vapeur à l'air libre, mais encore la suppression de tous culs-de-sacs où stagnerait soit l'eau (niveau d'eau) soit l'air (réservoirs et tuyauterie).

Dans le second cas la circulation de l'eau s'effectue au contraire en circuit fermé par Thermo-siphon, et le brassage constant qui en résulte permet économiquement un chauffage total, homogène et rapide (système Leseurre).

Instruments. — L'étuvage à sec est défectueux au double point de vue durée et réglage des températures transmises.

Il n'en est pas de même de la stérilisation, par vapeur d'eau sous pression, si toutefois on évite l'oxydation des instruments.

Pour ce faire, il suffit d'empêcher toute condensation de vapeur à chaud, ce à quoi, on parvient par une vidange retardée (Leseurre).

Conservation stérile. — Elle est garantie par un bouchage hermétique à l'air et à l'eau (système Leseurre).

Vœu présenté par M. A. Leseurre, chimiste, membre de l'A.F.A.S.

Estimant que l'abus du qualificatif « garanti stérile » est inadmissible à tout point de vue,

Qu'il doit pour le moins être justifié par le procédé motivant cette affirmation,

Procédé qui doit être contrôlable par des mesures physiques de température, de durée et d'humidité,

La Section de Pharmacie émet le Vœu

d'une réglementation relative à l'emploi de la formule « Garanti stérile ».

Docteur Gabriel FLORENCE

Professeur agrégé à la Faculté de Médecine de Lyon.

METABOLISME DES CHLORURES

Aucune cendre, c'est-à-dire aucun résidu minéral provenant de la combustion d'organes animaux ou végétaux, n'est dépourvue de chlore. Le chlore se trouve combiné dans l'organisme à l'état de sels dissous ou partiellement dissociés. Il ne pénètre jamais dans l'intimité de la molécule chimique des cellules tissulaires. Un sucre, une graisse, une lécithine ne sont jamais chlorés. Les chlorures ne sont donc pas des aliments vrais. Ils évoluent à côté des molécules des tissus, mais ne font jamais partie de ces molécules elles-mêmes.

La plus grande partie du Cl est combinée au sodium, tout au moins dans les humeurs circulantes des animaux supérieurs. Dans les éléments anatomiques, les globules rouges par exemple, le chlorure de potassium domine.

Les chlorures ingérés par l'alimentation sont éliminés principalement par le rein. Le caractère essentiel de l'excrétion rénale de chlorure c'est le seuil. Les chlorures doivent donc atteindre dans le sang un taux déterminé pour être éliminés. La valeur de ce seuil, d'après les travaux d'Ambard et Chabanier est de 5 gr. 60 de Nacl 0/00.

Au niveau de la muqueuse gastrique l'ion Cl quitte le métal pour se combiner à H et donner HCl libre.

L'équation

$$MeClH^2O + H^2O = HCl + MeOH$$

rend compte de la réaction mais ne l'explique pas.

Le point capital de la physiologie des chlorures est la constance remarquable de la proportion humorale. C'est ce qu'Achard appelle l'équilibre chloro-sodique de l'organisme.

Deux mécanismes assurent cet équilibre chloro-sodique.

a) La corrélation étroite entre les entrées et les sorties du chlorure de sodium, vérifiée expérimentalement dans l'alimentation normale, chez les jeuneurs (Ch Richet et Langlois) dans le régime hyperchloruré (Widal et Jaral).

b) La rétention hydrique, parallèle à la rétention chlorurée. L'équilibre chloro-sodique n'est autre qu'un équilibre hydro-salin.

Cette constante que l'organisme assure par les deux mécanismes précédents est indispensable pour que puisse être obtenu le rôle principal dévolu aux chlorures : le rôle d'équilibre physico-chimique des humeurs ou équilibre osmotique. Cet équilibre osmotique est indispensable à l'intégrité cellulaire, ainsi que le démontrent de nombreuses expériences. Le chlorure de sodium, cristalloïde dissocié en ses ions respectifs, peut dont être considéré comme une sorte de régulateur passif de la fonction osomotique, entraînant corrélativement l'équilibre hydrosalin de l'organisme.

Mais cette conception ne traduit cependant pas toute la physiologie normale et pathologique du chlore. Ce dernier ne circule dans l'organisme que combiné à des métaux alcalins ou alcalino-terreux. Il faut donc envisager cet élément en tant que « vecteur d'ions ». Une solution isotomique constituée uniquement par du Nacl modifie les propriétés physiologiques des éléments cellulaires qui y sont plongés. Ainsi si Na conserve à la fibre musculaire sa contractilité, celle-ci est exagérée, tandis qu'elle redevient normale par l'apport de potassium et de calcium. Les solutions conservatrices, les sérums artificiels doivent pour donner de bons résultats contenir un mélange déterminé de Nacl, Kcl, $CaCl^2$.

D'ailleurs la plurivalence de l'ion électro-positif joue un rôle capital ainsi que l'ont démontré les travaux de Loeb.

La pathologie, par l'étude des cas cliniques caractérisés, démontre nettement l'influence de ces différentes fonctions physiologiques.

On peut schématiquement distinguer trois sortes de troubles pathologiques de métabolisme normal des chlorures.

a) Les uns consistent, en une augmentation ou une diminution de la teneur des milieux vitaux en chlorure ;

b) Les autres en une accumulation de la quantité totale de chlore de l'organisme, ce dernier maintenant inchangé par rétention parallèle de l'eau, le taux de ces chlorures dans les humeurs ;

c) Enfin, une troisième forme clinique résultant de la modification de la combinaison minérale humorale, du sérum en particulier.

Des cas classiques signalés par Ambard, Vidal et Lemierre ont démontré qu'il pouvait exister des rétentions chlorurées sèches. Le taux de 6,5 par litre est dépassé dans certains cas jusqu'à 18 gr. pour 100. Ici l'organisme a perdu la faculté de maintenir l'équilibre hydrosalin. Les lois d'osmose ne s'appliquent plus. Peut-être doit-on attribuer ce trouble osmotique à une désharmonie dans l'élimination chloro-sodique. Blum et van Caulaert ont expliqué tout récemment ce phénomène de la rétention chlorurée sèche par une élimination insuffisante de chlore et excessive de sodium par le rein malade.

Mais ces cas de rétention chlorurée sans équilibre hydrique compensateur sont rares. Dans l'immense majorité des cas, la rétention saline s'accompagne d'une rétention parallèle d'eau. C'est toute la pathologie des œdèmes.

Une particularité curieuse de cette rétention chlorurée est celle qui s'accomplit lors d'une maladie aiguë. Achard et Laubry ont étudié ce phénomène dans tous ses détails et ont obtenu au point de vue chimique et pronostique des résultats extrêmement intéressants.

Dès le début de la pyrexie, l'organisme retient un certain nombre de substances, les chlorures en particulier. Au moment de la crise thermique se produit une crise chlorurique qui survient presque toujours dès le début de la convalescence. Ces décharges critiques ont un intérêt pronostic considérable sur lequel ont insisté Achard et Laubry.

La rétention chlorurée par le rein s'accompagne presque toujours d'une rétention hydrique compensatrice. Aussi l'expression de chlorurémie est-elle inexacte, car elle implique l'idée d'augmentation du coefficient chloré dans le sérum.

En réalité, c'est le mot hydrémie qui définit le mieux la pathogénie des formes cliniques de néphrites, qui résultent du trouble de l'excrétion de l'eau salée. Dans ces formes si nombreuses, le dosage des chlorures dans le sérum ne donne jamais de résultats intéressants. Le poids du résidu sec indiquant la dilution des sérums ; la courbe de poids du malade qui permet de déceler les pré-œdèmes interstitiels avant que ne se manifestent les symptômes cliniques de l'infiltration aqueuse, sont les signes indiquant cette rétention hydrique. Les expériences classiques de Vidal et Lemierre constatant en 1903 que l'ingestion de chlorure augmente l'œdème, que le régime déchloruré le diminue prouvent d'une façon péremptoire le rôle du sel sur l'augmentation de la masse aqueuse. Toutes ces expériences et toutes ces données sont aujourd'hui classiques.

Mais une idée nouvelle, extrêmement importante par les conclusions thérapeutiques qui en découlent s'est fait jour dans ces dernières années.

Léon Blum et ses élèves Hansknecht, Aritel, Van Caulaert, Bang attribuent à l'ion Na un rôle prépondérant dans la pathogénie des œdèmes. Cette conclusion repose sur toute une série d'expériences et d'observations cliniques dont les plus démonstratives sont les suivantes :

Chez un hydrémique, l'ingestion de chlorure de potassium et de calcium provoque malgré l'apport de Cl une diurèse abondante au point que ces sels peuvent être invoqués comme de véritables diurétiques par déplacement d'ions, et que leur ingestion a été élevée par les auteurs à la valeur d'une méthode thérapeutique.

Un autre exemple très net est celui du diabétique en état d'acidose absorbant des quantités considérables de bi-carbonate de soude. L'ingestion de l'ion Na provoque une forte rétention hydrique sans cependant ingestion préalable de Cl.

Le bicarbonate de potasse ne produit pas cet effet. Les sels de calcium, probablement du fait de leur double valence dont nous avons signalé plus haut l'importance se montrent encore plus diurétiques que les sels de potassium.

On voit donc combien est complexe cette question de rétention chlorurée. On ne doit plus actuellement considérer les chlorures comme agissant passivement sur l'équilibre osmotique.

En réalité, il existe un mécanisme régulateur du partage d'ions électro-positifs sur l'ion chlore. Et de plus, les œdèmes nerveux localisés, les œdèmes trophiques par exemple, ne laissent-ils pas entrevoir un appareil central régulateur qui chez les animaux à taux chloruréniquc constant maintient ce seuil, appareil qui manquerait chez certains animaux aquatiques inférieurs, incapables dans des milieux différents de maintenir leur chloruration.

D. C. TAMISIER
Pharmacien à St-Chamond

SUR LA LAVANDE

On sait que nos très anciens devanciers dans l'art thérapeutique s'inspiraient des caractères particuliers d'une drogue pour la désigner à certaines fonctions pharmacodynamiques.

Un vieil astronome de Provence, Pérottet des Pins, qui se piquait aussi de science hippocratique, prétendait que l'aspic et la lavande qui résistaient à l'insolation et la sécheresse, possédaient de ce fait, la propriété de guérir ce qu'il appelait les « coups du Feu et des rayons lumineux ».

Cette explication élégante a pu frapper l'imagination des guérisseurs; en tous cas de temps immémorial, les Provençaux font usage de la lavande, non seulement comme antiseptique, mais dans le cas de brûlure et d'affections de la peau. On ne peut plus nier que la prolification des cellules traumatisées ne soit hâtée par l'essence de Lavande, et les insuccès de son emploi sont dus à son mélange d'aspic, avant ou après la distillation, ou à l'usage d'essence de lavandins hybrides de la Lavande et de l'Aspic, dans les zones basses.

L'essence d'aspic a des propriétés très vantées en médecine vétérinaire, mais qu'on ne peut confondre avec celles de la Lavande officinale.

Il ne faut pas trouver étrange que l'usage en fut répandu dans une colonie phénicienne, puisqu'à Rome les Pigmentarii, à la fois parfumeurs et pharmaciens étaient des esclaves grecs et phéniciens.

La culture de la Lavande s'est considérablement développée depuis quelques années, mais il est vrai, en vue d'approvisionner le marché de la parfumerie. L'ancienne faveur dont elle jouissait en médecine vulgaire, dans sa propre contrée paraît s'étendre parallèlement à son essor comme parfum. Sans exagérer ses vertus médicinales bien spécifiques, il y a donc lieu de suivre le mouvement qui se dessine. C'est pourquoi une vue d'ensemble sur la question de cette labiée, ne me paraît pas déplacée dans la Section de Pharmacie de ce Congrès.

Un des obstacles à la diffusion de la Lavande résidait dans l'instabilité de sa récolte annuelle.

Il n'en sera plus ainsi désormais, grâce à l'extension considérable de sa culture, favorisée par des prix de vente rémunérateurs et constants.

Ce sont là des détails économiques dont la science est tenue de se préoccuper désormais. Les remèdes sont de plus en plus présentés au public, sous forme de « Spécialités », et le fabricant se trouve dans l'obligation de fixer un prix au public, qu'il change difficilement et non sans danger, une fois établi. Aussi délaisse-t-il des drogues de valeur très estimable, s'il n'est pas assuré d'une production régulière.

Qu'elle le veuille ou non, la Faculté est entraînée ainsi à s'intéresser à ces détails commerciaux ; d'ailleurs, nous vivons dans un temps où il n'est déshonorant pour personne, de favoriser l'enrichissement de son propre pays; c'est une façon détournée d'aider ou de défendre l'avancement des Sciences françaises dans le monde.

Caractères botaniques

Plante de 0,30 à 0,65 de haut, à tiges quadrangulaires ramifiées, feuilles opposées, court pétiole, longuement lancellée à limbe entier, velu, recouvert de poils tecteurs, nervure médiane prononcée et nervures secondaires anastomosées. Fleurs en cymes bipares à pédoncule court, calice tubuleux, gris bleuté se terminant par 4 dents très courtes et par une cinquième dent formant un lobe arrondi; corolle bleue, parfois bleu-violet, parfois bleu-tendre et rarement blanc; elles entourent 4 étamines didynames surmontées d'anthères ovoïdes, et un ovaire biloculaire, divisé par une fausse cloison en quatre loges unimodulées; le fruit est un akène.

Dans son rapport publié par les soins du Comité interministériel des Plantes Médicinales, M. Humbert, renseigne sur les caractères de la Lavande officinale et des hybrides qu'on lui substitue. Il démontre avec raison que les types décrits sous le nom de Lavandula Fragans, et Lavanda delphiniensis, sont une seule et même espèce, qui perd ou gagne ses caractères d'adaptation à la sécheresse.

Si l'essence obtenue par un mélange de Fragans et de delphiniensis, ne perd pas de sa valeur en parfumerie, il n'en est pas de même pour l'usage médicinal, car les propriétés de l'essencep araissent exaltées dans le type xérophile fragans.

Les variations de la Lavande sont nombreuses, et il ne faudrait pas non plus confondre, en pharmacie l'essence de Lavande officinale, avec l'essence de ses hybrides, et même avec l'essence de la Lavande pyrénéenne.

Les lavandins hybrides de la latifolia et d'officinalis très prolofiques se rencontrent dans la région de l'aspic, ils ont les caractères plus ou moins accentués de leurs parents; l'origine des hybrides nous paraît d'ailleurs assez hypothétique.

Il existe un travail remarquable, une thèse de doctorat ès-sciences de 400 pages de faits très observés, dû à M. L. Fondard, Directeur des Services agricoles des Bouches-du-Rhône, on y trouvera des détails sur la Lavande, qui dépassent le cadre de ce sujet.

On peut évaluer à 100.000 quintaux, la production des fleurs de la

Lavande et de lavandins en Provence, et il existe de véritables crûs d'essence.

La nature du terrain et l'exposition jouent un grand rôle dans la qualité ; il y a lieu aussi en culture de sélectionner rigoureusement les plants.

En ce qui concerne les engrais, il ne nous apparaît pas qu'on possède déjà des certitudes sur leur choix. Pour nous, il faut faire une exception en faveur du fumier de ferme, qui nous a donné des résultats non douteux. On devrait recommander son usage au moment de la plantation.

Les semis n'étaient guère en faveur, on abandonnait cette forme de plantation, mais l'étude de la germination a été reprise et on réussit parfaitement si l'on a soin de choisir les graines sur des pieds où l'on laisse bien mûrir la graine. Ce n'est pas le cas quand on les ramasse dans les bourras des ramasseurs de fleurs. Si on les prélève sur des lavandes qui ont fleuri tardivement, on risque de les prélever sur des sujets sans vigueur.

L'obervation de la germination des graines permet déjà une sélection en ce qui concerne la précocité ou le retard de la floraison.

C'est là, une question importante, car, gagner quelques mois d'avance ou de retard dans la floraison, permettrait une période de distillation moins écourtée, et partant, extrêmement avantageuse.

Le marcottage ou le bouturage des Lavandes se produit très naturellement à l'état sauvage. C'est aussi un moyen pratique régulièrement usité en Angleterre, où il est favorisé par l'humidité du climat.

A ce sujet, il faut dire que la résistance de la Lavande à la sécheresse, n'implique pas que sa culture soit négligeable en terrains humides.

Mais alors, à mon sens, la culture doit être faite dans le but de vendre la fleur qui devient très belle, et non pas d'en retirer l'essence, qui diminuerait progressivement en degrés d'acétate de linalyle.

J'ai été surpris de lire dans la Matière Médicale de Reutter que la lavande exige des terrains argileux, siliceux, riches en humus, car, ce n'est certes pas le cas en Provence. Toutefois, elle pousse dans ces terrains.

Pour en revenir à l'intérêt que présente en pharmacie l'essence de Lavande, nous dirons encore que nous avons la conviction que cette essence doit être distillée avec des Lavandes type Fragans, fournies par des cultures en terrain qui ne favorise pas trop l'exubérance de sa croissance. On se rapproche ainsi des types utilisés aux temps où la culture n'existait pas. L'observation des résultats que nous avons obtenus ont ainsi confirmé l'empirisme, et nos conclusions ne sont pas en opposition avec les coutumes paysannes.

La Lavande naturelle a un ennemi redoutable dans : Sarothamnus Scoparius, partout où le genêt abonde, la Lavande disparaît.

Elle veut de l'air et du soleil, les graminées la gêne, c'est pourquoi elle abonde dans les terrains médiocres et très secs, provenant de l'érosion des roches et de peu d'épaisseur.

Sa rétrogradation devant le genêt, serait favorisée par la dépopulation des montagnes où les bergers coupaient les genêts pour en faire des fagots.

Pour la même raison : son goût de la liberté et sa frayeur de l'ombre, âme française, la Lavande naturelle trouve un ennemi dans le reboisement des montagnes.

Française encore, elle a de la prédilection pour les hauteurs. C'est l'essence des hautes altitudes qui détermine la richesse en éther, et la suavité dans les fleurs.

Ces caractères sont héréditaires dans le milieu qui les a produits. Mais si on prélève des plantes de ces lavandes naturelles pour les cultiver dans la zone de l'aspic, la plante dégénère pour se rapprocher comme caractères morphologiques et comme aptitude biologique de ses parents pauvres : sauvage d'instinct, la civilisation l'a dégénérée.

Albert GUILLAUME

Professeur à l'Ecole de Médecine et de Pharmacie.
Pharmacien en Chef des Hôpitaux de Rouen

PREPARATION RAPIDE ET ECONOMIQUE DU SAVON MOU DANS LES HOPITAUX ET HOSPICES CIVILS DE ROUEN

La consommation considérable annuelle de savon par le Service de la Buanderie pour le blanchissage du linge, et par les différents services pour l'entretien général (1), d'une part, la hausse croissante du prix du savon (2), et l'usure rapide du linge par l'emploi d'un grand nombre de savons actuels du commerce, d'autre part, constituent les considérations qui ont engagé l'Administration des Hôpitaux de Rouen à envisager la fabrication pratique et économique, dans l'un des deux grands hôpitaux (Hospice général) d'un savon mou. Ce dernier présentant le double avantage :

(1) Les adjudications pour 1926 ont porté sur : 13.470 kgs de savon dont 9.200 kgs de savon de Marseille et 4.270 kgs de savon mou.

(2) Le savon de Marseille était acheté au prix de 430 fr. les 100 k gs (1er semestre), 515 fr. (2e semestre) ; le savon mou était payé 240 fr. les 100 k gs.

1° D'être d'un prix de revient modéré relativement au prix d'achat du savon dans le commerce.

2° De conserver toute sa glycérine, permettant au savon qui reste onctueux de s'étaler plus facilement sur le linge et lui communiquant de plus des propriétés adoucissantes qui empêchent l'usure du linge.

La fabrication des savons ayant été envisagée en 1925 par l'Assistance publique de Paris pour les Hôpitaux, nous avons pris contact avec M. l'Ingénieur en chef des Blanchisseries qui, à l'hôpital de la Salpêtrière, avait mis au point cette fabrication pour un grand nombre d'hôpitaux parisiens et qui, très aimablement, s'est mis à notre disposition pour nous donner les renseignements techniques désirables.

C'est ce procédé, qui déjà donnait de bons résultats dans les Hôpitaux de Paris, que nous avons modifié pour les deux Hôpitaux de Rouen.

Nous l'exposons ci-dessous tel que nous l'avons présenté à la Commission administrative des Hospices en octobre 1925.

Le principe est basé sur la saponification de l'huile de palme par un mélange de potasse caustique et de soude Solway en présence de résine jaune et d'un peu de silicate de soude. Le mode opératoire est simple : on utilise un bac en tôle de 1 m^3 environ de capacité, permettant de fabriquer en une fois environ 800 kgs de savon mou, et dans lequel arrive un courant de vapeur d'eau qui se dégage dans la masse liquide par une série de trous percés dans un barboteur en forme de T.

L'on fait dissoudre successivement à chaud (grâce au courant de vapeur) dans l'eau du bac qui est rempli à moitié, la potasse caustique puis le sel Solway. On ajoute l'huile de palme et l'on active le courant de vapeur qui brasse la masse. La saponification se produit, on ajoute la résine puis le silicate de soude ; la cuisson dure environ 24 heures. Puis l'on distribue le savon ainsi préparé dans des récipients spéciaux pouvant contenir 50 kgs.

Afin de masquer l'odeur de l'huile de palme qui déplaît à certains, on ajoute au savon préparé, à la fin de la cuisson, au moment du coulage, de l'essence de mirbane dans la proportion de 500 cm^3 pour 800 kgs de savon.

Matières premières employées : Pour préparer environ 800 kgs de savon mou, il faut prendre :

Huile de palme rouge du Dahomey ou de Grand-Bassam : 120 kgs.

Potasse en morceaux : 25 kgs.

Carbonate de soude Solway : 30 kgs.

Résine jaune : 15 kgs.

Silicate de soude : 10 kgs.

Le savon mou ainsi obtenu est d'une belle couleur jaune et d'odeur non désagréable, ce qui offre un réel avantage sur certains savons du commerce qui laissent au linge des malades une odeur fortement prononcée de poisson.

Des esasis préalables de cette fabrication (qui est au point actuellement dans les hôpitaux de Rouen) ont été effectués au laboratoire de la Pharmacie de l'Hospice Général avec un matériel très réduit : une lessiveuse d'environ 50 litres, placée sur un fourneau à gaz remplaçait le bac. Un agitateur en bois permettait de brasser la masse pendant la cuisson qui durait environ cinq heures.

Nous avons fait deux essais en utilisant des proportions d'eau différentes et en opérant chaque fois sur 500 gr. d'huile de palme.

Dans un premier essai, avec 3 litres d'eau nous avons obtenu un rendement en savon de 2 kgs 337 qui donnait à l'analyse les chiffres suivants :

Humidité : 48 gr. 80 %,
Acides gras totaux : 33 gr. 56 %,
Alcali total : 11 gr. 21 %,
Savon total : 44 gr. 77 %,

et dont le prix de revient (main-d'œuvre, chauffage non compris) atteignait 1 fr. 30 le kilog.

Dans un deuxième essai, avec 5 litres d'eau et addition d'essence de mirbane, nous avons obtenu 2 kg. 950 de savon mou qui donnait à l'analyse ce qui suit :

Humidité : 66 %,
Acides gras totaux : 25 %,
Alcali total : 10 %,
Savon total : 35 %,

et dont le prix de revient atteignait 0 fr. 90 le kg.

Conclusion. — Si l'on fait une comparaison des prix de revient du savon fabriqué ainsi dans les hôpitaux et de celui acheté dans le commerce, l'on voit qu'il existe une grande différence de prix à l'avantage du premier. Le procédé est donc économique puisqu'il porte sur une fabrication de plus de 10.000 kgs par an. Il est pratique, car il nécessite une installation sommaire : un bac, un courant de vapeur et des tonneaux contenant les matières premières, dans un espace relativement restreint.

De plus, l'opération n'est pas compliquée et un manutentionnaire seul, bien dressé, peut facilement réaliser cette fabrication qui, dans un grand hôpital comme ceux de Rouen, peut rester sous la surveillance du pharmacien en chef.

L'inconvénint réside dans l'approvisionnement en matières premières, en particulier huile de palme et résine jaune. Mais ce sont-là des produits que nos colonies peuvent nous fournir en abondance et à des prix avantageux. Il est relativement facile de les trouver sur les marchés de nos grandes villes.

Docteur J. COULOUMA

Pharmacien.

1° OXALURIE ET OXALORACHIE

1° *Historique*

Bruniatelli a décrit le premier en 1787 des cristaux d'oxalate calcique trouvés par lui dans le sédiment urinaire, mais il en a méconnu le caractère chimique.

Découvert par Garrod dans le sang, l'oxalate de chaux devient pour Bird l'élément de la diathèse oxalique. Neubauer à son tour montre que la sédimentation de l'oxalate est d'ordre physico-chimique et dépend surtout des teneurs en phosphate acide de sodium et en chlorure de sodium.

En 1911, Teissier montre que l'oxalate de calcium se retrouve dans la sérosité du vésicatoire.

Lœper, Béchamp et Binet décrivent ensuite la lithiase oxalique intestinale et montrent l'élimination de l'acide oxalique par diverses muqueuses. Lœper fait de l'oxalémie le facteur important de l'oxalurie ; la présence de l'oxalate de calcium est ainsi démontrée dans la plupart des humeurs de l'organisme.

Nous avons examiné nous-même une concrétion très dure émise par expectoration dans une bronchite ; cette pierre était constituée de phosphate de chaux et d'oxalate de chaux.

Enfin Rodillon, un de nos confrères de Sens, signale en 1920 l'oxalorachie, c'est-à-dire la présence, dans certains cas pathologiques, de l'oxalate de chaux dans le liquide cephalo-rachidien.

Sous quelle forme se présente l'acide oxalique ?

2° *Son identification*

L'acide oxalique n'existe presque jamais à l'état libre. Il s'empare, dès sa formation, de la chaux existant autour de lui pour former de l'oxalate de calcium moins toxique. Cette réaction est donc une défense de l'organisme.

a) Dans l'urine, cet oxalate reste en solution, grâce aux phosphates neutres et grâce au chlorure de sodium, mais il se précipite dès que l'urine est alcalinisée ou quand elle subit une fermentation ammoniacale (d'après Guiart et Grimbert). Pour notre compte, nous avons souvent trouvé des cristaux d'oxalate calcique dans des urines très acides en compagnie de beaux cristaux d'acide urique.

Quoi qu'il en soit, l'oxalate de chaux cristallise sous forme de petits cristaux octaédriques quadratiques rappelant l'aspect d'une enveloppe de lettre. Plus rarement on le trouve sous la forme d'haltères ou de hache.

Ces cristaux sont insolubles dans la soude, et dans l'acide acétique ; Seul l'acide chlorhydrique peut les dissoudre.

b) Dans le liquide céphalo-rachidien, l'oxalate de chaux se présente sous deux formes principales ; nous trouvons, soit des tables rhomboïdales de 10 à 20 millièmes de millimètres de côté et de 2 à 5 d'épaisseur, incolores, dures et d'aspect vitreux, soit des rosaces formées d'un disque central de 6 à 7 cc. de diamètre, cerclé d'un anneau large, à sillons radicalement disposés, plus ou moins longs, entourant le disque central comme d'une auréole (Rodillon).

Ces cristaux, comme ceux de l'urine, sont insolubles dans l'acide acétique. Ils peuvent se rencontrer, soit isolément, soit simultanément, et nous avons trouvé dernièrement les deux genres de cristaux en grande abondance dans un liquide céphalo-rachidien.

3° *Procédés de dosage*

Les méthodes de dosage s'appliquent à l'acide oxalique libre et combiné.

1° Le premier procédé de Morel et Sarvonat est indiqué surtout pour les urines. Il consiste à filtrer l'urine après son ébullition en présence de 10 % d'HCc, à la déféquer par un léger excès de phosphotungstate de soude et, après addition ménagée d'ammoniaque, à séparer par filtration le phosphotungstate d'ammoniaque ainsi insolubilisé. Le filtrat neutralisé par l'ammoniaque est additionné d'un excès de chlorure de calcium, réacidifié par l'acide acétique et filtré après un repos de 24 heures destiné à laisser former le sédiment. Le précipité est alors lavé à l'eau bouillante, puis à l'alcool, enfin à l'eau bouillante de nouveau, jusqu'à ce que l'eau de lavage cesse de décolorer le permanganate. On redissout le précipité dans l'acide sulfurique dilué tiède et on titre par addition de permanganate de potasse centinormal.

Le deuxième procédé Kramer et Tisdall est surtout applicable au liquide céphalo-rachidien.

Nous recommandons la modification de M. Rodillon : A 1 cc. de liquide céphalo-rachidien, ajouter, en agitant après chaque addition, 2 à 3 cc. d'eau bidistillée, 1 cc. de chlorure de calcium à 1 pour cent et une goutte de chlorhydrate d'ammoniaque à 30 pour cent. Après une heure de repos, ajouter 1 cc. d'acétate de sodium à saturation, agiter et laisser reposer une heure, compléter à 6 cc. environ, centrifuger et laver le précipité dans le tube avec de l'ammoniaque à deux pour cent en répétant trois fois ce lavage. Egoutter et dissoudre le précipité d'oxalate de calcium dans 2 cc. d'acide sulfurique normal, tiédir au bain-marie et titrer avec du permanganate centinormal jusqu'à teinte rose.

4° *Origine*

Nous distinguerons l'origine alimentaire et la diathèse pathologique.

a) La première dépend de l'alimentation. Nous citerons les mets qui contiennent l'oxalate de chaux en nature : l'oseille, l'épinard, la rhubarbe, le poivre et le piment renferment jusqu'à 3 pour 1.000 d'acide oxalique. L'asperge, le céleri, le navet, le citron, le thé, le pois-chiche sont moins riches, mais ils apportent encore à l'organisme de l'acide oxalique préformé. D'autre part, la désintégration de certains aliments oxaligènes donne à l'organisme un peu d'acide oxalique qu'il est obligé d'éliminer ; sont dans ce cas : le sucre, le chocolat et les collagènes dans le genre du riz de veau et du pied de veau. Enfin certains médicaments favorisent le processus oxaligène comme la cocaïne, l'urotropine, la théobromine et la caféïne.

Médicalement, ces diverses origines nous engagent à contrôler par plusieurs examens l'oxalurie urinaire et à nous méfier des oxaluries accidentelles. Nous pouvons dès lors contrindiquer tous ces aliments dans les cas d'oxaluries persistantes.

b) L'origine pathologique est beaucoup plus importante pour nous. Les auteurs ne sont pas tous d'accord sur le processus oxalique. Pour les uns, comme Desgrez, cet acide dériverait d'une oxydation incomplète de l'acide urique et serait un indice du ralentissement de la nutrition. Pour d'autres, Bouchard en particulier, il faudrait voir dans l'acide oxalique une insuffisante oxydation des hydrates de carbone.

D'après les cliniciens, deux groupes d'affections accompagnent l'oxalurie : d'une part les troubles d'ordre nerveux et d'autre part les malades hépatiques : goutte, glycosurie, obésité, ictère.

Nous trouvons surtout l'acide oxalique dans les dépôts urinaires des urines très acides, hautes en couleur, riches en chlorures et en acide urique ou bien dans des urines pâles, peu denses, provenant de polyurie nerveuse ou de lésion rénale, mais ces cas sont plus rares. Si nous mettons les malades oxaluriques au régime déchloruré, l'oxalate de chaux disparaît de l'urine, parce que l'oxalate alimentaire, pour passer de l'estomac dans la circulation, a besoin d'être solubilisé par l'acide chlorhydrique.

L'oxalurie ne dépasse jamais une certaine limite, même avec une alimentation riche en corps oxaligènes. Les processus, qui lui donnent naissance dans l'organisme, ne représentent que des réactions secondaires accessoires. L'oxalurie normale varie de 0,003 chez l'enfant à

0,040 chez l'adulte. Dans le sang le taux de l'acide oxalique est moindre et ne dépasse pas 0,010. A l'état pathologique, cette dose peut atteindre 0,120 et même 0,140.

5° *Toxicologie de l'acide oxalique*

L'intoxication aiguë présente trois sortes de phénomènes :

1° Neuro-musculaire ; 2° cardiaques ; 3° respiratoires.

L'immersion d'un muscle dans une solution d'oxalate provoque la paralysie de cet organe, tandis que l'addition à la solution d'un excès de sels calcaires rend à ce muscle sa contractibilité première. Les troubles nerveux consistent en perte de connaissance, collapsus, phénomènes paralytiques, excitation musculaire, contratures, tétanie trismus et exagération des réflexes.

Les phénomènes cardiaques et respiratoires sont la conséquence immédiate des précédents.

L'intoxication lente a surtout comme effet la déminéralisation. L'acide oxalique enlève à l'organisme la chaux qui le protège contre la tuberculose, contre les poisons neuro-musculaires, en particulier contre l'acide oxalique lui-même.

L'oxalémie est primitive pour Gautrelet, Rodillon, Bird, Primavera qui voient, comme cause des manifestations nerveuses, l'encombrement de l'organisme par l'acide oxalique.

Gautrelet divise en six classes les troubles oxaliques :

Pour lui, les troubles nerveux déterminés par l'oxalurie peuvent aller jusqu'à la vésanie. Il ajoute que tous les vésaniques sont des oxaluriques. Il admet que l'anémie oxalique peut faire penser à la déchéance organique d'origine tuberculeuse. Enfin, à son avis, la gravelle oxalique, très irritante pour le canal uréthral, peut simuler une blennorragie et provoquer le spasme du canal de l'urètre. En même temps des troubles réflexes se produisent dans le canal cholédoque et déterminent une légère rétention biliaire. Toujours d'après Gautrelet, la gravelle oxalique se complique très souvent de gravelle urique et de catarrhe vésical.

Personnellement, nous avons vu le cas d'un jeune homme, atteint d'écoulement, à nous adressé par le médecin pour rechercher le gonocoque. La goutte ne contenait pas de microbes, mais un très grand nombre de cristaux d'oxalate de chaux que le malade émettait continuellement. Au point de vue clinique, l'acide oxalique serait un produit secondaire de l'uricolyse et décélerait une défaillance rénale ou hépatique. Il annoncerait prématurément les accidents de la goutte.

6° *L'oxalorachie*

La présence de l'acide oxalique dans le liquide céphalo-rachidien sous la forme de cristaux en rosaces ou en rhombes est le témoignage tangible d'une intoxication oxalique chronique dont certains troubles nerveux ou mentaux sont des manifestations apparentes, résultant de l'action toxique élective de l'acide oxalique sur les centres nerveux (Rodillon).

L'épilepsie essentielle, le méningisme, les convulsions, la tétanie, l'éclampsie, la démence précoce, la confusion mentale sont liés et causés par la présence de l'acide oxalique. L'épilepsie essentielle serait surtout un trouble circulatoire encéphalique par anémie vasculaire spasmodique qui déclancherait tout particulièrement une ou plusieurs substances alimentaires. Signalons dans ce cas le chocolat et le sucre qui ont provoqué des crises comitiales chez les jeunes gens ; ces crises se renouvelaient à chaque nouvelle ingestion.

7° *Traitement*

Le chlorure de calcium est susceptible d'amener la sédation des accidents tétatiniques ou comitiaux. On peut l'administrer par voie buccale dans tous les cas d'oxalurie et d'oxalémie.

A côté de ce médicament spécifique, nous devons signaler un traitement de longue durée aux cachets reminéralisants de phosphate et de carbonate de chaux. Le calcium règne en effet l'osmose au niveau des parois cellulaires et s'oppose à la pénétration des toxines dans les cellules nerveuses.

Contrairement aux idées de notre savant confrère Gautrelet, nous ne donnerons pas d'acide chlorhydrique, mais au contraire nous ordonnerons le régime déchloruré.

L'oxalémie notable entraîne forcément le passage de l'acide oxalique dans le liquide céphalo-rachidien où il est particulièrement nocif. L'organisme se défend en insolubilisant l'acide oxalique sous forme d'oxalate de chaux insoluble, produit de déchet. Pour l'aider et le protéger donnons-lui du calcium qu'il ne trouve pas en assez grande quantité dans ses humeurs. Dans les cas graves d'axalorachie, l'introduction d'une solution isotonique de chlorure de calcium dans le sac rachidien peut donner une sédation plus rapide que par voie buccale (Rodillon), en insolubilisant in vitro le poison.

Nous avons conseillé ces injections avec succès dans un cas d'oxalorachie chez un enfant de 14 ans atteint de troubles méningés simulant la méningite. Le liquide céphalo-rachidien de ce malade contenait 290 hématies par mm^3 et pas un seul leucocyte. Il était rempli de cristaux en rosettes d'oxalate de chaux.

Les troubles nerveux ont disparu à la suite du traitement au chlorure de calcium.

2° LES CENTRES D'APPRENTISSAGE

René GUYOT
Pharmacien de 1re classe.
Licencié ès sciences.

REACTION, — OXYDASE DU SANG. — COLORATION BLEUE OBTENUE AVEC UNE TEINTURE ALCOOLIQUE FAIBLE DE BOLET BLEUISSANT.

Application à la recherche du sang dans les liquides physiologiques et pathologiques

Remarquant avec quelle facilité certains bolets bleuissants changent de couleur sous la moindre pression ou brisure, nous avons pensé que ces colorations étaient dues à des principes phénoliques oxydables, et que l'on pouvait par suite utiliser comme réactifs de nos laboratoires. Dans une conférence faite à Rome en 1906, au Congrès de Chimie appliquée, M. le Professeur Bourquelot traçait le programme du rôle des Enzymes hydratantes et oxydantes comme réactif de nos laboratoires. Nous avons pensé que le corollaire était vrai et que l'on pouvait s'adresser en paralysant ou en détruisant l'oxydase, au principe phénolique chromogène pour caractériser les oxydases en général, les oxydases du sang en particulier. Deux cas se présentent :

1° Détruire complètement l'oxydase ;

2° La paralyser.

Dans tous les cas, laisser subsister le principe oxydable chromogène.

1° *Destruction partielle ou totale des oxydases.* — Les oxydases ne résistent pas à une température de 80° ; nous avons porté des tranches de bolets bleuissants dans l'eau bouillante pendant 10 minutes, puis nous les avons mis à macérer pendant 48 heures dans de l'alcool à 60°.

Nous avons obtenu ainsi une teinture alcoolique faible des bolets. Cette teinture ne tarde pas à se colorer en bleu — en raison de la destruction incomplète des oxydases dans les tissus profonds du champignon. Cette oxydase non détruite, non gênée dans son action par la faible teneur alcoolique de la teinture, agit sur une partie du chromogène pour le colorer en bleu. Cette teinture bleue exposée à la lumière se décolore, un dépôt s'y forme. Le liquide surnageant est limpide, incolore, ou à peine teinté de jaune.

En le filtrant au papier, on obtient une teinture sensibilisée pour la recherche.

2° *Paralyser l'oxydase.* — Par l'alcool fort à un titre élevé, nous avons obtenu une teinture alcoolique du principe chromogène dans laquelle l'oxydase naturelle a été insolubilisée ou inactivée, cette seconde teinture est moins active que la première.

Essai d'activité de pareilles solutions. — Nous nous sommes adressés à une oxydase voisine de la Laccase. C'est l'oxydase de la gomme. M. Bertrand a démontré que l'une et l'autre renferment un mélange d'arabane et de galactane capable de donner par hydrolise deux sucres :

L'arabinose et le galactose.

Technique. — Dans un tube à essai, on verse 2 cc³ de solution alcoolique, faible de bolet, puis même volume d'une solution récente de gomme arabique ; par sa densité cette dernière gagne la partie inférieure du tube, non sans avoir laissé en contact de la solution de bolet une quantité suffisante d'oxydase. L'addition à un tel mélange d'une ou deux gouttes d'eau oxygénée détermine au bout d'un certain temps la formation d'une teinte nuageuse verte qui ne tarde pas à se foncer de plus en plus pour passer presque subitement au bleu, la coloration bleue s'accentue et gagne tout le tube ; elle se maintient ainsi quelques heures, puis un dépôt bleu se forme à la partie inférieure du tube. On peut réaliser la formation d'un anneau bleu en ne mélangeant pas les deux liquides. Deux faits attirent notre attention :

1° L'action non immédiate de la coloration ;

2° L'action explosive.

Action non immédiate. — Cette action demande un certain temps pour se produire, elle croît alors en intensité avec le temps, elle débute par une teinte verte pour passer brusquement au bleu.

Action explosive. — Quand la coloration bleue a paru, elle se répand à la façon d'un explosif, ne voit-on pas là le signe caractéristique, le sceau même des fermentations ? Elles demandent toutes, à l'encontre des réactions physiques et chimiques, un certain temps d'incubation pour se manifester, mais dès que la fermentation apparaît en un point, elle s'étend à toute la masse d'une façon tumultueuse, d'où son nom de :

« fermentation » (fervere).

La dilution gommeuse semble avoir une influence heureuse sur la rapidité de la réaction colorée. Certaines solutions gommeuses faites à chaud, n'ont aucun pouvoir oxydant sur la teinture de bolet, l'oxydase est détruite par l'ébullition. On observe toujours un dégagement gazeux d'oxygène.

Sang. Réaction. — Nous avons dilué 2 gouttes de sang fraîchement cueillies dans 45 cc. d'eau distillée, procédant de la même façon avec cette solution sanguine diluée additionnée de teinture de bolet sensibilisée, nous obtenons, avec 1 ou 2 gouttes d'eau oxygénée, à l'intersection des 2 liquides, un anneau vert, tout d'abord qui passe brusquement au bleu.

Le sang agit, dans ces conditions, comme une anaeroxydase. Je me suis demandé s'il n'y avait pas une action catalytique liée à la présence d'Hématies ou de globules blancs, ces éléments histologiques agissant comme autant de particules de métaux colloïdaux. Nous avons essayé la même solution de sang pendant 4 jours consécutifs. La réaction a été toujours positive, mais son intensité de coloris, sa vitesse de formation allaient décroissant en vieillissant. La solution s'altérant, la coloration disparaît. Nous nous sommes alors demandés si l'hémoglobine elle-même ne jouait pas le rôle d'anaeroxydase et si la diminution de coloration par suite de l'altération de l'hémoglobine, moglobine ». Nous avons essayé une solution d'hémoglobine commerciale qui nous a donné les mêmes réactions ; nous avons observé la diminution de coloration par suite de l'altération de l'hémoglobine, nous avons appliqué cette réaction aux urines nettement hémoglobinuriques de porteurs d'œufs de Bilharzie, dans ces urines nous avons pu mettre en évidence l'hémoglobine, par suite le sang.

Remarquons en passant que certaines hématuries revêtent la forme cachée, rien ne décèle le sang. M. le Professeur Florence reconnaît qu'une urine dont la couleur est parfaitement normale peut contenir du sang en notable quantité. Les réactifs de Meyer ou de Schonbein sont ici en défaut ; l'examen microscopique seul décèle quelques hématies, quelques leucocytes, la réaction de Florence est positive, le réactif que nous indiquons ici est dans ce cas en défaut. Les urines hémoglobinuriques donnent une coloration très nette. Quand l'hémoglobine est passée sous forme de méthémoglobine ou de carboxyhémoglobine la réaction n'a pas lieu.

Boletol. — M. le Professeur Bertrand a isolé de différents bolets, dont le boletus luridus, un principe résineux, incolore, facilement soluble dans l'alcool et présentant avec la racine de gayac de très grandes analogies, il a pu isoler ce principe cristallin, en petits cristaux rouges comme l'alizarine soluble dans l'eau, dans l'alcool faible et fort ; insoluble dans le chloroforme, la benzine, et le sulfure de carbone, c'est le bolétol.

Le bolétol est un phénol acide, qui donne avec les alcalins une coloration bleue en formant des bolétates. Si l'on considère la quantité de bolétol retirée de 100 kilos de champignons, par M. Bertrand, quantité oscillant entre 5 et 10 grammes, on est frappé de la sensibilité du réactif que nous proposons ; la dose de principes actifs se chiffrant par dixièmes de milligrammes. La plupart des réactifs indiqués pour le sang, réactifs de Meyer, de Thévenon et de Rolland, sont des réactifs de probabilité, ils ne s'appliquent pas exclusivement à l'oxydase du sang, mais à beaucoup d'autres oxydases, dont celles de la gomme, à la laccase, à l'hémoglobine, on peut être induit par eux à rechercher le sang dans les liquides physiologiques ou pathologiques, ils peuvent aiguiller la recherche sur une hématurie ou sur une hémoglobinurie. L'examen microscopique joint à la réaction de Florence lèvera alors tout doute infirmant ou confirmant l'épreuve.

Conclusions. — En résumé, nous présentons ici une nouvelle réaction pour la recherche du sang, coloration bleue obtenue par une teinture faible de bolet, bleuissant. Comme la plupart des réactions, cette dernière n'est pas spécifique, elle ne suffit pas à elle seule à caractériser le sang ; elle met sur la voie d'une hématurie ou d'une hémoglobinurie, on peut mesurer avec elle, la capacité oxydante des hémoglobines commerciales, par suite leur valeur thérapeutique, l'une étant fonction de l'autre.

Docteur MORISOT

Périgueux.

TRAITEMENT NOUVEAU DES PLAIES RECENTES OU ANCIENNES PAR LE PANSEMENT CŒLLULO-GAZEUX « SACHET-CELLUPHYLE » (Modèle déposé) (1)

Pansement caractérisé par son action prolongée contenant les éléments de rénovation cellulaire, agissant en milieu gazeux d'oxygène, acide carbonique et iode à l'état naissant pendant plusieurs heures.

Le but proposé dans l'application de tout pansement est d'isoler la plaie du contact de l'air infecté et d'agir par des antiseptiques liquides ou solides répandus à la surface. La première condition est généralement bien remplie avec les ouates purifiées. Mais la seconde n'est réalisée que d'une façon très incomplète puisque les antiseptiques employés n'agissent qu'au moment de leur emploi sous forme

(1) Ce modèle fut employé par l'auteur pour les plaies de guerre dès 1915 à l'hôpital de Martillac (Gironde).

de lavage de la plaie. L'action antiseptique cesse bientôt, malgré l'imbibition du pansement. Il est étonnant qu'on n'ait pas cherché à réaliser plus tôt un pansement contenant en lui-même les éléments de rénovation des cellules, en même temps que les produits nécessaires à une action antiseptique prolongée.

Les propriétés désinfectantes de l'oxygène et de l'iode sont trop connues pour qu'il y ait lieu d'insister sur les qualités de ces éléments gazeux. Par la disposition toute particulière du « Sachet-Celluphyle », les réactions donnant naissance à ces éléments se produisent d'une façon continue. Mais une action trop peu connue est celle de l'acide carbonique comme calmant, détersif, désodorisant et cicatrisant. L'usage, quand il est possible, d'un lavage de plaie à une eau minérale carbonique fut, il y a longtemps, le point de départ de remarquables observations. Depuis quelques années, on sait combien est en honneur la thérapeutique des maladies internes par l'acide carbonique.

Un pansement, pour être complet, doit contenir les éléments qui favorisent la rénovation de la cellule animale. Comme il a été dit plus haut, il est étonnant qu'on n'eût pas encore en main le pansement fait dans ce sens. Le « Sachet-Celluphyle » contenant des sulfates, des carbonates et phosphates alcalins unis aux chlorures dans les proportions définies par l'analyse cellulaire, met en main du praticien le premier pansement d'auto-actions multiples et prolongées. La porosité cellulaire qui est une caractéristique du « Sachet-Celluphyle » est semblable à celui d'une éponge et non d'une plaque humide. Les gaz produits peuvent, avec facilité, pénétrer dans les trajets et infractuosités fistuleuses dues au déchirement des tissus par plaies anfractueuses.

Composition du Sachet pansement Celluphyle. — Un sac de tangeps gras non adhérent et comprenant des couches de cellulose pure, plus hygroscopique que la ouate et saturées des éléments suivants donnant lieu aux réactions chimiques désirées ou favorisant la rénovation des tissus.

1° Bicarbonate de soude, sesquicarbonate de soude et carbonate de soude anhydre.

2° Acide tartrique et iodate de potasse (donnant de l'acide carbonique, de l'iode à l'état naissant et dégageant de la chaleur favorable à l'action du pansement.

3° Persulfate de soude qui, en milieu acide, donne de l'iodure de potassium avec mise en liberté d'iode.

4° Perborate de soude produit eau oxygénée avec les tartrates des réactions précédentes qui ont fourni l'acide carbonique.

5° Iodure de potassium.

6° Chlorure de sodium.

7° Sulfate de potasse.

8° Carbonate de chaux.

9° Phosphate bicalcique.

10° Péroxyde de calcium qui, au contact de l'acide carbonique, dégage de l'oxygène en formant du carbonate de chaux.

$$CaO^2 + CO^2 = CaCO^3 + O$$

au contact de l'eau surtout en présence de CO_2 il donne de l'oxygène

$$Ca\,O^2 + 2H^2O = Ca\,(OH)^2 + H^2\,O^2$$

quand le bicarbonate de soude est pur, la réaction produisant l'acide carbonique est celle-ci :

$$2\,(CO^3\,Na\,H) + C^4\,H^6\,O^6 = 2\,CO^2 + C^4O^6H^4Na^2 + 2H^2O$$

c'est-à-dire que 168 gr. de bicarbonate pur et 150 gr. d'acide tartrique donnent 44 litres de gaz carbonique à 760 mm. et à 0° centigrade.

Mais le bicarbonate de soude est un sel qui, avec le temps, se rapproche du sesquicarbonate, de sorte que la réaction est plutôt celle-ci :

$$2\,(CO^3)^2\,Na^3H + 3\,C^4\,O^6\,H^6 = 4\,CO^2 + 3\,C^4\,H^4\,O^6\,Na^2 + 4\,H^2\,O$$

c'est-à-dire que, pour avoir le même volume de gaz carbonique, il faut prendre 95 gr. de sesquicarbonate et 112 d'acide tartrique.

Donc, il faut ici plus de sel tartrique que de sel de soude, tandis que, avec le bicarbonate, c'est l'inverse. Dans la pratique, on prend poids égaux de sel de soude et d'acide tartrique.

En résumé, les propriétés du « Sachet-Celluphyle » sont les suivantes :

1° Asepsie.

2° Analgésie.

3° Action gazeuse antiseptique non caustique, prolongée et profonde, acide carbonique, oxygène, eau oxygénée, iode.

4° Non compression passive, circulation capillaire favorisée, non adhérence aux plaies, d'où renouvellement non douloureux.

5° Elément de formation de nouvelles cellules maintenues en dissolution, assimilables à la faveur de l'acide carbonique, se renouvelant sans cesse en solution glycérinée.

6° Application facile en humectant d'eau bouillie au moment de l'emploi.

7° Avantage de laisser le sachet en place et état humide sans avoir à le changer avec la même fréquence que tout autre pansement.

8° Ouverture facile du sachet clos, en tirant sur le fil ouvrant le côté du pansement recouvert de gaze imperméable.

A. LEULIER

SUR UN NOUVEAU PROCEDE D'HALOGENATION APPLICATION A LA PREPARATION DE LA BROMOACETYLNAPHTYLAMINE

Depuis 1923, j'étudie la préparation des dérivés halogénés de divers composés aromatiques, à l'aide de l'eau oxygénée officinale ou rarement du perhydrol, et des hydracides correspondants.

La décomposition brutale de l'acide iodhydrique rend son emploi impossible, mais, par contre, je pense avoir obtenu des résultats intéressants avec les acides bromhydrique et chlorhydrique.

En effet, ces acides traités par l'eau oxygénée à 10 ou 12 volumes donnent un dégagement lent de chlore ou de brome qui se fixent au fur et à mesure de leur production sur le composé organique. Au début, j'utilisais des volumes importants de réactifs : par la suite, je me suis rendu compte qu'il n'était pas nécessaire d'avoir une solution parfaite et que la réaction suivait une marche régulière lorsque le corps pulvérisé était simplement en suspension. En agissant ainsi, on peut mettre en œuvre des quantités calculées de réactifs, et, dans certains cas, obtenir un dérivé mono ou bihalogéné.

Mes recherches ont jusqu'ici porté surtout sur des corps de la série aromatique et principalement sur des phénols ou des amines.

Pour les premiers, j'ai réussi à chlorer et à bromer la phloroglucine et obtenu dans les deux cas le dérivé trihalogéné. Les mononitrophénols sont susceptibles de réagir et j'ai préparé, pur de premier jet, avec un rendement théorique, le 2-6 tribromoparanitrophénol. Les acides paraoxybenzoïques peuvent, comme me l'ont démontré des expériences en cours, fixer, eux aussi, une proportion déterminée de brome.

Comme je n'ai pu halogéner le phénol ordinaire, la résorcine, l'acide picrique, il semble que la réaction est soumise à la présence dans le noyau d'un ou plusieurs substituants dont il m'est actuellement impossible de préciser le nombre, la nature et la position.

Quant aux amines, il est nécessaire de bloquer au préalable leur groupement fonctionnel par acétylation ou d'avoir recours à leurs dérivés nitrés. Sur les bases elles-mêmes la réaction se complique de phénomènes d'oxydation qui ôtent tout intérêt à la méthode dont le but principal est d'obtenir des corps purs ou faciles à purifier et, cela, avec un rendement favorable. Je dois dire que ce but idéal n'a été approché que dans quelques cas.

J'ai chloré et bromé les corps ci-après : acétanilide, orthométa et paranitranilines, paranitrodiméthylaniline, dinitroparanitraniline, acétyltoluidine et paranitrotoluidine.

Je signale qu'au cours de ces travaux, j'ai préparé un dérivé dichloré de l'antipyrine dont la molécule est profondément modifiée, et des dérivés bromés de ce même corps parfaitement semblables à ceux décrits par les auteurs classiques.

J'ai pu également faire une curieuse remarque au sujet de l'urotropine qui ne se chlore ni ne se brome : en présence d'acide chlorhydrique, l'eau oxygénée la transforme en peroxyde explosif, et dans les mêmes conditions l'acide bromhydrique donne un bromhydrate. Il semble donc qu'elle protège ces acides contre l'action oxydante de l'eau oxygénée.

Voici maintenant les résultats enregistrés pour l'acétylnaphtylamine.

L'acétylation de la base se fait très facilement par simple chauffage au bain-marie avec une quantité suffisante d'anhydride acétique. J'ai opéré sur 12 grammes de base et 15 grammes d'anhydride. Après cristallisation de l'alcool à 95° bouillant, j'ai obtenu un corps fondant à + 157 au bloc de Maquenne par fusion instantanée.

Cinq grammes de dérivé acétylé ont été mis en contact avec 5 cc. d'acide bromhydrique à 40° B^e et 50 cc. d'eau oxygénée à 3 % de $H^2 O^2$. Après 15 heures, j'ai recueilli un précipité jaunâtre qui, lavé à l'eau distillée jusqu'à neutralité, puis séché à l'air libre pesait 6 grammes. Comme son point de fusion situé vers + 168 manquait de netteté, il a été recristallisé dans l'alcool bouillant. J'ai récolté de la sorte 4 grammes d'un corps blanc, cristallisé en fines aiguilles, et fondant à + 188 au bloc de Maquenne. Or, d'après les auteurs classiques, la 3 bromoacétylnaphtylamine fond à + 187° alors que le dérivé halogéné en 4, par exemple, fond à + 193°.

Le dosage du brome par la méthode de Liebig et volumétrie a donné les chiffres ci-après :

Prise d'essai	0 gr. 20	0 gr. 16
No^3 Ag $\frac{N}{10}$ absorbé	7 cc. 6	6 cc. 15
Br correspondant	0 gr. 0608	0 gr. 0492
Br trouvé pour cent	30,4	30,75

Br calculé pour C^{10} H^6 Br N H Co — CH^3 = 30, 303.

J'ai donc obtenu, dans ce cas particulier, un dérivé monobromé de l'acétylnaphtylamine qui s'identifie avec le dérivé déjà décrit et substitué en 3. Si le rendement est relativement peu élevé, surtout en produit pur, la réaction, par contre, est très facile à réaliser et ne demande aucune surveillance.

Bibliographie. Thèse Lyon 1923.
Bull. Soc. Chimique 1924.
Bull. Soc. Chimique 1925.

BARTHE et E. DUFILHO

DOSAGE DU SODIUM
Influence des matières insolubles dans la conduite de l'appareil de Marsh

---

Ph. BRETIN et A. LEULIER

FLEURS D'AUBEPINE

Dans un récent supplément, le Codex a inscrit comme médicament nouveau les Fleurs et la Teinture d'Aubépine. Il a désigné l'espèce productrice sous le nom de *Crataegus oxyacantha L* qui répond à l'espèce linnéenne, mais en indiquant très judicieusement la distinction en deux sous-espèces : *C. oxyacanthoïdes* Thuill et *C. monogyna* Jacq. qui, toujours d'après le Codex, croissent dans les mêmes stations.

En réalité, on peut les trouver côte à côte, mais tandis que la seconde est abondante dans toute la France, la première est surtout répandue dans le Nord et est déjà rare dans la région lyonnaise.

Le Codex nous donne les différences entre les fleurs des deux sous-espèces et signale en particulier l'ovaire ordinairement unicarpellé de la seconde.

En outre :

C. oxyacanthoïdes a de jeunes rameaux glabres, des feuilles vert foncé et luisantes, dentées presque dès la base avec 3-5 lobes obtus, peu profonds et connivents, incisés et dentés.

Les fleurs apparaissent au début de mai, ont une odeur peu agréable et même nauséabonde, surtout si on les respire en masse ou si l'arbrisseau est exposé à un chaud soleil.

C. monogyna a de jeunes rameaux pubescents, des feuilles vert clair, ovales cunéiformes, dentées au sommet avec 3-7 lobes aigus plus profonds et plus écartés.

Les fleurs apparaissent quinze jours plus tard, leur odeur est plus fine mais aussi désagréablement exaltée par l'ardeur du soleil.

La différence dans l'intensité et la qualité du parfum sont cependant toujours assez nettes.

Elle nous a paru pouvoir être en rapport avec la teneur en bases volatiles.

L'existence de ces bases a été maintes fois constatée : récemment dans sa thèse de Doctorat en Pharmacie (Lyon 1916), Personne a trouvé dans des fleurs sèches 0 gr. 40 % de corps aminés où dominait la triméthylamine. Il n'a pas retrouvé la propylamine signalée par Wicke en 1854 dans les fleurs du *C. oxyacantha* et antérieurement par Wittstein dans celles du *C. monogyna*. Wicke avait constaté que les bourgeons floraux contiennent plus de propylamine que les fleurs épanouies, cet alcaloïde étant volatil se perd, d'après lui, pendant la floraison, ce qui fait que les fleurs n'en renferment en proportions sensibles qu'au moment de la floraison.

Nous avons étudié les fleurs fraîches ou sèches des deux espèces élémentaires.

C. monogyna. — Les fleurs fraîches de *C. monogyna* renfermaient 73,34 % d'eau et ont laissé à la calcination 6,49 de cendres manganésifères pour 100 de fleurs desséchées.

100 grammes de fleurs fraîches traitées par 100 gr. d'alcool à 95° en macération pendant 10 jours ont donné, après expression, une alcoolature de réaction acide dont la densité à +23° était de 0,910. Cette alcoolature laissait après évaporation et dessiccation 4 gr. 305 d'extrait pour 100 cmc.

Cet extrait odorant a été dissous dans l'eau et la solution, alcalinisée par la soude, a été distillée dans l'appareil d'Aubin.

Le distillat a été reçu dans un volume connu de solution acide et un titrage en retour a déterminé la proportion de bases volatiles entraînées à la distillation, soit 0 gr. 101 de bases calculées en triméthylamine pour cent centimètres cubes d'alcoolature.

20 grammes de fleurs sèches contusées ont été laissées en macération pendant 10 jours avec 200 cent. cubes d'alcool à 60° et 2 gr. d'acide tartrique (un semblable véhicule s'étant montré très favorable à la dissolution des bases).

100 cc. de teinture filtrée ont, après même traitement que plus haut, saturé 5 cc. d'acide sulfurique N/10, ce qui donne 0 gr. 295 de bases volatiles % de fleurs sèches.

C. oxyacanthoïdes. — Une alcoolature a été préparée comme plus haut avec les *fleurs fraîches* (100 gr. de fleurs, 100 gr. alcool à 95°, 10 jours de macération, expression et filtration).

L'alcoolature, de réaction acide, avait une densité de 0.911 à +25°.

Elle a donné 4,425 d'extrait sec et le taux des bases volatiles a été de 0,143 pour cent centimètres cubes d'alcoolature.

Les fleurs sèches, traitées dans la même proportion que les précédentes par l'alcool à 60° acidulé, ont donné 0 gr. 300 % de bases volatiles.

En résumé, il résulte de la comparaison de ces divers dosages que si les fleurs desséchées élémentaires des deux espèces élémentaires de Crataegus contiennent sensiblement la même proportion de bases volatiles, il n'en est pas de même pour les fleurs fraîches : celles de *C. oxycanthoïdes* à odeur plus forte et nauséabonde seraient près de moitié plus riches que celles de *C. monogyna* d'odeur plus fine et moins violente.

G. CHABREYROUX

Pharmacien de 1re classe, Pont-Levoy (Loir-et-Cher).

ETUDES ET DIPLOMES

Il s'agit d'une anomalie d'ordre universitaire et contre laquelle des membres influents du corps pharmaceutique se sont souvent, mais en vain, élevés.

Nous résumerons ainsi la question :

Lorsqu'un étudiant en pharmacie, après avoir subi avec succès les épreuves de l'examen de stage — soit après une année absolue de scolarité chez un « patron » — entre à la Faculté, il lui reste encore quatre années d'études à parcourir. Parmi les divers examens qu'il a à subir sont les examens de fin d'année et les examens de fin d'études.

Ces derniers — ou « Probatoires » ou « définitifs », ce qui doivent donner au candidat reçu son diplôme, comprennent une épreuve que les étudiants appellent la « synthèse » et qui consiste dans la Préparation de plusieurs médicaments inscrits au Codex. Mais le règlement universitaire prévoit que l'étudiant peut, aux lieu et place de cette épreuve, produire un travail personnel, une « thèse » d'ordre pharmaceutique à soutenir devant le Jury.

De cette faculté bien peu de candidats ont usé jusqu'à ce jour. D'ailleurs, la plupart l'ignorent tout simplement.

Quoi qu'il en soit, le diplôme ainsi délivré à l'impétrant par la Faculté et le Ministère est le diplôme de « Pharmacien » ou de « Pharmacien de 1re classé », suivant le régime d'études auquel a été soumis l'étudiant (ancien ou nouveau Régime).

Or, n'y a-t-il pas une analogie entre la scolarité de l'étudiant en pharmacie et celle de l'étudiant en Médecine ? — C'est indéniable, et il suffit, pour s'en rendre compte, d'examiner les divers règlements universitaires. Précisément l'anomalie existe sur ce point que l'étudiant en médecine quitte la Faculté avec le diplôme de « Docteur », tandis que, par modestie vraiment déplacée, le Ministre n'accorde à l'étudiant en pharmacie que le titre de « Pharmacien »... tout court.

Il existe, certes, des diplômes de « Docteur en pharmacie », mais, de par la législation actuelle, et qu'il convient de réformer, 1° pour obtenir ce diplôme, le Pharmacien diplômé est astreint à un minimum d'une année d'études supplémentaires ; 2° ce diplôme n'est qu'un diplôme *universitaire* et non un diplôme « *d'Etat* ».

Dans un autre ordre d'idées, les vétérinaires, notons-le en passant, ont comme « couronnement d'études » le titre officiel de « Docteur ».

Le pharmacien, de par l'universalité de ses études et des conseils qu'il est appelé à donner chaque jour, est et doit être en quelque sorte un « savant » (doctus).

Conclusion :

Après ses cinq années régulières d'études (stage et faculté), l'étudiant en pharmacie doit achever sa scolarité par une soutenance de Thèse et le diplôme à lui délivré doit être le *diplôme d'Etat de « Docteur pharmacien »*.

17e Section

BIOGÉOGRAPHIE

Président .... F. ROMAN, Professeur à la Faculté des Sciences de Lyon.

Raymond POISSON et P. REMY

Laboratoires de Zoologie, Facultés des Sciences
Caen et Nancy

1° SUR CERTAINES ESPECES INTERESSANTES DE LA FAUNE DU CANAL DE CAEN A LA MER

Le canal de Caen à la mer va du port de Caen à Ouistreham, où il débouche dans la mer par deux écluses contigües ; il est alimenté en eau douce, à Caen, par une dérivation de l'Orne. En outre, le long de son parcours, quelques fossés le relient à des mares et ruisseaux riverains. Les écluses d'Ouistreham arrêtent la marée montante et l'eau de mer ne pénètre dans le canal que lorsque passe un bateau. Aussi, l'eau qu'il renferme est soustraite aux brusques variations de salinité ; elle est très peu salée déjà tout près de l'embouchure et sa teneur en sels diminue à mesure que l'on se rapproche de Caen, point où elle devient tout à fait douce. Le canal de Caen à la mer constitue donc un milieu très spécial, différent de ceux qui l'alimentent en eau et qui lui fournissent sa faune et sa flore, soit directement, soit par l'intermédiaire des navires qui le traversent.

M. le Prof. L. Cuénot (1) a déjà fait ressortir l'intérêt que présente le peuplement de ce milieu, qu'il a exploré avec M. le Prof. L. Mercier et le personnel du laboratoire de Luc-sur-Mer. Nous avons entrepris d'examiner dans le plus grand détail possible cette faunule sau-

(1) CUÉNOT (L.), L'Adaptation. *Encyclop. scient.*, Paris, 1925.

mâtre très particulière afin d'en fixer la composition *actuelle* et avons donné, dans une note préliminaire, une première liste des animaux que nous avons rencontré en juillet et août 1925 (1). Nous nous proposons, dans la présente communication, d'attirer l'attention sur quelques unes des espèces les plus intéressantes.

Mercierella enigmatica P. Fauvel

Ce Serpulien a été découvert par L. Mercier dans le canal, entre Ouistreham et Hérouville, en 1921 (Fauvel 1922) ; depuis, sa présence a été signalée en divers endroits, toujours dans les eaux saumâtres : dans les docks de Londres (Monro 1924) ; dans des ruisseaux débouchant à l'intérieur du petit port de Gandia (côte méditerranéenne de l'Espagne, entre Valence et Alicante) (Rioja 1924), et en Bretagne dans le cours inférieur de la Rance (Ch. Gravier 1925, E. Fischer 1925). Cette forme, très euryhaline, peut supporter de brusques variations de salinité : Rioja l'a fait vivre plus d'un mois dans de l'eau de mer mélangée à son volume d'eau douce ; des exemplaires que nous avons conservés dans un bac contenant de 2 à 3 grammes de sel marin par litre, du 15 août au 22 décembre 1925, ont été, à cette date, placés brusquement dans de l'eau de mer : quelques individus sont morts, mais tous les autres, une dizaine, ont supporté le changement subit du milieu sans qu'ils en aient paru affectés. Ils ont vécu ainsi jusqu'au 22 février 1926, date à laquelle ils ont été replacés en eau saumâtre (3 gr. de Nacl par litre) ; au 25 février 1927, ces *Mercierella* sont toujours vivantes. Il ne semble pas cependant que l'espèce existe *normalement* dans la mer : à Ouistreham nous ne l'avons pas rencontrée sur la partie des jetées qui demeure constamment immergée dans l'eau de mer, ni sur le côté des vannes des écluses qui fait face à la mer et qui d'ailleurs est à sec à marée basse. Par contre, nous avons recueilli le Serpulien dans l'écluse située contre la rive Ouest du canal, sur le côté des vannes qui fait face au canal et qui est toujours immergé dans l'eau saumâtre ; il y est rare cependant ; les individus, tous de petite taille (2 cm.), sont le plus souvent isolés ; ils vivent là en compagnie de très petites Balanes, de *Membranipora membranacea* L. et de minuscules *Dreissensia cochleata* Kickx. On rencontre les mêmes espèces sur les parois latérales de cette écluse avec, en outre, vivant entre les Dreissensies, les tubes du Serpulien et des paquets d'Ulves, de petites *Nereis diversicolor.* O. F. Müller, des *Balanus improvisus* Darwin réduites, *Idothea balthica* Pallas, *Ligia oceanica* L., *Gammarus duebeni* Lillj, *Melita pellucida* O. Sars, *Leptocheirus pilosus* Zaddach, *Corophium acutum* var. *Chevreuxi* Poisson et Legueux, *Crangon vulgaris* F., *Palaemonetes varians* Leach, *Carcinus maenas* Pennant, des larves de Chiro-

(1) POISSON (R.), et REMY (P.), Contribution à l'étude des eaux saumâtres. I. Le canal de Caen à la mer. *Bull. Soc. linn. de Normandie*, 7e sér., t. VIII, p. 144-155, 1926.

nomides, de très jeunes *Cardium edule* L., de nombreux *Gobius microps* Kröyer et des Anguilles. Il est intéressant de remarquer que, les vannes de cette écluse étant ouvertes rarement, l'eau qu'elles retiennent est moins salée que celle de l'écluse de la rive Est, qui, en temps normal, livre seule passage aux navires. Or, dans cette dernière, les *Mercierella* forment de grosses colonies localisées à 75 cm. environ de la surface de l'eau, en particulier sur les faces nord des vannes intermédiaires situées à l'intérieur de cette écluse, c'est-à-dire dans des endroits à l'ombre, où l'eau est fréquemment agitée.

A quelques centaines de mètres des écluses, les *Mercierella* prospèrent et forment de volumineuses colonies qui recouvrent d'une croûte épaisse la face inférieure des pierres des rives (l'espèce semble lucifuge), les roseaux, les pilotis, etc.; là vivent également, en plus des espèces trouvées dans les écluses, quelques *Cordylophora lacustris* Allm., l'Ectoprocte *Victorella pavida* S. Kent, les Isopodes *Cyathura carinata* Kröyer (que nous venons de trouver aussi dans du matériel récolté à Saint-Vaast-la-Hougue par Lienhart en 1911) et *Heterotanais Oerstedi* Kröyer, ainsi que divers Amphipodes étudiés par M. L. Legueux (1924-25). Enfin, dans le plancton de surface récolté à cet endroit, nous avons observé de nombreux Rotifères, entre autres *Synchaeta balthica* Ehrbg., espèce submarine signalée de la Baltique, rencontrée dans la crique de Nieuwendam en Belgique (Loppens, 1908-09) et dans l'étang de la Nouvelle, dans le département de l'Aude (de Beauchamp) ; *Brachionu plicatilis* O. F. Müller (*B. Mülleri* Ehrbg.), espèce essentiellement saumâtre qui est commune sur nos côtes et qui a été rencontrée ausssi dans les eaux salées continentales, notamment en Allemagne, en Bohême et en Lorraine, où L. Mercier l'a récoltée dans les fossés de Marsal (1) ; enfin de jeunes *Asplanchna* sp. Signalons aussi que dans ce plancton nous avons observé de très nombreux Copépodes (*Acartia* sp., *Canthocamptus* sp.), quelques Ostracodes, le banal Cladocère *Chydorus sphaericus* O. F. Müller, ainsi que de rares femelles ovifères de *Scapholeberis mucronata* O. F. Müller.

Comme l'a constaté L. Mercier (*in* Fauvel 1922), les *Mercierella* présentent en général leur maximum de fréquence au pont de Bénouville, où la salure est de 2 gr. 44 de Nacl par litre d'après Le Sénéchal, de 1 gr. 81 d'après Chemin ; elles disparaissent près de Calix (3 km. de Caen environ) où on n'en trouve plus que quelques exemplaires. Dans la région de Bénouville, le Serpulien ne semble pas descendre au-dessous d'une profondeur de 1 m. (fait remarqué déjà par L. Mercier), peut-être parce que la salure, qui augmente avec la profondeur, dépasse à

(1) M. P. de Beauchamp, qui a bien voulu déterminer ces deux Rotifères, nous signale, le 19-11-1925, que dans des élevages qu'il fait depuis un an de *Br. plicatilis* venant de St-Jean-de-Luz, il n'a jamais pu obtenir de cultures durables dans les mélanges renfermant moins de 1/20 ni plus de 3/5 d'eau de mer.

ce niveau la valeur qui convient le mieux à l'espèce ; peut-être aussi le facteur nourriture intervient-il? (1)

L'introduction des *Mercierella* dans le canal est très probablement récente, plusieurs zoologistes qui, durant de longues années, ont recherché spécialement les Annélides de cette région de la côte normande, n'ayant jamais rencontré ces Serpuliens. L'Annélide est-elle venue de régions lointaines, fixée sur la coque des bateaux ? Ou bien est-elle originaire d'une contrée européenne peu explorée, d'où elle aurait émigré en se déplaçant le long des côtes ? Il est bien difficile de répondre ; l'espèce étant euryhaline et pouvant vivre longtemps dans l'eau de mer, les deux hypothèses sont vraisemblables. Remarquons cependant que les quatre stations actuellement connues sont des ports ou des points de passage de navires, dont quelques-uns viennent de fort loin ; ceci peut faire pencher en faveur d'une introduction par les bateaux. L'étude de l'éthologie et du développement de l'espèce permettra peut-être de donner une réponse satisfaisante.

2° SUR UN BRYOZOAIRE ET UN LAMELLIBRANCHE DU CANAL DE CAEN A LA MER

Victorella pavida Saville Kent

Ce petit Bryozoaire Ectoprocte est une forme d'eau saumâtre qui a été découverte dans les Victoria Docks de Londres en 1868 par S. Kent (1870) ; il a été rencontré depuis en Angleterre dans le Surrey canal (Bousfield) et le Regent's canal (Sheperd) ; en Allemagne dans le Ryckfluss près de Greifswald (G. W. Müller, in Kraepelin 1877) et dans le Frisches Haff à Pillau (Vanhöffen 1917) ; en Belgique dans des canaux près de Nieuport (Loppens 1909) ; en France dans le canal de Bergues près de Dunkerque (Schodduyn 1923) et, en Australie, dans Cook's

(1) A noter que les grands froids qui ont sévi au cours de l'hiver 1925-1926 ont fait périr les *Mercierella* vivant dans le canal. Il semble que seules les colonies localisées dans l'écluse Est de Ouistreham aient survécu. Mais, au cours de l'été 1926, on pouvait suivre à nouveau l'envahissement des rives du canal par l'Annélide.

river (Whitelegge 1890). Toutes les stations précédentes sont d'eau saumâtre ; Loppens (1909) a cependant trouvé l'espèce en eau de mer dans les huîtrières et les bassins de Nieuport, en compagnie de *Cordylophora lacustris* Allm., ce qui indique que *Victorella pavida* est, comme *Mercierella enigmatica* P. Fauvel, une forme très euryhaline.

Ajoutons que des espèces voisines, dont plusieurs ne sont très probablement que des formes locales ou des stades de développement de *V. pavida*, ont été rencontrées en divers points du globe, soit dans la mer, soit en eau saumâtre ou en eau douce : *V. symbiotica* Rousselet dans l'eau douce du Tanganyika (Rousselet 1907) et l'eau saumâtre du lac Birket el Karum en Egypte (Annandale 1911, Marcus 1925) ; *V. Muelleri* Kraepelin (1887) en Allemagne dans l'eau saumâtre du Ryckfluss [Kraepelin avait décrit cette forme sous le nom de *Paludicella Muelleri* ; depuis, Annandale (1911) et Braem (1911) ont placé cette espèce dans le genre *Victorella*] ; *V. continentalis* Braem (1911) dans l'Issyk kul, lac légèrement salé du Turkestan ; *V. bengalensis* Annandale (1908-09) dans l'Inde (eau saumâtre et parfois eau douce près de la côte du Bengale et de Madras); enfin *V. sibogae* Harmer (1915), forme marine à nombreux tentacules (au moins 16 au lieu de 8, nombre normal chez les formes d'eau saumâtre) (1), a été trouvée par le *Siboga* à une profondeur d'une trentaine de mètres dans l'archipel malais. Les *Victorella* n'ont pas été rencontrées, à notre connaissance, en Amérique, où elles semblent remplacées par le genre *Pottsiella* qui est très voisin. Dans le canal, où elle a été trouvée pour la première fois par L. Cuénot en 1923, *V. pavida* se rencontre en stations isolées ; elle forme, en été, des colonies généralement peu abondantes, fixées sous les pierres des berges à 500 m. d'Ouistreham et sur des coquilles de *Dreissensia cochleata* attachées aux piles des ponts de Bénouville et de Blainville, en compagnie de *Cord. lacustris*. L'espèce semble disparaître dans la région d'Hérouville.

Comme les *V. pavida* tolèrent très bien l'eau de mer (obs. de Loppens dans les huîtrières et les bassins de Nieuport), il est très probable que ces Ectoproctes ont été introduits dans le canal de Caen à la mer fixés sur les coques de bateaux ; ils sont venus, sans doute, d'une des stations situées sur les côtes de la Mer du Nord ou de la Baltique.

Dreissensia cochleata Kickx

Ce Lamellibranche est une forme d'eau saumâtre qui diffère de *Dreissensia polymorpha* Pallas par sa coquille plus étroite, plus ovalaire, non carénée. Observée pour la première fois par Kickx (1835) en Belgique dans le port d'Anvers, l'espèce a été retrouvée dans le bas Es-

(1) La multiplication des tentacules chez cette *Victorella* marine n'est pas un fait isolé chez les Bryozoaires : elle s'observe aussi chez les *Membranipora membranacea* L. d'eau de mer, qui ont normalement 20 tentacules, tandis que les formes de l'eau saumâtre des canaux n'en ont que 14 ou 15 (cf. Loppens 1906).

caut et dans un étang près de cette ville ; ensuite en Hollande, à Amsterdam (Locard 1893, Lameere 1895) ; on l'a rencontrée depuis sur la côte belge, au sud d'Anvers : Loppens (1908-09) signale sa présence dans la crique de Nieuwendam (ancienne branche de l'Yser), où elle vit avec *Cord. lacustris* et *Dreissensia polymorpha* ; d'après de Guerne (1872), *D. cochleata* existe également dans le canal de Bergues, près de Dunkerque, où elle a été observée aussi par Schodduyn (1923).

Dr. cochleata a été rencontrée pour la première fois dans le canal de Caen en 1898 par le Dr Moutier sur une région peu étendue de la rive droite, entre Bénouville et la mer ; l'espèce s'était donc installée depuis peu dans le canal ; elle semblait avoir disparu 2 ans plus tard (F. Moutier 1900) ; cependant Chemin (1910-11) la retrouve un peu en aval du pont de Bénouville et dit, en 1913, qu'elle est à nouveau très bien acclimatée dans le canal.

Actuellement ces Dreissensies sont excessivement abondantes d'Ouistreham à Calix. Elles font défaut dans l'eau de mer du port d'Ouistreham, mais il y a de nombreux individus de très petites tailles dans les écluses ; 100 m. en amont de ces dernières, les exemplaires sont bien développés et forment sur les pierres, les *Phragmites* et les pilotis des grappes volumineuses ; les piles de bois des ponts de Bénouville et de Blainville en sont tapissées l'été jusqu'à une profondeur de 1 m. à 1 m. 50. Entre les coquilles, dans cette région moyenne du canal, vit une faune très abondante en individus : des *Cord. lacustris* qui, au lieu de former comme près d'Ouistreham de petites colonies dont les stolons peu ramifiés, très écartés les uns des autres, rampent sur la face inférieure des pierres, constituent sur les piles des ponts des buissons à ramifications nombreuses, rongées par le petit Eolidien *Embletonia pallida* Alder et Hancock (rencontré également sur les côtes d'Angleterre, de Hollande, de Norvège, à Kiel, dans la baie de Dantzig et le Frisches Haff ainsi que dans le bassin d'Arcachon) ; *Monocelis lineata* O. F. Müller, petit Turbellarié Rhabdocoele commun dans l'eau saumâtre et la mer ; les Ectoproctes *Victorella pavida* et *Membranipora membranacea* L. (chez les *M., les* tentatucules sont en nombre réduit et les dents des zoécies sont courtes ou absentes); les Isopodes *Cyathura carinata* Kr., *Heterotanais Oerstedi* Kr. et *Sphaeroma rugicauda* Leach ; divers Amphipodes : *Corophium volultator* Pallas, qui normalement vit dans des galeries qu'il creuse dans la vase, et surtout des *C. acutum* var. *Chevreuxi* Poisson et Legueux, logés à l'intérieur de petits tubes secrétés par ce Crustacé ; *Melita pellucida* O. Sars, connu seulement jusqu'ici d'une mare saumâtre de Norvège, près d'Oslö (M. L. Legueux 1925) ; *Leptocheirus pilosus* Zaddach ; *Gammarus duebeni* Lillj. ; les Gastropodes *Paludestrina subulata* Pal. (A. Tolmer 1926), et *P. subobesa* Pal.

Il est bien probable que les *Dreissensia cochleata* ont été apportées dans le canal à la fin du siècle dernier d'une des stations des côtes de la mer du Nord, par des bateaux ; cette hypothèse est d'autant plus vraisemblable que le Mollusque supporte très bien l'eau de mer (1). Brusina (1905) pense que ces Dreissensies sont probablement identiques aux *Dreissensia africana* Van Beneden, des côtes du Sénégal et des lagunes du Dahomey ; elles auraient été transportées fortuitement d'Afrique en Europe ; il aurait été intéressant d'éclaircir ce point, mais faute de matériel nous n'avons pu comparer les Dreissensies du canal caennais avec celles de l'Afrique occidentale.

*
* *

En résumé, l'étude de la faune du canal de Caen à la mer montre, ainsi qu'il fallait s'y attendre, que les espèces qui l'habitent sont des formes émigrées soit de la mer, soit des eaux saumâtres supralittorales, soit des eaux douces.

Parmi les émigrants marins, un certain nombre d'espèces, telles *Embletonia pallida* Ald. et Hanc., *Melita pellucida* O. Sars (M. L. Legueux 1925), *Mercierella enigmatica* P. Fauvel, *Dreissensia cochleata* Kickx, *Victorella pavida* Sav. Kent, *Cordylophora lacustris* Allm., etc., doivent vraisemblablement être considérées pour la plupart comme représentant des apports nordiques. Cette émigration a été rendue possible grâce à la grande euryhalinité dont jouissent presque toutes ces formes.

(1) Les *Cord. lacustris* du canal ont sans doute été introduits de la même façon ; cette espèce cosmopolite, mais à aire de distribution géographique discontinue (cf. Roch 1924), est, elle aussi, très euryhaline : elle vit ordinairement en eau saumâtre, mais peut supporter l'eau de mer et pénètre en eau douce (Belgique, Danemark, Allemagne, France) parfois très loin à l'intérieur des terres, notamment jusqu'à Paris (bassin du Jardin des Plantes) ; les *Cord.* du canal proviennent sans doute de l'Europe septentrionale, où l'espèce vit en de nombreux points sur les bords de la Baltique, de la Mer du Nord et de la mer d'Irlande.

L. JOLEAUD

PERSISTANCE D'UNE FAUNE DE VERTEBRES A FACIES MOSOZOIQUE AU DEBUT DES TEMPS TERTIAIRES EN AFRIQUE

La persistance d'une faune à facies mésozoïque au début des temps tertiaires dans l'Amérique du Sud a, depuis plusieurs années déjà, retenu l'attention des paléontologistes. Dans l'étage « Notostylopéen », F. Ameghino (1) a signalé, en effet, des Dinosauriens Sauropodes Camarosauridés (*Titanosaurus*) et Théropodes Mégalosauridés (*Genyodectes*), des Crocodiliens Goniopholidés à affinités mésozoïques (*Notosuchus*), avec une curieuse Tortue d'un genre quaternaire australasien (*Miolania*) et des Mammifères voisins de ceux du Paléocène de Puerco (Nouveau Mexique, Etats-Unis). Or, la présence de ces derniers fossiles prouve que le Notostylopéen, malgré le facies crétacé de ses Reptiles, doit être considéré comme l'équivalent de notre Montien. Et la durée de cette période géologique, si on s'en rapporte au développement de la série continentale nord-américaine, paraît avoir été bien plus long que ne le laisse supposer au premier abord le peu d'importance des dépôts de cet âge subsistant dans le bassin de Paris, en Belgique ou en Scandinavie.

J'ai moi-même, il y a quelques années (2), insisté sur la physionomie mésozoïque de divers Reptiles de l'Afrique du Nord et de l'Afrique occidentale, provenant de formations dont j'ai été le premier à énoncer l'âge montien. Tel est le cas du Crocodilien téléosaurien marin *Dyrosaurus*, répandu au commencement des temps tertiaires, non seulement dans les phosphates du Maroc, de l'Algérie et de la Tunisie, mais encore au Togo [Abadion, près de Tokpli, sur la rivière Monu, vers la limite du Dahomey (3)], au Soudan [vallée du Tilemsi, au Nord de Gao (4) et probablement Anou Mellen (5)], enfin sans doute aussi

(1) Les formations sédimentaires du Crétacé supérieur et du Tertiaire de Patagonie. *An. Mus. Nac. Buenos Aires*, 3, VIII, 1906.

(2) L. Joleaud, Sur l'aire de dispersion de *Dyrosaurus*, Crocodilien fossile du Nord-Ouest africain. *Compt. rend. Acad. Sc.*, CLXXIV, 30 janvier 1922, p. 306. — L'histoire biogéographique de l'Amérique et la théorie de Wegener. *Jour. Soc. Américanistes Paris*, n.s., XVI, 1924, p. 341-342, fig. 7.

(3) E. Stromer, Reptilien und Fichreste aus dem marinen Alttertiär von Sütogo (West-Afrika). *Monatsb. deutsch. Geol. Ges.*, LXII, 1910, p. 478.

(4) A. Thevenin, Le *Dyrosaurus* des phosphates de Tunisie. *Ann. Paléont.*, VI, 1911, p. 108, pl. III, fig. 4, 4a, 4b.

(5) Attribution paléontologique que j'ai suggérée : se reporter pour la figuration à Paul Lemoine, Contribution à la connaissance géologique des colonies françaises, VIII, Sur quelques fossiles du Tilemsi (Soudan). *Bull. Soc. Philom.*, 1909, p. 102-104, pl. II, fig. 1a.

dans la Nigéria [Sokoto (6)]. Un type voisin, *Congosaurus*, se trouve dans le Montien du Loanda (Congo belge) (7).

Depuis mon premier travail général sur l'aire de dispersion de *Dyrosaurus*, diverses données nouvelles ont été publiées sur ce Crocodilien. Tout d'abord M. Gemellaro (8) l'a signalé des phosphates du Maestrichtien d'Egypte. Là avec *D. Phosphaticus*, représentant des Téléosauridés, se trouvaient des Reptiles de divers groupes : Sauroptérygiens (Plésiosauriens), Pythonomorphes (Mosasauriens), Crocodiliens (Goniopholidés) et Dinosauriens Thérodopes (*Megalosaurus crenatissimus* Dep. déjà connu du Crétacé supérieur de Madagascar). Tout dernièrement Ch. Depéret et J. Savornin (9) ont signalé la découverte d'une faune de Vertébrés albiens à Timimoun, dans le Sahara occidental, où *Dyrosaurus* est associé à un Dinosaurien Théropode de très grande taille (*Megalosaurus saharicus* Dep. et Sav.) et à un Sélacien (*Synechodus* sp.). Ainsi le facies crétacé du *Dyrosaurus*, déduit à priori de ses caractères généraux, s'est trouvé récemment confirmé par plusieurs découvertes paléontologiques en Afrique.

Déjà dans ma note à l'Institut du 16 janvier 1922 (10) j'avais : 1° démontré que les phosphates du Maroc comprenaient à la fois des sédiments nettement crétacés (maestrichtiens) et d'autres déjà éocènes (montiens) ; 2° que les phosphates exploités industriellement en Algérie et en Tunisie dataient de l'extrême début des temps tertiaires (montiens) ; 3° que le *Dyrosaurus* était commun à toutes ces formations. L'année suivante, je présentais au Congrès de l'A.F.A.S. de Bordeaux (11), la description d'un *Dyrosaurus* géant des phosphates de Gafsa.

Confirmant mon interprétation stratigraphique de l'âge des phosphates de chaux du Maroc, Ch. Depéret et P. Russo ont fait connaître à l'Académie des Sciences, le 19 mai 1924 (12) divers éléments de la

---

(6) F. Nopcsa, On some Reptilian Bones from the Eocene of Sokoto. *Geol. Surv. Nigeria*, Occas. Paper, 2, 1925, p. 4, 7, pl. I, fig. 1, 2, 3, 4.

(7) L. Dollo, Sur la découverte de Téléosauriens tertiaires au Congo. *Bull. Acad. roy. Belgique, Sc.*, 1914, p. 288-298.

(8) Rettili maëstrichtiani di Egitto. *Giorn. di Sc. Nat. ed Econ. Palermo*, XXXII, 1918-20 (1921), p. 1-15, 14 fig.

(9) Sur la découverte d'une faune de Vertébrés albiens à Timimoun (Sahara occidental). *Compt. rend. Acad. Sc.*, CLXXXI, 28 décembre 1925, p. 1108-1111.

(10) L. Joleaud, Sur l'âge des dépôts de phosphate de chaux du Sud marocain, algérien et tunisien, *Comp. rend. Acad. Sc.*, CLXXXIV, 16 janvier 1922, p. 178-181. — Les phosphates du Maroc, I, Stratigraphie et Pétrographie de la région des Ouled Abdoun (Maroc central), *Bull. Soc. Géol. France*, 4, XXIII, 1923, p. 172-184, pl. VIII.

(11) L. Joleaud, Un Crocodilien téléosaure gigantesque des phosphates de Gafsa, *Ass. Franç. Avanc. Sc.*, XLVII, Bordeaux, 1923 (1924), p. 417-419.

(12) Sur une faune sénonienne de Mosasauriens et de Crocodiliens à la base des couches phosphatées du Melgou (Maroc occidental). *Comp. rend. Acad. Sc.*, CLXXVIII, 19 mai 1924, p. 1666-1670. — Les phosphates du Melgou (Maroc) et leur faune de Mosasauriens et de Crocodiliens, *Bull. Soc. Géol. France*, 4, XXV, 1925 (1926), p. 329-346, pl. IX.

faune de ces formations qui s'étagent du Maestrichtien inférieur (sous-étage auquel j'attribue la zone à *Belemnitella mucro-nata*) à l'Eocène inférieur. Du niveau campanien d'El Moungar provient un *Dyrosaurus* voisin de *D. phosphaticus* représenté par une dent de très grande taille et par une plaque dermique également de fortes dimensions : ce dernier trait confirme la position taxonomique parmi les Téléosaures de ce Crocodilien, dont l'armature épidermique était jusqu'alors restée inconnue. Quant à la dent, elle est de dimensions sensiblement égales à celles que j'ai décrites de Gafsa et proposé de nommer *D. Stefanoi*, si l'on juge devoir les attribuer un jour à une espèce ou sous-espèce spéciale. A côté du *Dyrosaurus* ont été trouvés les restes d'un Pythonomorphe Mosasaurien, *Liodon anceps* Owen, déjà connu de la craie blanche à *Belemnitella mucronata* (Maestrichtien inférieur) du Norfolk, du Sussex et de Meudon : ce genre de Reptile qui débute au Cénomanien persiste jusqu'au Danien en France (bassin de Paris, Pyrénées), Belgique, Hollande (Maestricht) et Angleterre.

Ainsi *Dyrosaurus* est bien un Crocodilien crétacé répandu du Maroc à l'Egypte et au Sahara, ayant persisté à l'aurore des temps tertiaires dans l'Afrique du Nord et de l'Ouest (Togo, Soudan Nigeria) et même du centre (Loanda), sous la forme de *Congosaurus*.

Au Crétacé moyen et supérieur, *Dyrosaurus* vivait en compagnie de Plésiosauriens, Mosasauriens, Goniopholidés et Mégalosauriens. A l'Eocène ses restes en Nigeria, étaient encore associés à ceux d'un Dinosaurien Orthopode Trachodontidé voisin d'*Orthomerus* (13). Ainsi la persistance de types crétacés au Paléocène en Afrique affecte non seulement des groupes de Reptiles littoraux marins (Crocodiliens Téléosaures), mais aussi des ordres de Reptiles terrestres (Dinosauriens Orthopodes) ; elle s'observe également dans le monde des Reptiles d'eau douce. Un Chélonien de la famille des Chélydridés, *Gafsachelys* des phosphates montiens du Sud tunisien, rappelle surtout, en effet, des types jurassico-crétacés, bien que le groupe auquel il appartient vive d'ailleurs encore, mais avec une aire de dispersion remarquablement disjointe et par suite très ancienne : ses trois genres actuels sont *Chelydra* des Etats-Unis, du Mexique, du Guatemala, d'une part, de l'Equateur, d'autre part, *Macroclemmys* du Missouri, de la Floride, du Texas, enfin *Devisia* de la Nouvelle-Guinée.

Ainsi le continent africano-brésilien servit, au début des temps tertiaires, de refuge à une faune de Reptiles mésozoïques, en Patagonie, comme en Afrique septentrionale et occidentale, de même qu'au-

(13) F. Nopcsa, *loc. cit.*, et R. B. Newton, Eocene Mollusca from Nigeria, *Geol. Surv. of Nigeria*, Bull. n° 3, 1922. Un autre Dinosaurien Théropode Compsognatidé avait déjà été signalé du territoire du Tchad (R. S. Lull, Dinosaurian distribution, *Amer. Jour.n Sc.*, XXIX, 1910, p. 24-25. Cf. R. Chudeau, Sahara soudanais, 1909, p. 78) : il s'agirait d'une forme voisine d'*Ornithomimus* d'âge cénomanien (Voy. L. Joleaud, Essai sur l'évolution des milieux géophysiques et biogéographiques, *Bull. Soc. Géol. France*, 4, XXIII, 1923, p. 217.

jourd'hui l'Australie et la Nouvelle-Zélande assurent encore un asile à des Vertébrés étroitement apparentés aux formes caractéristiques des temps secondaires de nos pays.

KUHNHOLTZ-LORDAT

LES SUCCESSIONS VEGETALES SUR CAILLOUTIS A QUARTZITES ALPINS EN PROVENCE

Les alluvions récentes ou anciennes à quartzites alpins (1) occupent en Provence une place prépondérante au double point de vue phytogéographique et économique : parfaitement individualisées par la végétation semi-naturelle, elles hébergent des vignobles réputés. Cette localisation de vins de cru ne laisse pas beaucoup de place à la conquête du sol par la végétation spontanée. Mais partout où celle-ci est possible, les mêmes pionniers, les mêmes associations se succèdent pour aboutir à un même « climax » semi-arborescent, rarement évolué au delà du taillis.

La phase culturale est marquée par l'association viticole typique à *Chenopodium album-Amarantus retroflexus* (faciès géographique à *Isatis tinctoria*). Elle peut se prolonger, après abandon de culture, en une *friche banale* à *Helichrysum Stoechas-Odontites lutea* sur sol peu caillouteux ou en une *friche à Graminées, Andropogon Ischemum-Stipa juncea* constituant alors des peuplements presque continus, reconnaissables de très loin à leurs panicules qui s'argentent au soleil et ondoient ou se couchent à chaque coup de Mistral. La friche banale évolue directement en une *friche armée* par les germinations d'espèces arbustives (*Rubus, Rosa, Quercus* jeunes), puis en *fourré* mixte à *Q. Ilex-Q. pubescens*. La friche à graminées disparaît tôt ou tard sous la strate frutescente de Lavande et de Thym, abandonnant cependant quelques témoins incorporés à l'association nouvelle et plus durable à *Lavandula latifolia-Thymus vulgaris*.

La conquête directe par cette association sur cailloux lessivés de leur terre végétale après défrichement est plus rarement observable. Elle incombe à des végétaux à racines pivotantes profondes et, en particulier, à *Lavandula latifolia*. Le thym n'intervient que sur des

---

(1) Diluvium Alpin des anciens auteurs (terrasses pliocènes au dessus de 100 m.) et terrasses quaternaires jusqu'à 100 m.; Roman in litt.).

sols plus tassés ou plus riches en menus détritus minéraux, selon son comportement habituel. Peu à peu, l'association s'édifie, chaque touffe frutescente constituant un point d'appui favorable à l'extension centrifuge des thérophytes prédominants.

C'est alors la phase optimale, dont le cachet, triste et gris sous le soleil ardent, imprime à la *Garigue à cailloutis* une physionomie très méditerranéenne. Elle est, de plus, nettement influencée par les animaux et par l'homme. La surpâture printanière ne laisse apparente qu'une floraison timide de Légumineuses grêles (*Vicia*, *Lathyrus*...) cachées dans les touffes de Lavande et de Thym; les interstices des cailloux sont déblayés de toute la microflore qui s'y développerait certainement sans le piétinement des moutons. Pendant la transhumance, la récolte estivale de la Lavande élimine la floraison la moins discrète et limite la propagation des semences.

L'association à *Lavandula-Thymus* est pourtant très riches en espèces. Elle a sa morphologie, due avant tout à l'étonnante constance des coefficients de présence de ses espèces constitutives ; elle a sa dynamique lente et sans cesse régularisée par l'intervention du mouton.

Si ses « individus » n'étaient pas sertis de ronteaux (1) elle durerait autant que la surpâture. Mais les ronteaux sont conquis d'emblée par une végétation arborescente : *Quercus*, *Terebinthus*, *Rhus* ou *Phillyrea*. Prenant leurs lisières pour point d'appui, les Cistes envahissent l'Association par voie centripète et la Cistaie destructrice s'étale en une strate plus élevée, massive et continue, rose et blanche au printemps : le mouton ne passe plus qu'en file indienne sur des sentiers étroits taillés dans la masse.

C'est alors que le gland, à l'abri d'un pied, et que la jeune plantule, à l'abri d'une dent, peuvent évoluer librement. Hors de la Cistaie surgit une nouvelle strate et le Chêne pubescent, dispute sa place au Chêne vert remontant la vallée du Rhône. Leur ombre commune s'étend peu à peu sur les Cistes voraces de lumière et le fourré mixte s'affranchit de sa strate protectrice.

L'homme intervient à nouveau pour ralentir ou empêcher la destinée normale de ce climax semi natuel : c'est le régime du taillis qui limite la phase terminale, comme le régime pastoral limitait la strate frutescente à Lavande et Thym.

Partout, en Provence, les terrasses à quartzites ont la même empreinte floristique. L'association à *Lavandula latifolia-Thymus vulgaris* est si parfaitement adaptée au cailloutis qu'elle fait corps avec lui et qu'elle nous a permis de la considérer comme un critère de premier ordre pour la récente délimitation du crû de Chateauneuf-des-Papes.

(1) On donne le nom de « ronteaux » aux amoncellements de cailloux placés en bordure des champs.

Gustave SAYN

NOTE SUR LA REPARTION GEOGRAPHIQUE DE QUELQUES ESPECES DE MOLLUSQUES DES EAUX SOUTERRAINES DES GENRES LARTETIA ET MOITESSIERIA

Les 24 stations où a été constatée jusqu'à ce jour l'existence du genre *Lartetia* forment deux groupes assez distincts : l'un caractérisé par l'abondance des *Lartetia* du gr. de *L. diaphana* Michaud s'étend le long du Jura et des Préalpes, depuis Belfort jusqu'à la vallée de la Drôme, je l'appellerai *groupe jurassien* ; les rares stations de la Côte d'Or s'y rattachent naturellement.

Le second groupe, que je nommerai *rhodanien*, occupe les parties Sud du bassin du Rhône, depuis la vallée de la Drôme jusqu'à Tarascon. Il est caractérisé par la présence d'espèces de grande taille, fluettes et élancées dont les *L. Cazioti et L. Gabilloti* Nicolas sont de bons exemples. *L. diaphana* devient plus rare, par contre les grandes espèces voisine de *L. Charpyi* Paladhile, sont communes.

La distribution des *Moitessieria* (20 stations environ) est assez différente : là encore on peut distinguer deux groupes : le premier comprend les stations du Languedoc et de la région pyrénéenne, entre les Pyrénées orientales et le Vidourle. La *M. Rollandiana Bourg*, y est localisée ; il faudra probablement y rattacher les deux stations des environs de Nice citées par M. Caziot. Le second groupe comprend à peu près les mêmes stations que les *Lartetia rhodaniennes*, mais remonte un peu plus vers le N.-E.; à Lyon et dans le N. de la Drôme il s'étend un peu sur le domaine des *Lartetia* du premier groupe.

En gros l'on peut dire que les *Lartetia* habitent l'Est et le Sud-Est, les Moitessieria le Sud-Ouest de la France, le bassin du Rhône étant jusqu'à présent la seule région où la coexistence des deux genres a été constatée.

De nombreuses observations ont montré que les *Lartetia* habitent fréquemment les lacs et les rivières souterraines des montagnes calcaires ; mais leur existence ayant été constatée dans des puits et des canalisations souterraines, il y a lieu de croire qu'elles font parfois partie de la faune aquatique des fissures du sol, faune sur laquelle M. Paul Remy vient de publier une intéressante note. Il doit en être de même des *Moitessieria*, fréquentes dans les puits d'Avignon, mais dont la présence dans une grotte n'a été constatée à ma connaissance qu'une seule fois.

Les conclusions précédentes sont basées sur nos connaissances actuelles ; elles ont donc un caractère quelque peu provisoire et sont sujettes à être modifiées par de nouvelles découvertes.

René ABRARD

Assistant au Muséum, Paris

EXTENSION GEOGRAPHIQUE DES NUMMULITES VERS LE NORD

Les Nummulites sont de Foraminifères mésogéens, et les colonies que l'on rencontre plus au Nord ne sont, ainsi que l'a indiqué M. H. Douvillé, que des colonies émigrées, ou des formes dérivant de formes méditerranéennes.

Au Londinien, *Nummulites planulatus-elegans*, fréquente en Inde et en Aquitaine, retrouvée à Gâvre, pullule dans le bassin franco-belge. *N. globulus* LEYM. fréquente dans les Alpes et les Pyrénées atteint Royan comme point extrême-Nord de sa remontée vers la Manche.

Au Lutétien, l'espèce qui remonte le plus haut est *N. laevigatus-Lamarcki* ; il est à remarquer que cette espèce rare à Biarritz (Peyreblanque) abonde dans le bassin franco-anglo-belge, mais qu'on ne la retrouve pas dans les bassins intermédiaires (Royan, Basse-Loire, Cotentin) ; la forme mégasphérique ou *N. Lamarcki* a été retrouvée roulée à Zuid Barge (Pays-Bas), dans un sondage ; on ne la connaît pas plus au Nord.

La forme lutétienne qui s'aventure le plus loin vers le Nord est, après l'espèce précédente *N. Brongniarti* d'ARCH et HAIME (*N. nummiformis* DEFR.) ; commune dans le Vicentin, on la retrouve à l'ilôt du Four et dans la Basse-Loire où elle se présente sous forme d'une race appelée var. *armoricana*. Mais le fait de beaucoup le plus intéressant est son avancée en contournant la Bretagne, jusqu'au « trou aux Raies » non loin de Roscoff, où elle a été draguée par M. J. BOURCART (1) ; elle présente là sa forme typique.

Les autres espèces lutétiennes s'avancent infiniment moins loin vers le Nord, et n'atteignent pas la rive droite de la Gironde ; c'est ainsi que le point extrême de l'avancée de *N. atacicus*, *N. perforatus-obtusus*, *N. millecaput* (= *N. complanatus*) est Arcachon où elles ont été rencontrées dans le sondage des Abatilles (2). Les conditions n'étaient pas favorables à leur développement plus au Nord.

Nummulites contortus-striatus qui apparaît au Lutétien supérieur et vit pendant tout le Bartonien, sauf peut-être le Bartonien très supé-

(1) *B.S.G.F.* (4), XXII, p. 10, 1922.

(2) P. VIENNOT, Sur le sondage des Abatilles près d'Arcachon. *C.R. Ac. Sc.*, t. 179, p. 186, 1924.

rieur, *N. incrassatus* DE LA HARPE marquent également leur point d'arrêt aux Abatilles.

A l'Oligocène, *N. vascus-Boucheri* de la Mésogée, très fréquente en Aquitaine (Biarritz notamment), retrouvée aux Abatilles près d'Arcachon, a pu pénétrer dans le bassin de Paris, sous forme d'une race appelée *N. Bezançoni*, mais elle y est rare (Jeurre, Morigny). *N. Bouillei-Tournoueri*, n'a jamais été rencontrée plus au Nord que les Abatilles.

Le couple *N. contortus-striatus* semble être représenté dans le bassin franco-anglo-belge par *N. Herbeti-variolarius* dont je n'ai jamais vu aucun individu authentique provenant de l'Aquitaine ou des régions méditerranéennes. *N. Wemmlensis-Orbignyi* qui en est la forme dégénérée operculiforme, atteint des régions plus septentrionales : on l'a trouvée dans les sondages de Weerselo et de Zuid Barge (Pays-Bas).

Mais l'espèce qui jusqu'à présent a été rencontrée le plus au Nord est *N. scaber* qui atteint et même dépasse le 53° parallèle, et que l'on a trouvée dans le sondage de Ordekenbrück près de Brême (1).

Paul MARCELIN

LES LIMONS DE LA GARRIGUE NIMOISE ET LEUR ROLE BIOGEOGRAPHIQUE

La Garrigue Nimoise, Néocomienne, calcaire et marno-calcaire, se présente à nous comme un anticlinal arasé en une pénéplaine à l'altitude de 215 mètres environ. Malgré la reprise de l'érosion qui, pendant le Quaternaire ,a disséqué cette pénéplaine, il subsiste encore de vastes espaces plats dans le Nord de la Garrigue. Il y a là des limons, d'épaisseur variable, généralement mal interprétés. Ils sont jaunes et calcaires, ou rouges et argilo-siliceux, avec très peu d'éléments caillouteux.

Même les limons les plus calcaires laissent, après l'attaque à l'acide, un résidu important d'éléments siliceux très fins, très peu roulés. L'allure de ces limons qui recouvrent indistinctement le plateau, le flanc ou le fond des ravins (*Combes*), la finesse de leur éléments, calcaires ou siliceux, la présence de poupées, leur partie supérieure décalcifiée,

---

(1) H. DOUVILLÉ, Sur les sondages de la ville de Brême. *C.R. som. S.G.F.*, p. 164, 1909 (d'après W. Wolf).

en font un véritable loess. Ils proviennent, sans doute, de la destruction des assises supérieures au Néocomien qui recouvraient autrefois la garrigue, et dont on retrouve quelques rares témoins.

Notamment, leurs éléments siliceux ont été enlevés à une ancienne nappe d'alluvions pliocènes d'origine Cévenole. Il faut les expliquer, à la fois, par l'action du ruissellement et par l'action du vent, qui édifie, de nos jours encore, des dunes dans la vallée du Gardon.

L'influence de ces limons sur la Géographie Humaine est très grande. Eux seuls expliquent, sur ces plateaux calcaires, la présence de Mas isolés qui ne sont alimentés en eau que par des citernes, comme les fermes des Causses.

Ils donnent aussi de nombreux rideaux perpendiculaires ou parallèles aux thalwegs dans les Combes, et qui sont dus, sans aucun doute, à la régularisation par la culture d'accidents préalables, peut-être d'origine éolienne.

Ils influent surtout sur la répartition de certaines espèces végétales que l'on ne trouve pas sur les sols purement calcaires. *Pteris aquilina*, L. *Castanea sativa* Scop, *Erica arborea* L. et *scoparia* L. *Cistus salviaefolius* L. ne se montrent, dans la Garrigue Nimoise, au milieu de la végétation bien connue, adaptée au calcaire et à la sécheresse, que si le Néocomien supporte des sols contenant des éléments argilo-siliceux provenant d'assises disparues. Il en est de même, quoique avec une préférence moins évidente, pour *Iunipérus communis* L. *Cistus monspuliensis* L. *Arbetus unedo* L. et *Quercus pubescens* Willd.

Aussi, tous ces arbustes suivent-ils fidèlement la couverture de limons du Nord de la Garrigue. Dès qu'elle diminue d'épaisseur, ou de continuité, le Châtaignier, la grande Bruyère, la Bruyère à balais, le Ciste à feuille de sauge, se raréfient, puis disparaissent avec elle. Le Genèvrier commun, le Ciste de Montpellier, l'Arbousier, le Chêne Rouvre persistent plus longtemps ; un peu de limon, conservé dans une fente du calcaire, suffit à leur protection.

Il est intéressant de noter le rapport qui existe entre la marche de l'érosion et les avancées ou les reculs de cette végétation. Il est facile de concevoir que, pendant la période active d'un cycle, la couverture de limons, décapée sur la pénéplaine, laisse apparaître le substratum calcaire. Ainsi, par élimination des espèces plus délicates, est favorisée la végétation habituelle de la garrigue. Descendant sans cesse des croupes vers les fonds de vallées, ou, simplement, dans l'intérieur des lapiaz et des fissures, les limons cèdent de plus en plus la place à la roche calcaire. Les sols qui se forment alors sont totalement dépourvus, sinon d'argile, du moins d'éléments siliceux.

Inversement, les périodes de repos, d'alluvionnement, d'un cycle, favorisent ces plantes ennemies d'un sol trop calcaire. Les limons, descendus des points hauts, s'installent alors à demeure dans les vallées et cette végétation, chassée des flancs et des sommets, les suit dans les fonds et s'y développe.

Mais il y a, dans l'ensemble, progrès de la végétation adaptée au calcaire, parce que la provision de silice s'épuise. Elle ne pourrait être renouvelée que si les progrès de l'érosion faisaient apparaître une surface structurale faite de roches siliceuses, ou bien, si un nouvel arasement, à un niveau inférieur de la garrigue nimoise, permettait à une rivière divagante, issue d'un massif ancien, d'étaler à nouveau ses alluvions siliceuses.

Paul DOP

Maître de Conférences adjoint à la Faculté des Sciences de Toulouse

et

Germain CHALAUD

Professeur au Lycée de Toulouse

CONCENTRATION EN IONS HYDROGENE DE QUELQUES SOLS A HEPATIQUES

Au cours des recherches que l'un de nous poursuit sur la biologie des Hépatiques de la région toulousaine, nous avons été amenés à déterminer le PH de quelques sols argileux, stations habituelles d'Hépatiques.

La détermination de ce facteur a été faite par la méthode coloriscopique, avec le rouge de phénol comme indicateur. Une difficulté assez grande résulte du fait que les argiles examinées sont à un état colloïdal tel qu'elles traversent les filtres, donnant ainsi des solutions troubles. On vient facilement à bout de cette difficulté par l'emploi du comparateur qui permet de comparer la couleur à étudier à la teinte de l'étalon obtenue en superposant à celui-ci la solution colloïdale.

Voici les résultats obtenus :

	PH
Fagatella conica Corda	7,4
Marchantia polymorpha L.	7,5
Lunularia cruciata Dum.	7,3
Lophocolea cuspidata Limp.	7,3
Pellia Fabbroniana Raddi	7,3

Toutes ces Hépatiques vivent donc dans un sol neutre ou légèrement basique. La dernière espèce mérite de retenir l'attention. Il existe en effet une espèce voisine, *Pellia epiphylla* Corda dont les conditions de vie, particulièrement le PH du substratum ont été bien étudiées récemment par Magrou (1). Cet auteur a démontré que *P. epiphylla* croissait naturellement sur un sol fortement acide, de PH 4,85. Le PH des deux espèces *P. epiphylla* et *P. Fabbroniana* est donc essentiellement différent et quand l'un de nous établissait le « *Catalogue des Hépatiques de la Région Toulousaine* », travail qui n'avait pas encore été fait (2), l'examen du PH de la station de *Pellia* a montré de suite qu'il ne pouvait être question du *P. epiphylla.*

Ajoutons enfin comme confirmation que M. G. Nicolas (3), en cultivant le *P. Fabbroniana* sur milieu de Marchal a constaté que, dans ce milieu neutralisé, le développement de l'Hépatique était beaucoup plus rapide que dans le même milieu non neutralisé.

M. VERGELLY

Professeur à l'Ecole normale, Montbrison

CONTRIBUTION A L'ETUDE GEOBOTANIQUE DE LA REGION BRESSANE : ETUDE PHYTOSOCIOLOGIQUE DES DOMBES ET DES ENVIRONS DE BOURG-EN-BRESSE

L'ÉTUDE PHYTOSOCIOLOGIQUE DES GROUPEMENTS VÉGÉTAUX décrits plus loin sont la mise en œuvre de tous les renseignements floristiques, écologiques et génétiques qui m'ont été fournis *par l'observation directe et répétée du paysage botanique* EN DOMBES COMME DANS LES ENVIRONS DE BOURG, AU COURS DE L'ANNÉE 1923-1924.

A. — *Association d'hydrophytes.*

a) *Eaux courantes :*

1. — L'ASSOCIATION A RANONCULUS FLUITANS, déjà observée dans une grande partie de l'hémisphère boréal, existe dans la plupart des

(1) MAGROU J., La symbiose chez les Hépatiques. Le P. epiphylla et son champignon commensal. Ann. Sc. Nat. Bot., 10e série, t. VII, 1925.

(2) CHALAUD G., Les Hépatiques de la Région Toulousaine. Bull. Soc. d'Hist. Nat. de Toulouse, t. LIV, 1926.

(3) NICOLAS G., Cultures pures de quelques Hépatiques. Congrès A.F.A.S., Lyon, 1926.

cours d'eau bressans. On l'observera de préférence au printemps, lorsque l'abondante floraison de ranonculus fluitans lui donnne son aspect caractéristique.

2. — L'ASSOCIATION A LIMNANTHEMUM NYMPHOIDES ET POTAMOGETON PECTINATUS est par excellence l'association des eaux mortes (étangs) ou à courant faible (rivières secondaires partagées en de nombreux biefs). La floraison successive d'hydrocharis et de limnanthemum (juin à septembre) révèle son existence durant l'été ; en automne, le groupement uniquement composé de cryptophytes-hydrophytes disparaît sous les eaux et, en hiver, la plupart de ses constituants perdent leurs feuilles.

b) *Eaux tagnantes :* l'association à limnanthemum présente là son développement maximum ; mais dans les étangs, par suite du peu de profondeur, cette association prend un caractère mixte (dominance de certaines hydrophytes-cryptophytes et même de certaines thérôphytes à germination tardive ; présence de nombreuses algues) : au printemps et jusqu'en juin la floraison des renoncules couvre l'étang d'un véritable tapis de fleurs blanches.

B. — *Association de hautds herbes aquatiques.*

3. — LA PHRAGMITO-SCIRPAIE confine avec l'association précédente qu'elle tend à détruire : des peuplements plus ou moins denses de phragmites communis et scirpus lacustris accompagnés par glyceria aquatica, sparganium ramosum, typha, etc., forment le long des rivières secondaires un ruban discontinu, mais souvent assez large (du moins sur la rive convexe) ; dans les étangs, ces peuplements sont assez rares. Bon nombre des cryptophytes-hélophytes à rhizome qui les accompagnent sont des espèces cosmopolites dont l'aire d'extension est considérable.

4. — L'ASSOCIATION A CLADIUM MARISCUS n'a été observée que dans les grands fossés de drainage de la cuvette des Echets et dans les Marais de Sainte-Croix. Comme dans la phagmito-scirpaie, la présence d'espèces sociales vivant en colonies serrées (Cladium mariscus, equisetum limosum, etc.), facilitent le diagnostic de l'association.

5. — L'ASSOCIATION A BIDENS TRIPARTITUS ET BRASSICA NIGRA ne doit être dans la région que de très courte durée, étant donné la rapidité avec laquelle les arbustes de la saulaie envahissent les berges.

6. — LA SAULAIE dont les éléments appartiennent aux associations voisines (association à bidens tripartitus, aulnaie) achève de peupler les sols nouveaux déposés par le Rhône ou la Saône. Ainsi s'achève le plus souvent cette « hydrach-succession ».

C. — *Associations de spongophytes.*

7. — LE COMPLEXE A MOLINIA CŒRULEA réalisée aux Echets paraît correspondre à l'ensemble des associations connues dans le Bassin

parisien sous le nom de « associations à Schœnus nigricans » et « association à molinia » : Sur le fond d'abord vert intense, puis violacé et enfin jaunâtre formé par la molinie apparaissent successivement durant l'été la floraison jaune du scorzonera humilis, la floraison blanche des ombellifères et, de la fin août à octobre, les capitules mauves du scabiosa succisa. Un certain nombre de ses espèces présentent les caractères morphologiques et anatomiques des plantes adaptées à la sécheresse (sécheresse physiologique). Le complexe à molinia du marais de Sainte-Croix me paraît cependant susceptible de subdivision en *schoenetum et molinietum proprement dit.*

8. — LE TAILLIS A RHAMNUS FRANGULA, salix cinerea, salix viminalis alnus glutinosa constitue la végétation arbustive du marais. Sa composition rappelle non seulement le molinietum auquel il succède en général, mais encore l'aulnaie des vallées.

9. — LA PRAIRIE TOURBEUSE A CYPERACÉES ET JONCACÉES entoure le marais. Sur les bords du large fossé connu sous le nom d'Etang Genoud prospèrent les dominantes de l'association à heleocharis et carex rostrata.

D. — *Association des prairies.*

Les prairies à cypéracées et joncacées qui occupent le fond des vallées tourbeuses sont des groupements herbeux de composition floristique assez variable, mais se rapprochant assez cependant de l'ASSOCIATION A ERIOPHORUM ANGUSTIFOLIUM déjà décrite. *Parfois* cependant, par suite de l'humidité du sol, les joncs dominent au point de donner au pré l'aspect d'un *véritable* JONCETUM.

10. — LES PRÉS A GRAMINÉES MÉSOPHILES établis par l'homme sur les alluvions sont des groupements herbeux (ASSOCIATION A FESTUCA ARUNDINACEA ET SILAUS PRATENSIS) se présentant le plus souvent sous l'aspect de prairies fauchées. Dans le fond des vallées, à proximité des étangs, partout où l'humidité est grande, les prés, de composition un peu différente (FACIES A DESCHAMPSIA) forment un tapis vert foncé (prairies pâturées) piqué çà et là de touffes (joncs et deschampsia) facilement reconnaissables en toute saison (1).

11. — L'ASSOCIATION A ARRHENATERUM ELATIOR qui prospère sur toutes les terres argileuses, bien divisées et s'égouttant bien, est aussi un *groupement herbeux mésophile.* Sa composition varie beaucoup aussi, étant donné que l'association se présente encore sous deux formes fragmentaires, dégradées, transitoires. Toutes ces formes constituent des *prairies de fauche* composées surtout d'hémicryptophytes et ca-

(1) La plupart des hémicryptophytes de ces deux groupements conservent des feuilles toute l'année.

ractérisées par la floraison de ces espèces printanières (bellis perennis, viola odorata, ficaria, ranunculoïdes, anthoxanthum odoratum), de ses dominantes (graminées hautes et serrées) et du colchicum autumnale.

12. — Les pelouses a graminées xérophiles présentent un aspect variable avec la saison et le lieu : Dès la fin de l'hiver, de petites térophytes germées à l'automne (céraistes, draba verna, véronique, aira cariophyllea, vicia lathyroides) développent leurs fleurs et nourrissent leurs fruits, le tout en quelques jours ; en juin : trifolium, médicago, hélianthemum guttatum, armeria plantaginea, etc., créent un nouvel aspect saisonnier très marqué, tandis que les graminées sociales de ce groupement forment le plus souvent une pelouse dense et continue ; parfois cependant la pelouse clairsemée laisse voir le substratum. Leur spectre biologique est surtout caractérisé par le grand nombre de thérophytes, de petite taille, à germination tardive. Les chaméphytes relativement nombreuses y sont pour la plupart des plantes charnues (sedum) ou ligneuses (artemisia campestris) et les hémicryptophytes des plantes en rosettes à assimilation continue (armeria plantaginea), certaines même n'assimilent que durant l'hiver et le printemps.

E. — *Végétation forestière.*

La végétation forestière (1), composée surtout de mésophytes (chêne rouvre, tremble, bouleau, coudrier, charme, bourdaine, verne) est traitée de façon assez uniforme : presque tous les domaines forestiers (particulier ou communaux) sont des taillis coupés tous les 10 ou 15 ans. Ce mode d'exploitation orienté surtout en vue de l'utilisation du bois de feu entrave le développement du chêne et, au contraire, favorise celui des « feuillus à bois blanc ». La pratique des coupes trop souvent répétée agit aussi sur le sol forestier dont la couverture morte et son influence protectrice disparaissent. Aussi, bien souvent, l'essence essentiellement dominante a-t-elle été remplacée par une autre. Dans ces conditions, il paraît difficile d'analyser l'état actuel et de reconstituer la forêt primitive.

13. — L'aulnaie est le seul groupement forestier qui soit assez bien délimité. En hiver, l'aulnaie perd ses feuilles et la plupart des espèces de son cortège cessent d'assimiler. Primula grandiflora et allium ursinum (= espèces sociales) sont d'ordinaire les premières plantes en fleurs. Elles ont disparu en été, lorsque equisetum maximum développe ses grandes feuilles ; c'est alors que spirea ulmaria développe ses inflorescences.

(1) La végétation forestière couvre environ 745.222 ha. (tout autour de Villars-en-Dombes et de Montreuil-en-Bresse).

Dans ce groupement mésohygrophile les chaméphytes et les térophytes sont très peu nombreuses ; les phanérophytes dominent. Au point de vue biologique comme au point de vue floristique, l'aulnaie rappelle la hêtraie ; mais sa végétation variée la rapproche de la chênaie. Ses exigences écologiques (= adaptation à la station humide et ombragée) qui la localisent étroitement au voisinage des eaux en font une des associations les mieux définies.

14. — La chénaie mixte des bois mésophyles (= forme altérée de la chênaie primitive) se présente rarement sous la forme de futaie pleine : La forêt de Seillon (à proximité de Bourg) en est cependant un excellent exemple : Quercus sessiliflora y domine, mais les hêtres et les trembles y sont assez nombreux ; de distance en distance, apparaissent quercus pedonculata et betula alba. Le taillis peu développé comprend des coudriers et des charmes, ainsi que quelques individus épars de viburnum arasus, etc.; divers rubus couvrent fréquemment la surface du sol. Le tapis herbacé assez dense (du moins aux places assez éclairées) comprend des espèces vernales et des espèces ombrophyles ; aux places les mieux éclairées, le tapis herbacé, plus dense encore, comprend quelques caractéristiques de l'aulnaie, de la hêtraie et des plantes descendues des montagnes voisines.

Les bois-taillis ou « morts-bois » sont, en Bresse du moins, les plus nombreux (= taillis de charme, taillis de coudriers, taillis de bouleau).

15. — Le groupement du chêne-bouleau se substitue de plus en plus à la chênaie primitive, car le bouleau (souvent introduit par système dans la chênaie) est plus robuste, plus favorisé et plus envahissant que le chêne : en maints endroits (1), la chênaie complètement ruinée est actuellement remplacée par des peuplements serrés de betula alba. Dans les divers faciès de la chênaie dégradée, le cortège arborescent du chêne et du bouleau comprend le houx, le sorbier de l'oiseleur, le pommier sauvage et parfois le bourdaine, le tremble et le genêt à balai.

16. — Les peuplements de pins silvestres n'existent plus que çà et là.

17. — Les bois de chataigniers autrefois très nombreux (tout autour de Chalamont) ont aujourd'hui disparu.

F. — *La végétation des lieux incultes et des terrains abandonnés.*

18. — Les landes et bruyères *de Ceyzériat, Jasseron, Polliat, Sainte-Croix, Genoux* forment un groupement continu essentiellement caractérisé par la dominance des sous-arbrisseaux (Chaméphytes ligneuses) toujours verts : landes à ulex, landes à genista, landes à

(1) Sols appauvris de la Dombes.

ptéris, landes à caluna. Ces groupements ne sont que des faciès divers de la lande typiquement constituée par l'ajonc d'Europe et la bruyère vulgaire, de même que les landes arbustives du voisinage de nos bois ne sont que des groupements intermédiaires entre la chênaie et la lande proprement dite.

19. — Les terrains abandonnés, très rares (en Bresse comme en Dombes), portent surtout des espèces indigènes vivaces.

20. — Les décombres, les abords des fumiers et des gadoues sont couverts de plantes allophyles et nitratophyles.

21. — Au pied des murs, le long des rues, sur le bord des routes et des chemins creux poussent encore des plantes plus ou moins nitratophyles mais de petite taille pour la plupart. Sur les pentes des fossés sont rassemblées les espèces les plus exigeantes en eau ; ce groupement, plus herbeux et moins riche en nitratophyles typiques que le précédent, renferme aussi un certain nombre d'espèces méridionales. Son spectre biologique est comme celui des groupements rudéraux caractérisé par une proportion élevée de térophytes perhalicoles anastatiques.

22. — Les haies *sont faites surtout de vernes, bouleaux, charmes, chênes, érables, saules et peupliers ;* en bordure des champs, on les remplace de plus en plus par des clôtures en fil de fer barbelé.

23. — Sur les murs des édifices et des habitations poussent indifféremment parietaria officinalis, linarium cymbalaria anthirrhinium majus, cheirantus cheiri.

A l'intérieur des puits se développent scolopendrium officinalis, aspidium acuta, polystichum filixmas.

25. — Sur les toits et le faite des murs prospère le plus souvent un épais tapis de mousses.

G. — *Les associations culturales*

26. — Le long des voies ferrées, sur le ballast, s'établit un groupement de composition floristique variable d'une année à l'autre, mais comprenant néanmoins un nombre assez grand d'espèces constantes déjà signalées d'ailleurs sur les voies ferrées d'autres régions.

27. — Les associations messicoles comprennent en outre des parasites du blé, de l'orge, de l'avoine ou du seigle, les mauvaises herbes émigrées d'associations voisines, appartenant à la flore régionale primitive ou originaires du Midi et de l'Orient.

28. — Les associations des cultures sarclées (pommes de terre, topinambours, betteraves à sucre, betteraves fourragères, rutabagas, navets fourragers, choux) comprennent encore, en outre des parasites, des mauvaises herbes qui, pour la plupart, sont des espèces messicoles à développement rapide.

29. — LES PRAIRIES ARTIFICIELLES surtout constituées par du trèfle et de la luzerne ne se prêtent pas au développement des mauvaises herbes ; mais au fur et à mesure que des vides se font, des plantes adventives (bisannuelles ou vivaces pour la plupart) apparaissent.

30. — LES CULTURES MARAICHÈRES, LE VIGNOBLE ET LES ARBRES FRUITIERS abritent aussi quelques espèces rudérales halophyles pour la plupart.

Conclusions

1. — PRINCIPES, MÉTHODE, DOCUMENTS UTILISÉS — 1. Le présent travail se rattache aux traditions de la nouvelle école phytosociologique (Ecole Zuricho-Montpelliéraine) (1) ; il doit beaucoup aussi aux recherches floristiques entreprises, depuis plus d'un siècle déjà, par les Phytogéographes lyonnais (2).

II. — TERRITOIRE EXPLORÉ — 2. L'analyse phytosociologique qui en est le principal objet ne porte ni sur « la Bresse Chalonnaise », ni sur « la Bresse Louhannaise » et on ne peut encore préjuger des résultats que donnera l'étude détaillée de cette « Bresse du Nord ».

III. — PREMIERS RÉSULTATS. — Quoi qu'il en résulte, *l'individualité phytogéographique de la région* tout entière *apparaît d'ores et déjà comme peu accentuée* (Analogies avec « les Terres Froides » du Dauphiné, analogies avec « les Bas Plateaux lyonnais et la plaine du Forez, etc.). *La vaste dépression de Saône et Rhône* à laquelle appartient « la Région Bressanne » *constitue non seulement un lieu de passage pour les eaux et les hommes, mais encore un domaine botanique largement ouvert aux migrations florales.*

3. — Par suite de sa situation et de la diversité de ses conditions édaphiques, *le sol bressan porte la plupart des associations reconnues dans l'Europe occidentale (Associations maritimes et associations des hautes montagnes exceptées).*

4. — L'influence séculaire de l'homme y a bien souvent altéré les associations végétales primitives : la pratique de l'évolage dans les vallons, l'établissement de nombreux biefs dans les vallées secondaires y ont favorisé *l'extension des associations de spongophytes.* Le mode de traitement adopté par les propriétaires des bois et forêts a ruiné la chênaie primitive et provoqué la constitution de *complexes forestiers de substitution (chênaie mixte, taillis de charme, taillis de bouleau).* L'agriculture a aussi déterminé, sans le vouloir, la constitution *d'associations culturales ayant tous les attributs des associations naturelles.* Enfin, comme on l'a fait remarquer ailleurs, *les groupements rudéraux* eux-mêmes, pour instables qu'ils paraissent, y ont acquis une homogénéité et une individualité remarquables.

---

(1) Lire à ce sujet le commentaire de A. G. Tansley : « The New Zürich-Montpellier School (« The Journal of Ecology, X », p. 241, Cambridge 1922).

(2) En particulier aux recherches du regretté professeur Magnin.

18e section

AGRONOMIE

Président .... M. Couturier, Professeur à la Faculté des Sciences de Lyon.

Vice-Président .... A. Porcherel, Docteur vétérinaire.

Secrétaire .... S. Perraud, assistant à la Faculté des Sciences.

Secrétaire adjoint .... M. Letard.

Armand PORCHEREL

Docteur-Vétérinaire à Lyon

et

Jean PORCHEREL

Ingénieur agricole
Conseiller agricole de l'arrondissement de Sétif (Algérie)

LA PRODUCTION DE LA LAINE DANS NOS COLONIES

La production de la laine constitue à l'heure actuelle, en France, un problème d'économie nationale de première importance ; même avec l'aide de nos colonies, nous sommes loin de pouvoir procurer à notre industrie textile, la quantité de matières qui lui est nécessaire. Tributaires de l'étranger, principalement des pays à change élevé, il en résulte pour notre commerce une situation défavorable, qui contribue pour une certaine part à l'augmentation de la vie chère.

« *Pousser à la production du mouton à laine dans nos colonies, et tout particulièrement dans notre Afrique du Nord, le pays du mouton par excellence, telle est la solution qui doit intervenir.* »

I. — La laine en Algérie

Dans un travail, que nous avons publié l'année dernière, notre but a été d'attirer l'attention sur les laines de nos moutons d'Algérie ; à notre humble avis, d'après ce que nous avons « *lu, vu et entendu* », nous pensons que *c'est surtout de ce côté* qu'il faut chercher les moyens d'enrayer en partie, la crise des laines, peut-être aurons-nous là plus de chances de réussite que dans les vastes contrées de l'A. O. F.

Nos observations ont été faites sur des troupeaux de l'arrondissement de Sétif, dont les uns appartenaient à des colons soignant leur élevage, d'autres, à des propriétaires ayant en vue seulement la production de la viande, sans se soucier de la toison, enfin sur des troupeaux appartenant à des indigènes.

Les conditions de vie, les méthodes d'élevage des colons, celles des indigènes n'ayant le plus souvent rien de commun, il en résulte que les produits ont des caractères différents.

La laine que nous avons recueillie sur certains troupeaux indigènes du Sud était parfois plus jarreuse, moins fine. Il est possible que ce soit là le résultat de la température, de l'alimentation ou du manque de sélection.

Nous signalerons cependant que nous avons observé chez quelques sujets, des caractères du mérinos, « jarret large, toison fermée, le brin fin, 20 μ 24 μ » fait, d'une réminiscence atavique, ou d'un croisement plus ou moins récent.

Sans vouloir entrer dans le détail complet des mensurations que nous avons établies, qu'il nous soit permis d'en donner seulement un résumé ; nous espérons ainsi démontrer que dans l'arrondissement de Sétif, il y a de beaux et bons moutons, dont la laine a des qualités qui ne sont pas à dédaigner.

Dans l'ensemble, nous avons obtenu les proportions suivantes :

5 %	en dessous	de 20 μ
41 %	»	de 20 à 25 μ
29 %	»	de 25 à 30 μ
19,6	»	de 30 à 40 μ
5,4	»	de 40 μ et au-dessus

Ce sont là des résultats « théoriques » qui ont d'ailleurs été confirmés par un technicien.

M. Derveaux, Directeur de la Société lainière du S.-E., sur la demande de M. F. Boisson, Administrateur de la dite Société, a bien voulu examiner nos échantillons de laine (1) ; ses notes se résument ainsi :

Mérinos supérieur	20,7 %
— courant	15,09 %
Prime croisée	37,7 %
Croisée 1 et 2	16,9 %
— 2	5,6 %
Inférieur	3,7 %

(1) Nous sommes heureux d'adresser à M. Boisson nos sincères remerciements pour le bienveillant intérêt qu'il a bien voulu témoigner à notre travail.

Tout n'est pas parfait, les laines de l'Algérie ne sont pas celles de l'Ile-de-France, elles montrent parfois de l'irrégularité dans le diamètre, des rétrécissements du brin occasionnés par une alimentation défectueuse dans les années de disette ; si elles n'ont pas la finesse recherchée par les industriels de Roubaix et de Tourcoing par exemple, si elles ne peuvent servir à la fabrication des draps fins, elles ont cependant pour des tissus plus grossiers, une certaine valeur et l'industrie drapière ne doit pas les négliger.

Il est d'ailleurs complètement erroné de songer à faire plus que les conditions d'existence ne le permettent.

Tant que ces dernières n'ont pas changé, vouloir obtenir une transformation est impossible. Tout essai est voué à un échec certain.

C'est par une amélioration progressive adéquate au milieu, que nos races françaises se sont modifiées favorablement. Tout cela n'a pas été l'œuvre d'un jour, la sélection, l'alimentation, la patiente intervention de l'homme pour aider ou corriger la nature, ont dû se faire sentir pendant un certain nombre d'années, pour doter nos animaux des qualités qu'ils possèdent.

En Algérie, tout un programme d'amélioration au sujet de l'élevage du mouton a été, depuis longtemps, élaboré. La sélection, le croisement avec le mérinos ont été mis en œuvre.

La place nous manque pour rappeler ici les divers essais faits avec ce mouton, depuis le début de l'occupation française. Apprécié par les uns, critiqué par les autres, on ne peut s'empêcher de reconnaître que, dans certaines régions, il a produit cependant d'heureux résultats, tant au point de vue de la conformation que de la qualité de la laine.

Les procès-verbaux des séances de la Commission d'élevage tenues à Alger, en 1914, sont sur ce point très intéressants. Si la bergerie officielle de Tadmit, en Algérie, créée depuis quelques années, a rendu et rendra encore des services, en livrant des sujets améliorés pour la reproduction, elle ne peut suffire à toutes les demandes, et il serait à désirer, *utile même*, que l'initiative privée vint à son aide.

Aux colons qui possèdent déjà de beaux sujets, il appartient de veiller à une sélection rigoureuse, tant du côté mâle que du côté femelle.

« La nature ne cède à l'homme qu'à la condition qu'il ne se fatigue jamais de la combattre, c'est donc à l'éleveur de perpétuer ses efforts améliorateurs. »

C'est par une sélection progressive qu'un éleveur tasmanien cité par la *Gazette agricole du Canada* est arrivé, en un peu plus de 30 ans, à obtenir des poids de toison passant de 5,4 kilos à 16,5 kilos, et cela dans le troupeau même, sans le secours d'un sang étranger.

Pourquoi ne pas appliquer au mouton ce qui s'est fait pour la vache laitière ? Le contrôle laitier mis en usage depuis de nombreuses années, particulièrement au Danemark, a facilité la sélection des meilleures vaches laitières. Il commence à se généraliser en France.

Pourquoi n'établirait-on pas un contrôle lainier ?

Sélectionner les sujets donnant les meilleures toisons tant au point de vue « *qualificatif que quantitatif* », tel est le but que doivent se tracer les éleveurs.

***

II. — La laine en A. O. F.

Depuis déjà un certain nombre d'années, des essais nombreux, tant au point de vue officiel que privé, ont été faits, en A. O. F., pour l'élevage du mouton à laine.

Nous n'entreprendrons pas de faire l'historique des bergeries officielles qui ont été créées ; tantôt dirigées par des agriculteurs, tantôt par des vétérinaires, elles ont connu avec les uns et les autres de bonnes et de mauvaises périodes.

Les chambres de commerce de Roubaix et de Tourcoing se sont, de leur côté, vivement intéressées à cette question.

Dès 1913, elles demandaient si on ne pourrait pas tenter le croisement du mouton mérinos avec la race à poils longs de la boucle du Niger, en vue d'obtenir des métis lainiers.

En 1921, la Chambre de Commerce de Tourcoing émettait l'idée d'importer, à titre d'essai, des métis d'origine australienne pour les croiser avec des brebis indigènes, et arriver à transformer la race par des croisements successifs.

Le climat et la nourriture permettent-ils de pareilles entreprises ?

Dans une lettre que nous avons reçue, il y a quelques mois, il nous était écrit : « Je crois qu'on se fait de grosses illusions, en France, au sujet de l'élevage du mouton à laine en A. O. F., si la Compagnie Cotonnière du Niger peut réussir, grâce à ses terres irriguées, il n'en est plus de même ailleurs où il n'y a pas de pâturages.

Pour que les moutons puissent trouver leur nourriture, les indigènes les laissent aller dans l'eau, jusqu'au ventre, aussi les « Macinas » sont-ils envahis par les parasites. Ce manque de pâturages est un écueil pour l'élevage au Soudan. »

Grâce à l'amabilité d'un de nos amis établi en A. O. F., nous avons pu examiner quelques échantillons de laine, provenant de sujets :

a, algérien ; b, macina ; c, cap ; d, 1/2 sang algérien-macina ; e, 1/2 sang Cap-macina ; f, 3/4 algérien-macina.

Le mouton algérien croisé avec le macina donne, dans l'ensemble, de bons résultats.

Avec les 3/4 algérien-macina, l'homogénéité est plus parfaite, les écarts sont moins grands qu'avec les 1/2 sang cap-macina. Nous avons observé chez ceux-là, comme moyenne de longueur du brin, 8 cent., comme diamètre 23 μ avec des extrêmes, 18 μ, 25 μ 7.

Il semblerait donc que le mouton algérien soit le mouton d'avenir pour l'A. O. F., le fait nous a d'ailleurs été confirmé par un vétérinaire du Dahomey.

A la suite d'essais faits dans une bergerie officielle, et relatés par le vétérinaire-major Malfroy (1) dans sa thèse, on a pu constater :

1° Que le mouton mérinos algérien s'acclimate facilement au Soudan ;

2° Qu'il s'adapte rapidement aux pâturages du pays ;

3° Qu'il est un bon raceur et transmet assez régulièrement ses qualités à ses produits ;

4° Que la toison des animaux de sang pur garde ses caractères pendant plusieurs générations ;

5° Que le croisement augmente non seulement la qualité de la laine chez les métis, mais aussi son poids ;

6° Que les moutons obtenus dès le premier croisement ont une toison nettement supérieure à celle des moutons « Macina » et donnent des meilleurs rendements à la boucherie. » Ce sont là des observations heureuses, qui montrent l'avantage d'utiliser dans notre colonie du Soudan, des sujets déjà adaptés à des climats chauds, excessifs ; avec eux, il y a moins de chances d'insuccès.

Pour terminer, nos conclusions seront les suivantes :

La production de la laine étant d'un intérêt national de la plus haute importance, il convient d'encourager l'élevage du mouton :

1° En France, où cet élevage peut encore se faire avec profit, dans de nombreuses régions ;

2° Dans nos colonies, principalement dans *toute notre Afrique du Nord*, le pays du mouton par excellence ;

3° Persévérer en A. O. F. en s'inspirant mieux des données biologiques concernant l'hérédité et l'influence du milieu sur les organismes ;

4° La Nouvelle-Calédonie, un peu loin de la métropole sans doute, semble avoir été négligée jusqu'à maintenant, utiliser les vastes terrains qui sont là-bas favorables au mouton ;

5° S'adresser pour nos colonies de préférence à l'élevage français. Le Mérinos d'Arles semble réunir les qualités nécessaires pour une adaptation facile à des pays chauds.

Le mouton algérien amélioré paraît être le mouton de prédilection pour l'A. O. F., avec lui, la dégénérescence est moins à craindre ;

7° Pour réussir, mettre en pratique d'une façon rationnelle les mé-

(1) Vét. Major F. MALFROY, L'élevage du Mouton à laine au Soudan. Thèse de Doctorat-Vétérinaire, Paris, 1925.

thodes de production, en faisant toujours un choix rigoureux des reproducteurs ;

8° Bien se pénétrer que les meilleurs reproducteurs ne sont rien, sans une observation stricte des règles de l'hygiène et de l'alimentation.

E. BURBAN

Attaché technique à la Délégation française des Producteurs de Nitrates de Soude du Chili

---

SUR LA MOBILITE DE L'AZOTE NITRIQUE EN SOLUTION ET L'ASSIMILATION DE CET ELEMENT PAR LES PLANTES

En Agronomie, ainsi qu'en Agriculture pratique, on désigne par l'expression « d'*azote nitrique* » l'azote combiné des Nitrates, c'est-à-dire le fragment moléculaire de ces derniers qui porte, en chimie générale, le nom d'*ion nitrique*.

Cet ion jouit dans le sol d'une mobilité caractéristique ; d'autre part, la plante est douée à son sujet d'une affinité si grande, qu'elle exalte encore sa mobilité et tend à lui donner un caractère général, dont je vais indiquer ici les aspects les mieux observés.

Ce qui est certain, c'est qu'il n'est pas juste de dire que les nitrates sont directement assimilables parce que très solubles. Ils sont incontestablement les sels usuels les plus solubles qui existent, mais leur solubilité, bien qu'excessive et intéressante, n'est point la seule cause de leur efficacité directe et rapide.

Elle peut expliquer l'assimilabilité directe, mais non l'assimilabilité rapide qui a fait dire au savant professeur André, de l'Institut National Agronomique, que les végétaux s'emparent « *avec avidité* » des nitrates pour édifier leur molécule albuminoïde.

Si l'on pense en effet que 150 kilogrammes d'azote fixés à l'hectare par une bonne récolte sont véhiculés dans celle-ci par 2 à 3.000 tonnes d'eau, on se rendra compte facilement que tous les engrais azotés minéraux, *quels qu'ils soient*, possèdent une solubilité propre largement suffisante pour répondre à cette concentration, et même à des concentrations en azote beaucoup plus grandes.

Or, les différences d'efficacité des divers engrais azotés, à doses égales d'azote, sont réelles et manifestes et bien connues des agriculteurs; ceux-ci reconnaissent à l'azote nitrique une efficacité toute particulière, précisément attribuable *à la mobilité caractéristique de l'ion nitrique dans le sol et dans la plante*, laquelle s'approvisionne facilement ainsi, aux dépens du sol, en cet élément fondamental, qu'elle répartit des plus aisément dans ses tissus et ses divers organes en croissance.

Lorsqu'on épand du Nitrate sur le sol, il se dissout aux dépens de l'humidité des particules de terre immédiatement au voisinage de ses point de chute, et trouve généralement, étant très soluble, assez d'eau pour se dissoudre dans ces conditions ; ses cristaux accaparent rapidement l'humidité superficielle du sol, ce qui n'est pas toujours sans inconvénient, *et implique pour les épandages dits « de couverture » le choix d'un temps légèrement humide ou celui d'un beau temps succédant à une période pluvieuse, où l'enfouissement de la matière par temps sec.*

Ce phénomène de dissolution proprement dite, au moment de l'épandage dit « de couverture », détermine une concentration nitrique qui peut devenir assez forte à la surface du sol, concentration qui n'a jamais nui aux plantes en croissance, aux doses ordinaires des fumures nitriques, et dont il est intéressant de faire observer qu'elle ne peut se maintenir, *grâce à la mobilité de l'ion nitrique*, et contrairement à ce qui se produit avec *tous les autres engrais azotés, immobilisés aux points de chute, par le pouvoir absorbant des sols*, tant qu'ils n'ont pas été transformés par les ferments nitrificateurs.

La dissolution première du Nitrate, dès son épandage, est donc suivie de sa diffusion dans l'eau du sol avoisinant les points de chute de l'engrais, en surface comme en profondeur et dans la mesure où une certaine continuité existe, voire d'ordre capillaire, entre les milieux aqueux qui entretiennent la fraîcheur du sol arable.

Cette diffusion, ou pénétration réciproque de deux fluides miscibles en contact l'un avec l'autre jusqu'à ce qu'ils forment un mélange homogène, peut aussi se produire quand les fluides sont séparés par des solides plus ou moins poreux, par des membranes animales ou végétales ou par des masses terreuses colloïdales ou non, voire par des masses métalliques ; elle porte alors le nom d'*Osmose*.

Les ions nitriques demeurent éminemment diffusibles dans l'eau du sol, au travers même des masses terreuses et colloïdales qui forment son pouvoir absorbant, tandis que tous les autres états combinés de l'azote sont insolubilisés par ces colloïdes avec lesquels ils forment des combinaisons très mal définies, que l'on dénomme combinaisons d'absorption.

* * *

La découverte par Traube des membranes semi-perméables, a permis de se rendre compte du mécanisme de l'assimilation végétale aux dépens des sels dissous dans les solutions des sols. La pression osmotique explique, d'autre part, la force ascentionnelle des solutions précitées dans les plantes, et les ions nitriques contribuent à sa manifestation d'une façon beaucoup plus active que les autres combinaisons fertilisantes, insolubles ou insolubilisées.

En effet, la dissociation des sels dissous est encore à considérer ; la loi de Vant'Holf qui s'écrit P. V. = R. T. et dans laquelle P est la pression osmotique, V le volume du dissolvant, T la température absolue et R une constante pour chaque substance, prend une autre expression pour les solutions dissociées et s'écrit P.V. = K.R.T. K étant un coefficient plus grand que l'unité et d'autant plus voisin de deux, *que le sel est plus dissocié*, ce qui revient à dire, *les Nitrates alcalins surtout étant très dissociés*, que l'azote nitrique ou que plus exactement les ions nitriques sont comparables dans leur solvant, à un gaz en surpression. On pourrait expliquer ainsi leur influence favorable sur la pression osmotique et l'assimilation, c'est-à-dire sur l'ascension de l'eau dans la plante, *puisque les colloïdes n'arrêtent pas leur expansion comme ils arrêtent celle des ions du même élément et des autres éléments de la plupart des sels-engrais.*

On retrouve cette mobilité des ions nitriques dans la plante, bien que la cellule vivante possède la faculté de modifier assez profondément parfois les lois de la physico-chimie. En effet, alors que l'azote ammoniacal, pour prendre un terme de comparaison, semble toxique à la cellule végétale vivante, sur laquelle il ne se fixe directement que lentement, au fur et à mesure de sa transformation en albumine, l'ammoniaque ne pouvant être caractérisé même à l'état de traces dans les végétaux vivants, *les ions nitriques, voire les nitrates, sont absorbés directement et même simultanément par cette même cellule végétale vivante*, et leur grande mobilité dans la plante se trouve également vérifiée par *la facilité avec laquelle on peut les identifier dans les tissus végétaux, notamment dans la tige* qui en est *le collecteur principal*, vers la feuille, où ils sont soumis à l'effet de la radiation solaire, laquelle les transforme en acides aminés destinés à prendre dans la sève dite élaborée, le chemin des organes en voie de croissance.

Ces considérations autorisent à mon avis l'ouverture d'une parenthèse consacrée à l'assimilation comparée des formes azotées ammoniacale et nitrique. Mazé a réussi des cultures de végétaux supérieurs en solutions artificielles stérilisées, et noté que le poids de la matière sèche éléborée dans ces conditions d'expérience, était sensiblement le même avec le sulfate d'ammoniaque et les nitrates, à la condition toutefois que la concentration du sulfate d'ammoniaque reste inférieure à 0,5 pour 1.000. Il est intéressant d'observer à ce sujet que pour ces expériences, Mazé aurait donné à l'azote ammoniacal, *une mobilité artificielle*, qu'il ne possède pas dans le sol arable, où le pouvoir absorbant des colloïdes le fixe et l'insolubilise ; dans l'expérience du savant physiologiste de l'Institut Pasteur, les sels nutritifs et leur eau de transport ou de dissolution, formaient des mélanges homogènes, *ce qui n'a lieu dans la nature et parmi les engrais, que pour les engrais nitriques.*

L'assimilation de l'azote combiné n'est donc pas exclusivement une question de solubilité ; mais encore une question de diffusion, de conductivité de ses solutions salines, en un mot, une question de mobilité dans le sol et dans la plante, de l'azote salifié.

C'est pourquoi la grande efficacité culturale des nitrates n'est pas une conséquence exclusive de leur solubilité remarquable et cependant intéressante ; elle est attribuable surtout, *à la mobilité particulière et générale de l'azote nitrique en solution, c'est-à-dire de l'ion nitrique*, que ce soit dans l'eau d'imbibition du sol ou dans celle qui imprègne les colloïdes de la terre arable et des cellules végétales, *mobilité grâce à laquelle, les ions nitriques se présentent en masse à la cellule végétale qui les absorbe « avec avidité », les accumule dans ses agrégats, notamment dans la tige*, d'où ils se dirigent très rapidement vers tous les organes de la plante en voie de croissance, après avoir reçu dans la feuille l'influence réductrice de la radiation solaire.

Ces considérations donnent à penser également que *l'azote nitrique est particulièrement intéressant pour les végétaux supérieurs* et qu'au lieu de favoriser la production des tiges et des feuilles de nos principales cultures, comme on l'insinue parfois, au détriment de la production des fruits ou des organes de réserve, *il sert exceptionnellement bien, par sa mobilité même, les besoins physiologiques considérables, pour les rendements à en attendre, des végétaux supérieurs, et en particulier des plantes cultivées à tiges hautes et à feuilles bien développées.*

MENARD

Ingénieur agronome, Professeur d'agriculture à Vannes

UN AN DE CONTROLE LAITIER ET BEURRIER DE LA RACE BRETONNE PIE-NOIRE DANS LE DEPARTEMENT DU MORBIHAN

L'Office agricole départemental du Morbihan, devant l'incertitude des résultats fournis par les démonstrations de contrôle laitier annexées aux concours officiels, se décida à organiser au début de l'année 1925, à titre de vulgarisation, un *service gratuit de contrôle mensuel à l'étable.*

Depuis mars 1925, ce service a fonctionné régulièrement sous notre direction dans 9 étables de race pie-noire : au *premier juin* 1926, 45 *bêtes inscrites au H. B. de la race* avaient terminé une lactation entière, régulièrement contrôlée. A cette même date, 1.206 *analyses de M. G.* avaient été effectuées par notre laboratoire à l'aide de la *méthode Hoyberg.* Les durées de lactation ont été calculées à partir du 8e jour suivant le vêlage et comme il est d'usage dans les étables morbihannaises de laisser le veau téter librement sa mère pendant le premier mois qui suit le part, le rendement de ce mois a été évalué conformément aux barêmes en usage à 15 % du poids total du lait et à 14 % du poids total du beurre.

Les quantités de lait des 45 vaches ayant terminé leur lactation au 1er juin 1926 ont varié de 1.091 *k.*, minimum observé, à 3.714 *k.*, maximum ; les rendements en beurre de 55 *k.* 5 à 173 *k.* pour des durées de lactation échelonnées de 223 à 365 jours (moyenne 305 jours). *Le rendement laitier moyen* de ces 45 vaches, d'un poids moyen voisin de 300 *kgr.*, est de 1877 *k.* ou 1.822 *litres* (1 l. = 1.030 gr.) avec un *rendement beurrier moyen* de 89 *k.*, soit 20 *l.* 5 *de lait pour* 1 *k. de beurre.* En admettant comme facteur de rendement pour le beurre 1,18, ceci correspond à 41 *gr.* 2 *de M. G. par litre de lait.* Ces chiffres doivent être considérés comme *optimistes*, puisque provenant de bêtes inscrites au H. B. (donc déjà sélectionnées au point de vue race et conformation), recrutées dans de bonnes étables du département. Néanmoins, il est à noter qu'ils se trouveraient sensiblement majorés si les 45 bêtes contrôlées avaient atteint l'âge de leur production optimum (6 ans) ; 18 seulement, en effet, nées en 1919 ou antérieurement, peuvent être considérées comme ayant fourni leur maximum de rendement ; sur les 27 restantes, 9 sont nées en 1920, 7 en 1921, 6 en 1922,

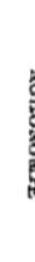

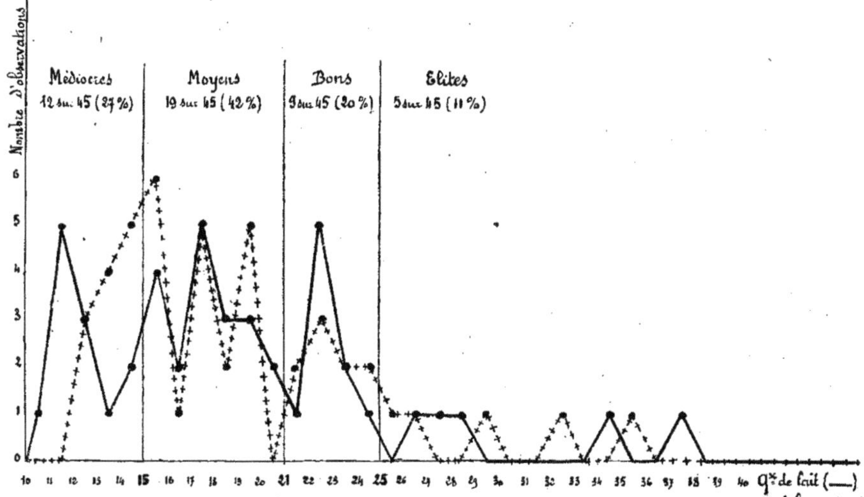
Nombre d'observations
Médiocres
12 sur 45 (27 %)
Moyens
19 sur 45 (42 %)
Bons
9 sur 45 (20 %)
Elites
5 sur 45 (11 %)
0
1
2
3
4
5
6
10 11 12 13 14 15 16 17 18 19 20 21 22 23 24 25 26 27 28 29 30 31 32 33 34 35 36 37 38 39 40 Qx de lait (—)
45 50 55 60 65 70 75 80 85 90 95 100 105 110 115 120 125 130 135 140 145 150 155 160 165 170 175 180 185 190 195 Kg de beurre (+++)

et 5 en 1923. La date trop récente encore de nos premiers contrôles ne nous a pas permis de dresser pour cette race un barême exact de la correction relative à l'âge.

Sur les 45 vaches considérées, une seule s'est révélée en même temps bonne laitière et bonne beurrière, ayant fourni en une lactation de 339 jours 2.754 k. de lait et 156 k. de beurre, faisant ainsi son kg. de beurre en moyenne avec 17 l. de lait seulement (50 gr. de M. G. par l.).

Afin de tirer de cette première année d'études des conclusions pratiques pouvant être utiles aux éleveurs, nous avons superposé sur un même graphique la répartition des rendements contrôlés, entre 10 et 40 quintaux de lait d'une part (trait plein) et entre 45 et 195 kg. de beurre d'autre part (trait croisillé). Les chiffres des ordonnées indiquent le nombre des rendements observés entre chacune des divisions correspondantes des abcisses.

De l'examen de ce graphique, il nous apparaît que les animaux contrôlés se répartissent assez nettement en quatre catégories :

a) *Les médiocres* (27 %) qui ne gagnent pas leur vie, à éliminer du troupeau le plus tôt possible (rendement laitier inférieur à 15 qx et rendement beurrier inférieur à 70 kg.).

b) *Les moyens* (42 %), méritant d'être suivis et sélectionnés (rendement laitier compris entre 15 qx et 21 qx et rendement beurrier compris entre 70 et 100 kg.).

c) *Les bons* (20 %) qui rendent et qui paient, à conserver jusqu'à un âge avancé et dont la descendance mâle et femelle pourra servir de reproducteurs pour la sélection du troupeau (rendement laitier compris entre 21 et 25 qx. et rendement beurrier compris entre 100 et 120 kg.).

d) *Les élites* (11 %), rares malheureusement, dont le rendement laitier dépasse 25 qx. avec un rendement beurrier de plus de 120 kg. L'éleveur ayant la chance de posséder l'un de ces élites ne doit le céder à aucun prix, l'entourer de soins assidus au double point de vue alimentation et hygiène et réserver *uniquement* sa descendance *mâle* pour l'amélioration de son troupeau.

Le poids de 45 k. minima porté en abcisses pour le beurre correspondant sensiblement, au taux moyen de 41 gr. 2 de matière grasse par litre, à 10 qx. de lait, le graphique nous montre nettement que *chez les animaux médiocres laitiers, la richesse du lait en M. G. est en général supérieure à la moyenne* (courbe beurrière désaxée vers la droite), tandis que *l'inverse a lieu chez les élites*, exception faite pour l'un d'entre eux cité plus haut. Cette remarquable exception suffit à nous prouver *qu'il n'y a pas un antagonisme absolu entre le rendement en lait et son taux butyreux.*

Mais s'il n'est pas douteux que le rendement laitier de la vache pie-noire s'est notablement accru, en même temps que son format, sous l'influence d'une alimentation plus copieuse et plus nutritive, consécutive à l'amélioration de la production fourragère, il est non moins certain que *cet accroissement s'est fait aux dépens du taux butyreux*, si nous en jugeons du moins par les chiffres anciennement publiés.

Il faut y voir, à notre avis, moins l'influence du changement de régime alimentaire qui ne pèse que bien peu — nous l'avons vérifié, — sur la richesse en M. G. du lait, que l'*absence jusqu'ici de toute sélection beurrière* et le *rôle complètement ignoré de l'influence prépondérante du mâle*.

Cette première année de contrôle de la race bretonne pie-noire nous permet également de formuler les remarques suivantes :

1° Les rendements laitier et beurrier se maintiennent assez constants pendant les 4 ou 5 premiers mois qui suivent le vêlage ; le rendement laitier diminue ensuite irrégulièrement tandis que le taux butyreux augmente jusqu'à la fin de la lactation où il est maximum ; des richesses en M. G. de 70 et même 80 gr. par litre ne sont pas très rares à ce moment.

2° Une augmentation sensible dans le rendement en lait et par suite en beurre est nettement perceptible en fin avril-mai dans la grande majorité des étables.

3° Chez un animal bien portant, le taux butyreux du lait peut varier beaucoup, même pour des traites homologues faites à 24 heures d'intervalle.

4° Le lait est d'autant moins riche en M. G. qu'il s'est écoulé un temps plus long depuis la traite précédente. Lorsqu'il y a 3 traites quotidiennes, celle du midi fournit presque toujours un taux butyreux bien plus élevé que les traites du soir et du matin. Aucune règle générale ne peut être émise en ce qui concerne le taux butyreux du lait du soir comparativement à celui du lait du matin.

5° Des changements importants ou trop brusques apportés dans les habitudes des animaux semblent avoir au début une influence très fâcheuse sur la quantité et même sur la qualité du lait produit, de même que de violentes perturbations atmosphériques.

Cette étude met en relief la présence dans la race bretonne pie-noire d'individus remarquables et par suite la possibilité, par une sélection sévère et suivie, de créer des souches très intéressantes de laitières et de beurrières aux performances exactement connues et garanties. Cette race, si nettement caractérisée et si parfaitemnt adaptée à son milieu, a contre elle aujourd'hui son format réduit qui la faisait rechercher autrefois. Sa production beurrière est, peut-on dire, sa seule raison d'être et son avenir dépend entièrement des efforts qui seront faits pour l'améliorer.

A. BARRET

Régisseur de la Station de recherches laitières de Poligny (Jura)

LES RESULTATS OBTENUS PAR L'EMPLOI DES CULTURES PURES DE FERMENTS LACTIQUES SELECTIONNES DANS L'INDUSTRIE DU GRUYERE

La fermentation lactique, qui transforme le lactose en acide lactique par le travail de nombreuses espèces microbiennes classées de ce fait sous la rubrique « ferments lactiques », est, de beaucoup, celle qui joue le rôle le plus important dans l'industrie du gruyère. Elle assure :

1° Dans la présure, une acidification progressive de celle-ci jusqu'au moment de son emploi. L'acidification peut être activée ou ralentie à volonté ; il suffit de faire varier la température à laquelle on maintient la présure. L'acide lactique formé a la propriété de servir d'antiseptique par rapport aux espèces microbiennes nombreuses en fromagerie qui produisent les accidents de fabrication et les maladies des fromages.

2° Dans le fromage mis en moule, un égouttage rationnel et une maturation régulière avec production d'un goût très fin de la pâte pendant son séjour à la cave. De plus, l'affinage du fromage est accéléré dans des proportions pouvant varier de 2 à 4 semaines.

Jusqu'ici, l'ensemencement des présures en microbes et par conséquent en ferments lactiques était livré au hasard. Il se faisait par les peaux de caillettes, le petit-lait, les mains du fromager et en un mot par tout ce qui pouvait venir en contact avec la macération de caillette,

Les recherches de la Station de Poligny et particulièrement les travaux de M. Guittonneau ont permis de sélectionner, ensuite d'associer les principales espèces lactiques intéressant l'industrie du Gruyère.

Les travaux de M. Guittonneau ont eu pour origine l'épidémie de pourriture des gruyères qui a sévi en Haute-Savoie au cours de l'année 1923. Ils ont permis de constater que la fermentation lactique empêchait le développement de la pourriture. Nous avons donc recherché les meilleures espèces adaptées à cette lutte et les avons étudiées pendant deux ans à l'Ecole d'Industrie Laitière de Poligny.

Les expériences ainsi poursuivies nous permettent d'affirmer aujourd'hui :

1° Que nos ferments combattent non seulement la pourriture, mais encore le gonflement et la multiplication ;

2° Qu'ils acidifient normalement les présures ;

3° Qu'ils facilitent le travail du fromage en chaudière ;

4° Qu'ils assurent un égouttage normal du fromage ;

5° Qu'ils assurent une maturation normale du fromage en cave ;

6° Qu'ils donnent à la pâte le goût si recherché de noisette.

Après avoir mis au point une nouvelle technique de fabrication qui consiste à stériliser d'abord le liquide de macération dans lequel on introduit ensuite nos ferments sélectionnés, puis la peau de caillette, nous avons étendu cette méthode à toutes les fromageries qui ont bien voulu l'utiliser. Actuellement, plus de 150 fromageries de l'Est et du Sud-Est de la France emploient nos cultures pures de ferments lactiques sélectionnés. Partout nous avons obtenu d'excellente résultats, lorsque les fromagers ont bien voulu suivre exactement le mode d'emploi qui leur est envoyé.

Nous sommes arrivés à améliorer grandement la fabrication de ce fromage en supprimant bon nombre d'accidents d'origine microbienne et en rendant plus fin le goût de la pâte. On peut chiffrer à plusieurs millions par an la plus-value qui résultera de l'emploi de nos ferments lorsqu'il sera généralisé.

N. B. — Pour lire l'exposé complet de nos recherches, consulter la revue « Le Lait » (mars-avril 1926).

Paul GILLOT

Docteur ès-sciences

Chef de Travaux pratiques à la Faculté de Pharmacie de Nancy

ESSAI DE CULTURE DE LA MERCURIALE ANNUELLE (MERCURIALIS ANNUA L.)

La Mercuriale annuelle, dénommée vulgairement : « foirole, foireuse, chiole, vignette, etc. », a été considérée, jusqu'à présent, comme une plante nuisible à l'agriculture. Or, j'ai montré précédemment (1) que ses graines fournissent une huile plus siccative que

(1) P. Gillot, *Th. Doct. Sc. Nat.*, Paris, 1925.

l'huile de lin et excellente pour la peinture artistique. Ces précieuses propriétés de la Mercuriale annuelle m'ont incité à la cultiver. Les essais que j'ai poursuivis pendant cinq années, à Magneux (Haute-Marne), montrent que, contrairement à ce que fait présumer l'extrême abondance de cette plante adventice, sa culture est soumise à de nombreuses exigences.

Conditions climatériques et agrologiques. — La Mercuriale annuelle peut être cultivée dans toute la France, ainsi qu'en Algérie, où elle existe principalement sous la forme monoïque. Elle affectionne l'air, la lumière et la chaleur; aussi, végéte-t-elle mal dans les lieux trop encaissés, trop ombragés.

Elle est exigeante en ce qui concerne la qualité du sol et ne réussit bien que dans les terres qui renferment une certaine quantité de matière organique. Toutefois, l'abondance d'humus, de même que l'excès d'engrais azotés ou de fumures fraîches, favorise le développement foliacé au détriment des graines.

Préparation du sol. — Le terrain réservé à la Mercuriale annuelle doit être très propre et parfaitement ameubli. Le nombre et l'importance des travaux préparatoires varient donc suivant la nature du sol et la culture précédente.

Semis. — Comme beaucoup de plantes adventices, la Mercuriale annuelle lève lentement, successivement et irrégulièrement. Il convient, par conséquent, de tenir compte des conditions de sa germination (1), si l'on veut éviter les insuccès.

L'ensemencement est effectué dans la premième quinzaine de mai, à raison de 3 à 5 kilos par hectare, et avec des graines stratifiées au préalable. Celles-ci sont réparties à une profondeur de 1 à 2 centimètres, à la volée ou mieux en lignes, et recouvertes immédiatement.

Soins d'entretien. — La levée a lieu au bout de 6 à 8 jours, si la température est favorable. Dès que la plante a franchi la période germinative, elle croît rapidement et devient peu exigeante.

Les façons d'entretien comprennent un éclaircissage qui ne laisse subsister que 25 à 30 pieds par mètre carré. L'opération s'effectue à la houe à la main, dès que le sexe des jeunes plantes est apparent, et permet de supprimer les 4/5 des pieds mâles (2).

Récolte et égrenage. — La Mercuriale annuelle végétant rapidement, la récolte peut être effectuée fin juillet. Comme la maturité des graines est successive, il ne faut pas attendre qu'elle soit complète, si l'on veut éviter une dissémination considérable.

(1) P. Gillot, *loc. cit.*

(2) Un des inconvénients que présente la culture de la Mercuriale annuelle réside dans la présence de 50 % de pieds mâles improductifs. On peut y remédier, soit en réduisant à 10 % la proportion des pieds mâles, soit en exécutant les semis avec les graines de la forme monoïque de l'Afrique du Nord : *Mercurialis ambigua*.

Les plantes sont fauchées à la fraîcheur du matin ou du soir, puis soumises à la dessiccation. Suivant l'importance de la récolte ou les conditions atmosphériques, elles sont étalées sur les claies d'un séchoir à air chaud ou exposées au soleil, sur des bâches. L'insolation ou la chaleur artificielle suffisent pour déterminer la déhiscence des capsules. D'ailleurs, la dépense qu'il faut engager pour compléter mécaniquement l'égrenage n'est pas compensée par la valeur des semences obtenues. Les graines recueillies sont complètement nettoyées à l'aide d'un tarare, puis placées dans un endroit sec, à l'abri des insectes et des rongeurs.

Rendement. — La production varie considérablement avec la nature et la fertilité du sol, le mode de culture, les circonstances climatériques, etc. Elle oscille, par hectare, entre 200 à 500 kgs de graines. Celles-ci renferment 35 à 40 % d'huile et l'hectolitre pèse environ 50 kgs.

Il convient d'ajouter que le rapide développement de la plante permet d'effectuer, dans l'année, deux cultures successives qui arrivent à maturité : la première en juillet, la seconde en octobre.

Place dans la rotation des cultures. — La Mercuriale annuelle exigeant une terre bien propre et très meuble, succède avantageusement aux plantes sarclées. Elle peut occuper le même emplacement, sans inconvénient, pendant plusieurs années. La dissémination naturelle qui précède la récolte et la quantité notable de graines inertes restées dans le sol, favorisent d'ailleurs sa culture continue. Un terrain qui a été cultivé en Mercuriale pendant 2 ou 3 ans contient tant de graines, qu'il suffit de l'ameublir, vers le milieu de mai, pour provoquer la levée. L'alternance n'en reste pas moins possible, lorsque les circonstances l'exigent. Les cultures « étouffantes », de même que les céréales d'hiver, empêchent l'apparition de la Mercuriale annuelle et peuvent lui succéder sans inconvénient.

Utilisation des sous-produits. — En même temps qu'elle fournit une huile siccative d'une réelle valeur, la Mercuriale annuelle abandonne quelques produits accessoires.

L'extraction de la matière grasse laisse comme résidus : soit des tourteaux de pression qui peuvent être employés pour l'alimentation du bétail, soit des tourteaux dégraissés qui conviennent à la fumure des terres.

Les fanes provenant de la dessiccation sont riches en principes fertilisants. Leur incinération peut donner, par hectare, 200 à 300 kgs de cendres, renfermant en moyenne : 20 % de potasse, 23 % de chaux et 7 % d'acide phosphorique. Il est donc possible, en utilisant ces cendres comme engrais, de restituer au sol la majeure partie des éléments qui lui ont été enlevés par la récolte, et d'empêcher ainsi que la culture de la Mercuriale annuelle ne soit épuisante.

Cet essai montre que la culture de la Mercuriale annuelle occasionne des frais assez importants. Il est difficile d'évaluer, dès à présent, le bénéfice qu'elle peut procurer, car la valeur vénale de la nouvelle huile n'est pas encore établie. Mais il y a lieu de supposer que, grâce à ses précieuses qualités, l'huile de Mercuriale atteindra un prix de vente suffisamment élevé pour que la culture de la plante devienne rémunératrice.

E. MIEGE

Docteur ès Sciences

Station de sélection, Rabat (Maroc)

RAPPORT ENTRE LA PRECOCITE DES BLES ET LES CARACTERES BIOMETRIQUES DE L'EPI

Nous avons indiqué, dans une précédente note (1) quelle était l'importance de la densité de l'épi comme facteur de sélection chez les céréales, ainsi que les relations qu'elle présente avec la productivité. D'après les analyses biométriques que nous avons effectuées, pendant cinq années consécutives, sur plusieurs centaines de blés durs, de blés tendres et d'orges, il existe également un rapport entre différents caractères de l'épi (nombre des épillets, longueur et densité) et la précocité des variétés. A ce propos, Howard (2) et Percival (3) ont signalé qu'il existe une corrélation positive entre ces caractères et la longueur de l'épi, le nombre des épillets, le nombre et le poids des grains par épi. Nous nous bornerons, ici, à l'examen comparatif des quinze lignées de *Triticum vulgare* Vill. et de *Trit. durum* Desf. qui se sont montrées, chaque année, les plus précoces ou les plus tardives dans nos cultures, et dont les tableaux 1 et 2 donnent les principales caractéristiques.

Si l'on groupe les moyennes de ces chiffres, par année et pour la période quinquennale 1921-1925 (tableaux 3 et 4), on voit nettement que:

A. Dans les *blés tendres*, 1° la longueur de l'épi est plus grande

---

(1) Em. Miège, Assoc. fse. pour l'avancement des Sciences, 49e session, Grenoble 1925.
(2) A. et G. Howard, *Wheat in India.* Pusa 1909.
(3) J. Percival, *The Wheat Plant.* Londres 1922.

chez les races tardives que chez les types précoces et que cette différence est relativement importante (2 cm. 3 pour une durée de cinq ans), mais qu'elle n'est, toutefois, ni générale, ni constante, puisqu'en 1922 et 1923, par exemple, elle fut nulle ou négative.

TABL. 3. — *Valeurs moyennes des caractères biométriques* — **Blés tendres**.

Années	Durée de végétation		Longueur moyenne de l'épi		Nombre moyen d'épillets		Densité de l'épi	
	Précoces	Tardifs	Précoces	Tardifs	Précoces	Tardifs	Précoces	Tardifs
1922	171 jours	193 jours	11c.2	10.8	20.9	23.5	17.6	21
1923	167 »	201 »	10	10	21 7	21.4	21	22.2
1924	192 »	230 »	8	11.8	16.9	21.1	23	18
1925	180 »	228 »	9.6	13.6	22.2	23.1	21.6	17.2
1921-1925	182 jours	207 jours	10.8	13.1	20.5	24	20	16.7
Différences	+ 25 jours		+ 2cm.3		+ 3.5		— 3.3	

TABL. 4. — *Valeurs moyennes des caractères biométriques* — **Blés durs**.

Années	Durée de végétation		Longueur moyenne de l'épi		Nombre moyen d'épillets		Densité de l'épi	
	Précoces	Tardifs	Précoces	Tardifs	Précoces	Tardifs	Précoces	Tardifs
1921	180 jours	193 jours	7c.8	8.9	22.7	26.2	28.3	32.4
1922	178 »	197 »	8.8	8.4	25	22.8	27	26.8
1923	180 »	190 »	7.7	7.7	24.4	27.2	34	33.4
1924	207 »	224 »	6	6.2	20.5	22.6	34.3	37
1925	202 »	225 »	5.8	8.4	20	24.6	33.6	30.5
1921-1925	194 jours	207 jours	6.8	7.7	20.7	24.4	31.7	32.9
Différences	+ 13 jours		+ 0cm.9		+ 3.7		+ 1.2	

2° Le nombre des épillets est également plus élevé chez les variétés tardives, l'écart entre les deux groupes étant encore plus sensible (3 cm. 5) et, en outre, plus régulier.

3° Par contre, la valeur absolue et relative de la densité de l'épi

Tableau I. — *Caractères biométriques de l'épi de variétés de* **blés tendres** *précoces ou tardives*

1922				1923				1924				1925				Moyenne quinquennale			
Nos des lignées	Longueur de l'épi	Nombre des épillets	Compacité	Nos des lignées	Longueur de l'épi	Nombre des épillets	Compacité	Nos des lignées	Longueur de l'épi	Nombre des épillets	Compacité	Nos des lignées	Longueur de l'épi	Nombre des épillets	Compacité	Nos des lignées	Longueur de l'épi	Nombre des épillets	Compacité
	Sommet				Sommet				Sommet				Sommet				Sommet		
Variétés les plus précoces																			
334	11	19	18	349	9	23	24-25	334	8	17	18	1007	»	»	»	349	»	»	»
368	»	»	»	392	10-11	20	18-22	395	12	18	17	824	6	14-15	23	315	11	20	19
386	10	18	18	315	7	17	21	301	9	19	21	658	7	16	24	395	12	20	17
392	11	19	17	372	11	24	20-21	307	5	20	43	429	9-11	17-19	18	392	12	19	18
395	12	20	15	383	11	22	18	246	6	14	23	411	11	20	20	334	11	20	18
295	»	»	»	310	9	25	26	304	13	20	17	635	10	23	21	304	13	20	17
304	11	18-21	18	309	12	27	23	315	9	16	19	657	9	22	23	372	13	21	17
337	16	26	16	332	11	19	18-19	423	»	»	»	971	12	21	18	386	11	21	18-20
339	12	20	15	334	11	17-19	17	284	7	14	20	935	13	25	18	301	10	19	20
349	»	»	»	384	9	19	19	295	8	16	21	651	6-7	23	34	284	9	17	19
352	10	20	20	335	11	22	20	349	7	17	23	656	8	23	24	309	14	27-28	20
359	10	19	20	369	12	22	19	366	7	17	22	284	9	17	19	366	9	22	24
369	»	»	»	368	7-8	20	26	386	7	16	23	301	10	19	20	383	12	22	17
371	12	24	20	340	11	26	23	414	6	16	28-32	304	13	20	17	246	6	17	29
372	13	24	17	300	10	21	25	429	»	»	»	339	9	21	22	359	9	21	22
Durée de végétation moyenne : 171 jours				167 jours				192 jours				180 jours				182 jours			

Tableau 1. — *Caractères biométriques de l'épi de variétés de* **blés tendres** *précoces ou tardives*

1922				1923				1924				1925				Moyenne quinquennale			
Nos des lignées	Longueur de l'épi	Nombre des épillets	Compacité	Nos des lignées	Longueur de l'épi	Nombre des épillets	Compacité	Nos des lignées	Longueur de l'épi	Nombre des épillets	Compacité	Nos des lignées	Longueur de l'épi	Nombre des épillets	Compacité	Nos des lignées	Longueur de l'épi	Nombre des épillets	Compacité
	Sommet				Sommet				Sommet				Sommet				Sommet		
Variétés les plus tardives																			
387	»	»	»	397	7-9	14	25	642	11	19-20	17-19	600	12	21	18	355	13	23	17
313	»	»	»	289	4	23	47	643	12	21-23	17	726	11	20	18	312	14-17	24	15
329	10	23	24-25	344	11-12	25	22	500	8	21	22	342	12	21	17	320	10	24-26	19
330	»	»	»	382	10	23	22	503	14	22	15	353	17	22	13	344	15	28-30	19
338	»	»	»	312	15	25	16	446	12	21	19	431	14-18	25	16	351	8	26	32
342	»	»	»	338	11	22-23	19	644	12	21	17	433	14-15	27	21	307	15	24	15
347	9	25	22	347	9	22	31	645	10	24	23	43[illegible]	12	22	16-22	353	17	22	13
356	14	23	16	384	11	22	20	347	11	24	23	435	17	26	15-16	384	10	20	23
381	»	»	»	327	6	23	40 43	438	10	18	18	437	9	24	22	308	15	23	15
290	»	»	»	305	10	23	22	440	18	26	15	440	19	29	16	338	16	24	15
299	9	21	20	307	14	22-23	16	441	16	22	14-17	441	15	23	14	327	6	24	30
305	»	»	»	324	10	23	23	442	12	19	15	442	13	22	15	373	15	22	16
306	12	23	20	387	11	21	27	443	12	21	18	443	14-15	24	18	356	17-19	23	14
307	»	»	»	378	8	16	22	444	9	20	20	544	10	22	21	305	10	23	18-23
323	11	24	24	356	10	15	17	439	10	15	16	939	10	19	19	347	11	26	22
Durée de végétation moyenne : 193 jours				201 jours				230				228 jours				207 jours			

TABLEAU II. — *Caractères biométriques de l'épi de variétés de* **blés durs** *précoces ou tardives*

1921				1922				1923				1924				1925				Moyenne Quinquennale.			
Nos des lignées	Longueur épi	Nombre des épillets	Compacité	Nos des lignées	Longueur épi	Nombre des épillets	Compacité	Nos des lignées	Longueur épi	Nombre des épillets	Compacité	Nos des lignées	Longueur épi	Nombre des épillets	Compacité	Nos des lignées	Longueur épi	Nombre des épillets	Compacité	Nos des lignées	Longueur épi	Nombre des épillets	Compacité
	Sommet				Sommet				Sommet				Sommet				Sommet				Sommet		
Variétés les plus précoces																							
221	10	21	21	221	11	21	17	266	14	26	30	243	7	22	30	893	4	14	38	266	7	25	30
266	10	25	27	266	9	23	25	221	9-10	15-20	19	266	8	28	25	896	4	16	40	264	9	17	27
270	7	21	32	243	9	25	21	264	9	25	29	504	7	25	40	892	6	19	35	270	5	24	40
264	7	21	23	266	10	24	23	270	5	24	43	215	6	19	28	842	4	21	43	243	9	19	30
247	8	21	25	267	9	23	25	267	6	21	36	247	7	22	26	894	6	21	35	267	6	18	33
219	»	»	»	238	9	27	28	243	8-9	23	28	263	6	19	26	263	8	19	26	263	8	19	26
263	7	22	27	263	8	24	25	263	9	22	25	264	7	19	31	264	6	17	27	247	»	»	»
279	7	26	40	270	6	21	30	247	8	23	27-29	267	5	18	32	270	5	20	40	278	10	24	25
278	8	23	27	394	12	29	24	215	9	27	28	270	5	21	39	271	5	15	34	279	5	18	36
267	7	22	30	215	9	22	20	278	7	27	37	271	4	18	39	450	5	25	45	280	5	20	33
215	10	25	25	229	10	30	28	279	5	27	48	278	»	»	»	451	6	19	37	215	10	21	26
280	6	23	32	232	7	25	38	280	7	26	39	279	4-5	21	50	895	6	21	36	244	6	23	34
271	7	23	31	233	6	27	40	233	5	29	53	280	5	18	38	266	7	25	30	238	6	21	35
»	»	»	»	234	10	27	25	238	7	23	35	450	»	»	»	267	6	18	33	232	9	26	31
»	»	»	»	235	8	28	35	244	6	23	33	451	5	19	42	278	10	24	25	268	5	20	38
Durée moyenne de végétation : 180 jours				178 jours				180 jours				207 jours				202 jours				194 jours			

Tableau II. — *Caractères biométriques de l'épi de variétés de* **blés durs** *précoces ou tardives*

1921				1922				1923				1924				1925				Moyenne Quinquennale			
Nos des lignées	Longueur épi	Nombre des épillets	Compacité	Nos des lignées	Longueur épi	Nombre des épillets	Compacité	Nos des lignées	Longueur épi	Nombre des épillets	Compacité	Nos des lignées	Longueur épi	Nombre des épillets	Compacité	Nos des lignées	Longueur épi	Nombre des épillets	Compacité	Nos des lignées	Longueur épi	Nombre des épillets	Compacité
	Sommet				Sommet				Sommet				Sommet				Sommet				Sommet		
Variétés les plus tardives																							
248	14	33	23	282	6	24	40	230	6	24	35	257	6	21	34	712	9	29	31	231	8	28	37
240	10	27	26	216	9	28	28	252	8	27	31	258	8	27	33	713	7	24	34	239	10	28	28
231	8	30	37	220	10	23	28	216	10	27	27	259	7	21	30	718	7	24	38	245	8	28	35
239	10	28	28	223	9	23	25	220	8	28	35	261	6	20	30	774	7	19	24	250	5	18	33
227	11	24	21	226	10	25	28	226	7	26	33	272	6	26	45	888	4	25	58	255	8	24	29
270	8	29	41	227	10	21	21	261	9	24	25	274	4	23	51	900	9	27	29	273	5	27	45
272	7	29	48	230	8	22	27	276	7	25	36	275	4	23	49	963	9	26	30	274	6	22	40
269	10	30	32	231	9	27	30-31	227	9	23	25	276	5	22	41	245	8	28	35	254	7	21	27
261	10	24	25	247	6	18	25	231	7	27	38	394	8	20	30	546	5	17	30	258	9	23	28
256	9	25	27	248	13	27	22	248	12	31	25	506	9	20	24	548	»	25	24	252	10	25	29
254	9	27	25	252	9	25	24	271	5-7	24	38	546	»	»	»	710	»	25	22	261	10	23	23
253	9	28	31	272	6	14-15	23	275	5	26	46-49	564	6	24	34	733	»	26	26	275	6	26	37
235	5	29	48	277	6	23	27	277	7	25-26	38-39	567	7	25	37	773	9	23	25	248	9	27	30
217	»	»	»	241	9	21	23	272	6	27	37	582	4	19-20	51	906	7	23	26	272	7	24	37
275	5	25	42	271	7	24	30	251	8	24	29	252	7	25	29	753	12	29	26	251	»	»	»
Durée moyenne de végétation : 193 jours				197 jours				190 jours				224 jours				225 jours				207 jours			

est très variable dans les deux catégories, mais elle reste, dans l'ensemble, plus faible chez les variétés les moins précoces (3,3).

B. Dans les *blés durs*, 1° la longueur de l'épi est légèrement plus grande dans les variétés tardives, la différence étant, toutefois, bien moins accentuée que chez les blés tendres (0 c. 9 au lieu de 2 c. 3), et elle n'est pas plus constante.

2° Le nombre des épillets est également plus élevé, et à peu près dans la même mesure que chez les *Triticum vulgare* (3,7 contre 3,5).

3° Contrairement à l'espèce précédente, la densité de l'épi est plus forte dans les variétés tardives (+ 1,2 au lieu de —3,3), mais cette supériorité n'est ni générale, ni importante.

En résumé, il ressort de l'analyse biométrique d'un grand nombre de variétés de blés durs et tendres que les caractères : nombre des épillets, longueur et densité de l'épi, sont essentiellement fluctuants et variables d'une année à l'autre, et que leur rapport avec la précocité est instable et subordonné aux conditions climatériques.

Cependant, et d'une façon très générale, la longueur moyenne de l'épi et le nombre des épillets augmentent avec la durée de végétation et sont, par conséquent, plus élevés dans les races tardives, tandis que la densité de l'épi est plus forte dans les variétés précoces, sauf chez les blés durs où l'on observe une corrélation faible et inverse.

G. CHABREYROUX

Chimiste, Pharmacien de 1re classe

DE LA DIFFUSION DES RENSEIGNEMENTS METEOROLOGIQUES UTILES A L'AGRICULTURE

Nous assistons depuis deux ans à des progrès qualitatifs et quantitatifs toujours croissants de Radiotéléphonie.

Ces progrès qualitatifs sont tels que des citoyens ne possédant absolument aucune connaissance scientifique sont à même de tirer parti de postes récepteurs, de réglage par conséquent très simple.

Quant aux progrès quantitatifs, ils résident dans le nombre sans cesse croissant de ces appareils qui se trouvent maintenant jusque dans les hameaux les plus reculés.

Néanmoins, tout le monde « n'a pas » ou « ne peut pas avoir sa T.S.F. ».

Or, parmi les renseignements donnés plusieurs fois par jour par la voie d'Éther, il en est de précieux pour l'Agriculture. Encore faut-il qu'ils soient largement diffusés et socialement répandus dans nos campagnes.

C'est pourquoi nous insérons cette question dans le groupe des « Sciences économiques — Agronomie » et non dans le groupe étudiant la T.S.F., science physique.

*
* *

Habitant un centre agricole de deux mille habitants, vers lequel convergent de nombreuses entreprises de culture, voici quel est pour cette année notre plan d'essai de diffusion :

Nous possédons un poste de T.S.F. assez puissant pour recevoir la plupart des stations européennes (notamment la France, l'Angleterre, l'Espagne, la Suisse, l'Allemagne), avec ou sans antenne extérieure.

De ce fait, nous sommes à même de juger des probabilités de gelées très prochaines ou d'orages imminents, en nous basant sur les qualités de réceptivité, parasites atmosphériques, etc...

Nous recevons 2 fois par jour (8 et 20 heures) les prévisions régionales de l'Office National Météorologique, ainsi que les autres indications émises par différents postes tels que Tour Eiffel, Radio Paris, Londres, Berlin, etc...

Nous « prenons » également des conférences et conseils utiles aux agriculteurs.

C'est toute cette documentation que nous nous proposons de mettre à la disposition des populations par des bulletins rédigés régulièrement et aussitôt affichés à la mairie, laquelle est située au croisement de quatre routes très importantes.

A ces indications, notre organisation nous permettra de joindre des indications personnelles, prises dans nos jardins par les divers instruments météorologiques (thermomètres à maxima et minima, baromètres, pluviomètres, etc...)

*
* *

Il nous sera donné l'an prochain de résumer les impressions produites sur les populations paysannes par ces innovations, mais, d'ores et déjà, il nous est permis de conclure à l'efficacité de cette diffusion et de souhaiter que ce système soit adpoté partout où les populations d'agriculteurs manquent de renseignements atmosphériques.

A. AURIOL
Ingénieur agronome, à Toulouse

1° LA HOUILLE AZUR

2° ACCLIMATATION DU LAMA

19e Section

GÉOGRAPHIE

Président .... M. ZIMMERMANN, chargé de cours à la Faculté des lettres de Lyon.

R. ROUX

Secrétaire d'ambassade à Berne

LA GEOGRAPHIE DU HAUT-DANUBE VERS 250 ANS AVANT JESUS-CHRIST D'APRES UNE SOURCE ALEXANDRINE

La géographie de l'Europe Centrale s'éclaire, au IIIe siècle, d'une façon particulière, à la suite de la politique d'expansion commerciale et militaire des Etats grecs méditerranéens. Le royaume de Macédoine cherche à relier ses côtes de l'Egée avec l'arrière-pays du Danube et de la Save. Les royaumes de Thrace, de Pergame et de Bithynie pratiquent une politique de liberté du Bosphore pour élargir leurs relations avec le bas Danube. Enfin l'Egypte des Ptolémées veut faire d'Alexandrie la métropole économique non seulement de l'Asie Mineure, mais aussi de l'Europe Centrale. La monarchie alexandrine poursuit donc le dessein très vaste d'encercler complètement sa rivale macédonienne en dominant le commerce de la mer Noire avec l'alliance de Rhodes, en tenant celui de l'Adriatique avec l'alliance de Corcyre et en essayant de joindre les deux mers par une route ouverte à travers le continent européen.

Ces ambitions danubiennes de l'Egypte sous les Ptolémées II et III ont laissé leur trace dans l'épopée consacrée aux Argonautes par le poète Apollonios de Rhodes, favori de la cour alexandrine entre 250 et 220. Un des chefs de la marine royale, Timagète, n'avait pas hésité, dans un livre qui dut paraître vers 270-260, à identifier le Phase des Argonautes avec le Danube lui-même. Apollonios adopte l'hypothèse de Timagète, et, pour mieux forcer l'attention, imagine que les premiers conquérants du Danube ont été les Egyptiens du temps de Sésostris. C'est ainsi que les Egyptiens du IIIe siècle sont invités à suivre deux glorieux précurseurs : les Argonautes et les Pharaons. Et c'est ainsi, par suite, que les épisodes géographiques d'Apollonios, visant à une portée pratique, contiennent des renseignements précieux sur certains lieux et sur certains peuples du haut Danube.

Les détails du voyage des Argonautes sur l'Eridan, sur le Rhin, sur le Rhône et à travers les Alpes ont déjà fait l'objet d'études et de commentaires (1). La partie du haut Danube, par contre, a été examinée de moins près : cette note cherchera simplement à voir quels horizons le texte d'Apollonios peut ouvrir sur ces quelques points encore obscurs de la géographie de l'ancienne Europe.

*
* *

C'est à un escarpement rocheux, un *skopelos* dit de *Kauliakos*, que les Argonautes d'Apollonios atteignent le confluent du Danube et de la Save (2). Le mot *skopelos* implique l'idée d'observatoire et de vigie ; il correspond au mot celtique *dunum* (dune, dunette), qui désigne tant de villes gauloises. Or, en 250 av. J.-C., le confluent du Danube et de la Save est dominé par les Gaulois, fondateurs de Singidunum, aujourd'hui Belgrade. Le terme employé par Apollonios me semble indiquer une éminence fortifiée, peut-être une tour de guet et des pierres dressées pour consacrer la jonction des fleuves, soit du côté de Belgrade, soit plutôt dans l'angle des fleuves, du côté de Semlin. Ce serait le *dunum* d'un chef ou d'un dieu nommé Cauliacos, autrement dit *Cauliacodunum*. Qui est ce Cauliacos ? On a rapproché son nom de celui des *Caulices*, peuplade adriatique peu éloignée du lieu. Je crois qu'il faudrait plutôt comparer le nom de cauliacos à celui de callaicos, Callœcus, le Gallaïque, c'est-à-dire le Gaulois. Il s'agirait alors du monument (stèle, tour, tumulus) d'un Gaulois, peut-être le premier chef ayant planté l'épée celtique au confluent des deux grands fleuves, et en mentionnant la « Pierre du Gaulois », Apollnios marquerait solennellement l'entrée des Argonautes au seuil de l'empire gaulois.

*
* *

Venant de l'Est, les Argonautes voient d'ailleurs le site d'un autre œil que les Gaulois. Pour ceux-ci, le Danube absorbe la Save, et se grossit. Pour les Grecs, le Danube devient la Save, et se divise. La thèse des géographes alexandrins est que les eaux du Danube, par la Save,

---

(1) C. JULLIAN, *Hist. de la Gaule*, I, p. 71; J. PARTSCH, *Die Stromgabelungen der Argonautensage*, Leipzig, 1919.

(2) Ap. Rh., IV, 324; Partsch, l. c., p. 5, se borne à dire que « ce pourrait être une hauteur près de Belgrade ». La récente et très bonne traduction de Seaton (Londres, 1921) rend Skopelos par « cliff of Cauliacus ».

rejoignent l'Adriatique (1). La proximité des sources de la Save et de l'Isonzo, sur les deux versants du Carso riche en rivières souterraines, avait fait croire facilement à ce miracle d'hydrographie. Cette conception de fleuves identiques et divergents était d'ailleurs très ancienne : les Egyptiens appelaient l'Euphrate le « Nil à l'envers ». L'Isonzo était ainsi un Ister à l'envers, et le nom d'*Istrie* conserve toujours la trace de ce rattachement du pays à l'*Ister*, nom grec du Danube.

Mais il faut observer que les Argonautes d'Apollonios ne se croient pas forcés de faire tout ce détour. Ils prennent le raccourci que dessine aujourd'hui la ligne de Zagreb à Fiume, et c'est ainsi qu'ils occupent l'Adriatique, en face des « Iles d'Artemis » qui sont aujourd'hui les îles du Quarnero (2).

Cette particularité du parcours des Argonautes a passé presque inaperçue des commentateurs. Elle a pourtant l'intérêt de nous renseigner sur l'itinéraire complet de la grande route commerciale allant du delta du Danube aux îles du Quarnero. Elle remontait le Danube jusqu'à la Pierre du Gaulois, suivait la Save, gagnait la vallée de la Kupa et trouvait dans les îles dalmates les produits venus des Alpes et de l'Adriatique. Apollonios est contemporain de la formation de ce royaume d'Illyrie qui, riche de toutes ces îles opulentes, disputa à Rome, de 230 à 220, l'empire de l'Adriatique. La route qui mêlait ainsi les biens de l'Orient à ceux de l'Illyrie passait pour une merveille du temps : « Les marchandises de Lesbos se croisent, par le Danube grec, avec les amphores de Corfou » (3). Apollonios faisait son métier de poète d'Empire en la revendiquant pour l'Egypte.

Quant à la route du haut Danube, celle qui ouvre l'accès du Rhin soit par le col de l'Arlberg, soit par celui de Pforzheim, elle apparaît fermée au commerce du IIIe siècle. En s'engageant dans la Save, les Argonautes laissent à leur droite, vers le Nord, une « vaste plaine déserte » que le poète appelle le *Laurion* (4). Ce nom, inconnu ailleurs, mérite plus d'attention qu'on ne lui en a donné. Il éclaire en effet bien des aspects obscurs de la topographie de l'ancien Danube.

On sait que le Danube est le vestige d'une série de détroits et de mers intérieures de l'époque tertiaire. Le lac de Neusiedl et le Balaton sont les derniers témoins de cette nappe marine (5). L'asséchement s'est accompli très lentement. Le texte d'Apolonios permet précisé-

(1) Ap. Rh., IV, 325.
(2) Ap. Rh., IV, 330.
(3) Pseudo-Aristote, de Mirabilibus, 104.
(4) Ap. Rh., IV, 326.
(5) C. Penck, *Die Donau*, Vienne, 1891; Résultate des wissenschaftlichen Erforschung des Balatonsees, Vienne, 6 vol., 1906.

ment d'en fixer l'état au IIIe siècle avant notre ère. *Laurion* me paraît un mot d'une très vieille langue européenne, peut-être ligure, désignant un pays bas et humide. « Les Aborigènes — des Ligures — dit Denys d'Halicarnasse (1), donnent à leur région maritime — leur *égialée* — le nom de Laurentum. » La clef du *Laurion* danubien, pour le conquérant venant de l'Ouest, était le fort de *Lauriacum*, centre gaulois, puis romain, aujourd'hui Lorch.

Le Laurion, « vaste et désertique », évoque donc une plaine hongroise à l'état de régime et de civilisation demi-lacustre. Un scoliaste nous a d'ailleurs transmis un texte de Timagète qui précise la physionomie géographique et politique du lieu : « Le Phase (Danube) descend des Monts celtiques pour se jeter dans *le Marais des Celtes* avant de bifurquer (dans la Save) » (2). La Hongrie du IIIe siècle est le Marais des Celtes qui l'entourent de tous côtés, au sud du Danube, au pied des Alpes, en Bohême et le long des Carpathes. Ce marais est d'ailleurs un immense obstacle à la jonction entre les Celtes du Nord et ceux du Sud. Il est certainement une des causes de la faiblesse de l'Empire celtique dans ses efforts d'unité et de centralisation.

En outre, comme le note Apollonios, la population de ce Laurion n'a rien de celtique. Elle est bien antérieure aux Celtes : « Déjà le Laurion était hanté par les Sigynnes, par les Graucènes, par les Sindes, races qui n'avaient jamais vu bateau de haute mer. » (3). Les Sigynnes évoquent en effet une vieille civilisation continentale de l'Europe, celle de Halstatt, lien entre les Etrusques et l'Orient (4). Leur arme nationale, la sigynne, sorte de harpon barbelé de l'époque lacustre, était porté par les rois d'Orient quand ils voulaient affirmer leurs prétentions sur l'Europe (5). Leur nom évoque celui des Tziganes, et se rapporte bien à l'état primitif de la Hongrie. Cette Hongrie n'avait d'ailleurs pas de limites vers le Nord-Est ; d'autres nomades, d'origine sarmatique, commençaient à y pénétrer par les Carpathes. A côté de Sigynnes, Apollonios nomme les Graucènes et les Sindes. Je rapprocherais les Graucènes des Grauthonges, qui passèrent le Danube au Ier siècle avant notre ère, comme mercenaires de Mithridate lors de son invasion de la Grèce. Ils faisaient partie de cette cavalerie sarmate qui pilla Delphes au passage (6).

*
* *

En quelques vers, Apolonios évoque donc une intéressante perspective de l'aspect et du peuplement de l'Europe Centrale au IIIe siècle.

(1) D. H., I, 45.
(2) Sch. Ap. Rh., IV, 259.
(3) Ap. Rh. IV, 320-322.
(4) JULLIAN, *Hist. de la Gaule*, I, p. 298 et 370.
(5) Athénée, XII, 357.
(3) Claudien, IV, Cons. Hon., v. 623.
(6) Appien, Ill. 85.

un vieux peuple primitif qui s'éteint, les Sigynnes ; un vieux fond de mer qui s'assèche, le Laurion. Autour d'eux, guettant l'assèchement pour la conquête, des races neuves, les Celtes, marée d'Occident, et les Sarmates, marée d'Orient. Encore un peu de temps, et le Laurion sera leur partage : à l'ouest du Danube, les Pannoniens issus des Gaulois d'Illyrie, défricheront le pays ; à l'est du Danube, les Jazyges, venus d'au delà des Carpathes, feront de la plaine à peine séchée un immense pré d'élevage de chevaux.

La décadence des derniers Ptolémées détourna les Grecs de ces événements. Ce sont les Romains qui les premiers connurent la physionomie exacte du haut Danube. Dès 130 av. J.-C. ils atteignirent l'Isonzo et reléguèrent aux légendes sa fonction de débouché du Danube ; en 75 av. J.-C., ils touchèrent au Danube lui-même. Bientôt le Danube sera par excellence le fleuve impérial romain. Mais sa gloire romaine ne doit pas faire oublier qu'à un moment de son histoire il a été sur le point d'être un fleuve impérial grec, et que le peu de témoignages qui en subsistent ouvrent quelques jours précieux sur un état disparu de la vieille Europe.

Maurice PARDE

NOUVELLES DONNÉES SUR LES DEBITS DE L'ARDECHE

Il est de notoriété courante que l'Ardèche peut rouler lors de ses crues dévastatrices de septembre et d'octobre des débits monstrueux. Plusieurs auteurs, MM. de Mardigny, Marchegay, Delemer, ont essayé d'évaluer ces masses d'eaux, et nous-même, dans nos thèses sur le « Régime du Rhône », avons consacré à cette question un développement assez long. Nous avons abouti à la conclusion que le débit de 7.500 mc. attribué par M. Delemer au maximum fantastique de septembre 1890 (17 m. 30 à Vallon), pouvait bien effectivement avoir été réel, mais qu'un chiffre plus ou moins voisin de 6.500 mc. paraissait plus vraisemblable. A ce point de vue, nos études les plus récentes ne nous ont rien appris de nouveau.

Il n'en est pas de même en ce qui concerne les débits moyens du fameux torrent cévenol. Nous rappelons que nous les avions estimés par les approximations suivantes :

La hauteur des pluies que recueille le bassin, d'après les moyennes établies par M. Angot, approche de 1.300 mm. Par analogie avec le cas d'autres rivières dont l'alimentation en pluies et le débit sont connus, nous avons conclu que le cofficient d'écoulement de l'Ardèche était au moins égal à 0,60, soit un indice d'écoulement (quantité de pluie évacuée annuellement par la rivière) de 780 mm., un module relatif de 25 litres par seconde au km², ce qui donne environ 53 à 54 m.c. à Vallon et 57 à 58 mc. au confluent avec le Rhône.

Il est vrai que, d'après les chiffres de M. Delemer, nous avions fixé à 2.153 km² à Vallon et à 2.396 au confluent avec le Rhône, la superficie du bassin, alors que, à proximité de ce dernier point, la surface réceptrice réelle ne dépasse pas 2.140 km².

Or, depuis quelques années, la Compagnie générale d'Electricité, qui a projeté d'établir une usine hydro-électrique à Dona-Vierne, à 3 km. en amont de Saint-Martin-d'Ardèche, a exécuté des jaugeages par moulinet, dressé des courbes de débit et calculé les débits journaliers de l'Ardèche depuis 1921. M. Bezet, Directeur de cette Compagnie, a bien voulu nous communiquer les résultats de ces études et nous autoriser à en faire l'usage scientifique qui nous conviendrait. Nous nous proposons d'exposer aux membres du Congrès les conclusions qui ressortent des recherches de la Société en question.

I. *Jaugeages.* — Les jaugeages ont été exécutés près de Saint-Martin et à Vallon. Ils ont donné les résultats suivants :

Date	Lieu de l'observation	Cotes, aux échelles des Ponts et Chaussées	Débit	Rapport de la vitesse moyenne à la vitesse superficielle
3 avril 1921	**Vallon**	0,70	72 mc,	0,885
4 avril 1921	Saint-Martin	0,33	68 mc, 5	0,856
10 sept. 1921	id.	— 0,10	14 mc, 5	0,82
4 nov. 1921	id.	— 0,25	6 mc, 56	0,82
5 oct. 1921	id.	0,22	47 mc, 5	0,80
15 févr. 1922	id.	— 0,18	11 mc, 5	0,81

Ces opérations ont montré que les jaugeages effectués en 1899 et 1900 par le Service des Ponts et Chaussées donnaient des débits quelque peu inférieurs à la réalité. On ne saurait s'en montrer surpris, puisque les services des Ponts et Chaussées avaient procédé uniquement par le système imparfait de flotteurs superficiels. D'ailleurs les ingénieurs de cette administration avaient négligé les débits bas et moyens du cours d'eau et s'étaient surtout enquis des débits de crue. Préoccupation d'ailleurs fort louable, puisqu'elle leur a permis de jauger des débits supérieurs à 2.000 mc. et d'établir les premières bases d'une étude scientifique des crues de la terrible rivière.

II. *Débits de l'Ardèche de* 1921 *à* 1925. — De 1921 à 1925, les modules ou débits moyens annuels de l'Ardèche ont été les suivants :

1921........	34 mc. 8 ou 16,2 litres sec.	par km²
1922........	32 mc. 8 ou 15,3 litres sec.	—
1923........	48 mc. 5 ou 22,7 litres sec.	—
1924........	57 mc. ou 22,7 litres sec.	—
1925........	56 mc. 7 ou 26,4 litres sec.	—

Il importe de signaler que les années 1921 et 1922 ont été caractérisées par une extrême sécheresse et par conséquent représentent les plus faibles débits annuels que puisse rouler l'Arcèche. En effet, la moyenne arithmétique des précipitations aux stations pluviométriques des Ponts et Chaussées s'élève de 1878 à 1920 à 1.459 mm., en 1921 à 806 mm. et en 1922 à 936 mm., soit respectivement 55 et 64 % de la moyenne.

D'autre part, nous avons lieu de croire que les modules donnés pour 1923, 1924 et 1925 sont quelque peu inférieurs à la réalité. En effet, si les courbes de débits de la Compagnie générale d'Electricité sont parfaites pour les cotes basses et moyennes, divers indices nous donnent à penser que pour les niveaux de crue, ces courbes indiquent des débits trop faibles. Pour une rivière aussi tumultueuse que l'Ardèche, une fraction très importante du volume total annuel s'écoule au moment des crues. Et si le débit de ces dernières est sous-estimé, l'erreur peut affecter assez sensiblement le module de toute l'année. Or, les crues ont été très nombreuses aux automnes 1923 et 1924, et nous ne serions pas étonnés que pour ces années, les modules indiqués par la Compagnie générale d'Electricité n'exigent une majoration de 5 à 10 mc.

III. — *Evaluation du module pour une longue période.* — Par contre, nous approuvons entièrement les raisonnements très scientifiques et ingénieux par lesquels la Compagnie a évalué le module probable de la rivière pour une longue période telle que 1851-1900. Et nous ne saurions trop recommander cette méthode d'investigation hydrologique aux industriels désireux d'apprécier les débits de toute rivière dont le régime n'est connu que par des données fragmentaires.

1° Si l'on considère la moyenne arithmétique des pluies tombées sur le bassin et si on la compare aux débits relevés en 1921, 1922. 1923, on obtient les coefficients d'écoulement suivants :

1921 : 0,64 ; 1922 : 0,52 ; 1923 : 0,55.

Mais nous savons que le coefficient d'écoulement des dernières années a été très amoindri par la sécheresse de 1921 et 1922 et par la médiocrité relative des pluies en 1923. On peut donc sans crainte d'exagération, estimer le coefficient d'écoulement durant une longue période telle que 1851-1920 à 0,60. Comme la moyenne arithmétique de la pluie, durant cette période, s'élève à 1.459 mm., soit 46 litres sec. par km², le débit moyen doit être de 27,8 litres sec. par km², soit 59,5 mc.

2° En réalité, la moyenne arithmétique des pluies indique un chiffre trop fort, car elle résulte d'observations qui ont toutes été effectuées dans la partie haute du bassin, la plus humide. Mais, en revanche, la valeur de 0,60 pour le coefficient d'écoulement moyen est à coup sûr trop faible. En effet, on a pour d'autres rivières, semblables à l'Ardèche par leur alimentation, la morphologie et la géologie de leur bassin, les chiffres suivants :

	Pluies	Débit moyen relatif	Coefficient d'écoulement
Hérault à S-Guilhem le Désert	1245 m/m	31 lit. sec. km²	0,78
Dordogne à Argentat	1100 m/m	26,2 lit. sec. km²	0,75

On peut donc admettre que l'Ardèche écoule annuellement au moins 0,70 de l'eau atmosphérique reçue. Or, d'après le planimétrage effectué sur la carte des pluies en France dressée par M. Angot pour la période 1851-1900, la tranche annuelle réelle des précipitations équivaut à peu près à 1.250 mm., soit 39,7 litres sec. par km². Si le coefficient d'écoulement atteint 0,70, on a un module relatif de 27,8 litres sec. par km² et un module absolu de 59 mc. 5, soit un chiffre égal à celui qui a été admis d'après la moyenne arithmétique des pluies. Et ce chiffre est un minimum, car si le coefficient d'écoulement de l'Hérault s'élève bien à 0,78, il devient difficile de croire que celui de l'Ardèche ne dépasse pas 0,70.

Conclusion. — De cette discussion, et des faits que nous venons de présenter, il ressort :

1° Que l'écoulement moyen de l'Ardèche, voisin de 28 litres sec. par km², est considérable. Cette rivière s'impose à l'attention non seulement par la puissance formidable de ses crues, mais encore par le taux élevé de son module annuel. Il est vrai que les crues, très fortes, mais vite écoulées, expliquent en grande partie la puissance de ce module, car en temps normal, la rivière, sans être aussi indigente qu'on le pense communément, ne comporte que des débits assez médiocres.

2° Que les évaluations présentées dans notre thèse sur le module probable de l'Ardèche, étaient très prudentes, et en tout cas, voisines de la réalité. Nous admettions au minimum 57 à 58 mc., la Compagnie générale d'Electricité croit plutôt à 59 ou 60. Les deux chiffres sont à peu près les mêmes. Et par voie de conséquence, les évaluations que nous avons formulées sur les débits de la Cèze (21 litres sec. par km² et 27 mc), et du Gardon (21 litres sec. par km² et 42 mc.) apparaissent comme très vraisemblables et péchant plutôt par défaut que par excès.

André CHOLLEY

Professeur de Géographie à la Faculté des Lettres de Lyon

FORMES TOPOGRAPHIQUES DUES A LA NIVATION DANS LES MONTS DU BEAUJOLAIS ET DU LYONNAIS

Le massif montagneux du Beaujolais se dresse entre la Loire et la Saône avec un profil transversal nettement dissymétrique : longue pente du côté de la Loire, chute brusque de la côte beaujolaise sur la Saône. La partie supérieure du voussoir montagneux est constituée de hautes croupes arrondies couvertes de landes de genêts assez désolées. L'analyse morphologique permet d'y reconnaître les restes d'une pénéplaine qui a été inégalement soulevée.

Il est malaisé de dater cette pénéplaine en limitant les recherches à une région aussi étroite. M. Briquet la place au miocène ; on trouverait aisément des faits en faveur d'une date antérieure : début du tertiaire (éocène).

Cette pénéplaine ne constitue pas toutefois l'essentiel du relief. Ses restes sont trop fragmentaires. La pénéplaine beaujolaise est plutôt une construction de l'esprit, une abstraction qui permet de mettre de l'ordre dans l'enchaînement des formes du relief, qu'une réalité géographique. Les accidents qui l'ont affectée ont beaucoup plus d'importance dans la topographie actuelle. Parmi eux nous ne retiendrons ici que les accidents en creux : *les cuvettes.*

La surface de la pénéplaine est découpée en cuvettes qui guillochent la montagne comme autant d'alvéoles. Ces cuvettes sont parfois très simples d'aspect. Celle de Poule a son fond (620 m.) enfoncé de 150 à 200 m. dans les restes de la pénéplaine. Elle constitue un petit bassin très nettement dessiné, même sur la carte au 1/80.000. Il a tendance à se fermer vers l'aval. Le fond de la cuvette n'est pas plat : il est constitué de croupes surbaissées qui convergent des bords vers le goulot du bassin, et de vallons herbeux et souvent marécageux qui les séparent. La morsure des ruisseaux dans certains vallons indique un remblaiement qui peut dépasser une dizaine de mètres, et constitué, non de cailloux roulés, mais de blocs empâtés dans une terre de décomposition écoulée des versants. Sur les croupes le talus des routes montre des produits de décomposition un peu plus fins. La cuvette est non seulement une unité morphologique, mais aussi humaine : au centre le bourg ou chef-lieu, sur les bords, dans une disposition circulaire ou rayonnante, les hameaux.

Les cuvettes ne sont simples que dans les parties tout à fait engagées dans la masse montagneuse ; vers l'aval, il est moins aisé de les définir. L'érosion régressive de la fin du tertiaire et du quaternaire a creusé ou déblayé les vallons et comme éventré le fond des cuvettes. Mais la forme d'ensemble reste la même.

Cette forme de cuvette est due à l'action de deux facteurs. L'érosion fluviale d'abord : les cuvettes sont les têtes des vallées du premier cycle d'érosion qui a mordu dans la pénéplaine. Mais l'érosion fluviale seule ne peut ainsi donner naissance à ces creux de forme grossièrement circulaire qui se referment à l'aval sur un goulot plus ou moins étroit. Elle ne parvient pas à expliquer non plus l'épaisseur du manteau de débris qui garnit principalement le pourtour intérieur. Durant la période glaciaire, l'action de la nivation s'est ajoutée à l'érosion fluviale. Sur les flancs, sous l'action du gel et du dégel et de la neige accumulée, les débris de décomposition ont coulé vers le bas, élargissant les têtes de vallées et comblant les vallons.

Théoriquement, rien ne s'oppose à cette hypothèse. Les témoins en relief au-dessus de la pénéplaine approchent de 1.000 mètres, les restes de la pénéplaine de 900. Or la limite des neiges éternelles à l'époque de la dernière glaciation était dans la région alpestre voisine établie vers 1.300 mètres.

Mais il y a plus : des faits précis viennent confirmer cette manière de voir. Une série de courses dans les Monts du Lyonnais, nous a fait découvrir sur les bords d'une cuvette analogue à celles du Beaujolais analysées plus haut (cuvette de Duerne, versant Est du Signal de la Courtine) une véritable coulée de blocs, analogue aux rocs glaciers de la zone voisine des neiges éternelles dans les hautes montagnes. Descendue du versant de la montagne, elle s'est engagée assez loin dans le fond d'un vallon. Tout le long du chemin de la Chapelle-sur-Coise à Duerne on peut du reste relever des traces de phénomènes de solifluction. Il n'est pas douteux que ce mécanisme de décomposition provoquée par la nivation à une époque où les neiges étaient plus abondantes sur les sommets de nos montagnes ait contribué à la constitution des cuvettes, élément principal de la morpohlogie des Monts du Lyonnais et du Beaujolais (1).

Enfin, l'intérêt de la découverte de phénomènes de nivation dans les Monts du Lyonnais et du Beaujolais n'est pas seulement d'ordre morphologique ; elle permet de déterminer l'état de nos montagnes à l'époque glaciaire. Nos massifs n'étaient pas assez élevés pour porter des névés et des glaciers, mais ils l'étaient suffisamment pour que la neige et les alternances du gel et du dégel y aient exercé une action importante. Ils ont donc été des *zones de nivation* active. Il serait

(1) On sait que dans le Morvan on retrouve des formes analogues, mais beaucoup plus vastes.

intéressant d'étudier en détail la répartition de ces phénomènes de nivation, dans nos régions, non seulement au point de vue morphologique, mais aussi au point de vue de la nature et de la constitution des sols.

René Le CONTE

Docteur en droit, Licencié ès lettres

LA FRANCE EN 34 DEPARTEMENTS

Cette communication a paru sous forme d'article dans le fascicule n° 3 de la Revue du Droit Public de 1926, à laquelle elle avait été envoyée en même temps qu'à l'A. F. A. S.

20e Section

ÉCONOMIE POLITIQUE ET STATISTIQUE

Président .... P. Pic, Professeur à la Faculté de droit de Lyon.

J. Perroud

Professeur à la Faculté de Droit de Lyon

LA CLAUSE FRANC OR ET SES SUCCEDANES

Depuis 1922, date où je publiais une étude sur ce sujet, étude relative surtout au côté international du problème, de nombreux articles ont paru, de nombreuses décisions de justice ont été rendues, de nombreuses combinaisons ont été imaginées par les praticiens. Je me propose de présenter en un tableau aussi résumé que possible l'état actuel de la question au point de vue juridique en vous laissant le soin d'en tirer telles ou telles conclusions au point de vue économique ou législatif. Il serait superflu d'insister sur la gravité du problème qui rend si difficile aujourd'hui l'établissement de contrats à durée tant soit peu prolongée, spécialement des contrats de louage d'immeuble.

La clause dite franc or, c'est-à-dire celle par laquelle le créancier stipule ou bien qu'un prix sera payé en pièces d'or ou bien qu'il sera payé en une quantité de billets équivalant au jour du paiement à une quantité d'or fixée, est actuellement nulle. Cette nullité est fondée sur la combinaison des lois sur le cours légal et sur le cours forcé du billet de banque et de l'article 6 du Code civil. Bien que contestée par certains auteurs, cette nullité est affirmée par la jurisprudence au moins dans les rapports entre Français. Au contraire, un Français, créancier d'un étranger et bénéficiant de la clause franc or, a, d'après nos tribunaux, le droit de s'en prévaloir. Nombreux ont été les Etats étrangers ou les sociétés étrangères qui ont été condamnés à faire aux obligataires français le service en or de leurs titres conformément au contrat d'émission.

Cette solution de la jurisprudence, que je constate sans la discuter, qui annule entre Français l'effet des clauses franc or, est, comme je le disais au début, fort gênante en pratique. Aussi a-t-on essayé de la tourner, de se prémunir contre ses inconvénients par des clauses savamment rédigées. Ce sont ces clauses qu'il nous faut examiner.

On a pensé d'abord à stipuler simplement le paiement en une monnaie étrangère non dépréciée, livres, dollars, francs suisses, etc... On a invoqué l'article 143 Com. qui dispose que la lettre de change est payable en la monnaie qu'elle indique ; donc elle peut indiquer une monnaie étrangère. — C'est un assez pauvre argument. Il s'agit précisément de savoir si ce texte inséré en 1807 au code de commerce n'a pas été abrogé « parte in qua » par le législateur en 1870 et en 1914. On peut se demander si, réserve faite des rapports internationaux, une lettre de change établie aujourd'hui en dollars serait valable comme telle. Défendre d'une part de stipuler en or et permettre de l'autre de stipuler en dollars, constituerait une inconséquence qu'on ferait difficilement accepter par nos tribunaux. La jurisprudence française, comme d'ailleurs beaucoup de jurisprudences étrangères, n'admet pas qu'on puisse faire indirectement ce qui est directement défendu. Elle se reconnaît le droit de dépister ce qu'elle appelle la fraude à la loi. Or ici le subterfuge est trop visible, trop apparent pour qu'on ait chance de la tromper.

Un second procédé a été mis en avant : le créancier stipule qu'il recevra une certaine quantité de coupons échus de la rente française 4 % 1925, dite à change garanti. Comment, a-t-on dit, qualifier d'illicite la stipulation de telle ou telle quantité de titres émis par l'Etat lui-même ? — Cette combinaison ne peut cependant pas être recommandée. Il est évident en effet qu'elle ne peut s'expliquer que par le désir du créancier d'esquiver l'obligation de recevoir paiement en monnaie légale. Par un arrêt du 24 décembre 1925, la première chambre de la Cour de Paris, qui a pu se dispenser de statuer expressément sur la validité de cette clause, a cependant cru devoir faire les plus expresses réserves sur cette validité. Sans doute l'Etat, en émettant la rente 1925, a donné lui-même le mauvais exemple. Mais cela ne veut pas dire que d'autres pourraient l'imiter impunément. L'Etat s'est arrogé un privilège, et ce n'est pas la première fois. On sait par exemple qu'une société ne peut en émettant des obligations prendre d'avance à sa charge tous les impôts présents et futurs. L'Etat et le Crédit National jouissent seuls de cette prérogative.

On a proposé encore ce que l'on a appelé la clause d'échelle mobile : il s'agit ici de faire varier l'importance de la prestation du débiteur selon les indices du coût de la vie que publie périodiquement le ministère du Travail. Est-ce licite ? La jurisprudence n'a pas encore eu l'occasion de se prononcer, et la question est très embarrassante. D'une part, on peut dire ceci : il s'agit toujours d'une somme d'argent variant avec la dépréciation du franc. Or cette dépréciation, le législateur, à tort ou à raison, ne veut pas qu'elle puisse se constater officiellement et ouvertement dans les contrats ou devant les tribunaux. Sans doute le coût de la vie ne se calque pas sur le change avec une rigoureuse exactitude ; mais il est hors de doute qu'il est dominé par lui. Variation des indices de prix et variation du change sont choses équivalentes, et si dans le premier cas la fraude à la loi monétaire est un peu plus dissimulée, elle l'est encore trop peu pour échapper à la censure des tribunaux.

Au contraire et en faveur de la validité, on peut répondre : la loi reconnaît un contrat appelé bail à nourriture par lequel une personne cède à une autre la jouissance d'un immeuble à charge par le preneur de subvenir à l'entretien du bailleur. Ce contrat certainement licite est très voisin de l'acte par lequel je loue mon immeuble moyennant une somme variable avec les indices du coût de la vie. Que je reçoive ma nourriture en nature ou qu'on me remette l'argent nécessaire pour l'acheter, n'est-ce pas la même chose ? Si le premier procédé est certainement régulier, comment ne pas admettre le second ? La clause d'échelle mobile nous paraît donc valable.

En tout cas, cette clause nous met sur la voie pour découvrir un principe général de solution. Parmi les diverses combinaisons qu'on peut imaginer pour écarter du créancier le risque des changes sans violer trop ouvertement la loi du cours forcé, on pourra admettre celles qui se rattacheront à d'autres contrats licites, tels que le métayage et la Société.

Le métayage est le bail d'une terre où le prix, au lieu d'être fixé en argent, consiste en une quote part des fruits, généralement la moitié. Je pourrais, en installant sur ma terre un cultivateur, demander, au lieu d'une moitié de récolte, une quantité forfaitaire de blé ou de vin. Pratiquement, le fermier se libérera par une somme d'argent égale au prix du blé ou du vin sur les marchés publics. Un prix de ferme payable en denrées agricoles ne me paraît pas critiquable, puisqu'il équivaut à une part de métayage. Ceci va nous permettre de résoudre une question très controversée, parce que mal posée : un prix peut-il être fixé en une marchandise quelconque ? Il faut à notre avis distinguer. S'il n'y a aucun rapport entre la marchandise et la contre-prestation, l'opération est illicite, par exemple le bail d'un appartement de ville moyennant tant de quintaux de blé. Ici il est trop clair que les parties ont voulu échapper au cours forcé et elles ne peuvent s'abriter derrière la légalité d'aucun contrat voisin. Admettre la validité d'un tel contrat conduirait d'ailleurs fort loin. A une quantité de blé, il n'y aurait pas de raison de ne pas substituer un poids de platine, métal précieux non monétaire ; puis un poids d'or, et on arriverait ainsi par transitions insensibles à la clause franc or que la jurisprudence prohibe. Au contraire, quand il s'agit d'une clause frugifère, stipuler une part des fruits, puis une quantité forfaitaire de fruits, puis le prix de cette part forfaitaire, tout cela se relie au métayage et doit à ce titre être validé.

Même constatation, si l'on part non plus du métayage, mais de la Société. Je pourrais fonder une société avec un commerçant, où mon apport consisterait dans la jouissance d'un immeuble qui m'appartient. Je pourrai donc aussi louer mon immeuble à un commerçant en stipulant pour prix de location une quote part des bénéfices du fonds ou une redevance calculée sur le chiffre d'affaires. C'est toujours le même système : s'abriter derrière un contrat valable.

Nous conclurons donc que la clause franc or est nulle. et que ses divers succédanés sont également nuls, à moins qu'ils n'utilisent le couvert d'un contrat d'une indiscutable validité. Conclusion illogique et artificielle, dira-t-on ? C'est possible ; nous sommes ici dans une matière toute de fait où la jurisprudence cherche des intentions, parle de fraude, d'ordre public ; tout cela est variable, subjectif, imprécis. Le juge embarrassé de son omnipotence sera trop heureux de fonder une solution favorable en la rattachant à un texte précis, sanctionnant un contrat bien connu.

Pour être tout à fait exact, je dois ajouter que deux jugements récents, l'un du tribunal de Nice en date du 30 décembre 1925, l'autre du tribunal de Dijon en date du 1er avril 1926. ont validé des baux, où le loyer variait avec le change. Ces deux décisions, contraires à toute la jurisprudence, et émanant de juridictions inférieures, sont-elles l'indice d'un revirement futur ? L'avenir le dira.

M. VORON

Professeur à la Faculté libre de Droit de Lyon

Vice-Président de l'Union du Sud-Est des Syndicats agricoles

LA COOPERATION AGRICOLE

L'évolution de l'organisation rurale. — Récemment, l'attention du comité national économique fut, à propos de l'outillage agricole, appelée sur l'importance de la Coopération Agricole.

Nous avons en France une organisation rurale, où domine la moyenne exploitation ; j'entends avec Souchon celle qui occupe une famille.

L'exploitant cumule l'emploi d'entrepreneur et de travailleur ; il travaille bien parce qu'il est rémunéré par le profit de l'entreprise. Les conflits à raison du travail disparaissent ainsi presque complètement et il n'y en a guère d'autre, il n'y a notamment pas de conflits entre fermiers et propriétaires, car ceux-là se rendent bien compte que ceux-ci se contentent d'une bien minime rémunération pour le gros capital qu'ils fournissent.

D'autre part, la vie de ces exploitations agricoles est allée chaque jour se compliquant. Elle ne se déroule plus tranquille dans le cadre du village, ou du gros bourg voisin, où le maître pouvait trouver le peu de fournitures qui lui était nécessaire pour écouler ses produits, recruter à portée de main les ouvriers indispensables...

L'exploitation a, quoi qu'on en dise, perfectionné ses méthodes... Elle emploie de plus en plus des engrais, des insecticides, des anticryptogamiques, l'outillage se modernise, les moissonneuses, les faucheuses deviennent une nécessité. La création de débouchés plus avantageux s'impose souvent. La recherche de la main-d'œuvre est une affaire... *d'Etats !* On n'en trouve qu'à l'étranger. L'agriculture voit plus d'argent, mais elle paie plus cher, elle n'échappe pas à la crise si générale du fonds de roulement. Ses responsabilités s'aggravent et on vient de lui appliquer pour les accidents du travail les règles du commerce et de l'industrie.

Voilà donc la gestion d'une moyenne et ordinaire exploitation agricole grevée de soucis qu'elle ne connaissait pas jadis, ou à un bien moindre degré. Comment y faire face ?...

L'industrialisation. — On a dit pendant la guerre et depuis, sans doute, qu'il fallait industrialiser l'agriculture.

Est-ce à dire qu'il faut pour cela la concentrer en de puissantes sociétés qui pourront s'organiser de façon à spécialiser les fonctions et à profiter des ressources de la division du travail et dans lesquelles les anciens exploitants deviendraient ouvriers ?...

Cette solution, du reste, pratiquement irréalisable, et dont quelques essais n'ont pas été heureux, apparaît au surplus comme ayant de tels inconvénients sociaux qu'on ne saurait y arrêter sa pensée.

Et ainsi on en arrive à cette conclusion qui a bien été celle de la pratique, qu'il faut demander à l'association les services que l'on pourrait attendre d'une concentration et d'une intégration par ailleurs indésirable et désavantageuse.

C'est bien dans ce sens que l'évolution s'est faite.

La Coopération auxiliaire des exploitations moyennes. — Qu'on envisage les formes multiples qu'a revêtue la Coopération agricole dans les 40 dernières années, c'est-à-dire depuis que la loi du 21 mars 1884 a permis aux agriculteurs de prendre conscience des nécessités et de s'organiser, et l'on verra la Coopération Agricole se faire la servante de l'exploitant, l'aidant et le suppléant dans ses fonctions nouvelles où il s'empêtre et faisant en quelque sorte pour lui partie de son outillage, nous avons rappelé en commençant qu'au Comité National Economique, la Coopération a été envisagée sous cet angle.

A vrai dire, la Coopération Agricole a eu des manifestations plus anciennes, notamment pour ces fabrications, comme celle du gruyère, qui suppose chaque jour des quantités beaucoup plus importantes de lait que n'en peut fournir un exploitant ordinaire, mais ce qui caractérise l'évolution la plus récente, c'est cette utilisation de la Coopération pour de nombreuses opérations dont jadis les individus ne craignaient pas de se charger, opérations d'achat, de vente, de fabrication en commun, de crédit, d'assurance.

La Coopération vraie procure alors des avantages sérieux, puisqu'il est de son essence de réserver à ceux pour qui elle est faite, producteurs, consommateurs, emprunteurs, assurés,, les profits qui, sans cela, iraient à un intermédiaire spéculant, industriel, commerçant, banquier, assureur, mais aussi elle dispense le coopérateur non seulement de soucis, de craintes, mais aussi de comparaisons, de recherches, qu'il n'a pas le loisir ni même l'aptitude de faire.

Achat. — Un des premiers et des plus appréciés services que les Syndicats Agricoles ont rendu à leurs adhérents, soit par eux-mêmes, car ils constituent une forme régulière (au moins depuis la loi du 12 mars 1920) quoiqu'embryonnaire de coopération, soit par les Coopératives ou divers services annexes, qu'ils ont constitués, a été de faire à leurs adhérents des fournitures diverses, plants divers, vignes, arbres fruitiers ; semences, engrais, insecticides, anticryptogamiques, machines et outils, le tout contrôlé, choisi, garanti et enfin au juste prix. A la méfiance a succédé la confiance naturellement féconde.

Transformation et vente. — Que n'a pas fait la Coopération de transformation ou de vente partout où elle a été installée ?... Amélioration de produits, rémunération plus équitable du producteur ainsi encouragé, enfin, tranquillité de ce même producteur qui se livre alors tout entier, et sans crainte, à l'intensification de sa production. Les résultats ont été ordinairement excellents. Les Coopératives de vinification ont obtenu des vins bien supérieurs à ceux qu'on faisait isolément, elles se sont créé une clientèle avec qui elles traitent de pair, elles débarrassent les vignerons des soins de fabrication, de conservation ou de logement et de vente, et ce débarras, loin de l'appauvrir, l'enrichit. Les Coopératives beurrières des Charentes se sont créé une marque de premier ordre pour la plus grande satisfaction du producteur, qui, isolément, ne faisait pas et ne vendait pas si bien, quelque peine qu'il s'en donnât, et du consommateur. J'ai pu voir, récemment, à Saint-Marcel-lès-Chalon, une région transformée, toute occupée à la production maraîchère, intensive, parce qu'il s'y est créé une Union qui fait au producteur sa part raisonnable tout en le déchargeant des soucis de l'expédition, de la vente et du recouvrement.

Là encore, la Coopération est on ne peut plus féconde.

Main-d'œuvre. — La coopération aborde aussi les problèmes de main-d'œuvre, soit que par un outillage collectif (syndicat ou coopérative) elle facilite les tâches individuelles, soit qu'elle aborde directement le recrutement des travailleurs qui si souvent aujourd'hui doit se faire à l'étranger. De solides organisations ont été constituées pour introduire de bons ouvriers agricoles, et les agriculteurs français ne se sont pas repentis d'avoir fait confiance sur ce point comme sur les autres à leurs associations.

Crédit. — Dans l'ordre du crédit, une véritable transformation s'est aussi produite, grâce aux Sociétés Mutuelles de Crédit agricole, organisées soit conformément au droit commun, soit conformément à la loi du 5 août 1920 qui a codifié les dispositions originaires de 1894-1899. Et aujourd'hui un cultivateur honnête peut aisément, sur la base de son crédit personnel beaucoup plus encore que sur la base de son crédit réel, emprunter à court, à moyen ou à long terme, à un taux modéré qui s'abaisse parfois à 1 % ou même moins, et avec des facilités de tous ordres notamment pour le remboursement à volonté.

Assurance. — Enfin, dans l'ordre de l'assurance, la loi du 4 juillet 1900 a accordé des facilités de constitution et des dispenses d'impôts qui ont permis une efflorescence considérable de Caisses, qui fournissent à bon compte non seulement autant, mais plus de sécurité, puisque les règlements s'y font dans un esprit d'équité qu'on ne rencontre pas toujours ailleurs. Malgré leur générosité dans le règlement, ces Caisses ont pu faire des démonstrations instructives. Celle-ci, par exemple : en un quart de siècle, une Caisse régionale d'assurance contre l'incendie a payé en sinistres 32 % de ses primes, fixées elles-mêmes à 20 % au-dessous des tarifs des Compagnies à prime, et après paiement des frais généraux et des réserves, elle a ristourné 50 % de ses encaissements. Voilà matière à réflexion.

Supériorité d'une commune complètement outillée. — Je n'ai cité que des exemples, et il me semble que j'en ai dit assez pour démontrer que la Coopération est un auxiliaire indispensable de l'exploitation moyenne qui fait le fond et le fond résistant de notre organisation agraire. L'exploitant bien armé, bien outillé, pour reprendre la figure que j'employais au début, a à sa disposition immédiate dans sa propre commune des organisations syndicales qui, indépendamment du secours général d'étude et de défense, lui assurent des services coopératifs, de fourniture de ce qui est utile à la profession, et de transformation de vente de ses produits, l'outillage commun, de recrutement de main-d'œuvre, de crédit, d'assurances, etc... de sorte que sans peine, il effectue des opérations accessoires, aux meilleures conditions, et qu'il puisse se livrer tout entier à la culture, qui est la fonction principale où il excelle.

Locales s'appuyant sur des Régionales. — Or, ces organisations syndicales communales ne sont point utopies, elles sont au contraire des réalités vivantes et bien vivantes quand elles vont puiser leurs forces dans des organismes régionaux ou centraux. Des locales s'appuyant sur des régionales, c'est la formule expérimentée qui donne ordinairement aux administrateurs dévoués, mais de capacités courantes, le moyen de rendre dans leurs communes des services sérieux, multiples et variés, qui sans cela eussent été au-dessus de leurs forces.

Devoirs des pouvoirs publics. — Après avoir ainsi établi que les diverses formes de coopération font partie de l'outillage indispensable de l'exploitation agricole courante, nous sommes amenés à en déduire que les Pouvoirs Publics doivent apporter la plus grande attention à ne rien faire qui puisse compromettre la coopération.

La fiscalité envahissante de notre époque menace la coopération de différentes façons.

Une thèse générale voudrait assimiler les groupements coopératifs, quelle que soit leur forme, aux groupements commerciaux. Cette thèse est juridiquement et socialement sans fondement, bien plus juste est la vieille thèse traditionnelle qui considère ces groupements, moins comme une entité distincte, que comme le prolongement de ces exploitations, à qui elles sont nécessaires. La thèse de l'assimilation est aussi dangereuse, car la coopération est administrée par des gens désintéressés bien plus prompts au découragement ; veut-on donc la tuer ?

Une autre thèse fort curieuse et qu'il faut signaler vise plus particulièrement les coopératives de transformation et de vente, et tendrait à considérer comme industrielles les exploitations et à plus forte raison les coopératives qui les groupent, à raison des conditions dans lesquelles cette transformation a lieu, de la nature des produits obtenus, de l'importance des bâtiments, des installations et du matériel, et bien que ces exploitations ou leurs coopératives ne traitent que leurs propres produits, ou ceux de leurs membres.

Il y a en ce sens des décisions du Conseil d'Etat (10 novembre 1922, 6 novembre 1925, 28 mai 1925).

Plusieurs fois, au Parlement, cette thèse a été reprise, notamment à la Chambre le 11 juillet 1925, où elle attira cette réplique de M. de Monicault, que la technique fiscale négligeait par trop la technique agricole.

Il m'a semblé que ne pouvait trouver grâce devant un Congrès pour l'avancement des sciences, cette audacieuse prétention de pénaliser à raison de la perfection de l'outillage.

Enfin, à supposer que les associations agricoles gênées dans leurs conditions de fonctionnement ne disparaissent pas, il est à craindre qu'elles ne modifient leur orientation.

Tandis que dans d'autres milieux, l'activité syndicale, ou même coopérative, tend presque exclusivement ses efforts vers la hausse des salaires et des prix ou vers la lutte des classes, une conception différente, dont nous nous revendiquons, travaille avant tout à l'amélioration technique de l'exploitation et du rendement ; le mot est de Daniel Zolla (Rev. Pol. et Parl. 10 juillet 1925, p. 133), ajoutons, si vous le voulez, des conditions de consommation, trouvant ainsi le moyen, éminemment favorable à la prospérité générale, de contribuer au mieux-être de la classe ou de la profession envisagée sans nuire aux autres.

Certes, les organisations qui travaillent avant tout à l'amélioration technique de l'exploitation et du rendement ont la conscience d'avoir choisi la voie la meilleure, mais ce n'est peut-être pas la plus douce et la plus commode. Et si les aspérités et les pentes de la route devaient être accrues par une législation malencontreuse, n'est-il pas à redouter que la voie devenue trop dure soit abandonnée pour celle plus douce en apparence du laisser-aller technique et du lâchez-tout des prix de revient qui se bornent à chercher des compensations fallacieuses du reste dans la hausse des salaires ou des prix de vente.

Mon excuse, dans ce trop long exposé, sera mon vif désir d'appeler l'attention sur cette conception vraie, mais peut-être trop peu connue de la coopération.

Elle n'est que l'auxiliaire et le prolongement de ces exploitations moyennes, l'honneur de notre organisation agraire, qui sans elle ne pourraient tenir devant les exigences et les complications de la vie économique actuelle, ou s'orienteraient vers la seule recherche factice et même nuisible de la hausse des prix.

Il est impossible qu'envisagée sous cet angle, la vraie coopération, car nous ne parlons pas de la fausse, n'ait pas que des amis.

Maurice ROCHE AGUSSOL

Professeur à la Faculté de Droit, 2, Place du Palais, Montpellier

1° LES CONDITIONS ECONOMIQUES DU TRAVAIL INTELLECTUEL

L'insuffisance des garanties économiques données au développement de l'activité intellectuelle est l'un des plus graves sujets de préoccupation de ce temps.

Que leur situation confine au salariat, — qu'ils tirent l'essentiel de leurs ressources des diverses formes de propriétés artistique, littéraire, industrielle, les travailleurs de l'esprit se trouvent, la plupart du temps, en présence de rémunérations dont l'exiguïté, la précarité obligent à un écrasant labeur, à une existence étroite, dominée par des préoccupations matérielles obsédantes.

Tout aussi intenables apparaissent les conditions actuelles de l'outillage scientifique : détresse aggravée des laboratoires, malgré quelques réactions salutaires (journée Pasteur, affectation aux recherches scientifiques d'une partie de la taxe d'apprentissage, etc.), — budgets trop souvent infimes des Bibliothèques, en l'état du prix des livres, surtout de ceux qui nous viennent des pays à monnaie forte.

Dans la désorganisation des budgets publics et privés entraînée par cette immense déperdition de richesses que recouvre l'inflation monétaire, les intérêts intellectuels ont trop souvent constitué le point de moindre résistance.

Il est certes moins nécessaire que jamais, — au lendemain d'une lutte où leur puissance s'est affirmée décisive, — de répéter que les forces intellectuelles constituent les plus indispensables richesses d'une civilisation. Mais les préoccupations qu'elles soulèvent sont de longue portée ; une pression immédiate plus vive est souvent exercée par les nécessités d'ordre directement matériel, portées d'ailleurs à un degré d'exceptionnelle activité en ce moment.

L'énergie économique respective des besoins d'ordre matériel et immatériel s'est trouvée encore modifiée, au détriment de ces derniers, par suite de la nouvelle répartition de la richesse, de la crise des élites sociales.

En outre, tandis que, parmi les autres agents de la production, travailleurs manuels, chefs d'industrie, l'union se faisait de plus en plus forte, on a vu trop souvent, entre les travailleurs intellectuels, sévir d'âpres concurrences et persister un individualisme que d'aucuns voulaient croire inévitable.

Il était donc naturel que l'effort de redressement tenté pour la sauvegarde de la plus irremplaçable et de la plus menacée de nos richesses ait suggéré un large essai de syndicalisme intellectuel.

Vivement contesté, dans ses possibilités mêmes, à cause de l'extrême multiplicité des intérêts qu'il appelle à lui, ce néo-syndicalisme était en outre sollicité dans des directions très diverses : fusion pure et simple avec la C. G. T., — constitution de groupements d'esprit corporatif, aux bases non personnelles, mais réelles.

C'est un syndicalisme vraiment autonome qu'a voulu constituer, en 1920, la Confédération des Travailleurs intellectuels ; elle réunit aujourd'hui la plupart des groupements représentatifs de cette immense mais, quoi qu'on en ait dit, très saisissable synthèse. Plus de 180.000 adhérents se trouvent ainsi réunis par l'intermédiaire de leurs associations professionnelles.

L'exemple de la C. T. I. française a été suivi dans de nombreux pays. Une Confédération internationale du travail intellectuel s'est constituée, sous l'impulsion de la C. T. I. française ; elle a pu intéresser à sa cause la Société des Nations.

Si le Bureau International du Travail n'a cru pouvoir, en l'état de son statut actuel, accorder une représentation officielle aux travailleurs intellectuels, du moins a-t-il moralement soutenu leur action et prêté son concours à des études, à des enquêtes qui les concernent directement.

La C. T. I. internationale, forte à l'heure actuelle d'un million et demi d'adhérents, est associée aux travaux de la Commission et de l'Institut de Coopération internationale intellectuelle.

*
* *

Quant à l'action entreprise pour la défense économique du travail intellectuel, auprès des pouvoirs publics, de l'opinion, on ne peut donner que des indications très rapides.

Dans la mesure où ils vivent de rémunérations fixes (salaires, traitements), les travailleurs intellectuels demandent, en même temps que des gains participant aux réadaptations dont ont bénéficié ceux des travailleurs manuels employés dans les mêmes industries qu'eux, une participation plus effective au bénéfice des lois sociales. Quelques résultats heureux obtenus déjà, un très grand nombre d'infériorités persistantes témoignent avec une égale force de la nécessité de l'action ainsi entreprise pour l'amendement, dans un sens plus compréhensif, de notre législation du travail et pour la substitution du contrat collectif aux accords individuels.

C'est aussi par une pratique généralisée de l'action syndicale que les contrats relatifs à la propriété artistique, littéraire, industrielle, pourront être améliorés dans leur économie, mieux assurés aussi d'une exécution complète.

Il apparaît d'ailleurs que, sur bien des points, les droits de propriété intellectuelle doivent être munis d'une protection plus large et plus sûre. Donner à la propriété littéraire tout au moins une durée internationale égale à celle établie par la législation française, — obtenir l'adhésion, trop longtemps différée, de certains pays à la Convention de Berne, — protéger d'autre part les inventeurs contre de trop fréquentes spoliations, exonérer la protection internationale des brevets de frais souvent prohibitifs, telles sont quelques-unes des plus urgentes réformes qu'appelle le régime des droits déjà existants. On peut rattacher à ce groupe de revendications celle qui tend à l'élargissement du droit de suite accordé, mais dans une mesure que l'on juge en général trop faible, aux artistes par la loi du 20 mai 1920.

Une revendication nouvelle dont la complexité, jugée parfois véritablement effrayante, ne saurait dissimuler l'urgence, s'est élevée dans l'intérêt de la propriété scientifique. Le droit pour un savant d'obtenir une part légitime dans le profit des inventions industrielles dont sa découverte initiale a été la condition nécessaire est au nombre des conquêtes les plus énergiquement poursuivies par la Commission de coopération intellectuelle internationale, en profonde communauté d'action avec le syndicalisme intellectuel.

Il est une préoccupation commune à tous les titulaires de droits intellectuels, c'est celle du domaine public. Discuté même dans son principe, il apparaît en tout cas comme de moins en moins défendable dans son inorganisation actuelle. Sous prétexte de développer l'utilité gratuite, d'abaisser les prix de revient, il est inadmissible que l'on considère plus longtemps un domaine public où se trouve le meilleur de nos richesses comme une *res nullius* à la merci de la spéculation et aussi des altérations, des pillages les plus éhontés. Assurer à la collectivité — peut-être, aussi, dans une certaine mesure, aux représentants des auteurs — une part dans les profits directs des œuvres et découvertes de tout ordre, — réglementer aussi, par une extension du droit moral, l'usage d'un patrimoine qui doit être conservé dans sa pureté, telles sont les préoccupations qu'éveille l'idée de domaine public payant.

Cette institution, revendiquée aujourd'hui avec plus de vigueur que jamais, contribuerait à rendre moins redoutable le problème du budget de l'activité intellectuelle.

Quelles que soient, en effet, les améliorations que l'on puisse apporter aux moyens propres de défense des travailleurs de l'esprit, les exigences immédiates, les rendements trop souvent aléatoires, lointains de leurs tâches exigent qu'ils se trouvent, par d'efficaces encouragements (au nombre desquels doit figurer, notamment, le Crédit intellectuel, à peine indiqué encore dans notre pays), aidés dans une lutte exceptionnellement dure et prémunis contre des difficultés matérielles parfois véritablement insurmontables.

Il apparaît aussi que l'on doit, dans l'organisation de ce service social essentiel, s'inspirer très largement de l'idée d'Office autonome, réalisant une solidarité de plus en plus étroite, de plus en plus fortement ressentie entre l'activité intellectuelle et l'ensemble de la vie économique.

On ne fera qu'indiquer en terminant l'autre aspect sous lequel se manifeste l'incidence des problèmes budgétaires à l'égard des conditions de vie des travailleurs intellectuels : inquiétudes suscitées naguère par le projet d'imposition sur les biens oisifs, — problèmes singulièrement complexes de la détermination des dépenses professionnelles, de la discrimination parfois si délicate et cependant indispensable à établir entre les recettes en capital et en revenu.

Si, dans cet ordre de problèmes, comme sur tous les points qui viennent d'être examinés, les difficultés à vaincre sont encore hors de proportion avec les résultats obtenus, il faut considérer qu'en éclairant, en inquiétant l'opinion sur un péril trop négligé, en écartant certaines causes d'aggravation, en posant les bases de quelques solutions heureuses, les diverses forces unies pour la sauvegarde économique de l'activité intellectuelle ont accompli une œuvre déjà appréciable et digne d'être encouragée.

Sur la proposition du rapporteur, le vœu suivant est adopté :

La Section d'Economie Politique,

Considérant l'intérêt public urgent qui s'attache au relèvement notable des conditions de travail et de vie faites à l'immense majorité des travailleurs intellectuels,

Demande le développement aussi rapide, aussi large que possible, de toutes mesures de défense syndicale, législative — d'ordre national et international — tendant à assurer aux travailleurs de l'esprit les ressources nécessaires à l'accomplissement de leur mission.

2° LES COOPERATIVES AGRICOLES DE PRODUCTION ET DE TRANSFORMATION

L'idée coopérative, appliquée à la production agricole, a suscité des groupements extrêmement variés. Entre autres exemples, on rappellera seulement l'œuvre à la fois très ancienne, très adaptée aussi aux ressources de la technique et des marchés contemporains, qui a été accomplie dans l'ordre de la production laitière, — les distilleries abondamment développées dans les pays de betterave, — les Coopératives oléicoles particulièrement florissantes dans le Var.

Les Coopératives viticoles peuvent être retenues comme une manifestation particulièrement symptômatique de la vitalité de ce mouvement social, parvenu aujourd'hui à un tournant décisif de son histoire.

Ce sont les dures épreuves de la longue crise de mévente traversée entre 1899 et 1910 qui ont directement inspiré aux viticulteurs ces réalisations coopératives obtenues sous deux formes essentielles : caves et distilleries.

En 1913, on dénombrait 58 caves coopératives sur le territoire métropolitain, une dizaine en Algérie ; après l'inévitable temps d'arrêt marqué par la période de guerre, l'élan constructeur a repris avec une énergie nouvelle. Le dernier rapport consacré aux opérations des Caisses de Cédit agricoles, arrêtées en 1924, mentionne 250 caves sur le seul territoire métropolitain, — ce nombre est très largement dépassé aujourd'hui.

Les caves coopératives se sont constituées d'abord dans les pays où l'insuffisance des ressources individuelles en matériel et en moyens de logement étaient manifestes. Grâce à la constitution de ces ateliers modèles, ce sont ceux-là mêmes dont le sort était auparavant le plus précaire qui sont devenus des privilégiés, aux points de vue de la qualité et du prix de revient. La coopération s'est révélée comme l'un des stimulants les plus efficaces qui puissent être donnés au développement de la petite propriété, — émancipée ainsi de charges souvent écrasantes, pourvue de conditions de crédit sûres et discrètes. Entre ces deux aspirations, souvent jugées inconciliables, qui entraînent le monde social contemporain vers une concentration technique plus intense et vers une diffusion plus large de la propriété, une formule d'entr'aide harmonieuse a pu être obtenue.

Il y a deux terrains de prédilection pour les caves coopératives : les vignobles dont la récolte tend à excéder les ressources de logement et d'outillage, — ceux qui jouissent d'une réputation privilégiée. La vinification en commun élève, en effet, au plus haut degré possible de certitude la garantie de l'origine. On trouve donc des caves coopératives non seulement dans les pays de vinification courante et de rendement relativement élevé (Languedoc méditerranéen, région du Var), mais dans les pays de grands crus (Champagne, Bourgogne, Gironde) et, d'une manière générale, partout où il y a, bien plus nombreuses qu'on ne le soupçonne parfois, des renommées légitimes à défendre ou à relever.

Dans certaines caves, la concentration technique de la vinification a pour prolongement la concentration de la vente. Il arrive aussi assez fréquemment que les caves coopératives laissent à leurs adhérents une liberté complète pour la vente de leurs vins ; telle est la méthode suivie, notamment à la cave de Marsillargues, l'une des plus anciennes et actuellement la plus importante de toutes. Dans cette conception, le maximum de liberté se trouve joint au maximum de protection.

Les distilleries coopératives se sont développées plus abondamment encore que les caves. Leur objectif immédiat est d'obtenir, pour un sous-produit, le marc vendu naguère à vil prix, un débouché relativement rémunérateur.

Mais pour apprécier la portée exacte de ce mouvement, il faut l'envisager bien au delà des résultats directs déjà obtenus. Les distilleries coopératives servent d'organismes de soutien au syndicalisme viticole. D'autre part, elles constituent un outillage qui permettra, lorsqu'un sort mieux assuré aura été fait aux alcools de fruits, de réaliser, pendant les années de production abondante, l'épuration des marchés par la distillation des vins de qualité inférieure.

*
* *

Après avoir vu, à travers un exemple particulièrement significatif, la puissance actuelle de la coopération agricole, l'importance de ses services sociaux, il faut dire quelques mots des préoccupations que suggère l'avenir de ce mouvement pris dans son ensemble. Ces préoccupations peuvent être ramenées à quatre ordres d'idées essentiels : orientation économique, structure juridique, soutien financier, régime fiscal.

L'orientation économique des Coopératives agricoles est plus que jamais dominée par l'urgente et complexe question des rapports à établir entre elles et les groupements de consommateurs. Les vœux concordants des agriculteurs et des consommateurs de tous les pays s'accumulent, dissipant de passagers malentendus et appelant impérieusement entre des intérêts de plus en plus durement atteints, les uns et les autres, par la crise de cherté, une étroite coordination d'efforts.

La réalisation de semblables vues d'avenir implique, au profit des Coopératives, un statut juridique élargi. La proposition de loi Chanal qui tend à donner aux groupements fédéraux le même régime qu'aux groupements coopératifs de base se trouve, à cet égard, en complète harmonie avec les aspirations de tous les agriculteurs. Il s'agit d'une évolution du même ordre que celle déjà réalisée par la loi du 12 mars 1920 à l'égard des Unions de Syndicats. Elle est conforme à la logique et aux exigences économiques les plus évidentes. Les Fédérations coopératives déjà constituées doivent, pour remplir la mission qui leur est dévolue, bénéficier d'un régime qui leur permette de se trouver en état de continuité plus complète à l'égard des groupements de base et leur donne des droits au soutien financier de l'Etat.

Mais les limites de ce soutien soulèvent elles-mêmes un problème ininquiétant. Productives au premier chef, avances et subventions ne sauraient être non pas même réduites, mais maintenues à leur insuffisant niveau actuel, sans qu'à travers la coopération, la masse des petits producteurs agricoles ne s'en trouvât très durement atteinte.

Enfin, des menaces fiscales se sont fait jour : interprétations inquiétantes d'une jurisprudence insuffisamment connue, en général, du Conseil d'Etat, — projets législatifs, — dispositions dangereusement imprécises. Des agriculteurs qui réalisent en commun les achats, les transformations techniques, les ventes inhérentes à leur profession ne sauraient être soumis dans une mesure quelconque aux impôts commerciaux. Toute concession faite à une telle erreur, qui s'est révélée extrêmement insidieuse et tend à prendre des formes si diverses, aurait pour résultat de menacer dans ses possibilités de développement et de vie une œuvre sociale dont le mérite n'est pas discuté.

Comme conclusion générale de cette communication et de la communication de M. Voron, le vœu suivant est adopté :

La Section d'Economie politique émet le vœu :

1° Que les Sociétés coopératives agricoles de production, de transformation et de vente établies conformément aux prescriptions de la loi du 5 août 1920 et des dispositions complémentaires de cette loi ne soient pas assujetties à l'impôt sur le chiffre d'affaires.

Que tous groupements agricoles coopératifs d'achat se conformant aux dispositions de l'article 15 alinéa 2 de la loi du 31 juillet 1917, — que tous syndicats fonctionnant sous le régime de la loi du 21 mars 1884, modifiée par celle du 12 mars 1920 et administrés gratuitement, soient également exempts de cet impôt ;

2° Que les agriculteurs, isolés ou associés, demeurent indemnes de tous impôts sur les bénéfices commerciaux et industriels pour les opérations qui consistent en l'utilisation et la transformation de leurs produits ;

3° Que le Parlement vote le plus tôt possible la proposition de loi étendant le statut légal des Coopératives agricoles aux Fédérations et Unions formées entre ces mêmes Coopératives ;

4° Que, loin de faire droit à une demande récente de réduction de la dotation de l'Office National du Crédit agricole, l'Etat développe les crédits et subventions accordées aux Coopératives agricoles dans la mesure nécessaire à une réalisation plus large de leurs fonctions économiques et sociales ;

5° Que toutes initiatives tendant à développer et à consolider les ententes entre groupements de producteurs agricoles et de consommateurs soient étudiées et encouragées en vue de réalisations prochaines.

René TAVERNIER

LA POLITIQUE ECONOMIQUE APPLIQUEE DANS LES ETATS-UNIS D'AMERIQUE AUX ENTREPRISES DE DISTRIBUTION D'ENERGIE ELECTRIQUE

Je m'excuse d'apporter à la Section d'Economie politique les vues personnelles, dépourvues de toute prétention de doctrine, d'un ingénieur, appelé jadis par sa carrière à s'occuper de l'application qui était faite des doctrines économiques, en France et à l'étranger, aux deux grands services publics analogues d'ailleurs par certains côtés, constitués par les chemins de fer et par les entreprises de distribution d'énergie.

Les économistes des diverses écoles ont préconisé, pour les chemins de fer, les divers systèmes que vous connaissez : la gestion directe par l'Etat, la gestion par des sociétés, soustraites le plus possible aux interventions étatistes, et le système mixte, adopté en France, des concessions contrôlées par l'Etat. Les controverses sur les avantages respectifs de chacun de ces systèmes ont produit une littérature abondante dont j'ai cherché consciencieusement jadis à tirer quelque lumière propre à expliquer les faits que je constatais. De mes lectures et de mes constatations, je suis sorti, je l'avoue, peu convaincu de la valeur pratique des systèmes rigides, conçus à priori, qui ne facilitent pas l'évolution des entreprises nécessitée par les progrès de la technique, peu disposé non plus à me contenter des formules trop générales qu'on préconise comme des panacées universelles et qui ne conviennent pas aux cas d'espèce que l'ingénieur doit envisager.

Dans le domaine de la Houille blanche et des distributions d'énergie, j'ai eu l'occasion d'observer depuis plus de trente ans (c'est-à-dire dès leur début), le développement des entreprises : et mon scepticisme en ce qui concerne la valeur pratique des doctrines a pris alors une forme plus bienveillante pour les systèmes qu'elles préconisaient. J'ai cru m'apercevoir que chacun de ces systèmes avait à certains moments et dans certains cas sa raison d'être, mais qu'en général un ingénieur, essentiellement épris de réalisations, devait admettre et même souhaiter que chaque système eut sa part, suivant un dosage variant avec le temps et le lieu.

En examinant ensemble les conditions un peu spéciales dans lesquelles se sont développées, aux Etats-Unis d'Amérique, les entreprises de distribution d'énergie, nous constaterons que chacun des systèmes opposés dont je viens de parler a joué un rôle important dans ce développement et a pris sa part dans les réalisations. Celle des entreprises municipales qui ne desservent guère que de petits centres, négligés au début par les « Power Companies », est relativement minime. Leur production atteint à peine le dixième de la production totale de l'ensemble des entreprises américaines. Mais leur seule existence sert puissamment à stimuler les Sociétés privées qui tendent à constituer des monopoles de plus en plus vastes et puissants.

On sait qu'aux Etats-Unis les énormes richesses naturelles du sol ont été mises en valeur à l'origine par des initiatives privées, libérées plus que partout ailleurs des interventions et des contrôles de l'Etat. Le système a suscité au début des concurrences avides et désordonnées qui ont entraîné des gaspillages et des pertes de capitaux considérables. Plus tard, dans une seconde période, sur les ruines des entreprises concurrentes se sont élevés des trusts gigantesques qui, en fait, supprimaient la concurrence et même, dans certaines industries, la liberté des initiatives, en restant maîtres des tarifs. On comprend que les intérêts publics, liés à la grande industrie des chemins de fer, aient particulièrement souffert de ces méthodes de « laisser faire ». Dès la fin du siècle dernier, sous la pression de l'opinion publique, un organisme fédéral de contrôle fut assez péniblement élaboré ayant pour mission d'imposer aux Compagnies des tarifs « raisonnables » qui, naturellement, restent grevés des charges correspondant aux gaspillages et aux fausses manœuvres de la période chaotique du début

Les entreprises de distribution d'énergie ont eu, elles aussi, à l'origine, leur période chaotique. Mais l'opinion publique américaine, puissamment remuée par le Président Roosevelt inaugurant en 1904 la politique de « Conservation », ne les a pas laissé s'y attarder. La politique de « Conservation » envisageait toutes les grandes ressources naturelles du pays, eaux, forêts, mines, terres, et avait pour programme de remédier aux gaspillages, aux utilisations incomplètes ou défectueuses qui caractérisaient souvent des entreprises guidées par le seul souci du gain immédiat. M. Gifford Pinchot, alors chef du Service fédéral des forêts, venait de combattre avec succès, par une campagne d'opinion publique, les pratiques des sociétés d'élevage, destructrices des forêts ; il fut le bras droit du Président Roosevelt dans cette nouvelle campagne plus générale ; c'est lui qui a été mon principal guide, en 1908, au cours de la mission que m'avait confiée le Ministre de l'Agriculture (1) et c'est également M. Gifford Pinchot, aujourd'hui gouverneur de Pensylvanie, qui a bien voulu me faire parvenir tout récemment une quantité de documents qui m'ont permis

(1) Voir le rapport de mission de M. Pierre Tavernier, inséré dans le fascicule 39 des Annales du Ministère de l'Agriculture.

de rendre compte (1) avec quelques détails du développement actuel, vraiment prodigieux, des entreprises américaines de distribution d'énergie.

Les problèmes nouveaux qu'on avait à résoudre pour utiliser les eaux de la façon la plus complète et la plus conforme aux intérêts généraux, en tenant compte des besoins d'irrigation et de navigation, en même temps que des forces motrices, préoccupaient tout particulièrement le Président Roosevelt qui consacra son dernier message à la Houille Blanche. A ce moment, les « Power Companies » accaparaient les chutes d'eau avantageuses, sans trop se préoccuper des intérêts de l'irrigation prépondérants dans l'Ouest ni de ceux de la navigation dans l'Est ; elles accaparaient les sites favorables sans même songer à les aménager dans un court délai ; un accaparement purement négatif de cette sorte correspondant à une perte irréparable d'énergie ou de services. Les organismes de « Conservation » combattirent les gaspillages et les abus qui se produisaient dans ce domaine ou menaçaient de se produire ; par un appel incessant à l'opinion publique, dans le grand jour des congrès, des réunions et des publications de toutes natures, dans le cadre régional comme dans le cadre national, ils engagèrent une véritable bataille économique. A cette bataille prirent part en première ligne les deux catégories d'entreprises, municipales ou privées, faisant valoir chacune leur supériorité par les résultats obtenus. Les ingénieurs américains intervinrent pour faire ressortir les nécessités techniques qui conduisaient les enteprises, dans le domaine de l'énergie plus impérieusement que dans tous autres, vers des formes de monopoles de plus en plus étendus. Finalement, la bataille, qui dure encore et qui n'a fait disparaître aucun des systèmes opposés, aucune entreprise utile, tend plutôt à les associer dans une collaboration féconde.

L'opinion publique américaine accepte aujourd'hui que les entreprises de distribution jouissent d'un monopole de fait dans l'étendue d'une zone déterminée. Comme contrepartie, les Compagnies acceptent que les Etats intéressés exercent un contrôle sur les tarifs, les services et les émissions de titres. Les Compagnies s'orientent en ce moment vers une conception nouvelle de grande envergure, celle des « Super Power ». Les entreprises ainsi qualifiées auraient pour objet de produire de l'énergie le plus économiquement possible dans des usines hydrauliques ou thermiques de très grande capacité et de fournir l'énergie en gros aux entreprises de distribution par un réseau de lignes électriques à haute tension. Plusieurs études, largement publiées, basées sur ces conceptions nouvelles ont été soumises au pu-

(1) Voir les études de M. René Tavernier sur le développement des entreprises de distribution d'énrgie aux Etats-Unis (1909) d'Amérique. (Annales de l'énergie, août-octobre-novembre 1925, mars-avril-mai-juin 1924).

blic compétent et même au grand public ; les avantages que la nation devait en retirer ont été évalués. Toutes ces études reposent sur une documentation extrêmement abondante, telle qu'il n'en existe dans aucun autre Pays, puisée dans les publications des services fédéraux, le Geological Survey, le Census, etc., complétée par les publications des administrations des divers Etats, et par celles des Compagnies qui pratiquent, elles aussi, la politique du « glass pocket ». La plus complète de ces études émane d'un ingénieur californien de grande réputation, M. Frank Baum. Elle expose dans ses détails, sous ses aspects techniques, économiques et sociaux, le programme schématique de l'électrification de l'ensemble du territoire des Etats-Unis et de l'utilisation rationnelle des forces hydrauliques non encore aménagées.

Je n'ai pu vous donner dans ce court exposé qu'une idée bien insuffisante des méthodes américaines caractérisées par le travail en commun et au grand jour des administrations de documentation et de contrôle, des sociétés distributrices et des organismes représentant les intérêts généraux du Pays et ceux de la consommation. L'opinion publique, constamment éclairée et documentée, évolue, avec l'industrie électrique elle-même, vers les solutions désirables et celles-ci sont réalisées souvent par des ententes amiables, sans qu'il soit besoin de remanier les lois ou règlements extrêmement touffus qui émanent des Etats ou des pouvoirs fédéraux.

Un chiffre puisé dans les statistiques marque l'importance des résultats obtenus par ces méthodes. Les entreprises américaines de distribution d'énergie ont produit en 1923 530 kilowats-heures par habitant, alors que les entreprises françaises ne produisaient que 135 kilowats-heures par habitant. Il semble bien que les entreprises américaines, sous la pression d'une opinion publique organisée, ont pratiqué la politique qui peut le mieux expliquer et justifier la puissance sans cesse croissante de leurs monopoles, en cherchant leur rémunération dans un accroissement incessant de leurs services provoqué par une tarification souple et raisonnable plutôt qu'en pratiquant la politique opposée des prix chers et des services restreints.

Joseph SAINZ
Ingénieur civil I. D. N.

1° DE L'INFLUENCE DES DETTES ET DE LA CIRCULATION FIDUCIAIRE SUR LES CHANGES

I. — *Comment déterminer l'indice de dévalorisation du franc à l'intérieur de la France*

Pour établir cet indice, il faut comparer la situation économique et financière de la France à l'heure actuelle avec ce qu'elle était en 1914.

A cet effet, nous prendrons le rapport de l'or à la circulation fiduciaire qui était avant la guerre de :

$$\frac{4141}{6688} \text{ millions de francs} = 61{,}9\ \% \qquad (1)$$

puis le rapport de la dette à la richesse publique :

$$\frac{33}{300} \text{ milliards de francs} = 11\ \% \qquad (2)$$

et enfin la richesse par tête d'habitant (dette déduite), soit :

$$\frac{(300\text{-}33) \text{ milliards de francs-or}}{38 \text{ millions d'habitants}} = 7.000 \text{ francs-or} \qquad (3)$$

Cherchons maintenant quels étaient les rapports correspondants en janvier 1926, en considérant que la richesse de la France a subi d'une part une dépréciation, par suite d'une dévalorisation de 45 milliards-or de la richesse immobilière, de 17 milliards-or pour la diminution de son portefeuille étranger, de 3 à 4 milliards-or pour les dommages de guerre à régler, soit au total une dépréciation de 67 milliards-or, en regard d'un supplément d'actif de 12 milliards-or, représentant la valeur de l'Alsace-Lorraine, 1,5 milliard-or pour les participations financières françaises en Sarre et Luxembourg et 4 milliards-or pour l'amélioration de l'outillage industriel français depuis 1914, ce qui donne en chiffres ronds une dépréciation de la richesse de la France depuis 1914 de près de 50 milliards, soit pour la valeur de la France en 1926 . 250 milliards de francs-or, ou avec le dollar à 26 francs (cours du 7 janvier 1926), 1.254 milliards de francs-papier.

La dette intérieure étant de 285 milliards de francs-papier et la dette extérieure au début de janvier dernier de 36,5 milliards-or, la dette totale évaluée en francs-papier (avec le dollar à 26) s'élevait au début de 1926 à 468 milliards de francs-papier.

D'où le rapport de la dette à la richesse publique en janvier 1926 :

$$\frac{468}{1254} \text{ milliards de francs-papier} = 38{,}1\ \% \qquad (4)$$

et la richesse par tête d'habitant (dettes déduites) :

$$\frac{(1254\text{-}468) \text{ milliards de fr.-papier}}{39{,}2 \text{ millions d'habitants}} = 20.050 \text{ F. P.} \qquad (5)$$

Quant au rapport de l'or à la circulation fiduciaire, il était le 7 janvier dernier :

$$\frac{3.683}{51.982} \text{ millions de francs} = 7{,}08\ \% \qquad (6)$$

Le rapport (1) était donc en 1914 :

$$\frac{61{,}9}{7{,}08} = 8{,}74 \text{ fois plus grand qu'en 1926} \qquad (7)$$

tandis que le rapport (4) était en janvier 1926 :

$$\frac{38{,}1}{11} = 3{,}43 \text{ fois plus grand qu'en 1914} \qquad (8)$$

Enfin, le rapport (3) était en 1914 :

$$\frac{\dfrac{7000 \times 26}{5{,}18}}{20.050} = \frac{36.140}{20.050} = 1{,}86 \text{ fois plus élevé qu'en 1926} \qquad (9)$$

Prenons maintenant la moyenne arithmétique entre les résultats obtenus par les équations (7), (8) et (9), nous obtiendrons alors un coefficient auquel nous donnerons le nom d'*indice de dévalorisation du franc à l'intérieur* et qui résumera la situation économique et financière de la France par rapport à 1914.

$$\frac{8{,}75 + 3{,}46 + 1{,}76}{3} = 4{,}656 \qquad (10)$$

Or, cet indice a ceci de remarquable qu'il correspond exactement avec l'indice du coût de la vie en décembre 1925. En outre, il a été vérifié d'octobre 1924 à fin 1925 et il a été toujours trouvé pendant cette période en concordance avec l'indice du coût de la vie à Paris au même moment.

L'équation fondamentale (10) nous montre donc sur quels facteurs il faut agir pour améliorer les changes : réduction de l'inflation et de la dette publique.

II. — *A quel cours peut-on faire la stabilisation ?*

Ce cours sera compris entre l'indice du coût de la vie et le cours du franc par rapport au dollar au moment où l'on fera la stabilisation.

Actuellement, les changes sont poussés par la spéculation tandis que les prix intérieurs sont au-dessous de la parité mondiale.

Pour juin 1926, l'indice des prix de gros français s'est élevé à 754 contre environ 150 aux Etats-Unis. Le cours auquel les exportations françaises aurait dû théoriquement s'arrêter est donc donné par la formule suivante :

$$\frac{150}{750}=\frac{X}{5.18} \quad \text{D'où } X=25,90 \text{ francs} \qquad (11)$$

Mais, comme les tarifs douaniers étrangers de même que les frets exprimés en or sont beaucoup plus élevés qu'avant la guerre, il faut majorer le cours trouvé précédemment à 26,90. En outre, il faut laisser une marge d'au moins 10 % pour l'exportateur, ce qui porte le cours du dollar à 29,60 et met la livre à 29,60×4,866=144 francs, d'où la valeur du franc-papier exprimée en or :

$$\frac{5,18}{29,60}=0,175 \text{ fr.-or} \qquad (12)$$

alors que l'indice des prix de détail était en juin dernier de 544 contre environ 150 aux Etats-Unis, ce qui correspond à une valeur du dollar :

$$\frac{544}{150}=\frac{X}{5,18} \quad \text{D'où } X=18,80 \qquad (13)$$

soit pour la valeur du franc-papier :

$$\frac{5,18}{18,80}=0,275 \text{ fr.-or} \qquad (14)$$

tandis que le cours moyen du dollar fut en juin dernier de 33,35 soit pour la valeur du franc-papier :

$$\frac{5,18}{33,35}=0,15 \text{ franc-or} \qquad (15)$$

Il faut donc agir de suite sur les changes en ramenant la confiance afin d'arrêter l'exportation des capitaux, puis diminuer les crédits au commerce pour provoquer une crise commerciale, grâce à laquelle les prix de gros baisseront. Cependant les prix de détail continueront à monter, car ils sont très en retard sur les premiers et c'est ainsi qu'on arrivera à faire la stabilisation dans les environs de 150 francs livre, à condition d'agir immédiatement. Le franc-papier vaudrait alors $\frac{25,22}{150} = 0$ fr. 168 et se rapprocherait ainsi de l'indice des prix de gros.

III. — *Rapports de l'encaisse-or à la circulation fiduciaire*

Avant la guerre, on utilisait 6.688 millions de francs-or de billets de banque, alors que l'indice économique de la France évalué en tonnages s'élevait à 84 contre 125 en 1925.

Etant donné qu'en janvier 1926, les prix-or étaient en France sensiblement les mêmes qu'en 1914, le nombre des billets de banque en francs-or dont nous avions besoin au commencement de 1926 est donné par la formule suivante :

$$\frac{6.668}{X} = \frac{24}{125} \quad \text{D'où } X = 9.950 \text{ millions fr.-or}$$

ou avec le dollar à 26, 49.760 millions de fr.-papier. (16)

La circulation fiduciaire étant le 13 juillet de 54.860 millions avec le dollar à près de 40 francs, il y a resserrement de crédits et la crise économique a commencé.

Il conviendra, lorsqu'on fixera le cours de stabilisation, de maintenir le rapport de l'encaisse-or à la circulation fiduciaire multiplié par le coefficient de valorisation de l'or à 45 % environ, ce qui obligera la Banque d'augmenter son encaisse-or, si l'on maintient la circulation fiduciaire actuelle dont le commerce a besoin, car avec celle que nous avons à la date du 13 juillet 1926 et en supposant la livre à 150, on aurait un rapport de l'or à la circulation fiduciaire en tenant compte du change au cours hypothétique de 150 :

$$\frac{3.684}{54.860} \times \frac{150}{25,22} = 39,6 \ \% \qquad (17)$$

Ce rapport est insuffisant, et ne peut pas se comparer avantageusement avec celui de la Banque d'Angleterre qui n'est cependant que de 33,5 % environ, car la livre est au pair tandis que le franc est déprécié. Les deux rapports ne sont donc pas comparables.

En outre, pour maintenir la stabilisation de la monnaie, il faudra revenir à la convertibilité du papier en or.

Conclusions

La France a besoin de l'aide de l'étranger pour opérer son redressement financier. En outre, elle ne pourra s'acquitter de ses dettes extérieures que par une cession de biens.

L'effort des contribuables est déjà porté à son maximum, le rapport du budget au revenu national ayant passé de 13,3 % en 1913 à 22 % en 1926, malgré une diminution du pouvoir d'achat des salaires qui s'élevait en janvier dernier à 25 %.

Quelle que soit la richesse de la France et de son domaine colonial, la puissance financière française a beaucoup diminué depuis 1914, par suite non seulement de l'énormité de ses dettes intérieure et extérieure, mais aussi à cause de la dépréciation de sa monnaie qui est la cause de la diminution de son fonds de roulement.

La guerre a transféré aux Etats-Unis une grande partie de la richesse européenne et cette Nation se trouve ainsi maîtresse des destinées de l'Europe.

Le pouvoir d'achat du salarié nord-américain était en janvier dernier de 2,16 vis-à-vis du Français, tandis que le pouvoir d'achat de ce dernier n'était plus que de 0,75 par rapport à 1914.

2° CONSEQUENCES DU RETARD APPORTE AU REDRESSEMENT FINANCIER DE LA FRANCE

3° LA SITUATION ECONOMIQUE ET FINANCIERE DE LA FRANCE AU 23 JUILLET 1926

Lieutenant-Colonel BRIOT

QU'EST-CE QUE LA CAPACITE DE PAIEMENT?

Georges LASSERRE

LA SITUATION ACTUELLE DU MOUVEMENT COOPERATIF DE CONSOMMATION

Cette brève communication prétend seulement dégager les principales modifications de la physionomie de la Coopération, au cours des dernières années, telles qu'elles résultent soit des circonstances économiques et sociales, soit de la croissance elle-même du mouvement coopératif.

1. *La Coopération dans l'Europe d'après-guerre*

Pendant la guerre, dans tous les pays, les difficultés du ravitaillement mirent au premier plan le rôle, jusque-là à peu près inconnu, de la Coopération ; celle-ci vit le nombre de ses membres et le volume de ses ventes croître rapidement ; en outre, un grand prestige résulta pour elle de la nécessité pour les gouvernements de s'appuyer largement sur elle. Mais ce ne fut pas une mode passagère, et à mesure que les circonstances devenaient plus normales, beaucoup des nouveaux convertis de la Coopération l'abandonnèrent.

Un palier succéda donc à la période de croissance rapide, d'autant plus que dans la plupart des pays d'Europe, la Coopération allait se trouver aux prises avec des difficultés nouvelles et imprévues. c'est d'abord l'*Inflation* qui, en appauvrissant les classes moyenne et ouvrière, en tuant l'esprit d'épargne et de prévoyance, en rendant presque impossible une comptabilité saine et un fonctionnement normal, fut une grave épreuve pour beaucoup de sociétés. Ce sont ensuite les crises économiques, comme celle de 1920-1922, où elles succédaient à une stabilisation monétaire, ou encore le long malaise des pays à change élevé : la mévente, la dévaluation des stocks, l'appauvrissement d'une bonne partie des membres par le chômage, ont rendu tout progrès du mouvement impossible à certaines périodes.

Les mêmes difficultés atteignaient en même temps le commerce privé, si bien que leur puissance respective n'en a pas été sensiblement modifiée. Il a cependant été remarqué, par exemple en Allemagne et en Autriche, que les sociétés coopératives, du moins celles dont les dimensions étaient grandes et l'organisation ancienne, avaient fait preuve de plus de résistance que le commerce privé.

2. *Les dimensions actuelles du mouvement coopératif*

Après ces diverses difficultés, on constate de nouveau une reprise de la croissance des organisations coopératives. Dans un cours fait au Collège de France en décembre 1925, M. le professeur Charles Gide évaluait à 80.000 le nombre total des sociétés coopératives de consommation. Elles groupaient 36 millions de sociétaires, et chacun représentant une famille d'au moins quatre personnes, la clientèle de la Coopération s'élèverait à 140 millions de consommateurs. Dans certains pays, comme la Suisse, l'Ecosse, la Finlande, elle atteint 40 % de la population.

Bien entendu, ces consommateurs sont loin d'apporter toute leur force de consommation à la coopération. On obtiendrait une idée de l'importance économique de celle-ci si l'on pouvait connaître le chiffre d'affaires global des sociétés de détail. Mais le chiffre de 21 milliards de dollars, donné pour 1922, comprend aussi les sociétés coopératives agricoles, de production, et de crédit.

Un chiffre plus intéressant est celui-ci : le total des ouvriers et employés au service des coopératives de consommation s'élève à 400.000, ce qui correspond à la moitié de la population ouvrière de la Suisse.

3. *La Coopération dans l'Industrie*

Depuis très longtemps, la Coopération a senti le besoin de compléter son activité commerciale par une activité industrielle et d'être, en somme, propriétaire de ses fournisseurs comme le coopérateur est propriétaire dans sa société.

Il existe dans le monde une vingtaine de magasins de gros coopératifs nationaux. Leur rôle dans l'approvisionnement des sociétés de détail augmente sans cesse, en même temps qu'ils développent de plus en plus la production dans leurs propres usines et ateliers. Ces établissements de production sont depuis longtemps trop nombreux pour qu'il soit possible de donner ici même une simple liste des principales branches où ils se sont développés : si les plus nombreux sont des fabriques de chocolat, de conserves, de chaussures, etc., on a vu les magasins de gros réunir dans des domaines très différents, par exemple la fabrication des motocyclettes. Ils ont même pénétré, encore assez timidement, dans la production agricole.

Mais en s'engageant dans la production, la Coopération devenait un employeur, et même un gros patron. Elle devait donc faire connaissance avec de nouvelles difficultés, résultant de cette situation : des conflits du travail, voire même des grèves, se sont produits dans les ateliers appartenant au mouvement coopératif. Trop souvent les ouvriers et employés des coopératives se croient en droit d'exiger des salaires plus élevés ou des journées de travail moins longues, sans se rendre compte qu'ainsi c'est l'avenir même de la Coopération qui peut être compromis. D'ailleurs de telles prétentions sont contraires aux principes du syndicalisme, qui ne veut jamais de privilégiés dans la classe ouvrière.

Aussi des négociations ont eu lieu dans presque tous les pays, et ont abouti à des accords par lesquels, en général, les Coopératives s'engagent à donner les salaires normaux et à les élever s'ils s'élèvent dans la région, alors que les Syndicats s'engagent à ne pas demander plus et à ne pas faire grève.

4. *La Politique bancaire de la Coopération*

A mesure qu'elle s'engage dans la production, la coopération éprouve le besoin d'avoir à sa disposition des capitaux abondants, qui ne lui étaient pas nécessaires lorsqu'elle se bornait à faire du commerce. Aussi les magasins de gros, pour ne dépendre que d'eux-mêmes, ont été conduits à créer soit des services de banque, soit même des banques autonomes, mais sous leur contrôle, dans le but de recevoir l'épargne des coopérateurs et d'escompter le papier des organismes coopératifs.

Il existe actuellement une vingtaine de ces organismes bancaires : ils ont eu un grand succès, attirant l'épargne d'une foule de déposants : coopérateurs individuels, sociétés, clubs, syndicats, autant grâce à la sympathie que leur inspire une banque non capitaliste, que par les taux très intéressants qui sont accordés aux dépôts à court terme.

Le succès de ces banques sera directement fort utile à la coopération ; en outre, il constitue pour elle un précieux encouragement en prouvant la confiance qu'elle inspire.

Conclusion

Les principaux projets actuellement étudiés dans le mouvement coopératif consistent dans la création d'organismes coopératifs internationaux. Un magasin de gros international grouperait les commandes des divers magasins de gros nationaux en matière de denrées exotiques, et déjà il existe entre les magasins de gros de Copenhague, Stockholm et Oslo, la société « *Nordisk Andelsforbund* » qui joue ce rôle depuis la guerre. En outre, une banque internationale organiserait la coordination des banques coopératives nationales et faciliterait les opérations du magasin international de gros. De tels organismes entraîneraient dans les relations commerciales internationales un esprit tout à fait nouveau.

Ainsi naissent successivement et se développent les divers organes économiques d'une sorte de « République coopérative ». Dès aujourd'hui, on peut prévoir ce que serait sa structure : une série d'organismes d'initiative privée, spécialisés donc très divers, autonomes pour assurer une bonne gestion, et entre lesquels il n'y aura pas lutte, leur structure interne leur donnant pour but unique non pas la recherche du profit, mais le service de ceux qui formeront la base de l'organisation : les sociétés coopératives locales, qui incarnent l'intérêt du consommateur, c'est-à-dire l'intérêt général.

G. Le MARCHAND

Actuaire, à Lyon

LE RACHAT DES CONTRATS D'ASSURANCE SUR LA VIE ET DE CAPITALISATION

On a dit qu'en cas de cessation du paiement des primes, la réserve mathématique constituée à l'aide d'excédents de primes ne saurait sans injustice demeurer acquise à l'assureur. Si cette raison a de la valeur, elle n'est point suffisante, car, de toute évidence, on ne peut demander à l'assureur de remplacer un paiement futur et aléatoire par le versement immédiat d'une somme quelconque. Il faut donc chercher la cause du rachat dans la nature du risque garanti. Si celui-ci doit se réaliser d'une façon ou d'une autre, l'époque de réalisation demeurant seule aléatoire, il est clair que l'assureur aura certainement à payer une prestation du fait du contrat, et l'on conçoit alors qu'il puisse payer une valeur de rachat qui n'est en réalité qu'un versement anticipé et par conséquent réduit de la prestation. La pratique est d'accord avec cette théorie, un contrat d'assurance incendie, un contrat assurant un capital payable en cas de survie, ne sont jamais rachetables, car la réalisation des risques est aléatoire ; au contraire, un contrat d'assurance en cas de décès ou un contrat d'assurance mixte sont rachetables, car la réalisation des risques est certaine.

Ce principe établi, l'auteur de la communication examine les préjudices que cause à l'assureur la rupture du contrat. En premier lieu, le contrat a occasionné des frais d'acquisition qu'il faut amortir ; ensuite la disparition du contrat modifie l'ensemble des opérations d'assurances fondées sur la loi des grands nombres ; ces raisons justifient pour l'assureur le droit à une indemnité qui peut être déterminée par des considérations techniques et équitables.

Une autre question se pose. Qu'arriverait-il si les rachats étaient demandés en masse ? L'assureur serait obligé de réaliser ses réserves et il pourrait subir de ce chef un grave préjudice. C'est pourquoi les conditions du contrat stipulent que le rachat est facultatif à l'égard de l'assureur, par cette restriction celui-ci se prémunit contre le danger signalé. Toutefois, en fait, les sociétés n'ont jamais refusé le rachat.

L'auteur conclut que c'est à tort que l'on accuse les Sociétés de donner des valeurs de rachat insuffisantes. Pour porter une telle condamnation, on se contente de comparer deux sommes, le total des primes payées à la Société et la valeur du rachat offerte par elle ; on apprécie d'après la différence ; c'est un jugement sommaire et injuste puisqu'il ne tient aucun compte de l'importance du risque couru par la Société, ni des préjudices causés à celle-ci par le rachat.

Etendant ces conclusions au rachat des contrats de Capitalisation, l'auteur montre que lorsque ceux-ci garantissent les remboursements anticipés, ils sont entièrement assimilables au contrat d'assurance mixte et que les raisons exposées ci-dessus leur sont applicables absolument. Ce n'est donc qu'en méconnaissant la théorie et la technique des opérations de capitalisation qu'on peut accuser les Sociétés qui les pratiquent de donner des valeurs de rachat dérisoires et il est regrettable que — faute d'un examen approfondi de la question — des parlementaires et des juristes se soient fait l'écho de ces assertions excessives.

M. Le Marchand termine en montrant aussi le côté moral de la chose ; si l'on donne des valeurs de rachat très élevées, on porte préjudice à l'assureur dont les droits sont pourtant réels, et, d'autre part, l'on encourage les assurés à demander le rachat pour un prétexte futile ; on arrive alors à détruire dans son essence même l'opération d'assurance ou de capitalisation qui est avant tout une opération de prévoyance demandant un effort d'épargne soutenu et suffisamment long pour produire des effets appréciables.

J. PERRET

Chef de l'Office régional de la Main-d'œuvre de Lyon

DU ROLE MODERNE DES OFFICES PUBLICS DE PLACEMENT

La question du placement se posa dès que l'homme échappa au servage ; ce fut tout d'abord la louée dont il y a des survivances dans l'agriculture ; puis, le placement compagnonnique se fit à l'auberge de la mère ; les clercs des communautés d'Arts et Métiers s'en chargèrent ensuite. Renaudot, médecin du temps de Louis XIII, organisa un bureau d'adresses et de secours pour les chômeurs. — Malouet, député à la Constituante, présenta un projet d'organisation nationale du placement qui se rapproche beaucoup de l'organisation actuelle. — Le placement fut, successivement, soumis à un régime de surveillance — policière surtout — pendant le Consulat, rendu libre mais fertile en abus sous la Restauration, confié à l'autorité municipale par le Gouvernement provisoire en 1848, — soumis de nouveau par le Décret du 25 mars 1852 au régime de l'Autorisation préalable qui est encore en vigueur ; toutefois, la loi du 14 mars 1904 et, plus récemment, celle du 2 février 1925 complétée par le Décret du 9 mars 1926 ont institué, sur des bases précises et stables, le placement public municipal, départemental et interdépartemental.

*
* *

Le Placement public, tel qu'il est aujourd'hui conçu, a pour objet non seulement de rendre service à des particuliers, employeurs ou salariés, mais, de plus haut — et il importe de le bien marquer — d'organiser le « Marché du Travail », méthodiquement et rationnellement. La clientèle des Offices publics de placement évolue d'ailleurs de jour en jour ; elle est loin de demeurer exclusivement ouvrière : la jeune fille de famille autrefois aisée ne peut plus guère attendre, sans emploi, auprès de ses parents l'heure du mariage ; la femme du bourgeois, du fonctionnaire est souvent obligée d'apporter au foyer familial un complément de salaire, un appoint ; tels rentiers dont les revenus ont fondu au creuset des changes se mettent, même sur le tard, en quête d'une situation ; le retraité recommence, sous l'empire de la nécessité, une nouvelle vie de labeur, dans la mesure des forces qui lui restent ; le techniciten (ingénieur, dessinateur) l'agent de maîtrise, trop nombreux et ne pouvant plus attendre, en raison de la cherté de la vie, complètent enfin la nouvelle clientèle que les Offices Publics de Placement voient de plus en plus venir à eux et qu'ils doivent recevoir avec compétence et s'efforcer de satisfaire le mieux possible.

*
* *

Du côté patronal, on peut dire, avec M. Maurice Ajam (l'*Exportateur Français*, 14 avril 1921), que la question de la main-d'œuvre est au premier plan des préoccupations de nos industriels ; l'industrie a, d'ailleurs, beaucoup moins qu'autrefois de fixité — en quantité et qualité, dans ses productions ; ses besoins en personnel varient avec de larges amplitudes ; plus que jamais, elle a besoin de recourir aux Services de Placement Public ; parfois, même, le chef d'entreprise s'éclaire auprès de l'Office Public de Placement en vue de la création d'une Industrie, afin de savoir quelles ressources en main-d'œuvre offre une région déterminée ; l'Office aide, alors, non seulement à placer des travailleurs, mais à créer de l'activité économique.

Les salariés, eux, aspirent, dans leur dignité, à disposer, pour offrir leur travail, manuel ou intellectuel, d'une Institution considérée où le Marché du Travail soit organisé aussi bien que celui des valeurs mobilières peut l'être dans les Bourses de Commerce.

L'agriculture est puissamment secondée par les Offices Publics de placement qui lui ont fourni, en 1925, 140.000 travailleurs ; pour les grands travaux saisonniers, les Offices lui procurent les équipes indispensables aux vendanges, moissons, fenaisons ; en outre, ils s'efforcent de fournir aux villages les artisans — charrons, forgerons, menuisiers — indispensables à la vie rurale.

Les migrations saisonnières du personnel hôtelier sont à l'étude et bientôt, au lieu de les laisser se produire au hasard, les Offices régleront méthodiquement, avec la collaboration des Syndicats patronaux, le placement des employés des stations estivales dans les stations hivernales et réciproquement.

Dans le vaste problème de la main-d'œuvre étrangère, les Services de placement public ont la charge délicate de concilier les introductions de personnel étranger — manuel ou intellectuel (ingénieurs, etc.) d'une part, avec les besoins économiques, d'autre part avec la protection de la main-d'œuvre nationale ; ils ont eu à se prononcer, en 1925, sur plus de 100.000 introductions de travailleurs étrangers.

Dans les périodes de chômage, une liaison est établie entre les fonds de chômage et les Offices de Placement, de manière à rendre le plus vite possible les chômeurs à l'activité économique et à les rayer ainsi de la liste des secourus ; lors de la crise de 1921, cette liaison a épargné des millions au Trésor Public.

On peut dire, d'ailleurs, que le prix de revient du placement public, comparé avec la contribution que cette Institution apporte à la production économique du fait du placement des chômeurs représente pour le pays, chaque année, un très important bénéfice.

En 1925, les Offices Publics de France ont placé environ 1.500.000 travailleurs ; ajoutons encore à leur actif le concours qu'ils apportent à l'Orientation Professionnelle en indiquant les professions déficitaires et les professions encombrées ; aux éléments d'appréciation tirés de l'examen des aptitudes du sujet — des conditions requises pour les professions et métiers, le Conseiller d'Orientation joint avec le plus grand profit les données économiques fournies par l'Office de Placement.

Pour être en état de remplir leur rôle moderne, les Offices de Placement doivent avoir des connaissances et une technique appropriées à l'étendue, à la variété, à la mobilité de leurs attributions ; ils ont à instituer des méthodes de classement et de statistiques leur permettant de connaître, à tout instant, la situation du Marché du Travail et de suivre les évolutions de ce marché ; leurs méthodes de recherches doivent être rapides : télégraphe, téléphone, T. S. F. même sont leurs moyens d'information ; une large publicité très variée dans ses moyens leur permet de s'extérioriser ; ils sont enfin en relations avec tous groupements, syndicats, associations qui peuvent les aider à développer leurs services.

Entre eux, de villes à villes, de départements à départements, de régions à régions, par les Offices Départementaux, Régionaux, et l'Office Central, les communications doivent être incessantes ; 300.000 placements interlocaux ont été réalisés en 1925 ; les Offices, on le voit, constituent un réseau actif où circule l'offre et la demande de travail.

Ainsi s'efforcent-ils, sous l'égide du Ministère du Travail, des Administrations Départementales et Municipales, et avec la collaboration de leurs Commissions Administratives, Paritaires, de contribuer au Progrès économique, d'aider le Pays à ordonner et utiliser au maximum ses forces productrices ; ils sont devenus, dans l'armature sociale, une institution d'un caractère tout particulier, à la fois administrative par ses origines et sa discipline, commerciale par le fonctionnement, essentiellement agissante en tous cas, et mêlée intimement à la vie économique du Pays.

W. KHARACHNICK

Ingénieur architecte de la Ville de Saint-Etienne

(E.C.L. — I.E.G. — H.T.M.)

1° VERS UNE HABITATION COLLECTIVE RATIONNELLE

CHAPITRE PREMIER

Aspect général et but de cette étude

L'habitation collective a ses raisons et nécessités d'exister dans :

1° Les quartiers populeux des agglomérations urbaines;

2° Les cités édifiées par les Municipalités et comportant des maisons à étages multiples;

3° Les cités ouvrières édifiées par les Sociétés Industrielles à l'usage de leur personnel.

Dans cette étude-type, nous avons tendu à dégager un ensemble de principes devant assurer aux habitants le bien-être moral et physique, l'hygiène et le confort.

Ces principes, d'ordre technique, architectonique et économique, s'appliqueront à toute habitation collective, quels que soient son caractère et son organisme créateur.

***

La construction et l'aménagement des habitations urbaines et collectives en général sont des rares branches de l'activité humaine, n'ayant pas suivi le progrès, parallèlement au perfectionnement et au développement de la vie moderne.

L'esprit de routine et de conservatisme en matière de conception et de réalisation d'une maison moderne, domine encore bien des milieux, cependant accessibles à d'autres manifestations du progrès dans l'art et dans la pensée.

Est-il besoin de signaler ici une fois de plus les besoins nouveaux nés pendant les dernières dizaines d'années dans toutes les grandes villes par suite de leur développement excessif et rapide?

La cherté de vie, la cherté des matériaux de construction, la cherté des transports, le surpeuplement des villes, le nombre élevé de taudis, l'embouteillement des artères centrales, etc..., tous ces facteurs ont posé radicalement le problème d'une construction simplifiée et d'un aménagement modernisé selon des méthodes nouvelles.

***

Le problème d'une habitation collective moderne est très vaste :

1° *Il est technique :* La situation économique actuelle impose la recherche de moyens nouveaux de constructions économiques.

2° *Il est social :* Un logement malsain et surpeuplé est un pourvoyeur de la tuberculose et d'autres fléaux; il est également néfaste à la natalité et à la nuptialité.

3° *Il est architectonique et hygiénique :* Une disposition heureuse et confortable des pièces dans un appartement, influe sur l'hygiène morale et physique des occupants.

4° *Il est économique :* Aucun esprit cultivé ne peut nier à l'heure actuelle l'intérêt d'assurer aux familles modestes, les moyens susceptibles de soulager le budget domestique.

5° *Il est également du domaine d'éducation sociale :* Assurer un logement sain et aéré à une famille modeste est bien, mais insuffisant ;

il reste, en effet, à un ouvrier normal « ouvrier manuel ou intellectuel » 6 à 8 heures de libres par jour : attacher l'ouvrier à son home, lui rendre cette attache purement morale, douce et attrayante, c'est là un problème social du plus haut intérêt. Il s'agit de créer à cet effet, dans l'enceinte même de l'habitation des moyens sains de distraction intellectuelle et physique.

Enfin, une foule de considérations secondaires viennent se greffer au problème envisagé; elles seront abordées dans ce qui suit.

*
* *

Dans le projet-type développé ici, nous avons pris la solution « idéale » en supposant disponible la surface d'un îlot entier couvrant 200 mètres par 200 mètres environ.

En pratique, ce sont la configuration des terrains et les disponibilités budgétaires qui dicteront les dimensions de l'immeuble, ainsi que les étapes successives de sa réalisation.

Cependant, quelle que soit « l'échelle » du projet à réaliser, les grandes lignes et les directives dégagées dans cette étude s'appliqueront entièrement à tous les cas d'espèce.

CHAPITRE II

Description d'un projet-type d'habitation collective

§ I. — *Principes fondamentaux de ce projet* (1).

Un projet-type étant absolument général, ses dimensions sont forcément exagérées, afin de dominer les divers cas d'espèce se présentant pratiquement ; les diverses particularités d'aménagement intérieur et de construction resteront immuables, à l'encontre des proportions de l'édifice, lesquelles varieront d'un cas à un autre.

Ayant octroyé pour l'immeuble type envisagé la surface approximative d'un îlot, on aura les dimensions de 200 mètres par 200 mètres environ, admises en moyenne dans nos grandes villes comme intervalles entre deux rues successives.

Les principes fondamentaux suivants serviront de base :

1° Superposition d'un seul immeuble-bloc de vaste proportion à un îlot de maisons ordinaires ;

§ 2° Aménagement de cet immeuble destiné à l'habitation collective, en deux rangées d'appartements occupant deux ailes distinctes, dont l'une donne sur l'avenue extérieure et la seconde sur un grand jardin intérieur. Un vaste passage central éclairé naturellement sépare ces deux ailes.

(1) La planche ci-jointe comporte le plan d'ensemble et de détails du projet envisagé, ainsi qu'un exemple d'aménagement d'un quartier d'habitations modernes.

3° Disposition logique des pièces dans les appartements de diverses catégories : appartement à une pièce, à deux, à trois, à quatre et à cinq.

2. — *Caractéristiques des pièces.*

Les pièces sont identiques selon leur destination dans les appartements de toutes catégories; seul le nombre de pièces varie.

La salle commune est destinée à servir de salle à manger et de salle de réunion pour la famille; la conception du foyer est comprise ainsi dans son sens vrai.

Les chambres sont prévues pour contenir 2 lits ordinaires; l'agencement d'une chambre est d'ailleurs un point personnel et variable.

Chaque pièce possède un placard particulier.

Les w.-c. contiennent une installation simple de douches. Cette pièce, de dimension étroite, mais suffisante vu sa destination, donne « dehors », comme toutes les autres.

La hauteur des pièces est de 3 mètres 25 net.

Leurs surfaces et cubes sont réglementaires.

Les appartements à une pièce sont destinés aux ménages sans enfant : jeunes mariés ou, au contraire, personnes âgées. Les appartements de 2, 3 et 4 pièces seraient attribués à des familles plus ou moins nombreuses. L'appartement de 5 pièces conviendrait facilement à un médecin, à un avocat, etc., car l'antichambre est susceptible de servir de salon d'attente.

§ 3. — *Caractéristiques générales de l'immeuble.*

Les escaliers vastes et largement éclairés desserviront les étages successifs. Les angles de l'immeuble, ainsi que les milieux des ailes, sont utilisés pour ses dégagements généraux ainsi que pour les installations des ascenseurs.

Etages intermédiaires : Deux rangées d'appartements de diverses catégories se suivent de chaque côté d'un vaste passage central éclairé; ce passage peut être assimilé à une rue couverte.

Grâce à cette disposition, toute promiscuité entre les locataires se trouve complètement bannie, les appartements étant ici nettement séparés.

Cette disposition permet en plus à toutes les pièces de prendre jour dehors.

Rez-de-chaussé : Magasin dans les angles; côtés intérieurs des ailes aménagés en école publique ou établissement similaire ; services d'intérêt public installés près des entrées principales des ailes.

Dernier étage : Toutes ses pièces sont individuelles et destinées à des étudiants et célibataires. Les locaux dans les angles conviendraient au Siège de Sociétés Industrielles ou d'Administration ainsi qu'à divers établissements d'intérêt social.

Une toiture-terrasse avec passage couvert constitue un complément logique de cet immeuble-type conçu dans un esprit moderne.

Un immeuble doit pouvoir se prêter à une surélévation et à une extension en longueur; les principes « cellulaires » du projet-type envisagé dans une étude précédente (1) fournissent cette possibilité.

Façade extérieure de l'immeuble : Evidemment, son aspect moderne choquerait les esprits peu préparés aux conceptions simples d'une architecture sans prétentions ; en voici les principes : une moulure pour dégager la partie inférieure de l'édifice, une autre pour faire ressortir les étages intermédiaires, lignes d'ouverture simples et étudiées de façon à tirer le meilleur parti architectonique de cette façade, etc...

§ 4. — *Aménagement du jardin commun intérieur.*

L'intérieur de l'immeuble est constitué par un véritable square délimité par une voie circulaire. Cette voie sera établie de manière à offrir une large chaussée pour la circulation des voitures.

Une véritable avenue-promenade, bordée de deux files rectilignes d'arbres, longera l'immeuble.

Selon les règles habituelles de la voirie, la chaussée circulaire aura une largeur de 6 mètres à 7 mètres; l'avenue promenade aura 6 mètres environ.

Ces voies de circulation sont tracées à dessin rectilignes afin de dégager constamment la vue aux véhicules rapides ; aux cyclistes au moment des courses et aux promeneurs.

L'intérieur de l'espace central complètement distinct de la voie, et à l'abri de la circulation générale, sera aménagé en jardin à l'instar des squares anglais, c'est-à-dire en surface gazonnée.

Ces surfaces gazonnées sont très jolies et conservent facilement leur aspect verdoyant à condition de les soustraire aux empiètements. Elles doivent être délimitées par des grilles bases et claires.

Leur forme ovale et leur disposition symétrique, par rapport aux axes de l'ouvrage, contribueront à l'effet décoratif de l'ensemble du square.

Huit allées en bordure de ces surfaces gazonnées, tracées suivant les diagonales de l'îlot, serviront d'avenues à l'usage des piétons, une largeur de 6 mètres leur est octroyée.

Le jardin intérieur, pour atteindre le rôle que nous voulons lui donner, ne doit pas seulement comporter des allées et des surfaces gazonnées, mais aussi des terrains libres pour jeux divers et sports en plein air.

(1) Exposé général du problème d'Habitation économique. Edition Desforges, Girardot et Cie, à Paris, 27, quai des Grands-Augustins, 29.

On attache actuellement, avec beaucoup de raison, une importance spéciale à l'éducation sportive de la jeunesse.

Malheureusement, les grands jardins publics de nos villes — bien agrémentés pour contenter les promeneurs — ne sont pas aménagés en vue de la pratique du sport, d'ailleurs, leur étendue relativement faible ne le permettrait pas. C'est une lacune à combler lors des créations ou d'aménagements de nouveaux squares publics.

La partie centrale de l'espace envisagé est réservée aux terrains de jeux tant pour les enfants que pour les adultes. Son tracé circulaire est celui qui cadre le mieux avec l'ensemble de l'ouvrage.

Le foot-ball rugby nécessitant un terrain gazonné, deux surfaces gazonnées pourraient, à la rigueur, être aménagées en vue de ce sport.

Les courses à pied constituent actuellement une des épreuves athlétiques des plus courantes. La chaussée circulaire se prêtera admirablement à ce sport fort utile; cette piste comporte, en effet, des alignements droits de plus de 100 mètres et son développement total est de 500 mètres environ. Les spectateurs trouveraient une place idéale sur l'avenue parallèle à cette piste, sans parler de ceux qui pourraient suivre les sportifs des fenêtres des logements donnant sur l'intérieur.

CHAPITRE III

Organisation sociale et économique d'une habitation collective rationnelle

---

Nous avons dit plus haut que le problème d'habitations collectives doit être diversement considéré, en ce qui concerne les détails de son organisation intérieure, selon qu'il s'agit :

1° D'habitations économiques et ouvrières édifiées par les Municipalités;

2° D'habitations ouvrières édifiées par la grande industrie;

3° D'habitations urbaines dues à l'initiative privée.

Suivant l'organisme créateur de l'habitation, le but poursuivi est l'aménagement différent. Voici brièvement analysés les trois cas cités : cités :

§ 1 *Habitations dues à l'initiative municipale*

Nous rentrons ici dans le domaine de l'activité des Offices d'Habitations à bon marché, municipaux ou départementaux.

Tout contribue ainsi dans ce cas particulier à la création des immeubles s'inspirant de véritables données de l'hygiène, du confort, du bien-être moral et physique des locataires.

Pour notre part, nous jugeons infiniment préférable pour une ville ou un département créant une cité à l'usage de logements collectifs, d'édifier de vastes immeubles du type décrit plus haut plutôt que de créer une quantité de maisons courantes disséminées sur les terrains disponibles.

En effet, avec la même surface bâtie et le même nombre de familles logées, pour un prix de revient de construction moindre ou tout au plus égal, on édifie sur les terrains disponibles non seulement la cité collective, mais aussi un grand square public à l'usage des locataires.

La question de lésiner sur la surface à laisser libre, en vue d'assurer généreusement aux locataires de l'air et de la lumière, ne doit pas se poser dans ce cas particulier. La Municipalité résout, en même temps, le problème d'hygiène générale que celui de l'édification de l'immeuble économique.

De même, les terrains sportifs et de jeux en plein air étant au pied de l'immeuble et dans son enceinte même, on est sûr d'y attirer les adultes habitant la maison et de voir se développer leur goût pour la culture physique.

Il ne peut pas être question, non plus, dans ce cas particulier, de tirer un bénéfice quelconque des immeubles édifiés, une Municipalité peut, par conséquent, se permettre d'assurer un minimum de bien-être et de confort à ses locataires qui sont généralement intéressants: familles nombreuses avec des enfants en bas âge et familles ouvrières peinant du matin au soir.

Une collectivité soucieuse également de l'hygiène morale et du développement spirituel de la population ouvrière peut solutionner, grâce à l'aménagement spécial de l'immeuble, les problèmes sociaux suivants du plus haut intérêt :

1° Création et encouragement de coopératives de consommation, situés dans les locaux d'angles du rez-de-chaussée : cette initiative faciliterait la vie matérielle des familles logées.

2° Création d'écoles publiques dans les ailes intérieures du rez-de-chaussée, donnant sur les grands jardins intérieurs : on est sûr ainsi de la fréquentation régulière de l'école par les enfants; les jardins intérieurs se prêtent admirablement à leurs récréations.

3° Création et encouragement des établissements destinés à l'éducation post-scolaire; l'agencement de ces établissements est tout indiqué dans le dernier étage où le calme et l'absence du bruit incitent au travail intellectuel et au repos moral et physique.

4° Les familles nombreuses sont, sans aucun doute, les plus intéressantes pour la Société. A ces familles, les appartements les meilleurs et le plus grand nombre de pièces.

Il existe néanmoins une catégorie de la population qu'il y a intérêt à ne pas négliger non plus : ce sont les ménages sans enfant, les célibataires et les étudiants.

Les ménages sans enfant seraient encouragés à en avoir si l'on mettait à leur disposition un appartement gai, coquet et hygiénique. C'est pour cela que nous avons prévu dans notre projet-type un certain nombre d'appartements à deux pièces.

Certains célibataires sont également intéressants (à ce point de vue : il y aurait lieu de les encourager pendant un temps déterminé par l'octroi d'une chambre confortable avec promesse d'un appartement dans l'immeuble aussitôt qu'ils se seraient créés un foyer. D'ailleurs, l'ambiance de la vie familiale heureuse et calme dans l'habitation collective sera toute indiquée pour inciter les célibataires à rentrer dans la vie « rangée ».

Les étudiants sont fort intéressants pour la Société et méritent d'autant plus l'octroi d'une chambre confortable et économique que les conditions matérielles de la vie actuelle tendant à diminuer de plus en plus le nombre et le niveau des compétences intellectuelles : les divers concours organisés par les administrations publiques (ministères, municipalités, etc...) en fournissent des preuves suffisantes.

C'est pour cela que nous avons destiné le dernier étage aux chambres individuelles, à l'usage des étudiants, des célibataires et des personnes « isolées » dignes d'intérêt.

Seule, une Municipalité peut se permettre d'entrer dans ces considérations sociales et de les résoudre par l'aménagement précité d'une habitation collective.

§ 2. *Habitations dues à l'initiative privée*

Les immeubles édifiés à l'intérieur des villes par l'initiative privée, c'est-à-dire dans un but spéculatif ou philanthropique, auront leur rez-de-chaussée occupé par des établissements commerciaux : à l'augmentation du revenu de l'immeuble se joint l'avantage procuré aux locataires de trouver facilement tout ce qui leur est nécessaire pour la vie domestique courante. L'aile intérieure de l'entresol se prêterait à l'usage des établissements d'éducation des enfants et autres : école publique, école et cours privés, etc...

Le dernier étage peut être loué dans le but d'accroître les revenus de la maison, aux administrations privées qui seraient désireuses d'y créer leur siège et leurs bureaux. Cet étage se prête également à l'aménagement en chambres individuelles destinées aux célibataires ainsi qu'à cette catégorie de citadins qui n'utilisent leurs pièces uniques que pour le repos.

Les organisations sociales se consacrant à l'éducation générale de la population ouvrière trouveraient encore dans cet étage, dominant le bruit et le mouvement de la vie urbaine, des locaux se prêtant admirablement à leur activité.

Tous les étages intermédiaires seront aménagés en logements selon les principes et le dispositif développés plus haut. Grâce à l'aménagement général de l'immeuble et à son grand jardin intérieur, ces logements auront une valeur locative d'intérêt suffisant pour tenter l'initiative privée.

Ce ne serait pas des boîtes à loyers, mais des immeubles rationnels à l'usage de la population dite ouvrière et à celle de la bourgeoisie moyenne, la plus nombreuse de la population citadine.

§ 3. *Habitations dues à l'initiative patronale*

Les Sociétés Industrielles édifient pour leur personnel ouvrier, soit des cités jardins à habitation individuelle, soit des maisons à logements collectifs. Les deux systèmes se valent suivant les cas particuliers.

Dans cette étude, nous envisageons uniquement le cas de l'habitation collective, qu'il y a tout intérêt à édifier selon les principes développés dans ce qui précède du moment que l'on a opté pour cette solution.

Le projet-type présenté ici n'est évidemment qu'un exemple d'aménagement; ses applications pratiques varient suivant chaque cas particulier.

La promiscuité des locataires n'est pas à craindre dans une habitation de ce genre : c'est justement le nombre des familles logées sous un même toit, de dimension adéquat, qui s'oppose aux inconvénients à redouter dans les cités courantes.

La Société Industrielle peut résoudre, grâce à la disposition générale de notre immeuble-type, plusieurs problèmes sociaux : création d'établissements d'éducation morale et spirituelle des adultes et des enfants ; développement chez leur personnel du goût des jeux, des exercicess portifs et des distractions saines en plein air. etc.

Nous avons d'ailleurs montré dans un autre travail mentionné précédemment un exemple d'habitation collective avec vie corporative, fonctionnant de façon satisfaisante dans les anciens Etablissements Godin, à Guise.

Il est surprenant que les grandes sociétés industrielles s'intéressent si peu à la solution séduisante d'habitations collectives à grande échelle.

CHAPITRE IV

Quelques détails techniques de construction moderne

§ 1 *Exécution de l'ossature de l'immeuble suivant le principe cellulaire*

Les nombreuses applicaitons du béton de ciment armé l'ont fait adopter comme un des matériaux constructifs les plus appréciés dans les constructions modernes.

Il ne viendrait à aucun esprit logique de nier l'intérêt d'utiliser le ciment armé, sous prétexte que c'est un matériau nouveau.

Si paradoxal que cela paraisse, le ciment armé permet de concevoir de grands édifices, où les murs ne travaillent point.

Une ossature générale en ciment armé peut facilement se substituer aux murs, pour servir de support et de chaînes à l'édifice : les murs ne joueront, dans ce cas, qu'un rôle de remplissage et celui d'écrou protecteur contre le froid, la chaleur et l'humidité.

De façon générale, c'est le principe que nous appelons « cellulaire » qui sert de base à notre conception technique d'édification de grands immeubles.

Chaque pièce constitue une cellule; toutes les cellules se font vis-à-vis et sont séparées par un hourdis médiane.

Aux angles des cellules se trouvent des poteaux en ciment armé, sur ces poteaux prennent appui dans els deux sens, des poutres maîtresses, lesquelles se trouvent au droit des cloisons. Les plafonds constituent ainsi des dalles sans saillie visible dans l'intérieur des pièces La dalle pourrait recevoir un revêtement d'agglomérés fibreux quelconque, afin de former un parquet sans joints.

Les planchers pourraient encore être exécutés au moyen de parpaings creux, fabriqués à l'avance en très grande quantité. Ces procédés de construction de plus en plus répandus, supprimeraient en majeure partie les frais de coffrages coûteux.

Les murs extérieurs de l'immeuble pourraient être exécutés en matériaux du pays ; pierre cassée provenant des carrières voisines ou bien graviers procurés par le dragage du lit de la rivière la plus proche. Ces murs extérieurs seraient, dans ce cas, chaînés à chaque étage par une poutre continue, servant, en même temps, de linteau aux ouvertures.

Les murs extérieurs pourraient encore être constitués par une double paroi supportée par l'ossature en ciment armé.

***

Les avantages d'un mur double ne sont plus à démontrer. Opposant une résistance aux brusques échanges thermiques, à l'humidité atmosphérique, et aux condensations intérieures, une double paroi est d'autant plus intéressante que son épaisseur est réduite. Un mur double ne joue pas le rôle de support, mais seulement celui de remplissage.

Pour remplir son rôle hygiénique d'isolant thermique, un mur à double paroi doit satisfaire au deux conditions principales suivantes :

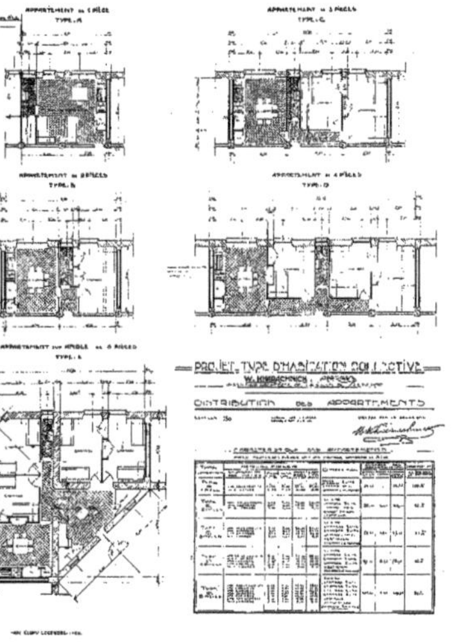

VUE PERSPECTIVE DE L'IMMEUBLE (Cour centrale)

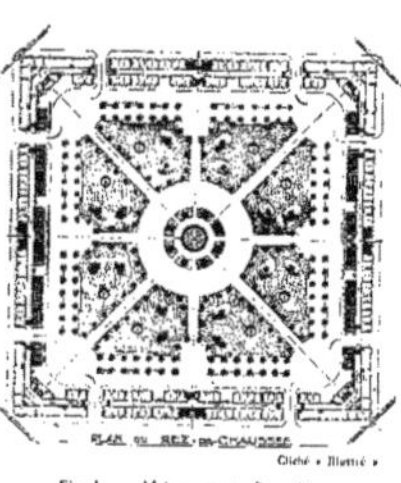

Cliché « Illustré »

Fig. 1. — *Maison avec jardin extérieur.*
(Hauteur maximum de l'édifice : 40 mètres)

AMÉNAGEMENT D'UN QUARTIER D'HABITATION

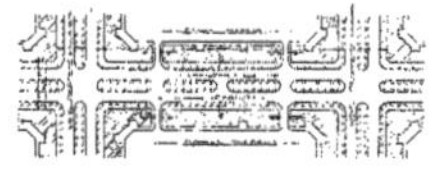

Fig. 3. — *Plan d'une voie de largeur : 40 mètres.*

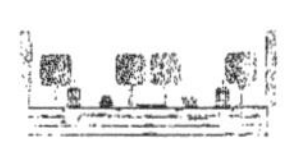

Fig. 4. — *Coupe transversale d'une voie de 40 mètres.*

Cliché « Illustré »

Fig. 2. — *Quartier d'habitation, comportant des immeubles contenant des vastes jardins intérieurs.*

1° La paroi extérieure doit être étanche, afin que l'humidité ne puisse pénétrer dans le vide intermédiaire;

2° La paroi intérieure doit, au contraire, être légèrement poreuse, afin d'assurer la ventilation du vide.

Partant de ces principes, on pourrait exécuter la paroi extérieure en béton de gravier et celle de l'intérieur en mâchefer.

Il existe une foule de méthodes pour exécuter rapidement un mur à double paroi, le tout c'est qu'il soit hygiénique.

Nous avons décrit dans le travail sur les logements économiques, mentionné plus haut un élément de construction convenant aussi bien au remplissage des murs qu'à un plancher sans coffrage.

Les fondations de l'édifice sont constituées par des semelles en ciment armé, continues sous chaque mur et sous chaque fil de poteaux.

La charge sur le sol se trouve ainsi répartie et elle acquiert un taux faible.

Le système de construction cellulaire rend tout l'immeuble monolithe, des fondations jusqu'à la toiture-terrasse. C'est là un avantage appréciable par la résistance offerte aux mouvements possibles du sol, grâce à la cohésion parfaite de l'ensemble de l'édifice.

Ce système est encore intéressant parce qu'il rend possible et facile la surélévation et l'extension de l'immeuble; on peut édifier en ne commençant que 4 ou 5 étages sur un tronçon de longueur restreinte et d'agrandir l'immeuble en hauteur et en longueur, au fur et à mesure des disponibilités budgétaires.

§ 2 *Emploi du ciment fondu*

Le béton de ciment armé est incontestablement intéressant à bien des points de vue ; son seul inconvénient c'est d'augmenter le prix de revient de la construction.

Cependant, dans le cas d'un immeuble du type envisagé ici, on peut atténuer cet inconvénient, grâce à la simplification du travail exécuté en grande série et grâce aussi à l'emploi raisonné du ciment fondu.

Le problème de la standarisation du travail dans le bâtiment a été suffisamment traité ces dernières années pour que nous n'ayons plus besoin d'y revenir ici.

Par contre, nous examinerons l'emploi possible du ciment fondu.

Disons tout de suite, par propre expérience, que le ciment fondu quoique bien plus cher que le ciment n'augmente pas le prix de revient total de la construction, à raison de sa grande résistance et des possibilités offertes en vue d'un décoffrage rapide.

Un dosage de 150 à 200 kilogs de ciment fondu au mètre cube de béton permet d'obtenir des résistances fournies par un dosage de 300 kilogs et plus de ciment ordinaire.

A prise lente (commençant au bout de 2 heures pour terminer 3 heures après), le ciment fondu acquiert au bout de 24 heures les résistances obtenues après 28 jours avec le ciment Portland.

Toutefois, il n'est pas indiqué de procéder au décoffrage avant 2 ou 3 jours.

*
* *

Il y aurait intérêt afin de diminuer le prix de revient total de la construction, à combiner les méthodes rationnelles du travail ci-dessous :

1° Emploi du ciment fondu à durcissement rapide et aux résistances élevées;

2° Exécution des planchers au moyen des parpaings préparés à l'avance et supprimant les coffrages de hourdis;

3° Distribution du béton au moyen de goulottes orientables à volonté.

Ces principes combinés permettront l'édification rapide et relativement économique des grands immeubles destinés à l'habitation collective du type envisagé ici.

§ 3. *Exécution économique des fouilles des murs et des fondations*

Sans envisager ici le cas de constructions très importantes, dont le sous-sol serait économiquement creusé par des excavateurs ou par des pelles à vapeur, il existe actuellement des outils mécaniques s'adaptant de façon pratique aux travaux courants; nous voulons parler des outils pneumatiques.

Ces outils ont reçu une foule d'applications dans les travaux publics, notamment dans la démolition de chaussée, dans les travaux de mines.

L'application de ce procédé mécanique pour creuser le sous-sol et les fondations des immeubles se fait à grande échelle aux Etats-Unis.

Il serait souhaitable que ce procédé se généralise sur nos chantiers, quelle que soit leur importance.

La dépense d'un groupe moto-compresseur serait rapidement amorti en raison de l'économie procurée par la main-d'œuvre réduite et par la rapidité de l'exécution du travail.

Les groupes moto-compresseur devraient toujours être montés sur auto-chenilles, afin de vaincre les obstacles provenant de la diversité dans la nature et dans la configuration du terrain.

Une installation rationnelle de voie étroite avec un matériel roulant bien choisi, se combinerait avantageusement avec l'emploi d'engins mécaniques mentionnés pour diminuer le prix de revient de l'ouvrage.

Nota. — *L'auteur de cette communication serait heureux de recevoir toutes suggestions, concernant les idées émises dans ce qui précède.*

W. KHARACHNICK

Ingénieur-Architecte de la Ville de Saint-Etienne.

2° VERS L'HABITATION SUBURBAINE ORGANISEE

E. SAYET

Président de la Société protectrice des Apprentis

L'APPRENTISSAGE DES METIERS DE L'ARTISANAT

Jean PETIT

L'ORGANISATION PROFESSIONNELLE DU TRAVAIL DANS LES DEPARTEMENTS DU RHONE ET DE LA LOIRE

De tous les faits sociaux qui se sont imposés à l'attention des pouvoirs publics pendant ces dernières années, il en est un qui a pris une importance capitale; c'est l'organisation du travail.

Le problème n'est pas nouveau. Cependant les besoins économiques de l'heure présente l'ont mis au premier plan de nos préoccupations.

« Organiser le travail sur la base de la profession », telle est la devise de nos sociétés modernes.

Quelles sont actuellement les institutions qui peuvent faciliter ou permettre cette organisation ?

Elles sont au nombre de quatre :

1° L'office d'orientation Professionnelle dont le principe est connu de tous. Ce sera le pivot de cette organisation ;

2° L'Enseignement Technique qui permet de former de bons subalternes (contre-maîtres) ;

3° Les Cours professionnels. Ils facilitent l'apprentissage et l'effort personnel des ouvriers laborieux ;

4° L'apprentissage. Il se fait soit à l'école, soit à l'atelier-école, soit à l'usine. L'atelier école est de plus en plus répandu, c'est l'institution de l'avenir.

Ces différents organes sont très liés entre eux.

En effet, à la sortie de l'école primaire l'enfant devra en premier lieu être orienté soit vers un métier s'il a les aptitudes requises, soit vers une école professionnelle s'il possède une intelligence plus développée.

A l'atelier il fera son apprentissage. Mais cet apprentissage ne sera vraiment utile et efficace que lorsque l'apprenti pourra suivre en même temps des cours indispensables pour comprendre le mécanisme même du métier. C'est là le but du cours professionnel. Dès lors il est facile de concevoir les avantages de l'atelier-école qui unit l'enseignement théorique à l'enseignement pratique dans l'atelier sous la direction d'ouvriers.

A l'école, l'enfant se spécialisera dans l'étude technique du métier choisi et à la fin de ses études il sera capable de faire un excellent ouvrier après quelques mois de stage.

Quoiqu'il en soit, l'Orientation professionnelle sera la base de cette organisation et l'atelier-école sera le moyen pour la réalisation.

Examinons maintenant le fonctionnement de ces institutions dans deux départements industriels qui forment ensemble une région bien homogène. N'oublions pas que Lyon est la Patrie de l'Enseignement Technique. C'est dans cette ville, en effet, que la première école technique élémentaire et le premier atelier-école ont été créés.

1° L'ORIENTATION PROFESSIONNELLE

L'O.P. a été surtout développé par les pouvoirs publics et en particulier par les offices de placement. Les Chambres de Commerce ont été des auxiliaires précieux.

Les Offices existant actuellement dans le Rhône et la Loire sont :

A. *L'Office Régional de Lyon.* — C'est de beaucoup le plus important. Il a vulgarisé cette science dans toute la région. Les résultats obtenus sont remarquables.

En 1924, l'Office a orienté 1.053 enfants, soit 775 garçons et 278 fillettes, dans 137 professions diverses.

Le Comité d'O.P. Catholique de Lyon. — Il est situé 16, rue du Plat, récemment. Il est bien moins important. Pendant la première année le Comité a orienté 50 candidats.

L'Office d'O.P. de Villefranche. — Son organisation est semblable à celle de l'office régional de Lyon.

Le Service d'O.P. annexé à l'Ecole Professionnelle de Saint-Etienne. Il sert à orienter les élèves de l'Ecole. C'est surtout un office complémentaire bien que la municipalité stéphanoise n'ait pas créé d'office municipal. Celle-ci se contente d'encourager le fonctionnement du service de l'Ecole.

Le Bureau d'O.P. de Roanne. — Il a été créé par la Chambre de Commerce, c'est un bureau de renseignements ouvert une fois par semaine au secrétariat de la Chambre.

Enfin il faut citer un service organisé par une société particulière qui donne d'excellents résultats : c'est celui des Et. Rayat de Saint-Etienne.

Tels sont les services qui existent dans ces deux départements. Si nous laissons de côté le service régional de Lyon dont le fonctionnement est remarquable, nous constatons que l'Orientation Professionnelle n'est pas assez développée dans une région essentiellement industrielle comme celle qui est formée par ces deux départemnts.

Bien que cette science soit relativement récente, des villes comme celles de Saint-Etienne, Rive de Gier, Firminy, Saint-Chamond, Givors et Roanne importantes par leur population et par leurs industries, devraient avoir chacune leur Office municipal d'O.P.

Les chiffres sont ceux de l'année 1925.

Enseignement pour les jeunes filles :

Ecole Pratique du Commerce et de l'Industrie de St-Etienne	420	élèves
Ecole Pratique de Firminy	213	—
Ecole Professionnelle libre de Saint-Etienne	205	—
Total	838	élèves

Le total général des élèves des écoles professionnelles garçons et filles est de 2.578 élèves environ.

C. *Les Cours professionnels.*

Ils sont obligatoires depuis la loi Astier du 25 juillet 1919.

Dans le Rhône. — Ils sont organisés par une société très ancienne et remarquablement organisée : La Société d'Enseignement Professionnel du Rhône.

Ils fonctionnent à Lyon, Villeurbanne, Caluire, Cuire, Oullins, Givors, l'Arbresle et Tarare. Ils sont au nombre de 268 et comptent 11.143 auditeurs.

Les cours sont répartis comme suit :

Cours pour Dames	100
Cours pour Hommes	109
Cours mixtes	59
Total	268

et suivant l'enseignement donné :

Cours commerciaux	172
Cours d'enseignement ménager	54
Cours d'enseignement général	42
Total	268

A Villefranche les cours ont été créés par la Société des Amis de l'Enseignement. Le nombre des cours est de 16, celui des élèves varie entre 300 et 350.

Le nombre total des cours s'élève dont à	284
Le nombre total des élèves	11.443

Dans la Loire. Ville de Saint-Etienne. — Le nombre des auditeurs atteint : 3.292.

Le nombre des élèves inscrits, garçons et filles, est de : 2.021.

Le nombre des cours de garçons est de	77
Le nombre des cours féminins	39
Total	116

2° L'ENSEIGNEMENT TECHNIQUE

A. *L'Enseignement technique spécialisé.*

Il est assuré par :

L'Ecole Centrale Lyonnaise ;

L'Ecole de Chimie de Lyon ;

L'Ecole de Tannerie de Lyon ;

L'Ecole supérieure de commerce et de tissage de Lyon.

Ces écoles dépendent soit de la Chambre de Commerce, soit du sous-secrétariat d'état de l'E.T. et forment des ingénieurs ou des spécialistes destinés à avoir les plus hautes fonctions dans les industries de la région.

Il faut également citer :

L'Ecole municipale de Tissage de Lyon. Elle est à la fois une école spécialisée pour les élèves des cours du jour qui doivent avoir un certain niveau intellectuel et une école élémentaire pour ceux qui suivent les cours du soir.

Elle compte 55 élèves pour les cours du jour et 973 pour le cours du soir, soit au total 1.028 élèves.

2) Ecole Municipale de Commerce extérieur et de représentation de Lyon.

L'Ecole de la Martinière est à la fois une école supérieure et une école élémentaire : elle comprend trois écoles :

La Martinière des garçons : 500 élèves ;

La Martinière des filles : 200 élèves ;

La Martinière du soir.

B. *L'Enseignement technique élémentaire.*

Dans le Rhône : Enseignement destiné aux garçons. — Plusieurs écoles fonctionnent actuellement.

L'Ecole Municipale Lyonnaise d'agriculture de Gibeins.

L'Ecole pratique d'agriculture du Rhône-l'Ecully (44 élèves).

Enseignement pour les jeunes filles. — L'Ecole technique municipale de Lyon (45 élèves).

Dans la Loire : Enseignement pour les garçons. — Les écoles sont très nombreuses :

Ecole Pratique du Commerce et de l'Industrie de St-Etienne	593	élèves
Ecole Pratique de Roanne	350	—
Ecole Pratique de Saint-Chamond	150	—
Ecole Pratique de Firminy	204	—
Ecole Professionnelle Rive de Gier	146	—
Ecole Professionnelle libre de Saint-Etienne	297	—
Total	1.740	élèves

Ville de Roanne. — Le nombre des élèves est d'environ : 350.

A Rive de Gier-Saint-Chamond les cours sont organisés depuis peu de temps et donnent déjà les meilleurs résultats.

L'enseignement technique du Rhône est avant tout un enseignement privé. C'est pourquoi le sous-secrétaire d'Etat à l'E.T. a reconnu la Martinière comme l'Ecole pratique pour en faire une école Nationale Professionnelle. Dans la Loire, au contraire, c'est l'enseignement officiel qui domine.

D. *L'Apprentissage.*

L'Atelier-Ecole. — C'est l'institution de l'avenir.

Son rôle joué dans l'Enseignement technique et dans l'apprentissage est considérable « L'atelier-école c'est, dit M. Boudra, son créateur, « l'école technique dans l'atelier de production ».

Le premier atelier-école est l'école professionnelle d'horlogerie de Lyon.

En juillet 1926, le nombre des élèves de l'école professionnelle d'horlogerie était de 35.

Dans la plupart des ateliers-écoles l'apprenti est rémunéré suivant sa capacité et son ancienneté, c'est un côté agréable de l'institution. Tandis qu'à l'école professionnelle les travaux faits par le jeune élève ne lui rapportent rien, dans l'atelier-école les travaux pratiques qui sont exécutés par l'apprenti pour des particuliers lui sont payés. Bien que le taux de cette rémunération soit peu élevé, elle stimule le jeune élève et constitue un encouragement précieux.

Les autres ateliers-écoles sont :

Dans le Rhône :

L'Ecole des métiers de la Métallurgie .... 105 élèves
L'atelier-école de l'ébénisterie .... 28 —
L'atelier-école du vêtement .... 28 —
L'atelier-école de la serrurerie .... —
L'atelier-école des repasseuses détacheuses .... 10 —
L'atelier-école d'apprentissage catholique .... 86 —
Les ateliers d'apprentissage de l'abbé Boissad.
L'atelier-école de la Société des automobiles Berliet.
L'atelier-école de la Cie électro-mécanique.

Dans la Loire :

Les ateliers sont bien moins organisés, ceux qui existent sont :
L'école d'armurerie de Saint-Etienne .... 70 élèves
L'école de teinture de Saint-Etienne ....20 à 30 —
L'atelier-école des usines Ravat Wonder de Saint-Etienne.
L'Atelier-école des Forges et aciéries de Saint-Chamond.
L'atelier-école de la Société des Etablissements Jacob Holzer à Unieux.
L'atelier-école de la Maison Bois et Perrin de Saint-Etienne.

Telles sont, Messieurs, les différentes institutions locales qui assurent l'organisation professionnelle du travail dans le Rhône et la Loire. Si l'enseignement technique est bien approprié aux besoins économiques de la région il n'en est pas de même des autres institutions sur lesquelles devront porter les efforts des pouvoirs publics. L'intervention de l'Etat serait à souhaiter. Lui seul peut rendre obligatoire le fonctionnement de l'O.P. Les chambres syndicales peuvent avoir un rôle considérable pour la création des ateliers-écoles ; c'est pourquoi quelques chambres lyonnaises ont compris l'importance qu'elles pouvaient avoir dans ce domaine et ont encouragé les institutions de cette région.

21e section

PÉDAGOGIE ET ENSEIGNEMENT

Président .... M. Langevin, Professeur au Collège de France, directeur de l'Ecole de Physique et Chimie de la Ville de Paris.

Secrétaires .... G. Lapierre, Instituteur à Paris.
Ch. Bruneau, Instituteur à Neuilly-sur-Seine.

BYDZOVSKY

Professeur à l'Institut mathématique de Prague

L'ORGANISATION PEDAGOGIQUE ET LES TENDANCES REFORMISTES EN TCHECOSLOVAQUIE

Le problème de l'école unique s'imposait en Tchécoslovaquie à tous ceux qui réfléchissaient sur les problèmes de la réforme scolaire.

Il n'y a rien de surprenant dans le fait que ce problème présente, dans notre Etat, un caractère particulier qui est dû aux particularités de l'enseignement tchécoslovaque. Ce qui distingue cet enseignement de celui de beaucoup d'Etats européens est le fait que l'enseignement primaire élémentaire comprenant les cinq premières années scolaires (pour l'âge de 6 à 11 ans), est presque absolument unique pour tous les enfants de cet âge. Il n'y a pas de classes préparatoires, comme par exemple en France ou en Russie; l'enseignement élémentaire vise à l'éducation générale de toutes les classes de la nation sans se préoccuper particulièrement des futurs élèves de l'école secondaire. La plupart des écoles primaires élémentaires sont des écoles publiques, entretenues directement ou indirectement par l'Etat, de sorte que l'esprit de l'éducation est à peu près le même dans l'enseignement élémentaire tout entier.

Donc, on peut dire que le problème de l'école unique n'existe pas, en Tchécoslovaquie, dans l'enseignement primaire élémentaire et ce n'est que dans les degrés supérieurs de l'enseignement que ce problème se pose dans sa pleine portée.

Voilà les points essentiels du système pédagogique tchécoslovaque qui donnent naissance au problème en question :

1° L'existence simultanée des écoles primaires supérieures (comprenant trois ou quatre années, pour l'âge de 11 à 14 ou 15 ans) et des classes du premier cycle des écoles secondaires;

2° Une certaine discontinuité entre les méthodes de cet enseignement et de celui des écoles secondaires ;

3° Les grandes différences entre les différents types de l'école secondaire qui s'accentuent dès la première année scolaire, et qui obligent les élèves à faire le choix entre les différentes branches des études secondaires dans leur onzième année ;

4° Le fait que les instituteurs des écoles primaires sont préparés à leur fonction d'une manière qui les éloigne sensiblement du reste des intellectuels.

Ce sont là, on le voit, des circonstances et des inconvénients qu'on trouve, de nos jours, presque partout et qu'on cherche à modifier ou à faire disparaître par des réformes plus ou moins radicales. Je vais dire quelques mots sur les projets réformistes tchécoslovaques.

Une commission nommée par le Ministre de l'Instruction Publique a élaboré un projet de loi sur l'enseignement secondaire pour faire disparaître ou diminuer au moins quelques-uns des inconvénients précités. La Commission n'a pas pris la résolution de créer une école unique pour tous les enfants dans l'âge de la scolarité obligatoire. Elle a été guidée par l'idée qu'une loi ne doit pas anticiper l'évolution d'une manière trop radicale et contraire aux sentiments de la plupart du peuple. Elle a considéré, de plus, la nécessité qui existe, pour une nation dont la langue n'est pas mondiale, que ses intellectuels possèdent une connaissance assez étendue des langues étrangères. Cette nécessité entraîne cette autre que l'enseignement des langues étrangères doit commencer à un âge bien au-dessous de 14 ans. Elle a considéré, de plus, qu'il est, en général, possible de décider sur l'aptitude aux études secondaires à peu près à l'âge de 11 ans. Enfin, l'état actuel étant le résultat d'un développement organique et les écoles primaires supérieures étant considérées comme remplissant fort bien leur rôle de fournir une éducation élémentaire supérieure, on a considéré comme impossible de les faire coïncider, dans les circonstances actuelles, avec le premier cycle de l'école secondaire sans des expériences préalables assez étendues.

De l'autre côté, la Commisison se rend bien compte qu'un rapprochement entre les deux types d'écoles est nécessaire en ce sens que les méthodes des premières années de l'école secondaire soient mieux adaptées à l'esprit de tout jeune enfant de ses élèves et que, par là-même, les classes respectives soient rapprochées de l'enseignement élémentaire. De plus, la Commission a jugé que le passage de l'école primaire supérieure à l'école secondaire soit facilité aux élèves qui ont les aptitudes désirables pour l'enseignement secondaire. Le projet de loi mentionné plus haut contient, sur ce point, des mesures détaillées. Par ces mesures, l'inconvénient provenant de la discontinuité entre l'enseignement primaire et l'enseignement secondaire pourra être diminué. C'est encore cette discontinuité qui a conduit la Commission à proposer, dans le projet de loi, un changement du mode d'admission à l'enseignement secondaire des élèves ayant terminé l'école primaire élémentaire. Actuellement, cette admission est liée, a un examen spécial qui surpasse, d'ailleurs, un peu les matières enseignées à l'école primaire. Le projet de loi tend, d'une part, à faire valoir le jugement des instituteurs sur l'aptitude que manifeste l'élève pour les études secondaires; d'autre part, il donne la possibilité d'utiliser des examens de l'intelligence comme critère d'admission. Si un examen effectif d'admission doit être subi, il doit se borner strctement aux matières enseignées à l'école élémentaire, de sorte qu'une préparation spéciale de l'élève serait prochainement superflue.

Pour en arriver aux écoles elles-mêmes, il y a, en Tchécoslovaquie, cinq types différents d'écoles secondaires, sans compter l'école normale primaire. La plupart de ces types sont différenciés depuis la première année. Pour cette raison, le projet de loi propose une école secondaire unique, ayant une base commune de quatre classes sans latin pour tous les élèves et se divisant, depuis la cinquième année, en deux sections (latin-langues vivantes, sciences-langues vivantes) et dans la huitième année en trois sections, cette dernière classe ayant un caractère de classe préparatoire pour les grandes écoles.

Par cette proposition, le choix d'études est reculé à l'âge de 15 ans et à cet âge est reculé encore l'étude du latin qui est considéré comme une étude spéciale, nécessaire pour les universités. On aurait, par là, une unification du système secondaire qu'il serait difficile de pousser plus loin, vu les différences de dispositions ainsi que les besoins des futures professions. Mais il y a plus encore, c'est que le passage de l'école primaire supérieure à cette base commune de l'école secondaire serait facilité d'une manière sensible, étant donné que c'est le latin qui est, actuellement, le principal obstacle à ce passage. Les langues vivantes qui seraient enseignées dans la base commune de l'école secondaire unique, forment un obstacle moins important puisqu'elles sont enseignées aujourd'hui même, à titre facultatif, dans beaucoup d'écoles primaires supérieures.

Pour fin de compte, la même Commission a rédigé un second projet de loi sur la formation des instituteurs de l'enseignement primaire Cette formation se fait, actuellement, dans des écoles normales à quatre classes où sont admis les élèves sortant de l'école primaire supérieure ou ayant terminé le premier cycle de l'enseignement secondaire. Par leur caractère professionnel, ces écoles diffèrent beaucoup des écoles secondaires et ne sont, par conséquent, considérées sous aucun point de vue comme équivalentes à ces écoles. C'est pourquoi le projet en question propose de supprimer les écoles normales et de les remplacer par des académies pédagogiques où seraient admis seulement les bacheliers de l'enseignement secondaire. Par cette dernière mesure, on atteindrait cet état de choses que tous les maîtres, ceux de l'enseignement primaire aussi bien que ceux de l'enseignement secondaire auraient à passer par le même milieu de culture générale; il y aurait là un nouvel et un fort appui de l'unité de l'esprit de l'enseignement tout entier.

Je n'ai fait qu'esquisser les tendances réformistes dans notre pays en tant qu'elles visent à l'unité de l'enseignement. On connaît bien les maints obstacles qui s'opposent à tout changement, tant soit peu radical de l'état actuel de l'enseignement. On peut, par conséquent, considérer, dans les circonstances politiques actuelles, comme un succès notable l'existence des projets de loi qui manifestent la volonté de la nation de renouveler l'école d'hier suivant les principes qu'exige la vie actuelle.

Paul LEMOINE

Professeur au Muséum
Maire de La Bezole (Aude)

LE PROBLEME DE L'ECOLE RURALE

Dans les très petites communes et les très petits hameaux, il existe un grand nombre d'écoles dont la population scolaire est minime. J'ai en vue, particulièrement, les écoles où le maximum d'élèves prévu est de 10 à 12 et où ce nombre peut baisser, certaines années, étant donné l'âge de la population, à 1 ou 2.

L'enseignement y est très difficile; une seule maîtresse, généralement très jeune, a des enfants de tous âges : les cours post-scolaires sont particulièrement délicats ; toutes les questions de discipline et de scolarité revêtent forcément un caractère individuel.

Il est à craindre que des raisons d'économie n'amènent la suppression de ces très petites écoles rurales, bien qu'elle soit actuellement illégale pour les écoles de commune. Si cette crainte se réalise, il conviendra d'envisager la manière d'assurer l'instruction des petits ruraux.

L'un des moyens envisagés consiste à concentrer la population scolaire de plusieurs hameaux ou petites communes dans l'école d'une commune plus importante. L'accroissement d'enfants y sera généralement insignifiant et n'amènera pas la création de postes nouveaux. La suppression des postes de petite commune sera donc une économie nette, très séduisante, donc très redoutable.

Le transport des enfants à l'école centrale se fera forcément par automobile. Il est facile de calculer que pour des distances d'environ 5 kilomètres, le prix du transport annuel sera à peu près du même ordre de grandeur que le traitement du maître supprimé. Il devra donc rester à la charge du Ministère de l'Instruction Publique.

Mais une série de problèmes devront être envisagés.

1° *Assurances considérables* contre les accidents d'auto. (Il pourra arriver que toute la population enfantine d'une agglomération soit tuée d'un coup.

2° *Achat de l'auto.* Les budgets des petites communes ne pourront y faire face, *même par annuités.* Il y aurait peut-être lieu de combiner ces autos scolaires avec les autos rurales, qui d'après un projet de M. Delctate, secrétaire général de l'Administration des P.T.T., doivent à bref délai rendre des services de toutes sortes aux communes (transports des personnes, des colis postaux, etc. ; commissions à la ville).

3° *Fournitures scolaires.* Elles sont variables avec chaque commune suivant les dispositions des conseils municipaux ; il faudrait les unifier dans chaque groupe scolaire en créant à cet effet un *syndicat intercommunal* pour les questions scolaires. Le Président de ce syndicat pourrait acquérir de ce chef une grande autorité morale, par exemple au point de vue de l'assiduité.

4° *Secrétariat de mairie.* La suppression du maître dans une commune supprimera le secrétaire de mairie ; il faudra concentrer les secrétariats dans la grande commune tout en les laissant indépendants. (Beaucoup de petites communes les ont déjà à la sous-préfecture, ce qui a de graves inconvénients).

5° *Bâtiments scolaires abandonnés.* Leur abandon sera très cruel, à divers points de vue. On pourrait peut-être adoucir les regrets de leur abandon, en les affectant aux greniers coopératifs ou communaux qui sont en voie de création et qui pourront être subventionnés par le Ministère de l'Agriculture.

Comme on le voit, la suppression des petites écoles rurales se heurte à de grosses difficultés. Il est cependant nécessaire de les étudier ; car la dépopulation des campagnes, d'une part, les conditions financières, d'autre part, peuvent la rendre nécessaire.

Les inconvénients de leur suppression ne pourront être palliés que par des accords syndicaux intercommunaux et par une entente entre les administrations de l'Instruction Publique, des P.T.T. et de l'Agriculture.

BRUNEAU

Instituteur public

1° LES CONSEILS D'ECOLE ET L'ADAPTATION DU MILIEU

L'institution des Conseils d'école a été accueillie de façon bien différente par l'opinion. Il semble que les inconvénients qui pourraient naître de leur fonctionnement ont été mis en relief plus que les avantages de l'institution. Nous voudrions essayer de montrer, en toute franchise, quelques aspects de la question.

On veut « grouper » dans un Conseil de l'école toutes les énergies qui, dans nos communes, s'efforcent d'assurer les progrès de l'école publique et remédier aux excès de la centralisation administrative, dans l'ordre scolaire ; faire de l'école, personne morale, un organisme vigoureux, en la dotant de la personnalité civile ».

Et le besoin s'en fait sentir : Si une loi, déjà vieille, celle du 10 avril 1867, a créé les Caisses des Ecoles, on ne compte actuellement en France que 15.251 Caisses des écoles. 22.712 municipalités, 61 % des 37.963 communes françaises n'ont pas de Caisse des écoles, et parmi les 15.251 Caisses existantes, combien en est-il de suffisamment dotées ? Chacun le sait. Bien peu.

La loi du 22 mars 1882 a institué, pour surveiller et encourager la fréquentation scolaire, la commission municipale scolaire. Quel instituteur ne sourit pas quand on lui parle de sa commission municipale scolaire ?

Nous avons vu, en étudiant les essais de transformations tentées à Douai, combien il est difficile de changer quoi que ce soit à l'école, avec notre législation actuelle. L'Ecole dite communale est la propriété matérielle de la commune, la propriété morale de l'Etat, et l'instituteur en exercice en est comme l'usufruitier. Qu'il s'agisse de création, de suppression, d'aménagement de locaux ou de crédits scolaires, les démarches sont déjà longues quand tous les intéressés sont d'accord. S'il y a désaccord entre l'instituteur, les inspecteurs de l'enseignement, la commission d'hygiène, la municipalité, la préfecture, les hommes politiques, le ministère, plus rien n'aboutit.

La loi met au rang des dépenses obligatoires des communes l'entretien et la location des bâtiments scolaires, les frais de chauffage et d'éclairage des classes, l'acquisition, l'entretien et le renouvellement du mobilier et du matériel d'enseignement... Cette obligation, sans sanction, est en fait inexistante. Le Préfet peut, après bien des démarches et des instances de la part de l'administration académique, inscrire d'office au budget communal un crédit destiné à pourvoir à ces dépenses obligatoires. Mais c'est le maire qui sera chargé d'employer ce crédit. Il l'emploiera à sa guise, à son temps. Il y a ainsi des crédits fictifs inscrits chaque année au budget de bien des communes qui ne sont jamais employés. C'est pourquoi, en certaines régions, je pourrais citer des noms propres, l'entretien des bâtiments scolaires, le chauffage, l'éclairage ne sont pas assurés ou le sont si mal. C'est pourquoi les seuls livres de lecture que connaissent les écoliers de telle et telle contrée sont les spécimens, dépareillés, puisqu'on n'en peut obtenir qu'un exemplaire, brochés, et parfois fragmentaires que fournissent gratuitement les éditeurs.

Pourquoi, dira-t-on, l'Etat n'intervient-il pas ? Ces dépenses n'étant pas à sa charge, il n'a pas de crédits pour se substituer au mauvais vouloir des municipalités. Il accorde bien quelques maigres subventions, trop insuffisantes pour remédier au mal ; encore nécessitent-elles, pour être délivrées tardivement, des démarches et des instances sans nombre.

Le Conseil de l'Ecole, dit l'exposé des motifs, est conçu avant tout comme le centre où seront obligatoirement réunies, avec d'autres ressources, toutes les subventions, légales ou facultatives, que l'Etat, les départements, les communes et les particuliers, accorderont à l'école, et comme l'organe spécialement chargé d'utiliser ces crédits et ces libéralités. Il aura le droit de réclamer aux communes le montant des crédits inscrits à leur budget, volontairement ou d'office, afin d'assurer la vie matérielle de l'école. Il aura le pouvoir d'utiliser ces crédits dans les délais qui lui paraîtront le plus conformes aux intérêts de l'enseignement. S'il n'a pas l'emploi immédiat de ces crédits, il les conservera en vue d'une meilleure utilisation future dans sa caisse autonome...

L'instituteur, de droit, remplit les fonctions de secrétaire du Conseil de l'Ecole. Il en sera donc la cheville ouvrière. Il semble bien d'ailleurs que si les Caisses des Ecoles, les commissions municipales scolaires n'ont pas rendu les services que les législateurs attendaient d'elles, c'est que les instituteurs ont été écartés de leur administration. On les installe aujourd'hui dans le cœur de la place. Ils paraissent cependant un peu désappointés, ici, effrayés ailleurs.

C'est que le Conseil de l'Ecole réunit autour d'eux un certain nombre de personnes avec lesquelles il ne sera pas toujours bien facile, peut-être, d'administrer les intérêts matériels de leur école, pas sans danger, pensent-ils, parfois, de considérer ses intérêts moraux. Alors que le projet Daladier charge le Conseil de gérer les intérêts moraux et matériels de l'Ecole, et lui donne la faculté d'adresser à l'autorité académique des propositions et des avis sur les mesures capables d'assurer l'adaptation de l'école aux besoins locaux, la majorité de nos collègues paraît souhaiter de voir limiter les attributions du Conseil aux intérêts matériels, financiers de l'Ecole. Elle demande qu'on ne permette pas au Conseil de l'Ecole — dont la cheville ouvrière est le maître, je répète — de s'immiscer dans le fonctionnement même de l'école. Son seul rôle serait d'apporter des ressources et des élèves, en assurant la fréquentation scolaire, à l'école.

Je sais qu'il y a quelques région, en Alsace, en Bretagne, en Vendée, où il sera difficile de constituer un Conseil naturellement favorable à l'esprit libéral de l'enseignement laïque et au caractère éducatif de ses méthodes. Mais cette opposition n'est-elle pas plus dangereuse, et surtout plus difficile à désarmer, quand elle se fait hors de l'instituteur à la Municipalité, à la Commission municipale scolaire, et ne serait-ce pas la meilleure façon de convaincre nos adversaires, surtout quand ils sont des parents d'élèves, que de les éclairer eux-mêmes sur nos méthodes, nos programmes, et l'esprit de notre enseignement.

Il y a une notion courante que l'on devra reviser. M. Dufrenne, reprenant un mot de Condorcet, répandait autrefois l'idée d'un Pouvoir Institutif, indépendant des pouvoirs Législatif, Exécutif et Judiciaire, chargé de diriger l'enseignement, l'éducation nationale. Ce pouvoir institutif, on voit aussitôt le danger qu'il y aurait à le constituer sans lien avec les autres formes d'activité nationale ou sociale. Il deviendrait très vite une église.

Déjà, nous avons une tendance à trop vivre à part, dans notre milieu. Notre école est une école trop fermée, qui se contrôle trop elle-même, qui forme elle-même ses maîtres et ses cadres sans faire assez d'échanges avec le dehors, sans se renouveler assez.

L'entrée de la classe est formellement interdite à toute personne autre que celle préposée par la loi, dit un impitoyable règlement. Et il n'y a pas très longtemps qu'un inspecteur d'Académie en retraite de ma connaissance, humaniste distingué, de passage chez une directrice d'Ecole Normale, ayant fait, à la prière de la directrice, une conférence aux normaliennes sur la poésie française au moyen âge et sur le poème de Berthe aux Grands pieds dont il avait tiré une merveilleuse adaptation, le Recteur de l'Académie infligeait un blâme administratif à la Directrice pour avoir introduit un *étranger* dans l'école.

Notre vie pofessionnelle, notre contact perpétuel avec des enfants qui nous croient sur parole, avec une administration qui, formée par l'école, perpétue, accentue dans l'école les caractères particuliers de cette formation, nous donne des habitudes de penser et d'agir qui nous sont propres. L'idéal n'est pas des les communiquer aux générations que nous sommes chargés d'élever, sans prendre de précautions, mais bien de réagir contre cette sorte d'isolement, de scholastique vers lesquels nous tendrions, si nous n'y prenions garde.

On nous a accusés d'être des échappés du réalisme de la vie des producteurs, de la vie commune, vers les fonctions administratives, artificielles et sûres de l'enseignement.

Durkheim, un de ceux qui ont le plus aimé l'école et les instituteurs français, observe dans ses leçons d'Education qu'il faut supprimer cette sorte de mégalomanie scolaire qui naît d'un enseignement clos.

Les Conseils d'école, en ouvrant l'école aux conseillers, l'ouvriront à la population locale, et si l'instituteur sait intéresser d'une façon positive les parents de ses élèves à sa tâche, s'il fait d'eux de véritables associés à l'œuvre scolaire, qu'il n'ait pas peur par là d'abaisser le niveau de cette tâche. Il lui est plus difficile d'atteindre vraiment ses élèves, de se placer de plain-pied avec eux, que d'atteindre leurs parents.

L'avancement régulier des maîtres les conduit à des mutations assez fréquentes, trop féquentes. Quand un maître quitte son poste, la vie scolaire est modifiée. Le Conseil de l'école mettra dans la vie scolaire un élément de permanence, traduisant l'esprit local, et de réalisme. J'ajoute, à condition qu'on lui laisse des initiatives, même au point de vue pédagogique. Au Conseil de l'école, plus qu'à la conférence pédagogique, l'instituteur apprendra à connaître son milieu, et se rendra compte des distances qui séparent les intentions pédagogiques des pédagogues en chambre et les réalités de l'esprit, des mœurs, des besoins locaux.

Le milieu, en influant dans une mesure à déterminer, à limiter bien entendu, sur les générations à venir, péparera, aidera son propre développement.

N'est-il pas un fait incontestable que d'une façon générale l'enseignement scolaire doit s'adapter et choisir. Les mêmes programmes, les mêmes méthodes sont employés dans l'école populeuse, avec les enfants des populations fébriles de la ville, et dans l'école rurale, avec les enfants paisibles de la plaine ou de la montagne; avec des élèves qui changent de maître et de classe chaque année, qui vivent dans un milieu complexe, et avec des enfants qui de 4 à 16 ans fréquentent le même maître dans un milieu qui ne connaît guère que les variations des saisons, avec des écoliers qui fréquentent 9 mois par an leur école et avec des écoliers qui sont bergers pendant la moitié de l'année. Emile n'était ni Breton, ni Provençal, ni Parisien, ni pâtre auvergnat, ni marinier bourguignon.

La population, dans la ville, à la campagne, semble se désintéresser de l'école. L'enseignement post-scolaire fait faillite. Les anciens élèves reprennent le chemin de leur école avec une sorte de gêne qu'ils n'éprouvent pas pour entrer au cinéma ou à l'auberge. Les bonnes volontés qui s'offrent à nous aider sont vite découragées par les besognes fastidieuses et inopérantes auxquelles on emploie les membres actifs ou honoraires des délégations cantonales, des mutualités scolaires, des commissions scolaires, des comités de patronage...

Nous croyons qu'en entourant le fonctionnement des Conseils de l'école de quelques précautions utiles, en établissant par exemple l'appel de leurs décisions ou de leurs vœux au Conseil départemental en cas de désaccord entre le personnel enseignant et le Conseil, on pourrait par eux assurer plus efficacement la vie matérielle de l'école, et concilier à la fois les initiatives des instituteurs, les indications du milieu scolaire et le contrôle de l'Etat.

Et nous croyons que les Conseils d'école y contribueront dans la mesure où l'instituteur prendra conscience des rapports étroits entre l'éducation et le milieu social où elle se fait, et où il aura confiance en lui-même pour étudier et utiliser ces rapports étroits qui agiront sans lui, s'il ne s'arrange pas pour qu'ils agissent avec lui.

2° UN ESSAI DE REALISATION D'ECOLE UNIQUE A DOUAI

M. PERRET

ORIENTATION PROFESSIONNELLE

Après avoir dégagé le terrain de ce qui concerne l'Inspection médicale et le point de vue économique de l'orientation professionnelle, je voudrais étudier plus particulièrement le rôle spécifique de l'école.

Ce rôle consiste à renseigner l'Office d'Orientation professionnelle sur les aptitudes psychologiques des enfants qui vont cesser les études pour entrer au travail. Sur quelles bases ces renseignements seront-ils donnés ?

En l'état actuel de la science je suis convaincu, quant à moi, que l'observation quotidienne des maîtres et des maîtresses est l'élément d'information le plus sûr auquel nous puissions recourir. Maîtres et maîtresses ont, en effet, le sens psychologique affiné par l'exercice même de leur profession; ils ont les enfants sous les yeux, pendant les classes, pendant l'étude, aux jeux; ils peuvent les observer à leur insu, les comparer entre eux. Ce travail d'observation n'a pas, d'ailleurs, pour unique objectif l'Orientation Professionnelle, et l'accomplissement de leur tâche d'éducateurs exige que les maîtres et les maîtresses cherchent à se rendre compte des qualités et des imperfections ou défauts de l'enfant, de manière à développer les qualités, à atténuer ou faire disparaître, si possible, les défauts. Sur ce terrain, l'orientation professionnelle et la pédagogie se rejoignent et sont solidaires.

Lorsque le maître a rempli cette tâche, il lui est facile de consigner ses observations sur un livret scolaire qui devra — ce point offre une grande importance — être établi, non seulement au cours de la dernière année de scolarité, mais dès l'entrée de l'enfant à l'école.

Ainsi, les observations successives des différents maîtres se succéderont sur ce livret et, lorsque l'enfant sera parvenu au terme de son séjour à l'école, le livret présentera — ce qui est éminemment plus suggestif que ses aptitudes à une période donnée — la courbe de son évolution psychologique, son dynamisme et, par là, ses aptitudes de perfectibilité.

L'observation, le jugement des maîtres, la méthode impressionniste en un mot, doivent-ils seuls intervenir à l'école ? Ici se pose la fameuse question des Tests et l'on peut se demander si les appréciations du livret scolaire ne doivent pas avoir pour base les tests, plutôt que le jugement personnel du maître ou de la maîtresse ?

Certes, nous ne sommes pas les ennemis, les adversaires des tests, mais nous sommes obligés de constater qu'ils se présentent en une multiplicité éminemment faite pour troubler ceux qui aspirent à en faire usage. Il ne paraît pas douteux que dans cette multiplicité, il y ait une sélection à faire ; d'ailleurs, si l'on peut se mettre d'accord pour admettre le bien-fondé, l'efficacité de certains tests, il en est d'autres qui paraissent contestables et, ce n'est certes pas avant longtemps qu'il sera possible d'apprécier par cette méthode les qualités supérieures de l'enfant ou de l'homme, et même ses qualités morales comme certains tests prétendent le faire.

Au surplus, le maniement des tests exige une culture particulière, un entraînement spécial et des facilités de laboratoire qui n'existent pas en tous lieux. Ceux qui ont lu le magistral ouvrage de Claparède ont pu se rendre compte, avec le savant psychologue, combien l'expérimentation par les tests demande de précautions minutieuses et appelle de réserves prudentes.

Il semble donc que, pour mettre de l'ordre dans cette question des tests, on puisse préconiser la solution suivante :

1° L'étude et la mise au point des tests ne peut appartenir qu'à des laboratoires de psychologie expérimentale, dirigés par des savants ayant une compétence personnelle en la matière, bien outillés et ayant des sujets d'étude à leur disposition, pendant tout le temps nécessaire à la répétition des expériences ;

2° Les tests ayant ainsi été scientifiquement créés et mis au point, l'école peut être un champ d'expérience sur une vaste échelle pour en faire le contrôle et en essayer l'application. Encore sera-t-il bon que les maîtres et les maîtresses puissent, pour s'initier à la pratique des tests, suivre des cours d'information qui pourraient être organisés chaque année dans certains centres.

A l'école les tests seraient ainsi un moyen de contrôle des appréciations des maîtres, plutôt qu'une base unique d'évaluation des aptitudes et c'est par l'ensemble de ses moyens d'observation directe, contrôlés en outre par les tests, que l'école pourrait établir un tracé psychologique des enfants et le transmettre à l'Office d'orientation professionnelle. Elle servirait ainsi, en quelque sorte, de liaison entre le laboratoire scientifique proprement dit et l'organisme d'utilisation que constitue l'Office d'Orientation professionnelle.

L'étude et le maniement des tests, suivant ces données, sont d'ailleurs comparables à ce qui se passe au point de vue médical : Après avoir mis au point, dans les laboratoires, une méthode thérapeutique nouvelle, on ne la fait passer dans la pratique médicale qu'après expérience et contrôle sous les yeux mêmes des savants et de leurs collaborateurs.

Evidemment, une lacune subsiste : c'est lorsque l'Office d'Orientation professionnelle verra venir à lui des enfants qui ne sortent pas directement de l'école, qui l'ont quittée depuis plusieurs années, ont fait fausse route ou sont restés inoccupés. Il y aura, tant que le carnet scolaire n'aura pas été institué pour suivre les générations d'écoliers pendant leurs classes et les accompagner ensuite dans la vie professionnelle, une période de transition pendant laquelle l'Office se trouvera un peu au dépourvu : n'ayant ni l'appréciation des maîtres, ni le témoignage du livret scolaire, il devra agir, nécessairement, d'après l'intuition du Conseiller d'orientation et l'enseignement que ce dernier pourra retirer de sa conversation avec l'enfant et les membres de sa famille.

Que du moins cette période de transition soit écourtée le plus possible de manière que, dans l'avenir, l'enfant sortant de l'école soit muni, comme d'un viatique, et du carnet médical — dont il a été parlé dans un autre rapport (M. Geoffray) et du carnet scolaire.

Il ne sera pas interdit, au surplus, que l'Office d'Orientation professionnelle se serve, à son tour, des tests, étudiés, contrôlés et reconnus dignes de créance ; mais, il pourra alors en prendre la responsabilité devant les familles et se défendre de recourir à des procédés qui, en l'absence de sérieuses garanties, pourraient paraître un peu mystérieux et même, si j'ose dire, cabalistiques.

Vœu de la Section mixte de pédagogie et de psychologie expérimentale du Congrès de l'Association Française pour l'Avancement des Sciences relatif à l'inspection médicale scolaire et à l'allègement des programmes, adopté comme conclusion des communications de MM. Geoffray, Pardon et Perret :

1° Que l'inspection médicale soit organisée non seulement pour surveiller la santé des enfants et diriger l'éducation physique, mais aussi pour fournir les renseignements médicaux indispensables à l'orientation scolaire et professionnelle (citadins et ruraux).

2° Que la méthode d'observation et d'expérimentation psychologique soit adaptée à l'enseignement primaire en vue de l'Orientation scolaire par la mise à l'étude d'un livret scolaire et d'un examen d'aptitudes.

3° Que les médecins prêtent tout leur concours à l'inspection médicale sérieuse des écoles, mais refusent de se prêter à des simulacres d'inspection.

4° Que les instituteurs, professeurs et les médecins soient consultés pour l'élaboration des programmes allégés de façon à tenir compte des possibilités d'assimilation des enfants et des ménagements physiologiques à observer.

5° Que cet allègement des programmes soit réalisé dans le sens d'une adaptation aux ressources pédagogiques locales pour permettre que l'enseignement devienne à la fois une culture et une préparation indirecte à la vie professionnelle.

EMERY

Professeur à l'Ecole Normal de Lyon

LES PRIMAIRES ECRIVAINS

Section Pédagogique du Syndicat des Instituteurs du Tarn

L'ECOLE UNIQUE DANS SES RAPPORTS AVEC LA VIE LOCALE

Précisons tout d'abord ce que doit être pour nous l'E .U. : tous les élèves fréquentent l'école du premier degré. Après concours seuls ceux qui sont aptes à recevoir l'enseignement du deuxième degré sont admis à continuer leurs études. Cela suppose la suppression des classes élémentaires des lycées et collèges et l'obligation pour les maîtres de l'enseignement privé de justifier des mêmes titres que les maîtres de l'Etat. Ceci posé, *voyons les répercussions de l'E. U., d'abord sur l'école rurale :*

L'effectif de l'école rurale serait renforcé par l'appoint d'élèves des classes sociales aisées : l'école y gagnera en prospérité. On supprimera ainsi le malaise public de fonctionnaires rétribués sans rendement correspondant. Les notables du pays formant le plus souvent la majorité des assemblées communales seront obligés de s'intéresser aux écoles fréquentées par leur fils. Comme ils jouissent d'une autre influence que les pères de famille des classes laborieuses, ils réaliseront des classes salubres et gaies pourvues d'un matériel confortable sur lequel les belles culottes de leurs fils ne risqueront pas de désastreux accrocs. Pas mal d'écoles y gagneront un poêle qui tire, du charbon en quantité suffisante, un musée scolaire, des appareils pour expériences, une bibliothèque bien garnie. Toutes ces questions matérielles seront réglées rapidement et selon des vues plus larges.

Sur les relations entre élèves

Toutes les classes sociales seront là coude à coude. Ce coudoiement intellectuel, familier entre les enfants de condition inégale leur permettrait de se connaître et de s'apprécier mutuellement sous tous les les rapports. La camaraderie a cette vertu d'être le vestibule de l'amitié. Les plus autoritaires, forts du privilège conféré par la fortune ne persévéreraient pas longtemps dans leur attitude dédaigneuse : le maître paternel et impartial s'opposerait aux tentatives d'oppression et ferait comprendre que la justice ne se mesure pas à l'importance de la fortune des parents.

Plus tard, devenus grands, et bien que rentrés dans des compartiments sociaux différents, le tutoiement de leur enfance resterait sur leurs lèvres et la communauté de souvenirs diminuerait l'acuité des luttes de classes.

Sur les parents

Il est naturel que la comparaison entre les petits bourgeois et les petits paysans ait des répercussions sur les parents. Ceux-là ne seront pas obligatoirement à la tête de la classe, il y aura humiliation des uns et sans doute orgueil chez les autres. N'est-ce pas là des résultats qui iront contre l'union désirée? Au début peut-être, ensuite non ; chacun s'habituera à cette compétition sans vouloir l'interpréter dans un sens ou dans l'autre, les enfants seront mis sur le même plan et les parents s'y mettront aussi peu à peu : Disparition progressive des préjugés d'inégalité intellectuelle et morale.

Sur la vie du village

Un changement se produira certainement : Les gens aisés, propriétaires terriens vont souvent résider à la ville afin que leurs enfants puissent suivre les cours des classes enfantines des lycées et collèges. Ils font un pied à terre de ce qui devrait être leur résidence habituelle. Nous les voyons revenir aux vacances, après les bains de mer, chercher un dérivatif aux fatigues de la vie oisive... Ils demandent alors à l'instituteur de donner quelques leçons à des élèves partis en vacances bien avant le 31 juillet (et qu'il devrait normalement avoir toute l'année). Avec l'E. U., ce sera le retour à la terre de ces familles qui n'abandonneraient point le milieu local pour envoyer leurs enfants dans une école de la ville identique à celle du village.

N'y aura-t-il pas écrémage funeste des intelligences ? Ne restera-t-il à la terre ou à l'établi que les « inaptes » ? En pratique, non. L'enfant du fermier, du forgeron placé à la tête de la classe n'ira pas obligatoirement continuer ses études du deuxième degré : des considérations de fortune (malgré la gratuité absolue de l'enseignement) ou de famille le retiendront auprès des parents dans bien des cas. Et s'il veut délaisser le milieu rural il le fera sans instruction du deuxième degré aussi bien qu'après ses humanités. L'E. U. n'amènera pas la désertion des campagnes.

Sur la question sociale. — Sans prétendre que l'E. U. amènerait un nivellement dans la richesse, il faut reconnaître qu'elle mettrait dans les mains des travailleurs ruraux intelligents des moyens de s'élever dans l'échelle sociale qui leur font défaut actuellement.

Dans nos mœurs le changement ne serait pas moindre : ruine du préjugé attachant la considération aux signes de la richesse et la mesurant parcimonieusement au mérite.

Nous pouvons donc résumer ainsi les rapports de l'école unique avec la vie de notre village :

1° Effectif scolaire renforcé et maîtres travaillant à plein rendement;

2° Ecoles pourvues de mobilier et matériel d'enseignement convenables par municipalités sorties de l'inertie ou de l'indifférence ;

3° Camaraderie entre élèves de conditions sociales différentes : d'où diminution dans l'acuité des luttes de classe ;

4° Parents mis sur le même plan : disparition des préjugés d'inégalité ;

5° Retour à la terre des propriétaires par suite de la disparition des classes élémentaires des Lycées et Collèges ;

6° Nivellement lent mais continu par ascension des enfants pauvres bien doués ;

7° Transformation des mœurs par prépondérance du mérite sur la richesse.

N.-B. — L'Ecole Unique existe précisément à la campagne. Mais il lui manque les enfants de condition bourgeoise. Nous avons donc pu réaliser facilement par anticipation ce qui se passerait si ces enfants venaient à l'école et vivaient avec leurs camarades.

ALLEMAND MARTIN
Professeur au Lycée du Parc, Lyon

SUR LA VALEUR EDUCATIVE DU TOURISME D'ETUDE

L. BEAU
Instituteur du Groupe Pédagogique « Pour l'enseignement vivant »

L'UTILISATION COMBINEE DE LA GRAVURE, DE LA PROJECTION FIXE DU CINEMA

Depuis longtemps déjà, et de plus en plus, on illustre abondamment les manuels scolaires. Et nous savons combien les enfants aiment les nouveaux livres qui ont de nombreuses images !

On s'est enfin aperçu de tout l'intérêt que présentent, pour l'illustration des leçons, toutes les gravures des revues, journaux, publications diverses et plus particulièrement les simples cartes postales si abondamment éditées de partout. On n'a que l'embarras du choix ; mais, précisément, le choix n'est pas toujours facile, et il importe de ne retenir que des vues caractéristiques et *vraies* (se méfier des compositions), de les classer avec soin et de les avoir à sa disposition au moment des leçons. Le grand avantage des gravures sur les projections fixes et animées est de pouvoir s'employer au moment de la leçon sans dérangement ni perte de temps.

Voyons comment peuvent s'employer les gravures :

a) Après ou au cours des leçons, le maître montre les images. Elles renforcent son exposé et le rendent plus concret, plus compréhensible ;

elles précisent et fixent les idées ou les descriptions qui ont déjà frappé l'imagination de l'enfant.

b) L'observation de la gravure est la base de la leçon et, par des questions habituellement choisies et graduées, le maître conduit l'élève à la découverte de la connaissance qu'il veut lui faire apprendre. La route suivie est parfois longue, tortueuse, mais combien imprévue, intéressante, animée, vivante.

L'observation peut être collective et les élèves groupés autour du maître qui s'efforce de les entraîner tous et de les intéresser collectivement à cet exercice.

Mais il arrive que certains élèves restent passifs ou bien n'observent que superficiellement, ils comptent sur les yeux de leurs camarades pour voir et donnent libre cours à leur imagination.

C'est pourquoi nous pensons qu'il convient, pour permettre l'observation individuelle, de remettre une gravure par élève ou tout au moins par petit groupe d'élèves (2 où 3 au maximum). L'inconvénient est qu'il faut disposer d'un certain nombre de documents semblables, mais si nous pouvons vaincre cette difficulté, nous pourrons organiser des leçons du plus haut intérêt. Nous pourrons graduer et pousser l'observation jusqu'à la limite de la force de nos élèves et organiser toute une série très variée d'exercices se rapportant aux diverses matières du programme. Chaque gravure deviendra un véritable *centre d'intérêt.*

A titre d'exemple, nous signalons la série des « 48 vues géographiques » de nos collections « Pour l'Enseignement Vivant » publiées dans l'étude « *Comment utiliser les gravures pour l'enseignement* » :

De l'utilisation de la projection fixe et du cinéma

De par leur nature, ces deux formes de la gravure se prêtent moins à l'illustration au cours de la leçon. Il est impossible de les employer comme centre d'intérêt, l'image ne restant pas assez longtemps sous les yeux de l'enfant, et nous avons trouvé que le meilleur mode d'utilisation est de les employer pour les révisions de géographie, histoire ou sciences.

Mais les vues de projection sur verre sont très chères. Les vues sur papier transparent éditées autrefois par la Revue « Après l'Ecole » publiée sous la direction de M. l'Inspecteur Général Edouard Petit, gagneraient à être mises à jour.

Trop de vues sur papier éditées actuellement sont faites de pure composition, et cela ne va pas sans de graves atteintes à la vérité historique ou scientifique. D'autres (dites collections scientifiques) sont plutôt des figures de démonstration embroussaillées de mots techniques qui ne peuvent être d'un grand intérêt ni d'un grand profit pour les élèves de l'Ecole primaire élémentaire.

Il nous paraît souhaitable que l'effort des éditeurs s'applique à établir des séries de vues se rapportant mieux aux leçons faites à l'école et conçues de façon à permettre de faire, en classe, des voyages à travers le monde et des visites aux monuments, musées, ateliers, chantiers, etc...

Les procédés modernes de photographie et d'impression des couleurs doivent nous permettre de faire des vues vivantes parce qu'exactes, et intéressantes parce que caractéristiques, qui permettraient à l'éducateur d'utiliser par l'image, les richesses naturelles, scientifiques, artistiques et historiques.

La mise au point de la projection par réflection est intéressante parce qu'elle permet de projeter tous documents imprimés, manuscrits ou dessinés, tous échantillons et pièces de collections (monnaies, algues, papillons, insectes, etc.), qui sont alors agrandis avec leurs couleurs naturelles. Grâce à ce procédé, les pièces utilisées pour les projections d'êtres vivants (dans la cuvette à air ou dans celle à eau) ne sont plus représentées sur l'écran en ombres chinoises, mais bien avec leurs couleurs et détails naturels.

Il est fort probable que l'essor, le perfectionnement de l'outillage pour projection fixe a été arrêté par l'introduction du cinéma à l'Ecole. Nous le regrettons, car ces deux formes de projection (fixe et animée) sont très intéressantes et se complètent, à notre point de vue, plus qu'elles ne se concurrencent.

Le perfectionnement apporté au cinéma, qui permet l'arrêt du film sur une vue plus particulièrement intéressante et qui mérite d'être plus longuement observée, expliquée ou commentée est certes de la plus haute importance au point de vue éducatif, mais alors que la vue de projection fixe est surtout un outil d'analyse du sujet étudié, le cinéma en est plutôt l'instrument de synthèse. Si par exemple, à l'aide de vues de projection fixe nous avons fait l'analyse du travail du mineur, montrant les choses de la mine et les phases du travail les plus essentielles et caractéristiques, nous pourrons ensuite, avec le cinéma, faire une véritable promenade dans la mine où nous y verrons évoluer les mineurs dans leur propre milieu.

La création de cinémathèques comme celle qui fonctionne à Lyon contribuera pour une très grande part à faciliter l'emploi du cinéma à l'Ecole en solutionnant du mieux qu'il soit actuellement possible de le faire, la grosse question de location des films.

Ainsi, lanterne à projection et cinéma se complètent fort heureusement et constituent un outillage indispensable pour illustrer les leçons de l'école et organiser les révisions de géographie, histoire, sciences ; mais précieux surtout pour organiser de façon attrayante et rationnelle l'enseignement aux Cours d'adultes et toutes œuvres de perfectionnement et d'éducation complémentaire à l'Ecole.

ARNOULD

Ingénieur des Arts et Manufactures
Directeur de l'Ecran scolaire

LE CINEMA A L'ECOLE PRIMAIRE

L'introduction du Cinéma à l'Ecole a été étudiée au Congrès du Cinéma qui a eu lieu en 1922 au Conservatoire des Arts et Métiers. Le débat s'est terminé par l'adoption du vœu suivant :

La leçon sera faite par la parole et la vue fixe, le cinéma est un instrument de synthèse.

Installer un Cinéma dans une école avant une lanterne de projection est une hérésie pédagogique.

Et les essais faits depuis cette époque par de nombreux éducateurs ont confirmé cette opinion du Congrès du Cinéma en 1922.

Cependant actuellement sous la pression de démarcheurs, on voit acheter de nombreux petits cinémas par les instituteurs qui certainement à l'usage s'apercevront de leur erreur. Une direction du Ministère de l'Instruction publique en la matière aurait certainement évité à ces instituteurs les mécomptes qui nous sont déjà signalés par plusieurs.

A la vérité, le Ministère de l'Instruction publique n'a pas voulu prendre position contre une panacée offerte par une puissante industrie et la question est sortie de la controverse pédagogique sur laquelle elle aurait dû rester pour devenir une question d'affaire.

Cependant, les nombreux instituteurs qui utilisent la vue fixe en couleurs sur papier et les photographies sur cellulose sur papier transparent sont de plus en plus nombreux, et il est hors de doute que la vue fixe permet d'effectuer une leçon bien ordonnée sans exiger une longue préparation. Elle sera utilisée en grand par les cours d'adultes lorsqu'ils seront soumis à un programme.

En raison de son bon marché, chaque maître pourra avoir toujours sous la main une collection de 4 à 5.000 vues fixes bien classées et sur tous les sujets qu'il devra aborder : physique, histoire naturelle, géographie, etc.

Le vœu que nous émettons est que le Ministère de l'Instruction publique fasse montrer aux Instituteurs par les Inspecteurs primaires, dans les conférences pédagogiques, à se servir d'une lanterne.

RAFFIN

Instituteur à Lozanne (Rhône)

UN OBSTACLE A LA DIFFUSION DE LA METHODE ACTIVE

Nous sommes ici un certain nombre de maîtres d'écoles élémentaires, de ces écoles modestes, mais qui ont cependant une grande importance, car elles sont pour les neuf dixièmes des enfants l'unique ressource de formation intellectuelle et elles assurent pour les autres la fondation de toute leur culture.

Car il ne faut pas se faire d'illusions : il existe maints obstacles à la réalisation de l'école active.

Il y a les classes pleines à craquer ; il y a le matériel rudimentaire ou en mauvais état ; il y a la pénurie de crédits pour l'acquisition des choses nécessaires ; il y a l'isolement de fait dans les coins de la campagne ou l'isolement moral au milieu des collègues routiniers qui décourage les meilleures volontés.

Il y a aussi, et là c'est avec plus de regret encore qu'il faut le constater, il y a l'organisation officielle scolaire et l'administration qui assure son respect.

Je me bornerai aujourd'hui à l'obstacle le plus gênant que les partisans de l'école active trouvent en permanence en eux : je veux parler des examens et, en particulier, pour rester dans le domaine qui m'est bien connu, du C.E.P.

Mes auditeurs, pour qui l'école est familière, ne seront certes point étonnés lorsque je leur dirai que, dans nos classes, le programme officiel, les commentaires qu'un ministre en a fait, les répartitions proposées, sont à peu près inconnus. Une seule chose compte : l'examen. C'est l'examen qui est le véritable directeur des études primaires.

Aussi chaque année les sujets d'épreuves sont soigneusement recueillis. Nos journaux pédagogiques les publient tout le long de l'année ; nos associations corporatives les groupent ; des éditeurs en font l'objet de recueils qu'ils nous vendent.

Chaque maître ne manque pas de s'intéresser aux épreuves. Et tel qui ne pourrait arriver à mettre la main sur un exemplaire du programme officiel, possède là, bien à sa portée, une splendide collection d'épreuves du C.E.P.

Aussi l'enseignement est-il imprégné de l'esprit qui préside dans la circonscription ou le département au choix des épreuves.

Par là-même, le C.E.P. pourrait être un allié puissant des promoteurs de l'école active. Conçu dans un esprit éducatif, il aiguillerait nos méthodes scolaires sur la voie déterminée par nos congrès. En est-il ainsi ?

Il faut malheureusement constater que non.

Ah certes! le C.E.P. actuel n'est plus celui d'il y a un quart de siècle, du moins dans l'ensemble du pays.

Mais par les sujets de ses épreuves, il est encore beaucoup trop le germe du *bourrage intensif* dans nos écoles.

Sans doute il est possible de présenter au C.E.P. des élèves n'ayant subi qu'un minimum de bourrage et de les y voir réussir. Mais, à notre époque encore, les gros succès vont aux écoles où l'on bourre, dans lesquelles à la rentrée officielle de huit heures les futurs candidats ont déjà fait deux ou trois dictées ; où après la sortie officielle de quatre heures, les mêmes enfants doivent encore résoudre (?) six problèmes (je veux dire : trouver six réponses). Là, les dates d'histoire, les notions géographiques, s'entassent (provisoirement) dans la mémoire par des procédés ingénieux, des jeux de mots, des associations d'idées. Les sciences naturelles comme les sciences physiques s'apprennent sur des manuels dont chaque leçon se termine par des « *questions d'examen* » parmi lesquelles, souvent, sont tirées par un chef pressé les sujets proposés au C.E.P.

Si bien que, malgré tout le désir des maîtres imprégnés de l'esprit moderne, malgré leur volonté de diriger leur enseignement dans les voies éducatives, ils sont dans l'obligation de bourrer, eux aussi. Les plus obstinés dans le bien disent : « Jusqu'à Pâques, j'éduque; après, ma foi ! je me mets au bourrage. »

Il nous suffirait de feuilleter les recueils des sujets d'épreuves donnés aux examens récents pour illustrer par des faits tout ce que je viens de dire.

Chaque année, dans le département du Rhône, le Syndicat autonome de l'enseignement fait la critique des épreuves de la session précédente. Dans les rapports, que j'ai sous les yeux, sont signalés maints sujets s'adressant uniquement à la mémoire, au conventionnel, au classicisme officiel et, par conséquent, sanction des bourrages passés, générateurs des bourrages futurs. Détachons-en quelques exemples:

— Qu'appelle-t-on nitrification ?

— Citez quatre composés du soufre en indiquant leurs usages ?

— Quels sont les présidents de la République qui se sont succédés depuis le début de la Troisième République jusqu'à nos jours ?

— Que vous rappellent ces dates : 1572, 1587, 1643, 1661, 1715, 1763, 1830, 1851 ?

Sans oublier aussi la longue liste des éternelles questions d'analyses grammaticales et soi-disant logiques qui sont le triomphe des exercices purement mécaniques « où l'élève, grâce à des procédés purement empiriques parvient à indiquer d'une façon précise la nature et la fonction des mots ou des propositions sans voir à quelles réalités de la langue correspondent les termes dont il se sert » (A. Fontaine).

De ce modeste essai sur le principal obstacle opposé aux méthodes actives, tirons une conclusion pratique, souhaitant, sans trop l'espérer, que notre administration officielle veuille bien y jeter un coup d'œil point trop malveillant.

Disons donc que la suppression d'un examen conçu dans l'esprit de notre C.E.P. actuel est nécessaire au développement des méthodes de l'école active.

En attendant que cette suppression soit réalisée, demandons aux chefs à qui est confié le choix des épreuves de s'inspirer des résolutions du congrès pour éliminer sans pitié les questions génératrices de bourrage et introduire au contraire celles qui tendraient à aiguiller l'enseignement sur les voies éducatives.

QUESTIONS DE PSYCHOLOGIE EXPERIMENTALE

traitées en commum avec la XXIIe Section

WALLON

Professeur à l'Institut de Psychologie de la Sorbonne

LA NOTION DE CAUSE CHEZ L'ENFANT (ENQUETE)

La pensée de l'adulte présente des types multiples de causalité. Le physicien règle une expérience dans son laboratoire autrement qu'il ne raisonne de la politique de son pays en lisant son journal ; chimistes, morphologistes, physiologistes ramènent à un ordre différent de causalité le même fait scientifique. Cette diversité des points de vue, suivant les circonstances, suivant les personnes, doit encore s'accentuer devant un événement complexe.

Elle n'a pourtant pas existé d'emblée. Elle atteste, au contraire, dans la façon de concevoir le réel, une suite de progrès ou de changements dont l'histoire des civilisations et l'histoire des sciences donnent des preuves nombreuses. Aussi doit-elle dépasser de beaucoup la portée d'une intelligence naissante comme celle d'un enfant. Il n'est pas sûr que les différentes notions de cause se développent chez l'enfant chacune à leur tour telles qu'on les observe aujourd'hui chez l'adulte. Il est plus vraisemblable que l'idée de causalité a passé par des formes que les nécessités de la connaissance objective ont progressivement reléguées en des régions de l'activité psychique qui nous paraissent ne plus rien avoir de commun avec elle. La mentalité de l'enfant serait ainsi, en quelque sorte, comparable à celle qui a été décrite chez les primitifs.

Il en résulte que l'enquête à mener offre à la fois un grand intérêt et de grosses difficultés.

La méthode de pure observation ne risquerait sans doute pas d'influencer, de fausser, de travestir la spontanéité mentale de l'enfant. Elle se bornerait à recueillir ses questions et ses remarques pour en déduire les directions que suit sa pensée aux prises avec les choses. Mais elle serait d'application fort longue et resterait incomplète, car l'enfant est loin d'extérioriser tout ce qui se développe, sous forme souvent fort peu explicite, dans son esprit. Il convient donc de provoquer ses réponses et même ses réflexions par des mots inducteurs (1).

Pour éviter de lui imposer un type de causalité qui ne serait pas en rapport avec la pente naturelle de ses curiosités, ni avec ses aptitudes, il importe que la formule de la question soit d'abord aussi vague que possible. Exemple : « Qu'est-ce qu'il faut pour qu'il y ait du feu? » Il ne faudrait pas avoir à la répéter pour chacun des mots successivement proposés.

Voici une liste, qui peut être allongée ou modifiée suivant les circonstances ou les suggestions de la recherche elle-même. Il convient de noter les questions et les réponses dans l'ordre où elles ont été faites, une réponse antérieure étant capable d'influer sur le type de celles qui suivent.

Du feu, la lune, des arbres, du vent, une mouche, de l'herbe, de la lumière, des pommes, un serpent, des choux, des cheveux, de la farine, il fasse foid, une rivière, des dents, du fer, des fleurs, le tonnerre, une odeur, de la mousse, du sel, un nuage, une montagne, du verre, un papillon, de la neige, un poisson, etc...

La série épuisée, poser de nouveau les mêmes questions, à deux ou trois jours d'intervalle et dans un ordre différent, pour vérifier si les réponses restent les mêmes ou sont du même type.

Il semble, d'après un début d'enquête que les types de réponses puissent être classés, à titre provisoire, sous les rubriques suivantes :

(1) Noter avec précision pour chaque enfant son âge et s'il est d'intelligence normale, avancée ou retardée.

A) Type identité

L'explication ne dépasse pas l'objet lui-même et se borne à affirmer de lui une sorte d'identité de *substance* ou de *qualité*.

1° *L'identité substantielle peut être :*

a) absolue : l'objet n'a d'autre raison d'exister que son existence même. Ex. : De la lune l'enfant répond qu'elle existe « parce que c'est la lune ».

b) plurale : l'existence de l'objet est rapportée comme par une sorte de répétition illimitée à l'existence antérieure d'objets identiques. Ex. : Il y a des arbres « parce qu'il y en avait beaucoup d'autres avant ».

c) métamorphique : l'existence de l'objet est rapportée à celle d'objets différents, comme s'ils étaient les simples métamorphoses d'une substance unique.

Ce métamorphisme peut être simple : pluie, nuage, neige, fumée, mais il peut être conditionné. Ex. : « La lune, c'est des fumées quand il fait froid » (recueilli par Piaget). « La glace, c'est l'eau quand il fait froid. »

2° *L'Identité qualitative* donne pour cause à l'objet

a) un de ses effets essentiels. Ex. : La chaleur explique le feu.

b) une particularité accidentelle : froid et pluie.

B) Type dynamique

a) animiste : la force est dans l'objet lui-même. Elle se confond avec la vie ou la conscience. Ex. : l'arbre se balance ; la pierre se défend ; la plante pousse parce qu'elle sait qu'on grandit ; le soleil éclaire parce qu'il nous voit.

b) activiste : la force est distincte de l'objet : tantôt anonyme, ex. : le vent est entraîné ; la rivière est poussée ; tantôt anthropocentrique, providentialiste ou finaliste. Ex. : la nuit, c'est pour faire dormir, le vent, c'est pour faire marcher les moulins, la mer c'est pour qu'il y ait des poissons ; le bois c'est pour se chauffer ; tantôt s'exerçant d'objet à objet. Ex. : le vent pousse les nuages, le feu fait fondre la glace.

C) Type opératoire

L'explication rend compte de l'objet ou de l'effet comme d'une œuvre humaine.

a) par les matériaux à employer. Ex. : le feu expliqué par le bois, le soleil par du charbon qui brûle.

b) par les instruments supposés nécessaires. Ex. : le feu expliqué par la cheminée ; la pluie expliquée par des tuyaux et un arrosoir.

c) par les procédés techniques. Ex. : le soleil brille parce qu'on l'allume ; la plante pousse parce qu'on l'arrose.

D) Type spécifique

Aux ordres différents de réalité, l'enfant sait ajuster des modes appropriés de causalité.

Ce tableau n'a d'autre prétention que d'introduire un certain ordre dans la recherche. Il doit servir, après l'épreuve et la contre épreuve, à poser une série de questions précises qui permettront de constater si l'enfant est capable d'ajouter à ses réponses spontanées d'autres réponses qui se rapportent à chacune des classes indiquées. C'est d'après les résultats de cet interrogatoire systématique qu'il sera possible d'établir s'il y a progression entre les différents concepts de la causalité et quels sont les rapports de différents stades de la notion de cause avec l'âge des enfants, la nature des objets, etc...

A titre d'exemple, voici les questions qui pourraient être posées :

A) Type identité (Problème de l'être, de ses origines)

a) identité absolue :

Est-ce qu'il n'y a qu'elle (la lune par exemple) ? ou y en a-t-il plusieurs ?

Est-ce qu'elle a toujours existé? — Y en a-t-il eu d'autre avant elle?

Est-ce qu'elle durera toujours? — Y en aura-t-il d'autres après elle?

b) plurale : D'où sont venus (comment se sont produits) les premiers?

Comment ça a-t-il commencé?

c) métamorphique : Est-ce que c'est la même chose? Si c'est la même chose, pourquoi ce n'est pas pareil? Qu'est-ce qu'il y a de changé? Comment s'est-il fait ce changement?

B) Type dynamique (Problème de la création, du devenir)

Comment se fait-il que les plantes poussent... que la rivière coule, que le vent souffle, etc...

Qu'est-ce qui fait que les plantes poussent... que la rivière coule... que le vent souffle, etc...

Pourquoi les plantes poussent-elles... la rivière coule-t-elle... le vent souffle-t-il, etc...

C) Type opératoire (Problème de l'artificialisme)

Avec quoi est fait?

a) matière ;

b) instrument.

Comment a été fait? (technique)

D) Type spécifique

Ce stade est celui de l'intelligence adulte. L'enfant y prend conscience d'une part que le même type de causalité ne vaut pas pour toutes les réalités et tous les phénomènes à expliquer ; et d'autre part que l'explication causale d'un même fait peut se faire selon des points de vue très différents.

BOURJADE
Professeur à la Faculté des Lettres de Lyon

LA NOTION DE CAUSE CHEZ LES ECOLIERS

RESUME

Le choix de la notion de cause s'explique aisément tant du point de vue psychologique général que du point de vue éducationnel. D'une part, en effet, *la notion de cause est bien la plus usuelle* de toutes celles auxquelles l'esprit fait spontanément appel pour se donner l'intelligence des phénomènes produits par la nature comme aussi de ceux qui résultent de la vie sociale ou sont, à quelque degré, l'œuvre artificielle, soit de notre civilisation industrielle et matérielle, soit de notre civilisation institutionnelle et morale. D'autre part, *la notion de cause est celle dont le maniement est devenu le plus exact et le mieux réglé*, en raison du rigoureux travail d'élaboration scientifique qu'elle a subi de la part de la pensée adulte. La tendance à user de cette notion ne sera donc pas moindre chez l'enfant que chez l'adulte, mais les formes et modalités en seront sensiblement différentes et l'école exercera ici son action propre en les transformant pour les rapprocher de celles qui sont l'apanage de la pensée positive.

M. Ballandras nous a fait parvenir les réponses de 17 écoliers en indiquant l'âge et le degré de développement intellectuel de chaque sujet. M. Fontaine nous a envoyé les réponses de 16 écoliers. Le questionnaire utilisé par chacun des enquêteurs n'était pas le même rigoureusement. Voici la liste des questions :

A. — LISTE BALLANDRAS

1. *Pourquoi existez-vous ?*
2. *La terre a-t-elle toujours existé ?*
3. *Avant, qu'y avait-il ?*
4. Pourquoi le soleil brille-t-il ?
5. Pourquoi la rivière coule-t-elle ?
6. *Comment expliquez-vous que la terre tourne ?*

7. *Pourquoi n'y a-t-il qu'un soleil et qu'une lune ?*
8. *Cela vous étonne-t-il de voir votre toupie se tenir sur la pointe en tournant ?*
9. Comment expliquez-vous que le feu brûle ?
10. Pourquoi y a-t-il des mers ?
11. Comment vous expliquez-vous qu'un oiseau puisse voler ?

B. — LISTE FONTAINE

1. *Pourquoi existez-vous ?*
2. *La terre a-t-elle toujours existé ?*
3. *Avant, qu'y avait-il ?*
4. *Le soleil luira-t-il toujours ?*
5. Y aura-t-il toujours du feu ?
6. Comment se fait-il que les plantes poussent ?
7. Quelle est l'origine de l'air, de l'eau ?
8. Avec quoi est fait un morceau de fer et de plomb ?
9. *Pourquoi la terre tourne-t-elle?*
10. S'il n'y avait personne sur la terre, comment ça irait-il ?
11. *Pourquoi n'y a-t-il qu'un soleil et qu'une lune ?*
12. *Etes-vous étonné de voir votre toupie se tenir debout quand elle tourne ?*
13. Le feu a-t-il toujours brûlé ?
14. Qu'est-ce que la glace ? Si c'est de l'eau, pourquoi n'est-ce pas pareil ?

Les questions soulignées sont communes aux deux listes (1, 2, 3, 6, 7, 8 de la liste A et 1, 2, 3, 9, 11, 12 de la liste B). Le choix des questions répond d'ailleurs de part et d'autre à des préoccupations sensiblement différentes : le questionnaire Ballandras vise surtout à nous renseigner sur l'aptitude de l'enfant à manier les formes essentielles et générales de la causalité ; le questionnaire Fontaine, sur son aptitude à discerner entre elles ces formes de causalité. Dans les deux listes certaines questions sont *couplées*, bien que leur relation ne soit pas expressément soulignée (par ex. 2 (A et B) avec 3 (A et B) ; 4 (B) avec 5 (B). Dans le couple la réponse à la première question commande la réponse à la deuxième. Quand l'enfant les traite comme indépendantes, c'est déjà un témoignage sur lui.

La réaction des enfants aux questions (appréciée par la proportion des absences de réponse et des réponses correctes pour chaque question) montre que *ce qui est difficile pour l'enfant n'est pas exactement ce qui est difficile pour l'adulte.* Le problème de la causalité est, pour l'adulte, plus difficile dans le cas d'une *existence* que dans le cas d'un *phénomène,* simple transformation d'une réalité persistante. Il ne semble pas que l'intelligence enfantine soit, au même degré, sensible à cette différence. L'enfant répond bravement à des questions qui font reculer l'adulte (ex.: 7 (A) et 11 (B). C'est que *pour sentir la difficulté* il faut être *instruit* et *avoir l'esprit critique.* La notion du paradoxal est très relative chez lui : est étrange, non pas ce qui est en contradiction apparente avec des lois qu'il ignore, mais ce que l'expérience concrète immédiate ne présente pas. L'équilibre de la toupie quand elle tourne, la transformation de l'eau en glace, n'ont rien d'étrange pour lui parce que ce sont des événements qui rentrent dans le cercle de son expérience la plus familière.

L'influence de l'âge se traduit par les réponses de deux types nettement caractérisées. Celles qui répondent au pourquoi par la simple *constitution du fait* (« parce qu'il y en a », « les mers ont toujours existé », « parce qu'il n'y en a pas deux ») attestent le maximum d'indissociation : c'est l'explication par *identité absolue* qui présente l'existence, la réalité, le phénomène, comme se posant de soi-même. Celles qui répondent au pourquoi par la destination à l'utilisation ou l'intention (« il y a des mers parce qu'on peut aller se baigner pour vous fortifier ») attestent la force du penchant *finaliste anthropocentrique*, voire *égocentrique*.

L'influence de l'enseignement scolaire se traduit par les réponses du type *pseudo-savant* et du type *positif*. La réponse *pseudo-savante* atteste l'impuissance de l'enfant à utiliser les notions scientifiques en les adaptant à la question, en même temps qu'une lacune dans l'expérience. La réponse positive atteste au contraire du discernement dans l'adaptation des notions scientifiques à la difficulté à résoudre. La différence entre les réponses *pseudo-savantes* et les réponses *positives savantes* ne peut résulter que d'une différence d'*intelligence personnelle*. L'influence de l'école n'est donc pas spécifiquement déterminante. Cette influence s'exerce avec efficacité surtout *quand la science scolaire va à la rencontre de l'expérience concrète familière.*

L'enfant répugne à l'analyse causale. Il a une tendance caractéristique à s'*arrêter à la cause la plus immédiate*. Quand il s'avance davantage dans la voie régressive, c'est le plus souvent en s'*installant d'emblée au degré le plus reculé* sans y être parvenu par une marche logique, continue et réglée. L'enfant est incapable de *développer* jusqu'au bout un enchaînement causal : il tend au contraire à *contracter* tout processus causal. Il tend aussi à le *morceler*, ne retenant qu'un seul aspect ou un petit nombre d'aspects du problème dans l'incapacité qui est la sienne d'embrasser toutes les données solidaires : ses explications sont essentiellement *fragmentaires*. Il n'est à l'aise qu'en présence d'une *dualité de termes bien nette*, surtout quand la cause est une *action humaine*. L'intelligence de l'enfant paraît tout à fait déconcertée en *présence d'une cause invisible et impercevable ou encore inséparable de son effet et intérieure à lui.*

Dr Paul RIVET et Georges LAPIERRE

LES JEUX DES ENFANTS

Le choix de ces jeux, le rythme de leur succession ont un intérêt sociologique et psychologique évident. Nous voudrions, en déterminant, pour des pays différents, la date et l'ordre de leur apparition, l'âge des enfants qui s'y livrent, leur forme particulière, leur nom local, leur limite géographique, éclaircir le problème de leur cause, ouvrir un jour nouveau sur le développement de l'enfant et nous mettre peut-être en mesure de les utiliser à des fins éducatives.

Les instituteurs voudront-ils explorer ce domaine des jeux ? A leur intention, voici un questionnaire qui permettra d'orienter les recherches :

Avez-vous remarqué dans votre village que les enfants ne jouent pas indifféremment aux mêmes jeux toute l'année ?

Dans quel ordre précis se succèdent ces jeux ? chez les filles ? chez les garçons ?

Y a-t-il un ordre de succession différent suivant l'âge des enfants ?

Durée et date précise d'apparition de chacun d'eux, en indiquant chaque fois s'ils sont spéciaux à un sexe ou communs aux deux.

Leur nom local. Sont-ils vraiment locaux ou d'origine étrangère ?

Une courte description.

Y a-t-il des jeux associés ? Les enfants fabriquent-ils eux-mêmes leurs jeux ? Y a-t-il une industrie locale ?

Connaissez-vous des raisons qui motivent le passage d'un jeu à un autre ? D'où vient le mot d'ordre ? Imitation ou initiative d'un chef ?

Y a-t-il parmi vos enfants des enfants qui ne se soumettent pas à la règle générale ? Pourquoi ? Sont-ils dans ce cas soumis à des brimades de la part de leurs camarades ?

Avez-vous quelque indication sur ce qui se passe dans les villages voisins ?

Entrevoyez-vous que la règle de succession des jeux soit vraie en dehors de votre village ? du canton ? de l'arrondissement ? du département ?

Ces règles de succession ont-elles varié au cours des âges, d'après les renseignements que vous fournissent les vieillards ?

Certains jeux ont-ils disparu ? Lesquels ? Quels jeux les ont remplacés ?

Voyez-vous parfois des enfants introduire des modifications dans leurs jeux ?

Connaissez-vous des travaux faits dans votre région sur les jeux locaux ? Travaux récents ou travaux anciens ?

Mme LAUNAY,

Professeur à l'Ecole Normale d'instituteurs de Beauvais

CONTRIBUTION DE L'HISTOIRE REGIONALE A L'ENSEIGNEMENT DE L'HISTOIRE NATIONALE : UN ESSAI REALISE DANS LE DEPARTEMENT DE L'OISE

Après les récentes discussions relatives à l'enseignement de l'histoire, ceux qui jugent cet enseignement nécessaire, malgré ses difficultés, estiment qu'il faut le rendre plus accessible aux enfants et, à cet égard, l'histoire locale et régionale, en lui donnant une base concrète, est précieuse, à condition d'être employée judicieusement.

Fiches et illustrations d'Histoire régionale à l'usage des classes primaires du département de l'Oise, brochure aux feuillets facilement séparables destinés à être interfoliés dans les manuels des élèves, aux pages qui conviennent. Ces « Fiches » sont constituées par 24 illustrations (photographies de monuments caractéristiques, reproductions de tableaux ayant pour sujets des scènes historiques, portraits, fac-similés de documents d'archives) et par 24 pages de texte : (récits courts et simples de faits locaux et aussi détails relatifs à la vie économique ou aux mœurs).

Ainsi, le maître fait-il une leçon sur la féodalité? Chaque élève observe les gravures reproduisant les châteaux de Gisors et de Pierrefonds. Parle-t-on des Communes? Il lit quelques articles de la Charte de Beauvais ou de Senlis, il observe Louis VI confirmant la charte. Plus loin, voici Jeanne d'Arc prise à Compiègne, un court récit du siège de Beauvais par Charles le Téméraire, en face du dessin de la vieille ville avec ses remparts et ses portes fortifiées d'autrefois. Pour compléter l'étude du XVIIe siècle, voici les Condé à Chantilly, la Manufacture de Tapisseries et des extraits des « règlements » de Colbert. Le grand drame révolutionnaire ne se passe pas seulement à Paris.

Chaque enfant aura sous les yeux des extraits de cahiers de doléances de villages, de bailliages, les portraits de députés à la Constituante, à la Convention, le récit succinct, mais clair, précis, du contre-coup des grandes journées, le compte rendu d'enrôlements volontaires, de fêtes civiques. Enfin, après Napoléon et Marie-Louise à Compiègne, la chute du Ier Empire, les Allemands dans l'Oise en 1870 et en 1914-1918, les ruines de Creil et de Noyon évoquent le dernier grand drame de notre histoire.

Cette étroite corrélation que les enfants feront eux-mêmes, entre l'histoire nationale et des précisions locales, ces « fiches et illustrations » interfoliées dans les Manuels, n'ont pas le seul mérite de la nouveauté, mais aussi une haute valeur pédagogique.

Essai d'Histoire régionale
(département de l'Oise et pays qui l'ont formé)

Ce volume de plus de 400 pages, illustré de 78 gravures, cartes et plans, contient, dit l'Introduction :

1° Les illustrations de la brochure, accompagnées de commentaires qui aideront à guider les élèves dans l'analyse des gravures ;

2° Les sujets traités sur les Fiches, mais avec plus de détails et complétés par des citations et des copies de documents ;

3° De nombreuses études supplémentaires donnant de la cohésion à l'ensemble de l'ouvrage, des vues et des croquis nouveaux ;

4° Des indications bibliographiques nombreuses qui faciliteront les recherches et permettront d'élargir les chapitres ou d'en tirer des adaptations plus étroitement localisées ;

5° Une table alphabétique des quelque 700 communes citées au cours des 41 chapitres, permettant de réunir en une sorte de monographie toutes les indications relatives à un même lieu...

VICHERAT
Instituteur honoraire, à Lyon

UN MATERIEL SCIENTIFIQUE POUR L'ECOLE PRIMAIRE

L'enseignement des premières notions de toute chose doit être le plus concret possible si l'on veut qu'il laisse dans l'esprit de l'enfant une impression nette et durable.

Si parfaite qu'elle soit, la description d'un objet n'en peut faire naître une idée exacte dans l'esprit des élèves. Un croquis au tableau, une image, voire une photographie doivent apporter leur aide précieuse à la parole pour une meilleure conception de l'exposé. C'est d'ailleurs pour cette raison que les auteurs de livres destinés à la jeunesse illustrent de plus en plus et de mieux en mieux leurs ouvrages.

Mais la vue de l'objet, de l'appareil de démonstration est bien supérieure à celle de l'image! L'enfant prend un grand plaisir à le regarder sous tous ses aspects, à le toucher, à le voir fonctionner et surtout à le faire fonctionner lui-même. Et si le matériel a été construit par le maître, les élèves l'examinent encore plus curieusement : Quelques-uns essaieront même d'en faire la reproduction, ce qui rendra la leçon plus profitable encore.

L'instituteur en fonctions n'a pas assez de temps pour fabriquer lui-même tous les instruments de démonstration qui lui sont nécessaires, et les crédits pour les acheter sont loin d'être suffisants. Cela est vrai. Mais si chaque maître s'attachait spécialement à la construction d'un ou deux appareils et que des prêts mutuels en soient faits entre collègues voisins, il semble que la solution du problème serait tôt résolue.

C'est dans cet esprit et pour prêcher l'exemple que j'ai voulu réaliser et mettre au service de mes collègues des appareils (faits avec des matériaux de fortune et un outillage rudimentaire) pour la démonstration attrayante et exacte des principales lois de la physique élémentaire.

Les objets ou appareils scientifiques réalisés par l'auteur ont été exposés au 50e Congrès annuel de l'Association française pour l'avancement des Sciences.

G. FOURNIER

Instituteur public à Paris

L'INSTALLATION D'UN GNOMON A L'ECOLE PRIMAIRE ET SON EMPLOI POUR L'ETUDE DU MOUVEMENT DU SOLEIL

---

1. — Instalation du Gnomon.

Il permet tout d'abord d'étudier les lois du mouvement du soleil. Voici comment on l'établira à l'usage de nos écoliers.

Choisissons en un lieu découvert un espace de quelques mètres carrés de sol aussi horizontal que possible. Nivelons-le et aplanissons-le soigneusement. Au centre de l'espace ainsi préparé, fichons solidement dans une position bien verticale un bâton bien droit qui s'élèvera de 1 mètre exactement au-dessus du sol. L'appareil sera constitué et prêt à servir : Le bâton s'appelle *style*. C'est l'observation de l'ombre portée du style sur le sol qui nous fournira les conclusions recherchées. Cette ombre, en quelque position qu'elle soit, formera toujours un angle droit avec le style.

On sait d'autre part que la lumière se propage en ligne droite : cette simple propriété contient en elle toute l'Astronomie de position.

Grâce à elle, nous savons que le centre du disque du Soleil, l'extrémité du style et celle de son ombre sont sur la même droite.

2. — Détermination de la hauteur du soleil.

Mesurons à un instant donné la longueur de l'ombre, et portons-la, ainsi que la longueur du style, suivant une échelle déterminée, respectivement sur les deux côtés d'un angle droit tracé sur le papier, et à partir du sommet de l'angle. Joignons les extrémités des segments obtenus. Nous formons ainsi un triangle rectangle représentant le triangle idéal formé par le rayon lumineux issu du soleil et rasant le sommet du style. Le style et son ombre sont les deux autres côtés du triangle. En mesurant à l'aide d'un rapporteur l'angle aigu à la base, nous obtenons en *degrés* la *hauteur* du Soleil au-dessus de l'horizon du lieu. (Introduction des propriétés des triangles semblables).

3. — Variation de la hauteur du soleil.

Recommençons l'expérience au bout d'un intervalle de temps appréciable, une heure par exemple. Nous constaterons que le triangle obtenu n'est plus le même, la longueur de l'ombre ayant varié : Si nous opérions le matin, l'ombre s'est raccourcie, l'angle à la base, lui, a augmenté, manifestant un accroissement de la *hauteur* de l'astre. Une observation continue montrerait que la hauteur du soleil varie constamment au cours de la journée, en passant par un maximum *vers* le midi marqué par nos horloges.

Ainsi, quand l'ombre décroît, la hauteur augmente. Ces deux quantités ne sont cependant pas inversement proportionnelles. On peut s'en apercevoir particulièrement en obervant l'ombre du style quand celle-ci est très longue, vers le lever ou le coucher du soleil. Ces deux quantités, *hauteur* et *longueur* sont dites *fonctions* l'une de l'autre.

4. — Détermination de l'azimut du soleil.

A mesure que le soleil s'élève dans le ciel, on constate que la direction de l'ombre portée du style varie constamment.

L'observation de celle-ci permet de déterminer, sur un plan horizontal, la direction du soleil à un moment donné. Cette direction est celle du plan vertical imaginaire passant par le style et par le centre de l'astre, plan vertical se déplaçant d'un mouvement continu avec le soleil.

Pour en fixer la position à un moment donné, il est nécessaire de la rapporter à une direction de repère. Ce sera par exemple celle de la boussole :

Posons bien horizontalement une boussole au pied du bâton servant de style. et fixons la direction indiquée par l'aiguille au moyen de deux jalons plantés à quelque distance de part et d'autre. Traçons avec soin sur le sol même la droite qui joint les deux jalons et le pied du style (Méridien magnétique).

Pour situer en direction le soleil à l'instant choisi, il suffira de mesurer l'angle formé par la droite précédente et l'ombre du style, Cet angle est appelé *azimut* du soleil.

On le déterminera avec exactitude en construisant sur le papier, à une échelle fixée, le triangle A O P formé par le sommet A de l'ombre, le pied O du style et un point P quelconque choisi sur la droite de repère.

5. — Variation de l'azimut du soleil.

Des observations répétées montreront :

1° Que l'azimut, comme la hauteur, varie constamment avec le temps ;

2° Que, de même que la hauteur, il n'est pas proportionnel au temps, mais qu'il en est lui aussi *une fonction*, susceptible d'être représentée graphiquement.

6. — Notion des coordonnées dans l'espace.

La connaissance, à un moment donné, de la *hauteur* et de l'*azimut* du soleil détermine sans équivoque la position de l'astre dans le ciel à l'instant considéré. Ces deux quantitées sont appelées *coordonnées horizontales* du soleil, parce qu'elles sont rapportées à un plan horizontal.

Paul RABATE

Directeur d'école à Vatan (Indre)

DE L'INSUFFISANCE DE LA CARTOLOGIE SCOLAIRE ACTUELLE ET DES MOYENS D'Y REMEDIER

ALLEMAND MARTIN

Professeur au Lycée du Parc, Lyon

LE TOURISME D'ETUDE

C. FREINET

Instituteur à Bar-sur-Loup (Alpes-Maritimes)

L'IMPRIMERIE A L'ECOLE

Dès que l'enfant connaît les *principales* lettres de l'alphabet (caractères manuscrits et imprimés), c'est-à-dire avant six ans même, il compose très facilement. On peut, en tous cas, commencer la composition dès le cours préparatoire.

J'ai expérimenté cette technique dans un Cour préparatoire et élémentaire (deuxième classe d'une école à deux classes). Il y a sûrement un emploi intéressant de la presse dans les cours moyen et supérieur, ainsi que dans les écoles à classe unique.

Au début. il y des tâtonnements provenant en grande partie du manque de préparation du maître. Mais les enfants acquièrent bien vite un automatisme de mouvements qui est d'une précision et d'une rapidité surprenantes... Dans ma classe, un élève moyen arrive à composer aujoud'hui deux lignes de 45 caractères en 15 à 20 minutes.

Avantages directs

Agilité manuelle par le travail au composteur ;

Fini du travail absolument indispensable. Cette bonne habitude de travail a son heureuse répercussion sur tous les autres travaux scolaires ;

Exercice de la mémoire visuelle et de l'attention ;

Apprentissage sans effort de la lecture et de l'écriture des mots ;

Apprentissage mécanique, manuel pour ainsi dire, de l'orthographe ;

Bonnes habitudes de travail en commun.

Vie dans la classe. — Mais bien plus important que ces avantages particuliers est le Regain de vie obtenu dans ma classe, sans effort, par le simple emploi de l'imprimerie.

Jusqu'à présent les élèves parlaient, faisaient des rédactions, mais cela sans but important. Maintenant ils parlent et leur pensée est écrite, imprimée, expédiée par delà des centaines de kilomètres à des classes entières de camarades qui les comprennent ; ils écrivent, et leur rédaction à laquelle ils ont mis une application extraordinaire, est imprimée, et communiquée de même à leurs camarades. Ce travail : langage, rédaction, cesse d'être un travail scolaire ; c'est un travail normal, d'adulte, dont on voit immédiatement le but et l'utilité.

Mais, de plus, les textes ainsi obtenus sont toujours d'un très grand intérêt pour les élèves. Car l'enfent ne trouve rien de plus beau que sa propre vie. Les manuels sont presque remplis aujourd'hui d'histoires d'enfants. Mais chez nous, c'est la propre histoire des élèves, de leur pensée, de la vie de la classe.

Et j'insiste tout particulièrement sur l'avantage d'un intérêt aussi soutenu dans la lecture, intérêt dont nul manuel, même parmi les mieux compris, ne peut approcher.

On comprendra dès lors que tous les devoirs ou exercices greffés sur ces sujets vraiment intéressants, sont non seulement acceptés avec joie, mais souvent demandés. Vocabulaire, grammaire, dictée, conjugaison, ont toujours été chez nous d'agréables moments. Grâce à l'imprimerie, nous avons rétabli l'unité de la pensée enfantine ; nous avons supprimé l'ennui des devoirs scolaires. Nous apprenons seulement à l'enfant à réfléchir, à ordonner sa pensée, à l'exprimer et — corollaire naturel — à lire la pensée des autres.

Echange entre les classes. — Enfin, il y a dans l'emploi de l'imprimerie une source nouvelle d'activité d'une importance insoupçonnée pour notre enseignement public : je veux parler de l'échange d'imprimés entre plusieurs écoles françaises ou étrangères.

Durant toute l'année, nous avons ainsi échangé nos imprimés avec la classe de Villeurbanne. J'ai trouvé à cet échange une infinité d'avantages que je résume :

Intérêt pour une classe à suivre la vie d'une autre classe.

Initiation à la diversité du monde par le spectacle d'une activité différente complétant heureusement notre propre activité (Les sujets étudiés à la ville sont bien différents des nôtres).

D'où étude de la géographie, aidée par l'échange de plans, cartes postales ou autres documents.

Le but de la composition est ainsi plus précis encore, parce que les imprimés sont lus non seulement dans notre classe, mais surtout dans cette classe éloignée dont on redoute le jugement.

Donc nécessité d'être : intéressant, clair, précis, propre, etc...

Et enfin, sans manuel, les élèves arrivent ainsi à lire beaucoup. Nous avons lu cette année, grâce à nos deux livres de vie, plus de 3.000 lignes de texte ; ce qui équivaut à un bon livre de lecture de 200 pages environ.

Jean VIDAL

Inspecteur de l'Enseignement primaire, à Curté

LA COLLABORATION PEDAGOGIQUE DE L'INSPECTEUR ET DES INSTITUTEURS

La présente communication ne vaut que parce qu'elle inspirée par notre expérience de plus de deux ans à la tête d'une circonscription d'inspection primaire constituée par près de 200 petites écoles mixtes, semées dans le maquis corse, souvent loin de toute route, assez fréquemment fort distantes l'une de l'autre. Que faire pour organiser, dans cette circonscription déshéritée, entre Inspecteur et Instituteurs et Institutrices, *une collaboration pédagogique rationnelle, efficace et sincère*, cimentée par une commune foi en la toute-puissance de l'éducation ?

D'abord se connaître les uns et les autres pour se comprendre et déjà s'estimer : examens du certificat d'études pendant l'été de 1924, conférences pédagogiques d'automne, nombreuses tournées d'inspection d'octobre à décembre 1924 nous permirent d'apprécier dans l'ensemble la valeur professionnelle et morale de nos collaborateurs, de commencer à distinguer leurs besoins pédagogiques et intellectuels afin de travailler à les satisfaire.

D'où : 1. Réorganisation de la *bibliothèque pédagogique* circulante et distribution d'un catalogue individuel imprimé ;

2. Création d'une riche *bibliothèque des spécimens scolaires* circulant, en franchise, parmi le personnel ;

3. Publication d'un *bulletin pédagogique* mensuel, d'abord polycopié sur quatre pages, puis imprimé et paraissant sur 20, 24 et 32 pages grâce aux cotisations des maîtres.

Ce trait d'union, qui vit de la collaboration de tous, a étudié librement les questions qui préoccupaient personnel et inspecteur. Questions pédagogiques : les enseignements de l'orthographe, de la composition française, de la phrase ; l'autonomie des écoliers. Questions plus spécialement morales : la foi en l'éducation ; la nécessité d'un esprit critique aiguisé, l'optimisme, la valeur éminente de la franchise, qualité centrale à faire acquérir à l'écolier, le problème de la douceur et de la non-résistance au mal dans ses rapports avec la formation morale de l'enfant. — *Le Coin de l'Inspecteur* a fait connaître nos observations, prises sur le vif, à travers les classes. — Le bulletin a inséré toutes les questions posées par ses lecteurs et y a répondu toutes les fois qu'il a été possible de le faire. Cette pratique s'est d'ailleurs étendue ; elle a ajouté à la correspondance administrative *une correspondance pédagogique et morale* lourde de responsabilités, mais non moins lourde de joies intellectuelles.

Nous avons préconisé et nous travaillerons à réaliser :

1. *Des services d'échange de revues et de livres* entre 4 ou 5 maîtres voisins ;

2. *Des groupes d'affinité intellectuelle* se réunissant aussi souvent que possible et échangeant, en outre, leurs idées et leurs expériences par l'intermédiaire de cahiers roulants, riches des apports individuels sans cesse complétés.

En 1926-27, en plus du développement des essais actuellement poursuivis, nous nous proposons d'entreprendre :

1. Une enquête aboutissant : *a*) au classement motivé, par ordre de difficulté croissante, des dictées données, cette année, dans la circonscription, aux examens du certificat d'Études ; *b*) à la constitution d'une collection de dictées pour cet examen.

2. Une enquête sur les résultats des expériences d'autonomie des écoliers et sur la valeur morale de cette nouvelle organisation de la discipline scolaire.

3. Quelques travaux de pédagogie et de psychologie expérimentales, en particulier l'étude de la notion de cause chez l'enfant.

Si nous le jugeons uniquement par ses résultats incontestables, notre modeste essai de collaboration pédagogique autorise des tentatives nouvelles qui réussiront, nous en sommes sûr, si elles sont conduites avec la même amicale confiance et avec le même esprit de sincérité. Il va sans dire que, par delà les effets immédiats, si intéressants qu'ils puissent être, nous voudrions que cette expérience d'éducation des éducateurs persuadât nos collaborateurs que l'éducation laïque française doit être un grand amour.

C. CILLOT
Instituteur à Lyon

LE CALCUL ECRIT RAPIDE

G. CHABREYROUX
Pharmacien à Pont-Levay (Loir-et-Cher)

PEDAGOGIE ET ENSEIGNEMENT

MONTBARBON
Instituteur à Quincieux (Rhône)

COURS POST-SCOLAIRES AGRICOLES

FONTAINE
Instituteur

L'ECOLE ACTIVE PEUT-ELLE ETRE BASEE SUR LE PRINCIPE DE LA LIBERTE DE L'ENFANT

Qu'est-ce que l'école active ?

A mon avis, c'est une école où les enfants se développent et meublent leur esprit autant que possible par eux-mêmes, sous l'*active* direction d'un maître.

L'école active, c'est l'école où les enfants travaillent et non pas seulement le maître. Mais c'est aussi l'école où le maître joue un rôle actif et non seulement celui de surveillant général, de contrôleur ou de frère aîné.

D'autre part, le système disciplinaire qui dérive soit de méthodes autoritaires, soit de méthodes libérales est nettement distinct des principes de l'école active, telle que je la conçois. Un système d'éducation très autoritaire peut fort bien s'allier avec les principes de l'école active, tandis qu'un système d'éducation très libéral peut se concevoir dans une école où règne une grande passivité.

On confond, dans certaines revues et déclarations, la liberté donnée à l'enfant avec la liberté des citoyens dans un pays ; on assimile l'autorité du maître à celle d'un Etat, ou d'un tyran ; on oppose la spontanéité de l'enfant, sa personnalité, ses mouvements inconscients à l'action personnelle du maître et l'on voit là un dualisme où les uns condamnent les enfants et d'autres le maître, comme si celui-ci n'avait d'autre alternative que la dictature ou le rôle ingrat de « tête de Turc ».

Les partisans des méthodes actives adopteront certainement tous le but proposé par M. Ferrière, directeur adjoint du Bureau international d'Education à Genève.

« A l'éducation ancienne verbale et intellectualiste, il convient de substituer une éducation embrassant le cœur, l'intelligence et la volonté, éducation fondée sur la psychologie de l'enfant. »

Eh bien, je prétends que les méthodes nouvelles qui basent l'éducation sur la liberté de l'enfant, sur sa spontanéité, sur le respect de sa personnalité, n'aboutissent nullement à former l'homme ayant l'idéal de justice et de fraternité entrevu par l'éminent éducateur genevois.

*
* *

Transformer les enfants, tout le rôle de la pédagogie est là. Mais cette transformation suppose présente à l'esprit la formation nouvelle que l'on se propose d'obtenir. Cette formation nouvelle, c'est le but vers lequel tend l'éducateur. Et celui-ci agit un peu comme le statuaire qui en imagination a déjà transformé son bloc de pierre informe.

Si l'éducateur, par un système d'éducation mal comprise, laisse croître son sujet sans s'occuper de savoir où il ira, uniquement préoccupé de respecter sa personnalité, ses penchants naturels, il est bien évident qu'il lui est impossible de prévoir ce que cet élève sera plus tard. Il laisse en réalité au hasard le soin de la transformation de ses élèves. Ce système d'éducation est un retour à la fameuse sélection naturelle imaginée par Darwin.

Mais si, au contraire, il travaille avec un modèle, son premier soin sera de chercher à connaître à fond tous ses élèves et ensuite d'agir avec toute sa science pour les modifier dans le sens du modèle.

Je vois d'emblée l'objection : ma thèse est de passer tous les enfants dans le même moule. Je réponds oui et non.

Oui si la définition de l'homme idéal que nous entrevoyons est assez large pour convenir à tous. Non, s'il s'agit d'une mutilation quelconque des facultés physiques, intellectuelles et morales des enfants. Remarquez que quel que soit le but que l'on se propose, il y a toujours tentative à mouler les enfants sur le même modèle. Même les partisans de la liberté en éducation n'y échappent pas. Seulement, chez eux, ils laissent au hasard le soin de présenter le moule à l'enfant.

D'autre part, il y a, à la base de ce système, une autre erreur. Ses adeptes semblent croire que l'enfant étant laissé libre de choisir son mode d'activité, c'est par là qu'il arrive à son maximum de perfection possible. Il serait nécessaire, certes, avant d'entreprendre la réfutation de cette erreur, de s'entendre sur le sens du mot perfection. Les fortes personnalités qui ont inscrit leurs noms dans l'histoire ont bien pu réaliser à leur manière un maximum de perfection possible. Seulement toutes ne sont pas recommandables, et c'est précisément le rôle des éducateurs ici réunis, de ceux qui acceptent le but que signalait tout à l'heure M. Ferrière, d'empêcher de s'épanouir certaines personnalités sanguinaires ou autocrates et par contre de favoriser les natures pacifiques, humaines et de cultiver les sentiments de justice, de bonté et de fraternité.

Comment d'ailleurs est-il concevable qu'un enfant puisse devenir le citoyen idéal que nous rêvons, en le laissant suivre sa voie, en favorisant même l'éclosion de sa personnalité ? Il faudrait alors, comme le prétendait Rousseau, que l'enfant vienne au monde parfait. Or, cela n'est pas.

Sans vouloir faire appel aux récentes découvertes qui ont apporté une véritable révolution dans les sciences qui touchent de près la vie de l'homme — ma modeste situation d'instituteur primaire ne me le permettrait pas — mais simplement en faisant appel au bon sens, il est facile de réfuter l'erreur que je signale.

Chacun sait que l'enfant commence comme tout être vivant par une cellule unique. Cette cellule unique est constituée par deux éléments qui ne sont pas quelconques, mais qui secrétés par des êtres différents, possèdent déjà des caractères différents.

D'autre part, si la cellule est le point de départ d'une nouvelle existence, elle est aussi un aboutissant, et son histoire c'est toute l'histoire du couple qui l'a produite et des innombrables lignées qui ont précédé ce couple.

Croire que cette cellule initiale pourrait être parfaite (?) à ce moment-là, cela n'a pas de sens, cela est absurde.

Voilà donc déjà établie une différence initiale qui certainement doit être considérable.

Mais l'être vivant dès la seconde où il a été conçu, commence déjà son éducation dans le milieu où il se développe. On m'accordera bien que la substance maternelle qui conditionne le développement de l'enfant est différente d'une mère à l'autre. Il est évident que l'enfant porté par une ouvrière ne croîtra pas de la même manière que celui d'une bourgeoise. La femme peut être active, paresseuse, faible, forte, surmenée, alcoolique. Ses mouvements, sa nourriture, sa santé influent sur son précieux fardeau.

Cela m'amène à énoncer une deuxième conclusion bien difficilement réfutable : l'enfant vient au monde avec des qualités, des tendances et des aptitudes diverses ; aucun enfant n'est identique à un autre. Tous ont des caractères communs, cela va de soi, puisqu'ils sont de la même espèce. Ce sont d'ailleurs ces caractères que recherche la psychologie de l'enfant et dont la connaissance est nécessaire à tout maître qui veut être en possession de bonnes méthodes d'enseignement.

Et s'il est exact que les enfants viennent au monde avec un caractère différent, si chaque enfant est le commencement d'une activité bien à lui, il faut bien admettre que cette activité se dirigera dans le sens qui lui est propre, si aucun obstacle, aucune pression, aucun barrage ne lui est opposé ou ne le contrarie. Et par suite l'enfant timide deviendra de plus en plus timide, l'autoritaire de plus en plus autoritaire, etc.

Seulement, il faut se dire que les forces de l'enfant ont des limites ; il lui faut de longues heures de détente, plus qu'aux adultes. C'est pendant ces heures de détente où l'enfant agit en pleine liberté qu'il faudra l'étudier et compléter l'établissement de sa fiche psychologique, mais se garder de faire de cette liberté une fin éducative. De plus, il faut lui présenter l'effort sous une forme attrayante et n'employer la violence que par nécessité absolue. En quelque sorte imiter le mouvement d'aiguillage de la locomotive qui emprunte une voie nouvelle sans cependant quitter l'autre.

Nous touchons maintenant du doigt l'erreur des partisans de la liberté en éducation. En réalité, leur système, appliqué dans son intégralité, livre l'enfant à lui-même sans s'occuper de savoir où il ira. Il nie la puissance raisonnée d'une éducation éclairée par la science et voyant loin devant elle. Elle est dissolvante, car elle tend à livrer l'homme à ses passions du moment et elle oublie que l'homme ne s'élève que par sa volonté et une forte discipline intérieure.

FOURNERI

Délégué du Syndicat des Instituteurs de la Haute-Loire

LES CONSEILS D'ECOLE EN HAUTE-LOIRE

Le projet Daladier sur les Conseils d'Ecole semble bien être inspiré d'un grand amour de l'instruction primaire et d'un vrai sentiment laïque ; mais il est en quelques points dangereux parce qu'il ignore les intérêts et les fanatismes qui se dressent contre l'Ecole laïque.

Je voudrais ne m'occuper ici que des articles 1 et 2, qui sont les fondements mêmes de ces conseils, et qui, s'ils paraissent fort acceptables pour des pays foncièrement laïques, pourraient amener les répercussions les plus fâcheuses dans les régions où agit un parti clérical remuant, comme la Haute-Loire.

Je commencerai par l'article 2, qui commande et éclaire l'article 1. Le projet Daladier est basé sur la conviction que tous ceux qui entourent l'école laïque sont ses amis, et en particulier tous les élus politiques. Ceux-ci ont été parfois élus pour des raisons économiques, par tradition locale, ou dans les passions d'une lutte électorale où il n'est pas question de l'école.

Même les élus d'esprit laïque, surtout les maires, sont indésirables dans ces conseils, car ils sont tourmentés par quantité de questions extra scolaires : dépenses urgentes pour voierie, eaux, etc., qui font renvoyer aux calendes celles de l'enseignement, moins apparemment pressantes ; souci de la réélection prochaine, et par conséquent soin de la popularité ; querelles et jalousies personnelles, si fréquentes et si vives dans nos petites communes. Tout cela peut faire même d'un maire républicain un soutien bien peu ferme de l'école.

C'est pourquoi je crois indispensable, pour éloigner tout adversaire conscient ou non, de supprimer dans l'article 2 les paragraphes se rapportant au maire, à l'adjoint, au conseil municipal, au conseiller général, au conseiller d'arrondissement. Ne pas aller, bien entendu, jusqu'à les proscrire explicitement, car il faut pouvoir admettre au Conseil, ceux d'entre eux qui ont assez d'énergie pour faire passer leur foi laïque avant tout. Mais qu'ils soient admis pour leur personne, et non pour leur titre.

Resteraient donc uniquement les amis de l'école : délégué cantonal, délégués des associations postscolaires et périscolaires, délégués des groupements professionnels, délégués du personnel enseignant, père et mère de famille dont les enfants fréquentent l'école nommés par le Conseil, inspecteur d'académie et inspecteur primaire, médecin.

Je crois que les bienfaiteurs de l'école seraient plutôt gênants au Conseil, car ils tendent ordinairement à imposer une attribution spéciale à leurs dons, et cette attribution est souvent bizarre, sinon absurde, ou même néfaste. De même, je ne vois pas pourquoi le directeur en ferait partie de droit : il sera bien élu par le conseil des maîtres s'il le mérite, et s'il ne le mérite pas, ce qui sera bien rare, il sera bon qu'il soit exclu. Les fonctions de secrétaire seront assurées par l'un des instituteurs ou l'une des institutrices délégués.

Il faudra bien aussi un trésorier, et ce ne peut guère être que l'instituteur, car dans les campagnes, le receveur municipal n'est autre que le percepteur du canton, et il n'aura pas le temps matériel de suivre les délibérations de 20 ou 30 conseils. Il serait pourtant bon d'en faire un conseiller, une sorte de tuteur financier.

Quant au président, j'en proposerai nettement la suppression, car les rivalités sont souvent vives dans les petites communes, encore plus dans les sections communales ; et un président, surtout un paysan à demi instruit, se croira volontiers le maître du conseil, pouvant imposer ses vues souvent étroites. Un secrétaire est suffisant. Si on tient absolument à un président de séance, le plus âgé des présents fera fort bien l'affaire.

Ainsi composé, le Conseil serait vraiment l'ami de l'école. Qu'il soit en pays laïque ou clérical, il sera bien vraiment l'animateur de l'enseignement dans sa sphère, indépendant de la politique et de tout ce qui n'est pas l'école. Dans ces conditions, je ne vois pas pourquoi on lui refuserait de s'occuper des intérêts « moraux » et des « besoins locaux » de son école, comme le demandent certains instituteurs. Ces collègues craignent sans doute l'ingérence, très dangereuse en effet, de maires ou autres membres mal choisis dans la direction intellectuelle, morale, pédagogique de l'enseignement. Mais je crois que leurs craintes sont vaines avec un conseil composé uniquement d'amis.

D'ailleurs, si l'on réduit les attributions de ce conseil à tâcher d'assurer la fréquentation scolaire, on le tue avant sa naissance, car la fréquentation dépend en grande partie de réformes législatives et économiques de grande envergure qui dépassent de haut les possibilités d'un si pauvre petit organisme. Les causes morales de fréquentation, qui ne sont pas les moindres, sont seules à sa portée, et elles peuvent se condenser en une seule : désir ardent d'une instruction adaptée aux besoins.

L'adaptation aux besoins, voilà le point vital de l'action du Conseil d'école. Pères et mères de famille, groupements professionnels, anciens élèves, savent bien mieux que nous et que n'importe qui ce à quoi leur a servi l'instruction qu'ils ont reçue et en quoi elle les a déçus. Sans doute ne voient-ils guère le pourquoi, mais cela, c'est notre affaire, à nous, les maîtres. Que les usagers nous disent ce qui leur fait besoin, car nous l'ignorons, et nous l'introduirons dans nos programmes : vigne à Brioude, rubans à Saint-Didier, bois et boisements sur les hautes pentes, pêche et repeuplement des ruisseaux partout, seraient de belles bases d'enseignement par l'observation, directement utiles, faisant aimer et fréquenter l'école. Et ne pas croire que de telles préoccupations risqueraient beaucoup de faire tomber notre enseignement trop bas : l'instituteur serait bien toujours là pour faire entendre aux populations que leurs justes désirs immédiats ne peuvent être satisfaits que par une instruction et une éducation générales plus hautes. Mais quand bien même, pour faire place à ces nouveaux enseignements, on supprimerait ou on diminuerait l'histoire, les poésies si sottes et si peu poétiques de l'enfance, et l'orthographe, qui nous prend tant de temps pour n'arriver jamais à être sue, où serait donc le mal ?

Ce serait un grand bien, au contraire ; et c'est sur l'espoir de voir rénover et vivifier un enseignement et des programmes qui font penser encore à Diafoirus, que je conclus en disant : Créons les Conseils d'école ; éliminons-en toute politique, n'y admettons que des amis éprouvés, mais donnons-leur avec confiance le rôle qui peut seul les faire vivre tout en faisant progresser notre enseignement, celui d'animateur moral et matériel de l'instruction dans toute sa diversité.

GEOFFRAY

Caluire-Bourez (Rhône)

L'ORIENTATION SCOLAIRE

Etant donnés les rapports étroits entre la biologie, la physiologie et la psychologie, il serait à souhaiter que *médecins et psychologues étudient ensemble les conditions du bon fonctionnement des aptitudes, leur évolution et les moyens d'éducation.* Et surtout qu'ils nous fassent part des résultats de leurs travaux après avoir pris soin d'accorder... leurs violons !

*
* *

En face du problème de l'orientation scolaire, les professionnels qui mettent la main à la pâte : instituteurs et éducateurs, se trouvent actuellement livrés à eux-mêmes.

Pour les enfants anormaux et arriérés, les méthodes actives basées sur la psychologie expérimentale ont fait leurs preuves : leur application est poursuivie (facultativement il est vrai) par un personnel spécialisé dans des établissements spéciaux.

De même, à la sortie de l'école, les services d'orientation professionnelle ont créé et appliquent des méthodes basées partiellement sur l'observation et l'expérimentation psychologiques : des orienteurs spécialisés nous font signe et nous invitent à la collaboration.

Pourquoi alors ne pas jeter le pont entre ces deux organisations et relier l'école primaire aux écoles d'anormaux et aux offices d'orientation professionnelle pour réaliser l'*orientation scolaire*.

Celle-ci permettrait d'appliquer à la grande masse des enfants normaux les méthodes actives basées sur l'observation et l'expérimentation psychologiques.

*
* *

Dans l'application, nous nous heurterions évidemment à des contingences redoutables en apparence !

D'abord à nos *programmes scolaires* touffus et encyclopédiques, qui gênent l'application des méthodes actives.

J'observais avant-hier le sultan qui visitait l'exposition installée dans le Palais de la Foire : piloté par un guide autoritaire, il ouvrait de grands yeux placides sur les multiples appareils entassés dans les galeries ; il tournait à droite, puis à gauche pour suivre nonchalamment l'itinéraire officiel. Corvée sans doute.

Et le journaliste (cette engeance est sans pitié) notait irrespectueusement : « S. M. Moulaï Yousef n'a accordé qu'un coup d'œil assez vague à la plupart des machines dont il ne semblait pas connaître du tout l'utilité. Il n'a accordé quelques secondes de curiosité qu'aux réchauds à gaz et aux accumulateurs. » Pauvre sultan !

Eh bien, il me semble que par la faute de nos programmes officiels et surtout par la faute du néfaste C. E. P., nous infligeons encore trop souvent à nos écoliers la *promenade du sultan !* pauvres enfants !

Et le mal est aggravé par le fait qu'on ne les promène même pas devant les choses, mais à travers des quantités de *livres*, qui font la fortune des éditeurs et le désespoir des vrais éducateurs, ou devant de beaux musées (scolaires ou autres) bourrés de choses mortes.

Bourrage et surmenage sont les deux écueils de tout enseignement.

Or, nous voulons substituer les méthodes éducatives aux soi-disant méthodes instructives pour former des têtes bien faites et non des têtes trop pleines.

Quelles solutions peut-on envisager ?

D'une part, l'établissement dans chaque école et pour chaque enfant d'un *carnet de santé* qui serait le tableau permanent de son évolution physique bien surveillée. Il serait complété par la création d'une fiche psychologique qui fixerait les étapes successives de l'évolution des aptitudes intellectuelles et morales.

Cette évolution peut être *anormale* de deux façons : incomplète ou retardée pour les enfants arriérés ou anormaux, ceux-ci seraient repérés immédiatement et confiés aux maîtres spécialisés au lieu d'alourdir les classes normales.

Certains élèves, au contraire, dépassent la moyenne : ce sont les *surnormaux*. Si leur santé le permet, pourquoi freiner, retarder leur évolution mentale en les maintenant parmi leurs camarades simplement normaux ? La *sélection des biens doués* entreprise à l'étranger (Allemagne, Autriche, Suisse, Belgique) ne devrait-elle pas s'imposer chez nous ?

Pour les élèves normaux qui forment la grande masse, l'observation psychologique dégagerait leurs aptitudes et permettrait aussi d'appliquer les méthodes actives et éducatives qui s'imposent, pour s'attacher à la *qualité et à la solidité* plutôt qu'à la quantité des connaissances.

***

Enfin, dans les deux ou trois dernières années scolaires, un examen *mixte : aptitudes d'abord, connaissances essentielles ensuite*, déterminerait l'*orientation scolaire* préface de l'*orientation professionnelle*.

Le professeur Clarapède prévoyait déjà cette innovation importante·

« L'examen des aptitudes est appelé à remplacer plus ou moins com-
« plètement les examens habituels qui reposent en grande partie sur
« la *mémoire* et ne sont pas capables de nous dire dans quelle mesure
« l'écolier s'est développé d'une année à l'autre. »

Il ne s'agirait plus, comme actuellement, de présenter ou de ne pas présenter des candidats à un vague examen de C. E. P. Mais bien de se rendre compte pour tous les enfants des *possibilités* de leur rendement scolaire, professionnel et social.

Il ne faudrait pas non plus instituer un examen *rigoureux* qui déciderait parfois brutalement d'une vie entière. L'évolution enfantine n'est pas uniforme : au lieu de couler tous les esprits dans un même moule, de même forme et de mêmes dimensions, il faut permettre, provoquer, éduquer les variations et les étapes successives.

D'autre part, des erreurs graves peuvent se produire dans ces examens délicats : ils ne peuvent donner que des diagnostics probables et provisoires avec possibilité de révision pour une réorientation éventuelle.

C'est pourquoi il me semble sage de prévoir non pas un seul examen ; mais à partir de la 11e année, 2 ou 3 examens simples d'*aptitudes*. Les résultats successifs coordonnés, confrontés, pourront ainsi fournir des indications nettes pour l'orientation scolaire de chaque enfant.

La collaboration étroite des médecins, des psychologues, des orienteurs et du personnel enseignant est *nécessaire pour accomplir cette révolution pédagogique.*

La question n'est pas mûre : la multiplicité des questions à poser et à résoudre, après expériences méthodiquement conduites, ne permet certes pas encore d'envisager de façon précise les modalités d'une telle organisation. La coordination des efforts tentés dans cette voie ne peut être que lente, mesurée, progressive · raison de plus pour se mettre au plus tôt au travail afin d'aboutir à la *réalisation de l'école active dans l'école Unique.*

G. Albert SAC
Instituteur à Rioupéroux

LA CHANSON A L'ECOLE

E. DELAUNAY
Instituteur à Coulombes, par Creully (Calvados)

DES PROGRES EN LECTURE ET DE LA NECESSITE D'INDIVIDUALISER CET ENSEIGNEMENT

Mr MUSARD
Instituteur à Lyon

L'ACTIVITE LINGUISTIQUE DE L'ENFANT

Le langage de l'enfant se développe dans la mesure où il se mêle à la vie sociale. Les phases de son évolution paraissent correspondre à celles du langage dans l'humanité tout en conservant certains caractères qui lui sont propres. Il est d'abord actif et ludique, puis il devient affectif et égocentrique, enfin il tend à devenir logique et socialisé. Les caractères primitifs ne disparaissent jamais totalement : ils subsistent plus ou moins suivant l'influence du milieu.

Chez le jeune enfant, le langage met en jeu toute l'activité physiologique ; il est monosyllabique et constitué par des cris aux intonations variées. L'enfant, attentif aux bruits avant de l'être à la lumière, est naturellement porté à parler. En jouant, il répète les sons, variant extraordinairement le ton de façon à exprimer sa propre sensibilité (cris de douleur, de joie, d'impatience). Dès que la vue se développe, l'activité sensorielle s'accroît et les sensations et sentiments qu'elle provoque se manifestent par des réflexes physiologiques accompagnés de réflexes verbaux, d'interjections surtout. L'interjection, c'est le langage actif par excellence, chez l'enfant comme chez l'adulte ; c'est un mot-phrase dont la signification est intimement liée à la mimique et à l'intonation.

L'esprit d'observation aidant, l'enfant discerne les gens, les choses et les actions ; il leur donne un nom, les nomme sans se soucier des catégories grammaticales qu'il confond. La phrase nominale est d'un emploi fréquent. Le verbe qui est une abstraction se confond avec le nom concret et l'adjectif épithète moins abstrait ; s'il est utilisé l'action est inséparable de son objet. Cette préférence accordée à la forme nominale est due à l'invariabilité phonétique relative du nom. L'indigence caractéristique du vocabulaire-verbe de l'enfant dépend beaucoup des difficultés phonétiques accumulées dans les conjugaisons. Tant que ces difficultés ne sont pas surmontées pour les verbes usuels qui sont irréguliers pour la plupart, le langage reste actif. Par audition et répétition quotidienne, les formes des conjugaisons se fixent dans la mémoire, l'enfant commence à employer des phrases simples (sujet-verbe, nom et attribut, le verbe être servant de copule), adjectifs et adverbes accompagnent le nom et le verbe. Parler est devenu un besoin moins physiologique et plus affectif. L'enfant parle pour le plaisir de parler ; il répète les mêmes mots, les mêmes phrases, fait questions et réponses rapportant tout à lui-même. Il converse avec tous les êtres qui l'entourent en leur attribuant qualités et défauts. L'adjectif qualificatif n'apparaît qu'autant que l'enfant prend conscience de la valeur affective des êtres au milieu desquels il vit. L'emploi du verbe et de l'adjectif sont la base du langage affectif. L'intellectualité du langage est subordonnée à l'affectivité, car l'enfant exprime des états d'âme directement influencés par les êtres et actions observés. L'image verbale résulte souvent de l'extériorisation rapide et presque spontanée d'une image mentale consécutive à une image sensorielle. Lorsque par suite d'exercices sensoriels le jeu d'images verbales se complète, le langage devient plus facile ; quand l'enfant a en puissance les mots suffisants pour extérioriser sa pensée, cette dernière l'oblige à parler, à bavarder : c'est le langage spontané si fréquent, surtout après une émotion vive. Combien sont loquaces les enfants qui racontent ce qui les a fortement impressionnés. Or, tout n'impressionne pas également l'enfant : les pensées principales dominent ou restent et elles ne sont pas rattachées par un lien logique apparent pour l'interlocuteur adulte. Dans les phrases enfantines, la juxtaposition est de règle, le syllogisme n'existe guère parce que conjonctions, pronoms relatifs, etc. sont des mots vides de sens qui ne pénètrent que lentement dans son langage. Il en est de même pour les terminaisons des verbes qui sont de petits mots en modifiant le sens (personne, mode, temps, nombre). Beaucoup d'enfants remplacent le futur par deux verbes : « Je vais aller » pour j'irai ; ils ignorent longtemps le passé simple qu'ils remplacent par l'imparfait dont les terminaisons phonétiques sont au nombre de trois (è, ié, ions). Cette limitation des catégories grammaticales s'accompagne d'une inutilisation de la logique grammaticale. Chez l'adulte, les nuances de la pensée sont déterminées par les rapports des phrases entre elles, nécessitées par un besoin de précision et de logique dans l'expression, tout cela conformément à une syntaxe et à une morphologie traditionnelles fixées par des règles intangibles. L'enfant n'éprouve pas ce besoin de précision, il le remplace par la variété des intonations, l'abondance des gestes et jeux de physionomie. Il ne peut donner une allure logique à ses phrases puisqu'il ne met en valeur que ce qui l'a frappé sans tenir compte des intermédiaires et ne laisse apparaître que les sommets de la pensée. C'est peut-être là l'origine de l'allure énigmatique et parfois illogique du langage de nos écoliers lorsqu'ils veulent employer le langage correct de l'adulte qui est celui des grammairiens. L'apprentissage du vocabulaire est parallèle à celui de la grammaire. L'enfant ne retient que ce qui le frappe, il ne conçoit pas toujours nettement le rapport existant entre le mot et l'idée. Pendant la période d'apprentissage des mots, il ne retient du mot phonétique que les syllabes accentuées qu'il répète souvent en omettant les autres, il abrège les mots, intervertit et confond les sons. Cet apprentissage est très utile, car l'enfant est obligé de faire une analyse des phénomènes s'il veut prononcer correctement et regrouper régulièrement les éléments de chaque mot. Il ne peut le faire que par audition et répétition des mots prononcés par les adultes et les autres enfants plus âgés. Il apprend mieux en compagnie de camarades, mais c'est au détriment de la clarté, de la logique. L'enfant apprend : 1° les mots usuels et d'un emploi fréquent ; 2° les mots étranges ou abrégés ; 3° les groupes de mots formant une image complexe (sujet et verbe, nom et épithète).

Dès que le nombre des expressions phonétiques augmente, le langage devient plus expressif, plus affectif. L'activité perd de son importance, l'enfant est obligé de recourir à la logique grammaticale pour s'exprimer, la construction de la phrase est plus variée ; il abandonne progressivement le langage parlé courant pour utiliser le langage correct socialisé conforme à la langue écrite. L'enfant est à l'école où s'opère lentement cette substitution. Comment se fait-elle ? Elle est progressive et d'autant plus rapide que l'enfant est mêlé à la vie d'un milieu où l'on emploie un langage correct, il utilise intuitivement une série d'expressions employées par le maître ou retenues après la lecture à haute voix ; les exercices d'observations lui permettent d'acquérir un vocabulaire sensoriel souvent très riche, enfin peu à peu il arrive à préférer le langage correct à tout dialecte ou langage trop vulgaire si par un enseignement actif le maître lui fait utiliser les formes les plus variées pour exprimer ce qu'il observe, ce qu'il sent, ce qu'il pense.

Le langage correct est imposé par la répétition, par l'acquisition d'habitudes linguistiques se rapprochant de celles de l'adulte cultivé. Surveillons donc notre langage. Dans notre enseignement, développonts : 1° les exercices d'observation directe suivie de récits oraux d'élève à élève, d'élève à maître ; 2° les exercices de déclamation ou d'élocution expressive avec mimiques ; 3° la lecture à haute voix de textes courts comprenant successivement des phrases simples, puis juxtaposées, coordonnées, enfin subordonnées ; 4° les exercices de composition grammaticale sur une phrase où certains mots subiront des variations en modifiant la forme, le degré d'affectivité ; 5° les exercices de pastiche libre. L'enfant aura non seulement manié des mots dans une phrase grammaticale, il les aura liés étroitement aux idées qu'ils expriment, il aura trouvé la forme susceptible de traduire avec exactitude ses états d'âme, ses impressions, il aura rapproché son langage du langage logique et socialisé sans renoncer à sa grande affectivité.

E. ROUX

Sous-directeur de l'Institution des sourds-muets et arriérés de Lyon

---

DE L'ETAT ACTUEL DE L'ENSEIGNEMENT DES ANORMAUX EN FRANCE

Les vœux suivants ont été adoptés à l'unanimité :

A. — *Enseignements des aveugles et sourds-muets*

a) Que la loi de 1882 soit régulièrement appliquée aux sourds-muets et aveugles (en tenant compte qu'une éducation professionnelle spéciale leur est indispensable) et que le Sénat ratifie le plus tôt possible le projet de loi Chautard voté à l'unanimité à la Chambre le 22 mars 1910.

b) Que soient créées les quelques Institutions régionales qui pourraient remplacer utilement toutes les petites écoles existantes.

c) Que méthodes et programmes soient étudiés par une Commission pédagogique compétente.

d) Que le recrutement du personnel et sa préparation pédagogique et professionnelle soient assurés d'une façon rationnelle.

e) Que pour faire connaître et réaliser l'obligation, l'administration fasse afficher une fois par année la liste des écoles d'aveugles et de sourds-muets dans toutes les communes, en indiquant que les premiers doivent entrer à l'école à dix ans au plus tard et les seconds à huit ans.

f) Que des bourses d'entretien soient accordées dans tous les cas où la nécessité s'en fait sentir.

B. — *Enseignement des anormaux médicaux ou du caractère*

Qu'il y ait collaboration étroite entre les services de l'Assistance et de l'hygiène et ceux de l'instruction publique pour donner aux enfants malades ou délinquants la part d'enseignement à laquelle ils ont droit et sous la forme pédagogique qui leur convient le mieux.

C. — *Enseignement des anormaux psychiques ou arriérés scolaires*

a) Que la création des classes ou écoles de perfectionnement pour enfants arriérés, qui n'a qu'un caractère facultatif dans la loi de 1909, devienne obligatoire sous certaines conditions : réunion d'un nombre déterminé d'élèves présentés par des parents, des médecins, des philanthropes, etc. ; après approbation par une Commission spéciale qui serait désignée.

b) Que soit chargée de l'étude et de la réalisation de tous les autres problèmes touchant à l'éducation des arriérés : dépistage scolaire, choix à faire, orientation, rôle du médecin, rôle de la Commission médico-pédagogique, recrutement des maîtres, procédés et méthodes, propagande, etc., etc.; une Commission qui comprendrait des représentants du ministre de l'I. P. ; des médecins, des délégués des Sociétés de patronage et de l'Association des Instituteurs de l'enseignement spécial.

COUSINET

Inspecteur primaire à Sedan

LA SUCCESSION DES JEUX DANS UNE ECOLE PRIMAIRE

FONTEGNE

Directeur des services d'orientation professionnelle à l'Enseignement technique

UNE ENQUETE SUR L'ECOLE UNIQUE ET L'ORIENTATION

Comment se fera l'orientation des enfants vers les établissements scolaires qui doivent les préparer à leur future profession.

L'orientation professionnelle, qui a mis en avant la question des aptitudes, ne pourrait-elle pas voir ses méthodes également employées pour *l'orientation scolaire ?*

Si oui, il nous apparaît qu'il y aurait intérêt à répondre au questionnaire ci-dessous :

1. Faut-il tenir compte des *goûts* de l'enfant ? Dans quelle mesure ? Comment connaître ces goûts ? (le mot goût étant synonyme de : Intérêts passagers, caprices, etc.).

2. Comment connaître la direction des *intérêts* profonds de l'enfant ? Quelles observations le maître peut-il faire sur ce point ? Quelles matières d'enseignement se prêtent le plus à cette connaissance des intérêts ?

Quels intérêts doivent, à votre avis, se manifester pour orienter l'enfant :

a) Vers les établissements d'enseignement préparant aux carrières professionnelles ;

b) Aux carrières administratives ;

c) Aux carrières d'enseignement ;

d) Aux études secondaires — susceptibles de préparer à un enseignement supérieur.

3. Etant donné que les *aptitudes* doivent jouer un rôle primordial, pouvez-vous établir, indépendamment des aptitudes professionnelles nécessaires pour l'exercice de chaque métier, de chaque profession,

a) Celles des aptitudes physiques qui sont indispensables pour l'étude ;

b) Celles des aptitudes intellectuelles qui sont indispensables pour l'étude ;

c) Celles des aptitudes morales qui sont indispensables pour l'étude ;

d) Celles des aptitudes psychologiques qui sont indispensables pour l'étude ;

e) Celles des aptitudes sociales qui sont indispensables pour l'étude.

Comment déterminerez-vous ces aptitudes ?

a) Par l'observation psychologique ?

b) Par l'expérimentation ?

Dans le premier cas, pourriez-vous indiquer :

a) Les matières d'enseignement ;

b) Les activités (scolaires, inter-scolaires).

qui vous ont aidé à cette détermination ?

Dans le second cas, pouvez-vous donner quelques textes qui vous ont permis de vous faire une idée des aptitudes de l'enfant ?

4. Quelle quantité de *connaissances* estimez-vous devoir posséder par l'enfant de 11 ans à orienter vers un des établissements d'enseignement précités ?

Estimez-vous qu'à cet âge il faille attacher plus d'importance à la qualité qu'à la quantité des connaissances ?

5. Comment concevez-vous le mode de passage du 1er degré au 2e degré :

a) Par un examen de connaissances ;

b) Par un examen d'aptitudes ;

c) Par un examen mixte ?

Pouvez-vous donner des exemples de ces 3 sortes d'examen ? (détaillés).

6. Si vous admettez l'examen mixte (connaissances et aptitudes, quel rôle attribuez-vous au livret scolaire ?

Comment le concevez-vous ? (pour 1, 2 ou 3 années avant la sortie).

Sous quelle forme aimeriez-vous voir porter les appréciations (note chiffrée, impression d'ensemble, qualificatif à souligner...).

7. Avez-vous connaissance d'expériences tentées à l'étranger ? Si oui, pouvez-vous en faire l'objet d'un rapport détaillé ?

8. L'orientation scolaire à 11 ans doit-elle être considérée comme définitive ?

Si non, quelles observations peut faire le maître au cours de la première année :

a) Pour vérifier que l'enfant se développe bien dans le sens des aptitudes qui ont été déterminées ;

b) Pour noter telles contre-indications (ou indications) d'ordre physique, intellectuel, moral ou social qui faciliteront une réorientation.

9. Points de vue dont il n'a pas été parlé dans ce questionnaire.

BALLANDRAS
Instituteur à Lyon

EN ATTENDANT L'ECOLE UNIQUE A LYON

Le 19 mai 1924, M. Herriot, maire de Lyon, s'exprimait ainsi dans un rapport :

« En attendant la réforme souhaitée de l'enseignement unique, j'ai pensé qu'il serait possible dans le cadre municipal de permettre aux élèves intelligents qui se révèlent à l'Ecole primaire de poursuivre leurs études dans les lycées ou autres établissements de l'Enseignement secondaire. »

Ces paroles suffiront pour dissiper la légende qui semble s'être attachée à cette innovation en France. Ce n'est pas un essai d'école unique, c'est une mesure d'attente transitoire en attendant sa réalisation.

Dans son rapport, M. Herriot, après avoir rappelé que Lyon comptait 100 écoles primaires, dont 49 de garçons, demandait que l'on accordât d'office au meilleur élève de chaque école publique, si ses parents acceptaient cette libéralité, une bourse d'études.

« L'élève sera entretenu au lycée aux frais de la ville de Lyon et jusqu'à la fin de ses études. »

Résultats. — M. Herriot a voulu surtout montrer par cet essai que les bons élèves de nos écoles primaires faisaient très bonne figure dans les lycées à côté des fils de la bourgeoisie, et qu'à ne pas créer l'Ecole unique l'on privait le pays de puissantes énergies créatrices. Des natures bien douées resteront éternellement en friche avec le système d'enseignement actuel. Seule un sélection attentive permettra de les tirer de l'obscurité pour le plus grand bien de la société.

En effet, dans son rapport au Conseil municipal siégeant le 26 octobre 1925, M. L. I. A. indiquait que les résultats étaient des plus satisfaisants dans l'ensemble et qu'il les enregistrait avec la plus vive satisfaction. Beaucoup des bénéficiaires ont obtenu la mention d'excellence, se classant d'emblée à la tête de leurs classes.

Extensions. — Cet essai concluant avait déterminé le Conseil municipal à accorder pour 1925-26, 36 nouvelles bourses d'Encouragement et l'ensemble des dépenses nécessaires au paiement des allocations nouvelles et au renouvellement des autres s'éleva à 112.865 francs.

Critiques. — Une pareille innovation ne se réalise pas dès la première année dans toute sa perfection.

Le premier de la classe supérieure est parfois un élève âgé qui ayant redoublé son année se maintient par son travail à la place d'honneur. Or, comme le cycle secondaire est de 8 années, il importait que l'élève fût jeune pour ne pas arriver trop âgé à la fin de ses études.

L'inconvénient précité fut vite relevé et maintenant ce choix s'étend aux 3 premiers. Je demanderai que l'on pût choisir encore plus loin.

Je vais vous donner les chiffres exacts de la dépense arrêtée au 1er mai 1925 :

2 allocations à	Fr.	385	»
10 —	—	565	»
1 —	—	648	»
1 —	—	693	»
1 —	—	954	»
1 —	—	1.089	»
1 —	—	1.134	»
35 —	—	1.456	»
17 —	—	2.835	»
Soit au total.....		110.815	»

De cette lecture, il se dégage ce fait : que l'on a tendance à multiplier les bourses d'externat au détriment de celles d'internat.

A mon avis, je crois que c'est une faute. Que voulez-vous qu'une somme variant de 400 à 1.450 francs même puisse encourager les parents à faire continuer les études de leurs enfants à une époque où la livre est à 200 francs.

Cette restriction arriverait à mettre complètement en péril cette réforme que beaucoup suivent avec une bienveillante attention.

Je pense aussi que l'enfant n'est jamais mieux que dans sa famille, mais, alors, donnez aux parents la somme que vous dépenseriez pour l'internat et ne leur allouez pas des sommes si minimes que pour la plupart de ceux qui continueront à persister à user des allocations municipales, le résultat sera pour eux des sacrifices toujours croissants qui entraîneront une gêne sans cesse grandissante.

Je veux souligner aussi une erreur de chiffre quant à l'augmentation réelle des boursiers résultant du généreux sacrifice que la ville de Lyon fait en faveur de ses enfants bien doués. M. le Maire de Lyon disait : « Quand l'initiative municipale se sera exercée sur une période de 8 années, c'est-à-dire la durée normale du cycle secondaire, 400 nouveaux enfants bénéficieront ainsi d'une bourse. »

Cela n'est pas exact et j'en appelle ici à la réflexion de mes collègues ici présents.

Jusqu'à maintenant nous présentions nos bons élèves aux bourses d'Etat. Mais, en dehors de la valeur personnelle du candidat, beaucoup d'autres facteurs entrent en jeu pour l'attribution de ces bourses.

Si bien qu'il arrive souvent qu'un bon élève reçu au concours n'obtient pas ce pourquoi il a concouru.

Alors c'est bien humain, n'est-ce pas ? Quel est le maître qui, pour éviter ces hasards pénibles d'attribution, ne sera pas tenté de proposer cet enfant d'élite pour une allocation municipale attribuée sans concours ?

Vous comprenez ainsi que ces 400 enfants dont on parle ne feront pas 400 boursiers nouveaux s'ajoutant à l'autres.

Conclusion. — Mais tout ceci ne sont que des critiques de détail s'adressant à une œuvre perfectible comme toute œuvre humaine.

L'essentiel est qu'elle existe, qu'elle vive, qu'elle se développe, qu'elle serve d'exemple à d'autres villes et ce sera l'honneur de M. Herriot d'avoir créé le premier en France ces allocations d'études, d'avoir montré quelles inépuisables énergies créatrices sommeillent latentes dans le peuple.

Maintenant il est ministre de l'Instruction publique. Pour ce poste il fallait un universitaire et, chose rare en France, ce fut un universitaire qui l'obtint !

Le voici aujourd'hui au cœur de la place. Nous lui demandons instamment de cette foire, qui est aussi une de ses conceptions matérialisées, qu'il consacre tous ses efforts à réaliser, malgré les difficultés croissantes qu'il rencontrera sur son chemin, cette école unique qu'il a défendue si ardemment jusqu'ici.

EXPOSITION DE LA SECTION DE PEDAGOGIE ET D'ENSEIGNEMENT AU CONGRES DE LYON

La section de Pédagogie et d'Enseignement occupait aux groupes G et H les stands 11 à 15.

Figuraient à cette exposition :

1° Les *appareils pour l'enseignement scientifique* à l'école primaire, construit par M. *Vicherat ;*

2° Des *travaux d'enfants ;*

3° Des *monographies* historiques, géographiques ou scientifiques faites par de instituteurs et répondant à des préoccupations d'ordre documentaire ou pédagogique.

a) Monographies des villages de la région lyonnaise : *Evry*, par *Ed. Vajou* ; *Luchères*, par *J. Vuillier* ; *Saint-Bel* ; *Montmélas-Saint-Sorlin.*

b) Monographies géographiques : *Le Pays du Vivarais*, par Elie *Reynier* ; *Confin* (géographie du département de l'Oise), par Mme *Pleindeux* ; le *Queyras* et le *Champsaur*, par l'*Ecole normale d'Institutrices de Gap* ; le *Haut-Beaujolais*, par *Lavenir* et *Pardon.*

c) Monographies historiques : Histoire du *Berry*, par *Jouin*, *Redon* et *Tortrat* ; *La Loire-Inférieure*, par *Guilloux* ; *L'Hérault*, par *Marres* et *Blanquet* ; *L'Oise*, par Mme *Launay*, *Launay* et *Fauqueux* ; Le *Pays tarnais*, par F. *Chaynes* ; *Louviers*, par *Levasseur* ; Le *Tarn-et-Garonne*, par C. *Canet* : *Altonum*, fille d'Aléria, étude gallo-romaine, par A. *Chevalier* ; *Cette*, par *Bravet* ; *Anse*, par L. *Perrin* ; Le *Beaujolais* préhistorique, par Cl. *Savoye* ; *Puymirol* (Lot-et-Garonne), sous l'Ancien Régime, par *Lafont* ; *Pages vauclusiennes*, par *Constant.*

d) Monographies scientifiques : Programme d'enseignement scientifique pour le *Bocage vendéen*, par *Pasquier* (Saint-Florence, Vendée); programme pour la *région landaise*, par *Jacquet* (Tabanac, Gironde); monographie de la *vigne* et programme pour les régions viticoles, par *Baqué* (Montbazin, Hérault) ; monographie du *pommier*, par *Mme Levasseur* (Louviers, Eure) ; monographie du *sapin*, par *Tortillet* (Bélignat, Ain) ; monographie du *mûrier* et du *ver à soie*, par *Nicolas* (Saint-Vallier, Drôme).

e) Littérature régionaliste : Le couvent de la *Grande-Chartreuse*, les deux vallées du *Guiers* ; Au pays des *Chartreux*, par *A. Bâton.*

22e section

HYGIÈNE ET MÉDECINE PUBLIQUE

Président .... M. le Professeur P. Courmont.

Vice-Présidents .... MM. les Professeurs Pic et Rochaix.

Secrétaire .... M. le Dr. Banssillon.

Dr Paul COURMONT

Professeur à la Faculté de Médecine de Lyon

Dr Albert MOREL

Professeur à la Faculté de Médecine de Lyon

M. Isidore BAY

Professeur à l'Ecole technique municipale de Lyon

(Service de Chimie biologique de l'institut bactériologique de Lyon)

ETUDE DES PHENOMENES CHIMIQUES QUI SE PASSENT AU COURS DU DEVELOPPEMENT DU BACILLE TUBERCULEUX HUMAIN A EN CULTURES HOMOGENES

Les recherches sur les modifications chimiques, apportées par les différentes variétés de bacilles tuberculeux dans les milieux de culture liquides, se sont depuis l'époque déjà lointaine de la thèse de Bouveault (1) considérablement multipliées. Celles de Smith (2) et celles

(1) Bouveault, Thèse Médecine. Paris, 1892.
(2) Théobold Smith, Jour. of méd. research, 1904, t. XIII, p. 253.
(3) Pierre Fosca, C. R., Soc. de Biologie, 22 nov. 1924, t. XC, p. 1.118.

plus récentes de Pierre Fosca (3) ont porté sur les variations de la réaction.

I

Nos premières recherches ont porté sur les variations de la réaction et de la teneur en azote ammoniacal et aminé des cultures homogènes en bouillon peptoné glycériné, de réaction alcaline habituelle à l'origine.

Le tableau suivant indique les valeurs du P H déterminées par la méthode colorimétrique de semaine en semaine sur le liquide total, non filtré, n'ayant donc subi aucune séparation des corps microbiens. Les cultures de chacune de celles-ci furent ensemencées le même jour dans une série de ballons identiques, placés à l'étude à 37°, agités tous les jours et leur vitalité contrôlée à la fin.

Il indique aussi les valeurs de l'azote ammoniacal et de l'azote aminé de ces bouillons peptonés à 1 %, glycérinés à 4 %, que nous avons déterminées en même temps, pour essayer de nous rendre compte, si ce bacille homogène, comme ceux qui poussent en voile, peut utiliser l'ammoniaque et les corps aminés de la peptone, et si comme eux il manifeste une activité peptolytique restreinte. L'azote ammoniacal a été titré par la technique et avec l'appareil de Yovanovitch (4) et l'azote aminé a été calculé par soustration de cet azote ammoniacal de l'azote formol-titrable, tandis que le dosage des chlorures permettait de tenir compte de l'évaporation, du reste faible, des milieux.

(Culture abondantes, provenant d'une souche âgée d'un mois et vigoureusement agitées.)

	Origine	Témoin 34 jours	Cultures 7 jours	14 jours	21 jours	28 jours	35 jours
P H	8,1	8,1	8,0	8,0	8,0	8,0	8,1
N ammoniacal. en milligrammes p. 100 cmc.	1,57	1,66	1,48	0,81	1,24	1,42	1,93
N aminé en milligrammes p. 100 cmc.	15,40	13,88	19,02	15,59	17,93	20,51	22,62

Conclusions. — Nous avons donc constaté sur ces cultures totales du bacille homogène A pendant les premières semaines de développement :

1°. que les variations de l'alcalinité sont fort peu sensibles ;

(4) YOVANOVITCH. C. R. Soc. de Biologie, 13 février 1925, t. XCII, p. 520.

2° que l'ammoniaque diminue au cours de la deuxième semaine, puis se relève par la suite ;

3° que l'azote aminé varie en général d'une façon analogue.

II

Nos recherches ont ensuite porté sur les modifications de la réaction et de l'azote ammoniacal des cultures homogènes en milieu défini, à base d'ammoniaque.

Nous avons d'abord ensemencé avec les bacilles provenant de cultures homogènes un milieu à l'ammoniaque de formule choisie, comme l'ont fait Tiffeneau et Marie (Soc. biolog. 1912) pour les cultures en voile de bacille de Koch, parmi celles de Proskauer et Beck :

Phosphate monopotassique............	5 gr.
Sulfate de magnésie	2 gr. 50
Mannite	6 gr.
Sulfate d'ammoniaque	2 gr.
Glycérine	15 gr.
Eau .... q. s. pr.	1000 cc.

L'acidité de ce milieu a été réduite à être équivalente en présence de phtaléine du phénol à 0 gr. 075 de NaOH pour 100 cc., ce qui nous a paru correspondre à un pH déterminé avec l'électrode à quinhydrone = 6,5. Le microbe, tout comme les cultures de bacille tuberculeux en voile étudiées par les auteurs cités, s'y est abondamment développé.

Pour éviter davantage les inconvénients pouvant résulter de la précipitation de quantités plus ou moins grandes de sels, nous avons par la suite ensemencé le bacille homogène dans le même milieu, dont l'acidité avait été moins réduite. Celle-ci équivalait à 0 gr. 110 de soude p. 100 cc. en présence de phtaléine du phénol et correspondait à un pH = 6,39 avant stérilisation, = 6,23 après stérilisation.

Le microbe s'y est abondamment et rapidement développé en cultures très troubles et très homogènes (agitation journalière des ballons).

Nous avons constaté que l'acidité du milieu de culture est allée en augmentant progressivement d'une façon notable et qu'au bout de 4 à 5 semaines elle correspondait à pH = 5,70, le pH pour le milieu non ensemencé servant de témoin n'étant pas descendu au-dessous de 6,03.

Au bout du même temps, la teneur en azote ammoniacal, déterminée par la méthode et avec l'appareil de Yovancvitch sur la culture non filtrée, additionnée au moment du dosage de 1/2 goutte d'acide sulfurique N/1 par cmc. pour solubilisation complète de tout précipité de phosphate ammoniaco-magnésien, est allée en diminuant de 1/10 de sa valeur environ.

Ces résultats sont consignés dans le tableau suivant :

	Origine	Témoin apr. 32 jours	Culture apr. 35 jours
p H	6,23	6,03	5,70
N ammoniac. en milligr. p. 100 cmc.	44,42	43,68	39,37

Poursuivant nos examens des modifications de ces cultures homogènes au cours des semaines suivantes, nous avons constaté pendant les deux mois suivants une accentuation considérable de ces variations. En effet, le pH du milieu est devenu après 3 mois 4,9 et la teneur en azote ammoniacal, en milligr. p. 100 cmc., s'est abaissée à 33,1, malgré une concentration par évaporation, qui ressortait de l'analyse d'un témoin non ensemencé, où elle était passée à 62,3 après le même laps de temps.

Conclusions. — Nos déterminations montrent qu'en milieu défini, préparé suivant la formule indiquée et maintenu acide à l'origine comme dans les expériences des auteurs cités, la modification de la réaction des cultures homogènes dans le sens de l'acidification est plus manifeste qu'en bouillon-peptoné-glycériné alcalin, où, rappelons-le, nous n'avions pas constaté de variation du pH supérieure à 0,1 après le même laps de temps.

III

Nous avons voulu voir s'il en serait de même en milieu peptoné pour nous rendre compte de l'influence que peut avoir la nature de l'élément azoté sur l'aptitude du bacille à l'utiliser en présence d'ions H libres. Nous avons voulu également rechercher si cette aptitude est liée à la présence, comme substance, constituant le principal apport de ces ions H, du phosphate acide, en comparant les cultures en milieu acidifié au début par du phosphate monopotassique aux cultures en milieu acidifié par l'acide chlorhydrique.

1er *groupe d'expériences.* — Nous avons préparé un milieu renfermant :

Chlorure de sodium		5 gr.
Phosphate monopotassique		5 gr.
Sulfate de magnésie		2 gr. 50
Glycérine		40 gr.
Glucose		4 gr.
Peptone Defresne 5B		20 gr.
Eeau	q. s. p.	1000 cc.

dont la réaction était acide avec un pH = 5,5 et nous l'avons divisé en 4 portions amenées respectivement par des additions de soude N à des pH = 8,2, 7,3, 6,6 et 5,5.

Ces 4 portions ont été ensemencées identiquement avec la même culture homogène en milieu peptoné habituel de pH = 8,0, et le développement de bacilles a été suivi pendant 3 semaines. Celui-ci s'est effectué aussi abondamment dans les 4 cultures et il semblait même que, au 15e jour, les bacilles étaient plutôt plus nombreux dans les milieux les plus acides.

Après 3 semaines, la valeur du pH était la suivante :

pH initial	pH après 3 semaines
—	—
8,2	8,0
7,3	7,3
6,6	6,5
5,5	5,7

2e *groupe d'expériences.* — Nous avons préparé de l'eau peptonée-glycérinée sans addition de sels autres que du chlorure de sodium, afin d'éliminer toute influence troublante soit du glucose, soit des corps minéraux, en dissolvant :

Chlorure de sodium	5 gr.
Glycérine	40 gr.
Peptone Defresne 5B	20 gr.
dans eau q. s. p.	1000 cc.

et nous avons amené cette solution à un pH = 8,2, puis nous l'avons divisé en 2 lots. Le premier lot a été subdivisé en 3 portions amenées respectivement par addition d'HCL N, à pH = 7,9, 6,5 et 6,0. Le deuxième lot a été subdivisé en 2 portions amenées respectivement par addition d'une solution concentrée de $PO^4 H^2 K$ à pH = 6,5 et 6,2. Les 6 portions ont été ensemencées identiquement avec la souche utilisée précédemment. Le développement, suivi tous les jours, a été sensiblement le même, aussi bien dans les milieux additionnés d'acide chlorhydrique que dans ceux additionnés de phosphate acide. Là encore, au bout de 15 jours, le nombre des microbes semblait plutôt plus abondant dans les milieux les plus acides à l'origine.

	pH initial	pH après 2 semaines
1e Lot :	7,9 (par addition d'HCL)	8,0
	6,5 (id.)	6,9
	6,0 (id.)	6,2
2e Lot :	6,5 (par addition de PO^4H^2K)	6,7
	6,2 (id.)	6,6

Conclusions. — Le bacille tuberculeux humain A se développe aussi bien en cultures homogènes en milieu peptoné-glycériné, qu'en milieu défini à base d'ammoniaque, lorsque la réaction est acide à l'origine. Dans le premier cas, le milieu ne s'acidifie pas d'une façon manifeste ; dans le second, au contraire, il s'acidifie au cours du développement.

Dr Paul VIGNE

Directeur du Bureau d'Hygiène de la Ville de Lyon,

Charles GARDERE

Médecin des Hôpitaux

Directeur du Bureau de l'Enfance au Bureau d'Hygiène

La tuberculose est relativement fréquente chez l'écolier ; toutes les statistiques sont d'accord sur ce point. La tuberculose pulmonaire ouverte (cavernes, ramollissements) est la forme la plus rare (Méry et Dufestel 1 à 2 %, Steer Carlson 1,6 %). On observe surtout la tuberculose latente, à type ganglio-pulmonaire (Grancher, 14 à 17 % ; Méry et Dufestel, 14 à 19 %) avec une fréquence un peu plus grande pour les filles que pour les garçons.

On sait depuis Grancher que ces tuberculoses ont le plus souvent pour cause une contagion familiale. Après l'inoculation, se constituent des lésions ganglio-pulmonaires susceptibles de demeurer latentes, dans certains cas, pendant plusieurs années, pour se réveiller et évoluer à nouveau ultérieurement sous l'influence de causes multiples.

L'école est un terrain particulièrement favorable pour la lutte antituberculeuse : les enfants sont groupés, peuvent être examinés et suivis, ce qui permet de réaliser dans de bonnes conditions le dépistage des tuberculeux avérés ou latents. D'autre part, la période scolaire répond souvent à la période latente de la tuberculose ganglio-pulmonaire, moment favorable pour entreprendre le traitement et la prophylaxie avec des chances de succès.

L'organisation antituberculeuse instituée pour les écoles municipales de Lyon met en œuvre (1) :

1° Le médecin-inspecteur des écoles qui fait un premier triage et envoie les écoliers suspects à une consultation spéciale du Dispensaire scolaire ;

2° Une consultation hebdomadaire, faite au Dispensaire scolaire où les suspects sont l'objet d'un examen complet avec radioscopie ;

---

(1) Prophylaxie de la tuberculose pulmonaire chez les écoliers. Thèse de M. CHEVASSUS, Lyon 1926.

3° La liaison avec les Dispensaires antituberculeux dirigés par le Professeur P. Courmont, qui se charge, par l'intermédiaire des Visiteuses, de l'enquête familiale, de l'examen des parents, de la prophylaxie à domicile et qui prend en charge enfants et parents malades.

Le fonctionnement de la consultation spéciale du Dispensaire scolaire pendant les années 1922, 1923 et 1924 a donné les résultats suivants :

Nombre d'enfants examinés et radioscopés : 1.200.

Sur ce nombre, la proportion des tuberculoses pulmonaires ouvertes (cavernes ou ramollissements) a été de 1,80 % (23 enfants). Les tuberculoses latentes ont atteint la proportion de 33 % (402 enfants). Ces enfants présentaient en général peu de signes à l'auscultation : diminution de la respiration, foyers discrets de corticopleurite, frottements pleuraux, signes de bronchite uni ou bilatérale. La radioscopie a été le plus souvent négative, montrant dans quelques cas une grisaille d'un sommet ou d'une base, une diminution de l'amplitude des mouvements du diaphragme. Par contre, la présence d'adénopathies trachéobronchiques a été notée dans la plupart des cas.

L'examen clinique a été, le plus souvent, complété par l'enquête familiale, et l'examen des parents (radioscopie et recherche de bacilles dans l'expectoration). Pour les 402 enfants considérés comme tuberculeux latents, l'enquête a révélé 196 fois l'existence d'un foyer de tuberculose familiale, soit dans une proportion de 48,7 %.

Les enfants reconnus suspects ont été, suivant la forme de tuberculose, hospitalisés au Sanatorium d'enfants du Perron, proposés pour les Préventoriums de Charly et de Cuire, placés à la campagne par les parents, envoyés aux Colonies de vacances. Ceux dont l'état général est bon, continuent à fréquenter l'école sous la surveillance du médecin-inspecteur.

La liaison avec les dispensaires antituberculeux est établie par une Visiteuse diplômée d'hygiène qui assiste à la consultation spéciale du Dispensaire scolaire et établit une fiche pour chaque enfant examiné. Cette fiche est ensuite transmise au fichier central des dispensaires antituberculeux puis envoyée au Dispensaire de secteur dont relève l'enfant. Une visiteuse va à domicile, fait une enquête familiale et note les résultats sur la fiche qui revient au dispensaire scolaire où l'on peut ainsi établir un dossier très complet (forme de tuberculose de l'enfant, existence d'un foyer de contagion familiale, salubrité de l'appartement, alcoolisme, misère, etc...).

Du jour où les enfants et leurs familles sont pris en charge par les Dispensaires, ils bénéficient des mesures prophylactiques suivantes : consultations médicales des dispensaires de quartier, conseils d'hygiène, crachoirs et liquides antiseptiques, désinfection du linge et des planchers, bons de médicaments et bons de viande pour les indigents. Enfin, on sépare, autant qu'il est possible, l'enfant du foyer de contagion, soit en hospitalisant les parents contagieux, soit en plaçant l'enfant à la campagne directement ou par l'intermédiaire de l'Œuvre Grancher.

Pendant les années 1922, 1923 et 1924, les dispensaires ont fait : 318 enquêtes à domicile. 232 sujets ont été pris en charge, dont 164 enfants suspects ou malades et 68 parents contagieux. La recherche des bacilles dans l'expectoration a fait l'objet de 147 examens.

En fait, cette collaboration a donné les meilleurs résultats. Les Visiteuses d'hygiène ont toujours été bien accueillies dans les familles. Mais le fait le plus intéressant, c'est que le dépistage des enfants tuberculeux latents a permis de découvrir un grand nombre de *nids de tuberculose*, c'est-à-dire des familles où des enfants simplement suspects et encore peu atteints, vivaient avec des parents manifestement tuberculeux, qui, jusqu'à la visite du dispensaire, n'avaient pas songé à se soigner, ni à prendre vis-à-vis de leurs enfants des précautions prophylactiques.

L'organisation dont nous décrivons le fonctionnement voit son activité et son importance augmenter chaque jour. Elle nous a permis de mesurer l'étendue de la tâche qui reste à accomplir pour dépister la totalité des suspects parmi nos jeunes écoliers. Pour y parvenir, il importe d'orienter dans ce sens l'effort des médecins-inspecteurs et du personnel enseignant.

Louis DUCAMP

Directeur des services d'Hygiène de la ville de Lille

LA MORTALITE TUBERCULEUSE DANS LA VILLE DE LILLE

Au Congrès d'Hygiène de Strasbourg en 1923, mon confrère et ami le professeur Breton et moi avons montré que pour une population réduite le nombre des décès par tuberculose avait augmenté dans la ville de Lille d'un tiers environ au cours de la dernière guere : la proportion de la mortalité tuberculeuse par rapport à la population passait de 306 en 1913 à 559 en 1916, 492 en 1917, 540 en 1918, pour 100.000 habitants. Cette augmentation du nombre des décès par tuberculose était due aux mauvaises conditions tant morales que physiques dans lesquelles notre population a vécu : séparation complète de la France non occupée, absence de nouvelles des membres de la famille qui étaient mobilisés, propagande démoralisante de l'ennemi, défense de sortir de l'agglomération urbaine, et en particulier sous-alimentation qui avait amené un amaigrissement moyen de 15 kgs chez les adultes.

En dehors de ce phénomène résultant de la guerre, nous avons voulu étudier la marche de la mortalité tuberculeuse dans notre ville de 1885 à 1925 et rechercher les facteurs qui ont pu influencer cette mortalité. La mortalité par tuberculose pulmonaire a diminué dans la plupart des grandes villes de France.

Pour les périodes quinquennales 1909-1913 et 1919-1923, la proportion pour 100.000 habitants a été à Paris de 339 et 236 ; c'est une diminution de près d'un tiers. Le même rapport de mortalité passe au Havre de 475 en 1911 à 320 en 1924 ; à Marseille, de 300 à 260 ; à Lyon, de 280 à 220. Partout il y a un recul plus ou moins grand, mais cependant très net.

En Ecosse, la diminution de la mortalité tuberculeuse s'observe depuis 1871 ; durant cette période la chute a été d'environ 40 p. 100.

Le Dr Dublin, statisticien de la Société Métropolitaine d'Assurances sur la vie à New-York, a exposé que le taux de la mortalité tuberculeuse des assurés ouvriers a diminué de 50 % en 10 ans ; pendant la même période, il a diminué de 38 % dans la province.

D'après le Dr Haven Emerson, le taux de la mortalité tuberculeuse à New-York est tombé en 22 ans de 280 à 99 pour 100.000 habitants, ce qui représente une réduction de 65 %. Au Danemark, il est descendu au niveau de 95 pour 100.000 habitants, le plus bas de celui de tous les autres pays d'Europe.

Quels sont les facteurs qui ont contribué au recul de la mortalité tuberculeuse ?

Le professeur Léon Bernard attribue à l'organisation antituberculeuse de ces dix dernières années la chute rapide du taux de cette mortalité dans la ville de Paris ; il ne nie pas cependant l'influence portée par toutes les mesures publiques d'assainissement urbain et les conditions d'amélioration sociale qui se sont produites depuis trente ans.

Sir Robert Philip admet l'influence sur la tuberculose de toute action contribuant à élever le niveau de la santé ; mais il pense que d'autres facteurs interviennent pour expliquer l'accélération aussi rapide de la diminution de la mortalité tuberculeuse. Dans l'étendue du territoire de l'Angleterre et de l'Ecosse il ne l'explique que par l'organisation méthodique de la lutte contre cette maladie portant à la fois sur l'accroissement du nombre des dispensaires, du nombre des lits de sanatoriums et des hôpitaux.

Par contre Knud Faber a exposé au Congrès d'Hygiène de Strasbourg, en 1923, les résultats remarquables observés au Danemark. Ses courbes montraient que le recul de la tuberculose avait précédé les procédés de lutte antituberculeuse et qu'il correspondait nettement aux dispositions prises pour l'amélioration du logement. Au Danemark, comme en Angleterre, l'organisation tuberculeuse s'est également engagée entre 1900 et 1905 dans la création de lits de sanatoriums et d'hôpitaux.

Pour bien étudier les faits qui se sont produits à Lille depuis 1925, nous avons établi des courbes de divers ordres pour les mortalités se rapportant à la tuberculose :

1° celle indiquant le nombre de décès ;

2° celle donnant les rapports des décès au chiffre de 100.000 habitants ;

3° celle relevant les proportions des décès par tuberculose pour 1.000 décès totaux.

En outre, nous avons relevé les décès de toutes les formes de tuberculose, ceux de tuberculose pulmonaire, et ceux de tuberculose et de bronchite totalisés.

Comme les statisticiens prétendent que les nombres de décès par tuberculose pulmonaire peuvent être entachés d'erreur du fait que certaines déclarations de décès de bronchite chronique sont en réalité des décès par phtisie pulmonaire, nous avons totalisé les chiffres de ces deux maladies. Les courbes résultant de ces totalisations ont bien la même allure que celles relatives à la tuberculose pulmonaire tant pour les nombres des décès que pour les proportions relatives à la population et au pourcentage des décès totaux. Nous pouvons donc dire que la courbe de la mortalité par tuberculose pulmonaire reflète bien la physionomie de la marche du fléau. Que nous enseigne la courbe en question ? C'est que la tuberculose pulmonaire faisait 825 victimes en 1885 ; elle n'en fait plus en 1925 que 434. A part certaines fluctuations, la courbe va en chutant progressivement. Et ce recul de la mortalité par tuberculose pulmonaire n'est pas seulement l'expression de la chute de la mortalité générale. Il suffit pour cela de suivre la courbe de la proportion des décès par cette maladie pour 1.000 décès totaux. Son allure quoique moins accentuée dans ses montées et descentes, montre bien la chute. Elle débute en 1885 à 168 décès par tuberculose pulmonaire pour 1.000 décès totaux, pour finir à 113 en 1925. D'autre part, en la comparant au nombre d'habitants, elle part en 1885 de 487 décès pour 100.000 habitants à 215 en 1925.

Les mêmes modalités se retrouvent dans les courbes relatives aux décès par toutes tuberculoses. Nous devons faire remarquer que pour les années 1885 et 1886 nous avons dû donner les nombres par tuberculose pulmonaire, car la statistique ne rendait pas encore compte des autres formes de tuberculose. La courbe devrait donc être plus élevée pour ces deux années.

Revenons donc au tableau de la mortalité par tuberculose pulmonaire. La chute qui s'est amorcée en 1887 correspond aux salaires plus élevés obtenus par les ouvriers à la fin des conflits économiques qui se sont produits à cette époque. Le salaire plus élevé a amené une meilleure alimentation de la famille ouvrière. Bien que la lutte contre le taudis fût constamment poursuivie, les courettes où se trouvait entassée la population ouvrière ne comportaient guère une hygiène suffisante. Le surpeuplement était manifeste en égard à l'accroissement de la population. On ne parlait pas encore de lutte antialcoolique.

A partir de 1897, des travaux d'assainissement urbain sont exécutés dans toute la ville ; le quartier Saint-Sauveur est en partie aménagé, des cours sont éventrées ; le réseau d'égouts est complété ; un gros effort est fait pour le pavage des rues. La diminution de la tuberculose semble donc déclanchée par l'assainissement de la ville et par l'amélioration matérielle des familles ouvrières.

En 1902, le professeur Calmette crée le Dispensaire antituberculeux Emile-Roux et une organisation de la lutte contre le fléau s'installe en ville. Ses effets continuent à accélérer la chute de la mortalité tuberculeuse. Mais ils sont annihilés au cours de la guerre par suite du régime de sous-alimentation réservé à notre population et des conditions physiques et morales que celle-ci doit subir. Cependant, dès qu'elle est terminée, le recul de cette mortalité s'accentue, car les facteurs principaux jouent : lutte par les dispensaires et la propagande antituberculeuse, par la prophylaxie ; augmentation des salaires en correspondance avec le coût de la vie ; envoi d'enfants aux colonies de vacances, au préventorium ou au sanatorium. Les conditions du logement ont peu d'influence. Les reconstructions ont porté plus particulièrement sur les usines, les établissements commerciaux, les maisons de rapport que sur les maisons ouvrières. Il faut estimer à 350 environ le nombre des maisons ouvrières ou d'employés construites depuis la guerre, et cela sur un ensemble de 33.000 maisons formant l'agglomération lilliose.

D'autres considérations sont à tirer d'un travail que nous avons commencé en 1912 sur la mortalité tuberculeuse par professions. Les courbes que nous avons établies montrent que la tuberculose a fait moins de victimes dans toutes les corporations depuis la guerre. Le recul de la tuberculose est assez manifeste dans les ouvriers du textile, de l'habillement, de la métallurgie, du bois, du livre, dans les employés du commerce et de l'alimentation. La mortalité tuberculeuse est restée la même chez les employés des services publics, chez les ouvriers d'art, dans les professions libérales et les professions agricoles. Les employés des services publics sont très défavorisés au point de vue de l'existence matérielle. Leurs traitements sont loin de correspondre aux salaires des ouvriers ; pour eux le coefficient du coût de la vie n'a pas joué. Il y a aussi un autre facteur qui entre en ligne de compte ; dans les services publics on a introduit une proportion plus élevée de femmes pour lesquelles la vie de bureau convient peu, la vulnérabilité étant dès lors plus grande pour la femme à l'infection tuberculeuse, il en résulte une augmentation de la mortalité. Celle-ci varie peu dans les ouvriers d'art, les professions agricoles et les professions libérales à cause des meilleures conditions de vie auxquelles sont soumises les personnes de ces catégories.

Nous avons remarqué que la mortalité tuberculeuse avait plutôt augmenté dans ces dernières années chez les ouvriers du bâtiment. La cause en est facile à donner. Ces ouvriers se sont beaucoup surmenés pendant cette période de reconstruction ; certains d'entre eux faisaient quatorze heures de travail par jour.

Ceux qui n'ont pu être rangés dans les catégories précédentes ont été groupés sous la dénomination de professions diverses. On voit une chute considérable de la mortalité tuberculeuse en 1919. Par contre, les décès par tuberculose des sans profession ont augmenté au cours de la guerre et la courbe s'est maintenue élevée. Ceci est dû à ce que beaucoup de jeunes gens ont été touchés au cours de la guerre, et n'ont pu apprendre de métier ; certains ont fait une tuberculose à évolution rapide ; d'autres, suralimentés dès la fin de la guerre, ont résisté plus longtemps.

Comme conclusions de cette étude nous émettons les vœux suivants :

1° Que la journée de huit heures soit maintenue ;

2° Que le salaire des ouvriers et des employés soit proportionné au coût de la vie ;

3° Que les industriels et autres employeurs, ayant un personnel de 30 ouvriers et plus, soient mis dans l'obligation de construire ou d'avoir construit des logements pour la moitié du personnel occupé. Ces logements devront répondre aux prescriptions du règlement sanitaire ;

4° Que la propagande antituberculeuse soit continuée d'une façon intensive à l'école comme à l'atelier ou au magasin ;

5° Que les colonies de vacances soient instituées pour permettre dans tout son essor le développement physique de l'enfant et le rendre ainsi plus résistant à la maladie ;

6° Que le nombre de lits pour tuberculeux soit augmenté dans les sanatoriums comme dans les hôpitaux ;

7° Que la prophylaxie de la tuberculose soit continuée en écartant du milieu familial les tuberculeux ou encore les enfants (développement de l'œuvre Grancher) ;

8° Que la lutte contre le taudis soit menée intensivement ;

9° Qu'un effort considérable soit mené vers le logement individuel dans la cité-jardin, ceci à l'adresse des offices municipaux d'habitations à bon marché et des sociétés industrielles qui doivent faire appel à la main-d'œuvre ;

10° Que les municipalités des grandes villes comme des agglomérations importantes portent leur attention vers l'assainissement général du centre urbain, étant donné que le système des impondérables joue un facteur important dans le recul de la mortalité tuberculeuse ;

11° Que les bureaux d'hygiène continuent leur action vers la prophylaxie tuberculeuse et vers la disparition de toutes les causes d'insalubrité relevées tant dans les logements que dans l'ensemble de l'agglomération urbaine.

Mr KHARACHNICK

Ingénieur-architecte de la ville de Saint-Etienne

1° NECESSITE D'UNE REGLEMENTATION NOUVELLE DE CONSTRUCTIONS URBAINES

RESUME

On sait que les constructions urbaines sont régies par la loi sanitaire et de voierie de 1902, modifiée par les lois de 1915 et de 1917.

Vu l'accroissement énorme des cités françaises et le développement brusque de la circulation automobile, ces règlements sont insuffisants pour assurer l'aération des cités et des édifices.

Les lois d'urbanismes de 1919 et de 1924 imposent d'ailleurs à toutes les agglomérations françaises l'élaboration d'un plan rationnel d'extension et d'aménagement de la cité.

Pour répondre aux exigences de la vie urbaine actuelle et aux lois d'hygiène, l'auteur développe la thèse suivante :

1° La hauteur des maisons doit toujours être égale à la largeur de la rue ;

2° On devrait modifier les règlements de voierie urbaine en autorisant des hauteurs de constructions allant jusqu'à un maximum de 40 mètres ;

3° On devrait aussi créer dans les grands centres urbains, une réglementation différentielle, c'est-à-dire des modalités réglementant les constructions et s'appliquant plus particulièrement aux divers quartiers urbains selon leur destination particulière ; par exemple : a) quartier d'habitation, b) quartiers industriels, c) quartiers du centre, etc.

2° LUTTE CONTRE LE TAUDIS ET LE SURPEUPLEMENT

L'auteur fournit des documents intéressants sur le nombre des maisons insalubres en France et leur rôle dans la prorogation des fléaux sociaux. Il émet les vœux, adoptés par les membres du Congrès, d'intensifier la lutte contre le taudis et le surpeuplement dans les villes et de remplacer dans la mesure des moyens financiers et législatifs, les logis insalubres par des habitations hygiéniques.

Paul COURMONT

Professeur d'Hygiène
Directeur des Dispensaires de Lyon

DIMINUTION DE LA MORTALITE PAR TUBERCULOSE A LYON
Rôle des dispensaires

Les premiers Dispensaires de Lyon datent de 21 ans.

Il en existe actuellement *sept* pour cette ville de 650.000 habitants.

Certains quartiers, les plus populeux et lesp lus frappés par la tuberculose, ont des Dispensaiers nombreux et depuis longtemps. D'autres n'ont que des Dispensaires tout récents ou insuffisants, ou même absents.

L'étude de la mortalité par tuberculose, avant et après l'installation des Dispensaires et au bout de 21 ans de fonctionnement, donne les résultats suivants :

Quartiers ayant des Dispensaires. — Diminution de mortalité par tuberculose de 41 à 20,8 1/000 h. (soit de moitié).

Quartiers sans Dispensaire. — Maintien de la mortalité de 36 à 30 1/000 h. (soit une diminution de 1/6 seulement).

Les Dispensaires antituberculeux ont donc une action puissante et très nette sur l'abaissement de la mortalité par tuberculose.

L'exemple de Lyon montre deux choses : 1° que la diminution de la mortalité par tuberculose peut être presque de moitié en 20 ans dans une grande ville ; 2° que les Dispensaires sont parmi les facteurs les plus efficaces de ce recul de la tuberculose, tant par leur action directe que par la mise en œuvre des autres institutions d'hygiène sociale.

Docteur Louis VAILLANT

Inspecteur départemental d'Hygiène du Pas-de-Calais

NOTE SUR LES RESULTATS DE LA VACCINATION CONTRE LA DIPHTERIE PAR L'ANATOXINE DE RAMON

Dans cette communication nous nous bornerons à relater les résultats que nous avons obtenus en employant, dans 9 communes du Pas-de-Calais, l'anatoxine de Ramon pour vacciner les enfants des écoles contre la diphtérie. Nous insisterons particulièrement sur les réactions que présentèrent quelques-uns de ceux qui furent soumis à ce mode d'immunisation.

La méthode que nous avons appliquée est la suivante : trois injections à trois semaines d'intervalle, la première étant de 1/2 centicube, les deux autres de 1 centi-cube d'anatoxine.

Nous avons, dans certains cas, recherché le sens de la réaction de Schick, mais, en général, nous avons dû y renoncer malgré tout l'intérêt que présente cette recherche. Dans les milieux peu au courant des méthodes scientifiques, trop souvent les parents ont cru que les deux piqûres faites par le Schick étaient immunisantes comme le sont celles de la vaccine antivariolique. Ils le croyaient d'autant plus que la réaction était positive ou qu'il y avait une pseudo-réaction, disant qu'il était inutile de soumettre leur enfant aux injections d'anatoxine puisque « le vaccin avait pris ». La rougeur apparue au bras de leur enfant était pour eux la marque certaine de la vaccination.

Dans toutes ces communes, le total des enfants qui vinrent aux séances de vaccination fut de 1.218, mais sur ce nombre 830 seulement reçurent les trois injections qui seules permettent d'obtenir une immunité complète contre la diphtérie. Le soin que les parents apportent à ce que leurs enfants soient soumis à cette vaccination est d'ailleurs commandé par les circonstances où l'on est appelé à appliquer cette méthode. Si la diphtérie a causé des décès, si des cas se reproduisent, alors l'assiduité est plus certaine et tous les enfants sont complètement vaccinés. Dans les milieux ruraux où chacun se connaît, où l'on est aussi plus au courant de ce qui se passe chez le voisin, cette méthode est d'une application plus facile que dans les villes. C'est ainsi qu'à Arras un dixième des enfants a seul été vacciné alors que dans les villages la proportion est au moins de 60 à 70 %, quand elle n'atteint pas 100 %.

C'est en octobre 1924 que nous avons eu l'occasion d'appliquer pour la première fois cette méthode de prophylaxie de la diphtérie. Dans un village du canton de Fauquembergues, Thiembronne, la diphtérie était à l'état endémique depuis 20 ans ; une première épidémie, en 1911-12, cause 9 décès et depuis, tous les ans, de nombreux cas se produisent causant la mort de plusieurs enfants ; on compte 6 décès de 1915 à 1924 pour cinquante cas pendant la même période, et cela dans un village de 800 à 900 habitants. En 1924, 33 cas se produisent dans deux villages voisins de Thiembronne, à Saint-Martin-d'Hardinghem et à Fauquembergue ; c'est alors que la vaccination est appliquée à 262 enfants. Depuis cette époque il n'est plus signalé dans cette région d'épidémie ni de cas de diphtérie.

En 1925, deux décès par diphtérie s'étant produits à Enquin-les-Mines, et quatre nouveaux cas étant signalés, 192 enfants sont complètement vaccinés, 144 ne reçoivent qu'une ou deux injections. A Neuville-Saint-Vaast, où la diphtérie est aussi endémique, nous vaccinons 35 enfants complètement et 39 incomplètement. A Rinxent, une centaine d'enfants reçoivent les trois injections d'anatoxine à la suite de huit cas de diphtérie qui ont été déclarés.

Plus récemment, en février et mars, nous vaccinons 59 enfants sur 64 à Hermaville, et 260 sur 2.500 environ à Arras.

Dans toutes ces petites communes, depuis que cette méthode a été appliquée, il ne nous est plus signalé de diphtérie. A Arras, au contraire, où la proportion des enfants vaccinés est si faible, tous les mois le diagnostic de diphtérie est porté. En tous cas, aucun de ceux qui furent immunisés n'a été atteint.

Nous avons donc maintenant un moyen non seulement d'arrêter une épidémie de diphtérie, mais d'empêcher la création de foyer où cette grave maladie est à l'état endémique. Cette méthode devrait donc se généraliser, mais, pour le faire, il faut être au courant des réactions que peuvent provoquer les injections d'anatoxine.

Il y a lieu de distinguer pour ces réactions trois groupes : les enfants au-dessous de 6 ans, ceux de 6 à 13 ans et les jeunes gens de plus de 16 ans.

Les réactions que nous avons observées sont de trois sortes :

1° Des réactions locales se manifestant simplement par la douleur avec un léger érythème au point où l'injection a été faite ;

2° Une réaction fébrile légère ne dépassant guère 38°5 et ne durant que six à douze heures ;

3° Une réaction fébrile forte, où le thermomètre dépasse 39° et qui se prolonge plus de 24 heures, ne dépassant pas 72 heures.

L'on constate des réactions locales dans 20 à 25 % des cas se produisant surtout à la première ou à la deuxième injection ; elles sont surtout signalées parmi les enfants âgés de 6 à 13 ans.

La réaction fébrile légère est très variable ; elle fut de 4 % à Thiembronne, mais elle atteint 16 % à Hermaville.

Quant à la réaction forte, elle varie entre deux et quatre pour cent chez les enfants de moins de 13 ans, mais atteint 70 % chez les plus âgés.

Nous n'avons sur cette dernière proportion de réaction que les observations, recueillies dans des conditions précises il est vrai, à l'Ecole Normale des instituteurs d'Arras.

Tous les ans, il se produit dans cette Ecole Normale 1 ou 2 cas de diphtérie, qui nécessitent de nombreuses précautions prophylactiques, interrompant parfois les études de ces jeunes gens. Cette année un cas se produit en avril. La recherche du sens de la réaction de Schick est faite ; sur 150 élèves, on en trouve quarante et un ayant un Schick positif. Ces 41 élèves sont vaccinés ; dès la première injection, 23 réagissent, ils ont la fièvre pendant 2 à 3 jours entre 38° et 39°, quatre dépassent 39°. A la seconde injection, 34 présentent les mêmes réactions. A la troisième, 29 ont la fièvre pendant 24 heures au plus et aux environs de 38°.

En somme, dans ce milieu particulier, les réactions ont été très nombreuses. Elles ont surtout été prononcées à la suite de la première et de la deuxième injection. L'on doit remarquer que les élèves de cette école ont de 16 à 20 ans et d'autre part qu'ils sont soumis à un travail intellectuel intense qui n'est pas sans provoquer le surmenage d'un certain nombre. Il y a là sans doute une explication de la fréquence des réactions.

Cependant, malgré cet inconvénient, l'autorité académique a jugé qu'il serait utile, à la rentrée des classes, de rechercher chez tous les élèves devant suivre les cours de l'Ecole Normale, le sens de la réaction de Schick et de les vacciner contre la diphtérie. Il est probable qu'au mois d'octobre, le surmenage intellectuel existant à un moindre degré, les réaction seront moins intenses et peut-être moins fréquentes.

En résumé, en signalant ce que nous avons pu faire dans le Pas-de-Calais, où nous avons supprimé depuis près de deux ans les foyers d'endémicité de la diphtérie, nous avons eu pour but de contribuer à la vulgarisation d'une méthode certaine de prophylaxie contre la diphtérie. Dans les milieux scolaires, la proportion des réactions qu'elle entraîne étant très faible, il n'y a pas à hésiter à l'employer. Chez les sujets plus âgés, nous concluerons avec M. le professeur Martin que l'on doit y recourir en recherchant d'abord les réceptifs et vacciner ceux-ci.

Il serait même souhaitable que l'on puisse, comme aux Etats-Unis, rechercher, à la rentrée des classes, le sens de la réaction de Schick chez tous les élèves et soumettre ceux dont la réaction est positive à la vaccination par l'anatoxine.

Docteur A. LOIR

Le Havre

LE POISSON DANS L'ALIMENTATION

La consommation moyenne du poisson en France n'est pas très élevée : si à Paris elle atteint une quinzaine de kilogrammes par tête, et par an, à Lyon elle dépasse peu 1 kilogramme. Au Havre, port de mer, elle n'est à peine que de 3 kgs 500. Cependant, la mer est un immense réservoir de substances alimentaires.

Une campagne très active est faite depuis quelques années pour amener le Français à se servir du poisson dans l'alimentation.

Dans la séance du 12 mai 1925, M. le professeur Desgrez, rapporteur de la commission instituée à ce sujet par l'Académie de Médecine, montra que la chair du poisson se rapproche de la viande par sa teneur en matière protéique, mais que l'on devait toutefois choisir, suivant les cas, les poissons rangés dans la catégorie des poissons maigres à chair ferme et délicate, et les poissons gras, plus nourrissants, surtout en ce qui regarde le pouvoir calorique.

Une des grosses causes qui fait que l'on mange peu de poisson tient à l'extrême variabilité de la production qui amène l'abondance ou la disette sur les marchés et fait que le consommateur n'est jamais assuré de pouvoir se procurer le poisson désiré, alors qu'il en est tout différemment pour la viande de boucherie.

Si on peut arriver à régulariser les marchés, il est à peu près certain que la consommation du poissons augmentera dans de très fortes proportions.

Or, le seul moyen à employer consiste à pouvoir conserver le poisson à l'époque d'abondance pour le remettre sur le marché au fur et à mesure des besoins. Le poisson est un aliment facilement altérable, et le meilleur procédé pour le conserver consiste à le maintenir à une basse température.

Malheureusement, il existe trop souvent dans les études qui sont faites une confusion entre deux modes de conservation : la réfrigération et la congélation. Nous examinerons séparément ces deux moyens de conservation, tout en posant comme principe pour l'un et l'autre cas que la conservation est d'autant supérieure que le poisson est traité le plus rapidement possible après la pêche.

Le froid ralentit la vitesse des réactions chimiques et biologiques produites par les microbes et les diastases. La chaleur détruit la vitalité des cellules, le froid conserve cette vitalité et ne fait en quelque sorte que l'endormir, laissant intactes les vitamines.

C'est pourquoi les conditions du succès dépendent de l'état de la marchandise au début de l'opération.

On appelle poisson frigorifié tout poisson conservé par le froid ; mais dans cette appellation on doit considérer deux grands groupes : poisson réfrigéré, poisson congelé, répondant chacun à un but différent. La durée de conservation du poisson réfrigéré est beaucoup inférieure à celle du poisson congelé.

Le poisson réfrigéré, c'est-à-dire maintenu à une température voisine de zéro degré, donc inférieure à la température ambiante, conserve à peu près la consistance qu'il avait à la température ordinaire et par suite son élasticité. Le poisson congelé est porté à une température de 7 à 20 degrés au-dessous de zéro ; le froid intense transforme le poisson en un bloc dur. Le poisson réfrigéré a une conservation de faible durée, de quelques jours seulement. Le poisson congelé, au contraire, a théoriquement une conservation indéfinie tant qu'il est maintenu à basse température. Commercialement, on atteint facilement dix à onze mois, suivant les espèces de poissons et le procédé employé.

CONCLUSIONS

Au point de vue social, il est nécessaire d'augmenter, surtout en France, la consommation du poisson, qui constitue un aliment d'une grande valeur, mais il est nécessaire qu'il parvienne au consommateur dans un état parfait de conservation.

Le poisson conservé dans la glace fondante n'a pas toujours les qualités du poisson frais. Il n'en est plus de même si nous employons le froid industriel, qui est un agent merveilleux de conservation. Si le travail est bien conduit, si le poisson que l'on soumet à la congélation est traité très rapidement après capture, les modifications histologiques, chimiques et bactériologiques sont nulles.

On retrouve donc dans le poisson congelé toutes les propriété nutritives du poisson frais. Souhaitons le développement de cette industrie du froid qui permettra de livrer sur nos marchés un aliment qui ne subira plus comme prix les variations amenées par les aléas de la pêche et qui sera présenté au consommateur dans un état de conservation que malheureusement on ne trouve pas toujours actuellement et qui, dans beaucoup de cas, ont découragé le public dans l'achat de ce produit.

Mlle le Docteur LATIL

Directrice du Bureau d'Hygiène à Villeurbanne

1° LA VACCINATION ANTIVARIOLIQUE

L'article 6 de la loi du 15 février 1902 prévoit la vaccination obligatoire au cours de la première année, ainsi que la revaccination au cours de la onzième année et de la vingt et unième année.

La vaccination ne se fait pas comme elle devrait se faire, chez les Français d'abord, chez les étrangers ensuite.

La vaccination au cours de la première année souffre de très nombreuses défections à Villeurbanne.

a) Bien des enfants naissent hors de la commune, soit dans les maternités et les cliniques de Lyon, où ils ne sont que très rarement vaccinés dès la naissance, soit dans d'autres communes, où ils ne résident que pendant la durée de l'invalidité de la mère. Ces enfants-là ne sont souvent pas vaccinés jusqu'à la onzième année, s'ils se trouvent fréquenter encore l'école à cet âge. S'ils ne la fréquentent plus, les garçons peuvent être vaccinés lors de leur incorporation, mais, s'ils sont réformés, ils ne le seront jamais plus. Un exemple de ce genre s'est présenté, il y a deux mois. C'est celui de cet aiguiseur nomade qui n'avait jamais été vacciné, n'avait jamais été incorporé, et qui a promené sa variole successivement de Saint-Chamond à Lyon et de Lyon à Saint-Etienne où il est mort quatre jours après son arrivée. Quant aux filles, un assez grand nombre ne sont jamais vaccinées de leur vie et l'on n'a même pas à espérer pour elles l'occasion de leur incorporation.

b) La vaccination de onze ans est esquivée par beaucoup d'enfants, parce que malgré la loi sur la fréquentation scolaire obligatoire, quantité d'enfants quittent l'école vers 10 ans, parfois avant, pour aider la mère aux soins du ménage, pour garder les petits frères, ou pour aller travailler.

c) La vaccination de vingt ans n'a jamais lieu pour les femmes. Pas plus pour les sujets de 11 ans que pour ceux de 20, il n'est envoyé de convocation. On se contente de l'annonce des séances de vaccination par les affiches et par les journaux, personne n'y répond.

Si la vaccination se fait mal chez les Français, elle ne se fait pas mieux pour les étrangers.

A l'occasion du renouvellement des cartes d'identité, on aurait pu trouver le moyen de les revacciner tous sans exception. Mais les commissairés de police et les divers services chargés d'assurer la délivrance des cartes n'ont pas dû recevoir tous les mêmes instructions. Certains se sont bornés à n'exiger le certificat de revaccination que du chef de famille, à l'exception de la mère et des enfants. A Villeurbanne, le commissaire de police de la Mairie exigeait la revaccination de tous les membres de la famille, celui des Charpennes se contentait du certificat de revaccination des parents, et parfois du père seulement. J'ai constaté le fait moi-même aux séances de vaccination : une Italienne venant se faire revacciner, je lui fis remarquer que ses quatre enfants devaient l'être également : « Pour les petits, me répondit-elle, ce n'est pas la peine, le commissaire ne l'a pas demandé. »

Les convocations pour la revaccination sont très difficiles à envoyer aux étrangers. D'abord, parce que leur présence ne nous est pas signalée ; ensuite, parce que ce sont des gens sans domicile fixe. Quant à leurs enfants, il n'est même pas possible d'espérer les vacciner dans les écoles, car, beaucoup d'entre eux n'y sont jamais envoyés.

Le nombre des revaccinations pratiquées sur les étrangers à l'occasion du renouvellement des cartes d'identité ne s'est guère élevé qu'à 480 depuis le 1er janvier, le chiffre est certainement très loin de ce qu'il devrait être, car il y a à Villeurbanne une population étrangère très importante, la main-d'œuvre n'étant assurée dans les usines que par les étrangers. Il est vrai que certaines usines ont vacciné leur personnel sur place, mais dans ces conditions encore, les enfants ne l'ont pas été.

Il est très difficile d'arriver à obtenir que le service de la vaccination fonctionne normalement. Il faudrait pouvoir serrer de plus près tant les Français que les étrangers.

Si jamais il venait à se produire un cas de variole, ce serait un véritable désastre, étant donné la surpopulation générale des maisons, le nombre des logements insalubres, et aussi la mentalité plutôt rebelle de la population pour se soumettre aux règlements.

Il est de toute nécessité de veiller étroitement à la vaccination et à la revaccination des étrangers, car, d'après les résultats obtenus, les étrangers paraissent beaucoup plus réceptifs que les Français. Je citerai pour exemple quelques cas :

1° Une Polonaise vint comme bonne chez une intitutrice. Elle avait 26 ans, avait contracté la variole en 1920 et était entièrement grêlée.

Elle avait été vaccinée dans son enfance. Lors de son passage en France, en 1924, on n'avait pas jugé utile de la revacciner, la croyant immunisée. A son arrivée à Villeurbanne, le consul de Pologne exigea le certificat de revaccination. Malgré ses marques je la revaccinai. Douze jours après je pouvais constater la présence de trois magnifiques pustules.

2° Cette année, j'ai eu trois cas remarquables de revaccination avec succès :

a) Un femme suisse de 68 ans et son mari de 70 ans, qui avaient des empreintes de pustules anciennes faites 18 et 30 ans auparavant, et sur lesquels le vaccin prit admirablement.

b) Une Espagnole, également, qui, vaccinée avec succès lors de son entrée en France, il y a un an, l'a encore été avec succès en février dernier.

Nombreux sont les exemples de sujets étrangers qui sont revaccinés avec succès, après plusieurs revaccinations. Chez les Français, au contraire, les adultes qui ont subi une première vaccination, même remontant à leur première année, ont été immunisés par elle, et les vaccins ne prennent plus sur eux que rarement.

Les moyens d'obtenir une revaccination plus régulière seraient :

1° D'exiger des directeurs d'école qu'ils n'omettent jamais de réclamer chaque année aux élèves nouveaux leur certificat de vaccination : ce service ne fonctionne pas toujours très bien, car nous avons souvent des enfants qui ne sont vaccinés pour la première fois qu'à leur onzième année.

2° Exercer une surveillance très sévère de l'embauchage. Beaucoup d'enfants travaillent avant l'âge légal, et de ce fait échappent à la revaccination de onze ans dans les écoles ou demeurent ignorants.

Aussi bien chez les grands industriels que chez les petits patrons, il y a des enfants de moins de douze ans, non munis de leur certificat d'études, qui sont utilisés, et sans doute dissimulés lors du passage des inspecteurs du travail. Beaucoup d'enfants sont employés dans ces conditions aussi pendant les grandes vacances. Ils perdent ainsi le bénéfice d'un séjour dans les colonies de vacances.

Il faudrait donc établir une surveillance étroite de l'embauchage, et obtenir des patrons que, quel que soit l'âge de l'ouvrier embauché, il fournisse une certificat de revaccination de moins de trois ans de date.

3° Afin surtout d'obliger les femmes à se faire vacciner, il faudrait qu'aucune publication de mariage ne soit inscrite sans certificat préalable de revaccination récente.

4° Enfin il faudrait pouvoir exiger aussi des logeurs en garni, chez lesquels se réfugient tous les ouvriers étrangers, qu'ils ne reçoivent chez eux aucun locataire non muni de son certificat de revaccination.

Pour que toutes ces conditionss soient exigibles, il faudrait pouvoir appliquer des sanctions, car, ce qui rend la tâche plus difficile, c'est que le plus souvent on est désarmé contre les délinquants.

2° HYGIENE DANS LES LOTISSEMENTS

Dans un rapport très documenté, Mlle le Dr Latil attire l'attention du Congrès sur les inconvénients résultant de l'inexécution des prescriptions de la loi sur les lotissements. Leur inobservance permet la création, sans examen préalable du Bureau d'Hygiène et de la Commission Sanitaire, de véritables cités insalubres que l'on pourrait être appelé à détruire ultérieurement.

Il convient d'appeler l'attention de l'opinion publique sur les graves inconvénients qui en résultent et celle des pouvoirs publics sur la responsabilité morale et financière qui en découle.

Docteur L. JULLIEN

Médecin principal de l'Armée

LA LUTTE CONTRE LES MALADIES VENERIENNES PAR L'EDUCATION SEXUELLE DE LA JEUNESSE ET PAR L'ENSEIGNEMENT ANTIVENERIEN DANS LES ETABLISSEMENTS D'INSTRUCTION

En 1922, au Congrès d'hygiène, au cours d'une communication sur l'enseignement antivénérien dans les établissements d'instruction, je rendai compte d'un heureux essai de ce genre tenté par moi dans un petit collège de province et j'ajoutais que je me promettais bien de continuer ailleurs cette propagande de haute moralité et de saine prophylaxie. Les événements m'ont permis de réaliser ce projet et c'est à Lyon que j'ai pu, en 1926, reprendre cette précieuse collaboration médico-pédagogique. Sous le patronage de l'Association des parents d'élèves — et la chose n'est pas de mince importance pour rassurer les timorés qui craignent le « qu'en diront les familles » — j'ai fait dans les deux grands lycées de Lyon une causerie réservée aux candidats aux grandes écoles et aux élèves des classes de philosophie et de mathématiques à la veille de se présenter à la deuxième partie du baccalauréat. Cette dernière catégorie ne comprenait que les jeunes gens autorisés par leurs familles (1).

Le succès de bon aloi remporté par cette causerie auprès de ce jeune auditoire, l'attention soutenue et grave de ces jeunes gens, l'émotion vibrante dont on les sentait secoués au fur et à mesure que se développaient devant eux ces idées de prophylaxie sanitaire et morale, sont le garant qu'il y a là — et pour tous les milieux — une œuvre à accomplir de haute portée sociale et de patriotisme éclairé.

Je voudrais en quelques mots exposer ici la manière dont, à mon sens, doit être comprise cette action qui est au premier chef du domaine de l'hygiéniste.

Il me paraît essentiel d'abord de distinguer l'enseignement antivénérien de l'éducation sexuelle. Quelle que soit l'opinion que les éducaturs et les familles puissent avoir sur les avantages et les inconvénients de l'introduction dans les programmes d'enseignement de l'initiation aux fonctions de reproduction et à la transmission de la vie, il n'en est pas moins vrai qu'à un moment donné de son adolescence le jeune homme par un procédé quelconque sera initié ; il sera poussé vers la femme par ses sens en éveil ou attiré par elle. Par la forme de la société moderne où elle s'extériorise chaque jour davantage, la jeune fille elle-même est de plus en plus exposée aux pièges sentimentaux et aux vertiges des sens. Pour l'un et l'autre, les conséquences peuvent en être considérables, d'ordre moral, d'ordre familial et d'ordre sanitaire. Alors que les romans et les spectacles plus ou moins licites font miroiter aux yeux de cette jeunesse le mirage de l'amour et ses mille facettes, il est de toute nécessité de lui faire apparaître le revers de la médaille. Ce rôle de Mentor — qui n'est pas forcément celui de Cassandre — appartient à l'hygiéniste.

Bien entendu, il ne peut être question de traiter ce sujet devant des jeunes gens des écoles dans le même esprit que devant les adultes. Il faut leur décrire les dangers qui les menacent, eux, leurs proches et leur descendance, du fait de la blennorragie et de la syphilis et leur donner exclusivement pour y échapper des conseils d'ordre moral pour conclure par la nécessité du mariage. Il me paraîtrait déplacé devant au auditoire de cette qualité de parler de préservatif et de pommade prophylactique ; mais il ne faut pas négliger de prévoir la victime possible d'un accident vénérien et mettre ces jeunes gens en garde contre les soins incomplets, contre les charlatans de pissotières et con-

(1) La Vie sexuelle et ses dangers, par le Dr JULLIEN, Médecin principal de l'Armée, édition de la Ligue Nationale contre le péril vénérien, 44, rue de Lisbonne, Paris (VIIIe).

tre les remèdes achetés et employés sans discernement sur les conseils d'un camarade ou d'un pharmacien.

Dans la description des accidents vénériens, il convient de rester dans une note discrète, en évitant les traits trop précis et trop accentués : qui veut trop prouver ne prouve rien. Faire défiler devant les regards terrifiés ou narquois, suivant le tempérament de chacun, des projections ou des moulages d'organes plus ou moins horriblement mutilés me paraît une faute de goût et, qui plus est, une erreur d'enseignement : ce qui importe, surtout en matière de syphilis, c'est de montrer à ces jeunes gens le caractère souvent banal et anodin de lésions dont les conséquences peuvent être pour eux terribles, c'est de leur montrer qu'une femme contagieuse peut l'être avec toutes les apparences d'un corps intact et sain.

Bref, garder la mesure pour rester dans la vérité et ne pas risquer, en voulant inspirer la crainte du danger, de créer chez ces adolescents la phobie morbide de la femme avec toutes les déviations de l'instinct sexuel qui peuvent en être la conséquence.

Donnés avec tact, ces conseils sont reçus par les élèves avec gravité; les maîtres de l'enseignement les accueillent avec plaisir et les familles, dans l'immense majorité des cas, acceptent avec reconnaissance ces avertissements salutaires qu'elles peuvent elles-mêmes difficilement donner à leurs enfants.

Cet enseignement antivénérien ne peut être utilement réalisé que par un médecin ; lui seul apporte avec le prestige de sa compétence professionnelle, l'intérêt d'un enseignement vécu. Dans la bouche d'un professeur non médecin, cet enseignement rentre pour l'élève dans la banalité des leçons habituelles, cesse d'être vivant et subit l'inévitable déformation imprimée aux choses de la médecine par un esprit non médical.

Quant à l'éducation sexuelle proprement dite, elle doit consister à instruire l'enfant de la reproduction des animaux comme on l'instruit par ailleurs de leurs fonctions de nutrition, de relation, etc... Il est assez piquant de constater la facilité avec laquelle on étale devant l'écolier l'impudicité des fleurs, du pollen fécondant déposé sur le pistil pour donner à la graine ses facultés germinatives. Par opposition, la naissance de l'animal reste officiellement un mystère ; un mur est élevé devant la fonction sexuelle, rejetant l'enfant intrigué par l'éveil de ses sens vers la documentation, par les confidences chuchotées, par les littératures malsaines et les musées secrets. Ne serait-il pas plus sage, plus noble et plus moral de présenter à l'esprit de l'adolescent les fonctions de reproduction comme aussi normales que les autres, comme les plus essentielles de l'organisme, les plus nobles aussi puisque, en assurant la pérennité de l'espèce, elles constituent la seule raison d'exister de l'être vivant, anneau dans la chaîne ininterrompue des générations successives ? L'éducation sexuelle de l'enfant doit donc se borner à faire aux organes reproducteurs et à leur fonction la place qui leur convient à côté des autres organes dans le programme de zoologie, comme une place est faite en botanique à la reproduction des plantes. Etude sommaire purement zoologique, sans détails trop précis sur la copulation, en laissant de côté, bien entendu, les sensations qui accompagnent l'acte. L'esprit ainsi orienté, l'adolescent dont le sens génital s'éveille assistera sans curiosité malsaine à l'éclosion de sa puberté. Sa santé et sa moralité n'ont, je pense, rien à perdre à la disparition des errements actuels.

Ce problème de l'éducation sexuelle, comme celui de l'enseignement antivénérien, est donc un des points les plus importants de l'hygiène des adolescents. Mais, alors que celui-ci est du domaine particulier de l'hygiéniste et du médecin, le premier doit seulement entrer dans l'enseignement de la zoologie comme un élément normal du programme ; il est du domaine particulier du professeur de sciences naturelles et ne demande pas à être traité par un anatomiste.

En portant devant votre Congrès des suggestions de cet ordre, qui n'ont pas de prétention scientifique, j'ai cru qu'elles n'y seraient cependant pas déplacées puisqu'elles visent à la réalisation d'un progrès dans l'hygiène corporelle et mentale de la jeunesse française.

P. BARBIER

Lauréat de la Faculté de Médecine de Paris

PROPHYLAXIE ET TRAITEMENT DES MALADIES INFECTIEUSES PAR LES FERMENTS ET LES LEVURES SYMBOLIQUES

Conclusions :

1° Certaines cultures symbiotiques de ferments et de levures sont capables d'exercer à l'égard de l'organisme une action salutaire de défense, telles sont particulièrement les cultures de ferments Mannitiques, de ferments Phosphogènes, quand on les associe à leurs levures symbiotiques.

2° Ces micro-organismes agissent à la fois par leurs propriétés bactéricides et leur pouvoir diastasique remarquable.

3° A côté de ces propriétés générales qui leur sont communes, chaque ferment ou levure possède des propriété spéciales (production d'acide lactique naissant par les ferments lactiques, d'acide lactique et de mannite par le ferment mannitique, de composés phospho-organiques par le ferment phosphogène, etc...).

4° L'association symbiotique de ces ferments avec des levures vient renforcer au maximum leurs propriétés diastasiques et bactéricides, en même temps elle assure à la culture une longévité indéfinie — les procédés de culture R. Goupil ont mis au point ces associations symbiotiques pour les ferments les plus importants.

5° Ces cultures mixtes constituent des agents prophylactiques et thérapeutiques de tout premier ordre : soit, s'il s'agit du ferment mannitique, à l'égard des multiples infections à point de départ gastro-intestinal ; soit pour le ferment phosphogène à l'égard de toutes les affections qui peuvent être la conséquence d'un trouble du métabolisme de l'organisme.

HYGIENE MENTALE DU SYPHILITIQUE

Conclusion

1° Les troubles nerveux s'observent avec une extrême fréquence chez les Syphilitiques ; entre la simple neurasthénie et les psychoses les plus accentuées, on peut constater toutes les formes intermédiaires.

2° La simple révélation de la maladie peut provoquer un syndrome neurasthétique aigu pouvant même conduire le malade au suicide.

3° Le symptômes nerveux et les troubles mentaux s'observent également d'une façon aussi constante chez les enfants hérédo-syphilitiques.

4° Pour prévenir le choc moral initial dû à la révélation de la maladie, le clinicien devra user de la plus grande prudence et de tous les ménagements possibles, en un mot agir en psychologue.

5° Pour traiter les troubles nerveux consécutifs, la médication par les divers spécifiques (et principalement par les arseniaux, l'Hectine en particulier) devra être associée à un traitement psycho-thérapique destiné à faire la rééducation morale du sujet, ainsi qu'à une hygiène mentale des plus sévères.

Docteur CLEMENT

ROLE VIVIFIANT DES VACANCES D'ALTITUDE DANS LES CHALETS UNIVERSITAIRES

Docteur ABRAMOVITSCH

Le Havre

Fondateur de la Consultation des nourrissons au sein

LA DEPOPULATION ET SON REMEDE

L. PANISSET

Professeur

et

J. VERGE

Professeur agrégé à l'Ecole vétérinaire d'Alfort

RECHERCHES SUR LA PREVENTION ET LE TRAITEMENT DE L'AFFECTION DIPHTERO-VARIOLIQUE DES OISEAUX (Diphtérie aviaire. Epithélioma contagieux)

I. — CONCEPTION ACTUELLE DE L'AFFECTION DIPHTERO-VARIOLIQUE DES OISEAUX

Définition. — L'affection diphtéro-variolique des oiseaux — et nous comprenons sous ce titre la diphtérie aviaire l'épithélioma contagieux et le catarrhe oculo-nasal — est une maladie épizootique, contagieuse, virulente, inoculable, due à un virus filtrant. Elle se traduit cliniquement par l'apparition d'exsudats pseudo-membraneux au niveau des muqueuses et la formation de nodules épithéliomateux siégeant sur la peau et certains organes d'élection : crête et barbillon.

Ces différents processus peuvent évoluer séparément ou s'associer entre eux. Quelle que soit l'allure de la maladie, diphtérie aviaire, épithélioma contagieux et catarrhe oculo-nasal constituent une seule entité morbide et relèvent d'un même ultra-virus.

Epidémiologie. — L'affection entraîne des pertes considérables dans les élevages où elle sévit, non seulement par la mortalité qu'elle provoque, mais encore par les troubles qui lui font cortège et causent de graves perturbations dans la production de la viande, des œufs et des poussins.

Les chiffres suivants, rapportés par Hennepe, montrent la fréquence de la maladie dans les Pays-Bas : pour la seule année 1924, sur 1.575 poules autopsiées, 303 — soit plus de 19 p. 100 — étaient atteintes de diphtérie ; sur 55 poussins, 4 présentaient des lésions ; sur 268 canards, 17 révélaient la forme pseudo-membraneuse et 14 le type épithéliomateux.

La maladie semble le plus souvent aisonnière ; c'est de Septembre à Janvier que les oiseaux sont atteints de préférence.

Bactériologie. — 1° L'Ultra-Virus. — La maladie reconnaît pour agent spécifique un ultra-virus doué de propriétés particulières. Il est filtrant, invisible et jusqu'à présent incultivable *in vitro*, sur nos milieux habituels de laboratoire ; il se conserve longtemps à l'état sec, moins bien dans la glycérine.

Ce virus peut être cultivé *in vivo*, en symbiose avec les éléments cellulaires. C'est donc un virus cytotrope qui présente, en outre, les remarquables particularités suivantes (Philibert) :

1° Par son action sur les muqueuses, il se révèle cytolytique ;

2° Par son action sur les cellules du revêtement cutané, il est cytocinétique.

Considéré au point de vue de ses affinités pour les divers tissus, l'ultra-virus ne possède pas de tropisme marqué pour les dérivés du mésoderme, mais offre en revanche une affinité élective pour les tissus dérivant de l'ectoderme : peau, système nerveux, muqueuse buccale et naso-pharyngée.

2° Les microbes de sortie. — Enfin, l'ultra-virus diphtéro-variolique a la propriété de faire éclore, à sa suite, une flore microbienne extrêmement riche et variée. Les microbes de sortie, par leur abondance, leurs actions pathogènes propres, leurs localisations, masquent souvent les effets de l'ultra-virus spécifique.

On a longtemps attribué une valeur pathogène intrinsèque à ces germes secondaires ; certains auteurs même ont pu, en partant de cultures supposées pures, reproduire les manifestations typiques de la diphtérie aviaire. Une expérience de Vallée et Carré montre à la faveur de quel processus cette reproduction a pu s'opérer. Ces auteurs en effet, ont constaté qu'une culture de staphylocoques est capable d'adsorber le virus aphteux ; inoculée à un sujet neuf et sensible, la culture confère la fièvre aphteuse.

« Cette expérience fondamentale, écrit Philibert, éclaire d'un jour tout nouveau la pathogénie des maladies infectieuses. Elle nous explique les erreurs d'antan, attribuant à un germe visible une valeur pathogène qu'il n'a pas en réalité. »

Formes cliniques. — L'étude clinique de l'affection permet de distinguer trois formes :

1° une forme suraiguë, toxique, atypique ;

2° une forme aiguë, à localisations variables ;

3° une forme chronique.

1° Forme suraiguë. — Signalée déjà par Staub et Truche, elle se traduirait par une dyspnée intense et du cornage sans aucune lésion extérieure. Fort rare, elle entraînerait la mort à bref délai.

2° Forme aiguë. — C'est la modalité la plus fréquente ; elle s'exprime par des types morbides bien distincts :

a) Type épithéliomateux ou variolique, caractérisé par l'apparition de nodules au niveau de la crête, des paupières et des barbillons, au pourtour des yeux, des oreilles et du bec, parfois même sur les régions emplumées ;

b) Type pseudo-membraneux, ou diphtéroïde, dans lequel les exsudats, plus ou moins abondants, siègent sur les muqueuses buccale, pharyngée et laryngée ;

c) Type inflammatoire ou catarrhal, débutant par un coryza intense, des manifestations oculaires et la tuméfaction du sinus infra-orbitaire (catarrhe nasal). On assiste souvent à la fonte purulente de l'œil.

Ces différents processus peuvent s'associer entre eux et il n'est point rare de les rencontrer sur un même sujet.

3° Forme chronique. — Elle résulte souvent de la forme aiguë, mais s'installe aussi d'emblée.

Elle se manifeste presque toujours par le type diphtéroïde classique, très atténué ; les oiseaux atteints constituent des porteurs de virus extrêmement dangereux, et partant des vecteurs insoupçonnés de l'infection.

Pathogénie. — L'affinité de l'ultra-virus spécifique pour l'épithélium des feuillets embryonnaires ectodermiques fait de l'affection diphtéro-variolique des oiseaux une ectodermose neurotrope. Toutefois, le tropisme de l'élément pathogène est plus dirigé vers la cellule cutanée ou muqueuse que vers le système nerveux. L'ultra-virus diphtéro-variolique est, comme la vaccine, un des moins neutrotropes des virus étudiés par Levaditi.

Il ne semble point que l'élément pathogène se localise indifféremment sur la peau ou sur les muqueuses. Les raisons de ces affinités spéciales nous échappent complètement à l'heure actuelle.

II. — L'IMMUNITE DIPHTERO-VARIOLIQUE

A. *Immunité naturelle.* — Mentionnée seulement par Löwenthal, niée par Burnet, l'immunité naturelle n'a point été rencontrée par nous de manière certaine et univoque.

La non-réceptivité d'un sujet à l'infection spontanée ou expérimentale ne signifie pas, en effet, que cette résistance est un attribut naturel. L'état réfractaire a pu se constituer soit par suite d'une atteinte brutale antérieure et ignorée, soit grâce à une infection bénigne, demeurée inaperçue, soit enfin au moyen de contacts répétés avec les malades, sans que l'organisme traduise cliniquement le moindre symptôme.

B. *Immunité acquise.* — Les oiseaux guéris de la maladie naturelle ou expérimentale (type épithéliomateux, diphtéroïde, inflammatoire) ont acquis une immunité solide et durable à l'égard d'une forme quelconque du processus morbide.

Cette immunité se manifeste également en ce qui concerne la contagion naturelle. Une violente épizootie de diphtérie aviaire a sévi, durant les hivers 1922 et 1923, dans un très important élevage de la banlieue parisienne.

Les oiseaux qui, malades en 1922, avaient pu guérir, n'ont jamais présenté le plus léger signe clinique lors de l'épizootie survenue un an plus tard.

L'immunité ne s'établit pas d'emblée ; la réalisation de l'état réfractaire nécessite un certain délai. La résistance, déjà sensible au septième ou au huitième jour, augmente peu à peu et devient totale vers la fin de la troisième semaine.

L'immunité, dans l'infection diphtéro-variolique des oiseaux comme dans d'autres ectodermoses neurotropes (vaccine en particulier), procède donc par étapes.

Lipschütz a montré, en effet, que parfois l'organisme immuni se comporte comme un porteur de germes ; même trois semaines après la guérison totale des lésions cutanées ou muqueuses, l'ultra-virus peut être encore rencontré dans les organes et les parenchymes.

Levaditi et Nicolau ont fait, en matière de neuro-vaccine, des constatations analogues ; le neuro-vaccin peut végéter dans le testicule, l'ovaire et, plus rarement le poumon, à un moment où la peau et le cerveau ont déjà acquis l'état réfractaire.

L'immunité « est donc loin de représenter un tout homogène : elle se décompose en une infinité d'immunités tissulaires qui naissent et s'effacent indépendamment les unes et les autres ».

Nous avons indiqué, à propos de l'allergie diphtéro-variolique, comment l'évolution du processus morbide correspondait à trois phases distinctes de la réaction de l'organisme à l'égard de l'ultra-virus spécifique.

La période d'incubation se comporte comme une phase ante-allergique. Dès l'apparition des symptômes, l'hypersensibilité est manifeste, tandis que la résistance est nulle. Du huitième au vingtième jour, l'immunité se développe peu à peu ; la résistance croît en même temps que l'hypersensibilité se révèle moins intense et moins dramatique. A partir du troisième septénaire, l'état réfractaire est acquis et profondément implanté dans l'organisme ; l'hypersensibilité a disparu.

Le sujet immun est dès lors capable de recevoir impunément des doses massives de virus. Cette constatation — classique en matière de peste bovine, par exemple — est intéressante à mettre en relief dans la diphtérie aviaire.

L'immunité acquise après maladie naturelle ou infection expérimentale représente donc un état très fort et très solide. Des doses massives de virus (plus de dix millions de fois la dose mortelle) sont incapables d'altérer cette résistance et de rendre l'oiseau réceptif aux atteintes du processus morbide.

Contrairement à ce qu'a constaté Burnet chez le pigeon, nous pensons que l'état réfractaire une fois établi (c'est-à-dire vers le vingt et unième jour s'il s'agit d'une infection expérimentale) ne semble pas comporter de degrés. Quelles que soient la violence (ou la bénignité) et l'étendue de l'éruption variolique et des altérations pseudo-membraneuses, l'immunité est totale. L'intensité du processus n'entre pas en ligne de compte (1).

L'immunité conférée par la maladie a une durée variable. La plupart des auteurs lui assignent comme limites extrêmes : trois mois à deux ans. Nos recherche cliniques et expérimentales nous ont montré qu'elle s'étendait au moins sur une année.

L'immunité acquise ne semble pas d'essence humorale. Burnet avait déjà mis en relief l'action bactéricide nulle et le très faible pouvoir préventif du sérum d'oiseaux guéris ou hyperimmunisés. San Felice et Manteufel insistent sur l'absence de propriétés bactéricides du sérum.

Nous avons en vain recherché la présence d'anticorps dans le sang de poules vaccinées ou guéries de la maladie naturelle ou expérimentale.

Il semble donc impossible actuellement, avec les moyens dont nous

(1) San Felice a signalé aussi l'existence d'une immunité solide à la suite d'une infection avortée.

disposons, de démontrer la présence d'anticorps bactéricides dans le sérum de pareils organismes.

Peut-on croire du moins, comme le signalait Burnet, à une légère action préventive de ces sérums ?

Aux doses que nous avons utilisées, le sérum d'oiseaux guéris de la variole expérimentale — type épithéliomateux avec quelques fausses membranes — ne paraît jouir d'aucune propriété préventive.

L'immunité, dans l'affection diphtéro-variolique, n'est pas d'origine humorale. Les anticorps n'y jouent qu'un rôle minime et restreint. Il est possible cependant de pénétrer la nature et le mécanisme de l'état réfractaire.

Nous avons montré précédemment comment la variole et la diphtérie aviaires s'apparentaient au groupe des ectodermoses neurotropes de Levaditi. Le processus morbide localisé au segment externe de l'ectoderme (peau et muqueuse) est capable, sous certaines conditions, de déterminer une immunité locale de ces tissus. La résistance de l'ectoderme à l'égard de l'ultra-virus spécifique représente une cuti-immunité et entraîne, en même temps, la résistance de l'organisme entier, laquelle, comme nous le savons, apparaît indépendante de l'action bactéricide des humeurs.

L'immunité générale n'est donc, à vrai dire, qu'une immunité de l'ectoderme. La protection du revêtement cutané et muqueux isole les tissus encore sensibles (ovaire, système nerveux), et crée ainsi un état réfractaire qui s'étend à toute l'économie.

La résistance locale de la peau et des muqueuses est l'indice, le signe certain de la résistance générale. On peut appliquer à l'affection diphtéro-variolique des oiseaux ce que Levaditi et Nicolau écrivaient en 1923 : « L'introduction du virus dans un tissu pour lequel il offre à l'origine une affinité élective (peu importe s'il s'agit d'une inoculation directe ou d'un apport par la circulation sanguine) réalise l'état réfractaire, non seulement de ce tissu, mais aussi de tous les autres systèmes cellulaires sensibles. »

L'immunité de l'ectoderme est-elle fonction du développement d'une réaction locale, cutanée ou muqueuse ?

Pour Lipschütz, la résistance s'établit après une inoculation virulente intra-veineuse, sans qu'il y ait d'accidents cutanés. Aussi l'immunité ne serait-elle point exclusivement histogène.

Pour nous, au contraire, c'est la lésion locale qui est productrice d'immunité. Le tégument, en effet, se révèle particulièrement sensible aux modalités expérimentales de l'infection ; sa réaction provoque, conditionne et façonne l'immunité. Il se passe dans l'affection diphtéro-variolique des oiseaux ce qu'on observe dans la fièvre aphteuse, dans la vaccine et dans la maladie charbonneuse. Nous verrons plus loin comment notre méthode de vaccination n'est en réalité, selon l'expression suggestive de Vallée et Carré, « qu'une méthode de réalisation d'une lésion locale limitée, déclenchant l'immunité ».

III. — VACCINATION EN MILIEU INDEMNE

Quelles doivent être les qualités d'une vaccination efficace contre l'affection diphtéro-variolique des oiseaux ?

1° Le vaccin doit accomplir dans l'organisme le même parcours que le virus ;

2° Il doit atteindre le même organe ou le même groupe d'organes que le virus ;

3° Il doit immuniser les cellules réceptives, en l'espèce la peau et les muqueuses ;

4° Il doit être inoculé à proximité des foyers infectieux.

En un mot, pour déployer le maximum d'action, le virus vaccin idéal se comportera, en pénétrant dans l'économie, absolument comme le virus agent de l'infection. Ce sont ces considérations qui nous ont guidé dans le choix et la préparation d'un vaccin et dans l'idée d'une cutivaccination entraînant une cuti-immunité. En d'autres termes, à une vaccination ectodermique purement locale correspond un état réfractaire local de l'ectoderme intéressé par la lésion. Cette immunisation locale retentit d'ailleurs très vite sur l'organisme entier, puisqu'elle aboutit à la constitution d'une immunité générale, solide et durable.

Choix du virus. — Le virus destiné à la préparation du vaccin est représenté par les nodules et les croûtes varioliques provenant de jeunes coqs expérimentalement infectés.

L'infection artificielle de ces sujets est réalisée par une double voie : inoculation virulente dans la veine axillaire et badigeonnage virulent des deux faces de la crête préalablement scarifiée. Le virus qui sert à déclencher la maladie expérimentale est un virus de passage, renforcé dans son pouvoir pathogène.

En quelques jours, la crête, les barbillons, les paupières des jeunes coqs se couvrent de nodules confluents et typiques. Après quinze à vingt jours d'évolution, ces tumeurs sont récoltées et broyées très finement dans cent fois leur poids de sérum physiologique. L'émulsion ainsi obtenue est extrêmement virulente, puisque — comme nous l'avons fait observer antérieurement — 1/10 de centimètre cube d'une dilution à 1/1.000.000e est encore capable de provoquer la mort en quelques semaines.

Préparation du vaccin (1). — L'émulsion précédente est filtrée sur une très fine batiste et le filtrat est additionné d'une solution phéniquée en proportions convenables : 1 gramme d'acide phénique cristallisé pour 200 centimètres cubes d'émulsion virulente.

Technique de la vaccination. — Dans les milieux indemnes, la vaccination comporte une seule intervention au niveau du barbillon. Cet organe, en effet, réalise un endroit commode pour l'injection à cause de la laxité du tissu conjonctif ; il permet, en outre, la comparaison avec le barbillon opposé.

Le vaccin est injecté, au moyen d'une seringue graduée en gouttes ou en dixièmes de centimètres cubes et d'une aiguille courte, fine, spéciale pour injection intradermique. Chez la poule et le pigeon, l'inoculation a lieu, dans l'épaisseur d'un barbillon, à la dose de 1/10 de centimètre cube (2 gouttes). Chez l'oie et la dinde, la dose nécessaire est de 2/10 de centimètre cube. Chez les organismes jeunes, lorsque le barbillon est à peu près inexistant, l'injection doit se pratiquer sous la peau de l'aile.

Suites de la vaccination. — Immédiatement après l'intervention, on observe la formation d'un petit nodule qui indique que la vaccination a été pratiquée dans les formes requises. En vingt-quatre à soixante-douze heures, le nodule disparaît et fait place à une légère ecchymose noirâtre, laquelle n'est plus perceptible, après quatre à cinq jours. Parfois, peut-être à la suite de chocs, de coups de bec, il se forme au niveau du point d'inoculation un petit abcès caséeux qui s'énuclée en quelques jours sans laisser de traces. L'apparition de cet abcès n'est point un obstacle à l'établissement de l'immunité.

Résultats de la vaccination. — L'immunité débute vers le septième jour qui suit la vaccination ; elle est solidement établie à partir de

1) Nous avions imaginé, au début de nos études, une méthode de vaccination qui utilisait le virus pur, sans altération. Ce virus était représenté par le filtrat ci-dessus, avant toute addition d'acide phénique.

La crête des oiseaux à vacciner était scarifiée au moyen d'une curette mousse, sur une surface de 1 à 2 centimètres carrés. Un peu de sérosité apparaissant alors, indiquait que la scarification avait été correctement effectuée. La surface lésée était ensuite badigeonnée de virus au moyen d'un tampon d'ouate. C'était, en somme, une technique qui se rapprochait étrangement de celle de Blieck et Van Heelsbergen.

La scarification de la crête représente le temps délicat de l'intervention. Si elle est trop légère, le vaccin « ne prend pas » ; trop forte, l'écoulement sanguin risque d'entraîner le virus et de faire échec à l'immunisation.

Mais ces inconvénients sont minimes en regard des dangers permanents d'infection. En effet, le 21 mars 1923, 400 poules indemnes furent vaccinées ainsi. Les jours suivants, on vit apparaître des pustules nombreuses et étendues au niveau des parties scarifiées. En même temps, des fausses membranes se formaient sur la muqueuse buccale ; les sinus infra-orbitaires de nombreux oiseaux se tuméfiaient. En résumé, exacerbation très nette du processus chez les sujets soi-disant immunisés.

Les individus non vaccinés présentèrent, à partir de cette époque, des manifestations diphtériques ou inflammatoires, comme si l'épizootie avait gagné parmi eux de nouvelles victimes.

Devant les dangers de la méthode — sans compter le mécontentement du propriétaire — nous renonçâmes à l'emploi du virus intégral dans la vaccination.

la troisième semaine et permet à l'oiseau de résister aux atteintes de l'infection expérimentale aussi bien qu'aux modes les plus divers de la contagion naturelle.

a) Immunisation et infection expérimentale

Les expériences ont été répétées maintes fois avec le même succès. Il semble donc que, comme l'écrit Levaditi, l'introduction du virus-vaccin dans un tissu pour lequel il offre à l'origine une affinité élective (peu importe qu'il s'agisse d'une inoculation directe ou d'un apport par la circulation sanguine), réalise l'état réfractaire, non seulement de ce tissu, mais aussi de tous les autres systèmes cellulaires sensibles.

b) Immunisation et contagion naturelle

Depuis la saison 1924-1925, nous avons délivré, en chiffres ronds, 500.000 doses de vaccin. Nombreux sont les propriétaires qui, ayant eu recours à nous, ne nous ont jamais fait parvenir les renseignements qu'ils promettaient de nous communiquer dès que possible.

Néanmoins, quelques éleveurs ont bien voulu s'intéresser à notre tentative et nous donner les résultats qu'ils ont obtenus. Nous sommes heureux de leur adresser ici l'expression sincère de nos très vifs remerciements.

Toutes les observations prouvent que le vaccin possède une réelle valeur préventive, il met les individus immunisés à l'abri des diverses formes de l'affection diphtéro-variolique.

IV. — VACCINATION EN MILIEU INFECTÉ (VACCINOTHERAPIE)

En milieu infecté, il faut distinguer les organismes contaminés et les individus malades. La vaccination des contaminés se fait suivant les règles qui président à l'immunisation des sujets indemnes.

Le traitement des oiseaux atteints nécessite des inoculations vaccinales répétées : les volailles recevront le vaccin, tous les quatre ou cinq jours, à la dose de 1/10 de centimètre cube. L'insertion est faite alternativement dans chaque barbillon. Les inoculations seront pratiquées jusqu'à guérison : dans la règle, trois à quatre injections suffisent pour assurer l'élimination des fausses membranes, le dessèchement des nodules varioliques et pour obtenir le retour à l'état normal.

Le vaccin agit donc, non seulement à titre préventif, mais encore à titre curatif. Il constitue une excellente méthode de traitement et permet de sauver nombre d'animaux qui ne sauraient guérir sans son secours efficace.

TABLE DES MATIÈRES

CONGRÈS DE LYON

2e Section. — *Géodésie. Astronomie. Mécanique*

3e et 4e Sections. — *Navigation et Aéronautique. Génie civil et militaire.*

2e GROUPE. — Sciences physiques

5e SECTION. — *Physique*

6e SECTION. — *Chimie*

8e Section. — *Géologie*

9e Section. — *Botanique*

11e SECTION. — *Anthropologie*

Sous-Section. — *Histoire et Archéologie*

12e Section. — *Sciences Médicales*

13e SECTION. — *Electro-Radiologie*

14e Section. — *Odontologie*

15e Section. — *Sciences pharmaceutiques*

17e Section. — *Biogéographie*

18e Section. — *Agronomie*

19e Section. — *Géographie*

20e Section. — *Economie politique et Statistique*

21e Section. — *Pédagogie et Enseignement*

22e Section. — *Hygiène et Médecine publique*

TABLE ANALYTIQUE

Paris. — Soc. Gén. d'Imp. et d'Ed., 17, rue Cassette.

ÉDITÉ PAR
L'ASSOCIATION FRANÇAISE
POUR
L'AVANCEMENT DES SCIENCES
28, Rue Serpente, Paris (6e)

www.ingramcontent.com/pod-product-compliance
Ingram Content Group UK Ltd.
Pitfield, Milton Keynes, MK11 3LW, UK
UKHW021128260726
13994UKWH00001B/39

9 782329 195476